DESCRIPTIONS

DES ARTS

ET MÉTIERS.

DESCRIPTIONS
DES ARTS
ET MÉTIERS,

FAITES OU APPROUVÉES

PAR MESSIEURS

DE L'ACADÉMIE ROYALE
DES SCIENCES.

Avec Figures en Taille-douce.

A PARIS,

Chez {SAILLANT & NYON, rue S. Jean de Beauvais;
DESAINT, rue du Foin Saint Jacques.

M. DCC. LXI.

Avec Approbation & Privilége du Roi.

L'ART
D'EXPLOITER LES MINES
DE
CHARBON DE TERRE.

Par M. MORAND, le Médecin.

PREMIERE PARTIE.

DU CHARBON DE TERRE

ET DE SES MINES.

M. DCC. LXVIII.

INTRODUCTION.

Il n'est personne qui ne connoisse de vûe ou de nom le *Charbon de Terre*. Son usage est presque indispensable pour mettre le Fer en œuvre, & dans les autres travaux qui demandent du feu. Tout le monde sçait qu'il dédommage complétement l'Angleterre du bois qui lui manque, & que beaucoup d'endroits de l'Allemagne pour leur chauffage, pour leurs Manufactures, pour tous leurs besoins, préferent, par une œconomie bien entendue, le Charbon de terre (*Steen Kohlen*) au bois qu'ils pourroient tirer des Forêts dont ils sont environnés.

La portion la plus nombreuse du peuple de Liége, jusqu'aux femmes & aux enfans, vit dans les Mines de Charbon qu'ils nomment *Houillieres*, ne subsiste que par la *Houille*, & ne connoît point d'autre feu que celui de cette matiere répandue de tous côtés sous leurs pieds.

Appellé dans ce pays il y a plusieurs années, je fus invité par l'Académie à quelques recherches sur ce fossile. Il est naturel de croire que ne pouvant faire un pas sans voir des *Houillieres*, de la *Houille* & des *Houilleurs*, rien ne devoit être plus aisé que de répondre aux désirs de ma Compagnie. Je m'en flattois moi-même, & me reposant sur cette facilité, j'allois tous les jours visiter les *Paires*, (on nomme ainsi les endroits où se ramasse la Houille jusqu'au moment de la vente); je m'occupois à examiner le Charbon de terre au sortir de la mine, à chercher les Houilleurs qui me paroissoient les plus intelligens, à les questionner sur tout ce qui pouvoit fournir matiere à quelque observation d'Histoire-Naturelle.

Je ne tardai pas à sentir l'insuffisance de cette méthode dans mes recherches. Tout mon temps se passoit à développer les idées d'Ouvriers, qui pour la plûpart ne s'embarrassent que de remplir leur tâche, à entendre des explications ordinairement inintelligibles, souvent défectueuses, quelquefois même contradictoires, à respirer la poussiere de la Houille sans connoître sa nature.

Je pris le parti de lire les Ouvrages écrits sur cette matiere ; ce qui ne me fut pas difficile : jusqu'à présent ceux qui en traitent uniquement font en très-petit nombre. Dans trois Mémoires de M. Triewald, que j'aurai occasion de citer plus souvent dans la seconde Partie de mon Ouvrage, on trouve un détail très-bien raisonné sur l'exploitation du Charbon de terre : ces Mémoires ont été traduits & publiés en François dans le Journal Œconomique. Ce même Journal a fait plusieurs fois connoître le Charbon de terre sous différentes vûes d'utilité. M. de Tilly, Interreffé dans les Mines d'Anjou, a raffemblé dans une Brochure de 131 pages, les moyens ufités pour l'exploitation de ce foffile. Ces Auteurs femblent avoir eu pour objet d'encourager quelqu'un à développer les manœuvres particulieres au travail des mines de Charbon. Quelques Obfervateurs Anglois fe font bornés à décrire toutes les circonftances qui le peuvent déceler ou accompagner.

Ces derniers m'ont d'abord indiqué la route que je devois fuivre pour concourir au but que fe propofe l'Académie dans la Defcription des Arts & des Métiers. La connoiffance & l'exploitation du Charbon de terre y tiennent effentiellement. Comme Naturalifte, il me fuffifoit d'examiner le Charbon de terre, abftraction faite du travail néceffaire pour enlever cette fubftance de fa mine ; c'eft le premier objet que je me propofai. En conféquence je partageai mon temps à vifiter les magafins de Houille, & à voyager dans les *Tailles* ; on appelle ainfi les chemins, ou les ouvrages fouterreins qui réfultent de la taille de la Veine.

Développer les ufages techniques des différentes contrées où l'on exploite le Charbon, détailler fon exploitation, & les avantages politiques & œconomiques qui en réfultent : tel fut le fecond objet que je crus avoir à remplir comme Phyficien & comme Citoyen.

Je ne me fuis pas diffimulé l'importance de l'entreprife ; plus d'une fois elle m'a infpiré la plus grande défiance, & fi j'ai eu le courage de la fuivre, je n'ignore pas combien je fuis éloigné de ne rien laiffer à défirer ; mais j'ai dû efpérer qu'en faveur des difficultés attachées à un travail de cette nature, qu'en confidération de la maniere entiérement neuve dont je l'ai envifagée, pour laquelle on reconnoîtra que les Ecrits antérieurs, dont j'ai fait ufage, ne m'ont été que d'un foible fecours ; j'ai cru, dis-je, pouvoir efpérer qu'après l'accueil favorable fait à l'Introduction que je lui en ai préfentée en 1761 (¹),

_____

(1) A la rentrée publique de l'Académie du 14 Novembre, & remife à M. Parent, premier Commis de M. Bertin, alors Contrôleur-Général.

le Public uferoit d'indulgence pour les défectuofités qui fe rencon-treront dans cet Ouvrage.

Soutenu par cet efpoir dans mes premiers efforts, j'avois prolongé de plufieurs mois mon abfence de Paris, afin de vifiter le pays de Liége, d'Aix-la-Chapelle, de Charleroi, & pour conférer avec tous ceux chez lefquels j'ai crû trouver les connoiffances néceffaires (1) : mais deux perfonnes recommandables à plufieurs égards, doivent entre autres avoir part ici aux marques publiques de ma reconnoif-fance : feu M. le Vicomte des Androuin, ancien Capitaine de Dra-gons au Régiment de Flavacourt, Seigneur de Hodelin-Sart, d'E-pigny, de Villers-fur-Leffe, Bailli de Charleroi ; & M. le Chevalier d'Heufy, Confeiller privé de S. A. C. l'Evêque Prince de Liége, ancien Bourguemeftre de la ville, & fon Miniftre envoyé auprès du R o i.

Le premier, vieillard aimable & refpectable, n'a befoin que d'ê-tre nommé. L'avantage qu'a retiré une de nos Provinces entiere de fon expérience confommée dans tout ce qui concerne la Houillerie, eft affez frappant, comme on le verra dans la treizieme Section de cette premiere Partie, pour lui mériter le titre de *Bienfaiteur du Hay-naut François*. Sans lui j'euffe peut-être renoncé à une entreprife qui m'avoit déja coûté bien des foins inutiles. On conçoit que fouvent les Houilleurs les plus habiles font incapables de tranfmettre des idées qu'ils ne doivent qu'à un long ufage, & prefque jamais au rai-fonnement. Une très-grande partie des inftructions que j'avois à grande peine obtenue d'eux, ou bien étoit reftée tronquée & indigefte ou n'avoit pû être dégagée du voile ténébreux & groffier qui les en-veloppoit. Je n'en étois pas encore à faifir fans interruption la férie des objets ; je ne pouvois par conféquent donner ni forme, ni ar-rangement avantageux au petit nombre d'idées nettes que j'avois pû recueillir. Un féjour de peu de durée chez feu M. le Vicomte des Androuin, dans fa terre de Hodelin-Sart près Charleroi, a fuffi pour jetter le trait de lumiere fur l'enfemble d'objets fi prodigieufement variés.

M. le Chevalier d'Heufy, homme d'Etat dans fa patrie, recher-ché en toute occafion à ce titre par fes concitoyens, accueilli tout récemment par notre Miniftere, porté par goût à communiquer les

---

(1) A Liége, MM. de Bury, pere & fils. A Aix-la-Chapelle, M. Blaife.

connoiffances précifes qu'il a fur toutes les matieres propres à faire
fleurir les Etats, m'a accordé obligeamment fur mon travail des conférences fuivies, d'après lefquelles on peut compter pour l'exactitude
de tout ce qui a trait à la *Houillerie* du pays de Liége.

C'eft ainfi que guidé préalablement par des notions puifées dans
la Nature même que j'avois été fuivre dans l'intérieur des *Houillieres* ; & par celles que m'ont fournies les Houilleurs les plus au fait,
j'ai pu tirer parti du petit nombre d'écrits relatifs à mon fujet ; je me
fuis infenfiblement trouvé en état de le faifir fous toutes les vûes poffibles, d'en comparer les différents rapports, d'embraffer enfin cette
matiere dans toute fon étendue, & de tracer au moins une grande
ébauche.

Je préfente la Houille fous deux faces générales, comme branche
très-variée de l'Hiftoire-Naturelle, & comme branche importante de
Commerce.

Sous la premiere confidération, je regarde ce foffile comme le plus
fingulier de tous, après les fubftances métalliques. Répandu qu'il eft
plus ou moins profondément dans toute la maffe du globe, j'en traite
toutes les dépendances dans le plus grand détail.

Sa compofition, fa nature, fes différentes efpéces & variétés, les
météores aqueux, aériens & ignées qui accompagnent cette fubftance
dans les entrailles de la terre, où ils gênent finguliérement la pourfuite des ouvrages, font traités comme appartenants à la Phyfique.

Je viens enfuite à le confidérer feul & en particulier dans fes mines ; en décrivant la maniere dont il eft difpofé, je donne non-feulement la fituation, la difpofition, la figure, les dimenfions, mais
encore la direction, la marche & les limites des bancs de Houille.

Le corps de cet Ouvrage, dont je ne publie aujourd'hui que la
premiere Partie, étant effentiellement l'hiftoire du Charbon de terre
& de fes mines, le pays de Liége étant d'autre part celui fur lequel
je m'étends le plus, parce qu'il fait, pour ainfi dire, la bafe de mon
Ouvrage, j'ai adopté les termes de HOUILLE, les dénominations de
HOUILLERIE, dont on y qualifie la chofe & le métier ; j'ai appellé,
(fur-tout quand je donne la géographie fouterreine de ce pays)
BURES, les foffes ou puits des mines, BORINS, HOUILLEURS, ceux
qui en entreprennent l'exploitation, ou qui s'adonnent aux travaux

de

de *Houillerie* ; ce qui n'empêche pas que , lorſque je décris les mines d'autres pays , je ne faſſe uſage des termes qui y ſont reçus, en les comparant avec ces premiers , ſuivant les circonſtances.

N'ayant pû me diſpenſer dans les détails particuliers du pays de Liége , de nommer la plus grande partie des villages où ſe fouillent différentes eſpéces de Houille, j'ai cru néceſſaire de donner un plan topographique des environs de ſa Capitale, pour y retrouver la plûpart des endroits que je déſigne. La partie de cette Carte qui repréſente le côté gauche de la Meuſe , toujours occupé en temps de guerre par l'ennemi , n'a été levée par aucun Ingénieur François : j'ai été obligé de m'adreſſer à un Arpenteur de Liége, & M. le Chevalier d'Heuſy a eu la complaiſance de me donner ſes avis pour que cette partie ne fût point fautive.

Quant à la Carte de la rive droite de la Meuſe, on ne peut douter de ſa fidélité ; Mᵍʳ. LE DUC DE CHOISEUL , dont la protection eſt aſſurée à toute eſpéce de travail qui ſe rapproche des vûes du bien public , dont ce Miniſtre eſt animé, a daigné contribuer à cette perfection de mon entrepriſe ; par ſon ordre, il m'a été communiqué du Dépôt des Plans une Carte de cette partie des environs de Liége , ſur laquelle eſt copiée celle numérotée 1 , dans laquelle ſont exprimés les fauxbourgs de cette ville, d'où partent les principaux *Cordons* des mines dont la cité eſt comme le centre.

J'ai ſeulement ſubſtitué à l'orthographe françoiſe celle du pays ; je m'y ſuis conformé dans mon Ouvrage , & elle eſt la même que celle qui a ſervi à la carte de *Kints* , d'après la matricule de l'Empire.

La Carte numérotée 2 , qui l'accompagne, renferme généralement toute l'étendue du terrein qu'occupent les mines de Charbon autour de Liége , & qui manque dans la Carte précédente.

La deſcription d'une fouille de Charbon du pays de Liége depuis la ſuperficie juſqu'au dernier banc de ce foſſile, forme un article non moins intéreſſant, dans lequel ſont compris , 1°. l'examen du ſol extérieur des Houillieres & de leurs environs ; ce qui donne occaſion de parler des indices que les Minéralogiſtes donnent communément pour reconnoître ſi un terrein recele de la *Houille* ; 2°. les lits de terre, les pierres qui forment la maſſe de ſa couverture, qu'il faut percer avant de parvenir au Charbon ; l'ordre dans lequel ces couches ſont rangées , leur nature , leur conſiſtance ; 3°. les matieres pierreuſes

CHARBON DE TERRE. b

qui font décidément étrangeres à toute la masse environnante des veines. Je qualifie de cette maniere des entassements de quartiers de roches, qui postérieurement à leur formation & à celle des veines, se sont éboulées dans les endroits où on les trouve en fouillant une mine, & qui forment un des principaux obstacles à l'exploitation.

Outre l'avantage de cette espece de GÉOGRAPHIE SOUTERREINE• pour faire connoître toute la charpente des mines de *Houille*, on voit qu'elle indique de plus tant les substances qui servent de miniere au Charbon, & celles qui entrent généralement dans sa composition, que celles qui l'avoisinent, ou qui s'y sont mélangées par quelque accident que ce puisse être.

Cette diversité d'objets que j'ai décrits dans la premiere Partie, ne peut être regardée comme inutile ni indifférente, toute étrangere qu'elle paroisse au premier coup d'œil ; les Transactions Philosophiques ne contiennent aucun Mémoire touchant le Charbon de terre, qui ne soit traité sur ce premier plan, lequel, ainsi que je l'ai dit plus haut, n'est que la connoissance de la chose, & point du tout celle de son exploitation. Le célebre M. Lehmann, dont la mort récente est une perte difficile à réparer, a donné, en suivant une route à peu près semblable, un excellent *Essai sur l'Histoire Naturelle des Couches de la Terre*. On doit convenir avec cet Auteur qu'*il seroit à souhaiter que cette méthode fût appliquée à toute la Minéralogie*. En effet, quoique ces couches, auxquelles seules il est possible d'atteindre, ne soient que l'encroutement du globe, & ne composent qu'une très-petite partie de l'épaisseur de la terre, puisque les mines les plus profondes ne descendent pas à la huit-millieme partie de son diametre, il y en a cependant assez, (c'est la remarque expresse d'un Auteur illustre par son génie & par son pinceau) *pour reconnoître un ordre que nous ne soupçonnions pas, & des rapports généraux que nous n'appercevions point au premier coup d'œil* (1). Pour l'objet dont il s'agit en particulier, il est évident qu'une description, & s'il étoit possible, une connoissance complette des matieres répandues dans un terrein que l'on veut fouiller pour trouver une veine, est un préliminaire qui tient essentiellement à ce qu'on recherche, & qui rendra par la suite sa découverte & plus sûre & plus facile.

C'est par ces raisons qu'après avoir traité dans le plus grand dé-

_____

(1) Histoire du Cabinet du Roi, Tome I. II. Discours, *Histoire & Théorie de la Terre.*

tail poffible, tout ce qui peut, en ayant rapport à la Minéralogie en général, être appliqué aux Charbons de terre, ou *Houilles* du pays de Liége, je tranfporte le Lecteur en Angleterre & en Allemagne. A la faveur de defcriptions tirées d'Ouvrages eftimés, je lui fais connoître les mines de Charbon qui fe trouvent dans ces contrées; en lui rappellant à chaque fois les notions générales que je lui ai préfentées en détail pour un feul pays, afin de le mettre à même de rapprocher ces defcriptions les unes des autres, de comparer tant ces mines, que les termes adoptés par les Ouvriers de ces pays divers.

Je lui fais parcourir la France relativement au même objet, en paffant en revûe non-feulement les provinces de ce Royaume, univerfellement connues pour riches en Charbon, mais encore plufieurs d'entre elles où on en a tiré en différens temps, ce qui y conftate fuffifamment l'exiftence de cette matiere : ce tableau par lequel je termine la premiere Partie de mon Ouvrage, eft pour quelques-unes de ces mines, éclairci ou circonftancié dans plufieurs points, felon qu'il m'a été poffible d'avoir communication ou de Mémoires fûrs, ou d'échantillons; il fixera fans doute l'attention du Public François. Le nombre des mines qu'il y trouvera, lui donnera au moins de l'étonnement, fur-tout lorfqu'il jettera les yeux fur les Cartes Phyfiques que j'y ai jointes; elles ont été, ainfi que celles du pays de Liége, foumifes féparément à l'examen de l'Académie. Elles font un travail particulier qui tient à un plan général de Géographie & de Minéralogie phyfique; mais en même-temps fe rapportent uniquement à l'hiftoire des mines de Charbon de terre de France, en forte qu'elles peuvent être détachées en faveur de ceux qui voudroient fe les procurer feules & indépendamment de l'Ouvrage.

Je ne dois pas laiffer ignorer la part qu'a eue M. Buache à cette portion auffi intéreffante que difficile de mon Ouvrage. Les vûes qui font particulieres à cet Académicien fur la continuité des chaînes de montagnes, fur l'enchaînement de la charpente qui traverfe les continents, qui foutient les parties de notre globe, fur la liaifon de quelques pays avec d'autres (¹), paroiffent de jour en jour s'accorder avec ce que les Minéralogiftes découvrent d'une partie de la compo-

---

(1) Effai de Géographie Phyfique, où l'on propofe des vûes générales fur l'efpéce de charpente du globe, compofée de chaînes de montagnes qui traverfent les mers comme les terres; avec quelques confidérations particulieres fur les différens baffins de la mer, & fur fa configuration intérieure, par M. Buache. *Mémoires de l'Acad. Roy. des Sciences de Paris*, année 1752. p. 399.

fition intérieure de la terre, au point de ne plus préfenter, ainfi que le faifoit modeftement l'Auteur, *un commencement de fyftême* (¹), mais un acheminement à une plus grande connoiffance du globe. Lorfque M. Guettard fit dreffer la Carte minéralogique de la France & de l'E-gypte, qu'il a publiée en 1746, il fut frappé d'une finguliere corref-pondance entre ce que fes recherches lui avoient appris fur la diftri-bution & la direction des couches qui féparent la France de l'Angle-terre, & les principes que M. Buache s'étoit déja formés, & dont il a depuis donné le développement, fur la Géographie naturelle inté-rieure ; M. Buache avoit établi ● principes fur des réfultats géné-raux d'obfervations faites fur les éminences, les profondeurs, les irrégu-larités de la forme de la terre. M. Guettard fans juger ce premier effai de fon confrere appliquable au fien, obferve que ce Géographe qui avoit concouru à fon travail, *fçavoit fouvent juger d'avance ce qu'il de-voit avoir vû, & que prefque toujours fes obfervations fe trouvoient conformes à fes idées* (¹).

De quelque maniere que l'on envifage le Charbon de terre, ou comme Naturalifte qui eft fondé à le foupçonner diftribué dans toute l'étendue du globe, dont il compofe une très-grande partie, foit com-me Politique qui voit de quelle utilité doit être la connoiffance de fon exiftence dans tel ou tel endroit ; ce foffile peut fournir tout feul une Carte neuve dans fon genre & importante dans fon objet ; je n'ai donc pû mieux faire que de recourir à des confeils & à des lu-mieres, pour lefquels le Phyficien & le Naturalifte doivent être pré-venus avantageufement. Auffi les travaux particuliers auxquels M. Buache s'eft livré pour rendre ces Cartes claires, n'ont pas fans doute peu contribué à leur mériter le fuffrage de l'Académie, qui les a ju-gées utiles & dignes d'être publiées fous fon privilége (³).

La Carte numérotée 3, portée fur une feuille du format de l'Ou-vrage, contient les principales rivieres qui parcourent les pro-vinces de France, & les chaînes de montagnes qui traverfent toute l'étendue de ce Royaume, conformément au plan phyfique donné en 1752, par M. Buache. Subdivifée par Généralités, dans lefquelles font indiqués les bourgs, villages ou hameaux où fe trouvent les

---

(2) *Voyez page* 415. du Mémoire cité précé- | la France & l'Angleterre, par M. Guettard. *Mém.*
demment. | *de l'Ac. Roy. des Sc. de Paris*, an. 1746. *page* 364.
    (3) Mémoire & Carte minéralogique fur la | (3) Elles fe trouvent chez M. Buache, premier
ftructure & la fituation des terreins qui traverfent | Géographe du Roi, quai de l'Horloge du Palais.

mines

mines de Charbon de terre ; cette Carte n'a pas feulement le mérite d'aider la curiofité du Lecteur, en abrégeant fes recherches géographiques : fon ufage s'étend encore, quant à cette premiere Partie, à faire voir d'un feul coup-d'œil cette nouvelle richeffe de la France, & à démontrer fur ce point une abondance, à laquelle il ne paroît pas qu'on ait jufqu'à préfent fait beaucoup d'attention ; mais en continuant de rendre compte de mon Ouvrage, je ferai voir, lorfque j'en ferai à la feconde Partie, l'utilité plus générale à laquelle elle s'étend.

Les Plans 4. 5. 6. 7. contiennent le détail de quelques Provinces fur un plan géographique d'une échelle beaucoup plus grande, pour exprimer d'une maniere fenfible toutes les mines qui y font près les unes des autres.

Quoique dans la partie des mines de Charbon de terre, le Vocabulaire ne paroiffe pas en lui-même fufceptible de trop de variantes, il ne laiffe pas que d'avoir fa difficulté, & elle n'eft pas toujours auffi aifée à furmonter qu'on pourroit le croire d'abord ; les expreffions des Ouvriers ne font jamais uniformes que dans un feul & même pays ; paffe-t-on dans un autre ? (fût-il le plus voifin,) le langage du métier, formé de termes apportés par des Ouvriers étrangers, qui y ont été attirés, quelquefois de différents pays, eft confondu dans l'idiôme particulier au pays ; ces termes n'ayant prefque rien confervé de leur premiere origine, s'alterent quelquefois au point de n'être plus reconnoiffables. Cette complication dans la nomenclature forme une efpece de langue qui toute corrompue, toute barbare qu'elle foit, doit cependant être regardée comme la clef du métier, dont ne peuvent fe paffer ceux qui voudroient interroger ou comprendre les Ouvriers ; on s'appercevra aifément que je me fuis appliqué à familiarifer le Lecteur avec le langage des Mineurs, dans chaque pays où je le tranfporte, & que j'ai cherché à mettre les uns & les autres à portée de s'entendre. C'eft auffi dans cette intention que l'hiftoire des mines de chaque pays eft précédée d'un Vocabulaire, lorfque les Ouvriers ont affez de ces termes.

On fçait encore que les Suédois & les Allemands ont enrichi l'hiftoire du Regne Minéral d'une langue toute particuliere pour défigner les fubftances qu'ils connoiffent. Les Latins ne font point pauvres fur cet article ; mais ils l'ont embrouillé, en donnant à quelques fubftances des noms impropres, ou par lefquels différents Auteurs

ont auffi mal-à-propos défigné d'autres minéraux : cette efpece de langue mélangée n'en eft pas moins de conféquence pour les travaux
des mines & pour la géographie fouterreine, ce qui m'a déterminé à la
donner au Public dans le courant de l'Ouvrage. Puis, afin de faciliter les recherches de ceux qui feroient dans le cas de le confulter, j'ai fait fuivre la Table des Matieres d'une Lifte Alphabétique
des fubftances, quelles qu'elles puiffent être, qui fe rencontrent dans
les fouilles de Charbon de terre. On y trouvera la plûpart des noms
fynonymes employés par les Naturaliftes, ou ufités parmi les Ouvriers en différents pays, pour défigner la même fubftance, & au
moyen de la page de renvoi, ce Catalogue pourra fervir de *Dictionnaire Minéralogique*, favorable pour l'intelligence des Auteurs
d'Hiftoire Naturelle, ou pour la lecture des Ouvrages en langues
étrangeres, qui traiteroient de cette matiere, ou même de toute
autre efpece de mines.

Le Lecteur doit préfumer, que malgré tous mes foins, la difficulté
de l'orthographe de la plûpart de ces mots, quelquefois différents
feulement entre eux par cela, doit avoir occafionné des fautes dans le
cours de l'impreffion ; mais j'avertis que je n'ai rien oublié pour rendre du moins cette efpece de Dictionnaire correct ; & afin qu'à cet
égard il tienne lieu d'*Errata*, j'en ai profité, de même que de la Table
des Matieres pour réparer quelques fautes effentielles, ou quelques
omiffions qui pourroient intéreffer la curiofité du Lecteur.

La Seconde Partie de l'Ouvrage, qui n'eft retardée que par les
Gravures, traite du Charbon de terre comme branche de commerce.
La premiere condition pour le débiter eft qu'il foit exploité, c'eft-
à-dire, qu'il faut aller chercher les veines au travers de toute la charge
terreufe & pierreufe, qui les précede ou qui les fépare les unes des
autres, en détacher le Charbon, & l'amener du fond des *Houillieres
jufqu'au jour*. Le fimple expofé de la premiere Partie fait juger que
ces opérations doivent toujours être traverfées par des difficultés plus
ou moins fuffifantes pour forcer quelquefois de varier, fufpendre ou
même abandonner les travaux. Cette feconde Partie eft donc deftinée à détailler tout ce qui eft pratiqué tant pour prévenir ces obftacles en les reconnoiffant, que pour y remédier, & les furmonter,
s'il eft poffible ; à indiquer encore les moyens de *chaffer les ouvrages*,
c'eft-à-dire, de fe faire route dans la mine, de fuivre la veine, de

la retrouver quand elle eſt interrompue, ou perdue, de tranſporter le charbon de terre hors de la mine, &c.

Je ſuis cette ſubſtance dans ſes magaſins, pour donner connoiſſance des différentes meſures des charbons, des prix de leur vente en différents pays. Après avoir décrit les outils, les inſtruments, uſtenſiles & machines relatives à toutes les différentes manœuvres néceſſaires pour les travaux de l'exploitation, leurs prix établis conſtamment depuis pluſieurs années dans le pays de Liége, y ſeront joints.

Les loix, coutumes, police de *Houillerie* au pays de Liége, où elles ſont, que je ſçache, les plus étendues, & forment une Juriſprudence dans laquelle on a pourvu à tout ces loix entrent auſſi dans l'exécution de cette ſeconde Partie.

Les régles ſuivies en Angleterre pour la conduite & l'entrepriſe des ouvrages de *Houillerie*, ſont enſuite examinées dans le même ordre; la plus grande partie de ce qui a trait à ce Royaume, eſt le fruit des voyages, dans leſquels M. Jars a été employé par le Miniſtere dans les mines des pays étrangers.

Les deſcriptions des mines de Charbon de terre & celles de leur exploitation dans quelques pays que ce ſoit, pourroient avec raiſon n'être regardées que comme des tableaux ſecs & ſtériles, ſi elles étoient ſéparées du détail des utilités ſans nombre dont peut être cette ſubſtance; ce point mérite donc de notre part d'être démontré en grand & de la maniere la plus ſenſible.

Comme les différents uſages du Charbon de terre dans les Uzuines, Fonderies, Forges, Clouteries, & autres Manufactures métalliques, dans les Raffineries, les Salines, les Verreries, les Tourailles, les Braſſeries, Fours à briques, à chaux, &c. tiennent immédiatement à la deſcription de chacun de ces Arts, dont quelques-uns ſont déja publiés, & d'autres le feront par la ſuite; je m'en tiendrai à une ſimple énumération de quelques Charbons de terre, mentionnés dans la premiere Partie, pour indiquer la qualité propre à chacun de ces ouvrages, leurs uſages différents, ſoit en mêlant enſemble pluſieurs ſortes, ſoit en y joignant quelque partie de bois. Je laiſſe aux Sçavants qui ſe ſont chargés, ou qui ſe chargeront de décrire l'Art en entier, les détails qui concernent le choix du Charbon, & la maniere de l'y employer.

Si je me permets néanmoins de parler de quelques manieres remar-

quables de l'employer pour quelques ouvrages métalliques, je m'occuperai par préférence à confidérer ce foffile relativement au chauffage ; j'infifterai particuliérement fur tous fes avantages , comme
moyen œconomique, qui n'eft un préjugé que pour les feuls François, principalement dans la Capitale. Je m'étendrai fur tout ce qui
a rapport aux préparations qui font d'ufage à Liége & ailleurs, pour
brûler cette matiere dans les âtres de cheminées & dans les poëles ,
reffource immenfe pour les Hôpitaux , pour les Communautés , les
grands Atteliers , &c.

Je n'ai pas même négligé d'inftruire de quelques ufages particuliers auxquels peut fervir le Charbon de terre, en en féparant l'efpece de poix minérale qui lui eft alliée ; ni de ceux que l'on peut faire
de la cendre de ce foffile , après qu'il a été employé au feu , &c.

Je donne une idée de l'exploitation de quelques mines de France,
fur-tout celles du Forez, de l'Auvergne , du Bourbonnois, dans lefquelles on fouille plus abondamment ce foffile ; j'indique en général
d'après l'expérience , la qualité de la plus grande partie des charbons
qui en proviennent. Ce qui eft connu fur l'exercice de ce commerce
en France, par les réglements fur l'exploitation des mines ou carrieres de Charbon , fur les prix de vente , les frais de tranfport , occu-
pera un article dans cette feconde Partie.

On trouvera une facilité finguliere dans les fpéculations que de nouvelles exploitations pourroient faire naître , en rapprochant cet article de ce que nous avons dit de femblable pour les autres pays, & les
comparant enfemble. Le Spéculateur y acquerra des vûes fages & œconomiques, qui le convaincront que nos mines de charbon peuvent
être d'un produit important pour l'Etat. Il doit auffi avec le temps en
réfulter des idées utiles fur la négligente maniere dont les François
confiderent les mines en général : ils n'attachent au Charbon de terre
prefque d'autre valeur que celle de fervir uniquement pour l'ufage des
Ouvriers ; les yeux fermés fur l'expérience heureufe des autres pays ,
fur le prix exorbitant des bois , (avant-coureur de leur difette ,) &
fur la néceffité de les ménager , ils fe comportent en tout , ou comme
fi le Charbon de terre manquoit dans ce Royaume , ou comme s'il
ne fe trouvoit que dans quelques provinces.

Cette efpece de difcrédit eft d'autant moins réfléchi, que la France
ne le cédant point à cet égard à différentes contrées de l'Europe,

poffede

poſſede tout ce qui peut faire valoir ce don de la Nature : des hommes experts dans l'Hydraulique & dans les Méchaniques, très-capables par conſéquent de ſurmonter les difficultés de l'exploitation ; grand nombre de rivieres navigables ; les chemins, objets de l'admiration & de l'envie des Etrangers, qui rendent les communications & les tranſports ſi faciles (¹) ; que pourroit encore déſirer un Etat, pour profiter avec abondance de cette nouvelle richeſſe ?

La Carte marquée 3, diviſée par Provinces ou par Généralités, ſert ici à montrer celles qui deſtituées, quant à préſent, de Charbon de terre, peuvent en tirer de leurs voiſins par la communication des rivieres ; de cette façon ſe préſente un débouché qui eſt également profitable pour les provinces qui en ont, & pour celles qui en manquent.

Enfin, je me ſuis en tout attaché à ce que les détails que comportent les principaux chefs de mon Ouvrage, y ſoient traités d'une maniere convenable au but que je me ſuis propoſé. Faire ouvrir les yeux ſur cet objet, y exciter le Propriétaire d'une Mine, en lui donnant un tableau clair de tous les uſages auxquels le Charbon de terre eſt appliquable, & qui lui aſſûrent un bénéfice immenſe ; mettre ſur la voie les Entrepreneurs & les Ouvriers, en marquant à chacun leur tâche & leur beſogne ; tel eſt ce but, & il eſt ſans doute conforme au vœu de tout bon Patriote. En un mot, je n'ai rien négligé de ce que j'ai cru propre à inſpirer l'idée de mettre en valeur les mines de Charbon de terre que nous avons en France, & à préſenter un ſyſtême de bonne adminiſtration : c'eſt de-là que dépendront la découverte d'une bien plus grande quantité de Mines de charbon que celles auxquelles on ſe borne, & l'accroiſſement frappant des avantages attachés à cette partie de Commerce.

Pour les apprécier, il ſuffit de jetter les yeux ſur les Arts qui fleuriſſent à la faveur du Charbon de terre, & de conſidérer un inſtant les endroits où ce Négoce fait naître, & entretient les autres branches. Je ne choiſirai qu'un exemple dans chaque.

Nos Serruriers, ces Artiſans ſi utiles pour la ſûreté domeſtique, pour la ſolidité de nos édifices, auroient-ils ſans le Charbon de terre,

---

(1) Avantages de la France par rapport au Commerce & aux autres ſources de la puiſſance des Etats, *paragraphe III. de l'Ouvrage intitulé*: Remarques ſur les avantages & les déſavantages de la France & de la Grande-Bretagne par rapport au Commerce & autres ſources de la puiſſance des Etats; traduit de l'Anglois du Chevalier Joh. Nickolls. *Leyde*, 1754. *in*-12.

porté dans la décoration des jardins & des palais, le goût & l'intelligence qui y regnent : c'est à l'aide de cette substance qu'ils sont devenus rivaux du Charpentier & du Menuisier, de ce dernier sur-tout dont les ouvrages seroient de peu de valeur, si l'art du Serrurier ne les affermissoit. Voilà pour les Arts.

Le Forez & l'Auvergne ne doivent presque ce qu'ils sont qu'à l'abondance de charbon qu'ils fournissent pour l'usage de ces Artisans.

Le seul commerce de cette matiere en Angleterre n'emploie pas moins de quinze cents vaisseaux de cent jusqu'à deux cents tonneaux, & entretient un corps innombrable de matelots.

Le pays de Liége ne tire la plus grande partie de son bien-être que du Charbon de terre : que serviroit à ce pays, semblable par ses productions à l'Angleterre, la quantité de minéraux de toute espece que récele son territoire, s'il ne fournissoit pas en même temps une matiere aussi favorable que la HOUILLE, pour les traiter à peu de frais ? Sans cette matiere, ce pays n'eût incontestablement pas eu pour la fabrique des Armes cette célébrité, dont il a été seul en possession pendant une longue suite d'années ; ce qui a enrichi ou occupé une autre portion de ses habitans presque aussi considérable que celle qui est employée aux Mines de charbon.

Qu'il me soit permis d'ajouter en passant une remarque essentielle ; les divers travaux qu'exige un seul *Bure*, suffisent pour occuper plus de cinquante personnes de tout âge & de tout sexe ; toutes les dépendances de l'exploitation de ces mines font vivre une très-grande partie du menu peuple dont les environs de Liége fourmillent, de maniere que plus de vingt mille ames qui n'ont d'autres moyens de gagner leur vie que le travail des mines, le transport ou la vente de la Houille, deviennent utiles au pays, que cette même multitude surchargeroit si elle étoit dans une inaction forcée. Quelque vif que soit le froid, il n'oblige jamais l'Ouvrier de ce pays d'interrompre son travail. Le pauvre n'y succombe point dans l'hiver aux atteintes d'une saison plus rigoureuse, & toujours plus fatale à l'indigent qu'à tout autre.

Nous ne devons pas plus que ce pays craindre la disette d'Ouvriers, s'il est d'ailleurs facile d'y suppléer : en effet, un métier auquel dans ce pays s'adonnent volontairement tant de bras, peut remplacer plus utilement les peines ordonnées contre les gens désœuvrés

& autres, que les loix condamnent uniquement à perdre leur liberté pour toujours, ou pour un temps limité.

Un très-petit nombre de confidérations de cette nature, mais qui feroient déplacées ici, ne peuvent manquer de frapper un Miniftere éclairé, finguliérement occupé depuis quelques années de grandes vûes fur le Commerce.

L'importance de la matiere une fois développée ou connue, l'intérêt perfonnel fera pour le Poffeffeur d'un terrein de mine & pour ceux qui font néceffaires à l'exploitation, une raifon puiffante de fe feconder mutuellement, & de fe déterminer à chercher de nouvelles fources de richeffe & d'induftrie.

L'homme en place favorifera, protégera le travail & l'exportation du Charbon de terre, par des encouragemens, des libertés, des franchifes.

La cherté du bois ne fera plus un malheur ajouté à la néceffité de fe chauffer : le combuftible moins coûteux & plus confommé qui peut lui être fubftitué, donnera à des familles entieres un fecours efficace contre l'oifiveté & l'indigence. Pendant ce temps nos forêts fe rétabliront, nos Conftructeurs en grand trouveront en France les bois néceffaires à leurs travaux ; de-là la diminution de prix dans la main-d'œuvre ; de-là tous les avantages réels & décidés que procure une jufte balance dans la valeur des chofes néceffaires & utiles.

TABLE DES TITRES.
ART D'EXPLOITER LES MINES
DE CHARBON DE TERRE.

PREMIERE PARTIE.

Du Charbon de Terre et de ses Mines.

CHARBON DE TERRE.

Fin de la Table des Titres.

ART

DU CHARBON DE TERRE

ET

DE SES MINES.

Par **M. MORAND**, *le Médecin.*

PREMIERE SECTION.

Du Charbon de Terre examiné à l'œil nud, en particulier de ceux qui sont d'usage en Angleterre.

ON PEUT définir le *Charbon de terre*, une substance minérale inflammable, de couleur noire ou approchant, plus ou moins solide, plus ou moins friable, tantôt compacte, tantôt feuilletée, dont la partie essentielle est une portion indéterminée de matiere bitumineuse.

Les Naturalistes le nomment en latin, *Carbo fossilis*, *seu Lithantrax. Lithantrax, seu Carbo fossilis. Bitumen fumo, odore tristi, colore atro. Bitumen schisti solidum, Lithantrax. Lithantrax officinarum, Carbo petræus*, parce qu'il s'allume, brûle comme le charbon, & sert aux mêmes usages.

Dans beaucoup de pays, on l'appelle vulgairement *Houille*, en latin *Hullæ, Hyllæ*, dénominations que Ducange dérive d'un ancien mot Saxon, qui signifie *Charbon*, d'où on peut tirer une étymologie plausible du nom de celui auquel on attribue dans le pays de Liege, la premiere découverte de cette matiere (¹).

Les molécules dont la houille est composée, sont des grains dont le noir varie assez dans ses nuances; ils sont quelquefois éclatants, argentins, brillants comme du crystal, quelquefois ternes, & d'un noir matte comme le

---

(1) Cet homme est appellé, *Prudhomme le Houilleux*, ou le *Vieillard Charbonnier*, *Hullosus Plenevallium*, c'est-à-dire, littéralement, le *Char-* bonnier ou *Forgeron de Plenevaux*, village à deux lieues & demie de Liege au-dessus de Sérein.

jayet ; M. Briſſon ni moi, n'avons pu, à l'aide du microſcope, y découvrir ce qui a été apperçu par M. l'Abbé de Sauvages, (¹) qui leur donne une figure cubique : je ne ſerois pas éloigné de croire que ce Phyſicien a pris, pour grains cubiques, les eſpeces de fêlures longitudinales & tranſverſales qu'affecte le charbon de terre, lorſqu'il ſe caſſe, de même que cela ſe voit dans le bois qu'on étouffe pour le réduire en braiſe.

Les ſeuls morceaux d'après leſquels on pourroit porter un jugement ſur la forme de ces molécules, & peut-être même ſur leur arrangement primitif, ſont ceux où le charbon a touché quelque corps étranger, quelque portion du toît ou du plancher, ſans avoir abſolument été gêné ou trop comprimé. Dans ce point de contact, on reconnoît des couches grenues dont les molécules ne ſont pas entiérement unies enſemble, mais ſéparées ſuperficiellement par des traits diſtincts, entremêlés de façon à repréſenter un très-joli ouvrage de Paſſementier. Voyez *Planche V. Figure* 2.

Les molécules dont ce foſſile eſt compoſé en général, paroiſſent anguleuſes ; mais leur diſpoſition diverſifiée à l'infini, empêche qu'on ne puiſſe aiſément en reconnoître la figure. .

Dans quelques Charbons, (c'eſt le plus petit nombre,) ce ne ſont que des grains agglutinés enſemble, ne préſentant qu'une maſſe qu'on prendroit pour un grès noir, coupée par intervalles par une matiere terreuſe, ſolide, qui n'eſt point charbon.

D'autres ſont diſtinctement arrangés par couches, fort brillants, tantôt très-minces, tantôt formant des bandes épaiſſes, dans la compoſition deſquelles il en entre de plus petites, toutes fort brillantes, & agréables à l'œil ; ces bandes, dans quelques charbons, ſont en tout ſens.

Quelquefois, ces lits ſont formés de filaments diſpoſés droit les uns contre les autres, & chaque lit eſt ſéparé par une petite couche de matiere qui n'eſt pas charbonneuſe.

Tantôt ce ſont des faiſceaux de filets plus ou moins déliés, diſpoſés en tout ſens, & formant des maſſifs anguleux. Ces filets ſemblent dans quelques-uns être entremêlés, & comme tricotés.

Quelques morceaux de Charbons ne paroiſſent compoſés que d'écailles appliquées les unes ſur les autres, & placées en différens ſens.

Enfin la tête de ces maſſes, ou la baſe, eſt quelquefois ſaupoudrée d'une pouſſiere fuligineuſe très-fine, qui tache les doigts, comme le noir de fumée, ou comme le charbon de Saule.

Au lieu de cette matiere, on trouve à quelques-uns, un enduit très-brillant, comme d'une matiere qui a été liquéfiée.

<hr />

(1) Suite du Mémoire contenant des obſervations lithologiques, pour ſervir à l'hiſtoire naturelle du Languedoc. *Mémoires de l'Académie, an.* 1747. *pag.* 705.

Il en eſt enfin qui reſſemblent aſſez à une ſcorie, (¹) tantôt impure, tantôt vitrifiée : Voyez les morceaux figurés, *Planche I. lettres A. B. C. D.*=*Pl. III. A. A.* = *Pl. IV. N°. 1. 2. 3. 4. 5.* = *Planche V. fig. 5.*

Les eſpeces ſans nombre de Charbon de terre, qu'on pourroit ramaſſer dans un même canton, & dans divers pays, & qui ſont compriſes ſous ce nom en général, loin d'être propres à fournir une définition exacte de cette matiere, ne la rendent que plus difficile. Dans les ſeules différences que l'œil apperçoit, il préſente des variétés conſidérables, qui, ſans doute n'y ont jetté que de la confuſion, en donnant lieu, ſoit à différentes opinions ſur la nature & ſur l'origine de cette ſubſtance, ſoit à quantité de dénominations, par leſquelles on a voulu déſigner quelques-unes de ces variétés dans une même mine.

Il ſeroit donc à ſouhaiter, qu'on pût comparer enſemble tous ces Charbons auxquels on a appliqué des noms particuliers ; en attendant qu'on ait acquis la collection qui eſt néceſſaire pour remplir cet objet, je donnerai une notice raiſonnée des différens Charbons de terre, qualifiés de noms particuliers, que je me ſuis occupé à ramaſſer depuis pluſieurs années.

Je commencerai par les eſpeces générales, d'uſage à Londres : on ſçait qu'en Angleterre la ſcience de ces mines eſt portée plus loin qu'en Allemagne ; on n'y compte que trois eſpeces de Charbon.

Le Charbon commun, *Common Coal*, (*Planche I. fig. A,*) qu'on nomme Charbon *de Poix*, (qu'ils appellent, *Pitch Kohl*, Charbon foſſile ;) *Stone Coal*, Charbon de pierre ; *Pit Coal*, Charbon de mine ; *Sea Coal*, parce qu'il vient par mer à Londres, communément *Charbon de Newcaſtle*, parce que c'eſt particuliérement de la province de Newcaſtle qu'on apporte dans les provinces méridionales du royaume, & ſur-tout à Londres, tout le Charbon qu'on y conſomme. Il eſt cependant à obſerver, qu'il y en a une grande quantité nonſeulement dans le Northumberland, mais encore dans le Cumberland, & que le Charbon de Somerſetshire, de Gloceſtershire, ainſi que beaucoup d'autres, ſont de cette même eſpece.

Elle eſt deſtinée pour le feu des cuiſines de Londres, & c'eſt preſque le ſeul chauffage employé à tous les ouvrages métalliques d'Angleterre.

C'eſt auſſi celui qui eſt connu preſque généralement ſous le nom de *Charbon de poix*, ou *Charbon de forge*, ou *Charbon de Maréchal*.

M. Zimmerman qui ne diſtingue que deux principales eſpeces de Charbon de terre, relativement à la nature de ce foſſile, (²) appelle *Charbon de poix*, ou *Charbon de forge*, (parce qu'on les emploie principalement pour les ouvrages de forge) tous ceux qui ſont fermes & compacts

---

(1) *Spuma ferri* : Récrément martial. Laitier.

(2) Mémoire ſur les Charbons de terre. *Journal Economique* du mois d'Avril 1751.

dans leur texture, d'une belle couleur noire, ou d'un brun noirâtre, ayant une furface luifante & noire comme de la poix, lorfqu'on les caffe. Ils font pefants en comparaifon des autres, doux, fans donner de fcories, & renferment beaucoup de matieres combuftibles.

La feconde efpece de Charbon, (*Planche I. fig. B,*) qui eft celui dont les gens de condition chauffent leurs appartements, & qu'on apporte en très-petite quantité à Londres, eft le *Scotch Coal,* Charbon d'Ecoffe; il eft formé en bandes féparées par des couches plus petites, mais plus marquées & plus diftinctes, à caufe de leur éclat. Il fe leve en groffes maffes bien folides, d'une texture fine, & ne s'effeuille point en tranches fi luifantes : il eft entiérement bitumineux, brûle librement, en faifant un feu clair, & tombe en cendres.

La troifieme efpece, qu'ils appellent, *the Culm,* (*Planche I. fig. C.*) fe trouve dans le Glamorganshire, & dans d'autres endroits de cette province. C'eft un Charbon fort léger, d'une texture plus lâche, & moins pefante, compofé de filets capillaires, difpofés par paquets, qui paroiffent dérangés en quelques endroits, de maniere à repréfenter dans beaucoup de parties des feuillets affez étendus, très-liffes & très-polis, qui pour la plûpart affectent une forme circonfcrite, en portion de cercle, avec des traits, ou des nuances divergentes.

Ce Charbon eft peu ou prefque point fulphureux; il brûle librement, fait un feu vif, ardent, & âpre.

Dans la Cornouaille, il eft d'un très grand ufage, particuliérement pour la fonte des métaux, à laquelle on l'applique de préférence.

On trouve dans le Lancashire, & le Cheshire, une efpece de Charbon qu'on n'apporte pas à Londres, mais dont je ferai mention ici, parce qu'elle paroît plus propre qu'aucune autre à faire connoître la nature & la compofition de ce foffile : c'eft le *Kennel* ou *Candle Coal,* (*Planche I. fig. D.*) Communément il fert de pierre à marquer, de même que ce qu'on appelle dans les mines d'Angleterre, *le Charbon du toit;* (') il a une verge & deux pouces d'épaiffeur; il s'éleve en groffes maffes très-folides, d'une texture extrêmement fine, & d'un beau noir luifant comme le jayet.

Ce Charbon ne contient aucune portion pyriteufe; il eft fi pur & fi doux qu'on peut le tourner & le polir, pour faire des plateaux d'encriers, des tablettes, & quantité d'autres bijoux : la tabatiere, (*Planche I. fig. 3.*) faite avec un morceau de ce Charbon, laiffe appercevoir des couches concentriques, comme on en trouveroit dans un tronçon de bois. Le feu du Kennel Coal, eft clair

_____

(x) On trouvera la defcription de ce Charbon du toît, à l'article où il fera parlé du *toît* & du *fol des veines.*

&

& blanc ; comme la flamme d'une bougie, d'où peut-être lui vient son nom, *Candle Coal*, à moins que ce ne soit le nom d'un endroit d'Ecosse, Cannel, où ce Charbon est connu, & nommé *Parotte Coal*, *Charbon Perroquet*.

Le Kennel Coal brûle librement, & se réduit en cendres; le Charbon qu'on exploite au Nord de la province de Leycester, que l'on dit tenir de la nature d'un bitume durci, pourroit être de cette espece.

Soit que ces quatre Charbons doivent réellement être distingués entr'eux, à raison de leur qualité, ou qu'ils soient les bancs les plus confidérables dans les mines; il paroît qu'on peut comprendre dans cette division toutes les autres especes, qui en général ne font réputées que des couches de peu de conféquence, ou l'encroutement des autres. Cependant quelques-unes de ces couches, remarquables vraifemblablement par des qualités fenfibles, ont obtenu des noms particuliers ufités feulement parmi les ouvriers de mines. On aura occafion de connoître ces variétés dans la fuite de cet ouvrage, notamment par la defcription des couches de Charbon de terre de Mendip au Comté de Sommerfet, & de celles du Comté de Stafford.

SECONDE SECTION.

Comparaifon de la Houille avec le Charbon de bois foffile.

L'EXAMEN de différentes Houilles, ou Charbons de terre, ne permet pas de douter que ce foffile ne foit une concrétion de matiere bitumineufe, qui s'eft féparée des entrailles de la terre, & qui s'eft diverfement réunie, durcie, confondue avec des fubftances terreufes ou pierreufes, falines, pyriteufes, métalliques, ou même avec des débris de végétaux qu'elle a rencontrés; on eft à portée d'en reconnoître fréquemment des traces à la fimple vûe, & fur-tout des dernieres fubftances.

Ces idées tirées de la feule infpection *du Charbon de terre*, fembleroient exiger que l'on s'arretât ici à fon origine & à fa formation; que l'on examinât fi c'eft un foffile natif ou étranger au globe ; mais je m'en tiendrai fur ces points de difcuffion qui méneroient trop loin, à renvoyer à des Auteurs qui les ont le plus approfondi, & à comparer les Charbons de terre avec les bitumes folides; j'obferverai feulement en paffant, que cette compofition du Charbon de terre eft fenfible dans quelques efpeces, ou dans quelques variétés; que d'ailleurs, outre les impreffions de plantes, affez communes dans le toît de ces mines, on rencontre fréquemment dans leur voifinage, ou dans les fouilles qu'entraînent leur exploitation, des portions de bois, & même des arbres entiers.

Auprès de Luxembourg, à peu de diftance des mines de Charbon de

CHARBON DE TERRE. B

terre, dans un pays abondant en Schiftes, on trouve beaucoup de bois pétrifiés.

M. l'Abbé de Sauvages fait mention dans les Mémoires de l'Académie ([1]), de fragmens de bois pierreux, fortement incruftés du côté de l'écorce d'un ou deux pouces de Charbon de terre, dans lequel s'étoit faite cette pétrification.

Il eft très-ordinaire de trouver au-deffus des mines de Houille, du bois qui n'eft point du tout décompofé; mais à mefure qu'on le trouve enfoui plus profondément, il eft fenfiblement plus altéré.

A Brull près de Cologne & de Bonn, M. de Bury, fameux Houilleur de Liege, en faifant fouiller dans un vallon, trouva une efpece de *Terre Houille* qui n'étoit autre chofe que du bois, qui avoit été couvert par une montagne de terre.

Il y a plufieurs mines dans lefquelles on ne peut méconnoître des troncs & des branches d'arbres qui ont confervé leur texture fibreufe, compacte, comme on en trouve à Querfurt, dont la couleur eft d'un brun-jaunâtre : Dans la Planche X. fig. 5. j'ai fait repréfenter un de ces morceaux de bois tiré par M. D'arcet ([2]), de la mine de Charbon de terre qui eft près le Wentercaftle ([3]): il eft plus dur, plus ferré & plus noir que celui qu'on rencontre dans toutes les autres mines des environs; il appartenoit à un tronc dont le diametre étoit bien égal à celui d'un grand mât de vaiffeau de 400 tonneaux : ce tronc étoit implanté dans l'argille, tout-à-fait à l'extrémité, & hors de la mine; la partie fupérieure étoit du vrai Charbon de terre abfolument femblable à celui de la mine, tandis que la partie de deffous de ce même tronc étoit encore bois, & ne fautoit pas en éclats comme celle de deffus : mais elle fe fendoit, & la hache y étoit retenue, comme elle a coutume de s'arrêter dans le bois.

Outre ces troncs d'arbres épars, ces débris de bois qu'il n'eft pas rare de trouver quelquefois en affez grande quantité dans les environs des mines de Charbon de terre, comme ailleurs, il eft des endroits où on ne connoît pas de ces dernieres mines, & où l'on rencontre à une grande profondeur des amas de bois foffiles, difpofés par bancs, féparés les uns des autres, par des lits terreux, & qui préfentent en tout des foupçons raifonnables, d'un paffage de la nature ligneufe, à celle de la Houille, d'une vraie tranfmutation de bois en Charbon de terre; c'eft ce que les Allemands appellent *Holtz Kohlen*; devant la ville d'Afcherleben, il s'en trouve qu'on nomme *Charbon de Bois brun* ([4]).

(1) Mémoire fur différentes pétrifications, tirées des Animaux & des Végétaux. An. 1743. pag. 413.

(2) Docteur Régent de la Faculté de Médecine de Paris, Médecin des camps & armées du Roi.

(3) Château du Prince Landgrave de Heffe, à deux petites lieues de Caffel.

(4) Effai d'Hiftoire naturelle des Couches de la terre; par Lehmann, tom. III. pag. 51.

En France, on trouve de ces Charbons foffiles près d'Alais, dans le fond de quelques ravines (¹).

ARTICLE PREMIER.

Mine de Charbon de bois foffile de France.

ENTRE Bourg-en-Breffe & Lons-le-Saunier, à un quart de lieue environ & au couchant de Cuizeaux, au bas de cette chaîne de montagnes qui règne depuis Lyon jufqu'à Strafbourg, fur la grande route qui conduit de l'une de ces deux villes à l'autre, M. Fontaine, Penfionnaire vétéran de l'Académie des Sciences, a rencontré une de ces forêts fouterreines, dont il a fait apporter à Paris une grande quantité prife au hazard, que nous avons été chargés, M. Macquer & moi, d'examiner.

Nous y avons reconnu deux fubftances différentes l'une de l'autre.

La premiere eft décidément du bois qui s'eft confervé en terre dans fon état naturel; il s'y en trouve dont la couleur tire fur le brun; d'autre eft entiérement noir; d'autre n'a éprouvé aucune altération dans l'affemblage des fibres qui compofent le corps ligneux, dans les nœuds qu'elles produifent, dans leur poids & dans leur couleur: le parenchyme de l'écorce qui a été pourri, eft remplacé dans ces morceaux de bois foffile par une matiere fabloneufe qui tient fortement au bois, dont il eft recouvert. Ces morceaux, dont le corps ligneux eft dans fon intégrité, brulent bien, & fe convertiffent au feu en un bon & véritable Charbon végétal.

Il s'y trouve des portions qui font encroûtées d'une affez grande quantité d'un maftic groffier, imparfait & très-mélangé, auquel ces morceaux font très-adhérents, & dont on a de la peine à les détacher.

Dans plufieurs échantillons, on trouve des portions dont les fibres ligneufes font interrompues dans leur continuité, & réduites en une matiere charbonneufe, qui fe détruit fous les doigts, en les tachant comme fait le Charbon de Saule.

Nous y avons rencontré un morceau très-curieux dans les changements qu'il a fubis: les fibres ligneufes y font encore fenfibles dans leur difpofition; mais la totalité a contracté une minéralifation complette; toutes les extrémités de l'enfemble de ces fibres, font noires, brillantes comme le jayet le plus poli, ainfi qu'on le voit dans quelques caffes de légeres couches de bon Charbon de terre; le morceau eft extrêmement pefant, comme les morceaux connus de bois pétrifiés.

La feconde fubftance eft purement terreufe, & formée en grandes maffes, de couleur noirâtre, très-pefante, très-compacte dans fa totalité, au point

(1) Mémoire contenant des Obfervations de lithologie, pour fervir à l'Hiftoire naturelle du Languedoc, par M. l'abbé de Sauvages, Mém. de l'Acad. des Sciences. an. 1746. pag. 720.

de ne pouvoir être brifée que difficilement, même avec l'inftrument. Néanmoins une courte macération dans l'eau, défunit affez promptement les molécules qui la compofent fans aucun ordre régulier, & alors ce n'eft plus qu'une terre femblable à la terre fangeufe & bourbeufe qui fe trouve dans les marécages.

Elle eft remplie d'une quantité prodigieufe de débris de coquilles, dont le plus grand nombre appartient à une feule & même efpece de limaçons fluviatiles, & univalves.

Si l'on enleve cette portion teftacée d'un morceau qui n'a pas trempé dans l'eau, la matiere qui s'y eft moulée, fe trouve enduite d'un vernis noir très-brillant, dont on retrouve de temps en temps dans le refte de ces maffes, de petites lames très-minces, mais bien diftinctes & bien fuivies.

Nous avons remarqué à prefque tous ces morceaux une partie qui en differe effentiellement : elle eft très-peu mélangée de coquilles, & tire davantage fur la couleur noire. Elle fait corps avec elle, de l'épaiffeur de quelques pouces, & eft fenfiblement formée par couches qui font gercées profondément, & éclatée dans une étendue confidérable, comme cela fe voit fur l'écorce malade des gros arbres. Nous jugeons auffi que cette couche eft végétale comme la premiere fubftance que nous avons décrite ; que c'eft fon écorce qui a perdu fa contiguité avec le corps ligneux, & qui tient à cette feconde fubftance coquilliere : les endroits où ces lames font caffées laiffent appercevoir des filets diftincts & bien fuivis d'une fubftance liffe, polie, noire, brillante, entiérement femblable à du jayet.

ARTICLE SECOND.

Mines de Charbon de bois foffile en Allemagne.

DANS plufieurs endroits de l'Allemagne, entr'autres à Saalfeld, près de Heiligenbronn, de Gonderfdorf & de Waldaubach, au pays de Dillembourg, & en plufieurs endroits du voifinage, ainfi que dans la Wétéravie, au-deffous du village de Bettenhaufen, dans un terroir tout dépourvu de bois, on a découvert de ces mines de bois foffile, connu fous le nom de *Holtz-Kohlen.*

Les contrées où on en trouve font pour la plûpart hériffées de montagnes éloignées de près de fept lieues de la Lahn, & de 12 ou 15 lieues du Rhin, & il n'y a pas d'autres fleuves plus proches dans ces environs.

Ces Charbons de bois font couchés fous terre, de la hauteur d'un degré jufqu'à 10, diftribués non par veines, mais par laves, par bancs, & par couches, comme les vrais Charbons de terre : les montagnes qui les renferment, ne font pas efcarpées, mais font en pente douce, & l'on

y découvre

y découvre les Charbons de bois, tantôt au pied, tantôt vers le milieu, tantôt au fommet de la montagne.

Ceux de Breitfcheid au pays de Dillembourg, font fitués fur la plaine du fommet, quoiqu'à environ deux, trois, quatre, jufqu'à 5 *lachters* fous terre. (¹)

Ceux de Hoen, pays de Naffau, font élevés de 9 lachters, au-deffus de la riviere.

Ceux de Bach, même canton, fe trouvent au pied de la montagne, tout près de la riviere.

Les Mémoires de l'Académie Royale des Sciences de Paris (²), font mention de cette derniere mine du pays de Naffau; j'en donnerai ici la defcription, en faveur de ceux qui voudroient comparer ces mines avec celles de Charbon de terre. Ce Mémoire a été dreffé fur les lieux, par ordre du défunt Prince d'Orange, à la requête de M. Allamand Profeffeur de Philofophie à Leyde, qui a bien voulu m'en communiquer la copie.

ARTICLE TROISIEME.

Difpofition des bancs de Holtz-Kohlen *dans la Mine de Hoen, & de Stockhaufen, Comté de Naffau.*

« LES mines de *Holtz-Kohlen*, ou *Charbon de bois foffile*, trouvées aux
» différents endroits du pays de Naffau, & aux environs, font à Hoen, & à
» Stockhaufen, fur le territoire de Hadamar, à Marienberg; à Bach, dans
» le territoire de Beilftein, & à Breitfcheid, au pays de Dillembourg, les
» quatre premiers endroits font éloignés l'un de l'autre d'une demie ou trois-
» quarts de lieue jufqu'à une lieue; le dernier endroit eft éloigné des pre-
» miers de 4 jufqu'à 5 lieues.

» La mine de ces Charbons, en plufieurs endroits, confifte en 2 ou 3,
» même 4 bancs nommés *Fletz*, dont les inférieurs font ordinairement les
» p us riches.

» A Hoen, toutes les couches font à peu-près de la hauteur de 2 lach-
» ters (³), le banc le plus fupérieur eft épais de 4 pieds : il eft couvert d'u-
» ne argile bleue, de l'épaiffeur d'un pied.

» Deffous eft une autre couche de Holtz-Kohlen, d'environ trois pieds;
» cette couche eft furmontée d'une argile bleue, jaune ou noire d'un, ou
» d'un pied & demi.

» Suit une troifieme couche de Holtz Kohlen, d'environ deux pieds; celle-
» ci eft couverte d'argille comme les autres; & on parvient à la quatrieme

---

(1) *Lachter*, mefure de 7 pieds.
(2) Obfervations de Phyfique générale. Année | 1750. pag. 35.
| (³) ou 14 pieds.

» couche de Holtz-Kohlen, qui n'a qu'un pied d'épaiſſeur ; elle eſt enduite
» d'une mince couverture d'argille, laquelle eſt ſuivie du toît, nommé auſſi le
» *Pendant* formé par une argille ferme & blanche, ou par une terre ſabloneuſe.

   » A Bach, les couches ſont ſituées comme les précédentes, à la profon-
» deur de deux pieds ſous la ſurface de la terre, avec cette ſeule différence,
» que celles-là ſont au milieu, celles-ci au pied de la montagne où elles ſe
» trouvent.

   » Quand, en cet endroit, on eut percé le lit ſur lequel repoſe la couche
» la plus baſſe appellée *Sohle* (¹), à la profondeur de quelques lachters, &
» que l'on eut trouvé qu'il y avoit encore ſous cette ſemelle d'autres couches,
» on jugea qu'elles augmenteroient à meſure que la montagne s'élève, &
» ayant ôté une partie de la ſurface, on avança plus avant en terre, & l'on
» trouva en effet les couches de la hauteur de huit pieds, devant la *Ruſche*.

   » Les couches ou bancs de Holtz-Kohlen, augmentent ordinairement à
» proportion avec la hauteur intérieure des montagnes ; de ſorte néanmoins,
» que cet accroiſſement ſe renferme entre un & deux dégrés, & lorſqu'on y
» avance par le *ſtolle* (²) juſque ſous la ligne horizontale de la montagne,
» ces couches vont en diminuant par les mêmes dégrés que la montagne
» approche de ſes pentes extérieures, de manière qu'elles donnent ſur la ſe-
» melle de l'autre côté de la montagne ; cependant ces Holtz-Kohlen avan-
» cent dans les montagnes régulièrement comme les autres couches, &
» ne s'y trouvent que rarement diſperſés ſans ordre, & par tas.

   » On n'a pas encore trouvé la fin de ces couches, de manière à pouvoir
» reconnoître juſqu'où elles s'avancent : on n'a pas encore trouvé non plus
» où elles donnent ſur la ſemelle, parce qu'il faudroit des ſtolles plus pro-
» fonds, & plus diſpendieux.

ARTICLE QUATRIEME.

De la manière dont on tire les Holtz-Kohlen.

   » On n'a encore tiré ces Charbons, que par des ſtolles, ſans pouſſer les
» travaux par des galleries dans les montagnes ; on les a cherchés par des ſtol-
» les avancées ſur la face ou la pente de la montagne, autant que les
» terres ont pu ſe ſoutenir ; mais comme les couches ne ſont pas bien ap-
» puyées, & que pour la conſervation des mines, il faut laiſſer pluſieurs piles
» de Charbon pour le ſoutien de la montagne, on a commencé les travaux
» à Bach en levant la ſurface de terre, qui n'a en cet endroit que 2 lachters
» d'épaiſſeur, ſur la première couche des Holtz-Kohlen.

   » On a pouſſé enſuite une ſtolle dans la montagne ſur les Charbons à en-

(3) Semelle, ou *Couchant du Charbon.*
(2) Foſſe, ou menée ſouterreine.

» viron 5 jufqu'à 10 lachters de profondeur, & on a pris les Charbons tels
» qu'ils fe trouvoient devant le ftolle.

» Pour continuer, il faut avancer le ftolle, & après l'avoir couvert de
» pierres, on continue d'enlever la furface de la terre jufqu'aux Charbons, &
» on prend de haut en bas les Charbons, jufqu'à la femelle du ftolle ; &
» en continuant toujours de lever la furface, & de remplir le vuide par der-
» riere, on pourfuit la recherche des Charbons autant que l'on peut avancer
» les ftolles, fans trop grande difficulté, qui fe rencontre en ôtant la furface,
» dont l'épaiffeur augmente toujours ; & lorfqu'il n'y a plus moyen de la le-
» ver, il faut alors tirer les Charbons hors de la montagne, par en haut,
» & établir des *Schachts* ou Puits.

ARTICLE CINQUIEME.

Nature des Holtz-Kohlen.

» CES Charbons font de différentes efpeces, & diftingués autant par
» leurs couleurs, que par leurs propriétés.

» Il y en a de durs comme du bois, bruns, mêlés de fouffre fubtil.

» D'autres font tout noirs, mais moins durs, & pénétrés d'un foufre affez
» groffier.

» On préfere ceux de la premiere efpece à caufe de leur dureté & de leur
» foufre fubtil, qui fait qu'ils brulent mieux, & fans répandre tant de mauvaife
» odeur.

» La derniere efpece eft moins bonne à bruler, & a une odeur exceffive
» de foufre.

» Quand ces Charbons font amenés à l'air, ils fechent dans une heure
» de temps, fans changer de beaucoup, & fans diminuer de poids : mais quand
» on les expofe trop long-temps au foleil, fans les mettre à couvert, ils com-
» mencent à fe fendre en morceaux ; en moins d'un an ils fe confument d'eux-
» mêmes, en fe réduifant en poudre : tandis qu'au contraire, la pluie & l'hu-
» midité ne leur font rien, brulant également bien, fecs ou humides.

» Ils font pefants, & propres pour le ménage de ceux qui demeurent à la
» campagne, où leur mauvaife odeur eft plus fupportable ; car en communi-
» quant beaucoup de chaleur, ils font en même temps d'une affez longue
» durée.

» Les autres Charbons que l'on appelle communément *Charbons de bois*,
» font au contraire de peu d'ufage, tels qu'ils fortent de la terre : mais quand
» ils font à demi-brûlés, comme on fait pour le vrai Charbon de bois, ils
» deviennent très-propres à l'ufage des Serruriers, & jufqu'ici je n'ai trouvé
» entr'eux d'autre différence, finon que les Charbons foffiles font plûtôt
» confumés par le feu du foufflet, & qu'ils laiffent plus de craffe.

» Lorfqu'on a brûlé à demi ces Charbons foffiles, comme on le pratique
» à l'égard des vrais Charbons de bois, on a remarqué qu'ils ont diminué
» d'une troifieme partie de leur poids, & de la moitié de leur quantité. »

Quelques Auteurs mettent ces fubftances ou bois foffiles, au nombre des
vrais Charbons de terre ; ils ne leur donnent pas d'autre nom : & lorfque
George Willing diftingue ceux - ci en *Charbon de jour*, en *Charbon de*
toît, & *Charbon de poix*, il fait de la feconde efpece, une defcription,
qui relativement à fes couches, à fa furface, à la femelle, fe retrouve exactement dans les Charbons de Wefterwald. Il remarque que ces Charbons
de toît ou de bois, font affez fouvent changés dans les endroits les plus profonds, en véritables, bons & gros Charbons de terre ou de poix (¹).

Quoi qu'il en foit, il eft évident que ces efpeces de mines de Charbons
foffiles, appellés quelquefois indiftinctement *Charbons de terre,* ne doivent
pas être confondus avec les mines dont il s'agit ; elles ont à la vérité enfemble beaucoup de rapport, par la couleur, l'odeur de leur fubftance, par
leur difpofition réguliere en bancs, par les terres argilleufes interpofées entre chaque banc, par les fels alumineux qu'on en tire, en les faifant bouillir,
ou qu'on obtient de leurs cendres, principalement après les avoir laiffé quelque temps expofés au foleil, enfin par le maftic bitumineux, qui dans les
Charbons de bois foffiles, fe trouve mêlé à une fubftance vraiment végétale ;
mais ils en different auffi par des caractères effentiels ; leur bitume eft toujours plus fec & moins gras, que celui des Charbons de terre, *Steen-Kohlen,*
les matieres terreufes ou végétales enveloppées ou pénétrées par ce bitume,
n'ont point été altérées ; elles n'ont pris aucune configuration, aucune nature qui leur foit étrangere ; enfin il eft d'obfervation conftante, que ces
Charbons de bois foffile, *Holtz-Kohlen,* fe rencontrent plus près de la fuperficie, que les Charbons de terre, qui font en général enfouis plus profondément, dont les couches fe trouvent toujours dans une pofition telle que fes
bancs occupent la partie la plus baffe, & la plus inférieure du terrein, & les
bancs fchifteux occupent la partie du milieu.

Quelques Auteurs penfent que ces amas de bois foffiles peuvent conduire

(1) Traité fur la génération des métaux & des
minéraux, par George Willing. *pag.* 28. *Sect.* 28.
Il y a ordinairement trois fortes de ces Charbons, Charbon de jour, *Tag Kohlen* ; Charbon
de toît, *Dach Kohlen* ; Charbon de poix, *Pech*
Kohlen.
La feconde efpece, qui s'annoblit dans les
montagnes, & devient un Charbon gras de la
troifieme efpece, appellée *Charbon de poix*,
contient un foufre groffier ; ils font mieux coa-
gulés de fels, mêlés d'une argille plus épurée ;
leur corps en eft d'autant plus durable & ferré ;
ils font différents felon la différence de l'argille
dont ils font compofés : quand celle-ci eft jau-

nâtre, le Charbon devient brun & femblable
au bois pourri dans la terre, ce qui le fait auffi
appeller *Charbon de bois* : l'argille entre bleue
& blanche, fournit des Charbons plus bruns,
& qui tirent fur le noir. Quand l'argille eft noire,
& de couleur de fer, le Charbon fera auffi noir :
ces Charbons de toît, *Dach Kohlen,* font affez
propres à l'ufage des Maréchaux, & autres :
pour les rendre meilleurs & plus durables au feu,
on les pile, & on les pétrit avec une argille bien
imprégnée de bons fels ; leur femelle eft ordinairement compofée d'une pierre argilleufe, graffe,
& quelquefois fabloneufe, felon la nature des
montagnes.

à trouver

à trouver du Charbon de terre ; que si ces Holtz-Kohlen ne sont pas encore Houille , c'est qu'ils ne sont pas assez profondément en terre , pour que le bois ait été décomposé jusqu'au point nécessaire, qui fait le vrai Steen Kohlen ; mais cette prétention ne paroît nullement fondée, si l'on fait attention qu'il se rencontre assez souvent du bon & vrai charbon de terre très-peu avant en terre & quelquefois même assez près de la surface, comme on le verra dans la suite.

Il paroît plus naturel de chercher la cause qui a empêché ces Charbons de bois fossile de devenir vrais Charbons de terre dans les différentes substances terreuses , salines ou bitumineuses dans lesquelles ils se sont trouvés , & qui ne sont point de nature propre à opérer cette minéralisation ou même qui l'empêchent

C'est essentiellement, par cette partie bitumineuse qu'on peut rapprocher les Holtz-Kohlen des Steen Kohlen ou Charbons de terre ; c'est par cette partie constituante commune , qu'ils donnent à l'analyse les mêmes produits.

ARTICLE SIXIEME.

Analyses de Charbons de bois fossiles.

D'après Wallerius (1) les Charbons fossiles donnent à la distillation une liqueur phlegmatique, un esprit sulphureux très-acide , une huile ténue semblable à celle du naphte , une huile plus grossière qui ressemble au Pétrole , laquelle tombe au fond de la précédente, & passe à la distillation lorsqu'on donne un feu violent, un sel acide semblable à celui du Succin & une terre noire qui reste dans la retorte, qui n'est plus inflammable & qui ne donne plus de fumée.

M. Monti (2) prétend que non seulement l'huile des Charbons fossiles à, comme on en convient , un rapport décidé avec l'huile de Succin, mais encore que la résine qui provient de sa distillation , est semblable à celle du Gayac , & peut être , comme elle, appliquée aux usages de la Médecine.

Quant au Sel volatil qu'on obtient par la distillation des Charbons fossiles , à la derniere violence du feu (3) , « il est aussi semblable à celui du Succin, qui est un sel volatil acidule , faisant effervescence avec les alkalis » ; » mais on ne peut nier qu'il y ait aussi un sel urineux. »

Je joins ici l'analyse que nous avons faite M. Macquer & moi, du Charbon de bois fossile de Cuizeaux : l'existence d'un bitume y est incontestable, il s'allume aisément au feu, ainsi que le bois fossile, dont il est une dépendance ;

---

(1) Introduction à la Minéralogie , par Vallérius , traduite par le Baron d'Holback , tom. 1. pag. 360.

(2) Comment. Bononiens. Tom. III.
(3) Note de Wallerius à la page 82. des Tentamina Chimica de Hyemæ.

il donne une flamme bleue en jettant d'abord une odeur de foufre abfolument pareille à celle de quelques charbons de terre. A cette odeur qui fe développe promptement, en fuccede bientôt une autre, qui eft une efpece d'odeur de Succin très-pénétrante, & d'autant plus furprenante, qu'elle devroit fe diffiper promptement, attendu la petite quantité de bitume qui eft confumée.

Le feu prompt de cette matiere, n'eft pas fi vif que celui du Charbon de terre ; elle s'y éclate en petites parcelles, & ne peut pas fouffrir l'eau.

Ayant voulu l'effayer par comparaifon avec les effets du Charbon de terre pour la forge, nous avons trouvé que la foudure ne prend que par fils, encore très-difficilement & d'une maniere pénible pour l'ouvrier.

La maffe foliacée qui refte après avoir éprouvé l'action du feu, donne une vraie fcorie, feulement plus légère que celle du Charbon de terre, entremêlée d'une Chaux rougeâtre fcorifiée à la furface.

Les portions qui contiennent beaucoup de coquilles après avoir paffé au feu, font effeuillées comme certaines argilles, & feroient auffi compactes, fans cette matiere teftacée, dont elles font femées.

Un morceau de cette maffe foliacée jetté dans l'eau y a fifflé, comme feroit un morceau de chaux médiocrement vive.

L'eau s'eft couverte d'une fleur ou pellicule pareille à celle qui couvre les eaux de chaux ordinaires.

Après quelques heures, cette eau a pris une couleur verdâtre approchante de celle du foye de foufre préparé avec l'eau de chaux.

Une fpatule d'argent y ayant été plongée, s'eft noircie ; & tant les alkalis que les acides en ont précipité, les uns une terre calcaire, les autres un véritable foufre.

Aucun des moyens connus n'a pu y faire reconnoître de l'alun & du vitriol.

Quoiqu'il ne fût pas befoin d'expériences chymiques pour y découvrir la terre calcaire, nous avons cependant mis un morceau de cette fubftance terreufe dans l'acide nitreux affoibli ; l'argille, ainfi que le bitume, y font demeurés intacts. La partie calcaire s'y eft diffoute, & elle a été précipitée avec un alkali fixe.

Enfin nous avons mis une livre de cette matiere dans une bonne cornue de grès, & ayant porté le feu par degrés, jufqu'à faire rougir cette cornue pendant une bonne heure ; nous avons obtenu en trois portions différentes quatre onces de liqueur, & tout au plus demi-once d'huile analogue à celle que fourniffent plus abondamment les Charbons de terre.

Les liqueurs étoient en différents degrés, affez fenfiblement alkalines pour verdir le fyrop violat ; cependant en y verfant de l'alkali fixe ou de la chaux vive, il fe developpe une odeur urineufe plus forte & plus abondante, ce qui montreroit que cet alkali volátil, foupçonné par l'action du fyrop violat, y eft en grande partie fous la forme ammoniacale.

Le réfidu de la diftillation pefoit près de 12 onces ; nous l'avons calciné dans une cuiller de fer, & il s'y eft comporté précifément comme la maffe reftante de la combuftion à la forge, & y a préfenté les mêmes phénomenes.

Si on ne peut établir une comparaifon abfolument fuivie, entre les mines de Charbon de terre & ces amas de bois foffiles, confervés par du bitume, on ne doit pas davantage mettre au rang des Charbons de terre quelques fubftances terreufes, combuftibles, qui donnent au feu la même couleur, la même odeur. Libavius s'eft déterminé fur ces reffemblances, à compter parmi les Charbons de terre, la terre appellée communément *Terre de Cologne*, parce qu'elle vient de cette ville, plus connue cependant fous le nom de *Terre d'ombre, Umbra obfcura fufca*. Cette terre d'un brun-foncé, qui eft une efpece de dépôt ocreux, ordinairement noirâtre & un peu bitumineux, ne fe rencontre pas uniquement à Cologne. Aux environs de Theu, dans le Marquifat de Franchimont, au pays de Liége, on en trouve un lit de 4 pouces d'épaiffeur entre des rochers. Les Actes de l'Académie de Stockholm, tom. II. pag. 88. renferment une analyfe très-détaillée de cette terre de Cologne, qui eft appellée par Wormius *Creta Umbria*.

Pour la terre combuftible, nommée en Ecoffe, *Moffe Earth, Peat, Turf,* dont il eft parlé dans les Tranf. Phil. ce n'eft pas une Houille.

TROISIEME SECTION.

Parallele entre les Bitumes folides, & le Charbon de terre.

Quant à la claffe à laquelle on peut rapporter le Charbon de terre, tout concourt à le faire ranger dans celle des *Bitumes folides* : ce nom eft donné à des matieres inflammables & concretes, qui ont féjourné dans les entrailles de la terre, & qui font impénétrables à l'eau.

L'Hiftoire naturelle de plufieurs mines, telles que celles de Goflar, des Carrieres d'alun, d'ardoifes, des mines de fel commun, de fel gemme, & de plufieurs eaux minérales, qui contiennent du bitume, fait connoître qu'il y a quantité d'efpeces différentes de ce foffile répandues dans tout le globe [1]. Les anciens Naturaliftes font mention d'un affez grand nombre, fur lefquels ils étoient partagés de fentiments ; la plûpart de ces fubftances telles que l'Ampelitis, la pierre de Thrace, le Spine, & plufieurs autres, n'étant au-

[1] Elém. de Chimie, fuivant les princ. de Becher, de Stahl, traduit du latin de Juncker, par M. de Machy, tom. IV. pag. 252.

jourd'hui connus que par les defcriptions qui en font reftées, l'obfcurité n'a
fait qu'augmenter.

Ce que l'on peut dire, c'est que les Anciens regardoient les Houilles de
Liege, qu'ils appelloient *terra Ampelis*, comme une efpece d'ambre ; quelques-
uns ont pris la pierre de Thrace pour le Charbon de terre ; d'autres pour
une efpece de Jayet. On les paffera ici en revue, afin d'en rendre la comparaifon plus aifée.

La terre médicamenteufe, appellée *Terre Ampelite* ou *Pierre noire* ; Swartz-Steen
of Aarde, par les Latins *Succinum nigrum, Ampelitis*. Agricol. *Terra Ampelitides, terra
Pharmacites ; Pharmacitis, terra bituminofa foffilis*, Wallerii, tom. I. pag. 359. eft
une terre opaque, feche, folide, qui fe trouve dure dans quelques endroits,
plus tendre dans d'autres ; elle n'eft pas fufible, mais elle eft facile à s'enflammer, & en brûlant donne une flamme vive, blanche, & brillante ; elle eft
noire comme de la poix, d'un brillant doux, & d'une teinte qui n'eft pas
auffi foncée ni auffi brillante que le jayet ; elle ne fermente pas avec l'eau-
forte ; elle repréfente de longs Charbons ; elle eft aifée à fe fendre par éclats :
lorfqu'elle eft broyée, elle fe fond aifément, fi on y met de l'huile ; ce qu'on
appelle *Pierre noire* ou *Pierre à marquer, Craye noire* (¹), qui fe trouve dans quelques parties de l'Angleterre, & près d'Alençon en France, en eft une efpece.

Il y a de ces pierres noires, dont la dureté eft fupérieure à celle du jayet,
qui reçoivent le poli, & pourroient être employées à différents ouvrages
d'ornement ; on pourroit croire que celles-ci font l'*Ampelitis*, & que les autres
qui lui reffemblent, mais qui font plus tendres, font celles qu'on a appellé
Ampelitides.

Ces propriétés, ou du moins quelques-unes, rapprochent l'*Ampelitis* du *Lapis Hybernus* (¹), de la pierre que Wormius nomme *Pnigites* (³), qui eft décrite par Pline & par Diofcoride ; enfin, on trouve dans les propriétés de
ces différentes pierres *Ampelites* & *Ampelitides*, de l'affinité avec l'efpece de
Charbon de terre d'Angleterre, qui peut être poli, fculpté, & gravé, fur
lequel je reviendrai en fuivant la comparaifon que j'en fais avec les fubftances
folides.

Le Jays, Geeft, Jayet, *Gagathes Diofcoridis, Pnigitis Strabonis, Gagathes, &
Succinum nigrum officinarum, Gagas, Obfidianus lapis ; Gemma Samothracea Plinii.
Bitumen duriffimum, lapideum nigrum*. Waller. tom. I. pag. 363, G. Berg-Wachs.
En Anglois *Agaat Steene*, eft une fubftance dure, feche, luifante, d'un beau
noir, brûlant comme de la poix, en donnant une fumée épaiffe.

Cette matiere fe trouve en Angleterre, dans les mines de Charbon, d'où

---

(1) *Fiffilis mollior, friabilis, pictorius. Nigrica.
Creta nigra, Creta fuliginea*. Worm. Craye de fuie.
Angl. *Black lead*. Wadt. Zwarte Kryte.
(2) *Tegula Hybernica*. Irish Slate. Pierre d'Irlande. Le célebre Fuller la fait entrer dans une poudre compofée, réfolutive.
(3) *Pnigites* offic. *Terra pnigites*. Aldovrand. Angl.
Black earth. B. Zwarte aerde. Terre noire.

l'on peut

l'on peut préfumer qu'elle tient de la nature de ce dernier ; il y en a auffi à Moon, en Baffe-Normandie, à trois lieues de Littry, où il y a une mine de Charbon de terre.

D'après la defcription des Anciens, leur jayet reffemble à du bois pourri ; on trouve en effet de cette matiere, dont l'intérieur reffemble fort à une écorce de bois ; Wormius ne regarde le jayet que comme une efpece d'*Ampelitis*, qui n'en differe que par la dureté. Ce même Auteur prétend que le diamant de Samo-Thrace de Pline ('), n'étoit pas autre chofe que le jayet poli & travaillé ; ainfi que la pierre de Thrace de Nicandre, & la pierre d'Ethiopie nommée *Verre Obfidien & Pierre Obfidienne*, dont parle le même Pline (').

Dans la province de Stafford, en Angleterre, on croit que le Charbon de terre eft cette Pierre Obfidienne des Anciens : toutes ces différentes opinions ne peuvent être éclaircies que par la vûe de ces matieres, dont la plûpart font inconnues ; tout ce que l'on peut en dire, c'eft que pour ce qui eft du Verre Obfidien, ceux qui croient que c'étoit un Charbon de terre, font abfolument dans l'erreur ; la Pierre Obfidienne gravée, antique Romaine, trouvée à Rome en 1760, & deux autres petits Bijoux de cette matiere, qui fe voyoient dans le riche Cabinet de feu M. de Caylus, font d'une matiere vifant à la diaphanéité, & qui peut-être ont été vitrifiées ; elles ne paroiffent guère différer d'une Améthyfte claire tirante fur le noir.

L'*Ampelitis* & le Jayet ont entre eux cette différence, que l'*Ampelitis* ne fait point de flamme, à moins qu'elle ne foit aidée par des foufflets, & que fon feu ne donne point d'odeur bitumineufe, au lieu que le Jayet s'embrâfe au feu en répandant une odeur de bitume.

Le *Lapis Thracius officinarum* (') étoit une fubftance bitumineufe, dure, fragile, très-inflammable, ayant au feu une odeur défagréable. En voici la defcription : (*) *Si Lapis uratur candenti Thracius igne, & Pòft madefiat aquá, flagrabit totus, & idem Mox oleo affufo penitùs reftinguitur.*

On dit que, quoiqu'elle fe trouvât quelquefois dans la riviere de Ponto, elle fe rencontroit auffi dans les entrailles de la terre, d'où il eft vraifemblable qu'elle avoit été entraînée : d'ailleurs cette pierre bitumineu fe eft ordinairement alliée avec un fel vitriolique, qui s'effleurit quelquefois fur fa furface. *Voyez* fes différens noms dans le Catalog. Alphabétique.

Le *Stinking Vem*, ou la *Veine puante*, qui eft un Charbon d'une odeur fulphureufe, & dont la dureté le rend propre aux ufages méchaniques, paroît à cet égard n'être pas différent de la Pierre de Thrace ; ainfi que le *Spinus* ou *Spilus* des Anciens, Σπιλώς, autre efpece de bitume folide, qui étant expofé

---

(1) *Gemma Samothracea. Lapis Obfidianus.*
(2) Liv. XXXVI. c. 26.
CHARBON DE TERRE.

(3) B. *Thracierfe Steen* ; A. *Thracian Stone.*
(4) *Mathiol. ex Galeno.*

E

en monceaux au foleil, s'enflammoit, fur-tout lorfqu'il étoit mouillé , & qui pourroit être le *Spin Coal*, dont il fera parlé à l'art. II. de la Section 10.

N'en feroit-il pas de même de l'Afphalte ? *Afphaltos , Bitumen Judaicum offi-cinarum ; Bitumen nigrum craffum ; Afphaltum.* (Planche I. fig. F)

Sa pureté fait qu'il furnâge l'eau ; on en a vû des morceaux de deux pieds de longueur & de largeur , très-noirs , affez durs , pour être fufceptibles de poli. L'Afphalte eft luifant, d'un noir pourpre , & donne une odeur forte , dans laquelle on démêle quelque chofe d'approchant du Succin. La matiere qui refte dans la rétorte après la diftillation du Succin , (*Planche I. fig. E*) ne differe prefque point de l'Afphalte du commerce, que l'on eft porté à préfumer matiere factice ; cependant on ne peut pas nier que ce bitume ne foit natif des entrailles de la terre ; Hermann dit en avoir trouvé dans une ifle du Cap de Bonne-Efpérance. *Voy.* le Catalog. alphabetique.

Parmi quelques Charbons de terre , il en eft qui , à l'odeur près, reffem-blent fort à l'Afphalte, quant à la pureté & au coup-d'œil, comme il en eft qui different peu du jayet ; comme auffi on voit du jayet, que l'on pourroit à la vûe confondre aifément avec l'afphalte & quelques Charbons de terre.

La matiere bitumineufe qui fe tire dans le voifinage de Virtemberg , fort reffemblante à du fuccin qui n'auroit paffé que légérement au feu , & qu'on appelle *Succin* , paroît tenir un milieu entre le Charbon de terre & le jayet , & n'être qu'une efpece de houille. Le morceau , *Figure G , Planche I.* eft un exemple de cette grande affinité du Charbon de terre avec le jayet ; c'eft un Charbon foffile de Vienne en Autriche , fur lequel on reconnoît diftincte-ment une couche de bitume très-pure , *g* , femblable à du beau jayet, ou à du *Kennel Coal* , placée entre deux couches de Charbon de terre.

Les ouvrages dont j'ai parlé , que l'on fait avec le *Kennel Coal* , (*Planche I. fig. 3 D*) repréfentent à la vûe , la matiere reftante dans la diftillation du fuccin , (*Planche I. fig. E*) ; ce Charbon d'Angleterre , qui eft extrême-ment pur , confidéré brut, lorfqu'on le caffe au hafard , (*Planche I. fig. 1. D, fig. 2. D*) fait voir à la furface de fes fragmens , dont un côté eft concave & l'autre convexe , comme le *Silex* , des traits difpofés en rayons divergents, ainfi qu'on en remarque dans plufieurs bitumes folides , tels que le jayet, le foufre vif ou natif, tranfparent, l'afphalte , (*Pl. I. fig. F*) l'orpiment rouge, même dans le goudron folide , dans cette matiere réfineufe qui refte au fond du vaiffeau après la diftillation de la térébenthine , & qu'on nomme *Colo-phone* , ainfi que dans les onguents folides , dans l'emplâtre de cérufe, l'em-plâtre Diapalme , le *Diachylum* fimple , & tous autres , après la cuite defquels on ne mêle pas une grande quantité de matieres liantes ou pulvérulentes.

C'eft abfolument le même effet que dans les cailloux & dans les dendrites

de Cavereaux près d'Orléans, dont chaque portion défunie laiſſe appercevoir ſur les ſurfaces, par leſquelles elles ſe tenoient, une portion de cercle
convexe, & une autre portion de cercle concave. Entre les Charbons de terre
que j'ai ramaſſés de quantité de pays, cette particularité ne s'obſerve bien
que dans le *Kennel Coal*, ſur d'aſſez grandes ſurfaces ; & dans une eſpece de
houille graſſe de Liége, tirée de la foſſe appellée *del nouvé Pair*, c'eſt-à-dire,
la nouvelle Paire, ſur la hauteur de Montegné, à un endroit nommé *Verd-bois* :
ces facettes y ſont très-multipliées, mais dans des eſpaces d'un pouce au plus.

Il n'y auroit donc point d'abſurdité à avancer que tous ces différents bitumes, tant ceux qui ſont connus aujourd'hui, que ceux qui ne le ſont plus,
ſont des eſpeces de Charbons de terre, n'y ayant entre eux d'autre différence
ſinon que le charbon de terre, proprement dit, eſt celle de ces ſubſtances
qui eſt plus groſſiere, moins dure & moins dénuée de parties terreuſes : ce
ſont ces parties terreuſes qui en diviſant le bitume du Charbon de terre, empêchent qu'il ne puiſſe, comme les autres bitumes, ſe liquéfier au feu &
s'allumer ſi promptement ; mais auſſi c'eſt de toutes les matieres combuſtibles de ce genre, celle qui conſerve le feu plus long-temps & plus fortement.

Quoi qu'il en ſoit, les matieres terreſtres qui alterent le bitume des Charbons de terre, ne ſont pas, du moins dans quelques eſpeces, celles qui s'y
trouvent en plus grande quantité. Le coup-d'œil eſt ſuffiſant pour porter
quelquefois ce jugement ſur la quantité du mélange de matieres terreſtres
avec les autres parties du Charbon de terre, & fournir des idées ſur les parties conſtituantes de cette matiere ; mais une expérience de M. Zimmerman
ſemble en être la preuve (').

Il dit que deux onces de Charbon de terre brûlées juſqu'à calcination,
perdent une once, ſix gros & ſeize grains ; qu'elles donnent par la leſſive ſept
grains de ſel fixe ; qu'il n'eſt ſoluble ni dans l'huile, ni dans l'eau, ni dans l'eſ-
prit-de-vin.

Cette expérience conduit naturellement à examiner les parties que le feu
détruit dans le Charbon de terre, au point de ne s'y plus retrouver, lorſqu'il
a été brûlé.

SECTION QUATRIEME.

Des Matieres combuſtibles alliées au Charbon de Terre.

L E Charbon de terre conſidéré, quant aux parties qui ne réſiſtent point au
feu, préſente eſſentiellement une matiere qui eſt par elle-même inflammable.

(1) Fondements de la Chymie pratique & théorique, *pag.* 1252. Ouvrage Allemand. 2. vol. *in-4°.*

Eſt-ce uniquement du pétrole, ou une autre eſpece de bitume, comme l'a prétendu M. Berger ? Eſt-ce la pyrite que la vûe fait appercevoir dans tous les Charbons de terre ? Eſt-ce le ſoufre que pluſieurs Naturaliſtes aſſurent ne s'y trouver jamais ?

Ces recherches étrangeres à l'Article de l'Exploitation nous méneroient trop loin ; je me contenterai de paſſer en revûe les parties conſtituantes du Charbon de terre.

ARTICLE PREMIER.

DES PYRITES.

PARMI les matieres les plus frappantes à la vûe, lorſqu'on viſite les mines de Charbon de terre, on peut mettre les Pyrites, auxquelles on doit attribuer les différentes exhalaiſons inflammables, ou non inflammables, qui ſont ſi communes dans toutes les mines.

La pyrite eſt connue parmi les Naturaliſtes ſous les noms de *Lithos Pyrites*, *Lapis Pyrites*, *Pyrita*, *Lapis igniarius*, *Lapis ignifer*, *Lapis lucis*, en François, *Pierre-à-feu*, parce qu'expoſée à l'air, ou mouillée elle s'échauffe, ou parce qu'elle étincelle quand on la frappe avec un corps dur [1]. On lui a auſſi donné les noms de *Mondique*, *Pierre à Feu*, *Pierre d'arquebuſade*.

On donne le nom de *Pyrite* en général à toute ſubſtance minérale, peſante, brillante .& cryſtalliſée, dont les principales parties conſtituantes ſont d'une part, ou le Soufre ou l'Arſénic, & de l'autre, ou le Fer ou le Cuivre.

Le plus communément, ainſi que le remarque M. Henckel, les pyrites ſont martiales & accompagnées d'une pierre calcaire, leur couleur eſt rougeâtre, jaunâtre, changeante comme la gorge de pigeon : la plûpart ont une aſſez grande facilité à ſe déliter à l'air, & enſuite à ſe détruire ; il y en a de plus ou de moins blanches : la pyrite du Charbon de terre paroît être celle qu'on nomme *Pyrites flavus*, que les Allemands appellent *Schweffel-kies*, *Pyrite de ſoufre*.

Dans quelques provinces de France on a conſervé à ces pyrites, ou aux charbons qui en contiennent, le nom Allemand de *Kieſſ* ; il ſe trouve des charbons qui n'en montrent qu'une ſorte d'enduit ſur la ſurface ; tel eſt en particulier celui que les Anglois appellent *la Queue de Paon* ; c'eſt en général à cette matiere qu'il doit ſes teintes plus ou moins fortes, variées comme l'iris, ou de couleur d'or, qui ſe remarquent dans pluſieurs variétés ; les repréſentations d'animaux, & le tableau original dont Munſter [2] donne la deſcription, d'après des charbons d'une mine de Saxe, n'ont point d'autre origine.

(1) *Sulphur ferro mineraliſatum, minerâ difformi, pallide flavâ, nitente. Pyrites ſulphureus rudis. Pyromachus Veterum. Kies. Kyſs.* G. *Kupfer Steyn, Kupfer ertz.* B. *Vuur-ſteen. Voyez* le Catal. Alphab.
(2) Coſmogrph. L. V. p. m. 1175.

D'autres

D'autres fois ces pyrites font en maffes, irréguliérement figurées & arrangées, mêlées avec beaucoup de fchifte, de mica ('); on trouve des veines de Charbon qui font prefque entiérement pyriteufes, & qui par cette raifon font verdâtres, jaunâtres, bleues, violettes ou pourpres, donnant les couleurs changeantes de la queue de paon, ou de la gorge de pigeon; les Houilleurs Liégeois les appellent *Bouxtures*. On verra à l'Article des Charbons de Liége, ce que c'eft que cette efpece; tous ceux qui font de nature pyriteufe, confervent, lorfqu'ils ont paffé au feu, les couleurs jaunes, rouges, bleues & violettes, qui les rendoient agréables à la vûe.

Sur ce que les eaux qui filtrent à travers les mines de Champagné en Franche-Comté, ont ces mêmes teintes; des Ouvriers de Bâle ont emporté de ces morceaux pyriteux, nommés à Champagné *Quiffes*, pour effayer de teindre des toiles en Indienne; ce qui feroit peut-être poffible, fi l'on en juge par une expérience de M. Deflandes, confignée dans les Mémoires de l'Académie (*).

De la cendre de houille infufée dans de l'eau-de-vie, & mêlée avec de la limaille de fer, produit une teinture noire qui s'éclaircit à mefure qu'elle s'échauffe; lorfqu'elle commence à bouillir, elle prend une couleur plus douce que le gris-de-fer ordinaire: M. Deflandes donna à de la laine crue cette agréable teinture, & aucun Ouvrier ne la put imiter.

Plufieurs Auteurs penfent que le *Mother-biftus*, avec lequel on teignoit les laines, & dont Pline fait mention, étoit de la cendre de Charbon de terre, ou de la tourbe confumée; ce qui eft affez conforme à ce qu'on trouve dans Agricola, de la propriété des cendres du Charbon de terre pour colorer en noir les poils & les cils, attribuée auffi à l'*Ampelitis*, dont on pourroit rapprocher quelque efpece de Charbon de terre.

Quoiqu'on trouve par-tout des pyrites, M. Henckel prétend qu'il y a entre elles & les Charbons de terre une forte d'affinité ('). Mais fans difcuter ce fentiment, je ne traiterai ici que des expériences qui ont rapport au foufre, comme fubftance qui peut fe trouver dans les Charbons de terre.

ARTICLE SECOND.

DU SOUFRE.

CE compofé d'acide vitriolique & de phlogiftique, le Soufre (⁴), ne fe trouve point dans tous les Charbons, plufieurs Phyficiens prétendent même qu'on n'y en trouve jamais; il eft cependant fenfible dans quelques-uns; & attendu que l'on ignore les changements qui arrivent au foufre dans les entrailles de

---

(1) Talc en petites lames, au lieu d'être en grandes maffes. *Argirites Kundmanni.* Sued. *Schinmer.* G. *Glimmer.* C'eft ordinairement le *Mica blanc*, appellé *argent de chat*, *Mica alba*, *Mica argentea*, *argentum Felium. Argyrolithos.*
(2) Hift. de l'Acad. des S. 1713. p. 12.
(3) Origine de la Pyrite.
(4) *Sulphur.* B. *Solpher. Levendige zwavel.*

la terre, il eſt permis de le ſoupçonner dans les Charbons qui ne le laiſſent pas appercevoir ; puiſque les pyrites ſont les ſeules ſubſtances qui fourniſſent le ſoufre commun. Il eſt même vrai de dire que la plûpart du temps, lorſqu'on taxe un Charbon de terre d'être plus ou moins ſulphureux, il faut entendre qu'il eſt plus ou moins pyriteux ; en effet, le Charbon eſt conſtamment, ſenſiblement ou inſenſiblement, pyriteux, & il eſt certain que tous les Charbons de terre ne contiennent point de ſoufre naturel ; le ſçavant Traducteur de Henckel obſerve même que s'il y a quelques Charbons qui en contiennent, il leur eſt entiérement étranger, & qu'il y eſt communément ſous la forme d'une pyrite, que l'on ſçait être la vraie *matrice* du ſoufre.

Il ſeroit donc évidemment faux, comme l'avance très-bien M. Kurella [1], de prétendre qu'il ne ſe trouve du ſoufre dans aucun Charbon ; dans celui de Zwickaw en Saxe, il ſe manifeſte en quantité, ſoit par la nature des vapeurs qui s'en exhalent, ſoit par la maniere dont il brûle. Cet Auteur ajoute qu'il ne faudroit pas non plus conclure que les Charbons au milieu deſquels paſſent des filons, qui ne donnent que des pyrites ſulphureuſes, doivent par conſéquent avoir auſſi du ſoufre, ce qu'il eſt aiſé de voir dans le Charbon de Wetin.

Dans la mine de Witeharen, province de Cumberland, au-deſſous de Moreſby, où les mines de Charbon ſont les plus profondes, les côtés du ſchiſtre qui forme l'enveloppe des veines de Charbon, ſe ſont trouvé entiérement incruſtés de ſoufre [2].

On trouve dans les Mémoires de l'Académie des Sciences, deux expériences ſur le Charbon de terre d'Angleterre, d'après leſquelles il paroît qu'il contient du ſoufre [3].

Les différentes analyſes du Charbon de terre, dont on donnera un extrait dans cette premiere Partie, feront voir que tous les Charbons ne contiennent pas de ſoufre. *Voyez* ſes différens noms dans le Catalog. Alphab.

ARTICLE TROISIEME.

Des Sels accompagnant le Charbon de Terre.

Le Charbon de terre contient ſenſiblement, en quantité plus ou moins grande, différents ſels natifs, c'eſt-à-dire, qui réſultent de la décompoſition des pyrites.

Ils ſont tous ſels neutres, de l'eſpece de ceux qui ſont formés de l'union

---

(1) Eſſais & Expériences chimiques, *in-8°*. Berlin, 1756, où l'on trouve un examen chimique du Charbon de terre : Ouvrage Allemand que j'aurai ſouvent occaſion de citer. J'en dois la traduction à la complaiſance de M. de Machy connu par ſes travaux chimiques, & par le plaiſir qu'il trouve à ſe communiquer volontiers. Les deſcriptions ou définitions chimiques que l'on trouvera en note dans pluſieurs endroits de cet Ouvrage, ſont abſolument telles que ce Chimiſte les énonce dans ſes Cours particuliers.

(2) Tranſactions Philoſophiques. Ann. 1733.

(3) An. 1713. p. 12.

de l'acide vitriolique & d'une terre crétacée, ou qui font le produit de l'acide du foufre uni avec une terre métallique.

ALUN.

PLUSIEURS Charbons fe décompofent à l'air, s'y réduifent entiérement en une pouffierè d'un gris de cendre qui prend la forme de fils déliés, dont on peut tirer de l'alun (¹); d'autres en préfentent des marques fenfibles à leur furface extérieure.

Beaucoup d'Auteurs obfervent que dans les endroits où il y a du Charbon de terre, il fe rencontre auffi des terres alumineufes : il paroît que le plus ordinairement la Houille, comme toutes les pierres combuftibles, eft alumineufe ; on en trouve de ce genre près de Commodau en Bohême, & dans beaucoup d'autres endroits ; Wallerius en a fait une efpece qu'il appelle *Lithanthrax aluminaris* (²).

Bruckmann (³) cite une efpece de Charbon de terre de Nordhaufen, dont on tire de l'alun. D'après M. Hellot, la mine de Charbon de terre de Laval dans le Maine, eft de cette efpece (⁴).

L'analyfe que je donnerai des eaux des Houillieres de Liege, prouve que le Charbon de terre de Liege eft alumineux ; dans plufieurs mines j'ai trouvé une grande quantité d'alun formé en cryftaux fur les pierres fchifteufes du toît, & attaché aux fentes des pierres qu'ils appellent *Grès*.

Tout le territoire de Liege ouvert pour des mines de houille, l'eft également pour des terres d'alun, dont les mines font appellées *Alunmieres*.

Sur la rive droite on en trouve au-deffous de Vifé, à Argenteau, dans les environs de Ramioulle ; fur la rive gauche, il y en a à Chokier, à Warfufée, à mi-côte fous le château ; à Ingis, à Flemal & à Huy ; le tout comprend une étendue de huit lieues de pays, des deux côtés de la Meufe, depuis Huy jufqu'à Vifé, occupée auffi par les bures à houille, comme on le verra par l'état qui en fera donné : l'alunniere de Chokier eft côtoyée par une veine de Charbon à *Roiffe*, qui eft à quinze ou vingt toifes de-là.

La pierre qui fert de matrice à l'alun du pays de Liege, eft un fchiftte (⁵) cendré, affez femblable à quelques portions fchifteufes du toît ou du plancher des veines de houille, mais plus fec ; en fe caffant il fait voir la plûpart des chofes qui ont été obfervées dans le Kennel-coal & dans les bitumes folides, de façon qu'il ne differe peut-être de l'autre que par le défaut de bitume & par la furabondance d'alun : la Pierre de porc qui fe trouve ordinairement

---

(1) *Alumen.* Angl. *Common Alum.* A. *Gemeen Alvin.* G. *Gemeiner Alaum.* Sels neutres dont la nature invariable peut fouffrir quelque différence extérieure felon les terres ou pierres dont ils font extraits.

(2) Tom. I. p. 305.

(3) *Epiftolæ Itinerariæ*, p. 20. n. 13.

(4) *Effai fur les Mines.*

(5) *Fiffilis pinguis, in aere deftructibilis, accenfibilis. Alumen lapide fiffili mineralifatum. Fiffilis aluminofus. Fiffilis aluminare. Waller.* Terre argilleufe qui doit fon état feuilleté à la préfence ou à l'action d'un acide vitriolique.

dans le voifinage des mines d'alun, fournit une huile femblable à celle qui par la diftillation vient du Charbon de terre ; elle reffemble au pétrole, & a une odeur forte. *Voyez* le Catalog. Alphab. & Wallerius, *pag.* 121. tom. 1.

VITRIOL.

LES terres argilleufes contiennent prefque toujours du vitriol martial ; on verra que les différentes terres qui couvrent les veines de houille, font argilleufes ; auffi plufieurs Charbons de terre renferment-ils un acide vitriolique ordinaire, qui eft le même que celui de l'alun ; lorfqu'un monceau de terre alumineufe a été long-temps expofé à l'air, le vitriol (¹) qu'il contient, fe montre en plufieurs endroits de la furface en formant un très-joli coup-d'œil, & fe travaille à part, avant d'en tirer l'alun ; de la décompofition à l'air des pyrites & de la houille réfultent le vitriol & l'alun.

Bruckman fait mention (²) d'un vitriol verd, fait par M. Meyer Apoticaire à Ofnabruck, avec des Charbons de terre de la mine de Berghlob, & il ajoute que l'expérience en a été répétée. On pourroit ajouter au Charbon alumineux dont je viens de parler, une efpece qu'on nommeroit *Lithanthrax vitriolicum.*

Dans la mine de Champagné en Franche-Comté, on trouve fur les Charbons une grande quantité d'efflorefcence faline que les Ouvriers prétendent être de l'alun ; mais en ayant diffous à la chaleur la plus douce, dans une demi-once d'eau, environ un gros qui m'avoit paru avoir un goût ftiptique, vitriolique, martial ; ce gros a donné à l'eau la couleur de folution de vitriol, de maniere qu'après la filtration il n'eft refté qu'un fort mince précipité noir, terreux.

Verfé fur la noix de galle il a fur le champ donné une teinte violette, qui s'eft enfuite foncée en noir tendant au pourpre mêlé de bleu, comme la noix de galle la donne à l'encre.

L'huile de tartre a produit une couleur verdâtre très-foncée, comme la donne le fer précipité du vitriol martial par l'alkali fixe.

SEL DE GLAUBER. SEL MARIN. SEL AMMONIAC.

IL fuit de plufieurs expériences que beaucoup de pyrites vtirioliques ne donnent pas moins par la décompofition un fel marin, ou la bafe de ce fel, une terre qui fe vitrifie, un fel de Glauber cryftallifé. D'ailleurs M. Hellot a fait voir du fel de Glauber tiré du vitriol verd d'Angleterre, fans y avoir ajouté aucune matiere étrangere.

Le fel marin que quelques Chimiftes foupçonnent par tout où il y a du fel de Glauber, fe trouve par les mêmes raifons dans le Charbon de terre.

---

(1) *Vitriolum. Chalcanthum. Atramentum.*
(2) *Epiftolæ Itinerariæ.* Epift. 84. p. 19. N°. 7. & 8.

A Nicolaï

A Nicolaï en Siléfie, c'eft le fel marin (¹) qui domine dans le Charbon de terre; les pierres & les terres qu'on tire de la mine de cet endroit, fe trouvent même quelquefois couvertes d'une grande quantité de fel gemme (²) ou de fel marin.

D'après ce que rapporte Libavius, que les anciens Zélandois avoient avec les Efpagnols un commerce ouvert du fel qu'ils tiroient de leurs Charbons de pierre, & qu'ils préparoient pour leurs ménages; il n'y a pas lieu de douter que le Charbon de terre de Zélande contient du fel marin.

Dans la mine du Charbon de terre près de Neucaftle, on trouve du fel ammoniac (³).

On pourroit faire ici une queftion : à laquelle des fubftances, bitumineufes, pyriteufes, fulphureufes, le Charbon de terre doit-il davantage fa nature combuftible? L'examen de la qualité plus ou moins inflammable, de différents Charbons, que je remets à la feconde Partie de cet Ouvrage, fatisfera, je crois, à tout ce que l'on peut demander à ce fujet.

ARTICLE QUATRIEME.

De la Matiere Bitumineufe du Charbon de Terre.

LE Charbon de terre contient particuliérement une efpece de réfine terreftre (⁴), qu'on pourroit comparer au *Naphte*, ou *Pétrole*, felon fon degré de pureté, & de confiftance.

Cette poix minérale eft vraifemblablement la bafe du Charbon de terre, puifqu'elle concourt le plus à fon inflammabilité, & qu'elle rend plus ou moins graffe, plus ou moins feche, plus ou moins combuftible la terre avec laquelle elle eft mêlée.

Il n'y auroit point d'abfurdité à croire que c'eft cette portion bitumineufe qui, lorfqu'on touche le plus légérement poffible, un morceau de houille, graiffe les doigts fi facilement, & qui eft particuliérement fenfible dans l'efpece de Charbon qu'à Liege on nomme *Charbon gras*, appellé par-tout ailleurs *Charbon de Forges*.

On peut de même préfumer que c'eft felon qu'il s'y en trouve plus ou moins dans quelques Charbons de terre, que les uns font flammé & fe collent en brûlant, tandis que d'autres ne font pas de flamme & ne fe collent point.

Dans la mine de Champegné en Franche-Comté, on tire de l'huile du Charbon qu'on en exploite.

---

(1) A. *Salt*. B. *Zout*.
(2) B. *Steen* A. *Sal gem*. *Zout*. G. *Stein Saltz*.
(3) B. *Ammoniac Zout*. A. *Sal Armoniack*, qui peut fe rapporter au Sel Ammoniac des Volcans.

Minéralogie de Wallérius, pag. 343. tom. 1.
(4) *Bitumen fegne, craffum, nigrum. Maltha. Kedria terreftris. Waler.* tom. 1. pag. 355.

CHARBON DE TERRE.

G

Cette même matiere bitumineufe qui exifte inconteftablement dans le Charbon de terre, qu'on reconnoît dans plufieurs mines fous différentes formes, n'y eft point toujours dans un état égal de confiftance & de ficcité ; il eft des endroits où cette fubftance liquefiée devient une efpece de *Guhr* (¹) onctueux & réfineux qui coule des montagnes : on voit de ce pétrole liquide en Auvergne, où il eft appellé *Pege*, ce qui fignifie *Poix liquide*. Dans les Tranfactions Philofophiques, M. Lifter fait mention d'une liqueur minérale trouvée dans une mine de Charbon (²).

Les eaux qui traverfent les mines de Charbon de terre, en tiennent quelquefois en affez grande quantité pour y être fenfibles, comme on le fera obferver à l'Article des Eaux des Houillieres.

ARTICLE CINQUIEME.

Du Charbon de Terre confidéré chimiquement.

Les variétés fenfibles qui fe trouvent dans l'alliage du Charbon de terre, tendent néceffairement à en faire adopter les différences fans nombre, que l'on a défignées dans plufieurs pays fous des noms particuliers.

Je remarquerai avec M. Zimmerman (³), qu'on n'a peut-être pas fait affez d'attention à ces différences lorfqu'on a voulu établir une opinion fur la nature & fur la formation de ce foffile ; chaque Naturalifte ayant décrit & examiné l'efpece de Charbon de terre qu'il a eue fous fes yeux, ce qui a été avancé pour une efpece, n'a pû fe foutenir pour une autre, & a donné lieu à la variété d'opinions que l'on trouve entre ceux qui en ont écrit.

Le Charbon de terre traité par la diftillation, offre des différences confidérables dans les produits ; en confultant les Auteurs qui ont fait part de leurs travaux en ce genre, la plûpart annoncent dans ce foffile, 1°. une double huile ; une qui eft fubtile & légere, une autre pefante & noire ; 2°. un efprit ; 3°. un fel concret ; 4°. enfin un réfidu terreux : mais ils ne font pas d'accord fur la nature de cette huile & de ce fel, ni même de la terre.

Quelques-uns vont jufqu'à avancer qu'en diftillant le Charbon de terre on en tire les mêmes produits que de la vraie réfine des arbres ; ce qui a induit le fçavant Traducteur de Henckel à regarder ce foffile comme un décompofé d'une matiere ligneufe qui contient, outre une fort grande quantité de terre, une matiere graffe de la nature des huiles végétales, ou des corps réfineux ; il femble en général, que les bitumes ont un très-grand rapport avec les huiles végétales épaiffies par les acides.

Pour ce qui eft de l'huile du Charbon de terre, celle qui eft la plus

---

(1) Pleurs des mines, ou une exhalaifon des galleries, & qui s'y attache. *Medulla fluida.*
(2) Ann. 1666. N°. 8. art. 4.

(3) Mémoire fur le Charbon de terre. Journal Œconomique du mois d'Avril 1751. *p.* 57.

groſſiere, qui paſſe en ſecond, a l'odeur & la couleur qu'auroit la premiere après y avoir diſſous un peu de ſoufre minéral ; elle noircit les vaſes d'argent comme feroit le baume de ſoufre, ou la ſolution de ce dernier qui ſeroit faite dans de l'huile ('). A Liege, dans les temps de pluie, la ſuie qui a été lavée dans les cheminées, donne abſolument la même odeur que cette ſeconde huile.

Le ſel des Charbons de terre a été pris par quelques Auteurs pour une eſpece de ſalpêtre (') ; par d'autres, pour un ſel marin ; il en eſt qui le prétendent ſel acide, ſemblable à celui du ſuccin.

Les uns regardent la terre qui ſert de baſe à la Houille, comme une terre ſchiſteuſe ; les autres, comme une terre argilleuſe : la déciſion de ce point ſuivra naturellement de la connoiſſance exacte que j'eſſaierai de donner de la matrice de ce foſſile, & de toutes les matieres au milieu deſquelles il a coutume de ſe trouver.

Je donnerai ici l'abrégé de quelques analyſes qu'ont données de cette ſubſtance des Chimiſtes accrédités, ce qui formera pour cette Partie, le Tableau chimique du Charbon de terre, d'autant plus remarquable, que ces analyſes appartiennent à des Charbons de différents pays.

L'examen chimique du Charbon de terre d'Ecoſſe (') a fait voir dans huit livres de ce Charbon, treize onces d'une liqueur, ou d'un eſprit : une once de ſel volatil, ſix onces d'huile de couleur noire, tirant ſur celle du fruit de ronce, d'une odeur du pétrole, appellé *Pétrole noir* : ſix livres & demie de réſidu, ou de *Caput mortuum*.

L'eſprit approche pour l'odeur de l'eſprit de ſuie, a preſque la même ſaveur d'amertume ; ſa couleur eſt rouſſe (').

Le phlegme qui accompagnoit l'huile, étoit d'une couleur ſafranée, telle qu'eſt ordinairement celle de l'eſprit de ſel, d'une odeur forte, d'un goût ſemblable à celui de l'eſprit de ſel ammoniac.

Le ſel volatil de ces Charbons avoit toutes les marques d'un ſel urineux.

Les ſolutions de mercure & d'argent y annonçoient un ſoufre caché, d'où l'Auteur conclut que ces charbons abondent en un ſel urineux, quoique lié par un acide qui y eſt mêlé au moyen de beaucoup d'huile (') & d'un peu de ſel fixe, lequel, à proprement parler, n'eſt ni lixiviel, ni alkalin, mais qui eſt un compoſé de ſel marin, de ſoufre commun & de terre.

(1) Eléments de Chimie ſuivant les principes de Bécher & de Stahl, traduits du Latin par M. de Machy, Tom. *IV.* p. 229.

(2) *Sal nitrum offic.* ..' *vetræ.* Geoffr. *Hali nitrum* Schew. Sal-petre. A. S...... B. *Sal niter.* G.

(3) Ac. Chim. Hol...... Tom II p. 79. Tentamen *IV.* de Sale volatii .... in .... minerali, par M Urbain Hierne.

(4) M. Rouelle reg...... .... produits du Charbon de terre comme à peu-près les mêmes que ceux de la ſuie, à l'acide près, qu'il ne trouve pas dans les Charbons de terre.

(5) L'acide du Charbon de terre eſt laiteux, parce qu'il contient un peu d'huile ; mais après l'avoir rectifié, on trouve qu'il a toutes les propriétés de l'acide vitriolique. *Elémens de Chimie de Juncker*, trad. Tom. *IV.* p. 230.

La terre noire qui reſte dans la rétorte, eſt une terre légere charbon-neuſe (¹).

Les Charbons d'Angleterre, de Siléſie & de Wettin, traités à feu nud & ſans intermedes, éprouvés par différents menſtrues (²), ont donné un eſprit de nature alkaline volatile (³), une huile ténue & fluide, ſemblable au pé-trole, une petite quantité de ſel ammoniacal, dont l'alkali fixe dégageoit une odeur urineuſe, pareille à celui dont M. Hierne fait mention.

Le ſoufre naturel ne s'y eſt pas montré, mais bien un eſprit acide vitrioli-que, une ſcorie martiale, une terre argilleuſe brûlée & quelque baſe mar-tiale.

Le Charbon de Wettin a été auſſi analyſé en particulier par le célebre Hoffman, dont on peut conſulter les Ouvrages (⁴).

CINQUIEME SECTION.

Des Météores qui accompagnent le Charbon de terre.

OUTRE les différentes matieres que nous venons de remarquer dans la Houille, ce minéral eſt toujours accompagné, comme tous les autres foſſiles, de deux phénomenes qui menacent à chaque inſtant la vie de ceux qui ſont employés à l'exploiter.

Ces deux phénomenes, oppoſés l'un à l'autre, ſont l'eau & le feu.

Perſonne n'ignore qu'il ſe trouve ſous terre, dans des profondeurs de plu-ſieurs centaines de toiſes, des réſervoirs immenſes d'eaux qui montent & qui s'élevent quelquefois avec rapidité : il n'eſt donc pas étonnant, pour peu qu'on ſe promene autour d'une Houilliere, d'appercevoir quantité de ruiſſeaux qui ſortent de ces mines. Il ne ſera pas hors de propos de parler de ces eaux, relativement à leur nature & à leur qualité, remettant à l'Article de l'Ex-ploitation ce qui a rapport à la maniere de s'en garantir dans les ouvrages.

ARTICLE PREMIER.

Eaux des Houilleres.

LES ſources qui coulent des Houillieres ſont de différente nature ; il en eſt

---

(1) C'eſt d'après cette derniere ſubſtance que pluſieurs attribuent au Charbon de terre une ori-gine végétale : M. Rouelle obſerve que ce Char-bon léger brûle à l'air libre en étincelant, com-me le Charbon de bois, ſans donner de la flamme ni de la fumée.

(2) Eſſais & Expériences chimiques, par M. Kurella, imprimés à Berlin, en Allemand, 1756. in-8°.

(3) Le célebre M. Henckel dans les Ephémé-rides d'Allemagne, prétend avec pluſieurs autres Chimiſtes, qu'il exiſte dans les Charbons de terre un alkali volatil minéral, ce qui donne lieu à M. Rouelle de penſer que le bois a été décompoſé.

La vapeur qui s'éleve de l'efferveſcence que produit l'alkali volatil du bitume des Charbons de terre avec les acides, a l'odeur du Piſaſphalte de Pologne ; ce qui le fait regarder par M. Rouelle comme un produit du Charbon de terre.

(4) Fred. Hoffman. *Operum Supplement. Pars altera.*

qui

qui font abfolument dégagées de toutes parties étrangeres, c'eft-à-dire, qui n'ont entraîné avec elles aucune des fubftances qu'elles ont traverfé, ou qui ne viennent que des couches de terres fituées au-deffus des bancs de charbon ; ce font des eaux douces, bonnes à boire.

Dans le quartier de Liege appellé *Pierreufe*, eft une Fontaine nommée *Fontaine de Lhail*, qui fort de la montagne de la citadelle, & qui donne une eau qu'on prétend très-fine & la plus pure du pays ; c'eft une eau de cette efpece.

Lorfque les fources viennent du fond des houillieres, il eft naturel de préfumer qu'elles tiennent des hétérogénéités dues aux Charbons de terre. Elles font donc quelquefois bitumineufes ; on en verra des exemples dans le détail des mines de différents pays ; & elles peuvent alors être d'un bon augure pour la qualité du Charbon. Cependant il ne feroit pas jufte de conclure de la qualité ferrugineufe ou bitumineufe de ces eaux, qu'elles peuvent être un figne certain de la préfence du Charbon de terre dans leur voifinage ; puifqu'il eft beaucoup de fources de ce genre qui font évidemment très-éloignées des mines de houille.

Dans la Fontaine du Pego, auprès de Serrat en Languedoc, voifine de mines de Charbon de terre, le pétrole nâge fur les eaux.

Dans les eaux minérales d'Iouzet & de S. Hippolyte, même province, le bitume du Charbon de terre fe manifefte au goût & à l'odorat.

Dans plufieurs endroits de la mine de Champagné, il coule des eaux dont la furface eft couverte d'iris ; on voit la même chofe autour de plufieurs autres houillieres, ce qui annonce le paffage de ces eaux au travers de fubftances minérales différentes, dont elles fe font chargées, de maniere qu'elles deviennent prefque médicinales.

Le plus communément les eaux des houillieres font vitrioliques ; mais le vitriol martial qu'elles tiennent en diffolution, eft lui-même altéré par différents mélanges, par différents accidents, & ces eaux en font faturées à différents dégrés, dans lefquels on remarque une grande & continuelle variation : celles qui coulent dans les *Areines*, qui font des canaux fouterreins de décharge, quoique mal faines, font prifes par quelques perfonnes à deffein de fe purger.

On prétend que les eaux médicinales de Marimont ne font autre chofe que des eaux de houillieres : les analyfes qu'on connoît de ces eaux, n'y font voir aucun acide fixe, tel que celui dont font compofés l'alun & le vitriol, aucune efpece de félénite ni de terre calcaire (1).

(1) Analyfe des Eaux minérales qui fe trouvent au Château Royal de Marimont en Haynault, par Servais-Auguft. de Villers, Profeffeur en Médecine de l'Univerfité de Louvain. *A Louvain* 1741. | *Differtatio Medica de Aquis mineralibus Fontis Marimontenfis*, *auctore Henric. Jofeph. Rega*. Lovanii, 1740.

Par l'examen que j'ai fait des eaux qui sortent des houillieres, on pourra juger de la parité qui doit être admise entre elles & les eaux de Marimont.

Il n'en est pas entiérement de même des sources minérales de S. Amand, près de Tournay & de Valenciennes. M. Geoffroy qui les examina en 1698, M. Boulduc, dont l'analyse est inférée en extrait dans le Volume des Mémoires de l'Académie pour la même année, n'y ont reconnu aucun indice ni d'acide ni d'alkali ; mais le soufre & le bitume fournis par le Charbon de terre qui abonde sur-tout dans les environs de S. Amand, paroissent être les principes dominants dans ces eaux & dans leurs boues minérales (¹).

L'Eau de la fontaine qui coule d'un rocher sur le grand chemin de Mas de Bonac en Languedoc, laisse à la bouche une amertume mêlée d'une forte acidité, qu'elle contracte en traversant les mines de Charbon qui sont au-dessous de la source (²).

Pour reconnoître le sel de ces sortes d'Eaux, j'ai traité l'eau qui sert à faire jouer la machine à feu, & j'en ai examiné les résidus par les moyens Chimiques les plus simples ; j'ai réitéré ce travail à Paris avec M. de Machy.

Examen des Eaux des Houillieres du Pays de Liege.

Eau commune, dans une bouteille tenant cinq gros quarante & un grains.

Le syrop violat n'y produisit aucune altération, non plus que l'eau de chaux.

L'eau qui coule naturellement dans les houillieres, a laissé un dépôt blanchâtre, talqueux, insipide, & comme verni d'une matiere onctueuse, qui est la petite portion d'eau mere d'alun que laissent ces sortes d'eaux, comme on le verra incessamment.

Eau de la machine à feu, froide ou non évaporée.

Odeur très-légérement fœtide.

A juger par le moyen que j'ai employé au défaut d'aréometre pour reconnoître sa pesanteur, il ne paroît pas qu'il y ait à cet égard beaucoup de différence entre elle & l'eau commune.

Le syrop violat l'a verdi.

L'eau de chaux lui a donné une teinte d'opale foncée, faisant à la surface une pellicule d'iris comme sur les eaux putréfiées.

L'esprit de vinaigre n'y a causé aucun changement, pas même développé d'odeur.

L'huile de tartre a fait précipiter un dépôt assez pesant, sans néanmoins altérer l'état louche de l'eau.

---

(1) Mémoires de l'Acad. des Sciences, an. 1743. p. 1. sur les Eaux minérales de S. Amand en Flandres, par M. Morand pere.
(2) Mémoires de l'Acad. des Sciences, an. 1746. p. 720. 721. an. 1747. p. 711.

L'alkali volatil a produit un dépôt comme muqueux, d'une couleur jaunâtre.

L'eau mercurielle lui a donné une couleur blanchâtre, comme feroit une goutte de lait verfée dans beaucoup d'eau. Je dois avertir que l'eau mercurielle étoit faite felon le *Codex* de Paris.

1. Après deux fois 24 heures, l'alkali volatil a préfenté les mêmes phénomenes, à l'exception que le dépôt étoit plus abondant, flocculeux & comme tenace.

2. La liqueur où l'on avoit verfé l'alkali fixe ou huile de tartre, ayant repris fa limpidité, il s'eft trouvé au fond un dépôt légérement flocculeux qui paroiffoit blanc à travers le verre, & fale en le confidérant à travers la liqueur.

3. Après 24 heures de dépôt la liqueur où l'on avoit verfé l'eau mercurielle, s'eft éclaircie en faifant iris à la furface, & laiffant quelques petits grains pelotonés d'un précipité dont la couleur étoit blanc-fale.

L'Eau évaporée, ou chauffée par la machine à feu, donnoit une odeur marquée, approchante de celle que donne la poudre détonnée, ou le foye de foufre.

Elle a la même pefanteur que l'eau pompée du fond de la houlliere, qui n'a pas été évaporée par la machine à feu.

Le fyrop de violette l'a verdi.

L'eau de chaux a diffipé fon odeur; & elle a pris une teinte d'opale très-légere en donnant quelques floccons.

L'efprit de vinaigre développe davantage l'odeur d'hépar, fans faire naître de précipité.

L'huile de tartre a produit un dépôt peu abondant, fans néanmoins que la liqueur perdît fa couleur louche.

L'alkali volatil, ou l'efprit de fel Ammoniac fait avec la chaux, a montré à peu près le même phénomene.

L'eau mercurielle y a fait affez de dépôt, pour que fur la fin l'eau devînt louche. D'ailleurs elle y a préfenté pareil phénomene que dans l'eau froide de la machine à feu, mais un peu plus foncé.

Après avoir repofé 24 heures, les parois du verre fe font trouvées garnies d'un dépôt pareil à celui qu'a formé l'eau froide qui tombe fur la machine à feu, à l'abondance près.

L'alkali volatil au contraire n'a donné qu'une terre fale, comme feroit celle qui refte après la diffipation fpontanée d'un alkali volatil.

La liqueur étant éclaircie, le dépôt s'eft trouvé légérement jaunâtre, un peu plus abondant.

Une livre cinq onces de l'eau chaude de la machine à feu ayant été foumife à l'évaporation, a donné trois grains d'un dépôt grisâtre. On s'en eft procuré une plus grande quantité en évaporant plufieurs mefures pareilles de cette eau.

· 1. Ce dépôt fait effervefcence avec les trois acides minéraux.

Il paroît abfolument de la même nature que le banc de terre, commun dans ces mines, qu'ils nomment *Bifmaye*, & nous le diftinguerons ici fous le titre de n°. 1. ou craie *Alumineufe*.

2. L'un & l'autre ont été éprouvés par les mêmes acides, en prenant trois dofes du dépôt produit par l'évaporation, & trois dofes de bifmaye, mis chacun dans un verre & faturés avec les trois acides minéraux, dont aucun n'a fourni d'odeur de foufre : ils ont donné les phénomenes fuivants.

L'acide vitriolique agit violemment fur le dépôt qui a réfulté de l'évaporation ainfi que fur la *Bifmaye*.

L'acide nitreux diffout pareillement l'un & l'autre avec une violente effervefcence ; la folution devient jaunâtre un peu plus foncée, dans le N°. 1. & le dépôt eft à peine fenfible.

L'acide marin les diffout auffi, avec cette différence qu'il développe de la bifmaye, une odeur teftacée finguliere : fa diffolution eft légérement faffranée & fans dépôt.

La diffolution du N°. 1. ou de la craie alumineufe, eft louche, & fournit un léger dépôt. Les deux diffolutions ont befoin d'être étendues pour devenir claires, & quoiqu'il y ait furabondance d'acide, ils n'en dépofent pas moins une très-grande quantité de leur poids ; le N°. 1. ou la craie alumineufe, fous la forme d'une poudre grife ; & le N°. 2. ou la bifmaye, fous la forme d'une poudre très-blanche (¹).

ARTICLE SECOND.

Vapeurs & Feux qui s'exhalent de la Houille ; action de ces Météores fur les Houilleurs à l'ouvrage.

QUOIQUE les exhalaifons ordinaires dans les mines de Charbon de terre ne puiffent être réputées différentes de celles qui fe forment dans tous les fouterreins, & aient une caufe commune dépendante d'un air ftagnant toujours dangereux, il eft naturel d'en dire ici un mot par rapport aux moyens dont je parlerai à l'Article de l'Exploitation, & que l'on eft indifpenfablement obligé d'employer, foit pour fe garantir de ces exhalaifons, foit pour les détruire autant qu'il eft poffible, foit pour remédier aux effets qu'elles produifent.

M. Lifter en diftingue quatre fous le nom général *Damps* ou *Vapeurs*.

La premiere efpece qui a lieu au fommet des mines de Derbyshire, eft

_____

(1) Voyez ci-après les Expériences fur la Marle & fur la Bifmaye. Sect. 6ᵉ. Art. 1.

nommée

nommée *the* Peas *bloom* damp , *Exhalaison fleur de pois*, à cause de la ressemblance de son odeur avec la fleur de cette plante.

On prétend qu'elle a toujours lieu dans l'été , mais qu'elle n'est point mortelle : l'origine qu'on donne à cette vapeur est ridicule ; on l'attribue à une quantité de chévrefeuille qui couvre les prés , dont le sol contient de la pierre à chaux.

La seconde est nommée *the fulminating* Damp , *Exhalaison fulminante*.

Elle est fréquente dans les mines de Charbon de terre particuliérement ; à la seule approche d'un corps allumé elle prend feu , produit la lumiere d'un éclair , ou de poudre à canon détonante.

La troisieme est nommée *the common* Damp , *Exhalaison ordinaire*.

Celle-ci cause une difficulté de respirer , & rarement produit des effets plus graves , à moins qu'on n'y ait été exposé assez long-temps pour qu'elle conduise à l'évanouissement ; car alors il survient de violentes convulsions. On reconnoît la présence de cette exhalaison à la flamme de la chandelle qui commence à tourner orbiculairement , & dont la lumiere diminue par degrés , jusqu'à ce qu'elle s'éteigne entiérement.

La quatrieme espece d'exhalaison est appellée *the globe* Damp , *Exhalaison en globe* , parce qu'elle a la forme d'un ballon , qui seroit suspendu au haut de la voute.

Les ouvriers sont dans l'idée que celle-là , qu'ils regardent comme pouvant à la longue dégénérer & devenir mauvaise , est due à l'exhalaison de leurs corps & de leurs chandelles ; qu'elle se ramasse en haut sous une forme ronde , & s'y maintient envelopée par une pellicule de l'épaisseur d'une toile d'araignée.

Ce globe venant à s'ouvrir étouffe ceux qui se trouvent dans son voisinage ; aussi , lorsque les ouvriers apperçoivent cet amas , ils le crévent avec un bâton muni d'une longue corde , en s'éloignant le plus qu'ils peuvent : lorsque cette opération est achevée , ils purifient l'air en allumant du feu.

J'observerai seulement que l'on doit réduire ces exhalaisons à deux especes.

L'une n'est qu'un simple brouillard épais ; les Anglois l'appellent aussi *Bad air* , *mauvais brouillard* : dans toutes les mines d'Allemagne elle est nommée *Schwaden* , *Vapeur souterreine* ; les Liégeois la nomment *Crowin* , *Fouma* , *Pousse* , *Poutture* , *Moufette* , dérivée sans doute de *Mephitis* , *Exhalaison* : c'est ce Follet souterrein que les anciens Minéralogistes regardoient comme un mauvais Génie habitant les mines , & que quelques-uns appelloient *Cobolt*. D'autres *Vapeur minérale* , *Vapeur pestilentielle*.

La pousse est plus abondante lorsque les travaux ont été interrompus quelques jours ; & comme c'est parmi les Houilleurs une observation de fait ,

CHARBON DE TERRE. I

ils n'entrent point, dans les mines fans avoir pris des précautions , pour s'af-
sûrer s'ils peuvent s'y expofer en sûreté.

On verra que la fortie ou la concentration de cette vapeur a beaucoup de rapport avec la fumée des cheminées, qui fort ou refoule felon le vent qui fouffle.

Dans les grandes chaleurs de l'été , ce brouillard eft quelquefois fi fort ,
que l'on eft obligé d'interrompre les ouvrages ; on affure que c'eft dans le
temps de la fleur des grains qu'il eft plus abondant , ou plus fréquent ; qu'il
eft des mines qui y font plus fujettes que d'autres ; les Houilleurs prétendent
que ce font les mines graffes & fulphureufes ; cette opinion fe rapporte avec
celle de M. Triwald qui en donne l'explication dans un Mémoire fur cette
vapeur, inféré dans ceux de l'Académie de Stockholm ([1]) , & que je réferve
pour l'article de l'Exploitation , comme y ayant une relation plus directe.

Si l'on recherche les effets de la moufette , on remarque , quant aux chandelles , qu'elle les éteint ; & , quant aux hommes , qu'elle eft affoupiffante ,
fuffocante & ftupéfiante.

Ces effets s'operent quelquefois fi rapidement , qu'ils caufent une mort fu-
bite , fans qu'on ait eu la moindre annonce d'incommodité.

On a cependant vu des ouvriers qui ne donnoient aucun figne de vie , &
qui en font réchappés lorfqu'on les a expofés au grand air : il y a tout lieu de
penfer qu'il ne faudroit pas avoir demeuré long-temps dans la mine.

M. Triwald a eu le courage de l'éprouver lui-même : la lumiere s'éteignit
dans fa main, fon corps s'appefantiffoit, le fommeil s'emparoit de lui ; on le
ramena au grand air qui le rétablit fur le champ ([2]).

M. le Monnier le Médecin , a fait les mêmes expériences dans les mines
de Charbon de terre de la Compagnie Royale d'Auvergne , Paroiffe de Braffac ([3]).

Je ne m'étendrai pas davantage pour le moment fur la pouffe , & fur les
phénomenes qu'elle préfente : je renvoie le Lecteur aux détails intéreffants
qui fe trouvent à ce fujet dans les Tranfactions Philofophiques ([4]) , dans les
Mémoires de M. Triwald ([5]), dans ce qu'en ont dit M[rs]. le Monnier &
l'Abbé de Sauvages ([6]).

Lorfque je traiterai de la partie de l'exploitation qui renferme les moyens
de garantir les mines & les Ouvriers de cette vapeur , on verra que les idées
générales de Phyfique fuffifent pour en faire connoître exactement la nature,
& pour indiquer affez fûrement la maniere de la corriger , ou d'en diminuer
les effets. Je remarquerai feulement qu'elle a beaucoup de rapport avec la

(1) Année 1740.
(2) Mém. de l'Acad. de Stockholm, An. 1740.
(3) Obferv. d'Hift. Nat. faites dans les Provinces Méridionales de la France. Suite des Mémoires de l'Acad. An. 1740.
(4) An. 1665. N. 3. An. 1667. N. 26. *Id.* N.

136. An. 1675. N. 119. An. 1676. N. 130. An.
1694. N. 208. An. 1708. N. 318. An. 1729.
N. 411. An. 1733. N. 429. An...... N. 442.
H. col. N. 1. Art. 2.
(5) Année 1750.
(6) Mém. de l'Ac. des Sc. An. 1748. p. 702.

vapeur du bois de Charbon allumé, à celle du vin qui fermente, & qu'elle préfente les mêmes effets que l'on obferve dans les mines de fel gemme de Pologne, ainfi que ceux de la vapeur de la Grotte du chien en Italie, dont on peut voir des détails très-curieux dans un Mémoire de M. l'Abbé Nollet,

On peut & on doit encore comparer fes effets à ce qui fe paffe dans la machine pneumatique, lorfqu'on en a pompé l'air. La pouffe agit ordinairement de la même maniere fur toute forte de feu; c'eft à quoi les ouvriers reconnoiffent la préfence de cette vapeur: fon action eft telle que la chandelle qui eft éteinte, ne donne pas la moindre fumée, & qu'un charbon ardent qui a été foumis à la moufette, revient fans aucun veftige de chaleur.

On trouvera à l'Article des Mines de Charbon de terre du Languedoc, un détail fur cette vapeur, tiré d'un Mémoire de M. l'Abbé de Saüvages.

La feconde efpece d'exhalaifon qui accompagne ordinairement la houille, eft vraifemblablement la même que la moufette dont il vient d'être parlé: elle en differe en ce qu'elle eft fenfible & inflammable avec détonation, d'où les Anglois l'appellent très-bien *Damp fire*, *Exhalaifon qui s'enflamme*.

Non feulement on l'entend quelquefois pétiller dans les fentes des mines, dans lefquelles elle eft gênée & comprimée, lorfqu'elle cherche une iffue; mais même en reftant quelque temps à l'arrivée des denrées, c'eft-à-dire, des blocs de houille, hors des bures, on reconnoît facilement que cette fubftance recele de ces exhalaifons, qui font très-difpofées à fe dégager; elle fiffle & mugit dans les tas de charbons. Quelques Auteurs affurent, quoiqu'il n'y en ait pas d'exemple au pays de Liége, que dans l'été, quand il fuccede un beau foleil après la pluie, on a vu des amas de houille s'enflammer quelquefois.

M. Duhamel dans les Mémoires de l'Académie des Sciences [1], remarque que le Charbon de terre brûle fouvent à fond-de-cale dans les vaiffeaux qui l'apportent, lorfque leur traverfée eft longue, & que le gros temps ne permet pas d'ouvrir les écoutilles: il cite un exemple curieux de cet embrafement fpontané.

Les pyrites, les fels vitrioliques & alumineux, alliés aux Charbons de terre, offrent dans ces tas de Charbons les mêmes phénomenes que les couches d'ardoife qui contiennent de l'alun, lefquelles s'enflamment fpontanéément & dans les mêmes circonftances [2].

« 1°. Ce feu s'allume dans l'intérieur, & ce qui eft fâcheux, c'eft qu'il a » fouvent duré affez long-temps dans le tas, avant qu'on s'en apperçoive » à l'extérieur: 2°. on ne peut point éteindre ce feu, à moins que de pou-» voir inonder entierement tout le tas: 3°. on n'apperçoit la flamme qui fe » dégage que pendant la nuit; dans le jour on ne voit que de la fumée:

[1] Année 1757. p. 2. & p. 150.
[2] Traité Phyf. d'Hift. Nat. de Minéralogie & de Métallurgie, par M. Lehmann. Mémoire fur les Eaux minérales de Freyenwald, p. 339.

» 4°. l'odeur qui en part eſt très-pénétrante ; elle eſt acide & ſulphureuſe ; ce-
» pendant elle n'eſt pas la même que celle du ſoufre ordinaire ; elle reſſem-
» ble à celle de la fumée des Charbons de terre : quand on tient le nez direc-
» tement au-deſſus, elle ôte la reſpiration, & fait touſſer : 5°. par cette in-
» flammation, il ſe forme une grande quantité de fleurs de ſoufre à la ſurface
» du tas ; elles ne différent en rien des fleurs de ſoufre ordinaire, ſinon qu'el-
» les ne ſont point d'un ſi beau jaune ; elles ſont d'un jaune pâle & impur :
» 6°. avec les fleurs de ſoufre, il s'attache ſur les côtés une matiere graſſe qui
» brûle très-aiſément, & qui répand une odeur ſulphureuſe & arſénicale.

» Cette matiere ſe ſéche & devient friable à la chaleur ; mais elle attire
» fortement l'humidité de l'air, elle devient blanche & viſqueuſe ; elle eſt d'un
» goût amer, dégoûtant & preſque métallique : 7°. par cet embraſement le
» *Glacies Mariæ* ſe calcine & ſe réduit en une eſpece de chaux ſoluble dans
» l'eſprit urineux ; & quand on filtre la diſſolution, il ſe dépoſe ſous la for-
» me d'une terre d'un rouge pâle ; mais l'eſprit urineux donne un ſel blanc
» d'un goût amer & douceréux : 8°. enfin, par l'embraſement la mine d'a-
» lun eſt réduite en une terre d'un brun rouge foncé, qui n'eſt propre à rien
» qu'à peindre les murailles à l'extérieur ».

Près de Schmiedberg en Saxe, un eſpace conſidérable de terrein vitriolique & alumineux s'alluma ; cet embrâſement fut précédé d'une grande chaleur qui avoit été ſuivie d'une pluie douce.

Dans un champ près d'Aix-la-Chapelle, voiſin de l'endroit d'où l'on tire
la pierre calaminaire, on trouva en creuſant un puits, une ſource remplie de
pyrites vitrioliques ; en continuant la fouille on aboutit à une cavité d'où il
ſortit du feu. Schwedemborg qui rapporte ce fait (¹), obſerve qu'à peu de
diſtance de-là il y avoit trois montagnes, dont une contenoit du Charbon de
terre ; une autre contenoit de la pierre à chaux rouge, violette & griſe ; &
la troiſieme contenoit de la pierre calaminaire.

A demi-lieue de Kyrkaldy en Ecoſſe, dans une grande plaine appellée
Dyſert-moor, près le bourg d'Yſart, ou Diſert, le Charbon de terre qui y
abonde, brûle preſque ſpontanéement. On en voit ſortir quelquefois des flammes pendant la nuit & une fumée noire dans le jour.

Ceux qui habitent les environs de cette plaine, diſent qu'aux approches
des grands orages, on entend dans les trous & dans les cavernes des bour-
donnements & des ſifflements effrayants, & qu'il en ſort beaucoup de flammes ; ce qui fait qu'on ne tire pas toujours ce charbon ſans danger.

Il y a quantité d'exemples de ces embraſements ſpontanés du Charbon de
terre dans les mines de différents pays ; ſur un monticule qui ſert aujourd'hui
de belveder au jardin de l'Abbé du Val-S.-Lambert près Liége, on voit

(1) *Oper. mineral. de Cupro.*

encore

encore les veftiges d'un pareil embrafement qui s'eft produit au-dehors, & qui s'eft confervé long-temps fous terre.

Par raport à la reffemblance de cette vapeur minérale avec ce qu'on nomme vulgairement *Feu follet*, les Anglois lui donnent auffi le nom de *Wildefire*, *Feu fauvage*.

Dans les houillieres fituées entre Mons, Namur, Charleroi, & ailleurs, on l'appelle *Terou*, *Feu brifou*.

A Liege on le nomme *Feu grilleux*, *Feu grieux*.

La matiere de ce feu fpontané fera ici confidérée dans l'intérieur des mines, c'eft-à-dire, non développée, & uniquement fous la forme d'exhalaifon prête à devenir fulminante & à s'enflammer.

Pour ne point me départir du plan que je me fuis propofé de paffer légérement fur les recherches qui ne tiennent pas effentiellement à la connoiffance pratique de la matiere que je traite, je ne m'arrêterai pas à rechercher la nature du feu grieux, que les uns attribuent à la partie bitumineufe de la houille; que d'autres attribuent aux vapeurs fulphureufes; je me contenterai d'obferver que cette derniere opinion ne pourroit fe foutenir, fi l'on admettoit avec plufieurs Phyficiens que rarement ou même jamais, le Charbon de terre ne fe trouve uni avec du foufre natif; mais il n'y auroit point d'abfurdité à penfer que les unes & les autres, fçavoir les matieres bitumineufes & fulphureufes, donnent origine à cette exhalaifon.

Les Houilleurs fçavent reconnoître qu'ils en font menacés, & qu'elle va s'allumer, par l'effet très-naturel qu'elle produit de repouffer l'air de l'endroit où elle vient; auffi dès qu'ils s'en apperçoivent ils fe hâtent d'éteindre leurs chandelles.

Ils fçavent même le prévoir affez jufte, lorfqu'autour de leurs lumieres il fe forme des étincelles bleuâtres, comme il s'en fait en jettant quelque fel ou quelque pouffiere feche fur une flamme.

Dans les houillieres où l'air circule librement, on ne s'en inquiette pas, & il fert de divertiffement aux Ouvriers; inftruits que la mine eft bien aërée, ils guettent ces vapeurs, qu'ils entendent pétiller & qu'ils voient fortir fous la forme de fils blancs; ils les faififfent avant qu'ils arrivent à leurs chandelles, les écrafent dans leurs mains.

Ce feu grieux préfente une grande différence dans l'inflammabilité; il eft des houillieres dans lefquelles il y auroit danger de mort fi on y entroit fans lumieres.

Dans d'autres houillieres qui font très-foufreufes, & où cet accident eft très-fréquent, l'Ouvrier uniquement éclairé par l'art & par l'induftrie, y entre, y travaille dans la plus profonde obfcurité. L'expérience leur a montré le danger d'y travailler avec des lumieres.

Du côté de Serraing & de Jemeppe, les houillieres font fi fujettes au feu

CHARBON DE TERRE.   K

grieux, qu'il faut éloigner les chandelles de l'endroit où l'on travaille , & avoir autant l'œil à fa lumiere qu'à fon ouvrage , pour éviter que cette vapeur ne prenne feu , & ne fe communique dans les *Gralles*. On en a plus d'un exemple dans quelques mines ; l'air comprimé par l'efpace étroit produit une explofion comme la poudre à canon étouffe , brûle les Ouvriers, & emporte en fortant de la mine tout ce qu'il rencontre : le feu s'y conferve quelquefois , ce qui oblige d'abandonner l'exploitation.

M. Triwald (¹) a été en 1724. témoin d'une de ces explofions à une mine près de Neucaftel , où d'un feul coup 31 Ouvriers & 19 chevaux furent tués.

Dans ces fortes de cas, tout ce défordre purifie l'air par la grande agitation qu'il y a produit ; & s'il n'a pas caufé dans la mine de dérangement qui s'oppofe à la pourfuite des travaux , il n'y a plus de danger d'y defcendre jufqu'à ce qu'il fe foit formé de nouveau feu grieux.

C'eft par cette même raifon que quand les ouvrages ont été interrompus , cette matiere qui n'a pas été mife en mouvement par les allées & venues des Houilleurs , par les manœuvres de leur métier , fe ramaffe & fe développe par le défaut de courant d'air ; ce qui préfente des moyens auffi fimples que faciles pour fe précautionner du feu grieux en général ; c'eft-à-dire , dans les mines qui n'y font pas extrêmement fujettes , ou dans les temps où l'on prétend qu'il eft moins ordinaire.

Dans le pays Liégeois , les Houilleurs prétendent que les bures dans lefquels le feu grieux eft plus fréquent , font ceux qui font fitués le long de la Meufe , & que cette vapeur eft plus à craindre , plus commune , lorfqu'il fait chaud.

En Angleterre , l'opinion eft que les mines ne font jamais fujettes à cette exhalaifon inflammable & fulminante , avec plus de fréquence & plus de violence que pendant l'hiver , lorfque le temps eft nébuleux , froid , & qu'il fait un grand vent.

Les mines où il y a beaucoup d'eaux , font auffi , à ce qu'il paroît par quelques exemples , celles où cette vapeur fulgurante eft plus difpofée à fe marquer , & plus fréquente.

Ce n'eft pas fur ce feul article qu'on eft arrêté par les allégations incertaines & fouvent contradictoires des Ouvriers : on rencontre cette même difficulté dans la conduite qu'ils tiennent.

Je crois feulement néceffaire d'obferver , & la chofe paroît toute fimple à imaginer , que la nature des Charbons ajoute quelque chofe à la difpofition du local ; que plus les Charbons font purs & compacts , moins leurs mines ont de ces vapeurs : ce qui fe trouve fondé fur les houilles appellées en Angleterre *Kannel-coal* , qui font plus difficiles à s'enflammer.

(1) Mémoires de l'Académie de Stockholm. Année 1740.

ARTICLE TROISIEME.

Des effets que produit à la longue l'air des mines de Charbon de terre sur la santé des Houilleurs.

L'AIR des mines de Charbon de terre doit donc avoir différents effets & différentes qualités, selon que l'acide sulphureux, ou vitriolique, pénétrera par la respiration dans la poitrine ; par la salive, dans l'estomac ; par les vaisseaux inhalants, dans toute l'habitude du corps : ou selon que cet acide sera un acide pur, qui ne produira qu'une légere irritation sur les fibres de l'estomac, ou selon que son acrimonie n'agira que légerement sur la trachée-artère & sur les poumons.

On observe (¹) que dans les endroits où il y a un esprit de vitriol sulphureux répandu dans l'air en grande quantité, comme à la grande mine de cuivre de Falhum, il se trouve des gens fort pauvres, des femmes sur-tout, qui vivent jusqu'à cent ans, ou cent dix ans, quoique plusieurs soient très-éloignés d'un genre de vie propre à conserver la santé, & qu'au contraire ils soient grands mangeurs, usant de boissons fortes, de vins brûlés & autres liqueurs : ce qui feroit présumer que cet acide excite leur appétit.

On trouve parmi les Houilleurs des gens qui poussent leur carriere aussi loin que dans d'autres métiers : l'Ecosse fournit l'exemple d'un homme actuellement vivant dans la 132ᵉ. année de son âge, qui fouille depuis 80 ans les mines de Charbon de terre de Darkeith près d'Edimbourg.

Si on considere simplement l'atmosphere qui résulte de cette substance minérale, comme chargée des parties fines & intégrantes du soufre bien combiné, on conçoit qu'alors loin d'être mal sain à respirer, il peut être salutaire & très-favorable dans certaines phthisies pulmonaires, en portant sur les ulceres des poumons un baume détersif & déficcatif naturel ; ce que l'Art imagine tous les jours dans la pratique sous différentes formes.

Un Médecin Anglois a avancé que jamais cette maladie n'attaque ceux qui emploient le Charbon, dont le chauffage (²), en général n'est point malfaisant.

On trouve dans le Journal de Médecine de Janvier 1763. une Observation de M. Clapier, Docteur en Médecine, qui tendroit à prouver ce qui vient d'être avancé : un Artisan de la ville d'Alais, attaqué d'une phthisie pulmonaire caractérisée, fut entièrement guéri en allant respirer l'air d'une mine de Charbon de terre.

D'après les Mémoires de l'Académie de Stockholm, ceux qui habitent les endroits où l'on travaille le soufre à Dylte en Néricie, & dans la paroisse d'Ax-

---

(1) *Act. Chem. Holmienf. Tom. II. p. 158. Observationes de salubritate acidi vitriolici ac sulphurei.*

(2) *De Carbonibus fossilib. & eorum vapore non adeò noxio. Observ. Physico-chimicar. select. Observ. XXIV. Hoffman.*

berg près d'Orebro , capitale de la même province de Suede , ceux qui
font occupés dans le même attelier à la diftillation des pyrites , à la purifica-
tion du foufre , & non à la cuite du foufre , ne vivent pas fi long-temps , mais
ils font rarement incommodés de toux , de difficultés de refpirer , &
d'autres maladies de poitrine.

Ceux qui travaillent dans les houillieres où l'air n'eft pas bien vif, contrac-
tent une refpiration difficile, que les Médecins appellent *Afthma montanum*, *Pe-
ripneumonia montana* (ˈ), qui paroît un afthme convulfif dépendant de l'altération de l'élafticité de l'air.

Du refte on ne voit pas que les Houilleurs de Liege foient fujets à aucune
maladie particuliere qui puiffe contredire la qualification de *bon Métier* ,
qu'ils partagent avec les autres métiers de la cité & banlieue.

Par ce que l'on a vû des exhalaifons ordinaires dans quelques mines,
joint aux différences de Charbons, & aux attentions qui concernent l'airage
des houillieres , on fentira que le moyen qui a réuffi à l'Artifan de la ville
d'Alais , n'eft pas indifférent , qu'il peut & doit fouffrir des précautions particulieres , relatives à la nature des Charbons dans lefquels il domine des principes différents , dans lefquels il y auroit du plomb , ou quelqu'autre minéral nuifible.

SIXIEME SECTION.

Des Signes qui peuvent faire reconnoître à la furface d'un Terrein qu'il renferme du Charbon.

Aᴘʀᴇˈꜱ avoir examiné le Charbon de terre en lui-même dans toutes les
parties qui le compofent ordinairement , il eft important de confidérer les
fignes qui peuvent être l'annonce de cette matiere , & enfuite la façon dont
elle fe trouve placée dans le fein des montagnes.

M. Triwald dans fon Mémoire intitulé , *Théorie complette de tout ce qui regarde
le Charbon de terre* , dont je ferai ufage à la feconde Partie de cet Ouvrage , établit plufieurs marques qui font tirées des vapeurs que le Charbon de terre
répand dans fes environs , des racines des plantes qui croiffent au-deffus
des veines de ce foffile , des eaux qui s'écoulent des côteaux voifins des
houillieres , de leur infpection , de leur évaporation ; une efpece de fchifte
remarquable par des empreintes très-exactes de feuilles de plantes , eft auffi
(lorfqu'on en rencontre quelque part) regardée comme une marque qu'il y
a du Charbon de terre dans le voifinage.

(3) Pyritologie de Henckel. Précis d'un Traité des Maladies auxquelles les Ouvriers qui travaillent
aux mines , & aux fonderies , font expofés. p. 459.

La plûpart

La plûpart des Naturaliftes femblent avoir adopté tous ces indices : Bromel (¹) penfe que lorfqu'on veut chercher une mine de Charbon de terre, on doit fur-tout prendre garde aux endroits où fe trouvent beaucoup d'ardoifes noires, mêlées de foufre ; ou ceux dans lefquels une matiere graffe fe fait fentir en terre avec une odeur fulphureufe : enfin plufieurs Auteurs obfervent qu'où il y a du Charbon de terre, il fe rencontre auffi des fources d'eau falée, & même des terres alumineufes (²). Je ne crois pas néceffaire d'entrer dans une grande difcuffion pour démontrer l'infuffifance de ces indices : quant à ceux qui font abfolument extérieurs & fuperficiels, quoique donnés prefque tous pour être d'une grande confidération, on fent qu'ils doivent être très-équivoques.

Il eft dit quelque part que dans le Lancashire proche Vigan, on rencontre la fubftance minérale qui indique le voifinage des mines de Charbon de terre ; mais c'eft tout ce qu'on en annonce.

Dans le pays de Liege les Houilleurs ou Borins les plus expérimentés difent qu'il n'y a point de marque affurée d'une mine de Charbon ; la feule notion qu'ils ont que les veines de ce minéral ne fe trouvent que dans quatre lieues de pays en largeur, détermine à faire une fouille dans un terrein que l'on fçait en donner ; auffi l'exploitation eft pour l'ordinaire entamée avec affez d'incertitude pour le fuccès, & beaucoup de bures font abandonnés faute de principes affez conftants, pour régler la conduite & le raifonnement dans cette premiere entreprife. En effet la difpofition & les productions du terrein, fur lequel font ouverts les bures de houilles, & que parcourent les veines de ce minéral, ne paroiffent nullement capables de guider fur ce point : en vain examine-t-on la fuperficie du fol, pour tirer quelque induction favorable à la recherche d'une mine de Charbon de terre, on n'y voit rien, (quoiqu'il puiffe influer fur ce qui croît dans fes environs) on n'y voit, dis-je, rien de particulier qui puiffe être attribué à ce voifinage ; & s'il exifte des indices de Charbon de terre, on peut affurer qu'ils n'appartiennent point à la fuperficie.

Quelques terres, ou quelques pierres, qui fe trouvent plus communément avoifiner le Charbon de terre, & qu'on pourroit à ce titre regarder comme indices de cette matiere, ou comme des fujets de compter raifonnablement fur la rencontre d'une veine de houille, n'approchent que par accident de la furface du fol affez pour fe montrer au jour, ou pour en laiffer voir quelque éclat.

Il en eft de même d'une terre légere, tendre, noire, ou tirant fur cette couleur, qu'ils nomment *Thiroulle*, *Teroulle*, que l'on a coutume de ranger

---

(1) *Lithographia Suecana.*
(2) *Kurella*, Examen chimique du Charbon de terre, Sect. 3.

CHARBON DE TERRE.

parmi les indices de Charbon de terre , & dont il fera parlé en fa place.

On peut dire que c'eft la feule matiere qui garantiffe affez fûrement l'exif-tence de la houille dans un endroit où elle fe trouve ; mais ce n'eft pas plus un figne certain que quand le hafard , au commencement de l'ouvrage, fait tomber fur l'extrémité d'une veine qui vient fe terminer à la fuperficie fous la forme de teroulle. Outre qu'elle ne fe trouve pas fréquemment à la furface ; lorf-qu'elle fe rencontre dans un terrein dont on a déja tiré de la houille , il eft encore douteux , (quoiqu'elle annonce le voifinage d'une veine), qu'on ne profondera pas un bure inutilement , cette teroulle n'étant quelquefois que la tête ou l'extrémité d'une veine qui a été travaillée , puis laiffée , ce qui fait qu'après avoir chaffé les ouvrages à un certain point, *on tombe fur les Vieux Hommes* , ou les *Vieux Ouvrés* , c'eft-à-dire , fur les anciens ouvrages.

Tout ce que l'on peut dire , c'eft que la préfence de la houille , plus ou moins enfouie dans le fein de la terre , ne nuit pas à la fertilité du quartier où elle fe trouve. Glauber foupçonne que le Pétrole & les mines de Char-bon de terre qui fe trouvent abondamment aux environs du Mein & du Rhin , concourent à la bonté des vins de ces cantons.

Defcription du fol du pays de Liege.

A confidérer le fol extérieur du pays de Liege dans la banlieue de cette Capitale , la Nature ne peut être taxée d'être avare de fes bienfaits. Des cou-rants d'eau ruiffellent de toutes parts , augmentent la fertilité des endroits qui leur donnent paffage , & rendent la terre auffi riche à fa furface qu'elle l'eft dans fon intérieur : par-tout le fol répond aux foins du Cultivateur, & procure l'abondance , foit fur le fommet des montagnes qui forment l'enceinte où la ville de Liege eft affife , foit dans les vallons qui partagent ces mon-tagnes en prairies , que parcourent les petites rivieres de Weze & d'Ourte , avant de venir fe décharger dans la Meufe , au-deffus de cette ville.

On conçoit d'après cet expofé que fi les mines de houille ont à leur furface , ou près de la fuperficie , des indices qui les décelent ; ces indices font très-aifément confondus , pour ne pas dire , perdus dans la foule de ri-cheffes que la Nature y étale : du moins eft-il certain que cette diverfité qui fixe & qui toujours étonne le premier coup-d'œil , ne fignifie rien pour aider à juger s'il y a de la houille dans un terrein de cette efpece.

Ce qui fe remarque enfuite prefque au milieu de toutes les productions uti-les & agréables répandues fur le fol extérieur , c'eft une pierre fchifteufe ou *fchiftoïde* , qui fe trouve en fi grande quantité , qu'elle paroît former une par-tie du fol du pays de Liege : on ne peut faire un pas qu'on ne marche deffus , ou qu'on ne l'apperçoive de tous côtés autour de foi. Amoncelée fur la cime des montagnes , dont elle eft comme la bafe & le foutien , elle forme fur leurs pentes des murailles hériffées de feuillets aigus & tranchants, fimplement appliqués les uns fur les autres, que le temps & l'air féparent en détail comme des *non-valeurs*, fi l'on peut parler ainfi.

En avançant vers le fond de la terre, on trouve encore du fchifte en quantité, approchant davantage de la nature de l'ardoife : des yeux vulgaires le prendroient pour un autre *rebut* ; mais le Connoiffeur éclairé, ou guidé par l'intérêt, ne s'y méprend pas ; il reconnoît d'abord que la Nature déploie en fecret fa richeffe & fa profufion dans ce fchifte. Efpece de parafite obfcur, cette pierre formée dans le fein de la terre, s'y eft engraiffée de veines de bitume ; elle y eft imprégnée de fucs que l'Art fçait en extraire pour nos befoins ; elle cache dans fa texture des fels acides unis avec des fubftances métalliques, des terres fulphureufes, des terres abforbantes. L'alun, le foufre y font enfemble formés par un feul & même acide diverfement combiné, différemment uni avec des principes phlogiftique & terreux. En un mot, ce fchifte dans quelques endroits eft vitriolique ; dans d'autres il eft alumineux ; ailleurs il eft fulphureux (¹), & accompagné ou avoifiné non-feulement, de différentes terres ou pierres calcaires & vitrifiables, mais encore de métaux (²), de toutes fortes de matieres, la plûpart inflammables, comme on l'a vû, auxquelles il fuffit prefque d'être entaffées pour s'échauffer, même pour s'embrafer, au moyen d'une décompofition particuliere.

Mais ce qui eft principalement à remarquer dans ce fchifte, relativement à notre objet, c'eft qu'il a un rapport très-évident avec le Charbon de terre, auquel fouvent il fert de bafe & de couverture, dont il peut être regardé comme la matrice. Comme il tient par-là effentiellement à ce foffile : je renvoie fa defcription détaillée à l'Article où je traiterai des veines de Charbon de terre, dont il devient alors un indice certain.

(1) A Prayon au-deffus de Chau-fontaine on tire du foufre & de la couperofe, ainfi qu'à Engis.
A la Malhieux, dépendant d'Engis, près de Huy, & dans le Limbourg, on tire de la Calamine, *Calmefen, Calamy Steen* : à Prayon, près de la Rochette, on travaille une mine de plomb.

SEPTIEME SECTION.

Matieres terreufes & pierreufes communes dans les Houillieres du pays de Liege.

LE fond du fol & du territoire de Liege, tel que je viens d'en donner une idée, eft, comme par-tout, entrecoupé de bancs de Marnes (¹), de Craies (²),

(1) *Marga off. Mergel. G. Stein mart. B. Merg in de Steenen.* On donne ce nom en général à toute terre capable d'engraiffer le fol ; c'eft le plus fouvent ou une argille calcaire, ou une argille fableufe.
(2) Subftance calcaire qui a perdu par des infiltrations tout ce qui pouvoit lui donner de la confiftance.

d'Argilles (³) de différentes efpeces, arrangées par couches, de bancs de pierres différemment placés refpectivement les uns aux autres fur les bancs de houille : je me fuis d'abord occupé de ces différentes matieres pour confidérer leur état, leur nature & toutes les circonftances qui leur font propres.

Les houillieres fans nombre que l'on exploite dans les environs de Liege, ne pouvoient m'aider en rien dans le deffein que je me propofois avant tout, de faire l'examen de ces matieres. Les bures, c'eft-à-dire, les puits d'une mine abfolument en train, font en plufieurs endroits étayés de gros bois, de grandes planches, ou autres, pour foutenir les terres, & dans les parties où de diftance en diftance on n'a pas jugé cette précaution nécef-faire, la poufiere du Charbon que l'on y monte continuellement, détrempée par les eaux qui égoutent de tous côtés, donne aux terres qui font à nud, la teinte de la marchandife qui y paffe fans ceffe, & il n'eft pas poffible d'y rien diftinguer.

Il m'a fallu faire la perquifition de quelque bure nouvellement entrepris ; lorfque c'eft un petit bure, fes côtés, ou *mahirs*, ne font point planchéiés, les terres fe foutiennent d'elles-mêmes ; toute la maffe qui défend inutilement la houille contre les recherches des hommes, y paroît à découvert ; on peut en fuivre les couches fort diftinctement, avec cette différence néanmoins que pour s'enfoncer dans le fein de la terre par un *Avalereffe*, (*Planche II. AA*) on n'eft ni fi commodément, ni fi à fon aife, que pour defcendre dans un bure, ainfi qu'on le verra dans la feconde Partie de cet Ouvrage.

Je fus informé qu'on en commençoit une entre le fauxbourg fainte Walburge & le quartier dit *Xhovémont*, à un quart de lieue de la ville ; la montagne fur laquelle elle eft, eft une des plus confidérables dépendances de la chaîne qui accompagne le cours de la Meufe de ce côté.

Son fommet eft terminé en une furface très-étendue, dont l'expofition par rapport au foleil eft au midi ; fa pente, eu égard à fa hauteur, n'eft pas abfolument roide.

C'eft à cet endroit nommé aujourd'hui *le Bure*, ou *la Foffe Filoz*, que j'ai examiné la pofition des couches de terre qui fe trouvent le plus communément avant les veines de houille ; les bancs de pierre couverts par les terres ne font pas, à beaucoup près, fi nombreux, & avec le fecours des échantillons que je me fuis procurés, on peut compter fur l'exactitude de l'état que je vais expofer de ces matieres terreufes & pierreufes.

On fçait que ces matieres peuvent être confidérées fous différents points de vûe, & fe divifer à l'infini, felon que l'on voudra avoir égard à leurs couleurs,

---

(3) *Argilla.* A. *Clay.* B. *Kley, Lera. Letten.* Terre réfultante de la deftruction humide des fubftances animales & végétales ; elle eft vifqueufe, ductile, fe durciffant, fe liant & prenant corps au feu ; elle ne fe décompofe point par les acides.

à leurs

à leurs ufages, leurs confiftances, leurs mêlanges, leurs effets dans le feu, ou qu'on les envifagera relativement à leur origine.

Laiffant à part toutes ces divifions, je les examinerai relativement à leur fituation.

Les matieres placées au-deffus & au-deffous des bancs de houille, & dont la plûpart font difpofées par lits qui occupent une étendue confidérable en profondeur & en fuperficie, feront ici diftinguées en deux efpeces, à raifon de l'union plus ou moins intime de leurs parties.

Je les comprendrai fous la qualification générale de *Couverture terreufe*, & de *Couverture pierreufe*.

Celle qui fe préfente le plus communément fous l'*humus*, eft formée par des lits différents, dont la plûpart font des Terres (¹) Apyres (²), Calcaires (³), & Vitrifiables (⁴) : j'ai tâché, autant qu'il a été poffible, de les ranger dans leur vraie claffe, à l'aide de très-légères épreuves.

La couverture pierreufe qui pour l'ordinaire vient après la précédente, qui dans les montagnes eft la dominante, admet au-deffus d'elle peu de couches terreufes, & comprend des pierres vives, dont la bafe eft compofée des mêmes fubftances que la couverture terreufe, intimement liées enfemble, des rocs fauvages & rebelles (⁵), qui réfiftent aux inftruments, & qui different encore entre eux par leur dureté.

Je ferai une claffe particuliere des pierres qui ne fe trouvent point étendues de la même façon que ce que j'appelle la *Couverture pierreufe*, c'eft-à-dire, qui ne formant point des couches & des lits, font fituées en maniere de piles & de montants ; on peut, fans les rencontrer, pénétrer dans toute la maffe d'une montagne, & fuivre même les travaux.

ARTICLE PREMIER.

Couverture terreufe, ou état des différentes Terres dans l'ordre où elles fe rencontrent communément fur les bancs de Houille dans le pays de Liege.

Sous la couche (*Planche II.*) appellée *Terre labourable*, *Terre de jardin*, *Terre franche*, & par les Latins, *Humus*, qui n'eft pas un véritable foffile, fe rencontre une terre jaune qu'on nomme *Arzée*, c'eft-à-dire, *Argille*,(*Pl. II. n. 2.*) & qui a

---

(1) *Terre* : nom générique d'une fubftance très-commune & très-abondante dans le regne minéral, & dont le caractère général eft d'être en molécules, peu liées, rarement homogènes, quelle qu'en foit d'ailleurs la nature.

(2) *Apyres*, *réfraftaires* : mots génériques pour défigner les fubftances pierreufes qui réfiftent fans intermede au plus grand dégré de feu connu : on donne ordinairement ce nom aux argiles; mais il ne convient à aucune terre.

(3) *Calcaire*, *calcinable* : alkaline, plutôt *alka-* lefcente, terre très-peu liée qui fait efferveffence avec tous les acides, & qui loin de fe vitrifier, rend opaques les maffes vitrifiées où on la fait entrer.

(4) *Vitrifiable*, *fufible* : efpece de terre dont les molécules font anguleufes, dures, ne faifant pas efferveffence avec les acides, & plus ou moins aifément convertie par le feu violent & aidé de quelque fondant, en une maffe tranfparente.

(5) Appellées *Win Rock* par les Anglois.

sept pieds d'épaiffeur : elle s'attache un peu à la langue, & ne fermente point avec l'eau-forte : c'eft un limon très-doux qu'on pourroit comparer à une *argille* très délavée, femblable à la terre dont on fait de la brique (¹), à la terre pourrie (²), à la terre cimolée (³), à la terre d'ombre, nettoyant fort bien l'argent : elle doit cette propriété à une partie de fable très-fin qui y eft mêlé.

La troifieme couche (*N°. 3.*) appellée communément *Aufere*, ne fermente pas non plus avec l'eau-forte. Elle tient moins fenfiblement à la langue que l'arzée, avec laquelle elle fe trouve prefque confondue, jufques-là que les Houilleurs regardent ces deux terres comme une feule & même couche ; c'eft une terre martiale d'un goût auftere, qui ne differe de la premiere qu'en ce que la proportion du fable s'y trouve plus abondante ; elle eft tenace, ne durcit point au feu, & paroît être une fubftance argilleufe délavée, pareille à celle dont on fait le mortier à gâcher, entiérement la même que celle dont on garnit des fours.

Vient enfuite un fable fec (⁴) (*N°. 4.*) dont la plus grande partie eft en pouffiere, & d'autres fois dont les grains font en maffe ou pelotonnés : il eft fouvent mêlé avec quelque débris des couches au milieu defquelles il eft placé ; ce qui fait qu'il n'eft pas abfolument d'une couleur uniforme, & que felon la proportion de ce mélange, il fermente un peu plus ou un peu moins avec l'eau-forte. Ce fable forme un lit d'environ trois toifes d'épaiffeur, & en couvre un cinquieme dont la matiere eft blanche comme de la craie, on l'appelle *Bifmaye* ou *Fauffe Maye* : par la calcination elle fe convertit en partie en chaux vive ; l'acide vitriolique agit fortement fur cette terre avec un fifflement & un bruit pareil à celui que feroit le même acide fur de la craie, ou fur de la chaux.

A proprement parler, la Bifmaye (*N°. 5.*) eft le commencement de la couche fuivante, qui eft d'une claffe particuliere, relativement à fa confiftance moyenne, n'étant ni fi dure, ni fi compacte que les pierres, mais ne laiffant pas d'en approcher, & n'étant prefque plus terre. Ils lui donnent les noms de *Blanke Maye*, *Grife Maye*, *Adaille Maye*, *Vraie Maye*. Ils l'appellent auffi *Marle*, *Craie* (*N°. 6.*). C'eft une marne crétacée, ou plutôt une véritable craie (⁵), fort blanche, employée à blanchir les murailles, & que l'on mêle avec la chaux dont on fe fert dans le pays pour la maçonnerie,

(1) *Argilla teffularis*, feu *Figulorum. Argilla lateritia.* A. *Klay.* B. *Kley. Lera.* Sued. *Krukmakar-ler. Tarninge-ler.* Terre-glaife. Terre à potier. Argille ferrugineufe tenant fable.

(2) Ordinairement c'eft une argille entiérement privée de fon *gluten.*

(3) *Marga argillacea, pinguedinem imbibens, calore indurabilis. Cimolia alba. Killoia. Molliufcula. Leucargilla Plinii.* Terre de fayence, terre à pipe. Argille blanche, qui ordinairement abonde en terre calcaire.

(4) *Arena. Grus. Sand. Flyfand.* On appelle ainfi l'amas de différentes maffes dures, détachées accidentellement de maffes folides, vitrifiables & autres, & qui font fufceptibles de fe recombiner en forme folide. Suivant la groffeur de fes molécules on le nomme *Gravier*, *Sabulum.*

(5) *Creta cohærens folida. Creta argentaria.* Craie blanche, différente par fa folidité de l'autre efpece appellée *Creta non faxofa, Creta rara, mollis. Kentman.* A. *Chalk.* G. *Kreide.* B. *Kryt.* Craie friable.

qui fe fait avec une pierre grife très-compacte (¹) : c'eſt elle qui fe trouve mêlée dans l'eau de la machine à feu, & que j'ai nommée *Craie alumineufe*, *page* 32 ; elle eſt fi abondante qu'elle fe dépofe en lits fort épais, dans les endroits où fe déchargent les eaux de la machine à feu ; la marle a ordinairement 7, 8, 10, 12 toifes d'épaiſſeur, y compris la bifmaye (*N*ᵒ. 5.), particuliérement dans la contrée de Liege nommée *Hesbaye* : mais ce n'eſt pas par-tout de même ; elle ne fe trouve même pas dans toutes les fouilles ; on ne la connoît point dans celles de Charleroy. La marle reſte en grande partie indiſſoluble dans l'acide vitriolique ; & après y avoir fait une efferveſcence confidérable, elle s'en précipite : les acides nitreux & marins la diſſolvent en entier ; mais elle ne cryſtallife pas avec ces acides. On commence à cette couche à trouver l'eau ; elle eſt fujette à en donner en très-grande abondance, ce qui gêne beaucoup dans l'exploitation : la Fontaine la plus eſtimée de Liege pour la bonne eau, eſt une eau de marle, dont il a été fait mention, *p.* 29. La marle eſt ordinairement mêlée de beaucoup de *filex* (²) diverſement figurés, auxquels ils donnent le nom de *Flein* (*N*ᵒ. 7.) : mais ces pierres à fufil fe trouvent particuliérement fur la tête d'une couche qu'ils appellent par cette raiſon *Fléniere* (*N*ᵒ. 8.) & qui eſt un détriment fableux, mêlé avec des débris de terre ocreufe & crétacée : la fléniere ne fermente point avec l'eau-forte qui y reſte très-colorée, à raiſon d'une portion de fer, & elle précipite une partie blanchâtre, qui n'eſt autre chofe qu'une portion de marle indiſſoluble, qui fous une croute fuperficielle de fléniere, fournit aux *filex* une enveloppe très-épaiſſe, & dont ils paroiſſent être une décompofition, conformément à l'opinion de quelques Naturaliſtes.

Au reſte, le Flein ou flény ne fe trouve point généralement : dans le Comté de Namur, il ne s'y en trouve pas ; mais dans les foſſes de Frefne, d'Anzin, du vieux Condé, dans le Haynault François, on en rencontre entre la marle & le roc.

Sous la marle fe préfente quelquefois tout de fuite le premier banc de houille.

D'autres fois on trouve au-deſſous une efpece de terre lavée, graſſe, glaifeufe, graveleufe, (*Pl. II. N*ᵒ. 9.) appellée *Dielle*, ordinairement placée à la fuperficie de la terre, & qui ne fe rencontre que dans quelques endroits.

Quelquefois elle eſt alliée avec une terre d'ocre (³), & alors elle eſt

---

(1) Dans le voifinage des houillieres de Liege on trouve beaucoup de carrieres de pierres à chaux. Les Anglois appellent cette pierre *Lime ſtone*. G. *Zech ſtein*. B. *Kalck ſteen*.

(2) Pierre à fufil, caillou. A. *Flint*. B. *Kegel*. G. *Kiefel ſtein*. Concrétion folide, demi-tranfparente, faifant feu avec le briquet, compofée vraifemblablement des mêmes parties conſtituantes que le quartz, &

finguliérement remarquable par fa maniere de fe caſſer.

(3) *Ocra. Ochra.* Aldovr. B. *Geel oker.* Ocre rouge. *Huit kryta. Gyttia.* B. A. *Yellow oker.* B. *Geel oker. Rubrica fabrilis.* Ocre. Rubrique. Terre martiale jaune, dépofée de pyrite, ou de vitriol martial décompofé.

d'une couleur jaunâtre mêlée ; il s'en trouve qui eſt preſque entiérement exempte de ce mélange, de façon qu'elle eſt reconnoiſſable pour être une glaiſe (¹), très-bonne à enlever les taches ; elle eſt ſi fine qu'elle retient les eaux de la ſuperficie, qui s'imbibent en terre : auſſi peut-elle être employée à faire des digues pour retenir les eaux : c'eſt cette glaiſe que l'on mêle avec les Charbons, pour leur donner une conſiſtance propre à être formés en boulets, appellés *Hochets* en forme de *Briques*.

Cette glaiſe combinée avec l'acide nitreux, fait une violente efferveſcence.

Quoique la dielle ſoit ſouvent éloignée des couvertures pierreuſes qui ſuccedent aux couvertures terreuſes, elle peut néanmoins être regardée comme la premiere croûte des pierres qui ſe trouvent au-deſſous ; on en trouve de ſemblables dans les premiers bancs des plâtrieres.

Elle eſt remarquable par des maſſes qui s'y rencontrent, dont il y en a de plus groſſes que le poing, qu'on nomme *Pierres de dielle*, O, O, O, O ; c'eſt mal-à-propos quant à leur conſiſtance, mais cependant elles rendent la dielle très-difficile à percer quand on en rencontre. Ces pierres d'argille, *Lapides Borbori*, ſont un bol (²) durci, doux, tendre au toucher, tenant fort à la langue ; on y apperçoit en aſſez grande quantité des corps de forme annulaire, de la grandeur d'un écu de trois livres ; ils ſont de la même nature que la dielle, & y ſont fortement enchâſſés.

La dielle a environ un pied ou huit pouces d'épaiſſeur ; d'autres fois elle en a bien davantage : du côté de S. Nicolas & de S. Gilles, elle a ſept ou huit toiſes d'épais ; elle a quelquefois juſqu'à douze toiſes de profondeur, y compris un lit qui lui eſt particulier, mais qui ne ſe rencontre pas conſtamment : ce lit (*N°.* 10.) qui appartient directement à la dielle, eſt une terre bolaire durcie, qui commence à devenir glaiſeuſe ; on l'appelle en terme de houillerie *Tourteau de Derle*, *Tortai Daille*, ou *Tortey del Dieille* ; ce qui proprement ſignifie *Gâteau de Dielle*, du nom de *Tortey* que l'on donne à un petit pain formé en gâteau.

Dans la Heſbaye ce lit parcourt une grande étendue de terrein ; dans les houillieres ſituées du côté du Nord, il n'a qu'environ un pied d'épaiſſeur : c'eſt à peu-près ſon épaiſſeur ordinaire, qui quelquefois eſt un peu plus conſidérable.

La dielle ſe termine à une eſpece de pierre tendre, ou de terre graſſe qui ſe déſunit où ſe *délite* à l'air ; cette matiere nommée *Agaz* (*N°.* 11.) paroît être un dépôt régulier qui s'eſt arrangé par lits : c'eſt une terre marneuſe (³) de couleur bleuâtre, ſenſiblement feuilletée, mêlée de beaucoup de parties talqueuſes ; tenant à la langue, & qui n'éprouve aucune action de la part des acides, leſquels ne font que s'imbiber dans ſa ſubſtance.

---

(1) Argille imprégnée d'acides auxquels elle doit ſa conſiſtance.

(2) *Argilla pinguis*. Sued. *Jordaſter*. Eſpece d'argille ſinguliérement empreinte de ſubſtance ferrugineuſe & fort délavée.

(3) *Marga in aëre deliqueſcens, pinguefaciens.*

L'agaz

L'Agaz ne fe trouve que dans quelques endroits, tels que les montagnes où font les vignobles, à cinq ou fix pieds de profondeur, même à la fuperficie ; elle eft propre à l'engrais des vignes ; l'épaiffeur de fon lit eft d'une demi-toife ou d'une toife : on la trouve quelquefois fur la pierre ; quelquefois le Charbon de terre fe préfente deffous l'Agaz, de maniere que cette fubftance forme le fol de la veine qui alors eft particuliérement nommé *le Deie de la veine.*

Au-deffous du Tortai del Dieille, ou au-deffous de la Marle, (quand la dieille & le tortai manquent) vient la derniere terre affez femblable à l'A-gaz, & que l'on nomme *Craw* ; quelquefois elles fe trouvent placées l'une fur l'autre ; tantôt l'Agaz manque, tantôt c'eft la Craw.

La Craw (N°. 12.) a cinq toifes d'épaiffeur, & ne differe des terres qui fe rencontrent à la furface, qu'en ce que fa plus grande profondeur a donné plus de fineffe à fes parties.

Elle eft graffe, tendre au toucher, féche & de couleur bleuâtre : c'eft un *humus* lavé, une efpece de marne, propre à polir les métaux : on peut s'en fervir pour engraiffer les terres : elle fait une grande efferveffence dans l'eau-forte. On pourroit la comparer à la terre argilleufe fine déliée, qui accompagne les filons des mines, & que les Allemands nomment *Befteg.*([1])

Cette terre qui ne fe trouve pas dans les mines des environs de Charle-roy, fe nomme autrement *Bouffin* ; effectivement elle paroît tenir la même place & avoir la même qualité, que ce que l'on nomme dans les carrieres *Bouffin, Bourfin* ([2]) ; on peut la regarder comme une efpece de pierre ten-dre qui fe forme dans les endroits où la terre s'eft amaffée en quantité fur la pierre.

La Craw, ou le Bouffin, eft pour les Houilleurs l'annonce qu'ils font tout près de la veine.

Dans tous les environs de la chauffée S. Gilles, tirant après le quartier nom-mé *la Neuville,* derriere Sainte-Véronique, on rencontre fous la craw, ou fous le fable, un lit de cailloutage, nommé dans le pays *Gravier* ; mais qui eft vé-ritablement un amas de cailloux, femblables à ceux qui fe trouvent fur les bords de la Meufe ; il y en a quelquefois feize pieds d'épaiffeur.

D'autres fois fous la craw fe retrouve de la marle & d'autres couches pier-reufes, dont je vais parler, après avoir remarqué qu'il eft quelquefois arrivé de rencontrer parmi ces terres des débris de bois & des arbres entaffés, plus ou moins alterés. *Voyez Section feconde, page 5.*

Dans ce quartier du fauxbourg *d'Avroy,* on en a rencontré à la profondeur de dix-huit pieds, en *profondant* un puits de mine.

---

(1) Ils appellent fouvent l'Argille, *Letten, Mergel* ; *Marne,* quoique cela foit différent.
(2) C'eft une couche particuliere, le plus fou-vent placée fur les lits des pierres ; elle eft moins dure, & paroît moins formée que celle à qui elle eft attachée, d'où on l'appelle auffi *fauffe pierre.*

CHARBON DE TERRE.

N

ARTICLE SECOND.

Couverture pierreuse, ou état des différentes Pierres, dans l'ordre où elles se trouvent sur les bancs de Houille. (Pl. III.)

Aux couches terreuses dont je viens de donner l'énumération, succedent des masses de pierres entre lesquelles je crois nécessaire d'établir une distinction qui est essentielle, quant à la situation différente qu'elles occupent dans les houillieres.

Les unes sont situées dans l'intérieur des mines, de maniere qu'elles y produisent des especes de piles ou de murailles qui peuvent n'être pas rencontrées dans les ouvrages, quoique les Ouvriers en soient quelquefois très-près. J'en parlerai dans un Article séparé, après avoir fait connoître les pierres qui forment ce que j'appelle *Couverture pierreuse*, parce qu'elles s'étendent en superficie dans un espace considérable, ce qui fait qu'en fouillant un puits de mines, on ne peut éviter de rencontrer ces bancs pierreux.

Cette couverture pierreuse se trouve à différente profondeur, ainsi qu'on peut en juger, & ainsi qu'on le verra par les détails particuliers de quelques mines de Charbon de terre.

Les pierres qui la composent different entre elles par leur dureté ; celles où cette qualité est plus marquée, sont comprises en général, quelque part où elles se trouvent, de quelque maniere qu'elles soient placées, sous la dénomination de *Grez* (¹).

Néanmoins la premiere couverture solide qui se présente avant ce grez, c'est-à-dire, après les lits de terre, est un très-beau schiste bien serré.

Je ne m'arrêterai point à décrire cette pierre, désignée tantôt sous le nom d'*Arjaletre*, tantôt sous le nom de *fausse Ardoise*, ou *Ardoise grossiere* (²), parce qu'elle n'a pas la même qualité que l'ardoise véritable, mais qui du reste paroît dans plusieurs de ses parties très-peu différente de l'ardoise, soutient avec elle une comparaison entiere, si ce n'est qu'elle ne peut pas être employée aux mêmes usage œconomiques. Comme il sera souvent question de ce schiste dans la suite de cet Ouvrage, je me contenterai de rappeller ici, que de même que l'ardoise qui se trouve souvent avec le Charbon de terre, ce schiste a aussi un rapport décidé avec ce fossile ; que les premieres foncées des carrieres d'ardoise se rapprochent, on ne peut davantage, des couches qui servent de couverture aux veines de Charbon de terre ; on y rencontre de même des dendrytes,

(1) Le Grez, ou ce qu'on doit appeller *Grez*, est un sable très-délié qui doit sa consistance pierreuse à une matiere animale ou végétale.

(2) *Fissilis, solidus durissimus, in lamellas non divisibilis. Fissilis rudis. Fissilis inutilis. Schistus diffi-* *culter scindendus.* Waller. *Lapis schistus solidus.* Sued. *Skifer.* A. *Shiver. Sprack Hallan.* Ces fausses ardoises, quoique pierres feuilletées, se cassent comme la pierre à fusil.

des empreintes végétales , des pyrites ; elles contiennent plus ou moins de parties graffes , inflammables , qui dans les incendies donnent plus sujet de craindre pour les maisons couvertes d'ardoises , que pour celles qui font couvertes de tuiles (¹).

Quoiqu'une bafe calcaire entre quelquefois dans la compofition des fchiftes , l'eau-forte n'a aucune action fur la fubftance de celui-ci ; il rougit & fe calcine promptement au feu en s'effeuillant ; comme c'eft la fubftance la moins dure de toutes celles qui fe rencontrent dans la fuite d'une fouille, on lui donne le nom de *moindre Pierre* (*N°. 13. Pl. II. & Pl. III.*) ; cependant fa confiftance , ainfi qu'on l'obferve dans toutes les pierres enfouies en terre , devient plus décidée à mefure qu'elle eft fituée à une plus grande profondeur , & que l'on approche de la houille qui quelquefois fe trouve immédiatement fous ce fchifte , comme on l'a repréfenté , *Pl. III. let. A.*

D'autres fois , au lieu de houille , à ce lit fchifteux fuccede une efpece de roche grife , dont l'épaiffeur va quelquefois à une ou deux toifes , ce qui n'eft jamais réglé ; tantôt elle fe met en pelote , tantôt elle eft interrompue, tantôt elle fe trouve fous l'arzée , tantôt elle vient *mourir à l'air* comme les veines.

Cette roche que l'on nomme généralement la *Pierre*, fait feu contre l'acier , & eft inattaquable par les acides : on remarque parmi cette pierre quelques variétés.

Les plus communes (*Pl. III. let. B.*) font difpofées par feuillets quartzeux (²) ; mêlées de paillettes luifantes de mica , très-étroitement liées les unes aux autres ; ce qui fans doute les fait auffi nommer *Grez* , à caufe du brillant.

Il s'en trouve de très-difficile à réduire en grains , & qui pourroit fe travailler.

Une autre efpece fort tendre *let. C.* eft employée à polir les canons de fufil : celle-là fe rencontre fur-tout dans les veines appellées *Chagnelays* , au village de S. Nicolas , & dans fes environs , de même qu'au village de Flemalle.

Enfin , ce grez préfente une autre variété , dont les grains font très-peu liés enfemble ; c'eft une *pierre morte* (³) qui ne fe fépare point par feuillets , & qui eft très-friable ; elle eft connue dans le Haynault , où on l'appelle *Quarelle pourrie* : elle eft femblable à un granit décompofé. On fçait que le granit (⁴) fe trouve fouvent mêlé avec le fchifte , qu'il femble être un paffage à l'ardoife , & qu'il conduit ordinairement à des pierres noires ou à du Charbon de terre.

---

(1) *Voyez* l'Art de tirer des carrieres la Pierre d'ardoife , de la fendre & de la tailler , par M. de Fougeroux.

(2) *Kiffel. Sued.* Pierre compofée , très-commune dans les mines, affez ordinairement cryftallifée en pointes de diamants, faifant feu avec l'acier.

(3) Ou effleurie. *ut Vitra.* En Suédois. Pierre altérée ou décompofée par l'air, & dont les grains étant peu liés enfemble font tendres.

(4) Pierre compofée de mica, de fable & d'argille.

Telles font les différences qui fe remarquent dans ce que les Houilleurs nomment *Pierre* ou *Grez*, après lequel vient la veine (*A* , *A*. Pl. III.) qui eſt féparée d'une feconde veine par un autre banc de pierre micacée , auquel fuccede une troiſieme veine , de manierè que les veines de Charbon font féparées les unes des autres dans le fond de la mine , par des bancs de fchiſte (*a* , *a*. Pl. III.) , qui leur fervent d'enveloppes , & par des bancs de grez (*B* , *c*. Pl. III.) ; c'eſt toujours une poſition fâcheufe pour l'exploitation , lorfqu'une veine eſt directement fous cette roche : en général , toutes les pierres ne font point par-tout bien unies les unes aux autres ; celle-ci fur-tout eſt fujette à donner fous fes feuillets , ou par des breches , ou par des fentes dont il fera parlé dans la feconde Partie , une grande abondance d'eaux , incommodes pour la pourfuite des ouvrages.

Au reſte , on n'en trouve pas par-tout , & lorfque ce grez fe rencontre , la veine de houille en eſt ordinairement féparée par un banc de moindre pierre, Pl. II. & III. N°. 13.

Cet arrangement des bandes de terre & des lits de pierre , qui précedent les veines de Charbon , n'eſt pas le même par-tout.

Il eſt des endroits où ces couches font placées dans l'ordre que je viens de décrire ; ce qui néanmoins n'eſt pas ordinaire , étant rare qu'il n'en manque point dans la plûpart.

D'autres fois l'argille nommée par les Liégeois *arzée*, eſt fuivie du fable , de la *craw*, d'un autre lit de fable , d'un lit de cailloux & de la pierre.

Tantôt fous la *craw* fe trouve de la pierre , tantôt de la marle , & encore de la pierre , fouvent des bancs de mica , enfuite de la pierre , puis enfin la veine.

Il en eſt où dès la fuperficie on rencontre la pierre fans difcontinuer juf-qu'à la veine.

Dans d'autres il ne fe trouve que l'*arzée*, puis la pierre.

Dans d'autres , l'*agaz* feulement , puis la pierre ; & affez communément ce lit terreux eſt placé fur le *Grez*, quand cette pierre fe rencontre.

Sous l'*arzée* quelquefois vient la marle , enfuite la *craw* qui eſt jointe à la pierre.

Il arrive auſſi que le fable nommé auſſi *Mergel*, forme le lit fuperficiel , au-deſſous duquel vient le *gravier* qui eſt pur caillou , jufqu'à la pierre , & cela fans aucune regle.

Cependant , lorfqu'on approche de la riviere de Meufe , le premier lit qui fe rencontre , eſt la terre franche , fous laquelle fe trouve le *gravier* mêlé quelquefois de fable , d'autres fois rempli de cailloux.

ARTICLE

ARTICLE TROISIEME.

De l'Enveloppe des Veines de Houille.

VIENT enfin la vraie couverture du Charbon de terre (*Pl. III. a, a, a, a,*) , laquelle eft toujours contiguë aux veines de ce foffil , qui non - feulement les couvre , mais les accompagne par-tout dans leur marche fupérieurement & inférieurement , en lui fervant d'enveloppe : cette enveloppe eft aux Charbons de terre , ce que , dans les mines de cuivre du Canada , dans les mines d'antimoine de Mercœur en Auvergne , & ailleurs , l'on nomme *Ponte, la Ponte,* ou *l'Eponte* ; termes qu'avoit adoptés feu M. Hellot.

Dans les mines de Charbon de terre , c'eft un banc de fchifte ou fauffe ardoife , de la nature des fubftances dont tout le terrein eft compofé , mais que l'on pourroit prononcer avoir avec la houille une analogie & une affinité plus décidées que toutes les autres terres ou pierres , qui ont été rencontrées avant de parvenir à la houille. Après le Charbon de terre , c'eft ce qu'il y a de plus remarquable dans ces mines ; il n'y a pas de houille fans ce banc fchifteux ; fon épaiffeur qui varie confidérablement , va quelquefois jufqu'à fix ou fept toifes environ : elle eft le produit d'un nombre infini de couches entaffées , & plus ou moins ferrées les unes contre les autres , compofées comme les talcs (¹) , les mica & d'autres pierres calcaires , de lames plus ou moins tendres , plus ou moins dures , plus ou moins caffantes , plus ou moins liées ; toujours entremêlées de matieres pyriteufes.

Ce dernier minéral s'y trouve ramaffé , comme on l'a repréfenté (*Pl. III.*) en blocages de pierres de la groffeur de noyaux de pêches , qu'ils nomment *Petits Cloux* , pour les diftinguer de ceux qu'ils nomment *Gros Cloux* , dont ils ne different que par le volume.

Ce font des marrons pyriteux , tels qu'en général on en trouve affez fréquemment dans les lits de *mines par couches* (²); ceux-ci ont pour écorce & pour bafe une fubftance fchifteufe ; torréfiés , la couleur bleue de la flamme y annonce une partie fulphureufe : l'eau-forte réagit puiffamment fur la partie métallique; expofée de nouveau à l'action immédiate du phlogiftique , elle prend la couleur du cuivre de rofette , qu'elle conferve obftinément affez long-temps.

Le mélange varié de toutes les matieres qui font confondues dans ce lit , donne l'explication de ce que ces fchiftes tiennent plus ou moins des pro-

---

(1) *Talgeften, Pierre Spéculaire.* Efpece de gyps , dont la combinaifon plus intime ne permet pas de la décompofer auffi facilement que lui.

(2) On appelle ainfi , ou *mines par dépôt* , toutes les mines placées entre deux couches d'autres terres , & qui en fuive la direction.

priétés qui les feroient appartenir à la claffe des pierres calcaires, ou à celle des pierres vitrifiables, & de ce qu'il eft fouvent difficile de décider fi elles font l'une ou l'autre.

En les examinant feulement à l'œil, ces couches réunies préfentent de diftance en diftance des différences fenfibles ; fur-tout, comme l'a obfervé feu M. Antoine de Juffieu (¹), dans les parties qui avoifinent plus ou moins le Charbon de terre.

Les lits de fchifte qui en font éloignés, font tantôt verdâtres, tantôt d'un gris cendré ; quelques-uns font d'un beau noir, remarquables par la quantité de pouffiere pyriteufe, par des maffes de pyrites dont ils font femés.

Ceux qui approchent du corps de la veine font noirs, luifants, liffes, po-lis, relevés par un éclat approchant du vernis bitumineux de la houille ; ils font même réputés Charbons de terre, fe trouvant toucher directement la veine de Charbon : ils different encore entre eux par une qualité plus ou moins infé-rieure, felon qu'ils ont prêté paffage à quelque portion bitumineufe, char-bonneufe ou pyriteufe. Il ne feroit pas impoffible, en portant attention dans l'examen de ce banc vû de front, de reconnoître la plûpart des fchiftes dont on a fait des efpeces ou des variétés (²) ; mais fans admettre dans ces diffé-rents lits dont eft compofé ce banc, des efpeces diftinctes qui pourroient n'être qu'arbitraires, & jetter de la confufion dans fa defcription, il ne fera confidéré ici que dans les parties qui approchent, ou qui touchent la vei-ne, que les Houilleurs défignent par des noms particuliers, & qu'il eft utile de connoître pour l'exploitation.

Pour entendre clairement ce qui va fuivre, il eft néceffaire d'avoir tou-jours égard à la pofition de ce banc, comme enveloppe d'une veine, de ma-niere qu'il s'en trouve conftamment un banc au-deffus & un fecond banc au-deffous (*Pl. III. a, a, a, a.*).

Envifagé de cette façon, il eft aifé de concevoir que celui de ces bancs fchifteux qui eft placé fur une veine, touche cette veine par fa partie infé-rieure, qui pour la veine, & pour l'Ouvrier qu'on y fuppoferoit travaillant, devient le fommet ou la tête : & qu'au contraire dans le banc fchifteux qui fe trouve au-deffous de la veine, c'eft la partie ou la couche fupérieure de ce banc qui fert d'appui & d'affife à la veine, & qui eft directement fous le pied de l'Ouvrier.

La premiere table qui porte fur une veine, eft un banc de 4, 5, 6, 7, 8 pieds d'épaiffeur, fujet néanmoins à s'enfoncer confidérablement & à don-ner beaucoup d'eaux par des fentes & même par des ouvertures très-gran-des. En tant qu'elle occupe la partie fupérieure, elle fe nomme commu-

(1) Mémoires de l'Académie Royale des Sciences. An. 1718.
(2) *Fiffilis friabilis nigricans. friabilis fufcus. friabilis cinereus.* rudis, *lamellis confpicuis.* rudis, la-mellis non confpicuis. V. Wallerius.

nément la *Couverture de la veine*, ou le *Toît de la veine*, parce qu'elle lui en tient lieu, excepté dans les *Veines Roiſſes*, comme on le verra à l'article de l'Exploitation. On en a repréſenté à la *Planche V. fig.* 2. un morceau vû en-deſſus, & un autre *fig.* 3. vû de côté.

Sa conſiſtance moyenne la rend facile à être miſe en poudre, & cette poudre eſt noire ; le morceau qui a été ratiſſé paroît d'une couleur pâle, approchant de celle d'un métal luiſant, comme le *Molibdena* (¹), & peut ſans aucune façon ni apprêt ſervir de crayon.

Les alentours des atteliers ſont couverts d'amas de ce ſchiſte qui a été employé aux feux des *bures d'airage* : les feuillets innombrables dont cette maſſe eſt formée, ſont tous détachés les uns des autres ; ayant pris au feu une couleur blanchâtre & jaunâtre, ils conſervent cependant leur couleur noire ſi on les calcine à feu couvert, & ſe vitrifient lorſqu'ils ſont expoſés à un feu violent.

Le ſecond lit ſur lequel eſt aſſis le banc de houille, eſt moins foncé en couleur & moins dur que le toît ; ce ne ſont pas cependant deux matieres différentes ; c'eſt un vrai ſchiſte martial, dont les tables plus ou moins éloignées du Charbon, faiſant plus ou moins corps enſemble, préſentent des couches diſtinctes dans leur épaiſſeur : il a, ſelon le terrein où il ſe rencontre, plus ou moins d'épaiſſeur ; cela va quelquefois à 40 pouces : ordinairement il a l'épaiſſeur de l'eſpace qui ſe trouve d'une veine de Charbon à une autre veine.

Comme dans les travaux il ſert de plancher, on l'appelle auſſi *le Plancher* ou *le Sol* (²) : dans les mines de Charleroy on l'appelle *le Mur*. Dans les environs de Liége on l'appelle communément *Deie* ou *la Diée* d'une veine, en obſervant que tout ce qui ſe trouve ſous une veine de Charbon eſt aſſez généralement appellé de ce nom, c'eſt-à-dire, que cette deie, ou cette diée, eſt quelquefois formée par l'aga, d'autres fois par ce qu'ils nomment *Craw*, ou par les autres matieres qui ſe trouvent ſur le banc de houille, leſquelles alors peuvent être regardées comme le *Salband* (³) des Mineurs Allemands.

Quand la deie de la veine tient abſolument de la nature du ſchiſte, la portion qui porte ſur le plancher ou ſol eſt moins ſenſiblement diſpoſée par feuillets ; elle paroît différente de toute la maſſe des lames qui compoſent l'enveloppe de la veine ; les Houilleurs l'appellent *Pierre* ; lorſqu'ils trouvent cette pierre ſur le plancher, ils diſent qu'elle eſt toujours l'annonce certaine du Charbon ; cette portion qui touche le plancher, ainſi que la partie du plancher qui tient directement à la houille, eſt inattaquable par les acides.

---

(1) Sued. & Allemand *Bleyertz*.
(2) Dans les mines de Holtz-kohlen. *Semelle*.
(3) *Salband.* Foſſile, placé entre le filon & la roche dure ; ce qui donne l'idée de l'enveloppe ou de l'écorce du filon : d'autres fois ils expriment par ce mot *ſalband*, la diſpoſition ou l'arrangement des pierres en général.

En examinant un peu attentivement cette *pierre*, on y remarque une circonſtance que je croirois être ce qui décide les Houilleurs à tirer cette induction.

Pluſieurs points de ſa ſubſtance ſont marqués de teintes pyriteuſes, verdâtres & interrompues, mêlées confuſément de petites lames de couleur blanche, qui pénetrent cette pierre aſſez avant : je n'ai point fait cette remarque ſur toutes les autres parties de cette enveloppe ſchiſteuſe : ces taches ſur leſquelles l'eau-forte fait effervescence, ſont nommées par les Houilleurs Liégeois *Hitte d'Ageſſe*, qui veut dire *Fiente de Pie*, ou *Hitte d'Arange*, *Fiente d'Hirondelle*.

Un dernier renſeignement, immanquable pour eux du voiſinage de la matiere que l'on cherche, ſe trouve dans la portion de ce banc ſchiſteux, ſituée entre la veine & le toît, immédiatement avant la veine ; ce ſont des impreſſions répétées à l'infini, de plantes de même genre dont ſe trouve ordinairement chargée une grande partie de ce banc, dans une épaiſſeur aſſez conſidérable excepté dans les mines dont les couches ſont horiſontales.

Je ne crois pas devoir paſſer ici ſous ſilence une remarque qui vient à l'appui de celle de Swedemborg (¹) & de pluſieurs Naturaliſtes, d'après laquelle il ſeroit poſſible de tirer quelque induction ſur la nature de ces ſchiſtes ; c'eſt que la plûpart, & principalement ceux qui ſont chargés d'empreintes, étant ſciés deviennent rouges, ou tirant ſur le rouge, comme le *minium* factice, dans les parties qui ont éprouvé le frottement de l'acier ; que d'autres acquierent en peu de temps cette couleur rougeâtre, plus ou moins chargée, approchante de celle que prend le papier bleu plongé dans une ſolution d'alun, de ſel ammoniac, de couperoſe ; dans quelques-uns cette couleur confondue avec celle qui eſt naturelle à ces ſchiſtes, les feroit preſque regarder comme une Hématite (²).

ARTICLE QUATRIEME.

Accidents à remarquer dans l'enveloppe ſupérieure & inférieure des Veines de Houille.

Si le ſol & le toît frappent la curioſité des Naturaliſtes, auxquels cette enveloppe du Charbon offre des repréſentations agréables, elle n'attire pas moins l'attention des Ouvriers, puiſqu'elle leur préſage, (ſur-tout quand elle eſt chargée des tableaux dont il vient d'être fait mention) qu'ils ſont près de toucher le Charbon ; mais cette enveloppe a encore cela de remarquable pour les Houilleurs, qu'elle eſt ſujette en différents points de ſon épaiſſeur, à différents accidents qui lui donnent un rang diſtingué parmi la quantité de

_____

(1) Emmanuel Swedemborg *de Ferro.*
(2) *Hæmatites niger, Triturâ rubens.* Waller. *Trichrus.* Hématite. A. *Blood-ſtone.* B. *Bloed-ſteen.*

matieres

matieres terreufes ou plus folides , qui fervent de couverture à la houille ; il fera aifé de juger qu'il n'eft pas inutile de faire entrer dans fa defcription ces divers accidents.

Ces accidents, fâcheux pour l'exploitation à laquelle ils apportent du retardement (¹), fe réduifent à deux.

Les premiers qui fe remarquent dans quelques veines, confiftent dans des portions affez étendues du toît ou plancher , ramaffées en tourbillons, qui dans des endroits étant devenues plus dures & plus ferrées, forment des efpeces de pierres différentes en apparence , de la fubftance à laquelle elles appartiennent , qui n'affectent point une figure déterminée , & qui réfiftent aux inftruments, jufqu'à les brifer , comme feroient les autres matieres pierreufes dont il a été parlé : ces maffes particulieres font nommées au pays de Liege , *Krouffe* , d'un terme général , qui dans le patois fignifie *Boffe* , d'où les Boffus font appellés *Krouffieux* ; dans le Haynault elles font nommées *Brouillages.*

Ordinairement ces Krouffes n'ont pas une grande étendue ; cependant ils couvrent quelquefois toute la veine, & fuivent même affez conftamment fon pendage ; alors on les nomme *Kreins* ; on en a repréfenté un morceau (*Pl. V. fig.* 1.) : il s'en rencontre qui s'étendent à douze, vingt toifes, & encore au-delà.

Il eft aifé de fentir que ces boffes, épaiffes quelquefois de plufieurs pieds, produifent fur la veine de houille des changements qui varient felon la maniere dont elles font placées fur la veine : fi elles excedent le niveau du toît, elles rendent la veine un peu plus petite (*Pl. IV. N°. 3. lett. c , c.*) , au point d'en faire perdre une partie , de l'arrêter dans fon étendue , ou de l'interrompre entiérement (*Pl. I. N°. 3.*) ; fur-tout s'il fe rencontre une de ces krouffes dans le banc fupérieur & une autre dans le banc inférieur ; alors ces deux nœuds s'approchant l'un de l'autre ferrent la veine , placée entre eux, la font perdre ; mais on la retrouve à deux pieds , à une ou deux toifes environ , fuivant l'épaiffeur du krouffe.

Lorfque ces krouffes ne féparent pas la veine en entier , qu'ils n'en empêchent pas la continuité , on les appelle communément *Dory.*

Leur couleur & leur nature ne different point du banc fupérieur ou inférieur , dans lequel ils fe trouvent. On voit clairement que ces accidents appartiennent à cette partie de la mine qui enveloppe le Charbon de terre ; ce font , pour ainfi dire , des maladies ou des jeux de pierres furve-

---

(1) M. Triwald , dont on trouve dans les Actes de l'Acad. de Suede , plufieurs Mémoires concernant la pratique de l'exploitation des mines de Charbon , a fait de ces obftacles , ainfi que de ceux qui vont être traités à l'article suivant, l'objet d'un Mémoire particulier : année 1739. tom. I. Ce Morceau intéreffant a été publié en François, dans le Journal Œconomique de Mai 1752. pag. 60. fous ce titre : *Theorie complette de tout ce qui regarde le Charbon de terre.*

CHARBON DE TERRE.   P

nus dans le corps même de la couverture , dont la fubftance toujours reconnoiffable n'eft point dénaturée , mais n'a confervé ni fon organifation , ni fa difpofition uniforme.

Il eft une feconde efpece de ces accidents ; c'eft une forte d'extravafation , ou de cette même matiere fchifteufe qui enveloppe le Charbon , ou des autres matieres placées quelquefois au-deffus de la couverture , lefquelles font retenues en maffes & étroitement enclavées dans l'enveloppe , ce qui fans doute leur a fait donner dans le pays de Liege le nom de *Klavais* ; on les appelle auffi *Koumailles*. On les trouve cependant quelquefois , mais plus rarement , dans ce que les Houilleurs Liégeois nomment *Grez* : ce qui ne peut être que dans les mines où la veine eft directement placée fous ce roc , de maniere que la nature , la couleur de ces concrétions qui ont acquis plus ou moins de confiftance , font différentes à raifon de la différence du lit de terre fitué au-deffus de la couverture , ou de la couche même de la couverture , dont ils font une efpece d'épanchement. Si ce font des extravafations de la craw , fous laquelle vient quelquefois le Charbon de terre , ces klavais ou koumailles , tiendront de la nature de la craw ; comme ils tiendront de la marle , de l'agaz , de la moindre pierre & du grez , felon que le Charbon fe trouvera fous ces différentes couches. Au furplus , ni les klavais , ni les koumailles ne font attaquables par les acides.

Cette courte expofition fait voir que ces nœuds & ces engorgements qui font tous des dérangements de la matiere du toît ou du plancher , ne different réellement entre eux qu'en ce qu'ils font les uns ou les autres plus ou moins compacts , qu'ils font des épanchements ou de la moindre pierre , ou de l'agaz , ou de la craw , ou du fchifte. Elle fait voir encore que leurs effets fur une veine de houille doivent varier à raifon de ces circonftances , ou à raifon de la preffion des klavais & des koumailles dans un ou deux points de la veine ; & que les krouffes influent fur elle d'une façon d'autant plus décidée , que leur dureté , leur volume , leur étendue & leurs poids font augmentés par la faillie qu'elles font au-delà du niveau du toît ou du plancher.

Comme d'ailleurs l'épaiffeur & la confiftance du fol ou plancher , ne font pas les mêmes dans toute fa marche , elle s'affaiffe néceffairement fous cette charge dans quelques parties , & donne jour aux eaux par les fentes & les ouvertures , quelquefois confidérables , qui en réfultent.

ARTICLE CINQUIÈME.

Des Failles.

À ces engorgements qui font des défectuofités du toît ou du fol de la couverture, il faut ajouter d'autres obftacles qui ont avec ces nœuds un rapport commun, quant aux effets qu'ils produifent fur les veines de Charbon & fur leur enveloppe. Mais ils en different en ce qu'ils font d'un volume plus confidérable; auffi arrêtent-ils prefque en totalité, ou féparent-ils quelquefois les veines de houille, (*Pl. III. F, F, F, F.*).

Je les range dans une claffe indépendante de la couverture pierreufe, parce que ces obftacles ne font pas couchés fur les bancs de houille, comme la plûpart des roches appellées ci-devant *Couverture pierreufe.* Ces rocs font des *jettées*, portées dans tout cet enfemble, en maniere de montants, de colonnes, de piles droites ou penchées qui traverfent profondément l'intérieur des houillieres, en ayant une tendance oblique vers le centre de la terre.

Afin de n'avoir plus à revenir aux matieres qui environnent ou qui avoifinent la houille, il eft à propos de parler ici de ces piles appellées *Failles* dans le pays de Liege.

Pour l'ordinaire la faille s'incline tant foit peu vers le centre de la terre, biaife quelquefois dans fa marche, mais ne fe releve jamais. Lorfqu'elle s'éleve du fond, elle tend toujours à la fuperficie, & y paroît quelquefois à découvert, comme celle qui fe voit dans le chemin allant de Tileur à Ougray, entre Jemeppe & Scleffin; laquelle prend du quartier de la Fontaine-S.-Lambert, va paffer derriere S.-Laurent, devant S.-Gilles, & defcend dans le fond du chemin de Tileur, où elle forme un grand banc qui fe montre au jour, après avoir parcouru plus de trois quarts de lieue. Il y a un de ces maffifs à Xhovémont, que l'on nomme *la grande Faille*, à caufe de l'étendue confidérable de fa marche, dont on peut juger par le détail que je joins ici.

Rive gauche de la Meufe, elle commence du côté de l'Abbaye de Vivignis, s'allonge du côté de la riviere jufqu'à Herftal, Sainte-Walburge, Ans & Moulin, S.-Laurent, Sainte-Marguerite, Glain, S.-Nicolas, vers S.-Gilles, Avroy, Valbenoit, Tileur, Jemeppe, Flemal, Pas-S.-Martin, s'arrête contre la roche de Chokier du côté du Nord, s'étend à S.-Gilles, Roufoffe, Montegné, Berleur, Grace, Hologne, Mons, Souxhon, & même au-delà du côté d'Amont, ou Couchant; ce qui donne quatre lieues de longueur, ou tout au plus fix lieues par des contours.

Au côté droit de la riviere elle commence un peu au-deffous de Vifé, s'avance fur Houffe , Tegnée, Saive , Jupille, Benne, Fleron , Queuë-debois, Grivignée , Chenaye , Angleur , Ougray , Seraing , Yvoz.

Ces rocs de 15 ou 20 toifes d'épaiffeur, plus ou moins , & très-communs dans quelques endroits, paroiffent n'avoir jamais un cours réglé ; il y a des failles verticales, d'obliques , d'horifontales , de perpendiculaires ; elles produifent par conféquent différents effets fur les veines qu'elles touchent, ou qu'elles approchent , qu'elles ferrent quelquefois en s'étendant plus ou moins , en traverfant différemment le terrein d'une mine , depuis la furface de la terre jufques vers le centre , plus ou moins à plomb , depuis le Levant jufqu'au Couchant ; elles traverfent la veine elle - même, la troublent conféquemment , la partagent , la compriment , la dégradent , la mafquent , ou la mettent même en défaut.

Soit par rapport à l'efpece de dérangement que ces maffifs occafionnent dans les veines , ou par rapport aux effets qu'ils produifent les uns fur les autres , & à leur direction ; on en diftingue plufieurs efpeces.

Dans le pays de Liege il y en a qui allant du Levant au Couchant , coupent toutes les veines qui marchent un peu inclinées horifontalement.

Lorfque les veines font plates , la faille fe trouve toute droite comme une muraille.

Il y a enfin des failles qui font fortir les veines des bornes dans lefquelles elles étoient contenues ; mais pour l'ordinaire elles coupent alors en tout fens , & la veine de houille qu'elles rencontrent , & la fuite des pierres qui accompagnent ce foffile.

On fent aifément que felon l'épaiffeur & le local du plancher ou du toît , qui eft rencontré par la faille, felon la fituation qu'elle occupe ; la partie de la veine qui s'en trouve la plus voifine, fe reffent toujours de ce voifinage ; la preffion qu'elle éprouve de la part de cette pierre, la dérange dans fon organifation, altere la qualité du Charbon, y produit un déchet confidérable, jufques-là que le Charbon, écrafé, pour ainfi dire, brouillé par ce poids étranger, fe trouve tenir de la nature d'un rocher pelotonné ; il fe caffe en petits morceaux comme s'il avoit paffé au feu ; & M. Triwald (¹) penfe que les Charbons colorés comme l'arc-en-ciel, doivent cette fingularité au voifinage de ces haies de pierre.

Comme en total ces failles dénaturent conftamment du plus ou du moins le Charbon, felon que la faille l'approche plus ou moins, il eft très-raifonnable de foupçonner qu'il y en a une dans les environs d'un Charbon fur lequel on apperçoit un changement confidérable.

Ces pierres qui paroiffent avoir occupé leur place poftérieurement à celle

(1) Seconde partie du Mémoire déjà cité, tom. I. pag. 111.

des

des bancs de houille, fi l'on en juge par le dérangement qu'elles produifent fur eux, font dans leur étendue d'une nature différente. Peut-être auffi n'eft-il pas bien prouvé que ces failles foient des roches de l'efpece qu'on nomme en terme de Mines *Roches entieres*, c'eft-à-dire, qui foient pleines dans toutes leurs parties, & que ce foit le même maffif qui fe continue dans un efpace de terrein auffi confidérable ; les Ouvriers Anglois, comme on le verra dans la Section 11°. où il fera traité des mines de Charbon des pays étrangers, appellent ces efpeces de montagnes fouterreines, *Ridge*, mot qui fignifie *chaîne*, & qui donne de cette fuite de pierres engagées les unes dans les autres, la véritable idée qu'on doit s'en former.

Dans la plûpart des autres pays on eft affez uniformément dans l'opinion que ces pilles font un même rocher continu ; mais en examinant des échantillons donnés pour être des morceaux de faille, il s'en trouve dont l'organifation eft différente ; ce qui dépend abfolument des matieres que la faille avoifine, comme lorfqu'elle traverfe fimplement des bancs de terre, ou des bancs de rocher, intermédiaires à la houille, ou bien même qu'elle traverfe une veine de Charbon & l'éponte tant fupérieure qu'inférieure.

Toutes ces failles ne font, à bien confidérer, que des fragments de roches, ou terres pierreufes éboulées dans les vuides de la terre. De plufieurs échantillons de faille que j'ai ramaffés, il s'en eft trouvé de la nature d'une terre bolaire qui a acquis une confiftance, telle que ces pierres brifent les outils qui les rencontrent ; calcinés ou non, ils ne font aucune effervefcence avec les acides.

D'autres portions de faille qu'ils nomment *Grez-faf*, ne reffemblent en rien aux fragments dont je viens de parler ; elles paroiffent plutôt de la nature des kreins, les acides s'y imbibent promptement & facilement, fans y produire aucune effervefcence ; c'eft un fchifte délavé qu'ils regardent comme la partie de la faille la plus enfoncée en terre. La pierre dure que les Ouvriers appellent *Grez*, eft auffi quelquefois une faille.

Enfin, il y a de ces maffifs qui ne tiennent rien du premier ; c'eft un véritable fchifte comprimé, qui éclate au feu en décrépitant, & fe divife par feuillets ; les acides n'y font aucune effervefcence : il a une couleur luifante, noire comme le Charbon, & fe trouve auffi tout près de ce minéral ; ce qui fait qu'ils appellent cette faille *véritable Faille* ; ils reconnoiffent cette véritable faille à des taches blanches marbrées, femées non-feulement fur l'extérieur de cette maffe, mais qui pénetrent dans fon intérieur, & qui font de la même nature que celles dont j'ai parlé, qui fe trouvent dans le plancher, appellées *Hitte d'Ageffe*, ou *Hitte d'Arange. Voyez page 56.*

Les inconvéniens que la faille fait naître font en grand nombre : il fuffira d'obferver ici qu'outre que ces maffifs empêchent les veines de commencer & de finir à la fuperficie de la terre ; ils rendent encore l'exploitation de la mine très-difficile, par l'intelligence & l'expérience qu'ils exigent des Ouvriers pour retrouver la veine lorfqu'elle eft interrompue, ou détournée par ces troubles. Enfin, ces maffifs font des *roches fendues*, c'eft-à-dire, remplies de vuides & de fentes, par lefquelles cette pierre eft fujette à donner de l'eau, foit de fa propre fubftance (*Pl. III.*) qui, quoique fort ferrée, paroît aifée à s'imbiber dans quelques-unes de fes parties, foit par les écartements, les efpeces de bréches qu'elle produit dans la portion du fol, ou dans la portion du toît contre laquelle la faille vient porter.

Les manœuvres qui conviennent aux difficultés réfultantes de ces dérangements occafionnés, ou par les failles, ou par les kreins, ou par les koumailles, par les dorys, ou les autres brouillages, feront expliquées dans la feconde Partie de cet Ouvrage qui traitera de l'Exploitation.

Je vais maintenant entrer en matiere fur les veines de houille, dont j'ai décrit les fubftances environnantes & les enveloppes ; je m'attacherai à confidérer les veines dans toutes leurs particularités, comme la profondeur à laquelle elles font enterrées, leur épaiffeur, la qualité de la fubftance qui les forme dans leur étendue, &c.

De ces circonftances il en eft de principales, effentielles à connoître avant tout, fçavoir leur direction & la maniere dont elles font placées dans cette maffe énorme de couches accumulées les unes fur les autres.

SECTION HUITIEME.

Des Veines de Houille & de leur marche.

COMMUNÉMENT on trouve la houille difpofée par bancs, par lits, ou couches ; ces veines ne font jamais exactement droites ; elles fe continuent dans une longueur confidérable, toujours en s'abîmant infenfiblement, s'élevant & s'enfonçant alternativement dans leur marche, fuivant la pente du terrein qui leur fert d'affife ; s'élevant lorfque le terrein s'éleve, & s'abaiffant de même que lui, avec cette particularité que fi le terrein a une pente de plus de dix dégrés, le banc de houille ne s'éleve que de cette quantité, & fe trouve par conféquent plus avant fous terre ; ces veines paffent même pardeffous les rivieres, & il eft de fait que celles qui fe trouvent dans ce voifinage, ainfi qu'aux environs de la Mer, fe baiffent vers ces régions, qu'elles femblent même fe précipiter brufquement, ou s'enfoncer par dégrés imperceptibles, à proportion qu'elles font plus ou moins éloignées de l'eau.

En même-temps les veines que l'on fouille de l'autre côté d'une riviere, d'une montagne, ou d'autres veines, répondent exactement aux autres; les mêmes couches de terre, les mêmes bancs de pierre accompagnent les unes & les autres; le Charbon s'y trouve par-tout de la même espece, de maniere que si l'on pouvoit suivre une veine dans toute son étendue, on trouveroit toujours la même continuité. Ce fait a été plusieurs fois vérifié par les sondes qui ont fait reconnoître les mêmes terres à plus de 400 pieds; mais les eaux qui s'amassent dans le fond des fouilles qui ont une certaine profondeur, ou l'impossibilité de donner à la mine l'air nécessaire, empêchent qu'on ne puisse atteindre le pied d'une telle veine.

Tout cela donne lieu de présumer que ce sont d'un côté & d'un autre les mêmes veines qui ont suivi leur train par-dessous une riviere, pour aller dans la montagne située de l'autre côté, ce qui compose les veines nommées par les Allemands *Gegen træmner*, en François, *Vénules opposées*.

On seroit fondé à conclure de la marche de ces bancs, que les veines de houille dont abondent le pays de Liege & le territoire d'Aix-la-Chapelle, ne prennent point naissance dans ces cantons, mais qu'elles sont des *relevages* les unes des autres; que de même celles du même pays de Liege, & de Charleroi, de Namur en particulier, ne sont point des veines principales de leur canton; que ce sont les unes ou les autres qui se sont relevées; la discontinuité observée dans les veines de quelques-uns de ces quartiers, rend cette présomption assez probable.

Les bancs de houille partent du centre de la terre, en commençant de leur extrémité, c'est-à-dire, de cette partie inférieure qu'on ne peut atteindre, & viennent en montant, comme disent les Houilleurs, *près du jour*, ou autrement *mourir*, tantôt près de l'agaz, tantôt près de la craw, comme on l'a vû Sect. 7ᵉ. Art. 1ᵉʳ.

On connoît rarement l'une & l'autre de ces extrémités d'une veine appellée indistinctement, lorsqu'elle est unique, *Tête* ou *Soppe*, c'est-à-dire, le pied de la veine, ou la portion enfoncée bien avant, & la tête qui vient à la surface de la terre, ou, selon l'expression du métier, *près du jour*.

Mais une veine se termine de différentes manieres; quelquefois elle finit en s'amincissant, en devenant très-petite & de peu de conséquence; alors on la nomme *Airure de Veine*: quelquefois elle se partage, comme cela se voit dans les autres mines, en *vénules*, ou vrais cordons minces, nommés par les Allemands *Træmner*, lesquels se réunissent à un filon principal, ce qu'Agricola nomme *Venæ ramofæ*, *Veines qui jettent plusieurs rameaux*, & les Allemands, *Flacken gangh*, *Filons branchus*: tantôt elle va en se perdant tout-à-fait dans la pierre par petites branches, que les Houilleurs Liégeois nomment *Crins de la Veine*, & à Charleroi, *Cheveux*.

Si l'on considere une veine dans l'étendue de son trajet, on observe qu'elle garde une direction particuliere ; c'eſt ce qu'on nomme *Allure d'une Veine.*

Allure des Veines.

Quelques veines que l'on exploite, on remarque qu'elles vont toutes, au moins dans certains endroits, en montant de l'Eſt à l'Oueſt.

Lorſqu'elles vont du Nord au Midi, les Houilleurs appellent cette allure un *Caprice de pierres*, & entendent ſans doute par cette façon de s'exprimer, que ce n'eſt qu'un écart accidentel : il eſt en effet occaſionné par quelque faille ; mais on obſerve que la veine revient toujours à ſon allure propre, c'eſt-à-dire, qu'elle reprend ſon vrai cours du Levant au Couchant.

La direction des veines ne ſe juge que par leur ſituation perpendiculaire, ou inclinée à l'horiſon, déſignée en général par le nom de *Pendage.*

Pendage des Veines.

Lorsque la veine de houille, dans une partie de ſon trajet, garde une pente douce, preſque parallele à l'horiſon, de maniere qu'elle ſemble plate, on l'appelle une *Veine plate* ; cette marche appellée *Planure*, *Plature*, s'exprime en diſant que la veine *va en pente.* Voy. *Pl. IV. N°. 1.* Et toute eſpece d'inclinaiſon plus marquée, tenant encore de la pente horiſontale, quoiqu'elle s'en éloigne, & qui en tout n'eſt pas encore autant marquée que le ſeroit l'inclinaiſon de la diagonale d'un quarré, ſe nomme *Pendage de plature.* Voy. *Pl. IV. N°. 2. 3. & 4.*

Les veines en planure, ou à pendage de plature, cheminent de cette façon, juſqu'à ce qu'elles aient inſenſiblement deſcendu environ 300, ou 400 pieds ; quoiqu'on en connoiſſe qui ne ſe forment en plature qu'au-deſſous de 700 pieds ; enſuite elles remontent, ce qu'on appelle *Relévement de pendage.* (*Pl. IV. let. R.*) qui ſe change en une inclinaiſon oppoſée à la marche horiſontale, & forme la ſeconde eſpece de pendage, dont il ſera parlé dans un moment, non comme continuité, ou ſuite de celui dont il s'agit, mais comme tête ou ſoppe d'une nouvelle veine.

Les platures ont ordinairement une extrémité qui va du côté du Midi en montant dans l'*agaz*, à moins qu'elles ne ſoient arrêtées par une *faille.*

Du côté du Nord elles ſe ſoulevent encore juſqu'à ce qu'elles finiſſent.

Il faut ſe rappeller à l'occaſion de la faille, toutes les fois qu'il en ſera parlé, que toute veine qui rencontre cet obſtacle pierreux y finit, & que ſa marche eſt dérangée d'une façon particuliere (*Pl. III. Veine A. 1. A. 2. Pl. IV. N°. 1.*).

La partie de la veine qui s'y termine eſt toujours pendage de plature.

Au-delà, la veine ſe trouve *rihoppée* (*Pl. III. Veine A. &c.*) ou renfoncée, ſoit

un peu

un peu plus haut , foit un peu plus bas, de façon qu'elle reprend partie à pendage de plature , partie à pendage de *roiſſe*.

Il y a cependant des veines qui vont en pendage de plature , depuis la faille juſqu'à la ſuperficie.

Les veines qui deſcendent à-plomb de la ſuperficie au centre de la terre, ou qui ſe préſentent *au jour* à peu-près à pique, (car jamais les veines de houille ne ſont exactement droites) forment le ſecond pendage.

Leur ſituation preſque perpendiculaire à l'horiſon , les fait nommer *Perpendiculaires* , en terme de Houillerie, *Roiſſes* ; il eſt des pays où on les nomme *Roiſſures, Droit Roiſſes, Dreſſant , Droiture.* (*Pl. IV. Nº. 5.*)

Dans les houillieres que font exploiter les Religieuſes de Robermont , les veines ſont de cette eſpece, mais peu conſidérables.

Toutes les veines roiſſes, ou celles dont la pente eſt plus inclinée vers la perpendiculaire, que ne le ſeroit la diagonale d'un quarré, ſont nommées *Veines à pendage de roiſſes*, & tendent de l'Orient à l'Occident, ayant la tête au Midi, le pied au Septentrion pour l'ordinaire, & peuvent avoir juſqu'à trois lieues de longueur.

Elles ont toutes des allures différentes, ſelon les endroits où elles ſe trouvent.

Après avoir parcouru un long eſpace de terrein en roiſſe, c'eſt-à-dire, après un enfoncement beaucoup plus conſidérable que les autres, elles ſe replient pour l'ordinaire en pente de plature, qui ſe nomme *Plature de Roiſſe* ; enſuite elles redeviennent roiſſes, après ce pendage (*Pl. IV. Nº. 5.*) elles ſe relevent en montant, ou ſe précipitant encore en en-bas, & continuent leur marche de cette façon, juſqu'à ce qu'elles reviennent à la ſuperficie, ſi elles ne ſont pas arrêtées par une faille.

Quelques-unes avant de s'être beaucoup abîmées en terre, reprennent d'abord un pendage de plature qui au lieu de les remettre en roiſſes , les releve vers la ſuperficie.

D'autres veines roiſſes, lorſqu'elles ſont prêtes à faire leur plature, vont petit-à-petit gagner le centre de la terre, en prenant beaucoup plus de pendage & s'écartant davantage de la ligne perpendiculaire, ſans être cependant horiſontales ; on les nomme *Veines obliques*, ce qui répond aux filons déſignés par les Mineurs de quelques pays ſous le nom de *Touleges*.

Toutes les autres différences de pendages ne conſiſtent que dans une plus grande déclinaiſon de la ligne perpendiculaire & de la ligne horiſontale, elles n'ont été diſtinguées que par rapport aux manœuvres que chacune d'elles exige, & dont on verra l'uſage dans la Partie-pratique de cet Ouvrage, en ſorte que pour expliquer d'une maniere qui ſoit plus à la portée

CHARBON DE TERRE. R

du Lecteur, ce qui vient d'être exprimé en termes du métier, le tout peut se réfumer de la maniere qui fuit :

Etant fuppofé un quarré dont la furface de la terre fait la ligne horifontale, & tirant dans ce quarré cinq lignes, entre autres, dont la troifieme feroit la diagonale parfaite ; alors les veines ou mines, en partant de la ligne horifontale, peuvent la longer par une pente infenfible, puis par une pente plus marquée, enfuite par la vraie diagonale, & s'en écarter de plus en plus en fe rapprochant de la perpendiculaire. Les mêmes pentes pourront dans l'efpace donné du quarré, être interrompues, varier dans leurs dégrés, être plus ou moins marquées, fe trouveront la quitter, foit pour devenir plus paralleles à l'horifon, & enfuite plus tendantes à la ligne diagonale, ou bien fe rapprocher davantage de la perpendiculaire, pour redevenir enfuite paralleles à l'horifon, & former des ⌣⌢⌣ bien ou mal tracés.

ARTICLE PREMIER.

Des Veines de Houille confidérées dans leur fillage en fuperficie & en profondeur.

Au moyen de la marche qui vient d'être décrite, les veines acquierent par les pendages qui fe fuccedent les uns aux autres, un prolongement qui occupe tant en fuperficie qu'en profondeur, un efpace de terrein, tantôt plus, tantôt moins confidérable.

En fuperficie, le *fillage* des veines, fi l'on veut bien me paffer ce terme, par comparaifon avec la trace uniforme que l'on remarque fur la furface des eaux après le paffage d'un bâtiment, c'eft-à-dire, la longueur fuperficielle du terrein qu'elles parcourent ordinairement, eft de deux cents toifes du Levant au Couchant : il y en a même dont cette étendue en longueur eft du double, & va à deux ou trois lieues.

Pour ce qui eft de leur *fillage* en profondeur, ou de leur enfoncement en terre, il faut avoir préfente la différente compofition de la couverture terreufe & pierreufe : on a vû Sect. 7. Art. 1. & 2. que dans la couverture terreufe & dans la couverture pierreufe, il manque tantôt un lit, tantôt un autre, que la pofition du banc de houille varie beaucoup, que quelquefois il eft fous l'un ou fous l'autre de ces lits terreux ou pierreux, fous la marle, fous la craw, fous la moindre pierre, fous le grez ; d'autres fois, (fans rencontrer ni agaz, ni dielle, ni marle,) à la fuperficie de la terre ; enfin, il eft clair que la pente du terrein fillonné par les veines, doit entrer pour quelque chofe dans la différence de la profondeur à laquelle fe trouve la houille.

Par-tout autour de Liege, dans les fauxbourgs même, les *foppes* des veines

approchent très-près de la fuperficie , les uns à une toife près , d'autres davantage ; au point qu'il en eft qui fe montrent au jour , comme difent les
Houilleurs , avec toutes les couches qui les accompagnent. Cette terminaifon
d'un banc de houille à la furface eft ordinaire dans les endroits où les veines
font pofées en *roiffes*.

Dans les endroits où il n'y a pas beaucoup de terre , les veines *foppent*
au rocher : mais dans les cantons où les veines fe trouvent du côté du
Nord , comme à Herftal , à Sainte-Walburge , à Ans , à Glain , à Montegnée ,
les veines font très-enterrées , & viennent *mourir* fous la craw.

C'eft dans le canton de S.-Nicolas , près de S.-Gilles , que font les veines
de houille les plus confidérables à cet égard , c'eft-à-dire , pour leur profondeur : on peut regarder ce quartier comme le centre , ou la maîtreffe tige
des veines qui vont fe terminer vers le Nord , les unes plus courtes , les autres plus longues , à proportion de leur profondeur : il s'y en trouve les unes
fur les autres jufqu'au nombre de vingt-quatre , dont il en eft de fi profondes
qu'elles ne peuvent être exploitées ; j'en remets le détail particulier à l'Article premier de la dixieme Section ; j'obferverai feulement que ces dernieres qui font les plus enterrées, fe levent toujours vers le Nord, & font toujours
moins enfoncées que dans le quartier S.-Gilles.

Ce trajet des veines de houille depuis leur *foppe* jufqu'à leur pied, n'eft pas
toujours continu ; il eft quelquefois interrompu à plufieurs reprifes , ou comme prêt à s'interrompre ; c'eft ce qui a donné lieu de diftinguer les veines en
Veines réglées ou *régulieres* , & en *Veines irrégulieres*.

Veines régulieres & Veines irrégulieres.

On appelle *Veines réglées* ou *Veines régulieres* , les rameaux qui en confervant
toujours une même direction du Levant au Couchant , *houillent* fans interruption , c'eft-à-dire , contiennent de la houille dans toute leur longueur.

On nomme *Veines irrégulieres* , toutes celles qui avant d'être parvenues à la
craw ou à l'agaz , auxquelles la plûpart viennent *fopper* , manquent de temps
en temps , foit que cette interruption ait pour caufe la rencontre d'une *Faille*,
(*Pl. III.* F , F , F , F .) ou d'une *Kroufe* , foit que ce dérangement ne vienne
d'aucun des obftacles qui font particuliers au falband fupérieur ou inférieur ,
(*Pl. III. lett.* a , a , a , a.) comme *Kreins* , *Koumailles* , ou autres brouillages ,
lefquels d'ailleurs n'empêchent point que quelques veines irrégulieres ne
prennent un pendage régulier , mais qui interrompent ce que j'appelle leur
Sillage.

Les veines dont l'irrégularité dépend de ces troubles , font ordinairement
femées de petits clouds , pareils à ceux qui fe rencontrent dans l'enveloppe de
la Veine , (*Pl. III. lett.* a , a , a , a,) & dont j'ai parlé dans la Section 7ᵉ. Art. 3.

La nourriture, interceptée, pour ainſi dire, par ce manque de continuité, entraîne dans le corps de la veine une autre défectuoſité; les veines irrégulieres en effet ne ſont pas également pleines dans leur étendue; de diſtance en diſtance, leur épaiſſeur varie beaucoup, ce que les Houilleurs expriment en diſant que ces veines *ſont maigres* dans leur étendue.

Le Charbon pour les Forgerons, que les Liégeois nomment *Charbon à uſine*, ou *à uſuine*, eſt le plus ſujet à ſe former en veines irrégulieres.

Peut-être pourroit-on faire pluſieurs claſſes de ces veines.

La premiere comprendroit les veines dont le *ſillage* eſt interrompu de diſtance en diſtance, & qu'on nomme *Chahay*.

La ſeconde ſeroit de celles dont les amas, ou les diſtances d'interruption ſont moins conſidérables, & qui ſont appellées *Bouyaz*; ordinairement elles ſont aſſez près de la ſuperficie : ce ne ſont que les *petits Houilleurs* (¹) qui travaillent ces mines dont la fouille n'exige pas une exploitation en forme.

Ces mines de *bouyaz* ne ſe trouvent que dans les cantons où il y a beaucoup de failles & de krouffes; on voit que celles-ci ſont des mines *formées* ou amaſſées par tranſport, qui ſont en petit ce que ſont en grand celles que les Anglois nomment *Schoads*, les Allemands *Seiffen-werck* ou *Stock-werck*, les François *Mines en marrons* ou *Mines en maſſes*, les Latins *Minera cumulata*, leſquelles ſont plutôt des blocs immenſes de Charbon rempliſſant de grands vuides dans le fond de la terre, & dont on verra des exemples dans les mines d'Allemagne & de France.

On pourroit faire une claſſe particuliere des veines irréguliers, dans laquelle ſeroit compriſe la ſeconde eſpece de roiſſe, dont j'ai parlé page 65. dont la planure ſe change tout d'un coup en un pendage de roiſſe, qui reporte la veine au jour, ce qui forme un ſillage à peu-près demi-circulaire, que les Houilleurs expriment en diſant que ces Veines *ſont leur retour ſur elles-mêmes*; *elles courent* de cette maniere du côté de Baine, dans le Bailliage d'Amercœur.

ARTICLE SECOND.

Circonſtances générales à remarquer dans les Veines de Houille.

LE plus communément, il y a juſqu'à quatre veines les unes ſur les autres conſtamment entre deux bancs de ſchiſte; (*Pl. III. a, a, a, a.*) chaque veine eſt encore ſéparée l'une de l'autre par les bancs pierreux dont on a fait mention, (*Voy. page* 61. & *Pl. III.*ᴮ. *c.*) quelquefois aſſez près l'une de l'autre.

L'extrémité d'une Veine ſupérieure s'appelle *Naye*.

L'extrémité de celle qui eſt placée au-deſſous ſe nomme *Soyou de la Veine*.

_____

(1) Titre par lequel on diſtingue ceux qui ne s'adonnent qu'aux ouvrages extérieurs des Bures, d'avec ceux qui ſont employés dans l'intérieur. On les nomme auſſi *Regratteurs*.

Elles

Elles font prefque toutes paralleles ; il n'eft cependant pas rare qu'elles s'écartent ou s'approchent plus ou moins les unes des autres, en laiffant entre elles des diftances extrémement variées, & toujours remplies par des maffes (¹) d'autres fubftances pierreufes, outre l'*éponte* fupérieur & inférieur.

Cet intervalle qu'il y a entre deux ou plufieurs veines, fuppofées les unes au-deffus des autres, fe nomme dans l'exploitation *Stampe* (²) : il y a quelquefois double ftampe : elle eft communément de 8, 15, 20 pieds : plus fouvent & prefque toujours, depuis une, deux, jufqu'à fept toifes ; cela varie à l'infini, felon les quartiers que les veines parcourent.

L'épaiffeur des veines qu'on appelle auffi *Hauteur des veines*, eft après leur profondeur ce qui les fait eftimer le plus ; on défigne cette dimenfion par poignées & par nombre de poignées (³). Une veine, dit-on, a 4 à 5 poignées ; elle eft réputée belle quand elle en a 9 ; elle l'eft encore davantage quand elle vient jufqu'à 12 ; celles qui ont cette hauteur ne font cependant pas les plus profitables.

L'épaiffeur des bancs de houille n'eft point, à beaucoup près, la même par-tout : il eft des pays où les veines n'ont fouvent que 9, 12, 16 pouces d'épaiffeur ; dans d'autres, on en rencontre qui ont une toife & même plus ; vraifemblablement ce font des *Mines en maffe*.

Dans le pays de Liege, il y en a qui n'ont qu'un demi-pied d'épaiffeur, & qui ont prefque toutes leur cours du Levant au Couchant : il s'en trouve même qui n'ont pas affez de hauteur pour faire les voies, c'eft-à-dire, les chemins, & *chaffer les ouvrages* ; cela n'empêche pas néanmoins qu'on ne les exploite par des manœuvres particulieres, que l'on fera connoître dans la feconde Partie de cet Ouvrage.

En général, chaque banc a depuis demi-pied d'épaiffeur jufqu'à cinq.

Dans quelques quartiers une veine de quatre pieds eft nommée *Daignée*.

Une veine de cinq pieds eft appellée *Cinq-pieds* : à Jemeppe on trouve des veines qui ont fept pieds de hauteur : felon qu'elles en ont plus, on les nomme *grandes Veines* ; felon qu'elles en ont moins, elles font appellées *Veinettes*.

Enfin le banc de Charbon dans les furfaces par lefquelles il eft appliqué au toît & au fol, eft liffe, poli, luifant comme un miroir ; les parties de houille qui ont été intimement rapprochées par la compreffion que la veine a foufferte fupérieurement ou inférieurement, forment une croute mince tout-à-fait différente du refte de la maffe entremêlée de quelques légeres couches de matiere charbonneufe, arrangée en rézeau, comme je l'ai déja remarqué, (*Voy.*

---

(1) Les couches difpofées par lits de maniere qu'il fe trouve une maffe d'une autre fubftance foffile entre chaque lit, font nommées par les Allemands *Gefchutte*, *Couches mêlées*.

(2) Ce mot *Stampe* eft employé auffi en général pour fignifier la profondeur.

(3) On trouvera à la fin de la Section IX. Art. 2. un Tableau des Mefures ufitées à Liege.

a Pl. V. fig. 2. & 3.) C'est entre ces deux croutes, désignées dans quelques pays sous le nom d'*Ecaille supérieure* & *Ecaille inférieure*, qu'est ramassée la houille, autrement dite *Charbon de terre*, & distinguée par M. Zimmerman en *Charbon de poix*, dont on a donné la définition, Section 1re ('), & en *Charbon d'ardoise*, le plus commun de tous, qui est celui-ci, nommé ailleurs *Charbon du toit*, ou le *toit des autres* ('). Leur texture est cassante & distinctement feuilletée; ils ne sont pas si noirs que la premiere espece; ils ont un luisant clair, demandent un feu découvert & léger, & laissent beaucoup de scories : c'est pour cela qu'ils sont exclus des forges, & qu'on les employe uniquement pour les besoins du ménage.

Les différentes qualités particulieres au Charbon donnent ensuite quelquefois le nom à la veine qui les produit.

Quelques-unes, par exemple, telles que la plûpart des veines situées du côté de la Meuse, au-dessus de Liege, qui donnent des Charbons appellés *Charbons gras*, sont nommées *Veines grasses*.

Celles qui sont au-dessous de cette ville, sont plus communément des veines *maigres*

Dans quelques houillieres, comme dans tout le quartier S.-Gilles, à Montegnée, à Ans, il se trouve des bancs de houille qui donnent un Charbon très-solide, & qu'on appelle *Dure Veine*.

La dure veine est plus ou moins profonde, selon les endroits où elle est située : dans la Fosse-aux-champs du côté de Glain, dont les bancs sont d'environ deux pieds d'épaisseur, elle est à trente toises de profondeur; à S.-Gilles, elle est à cent toises; la veine *A. 2.* figurée dans la *Pl. III.* a été dessinée sur un morceau de cette espece.

Le Charbon qui vient de la dure veine est toujours une houille grasse sujette au *Nerf* : on nomme ainsi une espece d'arrête pierreuse de deux doigts environ d'épais, qui traverse horifontalement le banc de houille, le suit toujours, & le coupe dans sa longueur; comme on le voit à la *Pl. VII. fig. 3. n, n.* sur un morceau venant du bure de Bonne-fin près de S.-Gilles.

Cette séparation qui est très-sensible & qui est de la même nature que toutes les argilles durcies, répandues dans les houillieres, ne se trouve pas dans toutes les veines de houille; souvent elle est au milieu de la veine, & ne se met ordinairement que dans celle de l'espece dont je parle.

Quelquefois il se trouve deux nerfs dans une même veine; mais le second est placé vers le sol; il est d'une couleur moins noire, & ne se continue pas comme l'autre; ces nerfs se détachent de la houille que l'on veut employer.

---

(1) *Lithantrax durior. Schiftus carbonarius.* Waller. Charbon fossile dur, ou Charbon de pierre. Charbon fossile friable. Voyez Section premiere p. 4.

(2) *Lithantrax fragilior.* Waller. Charbon de terre. *Voy.* le Mém. de M. Zimmerman, Journal Œconomique d'Avril 1751 pag. 57.

A Charleroy, où les Houilleurs regardent cette nervure comme ce qui donne la nourriture à la houille, ils l'appellent *Veine*.

La houille graffe eſt encore entrecoupée dans ſes couches par des feuillets abſolument de la même nature que le nerf, mais de quelques lignes d'épaiſſeur ſeulement, & que l'œil apperçoit aiſément; ce corps étranger ne peut pas en être ſéparé auſſi facilement que le nerf; quand la houille qui en contient eſt au feu, elle répand une mauvaiſe odeur que lui donne vraiſemblablement ce petit nerf, appellé à cauſe de cela *Poulture* ou *Pouteure..*

Outre ces différences particulieres de la qualité d'une veine dans toute ſon étendue, le Charbon qu'elle donne ſe trouve auſſi avoir des qualités relatives à la place qu'il occupe, dans les *ſoppes*, dans le milieu de la veine, & en approchant ces différents points de la veine.

La houille qui ſuit immédiatement les ſoppes de veine, eſt d'abord pure houille, tantôt plus, tantôt moins dure; quelquefois c'eſt tout Charbon formé en banc bien épais, qui a acquis toute ſa qualité; & comme on remarque qu'un même banc de pierre devient plus ſolide & d'une nature plus homogène, à meſure qu'il ſe trouve plus enfoncé en terre, de même le banc de Charbon eſt d'autant meilleur, qu'il eſt éloigné de la ſurface, tandis qu'au contraire dans la partie qui remonte *au jour*, il ſemble dégénérer de plus en plus, d'abord en *Charbon maigre*, enſuite en *faux Charbon*, puis à ſon extrémité appellée *Soppe* ou *Tête*, en une matiere terreuſe, friable, noirâtre, nommée tantôt *Houille morte*, tantôt *Tiroulle* ou *Téroulle*.

C'eſt toujours ſous cette forme que les veines ſe préſentent à la ſuperficie; mais ces deux dénominations de *Houille morte*, de *Tiroulle*, ne doivent pas être employées indiſtinctement: les obſervations ſuivantes ſuffiront pour donner à ce ſujet un éclairciſſement précis.

De la Thiroulle ou Téroulle.

Le plus ordinairement quand les veines *ſoppent* au jour, cette ſubſtance en pouſſier noirâtre, plus ou moins grenu, inférieur pour la qualité à tout ce qui provient d'une houilliere, ſoit Houille, ſoit Charbon, deſcend ſur la veine; c'eſt pour cela qu'elle eſt communément, (lorſqu'elle ſe rencontre) réputée un indice du Charbon. C'eſt, à l'examiner attentivement, une véritable ſoppe ou *tête*, c'eſt-à-dire, l'extrémité la plus élevée d'une veine, confondue dans cette portion commençante ou finiſſante, avec les ſubſtances pierreuſes, argilleuſes, ou autres qui l'avoiſinent, ou qu'elle traverſe, qui n'ont retenu rien, ou qu'une très-modique quantité de molécules de houille. Si elle tient quelque portion de houille, elle n'eſt pas entiérement de rebut, & quoiqu'elle ſoit privée de ſon bitume dans ſa plus grande partie, il s'y trouve des différences marquées, deſquelles il réſulte des téroulles plus ou moins fortes, plus ou moins foibles, comme on le verra lorfqu'il fera queftion des Houilles & des Charbons d'ufage.

La téroulle de Liége, éprouvée dans le creufet, s'y allume auffi paifible-ment que le feroit de la poudre de Charbon un peu humecté, & elle s'éteint auffi-tôt que le creufet eft hors du feu, fans laiffer de cendre comme la Houille & le Charbon.

L'acide nitreux ne fait aucune effervefcence avec cette fubftance ; l'eau lui donne une confiftance de pâte très-friable ; en l'étendant avec beaucoup d'eau & la faifant bouillir, l'eau fe colore très-légérement, & ne donne par l'évaporation ni fel, ni fubftance particuliere remarquable.

Ces expériences, quelque fuperficielles qu'elles foient, fe trouvent, à plu-fieurs égards, répondre à celles qui ont été faites fur la téroulle de Marimont dans le Haynault Impérial, avec cette différence à laquelle on ne croit pas devoir s'arrêter ici, qu'on a trouvé dans cette derniere un fel volatil alkali, & un fel de la nature du fel de Glauber, dont l'exiftence réelle paroît dou-teufe aux Auteurs même de ces Recherches ('). .

De la Houille morte.

Il arrive cependant quelquefois que cette fubftance fe montre au jour fans émaner de la veine, quoiqu'elle vienne à fa fuite ; elle eft extrémement dif-férente de tout ce qui l'a précédée, elle n'en eft qu'une fauffe trace fans en être une vraie continuité ; ce feroit donc improprement qu'on l'appelleroit *Téroulle* ; ce n'eft qu'une *Mine morte & ftérile* ; le nom de *Houille morte*, (qu'on ne lui donne cependant que lorfque cette partie de la veine finiffante fe ren-contre dans l'agaz) lui convient davantage, n'étant ni terre, ni Charbon, quoiqu'elle paroiffe tenir des deux. C'eft une fauffe téroulle différente de la vraie, avec laquelle on voit qu'il ne faut pas la confondre, en ce que celle-ci participe affez des qualités de la houille pour pouvoir être de quel-que ufage ; & que l'autre, fçavoir la houille morte, n'eft abfolument d'au-cune valeur.

Depuis les *foppes* de veine, à commencer de la *Tiroulle* qui conduit pour l'ordinaire à du *faux Charbon*, communément en pouffier, enfuite, à mefure que la veine s'enfonce, à un charbon bien gras, bien conditionné & d'un bon chauffage, puis à de la *Houille pure*, qui conduit de nouveau dans l'extrémité oppofée de la même veine à du *Téroulle*, on remarque une gradation que les Houilleurs ou Borins regardent comme conftante, ce qui a donné lieu à cette expreffion : *En avançant dans les travaux nous verrons comment la veine fe fera du fond* : c'eft, (pour parler toujours le langage du métier) en chaffant,

(1) *Voyez* le Supplément aux Traités des Eaux de Marimont par les Docteurs & Profeffeurs Rega & Devillers. *Louvain*, 1742. p. 43. & 55.

en defcendant

en defcendant , qu'ils forment leur jugement fur la qualité de la veine , qui au dire des Houilleurs , dépend de la profondeur à laquelle elle eft énterrée : généralement ils font tous d'accord, & affurent que les veines de Charbon font réguliérement plus riches, plus abondantes, plus épaiffes, à mefure qu'elles s'éloignent de la fuperficie. M. de Genfane prétend que cette idée, reçue dans les mines de toute efpece , eft une erreur ; que cette regle n'a lieu que pour certains filons , & que c'eft tout le contraire dans d'autres. Cette remarque d'un homme confommé dans la matiere des mines peut être importante ; je ne fais que l'expofer ici, en obfervant qu'à cet égard il y a deux chofes avouées par les Houilleurs ; la premiere, c'eft que plus les veines approchent de la furface, moins elles font compactes ; la feconde, que dans le pays de Liege où il y a plus de cent bures on va chercher les veines les plus profondes , & c'eft toujours la couche la plus enfoncée qui eft la *Veine capitale* , c'eft-à dire , la principale & la plus forte : celles qui font au-deffus, n'ont quelquefois que cinq à fix pouces d'épaiffeur, & font abandonnées comme ne pouvant dédommager des peines du travail.

NEUVIEME SECTION.

Du Charbon de Terre confidéré dans fes particularités extérieures.

CES maffes confidérables ramaffées d'une façon très-particuliere dans le fein de la terre en veines diverfement placées, plus ou moins continues , en veines plus ou moins enfoncées, en bandes plus ou moins dures, plus ou moins épaiffes , plus ou moins mélangées des matieres qui les avoifinent, ou de celles qui font entrées dans la premiere formation de la houille, préfentent des variétés relatives fans doute à ces différentes circonftances, lefquelles peuvent avoir contribué à rendre une houille de telle ou telle nature.

Comme certainement les diftinctions , bien ou mal établies, de différentes efpeces de houilles portent fur la plûpart de ces circonftances , fenfibles pour les Ouvriers, c'eft ici la vraie place de parcourir fommairement celles de ces particularités qui peuvent par quelque rapport avec les qualités des houilles, éclaircir les différences que les Ouvriers ont adopté.

La qualité de tout Charbon de terre , à bonté égale, paroît effentiellement tenir à la partie de la veine plus ou moins éloignée des *foppes* , & de la fuperficie de la terre dans laquelle il eft placé; on a vû que les veines font réguliérement plus riches & plus abondantes, felon qu'elles font plus ou moins enfoncées : il en eft de même du Charbon; en examinant tout un filon de houille dans un trajet auffi fuivi que faire fe peut , l'œil du Naturalifte décide que généralement le Charbon paroît tendre à la superficie de la terre, que le Charbon des extrémités d'une veine est plus terreux & moins fait que celui du centre ; les épreuves pyrotechniques démontrent qu'il n'a pas, à beaucoup près, la même force : l'expérience des Houilleurs prononce encore que le plus enfoncé, réputé communément le meilleur & le plus parfait, est pour l'ordinaire le plus solide ; c'est-à-dire, que la consistance de la houille qui annonce un Charbon plus ou moins formé, se trouve être en proportion de la profondeur à laquelle le Charbon est enterré. Que ce soit préjugé ou opinion fondée, on est par-tout d'accord sur ce point, c'est-à-dire, sur le rapport constant de la consistance de la houille à sa profondeur, & sur celui de sa profondeur à sa consistance. Cela paroît assez naturel à croire : M. le Monnier le Médecin, observe que ce n'est qu'à une grande profondeur que se trouve à Brassac en Auvergne (¹) le plus beau Charbon, dont sans doute on a voulu désigner la perfection par le nom de *Puceau*, qui pourroit répondre à l'expression usitée dans les mines, de *Mine-vierge* (²) ; comme on appelle *Mercure-vierge* celui qui est dégagé de terre ou de toute matiere étrangere, & qui se rassemble en certains endroits dans le fond des mines.

Cependant le *Puceau*, tel qu'il est décrit par M. le Monnier, (en mottes féches, fragiles, légeres, brillantes,) semble contredire l'idée reçue de la consistance de la houille relative à la profondeur, & donner du poids à ce qu'avance M. de Gensane ; à moins que l'arrangement du Charbon de terre qui à Brassac est disposé en masse & non en veines, ne fasse une exception & une différence, comme l'observe ce Physicien.

On conçoit aisément qu'après la place qu'occupent plus ou moins profondément en terre, les Charbons de terre ; la nature, l'espece des différentes matieres qui réunies ensemble ont formé les veines de ce fossile, influent nécessairement sur sa qualité, en se rappellant les principes constituants de la houille, Sect. IV.

Il est évident que selon que la base combustible de la houille s'est trouvée en plus ou en moins grande quantité dans la veine, la masse de houille avec laquelle cette base bitumineuse s'est incorporée, présente davantage le caractère d'un Charbon bien ou mal conditionné, plus ou moins pur, plus ou moins gras, plus ou moins compact, plus ou moins sec, plus ou moins maigre; de-là des variétés qui ne font point absolument imaginaires.

En effet, en considérant même assez légérement tous les Charbons de terre qu'on peut rassembler, on est autorisé à présumer que leurs différences ne consistent réellement que dans le dégré d'imprégnation de matieres bitumineuses ou pyriteuses, qui font jointes aux matieres terreufes, pierreufes, vé-

---

(1) *Voyez* les Observations d'Histoire Naturelle faites dans les Provinces Méridionales de la France, année 1739. *pag.* cxcv. à la suite de la Méridienne de Paris.
(2) G. *Gediegen.*

gétales & falines, & que toutes les modifications des parties conftituantes du Charbon produifent les efpeces ou les variétés que l'on peut admettre.

On trouve dans ce réfumé de la compofition de la Houille les Charbons de terre appellés par les Grecs γεώδης, lefquels furnagent l'eau ; la terre qui les accompagne étant affinée, épurée & confumée, ils font peu ferrés, clairs & légers : d'autres qui s'éclatent aifément par feuillets, font mous ; d'autres enfin λιθώδης font pierreux & plus durs : dans quelques-uns, les matieres bitumineufes & pyriteufes fe font exactement combinées avec les fubftances argilleufes, ou autres, les ont altérées de maniere que le tout enfemble eft réduit en ce qu'on appelle en général *Charbon de terre*, fans qu'on y puiffe appercevoir aucune trace de ces dernieres.

D'autres fois ces matieres ne fe font pas réunies en affez grande quantité pour altérer les différentes fubftances dont le Charbon de terre conferve quelquefois des veftiges ; ni même pour changer la nature du bois, qui paroît pour la plus grande partie, entrer dans la compofition des Charbons de terre. Sur la plûpart d'entre eux on apperçoit diftinctement une couche luifante & filamenteufe comme du bois confumé qui refte aux doigts.

Si les Charbons de terre reftent long-temps expofés à l'air, il leur furvient des altérations auffi variées qu'il eft de Charbons d'efpece & de nature différentes, & dont quelques-unes peuvent déceler en général leur qualité intrinfeque.

Il en eft qui fe décompofent à l'air & tombent en efflorefcence ; dans quelques-uns l'humidité de l'air, ou celle qu'y ajoute la pluie, ainfi que le principe acide qui exifte toujours fous une forme quelconque dans le Charbon, y développe à la furface une pouffiere rougeâtre d'une odeur & d'un goût ferrugineux ; ce font les parties Martiales, qui dans ces Charbons ne font pas intimement unies à la fubftance bitumineufe, & à la terre vitrifiable, & qui ayant été diffoutes par cette légere macération, fe font converties en une chaux jaunâtre, qui eft une efpece de rouillure de fer ou de *Saffran de Mars*, excepté dans les Charbons qui font très-gras.

La plûpart des Charbons de terre, lorfqu'ils ont refté quelque temps dans l'eau, laiffent échapper cette efpece de rouille qui furnâge fous la forme d'une pellicule onctueufe, avec les mêmes couleurs que l'on remarque fur les eaux minérales ferrées.

Quelques-uns fe couvrent à leur furface d'un enduit qui fait corps avec la portion à laquelle il tient, où il fe fait diftinguer par une légere incruftation émaillée, de couleur de turquoife, ou comme l'écume de verre.

Il en eft qui perdent infenfiblement beaucoup de leur poids, & on eft affez communément dans l'idée que les Charbons de terre expofés long-temps à l'air libre, deviennent à la longue moins propres à entretenir le feu ; il s'en trouve néanmoins qui reſtent intacts & ſolides à l'air : les gens de *journée* qui travaillent les hochets, dont on parlera tout-à-l'heure, les mettent au ſoleil pour les ſécher, ils prétendent, (lorſqu'il ſurvient une pluie d'orage qui les lave) que les hochets ſont meilleurs : mais cela vient peut-être de ce que la pluie en enlevant de la *dielle*, a mis davantage à découvert la pouſſiere de Houille.

ARTICLE PREMIER.

Des Houilles & Charbons de Terre du pays de Liege, en particulier.

Tout ce qui eſt compris dans une veine que l'on exploite, eſt appellé en patois de Liege *Hoye*, vulgairement *Houille* : ce mot néanmoins ſe prend aſſez fréquemment pour la *Houille pure*, c'eſt-à-dire, celle qui ſuccede dans la veine à un *Charbon* bien conditionné, laquelle paroît formée de grains très-fins arrangés viſiblement par couches, & que les *Borins* paroiſſent diſtinguer du *Charbon* proprement dit : car lorſqu'ils veulent parler d'une *veine riche & abondante*, ils diſent : *Cette veine houille bien* ; entendant par-là qu'elle eſt plus abondante en *Houille* qu'en *Charbon* ; en patois qu'elle eſt plus *kauchteuſe* ; en conſéquence le prix courant de l'un & de l'autre eſt différent, ainſi qu'on le verra quand il ſera queſtion des Houilles & des Charbons comme faiſant partie du commerce.

Dans l'idée commune, la Houille eſt tout ce qui ſe maintient en maſſes volumineuſes, d'une conſiſtance approchante d'une pierre tendre, & que l'on appelle ailleurs *Charbon de pierre*, qui s'allume plus difficilement, quoique gras.

Le reſte qui n'eſt ni ſi dur, ni ſi compact, qui ne peut s'enlever de la *houilliere* en gros quartiers, que l'on nomme autrement *Charbon de terre*, s'allumant plus aiſément, parce qu'il eſt plus tendre, eſt ce qu'ils appellent *Charbon*.

Des Ouvriers accoutumés à ne juger que par l'extérieur & au premier coup-d'œil, n'ont pas dû diſtinguer autrement ce foſſile ; mais à cette diviſion fort vague & fort générale, (la premiere ſans doute qui ait pu ſe préſenter à leur idée,) a ſuccédé une diviſion mieux raiſonnée qui porte ſur la propriété réelle du Charbon, non pas de s'allumer aiſément, comme fait le Charbon de terre ou la Houille, ni de s'allumer plus difficilement, comme fait le Charbon de pierre ou Charbon, mais ſur la propriété qu'ont les uns ou les autres de donner un feu & une chaleur plus ou moins nourrie, & de dégrés d'intenſité différente.

Pour exprimer les qualités qu'ils ont jugées dans les uns ou dans les autres, ils ont qualifié les Charbons du nom de *Charbons forts*, de *Charbons foibles* ou *doux* ; ils déſignent différentes eſpeces de Houilles ſous les noms de *Houilles fortes*, de *Houilles douces*, de *Houilles ſéches*.

La diſtinction générale de *Houille graſſe* ou *chaude* & de *Houille maigre*, de *Charbon fort*, & de *Charbon foible*, eſt celle qui paroît devoir être uniquement ſuivie, étant

aſſez

aſſez certaine pour que l'habitude permette de ne pas ſe tromper à la ſimple vûe, lorſqu'il s'agit de diſtinguer le Charbon gras à ſa couleur d'un noir matte, à ſa peſanteur, & à ſon œil poudreux; d'avec le Charbon maigre qui eſt plus léger, plus ſec, & dont la couleur eſt plus luiſante, un peu argentine; ce ſera la diviſion que je ſuivrai comme la plus propre à éviter la confuſion. D'ailleurs elle fait retrouver, pour les qualités, les trois eſpeces de Charbon qu'ils reconnoiſſent, ſçavoir:

Le *Charbon*, nom que les Borins ſemblent en général conſacrer particuliérement à tout Charbon ſervant aux forges, nommé parmi eux *Charbon à uſuine*, qui eſt une de leurs principales ſortes, ainſi qu'à tout Charbon propre à être employé au chauffage dans des foyers qui ſeront décrits à part.

Les eſpeces moindres qu'ils admettent ſont à l'uſage des Maréchaux & des Cloutiers.

Enſuite ceux pour cuire les briques & pour calciner les pierres à chaux.

Ces trois Charbons vont être traités, & je terminerai cet examen par celui de la Téroulle ou le Thiroulle, qui vient après les Charbons d'uſage pour le feu.

ARTICLE SECOND.

De la Houille graſſe, en patois Krâſſe Hoye; *ou Houille chaude, en patois* Chode Hoye.

CETTE Houille préſente à l'œil des variétés diſtinctes; il en eſt qui ont aſſez de reſſemblance avec le Charbon d'Ecoſſe: c'eſt un compoſé de bandes épaiſſes, formées de plus petites, très-brillantes, réunies enſemble: les molécules de ces bandes ſont lamellées, & à facettes rayonnées comme les caſſes du Kennel-coal; les bandes ſont ſeulement ſéparées d'eſpace en eſpace par une matiere charbonneuſe manquée. *Voy.* Section 1re. page 4.

D'autres fois la Houille graſſe n'eſt qu'une maſſe brute, formée de grains aſſemblés ſans ordre: le tout pourroit être comparé à un granit ſerré & uni, noirci au feu, ou même à un morceau de ſuie liquéfiée, puis refroidie.

Tantôt la Houille graſſe eſt compoſée de maſſes irréguliérement diſpoſées par couches en tout ſens: ces couches & ces maſſes ſe trouvent ſouvent mêlées de matieres ſemblables à des portions de bois réduites en charbon. Toute la hauteur qui dépaſſe la chauſſée de Liege ſur Tongres à Haſſel, allant vers le Midi, & les fonds d'Avroy, Scleſſein, Jemeppe, Serain, Ougrey, en donnent de cette eſpece.

La Houille du *Bure-aux-Femmes*, d'après laquelle on a exprimé le pendage, (No. 3. Pl. IV.) & que quelques-uns regardent comme tenant de la graſſe & de la maigre, eſt viſiblement diſpoſée par lits d'un demi-pouce, mais en défordre : c'eft une très-bonne Houille , faifant un très-beau feu , & qui en tout tient davantage de la Houille graffe ; les Braffeurs s'en fervent indiftinctement comme telle.

La Houille graffe eft celle que l'on emploie communément à Liége dans les foyers : pour cela on la moule dans des formes en boulets appellés *Hochets* ; *Voy.* un morceau de cette Houille. *Pl. VII. fig.* 1.

Ces hochets laiffent après qu'ils font confumés, des efpeces de charbons en braife appellés *Krahay*, qui chauffe encore jufqu'à fon entiere deftruction.

Si on confidere cette efpece de houille , dans fon état brut, c'eft-à-dire, fans être apprêtée, elle paroît compofée de petites bandes très-luifantes , appliquées les unes fur les autres , formant enfemble dans quelques parties des couches d'environ quatre lignes d'épaiffeur en tout fens : on y diftingue des facettes liffes & fillonnées , pareilles à celles qui font en grand dans les caffes du Kennel-coal : c'eft fur un morceau de cette Houille qu'on a fi- guré le pendage , N°. 5. *Pl. IV.*

Lorfqu'on l'emploie , elle eft remarquable par les circonftances fuivantes : elle fe colle affez aifément au feu en s'enflammant , parce qu'elle eft plus bi- tumineufe que la Houille maigre , ce qu'on a fans doute voulu exprimer en l'appellant *Kráffe Hoye* , *Houille graffe* : elle rend beaucoup plus de chaleur que la Houille maigre , ce qui l'a fait appeler *Chode Hoye* , & fe réduit pour la plus grande partie en pouffiere grifâtre comme la cendre de bois , mais gra- veleufe.

De tout cela il fuit que d'une part fon feu feroit trop ardent pour les ou- vrages des Maréchaux-ferrants ; & d'une autre part, que cette Houille eft trop graffe pour que ces Ouvriers puiffent s'en fervir à travailler leur fer.

Les Brafferies & les groffes Verreries font les principales Manufactures qui les employent.

ARTICLE TROISIEME.

De la Houille maigre ; de la Clutte.

La Houille maigre eft plus foible que la Houille graffe , & eft très-pro- pre aux feux des tourailles : elle eft prefque généralement en ufage pour les feux domeftiques , fur les deux rives de la Meufe , depuis Liége , jufqu'en Hollande.

Elle differe de la Houille graffe en ce qu'elle donne moins de chaleur : les Braffeurs peuvent la mêler avec cette derniere ; elle dure au feu plus long-temps qu'elle , & lorfque fon peu de bitume eft confumé , elle fe réduit en braife ou krahay , qu'on allume fans qu'ils donnent d'odeur , & prefque fans qu'ils donnent de fumée , ce qui les rend plus propres pour les tourailles que les Krahay de la Houille graſſe.

La Houille d'Ans, dont un morceau a ſervi à repréſenter le pendage, (*N°. 4. Pl. IV.*) paroît être formée de petites molécules friables, qui ſemblent n'avoir pu s'arranger par couches faute de bitume; c'eſt une Houille qui paroît appartenir à la claſſe dont il s'agit.

La bonne Houille maigre ſe trouve communément dans les environs de Herſtal, & de Vivegnis; celles de Houſſe & de Cheratte, leur ſont en général très-inférieures.

Dans ces quartiers & dans quelques autres de la rive droite, on exploite une eſpece particuliere de ce Charbon, qu'on nomme *Clutte*, & qui pour l'ordinaire, eſt d'une qualité très-foible.

C'eſt un Charbon tenant de la nature du Charbon tendre & de la Téroulle, compoſé de grands faiſceaux de fibres diſpoſées en tout ſens, qui ſe croiſent de toutes les manieres.

La clutte chauffe aſſez bien, dure aſſez long-temps, faiſant un petit feu bleu comme les *bouxtures*, & donne plus de cendres; mais lorſqu'elle brûle, il ne faut pas y toucher, parce qu'elle tomberoit en pouſſiere, comme font les houilles maigres.

On en fait des hochets qu'on employe dans des foyers ouverts, & dans les poëles; ils ſont de deux tiers plus petits que les hochets de Houille graſſe, & ils ſont communément appellés *Cluttes*; mais ce n'eſt qu'un hochet ou boulet fait avec la Houille maigre, comme celui de Houille graſſe.

ARTICLE QUATRIEME.

Des Charbons forts; du Charbon à Uſuine (¹) *; du Charbon ſoufreux.*

Ces Charbons qui ſont ſujets à ſe former en veines irrégulieres, (*Voy.* Section 8ᵉ. Art. 1.) ſont d'une couleur noire plus décidée & plus frappante que ceux qui ſont appellés *Charbons foibles.*

Sous les doigts ils paroiſſent onctueux, ce qui annonce beaucoup de bitume ou poix minérale, & leur fait ſans doute donner par quelques Houilleurs le nom de *Charbons gras. Voyez* Sect. IV. Art. 4.

On en trouve qui ſont diverſement compoſés : les uns ſont des maſſifs de filets très-mats & très-groſſiers; d'autres ſont réguliérement arrangés par lits très-minces, formés de filaments, diſpoſés perpendiculairement à côté les uns des autres : ces lits ſont de proche en proche ſéparés par de petites couches de terre charbonneuſe. *Voyez la Pl. IV. N°. 2.*

---

(1) *Uſine, Uſuine*, nom très-uſité dans le pays de Liege pour ſignifier en général toute grande Fabrique où l'on fait chauffer de grands fourneaux. Ce mot qui ne ſe trouve dans aucun Dictionnaire François, dérive ſans doute du Latin *Uſtrina*, que Feſtus emploie pour ſignifier le lieu où l'on brûle les corps morts, & par lequel Pline exprime un endroit où l'on forge les métaux : Forgeron ſe dit en Latin *Faber ferrarius*, ou *Malleator ad uſtrinam.*

Les Charbons forts, quels qu'ils foient, font toujours excellents ; ils pénétrent d'abord & également les parties du fer, les rendent propres à recevoir toutes fortes d'impreffions, réuniffent même les parties qui ne feroient pas affez liées ; encore eft-on fouvent obligé d'arrêter fa trop grande activité en jettant de l'eau deffus.

On voit clairement par la qualité & par les effets de ce Charbon, qu'il ne peut pas plus être employé par les Maréchaux ferrants que la Houille graffe.

Celui qui eft nommé *à Ufuine*, n'eft guères employé que dans les Verreries aux gros verres, les Alunneries, Souffreries, les Manufactures de fer, les Forges à marteau & les Fenderies, où l'on a befoin d'un feu d'une grande violence, capable d'échauffer les barres & de les rendre propres à paffer par les fentes.

Il fe trouve cependant parmi ce Charbon de Forgerons des efpeces qui tiennent un milieu entre le Charbon fort & le Charbon foible.

En général, les Liégeois regardent ce qu'ils nomment *Charbon fort*, comme de la meilleure efpece & qualité, parce que, felon eux, il contient plus de foufre.

Ils diftinguent dans cette forte une efpece dont ils font communément le mélange avec des Charbons foibles ; ils lui donnent le nom de *Charbon foufreux* ; étant dans l'idée qu'il contient plus de foufre que le Charbon appellé proprement *Charbon fort. Voyez* Sect. IV. Art. 2.

ARTICLE CINQUIEME.

Des Charbons foibles ; des Charbons de brique ; des Charbons de four.

CETTE efpece préfente à la vûe deux variétés ; il en eft qui font compofés de couches régulieres, brillantes, difpofées en tout fens : d'autres ne paroiffent qu'un amas de groupes & de faifceaux.

Du côté de la Hefbaye, dans tous les environs de Hombroux, d'Alleur, le Charbon eft particuliérement de cette nature.

On a vû que le Charbon foible eft toûjours ûn Charbon des extrémités d'une veine, il contient felon les Houilleurs beaucoup moins de foufre que les Charbons forts, aufli ne peut-il fervir feul qu'aux Cloutiers, aux Maréchaux ferrants, aux petites Forges, pour lefquelles on a befoin d'un feu plus doux & moins vif.

Pour les autres ouvrages qui demandent de la chaleur, on y fupplée en y mêlant plus ou moins de Charbon de la plus forte qualité, comme dans les Fenderies où ce Charbon foible ne pourroit échauffer ou pénétrer les groffes piéces : fi tout au plus on pouvoit y parvenir avec ce Charbon, il faudroit

pour

pour cela plus de temps : il en réfulteroit qu'une partie du fer feroit à fon dégré de chaleur, tandis que l'autre ne feroit point encore affez pénétrée ; & pendant que l'on feroit obligé de chauffer une partie, l'autre rifqueroit de brûler : de plus ce Charbon, comme tous ceux qui contiennent une plus grande quantité de terre, chargeroit le fer d'une matiere étrangere qui empêcheroit la réunion de fes parties.

Son ufage ordinaire eft pour les briqueteries & les fours à chaux, où le feu trop violent des Charbons forts pénétreroit trop promptement les parties de la terre & de la pierre, les diviferoit & les détruiroit ; on l'appelle communément par cette raifon *Charbon de brique* ou *Charbon de four*, qui eft toujours, comme celui de Maréchal, un Charbon menu, nommé en terme de Houillerie, *del Fouaye* (¹).

Parmi les Charbons foibles il faut ranger celui que les Houilleurs nomment à jufte titre *Charbon tendre*, dont ils fe fervent de même pour les fours à chaux & pour cuire la brique ; on en trouve dans la Foffe appellée *Sainte-Anne*. Il eft compofé par couches très-minces, brillantes à l'œil ; mais on ne peut en manier un morceau qu'il ne fe défuniffe dans toutes fes parties, & ne tombe en pieces feuilletées, puis en pouffiere.

Comme ce dernier tient du charbon & du Téroulle, que même il lui équivaut, en y mêlant un peu plus de terre glaife qu'ua vrai Téroulle ; les Houilleurs l'appellent encore *Charbon mixte*.

Après ce Charbon vient celui qu'ils nomment *faux Charbon*, efpece très-maigre qui eft toujours en pouffier, fi ce n'eft dans les houilles foibles ou maigres, où il eft quelquefois en maffe.

Au détail des Charbons d'ufage pour le feu, fuccede le Thiroulle ou le Téroulle ; nous n'avons parlé de cette fubftance qu'en général, comme indice de Charbon de terre, Section VI. & comme Soppe de Veine, Section VIII. Art. 2. nous acheverons de la faire connoître par fes propriétés.

Les Liégeois paroiffent qualifier de ce nom, tout Charbon de l'efpece la plus foible ; leur Terroulle à brûler dans les foyers, & dans les poëles, n'eft pas autre chofe, & on pourroit regarder comme Téroulle, le charbon *Clutte. Voyez* Art. 3. de cette Section.

Le Téroulle proprement dit, s'extrait dans les petits *Burtays*, fur les hauteurs. Malgré fon peu de valeur, on en tire partie, en le réduifant avec très peu de *Dielle* en boules de la groffeur d'une favonette, pour être employée par les femmes du commun dans leurs chauffrettes : ces efpeces de Hochets de Thiroulle, ne donnent qu'une petite lueur bleue, lente, & très-douce.

On en trouve dans le Bailliage d'Amercœur, du côté de Baine, dans les

(1) Appellé à Maftricht *Gemul.*

CHARBON DE TERRE. X

bois de la Rochette, à la rive droite de la Meufe, des rivieres d'Ourte &
de Weze, n'y en ayant à la rive gauche que du côté du Val-Benoît, à S.-Gilles
& aux Tawés derriere la citadelle.

Il ne faut pas oublier qu'il s'en trouve de différentes efpeces pour la force ;
celle de Liege doit être diftinguée de celle qui fe trouve dans le Limbourg,
qui y eft employée pour le feu dans les grillages & dans les poëles.

ARTICLE SIXIEME.

*De quelques Houilles & Charbons du pays de Liege les plus eftimés,
& de ceux qui font de la plus mauvaife qualité.*

DE la compofition différente du Charbon de terre, du mélange de matieres
qui peuvent s'y rencontrer dans des proportions inégales, (Section IX.)
comme font les argilles fous différentes formes, les pyrites, les fels, les bitumes, (Section IV.) il doit réfulter, outre les Charbons que je viens de
décrire, qu'il y en a encore d'une qualité fupérieure & d'autres d'une qualité
abfolument inférieure.

Auffi dans les efpeces générales, les Houilleurs diftinguent-ils par des
noms particuliers celles qui font les plus eftimées, & celles qui font de la
plus mauvaife qualité.

La matiere d'une belle & riche veine qui a une bonne *hauteur*, telle que
des veines appellées *Veinettes*, ou qui eft entiérement exempte d'alliage de
parties qui réfiftent à l'action du feu, fe nomme *Krufny*, (*Pl. VII. fig. 4.*)

La veine Krufny a 12 poignées d'épaiffeur, & eft compofée de lames à facettes, difpofées en tout fens ; quelquefois par bandelettes, laiffant de temps
en temps appercevoir fur leurs furfaces des portions pyriteufes & féléniteufes.

On en trouve de cette efpece aux extrémités des fauxbourg S.-Laurent, de S.-
Gilles & de Sainte-Walburge, fur la hauteur, & généralement où il y a de la
Houille graffe : celle que l'on exploite à Xhovemont, à portée du fauxbourg
Ste. Walburge, eft auffi veine de *Krufny. Voy.* la Carte des environs de Liége.

Il s'en trouve une autre de ce genre, mais plus vers la fuperficie de la terre,
& qui à l'œil paroît avoir la même texture que le *Krufny* ; elle a 14 ou 15 poignées de hauteur ; on la nomme *Veine Cerifiere*, le Charbon qu'elle donne s'appelle *Siercy* ou *Tiercy*. (*Voy. Pl. VII. fig. 5.*)

Plufieurs veines (& affez communément cette derniere) font traverfées par
une couche de quatre doigts d'épaiffeur, qui tantôt appartient au corps de
la veine, tantôt appartient au toît, tantôt au *Deie* ; cela n'a point de regle.

Il n'eft pas befoin de l'examiner avec beaucoup d'attention pour l'apprécier : entremêlée d'amas fchifteux, dont les lames appliquées lâchement les
unes fur les autres, confervent un mauvais pouffier de Houille, elle tient plus
du fchifte que du Charbon de terre, & eft prefque entiérement abandonnée

aux pauvres fous le nom de *Brihaz*, (*Pl. V. fig.* 5.)

Il n'y en a jamais qu'une couche, & elle fert de féparation à un lit de très-peu d'épaiffeur, de maniere à pouvoir être regardée comme une efpece de nerf, dont les lames ne font pas auffi rapprochées les unes des autres.

Lorfque les Charbons de terre font comme pierreux & chargés de pyrites, (*Pl. V. fig.* 4.) on les appelle *Bouxtures*.

Cette efpece des plus chétives, (fi on peut même la ranger parmi les Houilles ou Charbons,) remarquable par fa dureté, fa pefanteur, affez commune dans les houillieres du pays de Liege, fur-tout dans quelques-unes, n'eft qu'un minéral *ignoble*, dans lequel la Houille a été remplacée par un amas confus de pyrites, ou jaunes, ou argentines, ou couleur de rouille, mêlées avec de la pierre ou de l'argille dure, affemblées quelquefois en rognons, quelquefois en gâteaux ronds ou applatis, d'autres fois arrangés par feuillets ; ils pourroient être appellés *Drufa Pyritacea*.

Outre la mauvaife qualité de cette *Marcaffite*, il eft aifé de concevoir que ces *bouxtures* doivent comprimer, déranger & dégrader de toutes fortes de manieres la veine qui les renferme, & celles qui l'avoifinent.

Lorfqu'on foumet à l'action du feu une *bouxture*, on reconnoît aifément fa compofition ; il n'y en a qu'une très-petite portion qui fe confume : elle rougit & fe couvre d'une petite flamme bleue violette, en répandant une odeur de foufre très-forte, qui fuffoque ; ce même morceau tiré du feu refte rouge très-long-temps, conferve mème fa chaleur ; toute fa maffe qui avoit une dureté confidérable, fe trouve réduite en une terre rougeâtre d'une couleur mêlée, comme le mâche-fer ; & on reconnoît que ce n'eft abfolument qu'une glaife dans laquelle les pyrites ont été fortement paîtries.

Du côté de Jemeppe, il fe trouve encore une efpece de mauvaife veine de Charbon, dont le *Deie* eft extrêmement tendre, & fe fépare en même temps qu'on en détache la veine ; on l'appelle pour cela *mavaff Deie*.

DIXIEME SECTION.

Etendue de terrein qu'occupent les Houillieres dans le pays de Liege.

Telles font les différentes efpeces, qualités & variétés reconnues dans le pays de Liege par les Borins : l'effet qu'elles produifent lorfqu'elles font mifes au feu, vrai guide pour décider de leur fupériorité & de leur bonté relatives ; l'immenfe quantité que l'on confomme de cette matiere dans ce pays, ont pu feuls fixer l'accord affez général que l'on trouve fur ce point parmi ces Ouvriers, ainfi que la grande habitude où l'on y eft depuis environ cinq à fix cents ans, d'exploiter ces mines fur l'un & l'autre bord de la Meufe.

Le terrein qu'elles occupent dans une étendue de plus de six lieues de longueur à droite & à gauche de cette riviere, fur à peu-près autant de largeur, comme on le verra par l'Etat qui va fuivre, préfente une vingtaine de Bures que l'on travaille à l'aide de chevaux ; il y a environ neuf ou dix de ces Bures très-confidérables, & une quantité d'autres qui font moindres, que l'on travaille avec des tours à bras.

A la rive droite de la Meufe, elles commencent du côté de Ramay, defcendant vers le Val S.-Lambert, Seraing, où elles s'étendent le plus fur la droite ; Ougrey, le long de la Meufe ; Thierneffe, Angleure, Baine, fur la hauteur ; Robertmont ; & fe terminent dans les environs de Cheratte.

Le fecond Etat appartient à la rive gauche, où les houillieres commencent du côté de Ampfin, & vont toujours en devenant meilleures ; c'eft-à-dire, à mefure qu'elles defcendent fur Chokier, Flemal, Jemeppe, remontant alors à Tileur, S.-Gilles, S.-Nicolas, Ans, à Herftal, où elles paffent dans les environs de Oupeye & Vivegnis.

C'eft ainfi que tout le territoire de Liege fournit non feulement la Capitale & fes environs pour les Ufuines, les Brafferies & le chauffage, mais encore la province de Hefbaye qui eft confidérable ; une partie de la Campine, fans parler de ce que l'on mene par terre, à Louvain, à Malines, & de ce qui en eft emporté chaque année en Hollande fur le cours de la Meufe, que l'on fait monter à une plus grande quantité que celle qui fe confomme dans le pays.

Afin de mettre le Lecteur à portée de juger de l'abondance de ces Mines dans le pays de Liege, dont elles peuvent fans contredit être regardées comme une des principales richeffes, je vais faire fuivre l'énumération qui a précédé, d'un Etat de tous les Bures ouverts dans les environs de Liege, & j'indiquerai ceux qu'on y exploite dans d'autres cantons du même pays.

ARTICLE PREMIER.

Etat de tous les Bures & Mines de Houille des environs de Liege, avec leurs noms & celui des endroits où elles fe trouvent.

RIVE DROITE DE LA MEUSE.

NOMS DES BURES.	EXPLOITATION.	SITUATION.
1re. Foffe, Bonne-Efpérance,	aux bras.	Vis-à-vis le Monaftere des Dames de Robertmont.
2. Haute Clair,	aux chevaux, avec machine à vent.	Village de Jupille.
3. Flairante Vonne (1).	aux bras.	Au-deffus de la précédente à Sevelette.
4. Chaîne Sifrot,	aux bras.	Bois de Breux, près le Château de Gaillardmont.
5. Chauthier,	aux chevaux, & machine hydraulique.	Village de Baine.
6. Francœur,	aux bras.	Joignant la précédente.

(1) Puante Veine.

RIVE DROITE DE LA MEUSE.

NOMS DES BURES.	EXPLOITATION.	SITUATION.
7e. Fosse, la neuve Houilliere,	aux bras.	Près Aley haut.
8. Guiermont, Gaillardmont,	aux bras.	Au-dessus du village de Chesnée.
9. Aux Piesrouse,	aux bras.	Au-dessus de Chesnée.
10. Fosse Sainte-Anne,	aux bras.	Dans les Biens de la Maison de Gaillardmont.
11. Fosse disteppe,	aux bras.	Près le village de Fleron.
12. Rodmzée,	aux bras.	Près le Fleron.
13. Du Capitaine,	aux bras.	Près Veaux, sous Chivremont.
14. De la Rochette,	aux chevaux.	Au-dessus du Château de la Rochette, dans la Forêt.
15. Pougnée d'or,	aux bras.	Au-dessus de la précédente.
16. L'Espérance ou fosse Quitisse,	aux chevaux.	Serraing.
17. Fosse des Maires,		
18. Thiernesse, vis-à-vis le Val-Benoît.		Serraing.
19. Gourmette,	Petits Bures aux bras.	Serraing.
20. Hubert Louis,		
21. Marie Catherine,		
22. Marie Micha Chapa,		
23. Honay,		
24. Sepulcre,		
25. Sottelet,		
26. Brison,		
27. Badon Donay,		
28. Matthieu Renard,		
29. Dumoulin.		
30. Gilleson.		
31. Jarbinet,	aux bras.	Yvoz.

RIVE GAUCHE.

NOMS DES BURES.	EXPLOITATION.	SITUATION.
1re. Fosse, Lambermont,	aux chevaux.	Flemal basse.
2. Bussy,	aux bras.	Entre Flemal basse & Souhon.
3. Bussy,	aux chevaux.	A Flemal basse.
4. Du Greffier Bussy,		A Flemal.
5. Fosse Makay,	aux bras.	A Jemeppe.
6. La Beaume,	aux bras.	A Jemeppe.
7. Del Vigne,	aux bras.	A Jemeppe.
8. De la Feuille d'or,	aux bras.	Au Bois de Mre. Rose, haut. de Jemeppe.
9. Delbouc,	aux bras.	Au Village de Grace.
10.		
11. Al Male baretre,	aux bras.	A Grace.
12. Del Vignette.	aux bras.	A Grace.
13. Rigu,	aux bras.	A Grace.
14. Du Bois,	aux bras.	A Grace.
15. De l'Espérance,	aux bras.	A Grace.
16. Dé bleu Mantay.	aux bras.	Au Berleur, hauteur du Village de Montegnée.
17. Mostardy,	aux bras.	Près de Berleur.
18. Dé Bonni,	aux bras.	Hauteur de Montegnée.
19. Goffin Daniel,	aux bras.	A Montegnée.
20. Vi Filleux,	aux bras.	Hauteur de Montegnée.
21. D'amave,	aux bras.	Hauteur de Montegnée, au lieu nommé Chantrain.
22. Du petit Filleux,	aux bras.	Hauteur de Montegnée, près la chaussée.
23. Del Vic Pair,	aux bras,	Hauteur de Montegnée, au lieu nommé Verdbois.
24. Del Nouve Pair,	avec machine à feu.	
25. Dé Coquay,	aux bras.	Au Verdbois.
26. Boussa,	aux bras.	Au Verdbois.
27. Petite Potte,	aux chevaux.	Proche l'Abbaye de S.-Gilles.
28. De Pery,	avec machine à vapeur.	Hauteur du bois de St. Gilles, quartier d'Avroy.
29. Del Pelotte,	aux chevaux.	
30. Beur à Kass,	aux chevaux.	Entre l'Abbaye de S. Laurent & l'Eglise de Glain.

CHARBON DE TERRE. Y

RIVE GAUCHE.

NOMS DES BURES.	EXPLOITATION.	SITUATION.
31ᵉ. Foſſe , du Lieutenant Bury ,	aux bras.	En Glain-lès-Liege.
32. Jacques Braſſeur ,	aux bras.	En Glain-lès-Liege.
33. Du Bailly Planchar ,	aux bras.	Ans.
34. J'affame ,	aux bras.	Hauteur d'Ans.
35. La petite eau aux champs ,	aux chevaux.	Hauteur d'Ans.
36. Gilkin ,	aux bras.	Hauteur d'Ans.
37. De la Fontaine ,	aux bras.	Hauteur d'Ans,
38. Fraſette ,	aux bras.	Hauteur d'Ans.
39. Dé Croupet ,	aux bras,	Proche le fauxbourg Sainte-Walburge.
40. Bourgrave,	aux chevaux.	A Sainte-Walburge.
41. Bonnefin ,	aux chevaux. & machine à vapeur.	A Xhovémont.
42. Namotte,	aux chevaux.	Près Herſtal.
43. La Bacneure ,	anx chevaux , avec machine à vapeur.	A Biernamont.
44. Le grand Beur ,	aux chevaux.	Fauxbourg de Vignis , près la Maiſon des Freres Célittes.
45. Pierre Gille ,	aux bras.	Au-deſſus des Tawes.
46. Beau Temps,	aux chevaux.	Près la ruelle de Wotem.
47. Des Maîtres del Foſſe de Ha-remme ,		Au-deſſus des Tawes.
48. Filoz (1) ,		
49. Pechi ,	aux bras.	Sur la pente de la montagne de la Ci-tadelle.
50. Henri Pireme ,	aux bras.	Sur la Montagne Paradis.
51. Novell Foſſe ,	aux bras.	Sur le Jardinage de Paradis.
52. Beur Creyt ,	aux bras.	Près le chemin de Biernamont.
53. Darimont ,	aux bras.	Près le chemin ci-deſſus.
54. Tibiet ,	aux bras.	Près le chemin qui va de Milmortes à Liege.
55. Beur des Maiſes del Brouck,	aux bras.	Près le Château du Bouxtay.
56. Le Vertger ,	aux bras.	Même canton que ci-deſſus.
57. Une Foſſe ,	aux bras.	Près la Cenſe appellée *Malax*.
58. Krompire ,	aux bras.	Près la Prealle.
59. Des Maîtres du Ceriſier ,	aux bras.	Près le chemin des hayes del Brouck.
60. Koute Joie ,	aux bras.	Au-deſſous des prairies de la Commune près du chemin Thierdemont.
61. Es Paradis ,	aux bras.	Commune.
62. La Foſſe ,	aux bras.	Dans la campagne des Monts , Juriſ-diction de Herſtal.
63. La Foſſe ,	aux bras.	Dans la campagne des Monts.
64. La Foſſe des Dames Religieu-ſes de Vignis ,	aux chevaux,	Près la Cenſe Ponthier.
65. Des Maîtres Naiveurs ,	aux bras.	Près le Bois Ponthier.
66. Des Meſſieurs des Beur,	aux bras.	Village d'Oupeye.
67. La Foſſe ,	aux bras.	Près la Maiſon Zollet , dans une cam-pagne proche Oupeye.

(1) Le premier Banc, à la fin de 1761, finiſſoit à 17 toiſes de la ſurface de la terre.

Des différentes Mines de Houille du pays de Liege qui viennent d'être indiquées , la plus riche eſt celle qu'on appelle *Hidelette*, nom de la pre-miere veine , dont les *ſoppes* ſont toujours *ſous le gazon*.

Elle eſt ſituée entre le Monaſtere des Chanoines-Réguliers de S.-Gilles & la Chapelle S.-Nicolas , rive gauche de la Meuſe ; & ſert de centre à tou-tes les veines de ce canton qui eſt entouré par la riviere.

Elle a 40 toiſes de profondeur , & s'étend du côté du Midi juſqu'à la faille, & vers le Septentrion juſqu'à la chauſſée de Glain & juſqu'aux fauxbourgs de

Liege ; enfin du côté du Couchant , les montagnes de St. Laurent , de St. Gilles , de Tilleur & de Jemeppe , lui fervent d'enceinte. *Voy.* la Carte fur laquelle Jemeppe qui n'a pu être marqué , répond à la Houilliere *j*.

Parmi les veines qui la compofent , il en eft quelques-unes qui ne méritent point d'attention ; d'autres font irregulieres quant à leur volume dans leur étendue , c'eft-à-dire , qu'elles n'ont pas la même épaiffeur. En voici l'énumération.

Noms des Veines.	Diſtance de l'une à l'autre.	Epaiſſeur.
1 Hidelette (¹) ,	6 toiſes	1 poignée
2 Pauvrette ,	10	8
3 Trovée ,	10	6
4 Chagnay ,	9	5
5 Monſloige ,	8	2
6 Baume ,	10	6
7 Beſſeline ,	1	6
8 Moyen (¹) ,	12	3 à 2
9 Grande Veinette (³) ,	12	10
10 Domina, ou grande Vena ,	12	4
11 Serifiere ,	12	10
12 Crufny ,	12	16
13 Rofiere (⁴) , Rofy ,	6	8
14 Peſtay ,	16	9
15 Grande Veine ,	16	13
16 Charnaz prez (⁵) ,	11	5
17 Maray ,	5	9
18 Quatre-pieds ,	8	10
19 Cinq-pieds ,	10	6
20 Koutay ,	5	6
21 Veinette ,	6	5
22 Beſſeline ,	5	6
23 Dure Veine ,	7	9
24 Mona ,		
25 Gaufmain ,		
26 Mavaſſ Deie ,		

(1) Elle contient une étendue de 50 ou 60 journaux.

(2) Celle-ci, de même que la fuivante, occupe toujours plus de terrein avant de revenir à la furface de la terre, au quartier S.-Nicolas.

(3) C'eft la plus riche de toutes celles qui fe rencontrent dans ce terrein, aufſi eſt-elle prefque épuifée, ainfi que les veines fupérieures auxquelles on s'eſt plus attaché.

(4) De la couleur de rofe que donne le feu de ce Charbon qui eſt très bon à brûler ; cette veine a 74 toifes de profondeur.

(5) Les bouxtures y font très-communes.

ARTICLE SECOND.

Indications des Mines de Houille dans quelques cantons des environs de Liege.

Dans le pays de *Limbourg* on trouve de l'efpece de Houille appellée *Téroulle. Voy.* Section 9ᵉ. Art. 6.

Dans la Seigneurie de Soiron à *Foſſe*, il y a un Bure.

Ces mines ſont très-abondantes à *Herve*; elles fourniſſent non-ſeulement ce Bourg & ſes environs, mais encore la ville de Verviers; le pays de Limbourg ſe fournit auſſi de même que les Flamands, aux mines de *Saivelette*, dont j'ai parlé, Hameau dépendant de Saive près Belaire, au-deſſus de Jupille, & où les Houilles tiennent un peu de celles qu'on nomme graſſes.

Dans la Juriſdiction de *Theux*, près du Bourg de ce nom, on a depuis quelques années travaillé à une mine de *Téroulle*.

Dans la *Hesbaye*, on tire de la Houille à *Warfuſée*, ſur la hauteur près de la Meuſe, venant de Iehay à Liege, de même qu'à *Trégimont* ſur la chauſſée de *Verviers*.

Près le village de *Bois*, & dans ſes environs, province de Condroz, on exploite pluſieurs mines dont le Charbon eſt un charbon tendre.

Au territoire de *Vames*, à deux lieues de Mons.

A *Montigny*, & dans quelques villages des environs, ſur la Sambre, il y a pluſieurs Houillieres que l'on confond avec celles de Charleroi, dont la baſſe ville, eſt pays de Liége.

Meſures d'uſage, dans la Houillerie.

Le Pouce, vaut 10 lignes.

Une poignée, 4 pouces environ, hauteur verticale du poing fermé, ſurmonté du pouce.

Le pied, 10 pouces

La toiſe du côté de Liége, de Serraing, 6. pieds de Liége; de l'autre côté de la Meuſe, 7. pieds ou 21. poignées.

La Verge differe à raiſon de la toiſe.

La petite Verge, eſt évaluée à 16. pieds quarrés.

La grande Verge, à 20. petites Verges.

SECTION ONZIEME.

Des Mines de Charbon de Terre dans d'autres Pays.

QUELQUE circonſtanciés que ſoient les détails dans leſquels on s'eſt engagé précédemment ſur le Charbon de terre en général, puis enſuite ſur celui de Liege en particulier; comme ces derniers ſur-tout ſe bornent à ce qui eſt connu & reçu dans un ſeul pays, ils peuvent être regardés comme inſuffiſants pour donner une juſte idée des Mines de Houille, dans le point de vûe où l'on ſe propoſe de rendre applicable à d'autres endroits tout ce qui a trait à cette matiere.

Il eſt vraiſemblable que cette ſubſtance eſt répandue dans toutes les parties de l'univers; il en eſt peu où on ne ſoit aſſuré de l'exiſtence de ce minéral.

Les Mémoires de l'Académie Royale de Stockholm démontrent que cette partie, l'une des plus feptentrionales de l'Europe, ne manque point de Charbon de terre. En Suede les *Troubles* pierreux font nommés SURJETS, *Superjectio.*

La partie méridionale de ce Royaume appellée *Sund Gothie*, ou *Gothie Méridionale*, quelquefois *Scanie*, *Schone* ou *Schonen*, poffede à Helfimbourg (¹) une mine de Charbon, dont la veine la plus profonde n'a qu'un fixieme ou deux quarts d'aune d'épaiffeur (²), au lieu de 45 pieds que lui donne l'Auteur de cet article dans l'Encyclopédie.

A Gioerarpemolla, près de cette derniere ville, le Salband de charbon eft une pierre calcaire.

A Bofrup les couches fupérieures laiffent appercevoir fenfiblement un tiffu ligneux, & on y trouve une terre d'ombre folide (³), mêlée avec le Charbon.

Dans la partie orientale de ce Royaume appellée la *Weftrogothie* à Moetlorp, dans une mine d'alun, on trouve du Charbon de terre argilleux.

Quelques morceaux du Charbon de cet endroit faifant partie de la riche Collection de M. Davila, préfentent un refte de nature ligneufe au point que dans quelques-uns on croit reconnoître le tiff du Heftre.

L'Amérique Septentrionale a trois principales mines de Charbon dans l'Ifle Royale ou le Cap-Breton.

La premiere eft dans la Baye de Mordienne.

La feconde eft dans la Baye des Efpagnols.

La troifieme eft dars la petite Ifle Bras-d'or : & elle a cela de particulier que fon Charbon contient de l'antimoine (⁴) ; le toît de ces mines eft auffi chargé d'empreintes.

L'Amérique Méridionale en poffede dans le pays de Cumana.

Un nombre infini de Cantons de l'Allemagne & de la Grande Bretagne, doivent à cette production de leur fol l'état brillant de leur commerce, foit par les propriétés du Charbon pour le feu, foit par l'exportation qui s'en fait au-dehors.

La Suiffe, dans plufieurs endroits du Vallais.

A Luftris, Canton de Berne.

Dans le pays de Vaud, à Bemond, près Laufanne.

Dans le Canton de Zurich, près de Schinberg & de Thal, où il s'emploie à cuire la chaux.

---

(1) Mine de Charbon de terre, découverte dans la province de Scanie par M. Bentzelftierne, Confeiller du Collegedes Mines. Année 1741. Vol. II. p. 237.

(2) L'aune de Suede revient à peu-près à la demi-aune de France.

(3) Cette terre bitumineufe appellée quelque-fois *Momie végétale*, dont il a été parlé Sect. II. art. 6. eft tantôt folide, tantôt friable, & fe trouve dans beaucoup d'endroits ; il s'en rencontre derriere les Bains de Freyenwald, dans un endroit nommé le *Trou noir.*

(4) *Stibium. Platy ophtalmon.* B. *Spis-glas. Spits-glas. Antimonic.* A. *Antimony.*

M. Scheutzer (¹) fait mention d'une mine située dans des endroits bas à Horgen, près le bourg de Kapfne ou Kapfnach.

Elle est composée de trois veines, dont la premiere a deux pouces d'épaisseur ; la seconde, trois pouces ; la derniere, huit pouces : le Charbon en est pyriteux & vitriolique (²), semé de débris de coquilles : la premiere veine est séparée de la seconde par un banc de pierre & de terre noirâtre, ainsi que la seconde de la troisieme.

La premiere est placée sous un lit de terre noirâtre.

La derniere porte sous une couche de marne pleine de coquilles, & l'Observateur a reconnu que sur la croupe de la montagne voisine les différentes couches de la mine s'y continuent en bon ordre dans toute sa longueur.

De ce que cette substance se trouve dans tant de pays ; il résulte qu'il est possible de rendre complette l'histoire naturelle de ce fossile, qui doit rendre plus faciles les moyens de rechercher, de découvrir & d'exploiter une matiere qui ne peut manquer de se rencontrer par la suite des temps dans beaucoup d'autres endroits, & qui nécessairement deviendra un objet de la plus grande considération de la part des Gouvernements.

Je ne me permettrai que l'ébauche de cette entreprise en donnant ici une courte notice des mines de cette espece qui se trouvent en Angleterre & en Allemagne ; elle sera accompagnée des différentes descriptions des couches qui les forment dans ces pays étrangers, telles qu'elles ont été données par des Physiciens & par des Naturalistes.

Ces Morceaux rapprochés les uns des autres dans l'Essai que je publie aujourd'hui sur cette Partie, donneront une connoissance aussi exacte & aussi entiere qu'il est possible de l'avoir jusqu'aujourd'hui de ces mines, de la nature, de la qualité des substances terreuses, pierreuses & autres, qui avoisinent le Charbon de terre dans le sein des montagnes.

ARTICLE PREMIER.

Angleterre.

Le Pays le plus remarquable sans contredit pour l'abondance des mines de Charbon de terre, c'est la partie méridionale de l'Isle de la Grande-Bretagne appellée *Angleterre* : cette partie de cent dix lieues environ dans sa plus grande longueur, & de cent lieues dans sa plus grande largeur, peut être absolument regardée comme un amas prodigieux de Charbon de terre, dont les

---

(1) *Itineris Alpini Descriptio*, Auth. *Joh. Jacob. Scheutzero, Med. D. Mathes. Professore. Tigurino.*

(2) Voyez l'Analyse de ces Charbons dans le même Ouvrage.

mines y font appellées *Indes noires*, par comparaison avec les précieuses productions qui font propres à cette partie de l'Asie.

Les Provinces ou *Shires*, dans lesquelles il s'en trouve en plus grande quantité, font le pays de *Sommerset*, aux environs de *Bath*, particuliérement du côté de *Briftol*.

Le *Glocefter*, (dans les Parties Méridionales) où le toît des mines eft chargé des mêmes empreintes, qu'à *S. Chaumont* dans le *Lyonnois* en France.

Le *Cumberland* où tout le terrein eft mine de Charbon & Plomb à crayon (')t les mines de cette Province à *Witehaven*, au-deffous de *Moresby*, font les plus profondes que l'on connoiffe.

Le *Lancashire* dans le voifinage de la montagne nommée *Pandl chille*, à l'entrée de *Lancaftre*, où le charbon eft employé au chauffage & à faire des bijoux, comme on fait du *Kennel-coal* ; à Colne, dont le charbon eft mêlé de pyrites fort dures.

La Province de *Darby* dans la partie du Nord.

Le *Nottingham.*

Le *Northumberland* à l'Orient, où fe voient des mines dont le puits a 50 toifes de profondeur (').

A *Newcaftle fur la Tine* où la mine dont la couverture eft comme dans celles de Stafford & d'Ecoffe, de la pierre à bâtir, préfente une fingularité remarquable ; il s'y trouve un fel que l'on dit être ammoniacal. *Voyez* Sect. IV, Art. 3. Selon M. Geoffroy ('), c'eft un fel marin fublimé par la violence des feux fouterreins, donnant à la cryftallifation des cryftaux cubiques qui annoncent toujours le fel commun, & qui font bien différents du fel ammoniac ordinaire.

L'*Yorck Shire* dans tout le pays de *Richemont*.

Le *Shrop Shire.*

La Province de *Leycefter*, principalement dans les quartiers du Nord, où le Charbon tient de la nature d'un bitume durci.

Enfin le Comté de *Durham* où ce foffile fe trouve fi près de la furface de la terre, que les roues des voitures le mettent à découvert, & que les habitants de ce canton en ont affez de ce qui fe préfente au jour pour leur ufage, pour celui de leurs voifins, & même pour s'en faire un de leurs meilleurs revenus.

Les Tranfactions Philofophiques contiennent des defcriptions fort circonftanciées de ces mines : je n'ai pu rien faire de mieux que de choifir celles qui fe rapportent le plus avec la méthode que j'ai fuivie dans la defcription des Houillieres du pays de Liege, ou qui font les plus intéreffantes par quel-

---

(1) *Nigrica fabrilis.* Mer. Pin. 218. *Plumbum nigrum.* off. Worm. *Maffa nigra ad pnigytham referenda.* Voy. Sam. Dal pharmacol. pag. 22.

(2) Le pouce d'Angleterre eft de 8 lignes. Le pied, 11 pouces 3 lignes. La verge, *yard,* 2 pieds 9 pouces 9 lignes de France. La braffe, *fathom,* 6 pieds. La toife eft la même chofe.

(3) Mat. Medic, Tom. I.

ques particularités : ainsi toute cette Section est extraite de cette fameuse Collection.

Pour y mettre un certain ordre, je présenterai d'abord un *Prospectus* général qui épargnera les Notes, & facilitera la lecture suivie de ces Morceaux détachés.

TABLEAU général des Mines de Charbon d'Angleterre, des Matieres qui s'y rencontrent le plus ordinairement, des particularités les plus remarquables dans les Veines de ce Pays, &c.

Toutes les couches au milieu desquelles se trouve le Charbon de terre, sont entremêlées de lits formés de substances terreuses peu compactes; *voy.* Sect. VII. Art. 1. & de substances pierreuses qui les séparent de distance en distance. *Voyez* Sect. VII. Art. 2.

Les terres sont pour la plûpart glaiseuses ou marneuses, c'est-à-dire, du genre des crétacées, & tenant plus ou moins des argiles.

Marnes, Argilles, *nommées en général par les Anglois* Klays.

Les Naturalistes en ont établi beaucoup d'especes, que les Agriculteurs Anglois ont réduites à six ; comme la plûpart de ces marnes se rencontrent, ou peuvent se rencontrer dans les fouilles de Charbon de la Grande-Bretagne ou d'autres pays, il peut être utile d'en donner ici l'énumération, telle qu'elle se trouve inférée dans les Notes dont le sçavant M. le Baron d'Olbach a enrichi la Traduction qu'il a publiée de la Minéralogie de M. Jean-Gotschalk Wallerius.

Cowstu Marle, qui tire sur le brun & qui est mêlée de craie.

Stone Marle, *Marle-pierre* ; Stale Marle, *Marle vieillie* ; Flag Marle, *Marle foible*, de couleur bleue, qui est comme *pourrie*, & que la pluie ou la gelée décomposent facilement) .

Peat Marle, Twing Marle, qui se trouve dans les montagnes, de couleur brune, d'un tissu serré & compact, très-grasse au toucher.

Claye Marle, de couleur bleue ou rougeâtre, ressemblante à l'argile, mais entremêlée quelquefois de pierre calcaire.

Steel Marle, ou *Marne dure*, qui se trouve communément dans les galleries des mines, & qui se partage en cubes.

Paper Marle, qui se trouve dans le voisinage des Charbons de terre, semblable à des morceaux de papier gris, d'une couleur quelquefois plus claire : les descriptions connues des mines de Charbon n'en font point mention, du moins sous ce nom : mais en voici d'autres dont il est souvent question dans les descriptions des terreins qui avoisinent le Charbon en Angleterre,

(1) Cette espece se rapporte assez à l'Agaz, ou Agai. *Voyez* Sect. VII. Art. 1. p. 47.

fçavoir, le Malm ou Loam, *Terra mifcella*, Terre partie glaifeufe & partie fablonneufe, c'eft-à-dire, tenant de la glaife & du fable dans une égale proportion (').

Le Clunch, *Argille*, ordinairement tirant fur le bleu; j'en ai un morceau dont la confiftance eft pierreufe, d'un grain très-fin & fufceptible de poli: le fçavant Auteur des Notes ajoutées à la Traduction des Expériences Phyfiques de Haukfbée, dit que cette argille bleue & fine eft celle que Wallerius dans fa Minéralogie, Tom. I. p. 31. défigne fous cette phrafe, *Argilla plaftica particulis fubtilioribus*, dont on fe fert en Angleterre pour faire des tuiles qui font extrêmement dures.

Dans le *Cambridge-Shire* le Clunch eft une argille blanche, dure, contenant du fable, ou de petites pierres rondes. *Voyez* l'Abrégé des Tranfactions Philofophiques de Lowthorp, Tom. II. p. 455.

Le Cow-shot eft encore une marne, ou terre marneufe, tantôt dure, nommée alors Cow-shot stone, tantôt moins folide. Il s'en trouve une efpece dans les mines de Charbon d'*Yorck-Shire*, connue fous le nom de Cow-shot clay; elle eft favoneufe & feuilletée. *Voyez* le même Abrégé qui vient d'être cité.

Ils ont une autre efpece de marne douce qu'ils appellent Gubbing.

Enfin, une troifieme très-rare, dont il fera parlé à fa place.

Ceux qui feront curieux de connoître la variété prodigieufe des terres répandues dans le voifinage des mines, peuvent confulter le détail inféré dans le Volume de l'année 1679. des Tranfactions Philofophiques fous le titre, *Enumération des différentes Matieres qu'on trouve en creufant le Charbon de terre dans le Comté d'Yorck*, communiquée par M. Maleverer d'Arncliffe au Docteur Martin Lifter, du College des Médecins & de la Société Royale, N°. 250. Art. 2. & on trouvera fur ces fubftances minérales, tant celles qui font répandues dans le fol de la Grande-Bretagne, que celles qui font connues ailleurs, des éclairciffements très-intéreffants dans le Traité d'Hiftoire Naturelle de M. Hill (').

Cliffs, Rocks, *Pierres.*

Les matieres pierreufes qui fe trouvent dans les mines de Charbon d'Angleterre, & qu'on appelle en général Rocks, cliffs ('), Thorny clifts, font en général d'une roche défignée fous le nom de Sand stone, Freé stone ('), qui eft une efpece de grez ordinaire, dans lequel fe font appercevoir de

(1) Cette efpece pourroit fe rapporter aux deux premieres couches qui forment communément les premiers lits de la couverture terreufe du pays de Liege. *Voyez* Sect. IV. Art. 1.

(2) A general Hiftory, or new and accurate Defcriptions of the animals, vegetables, and minerals, &c. Lond. in-fol. 1757.

(3) On verra par la fuite que ce mot Cliff a dans les mines de Charbon de la Grande Bretagne différentes fignifications.

(4) *Saxum arenarium. Saxum petrofum arenaceo-filiceum. Saxum petrofum arenaceum. Waller. Ammites.* Pierre fabloneufe. B. Zand-fteen. Morzel-fteen.

petits cailloux qui font comme cimentés enfemble dans du fable.

Il s'y trouve encore un Roc très-dur appellé Rock flins stone ('), des Roches de pierres à paver, d'où elles portent le nom Paving stone, ou Pe-nant, & des efpeces de cailloux qui fe trouvent en couches entieres, & non en maffes détachées comme les cailloux ordinaires; ils les nomment Whin Rock (²); dans quelques parties de l'Angleterre on les nomme Chert, ou Whern.

Bats ou Rubbish, *Couches minces, Ardoifes charbonneufes.*

Toutes les mines de Charbon qu'on connoît en Angleterre font formées de beaucoup de lits, compofés de couches diftinctes, mais dont un grand nombre font trop terreufes, ou fchifteufes, ou n'ont pas affez d'épaiffeur pour être profitables; ce qui fait que dans plufieurs cantons on fe contente de creufer avec des bêches, & qu'on ne s'engage dans l'exploitation que lorf-qu'on a atteint la *maîtreffe* ou principale veine, à laquelle on s'attache feu-lement, négligeant abfolument toutes les autres de peu de conféquence, qui fervent de féparation aux couches des mines de Charbon : les Experts pour les mines de Charbon, appellés en Angleterre *Viewers*, confondent ces lits, de quelque nature qu'ils foient, fous le terme générique Bat : dans quelques endroits on les appelle Rubbish, qui fignifie *Rebut*, *Fretin* : les Ou-vriers paroiffent même comprendre fous ce nom tout Charbon groffier, ou qui a peu d'épaiffeur, & à cet égard on pourroit le regarder comme le Brihaz des Liégeois. *Voyez* Sect. IX. Art. 6. & *Pl. V. fig. 5.*

Les Bats font quelquefois ferrugineux, ou même de bonnes mines de Fer.

Affez ordinairement ils font noirs, liés enfemble par une matiere qui leur eft propre, & dont le grain paroît marneux; il en eft qui forment des lames entremêlées d'une fubftance argilleufe pareille à celle des ardoifes que l'on a vûes, (Sect. VII. Art. 3.) être la fubftance dominante dans les couches de Charbon.

M. Mendès da Cofta dans fon Hiftoire Naturelle des Foffiles (³), donne la defcription fuivante de deux efpeces de ces fchiftes.

Schiftus niger, Shale, Baff, Shiver, Lithantrax fterilis nigra fquammofa. Short's, Nat. Hift. of the mineral Waters of England, Vol. I. p. 25. 27. 33. *& paffim alibi.*

Black Shale, a fort of flate ftone, Phil. Tranfact. N°. 407. nouvel Abrégé des Tranf. Philof. de M. Martins. Vol. VII. pag. 190.

Schiftus nigricans friabilis, fcripturâ albâ. Linn. Syft. Nat. p. 154. N°. 3.

---

(1) Rocher en peloton, connu en général dans les mines fous 'e nom de *Roche fauvage.*

(2) Pierre fabloneufe difperfée indiftinctement & ifolée comme des pierres avortées. *Voyez* Sec-

tion VII. pag. 41.

(3) Natural. Hiftory of Foffils. Vol. I. part. 1. London, *in-*4°. 1757. p. 167. N°. 3.

Fiſſilis mollior. Fiſſilis friabilis. Waller. *Species* 70. *Ardeſia Eiſlebenſium mollior nigricans. Henckelii* Ephem. Nat. Cur. Tom. V. p. 328.

C'eſt une terre ſchiſteuſe groſſiere, de couleur noire foncée, inégale & terne à ſa ſurface ; elle eſt médiocrement dure & plutôt légere que peſante ; d'une texture ferme & ſerrée, qui la rend impénétrable à l'eau ; ſi l'on y trace des caractères, ils ſont blancs.

Cette eſpece appellée communément SHALE dans le Derbiſhire, eſt formée de beaucoup de couches depuis le DAY ou la ſurface de la terre, juſques dans la profondeur ; la couche qui eſt près le day, eſt toujours plus tendre que celle qui eſt la plus enfoncée, au dire des Houilleurs, (COLLIERS), qui aſſurent qu'elle ſe trouve plus ou moins dure, plus ou moins compacte, ſelon que les couches qui l'avoiſinent ſont plus ou moins ſolides, plus ou moins tendres : ſa texture varie, comme ſa conſiſtance, en proportion de la profondeur à laquelle elle eſt placée ; de façon que la même couche dans le point qu'elle approche de la ſurface de la terre, acquiert quelquefois une contexture très-feuilletée : mais ſi on la ſuit dans ſon enfoncement en terre, on remarque qu'elle devient plus dure, & prend une forme de plaque, elle eſt quelquefois ſemée de loupes ou nœuds, qui tiennent de ſa ſubſtance ; ce qui varie ſelon la couche ſupérieure ou la couche inférieure ; parce que ſi la ſupérieure eſt pierre à chaux, elle devient plus ſéche, plus dure, plus caſſante, & ſe délite à l'air ; ſi elle eſt deſſus une couche de BIND, qui eſt plus maſſive & plus coriace, elle eſt plus terreuſe & plus tendre.

On le trouve auſſi en couches très-larges dans les cantons de ce Royaume qui renferment du Charbon, & généralement au-deſſus du Charbon.

Ce ſchiſte expoſé à l'air s'effeuille d'abord, enſuite ſe décompoſe au moyen des ſels dont il eſt généralement très-impregné, qui s'effleuriſſent : il eſt trop tendre pour faire feu avec l'acier, & prend en brûlant une couleur cendrée.

La ſeconde eſpece de Schiſte de M. da Coſta eſt nommée *Schiſtus terreſtris niger carbonarius* p. 168. N°. IV. *Fiſſilis ſine lamellis niger, quoad particulas tantùm cum fiſſilibus conveniens, Fiſſilis carbonarius.* Waller. Spec. 67. p. 130. *Schiſtus fiſſilis vulgaris nigricans friabilis.* Append. Ephem. Nat. Curioſor. Tom. VI. p. 132. N°. 2. *De Schiſto, ejus indole atque geneſi Meditationes* Theophr. Lang.

Celui-ci eſt fort terreux, de couleur de jayet, doux, poli, & brillant à ſa ſurface : tantôt ſa texture eſt ferme, tantôt elle eſt friable & lâche, juſqu'au point de ſe diviſer facilement en lames.

Ce ſchiſte eſt peſant & d'une moyenne conſiſtance ; cependant l'eau ne le pénetre pas, & étant ratiſſé il donne une poudre noirâtre.

Il eſt trop tendre pour faire feu avec l'acier ; en brûlant il prend une couleur d'un rouge pâle & blanchâtre, reſſemblant exactement, à cela près qu'il eſt feuilleté, à un morceau de *terre à pipe* ſéche.

Ce fchifte fe trouve dans les terreins d'où fe tire le Charbon en Angleterre, & eft toujours placé fur le Charbon, particuliérement dans le Sommer-shire & dans l'Yorck-shire.

Dans fes caffes il fait voir entre les lames dont il eft formé, des empreintes très-diftinctes & très-agréables : dans les fchiftes les plus mous & les plus friables, comme dans ceux de Sommer-shire, on rencontre plus fouvent les impreffions de la fougere, du rofeau & des plantes graminées ; mais dans les fchiftes qui font plus durs, & qui ne s'éclatent pas fi facilement en feuillets, comme ceux d'Yorck-shire & du pays de Galles, les impreffions font très-rares, elles forment des rézeaux, des écailles & des ouvrages en nœuds, & ils font marqués de deffeins de plantes inconnues.

Cette efpece fe trouve fur le Charbon dans plufieurs parties de l'Europe & d'Angleterre, & eft toujours chargée d'empreintes.

Tous les fchiftes qui fe rencontrent dans les mines de Charbon de quelques endroits de l'Europe, ne font que des variétés de celui-ci, de même que celui que les Anglois appellent BIND, qui eft le *Schiftus terreftris carbonarius, cæruleo-cinereus* de M. da Cofta, pag. 167. N°. 3. qui au toucher, a la même douceur, & à l'œil, la même apparence feuilletée que l'agaz, ou l'agay, & la craw des Liégeois. *Voyez* Sect. VII. Art. 1.

Toute efpece de fchifte qui fe trouve dans ces mines eft nommée *Ardoife charbonneufe*, & peut fervir de pierre à marquer : on en trouve de différentes couleurs, mais ce qu'on nomme *Schiftus carbonarius, Ardoife charbonneufe*, eft toujours un fchifte gras, dont plufieurs bitumes folides, inconnus aujourd'hui, font peut-être des efpeces. *Voyez* Sect. III. p. 16. & fuivantes.

Il y en a une efpece qui fe rencontre fréquemment, défignée dans les mines fous le nom de TILE STONE, *Pierre de tuile*, efpece de grez feuilleté d'un rouge-brun, mêlé avec un fable ferrugineux, & fe divifant en écailles minces, ce qui fait penfer à M. Defmarets que le Tile ftone feroit bien nommé *Grez ardoifé* (1).

C'eft au milieu de cette maffe auffi confufe que variée, que les veines de Charbon fe prolongent dans une étendue confidérable de terrein d'une façon qui leur eft particuliere, en maniere de grandes bandes nommées par les Anglois STREACK, lefquelles ont une direction réguliere communément de l'Eft à l'Oueft, que les Anglois expriment par le mot DRIFT, *manége*, ou *allure*. (*Voyez* Sect. VIII. p. 64.) dans une inclinaifon, qui conftitue le pendage des veines ; ce qu'ils nomment CLIFF, CLIFT, *Penchant*, *Pente*, ou *Defcente*.

---

(1) Voyez fes Notes fur la Defcription d'une Mine de Charbon du Comté de Staffort, Volume II. des *Expériences Phyfiques* de Haukfbée.

Cliff, Clift. *Pendage des Veines.*

Les veines, ainſi qu'il a été dit, Sect. VIII. p. 64. s'élevent ou penchent ſi inſenſiblement, qu'on n'apperçoit que difficilement leur déclinaiſon de la ligne horiſontale : les unes ne s'enfoncent que d'une braſſe, dans une étendue de dix juſqu'à trente braſſes ; d'autres dans l'étendue de cinq pieds, déclinent d'un ou même de deux pieds ; d'autres même s'élevent preſque à-plomb du centre de la terre à la ſuperficie.

Ces pendages ſont déſignés par des noms particuliers ; ils appellent la premiere eſpece Flat broad coal, parce que la veine ne s'éleve, ou ne ſe penche qu'en pente douce.

Ils appellent la ſeconde eſpece Hanging coal, *Charbon pendant.*

Enveloppe des Veines.

Le Charbon conſidéré dans ſon épaiſſeur préſente deux parties ; ſçavoir, le faîte & l'aſſiſe de la veine : le *toît* ou *ſommet*, nommé Pitch, ordinairement Roof of the coal, eſt un roc noirâtre & dur ; il reſſemble beaucoup par ſa couleur au Malm ; mais en-deſſous il eſt d'un gris-rougeâtre, variant dans ſa ſolidité, plus dur en quelques endroits que le malm ; d'autres fois ſi dur, qu'il faut faire jouer la poudre à canon pour le briſer : par-tout où l'on rencontre ce rocher, nommé par les Mineurs Cliff, on eſt ſûr de trouver du Charbon de terre, dont il ſuit l'allure & le pendage, devenant de plus en plus noir à meſure qu'il avoiſine le Charbon de terre. *Voyez* Sect. VII. Art. 3. p. 54. Le détail des mines d'Angleterre fera voir que dans ce pays cette partie du toît qui touche le Charbon, eſt nommée différemment dans pluſieurs cantons. Aſſez communément ſon épaiſſeur eſt de trois pieds.

Dans une mine du Comté de *Cumberland*, éloignée de la Mer de 20 verges, le *Plancher* ou *Sol* eſt nommé the Sile of the coal ; dans quelques mines il s'appelle Bottom, qui veut dire *le Fond* ; dans d'autres ils le nomment Floor, *Fondement. Voyez* Sect. VII. Art. 3. p. 55.

A *Witchaven* (¹) il s'eſt trouvé un accident trop ſingulier pour n'être pas mentionné ici ; la couverture compoſée d'un roc noir, épaiſſe de 6 pouces, enfoncée en terre à la profondeur de 42 braſſes, étoit fendue régulierement en quarrés d'environ ſix pouces de diametre, de maniere qu'elle paroiſſoit compoſée d'autant de pieces rapportées.

Tête des Veines.

L'extremité ou la tête des veines, qui vient ſe montrer au jour avec les

---

(1) Tranſactions Philoſophiques, an. 1763. N°. 429. pag. 109.

couches qui les accompagnent, eſt nommée CROPPING OF THE COAL, ou ſimplement CROP, & dans les Parties Septentrionales BASSETING.

La ſubſtance qu'elles donnent dans cette extrémité eſt bien un vrai Charbon, mais foible & très-friable. *Voyez* Sect. V. VI, & Sect. VIII. Art. 2. C'eſt
peut-être auſſi ce qu'ils nomment quelquefois DAY COAL, *Charbon du jour*,
Charbon de la ſurface.

TRAPS, GAGS, DIKES RIDGES, RUBBLES. *Obſtacles, Troubles pierreux.*

L'ETENDUE que les veines parcourent en longueur (STREACK) leur manege,
(DRIFT) leur pendage (CLIFF) les veines elles-mêmes ſe trouvent différemment altérées & dérangées par les pierres qui les approchent plus ou moins,
qui les reſſerrent & les dégradent de différentes manieres.

Les Ouvriers Anglois déſignent en général ces dérangements ſous le nom
de TRAP, DIKES, qui revient aſſez à l'expreſſion françoiſe *Digue*, pour ſignifier ſans doute l'obſtacle qu'oppoſent à la marche ou à la continuité des veines ces *jettées* pierreuſes formées la plûpart par le FLINS STONE, quelquefois par le WHIN ROCK; & qui ſont d'autres fois de la nature du FREE STONE
ou SAND STONE.

Relativement aux dégradations que ces DIKES produiſent ſur le Charbon
de terre, ils en diſtinguent deux eſpeces qui ſe rapportent avec celles reconnues au pays de Liege.

Sçavoir, 1°. les DIKES qui appartiennent au *toît* ou au *plancher* de la veine,
qui portent ſur ſa *tête*, ou compriment le plancher; ils les nomment TRAPS
GAGS.

2°. Ceux qui appartiennent, pour ainſi dire, au corps de la montagne,
qui ſéparent en entier toutes les bandes dont elle eſt compoſée, & par conſéquent les veines de Charbon qui s'y rencontrent; ceux-là ſont nommés
RUBBLES, RIDGS.

Les GAGS ou TRAPS qui preſſent la veine en en-bas, c'eſt-à-dire, qui la font
enfoncer plus qu'elle n'auroit fait ſi elle n'avoit pas été dérangée de ſa direction naturelle, ſe nomment DOWN GAGS, TRAPS DOWN, DOWN DIKES, c'eſt-
à-dire, *Parois qui font enfoncer*.

Ceux qui élevent la veine plus qu'elle ne ſembloit devoir s'élever, ſe
nomment UPS GAGS, UPS DIKES.

Les *Troubles* qui n'appartiennent point à la couverture des veines, mais
qui ne ſont pas moins contraires & à leur continuité & à l'exploitation, ſont des
roches briſées, accumulées en déſordre, de maniere à former une ſuite plus
ou moins vaſte, plus ou moins volumineuſe, qui coupe & ſépare en profondeur tout le terrein d'une mine.

On le nomme tantôt RIDGES, c'eſt-à-dire, *Chaîne de pierre*, quoique ce mot fignifie auffi *Sommet*, tantôt RUBBLES, RUBBISH, c'eft-à-dire, *Ruines*, *Décombres*, *Débris*, ce qui rend affez bien l'idée qu'on doit fe former de ces troubles qui font abfolument ce que les Houilleurs Liégeois appellent *Failles*, à raifon fans doute de ce qu'elle fait manquer ou faillir la veine, du vieux mot *Faille* qui vouloit dire *Faute*, *Manquement*. *Voyez* Sect. VII. Art. 5.

Il paroîtroit cependant que ces *Rubbles* ne font quelquefois que des brouillages dans un des lits de terres & qui fe trouvent par intervalles dans les mines.

ARTICLE SECOND.

Des Couches de Charbon de terre de Mendip dans le Comté de Sommerfet (').

Près de *Chewmagna* & dans toutes les mines de ces contrées, les veines ont une pente oblique, approchante de celle que l'on a coutume de donner aux toîts des bâtiments, & qui, au rapport des Ouvriers, eft de 22 pouces fur une braffe.

Ce pendage n'eft perpendiculaire ou horifontal, que lorfqu'il eft interrompu par une *Ridg*, chaîne pierreufe, compofée en partie d'argile, en partie de roc, & que l'on pourroit regarder comme l'effet de quelque violente fecouffe, laquelle en féparant & en confondant les veines, a produit des vuides dans lefquels s'eft fait cet *empilement de Roches* (').

Dans les mines de *Stowy*, comme dans celles de *Faringdone*, la veine court vers le Nord-oueft, & le puits eft du côté du Sud-oueft : mais plus on avance vers cette partie, plus la veine s'incline de ce côté, & c'eft tout le contraire lorfqu'on pouffe la fouille du côté du Nord-eft : fi les Ouvriers en avançant les travaux, viennent à rencontrer une *Ridg*, ils remarquent que la veine au-delà fe trouve plus baffe : c'eft au point que la veine coupée par la *Ridge* devient fupérieure, & fe trouve au-deffus de la tête des Ouvriers, lorfqu'ils font au-delà de cette chaîne de pierre ; au contraire quand ils continuent leurs ouvrages au travers de la *Ridg*, en dirigeant la fouille vers le Nord, ils difent que *la veine s'enfonce*, ce qui fignifie qu'ils la trouvent fous leurs pieds (') ; dans les terreins bas ou dans les vallées, la fuperficie eft en général d'un fol rougeâtre ; à environ deux pieds de profondeur, il dégénère en Malm ou Loam ; fouvent il couvre un Roc rougeâtre, *Frée-ftone*, qui a 4, 5, même 12, 14 toifes de profondeur ; alors on rencontre une Roche dure, d'abord grifâtre, enfuite d'une couleur brune ou noirâtre, appellée CLIFF, COAL CLIVES, *Couche en pente & réglée*, comme le charbon : mais dans cette partie on ne rencontre jamais le *Frée-ftone* dans le charbon, comme à *Newcaftle*, comme dans le *Staffordshire* ; la

---

(1) Traduction d'une Lettre de M. Jean Strachey au Docteur Welfted. *Voyez* les Tranfactions Philofophiques, année 1719. N°. 360. Art. 4.

(2) *Voyez* Sect. VII. pag. 61.
(3) *Voyez* Sect. VIII. pag. 65.

confiftance de ces couches varie beaucoup ; il en eft dans quelques endroits qui font un peu plus dures que le Malm ; il s'en trouve d'autres qu'on eft obligé de faire éclater par le fecours de la poudre à canon : elles ne different pas moins entre elles par la couleur qui vers le Top eft rougeâtre ou grife , & devient noire foncée à mefure qu'elle approche du Charbon de terre : quand les Ouvriers apperçoivent cette couleur noire , ils font sûrs de ne pas tarder à rencontrer le Charbon ; il arrive feulement quelquefois que ce premier Charbon n'eft pas encore d'une qualité qui puiffe les dédommager.

A *Bishop Sutton* près de *Stowy*, la premiere veine eft appellée Stinking vein. ou *Veine puante* : le Charbon en eft dur , mais d'une odeur fulphureufe ; il eft bon pour les ufages méchaniques. *Voyez* Section III. p. 17.

Environ à 5 braffes & demie , quelquefois , mais rarement , à 7 braffes de ce premier banc , fe préfente une feconde veine non inflammable , pierreufe , qu'on nomme Cast head , Cath ead , *Tête de chat* (¹) , ayant 2 pieds d'épaiffeur.

A 5 ou 7 braffes à peu-près au-deffous de cette feconde veine , fe trouve le Three coal vein , la *Triple Veine* , ainfi nommée parce qu'on y apperçoit diftinctement trois efpeces : entre la premiere & la feconde couche qui la compofent , fe remarque un lit pierreux d'un ou deux pieds d'épais ; mais la feconde & la troifieme paroiffent appliquées l'une fur l'autre , fans interpofition de matiere quelconque ; en tout il a 3 pieds d'épaiffeur (²).

A 8 ou 10 braffes du Thrée coal fe préfente la veine Peacok ou peaw vein , ainfi nommée des marques en forme d'yeux , diverfifiées de plufieurs couleurs , qui ornent la furface de ce Charbon (³) , dont le fommet Cliff eft entremêlé de coquillages foffiles & d'impreffions de fougeres ; ce qui eft conftamment un indice de cette veine qu'on cherche toujours à environ 15 braffes au Nord-eft de la premiere ; mais ce *Cliff* qui fépare le Peaw vein du Thrée coal , eft fujet à donner de l'eau (⁴).

A la profondeur d'environ 5 ou 6 braffes fous le Peau-vein , on parvient à la veine de *Charbon de Forges* , Smith coal , qui eft dur & de l'épaiffeur d'une verge.

(1) Les Ouvriers ont peut-être voulu exprimer par ce nom la dureté de cette couche , qui n'eft point par-tout de mauvaife qualité.

(2) Cette triple veine, ou veine de trois Charbons , prend peut-être encore fon nom de fon épaiffeur qui eft de trois pieds, comme à Liege une veine de cinq pieds eft appellée *Cinq-pieds*. *Voyez* Sect. VIII. Art. 2. Comme auffi dans la mine qui eft à l'Occident de Dudley , il fe trouve une veine dite *Charbon de pied*.

(3) La defcription de ce Charbon qui eft fouvent nommé dans les mines d'Angleterre , a befoin d'être éclaircie fur deux points. 1°. Cette partie ou la furface du Peaw-vein n'eft que le joint des lits horifontaux. 2°. Pour ce qui eft des marques agréables qui lui ont fait donner fon nom , il

paroît d'après ce qu'on a vû Section IV. Article 1. Section VII. Article 5. page 60. & ce que l'on verra à l'Article des Mines de Stony Eafton , & de celles de Buckingamshire , où il fera queftion de ce Peaw-vein , que ce ne font pas toujours de véritables yeux de plume de paon qui y font repréfentés , mais que ce n'eft quelquefois , & peut-être affez fouvent , qu'une forte teinte jaune , comme dorée & changeante , dont le faux éclat imite les couleurs d'une queue de paon ; il s'en trouve de pareils dans les mines de Charbon de beaucoup de pays , foit dans le voifinage des troubles pierreux , foit ailleurs ; ou il pourroit n'être regardé que comme une variété particuliere du Charbon commun.

(4) *Voyez* Sect. VII. Art. 4. p. 58.

A peu-près

A peu-près à la même profondeur fe trouve la Veine coquilliere , SHELLY VEIN ; & au-deffous une de dix pouces d'épais , laquelle eft d'une qualité fi médiocre, qu'on ne la travaille pas : on croit que cette derniere porte fur une autre veine.

A *Faringdone*, environ à quatre milles des mines de *Suttone*, on trouve les mêmes veines, ou du moins des veines qui conviennent en tout avec celles de ce dernier endroit ; mais comme *Faringdone* eft à 4 milles au Sud-eft de *Suttone*, les veines y font un mille & un tiers plus profondes, & fuivent un cours régulier.

Cependant comme de fait le puits n'a à peu-près que la même profondeur, les veines qui s'enfoncent en un ou en plufieurs endroits, & qui acquierent une profondeur en tout égale à celle qu'on obferve dans les autres mines, donnent lieu de préfumer qu'il y a dans le voifinage un *Trap* (¹) qui occafionne cet enfoncement.

Entre *Faringdone* & *High Littleton*, les mêmes veines paroiffent tenir un cours régulier ; dans ce dernier endroit les plus enfoncées d'entre elles donnent le meilleur Charbon, au lieu qu'à *Faringdone* le Charbon le plus enfoncé eft de moindre qualité (²).

D'un autre côté les mêmes veines fe retrouvent dans la Paroiffe de *Stanton Drew*, à un mille au Nord-eft des mines de *Stonon*, avec cette différence que dans ce dernier endroit elles fe détournent un peu, en fe dirigeant prefque vers le Nord, & rencontrées comme elles y font par une RIDGE elles fe plongent du côté de l'Eft.

La furface de la mine de *Stanton* eft un mélange de *Malm* rougeâtre, mais immédiatement au-deffous, elle dégénere en IRON GRITTE (³), ou en TILE STONE (⁴), d'une couleur grife, qui eft un avant-coureur du *Coal clives* : du refte elles font femblables aux mines de *Stowy*.

Dans la même Paroiffe de *Stanton Drew*, en tirant vers l'Oueft, il y a une autre mine de Charbon en exploitation; mais les veines en font, à tous égards, différentes de la précédente ; leur direction ou leur cours eft au Soleil de cinq heures, (ou dans l'Azimut de cinq heures du matin) comme ils s'expriment; elles tendent au Soleil de cinq heures du foir, c'eft-à-dire, qu'elles courent à peu-près du Nord-eft au Sud-oueft.

Quoiqu'il y ait dans cette mine plufieurs veines, on n'en travaille que trois. La fupérieure épaiffe d'environ trois pieds, produit un Charbon menu, propre à la cuiffon de la chaux, d'où on l'appelle LIME COAL (⁵).

La feconde, placée à environ 3 braffes au-deffous de la premiere, eft épaiffe de deux pieds & demi, & donne un Charbon propre aux feux des cuifines.

---

(1) *Voyez* Art. 1. pag. 98.
(2) *Voyez* Sect. 9. fur la qualité du Charbon relativement à fon enfoncement en terre.
(3) Fer commun.
(4) *Voyez* pag. 96.
(5) *Voyez* Sect. 9e. Art. 5.

La veine la plus inférieure eſt à peu-près à la même profondeur au-deſſous de la précédente, elle n'a que 10 pouces d'épaiſſeur : le Charbon qui en provient eſt dur & bon.

A *Clutton*, à environ deux milles de ces dernieres, & dans la même *Drift*, c'eſt-à-dire, vers le Sud-eſt quart Sud, on retrouve les mêmes veines ; le ſol eſt dans ce quartier d'une couleur rouge, à la profondeur de 10 & quelquefois 14 braſſes : du reſte il ne diffère point de celui des mines de *Stanton Drew*.

A *Burnet*, *Queen-Charlton* & *Briſteton*, on connoît quatre veines qui ſe dirigent preſque vers le Nord, & par conſéquent la *Drift* ſe trouve à peu-près Eſt & Oueſt : le ſol eſt formé d'une terre rouge juſqu'à la profondeur de 4 ou 5 braſſes. A *Briſteton*, la premiere ou la ſupérieure de ces quatre veines a depuis trois juſqu'à ſix pieds d'épaiſſeur ; à *Charlton* & à *Burnet*, elle eſt un peu moins conſidérable. La ſeconde nommée Pot-vein, ſe trouve à ſix braſſes au-deſſous de la premiere ; elle a 18 pouces d'épaiſſeur, & contient un Charbon dur (Hard). La troiſieme qu'ils appellent Trench-vein, ſe trouve à ſept braſſes au-deſſous de la précédente, elle a depuis deux pieds & demi juſqu'à trois pieds d'épaiſſeur, & eſt toute d'un Charbon ſolide. La quatrieme que l'on eſtime ſe trouver à ſept braſſes au-deſſous de la précédente, ſe nomme Rock vein : ce nom lui vient d'une couche de plus de vingt pieds d'épais, qui lui ſert de couverture ; la ſubſtance de cette couverture eſt le Paving stone, appellé auſſi Penant.

La couche de Charbon dite *Rock vein*, n'eſt jamais exploitée par le même puits (Pit), que les veines précédentes, & ce puits a 200 verges plus en tirant vers le Sud, ou comme ils s'expriment, to Land.

Toutes les veines de ces contrées ont le même pendage oblique, couvertes chacune de leur Clive qui ſuit la pente de la veine : elles s'enfoncent ou s'élevent d'environ 22 pouces par braſſe, & ſont accompagnées des mêmes bancs de terre, de marne & de roche ; mais leur Drift, leur épaiſſeur, leur qualité ſont différentes. Comme le Charbon ſe tire en général dans les vallées, on remarque pareillement que les montagnes qui ſe trouvent entre ces mines, obſervent auſſi quelque choſe de régulier par rapport aux différentes couches de terre & de pierre qui les compoſent ; car dans ces montagnes, (celles qui ſe trouvent entre ces différentes mines) toutes les couches de pierres & de marnes ont un cours horiſontal : ce qui forme la cime eſt un tuf mêlé avec une terre jaunâtre ſpongieuſe & avec de l'argille (1), puis des lits de Lyas ou Lime stone.

A 8, 10 pieds de profondeur environ, & 6 pieds au-deſſous du Lyas, à travers des marnes jaunâtres, on trouve dans pluſieurs couches une terre bleue approchante de la marne, qui a environ trois pieds d'épaiſſeur : elle en couvre une autre de couleur blanchâtre & de trois pieds d'épaiſſeur.

_____

(1) Ce Tuf eſt nommé *Stony Arable*.

Le lit qui lui succede est une marne d'un bleu foncé, qui est molle, grasse & savonneuse ; l'épaisseur est de six pieds (1), dont six pouces font une couche de *Marcassites* (2).

Ayant observé les couches (3) de pierres, d'argille, de marne, qui composent les collines situées dans cette partie, où se rencontre aussi une terre jaunâtre, spongieuse, placée au-dessous d'une *Marne noire* (4), j'ai reconnu les mêmes substances au-dessus du sol & de cette couche de terre rouge légere (Mould), que l'on a vu former la superficie des vallées, dans lesquelles se trouve le Charbon ; & comme cette terre rouge superficielle se change en marne, la même vers le Nord-ouest, du même canton & du côté de Winfort, où elle est éloignée des couches de Charbon, devient une *Ocre rouge* dont on se sert principalement pour marquer les moutons, & que l'on emploie aussi à la place de l'ocre d'Espagne, dans la préparation des toiles pour les Peintres ; on s'en sert aussi fréquemment pour sophistiquer le Bol d'Arménie (5).

Mais je ne sçache pas qu'il se trouve du Charbon de terre à l'Ouest ou au Sud des collines de Mendip. Les mines de ce Charbon me paroissent se terminer du côté du Nord-est à *Cotswold*, & aux collines de craie des Dunes de *Marleborough*, dans le *Wiltshire* & aux plaines de *Salisbury*, Capitale de la même Province, du côté de l'Est & du Sud-est, dont la *fig. 2. Pl. XI.* peut être regardée comme une coupe en allant du Sud-est au Nord-est, & comprenant toutes les veines depuis la superficie jusqu'au fond : la *fig. 3. Pl. XI.* comme une coupe faite à angles droits avec la premiere, & dont la direction est du Sud-ouest au Nord-ouest.

La *Figure II.* fait voir une de ces interruptions formée par un Ridge ou Ruble qui arrête la continuité des veines, & qui tantôt les fait élever (Trap up), tantôt les fait abaisser ou enfoncer (Trap down); ces Rubles n'ont pas quelquefois plus d'un pied d'épais ; d'autres fois ils s'étendent à plusieurs milles.

(1) Vraisemblablement c'est le *Cow-shot Marle*. *Voyez* pag. 93.

(2) *Sulfur ferro mineralisatum, formâ crystallisatâ. Marchasita. Crystalli pyritacei. Drusa pyritacea.* Waller.

(3) Description des couches de Charbon de terre, par M. Jean Strachey. *Transactions Philosophiques*, an. 1725. N°. 391. Art. 1. (ce qui suit en est une Traduction).

(4) Espece rare & peu connue ; près de Cellerfeld au Hartz il s'y en rencontre une dont Bruckmann fait mention. *Epistol. Itinerar.* 44.

(5) M. Hill dans ses Notes Physiques & Critiques du *Traité des Pierres* de Théophraste, observe que l'ocre rouge est aussi commun & aussi bon en Angleterre que l'ocre jaune ; qu'ils se trouvent l'un & l'autre tantôt en couches entieres, tantôt dans les fentes perpendiculaires des couches d'un autre genre, qu'il s'y en rencontre d'une couleur admirable & d'une finesse extrême : il fait mention d'un Morceau venant de la forêt de Dean au Comté de Glocester, qui égale presque celui que les Peintres estiment tant, & dont ils font un si grand usage sous le nom de *Rouge Indien, Terra persica, Terre persique*, au point qu'à Londres il se débite sous le même nom, Indian Red, quoique plus pâle, mais d'une contexture plus belle, ce qui se rapporte avec l'ocre de Winfort, & feroit croire que c'est le même.

ARTICLE TROISIEME.

Staffordshire.

Dans les mines de cette Province le deſſus des couches de charbon eſt formé par le Frée stone.

Il s'y rencontre auſſi une autre pierre nommée par les Ouvriers Fire stone, comme s'ils vouloient l'appeller *Pierre de feu* : l'examen du morceau qui m'en a été envoyé, ne peut fournir à l'explication de ce nom ; c'eſt une eſpece de grez qui frappé avec l'acier ne donne des étincelles que dans quelques parties, & qui doit ſa conſiſtance à une très-petite quantité d'argille.

A la vûe il reſſemble à la craw des Liégeois. *Voyez Sect.* 7. Art. 1. Il en diffère par ſa peſanteur qui eſt plus conſidérable, & par ſa conſiſtance qui approche davantage de celle d'une pierre.

Outre les différentes eſpeces de charbon déſignées dans les mines qui vont être décrites, il y en a une eſpece très-dure, que l'on y croit être la Pierre Obſidienne des Anciens (¹).

Dans la Partie Septentrionale de cette Province appellée *Moore Lande*, le charbon eſt dur, luiſant & léger, mais il ſe coupe facilement par pieces ; c'eſt peut-être la même eſpece nommée à Charlton & à Burnet *Trench-vein. Voyez pag.* 102.

Deſcription des différentes Couches de terre, Pierre, Charbon, trouvées dans une Mine de Charbon à l'Occident de Dudley dans le Comté de Stafford. Par M. Feltiplace Bellers *, de la Société Royale* (²).

	EPAISSEUR. pieds. pouces.
I. *Argille* jaunâtre, immédiatement au-deſſous de la terre végétale.	4
II. *Argille* tirant ſur le bleu, ...	5
III. *Argille* tirant auſſi ſur le bleu, mais plus compacte & plus ferme, appellée Clunch par ceux qui travaillent aux mines ; elle eſt pour eux un indice certain du voiſinage du Charbon : on y trouve des empreintes de plantes, Minerals plantes . . .	24
IV. *Argille* de même couleur que la précédente, mais dont les molécules étoient plus tendres & moins ſerrées.	9
V. Un banc de *Pierre griſe* d'un grain fin : elle ſervoit de baſe immédiate à la couche précédente ; cette eſpece ne ſe trouve que dans quelques mines ſeulement.	4

(1) *Voyez* Section III. pag. 17.
(2) *Voyez* les Tranſactions Philoſophiques. an. 1712. N°. 356. Art. xi. Ce morceau a été inféré en François dans le ſecond Volume de la Traduction des *Expériences Phyſiques* de Haukſbée, ſeconde édition augmentée de Remarques par M. Deſmarets : celles que j'y ai ajoutées, quoique de peu de conſéquence, ne m'ont pas ſemblé inutiles.

VI. *Argille*

pieds. pouces.

VI. *Argille* affez femblable à celle du N°. I. excepté qu'elle étoit plus blanche.	.	.	.	.	.	.	.	21

VII. Un banc de *Roc* dur & d'une couleur grife ; on y remarquoit quelques empreintes de végétaux , dont les traits n'étoient pas diftincts.	.	.	.	.	.	.	.	.	75

VIII. Clunch tirant fur le bleu & compact, affez femblable à celle décrite au N°. III. on y trouve auffi des Minerals-Plantes.	.	5

 Cette couche qui eft affez femblable à celle indiquée au Numéro XIII. que l'on verra , n'a pas été prife.	.	.	1

IX. Bench coal , Charbon en banc.	.	.	.	.	1

X. Slipper coal ('), Charbon moins noir & moins luifant que le précédent.	.	.	.	.	.	.	.	3

XI. Spin coal , Charbon plus noir & plus luifant (²).	.	4

XII. Stone coal , Charbon de pierre affez femblable à celui que l'on appelle Cannal coal	.	.	.	.	4

 Ces quatre derniers lits étoient féparés les uns des autres par des Bats de l'épaiffeur d'un écu de fix livres (³) , en tout ,	1

XIII. Subftance noire appellée Dun-Row bat , c'eft-à-dire, *Lit* ou *Suite de Terres dures.*	.	.	.	.	.	1

XIV. Mine de Fer grife , dure , appellée Dun-Row, *Banc gris* ; Iron stone , *Pierre de Fer en grenailles* (⁴)

XV. White-Row , *Banc blanc* , quoique bleuâtre ; Bat bleuâtre , 1
dans laquelle fe trouve l'Iron stone , femblable à celle de la couche qui fuit.	.	.	.	.	.	.	3

XVI. Mine de Fer noirâtre dure , formée en petits grains , (⁵) qui étoient féparés par une fubftance blanche , d'où elle eft appellée par les Mineurs White-Row grains , *Banc blanc grainelé ,* ou Iron stone , *Pierre de Fer.*	.	.	.	1	3

XVII. *Mine de Fer grife* dure , tachée de blanc , appellée Midrow-grains , *Banc grainelé mélangé* (⁶).	.	.	.	2

XVIII. Gublin-bat , Subftance fiffile noire (⁷).	.	.	2

---

(1) « Efpece de Charbon rempli de trous ; il » préfente une maffe fpongieufe , ouverte comme » une pantoufle (V. note 8. p. 107), affez fem- » blable à la mine de Fer percée de trous, nommée » *Mine à tuyau* ».

(2) *Voyez* Sect. III. pag. 17. & 18.

(3) *Voyez* pag. 94.

(4) Argille brouillée ferrugineufe , très-pefan- te , mêlée confufément de lames fpatheufes très-épaiffes, qui font effervefcence avec les acides.

(5) *Minera Ferri nigricans.* Mine de Fer noirâtre *en grains.* « Elle eft compofée de petits grains » femblables à la dragée ou petit plomb ; on peut » les féparer à coups de marteau.... Ces grains » font tantôt grands , tantôt petits ; on l'appelle

» quelquefois pour cela *Grainelée. Waller.* p. 463 »

(6) *Minera Ferri grifea punctulis micans. Mine de Fer* cendrée, remplie de points brillants. Wal- ler. pag. 464.

(7) M. Defmarets foupçonne que c'eft la *Terre bitumineufe feuilletée* , décrite par Waller. Efpece 205. p. 359. Vol. I. *Terra bituminofa fiffilis. Ampelitis* Agricolæ. *Pharmacitis.* Voy. Sect. III. du préfent Ouvrage. « Elle fe divife par couches & par feuil- » lets , comme les Charbons de terre & l'ardoife. » Elle eft dure dans certains endroits , & plus ten- » dre dans d'autres : outre cela , vû la proximité » des couches de mines de Fer qui avoifinent cel- » le dont il eft queftion , elle peut contenir de

CHARBON DE TERRE.   D d

pieds. pouces.

XIX. Gublin-iron stone, Mine de Fer dure, noirâtre, tachetée
de blanc (¹). 9

XX. Bat, fort reſſemblant au N°. XVIII. 1 6

XXI. Cannoc ou Cannoc-iron stone, Mine de Fer dure, griſe. 6

XXII. Bat, un peu plus dur que le N°. XX. . . . 1

XXIII. Ruble-iron stone, *Pierre de Fer* en débris ou en grains;
Mine de Fer gris-foncé & dure. (²). 6

XXIV. Table-bat, ſe trouvant immédiatement au-deſſous du précédent lit. 2

XXV. Foot-coal, Charbon de pied, Charbon groſſier (³). . 1

XXVI. Bat, noire, caſſante & brillante. 6

XXVII. Heathen-coal. 6

XXVIII. Subſtance aſſez ſemblable au Charbon de terre ordinaire,
& que les Mineurs nomment Bat, peut-être à cauſe qu'il ne
brûle pas bien (⁴). 1

XXIX. Bench-coal, Charbon en banc. 2

XXX. Bat, dont la profondeur eſt égale à celle de toutes les couches précédentes, ſçavoir de 188 pieds & demi au-deſſous duquel eſt encore un Bat. 6

pieds. pouces.
Total. . . 180 6

» la *Mine de Fer noirâtre feuilletée*, *Minera Ferri*
» *nigricans lamelloſa.* Cette mine ſe diviſe auſſi par
» feuillets, & elle eſt compoſée de lames très-ai-
» ſées à diſtinguer. *Voyez* Waller. p. 464. Ainſi on
» peut conſidérer cette couche XIX. comme une
» mine de fer, dans laquelle la terre bitumineuſe
» feuilletée eſt abondante, ce qui ſera applica-
» ble aux ſubſtances des Numéros XX. XXII. &
» XXIV. »

(1) *Minera Ferri nigricans, punctulis micans.*
« C'eſt la *Mine de Fer noirâtre & pleine de points*
» *brillants* de Wallerius. Elle eſt, dit cet Auteur,

» remplie intérieurement de pailles & de raies lui-
» ſantes; il s'y trouve des paillettes brillantes qui
» varient pour la fineſſe. *pag.* 463 ».

(2) *Voyez* pag. 99. ce que l'on entend par le
mot Ruble.

(3) L'épaiſſeur de ce Charbon paroît fournir
l'explication du nom qu'il porte. *Voyez* Sect. VIII.
Art. 2. & pag. 94.

(4) Ce que j'ai dit pag. 94. explique la raiſon
pour laquelle les Ouvriers l'appellent ainſi, Bat,
déſignant toujours une couche mince : une brique
ou pièce de Brique, eſt nommée Brick-Bat.

*Etat des Couches qui compoſent la Mine de Charbon de terre de
Wedneyſbury* (¹), *à trois milles de Poſte de Lichfield, communiqué
par M.* Godefroy *de Villetaneuſe, 21. Mars 1765,*

	verges.	pieds.	pouces.
1. Brick-kiln-clay, Terre à brique.		4	
2. Wratch ou Rotten-stone, Pierre pourrie.	2		
3. White-flackey clunch (2), Marne feuilletée & blanche.		6	
4. Thin-coal, Charbon maigre, léger, bon à brûler.		1 ¼	
5. Black-rock, Roc noir.			2 ⅕
6. Black-bat, plus foncé que le N°. III.		6	

(1) On n'uſe pas pour le chauffage d'autre
Charbon que de celui-ci à Birmingham, Walſall,
Willenhall, Wolver Hampton, Bidſton, & autres
endroits.

(2) Elle eſt blanche ſeulement par comparaiſon; elle eſt dans un état plus pierreux, & reſſemble au N°. XIV. mais plus douce au toucher.

		verges.	pieds.	pouces.
	7. SHORT-EARTH, Terre courte ou maigre.			
	BLUC-CLAY, Clay bleue.			
	WHITE-CLAY, Clay blanche.			
	IRON-STONE, Pierre de Fer.			
	8. VEIN, qu'on enleve avec la pique.			2
	9. THE BENCHS, c'est un Bat dur & noir.			5
	10. HARD-BAT, Bat dur.			10
	11. HEATHEN-COAL, bon pour le feu.		1	
	12. TABLE-BAT (1), Bat feuilleté.	$\frac{1}{2}$		
	13. WHITE-CLUNCH, tendre, environ.		6	
	14. FLACKEY-ROCK (2). Pierre feuilletée, environ	1 $\frac{1}{2}$		
	15. WHITE-CUTTING ROCK, se taillant aisément (3), environ.	2		
	16. FIRE-STONE.	2		
	17. BIND feuilletée (4).	$\frac{1}{2}$		
	18. WHET-STONE, Pierre à aiguiser, environ.			2 $\frac{1}{2}$
	19. CLUNCH (5), mêlée de BIND.	7		
	20. GREY-ROCK, Roc gris., environ.	1		
	21. CLUNCH.		8	
	22. GUBBING, Marne douce (6).			2 $\frac{1}{2}$
	23. TOUGH-PEAL.			6
	24. SHEEP-SKIN, environ.		2	
	25. BLACK-BAT, Bat noir.	1		
	26. CHANCE-COAL, premier Charbon.		2 $\frac{1}{2}$	
	27. CLUNCH.		2 $\frac{1}{2}$	
	28. MAIN-COAL, Masse principale de Charbon, composée des lits qui suivent :		30	
I.	28. Premier plancher nommé BRIGHT-PEAL (7).	$\frac{1}{2}$		
II.	29. ROUGH-FLOOR.	$\frac{1}{4}$		
III.	30. TOPP-SLIPPER (8) PARTING.			1
IV.	31. TOPP-SLIPPER.		2 $\frac{1}{2}$	
V.	32. GEY-CLAY PARTING, environ.			$\frac{1}{2}$
VI.	33. GEYS-COAL GEAIS (9), Charbon.	$\frac{3}{4}$		
VII.	34. THE-LAMB.	$\frac{1}{2}$		
VIII.	35. THE KITTS.	$\frac{1}{2}$		
IX.	36. THE BENCHS.		2	
X.	37. THE CORNS ou BRAZILS.		1	
XI.	38. BOTTOM-SLIPPER COAL, Semelle du fond.	$\frac{1}{4}$		
XII.	39. BOTTOM-COAL, BAT-COAL, demi-verge, sçavoir le Rubbisch.			
XIII.	40. SLIPS-COAL. Charbon mêlé, brouillé.	$\frac{3}{4}$		
XIV.	41. STONE-COAL PARTING.			2
XV.	42. STONE-COAL, Charbon de pierre.		4	
XVI.	43. SPRINGS-COAL.		2	
XVII.	44. SLIPPER-STONE.		1	
XVIII.	45. SLIPPERS.	$\frac{1}{4}$		
XIX.	46. HUMPHRYS-BLACK BAT.			4
XX.	47. THE HUMPHRYS.	$\frac{1}{4}$		

Cette mine en couvre une autre par même gradation, commençant par l'Iron-stone, ensuite une Terre légere, puis un bon Charbon de trois-quarts de verge.

(1) Noire, luisante & crevassée, elle va en pente, donne de l'eau qui porte sur la couche suivante, N°. XIII.

(2) Les acides n'y produisent aucune effervescence, il ne fait point feu avec le briquet. C'est une argille très-solide qui hape légérement à la langue, & qui est semée de mica ; à l'oeil elle est très-semblable au *Grez* des Liégeois. *Voyez* Sect. VII. Art. 2.

(3) Espece de *Ridge* posée perpendiculairement.

(4) *Voyez* Art. 1. de cette Sect. pag. 96.

(5) Ce Clunch est plus doux que le N°. XIII.

(6) Le morceau que j'ai de cette matiere, ressemble fort à l'Agai ou Agaz des Liégeois, c'est une argille pierreuse & très-pesante, mais qui n'est pas feuilletée.

(7) Appellé *Charbon de* 10 *verges*.

(8) En prenant dans la signification littérale ce mot *Slipper*, qui donne d'abord un sens singulier & qui n'en donne aucun, il est vraisemblable que ce N°. 30. & les autres appellés de même, sont réputés la semelle, une couche ou un charbon qui sert d'assise nommée à Liege *Sol*, par les Allemands *Sholl*.

(9) *Lapis Gagates*. Charlet. A. *Jet*. *Voyez* Section III. p. 16.

ARTICLE QUATRIEME.

Buckingham-Shire.

A fix milles au Nord de *Stony Eaton*, il y a fix différentes mines de Charbon, dont quelques-unes renferment des particularités remarquables qui font inférées à la fuite d'Obfervations faites dans les mines de Charbon du Comté de *Sommerfet* (¹): voici en quoi elles confiftent.

La couche qui fe rencontre ordinairement fur le Charbon, (dont j'ai donné à part une connoiffance fuffifante, *page 97.*) eft *jonchée* d'une infinité d'empreintes de plantes de plufieurs efpeces (²).

Au-deffus de ce CLIFF eft placée communément une autre couche, femée dans toute fon étendue de MARCASSITES ARBORESCENTES (³); les Marchands l'appellent THORNY-CLIFT,) ce qui pourroit fe traduire en François par *Pierre herborifée*, ou mot à mot, *Roche repréfentant des buiffons.*

On trouve dans ce quartier des veines plus *fulphureufes* les unes que les autres ; on y en trouve une où ce minéral eft répandu en fi grande quantité dans fes joints, qu'elle en eft comme toute dorée ; les Marchands lui donnent, à caufe de fon brillant, le nom de *Veine à queue de paon* (⁴).

Enfin dans une de ces mines on a trouvé jufqu'à deux ou trois cents pefant d'une excellente mine de plomb, en Anglois LOAD (⁵), formé fur une veine ; & la fubftance de ce Charbon étoit femblablement teinte de jaune par le foufre, ce qui a été regardé comme une fingularité qu'on n'avoit pas encore obfervée dans ces mines (⁶).

Lancashire.

CETTE Province maritime d'Angleterre, le long de la Mer d'Irlande, abonde en mines de Charbon ; il y en a plufieurs dans les environs de Wigan ; la fuperficie eft d'une terre communément blanchâtre, couchée fur une pierre feuilletée, qui couvre un Roc dur fous lequel fe rencontre une pierre métallique (⁷), très-compacte & d'un bleu foncé (⁸).

---

(1) Obfervation faite dans les mines de Charbon du Comté de Sommerfet par M. Jean de Beaumont. Hoock Collection. N°. 1. Art. 2. p. 61. & dans l'Extrait de Lowthorp. Vol. II. p. 458.

(2) L'Obfervateur donne à cette couche le nom de BRANCHED CLIFT, qui littéralement fignifie *Caillou chargé de deffeins en ramage*, comme on a vû que les Houilleurs de Charleroy le nomment *Caillou fleuri. Voyez* Sect. 12. Art. 4.

(3) Cette expreffion Angloife que nous avons conlervée, me paroit fignifier que cette couche eft pyriteufe & femée d'impreffions de plantes.

(4) *Voyez* fur les Charbons colorés Sect. IV. Art. 1. à la pag. 100. Sect. VII. Article 5. & ce qui en a été dit au fujet de celui qui fe trouve dans la mine de Bishop Sutton.

(5) *Plumbum.* G. *Blen.* B. *Lood.* Sued. *Bly.*

(6) Les Anglois plus réfervés que les Liégeois quand il s'agit de défigner par des noms la qualité fulphureufe, graffe ou maigre du Charbon, en ont un qui pourroit être le même que celui dont il eft queftion : je le placerai ici afin que les Curieux aient fur cela tout ce qu'il eft poffible de raffembler, c'eft le FAT COAL, ou Charbon gras, nom qu'ils donnent au Charbon fujet à prendre feu dans la mine ; vraifemblablement par la quantité de pétrole qu'il contient : ils ne font cependant pas ufage de ce Charbon. *Voyez* ce qui a été dit, Sect. IV. Art. 2. fur le foufre du Charbon de terre.

(7) On n'a pu s'affûrer fi elle eft bien caractérifée, ou fi c'eft uniquement d'après fa couleur qu'elle eft appellée *Métallique.*

(8) La partie du toît qui approche la veine, eft nommée dans cette Province BLACK BAIT.

Vient

Vient enfuite une nouvelle couche de pierre bleue compacte, quoique tendre.

Par intervalles on trouve fous cette pierre une maffe que les Ouvriers ap-pellent DEVILS PAPE, en François *Teton du Diable*. C'eft une *Pyrite cuivreufe en filons*, qui differe des *Pyrites en roignons*, en ce qu'elle décrépite au feu, & qu'elle a befoin d'un fondant pour donner fon métal. Outre ce que je viens d'en dire pour la ranger dans la claffe à laquelle elle appartient ; j'ai obfervé que cette fubftance étoit fufceptible de recevoir des empreintes à fa fuperficie. Un des morceaux qui m'ont été procurés par M. Godefroy de Villetaneufe, laiffe appercevoir dans plufieurs de fes furfaces qui font très-liffes & très-po-lies, une couche très-mince, marquée diftinctement de bandes ftriées.

C'eft principalement dans les mines de cette province & dans celle du Cheshire que fe trouve le plus beau Charbon de l'efpece appellée *Kannel-coal*, dont il a été parlé Sect. I. & qui fe rencontre auffi parmi d'autres Charbons dans quelques cantons de l'Angleterre. Il eft affez remarquable par fa nature, par fa différence d'avec les efpeces ou les variétés nombreufes que l'on connoît maintenant, pour ne pas profiter de l'occafion de s'y arrêter en particulier.

Il s'en trouve proche Haigh, une mine dans laquelle les Ouvriers donnent le nom de BLACK-BAFT à une *Pierre d'ardoife noire*, que Woodward obferve être le *Schiftus terreftris, niger, carbonarius*, ou une variété qui ne differe qu'en ce qu'elle eft plus dure & moins feuilletée [1]. *Voyez* Sect. XI. Art. 1. p. 95.

La mine dont je vais donner l'état, qui m'a été communiqué par M. Go-defroy de Villetaneufe, eft à un mille de Wigan ; elle a 76 verges de pro-fondeur.

Mine de CANNEL *ou* CANOLE-COAL.[2]

DE la fuperficie au roc, fon épaiffeur eft depuis 3 jufqu'à 8 verges.

Le roc a 2 pieds d'épais ; il eft couché fur la pierre métallique bleue foncée, qui a 46 verges d'épaiffeur.

Deffous fe préfente un COMMON-COAL, dont la veine a 5 pieds d'épaiffeur.

A 30 verges au-deffous eft placé le Cannel-coal, dont l'épaiffeur eft d'une verge & deux pouces.

Ce Charbon appellé par M. Hill *Ampelites* [3], « eft un foffile dur, fec, opa-» que, inflammable, qui fe trouve par veines continues & étendues, d'une » ftructure fine & liffe, qui fe caffe facilement en tous fens, qui eft fort lé-» gere, très-dure, non fufible, mais très-inflammable, & qui donne en brû-» lant une flamme blanche, vive & éclatante.

---

(1) Woodward, Cat. b. a. 108.
(2) Qu'on ne s'étonne pas de voir ce mot écrit de plufieurs manieres ; les Ouvrages Anglois que j'ai confultés, paroiffent avoir prefque chacun une façon de l'ortographer.

(3) A general Hiftory or new and accurate Def-criptions of the animals, vegetables, and mine-rales, of the differents parts of the world; by John. Hill. Lond. 1748. *in-fol.* Art. des *Foffiles fimples inflammables*, premiere Suite.

» Il a déja été obfervé que plufieurs Auteurs ont jufqu'ici confondu le Jay
» avec la fubftance ci-deffus : cependant la dureté de celle-ci qui eft plus
» confidérable , & la circonftance de former des lits continus , n'y eût-il en-
» tre elle & le Jay d'autre différence , fuffiroient pour les faire diftinguer , le
» dernier caractere étant fi effentiel au foffile dont il s'agit ici , qu'il faut faire
» de lui & du Jay deux ordres différents de foffiles.

» L'*Ampelites*, quoique de beaucoup inférieur au Jay , à plufieurs égards , eft
» cependant un très-beau foffile : c'eft un corps d'une fubftance très-dure ,
» compacte , d'une contexture ferrée , unie & réguliere , & cependant mal-
» gré fa dureté il eft finguliérement léger. Sa furface eft affez douce & unie ,
» quoiqu'il le foit moins au toucher que le Jay. Il fe trouve par couches ou
» lits , qui ont fouvent douze pieds d'épaiffeur & plus ; & qui font fujets à
» être coupés ou interrompus par des cavités , les unes perpendiculaires , les
» autres horifontales , aux parois des plus grandes defquelles on trouve fou-
» vent du Spar cryftallifé , & dont les plus petites fe trouvent remplies de
» fubftances de même nature , qui forment alors des veines blanches d'une
» affez belle apparence. Cette fubftance eft fort dure , fe caffe également
» en tous fens , & les caffures en font affez liffes , & ont quelque chofe de bril-
» lant lorfqu'elles font nouvellement faites. Elle eft d'un fort beau noir ; mais
» ce noir n'eft ni auffi foncé , ni auffi luifant que dans le Jay , & quelque mince
» qu'elle foit , elle n'a aucune tranfparence.

» Elle ne fermente pas avec l'eau-forte.

» Vûe au microfcope , elle paroît d'un tiffu uniforme & régulier , & fi on
» l'examine avec plus de foin , on la trouve formée d'une infinité de petites
» lames fortement adhérentes les unes aux autres , & parfemées d'un grand
» nombre de petites taches d'un plus beau noir & plus luifantes que tout le refte,
» qui font vifiblement formées par une matiere bitumineufe plus pure en ces
» endroits que dans le refte de la maffe. Ces taches font répandues par-tout
» uniformément.

» On trouve l'*Ampelites* dans plufieurs cantons de l'Angleterre ; mais le plus
» beau nous vient de *Lancashire* & de *Cheshire*. Pour l'ordinaire il eft fitué à
» une grande profondeur. Il donne un feu très-vif , s'enflamme violemment
» pendant un court efpace de temps , forme enfuite un feu rouge & ardent qui
» dure long-temps , & fe réduit enfin en une cendre grife qui eft en petite
» quantité , la plus grande partie de cette fubftance s'étant diffipée pendant
» la déflagration. Outre cet ufage , l'*Ampelites* eft fufceptible d'un très-beau
» poli ; & dans les pays où on le trouve , on le travaille au Tour , & on en fait
» une infinité de Bijoux , des Tabatieres , & autres chofes femblables , qui fe
» prêtent à toute la délicateffe du Tour , & font extrémement brillantes lorf-
» qu'elles ont reçu la derniere main ».

NORTHUMBERLAND.

DE tous les endroits de la Grande-Bretagne qui renferment du Charbon de terre, les environs de Newcaſtle ſont ceux qui en fourniſſent le plus communément pour les feux de Londres & ceux de la plus grande partie du Royaume; il s'y en débite par années 600000 chaldrons (¹), & il en part tous les ans deux mille vaiſſeaux qui ſe chargent à Scheals : cette Ville doit autant ſon accroiſſement à ſon port, qu'au grand trafic qui s'y fait du Charbon de terre. Une deſcription circonſtanciée du Charbon de Newcaſtle, dont j'ai parlé, Sect. I. pag. 3. ne ſera point déplacée ici : la voici telle que la donne M. Hill dans ſon *Hiſtoire Naturelle*.

NEWCASTLE COAL, Charbon de Newcaſtle. *Lithantrax lucida, friabilis*. III.

» CE Charbon friable & luiſant, d'une texture douce & égale, eſt plus
» léger que toutes les autres eſpeces, & tient un milieu entre le Kannel-coal
» & l'*Ampelites*.

» Sa ſurface eſt irréguliere & inégale ; il nous arrive ordinairement en maſſes
» larges & épaiſſes, qui ne ſont pas abſolument applaties, & qui ont diffé-
» rentes formes.

» Dans la mine, il eſt diſpoſé par grandes couches, diſpoſé irréguliérement
» par lames : il ſe détache de la mine en pieces qui affectent naturellement
» une configuration large & platte, plutôt qu'aucune autre, mais qu'elles ne
» conſervent pas long-temps, parce qu'elles ſont ſi fragiles qu'elles ſe ſépa-
» rent tranſverſalement : ſa ſurface eſt douce, polie, très-brillante, d'une
» couleur noire, foncée & éclatante ; ſous les doigts, il eſt moins rude qu'au-
» cun autre, il ſe rompt avec une aiſance aſſez grande.

» Il ne fait point d'efferveſcence avec l'eau-forte ; examiné au microſcope
» il paroît irréguliérement feuilleté, d'un tiſſu ſerré & d'un très-grand bril-
» lant : il s'enflamme très-aiſément, mais ne s'en réduit point pour cela plus
» promptement en cendres.

» On tire ce Charbon de pluſieurs endroits, & différent en qualité ; le
» meilleur eſt connu parmi les Marchands ſous le nom de FANFIELD MOOR ;
» parce qu'on le tire des marais de Fanfield ; celui-là eſt ſec, léger & d'une
» belle couleur argentine ».

La ſeconde eſpece de la meilleure qualité eſt le Charbon de *Heam*, appellé de même *Charbon de Newcaſtle*, qui ſe coagule au feu comme le Fanfield.

Ils en ont un dans cette Province nommé CROW COAL, qui ſe trouve auſſi dans le Cumberland.

(1) Contenant 36 boiſſeaux.

Le deſſus de la veine nommé Pon-top, eſt encore une bonne eſpece, de même que le deſſous appellé Top ; qui l'un & l'autre ſont l'écaille ſupérieure & l'écaille inférieure du Charbon, Charbon du toît. *V.* pag. 4. & p. 70.

Le Clift nommé dans les mines de Birmingham Branched clift, marqué de *Phytotypolithes*, de tiges ou de feuilles de plantes, & qui eſt un indice de Charbon, eſt nommé dans cette Province Plate, ainſi qu'à Durham.

D'après les remarques de M. Jean Strachey, inférées dans les *Tranſactions Philoſophiques*, an. 1725. Nº. 391. art. 12. p. 396. les mines ſituées à Widrington près Berwick qui confine à l'Ecoſſe, ſont compoſées d'un lit d'argille de quatre verges d'épais, qui peuvent être évaluées à douze pieds.

Au-deſſous vient un lit de Charbon d'environ ſix pouces, qui ne mérite aucune attention.

Suit un lit de Pierre-de-taille.

Puis une couche de pierre dure, plus dure que le grez, appellée Whin. *Voyez* Art. 1. de cette Sect. page 94.

Au-deſſous eſt un lit de terre-glaiſe de deux braſſes d'épaiſſeur.

Plus bas, une pierre blanche tendre.

Après laquelle ſe préſente la veine de Charbon qui a 3 pieds 9 pouces d'épais.

Les veines de ce quartier courent vers le Sud-eſt, & leur inclinaiſon eſt d'une verge ſur 20.

Le Charbon en eſt menu (Small), & de la même nature que celui de Newcaſtle, que l'on tranſporte à Londres ; mais il lui eſt inférieur en qualité.

PAYS DE GALLES.

Walles coal, Charbon de Galles. *Lithanthrax lucida, durior.*
II. Hill. page 417.

La province de Galles eſt remarquable en ce que « le Charbon dur, lui-
» ſant qui ſe vend quelquefois à Londres ſous le nom de *Charbon d'Ecoſſe*, &
» que l'on eſtime beaucoup, parce que c'eſt celui qui donne le moins de fu-
» mée, vient de la province de Galles ; auſſi, quoiqu'il s'en trouve de ſem-
» blable dans d'autres parties de l'Angleterre, il eſt connu dans quelques-
» unes ſous le nom de *Charbon de Galles*.

» Il eſt ferme, compact, d'un tiſſu ſerré, uni & régulier ; il eſt très-peſant :
» ſa ſurface eſt au toucher aſſez liſſe & polie.

» On l'apporte d'ordinaire à Londres en morceaux plats, irréguliers & peu
» volumineux.

» Dans la mine, il eſt diſpoſé par couches très-larges & très-épaiſſes ; ſa tex-
» ture écailleuſe fait qu'en le frappant, ou en le caſſant, il ſe diviſe naturel-
» lement en feuillets.

» C'eſt

» C'eſt l'eſpece la plus dure de tous les Charbons , ſans néanmoins l'être
» autant que l'*Ampelite.*

» Quoique les feuillets qui compoſent ſa maſſe ne ſoient pas réguliére-
» ment aſſemblés dans une direction horiſontale , il ſe ſépare plus aiſément
» dans cette direction que dans aucune autre : lorſqu'il eſt nouvellement briſé ,
» il eſt d'un luiſant très-éclatant & d'un très-beau noir foncé.

» Il ne fait pas efferveſcence avec l'eau-forte : examiné au microſcope , ſon
» tiſſu feuilleté paroît ſi nud qu'il en eſt remarquable , étant un compoſé de
» nombreuſes molécules fortement jointes enſemble , dont chacune compa-
» rativement eſt beaucoup plus mince & beaucoup plus fine : le microſcope y
» fait cependant diſtinguer quelques parties de ces molécules très-minces, qui
» ſont infiniment plus pures , plus noires, plus luiſantes que le reſte de la maſſe.

» Il s'enflamme promptement au feu , donne une flamme vive, éclatante ,
» ne ſe conſume pas ſi vîte que le Charbon d'Ecoſſe, & preſque ſans fumée ;
» il ne brûle pas tout à la fois, de maniere à ſe réduire en cendre , mais il ſe
» réduit en ſcorie.

» Ce Charbon eſt ſi bien connu pour ne pas donner de fumée , que dans
» quelques parties d'Angleterre , & en général dans le pays de Galles , on
» l'emploie ſans le brûler au préalable , pour préparer le *Malt* (¹) ».

ARTICLE CINQUIEME.

ECOSSE.

L'Angleterre n'eſt ſéparée de l'Ecoſſe que par les montagnes de Cheviot,
& ce royaume a environ 55 lieues de long ſur 20 de large , il va de pair avec
la Partie Méridionale d'Angleterre , pour le Charbon de terre.

Les troubles pierreux , connus ailleurs, ſous le nom de DICKES , y ſont
appellés GAGS.

Près d'Edimbourg on voit la mine de Darkeith.

Dans le Comté de Lenox , une autre près de Dunbarton ou Dumbritton,
aux environs de la riviere de Clyde.

Dans le territoire de la province de Fife.

Dans la Partie Orientale de la Province de Sterlin.

Dans le Sutherland , le territoire de Dornoch, ſa Capitale, & la campagne
de Brora, à l'Occident de ce Chef-lieu, ſont remplies de mines de Charbon,
dont on ſe ſert principalement pour cuire le ſel.

Dans la Province appellée *Liddesdale.*

La plus grande partie du Charbon qu'on exporte d'Ecoſſe ſe tire d'auprès *Limington*, ce qui fait que dans beaucoup d'endroits on le nomme LIMINGTON COAL.

(1) Nom donné au grain germé avec lequel on braſſe les différentes bierres.

C'eft celui dont on fait communément ufage à Londres & dans d'autres provinces d'Angleterre , quoique ce nom foit donné à d'autres efpeces. *Voyez* l'examen chimique de ce Charbon Sect. IV. Art. 5. pag. 27.

SCOTH COAL , Charbon d'Ecoffe. *Lithanthrax durior , fordidè nigrefcens.* Hill. I. p. 417.

» Celui-ci d'un noir foncé eft dur & compact, d'un tiffu modérément ferré ;
» il eft affez lourd, naturellement groffier , rude & poudreux à fa furface ; fes
» morceaux forment ordinairement des maffes plattes, quoiqu'il foit difpofé
» dans la terre par couches étendues & continues : mais fa texture étant feuil-
» letée , il fe rompt en maffes feuilletées , quand on le détache de la mine , &
» fe caffe plutôt horifontalement que dans tout autre fens, ne le faifant ce-
» pendant jamais d'une façon unie & réguliere. Au toucher il eft rude , fa cou-
» leur eft d'un noir foncé ; mais il n'eft point par-tout entiérement luifant, &
» lorfqu'il eft caffé, il a moins de luftre que toute autre efpece de Charbon.

» Le Charbon d'Ecoffe ne fait aucune effervefcence avec les acides : fi on
» l'examine au microfcope, il paroît irréguliérement feuilleté, brillant , &
» d'une texture compacte, affez ferrée ; il eft finguliérement luifant ; il prend
» feu aifément , & brûle vivement , donnant une flamme blanche éclatante ;
» il fe réduit promptement en cendres , & non en fcories, comme fait le
» Charbon commun ; propriété qu'il tient de ce qu'il a plus de bitume pur,
» & de ce qu'il s'enflamme uniformément dans toutes fes parties, différent en
» cela du Common-coal dont les maffes s'éteignent avant d'être à moitié con-
» fumées , tandis que celles du Charbon d'Ecoffe ne s'éteignent pas qu'elles
» ne foient entiérement détruites ».

Defcription des différentes Couches que l'on rencontre dans les Mines de Charbon de terre qui fe trouvent en Ecoffe ; par M. Jean Strachey [1].

EN Haddington-shire près de Tranent, dans l'Eft Lothiane , la veine de Charbon fe porte, comme celles de Widrington dont on a parlé (P. 112), vers le Sud-eft avec la même déclinaifon, mais à Baldoe, Paroiffe de Campfy, à trois milles de Kilfyth , elle va vers le Nord-eft ; ainfi qu'à Madeftone près de Falkirk , Bourg de la Province de Sterling , à dix lieues d'Edimbourg, & la proportion en eft la même , les couches de terres & de minéraux font à peu-près les mêmes dans ces quartiers.

Elles ont felon l'élévation & l'abbaiffement du terrein, une , deux ou trois braffes d'argile.

On trouve enfuite onze braffes d'Ardoife ou de COAL CLIVES.

Une braffe de PIERRE A CHAUX.

(1) Tranfactions Philofophiques. Année 1725. N°. 391. Art. 1. Suite des Mémoires de Sommershire

Au-deſſous de cette couche, deux braſſes d'ardoiſe, de terre & de pierre. Enfin, la couche de Charbon (').

Toutes ces mines ont cela de commun, que les galleries en général n'ont pas beſoin d'être étayées, & ont toutes des fondements ſolides, ſupportés par des piliers de Charbon qu'on a ſoin d'y laiſſer.

A Baldoe, le lit de Charbon a communément 45 pouces d'épaiſſeur, & en ſe portant de-là vers l'Eſt; on y trouve dans l'étendue de quelques milles, en tirant vers l'Eſt, ſur le penchant des collines, l'extrémité ou la tête de la veine appellées Crop, mêlée avec de la pierre à chaux : ceux à qui ces mines appartiennent, tirent de ces Crops ſitués au-deſſous de la premiere couche de terre, ce qu'il leur en faut pour leur uſage ſeulement, parce que la matiere ne dédommageroit pas de la dépenſe, & que d'ailleurs il n'y a aux environs aucun débouché pour le commerce.

Du côté du Nord-oueſt & du Nord, on rencontre vers le penchant des collines, des veines de Spar (²) & de Plomb, dont la direction eſt vers le Nord-eſt, & la ſituation perpendiculaire au lit de Charbon qui ſe trouve dans les terreins les plus élevés, & qui ſont par conſéquent au-deſſus de ce lit, mais dont l'obliquité, lorſqu'il s'en trouve, tire vers le Sud-eſt.

A Auchenclaugh, à ſix milles à l'Eſt de Kilſyth, il y a une mine de Charbon qui a 18 pieds d'épaiſſeur; elle a un pied d'inclinaiſon ſur trois, & eſt traverſée par des ſources qui s'oppoſent à l'exploitation (³) : d'ailleurs, comme il n'y a dans les environs aucun Marché, on ne trouveroit pas à ſe dédommager des frais.

A Madeſtone, le lit de Charbon eſt épais de quatre pieds & demi, & eſt à plus de trois verges & demie de profondeur; on le fait tranſporter hors de la mine ſur le dos de jeunes filles, comme il ſe pratique en pluſieurs autres endroits.

Auprès de Tranent on travaille trois différentes veines.

La plus profonde eſt à environ 18 verges au-deſſous de la ſuperficie de la terre, & la couche de Charbon a quatre pieds & demi d'épaiſſeur.

Le Charbon qu'on en tire, appellé Splenty coal, eſt dur, petit, donne un feu clair & vif, & ſe trouve à dix verges au-deſſous de la principale veine, qui eſt de neuf ou dix pieds d'épais, & dont le Charbon eſt fort gros : le ſol en eſt de Frée stone, *Pierre de taille.*

Je n'ai point eu d'occaſion de faire aucune obſervation ſur la couche ſupérieure, ſinon qu'elle a environ quatre pieds d'épais, & que le Charbon n'en eſt ni ſi dur, ni auſſi gros que le précédent.

---

(1) Preſque toutes les Mines d'Ecoſſe ont leurs veines dans le pendage qui fait nommer le Charbon Hanging coal, ou de la troiſieme eſpece. *Voyez* Sect. XI. Art. 1. pag. 97.

(2) *Spath. Spar. Spathum. Marmor metallicum.*

Glarea Brukmanni. Selenites.

(3) Seroit-ce la même raiſon qui donneroit à un Charbon de la mine de Wedreſbury, Comté de Staffort, le nom de Springs coal, comme ſi l'on diſoit *baigné par les eaux ? Voyez* page 107. N°. 43.

IRLANDE.

L'IRLANDE ne manque pas non plus de Charbon de terre.

Outre cinq ou six endroits remarquables à cet égard, la seule mine du Village nommé *Idof*, Province de Leinster, (au Comté de Caterlagh) qui est la premiere qu'on ait découverte en Irlande, est si abondante qu'elle fournit toute la Province.

Le Charbon de Maréchal s'y trouve répandu en grande quantité à la surface.

Les Charbons de la mine d'Idof sont très-pesants, produisent au feu le même effet que le charbon de bois, en jettant une petite flamme, & rendant néanmoins une grande chaleur, mais ont de plus l'avantage de rester en cet état sept ou huit heures de temps.

SECTION DOUZIEME.

ALLEMAGNE.

DIFFÉRENTS Cantons de l'Allemagne abondent en mines de Charbon de terre. Il s'en trouve un précis très-curieux dans la Préface du troisieme volume de Lehmann.

La Haute Saxe, aux environs de Marienbourg, province de Misnie.

Le Duché de Magdebourg, territoire de Halle, territoire de Dresde, de Pyrna, de Zwickaw, de Freyberg, de Wetin.

La Thuringe, à Mansfeld, à Quedlimbourg.

La Principauté d'Anhalt, à Bernbourg.

Le Cercle du Haut Rhin, à Ay près Cassel, où le premier lit de terre situé immédiatement sur la veine de charbon, est tout semblable à la kraw des Liégeois.

En Basse Saxe, dans le Duché de Magdebourg, dans celui de Brunswick, dans le voisinage des eaux minérales de Helmstad.

Dans le Duché de Meckelbourg, à Plaven.

En Bohême, aux environs de Tœplitz, presque dans le même quartier où on trouve l'étain minéralisé dans le spath ([1]), qui est très-rare. A Hansdorf, Comté de Glatz.

La Silésie, à Gablau, à Rothenbach & à Gottsberg, au Duché de Schweidnitz, où il se trouve une variété du *Schistus terrestris*, *niger*, *carbonarius*, mentionnée par Woskman ([2]), à Reichenstein, où il y a une mine d'or ([3]), à deux lieues de Glatz.

La Franconie, où il est à remarquer que du côté qui est vers Nuremberg & Altdorf, parmi des couches horisontales de charbon & de pierre à chaux,

---

(1) *Lapides spathacei, stanniferi.* Waller. p. 550.   (2) *Silesia subterranea.*
Tom. I.   (3) *Aurum.* A. Gold. B. Gond.

il se

il fe trouve du Marbre qui eft un amas de Cames (¹), de Tellines (²), de Bois pétrifiés (³), de Cornes d'Ammon (⁴), d'Etoiles (⁵), de Bélemnites (⁶).

Haut Palatinat, autrement nommé *Palatinat de Baviere*, à cent pas de la fource des eaux minérales de Sultzbach.

Bas Palatinat, appellé auffi *Palatinat du Rhin*, à Bazharach, Comté de Spanheim, & à Trimerftein, dans le Tonnerfberg, c'eft-à-dire, *Montagne du Tonnerre*.

A Kirn, chef-lieu d'un Comté du même nom, diftant de Creutznach de fix lieues, & où le charbon eft pyriteux.

Comme les defcriptions que je vais donner d'après M. Lehmann (⁷), de quelques mines de Charbon de terre d'Allemagne, fe bornent à indiquer, lits par lits, les couches minérales dont elles font compofées, il fera à propos, afin d'aider la comparaifon que l'on peut établir entre ces mines & celles qui ont été décrites, de tracer d'abord une géographie fouterreine des mines de Charbon d'Allemagne fur le même plan que j'ai fuivi pour celles de Liege & d'Angleterre.

NOTICE raifonnée des principales Subftances minérales les plus ordinaires dans les Mines de Charbon d'Allemagne, indiquées par les noms généralement en ufage parmi les Mineurs.

THON-ERDEN. Terres argilleufes.
THON. LEIMEN. ZIEGEL ERDE. *Terra lateritia*. Glaife.
DÜNG-ERDE. MERGEL. *Marga*. Marne.
LETTEN. LEIME. THON. Argilles & Terres durcies.

LES Terres argilleufes qui fe trouvent profondément en terre, ou qui fon mêlées avec les minéraux, font appellées par les Allemands d'un terme générique LETTEN, qui fignifie plus particuliérement *Argille*.

Il en eft une de texture feuilletée, d'un noir luifant & femé de pyrites, (FEUER STEIN), à laquelle ils donnent le nom de LOCHEN.

Quand l'argille accompagne les filons, (ce qui eft le plus ordinaire) elle eft appellée BESTEG, *Enveloppe* : la plûpart des Mineurs la regardent alors comme indice de la qualité de la mine, vraifemblablement parce qu'elle eft colorée.

Ces Terres, Glaifes, Marnes, Argilles, peuvent être confidérées dans les différences qu'elles préfentent, quant à leur pureté, & quant à leur confiftance.

---

(1) *Chamiten.*
(2) *Tellmufcheln. Tellinites.*
(3) *Holtzverfteinter.*
(4) *Verfteinte Ammons-horner.*

(5) *Stern Solen. Afterien.*
(6) H. *Albfchos.* G. *Luchftein. Pierre de lumiere.*
(7) Œuvres Métalliques de M. Jean Gotlob Lehmann, publiées en trois volumes.

En même temps qu'elles s'éloignent quelquefois de la confiſtance terreuſe qui leur eſt propre, au point d'approcher quelquefois davantage de l'état de pierres qui retiennent alors le nom de *Pierres marneuſes*, *Pierres argilleuſes*, ou *Pierres d'argille*, Thoniſchte ſtein, Kleyſchlag ; elles ſervent de baſe à la plûpart des matieres ſolides qui ſont répandues dans les mines de Charbon.

Elles ſont ſur-tout la baſe de l'ardoiſe qui paroît avoir été formée dans ſon origine par une ſubſtance (Kneiss), qui n'eſt ni pierre à chaux, ni ſpath, ni caillou, & qui s'eſt arrangée par couches.

Le Kneiss, ou la Pierre de kneiss des Allemands n'eſt communément qu'une eſpece d'ardoiſe, mais dont les parties ſont ſi intimement liées qu'elle n'eſt point feuilletée comme le ſchiſte. Au moyen de ce mélange intime elle a une couleur plus foncée : le quartz, le mica ſtérile, le grez, qui ſont unis avec elle, forment une roche d'un gris noirâtre, dû en plus grande partie, au mica : il y en a cependant de gris, de verdâtre ; quand les Ouvriers rencontrent cette pierre, ils eſperent trouver bientôt une mine de bonne qualité.

Toute pierre de l'eſpece nommée par les Latins *Lapis fiſſilis*, en François, *Ardoiſe* ou *Schiſte*, commune dans les mines de Charbon, eſt nommée en Allemand Schieffer ; celles qui ont une dureté décidée, ſe nomment Schieffer ſtein.

Il faut rapporter à cette claſſe les pierres calcaires feuilletées, dont on trouve quelques eſpeces dans pluſieurs mines de Charbon, qui ne manquent jamais de s'y faire obſerver lorſqu'on vient à les frotter ; parce qu'alors elles répandent une mauvaiſe odeur, les Allemands les nomment Stinck schieffer.

M. da Coſta dans ſon Hiſtoire Naturelle la déſigne ſous le nom de *Schiſtus fuſco-cinereus. Lapis fœtidus dictus.* IX. Tom. I. p. 172. *Schiſtus fuſcus, fragilis, fœtidus. Lapis felinus, qui ferro attritus urinam felium redolet.* Gronow. Supell. Lap. p. 10. N°. 7. & 8.

Le *Tuſebe* ou *Marbre noir* (¹), & d'autres pierres ſont connues des Naturaliſtes pour avoir cette propriété qu'ils tiennent de parties bitumineuſes très-ténues. *Voy.* le Mémoire de M. Guettard ſur la Minéralogie de l'Auvergne (²).

Outre les mines en lits (Fletz-erzte), qui ſe rencontrent quelquefois parmi ces couches, les argilles ou bandes ſchiſteuſes ſont elles-mêmes plus ou moins métalliques, quelques-unes ſont légérement ferrugineuſes ; toutes les ſubſtances qui ne contiennent ce métal qu'en petite quantité, ſont nommées par les Allemands Eisen ertze.

Celles qui fourniſſent un fer de bonne qualité, acquérant par cet état dé-

(1) Marbre noir compact. Minéralogie de Wallerius, Tome I. pag. 91. V. auſſi *Fiſſilis, friabilis, nigricans*, pag. 70.

(2) Mémoires de l'Académie Royale des Sciences, année 1759.

cidément métallique, une folidité qui les fait approcher de la confiftance de pierres, reçoivent le nom de EISEN STEIN.

De toutes les argilles différemment modifiées qui fe trouvent dans les mines de Charbon, celles qui doivent fixer davantage l'attention relativement à l'exploitation, font celles qui approchent ou qui touchent le charbon en-deffus ou en-deffous ; nous en parlerons à l'article du SALBAND.

STEIN-FELS. STEIN. *Pierres, Rocs, Matieres folides.*

LES fubftances marneufes, glaifeufes, argilleufes, dont il vient d'être parlé, mélangées avec de vraies fubftances pierreufes, forment des Rocs très-compacts & très-durs : en général, toute roche ramaffée en peloton dans les mines, & qui furpaffe en dureté les autres pierres répandues dans la montagne, eft appellée KNAUR, KNAVEL, KNAVER ([1]) ; c'eft la même chofe que le *Roc vif*, autrement dit *Roche fauvage*, *Roche fourde* ou *ftérile*, placée au-deffous de la terre végétale, où elle forme quelquefois des maffes confidérables qui traverfent & écrafent le filon. Le KNAUR, felon M. Henckel ([2]), eft un compofé de quartz blanc mêlé de mica gris.

Les matieres pierreufes communes dans les mines de Charbon, feront ici rangées en trois claffes : la premiere renfermera celles qui ne font pas éloignées de la furface ; la feconde comprendra celles qui approchent le Charbon de terre ; & la troifieme, celles qui apportent quelque dérangement dans les veines de Charbon.

Les pierres qui compofent ce que l'on pourroit appeller l'*Ecorce*, c'eft-à-dire, qui occupent la partie la plus extérieure de la maffe d'une montagne, reçoivent différents noms.

Le ROC DUR fitué fuperficiellement fous la terre franche & revêtu d'une croute très-folide, fe nomme RAUWAKC, & n'eft qu'un tuf très-dur, *Saxum arenarium Tophus* ([3]) *dictum*. Da Cofta, Tom. I. p. 135.

Celui qui fe trouve dans cette même place & qui eft entremêlé d'un roc tendre, eft appellé KAMM ou *Crête*.

La pierre tendre & feuilletée qui fépare le roc inférieur tout-à-fait dur d'avec la terre franche, eft nommé GEMSS ; elle forme communément une couche fuivie fous le gazon.

La feconde claffe renferme des pierres de différents genres, des pierres calcaires (CALCK STEIN), des grez (SAND STEIN) de toutes couleurs, ou des pierres fablonneufes (ROGEN STEIN), dont les plus groffieres & qui font martiales, font connues fous le nom de ROTHER GROBER SAND, *Sable rouge*

---

(1) Les Carriers le nomment BRUCHSTEIN.
(2) Pyritologie, Ch. V.
(3) *Tofus*, *Tophus*, *Porus*. G. TOFF STEIN. Sued. MOM, Mot générique par lequel on défigne toute pierre poreufe ; le tuf préfente des variétés affez

nombreufes ; tantôt il eft graveleux ou fableux ; tantôt il eft ocreux, même ferrugineux ; tantôt il eft compact, & peut-être de la nature du caillou, de la pierre à bâtir, &c.

groffier ; celles qui font compofées d'un fable plus délié, font nommées
Klaerer Rother sand.

Dans toutes ces roches on en remarque un très-grand nombre défignées
fous le titre de *Roche grife* ou *Pierre grife*, *Saxum commune grifeum* ([1]), compofées
ordinairement de fpath, de quartz & de mica, & qui ne different entre elles
que par celle de ces trois fubftances qui s'y trouve en plus grande quantité,
mais qui contenant ordinairement un fpath gris ou blanchâtre, reçoivent le nom
de *Roche* ou *Pierre grife*, felon la remarque du Commentateur de Wallerius ([2]).

Celle de toutes ces pierres qui a le plus befoin d'un éclairciffement, c'eft
celle nommée par les Allemands Hornschlag, & communément Horn-
stein, par les Latins, *Corneus*, *Lapis acerofus* ([3]).

On eft dans l'ufage dans les mines d'appeller ainfi toutes les pierres qui
ont une tranfparence comparable à celle de la corne ; ainfi les bancs de pierre
à fufil ([4]) dans les craies, les cailloux épars dans les couches ou de fable ou de
terre, font confondus fous cette dénomination générale par les Ouvriers.

Ils donnent même quelquefois mal-à-propos ce nom à des lits qui font calcaires & argilleux.

Les Naturaliftes défignent la pierre cornée par le nom *Petrofilex opacus*,
niger, *Pierre de roche opaque noire* de Wallerius, que M. Henckel ([5]) compare
au caillou, & qu'il nomme avec quelques autres Naturaliftes, *Pierre de corne*,
à caufe de fa couleur.

Mais ce nom ne convient réellement qu'aux pierres vitrifiables, faifant
feu avec le briquet, & qui comme le *Silex* fe rompent par éclat, de maniere
qu'une portion éclatée préfente une furface concave, & l'autre portion fait
appercevoir une furface convexe : elles ne different des cailloux que parce
qu'elles font en maffes qui ont une certaine étendue, tandis que le caillou
eft en maffes marronnées.

Les uns & les autres peuvent être plus ou moins gerfés, plus ou moins colorés, ce qui fait que la pierre de corne comprend fous elle les chalcédoi-
nes, les cornalines, les agathes, les jafpes & autres pierres de couleurs vives
& qui prennent le poli, enfuite les *filex* dont le tiffu eft plus groffier & la
couleur moins belle.

On trouve auffi un autre genre de cette pierre nommée particuliérement
Roche de corne, dont il y a de plus ou moins dures, de plus ou moins luifantes, mais elle a cela de particulier qu'elle eft arrangée par couches, ou par
feuillets difpofés perpendiculairement & fur le tranchant ([6]).

(1) *Saxum mixtum. Petra mixta.* Waller. Sued.
Grasten.
(2) Minéralogie.
(3) Sued. Hornberg. Sand stein.
(4) *Silex.* Fever stein. Kissel stein. Wac-
kel stein. Riefel stein.
(5) Pyritologie, p. 218.
(6) Minéralogie, ou Defcription générale des
Subftances du Regne Minéral, par M. Jean Gots-
chalk Wallerius. Tom. I. p. 259.

Inclinaifon

Inclinaison des Veines.

DANS ces montagnes par couches les veines de Charbon font, comme ailleurs, placées diverſement, plus ou moins ſuperficiellement, plus ou moins approchantes de la ligne perpendiculaire ou horiſontale.

Quoique dans les deſcriptions particulieres que je vais donner, cette inclinaiſon des veines de houille ne ſoit pas exprimée, le Lecteur ſera bien aiſe de connoître la maniere dont on déſigne en Allemagne l'inclinaiſon de tous filons de mines, laquelle ſans doute peut être appliquée aux veines de Charbon de terre, & je donnerai un précis de la Nomenclature Allemande relativement aux filons de mines en général.

A l'Article des Mines de Houille du pays de Liege j'ai eu recours, pour rendre ſenſibles les différents dégrés d'inclinaiſon des veines, Sect. VIII. p. 66. à la ſuppoſition d'un parallélogramme, dont la diagonale ſervant de meſure moyenne, déterminoit les dégrés d'inclinaiſon ſupérieure ou inférieure à cette diagonale. Les Allemands, & vraiſemblablement les Anglois, *Voyez* Sect. XI. Art. 2. pag. 101. emploient pour faire cette même eſtimation, une machine qu'ils nomment *Bouſſole manuelle* (1), diviſée d'une part en deux fois douze heures, & de l'autre en dégrés, comme l'eſt tout cercle; & ils jugent cette inclinaiſon par les heures, en diſant *Heures du matin*, pour les veines qui vont depuis une heure juſqu'à ſix, & *Heures du ſoir*, pour celles qui vont depuis ſix juſqu'à douze, indépendamment des dégrés d'inclinaiſon qui ſe meſurent par les dégrés ordinaires du cercle : ainſi ils appellent *Filon debout*, celui qui court depuis douze heures juſqu'à trois.

Ceux qui ont leur cours depuis trois heures juſqu'à ſix, s'appellent *Filons du matin* ou *du Levant* : ceux qui ont leur cours depuis ſix juſqu'à neuf heures, s'appellent *Filons du ſoir* ou *du Couchant* : enfin les filons dont le cours eſt depuis neuf heures juſqu'à douze, ſe nomment *Filons inclinés*.

Selon les Mineurs Allemands un filon eſt de cette eſpece lorſqu'il eſt incliné du 50°. juſqu'au 20°. dégré.

Le *Filon couché* eſt celui dont l'inclinaiſon eſt au-deſſous de 20 dégrés.

Celui dont l'inclinaiſon eſt moindre que de 5 dég. s'appelle *Filon horiſontal*.

Le filon qui eſt incliné depuis le 90°. juſqu'au 80°. dégré, s'appelle *Filon perpendiculaire* ou *droit*.

Et dans la Langue Allemande on appelle TONLEGE un filon dont l'inclinaiſon eſt depuis le 60°. juſqu'au 80°. dégré.

Le mot GANG s'applique à tout ce qui a directement rapport à la veine. Ainſi les Allemands expriment indiſtinctement par ce mot la veine ellemême, ſon allure, ſa marche & ce qui l'accompagne.

(1) *Voyez* dans Lehmann l'uſage de cette Machine, dont on renvoie la deſcription à la II. Partie.

Dans quelques Auteurs fur la Minéralogie on trouve cependant l'expreffion DAS STRICHEN DES GANG , pour défigner la maniere dont les veines courent & s'étendent.

Ils nomment les extrémités des veines CLÜFFTE , & en particulier la tête
des veines DAS AUSGEHEN DES GANG.

Les veines perpendiculaires font nommées BLEYWAGE LINIE :

Celles qui approchent de l'inclinaifon horifontale, LIEGENDES , *couchées*.

Celles qui font horifontales, FLOTZ.

Celles qui font obliques, QUERGANG , TONLEGE.

SALBAND , *Enveloppe des Veines.*

IL n'eft aucune des matieres qui ont été mentionnées ci-devant , qui ne
puiffe fervir d'enveloppe aux veines de Charbon ; tantôt c'eft une roche fablonneufe , tantôt c'eft une glaife ; quelquefois c'eft une fubftance fpatheufe ;
quelquefois même les pierres cornées entrent dans fa compofition.

En général, cette enveloppe eft nommée SALBAND , mot par lequel les Mineurs Allemands entendent fouvent la difpofition & l'arrangement des pierres en général.

Communément le Charbon eft dans une enveloppe ardoifée, c'eft-à-dire,
glaifeufe ou fchifteufe , qui eft ce que l'on nomme en Minéralogie *Fiffilis carbonarius* , Sect. VII. Art. 3. pag. 54. Sect. XI. Art. 1. pag. 95. & 96. Les Allemands le nomment KOHL SCHIEFFER.

La portion qui occupe le faîte de la veine eft nommée DACH , *Toît.*

Le lit fur lequel porte la veine , eft nommé SOHLE , *Semelle.*

Dans leur épaiffeur le *toît* ou *le fol* donnent conftamment à remarquer que la
partie qui approche le Charbon eft femée d'impreffions de fougeres , & que
felon que ce SALBAND fchifteux eft plus ou moins éloigné du Charbon, il
prend une couleur bleue, bleuâtre ou noirâtre.

La couche argilleufe de ce genre la plus remarquable , eft une efpece d'argille noire, graffe au toucher, que les Allemands nomment WEGVEISER, *guide,
enfeigne , montre le chemin.*

M. Lehmann remarque que ce lit qui participe de la nature d'un mauvais
Charbon , & qui annonce qu'on n'eft environ qu'à deux ou trois verges (¹)
du Charbon de la bonne efpece, n'eft pas par-tout de la même forme, de la
même nature, ni de la même épaiffeur ; tantôt c'eft un plan fans aucune trace,
ni empreinte étrangere ; tantôt il eft plus épais , ou plus mince , ayant quelquefois à peine un pouce d'épaiffeur , qui en augmentant infenfiblement va
jufqu'à trois ou quatre pouces ; tantôt on le trouve compact , dur & cendré,

---

(1) Ou *Lachter*, trois aunes & demie de Drefde : l'aune vaut deux pieds , elle n'eft pas la même
partout.

quelquefois tirant sur le noir , divisé par lames caffantes ; tantôt il est de nature calcaire , tantôt de nature argilleuse, quelquefois interrompu par une efpece d'ardoife plus bleuâtre , dont il fera fait mention dans un inftant ; d'autres fois portant un lit de marrons pyriteux.

Dérangement des Veines provenant des défectuofités du fol ou du toît.

DE quelque nature que foit le Salband , ou la fubftance fervant de couverture au Charbon , elle eft quelquefois femée dans fon étendue de nœuds , de brouillages , qui en excédant le niveau de fon épaiffeur , nuifent au corps de la veine , au point non-feulement de la comprimer , mais encore d'en interrompre la continuité , & de la faire perdre dans un trajet affez confidérable.

Les matieres mêlées avec ces efpeces de loupes argilleufes , font de différentes efpeces.

Les pierres mollaffes & comme pourries, qui produifent cet effet , font nommées FAULES.

Quelquefois elles font d'une fubftance fpatheufe, quartzeufe , &c.

Outre les marrons pyriteux en blocages ou en couches, auxquels elle eft fujette à fournir un lit, *Voyez* Sect. VII. Art. 3. elle eft elle-même quelquefois enfoncée par une autre efpece d'ardoife bleuâtre (BLAVE SCHEIFFER).

FALL, SPRUNG, *Interruption de la marche des Veines.*
Sauts des Veines.

IL n'eft point de montagne qui lorfqu'on vient à pénétrer dans fa profondeur , ne préfente des veftiges d'affaiffements & de bouleverfements confidérables : les intervalles qui fe font formés alors , ont été remplis par des matieres de différente nature , détachées & brifées en grandes maffes , de maniere à former dans l'intérieur de la mine des efpeces de montagnes accidentelles , proportionnées pour l'étendue en hauteur , épaiffeur & largeur, à la même étendue de l'excavation qui s'étoit produite : ces chaînes pierreufes font appellées en langue du pays , par rapport à l'effet qu'elles produifent , SPRUNG FALL ; d'où peut-être les Liégeois ont fait le mot *Faille. Voyez* Sect. VII. Art. 5. & Sect. XI. pag. 98.

Les dérangements qui réfultent de ces roches ou de ces montagnes fouterreines , ont été expliqués. Les Allemands les appellent WESCHEL , *Changement.* On rappellera ici en peu de mots , dans les mêmes termes dont fe fert le fçavant Auteur (') de qui j'ai emprunté le fond de ce Morceau , ce qui arrive aux veines de Charbon quand elles rencontrent un FALL.

« Une veine qui couroit horifontalement , venant à être arrêtée par un ob-

(1) Voyez l'Art des Mines ou Introduction aux Connoiffances néceffaires pour l'exploitation des mines Métalliques. Tom. III. pag. 437.

» ſtacle pierreux, s'enfonce de quelques toiſes ; & de l'autre côté de cet obſta-
» cle, la même couche continuée fait un *ſaut*, & remonte ainſi que le terrein
» qui eſt au-deſſus, de maniere cependant que la veine & les différents lits
» qui l'accompagnent, conſervent leur paralléliſme ; & les autres lits retom-
» bent plus bas qu'ils n'étoient ».

Eſpeces de Charbons déſignées par les Allemands ſous des noms particuliers.

Pour ce qui eſt des eſpeces de Charbons de terre, on ne trouve déſignés dans leur langue que le STEIN KOHLEN, ou *Charbon de pierre* en général, qui comprend ſous lui le *Charbon de jour* (TAGE KOHLEN), le *Charbon de toît* (DACH KOHLEN), le *Charbon de poix* (PECK KOHLEN), les *Charbons bitumineux mols* (WEICH STEIN KOHLEN), les *Charbons bitumineux durs* (PECH STEIN KOHLEN). Ils ont un Charbon qu'ils appellent SCHWEFEL KOHLEN, *Charbon de ſoufre*, parce que ce Charbon en brûlant ne donne pas d'odeur de bitume, mais une odeur de ſoufre.

Cette eſpece mauvaiſe pour la Forge employée toute ſeule, mais bonne pour cuire la chaux, tombe en cendres de couleur de roſe à meſure qu'elle brûle : c'eſt le CROW COAL du Comté de Cumberland & de Northumberland. *Voyez* Sect. XI. Art. 4. pag. 111.

Les deſcriptions qui ſe trouvent dans le troiſieme Volume des Ouvrages Métalliques de M. Lehmann ([1]), achéveront de mettre le Phyſicien, & le Naturaliſte au fait de la Matiere que nous traitons.

ARTICLE PREMIER.

MISNIE, CERCLE DE LEIPSICK.

Lits qui accompagnent les couches de Charbon de terre des Mines de Wettin ([2]).

Terre Végétale, demi-verge d'épaiſſeur ([3]).

Sable rouge, 2 juſqu'à 3 verges.

Glaiſe rouge, un quart de verge.

Subſtance rouge, 7 à 8 verges.

Ardoiſe brune, argilleuſe, eſpece d'ardoiſe ne faiſant point efferveſcence avec les acides, 2 verges.

Ardoiſe argilleuſe d'un brun clair, 2 ou 2 verges & demie.

Mélange de Glaiſe, de Charbon de terre, d'Ardoiſe, une demi-verge.

---

(1) Intitulé : *Eſſai d'une Hiſtoire Naturelle des Couches de la terre.*
(2) Dans l'endroit nommé *Schachtberg*.
(3) La verge eſt de ſept pieds de Dreſde.

Très-bon

Très-bon *Charbon de terre*, mêlé de pyrites sulphureuses (¹); ce lit a une demi-verge d'épaisseur.

Banckberge, roche argilleuse fort pesante (²); 8 à 9 verges.

Lit de *Charbon* mêlé d'une argille grasse noire; 12 ou 14 verges,

Sol sur lequel porte ce lit de Charbon: c'est une *Roche* compacte, grise, composée d'argile pour la plus grande partie, avec une petite portion de terre calcaire & de mica; 6 verges.

Ardoise noire, parsemée de pyrites sulphureuses, espece de *Charbon de terre* d'une mauvaise qualité que l'on nomme *Wegweiser*: lorsqu'on le rencontre, on n'est ordinairement qu'à 2 tiers de verge du Charbon de la bonne espece.

Lit de *Charbon de terre* d'une très-bonne qualité; 8 à 9 verges.

Sol sur lequel est porté le lit précédent; c'est une *Roche argilleuse*, grise & compacte, mêlée de beaucoup de mica; 2 verges,

Ardoise d'un gris noirâtre, dans laquelle on trouve quelquefois des empreintes de plantes; une verge ou un quart de verge.

Lits de très-bons *Charbons de terre*; 7 ou 8 verges.

Lochen, substance argilleuse feuilletée, d'un noir luisant, semée de pyrites sulphureuses; 2 pouces.

Mélange de Charbon de terre, de pyrites sulphureuses, d'ardoise, de spath; 2 pouces.

Suite des Lits qui accompagnent les Mines de Charbon de terre de Loebegin, à peu de distance de Wettin (³).

Terre végétale; une ou 2 verges d'épaisseur.

Glaise comme à Katzenthal (⁴), (c'est une glaise mêlée); 2 ou 6 verges.

Sable rouge comme à Wettin; une verge ou une verge & demie.

Pierre noire feuilletée, grasse au toucher, argilleuse; une verge & demie.

Pierre appellée *Pierre grise*; c'est une pierre calcaire grise, d'une odeur fœtide quand on la frotte, mais pas si pénétrante que celle de la pierre puante ordinaire; une verge & demie.

Dans ce lit de pierre grise on trouve deux sortes de pierres qu'on nomme improprement *Cailloux gris*, *Cailloux rouges*.

Les premiers sont une pierre calcaire, grise, mêlée avec un spath blanc féléniteux, faisant effervescence avec les acides.

Les seconds sont une roche rougeâtre & ferrugineuse, qui est entremêlée d'un spath féléniteux, rouge, qui ne fait pas une si forte effervescence que la première; 2 à 3 verges.

---

(1) SCHWEFFEL-KIES.
(2) Langius, *l. c.* observe que la couverture du Charbon de Wettin est toujours formée par le *Schistus terrestris niger*, *carbonarius*. Voyez ce qui a été dit des Charbons de Silésie & de Wettin, considérés chimiquement, Sect. IV. Art. 5. pag. 26.
(3) Dans cet endroit il y a deux Mines.
(1) Ou Vallée des Chats, près Rothembourg.

Roche bleue, *folide*, roche grife compofée d'argille & de terre calcaire; elle eft fort épaiffe, mais inégalement : elle s'entremêle & fe coupe fouvent avec la couche fuivante.

Roche rouge, c'eft une terre purement calcaire qui tire un peu fur le gris, & non fur le rouge.

Le *Guide* (¹), efpece d'argille noire, graffe au toucher, entremêlée de Charbon de terre comme à Wettin.

Pierre argilleufe, noire ; 2 à 3 verges d'épaiffeur.

Autre à peu-près de même nature (²) ; une demie jufqu'à un quart.

Charbon du toît, ou écaille fupérieure, efpece de Charbon de terre, gras au toucher & luifant (³).

Quartz, lit d'une fubftance fpatheufe, féléniteufe, & non quartzeufe, dans lequel on trouve quelquefois du Charbon de terre ; mais quelquefois cette fubftance coupe & fait perdre le Charbon ; elle fe trouve auffi affez fouvent dans le Charbon du toît.

Charbon de terre gras, de 5 huitiemes de verge d'épaiffeur.

Schramberge, efpece de Charbon de 3 à 4 pouces.

Ecaille inférieure, Charbon qui n'a prefque pas d'épaiffeur ; un tiers de pouce (⁴).

Sol blanc, efpece de roche calcaire grife ; une demie ou trois quarts de verge.

Roche bleue, ardoife noire pefante, graffe, luifante ; depuis trois quarts de verge jufqu'à trois verges.

Pierre cubique d'un gris clair, compofée d'argille & de terre calcaire, qui eft placée dans ce lit en forme de coin.

Cette pierre cubique eft de plufieurs efpeces ; ou c'eft une pierre calcaire pure, ou c'eft un mélange de terre calcaire & d'argille ; on peut en diftinguer 6 ou 8 efpeces : fa couleur eft grife.

« Ces couches ont quelque chofe de particulier, & peuvent être plutôt re-
» gardées comme un bloc immenfe de Charbon à caufe de fa grandeur, que
» comme des couches ; cependant fes différents lits prouvent qu'on doit ran-
» ger cette mine dans le nombre des mines dilatées : c'eft un amas de cou-
» ches qui ont été extrêmement dérangées ; on peut fur-tout le remarquer
» dans les derniers lits qui font d'une pierre formant des efpeces de coins ;
» c'eft cependant une mine par couches, comme on le voit par tous les lits qui
» la compofent, qui font un mélange d'argille & de terre calcaire ».

---

(1) C'eft ce qu'on nomme à Wettin Wegweiser.
(2) « On trouve fouvent des maffes détachées » ou des marrons d'une terre calcaire, entremê-
» lés de pyrites fulphureufes : ces corps fe ren-
» contrent en général affez fréquemment dans les

» lits des mines par couches ».
(3) C'eft celui qu'on appelle quelquefois *Charbon d'ardoife. Voyez* Sect. VIII. Art. 2.
(4) *Voyez* Sect. VIII. Art. 2.

ARTICLE SECOND.

HAUTE SAXE.

Thuringe.

Suite des Couches qui se trouvent derriere Nordhausen dans le Comté de Hohenstein, près d'Ihlefeld, de Newstadt, de Sachswerfen, d'Osterode, de Wiegersdorf, Rudigsdorf, & qui environnent tout le Hartz, jusqu'auprès du Comté de Mansfeld ([1]).

1. *Terre végétale.*

2. Lit de *Pierre puante*, pierre calcaire de couleur grise qui, quand on la frotte, a l'odeur d'urine de chat ; ce lit a environ 6 verges d'épaisseur.

3. *Pierre de gyps* ([2]), qui dans ce pays occupe la place de pierre à chaux ; l'épaisseur de ce lit varie depuis 4 jusqu'à 6, 10, 20 & 30 verges ; près d'Ellrich, d'Ober-sachswerfen, de Nieder-sachswerfen, il y a des montagnes entieres de cette pierre qui ont jusqu'à 30 verges de haut.

4. *Rauwake*, roche brute dans le pays ; vrai tuf : il a 12 verges & 20 pouces d'épaisseur.

5. *Zech-stein*, pierre à chaux commune qui fait effervescence avec les acides : elle a ordinairement 2 verges d'épaisseur.

6. *Ober-faule*, pierre calcaire remplie de sable & mêlée d'argille : elle a ordinairement une demi-verge d'épaisseur.

7. *Uber-schuff*, glaise durcie qui n'a communément qu'un pouce d'épaisseur.

8. *Faule délié* ; mélange confus de terre calcaire & argilleuse, qui a les trois quarts d'une verge.

9. Le *Toit* ; pierre feuilletée ou ardoise grise, composée d'argille & de pierre à chaux : elle a seize pouces.

10. *Mittel-berg*, ou Roche moyenne ; espece d'ardoise qui est uniquement, ou du moins en grande partie, composée d'argille ; elle est noire comme les ardoises qui contiennent du cuivre ; mais elle tient très-peu de métal : elle a six pouces d'épaisseur.

11. *Kamschale*, ardoise noire qui contient très-peu de cuivre ([3]) ; elle n'a qu'un pouce d'épaisseur.

12. *Mittel-schiefer*, ardoise moyenne ; elle a le coup-d'œil de celle qui est riche en métal, quoiqu'elle n'en contienne que très-peu : son épaisseur est de quatre pouces.

13. *Bonne ardoise cuivreuse*, qui contient beaucoup de métal : elle n'a qu'un pouce d'épaisseur.

---

(1) Cette description est de M. Lehmann, *Histoire Naturelle des Couches de la Terre.* T. III. p. 305.
(2) *Gypsum. Marmor fugax.* Linn. On appelle *Terres* ou *Pierres gypseuses*, celles qui se changent au feu en plâtre, qui ne se dissolvent dans aucun acide, & qui résistent plus long-temps que les vrais gipses à la vitrification.
(3) *Cuprum.* B. *Koper.* G. *Kupffer.*

14. Elle eſt accompagnée de *Flætz-ertzte*, ou mines en lits, qui ſont auſſi compoſées en partie d'une eſpece d'ardoiſe riche en métal, mais qui ne ſont auſſi
aſſez ſouvent qu'un grez verdâtre, mais fort chargé de cuivre : ce lit a un
pouce d'épaiſſeur.

Il faut obſerver ici que ſouvent au lieu des ardoiſes cuivreuſes & de la
mine en lit, on rencontre une eſpece de pierre qui paroît ſe ſuivre comme un filon ; le ſpath en fait la plus grande partie ; elle eſt placée perpendiculairement, & contient des mines jaunes de cuivre très-pures & très-
compactes. On y trouve auſſi du cobalt (¹), ainſi que de la mine de plomb (²) ;
cette eſpece de lit eſt nommé WECHSEL ou *Changement*, parce que l'ardoiſe
y eſt changée en une eſpece de roche ſinguliere, joint à ce que ſa poſition,
au lieu d'être horiſontale, eſt devenue perpendiculaire.

15. *Horn-ſtein*, pierre cornée : pierre improprement nommée ainſi par les
Ouvriers des mines : elle eſt compoſée d'un mélange de terre calcaire &
argilleuſe & d'un ſable groſſier entremêlé de pierres de moyenne grandeur :
elle a communément une demi-verge d'épaiſſeur (³).

16. *Letten-ſchmitz*, argille bleue qui a 2, 4 & quelquefois juſqu'à 8 pouces
d'épaiſſeur.

17. *Zarte todte*, Mort fin ; roche compoſée d'argille, de terre calcaire, de
mica, de talc & de ſable, & qui paroît entiérement rouge à cauſe des parties ferrugineuſes qu'elle contient : elle a une verge d'épaiſſeur.

18. *Wahre Rothe-todte*, le *vrai Rouge mort* : roche rouge très-compacte, compoſée de terre calcaire, de gravier, de cailloux, &c. & qui eſt très-ferru-
gineuſe : ſon épaiſſeur eſt de 20, 30, 40, 50 & même de 60 verges (⁴).

19. *La Roche* : roche feuilletée dure, compacte, rouge & ferrugineuſe, qui
ne fait point efferveſcence avec les acides, & qui eſt de la nature du jaſpe
ou de la pierre cornée ; on y trouve de la mine de fer par marrons ou par
morceaux détachés ; mais elle eſt difficile à fondre & peu riche : cette roche prend le poli, & elle a 6, 8 & même 16 verges d'épaiſſeur (⁵).

20. *Gravier groſſier*, pierre rouge, ferrugineuſe, mêlée de gravier : ſon épaiſſeur
eſt de trois quarts de verge.

21. *Le Sable rouge* qui ſe trouve au-deſſous, eſt ſemblable au lit qui précede,
excepté que le grain en eſt plus fin : ce lit a une verge d'épaiſſeur.

22. *Ardoiſe rouge*, compoſée d'une argille mêlée de fer : ſon épaiſſeur eſt ordinairement de 4, 6, juſqu'à 8 verges.

(1) *Cobaltum. Cadmia vitri cærulei.* G. *Zaffir.*
(2) Ce ſeroit peut-être une blende ou une
fauſſe galène. *Pſeudo-galena.*
(3) C'eſt vraiſemblablement le *Corneus ſolidus,
granulis compactis.* Waller.
(4) « C'eſt ce lit qu'on avoit juſqu'à préſent
» regardé comme le dernier amas des couches,
» ou comme la baſe ſur laquelle tous les autres
» lits étoient appuyés ; mais mes obſervations

» m'ont fait connoître qu'il ſe trouve encore
» au-deſſous de ce dernier différents lits qui ap-
» partiennent proprement aux lits de Charbons
» qui ſont au-deſſous de ceux d'ardoiſe ; ces lits
» ſont ceux qui ſuivent ».

(5) Cette deſcription porte à croire que c'eſt
une Roche de corne cryſtalliſée, de l'eſpece que
les Allemands appellent SHORL.

23. *Pierre* couleur de foie, compofée d'argille, mêlée d'une très-petite portion de fer; ce lit a 6 ou 8 verges.

24. *Pierre bleue de Charbon*; ardoife de 6 à 10 verges d'épaiffeur.

On trouve enfuite le *toît*, ou ce qui fert de couverture aux Charbons de terre; c'eft une pierre argilleufe grife, dure & compacte, qui a depuis un huitieme jufqu'à un quart de verge d'épaiffeur.

26. *Charbons de terre* qui dans cet endroit ont un quart de verge d'épaiffeur.

27. *Ardoifes bleues*: vraies Ardoifes, mais dont la couleur eft plutôt noire que bleue: on y trouve fouvent des empreintes des fleurs de l'*After præcox pyrenaicus, flore cæruleo, folio falicis*: l'épaiffeur de ces ardoifes eft d'un quart de verge.

28. *Horn-flein*, pierre cornée; pierre feuilletée noire, extrêmement dure, qui a 6, 10 & même 15 toifes d'épaiffeur.

29. *Le Sol*, ou *la Bafe* des Charbons: lit compofé d'argille, de pierre calcaire, de fable & de cailloux; il a depuis 7 jufqu'à 10 toifes d'épaiffeur.

30. *Le Rouge mort*: ce dernier lit touche immédiatement à la montagne à filon; il fert d'appui aux charbons: il eft compofé de terre calcaire & de terre argilleufe, mêlées de fable: fa couleur eft rouge à caufe de la portion de fer qui s'y trouve: fouvent ce lit a jufqu'à 30 verges d'épaiffeur. On y rencontre communément des pierres arrondies, de la groffeur d'un œuf de poule ou d'oie: elles font de la même fubftance que le refte du lit; mais elles s'en détachent aifément.

31. Enfin, la *Roche* de la montagne à filon, ou montagne primitive.

La *Fig. I. Planche XI.* copiée d'après M. Lehmann tom. 3. pag. 314. montre feulement comment ces lits font placés les uns fur les autres.

DUCHÉ DE BRUNSWIG.

Suite des Lits des Mines de Charbon de terre à Morfleben & à Wefenfleben, près de Helmftadt.

1. *Terre végétale.*

2. *Subftance jaune & brune*, compofée d'un *fable* argilleux & ferrugineux; une verge d'épaiffeur.

3. *Argille grife*, dans laquelle on ne remarque rien de calcaire; 3 à 4 verges.

4. *Subftance fabloneufe, groffiere*, véritable *grez*; trois verges.

5. *Subftance ferrugineufe* d'un brun d'ocre mêlée de fable, d'une verge & un quart d'épaiffeur: on trouve dans ce lit des *marrons* d'un grez ferrugineux, compact, gros comme des œufs d'oie.

6. *Grez* d'un gris-clair; deux à trois verges.

CHARBON DE TERRE. K k

7. *Roche* qui eſt un mélange d'argille & de ſable pur ; une demi-verge, ou deux verges.

8. *Pierre ſabloneuſe* bleue, calcaire, feuilletée & mêlée d'argille, ayant cinq huitiemes juſqu'à trois quarts de verge.

9. *Roche* d'un blanc clair : argille griſe, durcie, feuilletée ; une verge & demie.

10. *Roche ſabloneuſe* blanche, pierre formée par un mélange d'argille & d'un peu de terre calcaire ; elle ſert de couverture aux Charbons, & les Charbons y tiennent : elle a une verge & demie.

A ſa place on trouve ſouvent une *glaiſe* blanche, qui pour lors devient le toît des Charbons, & qui eſt communément de trois huitiemes juſqu'à une demi-verge (¹).

11. Lit de *Charbon de terre*, de l'épaiſſeur de 10 juſqu'à 18 verges.

12. Pierre ſur laquelle poſe le Charbon ; c'eſt une *Ardoiſe* d'un gris noir, ayant une verge trois quarts.

13. Autre Lit ſemblable & noir : c'eſt une glaiſe noire, graſſe, feuilletée, ayant une verge trois quarts.

14. *Roche ſabloneuſe* griſe, qui eſt un ſable lié par l'argille qui ſe rencontre au-deſſous du ſol.

15. Second Lit de *Charbon* de 4 à 5 verges d'épaiſſeur, & d'une très-bonne eſpece (²).

16. *Sol*, ſur lequel repoſe cette ſeconde couche de Charbon, & qui eſt une glaiſe noire, graſſe, feuilletée, ayant une verge d'épaiſſeur.

17. *Roche griſe*, ſablonneuſe, qui eſt un mélange d'argille & de terre calcaire, ſemée de pyrites ſulphureuſes, d'une & demie juſqu'à deux verges d'épaiſſ.

ARTICLE TROISIEME.

WESTPHALIE.

Dans la partie qui eſt au Roi de Pruſſe, il y a des mines de Charbon à Bochlorſt, à Sneiker, à Ibenbuzen ; dans le Cercle de Weſtphalie, Berghlob du côté d'Oſnabruck, (*Voyez* Sect. IV. Art. 3. p. 24.) & quantité d'autres endroits en ont de très-riches. Il ne ſera ici queſtion que des parties de ce qu'on nomme *Provinces de Weſtphalie*, leſquelles avoiſinent le pays de Liege, afin de rapprocher le Lecteur de la France par les Pays-Bas.

Pays ou *Duché de Juliers.*

Les Houillieres de ce territoire ſont toutes près de Juilback, & s'étendent du côté du Nord au pays du même nom.

---

(1) Dans cette partie de l'Allemagne, comme en Siléſie, en Angleterre & dans pluſieurs pays de l'Europe, le toît du Charbon eſt formé par le *Schiſtus terreſtris carbonarius, cæruleo-cinereus.* Da Coſta, Hiſt. Nat. of Foſſils. XII.

(2) *Voyez* Sect. VIII. Art. 1. *des Veines irregulieres.*

Les veines y prennent leur train du Nord-oueſt au Sud-oueſt.

Aux environs de Stolberg, dépendance de l'Electeur Palatin, où il y a une Fonderie conſidérable de cuivre, il ſe trouve une mine de Charbon dont la ville d'Aix-la-Chapelle, qui n'en eſt qu'à une lieue, tiroit beaucoup avant que cette Fonderie fût transférée à Stolberg; mais il ne s'en conſomme actuellement que très-peu, ſeulement par quelques Fondeurs & quelques Maréchaux; ce Charbon eſt moins ſolide, plus léger & plus bitumineux que celui d'Aix.

On trouve près de ce même endroit des pierres de grez pour les moules dans leſquels on coule le laiton. *Voyez* Swedemborg.

A Eſchweiler, bourg ſur la route d'Aix à Cologne, par Dueren, la veine eſt en planure, & donne un Charbon de l'eſpece nommée *Clutte* au pays de Liege. *Voyez* Sect. IX. Art. 3.

Territoire d'Aix-la-Chapelle nommée par les Allemands AACH, *& par les Flamands* ACKEN.

LA connoiſſance des couches de ce quartier & de leur diſpoſition, ſeroit très-intéreſſante par le parallele qu'elle donneroit lieu de faire avec les lits qui forment le ſol du pays de Liege, dont il y a peu qui ſoient inconnus; mais les fouilles de mines de Charbon n'y ſont pas en aſſez grand nombre pour fournir à cette comparaiſon; on mettra ſeulement le Lecteur à même de prendre une idée de la compoſition du ſol des environs d'Aix-la-Chapelle par un ſimple énoncé des ſubſtances que les Naturaliſtes peuvent y remarquer: ſçavoir, des Terres argilleuſes de différentes couleurs ſelon leur mélange.

La Terre à Pipe.

La Terre à Brique.

Une vraie Terre à Foulon qui eſt une marne (').

Différentes Terres bolaires, qu'il eſt aiſé d'appercevoir dans pluſieurs chemins de traverſe, qui ſont marqués de la couleur de ces bols. M. Lucas, Médecin Anglois, Auteur d'un *Eſſai ſur les Eaux d'Aix-la-Chapelle*, prétend qu'il s'y en trouve de ſemblables au bol d'Arménie (').

Pluſieurs Ocres; une jaunâtre; une qui eſt brune; & une qui approche de la terre-d'ombre pour l'apparence extérieure.

La Marne.

La Craie en différents endroits à l'Oueſt d'Aix-la-Chapelle.

Autour de la Ville, ſur-tout au Nord & au Sud-oueſt, on trouve des couches de Sable de Mer de toutes couleurs, mêlé de coquilles de Mer, la plûpart du genre des bivalves, en partie conſervées, en partie pétrifiées.

La Pierre-de-taille, ou Pierre de ſable; une de couleur brune, ſabloneuſe & comme pourrie; une autre, partie ſabloneuſe, & partie talqueuſe.

---

(1) *Voyez* Waller. *Argille à Foulons*, p. 34. & *Marne à Foulons*, p. 43. Tom. I.
(2) *Voyez* le Chap. II. de ce Traité, traduit par M. Okcan, Médecin de l'Armée. *Liege*, 1762.

L'Ardoife commune.

Du Grez ordinaire & des Pierres à aiguifer de différentes efpeces.

La Pierre à chaux commune, de couleur grife.

Deux efpeces de Pyrites. 1. *Globuli Pyritacei pallide-flavi.* 2. *Globuli Pyritacei nigricantes; ceu Minera Martis Solaris Haffia.* Wal. Tom. 1. pag. 283. Voy. la nature de ces Pyrites. Sect. V. Art. 2.

Un Marbre dur, pefant, de couleur bleue, veiné de blanc, fervant à faire la chaux & à décorer les bâtiments.

M. Lucas dans l'Ouvrage qui vient d'être cité, a trouvé aux environs du Loufberg (montagne voifine de la ville), « une pierre de couleur de bri-
» que, tirant fur le pâle, d'un tiffu lâche, léger, d'une confiftance fabloneufe;
» qui étant frottée, donne une odeur forte, femblable à celle que l'on diftin-
» gue dans une étable à cochon «; il la nomme *Lapis arenofus latericei ferè colo-
ris, haram porcinam redolens.*

Tous ceux qui font un peu inftruits dans les Arts ou dans l'Hiftoire Naturelle, fçavent qu'une des principales productions du territoire d'Aix-la-Chapelle eft la Calamine ou pierre calaminaire, *Cadmia foffilis.* Agric. *Cadmia lapidofa.* Schrod (¹). L'endroit où on la fouille eft nommé dans le pays CALME-BERG, en François, montagne de *Calamine,* ou *Calmine.*

On peut confulter fur cette fubftance minérale l'Article de Swedemborg, inféré à la fuite de l'*Art de convertir le Cuivre rouge ou Cuivre de rofette en Laiton ou Cuivre jaune,* publié en 1762 par M. Galon, Colonel d'Infanterie, Correfpondant de l'Académie Royale des Sciences, & les notes fur Wallérius tome 1. p. 154.

Le Charbon dont on fe fert le plus à Aix-la-Chapelle, eft tiré d'une Houilliere nommée *la Tute,* fituée au Nord-eft dans fes dépendances à environ une lieue.

J'ai reconnu que le toît & le fol de ces mines font formés par un fchifte, qui pourroit fe rapporter au *Fiffilis friabilis cinereus* de Wallér. p. 136.

M. Lucas prétend qu'on y rencontre, de même qu'aux environs de Spa, le *Lapis Hybernicus. Voyez* Sect. III. pag. 16.

Le Charbon qui provient de cette mine n'eft pas fi gras que celui de Liege, & par conféquent n'eft pas fi propre pour les Maréchaux & les Fondeurs: mais il eft très-bon pour les ufages ordinaires; fes grains font très-ferrés : il eft plus pefant, plus compact, plus fec que celui de Liege; il brûle lentement, ne donne que peu de flamme & de fumée, comme celui de Kilkenny en Irlande, dure long-temps, fournit une grande chaleur, & eft d'un très-beau chauffage.

Les bancs de houille des mines d'Aix-la-Chapelle ont jufqu'à 400 toifes de trajet.

(1) *Zinci minera terrea, colore flavefcente, vel fufco. Lapis calaminaris. Cadmia officinarum.* Waller. pag. 497. tom. 1. & pag. 454. *Cadmia Foffilis, aliis lapis calaminaris.* Worm. A. CALAMESEN. CALA-MINAR-STONE. G. CALMEN. CALMEN-STEIN. B CALAMINT-STEEN. CALAMY-STEEN.

Pays d'Outre-Meuse (1).

Dans le Limbourg, nommé *Pays d'Outre-Meuse*, territoire de Rolduc, ou Rode le Duc, la mine de Haemlich donne le Charbon qui est du meilleur usage; elle s'étend au pays de Juliers jusqu'à Bademberg

ARTICLE QUATRIEME.

PAYS-BAS AUTRICHIEN.

Comté de Namur.

Les substances minérales que l'on connoît dans ce quartier sont (à Andenne) la Terre à Fayence, ou Terre à Pipe, de même que près de Huy vers le Condroz.

Une Terre noire, forte, lisse & savonneuse, que l'on emploie à faire des creusets pour la calamine, & qui se trouve à Nanines près de Geronsart.

Les environs de l'Andenne, de Velaine, de Hayemonet, de Terne-au-grive, donnent aussi de la calamine; sa couleur tire sur le rouge, & est différente de celle du Limbourg, qui est trop grasse, mais plus douce, plus pesante & d'un jaune pâle.

Dans le Comté de Namur, cette substance tirée de la superficie, est d'une aussi bonne qualité que celle qui s'exploite plus en profondeur. M. Gallon, Colonel d'Infanterie, Correspondant de l'Académie Royale des Sciences, indique les différences de la Calamine de Namur d'avec celle du Limbourg, sa disposition dans la terre, &c. (*).

Tous les environs de Charléroi tant du pays de Liége que du comté de Namur, sont remplis de Houillieres, comme à Chatelineau, route de Charleroi, à Namur, à Fontaine-l'Evêque, à Jumet (³), vers le Couchant dans les Bois: quelques mines de ce dernier endroit ont jusqu'à 400 toises de profondeur, perpendiculairement.

La partie du toit chargée d'empreintes, est nommée dans cette province *Caillou fleuri.*

A Durmy il y a 2 ou 3 veines : le Charbon est de l'espece qu'ils appellent *Charbon fort.*

(1) Il n'y a pas de pays des environs de la Meuse, qui ne puisse être ainsi nommé par rapport au bord opposé, qui est à son égard, de l'autre côté de la Meuse. Le quartier de la ville de Liege, situé à la droite de cette riviere, dont un bras forme une petite isle, est nommé *Outre-Meuse.*

Dans les Annales des Pays-bas, & du pays de Liége, de même que dans les anciens Traités, la partie du pays de Liége & du Limbourg située entre l'Ourte, la Meuse & le pays de Juliers, est nommé *Pays de par-delà*, sous-entendant *Meuse*; à la suite des temps, on a dit *Pays d'Outre-Meuse*; les Espagnols & les Hollandois dans le Traité conclu pour le partage des trois quartiers de Dalem, Faulquemont, Hertogenrade, ou Rolduc, se sont exprimés de cette façon qu'ont adopté les Souverains des Pays-bas, & du pays de Liege, parce que la majeure partie de leurs Etats, étoient en-deçà de la Meuse.

(2) *Voyez* l'Art de convertir le Cuivre rouge en Cuivre de Rosette, en Laiton ou Cuivre jaune. 1762.

(3) Ces deux endroits sont du pays de Liege.

CHARBON DE TERRE. L 1

Dans les Bois de Soleilmont, le Charbon est tendre & approchant de la Téroulle.

Celui des Bois de Flerus, à une lieue, & demie de Charleroi, quoique tendre & mauvais, sert pour cuire la chaux & la brique.

Du côté de Namur, & dans les mines de Charleroi, la plûpart des veines ne sont pas réglées ; les Houilles en sont séches & maigres, excepté cependant celles des mines des fauxbourgs de Charleroi, qui sont d'une bonne qualité ; & celles d'Hodelin-sart appellé par abbréviation *le Sart*, distant de Charleroi d'une demi-lieue au Couchant, dont la veine est régulière ; toutes celles qui sont dans ce canton sont très-sujettes au FEU TEROU. *Voyez* Sect. V. Art. 2.

Aux environs d'Andenne, tirant vers Namur, du côté de la Meuse, on trouve du Charbon de terre disposé en masse, dont la suite manque à tout instant : on l'emploie aux Briqueteries & à cuire la chaux.

A Gillis, au Levant de Charleroi, il y a beaucoup de veines qui, selon la maniere de parler des Houilleurs, font leur retour sur elles-mêmes, dont j'ai fait une classe particuliere, (Sect. VIII. Art. 1.) laquelle peut se rapporter aux Veines Roisses, (Sect. VIII. page 65.) ou aux veines irrégulieres, (page 68.) : le Charbon en est d'une bonne espece, & d'une qualité plus forte que celui du Sart, quoique coupé par des veines de Brihaz, (Sect. IX. Art. 6,) ainsi que celui de Viviers, village distant de Charleroi d'un quart de lieue : on ne trouve pas de brihaz à Hodelin-sart.

Le langage de *Houillerie* de cette Province n'y est pas différent de celui du pays de Liege auquel elle confine ; la Houille la plus enfoncée y est de même réputée la meilleure, la plus parfaite, &, comme ils disent, *Houille marchande* ; la Houille menue dans les Fonderies des environs est appellée *Spiure de Houille* ; *Spiure* en Wallon signifie éclat.

Haynault Impérial.

Il y a plus de 700 ans que cette Province des Pays-Bas connoît le Charbon de terre.

Cette matiere ne s'y trouve que dans le Pays Montois, depuis Quievrain distant de Valenciennes de deux lieues & demie, & de Condé d'environ deux petites lieues, jusques vers Marimont ; ce qui fait sept lieues de longueur : le terrein où se trouvent les veines, a environ deux lieues de large.

Les seuls environs de Mons sont si riches en mines de Houille, qu'on y a vû plus de cent vingt Bures en exploitation, lesquels ont pendant long-temps suffi à la consommation de toute la Province, tant de la partie qui est au Nord, que de celle qui est au Midi.

La veine de Charbon y est toujours enfermée entre deux bancs de Roc très-dur, qui dans quelques endroits de cette partie des Pays-Bas ne se trouve pas si profond en terre; quelquefois on trouve ces rochers à 10, 12 pieds de la superficie: on pense aisément que c'est une grande avance pour l'exploitation. Il s'en faut de beaucoup qu'il en soit par-tout de même; au Levant de Quiévrain, frontiere du Haynault Impérial, les rochers commencent à s'enfoncer au point qu'à Blan-midderon, Comptoir de la Reine, qui n'en est qu'à une lieue, on les trouve à plus de 20 toises de profondeur.

Ils sont séparés du sol par des lits très-épais de terres marneuses, de pierres blanches très-poreuses.

A 20 toises de profondeur on commence à trouver la Téroulle.

La plûpart des Bures ont environ 35 ou 40 toises de profondeur.

La veine n'a jamais plus de 3 à 4 pieds d'épaisseur, & autant de large.

Lorsque les Ouvriers ont percé le banc de roc qui la couvre, & qui a rarement plus de 3 à 4 pieds d'épaisseur, ils sont obligés d'être continuellement sur leurs genoux pour travailler, & quelquefois couchés sur une épaule.

Les veines vont toujours en pente, & continuent de marcher dans cette inclinaison jusqu'à 150 toises de profondeur; après quoi elles remontent.

Du côté de Quiévrain les veines ont jusqu'à 200 pieds de profondeur.

Les mines principales de Charbon du pays Montois sont à la Louviere, près de Mons, du côté du grand Roeux.

A Sarlonchamp près la Louviere.

A Ouday, & dans les petits environs contigus.

Fosse Gatte, du côté d'Autreps. (Autreps est entre la riviere d'Anneau & le bois de Rampemont).

Fosse Breze du côté d'Autreps.

Fosse de la grande Veine sur Etonge.

Fosse Hanat, du côté du Moulin d'Etonge.

Fosse Tappe, à Tons sur Etonge.

Fosse Veine à l'Aune, du côté du Moulin du Bossu.

Fosse Carlier, du côté du Moulin du Bossu, qui est près de l'Hôpital ruiné, à la porte de S. Guillain, chemin de Valenciennes à Mons.

Fosse Bibée, sur la campagne d'Hornée, à la porte de S. Guillain.

Fosse Buisson.

A Blaton, village à deux lieues environ de Condé.

A deux lieues de Mons, territoire de Vames, (pays de Liege) on tire à plus de 75 toises de profondeur de la Houille de très-bonne qualité.

Marimont, Maison de plaisance de S. A. le Prince Charles, à 3 lieues & demie de Mons.

La Houillière de cet endroit est dans le parc ; les veines vont du Levant au Couchant, entre deux bancs de Roc assez dur, que les Houilleurs disent tous être approchant de la nature du griez ; un peu moins gris que l'ardoise, tirant davantage sur la couleur cendrée.

J'en ai remarqué de deux espèces ; l'une feuilletée, semblable à celles que l'on trouve dans toutes ces mines du pays de Liège (Sect. VII. Art. 2.) ; l'autre d'un grain plus fin, qui pourroit être propre à aiguiser comme celle des Houillières de S. Nicolas & de Flémalle au pays de Liège, page 51.

Quelques portions du roc sont striées superficiellement, ou chargées d'empreintes pareilles à celles représentées dans la *Planche VI. fig.* 2.

Les veines de cette Houillière ont 4, 6, 8 ou 10 paumes d'épaisseur (¹) : celles qui vont jusqu'à 8 sont les plus riches lorsqu'elles sont assez dures pour pouvoir s'exploiter en grandes masses & donner du Charbon de pierre.

Celles qui ne peuvent se détacher en gros morceaux, ainsi que tout Charbon friable, sont nommées *Fessi*.

En général, le Charbon de Marimont ne donne aucune odeur en brûlant, & ne se réduit pas en cendres : il est estimé autant que celui de Ouday.

A demi-quart de lieue du Château de Marimont il y a une seconde Fosse appelée *Fosse de l'Olive*, dont la veine a huit paumes d'épaisseur. Mais cette veine est séparée dans son milieu par un *nerf* de plus d'un pouce d'épaisseur, qui quitte difficilement la couche de Houille à laquelle il tient ; Sect. VIII. Art. 2. Ce nerf est traversé de temps en temps dans son épaisseur par un filet très-délié de Houille en miettes qui viennent à l'appui de la comparaison que j'ai faite du nerf avec le brilhaz. *Voyez* page 83.

La houille de la Fosse de l'olive est plus dure que celle du parc de Marimont ; & moins bonne.

SECTION TREIZIEME.

FRANCE.

IL a été facile de remarquer par tout ce qui a précédé, qu'il y a plusieurs espèces de Mines de Charbons.

Les unes donnent de la mine par rognons ou par pelotons, qui sont des espèces d'écarts, n'ayant entre eux aucune sorte de communication : les autres donnent de la Houille par bouillons, c'est-à-dire, par intervalles, quelquefois ramassée en grands blocs qui composent un terrein en entier. *Voyez* page 68.

Les mines de Charbon de la seconde classe sont composées de celles dans

(1) Huit paumes font plus de sept pieds.

lesquelles

lesquelles on observe sensiblement un ordre, un arrangement particulier : la matiere de ces mines est disposée en veines d'une épaisseur plus ou moins considérable, & qui suivent entre deux couches particulieres, comme dans un foureau, une direction, une marche réglée, &c.

L'extraction du Charbon dans les mines en roignons ou en bouillons, n'est point compliquée de fouilles régulieres, de manœuvres industrieuses, tandis qu'au contraire la seconde espece de mines comporte indispensablement dans la maniere de les travailler, une espece d'art établi par l'usage & par l'expérience, relativement tant à la direction, à la pente réglée qu'affectent les veines de ces mines, qu'à leur enveloppe, qu'il faut connoître dans toutes ses circonstances.

Les mines de Charbon les plus considérables en France, ou dont on tire une plus grande quantité de matiere, sçavoir, celles d'Auvergne, du Forez & du Bourbonnois, sont de la premiere classe, & n'ont pas besoin de ce qu'on appelle proprement *Exploitation*. Ce qui n'empêche pas que celles de la seconde classe n'y soient en très-grand nombre. Delà vient qu'on ne connoît dans ces dernieres, excepté les Houillieres du Haynault François, que fort peu de termes pour désigner les substances terreuses & pierreuses, soit celles qui précedent le Charbon, soit celles qui par le retardement qu'elles entraînent dans les manœuvres, ont un rapport particulier à l'exploitation.

En conséquence les mines qui vont être passées en revûe, ne donnent point matiere à un Vocabulaire de Houillerie, semblable à celui dont j'ai fait précéder la description des mines d'Angleterre & d'Allemagne.

Pour suppléer au défaut de ce Tableau de comparaison, je résumerai d'abord sous un point de vûe général les principales matieres que l'on a vû composer l'écorce & le noyau des montagnes par couches, dans lesquelles se trouve le Charbon de terre, & en indiquant ensuite dans chaque Province les mines qui y sont, je ferai connoître les expressions ou les dénominations qui y sont usitées relativement à ces substances, dans leur état ordinaire ou dans leurs défectuosités, ou relativement aux dérangements qu'elles produisent dans la marche des veines.

Du reste les travaux de M. Guettard ne peuvent manquer par la suite de jetter du jour sur cette partie de l'Histoire Naturelle, tant particuliere que générale, pour laquelle je renvoie le Lecteur aux différens Mémoires que ce Sçavant a donnés à l'Académie des Sciences pour quelques Provinces du Royaume.

Récapitulation sommaire & générale des Matieres qui se trouvent dans toutes les Mines de Charbon de terre.

Les matieres qui se trouvent dans le voisinage des Charbons de terre ou *Charbon de Terre.*

M m

entremêlées avec fes couches, varient à l'infini ; on y trouve non-feulement du foufre, du bitume, des pyrites, des fels, dont j'ai traité en particulier Sect. IX. mais encore des pierres argilleufes, fchifteufes, des roches quartzeufes, fpatheufes, fablonneufes, féléniteufes ou gypfeufes.

La pierre à chaux s'y rencontre dans fes différents états ; l'efpece de ce genre dont le luxe emprunte une partie de fa magnificence pour la décoration des édifices, & dont on fait le plus de cas pour la propriété qu'elle a de prendre le poli ; le marbre véritable (¹) accompagne les couches de Charbon, comme on le voit du côté de Nuremberg en Franconie, à Langeftein, où il fert de toît à ce foffile.

Mais de toutes les pierres contenues dans les montagnes de **Charbon de terre**, il paroît que les plus communes, font des pierres reffemblantes à des granits décompofés.

Les Naturaliftes ont obfervé que le granit (²) fe trouve fouvent mêlé avec le fchifte ; que c'eft une forte de paffage à l'ardoife, qui conduit ordinairement à des pierres noires, ou à du Charbon de terre ; &, felon la remarque de M. Triewald (³), les Charbons foffiles fe trouvent communément dans le voifinage des carrieres d'une efpece de grez & des pyrites, aux mêmes endroits que l'ardoife alumineufe.

Outre les parties propres au Charbon, comme diverfes fubftances minérales terreufes, pierreufes, falines & fulphureufes quelconques, on y trouve auffi des fubftances demi-métalliques & des fubftances métalliques.

On a vû, (Sect. XII. Art. 2.) que le Cobolt (⁴) fe rencontre parmi les Couches du comté de Hohenftein.

Le fol du pays de Liege eft auffi abondant en Calamine qu'en Houille ; cette matiere particuliere, fe trouve fur la rive droite & fur la rive gauche de la Meufe, au-deffous de Huy, dans les bois de Hampfain, du côté de Hombray, & ailleurs. *Voyez* Sect. VI. pag. 43. Selon M. de Genfanne, les Charbons de terre, les terres alumineufes & les fables nués diverfement, entrecoupés de petites veines couleur de lilas, font des indices de la Calamine (⁵).

Les fubftances métalliques les plus ordinaires dans les mines de Charbon, font de nature martiale : telles font les Ocres, Pierres d'aigle (⁶), Geodes (⁷), Marrons, Marcaffites & Pierres ferrugineufes.

---

(1) *Marmor. Marmel-ftein.* Dans le feu & dans les acides il produit le même effet que la pierre à chaux, d'où il fuit que l'un & l'autre font des produits de terre crétacée, ou calcinable, ou même plutôt de terre du genre des marnes ; le marbre n'eft donc qu'une pierre calcaire diverfement colorée & fufceptible de poli : cette derniere propriété fait que dans plufieurs pays les chaux grifes font appellées *Marbres*.

(2) En Cayenne il fe trouve une efpece de granit nommé *Griffon*.

(3) Mémoires de l'Académie des Sciences de Suede, an. 1740. *pag.* 100.

(4) *Cobaltum officinar. Cadmia metallica.* Worm.

Cadmia metallaris, aliis Cobaltum metallicis. Schw. A. Cobalt. B. Kobalt.

(5) 4ᵉ. Vol. des Mém. préfentés & lûs à l'Ac. pag. 163.

(6) *Ætites. Lithotomi cavitate latente donati.* A. Eagle-ftone. B. Arend-ftein. Efpece de mine de Fer argilleufe ou fableufe, reconnoiffable à ce que fon intérieur contient une matiere différente.

(7) *Ætites terrâ inclufâ.* Pierre d'aigle bâtarde. A. *Baftard Eagle ftone.* B. *Harftart arend ftein.* Sued. *Jodhaltig.* Concrétion globuleufe quelconque, dont l'intérieur eft parfemé de cryftaux quartzeux ou fpathiques, felon la circonftance.

Non-feulement on découvre dans le Charbon de terre une bafe martiale , mais la mine de Fer elle-même fe rencontre dans les couches qui accompagnent ce foffile : l'efpece qualifiée *Minera Ferri faxea* , y eft très-commune ; on en a vû dans les mines d'Angleterre quantité d'autres. Sect. XI. M. Wood avoit retiré d'un Charbon de terre de très-bon Fer, qu'il préfenta au Roi d'Angleterre : enfin, l'on fçait qu'il eft des mines de Fer rangées entre des lames d'Ardoife & de Charbon foffile.

Il en eft de même du Cuivre, qu'il eft affez commun de trouver mêlé avec le Fer. Swedemborg obferve qu'on rencontre des veines martiales & cuivreufes dans les mines de Charbon, principalement dans celles du Comté de Stafford (¹).

Le Charbon de la mine de Hartna près Chemnitz en Saxe, contient un très-beau Verdet (²), & donne dans quelques effais 36 livres de bon cuivre de rofette, & cinq onces & demie d'argent (³) par quintal.

On pourroit croire avec M. Kurella (⁴), que la plûpart des fchiftes cuivreux (⁵) font une efpece de Charbon de terre, ou du moins qu'il a déja été mêlé avec beaucoup de foufre & une bonne partie d'arfénic (⁶). Ce Chimifte fonde fon opinion fur ce qu'un fchifte cuivreux placé fur un têt, fous la mouffle, pour le griller à un feu affez violent, s'allume non-feulement & répand une flamme brillante qui dure long-temps, mais encore fur ce qu'alors il fort par fois de ce fchifte une matiere bitumineufe : la liqueur que ce fchifte a donnée à M. Kurella par la diftillation, avoit la même odeur que celle qu'il a obtenue du Charbon de terre.

Dans l'état des matieres rencontrées en perçant un puits de mine dans le Comté d'Yorck, il eft fait mention d'une fubftance placée entre un banc de Charbon & un lit de Cowshot-ftone, que l'Ouvrier défigne dans ces termes, *Good metal for fowing. Voyez* année 1689, N°. 250. Art. 2.

Une des mines du Cap Breton, (Sect. XI. pag. 89.) contient de l'antimoine.

M. Kurella fait mention d'une Collection de minéraux, dans laquelle il a vû un morceau de Charbon de terre qui laiffoit appercevoir une veine entiere d'argent pur.

Dans le Charbon de Heffe on trouve des morceaux d'argent natif.

La mine de Charbon de Richeftain en Siléfie, contient de l'or. Sect. XI. pag. 89.

Le mélange de plomb dans les mines de Charbon fous différentes formes,

---

(1) Emman. Swedemborg, *Regnum fubterraneum, five minerale. De Venâ & Lapide Cupri.* Claff. 2. Tom. III, *Drefd. & Leipf.* 1734. *in-fol.*

(2) Verd-de-gris. A. *Verdigrife.* Kupffer grün. Koper roeft. B. *Spaans groen.*

(3) *Argentum.* A. *Silver.* G. *Silber.* B. *Zilver.*

(4) Eff. & Expr. Chimiques. In-8°. paragr. 7.

(5) Mine de cuivre dans une pierre feuilletée, Ardoife cuivreufe, ou mine de cuivre en ardoife. *Cuprum in lapide fciffili.*

(6) Ce qui conftitueroit une pyrite arfénicale.

particuliérement fous la forme terreufe, fablonneufe, rare dans nos mines de Charbon de France & d'Allemagne, ne paroît pas l'être également ailleurs, particuliérement dans la Grande-Bretagne, felon la remarque de M. Triwald, confirmée par ce que nous avons dit d'une des mines du Buckingham-shire, Sect. XI. Art. 4. p. 108. de celles de Baldoë en Ecoffe, Art. 4.

L'étain (¹) auffi rare que le plomb dans d'autres fubftances minérales, fe rencontre dans le Charbon de terre. Sect. XII. p. 116.

On ne peut douter enfin que le Charbon de terre ne fympathife avec tout ce qu'on appelle *Métal parfait* (²).

Subftances terreufes qui fe trouvent dans le voifinage des Charbons de Terre.

A examiner les différentes matieres moins compactes que les précédentes, qui forment les montagnes où font renfermées les mines de Charbon de terre, on reconnoît qu'elles font prefque toutes des terres argilleufes & glaifeufes ; fubftances que l'on fçait varier à l'infini dans leur couleur, & être toujours compofées, quand même elles ne le feroient pas vifiblement.

Leur couleur, différente de la blanche, doit toujours être attribuée à l'exhalaifon minérale de quelque foffile qui n'eft pas éloigné de ces couches. M. J. Ambr. Beurer a remarqué avec plufieurs autres Phyficiens, que le fuccin foffile fe trouve toujours dans des terres bleuâtres confondu avec du bois foffile, du charbon de terre, de la mine de vitriol, & fouvent avec de l'alun (³).

Ces terres ne varient pas moins dans leur confiftance ; car en même temps qu'elles contiennent toujours de l'eau dans une certaine quantité, au-delà de laquelle elles ne peuvent en recevoir davantage, elles y deviennent impénétrables lorfqu'elles ont fouffert de la compreffion, ainfi que le démontrent quelques fchiftes, & deviennent fufceptibles d'acquérir par la chaleur une dureté décidée.

Des différentes Matieres qui fervent de couverture au Charbon de Terre.

Il a été facile de remarquer par la defcription de la Couverture terreufe, (Sect. VII. Art. 1.) & de la Couverture pierreufe, (Art. 2. *des Veines du pays de Liege*) ainfi que par les détails des couches qui couvrent ce foffile dans plufieurs pays, (Sect. XI. & XII.) que tous les lits ou les bancs, au-deffus ou au-deffous defquels il eft placé, ne préfentent abfolument aucun ordre dans leur arrangement, de façon que le Charbon peut indiftinctement fe trouver, & fe trouve réellement fur toutes efpeces de couches ; malgré cette irrégularité

---

(1) *Stannum. Plumbum album.* A. B. Tin.
(2) Nom que l'on donne à tous ceux que l'Art n'a encore pu décompofer, comme l'or, l'argent.

(3) Extrait d'une Lettre écrite à M. P. Collinfon, de la Société Royale, fur la nature du Succin. *Tranfactions Philofophiques*, an. 1743. N°. 468.

dans ce

dans ce mélange de matiere, confirmée par les Lithologiftes de différents pays, conftatée par la fuite des Obfervations de M. Strachey dans les Mines d'Ecoffe & de Northumberland, il eft de ces fubftances qui ont cela de particulier, qu'elles femblent fe rencontrer par-tout où il y a du Charbon de terre, fe trouvent même le plus ordinairement fur la tête de fes veines, & fervent d'indices de leurs voifinages.

Telles font les glaifes & argilles, appellées dans les Houillieres de Liege AGAZ ou AGAY, CRAW, (Sect. VII. Art. 1.) celles de la couche qui porte fur la mine de Charbon d'Ay près Caffel, Sect. XII. pag. 116. celles que les Allemands nomment BESTEG, quelquefois LETTEN, (Sect. XII. p. 117.) ce que les Anglois nomment CLUNCH, femblable à celles qu'ils nomment TILE-STONE, (Sect. XI. p. 93. & 96.) toutes fubftances qui ne font différentes que par leur couleur, leur mélange & leur dégré de folidité.

Les unes ou les autres en fourniffant au Charbon une efpece d'étui ou de fourreau qui le fuit dans toute fa marche, rompent le poids énorme de roches qui fe trouvent placées au-deffus, mais pour peu que cette enveloppe foit altérée dans fon étendue, ou inégale dans la portion de fes furfaces qui touchent immédiatement la veine, elle ne lui préjudicie pas moins que les matieres contre lefquelles elle lui fervoit de rempart. Il eft inutile de rappeller ici les dégradations que produit dans le corps de la veine la compreffion réfultante des nœuds qui excedent le niveau de l'intérieur du Salband fupérieur ou inférieur, ni l'interruption qu'elles occafionnent dans la continuité de la veine, &c. ces circonftances ont été détaillées auffi amplement qu'il étoit néceffaire, Sect. VII. Art. 4. Sect. XI. Art. 1. p. 98. Sect. XII. p. 123.

Parmi le nombre prodigieux de matieres différentes fous lefquelles le Charbon de terre fe rencontre indiftinctement dans les montagnes, on ne peut s'empêcher de remarquer fur-tout cette fubftance qu'on appelle *Schifte*, *Schiftus fiffilis*, *Glaife* durcie, plus ou moins fenfiblement feuilletée, felon qu'elle eft mêlée avec de la véritable ardoife, toujours bitumineufe, & tirant plus ou moins fur le noir, qui enfin varie à l'infini felon fes différents mélanges, ou felon qu'elle eft voifine ou éloignée du Charbon de terre. *Voy.* Sect. VII. Art. 3. Sect. XI. Art. 1. pag. 95. Sect. XII. pag. 122.

Quelque part que fe trouve le fchifte, fur-tout celui qui tient de la nature de l'ardoife, ou qui en conftitue une véritable, il eft toujours plus ou moins imperceptiblement bitumineux ; l'efpece d'affinité qui s'entrevoit d'abord, entre le fchifte, & le Charbon de terre, ceffe d'être conjecture en faifant attention que les Naturaliftes, ainfi que tous les Houilleurs, regardent prefque unanimement ces fchiftes comme des avertiffements du voifinage du Charbon de terre : les dénominations employées en Allemagne, (le *Guide*, WEGWEISER) en Languedoc, (GARDES DU CHARBON) pour défigner ce fchifte, ne peuvent avoir leur fource que dans l'expérience. En effet, toutes les defcriptions de ces mines font voir que le fchifte fe trouve conftamment, ainfi que la véritable ardoife, dans le voifinage du *Lithantrax*, dont il accompagne ou fépare les couches plus généralement que toutes les fubftances nombreufes enfermées dans le fein des montagnes.

Quant à ce que l'on avance ici fur cette efpece d'homogénéité, plus ou moins parfaite, elle eft telle que ce fchifte n'eft pas toujours entiérement à négliger, ou pour l'attention qu'il peut mériter lorfqu'il fe rencontre dans des fouilles, ou pour les ufages auxquels il peut être appliqué.

En Allemagne il eft affez commun de trouver le Charbon de terre fous les carrieres d'ardoifes : dans l'Ardoifiere de Mansfeld, on trouve un vrai bitume qu'on appelle Schieffer-stein, même des morceaux de bois, & une matiere abfolument femblable au *Lithantrax*, laquelle expofée à la pluie s'enflamme de même : ajoutez à cela l'emploi que l'on fait de ces fchiftes pour entretenir du feu dans les *Bures d'airage*, & pour d'autres ufages communs des Houillieres.

Dans les Ardoifieres d'Angers on apperçoit des veines & des filons, qui tiennent de l'ardoife & du Charbon de terre : par la diftillation on en retire un fel volatil huileux, comme on en obtient du Charbon de terre & du Succin (¹).

Les détails dans lefquels je fuis entré fur cette couverture des mines de Houille du pays de Liege, (Sect. VII. Art. 3.) les nœuds, les drufen pyriteux auxquels elle eft fujette, & qui dérangent fon organifation, font, à peu de chofe près, dans cette enveloppe ce qu'on appelle *Chatz* dans les carrieres d'ardoifes, & démontrent qu'elle a beaucoup de chofes communes avec ce qu'on nomme l'*Ardoife*.

Toutes ces couches ardoifées quelconques ne font conftamment que des argiles ou fchiftes variés, nommées différemment, ou en tant qu'elles forment le toît, le fol ou la bafe des veines, ou en tant qu'elles font charbonneufes, bitumineufes, métalliques, pyriteufes, &c.

Après ces couches diverfifiées qui entrent, pour ainfi dire, dans la compofition des montagnes de Charbon & qui leur appartiennent effentiellement, la pierre ou terre Ampelite & le Jayet qui ne font point rares dans nos provinces, qui foutiennent une comparaifon affez fuivie avec le Charbon de terre, (*Voy*. Sect. III.) méritent d'avoir une place dans cette récapitulation générale.

L'*Ampelite* connu en France n'eft pas abfolument la même fubftance que celle qui étoit défignée fous ce nom par les Anciens : c'eft néanmoins un vrai

---

(1) Art de tirer, de fendre & de tailler les carrieres de pierres d'Ardoifes, par M. de Fougeroux.

Voyez auffi le Mémoire de M. Guettard fur les Ardoifieres d'Angers, dans les Mémoires de l'Académie Royale des Sciences, an. 1757.

bitume, mais fec & friable, difpofé par écailles, plus ou moins liées enfemble, de maniere qu'il s'en rencontre de dur & de tendre ; celui qui eft particuliérement en ufage fous le nom de *Pierre noire*, vient d'auprès de *Séez* ou *Sais*
en Baffe-Normandie, où il fe tire de la cour d'un Curé qui s'en fait un revenu:
les Ouvriers s'en fervent comme de pierre à marquer, ainfi que de plufieurs
autres de ce genre, qu'ils nomment indiftinctement *Craie noire* par rapport à
la trace qu'elle laiffe, comme la *Craie blanche*, fur les corps folides. *V.* Sect. I.
p . 4. Dans quelques endroits on l'appelle auffi *Terre à vigne*, parce qu'elle
tue les vers qui montent aux vignes.

Le *Jayet* non moins commun en France que ne l'eft dans quelques mines
de Charbon de terre de la Grande-Bretagne celui que l'on y range parmi les
Charbons de terre fous le nom de *Kennel-coal*, (Sect. I. Sect. XI. Art. 4.)
eft une fubftance folide dont la premiere bafe eft plus fupérieurement dans l'é-
tat de minéralifation propre aux bitumes, & par conféquent qui eft plus dénuée de parties terreufes. *Voyez* Sect. III.

L'entiere reffemblance du Jayet avec le Kennel-coal confirmée par les effets de l'un & de l'autre dans le feu & fous la main du Tourneur, où tous
deux s'éclattent & s'émiettent comme le grez *Pouf* ou le marbre *Pouf*, nous
permet d'envifager le Jais de même que le Kennel-coal, au moins comme
un analogue du Charbon de terre, ce qui déterminera à indiquer à part les
endroits où l'on connoît ce bitume, foit qu'il fe rencontre dans des Provinces
où l'on ne connoît pas de Charbon de terre, foit qu'il fe trouve dans le
voifinage de ces mines.

Provinces de France dans lefquelles on connoît des Mines de Charbon de Terre.

D'après la quantité de Charbon de terre qui eft importé tous les ans à Paris par le Canal de Briare, pour nos Maréchaux, nos Taillandiers, Serruriers
& autres Ouvriers de ce genre, perfonne n'ignore que ce foffile fe trouve
particuliérement dans l'Auvergne, dans le Forez & dans le Bourbonnois ;
mais ces trois Provinces, pour être les feules qui en fourniffentpour le préfent à
la Capitale, ne font pas les feules, à beaucoup près, dont le fol en contienne.

La preuve fera incontestable dans le Pouillé par lequel je vais terminer
cette premiere Partie, à laquelle il eft lié naturellement. On ne doit pas le
regarder comme chofe de pure curiofité; il fe trouve lié auffi avec la feconde
Partie de cet Ouvrage, dans laquelle cette matiere traitée par rapport au
Commerce, fera confidérée en particulier dans fes propriétés & dans fes
qualités, comme matiere propre à concourir aux moyens fuggérés depuis
long-temps par des Citoyens auffi diftingués par leur zele patriotique que par
leurs lumieres, pour obvier à la confommation effrayante de bois de toute

efpece : des Ouvrages (¹) que tout le monde a entre les mains, ont annoncé les expériences utiles que leur fage prévoyance leur a fait entreprendre avec fuccès, foit pour naturalifer des arbres étrangers, foit pour conferver ceux du Royaume en décidant les temps fixes où on doit les couper dans les circonf tances les plus avantageufes, &c. (²).

L'introduction du Charbon de terre dans nos foyers n'eft pas, comme on peut le preffentir, fi étrangere à ces vûes œconomiques, puifqu'elle offre à la France une reffource utile contre le dépériffement de fes forêts qui commencent à ne pouvoir plus fuffire à nos cheminées : ceux qui fçavent que dans l'Auvergne, & dans le Forez principalement, l'ufage du Charbon de terre n'eft pas reftraint aux célebres Manufactures dont il fait le foutien, que les Habitants des environs de S. Etienne en particulier, (fans aller au loin chercher des exemples que nous avons près de nous) y trouvent encore les avantages d'un chauffer commode & peu difpendieux ; ceux-là, dis-je, affurés de l'exiftence du Charbon de terre dans la plus grande partie de nos Provinces, reconnoîtront qu'il eft facile de fe mettre à l'abri d'une difette dont le danger femble tôt ou tard inévitable (³).

Pour indiquer les endroits de notre France où l'on connoît actuellement du Charbon de terre, je conferverai la divifion géographique par Provinces, en commençant par celles qui font limitrophes du Pays étranger, par lequel j'ai fini la Section précédente (⁴) : je profiterai toutes les fois que je le pourrai, de Mémoires qui auront rapport à quelques endroits en particulier, faifant le tour de la France, commençant par le Cambraifis, finiffant par la Normandie & l'Ifle de France, ce qui comprendra :

Le Cambráisis.	La Bresse.
La Lorraine.	Le Lyonnois.
L'Alsace.	Le Dauphiné.
La Franche-Comté.	La Provence.
La Bourgogne.	Le Languedoc.

(1) *Voyez le Mémoire intitulé*, Réflexions fur l'état des Bois du Royaume, & fur les précautions qu'on pourroit prendre pour en empêcher le dépériffement & les mettre en valeur, par M. de Reaumur. *Mém. de l'Acad. Roy. des Scienc. an.* 1721. p. 284.

Difcours fur la néceffité de perfectionner la Métallurgie des Forges pour diminuer la confommation des bois, &c. par M. le Marquis de Courtivron. *Mémoires de l'Acad. Rôy. des Scienc.* an. 1747. p. 287.

(2) Mémoires fur la confervation & le rétabliffement des Forêts, par M. de Buffon. *Mém. de l'Acad. Royale des Sciences, an.* 1739. p. 140.

Dictionnaire Encyclopédique, au mot Bois, en citant les Mémoires de M. de Buffon fur la culture, l'amélioration & la confervation des Bois.

(3) Joannis Philippi Büntings Sylva fubterranea, ou *Différente utilité des Veines & Mines de Charbon de terre, leur exploitation & emploi pour le bonheur des hommes, & fur-tout des endroits où il n'y a pas beaucoup de bois*, in-12. 8. feuilles en Langue Allemande. *Halle.* 1699. Quel que foit cet Ouvrage, je ne fais que citer le titre relativement aux vûes d'utilité qu'il annonce, n'ayant pu le découvrir dans aucune de nos Bibliotheques.

(4) Feu M. Hellot, dans la Traduction de Schluter que j'aurai occafion de citer, n'a pas crû devoir exclure de l'état qu'il a donné des Mines de France, celles du Charbon de terre : on verra de combien j'ai augmenté cet état ; le fien n'en tient qu'une trentaine, que j'ai marquées d'une aftérifque.

La Guyenne.

Le Rouergue.

Le Limousin.

L'Auvergne.

Le Forez.

Le Bourbonnois.

Le Nivernois.

La Touraine.

L'Anjou.

Le Maine.

La Bretagne.

La Normandie.

L'Isle de France.

Partie Françoise du Duché de Luxembourg.

À Signy & à Montalibert, (Duché de Carignan) un Liégeois a entamé une mine de Charbon qu'il a abandonnée faute de pouvoir fournir aux frais.

On prétend qu'à Frémoy, près Montmédy, on a tiré de la Houille qui faisoit un très-bon feu.

Haynaut François.

Ce n'est que depuis la réunion de cette Partie Méridionale du Haynaut au Domaine de la Couronne, que cette branche importante de Commerce fleurit dans cette province.

Elle en a l'obligation à feu M. le Vicomte des Androuins, que les échecs ordinaires dans toute espece d'entreprise, n'ont pû détourner de hazarder ses talents & sa fortune pour l'utilité de sa patrie.

En vertu d'une Permission particuliere & d'un Arrêt du Conseil, il commença si heureusement ses recherches au village de Fresnes, qu'en 1717. il y découvrit du Charbon de terre ; cette mine fut inondée par une source, & les Intéressés en abandonnerent la poursuite.

Le Vicomte des Androuins ne perdit point courage ; une nouvelle tentative favorisée par le Conseil de Sa Majesté, ne fut pas tout-à-fait sans succès ; en 1723 on trouva du Charbon, mais qui ne convenoit qu'à la cuisson des briques & de la chaux.

L'espoir d'une réussite plus marquée n'étoit donc point chimérique ; l'existence du Charbon de terre dans ce voisinage étoit aussi indubitable que la ruine des Entrepreneurs avoit été prochaine.

La confiance que s'étoit acquise le Vicomte des Androuins par sa probité, soutint leur courage, & couronna leurs travaux recommencés sur Anzin, près la Porte de Valenciennes, nommée la *Porte Notre-Dame*, ou la *Porte de Tournai* : en 1734 on rencontra du Charbon de terre qui fut jugé par les essais convenir à toutes sortes d'usages, & être pour le moins égal en qualité à celui de l'Etranger : on peut voir dans le Journal Œconomique de 1752 (¹), les détails de ces travaux qui doivent rendre la mémoire de M. des Androuins immortelle dans le Haynaut.

(1) *Sous ce titre,* Journal des travaux faits dans le Haynaut François pour la découverte & l'exploitation des Mines de Charbon de terre. *Mois d'Août pag.* 82.

Charbon de terre. Oo

Cette découverte a donné lieu à celle de toutes les autres mines qui font aujourd'hui très-nombreuſes dans ce quartier, depuis Haine-S.-Pierre, juſqu'à Mons, & au-delà, ſçavoir :

A Freſnes, où le Charbon de terre eſt en plature & s'effeuille par lames : il ſe tire gros & menu indiſtinctement ; on y compte 3 foſſes, la premiere appellée dur fin, la ſeconde foſſe de la Pâture, la troiſieme foſſe S. Lambert.

A Anzin, près Valenciennes, où il y a trois petites veines plattes, l'une ſur l'autre courant Eſt-Oueſt.

Les autres Foſſes de ce voiſinage font une dite foſſe d'en haut & une autre foſſe d'en bas a Raiſmes, au Nord d'Anzin, Mouton noir, Comble, Pied, la Croix, & Midy.

Il y a environ deux ans qu'on a découvert une nouvelle mine de bon Charbon dans le jardin de Madame du Pérolle, près Notre-Dame du S. Cordon.

Les Houillieres du vieux Condé font celles appellées *Foſſe des trois arbres,* gros Caillou, Ste. Barbe, S. Roch, du bon Carreau ; au bois de Condé le Caniſtere, le Cheſne. S. Vaaſt au Midi. Pied ſur S. Vaaſt. Bois de Bonne Eſpérance.

Le Charbon de cet endroit, au ſortir de la mine, n'a rien de ce noir que l'on ſçait être particulier à ce foſſile ; c'eſt plûtôt une couleur bruñe, qui ſe diſſipe à la longue, mais que l'on y démêle toujours.

Les veines de cette Province ont du Nord au Midi environ deux lieues.

Elles font d'une très-bonne qualité, à l'extrémité du côté du Midi, mais petites & irrégulieres.

Celles qui font à l'extrémité du côté du Nord font d'un Charbon ſec.

Ce n'eſt qu'au milieu de cette largeur de deux lieues qu'on en trouve d'abondantes & d'un bon produit.

Généralement leur direction eſt de l'Eſt à l'Oueſt ; quelques-unes ont leur pendage à l'Horiſon, tantôt plus, tantôt moins incliné.

On donnera ici l'état des matieres qui ont été reconnues dans la fouille d'Anzin ; le Journal Œconomique du mois de Septembre 1756. a rendu public ce détail (¹) ; mais la facilité que j'ai eue de juger des ſubſtances qui y font nommées me permettent d'y ajouter plus de préciſion.

A trois toiſes de profondeur ſous des pierres ou *Marles* blanches ſe rencontre d'abord une terre qu'on appelle *Bleu Marle*, qui a neuf pieds d'épaiſſeur.

Cette ſubſtance glaiſeuſe porte ſur une pierre griſe ſous laquelle on trouve un lit de Marle que l'on emploie à faire les boulets. *Voy.* Sect. IX. Art. 2.

La marle couvre un banc de terre griſe de 8 à 9 pieds d'épaiſſeur, & plein de coupes, à laquelle ſuccede un troiſieme bleu *marle* ſéparé comme les précédens d'un 4ᵉ Bleu-marle ; il couvre un lit de glaiſe qu'ils appellent *Dieve*, & quelquefois *Marle* ; elle differe des autres marles par ſa couleur qui

<hr/>

(1) *Intitulé,* Suite du Journal des travaux faits dans le Haynaut François pour la découverte & l'exploitation des Mines de Charbon de terre. p. 58.

eſt verdâtre ; elle eſt impénétrable à l'eau , & a 11 toiſes d'épaiſſeur environ.

Ce lit de dieve eſt ſuivi d'une autre couche de huit pieds d'épaiſſeur , for-mée d'une terre verte , peſante , ſans coupes, ſéparée de la dieve par de petits cailloux roulés , qu'ils nomment des *Gaillettes* (¹).

Le tout forme 34 toiſes de couverture terreuſe depuis la ſurface juſqu'à la tête des rochers qui commencent ſous la dieve.

Les Houilleurs du Hainaut François diſtinguent ſix rochers qu'ils déſi-gnent par leur place , de *premier Roc* ou *premiere Pierre , ſecond Roc* ou *ſeconde Pierre* , &c. leſquelles ſont toutes ſemées de mica blanc , font , dans quelques parties , feu contre l'acier, & reſſemblent beaucoup au Fire-ſtone des Angfois, & à ce que les Liégeois appellent *Grez.* Ces rochers quoique durs , ſe dé-trempent peu à peu, par le ſéjour des eaux, & alors s'éboulent fort aiſément.

La quatrieme Pierre qui compoſe la couverture pierreuſe, eſt la ſeule qu'ils déſignent par le nom particulier de *Coirelle, Qouarelle* ; laquelle ne ſemble point différente des autres.

Lorſqu'on a traverſé ces rochers, on parvient aux veines de Charbon : le premier ſe rencontre à 58 toiſes de profondeur.

L'extrémité d'une veine nommée à Liege *Téroulle,* (*V.* Sect. VIII. Art. 2.) eſt appellée par les Houilleurs de cette Province *Affleurement* ; & lorſque cette trace n'eſt pas continue à la veine , (*Voyez* Sect. VIII. Art. 2.) ils lui donnent le nom d'*Affleurement volant* : ces veines qui viennent ſopper au jour, revien-nent aux filons que dans les mines métalliques du Tirol & d'Allemagne on nomme *Coureurs de jour* (²).

Le plancher de la veine qui y eſt déſigné ſous le nom de *Mur* , & le toît ſont de la même nature ; leur épaiſſeur eſt d'environ deux ou trois pouces.

Ces deux couvertures , ſupérieure & inférieure, ſont ſujettes aux obſta-cles pierreux , dont il a été parlé, (Sect. VII. Art. 4.) & qui portent le nom général de *Crins.*

Le Charbon hors de la Houilliere eſt diſtingué en deux eſpeces générales.

Celui qui eſt briſé, qui ne ſe tire qu'en parcelles, ſe nomme *Menu Charbon* ou *Charbon de Forge,* parce qu'on l'emploie à la Forge, de maniere même qu'on l'appelle quelquefois ſpécifiquement *Forge,* d'où ils appellent celui qui eſt mêlé de gaillettes ou *Gallets, Forge galleteuſe* ; on le nomme auſſi *Charbon léger.*

Ce charbon appellé *Forge galleteuſe,* eſt oppoſé à la ſeconde eſpece dite *gros Charbon,* qui eſt celui qui reſte en gros morceaux ; il ſe vend au poids ; ce

---

(1) D'après Alphonſe Barba, c'eſt une très-mauvaiſe marque dans une mine de rencontrer une terre remplie de petits cailloux, à moins qu'elle n'aboutiſſe à une autre. *Voyez* ſa Métallurgie, ou l'Art de purifier les Métaux , traduit de l'Eſpagnol,

in-12. Paris, 1751. 1. vol. C. 25.

(2) Dans les Mines métalliques les filons qui donnent de la mine au jour ſont rarement avan-tageux.

qui donne peut-être l'explication du mot *Charbon de poids* fous lequel il eſt connu dans cette Province & dans plufieurs autres.

La portion de ce gros Charbon qui fe tire en petites maſſes , eſt appellée *Charbon en boule* (¹).

CAMBRAISIS.

Il n'y a qu'une mine à *Carnieres*.

LORRAINE (²).

* A Hargarthen , à trois lieues au Sud-eſt de Sar-Louis , il y a une mine dont le Charbon, renfermé dans une matrice fablonneufe, eſt entremêlé de galêne (³).

Ce métal s'y trouve fous différentes formes ; on y rencontre non-feulement la Mine de Plomb la plus ordinaire , qui varie feulement dans l'arrangement & dans la grandeur de fes cubes , mais encore la Mine de Plomb Savonneuse à parties plus vifibles , regardée comme rare par M. Henckel : on voyoit un échantillon de chaque , provenant de cette mine , dans le Cabinet de M. Davila.

Dans les foſſés de Nancy , (*vieille Ville*) il fe trouve une Ardoifiere , entre-mêlée d'un banc de Charbon de terre & d'un banc de Jayet.

PAYS MESSIN.

Hors la ville de Metz , près des glacis de la porte de la ville nommée *Porte des Allemands* on trouve du Charbon ; mais en général le Charbon de Lorraine n'eſt pas eſtimé.

HAUTE ALSACE (⁴).

Val de Villers , qui fignifie , *Ville près de Villers* , à deux lieues de *Scheleſtat* , dans un endroit furnommé *la Ley*.

* A *S. Hippolyte* fur les confins de l'Alface , au pied du mont de Vofge , à une lieue de *Scheleſtat* ; cette mine donne deux fortes de charbons.

(1) Attenant *Mortagne* , dernier poſte François dans le *Tournaiſis* , entre Condé & Tournai , fur le bord de l'Eſcaut , il y a une mine de Charbon au village de Flines , *Flandre Wallone*.

(2) Dans le voifinage de *Tuttweiler* , petit village fur le chemin d'Otteweiler , (Lorraine Allemande) à une lieue & demie de Sarbruck , il s'en voit une près de laquelle on trouve une efpece d'ardoife & une mine d'alun. *Etat des mines* par M. Hellot.

M. Davila, dans fa magnifique Collection, avoit un morceau de pierre de cette mine, remarquable par le *falpêtre* qui s'y effleurit en quantité ; ainfi qu'un échantillon de mine de Plomb terreufe blanche d'*Artaunfinden* à Tuttweiler , *Terra plumbaria alba* , efpece de Marne faifant effervef-cence avec l'eau-forte , & tenant plomb.

(3) *Plumbum particulis cubicis. Galena fragmentis micantibus.* Galene a Facettes.

(4) En Baffe Alface font les mines de *Lampertſtoch* proche Haguenau qui donnent un véritable afphalte ; la premiere couche de ces mines forme une maſ-fe terreufe , feche , extrêmement compacte ; la feconde eſt la même fubftance qui ne diffère de la premiere que parce qu'elle eſt plus graffe , plus molle , & que les grains qui la compofent ne font pas liés enfemble ; on en tire à l'alembic deux huiles différentes feulement par leur épaiffeur que l'on emploie depuis quelques années à quantité d'ufages.

FRANCHE-COMTÉ.

Champagné (¹).

La veine de cette mine eft très-abondante, & les Ouvriers eftiment qu'elle ne pourra pas être épuifée de 15 ou 20 ans.

Le charbon eft d'une fi bonne qualité qu'on vient en chercher de *Klingental*, (Manufacture Royale d'Armes blanches) en Alface, qui en eft éloigné de 30 à 33 lieues, quoiqu'il y ait une mine de charbon à dix lieues de cette Manufacture.

Parmi les charbons de Champagné on en trouve, ainfi que dans beaucoup d'autres mines, qui font *chatoyants*, c'eft-à-dire, dont les écailles bleues ou vertes, comme dorées, ou de couleurs mêlées, tantôt diftinctes, tantôt féparées, le font paroître moucheté de maniere à pouvoir être comparé au Charbon queue de paon des Anglois, (*Voyez* Sect. XI. Art. 2.) : on pourroit le nommer *Lithanthrax variegatum*, *Lithanthrax heliotropium*.

La découverte de la mine de Lure a donné lieu à une autre tout près dans une monticule couverte de beau bois ; elle appartient à M. le Baron de Reinach & à M. Dandelot.

Le Charbon s'y trouve fous une épaiffeur de 30 toifes de *Roches feuilletées*.

A fix lieues de S. Hippolyte, attenant Morteau, près le Mont-Jura, qui fépare la Suiffe de la Franche-Comté, M. de Genfanne fait mention d'une mine de Charbon de terre de très-bonne qualité, mais dont on ne fait point d'ufage : il y a aux environs beaucoup de terres alumineufes ; M. de Genfanne, d'après fon opinion fur les indices de la Calamine, & qui demande confirmation, préfume qu'il fe trouve de ce minéral dans ce quartier ; le terrein lui paroît être de la même qualité que celui d'où l'on tire de la Calamine près d'Aix-la-Chapelle (²).

Le même Phyficien a reconnu auffi des annonces de l'exiftence du Charbon de terre près de Salins.

Aux environs de Lons-le-Saunier il y en a une grande quantité.

A quelque diftance de-là, tout près du village de Sainte-Agnès, on trouve une couche de matiere foffile, qui paroît être la même que celle dont j'ai fait mention, Art. 1. de la Section II. C'eft une mine de Holtz-kohlen, ou de Charbon de bois foffile, qui vraifemblablement eft la continuation de celle de Cuizeaux : « M. de Genfanne en a obfervé des morceaux de cinq pieds de » long fur fix pouces de diametre ; ils ne font pas ronds, mais ovales & un

---

(1) Près de Ronchamp, Prevôté de Faucogney, à deux lieues de Beffort ; elle eft dépendante de l'Abbaye Princiaire de Lure. Les Allemands écrivent ou prononcent LUDDERS.

(2) Mémoire fur l'Exploitation des Mines d'Alface & du Comté de Bourgogne ; quatrieme Volume des Mémoires préfentés à l'Académie Royale des Sciences.

CHARBON DE TERRE. P p

» peu applatis : leur écorce eſt très-bien conſervée , & reſſemble à celle du
» chêne : la partie ligneuſe, ſi on peut l'appeller ainſi, eſt d'un brun noir &
» reſſemble fort au jayet. Lorſque ces tronçons ont été un certain temps à
» l'air, ils ſe caſſent tranſverſalement, & la caſſure qui eſt très-luiſante, laiſſe
» voir très-diſtinctement les cercles de croiſſance comme ceux que l'on voit
» au bout d'un ſapin qu'on a ſcié, avec cette différence ſeulement qu'au lieu
» de cercles ce ſont des ovales concentriques ».

BOURGOGNE. (¹).

Comté d'Epinacq.

ENTRE Autun & Baune, à trois lieues de diſtance de l'un & de l'autre, près
de Nole, la mine de Charbon eſt fort peu enfoncée : la premiere veine qu'on
y a découverte, eſt une platture de ſept pieds d'épaiſſeur, & donnant du charbon de bonne qualité : c'eſt ce qu'en rapporte le Journal Œconomique de
Septembre 1756, p. 66.

A Guerſe, Seigneurie dépendante de Marigny, Paroiſſe de Banci, il y a
une carriere de *Pierres meulieres* (²), & une mine de Charbon, qui n'ont pas été
exploitées. Marigny eſt ſitué à une demi-lieue du Mont S. Vincent, à ſix
lieues de Charolles, à une lieue du grand chemin de Dijon à Charolles.

BRESSE

MEILLONAZ, à une lieue & demie de Bourg, à demi-lieue de Tréfort, de
Jaſſerou & de Ceyſeria.

LYONNOIS.

LE Charbon de terre eſt la ſeule richeſſe de quelques cantons de cette
belle Province, en particulier du territoire de *Gravenand*, de celui de *Mouillon*.

La matiere y eſt ſi abondante que ſix à ſept puits ſuffiſent aux beſoins de
la Province, d'où il s'en exporte encore par les ports du Rhône, Givors,
Condrieu & S. Rambert.

On diſtingue dans ces mines deux eſpeces générales de Charbon de terre.

On donne le nom de *Charbon Peyra*, qui vraiſemblablement veut dire
Charbon de pierre, à l'eſpece de charbon qui, lorſqu'on l'attaque dans la mine,
ſe détache en maſſes conſidérables, comme on détacheroit des pierres dans
une carriere ; il eſt luiſant à l'œil, léger au toucher, & ſonne clair quand on
le frappe.

On a donné le nom de *Charbon menu* au charbon tendre qui, à la différence
du précédent, ne peut ſe détacher comme lui en gros morceaux, mais ne
s'enleve qu'en moindres portions, ainſi que feroit de la terre dont les parties

---

(1) On a prétendu avoir trouvé du Charbon de
terre dans le Mâconnois aux environs de Cluny.
(2) *Voy.* le Mémoire très-curieux de M. Guettard, ſur ces pierres, la deſcription de leurs Carrieres, &c. Vol. de l'Acad. Roy. des Sciences.
An. 1758.

ne fe foutiennent pas affez pour pouvoir être enlevées en bloc ; ce qui pour-roit avoir donné lieu à la fauffe dénomination de *Charbon de terre* ; on l'appelle auffi *Charbon de Maréchal & de Forgeron.*

Enfin, ils ont une troifieme efpece de Charbon qu'ils nomment *Charbon grêle* ; on appelle ainfi celui qui eft entremêlé de cette *Arrête pierreufe* dont il a été fait mention, (Sect. VIII. Art. 2.) que les Houilleurs Liégeois appel-lent *Nerf* ; dans le Lyonnois on le nomme *Gorre* (¹), & les mines qui y font fujettes, font appellées *Veineufes* ; il s'en trouve qui font prefque moitié *Gorre*, moitié Charbon.

Les endroits d'où l'on tire le Charbon de terre dans le Lyonnois, font :

S. Genis Terre noire.

S. Martin la Plaine.

S. Paul en Yareft.

Rive de Giez, fur la petite riviere de Giez.

*S. Chamont, ou S. Chaumont fur le Giez, eft auffi connu non-feulement par la mine de Charbon qui s'y trouve, mais encore par les recherches fça-vantes que feu M. Antoine de Juffieu a faites fur les empreintes dont l'enve-loppe de cette mine eft chargée (²).

Ce fchifte feuilleté qui forme le fol & le toît du Charbon dans cet endroit, eft appellé *Schallet*, nom qui differe peu de celui que donnent les Anglois à l'ardoife charbonneufe de ces mines, *(Shall.)* *Voyez* Sect. XI. Art. 1. pag. 94.

DAUPHINE' (³).

DANS l'état général du Commerce de l'Europe, le Haut & le Bas Dauphiné font mis au nombre des endroits de la France qui ont du Charbon de terre (⁴).

HAUT DAUPHINE'.

Briançonnois.

DANS les montagnes voifines de Briançon on a ouvert depuis plufieurs an-nées une mine de Charbon de terre pour l'ufage des Troupes du Roi.

---

(1) Cette nervure qui altere toujours & amin-cit la veine, eft appellée par les Houilleurs de Charleroi *Veine. Voyez* p. 71.

(2) *Voyez* les Mémoires de l'Académie Royale des Sciences, an. 1718. p. 287.

(3) Chorier dans fon *Hiftoire du Dauphiné*, fait mention d'une efpece de minéral folide, com-mun dans cette Province, dont il y avoit des mi-nes abondantes à la Croix Haute, Paroiffe dont dépend la Terre de Lux, & dans une partie de fon territoire. Il ajoute qu'on venoit depuis quel-

ques années d'ouvrir auprès de Vienne une mine de ce minéral connu fous le nom de *Trabnech*, dont le commerce étoit très-avantageux. Il ne refte plus dans cette Province aucune trace de ce ver-nis minéral, qui fans doute étoit du genre dont on a parlé, pag. 148, note 4.

(4) *Voyez* le Dictionnaire du Commerce, Ar-ticle du *Dauphiné & de fa Généralité.*

L'année derniere on a découvert dans un en-droit nommé *Bofc*, une couche très-épaiffe de mauvais Jayet.

* Entre Cezanne & Seftriches, dans le même endroit où l'on trouve la craie de Briançon, à trois lieues de cette ville.

BAS DAUPHINE'.

* A Ternay, Election de Vienne, on avoit en 1747. des indices d'une mine de charbon, fituée au bout d'une plaine féche & aride qui fe termine par un vallon, dans le haut duquel elle a été attaquée.

PROVENCE(¹).

PRE's d'Aubagne, à Pepin, route de Marfeille.

Les montagnes de la Provence ont auffi de ces mines.

On en apperçoit fur les collines du Cap Couronne au Fort de Bonc, Principauté de Martigues.

HAUT LANGUEDOC (²).

ON connoît à Cramean ou Caramos près d'Alby, & dans la Généralité de Montauban des veines de Charbon, fur lefquelles il ne m'eft rien parvenu d'intéreffant.

Les Obfervations Lithologiques du Languedoc par M. l'Abbé de Sauvages (³), contiennent des détails intéreffants fur les mines de Charbon qui fe rencontrent dans le bas Languedoc, nous croyons faire plaifir au Lecteur en inférant ici tout ce morceau.

BAS LANGUEDOC.

» Ces mines regnent dans différents endroits de la chaîne de montagnes,
» qui s'étend depuis Andufe jufqu'à Villefort (⁴) & au village de Vergou-
» gnoux (⁵).

» Les principales & celles qui en fourniffent à prefque tout le Languedoc,
» font aux environs d'Alais, (fur la rive droite du Gardon) & du Château des
» Portes, (entre le Gardon & la Caze). Elles affectent toujours les endroits
» dont le terrein ou les rochers font une efpece de grez d'un grain quartzeux,
» grifâtre, irrégulier dans fa forme & dans fa groffeur, & dont on pourroit
» quelquefois fe fervir pour des meules à aiguifer. On trouve dans leur voifi-
» nage des Geodes & des Pierres d'aigle.

---

(1) Jayet dans les territoires de Peynier, Mazaugues, Forcalquier, & les dépendances de la Sainte-Baume, au terroir de la Roque.

(2) A l'endroit nommé *la Baftide del Peyrat*, il y a eu cinq mines de Jayet, auxquelles il y a eu jufqu'à 300 hommes d'employés; une autre à Auffone; & à deux lieues des Paroiffes de Campenes & de Baffenet, Jurifdiction de Goujeac,

des mines de Bitume, dont on tire du goudron, & dont on fait de l'afphalte.

(3) Mémoires de l'Acad. Royale des Sciences, an. 1747. pag. 700.

(4) Non loin de la fource de la riviere de Chalefac.

(5) Ce qui fait une étendue d'environ dix lieues en longueur.

» Les

« Les mines des environs d'Alais (¹) font ordinairement par veines, ref-
» ferrées entre deux rochers au fond d'un vallon. Le charbon y paroît entaffé
» fans aucune diftinction de lits : lorfque les veines aboutiffent à la fuperficie,
» le charbon eft altéré dans fa couleur & dans fa confiftance, jufqu'à une toife
» de profondeur : on ne tire d'abord que de la terre noirâtre. A mefure qu'on
» creufe, le grain devient plus ferme, d'un noir plus foncé & plus luifant :
» c'eft le charbon dont on fe fert pour les fours à chaux (¹).

    » Ces mines font toujours accompagnées de deux efpeces de fchiftes, connus
» parmi les Mineurs du pays fous le nom de *Fiffe*, qui fembleroit être un dérivé
ou une corruption du latin *Fiffilis*.

    » La premiere efpece de Fiffe qu'on appelle auffi les *Gardes du Charbon*,
» parce qu'elle lui eft immédiatement appliquée, & qu'elle l'accompagne
» par-tout, eft une pierre bitumineufe, mince, tendre & noire ; elle ne dif-
» fere de l'*Ampelitis* ordinaire, que parce qu'elle eft pliée ou ondée, & qu'elle
» a fouvent le poli & le luifant du *Jayet* travaillé.

    » Au-deffous de cette premiere *Fiffe* on en trouve une autre dont les couches
» font plus nombreufes & plus applatties ; c'eft une Ardoife feuilletée (³),
» tantôt noire, tantôt rouffe, & toujours fort groffiere ; elle fe diftingue prin-
» cipalement de la premiere par les empreintes végétales (⁴).

E A U X.

    » Quoique nos mines de Charbon foient à l'abri des eaux pluviales, el-
» les ne laiffent pas quelquefois d'être humectées par des fources bitumineu-
» fes (⁵), auffi anciennes peut-être que les mines, & qui font plus fréquen-
» tes à mefure que les mines font plus profondes. Les Ouvriers des mines en
» font fouvent incommodés ; mais ils affûrent qu'en revanche il n'y a pas de
» meilleur Charbon que celui qui eft dans le voifinage de pareilles fources (⁶) ».

    En traitant, (Sect. V. Art. 2.) des météores qui s'obfervent dans les mi-
nes de Charbon, j'ai renvoyé pour les détails phyfiques qui concernent les vapeurs fouterreines des Houillieres, aux Mémoires de M. l'Abbé de Sauvages
& de M. le Monnier le Médecin : ces morceaux ne feront point étrangers aux
Provinces dans lefquelles ont été faites les obfervations : le Lecteur curieux
de s'inftruire pleinement de cette partie des Mines, peut auffie recourir aux *Mémoires de l'Acad. R. des Sc. de Suede*, Tom. I. p. 252. (⁷), & au premier Volume

(1) M. Hellot indique quatre mines de Charbon dans le Marquifat d'Alais, & deux au Marquifat des Portes.

(2) J'ai un morceau de Charbon des mines
d'Alais, qui eft pyriteux.

(3) Dans le pays des environs de Beziers l'ardoife eft appellée *Laoufa* ; celle qui eft plus tendre & friable fe nomme *Laoufil.*

(4) Les Schiftes des mines de Charbon qui font
à S. *Jean de Vallerifcle*, Doyenné de S. Ambroife,
dont l'Auteur ne parle pas, font remarquables par

cette même circonftance.

(5) Ou vraifemblablement devenues telles en
traverfant les mines de Charbon. *Voyez* Sect. V.
Art. 1.

(6) Ce Charbon pourroit fe rapporter à celui
de la mine de Wedneyfbury dans le Staffordshire,
& à celui d'Ecoffe nommé *Springs-coal.* Voyez p.
107. & p. 115.

(7) Des exhalaifons mortelles qui fe trouvent
fouvent dans les mines de Sten-kol, par M. Martin Triewald.

de l'*Art des Mines*, ou *Introduction aux connoissances nécessaires pour l'exploitation des Mines métalliques*, par M. Lehmann ([1]).

TOUFFE.

» LES Mineurs ont à combattre quelque chose de plus dangereux qui les
» force souvent à abandonner entièrement un puits ou une gallerie, & à fouil-
» ler ailleurs, c'est une *Mouffette* ou un *Mephitis*, que les Ouvriers du pays ap-
» pellent *la Touffe*.

» La touffe de ces mines de Charbon est une exhalaison probablement très-
» chargée de parties volatiles de soufre & de bitume, qui n'est sensible ni à la
» vûe, ni à l'odorat : elle s'éleve à différentes hauteurs, du bas des puits ou des
» galleries : lorsqu'on y plonge une lumiere, elle s'y éteint presque subitement ;
» la vapeur semble se terminer sans nuances par le haut & sur les côtés, puis-
» qu'une lampe allumée posée dans certains endroits, ne souffre aucune dimi-
» nution dans sa lumiere, on ne fait que tourner la lampe sur elle-même ; ce qui
» fait trois ou quatre pouces de différence sur la place qu'occupoit la lumiere,
» & elle s'éteint.

» Lorsque la touffe ne s'éleve que fort peu au-dessus du sol, les Ouvriers
» n'en sont autrement incommodés que par un goût d'amertume qu'ils sen-
» tent à la bouche ; mais lorsque cette exhalaison gagne la *Charbonniere*, ils
» sentent un grand essoufflement, ils pâlissent, ils perdent la respiration, &
» ils y perdroient la vie, s'ils ne fuyoient au plus vîte, & s'ils n'étoient promp-
» tement secourus.

» La touffe qui se rencoigne communément au fond d'un puits ou d'une galle-
» rie, ou dans quelque trou, marque toujours, selon les Charbonniers, un fond
» de Charbon dans les endroits d'où elle sort ; car il ne s'en éleve jamais de ceux
» qui sont traversés à deux ou trois pieds de profondeur par un rocher ou par
» une couche de terre.

» Ce n'est au reste que dans le temps des chaleurs que la touffe se manifeste ;
» elle commence vers le mois de Juin, & elle dure jusqu'à la fin de Septem-
» bre ; de plus, il est rare d'en trouver même en été dans les mines qui sont
» exposées au Nord : tout semble indiquer que ces exhalaisons ne sont excitées
» par aucun feu souterrein qui les feroit élever en toute saison, mais seule-
» ment par la chaleur du soleil & de l'atmosphere : les Charbonniers se dé-
» livrent de la touffe lorsqu'ils peuvent pratiquer des soupiraux au haut de la
» mine, ou percer des contre-galleries ; ils établissent de cette façon un cou-
» rant d'air qui dissipe l'exhalaison à mesure qu'elle s'éleve ».

_____

(1) Traité des Mouffettes ou des exhalaisons pernicieuses qui se font sentir dans les souterreins des mines, traduit du Latin de Zacharie Theobald, & enrichi de remarques par M. Lehmann.

PARTIE SEPTENTRIONALE.

Quartier des Sevennes.

DANS le Bas-Languedoc, la pierre-à-fufil y eft connue fous le nom d'*Aubefoux.*

A une lieue de Vigan, on trouve cinq mines.

Paroiffe de Nefiez, dans les environs de Pézénas, entre cette ville & Clairmont, on a ouvert une mine qui n'eft pas éloignée d'endroits où il y a eu des Volcans ([1]). Au même endroit il y a une montagne où l'on trouve des cailloux tranfparents.

* Gabian, près la fource du Tongue, au Bas-Languedoc ([2]).

Le Mont Condour, près de *Bouffague,* renferme du Charbon de terre, des mines de plomb & d'azur.

QUERCY.

* S. Bolis.

Aux environs de Montauban, mal indiqué ci-deffus dans le Languedoc.

ROUERGUE ([3]).

* CRANSAC, ou Carenfac, entre Marfillac & Albin, près la petite riviere d'Elle, peu éloigné d'une mine d'alun & des eaux minérales; le vafte terrein appartenant au Marquis de Bournazel, dans la Communauté de Cranfac, n'eft, pour ainfi dire, qu'une mine de Charbon.

* Feumi.

A Severac-le-Caftel, fur une montagne, au bord de l'Aveiro, on a découvert depuis peu une mine de Charbon de terre qui eft très-remarquable : il fuffit de voir ce Charbon pour reconnoître qu'il eft très-riche en Vitriol Martial ([4]); il eft d'ailleurs très-pyriteux, fort fchifteux & un peu cuivreux. Plufieurs excellents Chymiftes l'ont analyfé.

HAUTE MARCHE DE ROUERGUE.

A Mas de Bonac, Election de Milhaud ou Millau.

BAS LIMOSIN.

EN Avril 1765. on en a découvert au village de Lafmais, Paroiffe de Bofmoreau, dépendant de l'Ordre de Malthe, à une lieue de Bourganeuf, Paroiffe du Palais.

---

(1) *Voyez* le Mémoire de M. Montet fur un grand nombre de Volcans éteints qu'on trouve dans le Bas-Languedoc, inféré dans le Volume de l'Académie Royale des Sciences pour l'année 1760. pag. 466.

(2) On y trouve auffi un bitume gras dont on fait du goudron.

(3) A Lavilanet, & à Levan, Diocefe de Mirepoix, Jayet.

(4) Ce Charbon n'eft pas le premier que l'on ait connu de cette efpece; celui de la mine de Berghlob, (Sect. IV. Art. 3.) en eft un exemple.

Dans les environs d'*Argental* élection de Brive.

Dans les environs de *Meymac*, élection de Tulle, c'est la feule dont on fasse une extraction abondante.

Paroisse de *Varets*, à peu de distance de Brive, il y en a une de bonne qualité, mais que l'on croit peu riche.

AUVERGNE.

Tout le fol de cette Province se ressent de la matiere fossile inflammable qui en compose presque généralement la masse ; on y trouve beaucoup de Pierres-ponces (1), de pierres noires, semblables à celles des Carrieres de Volvic ; par-tout on retrouve des traces de bitume. Tout ce détail curieux se trouve renfermé dans les Observations de M. Guettard & de M. Dutour sur la Minéralogie de l'Auvergne (2) ; mais c'est particuliérement dans la Limagne que les mines de Charbon font très-abondantes.

BASSE AUVERGNE OU LIMAGNE (3).

Le Charbon dans cette Province n'est pas disposé par veines ; ce font des mines en Masses, dont on a vû la définition, (Sect. VIII. Art. 2. & Sect. XIII. p. 137.) elles font traversées de temps à autre par des bandes schisteuses qui ne se continuent pas.

Au village de *Lampres*, Paroisse de *Champagnat*, Bureau de *Mauriac*, à cinq quarts de lieue de *Bort*, il y en a une mine qui est ouverte depuis long-temps.

Il s'en rencontre beaucoup le long de la Dordogne du côté de *Bort*, placé au confluent de la petite riviere appellée *Rue* ; mais elles y font très-négligées, & donnent peu de bénéfice. Les endroits remarquables par cette production, font ceux qui suivent :

Sauxillanges, à sept lieues de Clermont du côté du Sud.	*Frugere*.
	Anzon.
Salverre.	*Bofgros*.
Charbonniere.	* *Gros Menil*.
* *Sainte Fleurine*.	* *Fosse*.
Lande sur Alagnon.	*La Roche*.

Ces trois dernieres fournissent à Paris ; mais celles qui font les plus connues, & dont le rapport est le plus étendu, ce font celles des environs de *Bressager*, village dépendant de *Brassac*, près Brioude, sur l'Allier, à neuf lieues de Clermont-Ferrand.

---

(1) *Porus igneus lapidis Lithanthracis.* Waller. *Pumex.* Sued. *Keistein.* Pierre légere & poreuse, dont le tissu est quelquefois foyeux, & qui doit son état à des Volcans.

(2) Voyez les Mémoires de l'Académie Royale des Sciences pour l'année 1759.

(3) Au-dessous de Montpensier, mine de Bitume, de même qu'entre Clermont & Montferrand, sur une monticule nommée *Couëlle* ; on peut voir dans le Mémoire que je viens de citer sur la Minéralogie de l'Auvergne, la description de cette monticule & du puits de Pege, pag. 552.

Il y a

Il y a cinq mines, dont le Charbon est de différente qualité.

Une appellée *les Lacqs*, qui tire à deux puits.	La 3e. *Chambilleve*, un puits.
	La 4e. *les Gourds*, un puits.
La 2e. *la Mouilliere*, deux puits.	La 5e. *la Roche*, un puits.

Il y en a encore plusieurs autres, comme les Mines de la *Méchécote*, la *Leuge*, la *Mine Rouge*, la *Barate* & l'*Orme*, mais dont le Charbon ne s'envoie pas à Paris; il n'est propre qu'à cuire la chaux, d'où on l'appelle vulgairement *Chauffine*.

M. Guettard, dans son Mémoire sur la Minéralogie de l'Auvergne [1] indique entre Fontanes & la Motte un terrein de peu d'étendue, dont la superficie est d'une terre noire, mêlée de fragments de Charbon de terre.

L'exhalaison la plus commune dans les mines de Charbon, appellée par les Liégeois *Fouma*, *Mouffette*, & par les Anglois *Bad-air* c. à. d. *mauvais Brouillard*, (Sect. V. Art. 2.) n'est pas inconnue dans les mines d'Auvergne; cette vapeur y a été observée par M. le Monnier le Médecin, dont nous rapporterons ici les propres termes publiés dans les Mémoires de l'Académie Royale des Sciences [2].

DE LA POUSSE.

« Dans les grandes chaleurs de l'été, les culs-de-sacs, les puits de des-
» cente & les galleries sont souvent remplis d'une vapeur appellée *la Pousse*,
» & qui devient quelquefois funeste aux Ouvriers qui travaillent aux mines :
» elle n'y regne jamais avec tant de violence que dans les plus grandes cha-
» leurs, & alors il faut absolument cesser les travaux de la mine ; on y cour-
» roit risque de la vie.

» La nature & le cours de la pousse présente des phénomenes bien singu-
» liers ; elle s'éleve de cinq à six pieds dans les culs-de-sacs, elle passe rare-
» ment deux pieds dans les galleries, souvent elle rampe à terre, & s'éleve
» à peine de six pouces : un Mineur me conduisit une fois dans un coin au
» bas d'un puits, où il ne paroissoit pas y avoir de pousse, il fit un trou qui
» avoit à peine neuf pouces de profondeur, il en fut aussi-tôt rempli. Elle n'a-
» bandonne pas ordinairement le parterre des galleries ; mais j'ai été fort sur-
» pris d'en trouver une lame épaisse d'un pied & demi, qui traversoit une gal-
» lerie, en sorte que le haut & le bas de cette gallerie étoient absolument vui-
» des de cette pousse.

» Elle ne présente rien à la vûe, au toucher, ni à l'odorat ; elle n'est point
» inflammable ; on n'apperçoit non plus aucune humidité ; on ne descend ja-
» mais dans les mines sans avoir plusieurs lampes allumées : aussi-tôt que la
» lampe est dans un endroit où il y a de la pousse, elle s'éteint comme elle

(1) Mémoires de l'Académie Royale des Sciences, année 1759.
(2) A la suite de la Méridienne de Paris, année 1740.

» feroit, fi on la mettoit fous le récipient de la machine pneumatique. La viva-
» cité & la promptitude avec laquelle la lampe s'éteint, fait juger de la force
» ou de la qualité de la pouffe ; & en promenant cette lampe fuccefﬁvement
» en différents endroits, on détermine fon étendue & fa direction. On a grand
» foin quand quelqu'un defcend dans les puits, de regarder avec attention la
» lumiere de la lampe que tient celui qui defcend, & on ne manque pas de
» retirer la corde auffi-tôt qu'on l'apperçoit s'affoiblir ou s'éteindre. Ceux qui
» vont dans les galleries dans les temps où on craint la pouffe, portent tou-
» jours une lampe en avant, & dès qu'elle s'éteint ils ceffent d'avancer, &
» viennent la rallumer à d'autres qui font fixées d'efpace en efpace pour cet
» ufage ».

Le Phyficien dont nous communiquons en entier les obfervations, (ré-
fervant pour la feconde Partie de cet Ouvrage les expériences qu'il a faites
pour mettre les Ouvriers à l'abri de ces inconvéniens) « regarde cette va-
» peur comme du genre de celles qui ont la propriété de fixer & de détruire
» l'élafticité de l'air, telles que celles qui s'élevoient des caves du Boulanger
» de Chartres, dont il eft parlé dans l'Hiftoire de l'Académie, année 1710 :
» telles que font encore celles qui s'élevent du charbon de bois allumé, qui
» fuffoquent ceux qui en brûlent dans des lieux étroits & bien fermés : enfin
» celles de la vapeur d'une chandelle, d'une méche de foufre & d'une infi-
» nité d'autres matieres qui tuent fur le champ les animaux qu'on y enfer-
» me. Du moins la conformité des effets de la pouffe avec ceux que produit
» la vapeur des matieres dont je viens de parler, femble autorifer ce fenti-
» ment : cependant je ne fçaurois diffimuler que l'air dans lequel fe trouve la
» pouffe, m'a paru avoir autant de refforts que celui qu'on refpire dans la
» mine ; car y ayant mis mon barométre, j'ai trouvé la hauteur du mercure
» dans la pouffe de 26 pouc. 8 lig. 7 douziemes, tandis qu'au haut du puits
» de la forge il n'étoit fufpendu qu'à la hauteur de 26 p. 6 lig. 7 douziemes.

» De plus, le thermometre qui au haut du même puits de la forge étoit dans
» l'air libre à 22 deg. au terme de la congélation, n'étoit plus qu'à 16 un
» douzieme au fond de la mine & dans la pouffe : ainfi la plus grande élé-
» vation du mercure dans le barometre, & le plus grand abbaiffement du
» thermometre prouvent que l'air dans lequel nâge la pouffe, eft plus denfe
» que l'air extérieur.

» Voici maintenant les expériences que j'ai faites pour détruire cette va-
» peur ; elles font fondées fur une conjecture qu'elle détruit l'élafticité de l'air.
» J'ai fait defcendre un bon réchaud de feu avec une bouteille de vinaigre ;
» j'ai fait mettre ce réchaud dans un cul-de-fac où il y avoit beaucoup de
» pouffe ; & comme le feu s'en éteignoit rapidement, je me preffai de ver-
» fer quelques cuillerées de vinaigre qui acheverent de l'éteindre, & ne diffi-

» perent point la pouſſe : elle me parut, quand j'y mis la lampe, preſque auſſi
» vive qu'avant que j'y euſſe fait mettre le réchaud. Je remontai à terre, & je
» fis allumer de groſſes mottes de Charbon que j'enfermai dans une cage de
» fer ; je fis auſſi rougir à la forge une douzaine de gros cailloux, & je pris des
» morceaux de toile à faire des ſacs, avec une bonne proviſion de vinaigre.
» Dès que je fus arrivé en-bas avec tout cet appareil, j'allai à un endroit où il
» y avoit de la pouſſe : après avoir fait l'eſſai avec la lampe, j'y jettai deux
» ou trois de mes pierres enveloppées dans de la toile imbibée de vinaigre :
» il s'éleva auſſi-tôt une vapeur épaiſſe d'une odeur forte de vinaigre, que
» j'eus ſoin d'entretenir en y verſant quelques autres cuillerées. Quand je re-
» mis la lampe, ſa lumiere ſe conſerva très-vive & ſans s'éteindre : j'allai faire
» la même expérience à divers endroits ; elle me réuſſit de même, & j'en chaſ-
» ſois la pouſſe aſſez promptement ; mais au bout d'une heure & demie, quand
» je vins à l'endroit où j'avois fait la premiere expérience, je trouvai qu'elle
» commençoit à revenir, & le lendemain il y en avoit autant que la veille,
» avec cette différence ſeulement qu'elle paroiſſoit moins vive ; j'ai projetté
» du tartre en poudre ſur des charbons ardents que j'avois mis dans la pouſſe,
» la fumée qui s'en eſt élevée a détruit la pouſſe : mais elle eſt pareillement re-
» venue au bout d'un certain temps. Je crois qu'on trouvera toujours cet in-
» convénient, quelque matiere qu'on emploie pour diſſiper cette vapeur :
» ſçavoir qu'on chaſſera bien celle qui eſt préſente, mais qu'on ne pourra pas
» empêcher qu'il en revienne d'autre à la place. Comme je n'avois pas dans
» ce village quantité d'autres choſes que j'aurois pu éprouver, je m'en ſuis
» tenu à ces expériences ».

FOREZ.

Le Charbon de terre eſt connu dans cette Province depuis fort long-temps.
Guillaume & Jean Blaeu (¹) remarquent près de Saint-Etienne de Furen ou
de Furand, trois montagnes qui jettoient du feu ; l'une de ces montagnes y
eſt appellée *Mine* ; l'autre, *Viale* ; & la troiſieme, où ſe trouvent des Charbons
de terre, *Bute*.

Ce volcan entretenu ſans doute par ce foſſile bitumineux, a produit ſur la
ſurface de ce quartier des changements conſidérables.

Deux petites buttes qui ſe voient attenant *Fougerolles*, ne formoient autrefois qu'une ſeule montagne ; un embraſement ſouterrein l'a ſéparée en deux,
lorſque le Charbon qu'elle renfermoit a été conſumé.

Les mines de Charbon du Forez ſe trouvent dans la Partie ſituée au Midi,
nommée le HAUT FOREZ.

La nature du pays qui eſt montagneux exempte l'exploitation de cette matiere de l'aſſujettiſſement & des précautions que l'Art des Mines exige ordi⊣

(¹) Le Théâtre du Monde, ou nouvel Atlas. *Amſterdam.* cɪɔ ɪɔ cxlvɪɪ. II. Part. p. 29.

nairement dans ces fortes d'ouvrages ; ces montagnes percées dans le flanc, donnent tout simplement issue aux eaux qui embarrasseroient les fouilles, & facilitent l'extraction du Charbon.

Dans les fonds on ne peut pas s'y prendre de la même maniere ; mais le Charbon y est si abondant qu'on ne s'attache qu'à enlever celui qui se présente superficiellement, & qu'on en reste-là quand les eaux commencent à gagner ; & en général, une fouille est dans ce pays abandonnée presque au même temps qu'elle est entamée : le nombre des mines dont on tire le Charbon par des puits, est fort peu considérable ; il s'extrait par des fosses qu'on prolonge horisontalement en suivant les veines : il s'en rencontre plusieurs les unes sur les autres, & plus ou moins enfoncées : quelques-unes sont presque à la surface de la terre ; il en est dans lesquelles on n'arrive au Charbon qu'après avoir creusé jusqu'à 22 toises ; mais celles-là sont rares.

Leur marche est en *planure*, ou à *pendage de plature*.

Les mines de Charbon de terre du Forez, vulgairement appellées *Carrieres*, sont très-abondantes autour de Saint-Etienne, dont le territoire peut être regardé comme le centre des mines de cette Province.

Elles embrassent une longueur de terrein d'environ six lieues du Levant au Couchant, occupant un vallon dont la plus grande largeur, c'est-à-dire, du Midi au Nord, ne va pas à une lieue.

Les matieres pierreuses ou solides ne paroissent dans cette Province être distinguées qu'à raison de leur situation, au-dessus ou au-dessous des veines.

Les Ouvriers appellent le *Faîte* ce qui forme le banc du ciel, c'est-à-dire, le dessus de la veine, & ils nomment *Coulé* la partie sur laquelle porte la veine.

Les especes de petits nerfs qui se trouvent mêlés avec la veine s'appellent *Gor*, (*V*. Sect. VIII. Art. 2. V. aussi page 151.) nom qu'ils donnent communément aux matieres qui forment la croûte ou la superficie des mines, dont ces nerfs sont un mélange.

Dans les environs de Saint-Etienne, entre cette ville & le village de Saint-Rambert, on connoît une carriere de Charbon à Montsalson.

Les plus remarquables *Carrieres* de Charbon des environs de S.-Etienne, sont :

Au *Treuil*, qui est le seul endroit de tout le pays où l'exploitation se fait par un puits.

A *Monthieu*, où il y a deux fosses.

A *Terre-noire*, une fosse.

A *S. Jean de Bonnefond*.

A *Villars*, où il y a deux fosses.

Au *Bois Montsier*, deux fosses.

A *Roche la Moliere*, trois fosses.

A *la Béraudiere*, deux ou trois fosses.

A *la Rica Marie*, trois fosses.

Aux environs de *Chambon*, sur le chemin de Saint-Etienne, où il y a eu pendant long-temps un incendie souterrein, trois fosses.

A *Firmini*, deux ou trois fosses.

A *S. Germain l'Erpt*, 2 ou 3 fosses.

* *Crémeaux*, huit mines.

BOURBONNOIS.

La mine de cette Province qui fournit Paris depuis plus d'un siécle, est dans la terre de Fins, Paroisse de Châtillon, Généralité de Moulins, à quatre lieues environ de cette ville. Il y a dans cet endroit quatre puits de mine.

Le Journal Œconomique de Septembre 1756. pag. 66, dit que les veines sont de *Droiture* & ont cinq pieds d'épais; elles *soppent* à la superficie du sol, & s'enfoncent au-delà de 40 toises en terre.

Depuis quelque temps on a ouvert, à une demi-lieue plus près de Moulins que celle de Fins, une mine de Charbon. L'endroit où elle est située est dans une terre appellée *Noyant*, sur la route de Limoges.

Le Charbon de cette mine est en beaux morceaux très-solides, séparés seulement de distance en distance par des feuillets considérables d'un très-beau spath.

NIVERNOIS.

Celles-ci sont situées autour de *Decize*, Généralité de Moulins, dans une montagne sur la Loire, où il y en a deux en exploitation.

Avant d'entrer dans aucun détail j'observerai qu'on rencontre dans cet endroit une substance minérale & un demi-métal, sçavoir, dans le voisinage du Charbon une mine d'Antimoine solide, renfermée dans une ocre sulphureuse : il s'en voyoit un échantillon dans le Cabinet de M. Davila.

A Decize on trouve aussi une espece d'*Alabastrites*, ou de *Pierre à Plâtre* clair & transparent, marqué de fibres ondoyées; il a une légere teinture de rouge, comme l'alun de Rome, & il conserve cette couleur après qu'il a été calciné.

Les deux especes de mines, dont il a été parlé, (Sect. VIII. Art. 1.) l'une réguliere, & l'autre irréguliere, (ou par fragments) peuvent s'observer à Decize.

On connoît jusqu'à quatre ou cinq veines régulieres, les unes au-dessus des autres, courant parallélement ou de front, ayant depuis dix jusqu'à vingt toises de distance les unes des autres latéralement.

Communément elles viennent *sopper au jour*, ou depuis deux jusqu'à six pieds à la surface, suivant la situation du lieu : on dit alors que le Charbon *souffle* ou *prend vent*; mais il n'est bon que lorsqu'on parvient à son enfoncement de quatre ou dix toises de profondeur, selon la richesse de la mine, ou la qualité du terrain.

Leur enveloppe est communément de deux à cinq pieds d'épaisseur, quelquefois de la même épaisseur que la veine; elle est aussi plus ou moins compacte & formée de deux substances : l'une est une terre douce, entremêlée de bandes qui augmentent son épaisseur particuliere; on la nomme *Beaume*;

on y remarque des couches fur lefquelles font imprimés des débris de fou-gere, on les nomme auffi *Fougeres* ; ces deffeins y font regardés, ainfi que l'eau teinte en jaune, comme une preuve certaine que la veine n'eft point éloignée, & que le charbon eft de bonne qualité.

La feconde matiere qui compofe l'enveloppe des veines n'eft pas terreufe, c'eft une efpece de *Grez* comme *pourri* ; on l'appelle *Grez* : il ne fe rencontre pas toujours, mais le charbon eft conftamment placé entre deux *Beaumes*, ou entre une *Beaume* & du *Grez* ; la *Beaume* au-deffous de la terre, toujours la pre-miere, & au-deffus du charbon.

Les veines de Decize font pour l'ordinaire des *planures*.

Quelques-unes ont jufqu'à 2 pieds de pente par toife, d'autres un peu plus. Leur épaiffeur eft depuis deux jufqu'à cinq pieds.

Les mines amoncelées en maffes, ou en bouillons (¹), appellées *Veines ir-régulieres*, c'eft-à-dire, qui ne font pas entiérement continues, font mêlées de beaume & de grez, tantôt de l'un, tantôt de l'autre feulement, mais com-munément entre ces deux fubftances (²) : la qualité du Charbon n'en eft pas d'une moindre qualité, fi d'ailleurs la veine eft de bonne efpece.

Le Charbon du Nivernois eft très-pyriteux, à en juger par les effloref-cences qui fe produifent à fa fuperficie ; c'eft la raifon pour laquelle il eft très-fujet à prendre feu fpontanément dans les magafins où il refte long-temps amaffé, faute de confommation. *Voyez* Sect. IV.

A deux lieues de Decize, au-deffous des deux mines précédentes fur le même côté, & en fuivant le cours de la Loire, à *Druy*, il y a auffi une mine de Charbon, mais qui n'eft pas exploitée.

GÉNÉRALITÉ DE TOURS.

Election de Saumur.

★ *S. Georges.*

L'étendue de ce terrein où fe trouvent les veines, eft d'environ une lieue de longueur, & d'une portée de fufil de largeur.

★ *Paroiffe de Courfon.*	★ *Chaudefonds.*
★ *S. Aubin de Lugnié.*	★ *Chalonne.*

On prétend que tout le Charbon de terre de cette Province donne cinq grains d'or par quintal : M. Hellot remarque très-bien que cela ne lui eft pas particulier ; on en a vû un exemple, Sect. XIII. pag. 139.

Les Veines de l'Election de Saumur ont environ cinq pieds d'épaiffeur fur trois pieds de large, & font accompagnées latéralement d'une terre noire caillouteufe.

---

(1) Les Efpagnols appellent ces mines *Som-brero.*

(2) Les Efpagnols donnent aux rochers parmi lefquels fe forment les mines, ou la pierre qui tou-che immédiatement les veines, le nom de CAXAS, *Chambre, Boëte.*

Dans cette partie, c'eſt-à-dire, ſur les côtés de la veine, le Charbon eſt d'une moindre qualité que celui du milieu.

La ſuite en eſt quelquefois interrompue par des *Kreins* qui s'étendent plus ou moins, & qui varient de même dans leur épaiſſeur ; ce qui fait que quand les Ouvriers en rencontrent ils abandonnent l'ouvrage pour aller travailler ailleurs, à moins qu'ils ne préſument que ce *Trouble* n'a que peu d'épaiſſeur.

Le *Téroulle* conduit à 18 pieds de profondeur, à une eſpece de Charbon qui n'eſt pas encore de bonne qualité, & qu'ils nomment *Houille*, mais qui eſt un indice du bon Charbon que l'on atteint à 15 ou 20 braſſes, & qui devient toujours meilleur à meſure qu'on avance davantage.

ANJOU.

* *Montjean ſur Loire.*

* *Noulis.*

Doué, Election de Saumur.

MAINE.

FEU M. Hellot en traitant de l'eſſai des mines d'Alun (1), fait expreſſément mention d'une mine de Charbon de terre près Laval : je l'ai donné d'après ce témoignage pour exemple des mines qui fourniſſent un charbon alumineux. *Voyez* Sect. IV. Art. 3. Malgré les recherches les plus exactes il m'a été impoſſible de parvenir à avoir connoiſſance de l'endroit où étoit ſituée cette mine, qui peut-être a été abandonnée après avoir été trouvée, mais qui aujourd'hui n'eſt point connue dans ces cantons.

HAUTE BRETAGNE.

A *Nord* ; ſur la petite riviere d'Ordre près Saffri.

A *Vielle-Vigne*, ſur la petite riviere d'Ognon, près de Montaigu, confins du Poitou.

La mine la plus connue dans la Bretagne eſt à *Montrelais* ou *Chapelle Montrelais*, nommée quelquefois *Mine d'Ingrande*.

Ce terrein qui n'eſt pas embarraſſé de rochers, renferme pluſieurs bancs de Charbon ; dans certains endroits on compte juſqu'à cinq à ſix veines, ſans quelques autres qui ne méritent pas les frais de l'exploitation : ces veines ſont, à peu de choſe près, paralleles, & à peu-près dans la direction du Nord-oueſt ou Sud-oueſt ; elles ſont toutes preſque roiſſes : leur inclinaiſon eſt de 75 à 80 dégrés, leur épaiſſeur eſt depuis un pied & demi juſqu'à trois pieds & demi ; elles ſoppent à 5 ou 6 pieds de la ſuperficie.

---

(1) Eſſai des Mines & des Métaux, ou de la Fonte des Mines, des Fonderies, &c. traduit de l'Allemand de Chriſtophe-André Schlutter, aug- menté par M. Hellot de l'Académie Royale des Sciences. *Paris.* 1750. *in-4°.* Tom. I. chap. 20, p. 260.

Je me fuis affuré de ces circonftances par M. de Borda, de l'Académie Roy. des Sciences, & Ingénieur ordinaire du Roi.

Le Charbon y eft entrecoupé la plûpart du temps par ces bandes de fchifte groffier, appellées dans les Houillieres de Liege *Nerfs*, dans celles de Charleroi *Veines*, dans le Lyonnois, dans le Forez, *Gorre*. Elles font plus ou moins épaiffes, plus ou moins étendues, & dans les mines de Montrelais elles font nommées comme dans le Haynaut François *Caillettes*.

On y appelle indiftinctement *Krein* toute défectuofité, toute efpece de nœud qui fe fait remarquer dans le fol ou dans le toît, dont ces efpeces de loupes rendent l'épaiffeur inégale. *Voyez* Sect. VII. Art. 4.

La continuation d'une veine après une interruption, comme on a vû qu'il en furvient à l'occafion d'une faille, ou autre obftacle qui fépare en entier une veine, eft nommée *Relai. Voyez* Sect. VII. Art. 5.

BASSE NORMANDIE.

Beſſin.

La mine de Charbon de cette Province eft à Littry (¹), peu éloigné du chemin de Bayeux à S. Lo, derriere la Forêt de Cerify : elle a cela de particulier, que le Charbon eft fous un lit de mine de fer ; il eft à propos d'être averti à ce fujet que la Normandie eft une des Provinces de France, dans laquelle il fe trouve une plus grande quantité de mines de Fer.

Elles occupent pour la plûpart une affez grande étendue de terrein ; généralement elles font très-fuperficielles, & n'annoncent aucun ordre dans leur difpofition.

A deux lieues de Caën, près de l'Abbaye de Fontenay-fur-l'Orne, il s'en trouve une qui à l'extérieur ne paroît pas différente de celles qui abondent dans la Province, & qui cependant eft très-particuliere.

Le roc dur connu dans toutes les mines de Charbon, & que les Houilleurs Liégeois nomment *Grez*, dont j'ai donné la defcription, (Sect. VII. Art. 2.) qui eft une pierre graveleufe ou un *granit* décompofé, de l'efpece appellée par M. Guettard *Pierres de Sel* ou *Salieres* (¹), eft nommé dans la mine de Littry *Coirelle* ou *Quoirelle*, de même que dans les Houillieres du Haynaut François. *Voyez* page 147.

Feu M. Hellot, d'après les expériences qu'il avoit faites fur le Charbon de Littry, penfoit qu'il ne cede en rien à celui d'Angleterre ; fur quoi je crois devoir renvoyer ici à la Sect. VIII. Art. 2. & Sect. IX. où il a été obfervé que dans le trajet d'une veine le Charbon eft non-feulement d'une nature différente,

---

(1) A trois lieues de-là, dans un endroit appellé *Moon*, fur la riviere d'Elle, on trouve du Jayet; & des carrieres d'Ardoife à Planquery, à peu de diftance du grand chemin de Caën à S. Lo.

(2) Mémoires de l'Académie Royale des Sciences, année 1763. p. 80.

mais

mais encore, que dans l'épaiſſeur de la veine les couches elles-mêmes ſont variées. V. Sect. IX. de maniere qu'on y rencontre pluſieurs ſortes de Charbons :
de-là il ſuit clairement que ſi l'on veut bien juger d'une mine, il faut en
voir les magaſins, ou une très-grande maſſe ; ce n'eſt que de cette façon qu'il
eſt poſſible de juger de la quantité de matieres hétérogènes dont la mine eſt
plus ou moins ſurchargée, tandis que des morceaux pris au haſard, ou choiſis
à la main, peuvent induire en erreur.

Un de nos Lithographes à qui nous devons beaucoup pour les progrès de
cette partie de l'Hiſtoire Naturelle, (dans un de ſes Mémoires ſur la Minéralogie des environs de Paris (¹)) indique des mines de Charbon ouvertes
du côté de Valognes : c'eſt à l'occaſion de maſſes globuleuſes, preſque ſphé-
riques, de marbre noir, de plus d'un pied de diametre, faiſant partie du Cabinet de S. A. S. M. le Duc d'Orléans, & qui ont été données pour venir de
ces mines de Charbon.

Un ſéjour de ſix mois que j'ai fait en **1756**. à Valognes pour le ſervice des Hôpitaux militaires des Camps de la Hougue & de Cherbourg, m'a mis à même
de connoître particuliérement, non-ſeulement la Preſqu'iſle du Cotentin dont
Valognes eſt avec la ville de Carentan l'endroit principal, mais auſſi tous
les petits quartiers qui lui ſont contigus. Je puis aſſûrer qu'il n'y a en Baſſe
Normandie d'autre mine de Charbon que celle de Littry, dont le même
Auteur fait mention dans le Volume de **1763**, de maniere à faire penſer que
les environs de Valognes ont auſſi du Charbon.

PICARDIE.

Partie Septentrionale. Boulonois (ᵃ).

 * En 1739, on découvrit une mine de Charbon de terre dans la Paroiſſe
d'Ardingheim proche Boulogne.

 * Une autre dans la Paroiſſe de Rethi, dont le Charbon eſt très-bon pour
les Briqueteries, les Fours à chaux & l'uſage des Maréchaux.

ISLE DE FRANCE (³).

Confins de Picardie.

En 1740, près du Couvent des Chartreux de Noyon, à environ un quart
de lieue de la riviere d'Oiſe, on découvrit une mine de Charbon de terre :

---

(1) Volume de l'Académie Royale des Sciences de Paris pour l'année 1764. p. 506.
(2) A une portée de fuſil de *Marſaux* en Champagne, près de Courtagnon, village connu de
tous les Naturaliſtes & de tous les Amateurs, on
voit deux puits de 200 pieds de profondeur, dont
on aſſure avoir tiré un peu de Houille.

(3) M. Hellot, *pag.* 2. de ſon Etat des Mines
du Royaume, dit que près de Villiers-ſur-Morin,
(Haute Brie) à une lieue de Crecy, on a tiré du
vrai Charbon de terre ; qu'on en a remarqué des
indices à Bazemont près de Mante-ſur-Maudre,
(au deſſous de Mante-la-Jolie,) autrement appellée *Mantes-ſur-Seine* & au village de Boiſſe

la Société qui exploite le Charbon de terre à Valenciennes, après avoir examiné celui de Noyon, obtint un Brevet pour le faire exploiter ; les Chartreux en ont enfuite obtenu le Privilége excluſif, dont ils ne font point uſage.

A Candor, ſuivant la même chaîne de montagnes, il y en a auſſi.

Tout nouvellement on vient d'en trouver dans une terre de M. le Marquis d'Eſtourmel, nommée *Fretoy*, à deux lieues & demie de la riviere d'Oiſe.

La mine eſt ſituée à peu de diſtance d'une ſource d'eau ferrugineuſe, trèsabondante, près d'une pente aſſezroide, qui a au moins 80 pieds de hauteur.

Les ſubſtances terreuſes qui précedent la veine, & dont M. Sage m'a procuré des échantillons, font, une Marne griſe de ſix pouces d'épaiſſeur, pareille à celle décrite à l'Article des Houillieres du pays de Liege, où on la nomme DIEILLE, DERLE. *Voy.* Sect. VII. Art. 1.

Une Argille ocreuſe, de la nature du TORTEY DEL DIEILLE des Liégeois, *ibid.*

La couche ſchiſteuſe qui couvre le Charbon de terre, a à peu-près trois pieds d'épaiſſeur ; elle devient plus compacte à meſure qu'elle eſt enterrée plus profondément.

Parmi ces couches on en trouve une ſemblable à celle qui eſt connue près de la ville de Laon en Picardie, citée dans la reſtitution de Pluton, comme terre d'Ambre jaune, dont M. d'Argenville (¹) fait mention par rapport aux parcelles de mauvais ſuccin qui y font mêlées, & qui, au rapport de M. Hellot, ne differe pas de celle qui a été trouvée (²) « en 1733 & en 1734 aux » Côtes dites *les Marais ſous le Chaînet*, dépendant de la Paroiſſe de S. Martin» la-Garenne : quelques morceaux en furent éprouvés avec aſſez de ſuccès par » le Maréchal du lieu ». Cet eſſai donna vraiſemblablement lieu à la fouille qui fut faite en 1748, mais cette tentative n'a eu aucune ſuite.

Le même Sçavant, dont je donne le texte, « regardoit comme la même une » terre pyriteuſe, trouvée en 1735 dans la Faiſanderie de l'Iſle-Adam, en fai» ſant conſtruire un puits ; cette terre brûloit, & par la diſtillation a donné la » même liqueur inflammable qu'on retire du Charbon de terre ».

Quoique les terres bitumineuſes, ſulphureuſes ou vitrioliques, n'ayent avec la Houille rien de commun que leur origine, qu'elles ne ſoient pas plus un indice du Charbon de terre, que les eaux minérales ferrées, les vapeurs qui s'exhalent de l'intérieur des mines au-dehors, les racines des plantes qui croiſſent ſur leurs ſuperficies, & autres dont l'inſuffiſance eſt évidente ; (*Voyez* Sect. V.

(plaine de Meulan-ſur-Seine) ſur la même côte de la Paroiſſe de Flins ; c'eſt en effet une tradition du pays très-ancienne. Il y a une douzaine d'années qu'une compagnie y fit une fouille, juſqu'à environ 600 pieds de profondeur. Parmi les différentes couches que j'en examinai, j'y remarquai une Argille jaune & ſeche, une couche de Craye, des Coquilles d'huitres & de Cames, des Pyrites, une terre noirâtre légere, d'un tiſſu lâche, mêlée de Cryſtaux de vrai gypſe ; cette terre en s'allumant donne une odeur de tourbe ; elle ſe conſume lentement & laiſſe des cendres du plus bel ocre rouge qui ſe puiſſe.

(1) *Enumeratio Foſſilium quæ in omnibus Galliæ Provinciis reperiuntur Tentamina.* Pariſ. 1751. p. 11.

(2) Fonte des Mines, des Fonderies, &c. traduit de l'Allemand de Chriſtophe-André Schlutter, 1750. *in-4°.* Tom. I. p. 2. par M. Hellot.

Art. 1. & Sect. VI.) cependant cette terre combustible mêlée dans les couches de la mine de Charbon de Fretoy, fera examinée ici dans un certain détail, comme composant une étendue de terrein considérable, & ne se trouvant pas seulement dans les environs de Noyon.

La seule vûe de ces deux terres décide qu'il n'y a absolument entre elles aucune différence : j'avois fait venir beaucoup de celle de Laon ; il paroît qu'elle est abondante dans les environs de cette ville, car il s'en trouve non-seulement à l'Abbaye du Sauvoir, au bas de la montagne de Laon, mais encore à Morgny qui en est à trois lieues, à Pinon distant de cette ville de quatre lieues, à Cessiere, à Foucoucour, au village de Bedurain situé au Sud-est de Noyon ([1]) : cette couche s'étend donc fort au loin, & vraisemblablement du côté de S. Quentin.

Sa couleur est plutôt brunâtre que noire, on n'y apperçoit absolument aucun vestige du regne végétal ; le Charbon de terre provenant de la Houilliere de Bonne-Espérance près de Condé, a lorsqu'il est nouvellement sorti de la mine, le même coup-d'œil brun qu'il conserve long-temps après.

J'en ai reconnu deux especes ; l'une très-compacte, difficile à briser & à mettre en morceaux, quoique gercée dans sa masse.

L'autre plus terreuse, qui se trouve placée dans l'eau, formant une veine distincte de la premiere.

Celle-ci soumise à l'action du feu y devient rouge comme un charbon ; tirée du feu elle se dérougit assez promptement, exhalant une odeur subtile de soufre jusqu'à ce qu'elle soit refroidie, & alors elle est devenue absolument semblable à un morceau de brique cuite, bien solide, dans lequel on distingue les différentes molécules qui entroient dans sa composition.

La seconde se réduit en poudre au soleil, à l'air & à la gelée ; elle présente des effets différents dans le feu ; il lui faut plus de temps qu'à l'autre pour rougir, elle conserve sa chaleur l'espace de plus d'une demi-heure, en exhalant pendant ce temps une odeur très-marquée d'*Hepar sulphuris*, & finit par se réduire en terre, dont le goût est sensiblement vitriolique, & dont la couleur de rouille sale annonce la nature de la pyrite qu'elle contenoit.

M. Sage, connu par plusieurs Mémoires intéressans sur la Chimie, a examiné avec beaucoup de soin la terre de Baurain ; il en a communiqué l'année derniere à l'Académie l'analyse que l'on peut, sans hésiter, appliquer à la terre de Laon, & qui démontre que cette substance est martiale, sulphureuse & vitriolique ; ce dernier principe y domine au point que la cendre de cette terre donne près de vingt livres de vitriol par quintal.

---

(1) Celle de Baurain est désignée dans M d'Argenville, *pag.* 10.

H. Hellot rapporte qu'en 1736. une Compa-gnie avoit fait dans une étendue de deux lieues en circuit des fouilles qui n'ont eu aucune suite avantageuse.

PRECIS fervant d'éclairciffement fur les impreffions curieufes qui fe remarquent dans l'enveloppe des Veines de Houille.

En parcourant les defcriptions que l'on a fait entrer dans cet Ouvrage, on doit fe rappeller qu'un très-grand nombre de ces mines au milieu d'une multiplicité prodigieufe de fubftances minérales, renferment des empreintes curieufes qui font affez diftinctes & affez remarquables, pour avoir mérité de la part des Ouvriers des dénominations particulieres : ceux d'Angleterre les défignent par les expreffions Branched-clift, Arborescents-marchassits, Thorny-clift (¹) ; ceux du Comté de Namur appellent les pierres qui ont cette fingularité, Caillou fleuri. &c. V. le Catalogue Alphabétique.

Il eft affez vraifemblable qu'une partie de nos Lecteurs, en remarquant qu'il eft très-ordinaire de rencontrer de ces deffeins fur la partie des mines qui fert de toît aux veines, ait défiré quelque détail à ce fujet ; on s'eft contenté, à tous les endroits où il s'en trouve, d'en faire mention, après avoir prévenu en général que ces efpeces de deffeins ou gravures, nommés par les Naturaliftes *Phytotypolithes, Phytobiblions,* (lorfqu'on les rencontre en faifant une fouille) annoncent le voifinage du Charbon de terre : l'expérience à laquelle dans les Arts on ne contefte jamais l'avantage fur les raifonnements & fur les vraifemblances les plus démontrées, exclut abfolument pour la partie des mines de Charbon de terre, les fignes dont il a été parlé, (Sect. VI.) que la plûpart des Auteurs ont voulu adapter aux mines de Charbon de terre ; les indices qui font la matiere d'un chapitre de l'Ouvrage curieux de Gabriel Plattes (²), ne font pas davantage marqués au fceau de l'expérience ; les feuls & véritables fignes qu'un terrein renferme du Charbon de terre, & même de la bonne qualité de ce foffile, font à la fuperficie, la vraie Téroulle, (*Voyez* Sect. VIII. Art. 2.) & plus avant dans les mines, les empreintes fur lefquelles nous allons nous arrêter ici, afin d'achever d'inftruire le Lecteur des circonftances particulieres à une fingularité dont il a dû néceffairement être frappé, & qui plus d'une fois a peut-être diftrait fon attention.

Une chofe remarquable, dit M. Lehmann (³), c'eft qu'on ne trouve des empreintes de plantes & de fleurs, que dans les lits d'ardoifes qui accompagnent les mines de Charbon.

---

(1) Le fens que nous avons donné à ce mot ; dans les mines de Buckingham-shire, (Sect. XI. Art. 4.) nous a été fuggéré par la phrafe dans laquelle il fe trouve employé ; nous devons avertir que par cette expreffion Thorny-clif, qui littéralement veut dire *Rocher épineux,* il pourroit fe faire qu'on entende quelquefois les *Crins,* les *Coumailles,* les *Doris,* & autres nœuds qui fe rencontrent quelquefois dans le toît. *V.* Sect. VII. Art 4.

(2) Découverte des Tréfors fouterreins & de toutes les Mines des Métaux & Minéraux, depuis l'Or jufqu'au Charbon de terre, avec des régles pour les trouver dans tous les pays du monde, les fondre & les affiner, &c. *Londres.* En Anglois, 1739. *in*-4°. C. 2. p. 47. Cet Ouvrage de 60 pages a été fouvent imprimé à Londres.

(2) Effai d'une Hiftoire Naturelle des couches de la Terre ; Sect. VII. des autres Pierres qui fe trouvent dans les couches de la terre, & par lits.

M. l'Abbé

M. l'Abbé de Sauvages dans le Mémoire que j'ai eu occasion de citer plusieurs fois, contenant des Observations Lithologiques pour servir à l'Histoire Naturelle du Languedoc, Vol. de l'Académie, année 1747, fait la même observation, avec cette circonstance que ces *Phytobiblions* ne se rencontrent pas dans d'autre terrein ('), ni dans les endroits de ce terrein trop éloignés des mines de Charbon ; qu'enfin ces fortes de pierres ne font jamais mêlées avec le Charbon, qu'elles ne soient placées immédiatement après la premiere *Fisse* (²), qui non plus que le Charbon n'a constamment aucune de ces empreintes.

On est certain par les observations réunies de plusieurs Naturalistes, 1°. que les impressions qui se rencontrent dans un endroit sont toujours des impressions de plantes étrangeres au sol dans lequel elles se trouvent : 2°. que le plus grand nombre de ces plantes est connoissable pour être d'une des familles les plus élégantes, (qu'on me passe l'expression) & les plus délicates dans la disposition réguliere, dans la structure de ses feuilles, je veux dire, les *Fougeres*, les *Polypodes*, les *Capillaires*, dont les semences même que l'on sçait être symmétriquement arrangées sur le dos des feuilles, se retrouvent quelquefois empreintes dans les lames schifteuses.

On y reconnoît cependant quelquefois, & presque aussi fréquemment, le *Glayeul*, la *Prêle*, le *Roseau*. le *Caillelait*, l'*Airelle* ; les Mémoires de l'Académie de Berlin renferment une Dissertation de M. Lehmann sur les fleurs de l'*Aster*, mentionné, Sect. XII. Art. 2. Il est encore très-ordinaire d'y remarquer des empreintes de *côtes* de *feuilles* de palmier, de *branches* ou de *tiges* d'arbres étrangers, même du bois qui n'a éprouvé que peu d'altération, mais qui ont tous le même caractère de plantes que conservent ces schiftes, de ne pouvoir être applatties sans se rouler, *Voyez* Sect. II. pag. 6.

Ces tableaux sont frappants par le brillant également répandu sur leur champ qui est d'un poli achevé, & sur les empreintes même ; & il n'est besoin d'être ni Connoisseur, ni Amateur pour les examiner avec plaisir.

De quelque pays que l'on puisse se procurer ces *Dendrolythes* schifteux des mines de Charbon, ils présentent constamment la même uniformité dans la maniere dont les plantes y sont gravées ou imprimées.

Chaque lame schifteuse donne le relief de plantes toutes différentes, & couchées en divers sens les unes sur les autres, quelquefois croisées par d'autres

---

(1) Ces empreintes ne sont cependant pas si particuliérement affectées aux veines de Charbon de terre, qu'on ne le trouve aussi aux environs des mines de Cuivre & dans les Ardoisieres ; dans lesquelles les plus anciens Naturalistes en ont observé ; une suite d'ardoises très curieuses ramassées autour d'Angers, par M. de Montigny, de l'Académie Royale des Sciences, appuie incontestablement ces observations. Il est vrai que les plantes qui y sont empreintes, sont d'un genre différent. *Voyez* à ce sujet le Mémoire de M. Guettard sur les Ardoisieres d'Angers, Vol. de l'Académie Royale des Sciences pour l'année 1757.

(2) On a vû les différents noms donnés en Allemagne, en Angleterre, à cette pierre appellée aussi dans les Houillieres de Namur, *Crayon*, sans doute à cause de sa couleur, ou de la propriété qu'elle peut avoir quelquefois de servir de pierre à marquer. *Voyez* Sect. VII. Art. 3.

d'especes différentes appliquées fur elles. *Voyez* les Mémoires de l'Académie Royale des Sciences, année 1718. p. 287. (¹).

Une fingularité qui n'a pas échappé au célebre Académicien, dont je ne fais qu'extraire les obfervations, c'eft que les deux lames fchifteufes ne repréfentent chacune fur leur fuperficie interne par laquelle elles fe touchent, qu'une feule face d'une feuille de plante en relief d'un côté, & en creux de l'autre côté qui lui eft oppofé.

Je ne m'arrêterai point à l'explication qu'a donnée de ce phénomene M. de Juffieu, je crois feulement pouvoir ajouter que dans l'examen des différentes caufes qui y ont concourues, on doit avoir égard à la nature du fchifte, argille compofée qui doit fon exiftence à une forte de décompofition des végétaux, (Sect. VII. Art. 3. Sect. XIII. p. 141. à la qualité du pétrole ou du bitume du Charbon de terre, (Sect. IV. Art. 4.) & fur-tout celle du vitriol, acide commun à cette fubftance (*ibid.* Art. 3.). On ne doit point non plus perdre de vûe l'efpece de plantes qui s'en trouvent empreintes & répétées à l'infini fur ce fchifte, ce font toujours les mêmes appartenantes à la famille des plantes nommées par M. de Linnée *Cryptogames*, ou d'autres qui croiffent dans des endroits bas, plus mobiles & plus fujets aux changements, qui n'aiment que les endroits humides, dont les fibres, malgré cette circonftance, font ligneufes & dures, qui par l'analyfe chimique donnent prefque les mêmes principes ftyptiques, beaucoup d'acide & beaucoup de terre, enveloppés dans une huile confiftante ; un genre enfin de plantes que l'on pourroit dire avoir une forte de convenance avec les terres ou les eaux martiales, puifqu'où il y a de ces eaux & des plantes aftringentes, on trouve une terre martiale noire, qui eft une terre réfultante d'une décompofition de pyrites tombées en efflorefcence.

Enfin, pour rapprocher ici toutes les circonftances qui appartiennent à l'Hiftoire des Mines de Charbon de terre, & à ces empreintes la plûpart du temps végétales, je placerai ici deux remarques qui ne s'éloignent aucunement du fujet.

Il eft facile en vifitant beaucoup de ces mines, (M. Strachey l'a auffi obfervé dans une mine de Sommerfet-shire (²)) d'obferver que ces Phytotypolites, quels qu'ils puiffent fe rencontrer, ne fe trouvent pas feulement dans la partie fchifteufe du toît des Charbons.

Les pierres appellées à Liege *Grez*, ailleurs *Roc* ou *Pierres*, en font chargées d'auffi exactement & auffi bien deffinées ; je crois cependant qu'en les

---

(1) Examen des caufes des impreffions des Plantes marquées fur certaines Pierres des environs de S. Chaumont dans le Lyonnois, par M. de Juffieu l'aîné. *Voyez* auffi dans les Obfervations Phyfico-méchaniques fur différents fujets, &c. traduites de l'Anglois de M. Hauckfbée, par feu M. de Brémond, de l'Académie Royale des Sciences, revûes & mifes au jour, &c. par M. Defmarets, *in*-12. Tom. II. p. 2544. Remarques & Additions fur les empreintes des Végétaux que préfentent les Pierres des Minieres de Charbon.

(2) Tranfactions Philofophiques, année 1719. N°. 36.

examinant attentivement on peut y reconnoître une trace superficielle de bitume, ou que c'est toujours cette substance grasse qui a favorisé l'empreinte.

M. Varnier, Docteur en Médecine de l'Université de Montpellier, parmi une très-belle suite de ces empreintes des mines de Charbon d'Alais & de S.-Jean de Valerifcle en Langudeoc, conserve un Grez micacé, venant de ce dernier endroit, lequel est gravé d'une grande portion de fougere.

Quelques bouxtures du pays de Liege, le *Devils-Pape* ou *Teston du Diable* de la mine de Wigan en Angleterre, sur lesquels s'apperçoivent quelquefois de ces empreintes, démontrent ce que l'on avance.

Les mines de Charbon ne font pas propres à conserver seulement des traces végétales.

La mine de Bishop Sutton en Angleterre, dans laquelle se trouvent des coquilles, d'où la veine prend son nom *Shelly-vein*, (Sect. XI. Art. 2.) le Mémoire de M. Jessop (¹), & quelques empreintes rares singulieres, ne permettent pas de douter que ces mines ne présentent aussi des vestiges de parties animales : M. Lehmann, dans son Essai d'une Histoire Naturelle des couches de la terre (¹), rapporte que près d'Ardesheim, Principauté de Halberstadt, (Cercle de la Basse Saxe) la couche qui sert de toît au Charbon de terre, se montre à la surface, & que c'est comme à l'ordinaire une couche de pierre calcaire remplie de coquillages pétrifiés, parmi lesquels se trouvent les Encrinites qui sont si rares (³).

Quiconque auroit le loisir de rester long-temps dans des cantons où l'on exploite des mines de Charbon, y feroit certainement dans ce genre des découvertes, desquelles il pourroit résulter un éclaircissement sur des révolutions singulieres, vraisemblablement très-anciennes, puisqu'on n'en trouve aucune trace dans l'Histoire, & vraisemblablement des plus considérables, puisqu'à en juger par les vestiges conservés dans ces pierres, de corps qui ne font pas connus & qui n'existent plus, on ne peut douter qu'il n'y ait eu dans ces révolutions beaucoup d'especes perdues.

On se rappellera sans doute que les schistes qui approchent la veine font décidément charbonneux ou bitumineux, que ces différentes qualités les rendent propres à suppléer à la Houille lorsqu'on veut ménager le bon Charbon ; c'est dans ces ardoises schisteuses qui ont passé au feu, qu'il faut aller voir & la composition de ces lits argilleux du toît & du plancher de la Houille, & toutes les empreintes qu'ils pourroient renfermer ; le feu les a privés de leur couleur, de ce brillant d'or ou d'argent bruni, de cette fleur qui les rendoit si agréables à l'œil, elles ont perdu l'espece de suie charbonnée & bitumineuse

---

(1) Histoire des Substances minérales trouvées dans les Mines de Charbon de Terre & de Fer : Tranfactions Philofophiques, année 1673. N°. 100. Art. 1.

(2) Préface du troifieme Volume, p. 49.

(3) *Encrinus. G. Lien-stein.* Il est à propos d'observer que ce n'est point du tout l'empreinte de l'*Encrinus*, ou *Lilium lapidum*, mais celle du *Caput Medufæ*.

qui tenoit étroitement liées & collées les unes fur les autres cette immenfité
de lames dont elles font compofées, & qui fans cela ne fe féparent jamais
également; mais ces monceaux de fchiftes jaunis & diverfement colorés, felon les parties bitumineufes, charbonneufes ou autres, qui ont été détruites
au feu, repréfentent affez bien dans leur entaffement autour des Houillieres
une forte de Bibliotheque de vieux parchemins échappés à un incendie; c'eft-
là qu'il faut confulter ces fchiftes; l'enfemble des feuillets forme des livres
de Botanique très-précieux par leur ancienneté, un véritable Herbier, où les
plantes fe trouvent appliquées & imprimées avec la même exactitude que
l'on a coutume d'en apporter lorfqu'on les difpofe pour faire un Herbier.

On trouve plufieurs de ces *Phytomorphyfes* dans les Ouvrages de quelques
Sçavants (¹), mais ceux de nos Lecteurs qui n'en auroient pas d'idée, ne
me fçauront point mauvais gré de ce que je viens d'en dire ici, afin de leur
rendre fenfible tout ce qui a précédé. C'eft auffi dans cette vue que j'ai fait
un choix d'empreintes des mines du pais de Liege & de Montrelais, que
je mets fous les yeux, dans quelques planches; en voici l'explication.

PLANCHE VI.

Cette PLANCHE repréfente des impreffions qui fe font trouvées dans le
toît des mines de Houille de Liege; on en rencontre auffi dans la Houilliere
du Parc de Marimont.

La *Fig.* 1. & la *Fig.* 2. font affez femblables; on en trouve auffi dans les
Houillieres du Parc de Marimont, & même un Charbon qui eft marqué de
bandes abfolument pareilles placées les unes à côté des autres.

En général, elles font très-communes dans le toît, ainfi que celle de la
Fig. 4.

La *Fig.* 3. eft des plus extraordinaires & des plus régulieres.

La *Fig.* 5. demande à être examinée avec attention pour y appercevoir
dans une partie du bord où l'empreinte eft enlevée, des petits faifceaux
ftriés *g*, *g*, *g*, dont j'ai vû de pareils dans la Collection de M. Varnier, fur
un fchifte de la mine de Charbon de S. Jean de Vallerifcle en Languedoc.

PLANCHES VIII. & X.

Elles font voir de ces impreffions du toît venant de la mine de Charbon
d'Ingrande, autrement nommé de *Montrelais* en Bretagne.

Les Morceaux figurés 3. 5. 6. & 7. *Pl. VIII.* font du Cabinet de M. Bomar.

---

(1) Voyez *Silefia fubterranea.* Volekmann. | Scheutzer. *Hiftoria Lapidum figuratorum.* Langius.
Saxonia fubterranea illuftrata. Mylius. En Allemand. | *Rudera Diluvii Teftes.* Ruttner.
Lithographia Handeburgica. Herbarium diluvianum.

Mais

Mais je dois avertir que la *Figure* 5. eſt entiérement manquée ; pour y ſuppléer il ſuffit de ſe repréſenter l'impreſſion exacte que laiſſeroient ces ſortes
de coutils dont ſont faites les balles de caffé Mocka.

PLANCHE IX.

Les *Fig.* 1. & 2. ſont l'empreinte & la contre-empreinte d'un même morceau.

Les *Fig.* 3. & 4. repréſentent un genre de ſchiſte que j'appellerois *Schiſtus
variolis depreſſis , variolis elevatis.*

Ces impreſſions varioleuſes ſont tantôt à puſtules ſaillantes , *Fig.* 4. tantôt
à puſtules déprimées , enfoncées & un peu uſées ou dégradées , *Fig.* 3.

La *Fig.* 5. & la *Fig.* 6. pourroient bien être des contre-empreintes du morceau Nº. 5. Planche VIII , elles ſont informes & couvertes de pouſſiere de
Houille.

PLANCHE X.

Les Phytotypolithes numérotés 2. 3. & 4. viennent auſſi des mines d'Ingrande , & ſont communes dans celles de beaucoup de Pays, les *Fig.* 2. & 3 ,
ſont voir les deux faces ſchiſteuſes qui ſe touchoient avant d'êrre ſéparées.

FIN.

TABLE DES PRINCIPALES MATIERES.

Et des Termes relatifs aux Veines de Charbon de Terre dans les Mines.

G

H

I

J

K

L

M

N

O

P

Fin de la Table des Matieres.

.

LETTRES *Initiales Latines qui ont ſervi pour déſigner les différentes Nations & Provinces, dont on a emprunté le langage ou les termes.*

Mots usité's dans		Mots usité's dans	
An.	l'Angleterre.	Le.	le pays de Liege.
Ar.	l'Auvergne.	Lu.	le Lyonnois.
B.	la Hollande.	O.	le Languedoc.
G.	l'Allemange.	Sa.	la Saxe.
Ha.	le Haynault.	Su.	la Suéde.
Hi.	l'Eſpagne.	Sc.	l'Ecoſſe.

AVIS AU RELIEUR.

Les Planches doivent ſuivre la Table des Matieres, & précéder le Catalogue Alphabétique.

CATALOGUE

CATALOGUE ALPHABÉTIQUE

DES DIFFERENTS CHARBONS DE TERRE,

Et des Subſtances minérales qui ſe rencontrent en les exploitant,
ou dans leurs environs;

AUGMENTÉ

Des divers Noms que les Ouvriers de différents Pays donnent aux uns & aux autres,
& des Termes qu'ont employé les Naturaliſtes & les Chimiſtes, tant pour les déſinir
que pour les diſtinguer.

A

ABDRUCKEN; (KRAUTER.) G. Branched Clift.
An. 112. Phytotypolithe. 112. 168
ACEROSUS Lapis. HORN-STEIN. G. SAOD-STEN. SU.
120
ACHAT. *Achates.* Agate. 120. 155
ACHATES immatura. Petroſilex. Whern. Chert. AN.
94
ADAILLE MAYE. Griſe Maye. Blanke Maye. LF. 46
ADLER-STEIN. G. *Lapis ætites.* 138. 152
ÆRARIUS Lapis. Pyrites. 20. 54. 83. 132
ÆRDE. B. Terre. Érde. G. Earth. AN. Jord. SU.
117
ÆRUGO æris. A. Verdigrise. B. Spaans groen. 139.
Verdet. ibid.
ÆRITES Lapis. Pierre d'aigle. 138. Baſtarde. Geo-
de. *Terrâ incluſâ.* ibid.
AFTRYCK. Impreſſions. 112. 168. Stenar med af-
tryck af oerter. SU. ibid.
AGAAT STEEN. B. jet. A. Berg-wachs. G. Jayet.
16. 143
AGATE. Agaat. B. Achat. AN. 107. 120
AGAZ. Agay. LE. 48. 55. 64. 107
AIGLE, (Pierre d') 138. Bâtarde, ou Geode. ibid.
AIGUISER, (Pierre à) 51. 132. 136. Meule. 152
AIR. BAD. Mauvais brouillard. DAMP. AN. Vapeur
humide. 33
ALABASTRITES. Marmor Agricol. Gypſe blanc.
Pierre à Plâtre. 161
ALAUN. G. SU. Alun. B. Alum. AN. A'lun 23. 138
ALBSCHOS. LUCH-STEIN. G. Belemnites. 117
ALKALESCENTE, (Terre) calcinable. 45
ALKALINE, (Terre). *Voyez* CALCAIRE. ibid.
ALKALISCHER SPATH. G. *Spathum calcareum.*
ALUM. AN. Gemeiner Alaum. G. Gemeen Alvin.
B. 23. 43
ALUMINEUX, (Charbon de terre) 23. Craie. 32.
47. Pyrite. Schiſte. 23. 35. Terre. 23. 149
ALUN JORD. SU. *Terra aluminaris.* 149. SKIFVER. SU.
Fiſſilis aluminaris. 23
ALUNIERE. Mine d'alun. 23. 155
ALVIN GEMEEN. B. Alun commun. 23
AMERE noir des Boutiques. Gagas. Jays. Jayet. 19
AMMITES. Saxum arenarium. Sand ſtone. AN. Pierre
ſablonneuſe, grez ordinaire. 93
ANIMOCHRYSOS. Sterile aureum. Mica jaune. 25. 51
AMMONIACK ZOUT. B. Salmiack, Sel Ammoniac.

25. des Volcans. 91
AMPELITE. Ampelitis. Terre. 16. 17. 105. 109.
113. 153
AMPELITIDES. 16
ANTIMOINE. *Platy ophthalmon.* SPIESS GLAS. G.
SPITS GLAS. SU. ANTIMONY. AN. 89. 161
APYRES. Pierres. Terres. Réfractaires. 45
AQUILINUS Lapis. PIERRE D'AIGLE. 138
ARABLE STONY. AN. Eſpece de Tuf Grouetteux. 102
ARBORESCENT MARCASITE. AN. 108. 168
ARDESIA. SLATES. Shiſer. A. 94. SKIFER. SU. Ar-
doiſe. 50. 54. 153. Eiſlebenſtium. 95. Hybernica
Tegula, IRISH SLATE. AN. 16. 132
ARDOISE. *Lapis fiſſilis, ſciſſilis.* Schiſti ſpecies Arde-
ſia dicta. SCHIEFFER. G. SHALE. BAS. SHIVER.
AN. Ley B. 50. 54. 94. 95. Argilleuſe. 124. Bleuâ-
tre. BLAUE SCHIEFFER GEBURGE. G. 122. Bleue.
Vraie Ardoiſe avec empreintes. 129. Brune. 124.
Charbon du toit. 126. Charbonneuſe. *Fiſſilis car-*
bonarius. Schiſtus terreſtris bituminoſus. KIND. AN.
95. 96. COAL CLIVES. AN. 99. 116. Commune.
132. Cuivreuſe 127. 139. Fauſſe. 50. Feuilleté.
Fiſſe. 153. Griſe. 118. 127 Griſe noire ſur laquel-
le porte le Charbon. 125. Griſe-noirâtre. ibid.
Groſſiere. Arjalêtre. Fauſſe ardoiſe. 50. Métal-
lique. 128. Moyenne. MITTEL SCHIEFFER. G.
127. Noire. Pierre d'. 108. 109. Pyriteuſe. KUP-
FER HIECKEN. G. 125. Roche bleue. ibid. 126.
Rouge. 128. Tendre. Laouſil. OC. 153. Vitrioli-
que. KUPFER HIECKEN. G. 125
ARENA. SAND. G. AN. FLYSAND. 46. MERGEL. 49.
52. Ferraria. JAHNSAND. 129
ARENACEUM. Arenarium Saxum. Sand-Stone ou
Frée-Stone. AN. Sand-Stein. G. Zand-Steen.
Morzel Stein. G. 93
AREND STEIN. Adler-Stein. G. *Ætites.* 138. 152
ÆGENT. SILFVER. SU. Charbon contenant de l'ar-
gent. 139. De chat. 21. Natif. 139. Pur. ibid.
ARGENTARIA. Terra. Argilla Fiſtularis, Cimolia alba.
Terre à Pipe, terre de Fayence. 46. 131
ARGENTEA Mica. Argyrites Kundmanni. 21
ARGENTUM Felium. Schinmer. SU. Mica blanc.
ibid.
ARGILLA Fiſtularis. 46. Ore liqueſcens. Bolus. Jord
aſter. 48. Pinguis. 48. Plaſtica. 93. Teſſularis ſeu
Figulorum. TARNINGE LER. SU. Terre à brique.
Terre à potiers 1. 146
ARGILLE. AN. CLAY. SU. KLEY. B. LETTEN. G. 112.

G

CHARBON DE TERRE.

FIN DU CATALOGUE ALPHABETIQUE.

ADDITIONS ET CORRECTIONS.

PAg. 3. *lig.* 8. il préfente, *lifez* il fe préfente.
10.   *Notes au bas de la page*, (3) (2), *lifez*, (2) (1).
11.   25. fans changer de, *lifez*, fans changer.
13.   31. qu'il y ait, *lifez*, qu'il n'y ait.
14.   14. *Mettez une virgule entre* coquilles *&* après.
Ibid.   22. *Ajoutez, voyez* l'examen Chymique de ce charbon, Sect. IV. Art. 5. p. 27.
16.   10. Foſſilis, *lifez*, Fiſſilis.
Ibid.   19. & près d'Alençon, *& à la* Ferriere près d'Alençon.
17.   23. s'embrâfe, *lifez*, s'allume.
Ibid.   34. Stinking vem, *lifez*, Stinking vein.
18.   2. Art. II. Sect. 10. *lifez*, Art. III. Sect. 11.
10.   6. del nouvè Pair, *lifez*, del nouve Pair.
21.   2. on trouve des veines, *lifez*, des efpeces de veines avortées.
Ibid.   6. les appellent Bouxtures, *ajoutez, voyez* Pl. V. fig. 4.
22.   20. fchiftre, *lifez*, fchifte.
23.   10. Commodau, *lifez*, Commotau.
Ibid.   Note 5. Fiſſilis aluminaris, *lifez*, Fiſſilis aluminaris.
24.   16. Lithantrax vitriolicum, *lifez*, vitriolica.
25.   31. Champegné, *lifez*, Champagné.
29.   6. fontaine de Lhail, *lifez*, d'el Hail.
30.   6. pour la même année, *ajoutez*, (1).
Ibid.   9. (1), *lifez*, (2).
Ibid.   13. au-deffous, *lifez*, au-deffus.
Ibid.   *Au bas de la page tranfpofition de note.*
38.   5. *Après* à canon, *mettez une virgule.*
43.   14. Phlogiftique, *lifez*, Phlogiftiques.
Ibid.   Note 1. Au-deffus de Chau-fontaine on tire du foufre, *lifez*, au-deffus de Chaud-fontaine on fabrique du foufre.
Ibid.   à la Malhieux, *lifez*, à la Mallieux.
Ibid.   Note 1. *au bas de la page*, engraiſſer, *lifez*, améliorer.
Ibid.   *A la* note (3), *lifez*, (1).
Ibid.   Note 3. décompofe, *lifez*, diffout.
47.   11. Marins, *lifez*, Marin.
48.   27. Tottai Daille, *lifez*, Tortay.
49.   6. le Deie de la Veine, *ajoutez, en patois*, li Deie del Vofne.
53.   Note 2. enfuive, *lifez*, enfuivent.
59.   21. Ougray, *lifez*, Ougrey.
Ibid.   31. Montegné, *lifez*, Montegnée.
60.   2. Ogray, *lifez* Ongrey.
64.   23. (Pl. IV. lett. R, *ajoutez*, N°. 4.
Ibid.   *lig. dern.* Pl. III. Veine A, *lif.* Veine A. 2.
65.   23. Pl. IV. N°. V. *ajoutez*, N°. 4.
69.   Note 3. Section IX. *lifez* Section X.
70.   17. *Après* maigres *mettez un point.*
Ibid.   *Note* 1. *l.* 2. *tranfpofée, fe rapporte à la Note* 2
    27. fur fa qualité, *mettez un point.*
72.   11. volatil alkali, *lifez*, alkali volatil.
74.   28. Section IV. *Ne point avoir égard à l'alinea, & lire tout de fuite*, il eſt évident, &c.
Ibid.   23. Section I. p. 4. *ajoutez*, & p. 9.
77.   16. puis refroidie, *ajoutez* & calcinée.
Ibid.   31. en donnent, *lifez*, en donne.
Ibid.   10. quua, *lifez*, qu'au.
81.   10. *Après* connoître, *ajoutez :* ici.
Ibid.   3. Tawés, *lifez*, Tawes.
82.   2. Voyez la carte fur laquelle, *mettez un point* après carte, *& retranchez toute la troifieme ligne.*
87.   21. Baye de Mordienne, *lifez*, Baye Indienne dans un endroit nommé *Cap à Charbon.*
89.   22. Baye des Efpagnols, *ajoutez*, à 2 lieues au Nord de la Baye Indienne.
Ibid.   23. contient de l'antimoine, *ajoutez*, des recherches ultérieures me font préfumer que ce n'eſt qu'une pyrite blanche, quoique l'antimoine puiſſe fe trouver dans le voifinage des Mines de Charbon. *Voyez l'Errata pour la ligne* 28. *de la page* 139.
91.   Note 1. l. 2. Pnigitham, *lifez*, Pnigithem.
94.   1. *Ajoutez*, cette pierre d'un grain doux & gris blanc, communément employée pour paver les maifons & les baſſes cours, doit être différente des PAVING STONE, & prend vraifemblablement le nom de PIERRE DE TAILLI, à raifon de ce qu'elle eſt

Pages   *lig.*   employée à plufieurs ufages des bâtimens.
94.   17. *Après* le mot BAT, *ajoutez*, qui eſt plutôt un *Schiſtus terreſtris Carbonarius*, qu'un bon bon & véritable charbon.
Ibid.   27. a vues, *lifez*, a vu.
98.   *Titre*, Dikes Ridgs, *mettez une virgule après* Dikes.
100.   29. Peau-vein, *lifez* Peaw-vein.
Ibid.   Note 1. *ajoutez*, mais qui la plûpart du tems, n'eſt qu'une maſſe applatie, & maronnée d'*Iron ſtone*, *Minera ferri faxea.*
101.   Note 3. fer commun, *ajoutez*, ou mine de fer en grains.
104.   7. *Ajoutez*, il s'en trouve de différentes par le grain plus ou moins fin, elle eſt quelquefois enduite d'une mince écorce *Spathique*, le nom qu'elle porte, qui la feroit confondre avec la *Pyrite*, le *Silex*, lui vient de ce qu'on l'employe communément à garnir les âtres, & même les chambrantes de cheminée.
105.   Note 4. l. 3. *ajoutez*, elle fe rencontre dans quelques petites couches, & eſt toujours marquée d'impreſſions Végétales; elle eſt de la même nature que le CATHEAD.
106.   18. de 188. pieds & demi, *lifez*, 180. pieds.
107.   *Effacez tous les points qui ſont immédiatemens après le mot* environ, *chaque fois qu'il fe rencontre dans cette Lifte.*
108.   17. Load, *lifez*, Lead.
Ibid.   Note 6. l. 10. de ce charbon, qui n'eſt qu'un BAT ou couche de peu de valeur. V. p. 94.
109.   Ligne *dern. de la note* 2. ortographer, *lifez*, orthographier.
110.   31. de Lancashire, de Chershire, *lifez*, du.
111.   16. difpofé irréguliérement, *lifez*, rangées.
119.   27. *Arenarium Tophus*, mettez une virgule après *Arenarium.*
121.   28. Wegreifer, *lifez*, Wegweifer.
132.   28. de Wallér. *lifez*, Wallerius.
136.   15. Riable, *lifez*, friable.
138.   27. Hampfain, *lifez*, Ampfain.
139.   28. Une des mines du Cap Breton, (Sect. XI. pag. 89.) contient de l'antimoine, *lifez*, à la proximité des mines de Charbon du Nivernois, (P. 161.) on trouve de l'antimoine, de même que très-près de celle fituée au-deſſous du défert des Pignedes en Languedoc, felon les obfervations de M. l'Abbé de Gua.
Ibid.   Note 4. Eſſ. & expr. *lifez*, Eſſais & expériences.
147.   33. mêlé de gaillettes ou gallets, *lifez*, mêlé de petits nerfs pierreux, connus parmi les Ouvriers de cette Province fous le nom de *Gaillettes.*
148.   5. La retrancher ainfi que fon titre.
152.   8. au Fort de Bonc, *lif.* au Fort de Bouc.
151.   10. font, *ajoutez*, à Ste. Foix l'Argentiere.
Ibid.   Note 3. l. derniere, *ajoutez* à moins que ce ne foit la pierre de Périgneux.
152.   11. Crameau, *lifez*, Crameau.
153.   33. auſſie, *lifez*, auſſi.
256.   16. de cette, *lifez*, de ce.
Ibid.   *Avant-dern. ligne*, Breſſager, *lif.* Braſſager.
159.   35. les mines de Charbon du Forez fe trouvent, *ajoutez*, particuliérement.
160.   Cremeaux, 8 mines, *ajoutez*, dans le bas Forez nommé *Rouannois*, il y en a une à S. Didier, diftant de Beaujeu d'une lieue.
161.   25. S. Georges, *ajoutez*, de Chatelaifon.
Ibid.   28. Courfon, *lifez*, Concourçon, PROVINCE DE POITOU.
163.   17. V. Sect. IV. Art. 3. *fubſtituez ce qui fuit*, elle étoit fituée dans les landes de Rochalas, près la Baconniere, à 3 lieues de Laval, mais elle a été abandonnée.
167.   10. Bedurain, *lifez*, Beaurain.
171.   27. partie du bord, *ajoutez*, inférieur.
Ibid.   Ligne 1. *de la Note* 1. Volckmaun, *lifez*, Volckmann.

TABLE
DES TITRES
DE L'ART D'EXPLOITER LES MINES
DE CHARBON DE TERRE.

SECONDE PARTIE.

SECONDE SECTION.

TROISIEME SECTION.

QUATRIEME SECTION.

Des

Déclaration

FIN DE LA TABLE DES TITRES.

EXTRAIT DES REGISTRES

DE L'ACADÉMIE ROYALE DES SCIENCES.

Du 2 Septembre 1772.

Nous avons été chargés par l'Académie, M. le Roy & moi, de lui rendre compte de la seconde Partie de la *Description de l'Art d'exploiter les Mines de Charbon de terre*, par M. Morand. Nous allons essayer de lui donner une idée de la maniere dont est traité cet important Ouvrage.

Il est peu de connoissances sur lesquelles les Savants François soyent aussi en retard, par rapport aux autres Nations, que sur l'exploitation des Mines en général. Les Anglois, & sur-tout les Allemands, peuvent citer un grand nombre d'Ouvrages où les travaux de Mines sont décrits dans tout leur détail ; les François n'en peuvent citer aucun.

Il est aisé de sentir d'après cela combien un travail suivi sur l'exploitation des Mines de Charbon de terre, entrepris & exécuté dans le sein de l'Académie, est intéressant pour les Savants, pour l'Etat & pour le Public.

L'exploitation du Charbon de terre a beaucoup de choses communes avec l'exploitation des Mines en général. Si le travail de ces dernieres eût été décrit par quelque Ecrivain François ; si l'Art en eût été donné parmi ceux de l'Académie, M. Morand auroit pu, comme il l'observe lui même, se dispenser d'entrer dans une infinité de détails ; il n'auroit traité que ce qui étoit absolument propre au Charbon de terre, & il auroit renvoyé pour tout le reste aux Arts déja décrits. M. Morand a été privé de ce secours, de sorte qu'une partie de son Ouvrage peut être regardée, en quelque façon, comme une Introduction au travail des Mines en général.

M. Morand a divisé en deux Parties l'Art d'exploiter le Charbon de terre. La premiere ; (*) est déja entre les mains du Public ; il n'y avoit envisagé ce Minéral que comme objet d'Histoire Naturelle, & il avoit décrit dans cette vue tout ce qui a rapport à la situation des bancs, à la nature des substances qui les accompagnent, aux singularités qui s'y rencontrent. M. Morand dans la seconde Partie, dont il s'agit aujourd'hui, envisage le Charbon de terre comme branche importante de Commerce ; il assemble en conséquence dans cette seconde Partie tous les détails relatifs à l'extraction, à l'emploi & au Commerce du Charbon de terre : ces trois objets forment à peu-près la division de son Ouvrage.

M. Morand dans la premiere Section de cette seconde Partie, étoit entré dans quelques détails sur les usages économiques du Charbon de terre, & sur sa combinaison avec les Argiles. L'importance de cet objet, l'a engagé à le développer dans la quatrieme Section ; il s'est attaché sur-tout à y déterminer la qualité de chaque espece de Charbon, & à donner les caracteres qui peuvent servir à les distinguer : il entre dans les mêmes détails sur les argiles, & il indique quelle espece d'argile convient à chaque espece de Charbon, & réciproquement. Il a appliqué particuliérement ses connoissances au local de la ville de Paris ; il décrit tous les endroits de ses environs où l'on tire de la Glaise, de la Marne, ou d'autres terres propres à être alliées au Charbon de terre ; enfin il donne dans le plus grand détail l'art de faire cette union : il décrit les différents atteliers qu'il seroit nécessaire de construire pour une opération en grand, les Ouvriers qu'il faudroit employer, leurs manipulation, &c.

Il est aisé de voir d'après le compte que nous rendons de l'Ouvrage de M. Morand, qu'il n'a pas eu pour objet de donner une simple description des travaux relatifs à l'extraction du Charbon de terre de sa Mine : il a suivi ce minéral dans sa Mine, dans le Commerce & dans les différents Atteliers qui en font usage ; il a envisagé son objet relativement à l'Histoire Naturelle, relativement aux travaux minéralogiques, relativement à l'Administration. Sous tous les points de vue, nous croyons que M. Morand a rempli le plan qu'il s'est formé ; nous ne doutons pas en conséquence que son Ouvrage ne soit très-utile & très-favorablement accueilli du Public, & nous croyons que l'Académie doit en permettre l'impression. Fait à l'Académie, le 2 Septembre 1772.

Signés, LE ROY, LAVOISIER.

Je certifie le présent Extrait conforme à l'original & au jugement de l'Académie. A Paris ce 13 Novembre 1776.

Le Marquis DE CONDORCET,
Secrétaire perpétuel de l'Académie Royale des Sciences.

_____

(*) Jugée par le Rapport de MM. Hellot, Macquer & le Roy (du 18 Juillet 1764) utile, & méritant d'être imprimée à la suite de la Description des Arts.

ARTICLE

L'ART

D'EXPLOITER LES MINES
DE
CHARBON DE TERRE.

Par M. MORAND, Médecin.

SECONDE PARTIE.

DE L'EXTRACTION, DE L'USAGE
ET DU COMMERCE
DU CHARBON DE TERRE.

M. DCC. LXXIII.

DU CHARBON DE TERRE

ET

DE SES MINES.

Par M. MORAND, le Médecin.

SECONDE PARTIE.

Art d'exploiter les Mines de Charbon de Terre.

APRÈS avoir préfenté dans la premiere Partie au Minéralogifte, au Naturalifte, au Chymifte, ce qui peut les intéreffer ou piquer leur curiofité dans les Mines de Charbon de Terre; après avoir expofé en faveur des Ouvriers employés à la fouille de ce foffile, l'arrangement, la difpofition des différentes couches qui le précédent, qui l'environnent, qui l'accompagnent dans le fein des montagnes: il eft naturel d'envifager maintenant ce qui refte à faire fur cette production par l'induftrie. A ce titre, elle exige d'abord des travaux multipliés, pour la débarraffer de toutes fes enveloppes, & la mettre en état de vente. Ainfi dégagée, elle conftitue une forte entreprife de commerce dans laquelle il y a ceci de remarquable, que malgré la valeur modique, on pourroit dire le vil prix auquel cette marchandife eft livrée au fortir de la Mine, elle dédommage immenfement, & en peu de temps, des frais confidérables qu'a entraîné fon exploitation. Cette divifion nouvelle me donne lieu de traiter tant des différentes opérations fuperficielles & fouterraines relatives à l'extraction du Charbon de Terre, que des circonftances qui tiennent à fes ufages, à fon négoce.

Les premieres manœuvres pour enlever ce foffile des entrailles de la terre, ne font point, comme on l'imagine aifément, particulieres aux Mines de *Houille*; elles font communes à toutes les fouilles dans lefquelles on veut exploiter des filons ou veines métalliques. On pourroit d'abord, par cette raifon, regarder comme affez inutile le détail que j'annonce, & penfer qu'il auroit fuffi de renvoyer le Lecteur aux Ouvrages qui ont traité de l'exploitation des Mines.

Si ce travail eût été décrit par quelque Ecrivain François ; si l'Art en eût été publié parmi les Arts de l'Académie , je me serois dispensé d'entrer dans tant de détails ; je n'aurois traité que ce qui est absolument propre au Charbon de Terre , & j'aurois renvoyé pour tout le reste aux descriptions déja faites ; mais j'ai été privé de ce secours, comme je l'ai observé, *page* 1. de l'Introduction. Les Anglois , & sur-tout les Allemands , peuvent citer un grand nombre d'Ouvrages où les travaux des Mines sont décrits: les François n'en peuvent citer aucun. Parmi les Auteurs Latins, George Agricola, Médecin de Kemnits , capitale de Franconie, donna en 1550 son savant Ouvrage, intitulé *De re Metallicâ* , qui fut imprimé à Basle en 1556. Nous pourrions nous approprier cet Ecrivain , si le nom de la province de Franconie vient de ce que Sigismer , fils de Clovis , y régnoit , & s'y étoit fait un état avec les François. On peut dire que son Traité précieux , très-connu de ceux qui font des Bibliotheques , renferme la plus grande partie des connoissances d'aujourd'hui sur l'art de l'Exploitation , & n'est point connu comme il le mérite.

M. Louvrex , (¹) a donné d'après M. Bury pere, (²) un détail de 16 pages sur l'art d'exploiter les Mines de Houille; (³) mais ce morceau dans lequel l'Auteur n'a eu en vue que de guider les Juges composant la Jurisdiction relative aux Houilleries à Liege, ne renferme que les principes nécessaires pour cet objet ; j'ai cependant profité de tout ce qu'il contient , en exposant dans un ordre plus clair , & plus détaillé , les pratiques suivies au Pays de Liege pour l'exploitation.

On voudra bien se ressouvenir de plus, que j'ai principalement en vue toutes les personnes intéressées ou attachées à l'exploitation des Mines de Charbon, soit en qualité de Propriétaires, soit comme Directeurs, soit autrement. (4).

Les réduire à la nécessité de recourir , dans les cas de curiosité ou de besoin , à des ouvrages souvent difficiles à trouver , même dans les plus riches Bibliotheques , c'eût été , à mon avis , manquer à l'intention de l'Académie, qui, en publiant séparément les Arts , *a voulu ménager aux Artistes la facilité de se procurer à peu de frais, les Traités des Arts qu'ils exercent.* (5) D'ailleurs on ne sent que trop qu'un Entrepreneur uniquement conduit par le désir du gain , ou des Ouvriers , dont le savoir n'est qu'une vraie routine , sont trop éloignés de goûter les spéculations théoriques , propres à éclairer leur pratique , pour aller consulter des Traités dont l'utilité n'est pas , à beaucoup près, pour eux , une chose démontrée. La préoccupation dans ceux qui conduisent ces travaux, la force des préjugés & des habitudes , chez ceux qui en sont chargés en sous-ordre , ne sont pas

---

(1) Ecuyer , Seigneur de Ramlot , Conseiller au Conseil-privé de S. A. Echevin de la Souveraine Justice de la Cité & Pays de Liege , jadis Bourgmestre.

(2) Houilleur Liégeois , très-expérimenté.

(3) Recueil des Edits , Réglemens, Privileges , Concordats & Traités des Pays de Liege & Comté de Looz, &c. accompagné de Notes, &c. Part. II. c. 25. section 22. 23. 24. 25. 26. 27.

(4) Voyez l'Avant-Propos de cet Ouvrage.

(5) V. l'Avertissement publié par l'Académie; en commençant l'entreprise de la Description des Arts & Métiers , inféré à la tête de l'Art de faire le Charbon de bois, & l'Hist. de l'Acad. an. 1761.

ici une allégation gratuitement hafardée ; ces vices capitaux ont été obfervés avant moi ; des perfonnes inftruites, à portée de voir des exploitations de quelques-unes de nos Mines , fur les lieux mêmes, s'en font plaint vivement. (¹) La fource du défaut de nos fuccès dans ce genre , néanmoins bien intéreffant, tient peut-être à ce premier vice, puifqu'à l'exception unique des Mines du Haynaut François , on peut plutôt affûrer que l'exploitation de prefque toutes nos Mines de Charbon n'eft pas plus exempte de ces inconvénients que celle de nos Mines métalliques.

Pour y obvier, autant qu'il eft en moi, d'une maniere fimple & facile , & pour remplir le but que je me fuis propofé, d'être utile aux Propriétaires , aux Entrepreneurs, aux Ouvriers , j'ai dû fuppofer les uns & les autres ignorant l'*Anatomie*, fi cela fe peut dire, des Montagnes , l'art de profiter des effets de l'air, de conduire les eaux, de conftruire des machines. (²) Il a fallu ne point détacher de mon Ouvrage, ces articles importants pour les Citoyens auxquels il eft particuliérement deftiné; il a fallu raffembler, au contraire, toutes les inftructions, même minutieufes , capables de les diriger : tel a été mon feul & unique but ; auffi je n'ai pas craint quelquefois de tomber dans des efpeces de répétitions qui font abfolument néceffaires. Mon deffein eft de rapprocher fans ceffe les idées du Lecteur qui voudra me fuivre , de l'éclairer fur un Art que nous voyons avancer de fiecle en fiecle vers la perfection , à la vérité , par les tâtonnements de l'induftrie de nos plus proches voifins ; fur cet Art demeuré chez nous dans l'obfcurité où il naquit, regardé prefque comme un Art de tradition , auffi éloigné de fon plus haut degré de perfection, qu'il en eft voifin chez d'autres peuples, qui , peut-être, le doivent autant à leur activité qu'au concours des lumieres de la Méchanique.

Comme donc l'Ouvrage que je publie eft le premier de ce genre qui foit entrepris en France, j'ai eu foin de faire connoître le Dictionnaire, c'eft-à-dire, les termes ufités dans tous les Pays étrangers , par les Ouvriers des Mines, pour exprimer les chemins, les emplacements, les travaux fouterrains: cette nomenclature comparée , fervira , à ce que j'efpere, pour les autres defcriptions d'Arts, où il s'agira d'exploitation des Mines métalliques.

Quelques perfonnes pourront penfer que j'aurois dû retrancher de mon Ouvrage la plupart de ces termes multipliés , qui ne préfentent aucun fens , aucune idée, & leur en fubftituer d'autres plus fignificatifs : cette innovation dans laquelle je n'aurois peut-être pas mieux réuffi que les Ouvriers de Mine , auroit entraîné, à mon avis, deux défauts confidérables ; celui d'introduire un langage qui n'auroit été entendu que de moi, & celui de diminuer l'utilité dont mon Ouvrage pourroit être aux pays auxquels il eft particu-

---

(1) Voyez le Dictionnaire Encyclopédique. Tom. 2. pag. 302. au fujet des Mines d'Alface.
(2) Je ne parle point ici des connoiffances de Géométrie fouterraine, importante dans les travaux de Mines métalliques, mais de peu de conféquence, à mon avis, pour les Mines de Charbon de terre.

liérement confacré, & dans lefquels j'ai recueilli avec peine toutes les expreffions convenues entre les Ouvriers pour s'entendre les uns les autres ;
c'eft ainfi, par exemple que le mot *hauteur*, ufité à Liege pour exprimer l'é-
paiffeur de la veine, défigneroit bien mieux dans les *dreffans*, c'eft-à-dire, les
veines perpendiculaires, la hauteur de la veine confidérée à l'égard de fon élévation, oppofée à fon pied ; mais il ne feroit point aifé de changer ces conventions.

Seulement, autant qu'il eft poffible de fuivre les traces des altérations infenfibles furvenues dans ces mots, j'ai cherché la raifon véritable & originaire des
notions qui pouvoient leur être attachées ; & lorfque j'ai cru reconnoître une
analogie réguliere & vraifemblable, j'en ai indiqué l'étymologie, afin d'aider
à comprendre la force de ces termes.

J'entre en matiere par ce qui concerne les travaux de l'exploitation au pays de
Liége, en détaillant la marche & l'inclinaifon des veines, qui ne demandoient
dans la premiere Partie, qu'à être annoncées fommairement & d'une maniere
générale ; je paffe de-là, aux travaux néceffaires pour les exploiter.

L'Art des Houilleurs confifte à fe mettre à portée d'une ou plufieurs veines de
charbon, dans quelque pendage qu'elles foient fituées, à quelque profondeur
qu'elles foient enfouies, dans quelque nombre qu'elles fe trouvent placées
les unes au-deffus des autres, & à *dépouiller la veine*, comme on dit dans les
Mines d'Allemagne, ce qu'on appelle la *defpieffer* au pays de Liége, c'eft-à-
dire, détacher de fa *gangue*.

En fe rappellant les matieres qui compofent l'écorce fuperficielle des montagnes où font renfermés les Charbons de terre, on voit que pour le premier
travail, qu'on peut appeller en général la *fouille*, il faut pénétrer au travers d'une
couverture terreufe, & d'une autre pierreufe : la premiere n'eft ni auffi
dure ni auffi compacte que la feconde, mais elle ne laiffe pas d'en approcher,
puifqu'elle s'éloigne de la confiftance friable des terres.

La feconde differe de la premiere par la dureté & la liaifon des parties ; quoique cette dureté & cette denfité ne fuffifent pas toujours pour diftinguer une
pierre d'une terre.

La différence de ces fubftances par la folidité, indique pour la *premiere fouille*,
des outils propres uniquement à féparer, à remuer les terres, & pour la *feconde
fouille* des outils capables d'attaquer des matieres plus dures & plus difficiles à
entamer : enfin la *troifieme fouille* eft précifément celle de la mine, c'eft-à-
dire, du charbon même ; cette fouille eft toujours dirigée & bornée par la
gangue, fervant d'enveloppe à la couche ou à la *veine* de houille, comme le *fou-
chet* dans les carrieres de pierre.

Cette divifion du travail, fuppofe une certaine divifion dans le nombre
& dans la qualité des Ouvriers ; elle fuppofe de plus l'ufage de machines, d'inftruments, d'outils, d'uftenfiles différents, des manœuvres variées, des ouvrages
multipliés.

multipliés. Pour ne point interrompre l'hiſtoire ſuivie de ces manœuvres, je m'occuperai d'abord à donner l'état des Ouvriers, enſuite à décrire ces inſtruments, ces outils, ces uſtenſiles, ces machines; je les ferai connoître dans l'ordre qui ſemble le plus naturel, dans celui par lequel on procede aux ouvrages de la premiere, de la ſeconde & de la troiſieme fouilles, pour, comme diſent les Houilleurs, *foſſoyer*, *avaler les bures*, *& faire autres ouvrages*.

La premiere fouille exige la connoiſſance des outils employés pour l'enfoncement des bures, en traverſant, avant toute choſe, l'enveloppe la plus ſuperficielle, que j'ai appellé *couverture terreuſe*.

Pour la ſeconde fouille, je décris les outils qui ont rapport à l'enfoncement de la *couverture pierreuſe*; tels ſont les maillets, les marteaux, les ciſeaux, les leviers, les coins & les autres outils bien trempés, ſans oublier ceux qui ſont quelquefois néceſſaires pour faire jouer la poudre à canon.

Enfin, les outils ſervant aux ouvrages intérieurs, comme ceux avec leſquels on ſape & on détache la veine, appartiennent à la troiſieme fouille.

Je viens, après cela, à tout ce qui compoſe l'équipage d'un Attelier de Houillerie, commençant d'abord par les approviſionnements de ferrures, & continuant par les matériaux de charpenterie.

Je paſſe en revue les uſtenſiles ſervant à tranſporter le charbon, & je les diviſe en deux claſſes.

Dans l'une, je range ceux qui ſont uniquement deſtinés à porter les houilles du fond des ſouterrains à l'endroit où elles ſont chargées, pour être tirées au jour, & qui reſtent conſtamment dans la Mine; tels ſont les traîneaux, les chariots, &c. Je range dans l'autre les paniers, les mailles, les coffres, & les autres *meubles* de ce genre, ſur leſquels on charge les houilles au fond du bure, & qui s'enlevent *au jour*, ainſi que les ſeaux & tonneaux.

A la deſcription de ces uſtenſiles, je fais ſuccéder ceux qui ſont appliqués aux mêmes uſages pour les eaux, & enfin les appareils employés à la circulation de l'air dans l'intérieur de la houilliere; j'ai joint la figure de tous ces objets par pieces aſſemblées, ou par pieces détachées pour celles qui demandent ce dernier parti.

La derniere claſſe renfermera les angins & les machines que l'on conſtruit à la ſuperficie, pour enlever du fond des Mines, par le moyen des moufles, le Charbon de terre détaché de ſa veine, ou les angins qui tirent les eaux.

Celles de ces machines, qui, par l'importance de leurs uſages ou par la multiplicité des pieces dont elles ſont compoſées, méritent des détails, ſeront repréſentées dans leurs développements, ou avec des coupes & des profils, qui en feront connoître l'intérieur & le jeu.

La *Pompe à feu* eſt la ſeule machine hydraulique intéreſſante que l'on emploie dans les Mines de Charbon de terre. L'ouvrage de M. Blakay, agréé par l'Académie, ſur la fabrication des pompes à feu, me diſpenſe d'entrer, à ce ſujet, dans les détails que j'avois raffemblés ; je ne la ferai connoître que fous le point de vue qui convient au Directeur de cette machine ; je ne négligerai point de faire mention des appentis ou charpentes, ou des baraques plus légeres, qui compofent l'établiffement d'un bure, & qui fervent d'atteliers, ainfi que de magafins aux Ouvriers.

Ce qui vient d'être expofé, n'eft, en quelque façon, que le préliminaire de l'Art d'exploiter le Charbon de terre ; je viens à l'exploitation même, pour faire connoître l'architecture fouterraine des Mines : je décris les différentes efpeces de puits néceffaires pour l'exploitation, ceux aux moyens defquels on arrive à la veine, & par lefquels on enleve le Charbon *au jour*; ceux néceffaires pour fe débarraffer des eaux, où on pour donner de l'air à ces habitations fouterraines.

En prenant l'idée de la difpofition des veines, on doit fe les repréfenter comme des folides de plufieurs pieds d'épaiffeur, qui s'étendent à des diftances plus ou moins grandes dans les autres dimenfions ; ces folides de Charbon de terre ne peuvent être exploités qu'avec la précaution d'y former des *boyaux* de mines, des chambres, des paffages de communication, pour les Ouvriers, pour l'air, pour le tranfport des charbons, ou enfin pour les eaux auxquelles on ménage encore au-deffous du niveau des travaux, foit des rigoles, foit des canaux, foit des réfervoirs, d'où enfuite on les enleve à l'embouchure du puits.

Je donne fur chacun de ces articles des notions générales, & je paffe enfuite à la defcription méchanique du travail relatif à l'ouverture d'une foffe ou puits de mine, à la pourfuite d'une veine dans quelque pendage qu'elle fe trouve, & quelque marche, *réguliere* ou *irréguliere*, qu'elle fuive.

J'entre dans tous les détails néceffaires fur la maniere dont on emploie le Charbon de terre dans le pays de Liege, aux mêmes ufages que le Charbon de bois & le bois même ; la différence de ce combuftible doit néceffairement entraîner des différences dans la maniere de le brûler : je m'arrête à cet article, pour décrire d'abord les appareils dans lefquels on place le charbon ; fon arrangement dans ces efpeces de corbeilles ; la conftruction des cheminées, qui doit être variée fuivant les lieux où elles doivent être placées, dans les appartemens pour fe chauffer, dans les cuifines pour cuire les nourritures, & tous les uftenfiles relatifs à ce feu.

Je termine cette premiere Section par les ufages & les coutumes obfervés à Liege dans ce métier, par la Jurifprudence & les loix qui le régiffent ou qui fervent à y maintenir le bon ordre.

L'exploitation du Charbon de terre en Angleterre étant auffi portée au degré de perfection dont elle eft fufceptible, j'ai cru devoir commencer la feconde Section par ce pays ; le commerce de Charbon de terre y forme un objet de la plus grande importance ; les Loix s'en font occupé d'une maniere très-particuliere ; je m'étends fur cet Art de la maniere la plus circonftanciée qu'il m'a été poffible, en fuivant le même plan de la premiere Section ; je décris avec foin la tarriere Angloife. Quoique cet outil ait beaucoup de rapport avec celui qu'on emploie dans le pays de Liege & en France, cependant la defcription qu'on en trouvera dans cette feconde Section, ajoute aux connoiffances que j'en avois données précédemment, fur-tout par rapport à la maniere de fe fervir de cet outil.

L'article de l'Angleterre eft fuivi de celui du pays d'outre-Meufe, de celui du Hainaut Autrichien, de celui du Hainaut François, & fucceffivement de celui qui eft particulier pour chaque Province de France, & notamment pour celles du Forez, du Bourbonnois & de l'Auvergne, dont les Mines fervent à l'approvifionnement de Paris ; j'ai raffemblé fur chacune de ces Mines le détail des différentes exploitations qui y font établies ; j'ai inféré quelques particularités fur les couches terreufes, ou omifes ou défectueufes dans la premiere Partie ; enfin, j'ai cherché à completter autant que j'ai pu cette Partie de l'Art de la Houillerie.

Après avoir expofé dans les premieres Sections les pratiques ufitées dans chacun des pays que j'ai fait parcourir au Lecteur, il ne refte plus qu'à donner des principes généraux fur cette même exploitation, & à joindre, en quelque façon, les fecours de la théorie à celui de l'expérience ; c'eft à quoi je m'attache dans la troifieme & derniere Section.

On ne devra donc pas être furpris de voir, dans cette Section, les mêmes titres répétés ; renfermant dans les deux premieres ce qui eft pratiqué dans chaque endroit dont je parle, & rapprochant dans la troifieme tout ce qui tient effentiellement à chacun de ces articles.

Je reviens fur les indices auxquels on peut reconnoître ou foupçonner le Charbon de terre dans un endroit ; je donne une idée de la difpofition des montagnes & des couches terreftres qui compofent le globe ; cette partie eft extraite du favant article de Géographie-phyfique que le Dictionnaire Encyclopédique renferme, & dont le Public eft redevable à M. Defmarets mon Confrere.

Je réfume enfuite ce qui a rapport au pendage, au fondage des Mines, à l'épuifement des eaux ; je fais entrer dans ces articles des détails intéreffants fur la force des hommes & des chevaux, fur les dimenfions à donner au manege, fur la dépenfe néceffaire pour l'établiffement & pour l'entretien des machines.

Tout le refte de la pratique de l'exploitation eft une comparaifon des méthodes ufitées dans prefque tous les pays de l'Europe ; j'y fais ufage de tous les Ouvrages imprimés, publiés en différentes langues, de grand nombre de Mémoires qui m'ont été communiqués, enfin, de toutes les connoiffances que j'ai pu me procurer, tant fur l'ouvrage, l'étançonnage des Mines, que fur la force des cordes comparée à celle des chaînes de fer pour enlever de grandes charges hors des bures ; article intéreffant pour la confervation des Ouvriers qui montent & defcendent fouvent avec les coffres.

Je paffe enfuite aux calculs de la dépenfe de l'exploitation d'une Mine : les

prix fur cet objet ne peuvent que varier infiniment ; mais il eft aifé de fentir combien une premiere bafe, quelqu'incertaine qu'elle puiffe être, eft encore pré-
cieufe pour ceux qui veulent former des entreprifes de ce genre.

Ces détails font fuivis d'une difcuffion fur les ufages du Charbon de terre,
tant de ceux que la Médecine peut en faire, que de ceux que les Arts en font ;
fes ufages pour les travaux métallurgiques, y font retracés fous un point
de vue méthodique ; j'y réduis en principes le procédé de défoufrer ce foffile, afin de parvenir à perfectionner ce *grillage*. J'ai décrit celui qui eft ufité
dans chaque pays, pour employer économiquement le Charbon de terre
au chauffage & aux ufages domeftiques, en l'alliant avec des terres graffes. L'importance de l'objet m'a engagé à difcuter dans cette derniere Section, la nature,
les effets, les propriétés & les avantages du feu de Charbon de terre ainfi apprêté, à développer cette méthode en déterminant la qualité de chaque efpece de
Charbon, & en donnant les caractères qui peuvent fervir à les diftinguer. J'entre dans les mêmes détails fur les argiles ; j'indique quelle efpece d'argile convient à chaque efpece de Charbon & réciproquement. J'ai tourné particuliérement mes connoiffances pour l'ufage de la Ville de Paris, & je décris tous les
endroits de fes environs, où fe tirent la glaife & les autres terres graffes propres à
cette *impaftation* ; enfin, je donne l'art de cette fabrication ; je défigne les manipulations, les atteliers qu'il feroit néceffaire de conftruire ; j'indique les Ouvriers
qu'il faudroit y employer.

Par-tout j'ai confidéré le Charbon de terre fous les faces les plus propres à faciliter à tout Propriétaire l'exploitation d'une Mine, en quelque lieu qu'elle foit
fituée, par la comparaifon des frais & du bénéfice ; fur-tout je me fuis attaché à
mettre dans un jour auffi clair que frappant, les avantages économiques & politiques qui réfultent de ces travaux, non-feulement pour chaque canton, pour
chaque province, mais encore pour l'Etat en général.

La partie du commerce du Charbon de terre en France, ne m'a point paru à
négliger dans mon Ouvrage ; on y trouvera tout ce que l'on peut défirer à cet
égard, tant pour l'intérieur du Royaume que pour la Capitale.

PREMIERE

PREMIERE SECTION.

Différens degrés de pendages des Veines ; manieres de les désigner dans les travaux de l'exploitation au pays de Liege.

Au milieu de cette masse volumineuse de lits différents que nous avons exposés dans la premiere Partie, que nous y avons suivis aussi avant qu'ils peuvent l'être, que nous avons mis, pour ainsi dire, à découvert ; le Charbon de terre forme une couche particuliere : comme les autres bandes terreuses, dans lesquelles il est enveloppé, il suit une marche que l'on observe être réglée comme elles sur les inégalités montueuses qui *sillonnent* le pays parcouru par ces couches de Charbon fossile, c'est-à-dire, qu'elles suivent l'élévation & l'abaissement alternatif du terrain ; il convient maintenant de traiter dans le plus grand détail de leurs *pendages*, ainsi que nous l'avons fait ci-devant pour les autres couches.

Les veines de Charbon tiennent communément leur *pied* au couchant, & commencent toutes à se *former au jour*, en plongeant plus ou moins, & remontant à la superficie, dans le même ordre qu'elles se font éloignées de cette superficie en s'enfonçant, si le terrain n'est point coupé par quelques collines.

La maniere la plus ordinaire dont elles *tombent* ou panchent jusqu'à une certaine profondeur, est en *Roisse* : si le terrain n'est point coupé par une colline, les veines se mettent en *Platteure*, puis elles reprennent leur situation. *Voyez Fig.* 3, *Planche* **XI**, de la premiere Partie, & *Planche* **I**, seconde Partie.

Cette marche a été décrite seulement en général, Sect. VIII, de la premiere Partie, & exposée aux yeux *Pl.* **IV** ; mais à raison des différens degrés de ces inclinaisons, les Ouvriers y ont établi des sous-divisions sur lesquelles il est à propos de s'arrêter.

Pendage de Platteures.

Il faut donc se rappeller ici que les veines de Charbon ont une *marche* ou une *pente* qui tombe au-dessous du vingtieme degré du quart de cercle, c'est-à-dire, parallele à l'horison, ou qui s'en écarte peu. Nous avons appellé ces veines *Platteures*, *Planeures*, quoique jamais elles ne présentent une superficie exactement plane ; on exprime cette marche peu inclinée, en disant que la veine *va en pente*, qu'elle *a une belle platteure*, qu'elle *se fait en platteures*, qu'elle *va en pente de platteure*; ainsi le pendage de ce nom, désigne une veine qui se prolonge à plat, ou qui est peu inclinée, & convient à toutes veines qui sont au-dessus de la ligne diagonale d'un quarré. *Voyez Pl.* **I.**

Les différents degrés qu'elle peut avoir dans cette inclinaison, s'expriment par *tiers*, par *quart*, par *demi*; ainsi on dit un *tiers*, un *quart de platteure*, une *demi-platteure*, cette derniere est un vrai pendage.

Lorsqu'en quatre toifes de longueur le pendage éloigne la platteure d'une toife (¹), c'est-à-dire, que fur quatre toifes de longueur, une veine penche de l'étendue d'une toife, elle s'appelle un *quart de platteure*, ce qui s'exprime en difant que *la veine penche à quart*.

Une platteure qui en quatre toifes de longueur, s'éloigne de deux toifes, fe nomme *demi-platteure*, & on dit qu'elle *pend à demi*.

Quand enfin fur trois toifes, une platteure penche d'une toife, on l'appelle *tiers de platteure*.

La platteure conferve ce nom, jufqu'à ce qu'elle vienne à s'écarter de ces degrés d'inclinaison; alors la veine prend un pendage de *Roiffe*, qui ordinairement est *demi-Roiffe*. *Voyez Planche II.* de cette feconde Partie.

La partie où la veine fe courbe & fe ploie pour prendre un autre pendage en fe relevant ou en fe plongeant, s'appelle, dans les Houillieres du Limbourg, *le Dévoyement*.

Les deux extrémités d'une pente de platteure, composent, dans les travaux de l'exploitation, deux parties qui font défignées par un nom particulier, dont il est à propos d'avoir la clef pour entendre la maniere dont fe travaillent ces platteures.

L'une *b*, *Pl. XVIII. Fig. 1*, qui est la plus élevée, c'est-à-dire, qui approche le plus de la fuperficie, & qu'on pourroit appeller à cet égard, fi on le vouloit, *tête de la veine*, est nommée *Amont pendage* ou veine d'*Amont pendage*, en tant qu'elle est la *partie montante* de la platture : dans quelques pays, on la nomme *de deffous la main*. L'autre *e*, plus éloignée du *jour*, qui est par conféquent la plus baffe, & que l'on pourroit nommer *la laye d'en bas*, ou *le pied de la veine*, est défignée fous le nom de la partie d'*Aval pendage* ou *veine d'Aval pendage*, comme fi l'on difoit *veine defcendante*; à raifon de l'inclinaison de fa pente, plus marquée que dans la partie d'Amont pendage : on l'appelle auffi *en avant-main*.

Pendage de Roiffe.

La feconde efpece de marche, connue dans les veines de houille, est à peu près perpendiculaire; c'est-à-dire, que la veine est pofée en terre dans une inclinaifon qui approche d'une fituation droite; elle s'enfonce de même infenfiblement en partant prefque du rocher ou de la fuperficie. *Voyez Pl. II, III, IV, & V*, de cette feconde Partie.

D'après les mêmes régles adoptées pour caractérifer les variétés de platteures, on divife les Roiffes, par *demi-Roiffes*, par *tiers*, & par *quart*.

(1) Toife de fix pieds.

Une veine Roiffe qui fur quatre toifes de longueur s'éloigne d'une toife, eft appellée *quart de Roiffe.*

Celles qui fur quatre toifes de longueur, s'éloignent de la ligne perpendiculaire d'une toife, fe nomment *demi-Roiffes*, lefquelles deviennent pendage de platteure, comme le tiers de platteure devient pendage de Roiffe.

Cette platteure, qui fuccede à une Roiffe, eft appellée dans les ouvrages, *grande veine* ou *platteure. Voyez Pl. IV.*

Celles que les demi-Roiffes forment de diftance en diftance, font appellées *Platteures de Roiffe. Voyez* Pl. II.

Une veine qui penche en Roiffe dès fon commencement de la fuperficie, & qui parcourt ce pendage dans toute l'étendue qui lui eft propre (environ de trois lieues), eft nommée *maître Roiffe*; par-là elle eft diftinguée des Roiffes qui, avant d'avoir parcouru cette marche ou cette étendue, changent en un autre pendage; celles-ci font appellées *faux Roiffes*, parce qu'elles ne font pas Roiffes, comme elles le paroiffent d'abord.

On pourroit comprendre dans cette claffe les Roiffes qui, ayant leur tête à la fuperficie du jour, & ayant d'abord plongé dans cette direction, reviennent *foper* au jour après avoir marché *en grande veine* ou *platteure* : il s'en rencontre auffi qui fe redreffent tout de fuite, pour venir *foper* au jour dans la même direction. *Voyez Pl. V.*

Celle annoncée en 1767 dans un Ouvrage périodique (¹) comme une fingularité découverte, à Roche-la-Moliere en Forez, n'a rien d'extraordinaire pour quelqu'un au fait des Mines de houille difpofées par veines. *Voyez* la premiere Partie Sect. VIII, page 65.

On conçoit qu'il doit y avoir fur cela des variétés; mais elles reviennent toujours à cette maniere uniforme, de finir après avoir parcouru plus ou moins *réguliérement* un efpace de pays plus ou moins étendu; il paroît qu'elles ont cela de remarquable, dans le pays de Liege fur-tout; c'eft pourquoi nous nous en tenons ici aux Planches I, II, III, IV, V.

Elles fe trouvent dans l'Ouvrage de M. *Louvrex*, d'après l'efquiffe en traits donnée par M. *Bury* pere, & gravée par *Duviviers.* J'ai rendu ces profils plus intéreffants, en remettant fous les yeux les différentes couches qui les accompagnent dans toute leur marche, afin de faire connoître cette marche.

Pour ne rien laiffer à défirer fur ce point, nous inférerons les autres variétés dans la troifieme Section, que nous deftinons à développer les pratiques de l'exploitation, par celles qui font fuivies dans d'autres pays.

Ces pendages inclinés en *demi*, en *tiers*, en *quart de platteures* ou en *demi*, en *tiers*, en *quart de Roiffes*, établiffent dans la maniere de travailler les unes ou les autres, les différentes méthodes qui forment l'Art de la Houillerie : ce font

(1) Avant-Coureur, 5 Octobre, n°. 40.

ces inclinaifons qui exigent dans les puits, dans les galleries, les différences dont nous ferons mention chacune à leur place.

Nous rappellerons feulement ici, qu'une veine de Charbon n'eft jamais feule. *Voy.* Seĉt. VIII, Art. II, de la premiere Partie ; & que fa marche ou la pente qu'on reconnoît à une veine rencontrée en foffoyant, annonce infailliblement le pendage de celles qui font placées au-deffous de cette premiere, conftamment accompagnées de plufieurs autres à peu-près paralleles, & ayant la même direĉtion.

De cette efpece de parallélifme de plufieurs veines placées les unes fur les autres, dans un même canton, il s'enfuit une différence d'étendue en longueur, dans celles qui font placées fuperficiellement, & dans les autres qui font placées en-deffous. On conçoit que plus les veines & les couches intermédiaires, fuivront dans leur direĉtion une pente douce, plus l'extrémité des veines qui font les plus enfoncées, dépaffera celles qui font fituées au-deffus.

Ainfi, dans le cas où une premiere veine fe trouvera parcourir un efpace d'un quart de lieue, la feconde en parcourra un plus confidérable, en proportion de la diftance qu'il y aura entr'elle & la premiere ; fi, par exemple, cette premiere veine *penche à quart*, la feconde fuppofée à dix toifes au-deffous, dépaffera à chaque extrémité la premiere veine de quarante toifes ; il en fera de même de la quatrieme, placée au-deffous de la troifieme, cette quatrieme dépaffera la troifieme à proportion qu'elle en fera rapprochée ou éloignée par les bandes intermédiaires.

L'épaiffeur du banc de roc, intermédiaire entre chaque veine, pour ce qui eft des veines plus enfoncées, produira à cet égard, par fon défaut d'uniformité, des différences confidérables : à *Houfe*, on a vu de ces bancs de pierre de neuf pieds, un autre de vingt-un pieds ; on les diftingue par le nom de *grande* & de *petite vache*.

Ce point de différence entre plufieurs veines qui s'accompagnent dans une marche en platteure, eft rendu fenfible par la Planche I ; elle repréfente une coupe de Mine où les veines font plattes : le Leĉteur fuppléra en idée à la pofition de la faille, qui, au lieu d'être panchée, doit être droite, comme dans la Planche III, de la premiere Partie.

La portion des veines qui touche ce rocher devant & derriere, eft pour l'ordinaire dans la direĉtion exaĉte de fa courfe, comme on l'a remarqué, *Pl.* XI, *Fig.* 2 ; de la premiere Partie ; mais l'interruption de cette marche par la *faille*, occafionne quelquefois dans les deux parties de la veine qui touche ce rocher, le dérangement qu'on a cherché à exprimer dans cette premiere Planche de la feconde Partie.

ARTICLE

ARTICLE PREMIER.

Ouvriers employés dans une Houilliere & à la Houillerie
au pays de Liege.

L ES travaux qui concernent l'exploitation d'une Mine , tant *l'enfoncement* où *l'avalement* d'un bure, que *la pourchaffe des travaux fouterrains* , font indiftinctement exécutés par tous les Ouvriers attachés à une Houilliere, excepté les femmes & les enfants.

Les premieres ne peuvent que tranfporter *la denrée* dans les *paires* ; il leur eft interdit par les réglements de defcendre dans les *travaux*.

Les enfants , à raifon de la foibleffe de leur âge , ne font employés qu'à tirer des petits traîneaux dans les galleries ou voies fouterraines.

Ceci eft néceffaire à obferver, afin qu'on ne prenne pas une fauffe idée de la maniere dont je vais paffer en revue ce corps d'Ouvriers attachés à un bure , qui tous favent précifément ce qu'ils doivent faire dans leurs journées, & qui font indiftinctement appliqués à tous les ouvrages.

Je les ferai connoître dans la progreffion correfpondante aux ouvrages , comme s'ils étoient par bandes ou par claffes, dont les uns ne feroient chargés que d'un diftrict , & les autres d'un autre ; cette façon m'a paru la plus commode pour laiffer dans l'efprit du Lecteur une idée nette de l'ordre obfervé dans les travaux.

Lors donc que nous confidérerons d'abord les Houilleurs travaillans aux manœuvres relatives à la premiere & à la feconde fouille, enfuite ceux qui manœuvrent dans l'intérieur de la Mine , il faudra fe rappeller que ce font les mêmes Ouvriers qui paffent fucceffivement des travaux de la premiere fouille à ceux de la feconde , & enfin aux fouilles intérieures. Nous indiquerons enfuite les outils qui font particuliers à ces befognes.

Aucun de ces Ouvriers ne font étrangers. Toute la banlieue qui confine à l'extrémité des fauxbourgs de Liege, d'où fe tire auffi une grande quantité de Charbon de terre , fournit le nombre d'hommes néceffaire pour la prodigieufe quantité de Mines, dont quelques-unes peuvent employer de quatre-vingt à cent Ouvriers. La terre ouverte & creufée de tous côtés, les traces de cette marchandife qui eft perpétuellement fous les yeux de ces familles laborieufes , décident dans les enfants une efpece de vocation générale qui , depuis l'an 1200, du temps du Prince Albert fecond , fe perpétue avec l'expérience. De génération en génération , ils fe regardent comme deftinés par leur naiffance même , à prendre parti dans le métier de leurs peres, & à vieillir par inftinct fous le mafque de la Houillerie. Cette portion du peuple portant fur le vifage la couleur , je dirois prefque la livrée de fon métier dominant, & que FISEN,

Hiſtorien de Liege, ſa patrie, appelle aſſez mal-à-propos *miſerrimum mortalium genus*, n'eſt pas la moins avantageuſe au pays. Voyez ce que j'en ai dit *pag. xiv, de l'Avant-propos* : elle eſt ſi nombreuſe qu'elle fournit des Houilleurs à toute l'Europe.

Traireſſes au jour.

Femmes qui tournent les bras du treuil, & tirent à elles les paniers ſortant au jour, pour les amener à la main, ſur le *pas du bure*, ou en les accrochant avec un bâton ferré par le bout, dont on donnera la deſcription à ſa place.

Avalleur.

Premier Ouvrier qui profonde le bure, & tourne quelquefois le *bouriquet*.

Royteu.

C'eſt le plus expert des Avalleurs ; il eſt chargé de commander aux autres, de diriger, finir, parfaire leurs ouvrages : ce Maître ouvrier revient à ce que nous appellons *Piqueur*.

Stanſeur.

Ces Ouvriers placent tous les bois pour étançonner les ouvrages, & ſont chargés des cuvelages quand ils ſont néceſſaires.

Meſtre Ovry ou *Maître Ouvrier*.

Le percement des veines avec le foret, pour reconnoître les *vieux ouvrages des anciens*, qui ſouvent ſont remplis d'eau, regarde ce Meſtre Ovry : ſon office eſt des plus importants, puiſque c'eſt lui qui garantit les Travailleurs & la Houilliere des inondations.

Boiſſeur, Boſſieu, ou *Faiſeur de voies*.

Fait les chemins dans les tailles, pratique dans la pierre différentes rigoles ou coupures, nommées, en terme de métier, *Boſſiement*, d'où ſans doute eſt formé le nom des Ouvriers qu'on emploie à cet objet.

Coupeur, Deſpieſſeur.

Coupe, deſpieſſe la veine quand elle eſt tombée.

Xhaveur.

Coupe la veine aux deux côtés des *tailles* : ce ſont les moindres Ouvriers ; on emploie toujours à ce travail les plus jeunes.

Ripaſſeur.

Fait ſauter la houille par quartier, repaſſe après le Boiſſeur, pour prendre le niveau exact, afin que l'eau ne coule qu'inſenſiblement.

Riſtapleur.

Cet Ouvrier ſuccede au Ripaſſeur; ſon office le rapproche du Stanſeur: il raſ-ſemble les *gangues* & *triguts*, que l'on emploie à faire des *ſlappes* ou piliers pour appuyer le toit.

Traîneur ou Chargeur au bure.

Ces Ouvriers ſont conſtitués pour emplir ou faire emplir les paniers dans le bure, pour ramener dans le chemin qui deſcend perpendiculairement dans la veine & aux entrepôts, les caiſſons, les coffres & paniers, & les tonneaux, pour conduire ceux de ces uſtenſiles qui s'enlevent au jour.

Il a ſous lui deux Ouvriers qui ſont les petits Chargeurs au bure, & les Hier-cheurs.

Petits Chargeurs.

On les appelle ainſi de leur fonction, qui conſiſte à charger les houilles & Charbons ſur des petits traîneaux, appellés *Sployons*, *Bages*, *Selys*.

Ils ont la direction des Hiercheurs, & ſont obligés de les procurer conjointement.

Hiercheurs.

C'eſt le premier ouvrage de houillerie, par lequel on fait commencer les en-fants à l'âge de neuf à dix ans; cet apprentiſſage, accommodé ſur-tout à leur tail-le, qui ne les oblige point de ſe trop courber, conſiſte à traîner & à amener les houilles depuis la taille juſqu'au chargeage, & juſqu'à la buſe du bure; quel-quefois à traîner les tonneaux remplis d'eau pour aller les vuider: pour les former à cet exercice, on leur attache à chaque main une eſpece de petite *ſellette* de quatre à cinq pouces.

Quelquefois il n'y a qu'un Hiercheur pour tirer le *Sployon*; d'autres fois il eſt *traîné à cope*, c'eſt-à-dire, à deux.

Waxhieur ou Repaſſeur d'airage.

Sa fonction eſt de veiller aux ouvrages de la houilliere.

Déchargeurs.

Reçoivent les paniers, caiſſons, coffres, ſeaux & tonneaux qui arrivent au jour.

Maréchal.

Son office appellé *Maréchaudage*, conſiſte à veiller à tout ce qui ſe travaille à la forge, comme ferrure des chevaux, entretien des chaînes & férailles néceſ-ſaires à la houillerie, il les viſite, les accommode, &c.

Wade-fosse ou Garde-fosse.

Espece de Commis qui commande à tous les Houilleurs occupés dans la *hutte*, & dont le poste est dans la hutte ou dans le *hernaz*, comme *Chasseurs au bure*, *les Berwettresses & les Botteresses* : le feu dont on a besoin pour les ouvrages, l'examen des outils & autres choses semblables, sont de son district.

Conducteurs des chevaux ou Chasseurs au Bure.

On désigne par ce nom, les Ouvriers chargés de faire marcher, arrêter, ou retourner les chevaux. Ce sont les Chargeurs au bure qui en donnent l'avertissement, par une sonnette placée dans le Hernaz.

La houille une fois hors de la fosse, ne passe plus par les mains des hommes : les femmes exclues, par les Réglements, de l'intérieur des bures, trouvent un moyen de gagner leur vie en transportant à bras ou sur leur dos cette marchandise. Cette main-d'œuvre est réservée aux femmes, entre lesquelles les Réglements donnent la préférence à celles qui ont actuellement ou qui ont eu leurs meres, leurs peres employés aux ouvrages.

Rakoyeux, Berwettresses, Monresses, Meneuses.

Les femmes qui ramassent le Charbon sortant des bures & le transportent sur des *berwettes* dans les *paires*, distants quelquefois d'une demi-lieue, sont désignées par ces noms. Le premier dérive selon toute apparence de *recueillir*.

Botteresses.

Les femmes qui viennent chercher le Charbon dans les paires, pour le porter dans des hottes appellées *Bots*, sont nommées BOTTERESSES ; elles sont fameuses dans tout le pays circonvoisin, par le métier qu'elles font de se charger des plus grands fardeaux, & de résister aux plus grandes fatigues (*).

ARTICLE SECOND.

Des Instruments, Outils, Ustensiles & autres équipages de Houillerie au pays de Liege.

1°. Instruments.

Sous ce titre général nous comprendrons tout ce qui est nécessaire pour les ouvrages relatifs à nos Mines ; mais nous consacrerons le nom d'*Instrument*, pour les outils employés dans les opérations mathématiques des Mineurs de houille, soit en-dehors, soit en-dedans des bures ; & nous traiterons sous le nom d'*Outils*

(*) *Carbones trudit vel portat bajula qualo,*
    Gratus & est illi nocte dieque labor.

Fæmina majori non stringitur ulla labore,
    Quam quæ Legiacis bajula nata locis.

Vers tirés d'une vieille Carte de la ville de Liege.

tout ce qui fert aux ufages méchaniques : nous allons les faire connoître tous dans le même ordre fous lequel nous venons de repréfenter les Ouvriers.

Les inftruments d'ufage pour le nivellement, font une Régle de Menuifier & de Charpentier, appellé *Rule*, mot Anglois, qui fignifie une *Regle* ; elle eft de bois & de différente longueur ; elle eft platte & étroite, piétée d'environ douze pieds (¹) ou deux toifes (²).

Tablettes ou *Cartabelle* : (Pugillaria).

Compofées de trois ou cinq ardoifes de cinq à fix pouces en quarré, encadrées dans un étui de bois, pour y porter les réfultats du *nivellement* fait avec le *Rule* & la *bouffole* ou platteau. La figure *b*, *Pl. VI*, repréfente ces Tablettes ouvertes, la figure *a* les repréfente fermées ; *c*, en fait voir l'épaiffeur.

Platteau.

Les Houilleurs Liégeois fe fervoient autrefois, pour mefurer les ouvrages fouterrains, d'une piece de bois appellée *Platteau*, à caufe de fa forme approchante d'une affiette ou d'un petit plat : il eft tout à fait inconnu aujourd'hui ; on ignore même la maniere dont on s'en fervoit. M. l'Avocat Raiek, homme confommé dans la fcience de Houillerie, n'a pu en donner aucune connoiffance. M. le Mayeur-Sacré, âgé de plus de 70 ans, affure que du temps de fon Pere, il n'étoit point en ufage ; il n'a pu en rien dire, finon que cet inftrument étoit d'environ quinze pouces de Roi, traverfé de diagonales paralleles, & marqué de nombres fur le tour.

La Figure qui m'en a été envoyée de Liege, annonce quatre pinules fixes, & des nombres dans un tour, partagé de trente à trente-un degrés ; il eft à préfumer que c'étoit le *cercle des Arpenteurs*, nommé vulgairement *l'équerre des Arpenteurs* ; il eft abfolument conforme à celui que nous connoiffons & qui fe trouve gravé dans le cinquieme Tome des Planches de l'Encyclopédie, *fig. 25, Pl. XI.*

Au Platteau, inftrument imparfait, a fuccédé la *Bouffole*, *A 1, A 2, Pl. VI*, nommée en patois de houillerie Liégeoife *Cadran*, qui eft le *Berg compaff* des Allemands, bouffole de Mine ; elle a confervé le nom de *Platteau* dans les defcriptions de nivellement : ainfi on dit *faire la mefure au Platteau*, quand on emploie le *Cadran* à reconnoître fur la fuperficie tous les paffages faits fous le terrein où l'on travaille.

Les bouffoles dont on fe fert, ne different que par la forme ; il y en a de rondes, il y en a de quarrées ; la *fig. B 1, Pl. I*, en repréfente une de quatre pou-

---

(1) La toife de Houillerie eft de 7 pieds de Liege ; au pays de la Reine elle eft de 6 pieds.

(2) Le pied de Paris ne fait que 11 pouces 1 ligne & un tiers de Liege.

ces de grandeur dans fa boîte de bois; la *fig. B 2*, une de trois pouces de grandeur; *B 1*, une bouffole dans fa boîte avec fon couvercle de cuivre ouvert, &
B 2, en repréfente une fermée.

C'eft une boîte qui le plus communément eft de bois; elle a un demi-pied de
diametre; au milieu de la plaque, s'éleve une pointe ou pivot perpendiculaire
a, fur laquelle eft pofée en équilibre une aiguille d'acier aimantée *c c*, dont la
pointe *b*, eft toujours tournée vers le Nord, à moins que le voifinage du fer ou
quelqu'autre caufe ne lui faffe changer cette direction.

Sur la boîte on adapte, afin d'empêcher la pouffiere d'y pénétrer, un verre
blanc, autour duquel on met un lien ou cercle *d d d d*, qui fert à indiquer les
heures ou les parties de l'horifon.

La circonférence eft divifée en trente-deux chiffres; ces chiffres font fous-di-
vifés en demis & en quarts. Afin de pouvoir s'en fervir lorfqu'on eft hors de la
Mine, il eft néceffaire de faire graver fur le cercle des heures les quatre points
du ciel : favoir, l'Orient, Levant, Eft; le Midi, Sud; l'Occident, Couchant,
Oueft; & le Septentrion, Nord.

Une piece qui eft une dépendance de la Bouffole, eft ce qu'on appelle *la
chaîne c*, dont toutes les pieces font ramaffées pour la rendre portative; on en a
développé en *D D* quatre membres qui fe tiennent les uns aux autres; ce font
des brins de menu fer d'archal, & qui feroient mieux en laiton, ayant chacun un
pied ou un pied & demi de longueur environ.

Le premier eft formé en étrier *E e*, appellé *Manette* de la chaîne, & reçoit
un anneau *F F F*, qui s'adapte avec la premiere piece, contournée dans cette
extrémité *G G G*, en crochet, ainfi que dans l'extrémité oppofée, afin de jouer
de même avec les pieces fuivantes qui s'y joignent de la même façon.

Tous les membres de la chaîne, dont on en a marqué un en grand *G G*, ainfi
réunis, forment enfemble une longueur de huit, neuf, dix toifes : chaque toife
eft marquée par des anneaux *H h h*, barrés en travers exactement dans leur milieu, & munis de deux oreilles oppofées l'une à l'autre, qui débordent & reçoivent chacune le crochet du membre auquel il s'attache.

Ces gros anneaux, plus grands que les autres, placés à chaque longueur de
toife, font pour marquer cette mefure; ils exigent que le membre de la chaîne,
joignant ces anneaux, foit dans la partie joignante moins long que les autres qui
font fimplement unis par un petit anneau.

Le dernier brin de la chaîne reçoit une petite anfe *i i*.

Dans la partie qui approche de la Bouffole, c'eft un bout de ficelle vu en pé-
lotton *k*, laquelle eft de la groffeur des membres de la chaîne, & peut avoir
un, deux, trois nœuds à la premiere toife, puis un nœud de demi-toife en demi-
toife.

Il eft des endroits où on fe fert uniquement d'une ficelle au lieu de chaîne,
& on eft actuellement dans cet ufage au pays de Liege où on la trouve plus

commode ; on a feulement attention de la mouiller avant de s'en fervir , afin que l'humidité fouterreine en l'accourciffant ne trompe point ; la même raifo nindique la néceffité de la mouiller de nouveau, lorfqu'on vient à adapter fur la fuperficie , la mefure des ouvrages fouterrains.

2°. *Outils pour reconnoître l'intérieur.*

Dans le cours des ouvrages de Houillerie, on a fréquemment befoin de faire des trous, dont on expliquera les motifs & l'intention à mefure ; c'eft ce qu'on appelle en général *forer* ou *percer un trou* , & dans quelques occafions *pareuffer* ; alors ces trous font nommés *pareuffages* ou *pareuffes.*

L'outil qu'on employe à cet ufage eft appellé en général *Sonde* , parce qu'il eft toujours employé pour fonder ; *Foret* ; on le nomme encore en Liégeois *Aweie à forer* , *Tarré* , *Tarier* , *Teret.*

Les circonftances pour lefquelles on l'employe, font, ou pour reconnoître dans un terrein s'il y a du Charbon, afin de ne pas courir les rifques de la dépenfe d'un bure , ou lorfqu'il s'agit de reconnoître le voifinage des eaux, afin de pourvoir à la confervation des Houilleurs, de garantir les ouvrages de fubmergements, lorfqu'on veut faire des trous pour donner aux eaux communication d'un endroit à un autre, ou juger fi au-deffous d'une veine il s'en trouve une autre , & à quelle diftance elle eft de la premiere.

Nous nous réfervons à traiter chacune de ces circonftances à leur vraie place ; nous bornant, quant à préfent, à faire connoître cet inftrument, qui, comme on vient de le voir, a quelquefois lieu au premier début d'une entreprife de Mine.

Du Tarré.

On appelle donc ainfi une *Sonde* ou *Tarriere* , compofée effentiellement de trois pieces ou verges de fer, qui s'adaptent les unes aux autres ; chacune, excepté la premiere n°. 1, *Pl. VII*, qui n'eft que le conducteur, eft double n°. 2 , afin de pouvoir être remplacée fur le champ , & terminée différemment à fa tête pour être employée felon les circonftances , de maniere que toutes les pieces quand elles font appareillées, font au nombre de huit, dix & davantage.

Par cette raifon elles font toutes, excepté la premiere piece, terminées dans le haut en vis, pour pouvoir être vérinées au moyen de deux clefs ou pinces de fer, d'environ un pied de longueur & du poids de deux livres chacune : ces clefs, avec lefquelles on embraffe la verge que l'on veut ajufter à une autre, fe nomment *Hacon.*

Amorceux.

La premiere piece du Tarré, *fig.* 1. *Pl. VII* , à laquelle on donne ce nom

& qui va avec toutes les autres, eft munie d'un manche de bois de vingt pouces de longueur & de deux pouces de diametre, attaché fortement en travers dans une douille qui termine cette extrémité fupérieure : la longueur de l'Amorceux eft de demi-toife ou de trois pieds ordinaires , qui font quarante pouces de Liege; elle ne doit pas être plus confidérable, afin d'avoir jeu fur les autres pieces : fa groffeur eft d'un ou deux pouces; fon extrémité, renflée en maniere de campane, eft forée intérieurement dans fa profondeur, & fillonée de maniere à recevoir la tête des autres pieces.

Longue Verge.

On appelle de ce nom la piece que l'on fait fuccéder à l'Amorceux, auquel elle s'adapte au moyen de fa tête formée en vis; fa longueur eft de foixante-dix pouces; elle eft terminée & creufée de même dans fon extrémité oppofée, afin de pouvoir recevoir la fuivante ou les autres pieces que l'on juge à propos de lui adapter felon les différents cas.

Courte Verge.

Celle-ci n'eft qu'un double de la longue Verge; elle doit être moins longue , n'ayant guere plus de deux pieds ou trente-quatre pouces : c'eft en cela feulement qu'elle differe de la longue Verge, ce qui fait qu'on ne l'a point repréfentée fur la Planche, ces deux pieces pouvant n'être regardées que comme formant enfemble la feconde piece du Tarré.

Lorfqu'on n'a à percer que dans des couches terreufes, on fe contente d'adapter à la premiere piece la Languette.

Languette.

Cette partie, n°. 9. *Pl*. VIII, appellée auffi à Dalem *Mouche, Moxhe,* & quelquefois *Moxhe de veine,* parce qu'on s'en fert pour fonder la veine, & la pareuffer eft la véritable meche du Tarré; dans fa tête il eft tourné en vis, afin d'être reçu dans l'écrou qui termine l'Amorceux : prefque tout le refte de cet outil peut être regardé comme une forte de vrille à taillant tranchant continué fur la longueur; & afin de produire fon effet avec facilité , il eft échancré dans le bout de fa lame de maniere qu'il forme deux pointes en angle, dont l'une eft plus courte que l'autre.

Erpet, Fermoir.

Quand on rencontre la pierre, on termine le Tarré par cette piece 3, 3, *Pl. VII*, qui eft faite en bifeau, afin de tailler & de couper; fon taillant a un pouce de large: la piece a en tout huit pouces de longueur & une livre de poids; on en a cependant de différentes longueurs.

❀

Fermoir

Fermoir à quatre côtes.

Si la pierre que l'on touche eſt du roc ou du *Greit*, on emploie le Fermoir 5, 5, nommé *à quatre côtes* à cauſe des quatre tranchants qui accompagnent ſa mèche dans l'extrémité voiſine de la pointe : cette verge peut s'adapter à toutes les pieces. Au moyen de la diſpoſition de ſes tranchants, on voit qu'elle coupe ou déſunit en quatre endroits la partie pierreuſe ſur laquelle on la fait agir ; il en réſulte quatre pieces que l'on emporte en tournant le Fermoir : ſa longueur, qui eſt de deux pieds & demi ou trois pieds, a une certaine incommodité.

Toutes ces pieces, miſes bout à bout, creuſent à vingt-cinq toiſes de profondeur, ce qui compoſe le trou de tarré entier, appellé *long jeu*, pour le diſtinguer du trou de demi-longueur, nommé *court jeu*, pour lequel on n'emploie qu'une partie de ces pieces.

La dureté du roc ou autres matieres, ſur leſquelles agiſſent ces différentes pieces, ou la qualité du fer dont elles ſont faites, ſont ſouvent cauſe que les unes ou les autres ſe caſſent & reſtent dans le trou de tarré.

Afin de n'être pas obligé d'aller recommencer ailleurs un autre trou de tarré, il faut retirer la piece qui eſt caſſée, & qui empêcheroit de pourſuivre l'enfoncement du trou.

Pour cela on adapte à l'amorceux ou à la courte verge la piece ſuivante nommée :

Rapeleu, Tireboux.

Cette eſpece de Tireboure a environ douze pouces de longueur en tout ; la partie qui ſe vérine à la longue ou à la courte verge eſt ſillonnée pour cela ; l'autre extrémité eſt pointue, & tortillée en forme de vis, *Voyez* n°. 4.

Outils de Ferronerie d'uſage au pays de Liege, pour foſſoyer, avaler les Bures.

Les Outils employés par les Houilleurs Liégeois, ſont à peu-près de l'eſpece de ceux dont ſe ſervent les Terraſſiers & Pionniers pour ouvrir la terre, comme *Pioches* en forme de Pic ou de Marteau large & aigu ; *Pics à hoyaux*, ayant une pioche d'un côté & une pointe de l'autre ; des *Pics à tête*, des *Pics à roc*, des *Bêches* de différentes formes, ſelon qu'on veut ſéparer de petites ou de grandes pieces, des *Pelles de fer*, celles appellées *Louchets* de Flandres ou les outils communs aux Carriers, pour déraciner, détacher les pierres de leurs ſieges ou bancs.

Les outils de Houillerie peuvent être diſtingués en deux claſſes, ſoit par rapport à la nature des matieres qu'il faut enfoncer, remuer & démolir avec ces outils, ſoit par rapport à la qualité différente dont ils doivent être, en raiſon de ces circonstances, bien pointus , & plus ou moins acérés dans leurs pointes, dans leur tranchant, &c.

Le plus grand nombre de ces outils est emmanché, c'est-à-dire, garni d'un manche ou d'une poignée, qui tient ou au milieu dans un œil, si le fer a deux bouts, ou dans une douille conservée à la tête du fer lorsqu'il n'a qu'un bout.

Les dimensions de ce manche font en général proportionnées à la lame ou au fer; elles différent encore felon la largeur du bure, de même que cette poignée, dans les outils employés aux travaux fouterrains, est en raison de la largeur ou de l'épaisseur de la veine ; c'est tout ce qui est à obferver à cet égard : du reste , nous fpécifierons la forme, le taillant, le dos des lames, la tête, la pointe droite, mouffe ou courbe de ces outils que nous allons décrire, en fuivant la division que nous avons annoncée ; elle jettera fur toute cette matiere une clarté fans laquelle nos Lecteurs ne pourroient nous fuivre que difficilement.

Première Fouille.

Outils employés pour la couverture terreufe.

Hawe , Louchet.

Le nom de *Louchet* , très-ordinaire dans la langue Flamande, est celui fous lequel, dans plufieurs Pays & dans plufieurs Manufactures, font connues les Pelles, appellées ordinairement *Béches.*

C'est une Pelle de fer applatie, large & tranchante fur fes côtés, comme fur le bas, afin de pouvoir être enfoncée plus aifément; il y en a de différentes formes, relativement aux matieres dures & folides que l'on a à trancher ou à couper.

Le premier qui est néceffaire *A , Pl.* VII, a fa lame à peu-près quarrée longue, plus étroite du côté de l'extrémité; fa longueur est d'environ un pied, fa largeur de huit à neuf pouces.

C'est avec ce premier Louchet que fe fait l'avallement du bure quand les terres font graffes ; il reffemble à l'outil de jardinage , appellé improprement *houlette* , & à la bêche d'ufage parmi nos Vignerons.

Le fecond *Louchet* ayant rapport aux ouvrages fouterrains , fera décrit avec les Outils employés dans la feconde fouille.

Pics.

Les Houilleurs en ont de plufieurs fortes, comme tous les Ouvriers nommés *Terraffiers,* & fe fervent des uns ou des autres, felon l'ouvrage qu'ils ont à faire, ou felon la nature des fubftances qu'ils ont à travailler, qui exigent que le corps de cet outil foit plus ou moins courbe, plus ou moins long , & que le fer foit pointu ou large, & tranchant par le bout : le manche des Pics est depuis un pied

& demi, à deux pieds & demi, quelquefois de vingt-fix pouces de longueur.

Pic d'Avaleur ou d'Avaleresse.

Comme les terres font quelquefois femées de pierres, de cailloux, de *Fleny*; ils font quelquefois obligés de fe fervir du Pic nommé *gros Pic d'Avaleur*, qui eft du double plus fort que l'autre; le fer en eft du poids de fix livres, & de douze pouces de longueur; le manche engagé dans une douille eft réguliére-ment de quatre pieds de longueur : on pourroit le comparer à l'outil des Char-bonniers de bois nommé *Hoyau*, *Pioche*, & à la *Pioche à pré*, *Voy. lettre* C 1.

Hàways, Sapes.

C'eft ainfi qu'on appelle les Pioches deftinées à remuer les terres, à écarter des maffes dures, à les faper & à les démolir; leur manche eft de trois pieds & demi à quatre pieds, joint au fer par une douille.

Ils en ont de deux efpeces, l'une *B 1*, employée à l'avalement pour les terres graffes, eft d'une forme un peu courbe en approchant du manche; fon bout tranchant a deux pouces & demi de large, & toute la longueur du fer eft d'un pied. L'autre *B 2*, pour les terreins durs, ne differe que par fa force qui eft plus confidérable; le fer n'a qu'un pouce & demi de large dans fon bout. Cet outil eft à peu-près femblable à la *Pioche platte* des Jardiniers.

Seconde Fouille.

Outils dont on fe fert pour la couverture pierreufe.

Hotteux.

Pic que l'on pourroit comparer à l'outil qu'emploient les Charbonniers de bois, & qu'ils appellent *Crochet*; il eft plus gros que le Pic des Avaleurs, étant deftiné à entamer le banc de pierre dans fon joint, ce que dans les car-rieres on appelle *délarder* : il y en a dont le fer eft d'un pied de longueur.

La manœuvre que l'on fait avec le *Hotteux D*, eft pour former la place du *Aweye* qu'on y enfonce enfuite en frappant deffus, ce qui s'appelle *hotter*.

Aweyes, Aiguilles.

Sous le titre général d'*Aiguilles*, les Houilleurs comprennent, non-feulement les bras ou leviers pointus & acérés au bout, mais encore les pieces de fer à fa-ces, aiguës par leur extrémité, defquels on fe fert pour fendre & écarter, & que nous connoiffons fous la dénomination de *coins*, & tous les outils qui ont be-foin d'être chaffés à coups de marteau pour frayer un chemin : par cette raifon ils défignent, fous ce même nom, les outils qui fervent à faire un logement pour la poudre à canon, dont nous traiterons à leur place, ne parlant ici que des *Aiguilles* ou coins à pans, terminés en pointe, n°. 11 , *Pl.* VIII ; on les diftingue par le nom de la matiere à laquelle ils l'emploient ; fi elles font employées à la pierre, ils l'appellent *Aiguilles de pierre* ; lorfqu'elles font pour la veine, on les nomme *Aiguilles de veine* : il y en a de deux, de quatre livres de poids, & de dix pouces de longueur. Perfonne n'ignore la grande utilité de cet outil aidé d'une légere percuffion, pour féparer les parties d'un corps dur, ce qu'à peine pourroient faire beaucoup de machines & de grands efforts de bras. Tous les Auteurs qui ont écrit des Méchaniques, rangent, par cette raifon, le coin parmi les principales machines ; mais fon effet confiftant plutôt à entamer & à rompre, il paroît appartenir davantage à la claffe des outils. Le coin a cet avantage, que plus il eft aigu, moins il faut de force pour l'enfoncer ; la pefanteur de l'inftrument qui le frappe, & la longueur du levier, c'eft-à-dire, du manche qui le chaffe, concourent à cet enfoncement.

Le Mât-bêche, F, *Pl.* VII, eft un marteau à deux têtes formées en coin ; on lui a donné fon nom, de ce qu'on peut s'en fervir à ramener & à bêcher la fubftance qu'on a entamée, féparée.

Mât de fer.

Maillet de fer, G, *Pl.* VII, du poids de quatre, cinq & fix livres, felon qu'on l'emploie à caffer les pierres, les *houilles,* ou à battre fur des pieux de bois pour les enfoncer : le corps de cet outil, avec lequel on peut frapper des deux côtés, eft quarré ; il eft femblable à la maffe des Mineurs.

Ils en ont encore un autre, *Voyez* n°. 10, *Pl.* VIII.

Leviers.

Les Houilleurs ont fouvent befoin de ces fecours, pour lever par un bout des maffes de grand poids, & furmonter la réfiftance qu'elles donnent ; auffi ces Leviers font-ils de l'efpece qu'on appelle *pinces,* parce que ces barres font toutes de fer.

Hamainte, Hamente.

Cette Pince, n°. 1, *Pl.* VIII, deftinée à fouleverde groffes parties, eft la même chofe que la *Pince de fer* des Carriers ; elle eft moins forte du côté de la prife, & d'une longueur proportionnée à la largeur du bure, ou des galleries fouterraines.

Pied-de-Biche.

Autre efpece de Hamainte, n°. 2, *Pl.* VIII, auquel ils donnent ce nom, parce qu'à l'extrémité oppofée à celle qui fert de prife, il eft fourchu : il eft rond, de la groffeur de deux pouces, & eft peut-être la même pince que celle qui eft connue fous le nom de *pied-de-chevre* ; fa longueur eft quelquefois de deux à trois pieds & demi, quelquefois de huit à dix pieds.

Quand

Quand la pierre est trop dure pour pouvoir être attaquée avec les gros pics ou les aiguilles, il faut recourir à la poudre à canon; cela s'appelle en terme de métier, *Fer de Mine* ou *Fier di menne.*

Outils pour faire jouer la poudre à canon, Fier di menne, Fer à Mine.

Les Outils réservés à cette opération, sont tous à peu-près de la même longueur, savoir de quatorze pouces de long; comme ils ont pour la plupart besoin d'être chassés à coups de *Mâts*, nous parlerons d'abord de ce maillet.

Mât.

Le marteau avec lequel on frappe sur plusieurs de ces outils, est appellé *Mât* ou marteau; il est de fer, à deux têtes quarrées, & du poids de six livres. Voyez lettre *e*, *Pl.* VII.

Brokette de Mine.

Le fer à Mine avec lequel on fait la premiere opération, qui consiste à ouvrir le chemin aux instruments, est nommé *Broquette de Mines, a, Pl.* VII. Ce *Fleuret* assez semblable à l'*Aiguille des Carriers*, munie à sa tête, comme l'Amorceux, d'une poignée en travers, est de quatorze pouces de long, sur trois pouces & demi de grosseur, & va toujours en diminuant jusqu'à former une pointe mousse.

Un Ouvrier tient à deux mains la Broquette, tandis qu'un autre la chasse à coup de mât.

Fer de Mine, fer à Mine.

Le second outil *d, Pl.* VII, retient spécialement cette dénomination; il est rond dans toute sa longueur, & est terminé par l'extrémité qui entre d'abord en terre, de maniere qu'il brise & fait éclatter par menues parcelles la pierre sur laquelle il est pressé avec force en frappant sur sa tête: si l'on trouve trop de résistance de la part du rocher, on emploie pour faire ce trou le Fermoir à quatre côtes 5, *Pl.* VII.

Rinetieux, Renettoyeux.

Pour se débarrasser de ces ordures produites par la pointe du Fer de Mine, on substitue à ce dernier le Renettoyeux *c*; il est le plus long des outils employés à cette opération, & sert à deux fins; par son extrémité recourbée en maniere de cuilleron, on rapporte ce qui a été haché dans le trou: quand ce creux est mouillé, c'est l'exrrémité opposée du Renettoyeux qu'on fait agir; on la garnit d'étoupe qui s'arrête dans l'anse ; on faifit l'outil par le cuilleron, & on promene la tête dans le trou à plufieurs reprifes.

Bourreux.

Le trou nettoyé & effuyé, on y introduit le Bourreux *b*, qui eft creufé dans fon extrémité, afin de recevoir une cartouche ou un pétard, & de bourrer la terre au fond du trou fur la charge de poudre, dont *f* eft le fourniment en fer-blanc.

Outils pour charger la Mine dans l'eau.

Les eaux, en rendant inacceffible aux main-d'œuvres les veines de Charbon qu'elles couvrent, ne font pas un obftacle moins difficile que le roc même.

Pour aller attaquer fous l'eau la Houille ou les fubftances qui l'avoifinent & y porter à fec la poudre, ou les différentes pieces de Fer de Mine, on les fait agir dans une boîte de fer-blanc, appellée *petite bufe g g*, *Pl.* VII, qui peut avoir dix ou quinze pieds de longueur.

Les différentes pieces qui ont befoin d'être employées dans certains cas pour cette opération, peuvent former une longueur de vingt ou trente pieds ; quand on veut forer dans le grès, on y adapte les pieces du Tarré.

Outils employés pour attaquer, tailler, détacher, defpieffer la veine.

Pic de veine.

Ce Pic, n°. 3, *Pl.* VIII, doit être un peu courbe & avoir vingt pouces de longueur ; il eft de moitié moins fort que le Pic d'Avalleur, & plus aigu.

Aweye, Aiguille de veine.

Efpece de coin, n°. 11, *Pl.* VIII, à pointe très-fine, ayant une tête quarrée ; on s'en fert lorfqu'on a *xhavé* la veine pour la faire tomber, ou la lever, ou la *defpieffer* en frappant fur la tête avec le *Mat* dont on va parler.

Mat.

Gros marteau de fer, n°. 10, *Pl.* VIII, rond, à deux têtes d'acier, avec lequel on frappe l'*Aweye* ; fon poids eft de dix livres ; fon manche a vingt-fix pouces de long : fi c'eft pour frapper en haut, il doit être moins lourd.

Haches.

Ce mot défigne en général, tout gros outil de fer propre à couper ou à tailler ; il change de nom fuivant la partie tranchante qu'il a, fuivant l'emploi qu'on en fait & fuivant fa forme : nous ne parlerons pas ici de la hache pour couper les bois quand ils fe trouvent trop longs.

Conpay, Copray.

Outil à l'usage des Boisseurs & Ripasseurs : les Coupeurs, les Xhaveurs s'en servent aussi pour couper la veine sur les côtés ; il diffère peu de l'outil suivant, & est emmanché de cinq poignées de longueur.

Bada.

Espece de hache, n°. 4, *Pl.* VIII, à manche court : son fer est tout-à-fait plat & épais d'un demi-pouce ; les *Coupeurs & Xhaveurs* s'en servent.

Revlet, Risvelaine.

Cet outil, n°. 6, *Pl.* VIII, est en fer, & a dans sa longueur deux parties, l'une qui est ronde servant de poignée ; l'autre qui est platte, sert à *xhaver* ou à détacher la veine.

Xhavresse.

Outil de fer plat, pesant deux livres, & ayant huit pouces de longueur, n°. 5, *Pl.* VIII ; il est emmanché fort long jusqu'à vingt-six pouces, & est ordinairement de bois de cerisier : on l'emploie pour couper la veine quand elle a été xhavée avec le Risvelaine.

Trivelle, Truelle.

Espece de Louchet de fer, n°. 7. & 8. dont on se sert pour remuer la houille & les fouayes ; la lame est plus grande que celle du Louchet *A*, *Pl.* VIII, dont on se sert pour la première fouille : il y en a d'entièrement plates, il y en a qui sont tant soit peu recourbées.

Ristay, Rastau.

Râteau tout de fer, n°. 12, *Pl.* VIII, sur un manche de bois, dont se servent les Hiercheurs pour ramasser les *fouayes & trigus*, dont on a besoin pour faire des épaulements dans l'intérieur des ouvrages.

3°. *Ustensiles employés dans les ouvrages intérieurs.*

Coffres, Paniers, Traîneaux pour charger & exporter les Houilles dans l'intérieur.

De ces Ustensiles, les uns servent dans l'intérieur des ouvrages à porter d'un endroit à un autre les Houilles & Charbons : ceux-là ne sont proprement que des Coffres ou Traîneaux, qui ne sortent jamais du fond de la Houilliere quand on l'exploite avec des machines à chevaux.

Les autres font ceux fur lefquels on charge en dernier reffort ce qu'on extrait de la mine & qu'on enleve au jour; les uns font de vrais Traîneaux qui
gliffent dans les voies en les tirant; les autres pour les chemins allant en pente,
font montés fur des roues.

Touts ces différents uftenfiles dont nous allons donner la defcription, tant ceux
pour les houilles que ceux pour les eaux, & qui doivent emporter la houille intérieurement & extérieurement, font doubles, pour en avoir toujours un vuide
prêt à envoyer au fond des ouvrages quand le *trait* eft arrivé au jour.

Bache, Bage, Bac.

Ce font de grands Coffres, *Fig. A, Pl.* VIII, de fortes *Baches* ou planches (car ces deux mots, parmi les Houilleurs, font fynonymes); on s'en fert
pour amener le Charbon au bure par le moyen d'un fort anneau placé fur le devant, & qui reçoit un crochet *e*; ils ont vingt-quatre pouces de longueur fur
quinze de large & dix de haut; la partie de deffous, fur laquelle traîne
le Bage, eft formée intérieurement dans fa largeur de fix pieces de bois, à quatre
pouces de diftance l'une de l'autre, ayant chacune environ deux à trois pouces;
le tout eft renforcé en-deffous & aux longs côtés, par des bandes de fer
appellées *Royons*, d'un demi-pouce de largeur & de quarante pouces de
longueur.

Vay.

On peut regarder celui-ci, *lettre* B, *Pl.* VIII, comme la moitié d'un Bage
qu'on auroit partagé en deux dans fa longueur par une fection diagonale, de
maniere que dans fa partie de face par laquelle on le tire, il a moins de hauteur
que dans fa partie de derriere.

Sa forme eft plus longue que large; il amene quelquefois le Charbon du fonds
de la Mine au pied de la bufe du bure, en même temps qu'un autre Coffre monte
dans le bure: pour cette raifon, il a vers le milieu de fa partie de devant, un
gros anneau de fer, auquel on adapte une chaîne qui s'attache au fond du coffre
qui eft enlevé au jour en même temps; il tire encore quelquefois après lui un
tonneau rempli d'eau, dont nous allons parler, qu'on attache à un autre anneau
placé au derriere du Vay.

Sployon des *Hiercheurs*, *improprement* Charriot.

Petit bâtis de bois, plus long que large, & de différente grandeur, felon les
ouvrages dans lefquels on s'en fert; il eft tant foit peu exhauffé fur quatre
petites poulies qui tiennent lieu de roues. Voyez *Fig.* 1, *Pl.* IX.

Les Hiercheurs traînent cette petite voiture de dix en dix toifes, au moyen
d'une efpece de bricole ou de bretelle repréfentée fur ce traîneau. C'eft un treffage
de corde formant une bande de trois doigts de large, terminée par un anneau
auquel

auquel s'attache le crochet qui tient au Sployon ; je l'appelle Sployon des Hiercheurs, afin de le diftinguer du Traîneau employé à un autre ufage dans le
manége.

Met.

Cette efpece de petit caiffon étroit, *Fig.* 2, *Pl. IX*, a peut-être pris fon
nom de la huche dans laquelle on paîtrit la pâte qui fait le pain quand elle eft
cuite, & qu'on appelle en plufieurs endroits, *May*, *Met*.

Son fond eft percé dans la partie qui peut être regardée comme celle de derriere, pour recevoir une cheville de fer tenant au train fur lequel il eft monté,
& au moyen de laquelle il eft plus ftable.

Ce train à roues, nommé *Galhiot*, n°. 3, fur lequel on monte le Met, a cela
de remarquable, qu'étant deftiné à parcourir des galeries inclinées, les roues de
devant font plus ou moins grandes, mais toujours plus petites que les roues de
derriere, n°. 7, felon la pente du terrein ou de la veine.

Le Galhiot n'eft, comme on le voit dans la Figure, autre chofe qu'un
chaffis de fer plat allongé comme le Met, qui doit être placé deffus.

La partie formant le derriere de la voiture n°. 3, eft cintrée & percée de
deux petits trous, dans l'endroit où elle fe forme en arc : chaque bande de ce
cintre qui vient former les deux côtés longs du chaffis, eft terminée dans la
partie moyenne n°˙. 3 & 7, en anneau fermé pour s'unir aux deux autres bandes
qui achevent la longueur du Galhiot : le tout porte fur deux effieux 4 & 5, re-
courbés en bas dans la partie où ils approchent des roues, de façon que le Met fe
trouve comme emboîté & retenu à droite & à gauche. *Voyez n°. 6.*

L'effieu de derriere 4, porte dans fa fuperficie, précifément au milieu, une
longue clavette de fer pointue, qui entrant dans le Met, acheve de maintenir
ce coffre & de l'affujettir dans fes mouvements.

L'effieu de devant 5, reçoit feulement auprès des roues l'extrémité des deux
bandes qui forment le prolongement antérieur du cintre, & eft muni en devant & au milieu d'un fort anneau 3, par lequel s'accroche toute la machine pour
la tirer.

Ces développements font exprimés fur la Planche IX, où la Figure 2 repréfente le profil du Galhiot & fon fonds ; la Figure 6, la coupe du Met monté fur
le Galhiot, ainfi que le crochet Figure 8, pour traîner la voiture.

Uftenfiles qui fe tirent au jour par les Cabeftans.

Les Coffres, Paniers, Mannequins, Caiffons & autres efpeces de vaiffeaux
portatifs deftinés à tranfporter la Houille du fond du bure à la fuperficie, par
le moyen de cordes ou de chaînes qui roulent fur des poulies, font de plufieurs
efpeces.

Ils différent fuivant leur ufage, leur figure, leur capacité, & fe nomment dif-féremment, felon qu'ils s'enlevent à bras ou par le moyen des chevaux.

Les premiers, c'eft-à-dire, ceux qui s'enlevent à bras, font appellés *Paniers*; les feconds prennent le nom de *Coufades*: arrivés à la fuperficie du bure pour être déblayés & faire une mefure, ils changent de nom, felon l'efpece de Houille dont ils fe trouvent chargés, ou felon la mefure qu'ils rapportent; mais ce n'eft plus que pour le commerce & dans les actes publics de Police : nous en parlerons à cet article.

Panny ou Panier.

C'eft un bâtis de planches affemblées en forme de caiffe quarrée, ouvert par le haut, avec lequel on monte les Houilles & Charbons ; il eft fufpendu à de grandes chaînes. On appelle quelquefois indiftinctement *Panier*, le grand coffre qui va être décrit, lequel fe nomme *Coufade*.

Coufade.

C'eft la plus grande de toutes les Caiffes employées à amener les Houilles & Charbons au jour; fon nom dérive peut-être de *Cophinus*; c'eft une efpece de coffre de même efpece que le précédent & de différente grandeur, felon les foffes; il y en a d'entiers, n°. 1, *Pl. X*, contenant la charge d'un tombereau, & des demis, n°. 2; les plus grands ont trois pieds & demi de haut & autant de lon-gueur : ils font fufpendus aux quatre encoignures, par de fortes chaînes réunies enfemble par un anneau, & attachées à leur point de réunion à une groffe chaîne au moyen de laquelle ils s'enlevent.

Au milieu de fon fonds en-dehors, eft un autre anneau très-fort auquel s'accroche quelquefois une autre chaîne qui tire en même-temps le Vay, *Pl.* XXI, dont il a été parlé lorfqu'on a fait connoître les Coffres ou Caiffons qui ne fortent jamais des ouvrages intérieurs, *Pl.* VIII, *B*.

Uftenfiles ou Vaiffeaux pour l'épuifement & pour l'enlévement des eaux.

Sous ce titre feront renfermés les Cuveaux, Bacquets & Tonneaux de diffé-rents genres, pour épuifer, ou comme ils difent, pour *xhorrer* les eaux : ce ter-me familier en Houillerie, & dont nous aurons plus d'une fois occafion de nous fervir, ainfi que celui de *xhorre*, dérivé, fans doute, du latin *haurire*, exprime toujours l'action d'enlever ou décharger de l'eau d'une maniere quelconque.

Tous ces Vaiffeaux font compofés de douves ou de planches exactement & différemment appliquées les unes aux autres.

Il eft quelques-uns de ces Vaiffeaux qui reftent toujours dans les ouvrages fouterrains, où ils font deftinés à tranfporter feulement les eaux d'un endroit à un autre, lorfqu'on n'a point de décharge pour verfer les eaux fur quelque

Xhorre : d'autres fe rempliffent d'eau pour être enlevés comme la Houille jufqu'au jour.

Les feaux deftinés à monter les eaux, font appellés en général *Scilles* ; ceux qui fe levent à bras, s'appellent quelquefois *Tinnes* : nous n'avons, difent les Houilleurs, d'autre *Xhorre* que les *Xhorres del tinne* : on comprend cependant fous ce même nom les gros tonneaux attachés au bout de la chaîne, que les chevaux font tourner dans le Hernaz.

Il paroît qu'on peut réduire ces vaiffeaux à deux efpeces : les tonneaux qui s'enlevent au jour après avoir été remplis d'eau, & ceux qui ne font qu'être traînés dans les ouvrages d'un endroit à un autre.

Les premiers préfentent deux différences, fçavoir, les plus gros, tel que celui *Fig. A, Pl. XI*, pour les eaux du principal puifard, appellé *Bougnou*, dont il va être parlé ; les moindres *C, Pl.* XI, vraifemblablement pour les Torrets ou petits puits ouverts dans l'intérieur des ouvrages, & les tonneaux *B, Pl. XI*, tenant un milieu entre ces deux.

Ces tonneaux, avec lefquels on enleve auffi quelquefois des déblais de la Houilliere, ou des matériaux pour l'intérieur des travaux, font différemment fortifiés dans leur fonds, dans leur pourtour & dans les joints des pieces qui les compofent, par des ferrements qui les rendent fufceptibles d'enlever des charges extrêmement confidérables.

Les pieces qui compofent ces cuves, font maintenues par de forts cerceaux de fer ; elles font encore *Naillelées*, c'eft-à-dire, liées enfemble par des lames de fer applatties, qu'ils appellent *Nailles, a, b*, dont nous renvoyons la defcription à l'état des ferrements relatifs au travail de Houillerie.

Ghyots.

On fe fert de ce mot pour défigner de groffes tonnes cerclées de quatre cercles de fer, & capables de contenir une grande quantité d'eau, foit en les empliffant à bras, foit en les pouffant dans les vuides qui tiennent lieu de réfervoir. On s'en fert pour tranfporter des ouvrages éloignés, les eaux qu'on ne peut tirer avec les pompes.

Il y a de deux efpeces de Ghyots, un, n°. 2, *Pl. XI*, qui pourroit s'appeller *Ghyot à roues*, parce qu'il eft monté fur deux effieux à roues, dont celles de devant font plus petites que celles de derriere, comme celles du *Galhiot*, & pour les mêmes raifons. Ces effieux font cintrés en demi-cerceaux, pour embraffer le Ghyot dans une partie de fon corps, comme le Galhiot embraffe le Met.

La feconde efpece de Ghyot, n°. 1, eft montée & attachée à demeure fur un Sployon ou traîneau, au moyen de trois pieces de fer qui tiennent au traîneau & au Ghyot : tous deux ont dans la partie oppofée au devant une ouverture quarrée, proportionnée à la grandeur du Ghyot : fur cette efpece de fenêtre eft adapté en-dedans un clapet de bois, faifant fonction de foupape ; lorfque le Ghyot entre dans l'eau, ce clapet eſt repouſſé par l'eau qui s'y introduit ; & lorſque le Ghyot eſt plein, le clapet ſe rapplique par le poids de l'eau ſur l'ouverture, & ferme ainſi le Ghyot : ce méchaniſme eſt connu par-tout.

Outre cette ouverture, le Ghyot en a une autre quarrée dans le milieu & vers ſa ſommité, en le conſidérant en place ; elle ſe ferme avec une bonde de bois quand le Ghyot chemine, & on l'ôte quand on veut le vuider.

Le Ghyot à roue & le Ghyot à *ſployon* ſont attachés derriere le Vay, & tirés avec les coufades, à l'aide des chevaux ; tout ce trait prend alors le nom de *Cowée.*

Uſtenſiles ſervants au tranſport de la Houille arrivée au jour.

Bot, Hotte.

Ces Uſtenſiles, comme dans tout Pays, ſont un ouvrage de vannerie, étroit par le bas & large par le haut, dans lequel les femmes tranſportent la Houille ſur leurs épaules, au moyen d'un doſſier, d'un collet & de bretelles qui le main-tiennent ; ces femmes ſont nommées *Botrereſſes*, du nom de Bot. *Voy. page* 212.

Berwette, Brouette.

Petit tombereau qui n'a qu'une roue, & qui eſt auſſi d'uſage par-tout ; les fem-mes qui s'en ſervent, *Voy. p.* 212, ſont appellés *Berwettereſſes*, du nom de cette Berwette qu'elles pouſſent devant elles pour mener les Houilles dans les *paires.*

Les Berwettes ſont de deux eſpeces, une n°. 2, *Pl. XV*, entiérement pleine ou fermée de toutes parts, ſinon en-deſſus, dans laquelle s'emporte le Charbon menu ; une autre entiérement à jour, n°. 1, ſur laquelle on charge ſeulement le Charbon en gros quartier, nommé *Houille*, & que conduiſent les femmes appellées *Monreſſes*, *Meneuſes*, page 212. Le poids de cette charge différent de celui qu'ont à pouſſer les Berwettereſſes, eſt allégé, *Fig.* 3, au moyen de planches, contiguës les unes aux autres, qui couvrent la longueur du chemin du *bure* au *paire.*

Uſtenſiles relatifs à quelques manœuvres & opérations extérieures.

Cet Article comprend quatre pieces différentes, dont deux outils & deux uſtenſiles.

Rayetray.

On appelle ainſi un bâton de trois pieds & demi de longueur, & de la groſ-ſeur de trois doigts, qui entre par ſon extrémité dans un fer recourbé en bec de corbin ; il eſt aſſujetti au bâton qui lui ſert de manche, en recevant la pointe de ce bâton par des clous qui l'y retiennent fixe *Voy.* n. 14, *Pl. VIII* ; il ſert aux *Traireſſes* pour, dans les grandes foſſes, amener ſur le pas du bure les paniers,

coufades

coufades ou tinnes, lorfqu'ils fe préfentent au jour, en les accrochant. Le n°. 15 eft un autre Rayetray qui a plus d'avantage, en ce qu'il fert à deux fins.

Quand les Trairefles n'ont pas réuffi à amener les voitures comme il faut, elles quittent prife pour repouffer ou renvoyer ces caiffons avec l'extrémité du Raye-tray qui eft muni d'un fecond fer pointu.

Stikay, Peta, Stiket.

Bout de perche ronde en bois de chêne, armé aux deux bouts d'une pointe de fer crochue, repréfenté n°. 13, *Pl.* VIII : fon ufage eft d'arrêter le hernaz, *Fig.* 1, *lettre B*, *Pl.* XII.

Sployon du Bure, où de Hernaz.

'Après ces outils, il faut remarquer un traîneau long & étroit, entouré d'une forte chaîne que l'on fait quelquefois tirer par un des chevaux agiffant dans le manege, quand le coufade montant pefe moins que celui qui defcend : en char-geant alors ce traîneau de pierres, il fert de contre-poids : autrefois on l'atta-choit à un des bras du cabeftan. Ce traîneau, vu en longueur & en largeur, *Fig.* 5, *Pl.* XII, s'appelle *Sployon*; pour le diftinguer de celui des Hier-cheurs, il feroit mieux nommé *Sployon du Bure* ou *de Hernaz*.

Stalire.

'Afin de n'avoir point à donner de defcription de tout ce dont il fera parlé dans le cours de cet Ouvrage, nous rangeons ici une grande planche de neuf à dix pieds de long, & de trois quarts de pied de haut, fur laquelle fe marque avec de la craie le nombre des paniers ou caiffes arrivant au jour, à mefure qu'on en amene hors du bure; cela s'appelle *marquer les enfeignes des Maîtres*, c'eft-à-dire, la part des affociés; ce tableau fe nomme *Stalire*.

Uftenfiles à feu, Uftenfiles d'Airage.

J'appelle ainfi les Uftenfiles dans lefquels on tient du feu allumé, pour don-ner du mouvement à l'air dans la mine; précaution dont nous parlerons en dé-tail à l'article du *Bure d'airage*. Ces Uftenfiles font nommés, dans les Houil-lieres de Liege, *Fers d'airage, Toc-feu*.

C'eft quelquefois un fimple chaudron de fer à pieds ou fans pieds, *b*, *c*, *Pl.* X, muni d'une anfe mobile & en cintre qui tient à deux endroits du rebord oppofés l'un à l'autre; c'eft par cette anfe qu'on le fufpend à la chaîne : cet uf-tenfile ne remplit pas bien l'objet qu'on fe propofe, le feu n'ayant pas d'air.

Le meilleur Toc-feu eft un grillage, *a*, *Pl.* X, ou affemblage de tringles de fer coulé, diftantes les unes des autres de manière qu'elles forment une cage toute à jour, quarrée & ouverte en-deſſus; la qualité du feu qu'on y allume & qu'on y entretient, dépend du beſoin que l'on a de plus ou de moins de chaleur; lors même qu'on veut avoir un feu flambant, on y met du bois.

Forge du Maréchal ou *approviſionnement de Maréchaudage.*

On appelle en Houillerie *Maréchaudage*, tout ce qui tient aux ouvrages en fer, qui ſe font à la forge du Maréchal.

Outre les uſtenſiles d'airage que l'on vient de faire connoître, on juge de la quantité prodigieuſe de fer & d'acier qui doit être néceſſaire pour la fabrique des outils. La machine à feu, dont il ſera parlé à ſa place, les échelles des bures à pompe, dont les traverſes ſont des verges de fer, en exigent beaucoup. Les travaux des Houillerie emportent toutes ſortes d'eſpeces de ferrures, comme les *Royons* ou bandes de fer pour ſerrer les *Bags*; cerceaux pour fortifier les tonneaux & les coffres dans leſquels on enleve la houille ou les eaux ; pour garnir les roues, les poulies; enfin, une grande fourniture de *Nailles* pour *nailleler* les pieces des cuves deſtinées à contenir les eaux : ces nailles, *a*, *b*, *Pl.* XI, ſont des plaques de fer toujours de la forme qu'on leur voit, mais de différente grandeur. Ces parties qui débordent en angle obtus, ſe reploient & deviennent alors des pointes que l'on fait entrer l'une dans une planche, l'autre dans la planche qui avoiſine celle-là, ce qui retient ces deux pieces.

Les ferrures les plus de conſéquence par leur volume, leur poids & leur rapport direct aux uſtenſiles de Houillerie. ſont les chaînes qui attachent les coufades & autres caiſſons qui s'enlevent au jour; on les appelle, en terme du métier, *Chivres*, *Chiefs*.

Des Chivres ou *Chiefs.*

L'attention que l'on doit avoir pour ces chaînes, eſt que le fer qu'on y emploie ſoit ploiant & non caſſant, de la meilleure qualité, appellé *fer fort à la lime*, dont on fabrique les canons de fuſil : ce choix eſt de la plus grande importance, pour éviter les dangers que courroient les Ouvriers ſi quelqu'anneau venoit à manquer; ce qui arrive encore quelquefois, malgré la viſite que le *Maréchal* en fait tous les huit jours.

Ordinairement ces chaînes peſent depuis 30 juſqu'à 40 livres, pour une toiſe du Pays. Une groſſe chaîne ſe nomme *Chivre*; quelquefois la maîtreſſe chaîne; dans les grands bures, eſt appellée *Chaîne du bure*; d'autres fois, *Chief de foſſe*, ou ſimplement, *Chief*, *Chivre*. Elle peſe ſoixante livres pour la toiſe. La longueur du Chief de foſſe doit être différente, ſelon la profondeur du bure : dans quelques occaſions le Chief doit être compoſé de pluſieurs membres que l'on ſépare ou que l'on réunit à volonté; ces différentes pieces s'appellent alors *faux membres.*

Les quatre parties de la chaîne, qui tiennent aux quatre angles du coufade, 1, 2, *Pl.* X, & qui fe réuniffent enfemble au crochet *d*, s'appellent en particulier *Coizée*.

Une piece unique en ferrure, & qu'il ne faut pas oublier, c'est la fonnette dont j'ai parlé à l'article des Conducteurs des chevaux qui font agir la machine, & dont la corde defcend dans le fond du bure.

Matériaux de charpenterie.

Outre la grande quantité de différents bois que confomment les outils & uftenfiles qui viennent d'être décrits, les hangards, les grandes charpentes fervant de magafins, d'atteliers, en exigent beaucoup dans leur conftruction & pour leur entretien; les ouvrages extérieurs, pour les fupports, les manivellés, les *tambours de Treuils*, les *moufles*, les poulies, les *planchéyages*, n'en exigent pas moins que les ouvrages intérieurs : ces derniers, par le grand nombre d'appuis, patins, fommiers, pilotis, madriers, étançonnages, revêtiffements, &c. préfentent le tableau d'une forêt fouterraine, fans compter les tuyaux de pompes, les portes d'airages & autres, dont il fera parlé dans le cours de la defcription dans laquelle on va entrer.

Il ne fera pas inutile de faire connoître ici fommairement les efpeces de bois auxquels on donne la préférence, & l'emploi de quelques-uns de ces bois préparés. Le Lecteur pourra aifément y rapporter les outils ordinaires au travail de ces mêmes bois, comme fcies, vilebrequins, vrilles, *Pl.* XIII, ainfi que les piquets employés à marquer, communément appellés *Stipeaux*.

Ouvrages extérieurs.

Pour emmancher les mâts & les outils avec lefquels on ufe de force, le bois de cornouillier mâle, celui de houx, font employés à caufe de leur dureté; on fe fert auffi du bois de prunier, & de cerifier.

Les madriers qui ont jufqu'à fix ou fept pouces d'épaiffeur, font de bois de frêne.

Le bois d'aulne que l'on prétend ne pouvoir pourrir dans l'eau, & s'y durcir au contraire, & le bois de cerifier font deftinés pour les tuyaux de pompe.

Le chêne qui a auffi la propriété de fe mieux conferver qu'un autre dans l'eau, eft employé à ce même ufage, étant de plus celui de tous les bois qui fe tourmente le moins & qui réfifte le plus à l'air; il eft peu de gros ouvrages pour lefquels on ne s'en ferve.

Dans cette claffe on peut ranger les treuils, moulinets, tours ou cabeftans, que l'on eft obligé d'établir à la fuperficie des grands & petits bures, lefquels employent de groffes pieces de bois, tant pour l'axe du tambour qui eft lui-même un tronc d'arbre, d'où il est appellé, par corruption, *Aube*, *Abe*, arbre de *Fosse*; que pour les supports & manivelles qui s'y adaptent pour le faire tourner.

Les différents travaux relatifs à l'enlévement, ne peuvent se faire sans un appareil de poulies, appellées en Houilleries *Rolles* : il y a de ces molettes employées dans des mâchines à la superficie, *Pl.* XIII, *B*, *B*, *b*, *b*, & dans l'intérieur, *C*, *E*, *Pl.* XIV; elles sont de chêne, & on choisit ordinairement la partie de la souche qui forme les racines.

Ces poulies, faites aussi de bois de hêtre, sont creusées à leur circonférence en forme de gorge, afin de recevoir une corde ou une chaîne, & sont traversées par un *boulon* ou essieu, afin de tourner dans une *chape*; les moufles, *polyspasti*, formées de plusieurs poulies, sont retenues dans une piece de bois, communément appellée *Echarpe* ou *Chape*.

Après les grandes & fortes pieces de bois de charpente, on ne doit pas omettre de faire mention des bois de sciage. Les planches sont employées à différentes constructions; le terrein du pourtour du bure est garni de fortes planches, qui forment un sol commode pour les manœuvres qui s'y exécutent. Depuis cet endroit jusqu'au *paire*, éloigné quelquefois d'une demie lieue, le chemin en est encore couvert. Ces planches, appellées *Meneches*, doivent être renouvellées, quand les trous des brouettes y ont imprimé leur trace trop profondément, comme on le voit n°. 3, *Pl.* XV.

Intérieur des Ouvrages.

CETTE partie des Houillieres renferme encore force bois & poutrelles de différentes grosseurs, & différemment arrangées selon la profondeur des Houillieres, & la grandeur ou l'étendue des chemins souterrains, qui ont besoin d'être plus ou moins fortement étayés. Toutes ces pieces portent différents noms, selon leur usage, leur arrangement, de même que les bois de sciage, employés pour former le sol des cloisons, &c.

L'*étançonnage* se fait avec des bois de différentes grosseurs, selon la grandeur du bure, l'épaisseur des veines, ou la qualité du toît.

Les *dosses* dont on se sert pour soutenir les terres voisines de la superficie, & les empêcher de crouler dans les bures, qui se travaillent à bras d'hommes, sont des especes de fagots de menu branchage. Ces armements garnis ordinairement de planches aux deux côtés, sont appellés, en terme de houillerie Liégeoise, *Roisses*.

L'entrée d'un bure est quelquefois séparée jusqu'à une certaine profondeur, & dans une direction oblique, par une forte cloison de planches, formant à part un passage nommé *Parti bure*, *a a*, *Fig.* 2, *Pl.* XVII, dont je ferai connoître, à sa place, la construction & l'usage.

Les ouvertures deftinées à communiquer l'air des galleries avec l'air du bure, que l'on nomme *Portes d'airage*, font encore différemment garnies & conftruites en bois ; quelquefois elles n'ont befoin que d'être étayées d'un côté par un boulon qui fupporte une traverfe fervant de foutien au toît ; dans ce cas le poteau d'étai, qui eft unique, s'appelle *Bele*.

D'autres fois il faut un encadrement complet, comme on le voit en grand felon l'échelle & en petit, *Fig.* 2, *Pl.* XV : alors les deux piliers ou poteaux fe nomment *Potes* ; celui de traverfe qui eft foutenu par les deux extrémités fur la tête des *potes*, fe nomme *Clige*.

Ces différences dépendent de la nature du fol & du plancher ; fi bien que dans quelques occafions, ce chaffis fe fait en pierre.

Pour traîner & gliffer aifément dans l'intérieur des ouvrages les traîneaux & paniers, on forme un affemblage de gros bois, qui porte fur le fond de la voie ; c'eft ce qu'on appelle *Cliperou*.

Quand on ne met qu'un bois difpofé fur la même ligne que la voie ou route, on le nomme *Bois de Rotte*.

En général on donne aux pieces de bois qui foutiennent un poids, & dont la groffeur tient le milieu entre la poutre & la folive, le nom de *fommiers*. Les Braffeurs François appellent de même les pieces de bois fur lefquelles font placées les cuves, les bacs & les tringles de la touraille.

En Houillerie, une *Gife* eft une poutre ronde de la groffeur de la cuiffe, auffi longue que le bure eft large, & pointue dans fes deux bouts, dont un tiers fe chaffe à coups de *mâts* dans le pied du bure, & l'autre pointe regarde *l'œil* ou la *bouche* du bure.

Quand on enfonce une cheville dans une piece de bois, on ne manque point d'affujettir cette cheville avec une *Gife*.

On fait encore quelquefois dans les ouvrages fouterrains des féparations de planches attachées avec des clous les unes contre les autres ; c'eft ce qu'on nomme en Houillerie *Bachire de planches*, d'où on appelle quelquefois un plancher un *Bache*.

Les vallées, les chemins des Hiercheurs, doivent être auffi planchéyés, en terme du métier *bachés*.

Enfin, en différents endroits des ouvrages, on eft obligé d'employer de gros bois placés les uns auprès des autres pour l'écoulement des eaux ; c'eft ce qu'on appelle d'un terme général *Mahay*, *Areine*.

On verra encore que le cuvellement de différentes parties du bure & des ouvrages fouterrains, confomme une quantité immenfe de bois.

ARTICLE TROISIEME.

De la Houtte ou Houtche, & du Hernaz.

Tous les différents ouvrages que comporte l'enfoncement & les travaux d'une fosse, entraînent nécessairement des hangards ou lieux couverts, fermés ou non fermés, pour retirer les agrès & équipages.

Dans quelques Pays, on appelle *Harneix*, d'un terme général, les meubles ou uftenfiles deftinés à l'ufage de certaines profeffions, même les outils d'un Artifan ; il eft vraifemblable que de-là eft venu le mot de *Hernaz*, adopté au pays de Liege pour fignifier l'enceinte couverte, *Cafa putealis*, *Agricol.* dans laquelle fe paffe le principal mouvement des travaux de Houillerie, où eft établie la machine qui fert à l'enlévement des Houilles & Charbons *au jour*, & qui en prend elle-même le nom la plupart du temps ; ainfi quand on dit le *Hernaz*, on entend tantôt les machines à mollettes ou autres qui y font conftruites, & dont l'action dépend toujours d'un treuil, différent feulement par fa pofition horizontale ou verticale ; tantôt le hangard fous lequel ces machines font à couvert & où font *le Stalire*, & la fonnette dont j'ai parlé.

Quand cette baraque eft faite groffiérement, & n'emporte que peu de matériaux, elle retient le nom de *Hutte*, en patois *Houtte* ; mais elle n'a lieu que pour quelques petits bures.

Lorfque c'eft un grand puits ou bure pour une Houilliere, dont l'exploitation peut fe continuer pendant un temps confidérable par la même foffe, on fe détermine à faire une plus grande dépenfe, & à enfermer fon enceinte d'une façon plus folide, comme on le voit, *Fig.* 1, *Pl.* 12, & *Pl.* 13, qui repréfente le plan du bure & de la charpente en perfpective *A*, & fon profil en *B, B* ; ce font de fortes pieces de bois formant une cage à claire-voie, anciennement appellée en Houillerie *Belfleude*, garnie, excepté fur le devant, de planches à hauteur d'appui, recouverte d'un toît de clayonnage, de paille, &c.

Dans ce toît, au-deffus de la bouche du bure, font fufpendues deux poulies, nommées *Roles du bure B B, b b*, d'environ trois pieds de diametre, & garnies de cerceaux de fer *c, c*, dont l'une fert à monter, l'autre à defcendre les caiffons, paniers, tonneaux, &c. Le refte du Hernaz, *B, Pl.* 13, eft à jour, afin de donner la facilité convenable à ces différentes manœuvres.

Machines établies à demeure sur la superficie & dans l'intérieur
des Houillieres pour les travaux souterrains.

Je comprends sous ce titre général, tout ce qui sert à régler & à augmenter les
forces mouvantes, les différentes méchaniques, comme treuils, qui, au moyen
de poulies, de cordes, servent à enlever; les machines hydrauliques qui élé-
vent les eaux par différents moyens; tous les ouvrages de Charpenterie en dépendants & faisant corps avec ces machines; les différents angins auxquels on applique différentes puissances, de même qu'aux cabestans dont ils tiennent lieu,
ou pour enlever au jour les *denrées*, ou pour élever les eaux hors de la Houilliere.

Ils sont en général appellés *Hernaz*, du nom de la *Hutte* en paille ou du hangard qui les renferme, lorsqu'on exploite avec des chevaux.

A raison de ces deux différentes destinations, pour les Charbons ou pour les
eaux, les secondes sont distinguées des premieres par le nom d'*Angins à pompes*
ou *Bouriquets.*

Tantôt le hernaz est tourné à bras; il se nomme *Hernaz simple*, *Hernaz à*
bras, *Hernaz à main*: tantôt il agit par des chevaux, & alors il prend le nom
distinctif de *Hernaz* ou *Machine à chevaux*. Relativement à ces deux manieres
dont agit la machine, la position du cylindre mobile, appellé *Treuil* ou *Tour*,
sur lequel roule la corde qui enleve, est aussi différente.

Hernaz à bras, Hernaz à main, Hernaz simples.

Lorsque cette machine est mue par des barres que l'on conduit avec les mains,
ce rouleau ou cylindre est horizontal, &, soit qu'on emploie ou qu'on n'y emploie point de rouage pour augmenter sa force, on lui donne en général
ces différens noms. Cette machine n'est autre chose que ce qu'on appelle
proprement *Singe*, *Virevaut*, & en général *Angin*, nommé par Vitruve
Ergata.

Les plus communs sont de deux especes, savoir, le *tourniquet* ou *bouriquet*
à la bouche du bure, & le *torret* dans l'intérieur des ouvrages.

Tourniquet, Bouriquet.

Le Tourniquet ou Bouriquet, dont on se sert en avalant un bure, *Voy. Pl. 2*,
de la premiere Partie, est le treuil le plus simple, connu par-tout.

Il est composé de deux treteaux, ou chevalets, ou supports triangulaires, au
sommet desquels est enchassé un petit treuil horizontal, sur lequel file une
corde, qui, au moyen de deux manivelles attachées aux extrémités du treuil,

enleve tantôt les Houilles & Charbons dans des paniers, tantôt les eaux du bure dans des tinnes. On y met quelquefois deux perfonnes de chaque côté.

Les fupports, nommés ordinairement *Jambes, Taquets, Traquets, Chevalets*, font appellés par les Houilleurs Liégeois *Triquets* : les anfes du tour, ou barres à tourner, fe nomment quelquefois *Triquets du bure, Coubles, manivelles* ; ils font ordinairement de quinze à feize pouces de longueur, ce qui fait jufte ce qu'il faut pour former en tournant la circonférence des bras d'une perfonne qui les fait agir.

Cette machine eft fuffifante pour enlever deux ou trois cents livres environ, à la hauteur de vingt, trente ou trente-fix toifes.

Torret.

La derniere & la moindre efpece de treuil eft un petit *Singe volant*, tout femblable au treuil ordinaire, mais qui s'emploie dans l'intérieur de la Houilliere fur des petits puits ou bures, par lefquels on enleve dans des travaux fupérieurs les eaux & les houilles qui fe tirent dans des ouvrages que l'on travaille au-deffous.

Le tambour pour ces petits treuils doit être conftruit d'un bois bien léger, & de différente groffeur, lorfqu'il fert à enlever des charges un peu fortes : il y en a depuis fept jufqu'à treize pouces de diametre, & rarement davantage ; les moindres font également propres à tirer des poids confidérables, mais plus lentement.

Bouriquet à bras.

Pour les bures confidérables, on fe fert d'une feconde efpece de Hernaz à *Rouage* : la Figure 1, *Pl.* XVI, le fait voir en place fur un bure de neuf pieds de longueur, ainfi que toute la charpente qui en dépend ; fa conftruction particuliere, fes développemens, & fon plan géométral, font repréfentés, *Fig.* 2, 3 & 4, de maniere à n'avoir pas befoin de defcription détaillée. On met quatre perfonnes à chaque manivelle, dont la longueur eft de fix pieds.

Grand Hernaz à bras.

Dans ce Hernaz, qui pourroit être à chevaux, l'axe du treuil, au lieu d'être horizontal, eft vertical, Voy. *A, Fig.* 2, *Pl.* XII, où il eft repréfenté de face du côté qu'il regarde le bure ; il eft alors formé d'un gros tronc de bois, nommé en Houillerie *Aube* : le pivot fupérieur garni en acier, eft faifi, par un collet appliqué dans une groffe piece de bois traverfante, qu'ils appellent *Sopreffe*,

&

& le pivot inférieur garni de même, repose sur une crapaudine en cuivre ou en fer, anciennement nommée *Pailette*, aujourd'hui *Plumas*, qui est scellée au milieu d'une pierre placée dans le centre du manege, *Fig. 3.*

Le tambour a six pieds de diametre à peu-près dans le haut & sept environ par le bas, afin de recevoir deux ou quatre bras de leviers, d'environ vingt-quatre pieds de longueur chacun, disposés en forme de croix, *Fig. 3*, on les appelle vulgairement *Hamaydes*, parce qu'ils barrent le chemin du trotoir, comme ces clôtures ou barrieres servant en Allemagne à empêcher le bétail d'entrer dans les chemins, & qu'on y appelle *Hamaydes*.

On voudra bien, pour l'intelligence du jeu de ce Hernaz, tel qu'il est représenté ici pour une opération particuliere, (l'enlevement des eaux, pendant la nuit, avec des *tinnes*), suppléer à une faute du Dessinateur qu'on a laissé subsister par inadvertence dans la gravure. Le tambour & la charpente qui en dépend dans tout le trajet de la chaîne, ainsi que le fauconneau qui la releve, devroient être exhaussés, de maniere que cette chaîne, lorsqu'on n'a pas besoin de lui faire prendre la direction montante sur les poulies du fauconneau, soit en allignement aux *rolles* du bure *Fig. 1*, sur lesquels on voit le bout de la chaîne *F*, pour enlever & descendre les ustensiles dans la fosse.

Hernaz ou Machine à chevaux.

Les machines à chevaux ne différent du grand Hernaz qui vient d'être décrit, qu'en ce que le tambour vertical *B*, *Pl. XV, Fig. 1*, est traversé dans le bas de plusieurs bras de leviers, longs de vingt-cinq pieds, munis de palonniers pour y attacher des chevaux; la chaîne qui tourne sur ce cylindre, répond à deux rolles ou poulies *A, A*, ajustées dans le chassis de la charpente.

Le *Hernaz à chevaux*, supposant un bure considérable & très-profond, on juge aisément que l'éloignement des *denrées*, traînées des routes qui ne sont point dans la direction du bure, *Pl. XXI*, exige une augmentation & une direction particuliere de force pour le trait: l'artifice que l'on emploie à cet effet est fort simple & très-aisé à concevoir, en jettant les yeux sur les Planches XIV & XXI.

Dans la Mahire, où vient se déboucher la voie penchée, d'où l'on veut apporter dans la buse du bure des voitures d'eau ou de charbon, on assied bien solidement un ouvrage de Charpenterie, destiné à l'enchâssure d'une poulie de renvoi. Ce corps de Charpenterie *A, A, B, B, Pl. XIV*, est composé d'un bâti bien solide, & bien fixe, lequel supporte deux jambes ou montants *A A*, servant de chappe aux rolles *C, E*, tournant sur un goujon *F, F*, qui les traverse.

Ces deux rolles, exactement placés vis-à-vis l'un de l'autre, ne sont point de même grandeur, comme ceux qui sont dans la charpente en élévation à la superficie, ni situées à une égale hauteur ; le rolle *C*, qui regarde la buse du bure est le plus grand, & celui *E*, qui est derriere du côté de la voie, est le plus petit : le jeu en sera expliqué à sa place dans tout le détail qui convient.

Machines Hydrauliques.

Nous comprendrons sous ce titre général, les angins avec lesquels on éleve les eaux de la Mine, par quelque moteur que ce soit.

Les plus simples ne sont composés que d'un petit tour ou tambour nommé *Treuil*, mu à bras d'hommes, pour descendre ou remonter des seaux.

Quand il faut se débarrasser d'un volume d'eau considérable & à une grande profondeur, les angins que l'on emploie & auxquels on applique différentes puissances, doivent faire agir deux corps de pompes, dont l'un est de pompes foulantes, l'autre de pompes aspirantes : on les appelle *Angins à pompes*, & en terme ordinaire de Méchanique, *Machines à mollettes*.

Lorsqu'elles sont mues par des chevaux, & qu'elles servent en même temps pour extraire les eaux & les houilles, on les distingue à Liege par le nom de *Bouriquets*; dans d'autres Pays on les appelle *Tourniquets*.

L'angin à pompe qui étoit autrefois en usage dans le pays de Liege, uniquement pour l'épuisement des eaux, étoit appellé *Bouriquet*, *Angin à pompe*: d'après la figure qui m'a été envoyée de ce Pays, sur les renseignements qu'en ont donné plusieurs personnes, c'étoit ce qu'on appelle ordinairement *Manivelle à tire-point* ou *tiers-point*; mais on ne s'en sert plus.

Dans quelques anciens *Bures*, dont on voit encore les vestiges, attenant la Fosse *Chaudtier*, près le village de *Beine*, on tiroit les eaux à l'aide d'un moulin à vent : cette maniere connue dans plusieurs Pays, n'est pas entiérement abandonnée au pays de Liege ; le bure nommé *Haute-clair* au village de *Jupille*, tire avantage d'un semblable moulin appellé *Hernaz à vent*.

Quelquefois on profite d'un ruisseau pour faire agir les angins à pompe; comme à *Erf*, sur le chemin de Liege, à Aix-la-Chapelle. A trois lieues de Liege, à Herstal, on voit les restes d'une pareille machine ; à la Fosse *Chaudtier*, dont je viens de parler, il y en a une plus composée que celle de *Erf*. On peut se former une idée de ces machines, par celle qui est établie pour porter les eaux de la Seine dans les Jardins de Marly & de Versailles : cette machine fameuse, sans doute par l'énormité de sa construction, n'est qu'une imitation de celles qui de tout temps sont employées dans le pays de Liege, à la différence qu'elle a été exécutée d'une maniere trop compliquée, & que la plupart des pieces en sont très-mal dessinées : on n'en doit pas être étonné, l'entreprise de cet ouvrage ayant été livrée à un Ouvrier, habile dans la pratique seulement. L'invention ou l'exécution de cette machine, est souvent attribuée au sieur Deville, qui en a été le premier

Directeur. Le Docteur Desaguliers, dans son Cours de Physique expérimentale (1), est tombé dans cette erreur : mais une épitaphe qui se voit dans l'Eglise de *Bougival*, entre la *Chaussée* & la Machine de Marly, a conservé le nom du Constructeur. *Rennequin Sualem, Liégeois, qui ne savoit ni lire, ni écrire;* (on ne suspectera point d'infidélité la pierre sépulcrale d'un homme du commun & étranger;) c'étoit un Charpentier de Liege, amené de ce Pays par M. Deville, François de nation, & non Liégeois, ainsi que l'a avancé le Docteur Desaguliers. Ce François avoit épousé à Liege une Demoiselle de la ville de Huy, au même Pays, où il devoit avoir vu beaucoup de ces machines. La terre de Modave, distante de Huy de deux lieues, & que cette Demoiselle lui avoit apportée en mariage, lui en avoit donné toutes les facilités; le Château & les jardins de cette Seigneurie, aussi élevés que l'aquéduc de Marly, recevoient de l'eau par le moyen d'une semblable machine simple, assise sur la petite riviere de Hoyou. Quoique Rennequin ne soit point l'inventeur de la machine de Marly, quoiqu'il ne fût ni Philosophe ni Mathématicien, l'honneur de l'exécution, toute défectueuse qu'elle est, ne lui appartient pas moins, comme l'origine de l'invention en appartient au pays de Liege; c'est ce qui fait que quelques termes & dénominations relatives à la machine, sont dans la langue du pays de Rennequin, auquel on pourroit attribuer, plutôt qu'à M. Deville, *plusieurs pieces qui peuvent être employées à différents usages, & bien des inventions ingénieuses qui ne se trouvent point ailleurs* (2).

Dans de très-grands ouvrages où les eaux se trouvent ne pouvoir absolument être épuisées par des *Bouriquets* mus à bras d'hommes, ou par des chevaux, ou par d'autres machines, on se sert de pompes dont le piston hausse & baisse, au moyen de l'eau échauffée par le feu; à raison de ce premier agent, elles sont appellées du nom distinctif de *Pompes* ou *Machines à feu.*

Il paroîtroit naturel de s'arrêter dans ce moment à ces pompes; mais nous voulons nous renfermer ici dans une description pure & simple de l'exploitation des Mines de Houille, telle qu'elle se conduit au pays de Liege : les circonstances relatives à l'équipage & méchanisme de la pompe à feu entraîneroient des détails qui nous écarteroient de notre plan. La derniere Section de cette seconde Partie étant destinée à rassembler un corps de théorie-pratique sur l'Art que nous décrivons, nous y renvoyons le Lecteur pour tout ce qui regarde la pompe à feu : il suffira, quant à présent, de prendre dans le *Dessein général de ses principales parties*, une idée de la construction & du jeu de cette machine : elle présente, au coup d'œil, un appareil très-composé; mais les pieces dont dépendent ses opérations essentielles, sont en petit nombre; les autres qui sont fort multipliées, comme tuyaux, robinets, leviers, &c. ne font que concourir à son jeu, &

_____

(1) Voyez cet Ouvrage traduit de l'Anglois par le Pere Pezenas. *Paris* 1752. Tome 2. page 517. Leçon XII.

(2) Cours de Physique expérimentale du Docteur Desaguliers, *Ibid.* pag. 517.

ne servent qu'à régler ses mouvements ; de maniere que toutes les pompes à feu employées aujourd'hui dans beaucoup de Pays, ne différent que par quelques pieces accessoires, ou par la grandeur, selon l'objet qu'on se propose ; elles sont absolument toutes, quant au fond, dans la derniere forme qu'ont donnée à cette ingénieuse invention le sieur *Newcomen*, Ferronnier, & le sieur Jean *Cawley*, Vitrier, de Darmouth en Angleterre.

Le principe du mouvement de cette pompe, est un balancier A, B, de vingt-quatre à trente pieds de long, mobile sur deux tourillons E, placés à son milieu ou à peu-près. Ce balancier porte à l'une de ses extrémités D, I, l'attirail G, O, des pistons des pompes qui doivent élever l'eau à une hauteur donnée, & à son autre extrémité C, la tige d'un piston de métal qui remplit en le parcourant la capacité d'un cylindre aussi de métal F, destiné à recevoir la vapeur de l'eau qui bout dans la chaudiere ou l'alembic V.

Une injection d'eau froide venant d'un tuyau sur le cylindre, & qui condense subitement les vapeurs, forme le vuide dans le corps du cylindre ; & le piston, porté tant par son propre poids que par celui de la colonne de l'atmosphere qui lui correspond, retombe & éleve en retombant les pistons des autres pompes.

D'après cet exposé succinct, on voit que tout le méchanisme consiste dans l'action alternative de la vapeur de l'eau & de la pression de l'atmosphere, combinée avec les résistances qu'il faut vaincre.

ARTICLE QUATRIEME.

De l'Architecture souterraine des Mines.

C'est à l'aide des outils, ustensiles & machines que nous avons décrits, qu'on parvient à arracher des Mines le fossile qu'elles renferment.

L'expérience a établi des regles constantes, tant pour la maniere de se servir de ces moyens, que pour travailler dans ces Mines économiquement, commodément, & avec le moins de risque possible de la part des eaux trop abondantes, & de l'air trop dilaté ou trop comprimé.

Tout l'art d'exploiter une Mine de Houille, porte sur deux opérations générales, l'une consiste à approcher, l'autre à travailler la matiere de la veine.

Pour le premier objet, on pratique le plus ordinairement à la superficie du terrein où l'on soupçonne la présence du Charbon, des ouvertures perpendiculaires ou approchant de cette direction, & que l'on appelle dans quelques parties d'Allemagne *Puits de Mines* ; à Liege *Fosses à Houille* ; *Bures*, du verbe Anglois *bore*, qui veut dire percer avec une tarriere.

Quelquefois on va joindre la masse ou la veine de Charbon, par une gallerie percée au pied de la montagne ; cette maniere d'arriver à la Mine, est appellée

Bome,

Baume, qui, dans le patois de Liege, fignifie les terriers que les lapins & les renards font fous terre. Cette dénomination par laquelle on entend en Dauphiné & en Provence un antre ou une caverne, fur-tout fi elle eft fur une montagne ou fur un lieu élevé, convient dès-lors davantage à *l'aqueduc de Mines*, appellé fpécialement en latin *Cuniculus*. Ce canal fouterrain, qui eft de grande conféquence pour les travaux, lorfqu'il eft praticable, devant être confidéré comme décharge pour les eaux, fera décrit quand il s'agira de cette partie de l'exploitation : nous ne traiterons ici que des ouvertures creufées perpendiculairement en forme de puits, & qui établiffent, du dedans au-dehors de la Mine & même dans l'intérieur, des communications indifpenfables pour toutes les circonftances dépendantes des ouvrages.

Le fecond objet du travail eft celui des veines qui ont été rencontrées en creufant ces routes perpendiculaires ou à peu-près ; ce travail s'exécute au moyen de chemins prolongés dans l'intérieur de la Mine, fuivant la marche & la direction de ces veines.

Ces *boyaux* ou *galeries* de Mines, fervent à faciliter le tranfport du Charbon des parties les plus éloignées de la Mine, ou quelques-uns à donner un cours libre & aifé aux eaux & à l'air, qui gêneroient ou mettroient en danger les Ouvriers.

Pour l'un & l'autre but, il eft befoin de l'Architecture fouterraine ; & c'eft auffi fous ce double point de vue, que nous établirons ce qu'on peut regarder comme les principes & les régles fondamentales de la pratique de l'exploitation que j'entreprends de faire connoître.

Il n'eft point de travaux de Mine, en *maffe* ou en *veine*, pour lefquels on ne foit obligé partout Pays de creufer de ces foffes perpendiculaires, de percer enfuite dans le corps du Charbon, des *dilatements*, c'eft-à-dire, des excavations de toute efpece, appellées quelquefois *Tailles*, qui fe prolongent & fe multiplient à la longue, felon les circonftances indiquées par l'expérience, & relatives à la fituation, à la pente, au nombre de veines qui fe rencontrent les unes au-deffus des autres, ou à l'incommodité des eaux, ou à la profondeur de la Mine, qui exige toujours dans fes vuides un courant d'air ; ces routes font conduites dans une direction horizontale, penchée, ou latérale.

Afin de difpofer la defcription de l'Art d'exploiter le Charbon de terre, dans un ordre méthodique qui en facilite l'intelligence, je dois la faire précéder d'une connoiffance générale de l'Architecture fouterraine, qui fait la bafe de cette partie pratique. Je divife donc cet article en trois branches ; la defcription des bures, celle des galeries, celle des conduits pour l'air & pour l'eau.

Des Bures ou Fosses à Houille en général.

Les ouvertures ou fosses profondées de la superficie en descendant presqu'à plomb, nommées dans tous les travaux de Mine, *Puits de Mines*, sont appellées par les Houilleurs Liégeois *Fosses* ou *Bures*.

Il y en a de quantité d'especes; on peut cependant les diviser en deux classes; la premiere présente des bures qui communiquent directement du fond à l'extérieur de la Mine; la différence qui se trouve dans ce premier genre dépend des usages auxquels ils sont destinés; les uns servent à descendre dans la Mine, à monter les *denrées*; les autres sont pour extraire les eaux, ou pourvoir au renouvellement de l'air, à la liberté de sa circulation dans les *voyes souterraines*.

A raison de ces différents usages, les bures sont de forme & grandeur différente, selon qu'on en tire le Charbon par le moyen des chevaux, ou selon qu'on le tire à bras d'hommes. Lorsqu'un Bure est travaillé de la premiere maniere, on l'appelle *Bure à chevaux*, ou *Fosse de grand Athour*, ou *Hernaz double*; lorsqu'il n'est pas considérable, & qu'il est exploité par bras d'hommes, c'est un *Hernaz simple*, autrement dit, *Bure à bras* ou *Fosse de petit Athour*. Quelques-uns de ces petits puits nommés encore *Tourrets à bras*, ne durent que trois ou quatre mois, n'étant que pour travailler des *Bouyaz*. *Voyez* premiere Partie, page 68.

Les Particuliers qui ont de la Houille dans leur terrein & qui ne veulent tirer que pour leur consommation, se servent uniquement de ces petits Tourrets pendant qu'ils font extraire leur provision pour l'année.

Selon d'autres circonstances, les Bures sont encore profondés dans des directions différentes : par exemple, ceux qui sont pour tomber sur des *Roisses*, ne sont pas toujours entiérement d'à-plomb, ils vont, comme disent les Houilleurs, en *pittant*, c'est-à-dire, en pente douce.

Je fais une seconde classe des Bures, qui quoique creusés dans la forme de puits, différent de la premiere, en ce qu'au lieu de déboucher au jour, ils débouchent seulement dans un endroit de l'intérieur de la Mine, tels que ceux que nous appellerons, avec les Houilleurs Liégeois, *Bouxtays*, *Torrets*.

Tous font désignés par des noms particuliers, & seront chacun décrits à leur place.

Nous ne considérerons ici que le *grand Bure*, après avoir fait précéder un sommaire sur les circonstances qui en dépendent sous ce même point de vue, telles que la profondeur de ce puits, l'endroit de son assiette, les différentes manieres de désigner les parties qui le composent.

Toutes les *Fosses à Houille*, quelles qu'elles soient, ont des profondeurs différentes; elles varient selon le plus ou moins d'inclinaison, ou de profondeur de la veine : on eft quelquefois obligé de l'aller chercher à mille pieds (1) fous terre, même jufqu'à cent foixante-cinq toifes & davantage : on en a vu dans la Jurif-diction de Seraing (& cela peut être regardé comme très-extraordinaire,) qui alloient de cinq à fix cents toifes ; telle étoit la foffe *del Marihaye*, celle *del Ridonte*, fur la rive droite de la Meufe ; celle du vieux Romarin à Jemeppe, fur la rive gauche de la Meufe : au Val-Saint-Lambert fur la rive droite, il y avoit un Bure de cent toifes de profondeur, autant de *vallées* de *gralles* & des *torrets* au-deffous. *Voyez* premiere Partie, page 67.

La profondeur la plus ordinaire, eft depuis cent jufqu'à deux cents toifes, de fept pieds chacune, ce qui fait fix cents cinquante pieds.

Cette dimenfion d'un Bure eft diverfement rendue en termes du métier ; le plus ordinairement on dit *un plomb de Bure,* pour défigner fa profondeur. Cette expreffion fert à défigner généralement la longueur de quelques ouvrages fou-terrains, lorfque cette longueur eft égale à la profondeur du bure : on emploie auffi quelquefois le mot *Stampe*; par ce dernier cependant, les Ouvriers enten-dent le plus fouvent l'interval d'une veine à une autre. *Voyez* premiere Partie, page 69.

La diftance d'un bure à un endroit, s'appelle *abattement* : on dit, *il y a tant d'abattement.*

Foffe à Houille, nommée Maître Bure, grand Bure, Bure de chargeage.

On appelle ainfi la principale Foffe à laquelle répondent toutes les différentes routes fouterraines ; dans les Mines d'Allemagne, c'eft ce qu'on appelle *Puits de jour*, *Bure à tirer*, *Bure d'extraction*, *Bure de chargeage*, &c.

La premiere attention à avoir fur le choix de l'affiette à lui donner, c'eft de faire cette ouverture fur la partie de la veine qui forme ce que l'on pourroit ap-peller la *tête de la veine*, *voyez* page 206 ; & que l'on nomme *Thier de Bure.*

Les différentes dénominations par lefquelles on défigne ce bure, indiquent fes ufages ; il eft aifé d'en déduire, que fervant d'entrée & de fortie pour tout ce qu'il eft néceffaire de porter dans la Mine, c'eft dans cette foffe que les ouvertu-res, les galleries prennent leur commencement ou viennent fe rendre. On juge de même que dans ce prolongement s'ouvrent dès le premier début des ouvrages les communications de la Mine, & des travaux particuliers néceffaires à l'exploi-tation ; qu'il fe pratique enfin dans cette foffe perpendiculaire, à mefure qu'on la forme, des excavations, des coupures, des réfervoirs pour les eaux, des con-duits pour l'air, &c. Tout ce trajet, confidéré en longueur, eft donc important à connoître.

Comme ce feul article ne laiffe pas d'être compofé, il faut diftinguer trois

(1) Ce qui fait 142 toifes de Liege : les 10 pouces de Liege, valent 11 pouces de France.

parties dans les bures, la *bouche* ou *l'œil* du bure, fon *fond*, & fes *côtés* ou *fes parties latérales*, d'où réfulte ce conduit perpendiculaire, plus étendu en longueur qu'en largeur, communément appellé *Bufe*, *Bufe du bure*.

L'œil ou *la bouche du bure*, eft l'ouverture extérieure de la foffe : dans les foffes de grand athour, fa forme eft quarrée, plus longue que large ; la dimenfion des deux côtés longs, doit avoir ou feize pieds de long, ou dix ou huit tout au moins, fur fept ou huit pour les deux côtés étroits, cela dépend de la profondeur la proportion ordinaire eft de fix à neuf pieds, ou de huit à douze pieds, ainfi du bure ; refte : cette entrée fuperficielle d'un maître bure, a la forme d'un parallélograme, *Voyez Pl.* XII, n°. 1. *Fig.* 4, & eft difpofée relativement à la veine de Charbon, de maniere que les côtés les plus longs répondent aux deux côtés de la veine, confidérée dans fon étendue en pente, & que les côtés les plus courts tombent en travers fur le corps de la veine qu'ils partagent.

Tout le terrein fuperficiel, circonfcrit autour de l'œil du bure, où fe tiennent les Ouvriers employés à enlever les coufates, eft nommé *Pas du Bure*.

Le pied de cette bufe, ou l'endroit oppofé à l'ouverture, & auquel vient tomber cette ouverture extérieure, eft *dilaté* en largeur dans fa partie haute, & forme un efpace concave en maniere de dôme, appellé *Couronne de chargeage* ou *Couronne des chambres*.

Ce *couronnement* eft le principal carrefour de cette habitation fouterraine, qui fera décrite partie par partie ; c'eft-là que viennent s'ouvrir toutes les routes de la Houilliere, & que fe prennent dans le Hernaz à chevaux, quelquefois auffi dans le Hernaz à bras, les voies ou chemins perpendiculaires à la principale *taille* dont il fera bien-tôt queftion.

Toutes les différentes manœuvres qui s'y exécutent pour recevoir le panier defcendant à vuide, pour le détacher de la chaîne, pour le remplacer par un autre qui eft toujours tout prêt, exigent, pour la facilité de ces opérations cet élargiffement du pied du bure en forme concave : la fûreté des Ouvriers demande en même temps que cette chambre, nommée le *premier* ou le *principal Chargeage*, foit non-feulement bien étançonnée par-tout, mais encore foit toujours un peu détournée de la direction de la foffe, c'eft-à-dire, qu'elle fe trouve à côté de la bufe ou de la vallée.

Quoique cette partie de la bufe du bure foit, à proprement parler, fon extrémité ou fa fin, il y en a cependant encore une portion affez confidérable, qui, par l'ufage particulier auquel il fert, peut être confidérée à part, comme n'appartenant plus au bure : c'eft un prolongement de cette bufe deftiné à fervir de principal puifard aux eaux, & qui pendant que l'on travaille eft *baché*.

Il eft connu dans le métier fous le nom de *Bougnou* : nous en parlerons à l'article des Eaux ; il fuffira de favoir, pour le préfent, que cette partie du bure profondée au-delà de la bufe, eft toujours de trente-cinq ou quarante *poignées* plus bas que la *dieille* inférieure de la feconde ou troifieme veine qu'on veut travailler. *Voy.* 2, 3, 4 & 5°. *Planches.*

Dans

Dans toute fon étendue, la bufe du bure eft différemment étançonnée depuis le haut jufqu'en bas, ou feulement en quelques parties; la direction de la fofle, fa largeur, fa profondeur, le terrein pierreux ou terreux dans lequel elle eft enfoncée, donnent fur ce point les regles à fuivre.

Les *Fofles de petit Athour*, comme les moins confidérables, n'ont befoin d'être épaulées, dans la partie terreufe qu'avec des *Roifles* retenues par des boulons, n°. 3, *Fig.* 4, *Pl.* XII, ou par des pieces de bois de fciage, n°. 4.

Pour les *Fofles de grand Athour*, les parties qui font profondées dans la couverture terreufe, ne font communément revêtues que de gros bois, de forts madriers de fix à fept pouces d'épaifleur.

L'affemblage de cette charpente, eft telle que les deux côtés oppofés des madriers fervent d'eftrefillons aux madriers des deux autres côtés, & que les uns & les autres, portés fur de bons poteaux de huit pouces d'épaifleur fur deux pieds de long, font affemblés comme les douves des tonneaux.

Cette maniere fuffit pour épauler les terres, pour empêcher les filtrations des eaux dans l'intérieur du bure, foit par la compreffion qu'elle produit fur ces terres, foit par l'iffuë qu'elle ferme aux eaux.

Il eft des occafions particulieres où l'on eft obligé de garnir la *bufe* depuis l'œil jufqu'au fond du bure; ce qui s'appelle *Cuvellement*: il en fera traité en détail.

Dans quelques parties, les parois de la *bufe* font foutenues par une maçonnerie jufqu'au roc, dans lequel ce revêtiffement fe continue: au pays de Liege, cette conftruction, défignée en pierre, n°. 4, eft toujours en brique.

Nous avons maintenant à confidérer les quatre côtés qui forment les parois du bure, ou de cette *bufe* du bure, fuppofée de figure quarrée-longue; les Houilleurs leur donnent le nom de *Mahires*, qui veut dire *Murs*.

Les travaux de l'exploitation demandent que ces mahires foient diftinguées entr'elles par des noms particuliers: la différence de leur longueur confidérée de face ou en largeur, donne la maniere de les défigner.

Comme dans les fofles de *grand Athour*, les *bufes* font profondées en parallélogramme, de façon qu'il y a deux côtés correfpondants qui font plus longs, & deux autres correfpondants auffi entr'eux qui le font moins, on a appellé *longues mahires*, les deux mahires les plus étendues en longueur ou les plus longs côtés du bure qui répondent aux côtés de la veine, & les deux autres qui font plus étroites, font nommées *courtes mahires*.

Selon différentes circonftances, & felon le terrein, le tour ou tambour eft élevé en traverfe fur les longues ou fur les courtes mahires.

Dans les fofles de *petit Athour*, ou dans les cas qui exigent deux treuils, l'un pour les eaux, l'autre pour les houilles, le tour porte fur les longues mahires: lorfque le bure eft plus profond, le tour doit porter fur les courtes mahires,

afin que les chaînes puiſſent courir ſans trop s'approcher , ſe toucher & ſe doubler.

Des grandes ou longues Mahires , & du Parti-Bure.

Elles ſont particuliérement remarquables par les avantages variésattachés à la
différence de prolongement, qu'on a vu qui peut leur être donnée , page 244.

C'eſt ſur ces Mahires que ſe prend à l'œil du bure, juſqu'à quelques toiſes
en profondant, une portion même de l'étendue de cette ouverture que l'on ſépare de l'autre, ce qu'on appelle *Parti-bure*; & dans le cas où on en a beſoin ,
on fait *l'œil du Bure* encore plus long qu'à l'ordinaire.

En jettant les yeux ſur la *Pl.* XVII, *Fig.* 2, on voit d'abord le but qu'on ſe
propoſe par ce retranchement; le coufate , lorſqu'il approche de l'œil du bure,
venant à rencontrer la Planche *a* , s'éloigne inſenſiblement de la *Mahire* , & eſt
conduit au *pas du Bure*.

Cette fauſſe ſéparation qui , comme on le voit , ne s'étend pas dans toute la
longueur de la buſe, eſt très-ingénieuſe, quoique fort ſimple. C'eſt uniquement une forte cloiſon de menuiſerie nommée *Lutte* , faiſant corps avec un
cintre qui eſt fixé à la tête du bure ; elle eſt plus ou moins longue ſelon
que le pas du bure avance de l'œil du bure : la forme , la longueur de cette
cloiſon , ſont donc proportionnées ſur les paniers qui montent & qui deſcendent ;
les planches dont elle eſt compoſée, ſe nomment *Bois de parti-bure*, & le boulon
auquel ſont attachés ces bois , s'appelle *Bois de many* , c'eſt-à-dire, qui s'emboîte
dans une entaille , *Many*.

Cette eſpece de faux bure a encore d'autres objets d'utilité; on y place quelquefois les échelles ſur leſquelles les Ouvriers deſcendent dans les ouvrages , &
en remontent.

D'autres fois, on enleve par ce *parti-bure* , avec des ſeaux , les eaux d'une
veine ſupérieure, ce qui diſpenſe de profonder exprès un autre bure , comme il
ſera dit à l'article des eaux.

On y fait même deſcendre auſſi les tuyaux de pompes : au moyen de cette
ſéparation, ces conduits ſont garantis de la pouſſiere de la houille qui s'échappe
des paniers & coufates dans les ſecouſſes ; alors ce *parti-bure* eſt un vrai bure de
forme ovale & en maçonnerie de brique; ſon épaiſſeur , ainſi que toutes les circonſtances de ſa conſtruction, ſont réglées ſur la nature du terrein qui pourroit
travailler contre cette muraille.

Au-deſſous de ces mahires , au fond du bure , ſe prennent des chemins nommés *Levays* ou *niveaux du bure*. Ces routes ſont les principales de toutes celles
que l'on eſt obligé de pratiquer pour l'exploitation ; elles ſeront traitées ſous ce
titre.

Des deux courtes Mahires.

Les deux Mahires ou côtés du bure, qui dans fa forme de quarré-long, rendent le bure plus étroit, ont befoin d'être diftinguées l'une de l'autre par deux dénominations différentes.

Courte Mahire, *appelleé* Mahire d'Athier, *ou* Mahire d'Amont pendage.

La courte Mahire qui eft en tête de la veine, c'eft-à-dire, fur le haut du pendage, s'appelle ainfi ; on pourroit l'appeller feule *Courte Mahire*, étant en effet plus courte dans fon étendue, le long de la bufe, que la Mahire oppofée qui defcend plus bas.

C'eft à cette Mahire, dans le fond du bure, fur le haut du pendage, qu'eft attaché le fupport de la poulie de renvoi, décrit *page* 237.

On doit remarquer ici en paffant, le tuyau de defcente, dont le commence-ment fe voit en *d*, *d*, *Fig.* 5, *Pl.* XII ; il appartient moins au grand bure qu'à celui qui eft attenant *b*, & qu'on nomme *Bure d'airage*, d'où il conduit l'air au bas de la bufe du grand bure, & de-là dans les extrémités des ouvrages ; auffi nous en parlerons en détail à cet article auquel il fe rapporte directement.

Cette *coupure* eft nommée *Royon* ; il n'en eft queftion ici que comme dépen-dance de la Mahire d'Athier, & comme étant appuyée contre le grand bure, & fe profondant en même-temps ; elle peut donc auffi être regardée, à quelques égards, comme appartenante au grand bure ; elle n'en eft féparée que par une muraille de brique ; je trouve dans Louvrex cette féparation appellée *Machine*.

Mahire Courte, *nommée* Defcendante *ou de* Defcente ; Mahire d'Avallée
ou d'Aval-pendage.

La courte Mahire oppofée à la Mahire d'Athier, & qui eft fur le bas du pendage, fe défigne par ces différents noms ; elle doit être un peu plus large que la Mahire d'Athier, & davantage au *deie* qu'au toît.

Dans le pied de la *Mahire d'aval-pendage*, on pratique quelquefois, pour les eaux des *Fendants*, une excavation qui peut contenir deux à trois cents tinnes d'eau.

Comme ce puifard, nommé *Carihou*, fe ménage auffi dans une veine, j'en rejette le détail à la conduite des ouvrages.

C'eft fous ces *deux Mahires d'Athier & d'Avallée*, que doivent commencer les *Voyes* que l'on prend dans une veine en defcendant, c'eft-à-dire, qui coupent le pendage à demi.

Telle eft la conftruction du Maître Bure ; il eft des occafions où il faut en pro-fonder deux pour une feule veine fur une différente partie de pendage ; l'un eft *avallé* fur la tête de la veine , & pour cela eft nommé *Foffe Amont-pendage* ; l'autre tombe fur le pied de la veine , d'où on l'appelle *Foffe Aval-pendage. Voyez Pl.* XVIII , de cette feconde Partie.

Il en fera parlé en détail, lorfqu'on décrira l'exploitation des *Platteures*.

Outre ces différents bures d'extraction, il ne fe fait point de travail de Mine de Charbon , qu'il n'y ait lieu à en conftruire un autre d'un ufage tout différent ; c'eft celui qui a rapport à l'airage de la Mine. Les Tranfactions Philofophiques (1) en ont donné la defcription ; cette piece a été publiée en François par les Rédacteurs de la Collection Académique (2). M. Genneté , Méchanicien de S. M. Impériale , en a donné une idée & un profil (3) qui ne différe de la planche inférée dans Lehmann (4), que par le tuyau élevé en maçonnerie fur l'ouverture de ce bure, comme il fe pratique à Liege.

En faifant ufage de la premiere defcription que je viens de citer, j'y ferai quelques additions relatives au plan de mon Ouvrage.

Burtay , Bure d'Airage.

Cette petite *foffe* qui prend fon nom de l'airage auquel elle eft deftinée, s'appelle *Burtay, Pl.* XII, *Fig.* 5 : comme elle communique à plufieurs endroits dans le grand bure par des *taillements*, elle s'affied à quelques toifes du voifinage , & ordinairement plus *amont-pendage* du grand bure que l'on veut *foffoyer* fur la même veine que le maître bure : cette pofition s'exprime en difant, *qu'elle eft profondée à thier du bure* ou *plus athier que le grand bure.*

Le détail de fa conftruction dans lequel nous allons entrer , donnera par avance une idée de fes ufages & de fon importance.

Ce petit bure dont il faut affeoir le fond dans le roc vif ou fur quelque matiere ferme , doit avoir pour le moins douze toifes de profondeur , & être bien folidement maçonné dans tout fon trajet qui eft dirigé perpendiculairement.

La paroi qui confine au grand bure eft à différentes profondeurs qu'indique le manquement d'air, excavée par une ouverture prolongée en fe ravallant, jufqu'affez près du grand bure, ou quelquefois même jufques dans la bufe de ce bure, pour y déboucher, lorfqu'on voit qu'on n'a pas eu l'air par le *royon*. Chaque bouche de ces taillements *c , c , c ,* nommés *Pierçures* , comme fi l'on difoit *perçures* , ouvertes dans le burtay , font nommées *Ruwalette* , & on les défigne par premiere , feconde , troifieme *ruwalette* ; la muraille du burtay , entre chaque ruwalette , foutient une couple d'échelles. *Voyez Pl.* XVII , *Fig.* I.

---

(1) Année 1765. Art. 1. n°. 5. fous ce titre : Moyen qu'on emploie à Liege pour renouveller l'air dans les lieux fouterrains. Par M. Robert Moray.

(2) Tom. 6. *pag.* 3.

(3) Defcription d'une partie d'un fouterrain d'où l'on tire le Charbon de terre , près la ville de Liege, où fe fait une circulation artificielle de l'air, *pag.* 96 , de la Brochure intitulée : *Nouvelle conftruction de Cheminée*, qui garantit du feu & de la fumée, &c. *Paris, 1759.*

(4) Art des Mines, &c. Tom. 1. *pag.* 50.

La

La premiere pierçure, à l'endroit où elle vient se rapprocher de la mahire du bure, s'abouche avec un autre *taillement* ou *canal* D, D, crevé dans la pierre, & qui descend à plomb le long de la mahire jusques dans le fond du grand bure, pour servir de passage à l'air; c'est ce conduit qu'on appelle *Royon*, D, D.

On se contente quelquefois de conduire l'air entre des planches appliquées le long des mahires jusqu'en bas, & de-là dans le fond des ouvrages. Les planches dont on forme ce canal ont besoin d'être bien garnies d'argile ou d'autre matiere; & le total est séparé du grand bure, comme on le voit, par la maçonnerie ou muraille de brique, qui s'appelle *Machine*. A la superficie du terrein & sur les rebords même du *Burtay*, est bâtie une espece de cheminée de brique A, A: ce conduit appellé, en terme du métier, *Cheteur*, à cause de sa forme conique, comparée par les Houilleurs à celle d'une ruche, ainsi nommée dans le patois de Liege, est en effet d'une figure à peu-près quarrée jusqu'aux deux tiers de sa hauteur, & va ensuite en se retrécissant en maniere de cône tronqué; son épaisseur est d'une brique & demie; son diametre dans sa partie inférieure est de sept pieds, celui d'en haut de dix-huit pouces, le tout mesuré intérieurement, & la hauteur de trente-huit pieds au-dessus du terrein.

Selon la nécessité, elle peut avoir vingt-huit, trente, quarante, cinquante, soixante pieds; car plus cette cheminée ou *cheteur* est élevée, mieux elle attire l'air: cette augmentation se fait par degrés, en essayant toujours si la cheteur tire, & on ne cesse de prolonger son élévation que lorsqu'elle tire bien, & autant qu'on le veut.

La cheteur *a*, *a*, *Fig*. 5, *Pl*. XII, & A, A, *Fig*. 1, *Pl*. XVII, est construite de la même maniere & à peu-près dans les mêmes vues qu'on a coutume de le faire dans les fourneaux chimiques; elle accélere le courant d'air dans les puits d'airage au moyen de la communication D, D, *Fig*. 2. *Pl*. XVII, ouverte avec le fond de la mine, où elle va en se rétrecissant jusqu'à se réduire à dix-huit pouces en quarré.

Au niveau du sol, on fait une porte à-peu-près de la hauteur d'un homme, & on établit en dedans un treuil, *Pl*. XII. *Fig*. 5, pour descendre le feu qui doit établir la circulation de l'air.

Au bas de la cheteur, à environ trois pieds en terre, il y a dans l'une des murailles une ouverture quarrée, dont chaque côté a neuf à dix pouces; c'est par-là que s'introduit l'air: on fixe dans ce trou quarré un tuyau de bois, quarré aussi, lequel doit s'y adapter bien juste.

Les pieces de bois formant ce conduit, doivent être bien jointes ensemble, afin que l'air ne puisse entrer dans le tuyau que par son extrémité qui est ouverte.

A mesure qu'on avance sous terre, on allonge ce tuyau dans l'intérieur de la

Mine en y adaptant d'autres pareils tuyaux, toujours bien exactement joints, qui composent une buse allant entre les deux mahires du bure jusqu'en bas, & de-là dans tous les ouvrages de la Mine où l'on a besoin de renouveller l'air.

C'est par ce burtay que dans les bures perpendiculaires ou inclinés à l'horison, on introduit un nouvel air dans toute l'étendue des ouvrages souterrains, que l'on *attire le Fouma du fond de la Mine*, ou (pour corriger le langage des Houilleurs,) que l'on remplace continuellement le mauvais air par l'air extérieur, en faisant quelquefois deux puits selon le besoin.

Mais ce qui acheve de remplir cet objet, c'est le feu qu'on entretient avec soin dans un des ustensiles *d'airage* décrits page 229, & représentés *Pl.* 10. L'air dilaté par ce feu devient plus léger que l'atmosphere ; il est par conséquent obligé de monter & de s'échapper par l'ouverture supérieure du puits, tandis que l'air de l'atmosphere s'introduit par d'autres ouvertures pour remplacer celui-ci.

L'un ou l'autre des ustensiles à feu est suspendu, *Voy. Fig.* 5. *Pl.* **XII**, par quatre chaînes de fer qui se réunissent dans un crochet, lequel termine l'un des bouts d'une chaîne plus forte, nommée *Cotţée*.

Cette derniere chaîne devale sur un petit treuil ou tour, placé à la bouche du burtay au bas de la chepteure.

Ce treuil vu en plan, *Fig.* 5, *Pl.* **XII**, est uniquement formé d'un cylindre de bois traversé dans sa longueur par une broche de fer forgé, dont une extrémité est coudée à quelque distance du rouleau pour servir de manivelle.

Bure à pompe.

Lorsqu'on ne place pas le jeu des pompes dans le *parti-bure*, on profonde tout exprès une fosse nommée *Bure à pompe*. C'est une fosse ou voye percée d'à-plomb en terre sur une veine, pour y établir les pompes foulantes & aspirantes, employées à l'épuisement des eaux en les enlevant au jour.

Cet objet de destination laisse à juger que ce bure surpasse beaucoup en profondeur la fosse appellée *Maître bure*.

Il est ordinairement estanfillonné depuis le haut jusqu'en bas, de même que les bures qui sont à *Roisses*.

Les Bures à pompes sont planchéyés quand ils sont quarrés ; mais il vaut mieux qu'ils soient *muraillés*, & alors quoiqu'ils soient percés en quarré, les angles de cette maçonnerie sont arrondis pour lui donner plus de force.

On dispose dans sa longueur les corps de pompes, qui sont tantôt en bois, tantôt en fer.

On supplée quelquefois à ce bure, par un canal que l'on appelle *Xhorre* ou *Areine* : je le range, ainsi que je l'ai annoncé, dans la classe des routes souterraines, & j'en rejette le détail à l'article des eaux.

Spouxheux , Puiſeux , Bure avant-pendage.

Cette foſſe , dont les noms indiquent l'uſage & l'endroit où il s'aſſied , ſe profonde lorſqu'on veut tirer les eaux d'un bure ſuperieur , auquel on a *déſſerré* ,
c'eſt-à-dire , auquel on a donné communication ; c'eſt le *parti-bure* en brique
déſigné page 246 , & vraiſemblablement le puits déſigné dans Agricola , pag.
82 , lib. 5 , *puteus qui lacunæ loco eſt* : en Allemand , *Waſſer Schacht.*

Des Tailles & des Voyes ſouterraines en général.

L ES bures tombent toujours , comme on l'a vu , ſur une veine de Charbon ,
ils ſont même prolongés au-delà , *Voy.* Pl. 2 , 3 , 4 , 5 ; la Houille étant détachée & enlevée , laiſſe entre le toît & le ſol , des eſpaces vuides qui ſe continuant à meſure qu'on avance les ouvrages , forment de véritables galeries.

Les Houilleurs pratiquent dans ces chemins des dégagements , afin que les
différentes manœuvres puiſſent s'exécuter avec aiſance ; des *Coupures* pour ſuppléer au peu d'épaiſſeur de la veine ; des routes de communication pour aller rencontrer une veine placée au-deſſus ou à côté d'une autre ; des voyes pour ſe
tranſporter d'une partie de veine à une autre ; des conduits pour faire aller le
vent ; des canaux pour procurer des écoulements ou des iſſues aux eaux ; enfin
tout ce que leur beſoin indique à leur induſtrie.

Il faut en conſéquence diſtinguer dans une Houilliere pluſieurs eſpeces de
routes : je renvoie à leur place naturelle celles qui ſont deſtinées à des uſages
particuliers, telles que les voyes pour l'air ou pour les eaux ; il ne ſera ici queſtion
que des *principales galeries* ; j'appelle ainſi les ſouterrains qui ont une longueur
relative à la veine de Charbon , & qui ont trait au ſervice immédiat de la Houilliere , c'eſt-à-dire , qui ont pour but l'élargiſſement , appellé dans le métier *dilate-*
ment des veines , & la facilité du tranſport de la Houille de proche en proche
juſqu'au *bure de chargeage.* La longueur de ces *dilatements* n'eſt fixée dans aucun
ouvrage ; la nature du toît & de la houille , établit ſeule la regle ſur ce point.

Ces *boyaux de Mine* ſont quelquefois appellés *veines* ; mais comme ils réſultent de la taille de la veine dans laquelle on les coupe , ils ſont plus généralement appellés *Tailles* , & les décharges des tailles ſont appellées du nom collectif *Voyes* , qui revient au mot latin *via* , & au mot françois *paſſage.* Les Houilleurs diſent qu'ils travaillent à la taille dans telle *voye* , dans telle *coiſtreſſe.*

Les côtés des ouvrages & tout ouvrage qui en cotoye un autre dans ſa longueur , s'appellent en général *Pareuſſes* ; on dit *Pareuſſes de la voye* , *Pareuſſes*
de la taille , *Pareuſſes de veines* , *Pareuſſes de l'airage* , *Pareuſſes de ſtappe.*

On préſume d'abord que ces rameaux de Mine ne forment point dans toute leur longueur un vuide abfolument continu ; de diftance en diftance on laiffe des piliers, après lefquels on recommence une *Taille*. Voici l'idée qu'on doit fe former de cet ouvrage.

Après avoir *déchargé une Heve*, c'eft-à-dire, détruit foit en largeur, foit en profondeur, foit en hauteur, un quartier de veine, qui produit alors ce qu'on appelle une *Taille* ou *l'ouvrage d'une Taille*, on fe ménage un épaule-ment.

Les Tailles ont ordinairement trois ou quatre pieds d'élévation, fur quatre, cinq ou fix de largeur, & fix ou dix toifes de longueur fuivant les circonftances ; quant aux épaulements, on indiquera à leur place les circonftances fur lefquel-les on fe regle pour donner à ces maffifs de Houilles plus ou moins de volume, & les efpacements qu'on doit leur laiffer : il fuffira de favoir, quant à préfent, que ce maffif que l'on conferve en houille (& qui eft quelquefois d'au-tre matiere,) a cinq ou fix toifes de long ; à ce pilier on fait fuccéder une *feconde Taille* de même longueur que la premiere, puis un autre pilier, & ainfi de fuite, en allant toujours en avant ; c'eft ce qui s'appelle *chaffer les ouvrages* ; & pour que les *fployons* puiffent être tirés plus aifément, toutes ces tailles doi-vent être *bachées*.

La houille étant tirée, on laiffe dans la partie fupérieure de la *Taille* un petit chemin qui fert pour *paffer le vent*, & dans la partie inférieure un autre plus large pour paffer les Ouvriers : le refte ou entre-deux, eft rempli de *Triguts*, en obfervant qu'on laiffe quelquefois plus ou moins de largeur, fur-tout dans les voyes qu'on appelle *montées* ; après quoi on prend encore dix toifes de largeur, puis on en marque autant qu'on peut en travailler commodément.

Comme les maffifs dont il vient d'être parlé, que l'on conferve dans la pour-chaffe des Tailles, foit en charbon, foit en matiere qu'on y affemble à fa place, ont dans les ouvrages différents points d'utilité, qui exigent de les multiplier & de les diftinguer entr'eux par des dénominations différentes, il eft néceffaire de donner des généralités préliminaires fur ces épaulements ; les uns uniquement deftinés à foutenir le toît, font appellés *Serres*, lorfque c'eft une maffe de Char-bon qui les forme.

Ces *Serres*, dans quelques circonftances, font employées à un double ufage ; elles deviennent un chemin dérobé, par lequel on peut aller d'une taille à l'au-tre, d'un ouvrage à l'autre ; alors elles font ouvertes d'un bout à l'autre : on les nomme *Serres refendues* ; l'ouvrage s'appelle *refendement de Serre* ; & on dit qu'on *déferre*, que l'on *perce une Serre*. Cette voye de traverfe ménagée dans une ferre, outre l'utilité qu'elle a d'abréger le chemin, & c'eft la principale, a encore celle de *faire fuivre la lumiere*, comme difent les Ouvriers, c'eft-à-dire, de donner la liberté à la circulation de l'air.

Quand ces piliers font artificiels, c'eft-à-dire, compofés de *genges*, & de *triguts*, afin d'oppofer une digue aux eaux, ils font nommés *Stappes*, on leur conserve néanmoins plus particuliérement cette dénomination, lorfqu'ils font uniquement deftinés à fervir de foutien au toît & de fûreté au chemin des Ouvriers.

Il eft des occafions où ces maffifs prennent le nom de *Serrements*; on y fait comme dans les tailles des trous de tarré, dont on parlera à l'article des eaux.

Enfin, d'autres piliers ne font ménagés que relativement à la circulation de l'air.

Comme moyens concourants à conduire, à contenir les eaux & à faire circuler le vent, les *Stappes* font renvoyés à l'article particulier où il fera traité de ces deux objets. Comme piliers ou ferres, ils feront traités lorfque je décrirai les travaux. Je reprends donc les généralités qui regardent les tailles & les voyes, afin de donner une idée de la diftribution des différents rameaux de Mine.

L'effentiel de tous les articles que je vais traiter, & qui acheveront l'Art d'exploiter ces Mines au pays de Liege, eft renfermé dans l'Ouvrage que j'ai cité page 20; mais à la faveur de l'ordre que j'ai donné à toute cette matiere, & de l'étendue que j'ai donnée à plufieurs points qui m'ont paru le demander, la connoiffance des principes fuivis à Liege pour ces travaux, deviendra à ce que j'efpere plus fimple & plus facile.

Les *voyes* ou *décharges des tailles*, fe conduifent auffi d'une façon qui leur eft particuliere; il faut y confidérer la pente qu'on doit leur donner, les diftances qu'il doit y avoir entre chaque voye, leurs dimenfions & la maniere de les épauler.

Elles doivent pancher du côté de l'œil de l'areine pour la facilité de l'écoulement des eaux.

Dans les ouvrages bien réglés, il y a ordinairement dix toifes entre chaque voye; il doit cependant y avoir quelquefois plus de diftance entr'elles : ces cas feront expliqués chacun à leur place; on leur donne communément quatre pieds & demi de hauteur, fur cinq de largeur, afin de pouvoir faire une longue pourchaffe.

Les voyes font auffi, felon différentes circonftances, étayées fimplement en maçonnerie, que foutiennent des bois placés de diftance en diftance : on exprime cette conftruction par le mot *Murailler*.

C'eft au commencement de chaque voye que fe pratiquent dans toutes les tailles de diftance en diftance des *dilatements*. Ces niches font non-feulement deftinées aux eaux, & on les appelle alors *Serrements*; mais elles fervent encore d'entrepôts, & on les appelle *chargeages*. 1°. On y amene les denrées pour les mettre fur les *baches* & *fployons*, que les *Hiercheurs* conduifent au *principal chargeage* répondant à la bufe du bure. A raifon de cette deftination, il y a plufieurs chofes à obferver fur ces repos. On leur donne la même forme qu'au principal chargeage, avec cette différence, qu'ils n'ont pas la même étendue. 2°. Ils font diftribués dans des places qui font fixées felon les différents ouvrages.

Ces chambres font ordinairement diftantes les unes des autres de dix toifes, & de vingt toifes dans les borgnes vallées & dans les demi-gralles.

Ainfi lorfqu'on veut défigner des ouvrages confidérables, on exprime le nombre de ces chargeages, on dit: *Dans cette taille, dans telle vallée, dans telle gralle, nous avons tant de chargeages.*

Au-delà de chaque chargeage, on dilate encore fix toifes de largeur, ce qui donne une nouvelle taille dans laquelle on fait un chemin, & au-deffus de la taille on en fait encore un autre pour *retourner le vent.*

Entre ce dernier, au-deffus de la taille & le chemin fait dans la taille, on fait une *Stappe.*

Chaque taille renferme encore des endroits à remarquer, favoir des entrepôts pour la houille, qu'on appelle *Hiercheages*, & les ramaffes-d'eaux qu'on nomme *Pahages.*

Les *Hierchages* font des *dilatements*, dont l'étendue eft proportionnée à la grandeur des *Sployons* ou à la *hauteur* de la veine : quand les veines ont une bonne largeur, & que le toît eft folide, on n'a pas befoin de faire ces repos ; quand on en établit, les diftances qui font entre chaque, dépendent de la maniere dont la houille eft traînée par un ou par deux *Hiercheurs*, ou comme ils difent, *à un feul* ou *à cope*, c'eft-à-dire à deux. Ces enfants la tranfportent ainfi de diftance en diftance dans les *gralles,* pour rendre leur charge à d'autres Hiercheurs qui la conduifent ainfi de proche en proche jufqu'à la bufe du bure, d'où ces repos ont pris leur nom. Il y a, dit-on, *tant de hiercheages depuis l'endroit où l'on travaille, jufqu'à la bufe du bure.*

Dans des efpaces marqués, on conferve aux tailles ou on y ménage des creux, dans lefquels on laiffe *paître les eaux* ; ces différents puifards font féparés par des *ftappes*, & fe communiquent entr'eux ; nous ne ferons que les indiquer à chaque voye où il convient d'en pratiquer : nous ferons un article à part de ce qui les regarde, & de leur épuifement.

Après ces différents conduits ou chemins, il en eft d'autres qui pour être peu étendus, n'en font pas moins de conféquence pour établir des communications entre ces différentes voyes, ou leur donner une hauteur convenable, ou pour former des conduites aux eaux, & aider la circulation de l'air.

Dans tous les ouvrages on pratique des petits chemins, des coupures, des paffages relatifs aux vues & aux circonftances ; ces canaux de Mine font quelquefois exprimés par des noms particuliers, comme nous avons vu le royon qui eft de ce nombre, page 247 ; on les comprend cependant fous le nom général de *Teyment*, qui veut dire taillement, & qui renferme fous lui le *Boffiement*, dont nous donnerons des exemples.

Un Teyment eft donc une coupure prife dans le toît ou dans la *Deie*, felon que l'un ou l'autre font plus faciles à *xhaver* ; fon objet eft d'aggrandir les tailles, afin d'avoir plus de jeu pour les travaux.

Lorfqu'un canal va d'une veine à l'autre ou ailleurs, on l'appelle *Bacneure*, quelquefois *Efpetreure*; c'eft un petit chemin de traverfe pour arriver à une veine en évitant les levays; les petits paffages blancs & pointés, *Pl.* 2, 3, 4 & 5, expriment ces communications.

Quand on travaille par *Bouxtay* ou Bure fouterrain, ces *coupures* changent de nom.

Parmi les voyes qui ont pour but la circulation de l'air & qui fe nomment, d'un terme général *Airage*, celles qui ne forment qu'un petit canal, font défignées par le mot *Ruwallette*, comme fi l'on difoit petite *Ruelle*: nous confidérerons à part ces différents conduits.

Tout ce qui provient de ces différentes recoupes, tant de pierres que de *Fouaye*, ne fort pas des travaux fouterrains: en les employant à différents ouvrages que l'on fera connoître, ils ne forment ni embarras, ni obftacles à la pourfuite des ouvrages; on les appelle alors *Stouppures*, du verbe *Stupare*, qui veut dire boucher; quand par quelqu'accident ces décombres du toît de fouaye, ou d'autres dérangements qui entraînent des réparations à faire, ne laiffent point d'accès libre pour paffer; ces voyes ainfi embarraffées, prennent le nom de *Voyes tempeftées*; expreffion employée quelquefois dans les rapports d'Experts, dont nous ferons mention.

On peut en général établir trois tailles remarquables, diftinguées entr'elles dans l'inftitution primitive de la houillerie par des noms particuliers que je leur conferverai. Ces tailles qui fe multiplient toutes felon l'exigence des cas, font les *levays* ou *niveaux*, les *gralles* & les *vallées*; je range dans cette même claffe, ces ouvertures ou foffes, creufées comme des puits, que l'on appelle *Torrets*, & celles que l'on appelle *Bouxtays*.

Parmi les tailles du premier genre, on doit regarder comme principales celles appellées *Niveau* ou *Levay*, & quelquefois *Niveaux* ou *Levays du bure*; en les confidérant comme partagés en deux par la bufe du bure, dans laquelle l'ouverture de l'un & de l'autre levay fe rencontre fous chaque longue mahire, oppofée par conféquent l'une à l'autre. Les Planches XXII, XXIII, XXIV & XXV, doivent être examinées ici d'avance, afin de comprendre le détail qui va fuivre; on y a préféré aux chiffres ou lettres de renvoi, les noms de chaque route & de chaque taille: en confultant chaque Planche à chaque article, le Lecteur aura beaucoup de facilité pour concevoir le plan de ces travaux.

Outre ces niveaux du bure, il y en a d'autres que l'on diftingue par fecond & troifieme niveau.

Il en eft auffi qui appartiennent à l'airage.

Les tailles qui font enfuite confidérables, font les gralles & les vallées.

Une voye prife dans la veine en defcendant dans cette veine, & qui eft perpendiculaire à la voye du niveau, eft une gralle d'après Louvrex, de maniere qu'il paroît qu'on doit appeller *Gralle*, une voye perpendiculaire à une autre qu'on a fait *quefter* dans une *vallaie* ou vallée, & qu'on nomme *Coiftreffe de vallée*.

Le mot *Vallée* préfente plus naturellement fa fignification ; on a fans doute voulu exprimer par ce nom la pente douce de cette taille à la maniere d'une *vallée* ; ces deux dénominations, *gralles* & *vallées*, font fynonymes felon Louvrex, & fignifient toute voye perpendiculaire au *niveau* : les détails dans lefquels nous entrerons en les traitant féparément, feront voir en quoi different ces deux voyes.

Chacune d'elles en reçoit d'autres à droite & à gauche, qui font nommées, fans doute par corruption, *Coiftreffes, Queftreffes* ; il eft permis de préfumer qu'on a voulu annoncer qu'elles marchent d'un côté ou d'un autre, ou bien que c'eft par ces chemins qu'on va à la recherche, à la *quête* des parties latérales de chacune des voyes à laquelle elles appartiennent ; effectivement ces routes s'ouvrent dans les deux côtés des chemins, & font *Pareuffes de la voye* ; cependant il ne faut prendre ce terme que dans l'acception générale donnée au mot *côté*, qui fe dit non-feulement de ce qui eft à droite & à gauche, mais encore de tout ce qui eft autour & aux environs.

Louvrex appelle *Coiftreffes* toutes voyes faites entre deux vallées ou gralles, ou entre deux montées, ou fur une vallée : elles comprennent & renferment tout l'ouvrage fait par la taille dont elles font queftreffes, & coupent le *pendage* en montant.

On en fait fucceffivement plufieurs les unes après les autres, & lorfqu'on revient à en faire de nouvelles, cela s'appelle *remonter la main*.

Le pied ou la partie baffe des Coiftreffes, lorfqu'elles font vuidées & abandonnées, devient un baffin naturel pour les eaux.

Ces routes comprennent enfuite fous elles d'autres voyes qui fe pratiquent dans des directions différentes felon leur pofition au-deffus ou au-deffous des *Mahires*, & fur-tout des *Levays*, ou felon qu'elles font parallees ou perpendiculaires à cette taille, ou felon le pendage de la veine , &c.

Il en eft que l'on appelle *Borgnes*; mot qui ne doit pas fe prendre dans l'acception qui fe préfente, & qui conviendroit à toute voye qui n'a qu'une entrée fans iffue. Les Houilleurs ont jugé à propos de nommer ainfi les routes qui marchent en biaifant, fans doute parce que cette direction empêche que du fond de cette voye on ne puiffe voir fon entrée ; on dit *faire boirgnir la vallée*.

Des Tailles & Voyes fouterraines en particulier.

Niveaux ou Levays du Bure.

D'après ce qui a été dit en parlant de la couronne des chambres, *page 244,* l'ordre naturel des chofes exige que l'on faffe connoître d'abord ces routes, qui font comme le point de ralliement des Houilleurs, & *d'orientement* de

tous

tous les ouvrages, qui de plus réuniſſent beaucoup d'utilités.

1°. Elles ſervent de paſſage aux Ouvriers, tant à ceux qui vont à la taille extraire les Houilles & Charbons, qu'à ceux qui les menent dans les chargeages.

2°. On peut y conduire & *embouter l'airage*, au moyen d'une conſtruction particuliere, & c'eſt toujours par ces deux tailles que l'air prend ſon entrée dans les ouvrages ſouterrains.

3°. Les levays doivent être dirigés à juſte niveau, de maniere que depuis leur fond juſqu'à la buſe, il y ait dans chaque levay une inclinaiſon ſuffiſante pour procurer en même temps une décharge des eaux par ces levays dans le Bougnou.

Ces deux tailles, ainſi que leurs voyes ou chemins, ſont nommées reſpectivement *Levays, niveaux du bure*, & ont beſoin dans la conduite des ouvrages d'être diſtinguées par un nom différent: on ſe ſert communément de l'expreſſion de *main droite*, & de *main gauche du levay*.

Main droite & Main gauche du Levay.

Pour entendre cette façon de s'exprimer, uſitée parmi les Ouvriers, il ne s'agit que de conſidérer le niveau ou levay du bure, comme s'il ſe trouvoit placé à droite ou à gauche d'un Ouvrier qui ſeroit couché ſur le dos près de la veine, ou ſur la veine, dans une poſture telle que ſes pieds ſeroient du côté où cette veine va en pente; il eſt tout ſimple qu'alors le côté qui répond à la main droite du Houilleur, ſoit le levay de la main droite ou la main droite du levay, & qu'en conſéquence le levay de la main gauche, ſera à l'oppoſite.

La largeur des niveaux du bure eſt de ſept à huit pieds, & leur longueur de huit à dix toiſes, ſelon les veines & ſelon la ſolidité du toît.

Ces voyes de niveau ſe travaillent tantôt ſéparément, tantôt à la fois, & ſe conduiſent avec le temps, le plus loin poſſible de la buſe du bure, autant que cela ſe peut en ſûreté, en y pratiquant le long d'une *ſerre*, des *pahages* ou *puiſards*, & de diſtance en diſtance des *chargeages* commodes, d'où toutes les houilles qu'on apporte des vallées ſont tirées par le *hernaz*.

Lorſqu'on ne travaille point par vallée, on y prend des *gralles*, des *demigralles*; on y profonde même un *torret*. Parallélement aux deux voyes de niveau, un peu plus bas on établit deux autres voyes pour ſervir de réſervoir aux eaux du bure & des ouvrages, & qui communique avec le principal puiſard, appellé *Bougnou*.

Boigne levay, ou *Borgne niveau*, ou *Coiftreffe*, *Queftreffe du niveau du Bure*.

Selon Louvrex, ce terme fignifie une ouverture dans le haut de la veine, & à proprement parler, c'eft une coiftreffe conduite entre deux montées prifes aux deux côtés du levay du bure, mais qui fait un coude dans fa marche.

Cette voye ou taille fe prend au commencement du niveau du bure, montant à demi-pendage quinze toifes ou environ, afin d'avoir une taille de fix toifes de largeur, perpendiculairement au niveau du bure, & une *ferre* de quatre toifes d'épaiffeur entre les *niveaux* & les *borgnes niveaux*.

Les borgnes niveaux fe dilatent parallélement au levay du bure, & on y prend enfuite perpendiculairement des *montées*, comme fur les niveaux.

Des Montées.

Les tailles & voyes levées perpendiculairement fur les niveaux du bure ou dans ces tailles, en montant *athiers* avec les pendages, font défignées par ce nom; on les prend auffi fur les borgnes niveaux, & alors le borgne niveau peut être regardé comme une coiftreffe prife dans une montée ou fur une montée.

On en fait toujours plufieurs, & on les diftingue par premiere, feconde, troifieme, &c.

On appelle *premiere Montée*, celle qui va à la tête de la veine.

Seconde Montée, celle qui l'avoifine en approchant du bure.

Troifieme Montée, celle qui vient après, & ainfi de fuite.

Leur nombre fert à défigner la pourchaffe des niveaux du bure; car quoique la longueur des dilatements de ces tailles ne foit pas réglée pour l'ordinaire, non plus que tous les autres ouvrages d'une foffe, elle paroît fixée à dix toifes; ainfi quand on dit *le levay de la main droite eft de quinze, vingt, vingt-cinq montées*, cela défigne qu'il eft dilaté en longueur autant de fois dix toifes, que l'on exprime de montées: dit-on, par exemple, *tel niveau eft de quinze montées*, cela veut dire qu'il eft travaillé fur cent cinquante toifes de longueur.

Coiftreffe ou Queftreffe de Montée.

Parallélement au niveau du bure, on dirige fur une montée des tailles ou voyes, nommées *Queftreffes* ou *Coiftreffes de Montée*, qui coupent le pendage de la veine en defcendant, & s'inclinent en douceur comme la veine, afin que les Hiercheurs puiffent monter: elles font toutes à dix toifes les unes des autres, à proportion qu'on dilate & qu'on pourchasse la montée, & peuvent, comme toutes les autres tailles, se multiplier selon le besoin.

Il y a encore des Coistresses, appellées *fausses Questresses*, *demi-Questresses*.

Demi-Montées.

On appelle ainsi les tailles ou voyes, qui, au lieu d'être précisément à plomb comme les Montées, s'élevent insensiblement en traversant toutes les montées, afin d'abréger le chemin qu'il faudroit faire pour exporter les denrées de la Montée la plus éloignée; ces tailles se dilatent à proportion du niveau du bure & des montées.

Des *Vallays* ou *Vallées*.

Au-dessus du levay sur le plancher, se prend un chemin commençant à la buse du bure, en descendant perpendiculairement dans la veine sous la mahire d'A-vallée : on l'appelle *Vallée*, quelquefois *grande Vallée*; elle differe d'une gralle en ce que cette derniere est d'amont-pendage, & que la vallée est d'aval-pendage; la Vallée d'ailleurs est plus large & plus haute : ajoutez à cela, que ce qui en provient est tiré par un hernaz à chevaux.

Les Vallées doivent avoir six, sept ou huit pieds de large, & de quatorze à seize poignées, c'est-à-dire, de cinq pieds en hauteur sur le *Bage* ou plancher.

La dimension en long n'est point réglée; on fait souvent les Vallées d'un ou deux *plombs de Bure* de longueur, c'est-à-dire, aussi longues que le bure est profond; de maniere qu'on exprime souvent la longueur de la vallée, en disant qu'elle est une ou deux fois aussi profonde que le bure.

On fait dans la Vallée, comme dans les autres tailles, des *chargeages*.

La distance qu'on laisse entre les chargeages de Vallées, est réglée à dix toises l'un de l'autre; il faut cependant en excepter le premier qui se trouve à la tête de la Vallée; comme il faut se ménager sous les niveaux du bure deux bonnes *serres* pour soutenir les eaux des Pahages, ce premier chargeage est à quatorze ou quinze toises. Louvrex donne à ces serres le nom de *Serres de Vanix* : le nombre de chargeages sert quelquefois à désigner la longueur de la Vallée, cette longueur faisant autant de fois dix toises qu'on exprime de chargeages; dix chargeages, par exemple, veulent dire cent toises, & dans cette longueur on prend dix tailles d'un côté de la Vallée, & dix autres tailles de l'autre côté.

Dans la Vallée, on pratique au-dessous de la taille un chemin pour *retourner le vent*.

Au fond de la Vallée, on pratique un réservoir semblable au Bougnou qui est dans la buse du bure, dans lequel se rendent toutes les eaux de la Vallée & des ouvrages qui y aboutissent; ce réservoir est nommé *Pahage*.

Demi-Vallay ou *demi-Vallée.*

On appelle ainſi celle qui coupe le milieu de la veine ; cette diſtinction de Vallée en demi-Vallée eſt peu uſitée ; elle paroît d'ailleurs ſe rapprocher de la Vallée qu'on appelle *Boigne* ou *Borgne.*

Boignes Vallays ou *Borgnes Vallées.*

On appelle ainſi toutes les Vallées, qui, au lieu d'être perpendiculaires au niveau du bure, vont obliquement & en biaiſant, c'eſt-à-dire, en ſe reployant couper le pendage à demi, comme la demi-gralle.

Les borgnes Vallées ſont avantageuſes quand la veine pend en forme de talu ; elles doivent ſe commencer de même que les Vallées ſous la *Mahire d'Avallée,* & ſe conſtruire ſuivant les mêmes régles que les Vallées : elles ont ſouvent *un ou deux plombs de bure* de longueur ; mais cette dimenſion qui ſe déſigne comme celle des Vallées par des plombs de bure & par les chargeages, n'eſt pas fixée.

Dans ces tailles, les voyes ſont diſtantes les unes des autres de la longueur de vingt toiſes. De quinze en quinze toiſes, de dix-huit en dix-huit, ou de vingt en vingt toiſes, ſelon que l'on fait *boirgnir* ou biaiſer la Vallée, on pratique un *chargeage,* afin d'avoir des tailles de ſix ou ſept toiſes de largeur, & des *Serres* de trois ou quatre toiſes ; les chargeages ſont toujours, ainſi que ceux des Vallées, au commencement de la voye dont il va être parlé.

Les Vallées & borgnes Vallées, doivent être bachées, ainſi que les chemins des Hiercheurs, afin qu'on puiſſe y traîner avec plus de facilité les *paniers* & les *vays.*

Coiſtreſſes , Queſtreſſes de Vallays ou *de Vallées.*

Aux deux côtés d'une Vallée ſont des voyes qui comprennent tout l'ouvrage fait par la Vallée ; c'eſt ce qu'on nomme *Coiſtreſſes , Queſtreſſes de Vallée.*

Chaque Coiſtreſſe de Vallée a dans ſon commencement le *chargeage* de la Vallée & de la borgne Vallée.

Gralles.

La Gralle a lieu pour l'ordinaire dans les ouvrages, quand le pendage eſt fort plat ; c'eſt proprement une voye qui ſe prend dans la veine en deſcendant, & qui eſt perpendiculaire à la coiſtreſſe de vallée : il ne faut point la confondre avec une vallée qui en differe eſſentiellement, & par ſes dimenſions bien plus grandes & par la maniere dont on en extrait ce qui en provient.

Les

Les Gralles se prennent en différents endroits, selon certaines circonstances; quelquefois c'est à la buse du bure comme les vallées. Quand il y a une vallée on les prend sur la derniere coistresse de vallée ; lorsqu'on ne fait point de vallée elles se prennent, ainsi que les demi-Gralles & les torrets, sur les niveaux du bure.

Demi-Gralle.

Lorsque le pendage est trop roisse, on prend une voye qui descend très-peu, & qu'on appelle *demi-Gralle* ; elle ne differe de la gralle qu'en ce qu'elle coupe le pendage à demi-obliquement, afin que les Traîneurs ayent moins de peine à tirer les houilles.

On peut prendre plusieurs Gralles & demi-Gralles les unes sur les autres ; entre chaque demi-Gralle il doit y avoir environ vingt toises, afin d'en avoir dix perpendiculairement, comme pour les borgnes-vallées.

Coistresses ou Questresses de Gralles.

A l'extrémité ou aux environs d'une Gralle ; on fait une autre voye appellée *Coistresse de Gralle* : le nombre que l'on peut prendre de ces voyes est indéterminé, c'est selon que l'ouvrage le permet ; elles sont toutes distantes les unes des autres de dix toises.

Torrets.

On appelle de ce nom une voye ou chemin de même nature qu'une *Gralle*, allant comme le pendage de la veine ; elle se pratique lorsque la veine pend fort en *roisse*, afin de tirer la houille avec deux paniers, & les eaux avec deux tonneaux, dont l'un monte & l'autre descend sur un petit *treuil* comme dans les bures à bras; ce treuil appellé *Torret*, a donné son nom à la voye sur laquelle on s'en sert. La profondeur du Torret peut aller jusqu'à quarante toises; sa largeur est proportionnée à cette dimension ou à la grandeur de la machine à l'aide de laquelle on enleve les denrées.

Les Torrets s'enfoncent en différents endroits selon les circonstances; lorsqu'il n'y a pas de vallée, ils se profondent sur le niveau du bure.

Quand il y a une vallée, ils se prennent sur la derniere *Coistresse de vallée*, comme les gralles & les demi-gralles.

On peut prendre plusieurs Torrets les uns sur les autres, alors on les distingue entr'eux par la qualification de premier, second, troisieme Torret.

Sur la seconde Coistresse, par exemple, dans le fond du Torret, on en prend un appellé *second Torret*; dans le fond de celui-ci, sur la seconde coistresse, on en porte un troisieme. On y prend aussi quelquefois deux & jusqu'à quatre *coistresses*, deux d'un côté, deux de l'autre, comme les coistresses de vallée.

Ces coiftreffes de Torret fe dirigent parallélement aux coiftreffes de vallée, ou parallélement au niveau du bure, lorfque les Torrets fe font fur ces tailles.

Dans le pied de chaque Torret on ménage auffi un puifard ou réfervoir, de l'efpece de ceux nommés *Pahage*, dans lequel les eaux de cette voye & des environs viennent fe verfer ; on l'appelle quelquefois *petit Bougnou*, en confidérant le Torret comme un petit *bure*.

Bouxtays.

Dans un des niveaux du bure, quelquefois fur des montées ou des coiftreffes de montées, rarement néanmoins dans les gralles & dans les vallées, on pratique une autre efpece de voye fouterraine, qui eft plus décidément dans le genre des foffes ou bures ; mais fon ufage regarde les travaux les plus enfoncés, & on pourroit l'appeller *Bure fouterrain*.

Les cas particuliers dans lefquels on profonde ces Bouxtays feront expliqués à mefure qu'on décrira une pourchaffe d'ouvrages ; il fuffira de faire mention ici de ce qui les concerne en général, ainfi que nous avons fait pour les autres tailles & voyes fouterraines.

On donne au *Bouxtay*, *Voy. Pl.* I *&* IV, la forme, ou quarrée, ou ovale ; fa largeur eft dirigée fur les mêmes circonftances du *Torret*, & il eft profondé perpendiculairement depuis une veine jufqu'à l'autre.

Les ouvrages s'y conduifent comme ceux des bures ordinaires ; on y fait de même defcendre & circuler le vent, & on multiplie ces foffes les unes fur les autres comme les Torrets.

Ce qui provient du Bouxtay eft tiré à bras d'hommes par le moyen d'un Torret ou tour à manivelle qui porte une chaîne, ce qui les fait appeller quelquefois, mais mal-à-propos, *Torret*, dont il differe, en ce qu'il eft profondé d'à-plomb depuis une veine jufqu'à une autre.

Le conduit ou canal nommé au pays de Liege *Xhorre*, *Canal*, *Areine*, dont nous n'avons dit qu'un mot en paffant, *page* 241, pourroit, à raifon de fa direction qui le rapproche des galleries fouterraines, être rangé dans le nombre des voyes ou tailles que nous venons de paffer en revue ; mais comme ce n'eft proprement qu'un aquéduc, j'en renvoye le détail à l'article où il fera traité des moyens de fe débarraffer des eaux.

De l'Air dans les tailles & voyes fouterraines des Houillieres.

Nous avons diftingué avec les Houilleurs Liégeois, deux efpeces d'air ou de vapeur dans les Mines de Houille, *le fouma* page 33, & le *feu grieux* page 37.

Ces deux vapeurs peuvent n'être regardées que comme le même air, différent feulement en ce que le fouma, qui n'eft qu'un air ftagnant, venant à contracter quelque qualité accidentelle en abforbant les exhalaifons des Ouvriers, les vapeurs de chandelles & des parties humides qui lui ôtent son élasticité, ou venant à se charger quelquefois d'acide ou de soufre, devient alors susceptible de s'enflammer avec détonation, & prend le nom de feu grieux.

Il n'est point de pays renfermant du Charbon de terre, où l'on n'aie des exemples de ces éruptions enflammées, & où on ne connoisse encore quelque Mine en feu. Nous ne négligerons point d'en parler lorsque l'occasion s'en présentera.

J'ai annoncé dans la premiere Partie, que je me réservois à traiter ici de ce qui a rapport à ces deux phénomenes, pour ce qu'ils exigent de la part de ceux qui sont exposés à leurs effets, ou qui n'ont pu s'en garantir. Nous allons donc considérer sur le *fouma*, comment on peut juger de sa présence, ou pour parler plus correctement, de l'état plus ou moins stagnant de l'air ramassé dans les Mines; ce que les Houilleurs Liégeois appellent *tâter le fouma* : nous ferons connoître la façon de le dissiper quand il n'est pas bien fort : nous indiquerons les méthodes pratiquées à Liege pour tout ce qui a rapport à ces vapeurs, c'est-à-dire, à la circulation de l'air dans les bures.

Nous nous réservons à éclaircir en grand détail ces différents moyens à la troisieme Section, où il s'agit d'exposer tout ce qui est pratiqué en différents Pays.

Maniere de tâter le Fouma.

Il est des Mines dans lesquelles ce défaut d'air est tellement excessif, qu'il seroit imprudent d'y entrer sans précautions, sur-tout quand la fosse a chômé, c'est-à-dire, quand les ouvrages ont été interrompus un seul jour : il est donc question de détruire l'effet de cet air qui s'y est amassé, & qui y a séjourné plus ou moins de temps.

Tout ce qui peut s'imaginer pour battre l'air, est en général suffisant pour cela : l'Ouvrier s'enveloppe d'un sarrau de toile de chanvre non-roui, & qui n'a pas été lavé, & muni de branchages qu'il agite, il se trouve à l'abri de tout inconvénient : ce moyen fort simple est du moins de toute ancienneté parmi les Houilleurs. Fisen, Historien Liégeois, qui donne un tableau raccourci des ouvrages de Houilleries, fait mention de ce procédé (1). Il est des circonstances où il faut quelque chose de plus efficace ; on fait descendre & remonter à plusieurs reprises dans le bure, des *roisses* ou fascines suspendues à une corde ; on est encore quelquefois obligé d'y jetter de l'eau à grand flot : en un mot, on emploie tout ce qui est capable de briser, de mettre en mouvement le Fouma, c'est-à-dire, d'imprimer de l'agitation à l'air. Les Ouvriers disent qu'ils font *circuler*

---

(1) *Telâ igitur nullam passâ macerationem texti, (istam quippe ab ejusmodi flammis nihil lædi, longo jam experimento compererunt,) armatique fustibus aut virgis, flammam jam excitatam aggrediuntur, & tan-* *diu crebris diverberant ictibus, donec aere quo alebatur dissipato, deficiat.* Bartholomei Fisen, Leodiensis, è Societate Jesu, Hist. Leod. in fol. M.DC.XCVI. Leod. lib. XI. *Pars prima, pag. 272.*

le vent ou le *fouma avec le vent*, parce qu'ils confondent ce qui n'eſt pas diffé-rent.

Le moyen uſité parmi les Houilleurs, pour tâter le *Crowin*, conſiſte à deſcendre par un des bures une chandelle allumée : ſi après avoir été juſqu'en bas, cette chandelle revient ſans être éteinte, on deſcend hardiment dans le bure.

Maniere de ſe préſerver des Vapeurs.

L'attention des Houilleurs Liégeois à multiplier les bures d'airages au point qu'il n'y a pas de petit bure qui n'aie ſon bure d'airage, eſt cauſe que l'in-flammation des *Moufettes* eſt rare dans les Houillieres de ce Pays. On y en a ce-pendant vu quelquefois des effets très-effrayants ; dans une de ces exploſions près d'Argenteau, les bandes de fer qui lient le coufade furent détachées, & s'en-tortillerent comme un tire-bourre autour des étançons. On a fait connoître dans la premiere Partie de cet Ouvrage, Section V, Art. II, les ſignes avant-cou-reurs de ce dangereux météore.

Nous ne donnerons toujours ici que ce qui eſt uſité à ce ſujet dans les Houil-lieres du pays de Liege, pour le diſſiper, ou le prévenir.

Il arrive quelquefois que cet air retourne par la même route qu'il étoit venu, & va s'éteindre dans l'endroit où il s'étoit formé ; mais ſi le vent ne peut le chaſſer, on va le ſuffoquer ou le *tuer*, comme diſent les Ouvriers : la façon ordinaire de le ſuffoquer, conſiſte à allumer des charbons & à les faire deſcendre dans l'en-droit où eſt le feu grieux ; il faut avoir attention de choiſir les charbons les plus ſecs que l'on puiſſe trouver ; car s'ils étoient mouillés, ou ſi on prenoit de l'eau quelque part, on allumeroit cette vapeur de plus en plus.

Enfin, ſi par ce moyen on ne peut parvenir à l'éteindre, on eſt alors obligé de boucher le bure & le burtay, & il s'éteint faute d'air.

Un autre uſage qu'ils ſuivent à cet égard, eſt d'obſerver le temps, le fouma étant plus conſidérable lorſqu'il fait grand vent.

Pour tuer le fouma, le moindre chiffon, un mouchoir, un habit, de la *fouaye*, tout ce que l'on peut trouver ſous ſa main, jetté ſur ce météore, le détruit ; c'eſt un des amuſements des Houilleurs. Ces Ouvriers, gens groſſiers, s'en em-barraſſent aſſez peu, & trouvent moyen de ſe venger de ceux qui leur ont en-voyé les eaux, en leur envoyant le fouma. Cette petite malice conſiſte à poſer l'airage de maniere que ce mauvais air recule de leur côté au moyen des portes : j'ai oui dire qu'ils avoient même entr'eux le ſecret de faire cet envoi dans une houilliere voiſine, d'où ils ont à ſe plaindre de la même choſe : on verra, lorſ-que j'en parlerai dans la derniere Section, que ce ne ſeroit pas choſe impoſſible.

Quand on n'exploite pas une foſſe conſidérable ni bien profonde, il n'y a pas grande façon pour donner de l'air, & ſe garantir de la *pouſſe* ; on parvient à peu de frais à éviter la dépenſe d'un puits d'airage, au moyen d'une piece de toile,

mouillée

mouillée & adaptée fur des cerceaux qui forment alors une efpece de tuyau qu'on defcend dans le bure; cet expédient fuffit dans cette circonftance pour pouvoir y travailler fans incommodité.

Du renouvellement de l'air par le Bure d'Airage.

Une foffe de grand athour qui fuppofe de longues pourchaffes d'ouvrages, entraîne un appareil fort compliqué & fort difpendieux, qui, au furplus, eft fûr dans fes effets; c'eft le Bure d'airage dont nous avons donné la defcription. Il refte à faire connoître fon utilité, & ce qui a rapport à la circulation de l'air, qui dépend effentiellement de ce bure; tout ce qui appartient à cette méthode, eft compris indiftinctement au pays de Liege fous les expreffions *airage*, *lumiere*: on fe rappellera que dans toutes les galleries fouterraines on ménage une *coupure* pour cette deftination.

L'air porté au fond du bure par le *royon* pratiqué dans la pierre entre les deux mahires, ne fuffiroit pas à beaucoup près, pour la pourfuite des ouvrages.

Il s'agit d'affurer encore à cet air qu'on a introduit dans le bure, un libre cours dans les levays ou niveaux, dans les montées, dans les vallées, dans les chargeages, dans les queftreffes, dans toutes les tailles & autres voyes qui compofent cette ville fouterraine.

Faute de cet artifice pour établir un libre courant d'air, les lampes ne pourroient s'y conferver allumées, les Ouvriers ne pourroient y refpirer; c'eft ce qu'on nomme *faire circuler le vent*, ou *faire paffer l'airage*.

L'importance d'avoir du feu dans le bure d'airage auffi fouvent & auffi long-temps que le befoin l'exige, la néceffité de l'entretenir avec foin, indiquent celle d'avoir double celui des deux uftenfiles que l'on emploie. *Voyez Pl. X*, afin de pouvoir, au cas d'accident, en avoir toujours un prêt à être fubftitué à l'autre; il n'eft pas moins effentiel, lorfque le feu paroît près de finir, de remonter la cage ou le toc-feu, pour y remettre du charbon.

Toute efpece de charbon n'eft point indifférente, le *brihaz*, page 82, premiere Partie, eft quelquefois fuffifant; d'autres fois il faut du charbon fort, *page 79*, premiere Partie; il eft des occafions où l'on a befoin de mettre le feu d'airage en train avec du bois pour le faire flamber, ce qu'ils appellent *Blamey*.

C'eft pour le fervice néceffaire à ce feu que la muraille de la cheteur eft ouverte à la fuperficie du terrein, de trois pieds & demi de haut environ. Le *Wade-foffe* chargé de veiller au feu d'airage, a affez pour agir commodément de cette porte, & pour donner de la force au feu en faifant defcendre de temps en temps au fond du bure l'uftenfile qui le contient, felon qu'il voit que le feu va bien ou mal.

Ruvalwettes ou *Voyes d'airage.*

Les chemins ou voyes quí ont rapport à l'airage, *à mener le vent*, comme difent les Houilleurs, font de plufieurs efpeces, à raifon de leur pofition ou à
raifon des tailles auxquelles on veut *conduire le vent* : j'éclaircirai, autant qu'il
eft poffible, leur defcription, en fuivant leurs communications entr'elles, après
avoir expofé la maniere *d'embouter & de conduire l'airage*, pour parler en
termes du métier.

Le premier chemin deftiné à mener le vent, fe prend dans la vallée, un peu
plus haut que le niveau du bure ; c'eft par cette voye, qui pourroit être nommée
Niveau d'airage, & qui eft féparée d'une *Stappe*, que *l'on paffe & retourne le
vent*, c'eft-à-dire, que l'air fe rend au *bure d'airage*.

Les Voyes d'airage, conduites le long des ferres, font diftinguées par le nom
de *Pareuffes de l'airage* ; elles ne font muraillées que du côté du ftappe, comme
les *Pareuffes* de la voye.

Il y a deux manieres de faire paffer l'airage ; l'une confifte à faire ce qu'on appelle des *Serrements* ; on les fépare du niveau du bure : le fecond moyen n'eft
autre chofe que de faire *double Serrement* fur le levay.

On peut encore s'exempter de ce double ferrement fur les levays, & conduire
l'air dans la largeur de cette taille de la maniere fuivante ;

On le fépare de cette voye par une *bahire* de planches bien affemblées, &
retenues avec des clous, foutenues par une rangée de fommiers d'un pied de
diametre, placés debout. Cette charpente commence au bout des chargeages,
& fe continue jufqu'à la premiere montée ou à l'airage de cette montée ; on
garnit les joints de fouaye, pour empêcher que l'air ne puiffe s'y gliffer, & afin
que le vent puiffe fe porter dans les endroits les plus éloignés.

On doit obferver cette même précaution pour les vallées & pour les ouvrages. Depuis une trentaine d'années, cette méthode eft en ufage dans les Houillieres du pays de Liege, & elle eft affez généralement fuivie actuellement, fur-
tout dans les terreins fermes.

Par ce que l'on a vu en fuivant la conftruction du bure jufqu'à fes deux levays, & ce qui vient d'être dit fur la méthode d'embouter & de conduire l'airage, il en réfulte que l'air doit fe partager en deux. Il arrive cependant quelquefois qu'on ne veut faire aller le vent que d'un feul côté : la chofe eft toute
fimple, on prend des fouayes, ou toutes autres décombres qui fe trouvent fous
la main, & avec ces matieres on bouche un des niveaux du bure ; c'eft ce qu'on
appelle *fermer la porte*, & quelquefois *fermer les niveaux par des ftouppures*.

Pour l'ordinaire, l'entrée des niveaux du bure, par laquelle l'air trouve un
paffage, *cuniculi oftiolum*, eft conftruite d'une façon particuliere qui en facilite
la circulation à volonté ; on y a adapté de véritables portes quarrées toutes en

bois, ajuſtées ſur un chaſſis, munies de gonds. Nous avons donné *page* 233, la deſcription de ces portes d'airage, repréſentées *Pl. XV. Fig.* 2.

Lorſqu'on n'a pas beſoin de beaucoup d'air dans une Mine, on peut ſauver cette dépenſe au moyen d'une piece de toile qui ferme juſte l'ouverture; on a ſoin de la mouiller, afin qu'elle ne donne point tant d'accès à l'air, mais dans quelques Mines, & ſur-tout celles qui ſont ſujettes au feu grieux, cette toile ſeroit inſuffiſante.

Ces généralités établies touchant l'airage, il eſt facile, en jettant les yeux ſur les Planches des ouvrages ſouterrains, de voir tout le chemin qu'il parcourt.

La partie du vent allant ſur les niveaux du bure, entre dans la montée, au bout de laquelle il enfile la coiſtreſſe de cette montée, puis la taille de cette queſtreſſe, de-là paſſe dans l'airage en allant au royon & remontant.

Pour faire entrer le vent dans le borgne niveau, il faut fermer la porte d'airage placée au commencement de la montée; par-là, le vent eſt obligé d'enfiler le borgne niveau; en circulant dans ſa longueur, il entre dans la taille, enſuite dans l'airage du borgne niveau, qu'il parcourt juſqu'au premier refendement de ſerre qui ſerencontre; de ce refendement il paſſe dans la queſtreſſe de montée, puis dans la taille de cette queſtreſſe & de ſuite dans l'airage.

Airage des Montées.

L'air ſuit la même marche dans l'autre niveau du bure en entrant dans la premiere montée, d'où il va à la taille de cette montée; il tourne à droite de cette montée, entre dans l'airage qui communique au *royon*, derriere le *mahire d'Athier*.

On fait aller le vent à la ſeconde montée, en fermant la premiere montée par une porte, comme on a fait à l'autre niveau du bure.

Pour le conduire dans la troiſieme, il faut de même fermer la ſeconde, & de ſuite la quatrieme, la cinquieme.

Cette cinquieme montée étant bouchée, l'air ſe porte dans le niveau du bure, retourne par l'airage de ce niveau juſqu'à l'airage de la cinquieme montée, où il remonte dans ſa taille; redeſcend enſuite l'airage de cette même cinquieme montée, juſqu'au refendement de ſerre qui ſe communique dans l'airage de la quatrieme, & continue ainſi d'aller dans toutes les tailles de la montée juſqu'à la premiere qui communique au royon.

Airage des Vallaies.

Dans la Vallée, au-deſſus de la taille, on a ſoin de pratiquer un chemin pour retourner le vent.

Pour faire deſcendre le vent dans les vallées, il faut fermer les niveaux du bure par des *Stouppures* ; alors il defcend la vallée, entre dans les premieres queftreffes ou chargeages de vallée où il fe partage en deux, de même que fur le niveau du bure, (à moins qu'on ne le faffe paffer fur un feul côté & repaffer par l'autre) pourfuit fon chemin dans les voyes de ces queftreffes, & dans les tailles, d'où il retourne par les airages qui fe communiquent au niveau du bure, pourfuivant fa route dans les niveaux du bure jufques dans les tailles, & de fuite.

Pour faire defcendre & aller le vent au fecond chargeage ou queftreffe, il faut fermer les premiers ; en fermant le fecond, on le fait defcendre jufqu'au troi-fieme, & de fuite jufqu'au quatrieme & cinquieme; il entre dans les tailles de ces queftreffes, retourne par les airages jufqu'au premier refendement de ferre qu'il rencontre, qui fe communique à la premiere queftreffe plus haut, puis dans la taille de cette queftreffe, entrant dans l'airage de cette taille ou queftreffe ; en circulant de cette façon dans toutes les coiftreffes & dans toutes les tailles juf-qu'au niveau, d'où il va dans le burtay. Enfin, on porte le vent par-tout ; car en fermant toutes les queftreffes de la vallée, on le fait entrer dans les gralles, dans les torrets, dans les demi-gralles, & il retourne par les airages décrits ci-deffus.

A E W E S. E A U X.

Travaux relatifs aux obftacles qui en réfultent.

Les Mines de Charbon ont cela de particulier, qu'elles font plus fujettes que toutes les autres à donner des eaux, foit à caufe des couches argileufes qui les avoifinent, & qui par leur nature retiennent par-tout des volumes d'eaux, foit à caufe de la qualité des pierres qui compofent une partie de leur enveloppe ou de leur couverture, & qui font fujettes à en donner beaucoup, comme on l'a vu dans la defcription de cette enveloppe, premiere Partie, Art. I. Sect. V.

L'endroit où les eaux commencent à paroître, eft défigné dans les travaux par le nom général *Verfage d'eaux* ou *endroits verfants* ; il eft tantôt plus, tantôt moins avant en terre, & il eft toujours important de faigner ces eaux. On indi-quera dans le courant de l'exploitation, les regles pour les faignées différentes felon les *endroits verfants*.

On s'arrêtera ici à repaffer en revue celles de ces couches ou fubftances les plus fujettes à cet inconvénient : en particulier la *Craye* ou *Marle* en donne fou-vent une affez grande quantité pour faire tourner des moulins; leur abondance eft quelquefois telle, que l'on eft forcé de fufpendre tout ouvrage, pour ne s'occuper que de faigner ces eaux, leur procurer une décharge qui exige, avant de paffer outre, un travail fort embarraffant.

La *Crawe* eft encore fujette à en donner.

Les fubftances plus folides qui font placées au-deffous de ces premieres, &

qui forment ce que j'ai appellé *Couverture pierreuſe. Voy.* premiere Partie, Sect. VII, Art. XI, ne fourniſſent pas une moindre quantité d'eaux que la *couverture terreuſe.* On doit ſe rappeller que quelques-unes de ces pierres ſont plus ou moins dures, plus ou moins tendres, & la plupart diſpoſées par couches ; à raiſon de cette texture feuilletée, ou de la ſolidité différente de chacune des matieres pierreuſes qui couvrent la houille, les eaux ſe font jour de tous côtés, en petite ou en grande quantité. Tantôt elles trouvent ſeulement à ſe filtrer, & tantôt à venir en pleurs, ou en torrents, ou par les *ſieges,* où les lits de pierres qui n'étant pas bien liés enſemble, forment quelquefois des ouvertures conſidérables.

Le *Grès,* nommé par les Houilleurs Liégeois *Greit,* qui eſt un mica feuilleté, eſt, entr'autres, toujours plein de fentes & d'eaux, qui incommodent fort dans la pourſuite des ouvrages.

Les failles, appellées par les Mineurs Suédois *Beſwaer, Bryne,* par les Anglois, *Fou Flone,* pierre de devant, *Spring,* ſont dans le même cas : les inconvénients qui réſultent de ces maſſes, ne ſe bornent pas à empêcher, comme nous en avons prévenu, premiere Partie, Article V, Section VII, & comme nous le verrons bien-tôt, que la veine ne commence & finiſſe à la ſuperficie ; elles rendent encore l'exploitation des Mines très-difficile & très-dangereuſe par le très-grand volume d'eau qui en jaillit communément par les fentes dont elles ſont entrecoupées. *Voyez Pl.* III. premiere Partie.

Ces fentes de la faille, ont quelquefois une hauteur aſſez conſidérable, qui néanmoins va rarement juſqu'à une toiſe.

Quant à leur direction, il s'en trouve de toute eſpece, elles ſont perpendiculaires, tantôt obliques, & tantôt horiſontales.

Quelquefois la faille ne donne de l'eau que du côté qu'elle penche, & point du tout de l'autre.

Toutes ces différentes ouvertures, tant des couches terreuſes, que des lits pierreux, & des failles, ont reçu dans les travaux de l'exploitation des noms particuliers qui les déſignent, & dont il convient d'être inſtruit.

Les grandes ouvertures qui appartiennent aux ſieges de pierres, ſe nomment *Fagniſſes,* *Fendants,* & leurs embouchures s'appellent *Copes :* Nous avons acquis tant d'eau par *ſiege,* par *fendant* ; nous avons rencontré un fendant qui nous a apporté un *cheval d'eau,* ou *deux chevaux d'eau.* Cette expreſſion familiere en Houillerie, ſignifie qu'il faudroit employer un ou pluſieurs chevaux pour épuiſer les eaux acquiſes : ces fendants donnent une ſi prodigieuſe quantité d'eau, que venant quelquefois à être touchés par les Travailleurs, ils font remonter leurs *levays.* En détaillant la conduite des ouvrages, on verra comment on ſe débarraſſe des eaux de fendants.

Enfin, il y a même des veines de Charbon qui ne laiſſent pas que de donner beaucoup d'eau, celles ſur-tout qui ſont au-deſſous des eaux : on conçoit

qu'il eſt difficile & même impoſſible qu'elles ne ſe reſſentent point de cette poſition qui les avoiſine de l'eau. Nous verrons à part ce qui regarde ces veines, appellées à Dalem, *Veines layeuſes*; au pays de Liege, *Veines non-xhorrées*,
c'eſt-à-dire, qui ne ſont point ſechées, dont les eaux ne ſont pas épuiſées.

En un mot, la partie la plus pénible des travaux de Houillerie, ſont les eaux:
plus on fait d'ouvrages, plus on eſt gagné par les eaux; c'eſt un principe de
Houillerie.

Des ouvertures & des fentes répandues dans les maſſes pierreuſes que nous
avons paſſées en revue, il en eſt qui ne ſe forment que dans l'exploitation par
l'extraction de la houille; je comprends dans cette claſſe les fentes que le toît
ou le ſol de la veine, ne ſe trouvant plus ſoutenu également, ou étant peu épais
ou peu ſolide, forme en dévalant; celles-là, comme accidentelles en partie,
ſont rejettées au détail de l'exploitation. Je vais conſidérer les eaux par les
noms qu'on leur donne dans les travaux pour en déſigner, ſoit les différentes
ſources, qu'on appelle *Nourritures*, ſoit leur différent volume.

Les eaux qui ſe font jour par des filtrations continuelles d'où il réſulte des
petites ſources, ſont nommées par les Houilleurs *Pixhas*; elles viennent principalement du *toît*.

Il en eſt qui coulent peu-à-peu par gouttes, mais qui, croiſſant & diminuant
ſelon les temps ſecs ou pluvieux, ſemblent appartenir aux eaux pluviales; on les
nomme *Leveaux d'eaux, Levays de l'eau, Levays ordinaires*, afin de les diſtinguer de celles qui viennent des vuides anciens où elles ſont amaſſées, & dont
nous parlerons bien-tôt.

Si c'eſt la tête de l'eau qui ſe rencontre dans les ouvrages ſouterrains: on dit
*les Levays de l'eau ſont très-hauts, ou très-bas; nous avons rencontré le Levay
de l'eau repoſant dans tel endroit*: on dit encore, *c'eſt un même Levay, un même
niveau d'eau*, pour ſignifier qu'elles remontent juſqu'à leur *nourriture*: ces levays
ſont quelquefois ſi forts, qu'on ne peut arriver à la veine que par un taillement
de traverſe.

Enfin, les *vieux ouvrages*, c'eſt-à-dire, qui avoient été précédemment abandonnés; & que les Houilleurs Anglois nomment *Old man*, ſe rempliſſent d'eaux
qui jailliſſent dans un volume énorme quand on vient à reprendre les travaux:
ces maſſes d'eau ſont nommées, en terme de Houillerie, *Bains, Bagnes, mer
d'eau: Nous avons*, diſent les Houilleurs, *à l'entour de nous, ou à notre voiſinage, une mer d'eau*.

Ces eaux qui proviennent de beaucoup d'endroits, forment quelquefois des
irruptions dont il eſt facile de préſumer les inconvéniens, ſoit pour la vie des
Ouvriers qu'elles mettent en danger, ſoit pour les travaux auxquels elles
ſont très-incommodes & préjudiciables. On ne peut ſe mettre à l'abri de ces mal-
heurs que par des précautions & des attentions multipliées; elles conſiſtent à
ménager aux eaux des écoulemens par des pertuis ou trous, qui au moyen de ri-

goles ou de coupures en pente fur le fol des voyes fouterraines, les partagent, les diftribuent, les conduifent dans des vuides qui leur fervent de repos, en attendant qu'on s'en débarraffe. Nous donnerons ici les moyens généraux relatifs à cette partie de la Houillerie, c'eft-à-dire, les moyens d'empêcher leur communication en les partageant, de leur donner un courant par des faignées, & de les contenir par des réfervoirs pratiqués inférieurement. Nous donnerons enfuite les manieres de s'en débarraffer entiérement.

Pratiques obfervées pour fe rendre maître des Eaux avant de les enlever au jour.

Pour réuffir à fe garantir plus aifément des eaux, à prévenir leur iffue imprévue, enfuite, à empêcher leur communication, la premiere attention que l'on doit avoir eft de reconnoître leur voifinage à l'aide du *Tarré* : les circonftances dans lefquelles on emploie cet outil, ont le plus fouvent rapport aux eaux ; leur voifinage dans un endroit où on ne peut les voir, & qui eft à la proximité de ceux où l'on travaille, étant ce qu'il y a de plus dangereux, il faut d'abord s'en affurer pour mettre en fûreté la vie des Houilleurs, & garentir les ouvrages de fubmerfion.

Si dans la pourchaffe d'un ouvrage, on craint d'être au voifinage de quelque *bain*, on fait le long des *voyes* ou *des tailles*, un ou plufieurs *trous de tarré* ; en *court jeux* ou *en long jeux*, c'eft-à-dire, plus ou moins profond.

Lorfqu'en cherchant à reconnoître un bain, on eft venu à le toucher, on dit ; *Nous avons bouté les trous outre, en tel endroit de la veine*, pour fignifier que le trou de tarré eft arrivé jufqu'aux eaux du bain.

Ces trous de tarré que l'on eft fans ceffe obligé de faire dans la pourfuite des ouvrages, fe diftinguent par différents noms, felon les parties des ouvrages où ils fe font, ou felon les directions qu'on leur donne ; cette même opération s'exprime encore d'une façon particuliere, felon les endroits ou parties de la veine que l'on perce.

Quand on les fait devant l'ouvrage, on les nomme *trous de taille*, lorfqu'ils fe font le long des *voyes* ou des *airages* reftant dans les ferres à côté des tailles, ils font appellés *Pareuffages*.

Faire des trous aux deux côtés de la veine, de maniere que ces deux trous montant infenfiblement fe rencontrent, s'appelle *Pareuffer*, parce qu'ils font faits dans les *pareuffes* ou *parois*, & ces trous de tarré font encore auffi énoncés par des termes propres.

Sonder dans la direction du canal, en *pareuffant*, en *queftant*, c'eft-à-dire, en montant infenfiblement en pendage de veine, s'appelle *forer de niveau*, *dreu de ftoc*, *en ligne de la voye ou de l'ouvrage*, *en avant-main*.

Celui qui vient de haut en bas & à plomb, comme on en fait dans les *ferrements*, fe nomme *Tombeux*; celui qui vient de bas en haut, s'appelle *Bolleux*.

Des Repos, Puifards ou Réfervoirs, & des Coupures ou Rigoles qui y conduifent les eaux.

Les obftacles les plus confidérables aux manœuvres de l'exploitation venant de la part des eaux, une des premieres régles de Houillerie, du moment qu'on avance dans les ouvrages, eft de pratiquer des baffins pour contenir les eaux, en attendant qu'on les *xhorre*, ou que les endroits travaillés & abandonnés, produifent des bas fonds ou des vuides qui puiffent les recevoir, & ou on ne s'en embarraffe plus.

La plupart de ces différents réfervoirs fe communiquent entr'eux, par des conduits qui détournent les eaux, & par des rigoles dont les noms fe rencontrent fouvent lorfqu'on parle d'ouvrages.

Tout canal par où s'écoulent les eaux, fe nomme en général *Maxhais*; cette dénomination eft néanmoins reftée en propre aux canaux du grand aqueduc de Mine, dont nous parlerons en finiffant cet article; mais on doit ranger dans cette claffe, ceux qui fuivent. Un conduit fouterrain qui va rencontrer une décharge, fe nomme *Tranche*; c'eft dans un conduit de ce genre qu'on verfe les eaux du bure dans l'areine, en attendant que les ouvrages fupérieurs foient achevés.

Une coupure faite dans la dieille, où elle forme un canal pour fervir d'écoulement aux eaux, eft appellée *Royon*, de même que la coupure prolongée entre les deux mahires du bure, & qui a rapport à l'airage; ce nom dérive fans doute du vieux terme de coutume *Roye*, *Raye*, qui fignifie une ouverture le long d'un chemin en labourant.

Toutes les ouvertures faites dans les *ferres des Serrements*, pour le paffage des eaux, s'appellent *Chambreau*, *Chambray*; on leur donne trois à quatre pieds de largeur, & on les dirige en droiture, d'une taille à l'autre au travers d'une veine.

Les vallées font auffi pourvues d'une rigole taillée dans la dieille, pour fervir de communication du *pahage* de la vallée au *bougnou*; c'eft ce qu'on appelle *Teyment*.

Les différents puifards auxquels ces différentes rigoles viennent porter les eaux, pourroient être diftingués en deux efpeces; favoir les réfervoirs qui ont leur place marquée dans différentes parties des ouvrages, dans leur même niveau, & ceux qui fe font en pendage de veine.

Ayant en vue de faciliter au Lecteur l'idée de la conduite des travaux de Houillerie, je pafferai ici en revue ces réfervoirs dans l'ordre qu'ils fe préfentent à mefure que l'on pourchaffe.

Le premier repos que l'on ménage aux eaux dans l'enfoncement du bure, lorfqu'il fe rencontre quelque *fendant* avant qu'on arrive à la veine, eft le

Carihou,

Carihou, dépendant de la *Mahire d'Avallée*. C'eſt une excavation qui fait dans cet endroit l'office d'une cuve pour retenir les eaux pendant quelque temps. Nous ne nous étendrons pas pour l'inſtant ſur ce puiſard : j'en traiterai plus au long quand il ſera queſtion de le pratiquer dans une veine.

Les endroits qui ſervent de canaux aux eaux, ſont compris ſous le nom général de *Rottices*, qui veut dire *routes*, terme qui néanmoins eſt conſacré aux branches de l'areine.

Du Bougnou, & de ſa conſtruction.

Le *Bure*, comme on l'a vu page 244, eſt profondé plus bas que la *Dieille* inférieure de la veine qu'on veut travailler, de maniere que dans quelques occaſions, il eſt continué au-deſſous de la troiſieme veine pour former le *Bougnou* ; c'eſt ce qu'on a voulu repréſenter dans les cinq premieres Planches de cette ſeconde Partie. Les différents endroits où il s'établit, ſelon différentes circonſtances, ſeront indiqués dans l'article ſuivant, qui fera connoître toute la marche progreſſive des travaux d'exploitation.

Cette partie de la buſe du bure eſt deſtinée à ſervir de principal réſervoir pour retenir pendant le jour toutes les eaux provenantes de cette buſe, celles qui ſe déchargent des ouvrages par le *levay*, & celles qui y ſont apportées du puiſard ou réſervoir de la vallée, par le *teyment*.

Comme avant de *xhorrer* le *Bougnou*, il faut qu'on puiſſe travailler pendant toute la journée, ce premier ou principal puiſard eſt couvert de madriers placés en travers & calfatés de fouaye, appellé auſſi quelquefois *fin Papin*. Par leur arrangement, ils forment ſur ſon ouverture, pendant qu'on extrait les *denrées*, une eſpece de plancher ; ces madriers appellés *ſommiers de Bougnou*, pour leſquels on répute le bois de frêne préférable, ont ordinairement un pied ou un pied & demi d'épaiſſeur ou à peu-près.

Outre ce premier & principal réceptacle des eaux d'une Houilliere, on en pratique d'autres aſſez conſidérables ; le bougnou lui-même en a dans ſes dépendances : ce ſont deux voyes parallèles aux deux voyes de niveau, dilatées un peu au-deſſous, qui communiquent avec le bougnon de la maniere que nous ferons connoître bientôt, & qui ſervent de réſervoir aux eaux du bure & des ouvrages ; on les nomme en particulier *Pahages*.

Des Réſervoirs de la vallée, nommés en particulier *Pahages*.

Toutes les tailles & voyes ſouterraines dont nous avons parlé, comme *Niveaux du Bure*, *Vallées*, *Gralles* & *Torrets*, ont chacune leurs *Pahages*, d'où les eaux ſe rendent enſuite par des rigoles à d'autres *Pahages*, que l'on *xhorre* de différentes façons.

On a cependant attaché cette dénomination aux Réservoirs pour les eaux de la vallée, & des oùvrages qui y aboutiſſent ; on en pratique un au fond de cette taille où il fait l'effet du *Bougnou*, dans lequel ces eaux de pahages viennent ſe rendre.

Cette communication des pahages dans le bougnou, ſe fait par le *teyment* creuſé dans la dieille de la vallée.

Afin d'empêcher que ces eaux ne débordent de cette rigole dans la vallée, on adapte aux trous de tarré, des tuyaux qui ſe conduiſent dans le fond de la coupure juſqu'au bougnou ; afin que ces eaux, quand elles viennent à hauſſer, puiſſent ſuivre leur courant ſans s'écouler dans la vallée, on conſtruit quelquefois le long de ces tuyaux une digue que l'on ſoutient avec une *Giſe*.

Pour faire les pahages de maniere que les eaux puiſſent s'y ramaſſer & s'en décharger ſans incommoder les Ouvriers, on a attention tous les matins, après que les eaux en ſont vuidées, d'y faire derriere les Ouvriers une petite digue en argille, au moyen de laquelle les Ouvriers travaillent à ſec.

Les pahages ſont ſéparés comme les voyes par des *ſtappes* ; ces piles ou parties de veines, plus ou moins conſidérables, auxquelles on ne touche point, afin d'empêcher la communication des eaux de toute eſpece d'ouvrage à un autre, s'appellent quelquefois *Serres* ou *Serres de pahages*, & plus communément pour le cas dont il s'agit, *Serrements*. Dans quelques voyes ſouterraines, comme par exemple ſur le niveau du bure, on conduit les pahages le long d'une ſerre ; il eſt alors néceſſaire de faire le long de ces puiſards un murray qui empêche les ſtappes de crouler dans le pahage & qui ſoutient tout l'ouvrage ; d'autres fois on renforce ces ſerrements par un ouvrage de Charpenterie, de maniere qu'ils forment ſur un niveau une barriere ou digue, qui en arrêtant les eaux, les empêche de couler plus bas, & de faire obſtacle aux travaux dans les vuides inférieurs ; lorſqu'il y a refendement de ſerre, ils retiennent les eaux en les gardant, & tiennent lieu de puiſards.

Quand ces ramaſſes d'eau ſont entre des ſerres ou piliers, & des vieux ſtappes, & qu'elles gagnent au-deſſous du niveau, on les nomme *Affloxhements d'eau*, expreſſion de Houillerie qui ſe trouve dans le *Spadacrene*, *page* 5, venant, ſelon l'Auteur, du mot *Efflhoi*, qui veut dire couper plus bas que le niveau. De même qu'on y fait des *refendements* pour le paſſage de l'air & des Ouvriers, on pratique auſſi quelquefois au travers de ces ſerrements un écoulement aux eaux des pahages & des bougnous par un ou deux trous d'un ou deux pouces de diametre en quarré, qu'on fait au pied de ces ſerrements, & qu'on rebouche avec des chevilles après que les eaux ont empli les pahages.

Il eſt une maniere fort ſimple de s'exempter de reboucher ces trous ; il n'eſt queſtion que de clouer ſur le haut de ces ouvertures, au-delà du ſerrement, une piece de cuir qui porte une petite planche à laquelle le cuir ſert de gond ou de charniere, comme dans le Ghyot, *Pl. XI*, *Fig.* 1, *Fig.* 2.

Le poids de l'eau qui arrive dans ces trous ouvre cette fenêtre, & l'eau s'écoule dans les vuides ; lorſque les vuides ſont entiérement remplis, les eaux parvenues juſqu'au ſerrement appliquent le clapet ſur l'ouverture qu'elles bouchent par-là ; ces eaux ne trouvant plus alors où ſe loger, remontent juſques ſur le *xhorre*, ce qui fait qu'elles pouſſent ſur le ſerrement & ſur le clapet à proportion de la hauteur ou elles montent.

Cela ſe peut faire quand on eſt obligé d'abandonner un ſerrement, ou quand on quitte une veine pour en travailler une au-deſſus.

On voit par-là, les différents points d'utilité que réuniſſent ces ſerres & ſerrements ; il eſt facile de juger qu'il eſt de conſéquence d'en établir une aſſez grande quantité. On n'a point de peine à imaginer que faute de piles en nombre ſuffiſant pour étayer bien également le toît, ſon enfoncement ou ſon abbaiſſement donne lieu à des ouvertures, à des crevaſſes qui deviennent des ſources incommodes & dangereuſes en ſubmergeant les Ouvriers, & en obligeant d'abandonner les travaux. Ces ouvertures, dont on ne tarde pas à s'appercevoir dans la buſe du bure par les eaux, s'appellent d'un terme général, *jus, Aſſiage jus* ; lorſqu'on reconnoît cet accident, on dit : *Nous avons acquis beaucoup d'eaux par un Aſſiage jus qui nous eſt ſurvenu.*

Il s'en forme quelquefois de très-étendues, juſques-là qu'il s'en eſt vu de vingt-cinq toiſes qui ſe remarquoient à la ſurface de la terre ; celles-là ſe nomment *traites*.

La ſeule façon de ſe mettre à l'abri des inconvéniens de ces fentes aqueuſes, c'eſt, comme je l'ai dit, de laiſſer de diſtance en diſtance une ſerre ou un ſerrement.

Paxhiſſes.

On doit enfin mettre au nombre des repos d'eau, tous les vuides réſultant des ouvrages qui ont été faits dans le plus grand enfoncement, & dans leſquels les eaux s'arrêtent faute de pouvoir deſcendre plus bas, pendant que les ouvrages ſupérieurs s'achevent à moins de frais & d'embarras : ces eſpeces de bougnous pour les travaux les plus éloignés du bure, ſont ordinairement diſtingués dans le langage du métier par le nom de *Paxhiſſes*, & ſouvent par celui de *vuides inférieurs* : on dit communément, *nous avons de grandes Paxhiſſes*, pour annoncer que les ouvrages d'en haut ſe feront ſans avoir beſoin de tirer les eaux.

Il y a toujours au-deſſus des Paxhiſſes, un petit *torret* pour les xhorrer de temps en temps juſqu'à ce que les ouvrages ſoient finis ; & cela s'opere par la *xhorre delle tinnes*, ou en les déchargeant ſur une tranche du xhorre, lorſqu'il s'y en trouve.

Ces pratiques ont lieu dans le courant d'une exploitation ordinaire, qui n'éprouve point d'accident de grands volumes d'eaux difficiles à contenir & à gouverner ; mais il n'eſt point rare que les eaux qui ſe portent vers le bure, ſe trouvent d'un volume fi énorme que ces moyens font infuffifants : en entrant dans le détail propre de l'exploitation, les circonftances dans lefquelles ce fâcheux accident arrive, feront indiquées. Nous ne ferons qu'ajouter ici aux manieres d'arrêter l'abord des eaux dans le bure, une façon qui eft plus ou moins compliquée felon le cas ; c'eft ce qu'on appelle *Cuvelage*, *Cuvellement*, ou *Cuveler une foffe*.

Cowellement, Cuvellement, Cuvelage.

Par ces expreffions on entend la méthode d'arrêter les eaux, au moyen d'une conftruction en charpente qui tient lieu de cuve : on dit, *nous avons tant de toifes de cuves*, pour fignifier qu'on a été obligé de mettre dans la bufe du bure des cuves pour faire remonter les eaux depuis tel endroit jufqu'à tel autre : on dit encore, *les eaux de telle veine font cuvelées*, c'eft-à-dire, arrêtées par des cuves.

Pour cela, on établit dans les quatre *mahires* de la *bufe*, où viennent déboucher les différentes *voyes*, un corps de charpente, dont les pieces, auffi rapprochées les unes des autres que faire fe peut, produifent, à cela près, qu'elle eft ouverte dans le fond & dans le haut, un encaiffement ayant les mêmes dimenfions que la bufe, & qui retient les eaux depuis un endroit jufqu'à un autre.

Pour s'arrêter à détailler la maniere dont on joint ces pieces les unes aux autres, afin que ce bâti foit fait réguliérement, il faudroit fuppofer que cet ouvrage ne fût pas conduit par un Charpentier. Je crois fuffifant de faire remarquer les circonftances générales & principales qui ont rapport à ce *Cowellement*, après avoir obfervé qu'il exige néceffairement & continuellement un entretien exact, lorfque les madriers ont trop de portée & font expofés à crever : on fent d'ailleurs que fi cette garniture de charpente donne jour, cela entraîne beaucoup d'embarras pour les Ouvriers quand ils montent ou quand ils defcendent.

Les poutres ou *fommiers* employés à cette conftruction, font de forme quarrée ou à peu-près, & ont d'épaiffeur un pied ou un pied & demi : on préfere le bois de frêne pour ces poutres.

On commence d'abord par chercher dans la bufe du bure, l'endroit le plus ferme & le plus folide ; cela eft effentiel pour que les *fommiers* que l'on veut affeoir autour des quatre *mahires*, ne puiffent point éprouver de déplacement.

A mefure qu'on les place les uns fur les autres & qu'on les fait entrer à force, on les calfate à chaux & à ciment, on les garnit de mouffe : enfin ce *cuvelage* fe prolonge jufqu'à ce que les ouvertures des veines fupérieures foient fermées, de maniere que les eaux qui font derriere ces cuves, ne puiffent pénétrer dans la *bufe* du bure.

La partie où les fommiers ont leurs pieds, s'appelle *l'affife des Cowes.*

La

La partie dans laquelle ils montent, se nomme la *tête des Couves.*

Ce *Cuvellement* est continué selon les circonstances, dans une partie ou dans la totalité du bure.

Si dans la *buse* il se trouve une veine supérieure ayant une décharge connue par une *xhorre*, on se contente de porter ce *cuvelage* jusqu'à cette veine, parce que l'eau venant contre ces *cowes*, & ne trouvant point d'ouverture, est obligée de remonter jusqu'à ce qu'elle rencontre une décharge, qu'elle trouve quand elle est parvenue à la *tête des cowes.*

Cet ouvrage de cuvellement se construit dans certains cas, d'une autre manière, & s'appelle *Platte Couve.*

Platte Couve.

Lorsque, par exemple, il se trouve, sur-tout dans le voisinage, quelques baignes & qu'on les soupçonne assez considérables pour avoir lieu de craindre que les *montées* de la veine inférieure ne viennent à s'inonder, au point de nuire aux travaux de la veine placée au-dessus, ce qui ne manqueroit pas d'arriver; voici la manière dont on se met à l'abri de cet inconvénient : on établit au-dessus de la veine inférieure, une séparation appellée en terme de Houillerie, *Platte Couve.*

C'est une espece de plancher formé de gros bois placés en travers, & de fortes planches bien naillelées & si bien soutenues, que les eaux d'en bas pressées par celles qui sont dans les *montées*, ne puissent revenir dans la buse du bure jusqu'à la veine inférieure.

Epuisement des Eaux.

Nous venons de faire connoître les moyens usités pour se rendre maître des eaux dans le cours des ouvrages, mais pour un temps seulement ; il s'agit maintenant de pourvoir à ce que leur volume qui s'accroît toujours, ne devienne point un empêchement à la continuation des travaux.

La maniere de se débarrasser des eaux en dernier ressort, & de les porter hors de la Houilliere, varie selon différentes circonstances, ou selon les voyes où elles sont rassemblées.

Les eaux du bougnou se tirent pendant la nuit dans des tinnes attachées au bout du chief, enlevées par le hernaz à chevaux, ou bien elles découlent au pied de la montagne par la *xhorre*, nommée autrement *Areine*. Voy. *Pl.* XXV.

Lorsque la Houilliere est à la portée d'un courant d'eau, l'épuisement du bure se fait par un angin à pompe, de l'espece de celui qui a servi de modele à Rennequin Sualem pour la machine de Marli, & peut être aux pareilles machines qui sont employées pour la mine de Cuivre en Suéde, lesquelles sont sur le même principe que la machine gravée dans le Dictionnaire de Mathématique & de Physique de M. Saverien, Tom. 1. *Fig.* 253, *Pl.* XLI. Le nom Allemand *Feld gestange*, signifiant *Angin* qui court les champs, différencie assez bien cet angin de tous les autres, puisqu'en effet on le conduit par dessus des montagnes & des vallées, même autour & au travers des montagnes: je lui conserverai ce nom, lorsque j'en donnerai les développemens parmi les machines hydrauliques, dans la derniere Section de cet Ouvrage ; je m'en tiendrai, quant-à-préfent, à placer ici la Description abrégée d'une machine de ce genre, qui se rapporte davantage à celles de Liege, telle qu'elle se trouve dans Belidor.

A l'essieu de la roue que fait agir l'eau, est une manivelle, qui, par le moyen d'une *bielle pendante*, communique le mouvement à un *varlet* vertical; ce varlet se meut sur un essieu & tire alternativement deux chaînes soutenues de distance en distance par des *balanciers* portés sur des chevalets : les chaînes tirent à elles alternativement la tête de deux autres *varlets*, donnant le mouvement aux tiges des pistons qui répondent aux puits.

Ainsi l'on voit que les *chevalets* & les *balanciers* peuvent se multiplier à volonté, & que de même l'axe de la roue, peut au lieu d'une manivelle en avoir deux, qui feront agir quatre équipages de pompes.

En épuisant les eaux du *Bougnou*, on desseche les pahages de la vallée, dont on doit se rappeller que les eaux ont leur décharge dans ce principal puisard, par le *teyment* communiquant dans le pahage des niveaux du bure.

Les eaux des *gralles* & des *demi-gralles* s'enlèvent de la même maniere, elles sont quelquefois traînées dans les *ghyots* par les Hiercheurs, qui vont les verser dans le pahage de la vallée, que l'on épuise ainsi que les vallées & borgnes vallées à l'aide des bouriquets, ou au moyen du *ghyot*.

Ce vaisseau qui s'attache derriere le *Vay*, auquel tient aussi la cousade, descendant avec le vay dans la vallée, on le pousse dans le pahage où il s'emplit d'eau par la soupape décrite *page 277. Voyez* aussi *Pl.* XI.

On laisse couler pendant quelque temps dans le bougnou les eaux du *ghyot*, par le trou placé à sa partie antérieure, qu'on bouche avec une cheville.

Les eaux des *Torrets* se tirent ou par des pompes, ou par des tinnes que l'on attache au *chief de Torrets*.

Celles d'une veine ou d'une fosse supérieure, auxquelles on a donné communication, se xhorrent par le *spouxheux* ou *puiseux*, voyez *page 251*, à son défaut par le *parti-bure*, à l'aide du fauconneau que nous avons fait remarquer *page 237*, & que l'on voit à la *Pl.* XII.

Ce gruau est appelé en Houillerie *Chat* ou *Winday*, terme général par lequel ils semblent vouloir exprimer toute charpente qui renferme des poulies, & qui reviendroit à ce que l'on appelle généralement *Chape*. L'arbre de cette charpente est, comme on le voit, posé hors d'à-plomb de la premiere poulie, placée vers le milieu de sa partie montante ; la chaîne du bure au lieu d'aller en droiture fur les rolles , eft détournée de cette direction pour remonter en haut fur deux rolles placés dans le bec ou dans la partie faillante du gruau, d'où le chief, auquel on attache un fceau, retombe dans la partie du puit *F*.

Areine, *Xhorre*, Canalis, Cuniculus.

Dans le nombre des moyens propres à épuifer les eaux, on ne doit point oublier le grand aqueduc fouterrain que j'ai eu occafion de nommer plufieurs fois, & par lequel on fupplée en certains cas au bure à pompes, dans les mines ou carrieres qui ne font pas travaillées à une grande profondeur. Les Houilleurs Liégeois défignent ce chemin couvert de Mines par ces deux différents noms ; le premier tire peut-être fon origine de *Via Arenata* , ou *ex Arenâ factâ* , voie ou chemin fait à ciment & à pierre. *Voyez Pl.* XXV. *lettres A A.*

La feconde dénomination expliquée à l'article des uftenfiles pour l'épuifement & l'enlèvement des eaux, *page 226*, femble avoir été donnée fpécialement à cet aqueduc, parce qu'il porte les grandes eaux hors des ouvrages ; ainfi on doit entendre par ces deux termes, une grande décharge, & tout ce que l'on comprend fous le titre *d'abbattiffement* , *d'abbattement* d'eaux , ou conduits pour l'areine.

Lorfque l'épuifement fe fait par d'autres moyens que ce canal, ils ajoutent au terme le nom de l'uftenfile ; ainfi on dit, *xhorre dell tinne* , épuifement à l'aide de tonneaux. *Voyez* page 227.

Pour fe déterminer à *abouter* , ou à *avant-bouter* ce canal , il faut qu'il y ait lieu de foupçonner qu'on atteindra à la veine, en la perçant autant que faire fe peut, approchant ou même dans la partie d'aval-pendage, c'eft-à-dire, qu'on la fuppofe *en avant-main* , felon l'expreffion ufitée en Houillerie.

Il s'en fuit qu'une areine eft une gallerie fouterraine établie (quand il y a lieu de la pratiquer) au pied d'une montagne ou dans fa partie la moins élevée, marchant en pente depuis la partie la plus déclive de la couche de Charbon, jufqu'à l'endroit où elle vient déboucher au jour.

Les avantages infinis qui réfultent de ce percement de jour, font aifés à préfumer : en ouvrant une Houilliere à la cime de la montagne qui la renferme, on ne parvient à rencontrer la houille que par des ouvrages confidérables ; il faut l'aller chercher plus ou moins profondément ; il faut fe faire jour au travers des couches de terre de différente épaiffeur, au travers des pierres, des rocs, plus ou moins *fiers* ; on a à furmonter fans ceffe les empêchements qui réfultent des eaux.

Ce percement, quelque difpendieux qu'il puiffe être, affure une exploitation peu embarraffante de toute la partie *d'amont* , & d'une partie *d'aval-pendage* , dans la ligne de niveau, & dont les eaux ne permettroient d'approcher qu'avec beaucoup de difficultés.

Dans le cas où l'on n'arriveroit point à la veine par ce conduit , il n'en feroit pas moins utile pour *bénéficier*, c'est-à-dire, décharger une grande partie des eaux de la Houlliere, diminuer par conséquent l'embarras & le coût des pompes des autres épuisements, &c. *Telle Areine*, dit-on, *porte le faaz ou poids de l'eau de telle fosse*; c'est de-là qu'on appelle quelquefois la partie du terrein qui y répond, *versage d'eaux* ou *endroit versant*.

On juge suffisamment par-là, que pour former une *areine* ou *xhorré*, selon les bons principes, il y a plusieurs attentions à avoir.

1°. Chercher par un nivellement exact du terrein, l'enfoncement qu'on doit lui donner pour atteindre la veine en *avant-main*.

2°. Établir l'ouverture dans un endroit le plus bas possible à l'extérieur, de maniere que la *xhorre* aille toujours en montant insensiblement vers l'endroit qu'on veut *bénéficier*; les eaux qui ne tardent jamais à se montrer en avançant, guideront d'une façon assez certaine sur les fautes que l'on pourroit commettre en s'écartant du nivellement.

Un ruisseau ou filet d'eau qui se trouveroit au voisinage, indiqueront encore la pente à donner à cet aqueduc.

Les *lettres A A* expriment la position & la pente de ce canal. On y distingue plusieurs parties.

1°. L'endroit de sa décharge, qui s'appelle proprement *xhorre* ou *œil de l'areine*.

2°. Les canaux nommés *Mahais*, voy. *page 233*, par où découlent les eaux.

3°. Ses différentes routes ou branches nommées *Fourches*, *Rottices*.

4°. Les endroits auxquels se rendent les *rottices* de l'areine, & qui font distingués par les noms de *Wasdage*, *Waidy*; on dit, *une Areine wade*, ou aboutit à telle fosse.

5°. La tranchée de rencontre *B*, servant de naissance à la xhorre, établie à son niveau & qui se nomme *tranche*.

L'areine s'entame, comme on vient de le voir, par le lieu de la décharge, en tâchant de s'assurer à l'endroit ou aux environs du lieu où on se propose de l'ouvrir, s'il y a quelque veine au travers de laquelle elle passera, ou un terrein solide de roc.

Dans le premier cas, la poursuite du canal se fait dans la veine même, & cela s'appelle *travailler l'areine par œuvre de veine*; c'est le plus avantageux en ce qu'en même temps qu'on poursuit l'areine, on tire de la houille pour une partie des frais, & que de plus, il arrive quelquefois, chemin faisant, de rencontrer les veines inférieures.

Une areine *s'aboute* d'une veine supérieure à une veine inférieure, pour que les eaux qui se seroient écoulées de la premiere ou de la superficie du jour dans les montées, puissent se décharger dans cette areine, ce qui donne la facilité de travailler dans la veine inférieure, ce que les anciens Maîtres auroient pû y laisser.

On

On fait un trou de tarré, appellé *Bolleux.*

L'expreſſion travailler *par œuvre de veine*, diſtingue l'autre maniere de pour-ſuivre & conduire la *xhorre en hurre de pierre*, ou par *maxhais*, c'eſt-à-dire au travers de la pierre.

La longueur de l'areine par œuvre de veine ou par mahais, eſt toujours aſſez conſidérable pour exiger qu'on ménage des ouvertures extérieures, propres à fa-ciliter la reſpiration de ceux qui agiſſent dans ſon intérieur. Auſſi pendant que l'on conduit cet aqueduc depuis ſon œil juſqu'à la rencontre de la veine, on éta-blit un & même pluſieurs *bureteaux* ou petits bures, qui communiquent du de-dans à la ſuperficie.

On les appelle communément *Bures de xhorre* ou *Bures d'areine*, en latin *Æſtuarium.*

De temps en temps, les ordures qui s'amaſſent dans les *rottices*, gênent le cours des eaux ; on dit alors que l'areine eſt *ſtanchée* ou *étranglée* ; il faut de fois à autres, nétoyer ſon canal, le conduire quelquefois d'un plus bas niveau ou même l'élargir, ce qui s'appelle *ſaigner, reſaigner l'areine.*

La communication d'une areine à l'autre, ſeroit une incommodité très-gran-de ; il eſt également important de pratiquer dans cet ouvrage, des *ſerres* ou *ſerrements* qui empêchent les eaux de couler dans les endroits inférieurs, ce qui gêneroit le travail ; on dit, *les areines ſont ſéparées par telles ou telles ſerres.*

Les areines ſe conſtruiſent & ſe dirigent dans certaines formes décidées par des loix fixes & préciſes.

Les eaux auxquelles ce conduit ſert de décharge, donnent lieu ſouvent à des conteſtations : lorſque le voiſinage d'une Houilliere occaſionne de la jalouſie, on ſe renvoie les eaux de l'un à l'autre, quelquefois d'une aſſez grande diſtance : la maniere dont on s'y prend n'eſt pas trop connue.

Ces objets, ainſi que tout ce qui a rapport à la conſervation, à l'entretien, de l'areine feront traités à l'article de la Juriſprudence de Houillerie.

Les différents ouvrages qui viennent d'être décrits chacun en particulier ſous leurs titres, compoſent les connoiſſances générales ſur leſquelles porte l'Art d'exploiter une Mine de Houille : on a dû en prendre par avance une idée ſur les Planches XXII, XXIII, XXIV, XXV, qui repréſentent ces travaux ſelon l'an-cienne méthode : nous donnerons ici l'explication de ces Planches, & nous en-trerons enſuite dans le détail de l'Art, tel qu'il ſe conduit aujourd'hui.

PLANCHE XXII.

Travail ſur les deux niveaux du Bure.

La veine qui a été deſpieſſée eſt en blanc, & tout ce qui eſt noir, marque les *ſerres.*

A, eſt la *Buſe* du bure ; *B*, eſt le *Chargeage.*

1. Place de *ſerrement* à gralle, qui ſe pourſuit d'une *Vallée à cheval.*

CHARBON DE TERRE. II. Part.   B b b b

2. Sur cette vallée on a levé six *Coiftreffes.*

3. *Torret*, établi à main droite fur la fixieme coiftreffe, avec fept coiftreffes de Torret.

4. *Demi-gralle* levée fur la fixieme coiftreffe à main gauche, avec huit coiftreffes, auxquelles on a laiffé des *ferres* & on a repris le *refendement de ferre.*

5. En retournant vers le bure, une *montée* levée en droite ligne fur le *niveau* du bure pris à main droite. Une bagne qu'on a trouvée fur cette montée, a exigé qu'on y fore trois *trous de tarré.*

6. Sur cette même *montée* deux coiftreffes, & fur la feconde coiftreffe, deux demi-montées.

7. Sur le même *niveau* de la main droite, on a conftruit un *torret* qui a donné occafion d'en conftruire un fecond, renfermant à eux deux, dix coiftreffes.

8. Sur la derniere coiftreffe de ce *torret* à main droite, on a levé une *demi-gralle*, avec quatre *coiftreffes.*

9. Reprenant le niveau du bure à main gauche.

10. On y voit une *montée* prife en droite ligne, dans laquelle on a foré trois *trous de tarré* à caufe d'une *bagne.*

11. Sur cette *montée* on a levé deux *coiftreffes*, & deux *demi-montées* fur la feconde, y laiffant les *ferres*, & on a repris le *refendement de ferre.*

12. Sur le même *niveau*, *demi-gralle* prife avec place de *ferrement* & fix *coiftreffes.*

PLANCHE XXIII.

Travail d'une veine qui s'eft trouvée dans la bufe du Bure A.

A, Bufe du bure avec les *deux niveaux.*

1°. Sur le niveau de la main droite, on a levé trois *montées*: la premiere eft levée en ligne droite; on y a levé deux coiftreffes, y laiffant les ferres & reprenant les refendements.

2°. La feconde a été prife à demi-montée, à caufe du pendage qui étoit trop roiffe.

3°. La troifieme montée a été prife à demi-montée, par la même raifon que pour la feconde montée; on y a conftruit deux *coiftreffes* H.

Sur la feconde coiftreffe on a levé encore une *montée* & une *coiftreffe* prife fur ladite montée, & on y a laiffé des *ferres*, parce que le toît n'étoit pas bon.

4°. Retournant vers le bure fur le même niveau, on a levé une *gralle* D, prife en ligne droite, afin de reconnoître fi le pendage continuoit en *roiffe*: on a levé une *coiftreffe* à droite, & une *coiftreffe* à gauche marquée F.

Le pendage s'étant trouvé trop *roiffe*, on a pris fur le même niveau une *demi-gralle* pour la commodité des Hiercheurs.

Sur une feconde *demi-gralle*, on a pris deux *coiftreffes*, une à droite, l'autre à gauche, afin de laiſſer paître les eaux qui ſe ſont trouvées dans les *ouvrages d'Athier.*

Sur la main gauche du *niveau du bure*, on a levé deux *demi-montées* ; ſur la premiere ſont deux *coiſtreſſes* qui traverſent le bure ; là on a pris une, deux, trois, quatre & cinq *montées* ; à la cinquieme & derniere montée, on a levé trois *coiſtreſſes*, y laiſſant les *ſerres*, & repris le *refendement de ſerre*, afin de faire ſuivre la lumiere.

Pourſuivant le niveau de la main gauche, on y trouve une ſeconde *demi-montée*, à laquelle on a levé une, deux, trois, quatre *coiſtreſſes*, & ſur la quatrieme coiſtreſſe on a levé une, deux, trois, quatre *montées*, y laiſſant les *ſerres* & repris le *refendement de ſerre.*

Nous avons fait connoître dans le plus grand détail, *page 268*, tout ce qu'il eſt utile de ſavoir touchant les eaux dont on eſt ménacé ; c'eſt principalement dans le premier début qu'il faut ne point perdre de vue ce que l'on a à craindre de leur part, la prudence exige qu'en commençant on ne pouſſe pas les premiers ouvrages de trop loin.

PLANCHE XXIV.

Ouvrages deſſous eaux.

A, *Buſe* du bure.

B, *Chargeage.*

On a d'abord commencé en droite ligne, à la buſe du bure, une place de *ſerrement* de gralle de quinze toiſes.

On a *dilaté* en cet endroit pour former une *taille* de quatre toiſes de large, que l'on a travaillée par *deux coiſtreſſes* à un côté, deux *coiſtreſſes* à l'autre côté, en y laiſſant les *ſerres*.

Dans le cas où on viendroit à trouver de l'eau, on pourroit faire un *ſerrement* pour les retenir.

Venez enſuite reprendre aux deux *niveaux du bure*, avec une place de *ſerrement* de quinze toiſes environ, ſelon que l'ouvrage le comporte ; de-là vous y formez une *taille* qui pourſuivra tant que l'ouvrage le permettra.

Sur ces *deux niveaux*, levez quatre *montées*, & au-delà de ces quatre montées laiſſez encore ſur ces niveaux une place de ſerrement, afin de ſéparer les ouvrages les uns des autres, & éviter de communiquer les ouvrages, ce qui ſeroit nuiſible.

1. *Place de ſerrement à gralle* ; là on a pris quatre *coiſtreſſes*, deux à un côté, deux à l'autre.

2. *Place de ſerrement au niveau du bure* ; là on voit *quatre montées* priſes en perpendiculaire.

3. Sur ces quatre *montées*, on a pris quatre *coiſtreſſes* qui traverſent les quatre *montées*.

4. On voit encore fur les mêmes *niveaux* une *place de ferrement* prife à *gralle*, & entre les deux places de *ferrement* un *pahage* , & plus loin une *demi-gralle*.

5. Retournant vers le *bure*, place de *ferrement* avec *montée*; & en cas que l'on rencontre de l'eau, on fait un *ferrement*.

PLANCHE XXV.

Pour ouvrage à faire deffous eaux.

1. Maître *Bure* , avec le *parti-bure*, pour y placer une *machine à feu*, fi le befoin le requiert.

2. On voit dans la *longue Mahire*, un grand emplacement pour y foffoyer un fecond bure.

3. Arrivé à la veine, on y trouve une *place de ferrement*; à droite, *vallée* du bure avec quatre *coiftreffes* prifes à droite, & quatre autres prifes à gauche.

4. *Niveau du bure* à main droite, travaillé par une place de *ferrement*, avec trois ou quatre *montées* à faire pour un premier ouvrage.

5 *Demi-gralle* prife par *place de ferrement*, & cinq *coiftreffes* prifes à main droite.

6. *Niveau du bure* à main gauche, travaillé par une *place de ferrement*, & quatre *montées*; & au-delà de ces quatre *montées* reprenez encore une *place de ferrement*, afin d'y former une feconde courfe d'ouvrages.

7. Sur ces deux *niveaux* , une *demi-gralle*, prife avec *place de ferrement*, & cinq *coiftreffes* prifes à main gauche en defcendant.

8. *Serres* marquées en noir, confervées afin de travailler deffous eaux.

9. *Refendement de ferre* , marqué en blanc, & deftiné à faire fuivre la lumiere.

ARTICLE CINQUIEME.

Marche & conduite des ouvrages de Houillerie , depuis le premier enfoncement fuperficiel, jufqu'aux travaux dans une Mine de Charbon, à la plus grande profondeur poffible.

CE qui fera la matiere de cet Article, eft proprement l'exploitation. Pour traiter d'une maniere fimple & claire cet objet, auquel nous avons conduit le Lecteur par degrés, nous fuppofons que l'on fe difpofe à une entreprife de cette efpece; elle peut avoir lieu dans deux circonftances; ou c'eft une ancienne *foffe* que l'on veut remettre en valeur, (nous en traiterons féparément,) ou bien c'eft un terrein qui n'a jamais été travaillé, dans lequel la *veine* eft dans fon

entier

entier, & felon la maniere ordinaire de s'exprimer en Houillerie, *n'a jamais été violée, n'a jamais été difpiertée* : ils difent encore que la *veine eft en plein vif thier, qu'il y a autant de veine que de gazon.*

L'endroit où l'on veut s'établir une fois décidé, on fait dreffer la houtte, fi c'eft un *toure à bras,* autrement dit *bouriquet,* ou une *petite foffe.* Voy. pag. 234.

Si c'eft un *grand Bure,* on conftruit le *Hernaz,* fous lequel on tiendra les agrès ou équipages différents, felon que c'eft une foffe de *grand* ou *petit Athour,* & on établit à côté la *forge* du Maréchal : on procede enfuite à la *rupture du gazon.* Cette façon de parler, ufitée en Houillerie, exprime naturellement la premiere chofe à faire, pour, comme l'on dit, *foffoyer, avaler, efcandire un bure, rendre ouvrable une mine de houille, bouter, pourfuivre, avantmener, conduire, xhorre, areine, abattement d'eaux, affeoir pourfuites & courfes d'ouvrages,* qu'il s'agit maintenant de faire connoître d'une autre maniere.

L'expofition dans laquelle je vais entrer, comporte une fous-divifion auffi utile que raifonnable : je partagerai donc le travail entier d'une Houillere en trois parties; dans la premiere feront détaillés *l'enfoncement* & toute la conftruction d'un bure; la feconde reprendra ce défoncement à l'inftant où l'on commence les véritables ouvrages, c'eft-à-dire, l'ouverture de routes & de paffages dans le corps de la Mine, qui devient profitable à l'Entrepreneur & à fes Affociés; la troifieme traitera du travail des veines dans chaque efpece de pendage, ou dans des circonftances pour lefquelles l'exploitation fe gouverne, d'après des regles qui font relatives à ces différents cas.

De l'avallement d'un Bure & des Ouvrages qui en dépendent.

Toutes les opérations relatives à cette premiere fouille, fe nomment *Avallement;* comme elles fe paffent à la furface, à l'aide du *Bourriquet* qui enleve au jour les terres, & *l'Avalleur* qui les détache, ces manœuvres font le plus ordinairement confiées à des femmes.

Ce font elles qui *tournent le bourriquet,* qui, comme l'on dit, *tirent les triquets du bure.* On voit que dans cette façon de s'exprimer, le nom des fupports du treuil eft tranfporté aux barres à tourner; mais nous avons demandé la permiffion de ne rien changer aux termes admis entre des Ouvriers qui paffant la moitié de la journée fous terre, & l'autre à dormir, ne fongent point à s'affujettir à perdre l'ancienne habitude qu'ils ont de s'exprimer dans le langage *Atuatique;* langage qui étoit vraifemblablement celui des premiers qui ont découvert la houille en *Publemont* (1).

Ces femmes que l'on pourroit appeler *les Aides de l'Avalleur,* font celles

(1) Selon la chronique des Pays-bas, *in Monte publico,* où eft l'Abbaye de S. Laurent ; felon | la chronique de Tongres & celle des Carmes de Liege, dans la montagne des Moines.

qu'on nomme *Traireſſes*, *Traireſſes au jour*, & qui ont toujours en partage les beſognes extérieures d'une foſſe ; ce ſont elles auſſi qui marquent à l'eſtablir. *Voyez page 229*, ou ce nom eſt écrit comme il ſe pronnonce *Stalire*.

On emploie auſſi à tirer les triquets du bure, les *Berwettreſſes*, qui enléveront du *pas du bure* les charbons qu'on y déchargera au ſortir de la foſſe ; on en met au moins deux & quelquefois davantage à chaque bourriquet ; elles ſe placent de chaque côté aux deux *coubles* du tour.

Le premier bure par lequel on commence lorſqu'on ne veut faire qu'un bure à bras, eſt nommé *Avallereſſe* ; ſelon la ſolité du terrein, il eſt foſſoyé en rond, ayant environ cinq pieds de diametre, ou en quarré.

Le *Louchet*, le *Háway*, le *Pic*, ſont les ſeuls outils qui ſoient alors d'uſage : quand les terres ſont graſſes, l'œil du bure ſe fait avec le premier outil, en défaiſant cinq ou ſix pieds de terre qu'on jette dehors ; on défonce avec le *pic*, on reprend avec le *louchet* pour emplir de cette terre les paniers qui ſe levent avec le *touret* à bras, mu par les Traireſſes.

La journée achevée, l'Avalleur remonte par la même corde à laquelle s'attache le panier.

Lorſqu'on eſt arrivé à la couverture pierreuſe, on rencontre quelquefois une *aireure de veine*, qui en annonçant le voiſinage du Charbon, encourage l'Avalleur & tous les Employés.

Quand on veut faire un grand bure, on donne tout de ſuite à ſon œil la grandeur & la forme parallélogramme, décrite *page 244*. La terre qui ſe tire de la foſſe ſe ramaſſe autour de l'œil du bure, de maniere que cette partie de la buſe ſe trouve élevée au-deſſus du niveau du terrein qui eſt alors formé en petit monticule de 12 à 15 pieds de hauteur, & plancheyé avec ſoin comme il a été dit *page 232*, afin de donner aux *Rakoyeux* la facilité d'attirer en bas la charge qui arrive au jour, & qu'elles renverſent enſuite pour être repriſe par les *Meneuſes*.

Le premier déblai de cette fouille ſe fait comme pour les petits bures, par le tourret à bras, juſqu'à ce qu'on ſoit arrivé à la profondeur de quinze ou vingt toiſes.

Ce petit bure reſte quelquefois ſeul ; d'autres fois il eſt employé dans la ſuite des ouvrages à ſervir de burtay pour l'airage de la mine, ou il devient quelquefois bure à hernaz.

Dans les cas où il s'agit d'ouvrages qui donneront pour long-temps, il eſt ordinaire de *foſſoyer* deux ou trois bures, le maître Bure, le Burtay, le Bure à pompes, tous trois profondés différemment ſelon l'uſage auxquels ils ſont deſtinés, ſelon le pendage de la veine ou ſuivant d'autres circonſtances.

La principale foſſe pour les grands ouvrages & que nous avons nommés *maître bure*, qui porte à *thiers de bure*, s'enfonce toujours d'une toiſe plus bas que la veine, à proportion que le pendage eſt *roiſſe*.

L'autre petit bure qui eſt toujours néceſſaire à ſa proximité, qui peut ſe multiplier & qui ſe multiplie même preſque toujours, doit être profondé de quelques toiſes au voiſinage de ce *maître bure* & plus *à thiers de bure*, faute de quoi il n'y auroit point aſſez d'air pour les Ouvriers, & les lumieres ne pouroient pas y reſter allumées : cette *avallereſſe* ou ce petit bure conſtruit exprès, prend alors le nom de *Burtay*, ou, à cauſe de ſon uſage, celui de *Bure d'airage*.

, Lorſqu'il eſt profondé, on revient gagner le grand bure par le canal de communication, appellé *Pierſure*. En même temps que le *Royteu* a ſoin d'achever la beſogne de *l'Avalleur*, en applaniſſant les inégalités qui ſont reſtées dans les *mahires* du bure, le *Stanſeur* ſe met à l'ouvrage à proportion qu'on ſe débarraſſe des terres & des eaux ; le poids de ces dernieres, ſur-tout, augmente à proportion que la foſſe s'approfondit ; leur volume s'accroît par de nouvelles iſſues que les travaux donnent néceſſairement aux ſources renfermées dans l'épaiſſeur que les Ouvriers enlevent. Une des opérations qui accompagnent l'avallement, eſt donc de ſe pourvoir à meſure qu'on avance contre les eaux de *marle*, qui, dans quelques endroits, ſont très-abondantes, & contre les *fendans*, très-ſujets à en donner qui ſe rendent au fond du bure, & *forgagnent* les houilles. *Voyez page* 268. 269.

Pour ſaigner ces eaux, on ménage à côté de la buſe du bure, un conduit ſouterrain qu'on nomme *Tranche*, qui en paſſant à travers les ouvrages d'une veine ſupérieure d'un bure voiſin, ſe prolonge juſques vers l'endroit où l'on veut enfoncer un nouveau bure : là, après avoir profondé juſqu'au tourteau delle *dicille*, un bougnou plus étendu en largeur que l'ouverture du bure, on fore ſur la tête de cette veine ou taille, un *tombeux* ; les eaux de *marle* ſe trouvent déchargées, & alors on enfonce le bure nouveau.

On s'occupe encore à ſe rendre maître de ces eaux par le *carihou* dont nous avons parlé, qui eſt une excavation pratiquée au-deſſous du *fendant*, dans une veine la plus voiſine qu'on rencontre ; ce puiſard ou *pahage* qui peut contenir deux à trois cents *tinnes*, ſe remplit & ſe vuide à pluſieurs repriſes ; cela s'appelle *faire un carihou*, *ſe ſervir de carihou* : il forme une eſpece de *cuvellage* au moyen d'un robinet de bois qu'on y adapte dans ſon fond, & par le quel l'eau ſe vuide ſur la *xhorre* ; ou bien on en tire l'eau au jour avec des *tinnes*.

Si l'on ſe reconnoît menacé d'une irruption d'eau de *bagne*, il eſt indiſpenſable d'établir dans les *mahires* un vrai cuvellement qui oppoſe à ces eaux un ſolide rempart. Cet ouvrage conſidérable de charpenterie a été détaillé en particulier.

Le bure profondé juſque ſur la veine, il faut avant de commencer les *tailles*, établir le principal *pahage*, appellé *Bougnou* : ce puiſard doit être pratiqué plus bas que *le niveau de la veine inférieure*, c'eſt-à-dire, d'une toiſe & demie ou deux toiſes au-deſſous d'elle, & cela en proportion de ſon pendage : car plus la veine a de pente, plus il faut *profonder* le bougnou, afin de pouvoir former les *chargeages*, & couper & applanir la *dieille* dans laquelle on forme ce baſſin qui reçoit la chûte des eaux de pluſieurs autres pahages. *Voy. pag.* 245. & 273.

Il doit être profondé d'une toiſe & demie, en proportion que les veines ſont *roiſſes*.

Quand c'est un pendage de veine, le bougnou se fait dans la veine même.

Lorsqu'on travaille par *vallée*, il doit être assis au pied de cette taille, & se *dilater* à côté.

Si l'on travaille par *niveau*, il doit être à côté du bure.

Quant à la capacité qu'il faut donner au bougnou, elle se regle sur la quantité d'eau qui arrive, & qui peut y rester, six, dix, ou vingt-quatre heures.

En traversant toute l'épaisseur de la veine pour faire le bougnou, on prend autour de la buse du bure au pied des *mahires*, la Houille & le Charbon qui s'y trouvent; il en resulte l'élargissement en forme ronde sphérique dans le haut, comme un dôme dont j'ai parlé *page* 244.

C'est à cette couronne des chambres, qui par la suite deviendra le principal chargeage, que doivent répondre chaque voye que l'on ouvrira bientôt après; c'est là que tout ce que l'on extrait de la Houillere doit être apporté du fond de la vallée par les Chargeurs au bure, ainsi que les paniers & coufades qui seront enlevés au jour. *Voyez* Planches XXVI & XXVII.

C'est pour cette raison que sa partie supérieure, nommée *couronne de chargeage*, ou *couronne des chambres*, est configurée de la maniere qu'on vient de le dire, afin que les Chargeurs au bure ne se trouvent pas directement pendant leur besogne, sous les mahires, & soient ainsi à l'abri de ce qui pourroit se détacher d'en-haut.

Œuvres de Veines, ou *travaux qui s'exécutent dans le Charbon de terre*.

LES opérations que je viens de décrire, ne sont, pour ainsi dire, que les préparatifs des véritables travaux. La qualification d'*Œuvres de veines*, que j'ai trouvé adoptée pour l'établissement de l'*Areine* au travers du Charbon, m'a paru propre à distinguer de l'opération précédente, la conduite des ouvrages qui se font dans le corps même du Charbon, pour exploiter la Mine en entier.

Les bancs de Houille qui parcourent un terrein, sont ou de grandes veines ou des veinettes, *voyez* premiere Partie, *page* 69; l'espérance que l'on doit concevoir de la *hauteur* (1) des unes & des autres, les caracteres qu'elles doivent avoir pour être de bon rapport, sont des points sur lesquels il n'est pas indifférent de faire ici quelques observations.

On seroit disposé à croire qu'une *grande veine*, (c'est ainsi qu'on nomme toute veine dont la *hauteur* est au-dessus de deux pieds) est plus riche & plus lucrative dans l'exploitation; cela est vrai en général, puisque plus une veine est riche, plus elle peut *se dilater*, c'est-à-dire, se travailler en long & en large; cependant il est des circonstances particulieres, qui contrebalancent quelquefois beaucoup cet avantage.

_____

(1) On doit se rappeller le sens dans lequel ce terme doit être pris, lorsqu'on parle des veines.

La

La longueur même de ces *dilatements*, quoique dépendants de la richeſſe de la veine, ne peut pas être déterminée, parce qu'il peut ſe rencontrer des obſta-cles qui ne permettent pas de ſuivre à cet égard une regle invariable.

Les frais de bois néceſſaires pour étayer les *voyes* dans les veines qui paſſent douze poignées, font une raiſon pour laquelle ces riches veines eſtimées en gé-néral par le nombre de poignées, ne ſont pas toujours, comme nous l'avons ob-ſervé *page* 69, celles dont le travail donne plus de bénéfice.

Relativement à la poſition des veines dans l'épaiſſeur de la maſſe du terrein, que l'on ſuppoſeroit vu dans une coupe perpendiculaire, ces veines ne promettent point autant les unes que les autres : le *verſage d'eaux* que nous avons dit s'ap-peller *endroits verſants*, auquel on peut rapporter l'areine ou d'autres parties de la houilliere, qui donnent beaucoup d'eaux, annonce ſur cela ce qu'on doit attendre, ſelon que les veines ſont ſituées dans un bure, plus haut ou plus bas que *l'endroit verſant*.

Les premieres que l'on diſtingue par les qualifications de *veines xhorrées*, *veines ſituées ſur la main du xhorre*, en menant le niveau comme il ſe doit, ou *veines ſupérieures*, & dont le Charbon prend le nom de *Charbon xhorré*, ſont les plus lucratives.

Les ſecondes veines ſituées au-deſſous des eaux, appellées de *deſſous la main*, *veines au-deſſous du niveau du xhorre*, *veines non-xhorrées*, *veines inférieures*, *veines ſubmergées*, demandent des attentions particulieres qui ſe conçoivent aiſément, & qui ſeront expliquées à leur place.

Le pendage des veines dont on a fait connoître toutes les différences, eſt en-core une des circonſtances qui influe le plus ſur la facilité des travaux, & en conſéquence ſur le bénéfice.

Les plus avantageuſes, ſans contredit, ſont celles dont la pente eſt douce & peu inclinée par rapport à l'horiſon. Les veines roiſſes ne le ſont pas tant : nous en donnerons les raiſons lorſque nous en ſerons à l'exploitation de chacun de ces pendages.

Cette poſition différemment inclinée des veines, donne auſſi aux ouvrages qui ſe font dans leur profondeur les dénominations propres à les déſigner; mais la maniere la plus fréquente de diſtinguer les ouvrages d'une mine, porte ſur l'eſ-pece de ſéparation que le niveau du bure fait de toute la Mine en deux parties; ainſi la *pourchaſſe d'une veine* peut être conſidérée ſous deux faces; ſon exploita-tion juſqu'au niveau ou au-deſſus de cette taille, & ſon exploitation au-deſſous du niveau.

Les ouvrages qui ſe font dans les montées, dans les coiſtreſſes priſes au-deſſus du levay, ſont nommés *ouvrages d'amont-pendage*, & comprennent les *veines xhorrées*.

Ceux qui ſe conduiſent dans les vallées, dans les gralles, dans les coiſtreſſes au-deſſous du levay, s'appellent *ouvrage d'aval-pendage*, & renferment les *veines non - xhorrées, veines submergées.* Ce sera la division que nous allons suivre, en reprenant les travaux où nous les avons laissés.

Le chargeage achevé, les *Xhaveurs* font, ou dans la veine, ou au-dessous, c'est-à-dire, dans cette partie de veine que nous avons appellée *Houille morte,* que l'on nomme quelquefois mal-à-propos *Terroule,* (*voyez* premiere Partie, *page* 72,) une ouverture plus ou moins grande, selon que la veine est facile à *xhaver,* mais toujours suffisante pour la faire tomber, & en *décharger une heve.*

En travaillant à l'entame de la veine, par cette ouverture que les Xhaveurs appellent une *choque,* on prend garde de *percer au pic;* c'est la maniere dont ils s'expriment, pour signifier *donner dans quelque baigne.*

On a vu *page* 271, les moyens pour reconnoître le voisinage de ces anciens ouvrages remplis d'eau.

Cette *choque* est l'entamure des *niveaux* ou des *levays du bure;* elle se fait en attaquant & sappant la veine avec le *bada,* comme on feroit avec un *coupay,* & laissant la veine *à découvert sur les côtés;* quand la veine se montre ainsi des deux côtés des tailles, l'Ouvrier dit que la *parois* ou *la pareusse est découverte aux deux côtés.*

On procede de cette maniere à droite & à gauche, à la fois ou séparément, afin de pouvoir y faire des ferrements, & descendant le plus bas possible dans la veine. Chemin faisant, on se pratique des *paxhisses* pour les eaux des ouvrages inférieurs; & de ces réservoirs, les eaux vont se rendre dans le *bougnou* par un *teyment* que l'on peut voir Planche **XXVI.**

Les Xhaveurs coupent la veine aux deux côtés des tailles. Quand la taille est toute coupée, les Ripasseurs y entrent pour faire sauter la Houille par quartier; vont *pousser au niveau,* c'est-à-dire, recouper le niveau exact, afin que l'eau ne coule qu'insensiblement, & ils continuent de proche en proche.

Les ouvrages parvenus à ce terme devenants de conséquence, les Houilleurs attachés à la fosse se partagent en deux ou trois bandes; l'une travaille le matin, une autre travaille le soir, & la troisieme la nuit : chaque bande peut être composée de vingt-cinq hommes.

Nous avons fait connoître les différentes routes qui viennent se rendre dans le chargeage au-dessus & au-dessous du niveau du bure, les constructions qui leur sont propres, relativement à la sûreté des Ouvriers, à la circulation de l'air, aux décharges des eaux, aux irruptions aqueuses; il ne reste plus qu'à suivre ces Ouvriers dans la progression de leurs travaux, & à donner l'ensemble du tableau général que nous avons tracé; enfin, à décrire par ordre l'exploitation d'une grande Houilliere. Les Planches **XXVI** & **XXVII,** se rapportent particuliérement au détail qui va être donné, conformément aux regles observées aujourd'hui à Liege.

Je les ai adoptées telles qu'elles se trouvent dans Louvrex; je dois seulement prévenir de plusieurs circonstances auxquelles il sera aisé de suppléer en idée.

L'impoffibilité de fe faire entendre parfaitement dans ces Planches, qui ne devroient repréfenter qu'un plan géométral, a obligé de repréfenter en élévation plufieurs parties qui devroient être en plan, mais qui alors n'auroient pu être apperçues; j'aurai foin d'en faire la remarque lorfqu'il fera néceffaire.

Attendu que toute veine a une inclinaifon, & que la faine pratique dicte la méthode d'aller toujours le plus bas poffible, on peut commencer par prendre une Gralle à la bufe du bure. *Voyez Planches* XXIV *&* XXV.

Après avoir travaillé autant qu'on a pu dans cette Gralle, on remonte la main par une coiftreffe de dix en dix toifes, laiffant un *pahage* dans le fond de chaque nouvelle coiftreffe que l'on fait.

On va toujours en *déchargeant une Heve*, afin de pouffer plus loin, & comme on dit, *afin de chaffer les ouvrages*.

Dans chaque taille on fore trois trous, un en montant, un fecond qui va infenfiblement, & un troifieme qui va en alignement de la voye ou de l'ouvrage, ou comme difent les Houilleurs, *qui va en avant-main*. Dans les parois d'en-haut, on fait en outre deux *pareuffages*. En proportion que l'on avance les tailles, ces trous, nommés *trous de tailles*, font toujours replongés. Les points blancs marqués dans les Planches XXVI & XXVII expriment les trous de fonde.

Cet ouvrage dans lequel les Houilleurs vont toujours démoliffant, ne peut fe faire fans beaucoup de décombres; la veine ne peut fe détacher qu'en entraînant des éclats du *toît* & du *fol* auxquels elle tenoit; on comprend ces recoupes éparfes dans les voyes fous le nom général de *Genges* ou *Triguts*, quelquefois *boffiements*, & lorfqu'ils font embarras, *flouppures*.

Il en coûteroit beaucoup pour s'en débarraffer, & leur extraction prendroit fur le temps employé à celle des Houilles & Charbon; les *Ripaffeurs* les remettent dans les *tailles*, pour être employées à faire de diftance en diftance les épaulements ou piliers qui économifent le bois, & les *fouayes*, qui autrefois étoient appliquées à cet ufage.

Ces épaulements nommés *ferres*, & quelquefois *ferrements*, réuniffent plufieurs avantages; ils foutiennent les ouvrages, empêchent l'écroulement du toît, s'oppofent aux *fentes aqueufes* qui en réfulteroient, donnent paffage aux eaux & à l'air. Quant à ces deux derniers points, les *ferres* ont été traitées à chacun de ces articles auxquels elles ont rapport; elles n'ont plus befoin d'être confidérées que comme piliers d'étai; afin de les fortifier, ils font maintenus par des petits murs bâtis fans ciment, qu'on appelle *murays*, & la ferre étayée de cette maniere s'appelle *Stappe*, d'où vient l'expreffion *reftapler*, parce que contre une ftappe on en met une feconde.

On reftaple quelquefois de cette même façon une ferre, c'eft-à-dire, une pile formée entierement en Charbon, qu'on n'a point attaquée & qu'on a laiffée exprès entre deux tailles ou deux ouvrages; l'épaiffeur de cette maffe de veine, pour avoir la folidité requife, doit être de quarante ou cinquante poignées.

Cette précaution eſt encore indiſpenſable dans certaines parties d'ouvrages ; & avec quelques différences relatives à la poſition de ces endroits qui ont beſoin d'être ſoutenus.

Lorſque, par exemple, la voye va le long d'une ſerre, comme il eſt marqué à la Planche XXVI, par les coiſtreſſes de vallée, demi-gralle & torrets, appellées *Pareuſſes de la voye*, on la muraille ſeulement du côté du ſtappe; quand la voye eſt entre deux ſtappes, ſes deux côtés ſont néceſſairement muraillés de diſtance en diſtance à plomb ſur la deille ſoutenant le toît.

Après que les places des *ſerrements* ſont achevées ſur les deux *niveaux du buré*, & que l'on a travaillé tout ce que l'on peut hors de la partie inférieure au *levay*, on commence ſur chaque *levay* ou *niveau*, des tailles que l'on appelle *montées*, cela ſe nomme *lever des montées*. Elles peuvent ſe dilater autant qu'il eſt poſſible pour le profit, & autant que rien n'en empêche. A meſure que les *niveaux* du buré avancent, on leve chaque *montée* de dix toiſes de diſtance l'une de l'autre. Sur ces montées on fait des *queſtreſſes*, juſqu'à ce qu'on ne trouve plus rien à travailler, à moins que ce qui reſte ne vaille point la peine des frais; alors il ſeroit mieux de le laiſſer pour le tirer enſuite par des petits bures.

En ſe figurant les levays ou niveaux du buré comme une très-longue rue qui régneroit au bas d'un côteau, & les montées comme des chemins, venant parallélement les uns aux autres s'ouvrir dans cette longue rue ; on voit que lorſqu'il ſe fait de grandes pourchaſſes d'ouvrages, les Hiercheurs ont un long trajet à parcourir pour gagner ceux de ces chemins qui débouchent dans le levay à ſon extrémité, ou pour en revenir; puiſqu'avant d'arriver au principal chargeage avec leurs *ſployons*, ils ont non-ſeulement à aller dans les montées, mais encore dans le niveau du buré. Il n'eſt pas indifférent, ſi l'on veut travailler avec profit, d'abréger ce chemin. Pour remplir cet objet, on a une méthode fort avantageuſe, *voyez Pl.* XXVII : elle conſiſte à faire une *demi-montée*, qui en s'éloignant du commencement du levay dans une marche diagonale médiocrement inclinée, paſſe au travers de toutes les montées qui communiquent dans cette principale taille.

Outre que de cette faţon le chemin eſt beaucoup raccourci, la pente de la demi-montée facilite l'exportation des Houilles & Charbons des montées.

On remplit encore cet objet en faiſant un refendement de ſerre.

Quand les ſerres des ſerrements ſont très-épaiſſes, on a recours à une autre pratique qui évite de deſſerrer; elle conſiſte à faire au travers de la veine même, un petit boyau de cinq, ſix ou huit pieds de largeur, ou comme on dit, *de ſept à huit poignées de large*, qui forme un paſſage d'une taille à l'autre; c'eſt ce qu'on appelle *travailler par chambrays*, du nom *chambray*, *chambreau* donné à ces chemins.

A l'extrémité de ces *chambrays* on fait des trous de tarré; à la faveur de ces ouvertures qui ont communément un pouce & demi de diametre, dans leſquelles on adapte des tuyaux de fer blanc que l'on conduit des pahages juſqu'au

bougnou,

bougnou ; & afin que les eaux venant à hauffer & baiffer, tant dans les pahages que dans les bougnous, ne puiffent fe répandre dans la vallée, on place une *gife* fur ces tuyaux.

Outre que les *ferres des ferrements* font quelquefois très-épais, & ne comportent point le *refendement de ferre*, ces *chambrays* ont encore l'avantage de ne pas embarraffer les *ferres*, & de conduire les eaux des *pahages* dans le *bougnou*.

Nous avons dit que les *deux levays* ou niveaux du bure, fe faifoient tantôt féparément, tantôt à la fois ; quand l'ouvrage permet de les travailler de cette derniere maniere, on *communique l'air* par la pierfure ; enfuite on pourfuit ces deux niveaux dans leur longueur ordinaire, afin de pouvoir y faire les *pahires* qui aboutiffent dans le *bougnou* par le *teyment*.

Parallélement aux deux premieres voyes, un peu plus bas, on conduit deux autres puifards qu'on nomme *pahages*, dont il a été parlé *page 273*, & qui fe *dilatent* au niveau de l'eau du *bougnou*.

Comme il eft prudent de s'affurer d'un nombre fuffifant de ces *conferves* d'eaux, afin de conduire à bien les ouvrages d'une foffe, il faut après que les *niveaux* font pouffés convenablement, attaquer la *veine en avant-main*, comme difent les Houilleurs, ou autrement dans la partie *d'aval-pendage*.

Ouvrages d'Aval-pendage ou au-deffous du levay, comprenant la pourchaffe des veines non-xhorrées, autrement appellées Veines de deffous la main, Veines fubmergées, Veines inférieures, Veines au-deffous du niveau du xhorre.

La pourchaffe des ouvrages dans une veine de deffous le niveau, fe fait par *vallée, borgne vallée, gralle, demi-gralle* ou *torret*.

L'avantage qui réfulte de cette efpece de travail eft facile à fentir ; on peut laiffer couler les eaux du *bougnou* & du *pahage* lorfqu'on travaille la veine *en avant-main* ; & quand même il pourroit encore en travaillant par ces ouvrages fe rencontrer des eaux qui obligeroient de faire quelques *ferrements* pour les arrêter, rien n'empêche qu'on ne puiffe toujours y laiffer courir les eaux des *pahages* & du *bougnou* par un ou deux trous laiffés à cet effet dans les *ferrements*, qu'on rebouche lorfque ces vuides font remplis d'eau ; des chevilles de bois fuffifent pour cela, ou encore on cloue fur ce trou, au-delà du *ferrement*, une piece de cuir attachée fur un morceau de planche en forme de petit clapet fufpendue par le haut. L'eau venant à entrer dans ce trou, pouffe la foupape & s'écoule dans les vuides ; & lorfque ces vuides font remplis, elle la referme en la preffant dans un autre fens.

On pourfuit de cette façon, tant que les eaux ne mettent point d'empêchement, ce qui s'appelle *chaffer la vallée* : nous avons, difent les Houilleurs, *chaffé une vallée jufqu'à dix, douze ou plus de chargeages bas*.

C'eſt ordinairement le plus loin qu'on puiſſe creuſer les ouvrages ſans trouver de l'eau ; on a vu cependant (mais c'eſt choſe rare) des ouvrages ſi ſecs, qu'on a été dix-ſept, dix-huit, vingt chargeages bas, & qu'on s'eſt rendu juſqu'à la buſe du bure, avant de rencontrer les eaux.

Selon que les veines ſont plus ou moins placées dans le degré d'enfoncement que l'on a voulu déſigner par le titre ſous lequel nous les renfermons ici, elles peuvent produire des embarras plus ou moins conſidérables : il arrive quelquefois que les eaux du ſecond ou *petit bougnou*, c'eſt ainſi que nous avons appellé les *paxhiſſes* de la vallée, communiquent avec celles du grand ou principal *bougnou* ; il eſt difficile de remédier à cet inconvénient quand il arrive ; on doit donc avoir attention à ne point ſe trouver dans ce cas.

Lorſqu'il y a pluſieurs veines de Charbon dans un même endroit, ce qui arrive le plus communément, les bons principes de l'art demandent que l'on commence par travailler les veines de deſſous, appellées *veines non-xhorrées*, pour finir par celles qui ſont placées au-deſſus, & que l'on nomme *veines xhorrées*. Les raiſons ſur leſquelles eſt fondée cette méthode, ſe préſentent d'elles-mêmes ; ſi on ne ſe conduiſoit pas de cette maniere, les eaux qui ſe trouvent ſuperficiellement, & auxquelles on donneroit jour par les travaux qui ſe feroient des veines ſupérieures, tendant toujours à gagner le fond des ouvrages, rendroient l'exploitation des veines inférieures très-difficile & peut-être impraticable ; au lieu qu'en commençant par travailler ces veines inférieures, les endroits qui ont été travaillés dans les bas fonds, deviennent (à meſure qu'on abandonne les *tailles*) des réſervoirs d'eaux, dont on ne s'embarraſſe plus & qu'on ne s'occupe point d'extraire au jour, dans leſquels, comme diſent les Houilleurs, on laiſſe *paître* ou *pahe* les eaux ; d'où ces endroits ſont appellés *vuides inférieures* ou *paxhiſſes*.

Dans le cas dont il s'agit, où l'on juge rencontrer pluſieurs veines par un même bure, on enfonce le bure, de maniere qu'en arrivant à la premiere veine, on extrait toute la portion de houille qui occupe l'eſpace entre les quatre mahires ; cela s'appelle *jetter ſeulement au jour le fond du bure, ſans avoir tourné dehors*, ou comme ils diſent, *ſans avoir tourné hors de la buſe du bure, ni à droite, ni à gauche*.

Cette veine eſt traverſée dans toute ſon épaiſſeur par le bure, & quelques toiſes au-deſſous pour y aſſeoir le *bougnou*.

Ce n'eſt qu'après le bougnou fait qu'on travaille *à tourner hors de la buſe du bure*, afin de ſe dilater & de former le chargeage, enſorte que les mahires d'en-bas ne correſpondent point aux mahires d'en-haut, parce qu'il y a plus d'eſpace entre les premiers, qu'entre les ſeconds.

Le chargeage bien étançonné, on *deſcend* dans la veine le plus que l'on peut, c'eſt-à-dire, qu'on la travaille en deſcendant ; & après l'avoir dilatée à droite & à gauche, on remonte inſenſiblement au-devant, ce qui s'appelle *Strouler*.

Il y a cependant des circonſtances dans leſquelles ce maître bure n'eſt point commode pour travailler les veines inférieures ; les moyens de ſuppléer à cette difficulté dans quelques occaſions, ſont importants à connoître ; comme, par exemple, lorſque le maître bure eſt aſſis ſur une *baigne*, ou lorſque cette foſſe eſt déja bas *avallée*.

Il eſt, ſur-tout dans le premier cas, de la plus grande conſéquence de garantir le travail des veines non-xhorrées, des accidens que peut entraîner l'ouverture de ces *baignes*. Les Réglements y ont pourvu, en impoſant l'obligation de ne point travailler de veine ſous la main ſans avoir d'abord fait des trous de tarré. L'abondance des eaux qui ſe font jour, avertit qu'on a donné dans une baigne, & alors on bouche le trou de tarré avec une cheville garnie de chanvre, & encore mieux de mouſſe ſoutenue par une ficelle.

Il y a pluſieurs manieres de ſe paſſer du maître bure pour l'exploitation d'une veine inférieure ; la premiere eſt de travailler cette veine par *Bouxtay*, comme diſent les Houilleurs, c'eſt-à-dire, d'enfoncer dans un des niveaux du bure, un *bouxtay* qui traverſe tout le *ſtampe. Voyez* Section VIII, Art. XI, de la premiere Partie.

La ſeconde maniere qui eſt plus ſimple & plus ordinaire, vraiſemblablement parce qu'elle diſpenſe du bouxtay, conſiſte à pratiquer une voye ou un chemin de rencontre, qui va de la buſe du bure à la veine inférieure que l'on veut atteindre.

En ſe rappellant la maniere dont les veines pendent plus ou moins dans leur marche, on juge que la partie d'une même veine, nommée *Amont-pendage*, ſe trouve éloignée du bure qui tombe toujours autant qu'il eſt poſſible ſur la partie *d'aval-pendage*. La premiere partie ſe trouve par là diſtante du point de ralliement pour l'extraction : afin d'aller rejoindre la partie d'*Amont*, & d'éviter l'enfoncement d'un ſecond bure, on pratique du côté où la veine s'éleve en *amont*, une *Bacnure* qui va rencontrer *l'amont-pendage* que l'on ſe propoſe de travailler par ce conduit. Ce chemin de niveau pratiqué en *hurre de pierre* dans la mahire du bure, doit donc ſe prolonger dans une direction montante inſenſiblement juſqu'à la buſe du bure où il va s'ouvrir.

Le tableau que nous avons tracé de l'intérieur des Mines de Houille, tant de la diſpoſition des veines que de leur exploitation, eſt maintenant aſſez avancé pour qu'il ſoit aiſé de juger d'abord de toutes les facilités qu'on retire des *Bacnures*, & de la néceſſité de les multiplier dans beaucoup d'occaſions ; d'ailleurs les avantages de ce canal ne ſe bornent point à un ſeul objet ; une bacnure ſert à l'écoulement des eaux, & par cette raiſon on la fait pencher du côté de la xhorre ; elle ſert en même temps au paſſage des Ouvriers & à l'exportation des denrées : ſon uſage eſt donc très-étendu & très-fréquent, & une bacnure ſe multiplie au beſoin, de dix en dix toiſes.

Quelques exemples acheveront d'éclaircir les idées priſes ſur les Planches

II , III , IV & V. Etant fuppofée une veine qui ne vient point *s'abouter* à la bûfe du bure, mais feulement à fon voifinage, il eft clair qu'à la faveur de la bacnure on parviendra à cette veine , & qu'on la travaillera par le bure.

On juge fans peine que l'on peut auffi quelquefois aller par bacnure d'une veine à une autre, *voyez* Planches **II , III , IV , V.** Enfin, quand les *levays d'eau* font très-forts, on eft auffi obligé d'aller-chercher la veine par cette communication , qui eft encore avantageufe pour aller travailler le refte d'une veine *fubmergée* , c'eft-à-dire , *non-xhorrée*.

On travaille auffi la veine fupérieure *d'aval-pendage* , foit par *borgne vallée* , foir par *gralle*, fur lefquelles on prend des *coiftreffes*; foit par *demi-gralles*, au fond defquelles on peut travailler une partie des relévements par des *montées* ou par *torrets*, afin que quand on a travaillé toute cette partie de veine, les eaux du bougnou & du pahage puiffent couler dans ces vuides réfultants de l'exploitation.

Le côté *d'amont-pendage* s'ouvre par des montées ; les roiffes fe travaillent par bacnure , le refte des relévements peut être travaillé par d'autres bures.

Dans les roiffes ou *Dreffans* , on travaille la veine au-deffus du niveau du bure par des montées prifes dix toifes les unes fur les autres ; & comme les Hiercheurs, lorfque le pendage eft trop précipité, auroient trop de peine à agir, à traîner leur fployon, on fait des demi-gralles, en coupant néanmoins le pendage à demi, afin de rendre la pente plus douce, & le chemin plus plat.

Dans fon fond on ménage un pahage pour les eaux de la demi-gralle.

Lorfque la nature du pendage oppofe un obftacle abfolu à l'extraction de ce qui eft éloigné, il faut travailler par *torret* ouvert dans le bure à la tête d'une grande vallée.

Eaux des ouvrages inférieurs.

C'eft dans les ouvrages inférieurs que fe rendent les eaux , & comme elles ne peuvent tomber plus bas, il s'y en fait néceffairement de très-grands amas ; on leur a ménagé des réfervoirs dès le commencement des travaux ; mais ces *paxhiffes* ne s'empliffent qu'à la longue, de maniere qu'en déchargeant ces eaux des ouvrages inférieurs fur une *tranche*, ou en les tirant par *xhorre del tinne*, on a le plus communément à peu-près le temps de travailler à fec les ouvrages fupérieurs, avant que ces endroits foient remplis ; ce qui fait dire aux Ouvriers : *Nos lairant waidi nos aewes d'inuin nos paxhifes, ou vis ovreges* : Nous laifferons repofer nos eaux dans nos paxhiffes ou vieux ouvrages.

Malgré ces *paxhiffes* & toutes les précautions réunies pour cet objet, il peut quelquefois fe faire que les vuides inférieurs fe rempliffent avant que les ouvrages foient achevés, & que les eaux remontent en affez grande quantité dans le bure pour apporter obftacle à l'exploitation de la veine fupérieure.

Le feul moyen affuré d'empêcher les eaux de fe rendre dans la bufe du bure, eft de les cuveler lorfque la nature du terrein le permet. *Cuveler les eaux* c'eft les arrêter au moyen de l'encaiffement en charpente dont on a vu la defcription *page 276*, & que l'on appelle *cuvellement* ou *cuvelage*, terme qui s'applique également à la veine.

Le volume d'eau que l'on retient par-là eft quelquefois tel, que fi on foroit un trou de tarré de dix-huit lignes dans un des madriers, le jet qui en fortiroit iroit prefqu'en ligne droite frapper la mahire oppofée.

Si, par exemple, avant d'aller travailler une *veine inférieure*, on en avoit travaillé une ou deux fupérieures, il faut, quand on veut venir à cette veine inférieure, condamner toutes les ouvertures qui auroient été faites dans la bufe du bure lors du travail des veines fupérieures : ce cuvelage étant établi dans la forme que nous avons décrite, les eaux qui font derriere ne trouvent point de jour pour fe décharger, & remontent néceffairement jufqu'au haut de ce *cuvelage*. Nous allons effayer d'éclaircir le tout par la Planche **XIX**.

La veine fupérieure *E E*, ayant été exploitée dans le bure *B*, avant la veine inférieure *G G*, cuvelez la veine *E E*, c'eft-à-dire, la bufe du bure par des cuves marquées en *F F*, & qu'il faut fuppofer aux quatres mahires; par ce moyen les eaux provenant des *montées* de cette veine *E E*, ne fubmergeront point la veine *G G*, puifqu'en remontant jufqu'en *D*, elles trouvent leur décharge en *C*, d'où elles fe rendent à l'œil de l'arcine *C*; & dès lors on peut travailler la veine inférieure *G G*.

Il eft des occafions où, n'y ayant pas de *verfement* au jour, ce prolongement de *cuve* doit être dans toute la profondeur du bure, même jufqu'à deux toifes au-deffus de la fuperficie : on s'eft vu forcé quelquefois à cet ouvrage pour des foffes ouvertes dansdes prairies, ou près du bord d'une riviere.

L'inconvénient dont nous nous occupons actuellement, provenant de la part des eaux qui remontent, arrive fur-tout quand dans le voifinage il fe trouve quelques *baignes* : dans ce cas très-dangereux pour les Ouvriers, & très-préjudiciable pour les travaux, on a recours à l'efpece de conftruction que nous avons nommée *platte-couve*. En fe rappellant en quoi confifte cet ouvrage de charpenterie, on fent que de cette maniere on travaille la veine fupérieure, fans que les eaux de la veine inférieure viennent remonter dans la bufe du bure, ce qui ne manqueroit pas d'arriver, fi la platte-couve n'y mettoit obftacle; c'eft ce qu'on a effayé de rendre fenfible par la Planche **XX**; on y peut voir qu'avec le temps les *paxhiffes* de la veine inférieure *B*, faits jufqu'en *D*, étant remplis, viendront à remonter en *F*; il feroit donc alors de toute impoffibilité d'approcher de la veine fupérieure *E*, par la bufe du bure *A A*; mais après qu'on a abandonné la veine *B D*, les eaux retenues par la *platte-couve* C, ne pourront remonter par la bufe du bure *A A*, plus haut que cette couve; & en conféquence, on pourra, fans craindre les eaux, travailler la veine *E* dans la bufe du bure.

Ouvrages d'Amont-pendage, comprenant la pourchasse des veines supérieures ou veines xhorrées, appellées aussi veines sur la main.

LES travaux qui viennent d'être décrits font presque la seule partie embarrassante d'une exploitation ; il n'est plus question que de venir aux veines supérieures, & tous les dangers contre lesquels il falloit sans cesse se prémunir dans la pourchasse des ouvrages d'aval-pendage, n'existent presque point dans ceux qui se font en amont, lorsqu'on a commencé par les veines xhorrées : cet article conséquemment sera fort court.

La premiere veine inférieure entiérement travaillée dessus & dessous les levays, on *remonte la main* pour venir à la hauteur du levay, & atteindre les veines supérieures afin de les exploiter.

Le tout se fait avec beaucoup moins d'incommodité de la part des eaux dans les montées & dans les coîstresses faites au-dessus du levay, parce qu'elles se portent d'elles-mêmes dans les paxhisses des ouvrages inférieurs.

Il peut cependant arriver qu'une veine soit xhorrée dans un bure, & ne le soit pas dans un autre qui seroit plus aval-pendage ; & une même veine peut encore dans un même bure être xhorrée dans sa partie supérieure, & non-xhorrée dans sa partie inférieure.

Les eaux des ouvrages supérieurs se déchargent par des trous de tarré, dans l'areine ou xhorre que l'on a *aboutée* d'une veine supérieure jusqu'à une veine inférieure, ou dans les vuides qui se rendent sur la xhorre.

Ces trous de tarré se font avec des attentions particulieres, & dans des directions relatives aux circonstances, dont les principales ont déja été indiquées à leur place, ou vont l'être bien-tôt.

La description suivie que l'on vient de voir de la conduite des ouvrages de Houillerie, est celle qui a lieu pour les veines régulieres & dans les circonstances qui se rencontrent le plus communément : si l'on a présent à l'esprit les différentes especes de pendages de veines & l'*anatomie* des terreins à houille qui a été exposée dans la premiere Partie, il sera facile de juger que ces régles générales dont nous venons de donner l'espece de succession, doivent nécessairement souffrir des changements selon les terreins, & dans plusieurs cas particuliers.

Il reste donc à faire connoître les travaux qui sont propres aux différentes especes de pendages, & nous terminerons par la façon d'exploiter le Charbon, lorsqu'il se rencontre quelques défectuosités dans ses veines. Comme on a dû remarquer qu'il est souvent nécessaire de procéder à la reconnoissance des degrés d'inclinaison que les veines suivent dans leur marche, ce seroit laisser imparfaite l'explication qui a été donnée Art. I, de la maniere de les désigner par *tiers*, par *quarts* ; & Art. II, des instruments de Mathématiques d'usage en Houillerie pour cet objet, que ne pas dire un mot de la façon de s'en servir : quoi qu'au reste il n'y ait point de Traité de Mathématiques, & fur-tout de Géométrie-Pratique, où l'on ne trouve les principes du nivellement.

Du Nivellement fouterrain.

Reconnoître le pendage d'une veine ou la pente des voyes fouterraines, mefurer la longueur de ces galleries, c'eft à quoi fe réduifent les opérations propres à ces Mines.

La plus ordinaire pour trouver la fituation, c'eft-à-dire, l'inclinaifon ou le pendage de la veine, confifte à *niveller*, c'eft-à-dire, à chercher la hauteur verticale des deux extrémités de la ligne, & ce *mefurage* s'appelle *Nivellement*; c'eft le feul objet de la Géométrie fouterraine, relatif à ces Mines. Les Houilleurs n'ont befoin que de favoir fi deux points font fur un plan horifontal, ou s'ils s'en écartent : rien de fi facile & de moins embarraffant que cet Art ; auffi pour réfoudre les triangles rectilignes, ils n'employent que des pratiques méchaniques.

Une regle, un niveau, & les inftruments que j'ai fait connoître Art. II, *page* 213, comme les principaux, & une échelle qu'ils s'établiffent, forment tout l'appareil qui leur fuffit.

Perfonne n'ignore qu'on appelle Echelles en Mathématique & en Géométrie, plufieurs lignes tirées fur des tablettes ou fur du papier, divifées en parties égales ou inégales. On fait en même temps combien ce moyen eft commode pour repréfenter en petit & dans leur jufte proportion, les toifes, les pieds, les pouces, la profondeur, la longueur, les diftances que l'on a pris fur le terrein.

L'échelle *C*, eft conftruite, comme on voit, de maniere que les parties qui la divifent font égales : à chaque extrémité de la ligne horifontale de toifes repréfentant le niveau, s'éleve une ligne perpendiculaire de toifes ou de pieds, de maniere qu'en portant la ligne horifontale autant de fois que l'on veut, on a une échelle du même nombre de toifes. *Voyez Pl.* XXVII.

Il eft facile de voir que lorfqu'une veine fuit fon pendage, le niveau de la voye ne change point de pofition, & que c'eft le contraire dans le cas oppofé ; ainfi dans un pendage régulier la veine pendante à tiers, on aura deux pieds, d'à-plomb ; à quart, un pied & demi ; quand elle pend à demi, on aura trois pieds fur la toife, & fi elle pend davantage on trouve toujours la même proportion.

Le fecond cas où l'échelle eft d'ufage, eft lorfqu'on veut mefurer les voyes fouterraines qui marchent obliquement ; c'eft ce qu'on appelle *dépendement*, pratique qui fera développée à l'article de la Jurifprudence, qui a recours à cette menfuration fouterraine pour reconnoître que les ouvrages font parvenus jufqu'à tel ou tel endroit.

Manieres de conduire les ouvrages dans les différents pendages de veines
& dans quelques occasions particulieres.

Travail des Platteures.

Ce pendage est le plus favorable de tous pour le produit d'une exploitation :
on n'a point tant à craindre de la part des eaux, & conséquemment on peut travailler ces veines plus long-temps ; il est d'ailleurs d'observation que cette marche sur un plan horisontal régulier, est communément dans toute espece de lits
& couches de terres ou mines, l'annonce d'une grande étendue.

Une autre circonstance très-importante, c'est que ces platteures fournissent en
tout avec abondance, que le charbon y est de la meilleure qualité, & qu'enfin
l'exploitation s'en fait avec un avantage décidé.

Dès le premier instant de l'entreprise, ces pendages présentent une facilité
qui n'est pas indifférente ; on n'est point dans le cas d'*avaler* les bures si profondément que pour les autres pendages : ils vont perpendiculairement en terre, &
le bougnou est profondé dans la pierre sous la veine.

L'étendue du trajet des platteures oblige de travailler ces pendages par parties
& selon des regles différentes, qui tiennent aux différents degrés de pente de la
platteure, & à quelques particularités dans lesquelles on va entrer.

Cette maîtresse fosse est ici à considérer pour des différences particulieres.

Les bures ouverts sur l'une ou sur l'autre partie d'une platteure, font, comme
la longueur de ce pendage, distingués entr'eux selon qu'ils tombent sur la *laye*
d'en-bas ou sur la tête du pendage : le bure profondé sur la partie montante,
s'appelle *fosse amont-pendage*, pour marquer la plus grande élévation de la veine ;
le bure cavé sur la partie *descendante*, se nomme *fosse aval-pendage*. Lorsque,
par exemple, *voyez Pl.* XXII, une fosse étant enfoncée dans un endroit égal,
quant à la superficie, la même veine qui se rencontre dans les deux fosses, se
trouve la plus éloignée ou plus près de cette superficie que dans l'autre fosse,
comme dans la figure 1 ; alors on dit qu'une fosse est *plus amont* ou plus *aval-
pendage*, que telle autre fosse ; la même expression s'applique aux ouvrages souterrains, gralles, tailles, &c.

On doit néanmoins faire attention que *l'amont* & *l'aval-pendage* ne doivent
pas se juger par la situation de la surface, attendu que souvent le penchant de la
veine est directement opposé en terre, & dans ce cas, on dit, que *l'endroit qui
est thier au jour, est vallée dans la veine.*

On commence d'abord par extraire toute la houille à une certaine hauteur,
commençant du *pied* ou du *fond* de la veine & remontant à la *tête* ; on laisse écouler les *aewes* dans les vuides qui deviennent inutiles, & cela se répete jusqu'à
l'entier

l'entier épuifement de la mine ; les platteures fe travaillent par *Bouxtays*, faits fur les niveaux du bure, *Pl.* I, & *Pl.* IV.

Lorfque les pendages font fort plats, on travaille la veine par *niveau*, *borgne niveau*, & une *montée* fur laquelle on prend des *coiftreffes de montées*.

Cette montée fe dilate auffi loin que l'ouvrage le permet, & fur elle on prend des coiftreffes de dix toifes en dix toifes.

Lorfque le pendage eft plus roiffe, on travaille la veine au-deffus du niveau du bure par des *montées* prifes à dix toifes les unes des autres.

Les niveaux pouffés à une longueur fuffifante & pourvus de pahages, on travaille la veine d'aval-pendage par *vallée* ; cette voye prife au-deffous du levay, en defcendant dans le lit même de la veine, a été décrite en général *page 261* ; on l'appelle auffi *droite vallée*, pour la diftinguer de celles que l'on fait boirgnir, & ordinairement *grande vallée*, quelquefois *vallée à cheval*, parce que l'extraction du Charbon qui en provient s'exécute par le hernaz à chevaux.

On a pu facilement reconnoître qu'il n'a pas été poffible dans les Planches XXVI & XXVII, de tracer la direction exacte de la vallée à fa naiffance au niveau du bure. Pour repréfenter le pendage en demi-platteure, & pour rendre fenfible tout ce qui appartient à ●ette autre taille principale, on n'a pu faire autrement que de la figurer comme une borgne vallée : cette néceffité a influé dans le plan fur la largeur des coiftreffes & des tailles de la vallée, auxquelles on doit fuppofer la même largeur que les coiftreffes & tailles de torret de la gralle qui eft à droite.

C'eft par la même raifon que les ferres d'entre les tailles n'ont pas la même épaiffeur qu'elles doivent avoir, & qu'enfin les borgnes vallées font repréfentées comme une droite vallée.

Pour ne point aggrandir mal-à-propos ces deux Planches, nous avons porté à part fur le haut de chacune, la gralle & les ouvrages de fa dépendance, qu'il faut rapprocher par le point C au point C, en allignement du pahage de la vallée.

Les points blancs tracés autour des tailles, expriment les trous de tarré forés pour reconnoître les endroits où il y a de l'eau, afin de garantir les Houilleurs & les ouvrages d'inondation.

Le petit fillon, laiffé en blanc à droite & à gauche du *bougnou*, *Pl.* XXVI, & d'un feul côté, *Pl.* XXVII, marque la place du *teyment* : on voudra bien fe rappeller, quant au *bougnou* repréfenté ici dans la veine pour le tableau de tout l'ouvrage, que ce puifard doit être dans le *flampe* de deffous la platteure.

Tous les quarrés, ou à peu-près de cette forme, laiffés auffi en blanc & ifolés, font les *ferres* ; ce qui les fépare de diftance en diftance, marque des *ferres refendues*.

Ce qui eft pointé eft *airage*, ou conduit pour l'air.

Exploitation des Veines en pendage de Roiſſes.

Pour bien entendre ce qui va être dit ſur le travail de ces veines, il eſt à pro‑
pos de revenir aux Planches II, III, IV & V, afin d'avoir bien préſente à l'idée
la façon de marcher des roiſſes. On voit d'abord que les pendages qui ſuccédent
à celui dont les veines tirent leur nom, ſe trouvent néceſſairement de plus en plus
enfoncées en terre; elles ſont en conſéquence ſujettes aux eaux dès qu'on a at‑
teint quelque profondeur; cet inconvénient en rendant leur travail plus difficile
& plus embarraſſant, ne laiſſe pas que d'effacer ou contrebalancer beaucoup le
mérite qu'ont ces veines, de donner du Charbon plus gras & d'une qualité plus
compacte que les platteures.

Comme la plupart du temps les roiſſes ſoppent au jour, *voyez* premiere Partie,
page 65, les Houilleurs Liégeois ſe comportent d'une maniere particuliere dès
le premier début de l'exploitation, dès l'enfoncement du bure.

Parce qu'il ſeroit difficile dans quelques veines de ce pendage d'arriver au pied
de la veine en profondant un bure à la maniere ordinaire, c'eſt‑à‑dire, à plomb,
on le fait tomber de biais dans le corps de la veine du milieu, en inclinant com‑
me elle, & on dit alors, que le *bure pitte*, va en *pittant*; dans ce cas le toît ſe
trouve converti en une haute muraille qui devient l'appui de la veine; alors il
s'appelle *Trouſſement*, ce qui proprement veut dire ſoutien; il a lui‑même be‑
ſoin à meſure qu'on avance le travail, d'être épaulé dans toute ſon étendue, afin
d'empêcher ſon écroulement.

Cette méthode de profonder la foſſe en pittant dans la veine, n'eſt point gé‑
néralement adoptée dans tous Pays; mais elle eſt d'uſage parmi les Houilleurs
Liégeois: on doit préſumer aſſez favorablement de leur grande expérience, pour
croire que s'ils n'ont pas encore changé ſur ce point, c'eſt qu'ils y ont conſtam‑
ment reconnu des avantages; & en effet il s'en préſente qui ne paroiſſent point
à négliger.

L'enfoncement de ce bure & ſa marche rampante dans la maſſe même de la
veine, mettent d'abord, & ſans grand embarras, en poſſeſſion du Charbon: on
ſe trouve en même temps à portée d'exploiter quand on voudra, de la maniere
que nous détaillerons dans un inſtant, les autres veines ſituées paralléolement dans
la même marche.

Dans les bures enfoncés ſur les roiſſes, lorſque l'on appréhende de tomber
ſur quelque bagne en faiſant un trou de tarré d'une veine ſupérieure à une veine
inférieure; ce trou doit, pour plus grande ſûreté, être fait en talu, ce qui s'ex‑
prime en diſant qu'on doit le *faire pitter hors de la mahire du bure*.

Les différents pendages qui ſe ſuccédent les uns aux autres dans ces veines,
ſelon les terreins qu'elles traverſent, donnent à juger que la conduite qu'il faut
tenir dans la pourchaſſe des ouvrages, doit également être variée.

Afin d'entendre les détails que nous allons expofer fur l'exploitation des pendages de roiffes, exprimés fur les Planches II, III, IV & V, nous appellerons *premiere veine*, celle qui le feroit effectivement, fi au lieu d'être d'à-plomb, elle marchoit davantage en platteure ; la veine de deffous, qui dans les Planches fe trouve celle du milieu, fera nommée *feconde*, & celle qui eft la plus inférieure, fera appellée la *troifieme*.

Le bure enfoncé, comme on le voit fur les roiffes de la Planche II, vient à rencontrer un pendage de *platture*; alors on profonde en pourfuivant dans la pierre jufqu'aux veines fituées inférieurement & parallélement ; lorfqu'on a atteint la veine plus inférieure, on la travaille dans le fond du bure par le levay.

La partie d'aval-pendage fe travaille par une vallée fur laquelle on prend des queftreffes; dans le cas où cette vallée rencontre un roiffe, une partie peut fe travailler par un bouxtay, qui eft ce petit bure repréfenté Planche IV, avec fon bougnou : on donne à droite & à gauche des coiftreffes à ce bouxtay, comme à un torret.

L'utilité dont ce petit bure eft dans le cas dont il s'agit, achevera de faire connoître complettement cette foffe fouterraine ; elle eft ordinairement profondée d'une vingtaine de toifes environ.

Au moyen de cette profondeur, on a la facilité de lever fur le bouxtay, comme on l'a dit *page 245*, quatre tailles ou quatre coiftreffes, deux d'un côté, deux de l'autre, femblables aux deux coiftreffes ou tailles du torret, mais qui fe travaillent d'une autre maniere.

Dans le fond de ce bouxtay on peut affeoir fur fa derniere queftreffe un fecond *bouxtay*, & de fuite encore un troifieme fi l'ouvrage le permet, de maniere que toute la platteure de roiffe fe trouve partagée en deux, trois, ou quatre portions.

La premiere veine, (qui eft cependant la feconde que l'on a rencontrée) étant travaillée, celle fur laquelle le bure eft profondé s'attaque par une *vallée*, en faifant, comme à la veine de deffous, des *bouxtays*.

Pour travailler la *veine fupérieure* au fond de la vallée, on fait une *bacnure* jufqu'à la roiffe qu'on travaille par *bouxtays*; & afin d'exploiter le refte de cette veine, on fait à l'endroit où la veine du milieu fe dévoye pour devenir pendage de platteure, deux niveaux ou levays, que l'on renouvelle de dix en dix toifes en remontant.

Les veines feconde & troifieme fe travaillent par *bacnures*, repréfentées en blanc, entre lefquelles on laiffe une diftance de dix toifes par chaque *bacnure* : on fait deux *tailles* ou *coiftreffes*, l'une d'un côté, l'autre de l'autre ; on pourfuit de même par des *bacnures*; & pour travailler le pendage de platture de la premiere veine, on fait à l'endroit où le pied de la roiffe fe forme en planeure un *torret* avec des tailles ou *coiftreffes* de deux côtés : dans le fond de ce *torret* on peut en prendre un fecond.

Pour travailler la continuation de ces trois veines, il faut profonder un fecond bure, repréfenté à la Planche II, traverfant les trois veines; fur la premiere qu'on rencontre, on defcend deux vallées aux deux côtés du bure ; à fon
fond, il atteint les platteures & pendages de platteures qui vont gagner la faille ,
& qui fe travaillent jufqu'à cette faille par une gralle fur laquelle on prend des
coiftreffes.

L'ouvrage des deux autres veines fe fait de même.

La derniere veine doit toujours, d'après les principes que nous avons établis,
être travaillée la premiere, afin de pouvoir y laiffer *pahe* ou *paître* les eaux.

La partie des veines, formant un angle aigu, peut fe travailler par une
vallée.

Les roiffes exprimées fur la Planche III, fe travaillent comme les précédentes par le bure profondé fur la veine du milieu, & par des vallées au fond defquelles on peut travailler par des *torrets*, *gralles* ou *demi-gralles*.

Si l'on rencontre les *roiffes*, on y peut faire des *bouxtays*.

Les trois demi-roiffes de la Planche IV, qui reprennent des pendages de
platteures, peuvent être atteintes par un bure traîné dans la veine du milieu *en
pittant*.

Lorfqu'on rencontre les platteures , elles fe travaillent par *vallées*, *torrets* ,
gralles & *demi-gralles* ; la troifieme veine peut fe travailler par *bouxtays*.

Ces pendages de platteure de la veine fe travaillent par *bouxtays*, faits fur les
niveaux du bure.

La premiere veine fe travaille par *bacnure*, & la partie des pendages de platteures par *torrets*, *gralles*, *demi-gralles*, qui fe commencent à l'endroit où cette
demi-roiffe fe dévoye pour fe former en platteure.

Les roiffes de la Planche V, peuvent fe travailler partie par le bure , commençant fur une roiffe qui rencontre, chemin faifant, le pendage de platteure ;
& qui eft profondé fur ce pendage jufqu'à la troifieme veine.

La partie d'aval-pendage fe travaille par des vallées, torrets, gralles ou demi-
gralles, au fond defquelles on peut travailler une partie des relévements par des
montées. Le côté d'amont-pendage s'ouvre par des montées. Les roiffes fe travaillent par bacneures. Le refte des relevements peut être travaillé par d'autres
bures.

Ce grand éloignement du pied des roiffes les plus enfoncées au principal
chargeage & à la fuperficie du jour , fait d'abord naître l'idée d'un retardement
confidérable & difpendieux à l'exportation , tant intérieure qu'extérieure , des
houilles qu'on a dégagées de la mine, ainfi que des eaux furabondantes qui fe
rencontrent dans ces ouvrages. L'induftrie la plus admirable par fa fimplicité ,
eft parvenue à faire concourir à cet enlevement les chevaux agiffants dans le
hernaz, pendant le même temps qu'ils enlevent le panier dans le bure. Nous
allons décrire la maniere dont s'exécute cette double opération.

Méthode

Maniere de profiter de la machine à chevaux pour enlever à la fois tous les Charbons d'une Houilliere, tant ceux qui proviennent des ouvrages d'amont, que ceux qui proviennent des ouvrages d'aval-pendage, & pour amener au Bougnou les eaux trop abondantes des Paxhiſſes.

Ce ne ſeroit point aſſez de faire avec art & dans toutes les regles dictées par les circonſtances, le *dépouillement* des veines dans leurs différents pendages ; il faut encore amener & tranſporter juſqu'au *jour* le Charbon qui en provient. Nulle difficulté pour toute la partie de cet Attelier ſouterrain qui avoiſine ces deux grandes voyes de traverſe, appellées *levays* ou *niveaux* : le maître bure établit un débouché aiſé à la ſuperficie ; mais la Houille arrachée avec plus de danger des endroits les plus éloignés en profondeur au-deſſous de ces levays, n'eſt point également à portée de cette foſſe d'extraction. Il ſuffit de jetter un coup d'œil ſur les Planches relatives à l'exploitation, pour voir tout l'avantage qu'on retire alors de la *vallée* ; car en même temps que cette voye eſt pour tous les ouvrages correſpondants au-deſſous des levays, ce que ces levays ſont pour les ouvrages qui en dépendent ; la *vallée* peut encore être regardée, pour cette partie d'une Houilliere, comme un ſecond bure traîné en pente au travers des ouvrages inférieurs.

Sous ce point de vue particulier, la *vallée* doit être enviſagée d'autant que la manœuvre d'extraction, ainſi qu'il eſt aiſé de juger, eſt différente de celle qui ſe fait par enlévement dans la longueur du bure. Cette deſcription forme un ſommaire de tous les ouvrages décrits chacun précédemment, tant ceux que l'on pourroit appeller *ouvrages des levays*, que ceux qu'on nomme *ouvrages de la vallée* : cet article ſe rapporte en entier à la Planche XXVII.

Le bougnou fait, & les chargeages achevés, on commence les deux voyes appellées niveaux de la *xhorre* ou du bure : on les dilate proportionnément à la nature du toît, *laiſſant la veine ſur les deux côtés*, afin que ſi en travaillant les niveaux & les montées, qui ſe prennent ſur ces deux voyes principales, les eaux exigeoient de faire des ferrements, on ſe trouvât à même d'en faire.

L'airage peut être conduit & embouté dans toute la largeur des niveaux du bure : nous avons expliqué *page 266*, la maniere d'y diſpoſer la conduite de l'air ; au moyen de cette ſéparation, on n'a beſoin de faire qu'un ferrement ſur un niveau du bure, ſans quoi il faut faire paſſer l'airage ſéparé des levays en y laiſſant des ferrements comme dans tous les autres ouvrages.

Dans les cas où les ſerres des ferrements forment des maſſifs bien épais, on y fait des chambrays ouverts à leur extrémité par des trous de tarré qui aſſurent la communication des eaux du pahage dans le bougnou, comme on l'a vu précédemment.

Les places des ferrements achevées fur les deux niveaux, on leve une montée fur chacun de ces levays à mefure qu'on les avance, dans le cas où il eft poffible de les travailler tous deux à la fois ; on pourfuit enfuite ces deux niveaux dans leur largeur, afin d'y faire les pahages communiquant au bougnou, en remontant toujours la main dans la pourchaffe des niveaux ; on abrége, s'il le faut, par la demi-montée, le chemin qu'occafionne la répétition des montées.

Les niveaux du bure pouffés auffi en avant que l'on veut, les veines d'amont fe laiffent en *ferres*, & on *travaille* celles d'aval-pendage par vallée, borgne-vallée, gralle, demi-gralle ou torret : les raifons de cette marche ont été données *pages 294 & 296.*

Pour bien régler & conduire une vallée dont tous les ouvrages font faits, il faut, lorfqu'on a laiffé la place des ferrements, defcendre la vallée avec fa taille feulement jufqu'à ce qu'on foit arrivé au point où l'on veut ; alors on fait un pahage, puis enfuite deux chargeages avec deux queftreffes & deux tailles.

Pendant qu'on travaille dans ces coiftreffes, & qu'on a pouffé en avant, le pendage décide des voyes qu'il convient de faire ; dans le cas où la pente eft douce, on fait des gralles, fi elle eft un peu trop forte, on fait des demi-gralle ; enfin fi le pendage eft trop confidérable, on enfonce des torrets par lefquels on travaille.

On fait dans ces bures fouterrains des petits pahages qui fe vuident, comme il a été dit *page* 278, (dans le cas où ce font les Hiercheurs) par le fecours des tinnes qu'ils vuident dans des ghyots pour aller les verfer dans le pahage de la vallée ; lorfqu'elles font xhorrées avec des pompes, ces petites machines à bras font placées dans le torret fi le terrein eft bon, finon dans un autre petit torret établi exprès à côté.

Lorfque par ces gralles, demi-gralles & torrets, on a épuifé la veine, on *remonte la main* en laiffant écouler les eaux dans les vuides de ces tailles qui ne feront plus fréquentées.

La veine entiérement travaillée par ces coiftreffes, elles font abandonnées à leur tour, on remonte & on fait les chargeages & coiftreffes qui ont été préparées pendant que l'on travailloit les queftreffes plus bas : les *genges & triguts* dont on peut avoir befoin dans toute cette pourchaffe, font portés dans les gralles, demi-gralles & torrets, afin de ne point avoir l'embarras frayeux de les enlever.

On continue toujours de cette façon à *remonter la main* plus haut, à mefure qu'on a travaillé ces coiftreffes inférieures, laiffant toujours écouler les eaux dans leurs vuides qui font abandonnés.

Il ne refte plus actuellement que d'inftruire de la maniere dont fe fait l'importation de tout le Charbon réfultant des *ouvrages de vallée*, c'eft-à-dire, de toutes les tailles dont la vallée eft comme la maîtreffe branche ou le tronc. *Voyez* *Pl.* XXVI & XXVII.

La diftance qui fe trouve du fond du bure au fond de la vallée, exige que fous la longue mahire où eft prife cette voye, c'eft-à-dire, aux chargeages des niveaux du bure, on applique une force mouvante qui agiffe par celle du hernaz placé à la fuperficie, en même temps qu'il enleve la coufade.

C'eft l'affaire du moufle, appellé *chat*, dont nous avons donné la defcription en faifant connoître les matériaux de Charpenterie *page* 268, & *Pl.* XIV.

Nous avons ici à le confidérer dans fes détails, afin d'en faire mieux fentir le jeu, qui cependant eft bien fimple.

Il doit y avoir quelques différences dans la pofition de ce *chat*, felon les pendages.

Plus la veine eft *platte*, plus le chat doit être bas; plus elle eft *roiffe*, plus le chat doit être haut, & alors le *rolle* doit être de niveau.

Lorfqu'on travaille une *platture*, un rolle de chat fuffit.

Pour les veines *roiffes*, comme ce pendage s'éloigne davantage de la force mouvante, il faut deux rolles au chat.

Avant d'en venir à l'effet de cette machine, il convient de prendre l'idée du refte de fon appareil; j'appelle ainfi les chiefs qui doivent jouer fur les *rolles*, qu'on nomme *chaîne de vallée*, & les uftenfiles qui s'y attachent pour en rapporter les denrées.

La chaîne qui va dans la vallée, s'appelle *Cowette* ou *chaîne de vallée*; elle doit avoir un membre plus grand & plus large que l'autre.

Les uftenfiles, comme *vay*, *ghyot*, nommés alors *voitures de vallée*, prennent le nom de *cowée*, lorfqu'ils font attachés les uns à la fuite des autres, comme on le voit en partie Planche XXI, & comme on le voit encore Planches XXVI & XXVII: on doit fe rappeller ici qu'outre ceux qui font au fond de la vallée, il y en a toujours de tout prêts au chargeage principal.

Toute la *cowée* arrivée à la bufe du bure, on enleve ce qu'apporte le *vay*, pour le recharger fur la *coufade* qui doit être enlevée par le bure.

Tandis qu'on eft occupé à cette befogne, on fe débarraffe auffi de ce qu'a rapporté le *ghyot*; on ôte les chevilles qui bouchoient ce tonneau, & les eaux s'écoulent dans le bougnou.

A mefure que les chevaux tournent le hernaz, la *coufade* defcend, & toute la *cowée* monte en proportion & en même temps dans la vallée, de maniere que quand la *coufade* defcendante eft arrivée au fond du bure, les autres venants du fond de la vallée ne tardent pas d'arriver auffi au chargeage; & afin de ne point arrêter le hernaz, on détache la coufade auffi-tôt qu'elle touche à terre pour attacher au chief le *trait* qui eft tout prêt.

De même pendant que ce nouveau *trait* remonte, celui qui vient de refter au fond du bure après avoir été détaché du chief, redefcend la vallée accompagné du *vay* & du *ghyot* vuides, auxquels on en va fubftituer d'autres tout chargés & prêts à remonter quand la coufade redefcendra.

Pour les ghyots on n'a point cet embarras ; car fi-tôt qu'ils font arrivés au fond de la vallée, on les pouffe dans le pahage, & ils s'empliffent au moyen de la petite fenêtre que nous avons fait remarquer à fa partie de derriere.

Lorfqu'on eft remonté jufqu'au milieu de la vallée, c'eft-à-dire, que la vallée n'eft, comme on dit, pouffée *qu'un plomb de bure bas* ; on peut, fi l'on veut faire plus d'ouvrage & ne point faire tourner inutilement les chevaux aux hernaz, faire monter deux fois la voiture de la vallée pendant le temps que la coufade ou le panier redefcendent dans le bure : voici la maniere dont on s'y prend, qui a encore cet avantage que les chevaux n'ont pour lors que des demi-voitures de vallée à enlever.

Voulant donc faire deux voyages de vallée pendant que la coufade redefcend, il faut placer au milieu de la chaîne de la vallée le membre plus grand dont nous avons parlé, afin de pouvoir y attacher la *voiture de la vallée* ; au moyen de cette difpofition, lorfque la coufade eft defcendue jufqu'à mi-chemin du bure, la voiture de la vallée eft arrivée dans le chargeage du bure, & le bout de la chaîne de la vallée eft encore dans le chargeage de la vallée : à ce bout de chaîne on attache une autre voiture qui arrive au bure, comme fi elle venoit du fond de la vallée immédiatement après que la coufade eft defcendue.

S'il s'agit d'une vallée, ayant, comme ils difent, *deux plombs de bure*, c'eft-à-dire, n'ayant qu'un plomb de bure, & d'en amener les denrées, voici ▋rocédé.

Il faut premiérement que le chief n'ait de longueur que ce qu'il en faut pour aller & venir du fond du bure à la fuperficie du jour, avec deux crochets à fes extrémités, comme fi la vallée n'étoit que d'un plomb de bure.

Secondement, la *cowette* ou chaîne de vallée doit être de la longueur de la vallée, mais divifée en deux parties égales, afin qu'on puiffe féparer ou réunir à volonté ces deux parties.

Enfin, on fait auffi monter dans le *chat* deux rolles, difpofées comme le montre la *Pl.* XXI, de maniere que la chaîne puiffe tourner d'abord fur l'une, enfuite fur l'autre *rolle*.

Veut-on faire arriver de cette vallée un *trait*, on commence par attacher les deux *cowettes* l'une à l'autre par un crochet & un fort anneau : par ce moyen elles ne forment enfemble qu'un feul *chief* qui eft le *faux membre*, traînant du fond de la vallée jufqu'au bure.

Il faut pareillement accrocher avec ces cowettes le chief du bure, en le fai-fant paffer derriere une des deux rolles du chat ; alors on donne avec la *fonnette* le fignal pour faire aller les chevaux, jufqu'à ce que la coufade defcendante foit arrivée dans le chargeage du bure ; on avertit alors de nouveau par le moyen de la fonnette d'arrêter les chevaux ; pour lors la voiture eft montée de la vallée un plomb de bure, & un bout de la *cowette* eft arrivé au jour : on fait retourner les chevaux, on détache fur le champ la *cowette* attachée par le milieu ; on rattache la partie reſtante dans la vallée à l'autre côté du chief qui a deſcendu la *coufade*, le faiſant paſſer derriere l'autre *rolle* du *chat de vallée*.

Cette *cowette* eſt tirée en haut par le même méchaniſme que l'autre : arrivée au jour, la voiture ſe trouve auſſi arrivée au bure ; alors on attache le trait au bout du chief qui a deſcendu la premiere *cowette* tirée ; à meſure que ce trait monte, la ſeconde *cowette* deſcend, tellement que lorſque le trait eſt arrivé au haut du bure, la ſeconde *cowette* tirée arrive par un bout au milieu de la vallée ; là elle eſt ſur le champ attachée à l'autre moitié, qui pendant ce temps a été traînée par un bout juſqu'au fond de la vallée ; ce qui fait que les *cowettes* tournent conti- nuellement.

Travail des Veines défectueuſes.

En décrivant dans la premiere Partie de cet Ouvrage la compoſition de l'en- veloppe des veines, nous avons compris ſous un titre ſéparé, *page 56*, les acci- dents qui ſe rencontrent ordinairement dans cette partie des Mines de Charbon ; nous y avons fait voir de combien de manieres cette enveloppe peut influer ſur les veines qui y ſont renfermées ; il en réſulte néceſſairement une différence pour les travaux de l'exploitation : c'eſt par où ſe terminera cette Partie-pratique de l'Art de Houillerie, conformément aux regles du pays de Liege.

Pourchaſſes des ouvrages, quand les veines ſe trouvent interrompues.

Nous avons décrit les travaux des veines en les ſuppoſant régulieres, & par conſéquent ſuivis ſans autres difficultés que celles qui proviennent des eaux : les différentes eſpeces de diſcontinuités des veines, (*voyez* Art. I, Sect. VIII, de la premiere Partie,) comportent des pratiques & des méthodes relatives aux différents dérangements qui ſe rencontrent dans les veines.

Les obſtacles les plus conſidérables, à raiſon de leur dureté, de leur étendue, ſont les *failles* qui font faire à la veine un *rihoppement*. Voyez *page 64* ; il s'en trouve de ſoixante toiſes de niveau, & de cinq à ſix cents pieds d'épaiſſeur ; ces différences, l'inclinaiſon même de ces maſſes de roches, influent ſur les rihop- pements de la veine renaiſſante au-delà de la faille, & ſur la maniere d'en re- prendre le travail à raiſon de leur hauteur ; il s'eſt vu de ces rihoppements de veine en haut de quatorze toiſes de plomb : on les appelle en général *Saut*, *Soo*.

A raiſon de leur épaiſſeur, la veine peut quelquefois ne ſe retrouver qu'à cinq cents pas au-delà de la faille.

Enfin, pour ce qui eſt du dérangement de la ligne de niveau, que la faille produit dans la veine, il ne faut pas ignorer que ſi elle s'incline du côté du cou- chant, la veine ne peut ſe rihoppe qu'en *ſaut de mouton*, c'eſt-à-dire ſe relevant.

Si la faille retombe ou ſe renfonce, la veine au lieu de *faire ſaut* en haut, s'ab- baiſſera. *Voyez Pl.* XII, de la premiere Partie, *Fig.* 2.

Celle de ces situations la plus avantageuse & la plus à souhaiter, est le rihoppement en bas, ou comme disent les Ouvriers, retrouver la veine *sous le pied*, parce que la veine remontant d'un plus grand enfoncement, peut être pourchassée plus long-temps avant qu'on atteigne le *soppement*.

Quelquefois la veine n'est pas entiérement séparée par la faille ; & c'est ici qu'il faut se rappeller ce que nous avons rapporté Section VIII, de la premiere Partie, *page 63*, de la marche des veines, toujours accompagnées des mêmes couches ou lits terreux ou pierreux ; c'est sur l'examen de ces bandes qui avoisinent l'autre côté de la faille, que porte la maniere de retrouver le Charbon, dans le cas dont nous parlons.

Quelque part qu'on aille reprendre la continuation d'une veine de Houille, soit de l'autre côté d'une riviere, soit de l'autre côté d'un vallon, on retrouve les mêmes lits terreux qui l'avoisinoient dans la portion opposée : c'est la même chose pour la *laye* d'une veine située de l'autre côté d'une faille ; si donc on y reconnoît la même espece de lits pierreux, ou de couches terreuses, ou la même espece de Charbon que l'on avoit à la veine qui est perdue, on est assuré de retrouver le Charbon à la même hauteur de la position de ces matieres environnantes.

On s'est vu plus d'une fois, lorsqu'une veine s'est trouvé coupée par une faille, assez heureux pour rencontrer au-dessous d'elle une *veinette* qui l'accompagnoit, & d'avoir eu par-là une certitude que la grande veinette ou veine principale qui étoit perdue, devoit se retrouver à quelque distance en arriere.

Quand cela arrive, la direction & l'élévation de ces couches homogenes, dirigent sûrement dans ce que l'on a à faire pour l'exploitation.

Si en perçant un burtay au-delà de la faille, on venoit à reconnoître où se reporte la veine, la premiere idée qui se présente seroit de percer cette faille avec le fer, ou de s'y faire jour par la poudre à canon ; mais on sent l'incertitude de ces moyens, vu l'épaisseur quelquefois considérable de cet obstacle, & par rapport à la nature de ces rocs qui résistent aux outils ; les Ouvriers sont obligés de chercher de l'autre côté ce qu'est devenue la veine qui ne se retrouve quelquefois qu'à une très-grande distance de la faille.

Cette perquisition est donc de tous les ouvrages le plus important ; elle demande beaucoup d'intelligence & d'attention, tout au moins une grande expérience, ou l'un & l'autre réunis ensemble.

Pour n'être pas arrêté par cet embarras qui est très-considérable, il est un guide sûr & bien connu des Ouvriers ; mais il ne paroît pas l'être bien exactement de ceux qui ont suivi les opérations de Mines, & qui en ont écrit ; personne n'en a rien dit de positif. M. Lehmann a bien parlé du *Wegweiser* ou guide, *voyez* premiere Partie, *page 222, 225, 226* ; mais ce n'est point dans le cas dont il s'agit. Cet article est néanmoins d'autant plus intéressant, que je ferois porté à croire que ce *guide* des veines de Houille perdues, pourroit fe trouver de même dans les Mines métalliques. L'Auteur de l'Extrait du troifieme chapitre de *Lehmann* fur l'exploitation des Mines en filons, inféré dans le Dictionnaire Encyclopédique au mot *filon*, s'eft contenté de dire, *qu'il faut alors faire attention aux différentes couches de la montagne, & aux changemens qui ont dû y arriver pour caufer la perte des filons.* Il n'eft perfonne qui ne voye tout ce qu'on a laiffé à défirer dans cet avertiffement. M. *Triewald*, dans fon Mémoire fur les *parois* ou *failles*, a négligé auffi de répandre des lumieres fur ce point; il dit feulement qu'il faut s'attacher à ce *guide*, nommé par les Anglois *Wife*, & qu'il appelle *indice du parois*: je m'expliquerai d'une maniere fatisfaifante pour ceux qui, travaillant une mine de houille, pourroient fe trouver dans le cas d'avoir à rechercher une veine égarée.

On a vu, premiere Partie, Article VIII, que toute veine qui devient irréguliere, c'eft-à-dire, qui eft prête de fe difcontinuer, s'amincit par degrés de plus en plus: une veine qui approche une *faille* fe trouve ordinairement rétrécie dans fon épaiffeur, au point d'être réduite à un filet de quelques lignes, & d'être par conféquent imperceptible: on juge combien cette trace, qui n'a l'apparence que d'un cheveu, eft difficile à fuivre dans le *deie*, fans lequel ce petit filet charbonneux (appellé à Dalem, *lyon*, *guide*), ne va jamais: fi on ne l'examine pas avec un œil très-attentif, on confond aifément enfemble ces deux parties extrémement fines, & qui fe rapprochent beaucoup par la couleur. M. Blaife, alors Directeur des Mines d'Aix-la-Chapelle, m'en fit voir un échantillon que j'ai dans ma collection.

Le *Deie* peut être feul fans le *lyon*; mais ce dernier accompagne toujours le deie, & eft couché deffus ou deffous. Quand c'eft platteure, le lyon eft couché deffus, & quand c'eft roiffe, il eft un peu incliné deffus, & debout; quand la veine eft en dreffant, il eft droit & à plomb.

C'eft donc toujours, ou ce lyon ou le *deie*, quand ils font enfemble, qui fervent à fe reconnoître; fi on vient à perdre le *lyon*, on s'attache bien à obferver le *deie* qui ne manque jamais, & on ne s'embarraffe en aucune façon du toît de la veine.

Ce *lyon* ou le *deie* aident auffi à juger du rihoppement de la veine en-haut ou en-bas, de l'autre côté où elle doit fe retrouver.

Dans le cas où elle rihoppera en fe renfonçant & marchant du couchant au levant, il faut alors, pour tourner le leveau, tourner à gauche.

Dans le cas où c'eft rihoppement en relevant, il faut tourner à droite, en examinant toujours à chaque coup de pic ce que cette manœuvre fait appercevoir, afin de ne point s'égarer du deie qui eft le lit de la veine.

Avant de percer la faille, on doit s'attacher à ce veftige obfcur du rihoppement en-haut ou en-bas, & le fuivre avec attention pour conduire le *maxhais* felon que ce filet imperceptible s'éleve ou s'enfonce.

De la conduite particuliere à tenir dans l'exploitation, relativement
aux principales défectuosités du toît des veines.

Dans le deie, & de temps en temps dans le toît, se rencontrent des marrons, gros & petits, bien polis, de couleur noirâtre, qui font feu contre l'acier & gâtent les outils; ces clous dont nous avons parlé *page 62*, font appellés à Houfe pays de Dalem, *Klavays*, *Koyons de chien*; lorsqu'ils font d'un très-grand volume, on les y nomme *Koumailles*.

La maniere dont ces brouillages noueux font chatonnés dans l'épaisseur du toît, rassure en général suffisamment contre la crainte que l'on seroit fondé à avoir fans cela, qu'ils ne viennent à se détacher, ce qui, tout au moins, dérangeroit prodigieusement les ouvrages, en entraînant dans leur chûte des ruines très-considérables de tout ce qui les avoisine. Quoique cet inconvénient semble devoir arriver rarement, il seroit imprudent de ne jamais prendre de précautions à cet égard: parmi ces nœuds aussi effrayants qu'ils font dangereux, il en est sur-tout une espece dont la forme & la maniere dont il est implanté, suffisent pour décider la nécessité de mettre empêchement à sa chûte, qui seroit capable de blesser ou d'écraser les Ouvriers; son volume qui par fois est considérable, au point d'avoir jusqu'à sept ou huit pieds de diametre, sa figure pyriforme, la position de sa pointe en-haut, ont fait donner dans les Mînes de Dalem le nom de *cloche* à cette Koumaille singuliere.

Lorsqu'on en rencontre, il faut tâter le toît avec le *pic*, pour reconnoître sa nature, sa consistance & sa qualité, & selon ce qu'on trouve, il est indispensable d'étançonner directement à l'endroit où est la cloche en avant & en arriere.

Quand la veine est coupée ou interrompue par un banc de schite ou de pierre calcaire, ce que nous avons nommé *Krin*, & qu'on appelle au Pays de la Reine *debauchement*, on commence avant tout par détruire ces brouillages, on étaye l'endroit où ils étoient, ensuite on reprend l'exploitation; & comme on a dilaté sous la main, les eaux s'en retournent du côté de l'areine par les vieux ouvrés.

Travail par basse taille, ou *exploitation des Veines qui ont peu d'épaisseur.*

Quoique les veines de peu d'épaisseur ne méritent gueres la peine d'être travaillées, néanmoins lorsqu'on ne veut point les négliger, on en arrache le plus de veine que l'on peut, en y remettant à mesure une partie des triguts pour épargner le bois, ou bien on étançonne avec des roisses, & on tire la veine au jour en se procurant sur-tout une décharge pour les eaux qui ont plus besoin d'écoulement dans ces veines que dans les autres.

Il arrive encore de rencontrer des veines de l'espece nommée *Mavassdeie*,

(voyez

(voyez page 83, de la premiere Partie;) on a voulu sans doute exprimer par-là une veine dont le toît est mauvais; cette défectuosité peut tenir à la nature peu solide du toît ou aux *copes*.

Ce que l'on doit observer lorsqu'on veut exploiter ces sortes de veines, c'est de multiplier les *serres* & de les rapprocher les unes des autres; il y auroit de la témérité de faire dans ces veines aucune poursuite & course d'ouvrages, sans laisser de trois en trois pieds de *bonnes serres*, que l'on exploiteroit ensuite en revenant.

Mines par Tombes.

Dans la partie du Recueil de M. de Louvrex, relative aux Houilleries, & que j'ai eu soin d'adapter en entier à mon Ouvrage, l'Auteur fait une simple men-tion de Mines, appellées sans doute par les anciens Houilleurs, du nom que je conserve ici, *lesquelles ne forment point entre deux lits de pierre une couche re-marquable par sa continuité.*

L'expression *antique*, quoique peu recherchée, & ce qu'a ajouté l'Auteur; donne sur le champ une idée claire & distincte de ces Mines; elle les différen-cie complettement de celles que j'appelle *Mines par veines*, dont je me suis occupé uniquement dans tout cet Ouvrage.

Ces Mines enterrées ou *par tombes*, sont celles qui sont aujourd'hui connues, tant au pays de Liege qu'ailleurs, sous le nom de *Bouyaz*, dont j'ai dit un mot lorsque j'ai parlé en général des différentes sortes de mines. *Voyez* page 68.

Ces especes de magasins naturels de Houille, ne sont pas toujours d'une aussi grande importance que les mines par veines; ils ne comportent pas tous également le même art dans leur exploitation; ils méritent cependant place dans un Ouvrage tel que celui-ci : on verra qu'à raison de l'étendue plus ou moins considérable du terrein qu'ils occupent, on pourroit établir parmi ces Mines plusieurs sous-divisions, & qu'elles peuvent quelquefois être comptées parmi les richesses réelles d'une Province. Mais une considération parti-culiere, sous laquelle je me bornerai à les envisager ici sommairement, c'est que ces Mines enterrées ou *par tombes*, très-communes dans le voisinage des Mines par veines régulieres dont elles ne sont que des portions détachées, sont sujet-tes à être rencontrées en même temps qu'on travaille ces Mines de premiere qualité, formantes un chapelet qu'il seroit possible de suivre à la trace. Une chose même intéressante à observer, c'est que ces *bouyaz* sont si bien des détachements de veines, qu'il arrive quelquefois de les rencontrer en suivant attentivement le *lyon* d'une veine perdue, & qu'ils tiennent d'un autre côté à un autre lyon qui reconduit à la veine; dans ces occasions, on a remarqué que ce noyau a pour l'ordinaire la même épaisseur que la veine dont il est égaré : nous ne négligerons donc point dans la suite de cet Ouvrage de faire connoître ce genre de Mines dans toutes ses différences.

Reprifes d'un vieux Bure.

Lorfqu'on fe remet à d'anciens ouvrages qui avoient été abandonnés, les opérations qu'emporte cette reprife, font renfermées dans les expreffions *ratteler, redifcombrer un vieil bure* : quelquefois on donne à la foffe plus d'étendue qu'elle
n'en avoit ; cela s'appelle alors *rexhaver une foffe* : quand on ne fait que
nettoyer le vieux bure, on fe fert du terme *difcombrer*. La recherche ou la *conquête* de ces vieux ouvrages, & des piliers, ferres ou vieux ftappes qu'on y
avoit laiffés, eft défignée par l'expreffion *rapeyter*.

Si alors on retrouve des veines qu'on avoit laiffées , on renettoye la xhorre ,
& felon le cas, on *l'aboute* comme il a été dit *page 280.*

ARTICLE SIXIEME.

Coutumes & ufages de Houillerie.

D ES ouvrages de la nature de ceux que l'on vient de décrire, qui changent
& dérangent beaucoup tout un terrein, tant en deffus qu'en deffous, donnent
néceffairement dans tout le temps de leur durée, occafion à des prétentions ou
des méfintelligences de diverfes efpeces entre les Co-propriétaires d'un même
terrein où fe fait l'entreprife, & les Affociés dans l'exploitation.

Il n'eft pas d'endroits fouillés pour l'extraction de minéraux, qui ne donnent
matiere à des conteftations, fouvent auffi difficiles à inftruire qu'à juger, lorfqu'elles portent fur des points dont il faut aller chercher le nœud dans l'obfcurité des
routes fouterraines.

Les Mines du pays de Liege n'ont pas le privilege d'être plus que celles des
autres Souverainetés, exemptes de ces inconvéniens attachés à toutes les fouilles fouterraines pour la recherche des minéraux; mais la fageffe du Gouvernement a fu, par des loix courtes, fixes & précifes , obvier à la fréquence des
procès fur cette matiere ; ces Réglemens ont auffi l'avantage de bannir de ces
conteftations les lenteurs que l'avarice & la mauvaife foi cherchent toujours à
appeller à leur fecours, & on fent tout le préjudice qui en réfulteroit pour le
Pays & le Particulier. On reconnoîtra dans ces Réglemens qui vont fuivre , que
la raifon & la droiture ont mis un prix raifonnable aux chofes, ont balancé avec
un heureux fuccès les intérêts des Particuliers , & ont affuré à chacun la libre
poffeffion de fes biens, de fes héritages & de fes droits.

Je crois devoir faire remarquer qu'on doit être prévenu d'autant plus favorablement fur cette Jurifprudence de Houillerie fuivie dans le pays de Liege ,
qu'elle eft le réfultat d'un travail férieux fait par commiffion des trois Ordres
qui compofent l'Etat. C'eft à la fuite de ce travail qu'eft émané le Concordat
intitulé, *Paix de S. Jacques*, en 1487, ratifié par le Prince Jean de Horne ,

dont quelques points ont enſuite été expliqués par différentes décifions de MM. les Echevins de la Souveraine Juſtice de Liege en 1439, par pluſieurs Sentences de la Juriſdiction du Charbonnage, & quelques Edits de Princes de Liege.

La Police de l'exercice du métier, dans toutes les parties qui en dépendent, eſt aſſurée par des Réglements très-circonſtanciés. Ces Statuts marqués au coin de l'attention la plus réfléchie pour le bien & pour l'encouragement des Compagnons Houilleurs, pour obvier aux fraudes, aux monopoles, & autres abus dans la vente, donneront à juſte titre de la Police de Liege, une idée fort différente de celle qu'en ont voulu donner quelques Voyageurs mal inſtruits.

Ce que l'on peut dire, c'eſt que les Liégeois, par la ſageſſe de ces Réglements, éprouvent à leur grand avantage, la vérité de ce que dit Héſiode dans ſa Théogonie, que la Juſtice fait proſpérer les ouvrages & le travail des hommes.

Cette matiere qui comporte un article intéreſſant dans le pays de Liege, & dont les Etrangers peuvent faire leur profit, ſera traitée ici dans tous ſes points, afin de former un corps complet de Houillerie; il pourra ſervir de baſe & de comparaiſon à ce qui y a rapport dans les autres Pays. M. de Louvrex a inſéré ces Statuts dans ſon Ouvrage (1) Partie II, Chapitre XXV, ſeconde Edition. Pour embraſſer l'enſemble ſous un coup d'œil, & y retrouver tout ce que renferme chaque article, j'ai diſpoſé le tout dans un ordre plus commode.

Je diviſerai cet article en trois parties; dans la premiere, je décrirai la Juriſprudence qui s'obſerve pour les travaux de Houillerie; dans la ſeconde, je ferai connoître les Statuts de Police ſur l'exercice du métier, les différentes charges & fonctions qui concernent les ouvrages de la ſuperficie, les Offices de Houillerie relatifs aux travaux intérieurs; & dans le troiſieme, je donnerai un tableau des meſures & des prix du Charbon.

Cour des Jurés ou Echevins du Charbonnage.

Fonctions, Obligations & Droits de ces Juges.

IL eſt conſtant par les anciens *Records* (2) du Pays, que l'on y exploitoit déja pluſieurs Mines de *Houille* au treizieme ſiecle: la Juriſdiction primitive & ordinaire qui connoît en premiere inſtance des cauſes touchant la Houillerie & matieres de Mines, y eſt preſqu'auſſi ancienne que la découverte de ce foſſile; les Juges qui l'exercent ſont nommés *Jurés du Charbonnage.*

---

(1) Sous ce titre, *Coutumes & Uſages de Houillerie*, confirmés par la Paix de S. Jacques, de l'an 1487.

(2) Déclarations, Atteſtations de Juſtice.

Ce font proprement les gens des Seigneurs Echevins; on appelle de leur Sentence aux Echevins, & en dernier reffort au Conseil privé, fans qu'il foit permis d'interjetter appel, ni propofer caufes de nullité de ces Jugements.

C'eft un privilege particulier donné à la ville de Liege par l'Empereur Maximilien II. Ce Prince ainfi qu'il le déclare dans fon Diplome du 21 Juillet 1571, jugeant *que les caufes fur le fait de Houillerie, ne fe peuvent décider le plus fouvent fans infpection oculaire des ouvrages, ni fans defcendre dans les foffes fouterraines d'où l'on extrait le Charbon pour les vifiter, enforte qu'il n'appartient point indifféremment à tout le monde de prendre une jufte information de ces difputes, & même que les caufes font le plus fouvent de nature à requérir des provifions dout l'exécution ne puiffe être empéchée par aucune oppofition; leurs fufpens entraînant le plus ordinairement & le plus fouvent un grand péril, a voulu qu'il ne foit permis à perfonne, en quelque cas que ce foit, d'appeller des Sentences de l'Evêque & de fon Confeil, ni propofer caufes de nullité dans toutes les affaires où il s'agira du droit ou non droit de fouiller & tirer des Charbons, appellés vulgairement Houilles, comme dans celles qui regarderont les cens & redevances dues à raifon dudit droit de terrage, ou de l'ufage des canaux fouterrains fervant à la décharge des eaux, & dans toutes autres caufes quelles qu'elles foient, concernant le droit & l'art de tirer lefdits Charbons, ou les foffes mêmes & leurs ouvrages, ou qui felon les droits & coutumes, appartiennent à la connoiffance & Jurifdiction defdits Jurés du Charbonnage.*

Dans l'origine, ce Tribunal des Jurés du Charbonnage n'étoit compofé que de quatre perfonnes, aujourd'hui il eft compofé de fept Juges; la Paix de S. Jacques a pourvu à ce que cette augmentation néceffaire n'augmentât point les frais qui regarderoient les Parties.

L'article XV porte que les droits pour exploits & autres fonctions, demeureront les mêmes que fi les Jurés n'étoient que quatre.

Par les articles XVI, XVIII, XIX, ils ne peuvent, pour quelque chofe que ce foit de ce qui eft de leur Charge, prendre qu'un *patard*; & pour vacations particulieres, deux *patards* & demi chacun; dans quelques cas, *trois gros*.

Un Recès (1) du 15 Janvier 1687, leur donne pour Affeffeurs pour vuider les procès, deux *Prélocuteurs* ou Procureurs, qui dans les cas où cette Cour du Charbonnage feroit partagée dans fon avis, ont conjointement voix délibérative: ces deux Commiffaires font tenus de fe contenter d'un honoraire modéré.

Par l'article XXI, ils font obligés de donner records toutes les fois qu'ils en font requis, & de n'exiger pour cela qu'*un gros*; & dans le cas où ils auroient à délivrer une expédition fcellée, ils ne peuvent demander que fept gros.

---

(1) Le mot Allemand *Reifch*, défigne le Regiftre des délibérations; l'acte qui contient une réfolution prife, fe rédige avant que l'affemblée fe retire, d'où eft venu le terme *Recès, Receffus*; de *Recedere*.

Les droits des Jurés fur l'enfoncement d'une nouvelle foffe, n'ont lieu, par l'article IV du Recès du 15 Janvier 1687, que quand on eft parvenu à la *veinette*, & à toutes les *deies* d'autres veines, fur lefquelles peut couler le niveau d'eau de quelqu'areine : du refte, par l'article **XXIV**, *de la Paix de S. Jacques*, ils ne peuvent fe mêler d'aucune difcuffion pour dettes, conventions particulieres ou marchés.

Dans le cas où les Parties confentent que les Jurés décident par eux-mêmes, les frais qui réfulteroient de la néceffité de demander *recharge* ou avis, tombent fur les Jurés.

Si la chofe exige d'eux qu'ils prennent *recharge*, ils ne peuvent demander aucuns droits aux Parties ; s'ils font obligés de prendre une *demi-recharge*, il leur revient de droit trois gros pour chacun, & trois gros pour le Clerc.

Les différentes manieres d'obtenir de la Cour du Charbonnage les enfeignemments de Juftice, atteftations, déclarations ou permiffions, feront fpécifiées chacune aux articles auxquelles elles fe rapportent.

Pour obvier à toute efpece d'injuftice ou de malverfation de la part des Jurés & Echevins du Charbonnage, l'Article XIII de la *Paix de S. Jacques*, ne permet à aucun d'eux d'acheter & d'acquérir des Houillieres fous quelque prétexte que ce foit, même par donation, ni d'y être intéreffés en aucune façon. Ils ne peuvent y avoir d'autre part, que celles qui pourroient leur appartenir précédemment, ou leur venir par fucceffion *ab inteftat*, ou par teftament ou par legs.

C'eft fur les Jurés du Charbonnage que le Magiftrat fe repofe en particulier, pour la garde des *Areines de la Cité de Liege* : on appelle ainfi quatre *xhorres* fouterrains qui ont fervis à d'anciens bures, & qui aujourd'hui entretiennent d'eaux une grande partie des Fontaines publiques & particulieres. Pour cette raifon, il eft défendu de les approcher en aucune façon fans *enfeignement* de Juftice, ce qui fait qu'on les nomme *areines franches*, pour les diftinguer de celles que l'on appelle *areines bâtardes*, parce qu'on en peut toucher les féparations fans permiffion. Les quatre conduits de décharge privilégiés, font l'areine dite de *Richon-Fontaine*, qui eft la plus baffe ; l'areine de *Meffire Louis*, plus baffe que celle de la Cité ; l'areine *de la Cité*, qui eft plus baffe que la quatrieme & derniere, nommée *Areine du Val S. Lambert*.

Les areines bâtardes qui font au voifinage des *areines franches*, & qui peuvent les *abbatre*, font l'areine de *Gerfon-Fontaine*, ayant fon œil à la Meufe.

Les areines bâtardes de *Faloife* & de *Borret*, qui fe rendent à Jemeppe.

Celle de *Brande-Sire*, & celle de *Paron* ou *Broffeux*, qui fe rendent du côté de Vignis, peuvent préjudicier à l'areine franche de Richon Fontaine.

Le Juré doit donc avoir une connoiffance parfaite des *quatre franches areines*, de leur courfe, de leur branche & de leur débouché ; favoir en même temps les ferres & limites défendues, qui font placées pour la confervation de ces aqueducs.

Auſſi on exige de celui qui prétend à l'office de Juré, qu'il ſache les endroits où ſont placées ces *ſerres*.

Il y en a une à S. Nicolas en plein jardin, gardant l'areine de la Cité, communiquant aſſez près de la foſſe Gordine, paſſant d'amont au travers de la ville S. Nicolas.

Il y en a une au lieu dit *beau Crucifix*, allant amont à la chauſſée, faiſant ſéparation de l'areine de la Cité à l'areine du Val S. Lambert.

Enfin, parmi les qualités requiſes, les principales conſiſtent à être inſtruit des uſages & coutumes obſervées en Houillerie, afin de juger équitablement ; à ſavoir la pratique, & comment il faut ſe gouverner pour donner à chacun ce qui lui appartient.

Il convient qu'il ait la hardieſſe de *dévaler* bures & foſſes, ſur leſquelles il y a matiere à conteſtation, d'y faire deſcente & viſitation requiſes par les Parties ou par Juſtice, & même qu'il ſache *meſurer* & *dépendre* ; qu'il connoiſſe les pendages pour pouvoir être de bon conſeil ſur toutes les matieres de ſa compétence ; attendu, en un mot, que ce ſont ces Juges qui condamnent aux amendes, & qu'ils ſont crus ſur leur ſerment ; ils doivent poſſéder parfaitement l'art de Houillerie.

Et lorſqu'il eſt reçu, il eſt tenu par l'article XXIII de la Paix de S. Jacques, d'affirmer par ſerment à MM. les Echevins, en préſence des Maîtres Houilleurs de la Cité, s'il leur plaît, qu'il n'a fait aucune promeſſe ni accord pour obtenir ſon office.

Des Sentences & des Amendes.

L'enregiſtrement des Jugements rendus ſur les différends, ou des déclarations que l'on veut rendre plus authentiques, ſe fait par le Clerc, qui ne peut exiger qu'un gros.

Dans les cas cependant où il y auroit beaucoup d'écriture, la taxe s'en fait à proportion.

Lorſqu'on veut avoir une expédition ſignée du Clerc, d'une piece qu'il a enregiſtrée, les frais ſont les mêmes que pour l'enregiſtrement.

Les peines pécuniaires impoſées en différents cas, ſeront détaillées chacunes dans les articles auxquels elles ont rapport : dans quelques occaſions, après un laps de temps, elles ſont au profit du Procureur général, comme, par exemple, lorſque le Seigneur ou Officier du lieu négligeroit de faire exécuter dans le temps limité dans l'un ou l'autre de ſes points, l'Ordonnance des Jurés du Charbonnage.

Des différents Propriétaires & des différentes ceſſions de leurs droits, appellées Rendages, Redditions de priſes.

Les différents titres de propriété d'un terrein, emportent de toute néceſſité différents droits ſur les Charbons de terre qui ſe trouvent dans un héritage. Les droits d'en faire l'extraction que l'on acquiere de ces différents poſſeſſeurs ſur leſquels on va conduire les ouvrages de Houillerie ; l'immiſſion en poſſeſſion appellée dans la coutume de Liege *décretement de Saiſine*, varient en conſéquence de bien des manieres.

La légiſlation Liégeoiſe a prévu amplement toutes les modifications du *tien* & du *mien*, ſource éternelle de déſordres dans la ſociété.

Elle a ſagement ſtipulé les intérêts des Seigneurs de la ſuperficie qu'on appelle *Hurtiers*, & des Seigneurs du fond qu'on appelle *Terrageurs*, ainſi que les intérêts de ceux qui ſous la foi des conventions, faites de particulier à particulier, & en vertu des formalités preſcrites par les Loix, ſont devenus *Maîtres des Mines*.

Une autre propriété, non-moins ſujette à diſcuſſion, celle qui arrive par ſucceſſion, diſputable entre le ſurvivant des chefs de famille & les enfants, a été auſſi l'objet de l'attention des Réglements en matiere de Houillerie.

Il eſt décidé par une atteſtation des Echevins, en date du 12 Juillet 1601, 1°. Qu'au cas de mort du mari ou de la femme, les biens héritables qui ont appartenu au défunt, appartiennent *ab inteſtat* au ſurvivant pour l'uſufruit coutumier, & à l'enfant venu dudit mariage pour la propriété coutumiere, ſuivant l'Edit uſufructuaire. 2°. Que ſi du vivant de l'uſufructuaire on vient à ouvrir foſſe & tirer Charbon hors de l'héritage appartenant au ſurvivant pour les *humieres*, c'eſt-à-dire, en uſufruit, & à l'enfant pour la propriété, la moitié de ce qui provient des foſſes & ouvrages doit appartenir à l'uſufructuaire, & l'autre moitié au propriétaire pour ſon intérêt.

Et dans le cas qu'au ſu & au vu dudit uſufructuaire on auroit ouvert foſſe & tiré Charbon, il s'enſuit préſomption de ſon conſentement.

Avant d'entrer dans la diſtinction des différents propriétaires & de leurs droits, il eſt à propos de faire connoître les droits des particuliers qui tiennent des propriétaires celui de tirer de la Houille dans leur terrein.

Cette ceſſion, en vertu de laquelle on a priſe ſur tel ou tel bien, eſt communément appellée les *priſes* ; celui qui en obtient la *priſe* devient Maître des Mines, & s'appelle *Arnier*.

L'expreſſion de *priſes*, très-ordinaire en matiere de Houillerie, a néanmoins deux ſignifications différentes ; quelquefois on entend par *priſes*, les héritages de ceux qui ont cédé les droits de priſes ſur leur terrein, & qui ſont demeurés *maîtres du fond* ; c'eſt pourquoi on dit : *Les priſes appartiennent à M. le Chevalier de Heuzy, à M. l'Avocat Raick.*

Il n'eſt pas néceſſaire de poſſéder la ſuperficie d'un terrein pour y *avoir priſe* ; on peut faire deux aliénations différentes d'un même bien, en tranſportant à une perſonne la ſuperficie de tel ou tel terrein, & à une autre perſonne le pouvoir de faire exploiter les Mines *extantes*, comme ils diſent, dans ce terrein, ou celles qui pourront s'y trouver.

Et comme les *priſes d'une foſſe* peuvent appartenir à pluſieurs *Terrageurs*, le fond & la ſuperficie peuvent en même temps être poſſédés par une ſeule perſonne, qui alors eſt à la fois *Hurtier* & *Terrageur*.

On diſtingue les priſes en celles d'en-haut ou de deſſus , & en celles d'en-bas ou de deſſous.

Lorſqu'il s'agit de la propriété acquiſe par les Entrepreneurs ou *Maîtres des Mines*, ce mot ſignifie tous les endroits ſous leſquels ils ont acquis le droit de tirer les Houilles & Charbons : alors on dit, *les priſes de telle foſſe*.

C'eſt dans ce ſens qu'on dit, *Une partie des priſes de telle foſſe appartient à M. Kints, une autre partie à M. de Jeune-Champ* ; & dans ce cas, l'un & l'autre a le droit de *terrage*, d'où on les appelle *Terrageurs*.

Il arrive dans quelques occaſions qu'entre deux endroits, où les Maîtres ont droit de *priſes*, il y a une place dans laquelle ils ne l'ont point ; ils ſont obligés de paſſer de leurs priſes au travers de celles d'autrui : cela ſe fait par *chambray* ; mais on ne peut le faire que par *enſeignement*, c'eſt-à-dire, par permiſſion de Juges : les formalités à ſuivre pour ce cas, ſont arrêtées dans un Record de MM. les Echevins, de l'année 1439, en explication de la Paix de S. Jacques.

Les conditions impoſées , ſont de faire une eſtimation par les Voires Jurés, ce qui entraîne une deſcente juridique dans les ouvrages.

Arnier ou Maître des Mines.

Celui qui obtient *priſe* ſur un bien, devient par-là le *Maître des Mines*, & ſe nomme *Arnier* : on eſt dans l'uſage dans les contrats de reddition de priſes, de mettre pour condition, que l'*Arnier* ſera tenu de travailler ces *priſes* d'un bout à l'autre, ce que l'on exprime par le mot de *chief à queue*.

Comme donc l'Arnier a toutes les charges, & court tous les riſques, ſes droits ſont plus étendus que ceux du *Terrageur* ; il conſerve toute l'autorité pour faire mettre la main à l'ouvrage, pour le faire continuer ſans relâche, &c. de maniere que dans les cas où les Maîtres de foſſe manquent à quelqu'un de ces points, il peut les *deſſaiſir* de leurs priſes, c'eſt-à-dire, rentrer dans ſes droits, en faiſant *ſemondre* les Maîtres : cette expreſſion vient ſans doute du mot latin *ſubmonere*, avertir, & comme ici c'eſt un avertiſſement juridique, cette *ſemonce* ſignifie *aſſignation, adjournement*.

Dans le cas où un Arnier ou un Terrageur fait ſemondre les Ouvriers d'ouvrir le travail, il faut par l'Art. XI de la Paix de S. Jacques, ſignifier la ſemonce à tous les Aſſociés qui dépendent du Seigneurage : ſi c'eſt pour faute de

paiement

paiement fur quelques Ouvriers, le défaillant doit être *femoncé*, parlant à fa perfonne, ou à quelqu'un de chez lui ; s'il ne paye pas, ou s'il ne fe juftifie pas convenablement, on décrete *faifine* au Terrageur ou à l'Arnier fur le défaillant par un ajournement, & on n'a point de recours fur les autres affociés.

Pour défaifir une couple de Maîtres, l'Arnier doit d'abord faire *femondre* tous les Maîtres en particulier ; fur cette affignation l'Arnier obtient heure *Wardée*, ou une nouvelle affignation à jour marqué.

La contumace écoulée, il obtient ajournement, pour en vertu d'heure *Wardée* de ladite femonce, obtenir *faifine*, c'eft-à-dire, être mis en poffeffion ; après une feconde fommation il prend faifine, s'il n'y a point d'oppofition ; & toutes les formalités remplies, la faifine ne peut plus être purgée.

Le maître Arnier qui auroit auparavant conquefté ou acquis des prifes, & les auroit vendues à quelques Maîtres, peut faire une femblable femonce : on dit *mettre ces Maîtres en faute.* En tout il a une plus grande autorité que le Terrageur, il peut envoyer deux ou trois fois l'année aux frais des Maîtres de foffes, pour vifiter & mefurer leurs ouvrages, afin d'avoir une connoiffance exacte de la conduite, pourchaffe & difpofition des travaux.

Ce point délicat en Houillerie, la vifite des ouvrages, fera traité féparément après que nous aurons fait connoître les différents titres fous lefquels on peut avoir droit dans le produit des travaux de Houillerie.

Hurtier ou *Maître de la fuperficie* ou *Poffeffeur des combles.*

Le Maître de la fuperficie d'un héritage où l'on enfonce un bure, s'appelle *Hurtier* : par l'Article VIII, d'une atteftation des Jurés du 12 Mai 1593, celui qui eft trouvé poffeffeur des combles, eft réputé maître du fonds & des Houilles, tant que perfonne ne les lui difpute, & tant que fa non-propriété n'eft pas légalement infirmée, il y eft maintenu par Juftice, en donnant caution des fonds & des Mines, jufqu'à ce qu'il y ait preuve fuffifante contre lui.

On prend auffi quelquefois ce terme pour fignifier le maître du fonds, nommé *Terrageur* ; il y a cependant une différence à faire, qui eft effentielle.

Par exemple, lorfque le *Maître du fonds* a cédé les prifes à quelque couple de maîtres, s'il eft refté maître de fon fond, il eft vis-à-vis de ces maîtres *Hurtier* & *Terrageur* à la fois.

Mais lorfqu'une perfonne a acquis un fonds, & que celui qui en eft le vendeur a retenu Mines & Charbons, le *vendeur* eft appelé *Terrageur* quand il a cédé fon droit aux Maîtres de foffe, ce qui fe fait ordinairement à la charge qu'on lui payera le trentieme.

Et le *preneur* eft fimplement nommé *Hurtier*, parce que le droit de terrage ne lui appartient pas, quoiqu'il y ait quelques avantages comme on va le voir.

L'Hurtier, comme maître de la fuperficie d'un terrein que l'on veut fouiller, fe trouve dans le cas d'être dédommagé des dérangements que les travaux, l'é-tabliffement des chemins, de magafins & autres chofes femblables, occafionne-ront néceffairement fur fon terrein; ce dédommagement eft porté fur le pied d'une année en avance.

Celui donc qui veut faire travailler fur le fond d'autrui, eft tenu de commen-cer par donner caution à l'*Hurtier*, pour le dédommager d'avance des torts qu'il fupportera dans telle ou telle piece de terre, & pour marque d'hommage, une piece d'or : cela s'appelle *donner quelque chofe pour la rupture du gazon.*

L'Hurtier ne peut exiger que le *double dommage* qu'on pourra lui caufer ; on appelle ainfi le double de la valeur du bien occupé, & qui lui eft donné tous les ans ; par exemple, fi un bonnier (1) vaut cent florins (2), il doit lui en être payé deux cents, ainfi du refte.

N'y ayant que les Mines & Charbons qui ne foient pas à fa difpofition, il feroit même peut-être en droit de retenir les pierres que l'on rencontre dans le bure, comme maître du fond depuis la fuperficie jufqu'au fond.

L'ufage eft de laiffer au Hurtier les fumiers des chevaux qui font tourner le hernaz, & qu'on appelle les *anfinnes du pas.*

Les droits font différents, felon la nature des productions qui fe trouvent fur la terre.

Lorfque dans le terrein occupé il y a des *arbres* plantés, afin d'obvier au dom-mage & aux difficultés qui pourroient s'élever s'il venoit à en mourir quelques-uns, ces arbres doivent d'abord être eftimés.

Quand un ouvrage exige que l'on coupe quelque *haie,* on évalue la haie en longueur ; le pied de la haie en longueur eft eftimé, conformément aux Régle-ments des Vignerons, à dix fols.

La plantation de *houblon* fur le terrein que l'on veut travailler, eft eftimée différemment ; s'ils font anciens plantés, chaque plan eft compté fur le pied de fept fols ; s'ils ne font que de l'année, on ne les paye que deux fols & demi.

Par l'Article V de la Paix de S. Jacques, les vignes doivent être rétablies aux frais des Maîtres jufqu'à la quatrieme année.

Si la foffe fe trouve placée dans une *prairie* ou dans un *jardin potager,* cela fait des différences ; outre l'année qu'il faut payer fur tous les autres biens, à la derniere année on en ajoute deux autres que l'on évalue, qui font néceffaires au gazon pour y revenir dans fon premier état, ce qui s'exprime par la phrafe ; *remettre l'héritage en fon priftine gazon.*

Par-tout où il fe fait un verfage d'eaux, il appartient encore un droit à l'Hur-tier ou poffeffeur de l'héritage dans lequel fe verfent les eaux.

Dans le cas où les arbitres ne s'accorderoient pas dans l'eftimation des dom-mages, la décifion en appartient à MM. les Echevins.

---

(1) Le Bonnier revient à vingt grandes verges ! (2) Le florin de Liege vaut 1 liv. 4 fols de France.

Personne ne peut faire aucun ouvrage, ni embarraffer en maniere quelconque l'areine d'autrui, fans le bon plaifir de l'Hurtier, qui feul eft en droit de *pourchaffer* par-tout où perfonne n'a prife.

Des Maîtres du fond ou du Seigneurage.

Seigneurage eft une maniere de parler figurée, qui dans le fait de Houillerie s'employe en plufieurs cas.

Sous ce titre général on comprend des perfonnes qui ont différents droits, & qui peuvent aifément fe confondre fous le titre de *Hurtier & Terrageur* : on fait actuellement ce que c'eft que l'Hurtier; l'article du Terrageur établira la diftinction de ces deux titres.

Seigneurage fignifie les Maîtres, ou le Maître, ou Seigneur du fond, fous lequel il y a quelque Mine à travailler : ce Seigneur du fond fous lequel fe conduifent les ouvrages, ou celui qui a été Seigneur de ce fond, eft fouvent défigné dans les coutumes de Liege, fous le nom de *Propriétaire des minéraux*, & fous celui de *Terrageur* (1) ; il peut travailler les Houilles qui font dans fon fond, à moins que l'Arnier ou d'autres, n'y ayent *prifes*; par un Record de la Cour des Jurés du 15 Mai 1603, fi dans fon fond fe trouvent des grands chemins où il y a des minéraux, ils lui appartiennent, avec cette exception, que tout ce qui eft dans le voifinage des chauffées & terre-pleins, foit houille, foit argille, ne peut être fouillé.

Propriétaire des minéraux ou Terrageur.

Avant qu'on entreprenne aucun ouvrage, & tant qu'il s'en exécute, on eft dans une dépendance très-rigoureufe de ce propriétaire; pour le premier temps, par le confentement qu'il faut avoir de lui en bonne forme; & pour le fecond, par différents droits dont il jouit, ainfi que par le cens de terrage qui lui appartient (2).

Nous allons raffembler ici ce qui concerne le Terrageur fous ces deux points de vue; c'eft-à-dire, 1°. quant à la maniere d'acquérir de lui le droit de tirer des Houilles & Charbons; 2°. pour l'exercice de fon droit de terrage.

Pour foffoyer, profonder bure, extraire Houilles & Charbons, en comble & fond d'autrui, prendre paires, voyes & toutes facilités relatives à l'ouvrage, fur le bien, héritage & fond d'autrui, il faut avoir le confentement exprès des Maîtres poffeffeurs & propriétaires, fous les peines portées par les Loix, à moins qu'il n'y eût réferve de droit ou contrat de pouvoir le faire.

(1) Ce mot eft connu dans plufieurs de nos Coutumes Françoifes, & quelquefois celui de *Terrageau*, ailleurs *champarteau*, *champart*, *Agrier*.

(2) *Solarium vectigal, folarium glebarium*; redevance annuelle qui fe paye en nature fur le produit du fol: quand cette redevance tient lieu de cens, elle eft feigneuriale; quand elle eft dûe à un autre Seigeur, elle n'eft confidérée que comme rente fonciere.

Cette fujétion exprimée dans les termes les plus ftriêtes, & par laquelle il *n'eft point permis de travailler les Houilles en poffeffion d'autrui, fans avoir au préalable, le confentement du propriétaire*, tient aux Loix fondamentales du Pays (1) : c'eft une claufe facrée, ftatuée par-tout dans les ufages & coutumes, établie dans l'Article VI de la Paix de S. Jacques, reconnue par la Cour du Charbonnage le 23 Mai 1567, & cimentée dans un Record de MM. les Echevins de Liege, de l'an 1623, portant défenfe de faire aucune forte d'ouvrage de Houillerie fans le confentement du propriétaire : quiconque ne fe conformeroit point à cette regle, feroit actionné pour fait de fpoliation ; dans le cas où le propriétaire ne fe contenteroit point de la reftitution des Charbons fans frais, il feroit pourfuivi extraordinairement, comme atteint du crime de forfaiture, & pourroit être traduit pardevant les Seigneurs *Vingt-deux* (2).

Par l'Article X de la Paix de S. Jacques, le propriétaire a quarante jours ;

---

(1) Il eft étonnant qu'aucun Ecrivain n'ait parlé des Loix fondamentales du Pays de Liege ; elles méritent d'être connues, ce pays étant républicain.

(2) Ce ne fera point fortir de notre fujet que de faire connoître ici hiftoriquement ce Corps de Juges célebres, qui n'a point fon pareil dans aucun Etat, & qui réunit les avantages de la fameufe Inquifition politique de Venife fans en avoir les dangers : la procédure vive & févere de cette Jurifdiction, rempart de la conftitution du Pays, fera juger au Lecteur combien elle doit en impofer à un Citoyen qui voudroit s'emparer du bien d'un autre Citoyen.

Le Tribunal des Vingt-deux a été établi au commencement du quatorzieme fiecle ; on l'appelle autrement *Tribunal de la foule*, & mieux, *contre la foule*, du mot *fouler*.

Il eft compofé de quatre Membres de l'Etat noble, & de quatre Bourgeois de Liege ; les autres Membres font nommés par l'Etat tiers, dont deux par les Bourgmeftres, pour le Peuple, & dix par les Villes qui ont intervenu aux paix des Vingt-deux.

Pour y être admis, il faut être né, ainfi que le pere, au pays de Liege : les Bourgeois doivent avoir 55 ans, & être gens de loi. Ceux qui compofent les deux autres Ordres, font admis à 25 ans.

Ce Tribunal eft inftitué pour connoître de toutes les violences faites à un Citoyen Liégeois quel qu'il foit ; s'être oppofé à l'exécution de la loi ; arrêter un Citoyen fans les formalités préalables, lui infliger une peine fans le jugement prefcrit ; corrompre un Juge ; refus de la part de celui-ci de rendre juftice, ou violer la loi dans quelque point que ce foit : voilà les caufes qui refortiffent à cette Jurifdiction. Les affaires contentieufes, les jugements incompétemment rendus, tous les torts judiciaires regardent les Tribunaux établis pour rendre la juftice. Le Prince feul & fes revenus, ne font pas fujets aux Vingt-deux. La Conftitution nationale, amie du droit des hommes, a fenti que le caractere augufte du Souverain, auquel tout eft porté, pour être confirmé de fon autorité principale, devoit à

jamais être à l'abri d'un outrage ; elle en a écarté jufqu'à la poffibilité ; la loi veut qu'aucun ordre du Prince ne puiffe s'exécuter s'il n'eft vidimé, & contrefigné enfuite par un des Secrétaires du Confeil privé ; fi l'ordre eft contraire aux Loix, il fe trouvera difficilement quelqu'un qui veuille le figner ; car alors, l'infraction de la Loi tomberoit fur celui qui auroit mis fon nom fur cet ordre ; quel qu'il fût, il feroit appellé devant les Vingt-deux & puni.

Ce Tribunal s'affemble auffi-tôt qu'il en eft requis, fut-ce la nuit ; il ne connoît point de retard ; l'accufé n'a pour répondre que trois heures, dont une pour premier terme, une pour le fecond, & une pour troifieme & dernier.

Si l'accufé fe trouve abfent, le délai fe regle fur l'éloignement ; le condamné paye une amende proportionnée au délit, & les frais, qui font fort chers : s'il refufe d'obéir (cas extrêmement rare,) fes biens font auffi-tôt arrêtés & vendus à l'encan ; il eft banni, déchu des droits de Citoyen, & privé du feu & de l'eau ; le Prince n'eft pas maître de lui faire grace, il faut que ce foit le Tribunal même : l'appellant qui fe feroit plaint à tort paye les frais, & fa partie eft renvoyée ; les Sentences font portées à la pluralité.

Les Membres de ce Tribunal fe renouvellent tous les ans le jour de la Ste. Luce ; s'ils ont prévariqué, ils font eux-mêmes cités devant le nouveau Tribunal, & punis.

On appelle de ce Tribunal à un autre, nommé *les Etats révifeurs*, la commiffion d'une partie de ceux qui le compofent eft à vie ; ils font en tout au nombre de quatorze, dont quatre Membres de l'Etat primaire, dans lequel deux font choifis par le Prince ; ces deux-ci font amovibles : quatre font tirés de l'Etat de la nobleffe, choifis par le Corps, & fix de l'Etat tiers qui font les deux Bourgmeftres régents, avec les deux exBourgmeftres de l'année précédente ; leur commiffion ne dure que deux ans ; & les deux autres font choifis par les Villes qui ont le droit de nommer aux Vingt-deux ; la commiffion de ceux-ci eft à vie.

pour

pour rèclamer & revenir contre un travail de Houillerie fait dans son héritage par enseignemens de justice ou autrement ; mais ensuite il y a prescription contre lui, à moins qu'il ne fasse serment qu'il n'a pas eu connoissance de la signification ; alors il est maintenu dans son droit.

Cette possession des quarante jours a été expliquée & développée en 1593, par une attestation de MM. les Jurés du Charbonnage : en voici la teneur.

La possession de quarante jours à l'égard des Possesseurs du comble & du fonds, en particulier contre les Orphelins & les Communautés, est nulle, si on ne justifie préliminairement qu'on a payé aux Possesseurs le droit de terrage & aussi le cens d'areine, dans le cas où on verse les eaux au jour ou sur le comble.

Cette possession de quarante jours au su & au vu des Possesseurs ou de ceux qui ont intérêt aux Mines, encore qu'elle fût valable sans les autres formalités requises, ne s'étend & ne doit se prendre que pour l'héritage du Possesseur, & ne donne pas droit de travailler par d'autre bure que celui par lequel les ouvrages ont été suivis pendant ces quarante jours, de maniere qu'il n'est pas permis de profonder de nouveau bure pour extraire ces Houilles acquises par prescription.

Cette prescription ne date que du jour que le Propriétaire du fonds a connoissance de l'ouvrage ; avant le terme de ces quarante jours le Propriétaire peut arrêter le travail des houilles qui lui appartiennent ; son ordre doit être, avant tout, mis à exécution, jusqu'à ce qu'il en soit autrement ordonné par Justice.

Le droit qui est dû au Terrageur de la part des Maîtres de fosse, est d'un panier sur quatre-vingt ; le Terrageur pour l'exacte rentrée de ce droit, a quelquefois parmi les Ouvriers un homme à lui, payé par la société, connu sous le nom d'*Ouvrier trayeur*, pour compter le terrage, c'est-à-dire, les traits qui sortent au jour : il est libre au Terrageur de s'en rapporter à la fidélité & au serment des Maîtres, ce qui alors lui sauve la dépense du trayeur.

Les Maîtres de fosse ne sont absolument déchargés du droit de terrage, qu'en faisant applanir au gré de l'Hurtier ou d'un Expert, le terrein qu'ils ont occupé.

Ce droit de terrage appartient à différentes personnes, sélon les endroits où se fait la fouille ; quand elle se fait dans les coutumes, il appartient au Seigneur.

En conséquence de l'Article II d'un Record de la Cour du 23 Mai 1623, personne, à titre de Seigneur de paroisse, ne peut exiger des Maîtres de fosse aucun droit de terrage ou autres pour cause du bien & fonds d'autrui, ou de quelqu'héritage superficiellement possédé par le Maître de ce fonds.

Art. IV, les Maîtres de fosse travaillans dans un héritage appartenant à plusieurs, doivent faire citer ces Seigneurs pour régler les droits du terrage.

Lorsque quelqu'un tient à plusieurs terres qui confinent, la mesure des terrages à départir doit être faite par les Jurés du Charbonnage, qui font ajourner le Terrageur.

Lorſque les connoiſſeurs ne ſont point d'accord ſur le fait de l'eſtimation des dommages faits à l'Hurtier dans ſon héritage , pour remettre *le priſtine gazon* , MM. les Echevins de Liege ſont les Juges qui décident.

Les Maîtres de foſſe ſont également tenus de payer le cens de terrage pour les veines qu'ils jettent, ou qu'ils auroient jettées au jour pendant que les eaux rempliroient les vuides, ſoit dans leurs vallées, gralles ou autres ouvrages ſur leſquels l'Arnier a ſon droit.

Quand un Arnier ou Terrageur fait ſemondre ſur les Ouvriers de quelqu'ouvrage que ce ſoit faute d'ouvrir , on eſt tenu d'en informer tous les Parchonniers qui tiennent dudit Seigneurage : alors le Terrageur ſe reſaiſit de la part de ceux qui ſont défaillants & occupe leur place ; à moins qu'ils n'apportent une excuſe légitime.

Quand les Maîtres d'un fonds ont fait rendage de leurs priſes , ils ſont en droit de ſommer les Maîtres d'une foſſe, qui tarderoient de mettre main à l'œuvre, & de les y contraindre par ordonnance de Juſtice ; cela s'appelle *ſémoncer les Maîtres*, ou *les faire ſémoncer*, à l'effet de ſe voir *reſaiſir* dans leurs *priſes*, c'eſt-à-dire, dépoſſeder de leurs priſes dans le cas où ils ne travailleroient point.

A l'article des Maîtres de foſſe , on verra les formalités uſitées pour ce cas, & tous les engagements particuliers de ces Maîtres vis-à-vis des Propriétaires des fonds.

Des Maîtres de foſſe , leurs Droits & leurs Priviléges.

Les ouvrages de Houillerie , pour peu qu'ils ſoient conſidérables, ſont rarement entrepris par une ſeule perſonne.

Ceux qui s'aſſocient dans cette entrepriſe, ſont appellés *Parchonniers*, *Parchons*, *Maîtres comparchonniers*, nommés dans quelques Pays pour d'autres Sociétés *comperſonniers*, comme qui diroit ayant leur portion dans l'affaire.

Il arrive ſouvent qu'entre les Maîtres d'une foſſe, il s'en trouve un ou pluſieurs qui ſont reſpectivement *Hurtiers* ou *Terrageurs* ; cela dépend de circonſtances dont les détails renfermés ſous chacun de ces deux titres, donnent l'éclairciſſement ; on doit alors conſidérer ces Maîtres de foſſe ſelon les diverſes qualités qu'ils ont.

La Société forme ce que l'on déſigne ſous le nom collectif *de Maîtres de foſſe*, *couple de Maîtres*, on ſous-entend *de la Société*, qui commence par ſe pourvoir d'un Compteur, d'un Garde-foſſe & d'un Maréchal, d'un Maître ouvrier, de Hiercheurs, &c.

Liés enſemble d'intérêts, d'engagements, ils ſont obligés de fournir la quotepart des dépenſes ; c'eſt ce qu'on appelle *fournir à la ſcédule* ; le Compteur envoye à chaque maître une *aſtale* de ce qu'il doit payer pour ſa part ; ce qui s'exprime en diſant qu'il envoye *ſcédule*. Comme le manque de fournir à la ſcédule ſeroit un préjudice porté à la Société, les Loix ont pourvu à lui faire renoncer promptement aux droits qu'il avoit, ou à fe mettre en regle pour les conferver.

Le Compteur ou tout autre, dans les cas de défaut de paiement, peut dreffer une *femonce* avec déclaration de la dette du Maître, afin de le conftater en faute.

On lui fait un fecond ajournement, après lequel on prend une faifine, c'eft-à-dire, qu'il entre en poffeffion, s'il n'y a pas oppofition, décrétement de faifine, & fi la foffe eft en veine : lorfque le Maître ne comparoît pas, on fequeftre les denrées de la part faifie; & au défaut de la part du Maître faifi de remplir les formalités pour rentrer dans fa part, elle refte au profit des Affociés, après néanmoins avoir conftaté le tout devant leur Arnier, qui peut en huit jours purger le renfeignement à fon feul avantage.

Dans une Société tous les Maîtres peuvent chacun en particulier mettre des chevaux à l'ouvrage à proportion de la part qu'ils ont dans l'affaire; celui, par exemple, qui y a un quart peut mettre une couple de chevaux, celui qui n'y a qu'un huitieme ou un feizieme, doit s'arranger avec d'autres pour former une couple, & au cas que ceux-ci ne fourniffent point, ceux qui ont des couples de chevaux peuvent en tirer leur part.

Lorfqu'il eft queftion de faire quelques changements à un ouvrage, ils doivent tous être prévenus (c'eft le Wade-foffe qui eft chargé de cette fonction) pour qu'ils fe rendent à lieu, jour & heure défignés.

Ils n'ont pas tous voix également; c'eft en raifon de la part qu'ils ont mis.

Dans le cas où les voix feroient égales, le Statut & Réglement décide que ce feroit ceux qui ont le plus grand intérêt à la chofe qui l'emporteroient; c'eft fur ce principe qu'il pourroit arriver qu'une feule perfonne pourroit l'emporter fur tous les Parchonniers.

Quand les Maîtres d'une foffe ne font point encore affez avancés dans les travaux pour en tirer du profit, ou lorfque dans la pourfuite des ouvrages on vient à *tomber court*, les Maîtres font obligés de contribuer chacun en proportion de leur part, & à cet effet on leur envoye à tous une *fcédule*; cela s'appelle un *Alage à tou, Alage à l'entour.*

Par l'Art. III. de la Paix de S. Jacques, & par un Record de la Cour du Charbonnage du 7 Octobre 1625, les Maîtres & Ouvriers font tenus de fuivre leurs ouvrages de *chief à queue*, c'eft-à-dire, fans aucune interruption, auffi bien les *longs* que les *près*, & les *près* que les *longs*, foit deffus, foit deffous eaux : il n'y a que les cas où les eaux, ou le manque d'air, ou un temps de guerre, feroient un empêchement abfolu.

Les Maîtres peuvent de la même façon que *l'Arnier* & que *le Terrageur*, *défaifir* leurs Comparchonniers en défaut de paiement; mais ils font pour lors tenus de faire fignifier aux défaifis, qu'ils ayent à purger leurs parchons en huit jours; ce terme expiré, ils n'y peuvent plus revenir : ceux-ci néanmoins font encore obligés de faire confter à leur Arnier, que tel Parchon eft défaifi, & fi l'Arnier le juge à propos, il peut le purger à fon profit, fans rien payer que ce que le défaifi peut devoir pour fa cotte-part à ladite foffe.

Les Maîtres de foffe doivent payer le cens pour l'areine dont ils fe font fervi en faifant leurs ouvrages.

Du Seigneur Arenier, ou Hurtier de l'Areine, & de fes prérogatives.

L'aqueduc fouterrain, nommé *Areine*, en latin *cuniculus*, conftruit pour décharger au jour les eaux d'une ou de plufieurs *Houillieres*, forme un ouvrage qu'il eft facile de juger auffi confidérable que difpendieux; auffi il eft rare qu'un Maître de foffe entreprenne tout feul ce *canal de Mine* : celui qui eft maître de ce canal fe nomme *Seigneur Arenier*, quelquefois *Hurtier de l'areine*, & fes affociés *Parchons à l'areine*.

Attendu que la décharge de ces eaux, en facilitant un ouvrage public, l'exploitation des minéraux, tient au bien général, & tourne également au profit de l'Etat, & à celui du maître du canal ; les Magiftrats & les Princes de Liege, à l'exemple de tous les Souverains de l'Allemagne, ont accordé au Seigneur Arenier, toute la protection poffible; il eft réputé *premier Auteur & Fondateur primitif de l'areine; Dominus cuniculi*. Dans l'efprit de la Loi, les Maîtres & Ouvriers de foffe, font tenus à beaucoup de devoirs & de refpect pour lui.

Cette matiere qui eft un des chefs intéreffants de la Jurifprudence de toutes les Mines, exige que nous traitions féparément ce qui a rapport au Seigneur de l'areine, & ce qui concerne en particulier cet aqueduc fouterrain.

Les deux premiers articles de la Paix de S. Jacques, ont ftatué fur les points relatifs aux areines : par le premier, quiconque de quelque qualité & condition que ce foit, qui par ordonnance & renfeignement des Voyres-Jurés du Charbonnage & de Juftice, a établi *xhorre, tranche* ou *abattement d'eaux*, par *œuvre de bras* (1), *leveau d'eau*, ou d'une autre maniere, a donné les moyens de recouvrer Houilles & Charbons de foffes & ouvrages noyés qu'il n'étoit plus poffible d'atteindre, tant fur les franches que bâtar des areines, acquiert pour récompenfe de fon induftrie & de fes frais, & devient maître, lui, fes hoirs & fuccefteurs, des Houilles & Charbons que procure la décharge qu'il a procurée des eaux, & les fait extraire au jour à fon profit, en.payant les droits de terrage, le cens d'areine & autres droits d'ufage.

Et aucune couple de maîtres, ni perfonne, ne peut troubler dans cette poffeffion, ni apporter empêchement.

Cette *conquête* de Charbons par tranche, areine, &c. au profit de celui qui

---

(1) En matiere d'areine on appelle *œuvre de bras*, l'épuifement par le moyen de feaux & de | tonneaux, appellé *xhorre del tinne.*

aura xhorré les minéraux, est assurée par un Edit du Prince Ernest, donné au Château de Stavelot le 20 Janvier 1582, & mis en garde de Loi.

Par un Record de la Cour du Charbonnage du 18 Novembre 1625, une areine prise par Ordonnance de Justice, acquiert le privilege de pouvoir être poursuivie dans ses limites & dans ses rottices au travers de tous les biens & héritages de ceux qui ont été intimés, & de tous endroits où il sera nécessaire de la conduire: non-seulement les Maîtres & Possesseurs de ces héritages ne peuvent y mettre opposition; mais ils sont obligés de se contenter de la redevance ordinaire.

Le droit qui se perçoit pour le service de l'areine, soit qu'on travaille dessus, soit qu'on travaille dessous eaux, s'appelle quelquefois *versage d'eaux*, ordinairement *cens d'areine, jus cuniculi*.

Ces droits sont réputés biens-fonds, succédant des peres aux enfants, comme toute espece d'héritage fixé par la Loi, & dont le vrai maître Hurtier & possesseur propriétaire, ne peut être débouté que par Loix.

Il est cependant à observer que le cens d'areine n'est exigible qu'à des conditions consignées dans les Ordonnances; premiérement, il faut que l'areine porte les eaux des ouvrages; secondement, il faut qu'il conste que ce canal ou cette tranche a *xhorré* les ouvrages de la fosse, ou comme on dit encore, que la fosse est *bénéficiée* par l'areine, c'est-à-dire, que les eaux de cette fosse se déchargent sur ce canal.

Et quand les eaux se tirent au jour, le cens d'areine appartient au possesseur de la superficie du fond.

Les Maîtres & Ouvriers de fosse ne peuvent pourchasser à volonté, ni desserrer sans distinction d'une areine à l'autre, sans regle, sans ordonnance & sans avoir intimé les Parties intéressées, notamment leurs Seigneurages, Arniers & Terrageurs.

Ces différents objets sont fixés par le Record de la Cour du Charbonnage, du dernier Juin 1607, auquel beaucoup d'Experts ont adhéré, comme conforme aux usages reçus de tout temps en Houillerie.

Les Areniers sont de plus en droit d'envoyer deux ou trois fois l'année, faire visiter les fosses qui travaillent sur leurs Areines; cette descente se fait aux dépens des Maîtres de fosse, qui sont obligés de donner la main à tout ce qui est nécessaire pour faciliter l'examen des Jurés, en vuidant les eaux & en suivant tout ce qui est prescrit dans le cas de visite, dont nous ferons un article à part.

Des assujettissements coutumiers concernant les Areines.

Après avoir solidement constitué le Seigneur de l'areine dans les prérogatives que l'équité naturelle lui décerne, la Loi a également pourvu à toutes les circonstances & dépendances de ce travail selon diverses occasions, afin que les avantages résultant de cet ouvrage, ne souffrent point d'atteinte préjudiciable.

Les areines, appellées *areines franches*, ou *areines de la Cité*, dont il a été fait mention en parlant de la Cour du Charbonnage, ont mérité principalement l'attention de la Magiftrature : comme elles fervent de conduite aux eaux qui entretiennent les fontaines du Palais & d'une moitié des maifons de la Ville, ce qui leur a fait donner le nom d'*areines de la Cité*, il étoit de grande conféquence qu'il ne fût pas permis indiftinctement d'y toucher ou d'en approcher, afin d'écarter toute efpece de rifque de détourner les eaux.

Un Edit du Prince Erneft, de l'an 1600, & publié au Perron de Liege, a réglé irrévocablement toutes les formalités à obferver pour pouvoir fe fervir légalement de ces areines, ainfi que les droits à payer aux Areniers de la Cité : cet Edit déclare conquife à la Cité, toute areine qui vient fe détourner & fe joindre à l'une de ces quatre nommées *franches*.

Pour toutes les affaires relatives aux franches areines de la Cité, il y a un Prépofé, revêtu du titre de Syndic, qui, par cet Edit, eft autorifé de pourfuivre criminellement les infracteurs de l'Ordonnance ; & en vertu du Recès du 15 Janvier 1687, la Cour des Jurés eft obligée de fervir gratis le Syndic des areines dans tout ce qui regarde les fonctions de fa charge.

Par l'Article VIII de la Paix de S. Jacques, & par un Record des Jurés du dernier Juin 1607, il eft expreffément défendu aux Maîtres & Ouvriers de foffe, de *defferrer*, xhorrer & profonder aucun bure d'un ouvrage à un autre, pour s'accommoder d'une plus baffe xhorre, & y envoyer fes eaux, de percer xhorre d'une xhorre à l'autre en maniere quelconque, fans la permiffion des Seigneurs Arniers, & enfeignement de Juftice ; autrement les Maîtres de foffe font coupables de *foule*, & tenus par contrainte de payer le cens aux Maîtres des deux Areines.

L'un des Affociés acquérant les minéraux exiftants dans un fonds fitué devant l'areine ; les autres ont droit à une part en reftituant au premier proportionnellement le prix qu'il en a donné.

Les areines doivent, par-tout où elles font, être franches dans leurs cours, nonobftant toute efpece d'oppofition, & leurs Propriétaires peuvent s'en fervir pour travailler deffus & deffous eaux.

Elles doivent auffi demeurer libres & franches dans les fonds où elles auront été conduites, à moins que l'ouvrage n'eût été fait à l'infu du Propriétaire, dont il faut avoir la permiffion.

Le Propriétaire de l'areine peut la nettoyer en payant les dommages au Propriétaire du fonds.

L'entretien des areines faifant fourches, doit être aux frais communs des Areniers, jufqu'à cette fourche & plus haut, à proportion qu'elle eft profitable à chaque Affocié.

Tous les vieux ouvrages & ceux faits par le bénéfice d'une areine franche, font réputés limites, pourchaffe & rottices de l'areine qui a fervi à tirer les Houilles de ces places. Par un Record de la Cour du 8 Novembre 1623 , on ne peut faire une feconde areine au préjudice de la premiere, fi ce n'eft après que les Maîtres de cette premiere ont achevé de travailler tout ce qu'ils ont pu.

A ces différents points concernants l'areine comme canal d'eau, on peut ajouter que fi l'on fe fert d'un ruiffeau pour y verfer l'eau, ou pour faire agir quelque machine ; on eft auffi tenu à payer un droit.

Des conteftations à vuider par une defcente des Jurés dans les ouvrages fouterrains,
de la mefure en terre & au jour, du mefurage des eaux,
& de tout ce qui a rapport aux vifites de foffes.

Tout ce qui fe paffe dans les fouterrains de Mine, éloigné de la clarté du jour, tout ce qui s'y trouve eft aifément matiere à conteftation ; les Houilles & Charbons que l'on y va chercher à grands frais, les eaux dont on eft fans ceffe occupé de fe garantir ; l'air même qu'on s'y procure par le fecours de l'induftrie, deviennent fujets de difcorde entre les Travailleurs de foffes voifines les unes des autres ; en même temps les intérêts des différents Poffeffeurs du fonds, quant à la part qui doit leur revenir des Charbons tirés de leur terrein, font entièrement à la difcrétion des Maîtres de foffe, qui feuls fréquentent les ouvrages intérieurs : il ne doit point paroître extraordinaire que les foupçons & la défiance gagnent quelquefois & fouvent à propos, le Terrageur, l'Arnier, &c. & que du fond de ces habitations ténébreufes, il s'éleve des querelles entre ces Seigneurs & les Maîtres de foffe.

On peut ranger fous le titre que nous allons développer, les circonftances dans lefquelles les Maîtres de foffe fe trouvent en faute fur différents points, & qui ont été exprimées aux articles du Terrageur, de l'Arnier, &c. Nous n'avons ici fur ces objets qu'à donner une idée de la marche qui s'obferve dans les cas particuliers, pour *faire femoncer* ou *envoyer femonce.*

Nous viendrons enfuite aux affaires contentieufes, dont les décifions exigent le tranfport des Experts dans les ouvrages intérieurs.

Lorfque c'eft pour faute de travail qu'un Terrageur ou Arnier fait femondre les Ouvriers, la femonce doit, par l'Article XI de la Paix de S. Jacques, être fignifiée à tous les Parchonniers qui dépendent dudit Seigneurage.

Si c'eft pour faute de payement, elle ne doit être fignifiée qu'au défaillant, en parlant à lui, ou à quelqu'un de chez lui, afin de pouvoir l'ajourner au cas qu'il ne réponde point.

Comme la Loi a voulu que celui qui néglige trop long-temps fes droits, n'y rentre plus, ces femonces, quand elles ont lieu de la part d'un Propriétaire des minéraux, vis-à-vis des Maîtres qui fe défiftent du travail, donnent à l'affigné quinze jours pour juftifier les raifons de leur délai, & cela à leur dépens ; la quinzaine expirée fans avoir répondu à la femonce, les Maîtres font *refaifis* dans leurs *prifes.*

Les conteſtations les plus fréquentes ſur les opérations ſouterraines, tiennent aux plaintes qui peuvent ſe faire de ce qu'on a empiété ſur un terrein où on n'a-voit point priſe; de ce qu'on n'auroit point rendu fidélement la part du Charbon provenant des ouvrages; & enfin, de ce qu'on auroit envoyé de ſes eaux dans des ouvrages voiſins.

Quant au premier cas, attendu la facilité de continuer quelque temps cette uſurpation avant qu'elle parvienne à la connoiſſance du Propriétaire, on n'a pas de peine à croire, que ſi cela n'arrive pas ſouvent, il doit y avoir ſur ce point des demandes fréquentes pour s'en aſſurer par Juſtice.

La difficulté n'eſt pas ſans doute de reconnoître au juſte ſous terre, la marche & la longueur des ouvrages; il s'agit de rapporter à la ſuperficie du terrein, cette même marche meſurée avec exactitude, & de la rapporter de même aſſez exactement, pour pouvoir prononcer que les ouvrages de telle foſſe ont *ſtipé* dans tel endroit de la prairie, du jardin de *Pierre*, ou de *Paul*, c'eſt-à-dire, qu'ils ſont parvenus à tel endroit qui répond à la ſuperficie du jour; ce n'eſt qu'alors que la Juſtice peut attribuer à chaque Poſſeſſeur le *trentieme*, que la Loi lui a donné ſur le travail fait ſous ſon bien ou dans ſon bien. Cette pratique qui conduit à juger des pourchaſſes faites ſous un terrein, comporte deux opé-rations, l'une *ſouterraine*, & l'autre ſuperficielle; on peut, ſi l'on veut, la regar-der comme la même répétée. La premiere meſure eſt la meſure ſouterraine, qu'on appelle *meſure en terre*, *dépendement*: *dépendre* ſignifie en Houillerie, meſurer combien il y a d'à-plomb ſur chaque toiſe. La ſeconde meſure n'eſt que la meſure ſouterraine, rendue à la ſuperficie avec les mêmes inſtruments, qui ſont la bouſſole, la chaîne ou la ficelle, on l'appelle *meſure hors du bure*, *meſure ou reſaiwe au jour*, & l'opération ſe nomme *reſaiwer au jour*.

Voici le procédé uſité pour l'une & l'autre; la Planche **XXVIII**, dans laquelle on a cherché à rendre aux yeux la manœuvre du *dépendement*, qui eſt bien ſimple, fera entendre tout d'un coup, la meſure ou la *reſaiwe au jour*.

On commence par *plumer le bure*, c'eſt-à-dire, par prendre l'à-plomb du bure ou meſurer ſa profondeur; pour cela on barre l'œil du bure avec une planche; celle que nous avons appellée *lutte*, s'il y en a, & pour peu qu'elle ſoit avancée dans la buſe, eſt quelquefois propre à cet uſage: on y ſuſpend la chaîne ou la ficelle que l'on deſcend juſqu'au bas avec un plomb, en faiſant à cet endroit de la planche une marque contre la ficelle.

Dans quelqu'endroit que vienne tomber le plomb, on poſe la *bouſſole*; quel-ques Houilleurs dreſſent pour cette opération le *cadran* ſur une petit ſupport à quatre pieds; mais cette maniere ne paroît pas favorable pour donner à l'inſtru-ment une aſſiete nivelée: il eſt mieux d'amaſſer à l'endroit où vient tomber le plomb, du menu Charbon ou des ganges, & d'en faire un petit tas ſur lequel on pose la boussole; il est plus facile, de cette maniere, de la bien placer de niveau; c'est le principal de toute l'opération; & l'Ouvrier qui est chargé de ce point, ne doit avoir sur lui ni boucle de fer, ni couteau : dans le cas où il se trouveroit quelque ferrement qui ne pourroit pas être éloigné de la boussole, il faudroit interposer une planche entre ce métal & la boussole.

Ce dispositif achevé, il est question de prendre les distances & les angles, ou courbures qui terminent les voyes, en visant autant que la vue peut se porter, ou jusqu'au bout de la portée de la chaîne, ou jusqu'au premier coude que fait la voye souterraine; pour cela, on mene la chaîne ou la ficelle en droiture, tant que la voye le permet, en ne se coudant point: il faut observer avec soin que la corde soit toujours dirigée bien droite & qu'elle ne touche à rien; lorsqu'elle est arrivée à un endroit où il n'est plus possible de la conduire sans la détourner, on regarde la marque du milieu de la boussole, qui fait la direction, & qui assure l'alignement : l'Ouvrier qui gouverne la boussole en regardant le numéro, dit à l'autre qui mene la chaîne, *Plumez-la*; celui-ci laisse tomber doucement & directement d'aplomb une petite pierre; on marque le nombre sur lequel l'aiguille tombe, & on dit, *Dix toises, vingt pieds, douze pouces de longueur*; après les avoir marqués sur les tablettes, on rapporte la boussole à l'endroit où est la petite pierre, sur un petit tas de fouaye qu'on y a amassé, & on remarche en avant avec la chaîne, en observant avec soin les mêmes attentions & opérations jusqu'au second détour, où l'on plombe de nouveau, & où l'on rapporte encore la boussole, en reprenant comme au premier, & ainsi de suite jusqu'à ce que l'on soit parvenu au bout de la voye.

Pour éviter de marquer les demi-pieds & les demi-pouces, il y a une maniere que nous ferons connoître dans les détails particuliers qui entreront dans la derniere Section de cette seconde Partie.

Par cette opération exécutée avec soin par deux Mesureurs, les chemins que la veine a fait parcourir sous terre sont reconnus : il ne reste plus qu'à revenir au jour pour *refaiwer* les dimensions souterraines; les Experts sortent du bure, & commencent par placer la boussole sur la même planche, au-dessous de laquelle elle avoit été placée dans le fond du bure, & au même point marqué avec de la craie, d'où l'on étoit parti pour faire descendre la chaîne : on tourne la boussole jusqu'à ce que l'aiguille ramene le premier numéro qui avoit été noté sur les tablettes; on conduit alors la chaîne de la même façon qu'elle a été conduite pour la mesure en terre, & on prend la même longueur qui avoit été également notée sur la tablette; de-là on marche de même jusqu'à la longueur où s'est trouvé le premier coude, & on continue toujours en réitérant les mêmes opérations jusqu'à la derniere longueur qui rapporte exactement le même point trouvé par le *dépendement*.

Une seconde circonstance sur laquelle il est aussi facile de ne pas trouver les Maîtres de fosse d'accord avec le Terrageur ou Arnier; c'est sur la quantité de

Charbon à revenir à ces Seigneurs, & qu'ils prétendent ne leur être pas payé fidélement ; les Jurés font appellés pour faire la vifite & la mefure des ouvrages fouterrains : rien de plus fimple que cette eftimation ; elle confifte *à décharger une Heve* : cette maffe de veine que l'on abbat, eft d'une toife en quarré ; on mefure combien elle donne de *paniers*, ou de *traits* ; on compte combien de femblables Heves, ou parties de veine, c'eft-à-dire, combien de toifes de veine il pourroit y avoir dans une certaine partie d'ouvrages, & fur ce pied on fait l'eftime, cela s'appelle *raparier*, c'eft-à-dire, *rapareiller une Heve*.

Cette conteftation eft fouvent difficultueufe, & elle peut fe terminer diverfement, ou à l'amiable entre les Parties intéreffées, ou par autorité des Jurés.

L'Article IV de la Paix de S. Jacques, a fixé ce qui eft à obferver dans l'un ou dans l'autre cas.

Lorfque ces mefures & eftimations fe font de gré à gré de la part du Seigneurage, & des Ouvriers ou *Parchonniers*, les Jurés font tenus de s'en rapporter au ferment des Parties intéreffées.

Dans le cas où la mefure fe feroit trouvée fauffe, ou manquer par l'exactitude, les dépens & les frais font payés par celui qui eft en tort ; en même temps pour que la chofe ne foit plus matiere à conteftation, chaque Partie paye pour l'enregiftrement qui s'en fait , une groffe monnoie commune , & autant au Clerc.

Si après que la vifite des Jurés eft faite, les Maîtres de foffe difputent la mefure & veulent qu'elle foit recommencée, c'eft aux frais des demandeurs.

Différentes circonftances exigent que l'on reconnoiffe *la force de la nouriture de l'eau* dans les ouvrages fouterrains.

Un Houilleur, par exemple , a envoyé à fon voifin des eaux qui l'incommodent ; il s'agit d'en favoir la quantité, afin de l'obliger à les remettre dans fes ouvrages fi elles ne viennent pas d'en haut , ce qui eft le plus ordinaire & le plus facile , ou pour en être défintéreffé du tort qu'elles occafionnent fi elles ne peuvent être reprifes ; l'opération à laquelle on procéde pour cela, s'appelle *xhancier, mefurer les eaux* ; elle confifte à ramaffer les eaux dans le bure ou dans une autre partie des ouvrages ; c'eft pour l'ordinaire au moyen d'une efpece de canal appellé *chenaz*, formé de planches dont on lutte les joints avec de la dielle, pour y faire couler l'eau que l'on veut *jauger*, d'où eft venu l'expreffion ordinaire dont on fe fert, *mettre les eaux fur le chenaz* ; la hauteur de ces planches eft indifférente ; mais il y a environ un pied de largeur dans l'intérieur, afin de porter un volume d'eau de douze lignes, & en cas que le volume d'eau foit plus fort, on aggrandit ce canal à proportion, de maniere qu'une ligne d'eau doit former un pouce quarré dans la largeur du chenaz.

Il faut pour le fuccès de ce jaugeage, avoir attention de placer le chenaz dans un endroit où l'eau fe trouve tranquille , & de lui donner une pente infenfible.

Lorfqu'un Propriétaire foupçonne que l'on eft entré dans fon bien par bure ou par ouvrage fouterrain, il a pour s'en affurer la voye de l'ajournement des Ouvriers, ainfi qu'il eft prefcrit par l'Article XIX de la Paix de S. Jacques, & par un Record de MM. les Echevins en Mars **1439**, qui oblige ces Ouvriers de déclarer par ferment, combien ils font entrés dans le terrein d'autrui, combien ils en ont tiré de denrée, &c. Le Propriétaire a encore pour fe faire rendre juftice la vifite des Jurés des Charbonnages, qui alors eft aux frais du demandeur: cette defcente dans les foffes eft une des fonctions importantes des Officiers de cette Cour: nous traiterons ici en particulier celles qui au lieu de fe faire à la réquifition des Parties, fe font d'office ou par Ordonnance des Jurés.

Vifites des Foffes par autorité de Juftice.

Par l'Article XX de la Paix de S. Jacques, il eft enjoint aux Jurés de ne point employer à leurs vifites & mefures plufieurs journées, & de les achever tant que faire fe peut en un jour. A l'Article XIII, qui leur a ôté toute occafion de partialité, *voyez page* 317, il faut ajouter l'Article XIV, portant défenfe à eux d'acquérir aucune part dans une foffe litigieufe.

Outre ces vifites, dont nous parlerons enfuite, il en eft qui fe font réguliérement, favoir celles des foffes de *grand athour* de quinzaine en quinzaine, & celles de *petit athour* dans quelque cas particulier: c'eft un acquit de leur charge, réglé par un Recès du 15 Janvier **1687**, qui comprend fix articles.

Leurs honoraires pour cette vifite de foffe de grand athour, & tout ce qui a trait à la procédure qui peut avoir lieu, eft fixé à quatorze florins Brabants & demi à répartir, favoir chaque Juré & Greffier trente patars, au varlet quinze patars, pour ceux qui defcendent dans le bure cinq patars chacun, & le refte au Greffier pour fon enregiftrement & pour l'expédition de la copie qu'il délivre; bien entendu que le Greffier ne fera pas obligé de fe retrouver aux vifites qui fe feront d'office, & que le jour de la vifite, les Jurés ne peuvent s'arroger aucune Houille de la foffe.

Il en eft de même pour les vifites qui peuvent ou qui doivent fe faire aux foffes de *grand* & de *petit athour*, travaillées à la faveur d'une *areine bâtarde*, ou qui avoifine une des *franches areines*.

Les foffes de petit athour qui font xhorrées, ne comportent de vifite que lorfqu'elles viennent à être travaillées *deffous eaux*; alors ces vifites font plus fréquentes. En général les foffes xhorrées font fujettes à trois vifites par an.

Parmi les cas qui entraînent la vifite des foffes, celui où l'exploitation eft portée au point d'avoir *déhouillé* toutes les *prifes*, celui où l'on eft forcé d'abandonner la pourchaffe, font les plus ordinaires; il eft d'ufage & d'obligation, avant d'abandonner les ouvrages, que les Maîtres ajournent de temps en temps les Areniers & les Terrageurs, afin de pouvoir, lorfqu'une fois il n'y a plus rien à travailler avec profit, *obtenir enseignement*, d'abandonner tel ouvrage ; telle gralle, telle coistresse ; à cet effet, ils demandent la visite par laquelle on constate que les travaux & ouvrages ont été conduits selon les régles de l'art ; & la coutume est d'offrir en même temps aux Areniers & Terrageurs tous les agrès de Houillerie, afin de pouvoir poursuivre les ouvrages à leurs frais s'ils le jugent à propos.

Dans les occasions où cette visite est demandée par les Areniers & les Terrageurs, les Maîtres & Comparchonniers, sont tenus pour ces visites, aux mêmes formalités qui sont observées dans toutes les contestations, & qui vont être détaillées.

La descente des Jurés a encore lieu à la réquisition des Maîtres de fosse en dispute avec d'autres ; le Record des Voyres-Jurés du Charbonnage, du 17 Novembre 1761, a décidé comment les Parties doivent se régler quand l'une ou l'autre demande à maintenir son droit par une visite.

Dans ce cas, ceux dont on visite les ouvrages, sont tenus de contribuer à tout ce qui peut rendre cette visite profitable à la décision des Jurés ; ils sont obligés de délivrer, comme on dit ordinairement, *houttes, hernaz* & *ustensiles*, ainsi que *voyes d'airages*, de représenter même *le vif thiers*, & montrer les parois découverts ; lorsqu'il est question de visiter la disposition des *rottices* & courses d'eaux, d'examiner s'il n'y a point de xhorrement & de trous de tarré fait par dessus eaux ; enfin, ils sont obligés de débarrasser les voyes, des eaux, des stouppures, & de tout ce qui pourroit empêcher de reconnoître par cette visite jusqu'où vont les pourchasses, dans quel état sont restés les ouvrages : dans ce cas les demandeurs avancent les droits judiciaires & autres dépens de cette visite pour la première journée, & les frais tombent ensuite sur la couple de Maîtres qui se trouve en tort.

Tous les ajournements à fin d'obtenir visite, portent toujours ces clauses exprimées, *pour obliger les Maîtres* de telle fosse à livrer voye & airages suffisants, avec parois découverts *jusqu'à vif thiers* qui a été abandonné, c'est-à-dire, que des deux côtés d'une taille la veine paroisse à découvert.

La visite des fosses a encore lieu toutes les fois que les Maîtres & *Comparchonniers* & Ouvriers de fosse veulent abandonner des ouvrages qu'ils tiennent de Seigneurage, soit Arnier ou Terrageur. Par l'Article XXI de la Paix de S. Jacques, il est défendu de quitter un bure, ou d'abandonner veines, tailles, voyes & vieux ouvrages, ni de laisser remonter les eaux, ou remplir les fosses qu'avec le consentement exprès des Seigneurages, à moins qu'on ne soit bien & duement autorisé par enseignement & ordonnance de Justice, après avoir intimé les Seigneurages, leur avoir fait offre de visite, afin que les Arniers ou Terrageurs puissent ensuite, s'ils le veulent, profiter de leurs prises & areines, & continuer les travaux.

Ces rapports de visite d'ouvrages souterrains, étant une partie difficile de la
Houillerie,

Houillerie ; nous terminerons cette matiere par quelques modeles de ces Rapports dreſſés dans la forme ordinaire, & nous en faciliterons l'intelligence par la Planche XXIX : ſurquoi il ſera facile de prendre une idée de tous ceux qui peuvent ſe faire *mutatis mutandis.*

Modeles de Rapports de Viſites des Foſſes.

Premier Rapport.

P A R ce premier, *Fig.* 1 , on ſuppoſe que les Jurés du Charbonnage ou des Experts ont tourné tout alentour d'une foſſe ou des ouvrages ſouterrains ; & on les fait retrouver dans leur viſite, préciſément au même endroit d'où ils étoient partis.

L'an de.... le.... du mois de......... ſont comparus........... leſquels ont fait rapport de la viſite qu'ils ont faite par ordonnance de MM.........à la foſſe........ & ce en la forme & maniere ſuivante. Savoir, que le jour d'hier, à..... heure, ils ont deſcendu & *dévallé* en ladite foſſe juſqu'à la *deie* de telle veine marquée *A* ; ayant rentré dans le *levay* du bure pris *à main gauche*, marqué *B*, & après avoir marché dans ce *levay* juſqu'à pareille diſtance de la *buſe* du bure, ils ſont entrés dans une *vallée* ou *gralle* marquée *C*, priſe ſur ledit *levay B* ; & après avoir avancé dans cette *gralle* ou *vallée* autant de toiſes de longueur, ils ſont entrés dans une *queſtreſſe* marquée *D*, priſe à *main droite* ſur ladite *gralle*, laquelle *coiſtreſſe* venoit ſe rendre par ſon extrémité à une autre *gralle E E*, priſe ſur le *levay du bure à main droite B* ; & ayant remonté ladite *gralle* dans ce *levay* marqué *B*, ils ont marché à main gauche deux ou trois toiſes ; là ils ont rencontré une *montée F F*, priſe ſur ledit *levay* ; étant entrés dans cette *montée*, ils ont encore marché quelques toiſes, & ont trouvé une *queſtreſſe G*, priſe ſur cette montée, laquelle *coiſtreſſe* terminoit à une autre *montée H H*, priſe ſur le *levay* du bure à *main gauche* ; & après avoir deſcendu ladite *montée*, ils ſe ſont retrouvés dans ledit *levay à main gauche*, ayant rentré dans la buſe du bure par le même endroit où ils avoient commencé leur viſite, & ayant par ce moyen tourné tout alentour du bure par les ouvrages ſouterrains.

Second Rapport.

Dans celui-ci, *Fig.* 2 , dont l'objet eſt de prononcer ſur les endroits où les pourchaſſes ont été conduites, on ſe borne à faire entrer les Experts dans une gralle ou vallée, pour les faire retourner enſuite en arriere ſur leurs pas, viſiter une ou deux coiſtreſſes, & de-là, retourner par le même endroit qu'ils ſont entrés par la buſe du bure.

L'an de........, &c. &c. Nous ſommes entrés dans le *levay* du bure de la *main droite* marqué *B* , & nous avons trouvé à la distance d'autant de toises ; une *gralle* marquée *C*, prise sur ledit *levay*, de laquelle nous n'avons pu atteindre le bout, l'ayant trouvée remplie d'eaux ; (1) étant retournés sur nos pas, nous avons trouvé une *coistresse* marquée *E* , dans laquelle nous n'avons pu pénétrer, parce que les voyes étoient *tempestées* ; en remontant toujours, nous avons trouvé une autre *questresse* marquée *F* , dans laquelle nous sommes entrés sans obstacle, ayant trouvé la *parois découverte aux deux côtés*, & le *vif thier* au bout de cette *questresse* ; & après avoir *fait mesure*, & *resaiwe au jour*, nous avons reconnu que les ouvrages faits dans ladite *coistresse*, avoient *stippé* dans un tel jardin où nous avons planté un stipeau, pour marquer où lesdits ouvrages sont parvenus.

Troisieme Rapport.

Dans ce dernier, *Fig.* 1, par lequel on prononce que toutes les *prises* sont épuisées, on fait entrer les Experts, du levay du bure pris à main gauche dans une montée ; & après avoir fait une espece de demi-cercle, on les reconduit jusqu'à la buse du bure, dans laquelle ils rentreront par le levay du bure pris à main droite.

L'an . . . . , &c. &c. Nous sommes entrés dans le *levay* du bure pris à *main gauche*, où nous avons trouvé à la distance d'autant de toises, une *montée H H*, prise sur ledit *levay* ; nous avons vu qu'il y avoit une *questresse G*, prise à *main gauche* en montant ; puis étant montés dans ladite *questresse*, & parvenus à son extrémité, nous sommes entrés dans une *montée F F*, prise sur la *main droite du levay* du bure ; & après avoir descendu cette montée, nous nous sommes retrouvés dans ledit *levay B*, ayant rentré dans la buse du bure, en faisant par ce moyen une espece de demi-cercle ; & nous avons reconnu que les ouvrages sont conduits selon les regles de Houillerie, & qu'il n'y a plus rien à travailler à profit.

Police pour les Bures & ouvrages que l'on interrompt pour un temps, ou que l'on abandonne tout-à-fait.

L'interruption ou l'abandonnement absolu des ouvrages, selon l'exigence des cas, ne pouvoit manquer d'être un objet de réglement.

Il est facile de sentir à combien de dangers, à combien de malfaisances, des fosses restées ouvertes en pleine campagne, pouvoient donner occasion ; c'étoit néanmoins les suites que l'on devoit nécessairement attendre de la négligence ou

---

(1) On suppose que les eaux étoient remontées dans cette gralle jusqu'à l'endroit marqué *D*.

de l'indifférence des Propriétaires, quittant des ouvrages dont ils ne retirent plus de profit ; mais une fage légiflation annonce que ces foffes ne ceffent point d'être l'objet de fa vigilance du moment qu'elles ceffent d'être profitables à la République.

Le Prince George-Louis, par un Mandement donné à Seraing le 17 Juillet 1730, publié au Perron de Liege & mis en garde de Loi, a établi fur cela une police qui fait honneur à fa mémoire , & au Chapitre de l'Eglife cathédrale de Liege , dont il prit l'avis.

Quand , pour quelque raifon que ce foit , un bure à Houille ou bure de mar lière fe trouve devoir être difcontinué & abandonné, les Maîtres de foffes & Propriétaires des fonds, font tenus de déclarer dans l'efpace de fix femaines au Greffe du lieu où font fituées les foffes, leur intention de renoncer abfolument à leurs ouvrages, ou de l'interrompre ; & alors, pour éviter que ni homme, ni bête n'y tombent ou n'y foient jettés, le bure doit, dans le premier cas, être rempli , ou bien on eft obligé d'y placer une voûte capable de le fermer , & cela fix femaines après la déclaration faite.

Dans le cas où ce ne feroit qu'une interruption momentanée, & qu'il y auroit efpérance de pouvoir reprendre les travaux , l'Article III enjoint d'environner l'œil du bure d'une muraille de cinq pieds, comme la mardelle d'un puits, ce qu'on appelle *axhuer* un bure.

En ne faifant point la dénonciation, on encourt folidairement l'amende de vingt-cinq florins d'or , au profit du Seigneur ou Officier du lieu , de même que fi l'on ne fe conforme point à l'article 111.

Les Officiers ou le Seigneur du lieu qui négligeroient de faire exécuter cette Ordonnance dans l'un ou l'autre de fes points aux termes limités, perdent le profit de l'amende, qui eft alors due au Procureur Général, lequel a droit de faire foumettre à l'amende , & de faire contraindre par le Juge du lieu après un nouveau délai dont le terme ne doit pas excéder fix femaines , à peine de cinquante florins d'or à payer en amende par les contrevenants, de punition arbitraire, ou même corporelle felon le befoin.

Pour ce qui eft des bures profondés fur l'une ou l'autre des franches areines de la Cité, la dénonciation doit fe faire à la Cour des Voyres-Jurés du Charbonnage, qui ordonne de remplir, de voûter ou *d'axhuer* le bure felon l'exigence du cas, ou felon qu'il paroîtra à la Cour plus convenable pour la confervation des areines de la Cité.

Les délais font les mêmes que pour les cas ordinaires , & les frais en retombent fur les Maîtres ou Propriétaires qui y font tenus aux mêmes claufes comminatoires.

Les fix derniers articles de ce Réglement, font en interprétation de quelques articles de la Paix de S. Jacques, fur les interruptions relatives à quelques circonftances, comme, par exemple, pour le cas où le travail cefferoit à caufe des eaux ; alors ce n'eft qu'après qu'ils auront quitté cette befogne qu'ils font tenus à l'Ordonnance, qui ne les oblige à rien, tant qu'ils font occupés à *xhorrer*.

Les interruptions de trois mois, en exceptant celles occafionnées par les grandes chaleurs, qui produifent le *fouma*, ou par un temps de guerre qui obligeroit de fufpendre l'ouvrage avec intention de le reprendre, doivent être dénoncées aux Greffes defdites Cours, & les bures remplis ou voûtés.

Dans ces deux dernieres circonftances, les Maîtres de foffes ne font tenus que d'*axhuer* leurs bures avec une bonne muraille de pierre ou de brique, fans y fuppléer par aucune fermeture de planches, fafcines ou autres.

Quant aux marlieres, cette Ordonnance enjoint aux Propriétaires des terres où elles font fituées, de les faire remplir en fix femaines, fous les mêmes peines & amendes, & n'admet aucun prétexte pour les laiffer ouvertes, attendu la facilité qu'il y a de *redifcombrer* la premiere foffe, ou d'en faire une nouvelle.

De la reprife des bures abandonnés ou interrompus ; formalités à obferver lorfque ce font de nouveaux Maîtres qui entreprennent le travail.

Le même principe qui maintient le Propriétaire dans fon droit, ne permet pas que perfonne puiffe remettre la main à l'ouvrage quitté par un Maître de foffe, fans s'être mis en regle vis-à-vis de ce poffeffeur ; il faut lui envoyer fcédule, afin de pouvoir conquérir la part qu'il avoit, s'il ne vient pas y fournir dans un temps limité.

A l'appui de ces Conftitutions faites pour les différents intéreffés aux ouvrages de Houillerie, viennent des loix pour les Ouvriers, touchant l'exercice, la conduite & pratique du métier, des Réglements qui mettent ces Citoyens utiles, à l'abri de l'injuftice : nous allons entrer en matiere fur cet objet.

Chartres & Priviléges du Métier des Houilleurs de la Cité, Franchife & Banlieue de Liege, concernant la Police du métier & du commerce.

Tout ingrat que paroiffe le métier des Houilleurs (1), ne l'exerce point qui veut ; il n'eft pas libre à tout le monde, je ne dis point de travailler aux bures, mais même de brouetter, de vendre ou débiter le Charbon, à moins que l'on ne foit incorporé dans le métier.

Ce véritable corps d'Ouvriers a fon rang dans les ordres qui compofent la Généralité de Liege ; il eft compofé de Jurés, d'Officiers & de Suppôts bien autorifés par des Réglements arrêtés & convenus d'un commun accord entre les Jurés, interprétés par MM. les Mayeurs & Echevins de la fouveraine Juftice de

---

(1) Au jugement de Fifen, que j'ai rapporté | XI, *pag.* 272 ; en parlant de ces Ouvriers, page 210, & qui ajoute au même endroit, Lib. | *Curiculorum potiùs quàm hominum vitam agentes.*

Liege, par MM. les Bourgmeftres & Confeil, confirmés, ratifiés, & mis en garde de Loi, felon l'ufage, par une ratification du Prince.

La premiere époque de la rédaction de ces Réglements, qui étoient épars ou égarés, eft du 21 Juillet 1593, ainfi qu'il paroît par l'Ordonnance du Prince Erneft, fuivie de l'approbation en langue latine, fous ce titre : *Approbatio Statutorum Collegii Hullariorum*, 24 Jul. 1593, avec le fceau du métier repréfenté à la Planche XXVIII.

Ce Réglement a été renouvellé en 1684 avec quelques changements, dont j'indiquerai à leur place ceux qui font parvenus à ma connoiffance ; il a été enfuite augmenté de quelques Mandements du Prince George-Louis, & du Prince Jean-Théodore.

Comme le tout renferme des articles difparates, j'ai jugé utile, ainfi que j'en ai prévenu, de faire de ces différents Statuts & Réglements, un dépouillement méthodique, qui, en préfentant fous un feul coup d'œil tout ce qui a rapport à chacune des parties du métier, donnera une connoiffance exacte de cette Police, que nous divifons en trois parties ; Police du Corps de Houillerie, Police entre les Maîtres de foffe, leurs Fourniffeurs & les Ouvriers Houilleurs, Police de Commerce.

1°. *Police du Corps de Houillerie.*

Des Gouverneurs & Jurés du métier.

ON appelle ainfi les Officiers prépofés au Corps de Houillerie ; ils font au nombre de deux, fujets dans l'exercice de leurs charges à des regles très-exactes, & créés tous les ans le jour de la S. Jacques.

Les Officiers du métier doivent certifier de leurs bonnes mœurs & de leur bonne réputation ; ils doivent être nés en légitime mariage au pays de Liege : toute élection dans laquelle quelqu'un de ces points fe trouve fautif, eft nulle, & les Compagnons du métier peuvent licitement procéder alors à une nouvelle élection.

Afin qu'ils foient en état de fatisfaire à tout ce qui eft de leur office, ils doivent auffi, par l'Article III, avoir hanté le métier pendant trois années confécutives, à moins que l'élection n'ait été unanime.

Le manque de l'une ou l'autre de ces conditions emporteroit de même nullité de l'élection, & incapacité à être revêtu de ces offices, ainfi qu'une amende de trois florins d'or, ou la valeur à répartir ; un au Prince ou à fon Officier, un à la Cité, & l'autre au Métier & aux Officiers, par moitié.

L'Article IV fixe la forme de ces élections en préfence des Officiers anciens & nouveaux, & du Greffier qui en tient regiftre.

Les Officiers élus prêtent ferment de bien fidélement & loyalement s'acquitter de leur office dans tout ce qui dépendra d'eux, de garder les Chartes &

Priviléges du métier, de ne recevoir aucun revenu du métier, & de payer en leur habice au profit du métier, trois florins Brabants chaque Gouverneur, deux florins chaque Juré, fans quoi l'élection feroit nulle.

Pour ôter toute occafion aux procès & aux querelles à naître touchant les contraventions aux Chartes, & touchant les amendes, il eft ordonné par l'Article **XXXIV**, que fur ces objets les Officiers du métier feront crus fur leur ferment.

Par l'Article **VI**, chaque Gouverneur a un département fixé, hors duquel il ne peut avoir voix pour les élections qui fe font pour les autres départements.

Ce font ces Officiers qui donnent les permiffions, en vertu defquelles on releve du métier; leurs droits font fixés pour ces réceptions, ainfi que les droits de relief, au profit du métier, & par l'Article **XXV**, les Gouverneurs qui ne fe conformeroient point à ces taxes, ou qui les excéderoient, ou les mettroient au-deffous de ce qui eft fixé, encourent une amende de trois florins d'or, & la fomme entiere de relief; & dans le cas où ils ne fe foumettroient pas à l'amende une fois fignifiée par le Clerc, ils font trois jours après, privés irrémiffiblement du métier.

Des différentes Permiffions.

L'Article **XI** ordonne que perfonne ne puiffe s'immifcer dans le métier, s'il n'eft reçu au métier, fous peine d'une amende de deux florins d'or, à répartir comme ci-devant.

On diftingue deux fortes de permiffions, celle qui incorpore au métier de Houillerie, & au moyen de laquelle on eft *Compagnon du métier*, pour les ouvrages tenant à l'art ou au métier, c'eft ce qu'on appelle grande *Rate* ou *Raete du metier.*

La permiffion d'exercer les ouvrages qui tiennent à la Houille une fois fortie des bures; c'eft ce qu'on nomme *petite Raete* ou *Rate* du métier.

Tous ceux qui acquierent le métier, foit par *grande Rate*, foit par *petite rate;* font d'abord tenus par l'Article **XXVII**, de faire ferment folemnel d'être fideles au Prince, à la Cité, à MM. du Magiftrat & au métier; de procurer autant qu'il eft en eux, le bien & l'avancement du métier, de faire connoître tout ce qui peut lui apporter préjudice, de fe conformer aux Chartes & Priviléges, ainfi qu'aux Réglements qui pourroient avoir lieu par la fuite, & de dénoncer ceux qui uferoient du métier fans avoir fait relief, c'eft-à-dire, fans avoir fatisfait à tout ce qui eft prefcrit par les Chartes.

Des Compagnons du métier, ou des Ouvriers qui ont acquis la grande Rate.

Sous ce nom font renfermés ce que l'on pourroit appeller proprement *Ouvriers Houilleurs*, & qui ne peuvent s'immiscer d'autre chose, sans encourir l'amende d'un florin d'or.

Par l'Article VIII, tous Compagnons qui voudront avoir voix sur les affaires du métier & à l'élection des Offices, sont inscrits le lendemain de la S. Lambert par le Greffier ou son Substitut, afin qu'ils puissent être mandés & assemblés au besoin, soit pour choses concernant la Houillerie, soit pour le cas où il faudroit faire guet pour garde & conservation de la Ville, soit pour la facilité d'être recherchés dans le cas où ils auroient entrepris sur autre métier, &c. (1)

Conformément aux plus anciens usages & priviléges du métier de Houillerie, personne ne peut *acquérir la grande rate*, à moins qu'il ne soit né en légitime mariage, dans la Franchise & Banlieue de Liege : il paye au Receveur vingt florins Brabants, savoir, la moitié tout de suite, & le restant dans le courant de l'année suivante; en outre deux florins aux deux Gouverneurs ensemble, cinq patards Brabants au Greffier pour l'enregistrement, & autant à l'Huissier.

Pour être reçu, il faut au préalable avoir exercé pendant l'espace d'un an entier.

Tout Prétendant au métier qui seroit étranger, demeurant ou non au Pays, doit d'abord apporter un certificat bien en forme du lieu de sa naissance & résidence, de son nom de famille, de bonnes mœurs & de catholicité.

Quand ces attestations sont jugées valables par les Officiers, & le Sujet dans le cas d'être accepté au métier, les frais consistent en quarante florins, & outre cela, quatre-vingt florins aux Gouverneurs, Greffier & Huissier.

Ceux qui prétendroient user du métier sans pouvoir exhiber les choses requises par l'usage, sont condamnés à une amende de six florins d'or, ou la valeur à répartir; entre le Prince ou son Officier deux florins, autant à la Cité, autant au bon métier de Houilleur & Officiers par moitié.

L'Article XV ordonne expressément que toutes personnes qui ne seroient point nées en légitime mariage, payent pour relever du métier ou acquérir la faculté de l'exercer, le double des autres.

Par l'Article XVII, ceux qui sont dans le cas de justifier qu'ils relevent du métier par leur pere ou mere, par leurs femmes ou autrement, doivent le faire à leurs dépens par voye judiciaire, ou pardevant les Officiers du métier, en pré-

(1) Le Réglement de 1684 a changé cette forme; aux trente-deux Métiers ont été substituées seize Chambres qui représentent la généralité du Peuple, représentant chacune deux Métiers, & dans chacun desquels il doit y avoir trois Artisans; parmi eux on tire à tour de rôle un Gouverneur.

fence du Greffier, & payer après toute vérification faite, les droits de relief, dont leurs prédéceffeurs fe feroient trouvé redevables.

Les Articles XVIII, XIX, XX, XXI, XXII, XXIII & XXIV, ont établi différentes claffes de ceux qui ont appartenu au métier, pour les traiter différemment fur les droits.

Les fils de Maîtres, nés de légitime mariage, font tenus de payer tous les droits des deux Gouverneurs, deux pots de vin de France ou du Rhin ; au Greffier pour l'enregiftrement, deux patards & demi de Brabant, & autant au Serviteur.

Les filles de Maîtres ou leur mari, nés en légitime mariage dans la Cité, Franchife & Banlieue de Liege, font tenus, lorfqu'ils veulent relever du métier, de payer au profit dudit métier, cinq patards de Brabant ; item aux Gouverneurs enfemble un ftier de vin, au Greffier pour l'enregiftrement, cinq patards de Brabant, & autant au Serviteur.

Si ces Prétendants font natifs du Pays ou Comté de Looz, hors la Cité, Franchife & Banlieue de Liege, ils payent au métier fept patards & demi ; item aux Gouverneurs, au Greffier & au Serviteur, comme ci-devant.

Les maris étrangers des filles de Maîtres, payent au métier dix patards Brabant ; item aux Gouverneurs, au Greffier, & au Serviteur, le double.

Les veuves des Maîtres du métier, lefquelles feroient nées de légitime mariage en la Cité, Franchife & Banlieue de Liege, peuvent leur viduité durante, ufer du métier ; mais le cas arrivant qu'elles n'en euffent pas fait relief, ou qu'elles priffent un fecond mari qui ne feroit pas du métier, ni l'un, ni l'autre ne peuvent ufer du métier, fous peine d'un florin Brabant d'amende, à répartir comme ci-devant ; à moins qu'elles ou leur fecond mari n'acquierent de nouveau la rate du métier, ou ne faffent nouveau relief ; ce qu'ils peuvent faire en payant audit métier, aux deux Gouverneurs, au Greffier & au Serviteur, les mêmes droits fixés pour ceux qui font nés dans la Franchife & Banlieue : dans le cas où ils feroient natifs du Pays & Comté de Looz, ils payeront pour leur relief quinze patards Brabants au profit du métier ; item aux Gouverneurs, au Greffier & au Serviteur comme ci-deffus : dans le cas où ils feroient nés hors du Pays & en légitime mariage, ils payent pour leur relief un florin Brabant aux Gouverneurs ; au Greffier & au Serviteur, le double.

Affemblées du Métier de Houillerie.

Le lendemain de la Saint Lambert, tous Compagnons du métier de Houilleur prétendant avoir voix à l'élection des Officiers, font tenus de fe trouver à la Chambre de la Cour du Charbonnage à huit heures du matin fonantes à l'horloge de la Cathédrale.

Toutes les fois que les Officiers jugent à propos de convoquer une affemblée, les Compagnons avertis par l'Huiffier, font obligés de s'y rendre, à peine

d'encourir

d'encourir l'amende infligée par les Officiers, proportionnée aux affaires qui obligent de tenir l'assemblée.

Les Officiers du métier encourent eux-mêmes par leur absence une double amende, à moins qu'ils n'ayent un motif d'excuse légitime, comme maladie, absence du Pays, &c.

Le Réglement pourvoit aussi par le même article, à la tranquillité & à la décence qui doit régner dans ces assemblées, & à l'ordre dans lequel on donne sa voix, en commençant par les Officiers en charge, puis les anciens, ensuite les personnes qualifiées.

Ceux qui contreviennent à ces articles du Réglement, ou font difficulté de payer l'amende, font privés de voix & ne peuvent être éligibles pendant un an.

Petite Rate du métier.

Acquérir la petite Rate du métier, c'est acquérir la permission d'entrer en la fosse, de *capeller*, ou mesurer, de mener la berwette, de charger ou décharger les Houilles, d'en transporter à dos ou à cheval, en vendre par hotte, &c.

Ceux qui font natifs du Pays, & en légitime mariage, payent pour les droits du métier deux florins Brabants, & aux Gouverneurs, au Greffier & au Serviteur les mêmes droits que les filles de Maîtres.

2°. *Police entre les Maîtres de fosse, leurs Fournisseurs, & les Ouvriers Houilleurs.*

Dans tous les travaux de fosse, les Maîtres de fosse, leurs enfants, leurs domestiques, font préférés aux étrangers, sans néanmoins que l'Ouvrier étranger puisse être congédié pour être remplacé par ces premiers; c'est une très-ancienne coutume qui a force de Loi, comme assise sur le droit de l'équité.

Malgré la sagesse des Réglements arrêtés par les différents Corps de l'Etat, & dont on vient de donner la teneur, on va voir qu'il restoit encore des objets intéressants, sur lesquels il n'y avoit rien de statué: Jean-Théodore donna le 28 Mai 1746, un Mandement qui caractérise le Prince ami du Peuple, & attentif à détruire les abus préjudiciables au bien public, & au bien particulier.

Par l'Article VII de ce Réglement, il est défendu aux Maîtres de fosse de faire aucune avance aux Ouvriers & aux Employés, soit en argent ou en marchandise; il n'y auroit que le cas d'une véritable nécessité, où les Maîtres peuvent faire quelque petite avance, qu'ils font libres de retirer de quinzaine à autre, ou de leur laisser par motif de charité.

Par l'Article XXVIII des Chartes & Priviléges, il est défendu aux Maîtres de fosse de garder un Ouvrier qui auroit quitté un Maître, dont il auroit reçu d'avance l'argent ou la marchandise sur son travail à venir, & qui n'auroit point travaillé jusqu'à ce qu'il fût acquitté.

Le Maître de fosse , au service duquel l'Ouvrier seroit passé, étant averti, est obligé ou de lui donner congé, ou de payer la dette en huitaine, après signification faite, à peine de deux florins de Brabant.

Sur ce qu'on s'apperçut de l'abus qui s'étoit introduit dans quelques commerces, ainsi que dans la Houillerie ; que les Maîtres obligeoient leurs Ouvriers de recevoir en paiement des marchandises ou denrées, qui souvent leur étoient livrées à un prix au-dessous de leur valeur, ce qui frustroit les Ouvriers de leur salaire légitime ; intervint le 22 Mai 1739, Mandement du Prince George-Louis, imprimé, affiché au Perron de Liege au son detro mpette , publié & mis en garde de Loi le 23 Mai suivant, portant défenses aux Maîtres de Houillerie & autres, de payer leurs Ouvriers autrement qu'en argent, sous peine d'une amende de dix florins d'or pour la premiere fois, de vingt pour la seconde, & de la privation *ipso facto* de la Bourgeoisie & du Métier au cas de récidive.

Ce Mandement, dicté par l'esprit d'humanité & de protection envers les Ouvriers, a été renouvellé plusieurs fois.

Des Journées des Ouvriers , & de l'ordre établi pour les contenir dans leur devoir.

Par l'Article I, du Réglement émané du Prince Jean-Théodore, tous les Employés aux fosses doivent être payés réguliérement par les Maîtres, de quinzaine en quinzaine, sans qu'il soit permis de leur rien déduire, ni retenir sur leur salaire.

Par l'Article II, leurs journées doivent être payées sur un pied fixe & uniforme par-tout dans un même quartier, afin d'éviter les transmigrations des Ouvriers d'un Maître à un autre ; l'inexécution de cet article emporte une amende de dix florins d'or, applicable pour la moitié à l'Officier du lieu, & l'autre au dénonciateur.

Cet article ne peut pas être observé bien réguliérement ; on conçoit que les journées d'Ouvriers peuvent ou doivent augmenter selon qu'il y a disette ou abondance d'Ouvriers ; cependant il y a sur cela un taux courant qui s'observe, lorsque les Ouvriers travaillent comme on dit, *à la paelle*, c'est-à-dire, lorsqu'ils savent chacun en particulier la tâche qu'ils ont à faire.

Quelquefois aussi ils se relayent de six en six heures, & alors ils gagnent tous également & travaillent pêle mêle, en en exceptant néanmoins le *Maître Ouvrier*, le *Chargeur de sély*, le *Foreur* & le *Chargeur au bure*, qui ne sont jamais employés chacun à d'autre service.

Le Maître Ouvrier gagne une journée appellée *Saler*, c'est-à-dire, quatorze florins, ou dix-sept livres dix sols de France tous les quinze jours, quand bien même il n'auroit pu travailler qu'une partie de ce temps aux petites fosses aux bras.

Le Wade-fosse a ses gages particuliers.

Le Maître Ouvrier ne gagne par jour qu'un fol de plus que les autres ; mais tous les quinze jours il a trente fols de furplus.

Les Stanfeurs, les Boiffeurs, les Foreurs, n'ont que leur fimple journée.

Celle des Xhaveurs fe paye par *choque.*

Les Chargeurs au bure, les Ripaffeurs, gagnent journée & tiers ; mais les premiers font tenus de découvrir le *Bougnou*, & de le recouvrir toutes les fois qu'on veut xhorrer les eaux du bure.

Les Chargeurs de Sely gagnent communément une journée & tiers, c'eft-à-dire, que fi la journée étoit de dix-huit fols, ils auroient une livre quatre fols.

Le défaut d'exactitude dans le pæiement des Ouvriers, eft la feule caufe qui leur foit tolérée de faire arrêter les travaux ; ce qui s'appelle *mettre la main au chief* ; plus communément cependant on dit, *mettre la main à la chaîne* pour faire ceffer les ouvrages.

Il étoit réfervé à un bon Prince tel que Jean-Théodore, de defcendre juf-qu'aux petits embarras qui peuvent empêcher les Ouvriers de gagner leur vie, afin d'obvier à ce que les dettes des Ouvriers ne portent de préjudice aux Maîtres de foffe & à l'utilité publique, par les oppofitions que des Créanciers pourroient faire au falaire journalier des employés, qui pour lors manqueroient de fubfiftan-ce, ou feroient détournés des ouvrages ; il eft décidé par l'Article VIII, que cette paye ne peut être arrêtée qu'à la concurrence de deux efcalins par chaque quinzaine.

Par l'Article III, tous les Ouvriers & Employés doivent s'acquitter exacte-ment fans refus ni délai de leur devoir, fans pouvoir rien exiger au-delà de leur journée fixée & reglée ; fans pouvoir non plus demander plus de chandelles que ce qu'il en faut précifément pour leur journée ; ils ne peuvent de même exiger de chauffage pour leur ufage particulier, devant fe contenter de la Houille & du Charbon indifpenfablement néceffaire aux befoins journaliers des foffes.

Dans le cas où ces Ouvriers congédiés pour caufe légitime ou de défobéiffance ou autres, feroient convaincus d'avoir fait aucune menace aux Maîtres, il eft en-joint à tous Officiers de les pourfuivre en toute rigueur de Juftice.

Par l'Article XVII, aucun Ouvrier ou Employé aux foffes, ne peut quitter l'ouvrage fans en avoir préalablement averti le Maître Ouvrier ou les Maîtres de foffe quatre jours auparavant, & cæ, fous peine de perdre fa quinzaine.

Par l'Article XXXIII, toute perfonne du métier qui confpireroit ou feroit affemblée contre le bien public ou celui du métier, ou qui donneroit confeil, ou mettroit empêchement contraire aux Ordonnances de la Cité ou aux Chartes du métier, encourt l'amende de trois florins d'or.

Par l'Article XVI du Mandement de Jean-Théodore, tout Ouvrier qui *fait fêtoyer les foffes* fans incommodité ou maladie duement vérifiée, eft refponfable envers les Maîtres du dommage qu'il aura caufé.

Faire fêter ou *fêtoyer la foffe*, fignifie refufer le travail.

Les Ouvriers ont recours à ce moyen lorfqu'ils ont quelque mécontentement ou qu'ils veulent faire tort aux ouvrages, ou faire augmenter le prix de leur journée : le fignal de cette mutinerie eft de mettre la main à la chaîne.

Il y a encore une autre maniere de cabaler dans les mêmes vues, elle s'appelle *bouter le cochet* ou le *cochetay* : c'eft un des Hiercheurs qui commence en pre-nant un morceau de Houille qu'il donne à fon voifin, lequel le donne à un autre jufqu'à ce que de main en main, il ait paffé au dernier ; alors tous les Ouvriers, qui font dans les voyes fouterraines quittent leur ouvrage, fans quoi ils courent les rifques d'être maltraités par ceux de leurs camarades qui ont formé le com-plot.

On juge combien eft grave cette émeute : par l'Article V du Mandement du Prince Jean-Théodore, les Ouvriers ou Employés coupables de cette rébellion font traités comme féditieux ; & outre l'amende ils font contraints par Juftice à tous frais, dommages & intérêts envers les Maîtres.

Les Officiers des diftricts où arrivent ces cabales, font obligés de châtier en toute rigueur les délinquants, comme brouillons & féditieux, & de rendre les peres & les meres refponfables de leurs enfants envers les Maîtres.

Ces mutins font en même temps déclarés incapables pour aucun ouvrage, & d'aucun emploi, jufqu'à ce qu'ils ayent fatisfait au contenu de l'Article V, qui défend à tous Maîtres de leur donner de l'ouvrage, fous peine d'amende, & à peine d'en répondre en leur propre & privé nom, & d'être contraints par les mêmes voyes au paiement de l'amende.

Afin d'ôter aux Hiercheurs toute occafion de commettre cette faute fous pré-texte de laffitude, l'Article XIV leur permet de fe repofer au befoin, chacun à leur tour la dixieme partie d'entr'eux.

Par l'Article XVIII, il eft défendu aux Hiercheurs de chercher prétexte à faire fêtoyer la foffe en demandant d'être deux Hiercheurs, avant la diftance ré-glée & ufitée de onze toifes de fept pieds de pourchaffe, à peine de répondre eux-mêmes, ou par leurs peres & meres, des frais qu'ils auront caufés.

Articles de Police en faveur des différents Fourniffeurs.

Les Chartes & Priviléges du métier, ont auffi établi la fûreté de ceux qui ont fait des fournitures relatives aux ouvrages de foffe, comme bois, chandelles, &c. L'Article XXXII a pourvu, de la maniere qui a été dite *page 350*, à la fidélité de leur paiement ; mais un Record de MM. les Echevins, en datte du 16 Juillet 1709, a développé cet article, fujet à plufieurs conteftations : les Articles I & II de ce Record, déclarent qu'un Marchand qui a livré des mar-chandifes à une fociété de Maîtres, peut citer la Société entiere après avoir reçu une partie de la dette d'un des Maîtres à qui elle avoit été affignée, pourvu que

ce

ce Marchand se soit mis en regle vis-à-vis de ce dernier avant le terme de six mois.

Tous les Maîtres deviennent débiteurs envers un fournisseur de choses nécessaires aux travaux, de maniere que ce Marchand qui a délivré ou bois, ou chandelle, ou autre chose, n'est pas obligé de s'en tenir au Maître sur lequel il est *astallé*, mais peut avoir recours sur tous, dans le cas où s'en trouveroit un qui ne seroit pas solvable; cela devient une dette de la généralité de la société, dont l'acquit est divisé par les proportions des parts que chaque Maître a dans la fosse.

Il est jugé par le IIIe Article, qu'un Marchand qui a fait compte avec l'un ou l'autre des Maîtres de fosse, n'est pas réputé avoir renoncé à l'obligation solidaire.

Par l'Article IV il est de droit qu'un Marchand qui a donné quittance à un des Maîtres pour sa part, n'est réputé avoir divisé sa dette qu'autant que l'assignataire eût exprimé dans sa quittance que son intention, en acceptant la part du débiteur *astallé*, est de le libérer des autres parts.

Par l'Article V, l'obligation de la Société envers le Marchand étant solidaire, la Société ne peut se décharger de cette obligation, qu'en donnant au Marchand *scédule* ou *astalle*, sans que celui-ci soit obligé de la demander, & la Société n'est pas obligée par cette astalle envers le Marchand : par l'Article XXXII des Chartes & Privileges, la Société est entiérement libérée, si le Marchand laisse écouler six mois à compter de la datte de la *scédule* ou *de l'astalle*, sans se mettre en regle contre le Maître *astallé*.

3°. *Police de vente ou de commerce de Houille.*

Aux manœuvres intelligentes, à l'aide desquelles les Liégeois tirent parti de cette production de leur terre, succede un genre d'occupation qui donne encore un travail & un salaire; c'est la circulation de ce fossile dans l'intérieur du Pays, & l'exportation d'un superflu très-abondant de cette même matiere.

Ce que nous avons dit *page* 20 de l'Avant-propos, & *page* 84 de la premiere Partie, donne à juger de la quantité prodigieuse de Houille qui se débite, tant pour l'Etranger que pour les différentes Provinces de Liége. Il y a déja plusieurs siecles que ce Pays riche en lui-même par une grande indépendance où il est de ses voisins pour le plus grand nombre de ses besoins, tiroit des sommes considérables de la vente de ce fossile (1). Guiccardin faisoit monter très-haut le revenu que produisoit ce qui en passoit chez l'Etranger (2).

Par-tout ailleurs, un trafic de cette conséquence seroit la matiere d'un Code

---

(1) *Quadraginta auri redeunt mihi millia in anno, De Carbone atro quem mea mittit humus.* Carol. Langii, Augusta Eburonum Leodicum.
(2) *Sed & foràs quotannis pretio nimirum Centeno-* rum millium *Scutatorum.* L. Guic. Episcopat. Leodiens. Vid. de Leodiensi Republicâ Auctores præcipuè, Ed. Marc. Zuerius, Boxhornius, Amstelodami, apud Joan. Jansonnium, 1633.

économique & politique, qui eût embraffé dans une vafte perfpective les moyens de protéger, de conferver un négoce d'un auffi grand rapport : la chofe n'a pas été apperçue de cette façon dans les Loix de Liege ; la premiere inclination laborieufe qui a fçu amener du fond de la terre à la fuperficie tout ce Charbon, les fages Réglements dont j'ai donné la teneur, & par lefquels on a eu en vue d'écarter tout ce qui pouvoit apporter du découragement, du retard dans ces travaux, font prefque les feuls foutiens de ce commerce ; il a été uniquement jugé néceffaire de pourvoir à ce qu'il y eût pour tout le monde une parfaite égalité dans la facilité à fe défaire de fon Charbon, & que ce commerce fût exercé loyalement.

Les Commiffaires prépofés fous la protection des Seigneurs Bourgmeftres & Confeil, à la rédaction des Chartes & Priviléges du métier, ont pourvu à cette derniere partie de la Houillerie dans les points effentiels, & le Prince Jean-Théodore dans fon Réglement que nous avons déja cité, a confirmé quelques-uns de ces articles en y en ajoutant de nouveaux.

Ils vont être expofés ici, après que nous aurons dit un mot des Offices de Houillerie, & des différentes mefures de ventes.

Offices de Houillerie, ou Offices d'une foffe.

Dans la coutume de Liege on comprend fous ce titre quelques emplois relatifs aux principales opérations de Houillerie, dont les uns appartiennent aux ouvrages fouterrains, & les autres regardent les travaux qui s'exécutent à la fuperficie : le premier emploi eft celui de Maître Ouvrier, chargé de la conduite des travaux intérieurs, & qui pour cela, a fous lui les Ouvriers employés à ces opérations.

Le fecond eft le *Boutteur de Rule*, ainfi nommé d'une mefure appellée *Rule*, voyez page 213, dont il fe fert pour mefurer les journées des *Xhaveurs* & *Coupeurs* fur lefquels il a l'infpection.

Les emplois relatifs à la fuperficie font ceux dont font chargés en particulier le *Garde-foffe* & le *Maréchal*, que nous avons rangés parmi les Ouvriers, page 212 : la difpofition de chacun de ces Offices appartient à l'*Arenier* ; on pourroit mettre au nombre de ces Offices de la fuperficie, celui du *Garde-magafin*, ou *Receveur*, appellé auffi *Maquilaire*.

Nous ne parlerons ici que de l'Office du premier emploi, nommé *Wardage*, *Comptage*. Cet Office qui tire fa premiere dénomination du *Wade-foffe* ou *Garde-foffe* par qui il eft exercé, eft auffi défigné par la feconde qualification, parce qu'outre les fonctions qu'il remplit vis-à-vis des Ouvriers, voyez page 212, & pour lefquelles il eft logé auprès de la foffe, il eft en même temps l'homme de la fociété des Maîtres, d'où on l'appelle le *Compteur* ; c'eft lui qui tient un état des Houilles & Charbons qu'on vient acheter dans les *paires*.

Il eft auffi chargé de faire les comptes entre les Maîtres de foffe, voyez page

326 : l'Article XXXII des Chartes & Priviléges, le tient quitte, ainſi que la Société des Maîtres, vis-à-vis des Marchands qui auroient fourni de la marchandiſe ou quelqu'ouvrage pour les foſſes & autres travaux, & qui auroient tardé ſix mois à recouvrer ce qui leur eſt dû pour leur fourniture ; de maniere que paſſé ce terme, il ne peut rien être demandé à la Société par aſſignation ou autrement.

L'uſage dans quelques endroits, eſt de donner au *Compteur* un panier de Houille ſur quinze ; mais ce panier nommé *panier du compte*, eſt un tort pour le *Terrageur*, & n'eſt pas de droit ordinaire. M. de Louvrex conſeille de ſtipuler ſur ce point, afin d'éviter toute diſcuſſion.

Il y a outre cela, l'Ouvrier *Trayeur* ou *Compteur* pour le *Terrageur, voyez page 323* ; cet Ouvrier paroît ne devoir pas être confondu avec le Compteur, dont la charge eſt Office.

Meſures de Houille & Charbon.

Les différents coffres ou paniers dans leſquels on enleve au jour les Houilles & Charbons, *voyez page 225 & 226*, prennent différents noms lorſque les Déchargeurs reçoivent ces vaiſſeaux.

S'il appartient à une grande foſſe & s'il en revient rempli de *pure Houille*, il s'appelle *Panier*.

Quand ce qu'il rapporte eſt mi-parti *Houille & Charbon*, on le nomme une *Coufade* ; lorſqu'il n'eſt chargé que de ſimples *Charbons* ou de beaucoup de *Fouailles*, il eſt déſigné par le nom de *Pélée*.

Ainſi ils diſent nous faiſons par jour tant de *paniers* ou tant de *coufades*, ou tant de *pélées*.

Dans les petites foſſes que l'on appelle *foſſes aux bras*, ce que l'on nomme *paniers* eſt nommé un *Gros* ; la coufade eſt nommée *Hourdée*, la pêlée eſt un *Piſſard*.

Tous ſont compris indifféremment ſous le nom général de *Trait* : *nous faiſons par jour*, diſent les Ouvriers, tant de *traits*, ſoit *paniers, coufades, pélées*, &c.

Lorſque les Mines ſont aiſées & peu profondes, on peut tirer d'une foſſe depuis quarante juſqu'à quatre-vingt traits de Charbon, & même davantage par jour.

La Houille ſe détaille par paniers, par tas ou par meſure.

Dans quelques parties du Pays, la Houille ſe vend au poids, d'une meſure de cent-vingt, cent-trente livres, appellée *Gongue* ou *Gangue*.

La Gongue de groſſe Houille, poids de deux cents livres priſe à la Houilliere, ſe vend une livre de Liege, ou une livre cinq ſols de France.

Les Officiers chargés de préſider au meſurage, ſont appellés *Jaugeurs de meſure* ou *Meſureurs*, & leur fonction de meſurer ſe nomme dans le langage de

Houillerie *capeler* : c'est la Chambre de S. Hubert qui confere ces Offices.

Dans la Ville, le Charbon & la Houille se vendent toujours par tombereau, qui contient vingt berwettes de l'espece de celles qui sont pleines, *voyez Pl.* XIX, d'où ces berwettes sont appellées *Mesures* ; elles reviennent à peu-près au bichet ou au quart de France.

Le long de la Meuse on l'appelle *Charrée*, ou voiture évaluée de quarante à cinquante mesures, le tout de quatre mille pesant, ou à deux grands tombereaux qui reviennent au Bourgeois, tout frais faits, depuis huit jusqu'à neuf livres de Liege, ce qui feroit onze livres de France : il y a aussi des demi-charrées.

Le Charbon de la plus foible qualité, appellé à Liege *Thiroulle, Teroulle,* (*Voy. page*. 81 de la premiere Partie), est à plus bas prix : la mesure sur le lieu ne revient qu'à six liards.

Articles de Police concernant le commerce.

L'importance de mettre des entraves à la monopole, d'empêcher qu'un Maître de fosse ne renchérisse la marchandise mal-à-propos, ou ne veuille se rendre maître dans son canton, a excité la vigilance du Prince Jean-Théodore. Par l'Article XI du Réglement émané de ce Prince, le 28 Mai 1746, il n'est point libre de faire *hiercher* à *cope* ou à *voye*, par rapport aux frais qu'entraîne ce hierchage, & au prix plus haut que le Public seroit par-là obligé de payer son chauffage : il est sérieusement défendu à tous Maîtres de fosse, de le permettre, & aux Chargeurs ou autres Ouvriers de le pratiquer, à peine de cent écus d'amende : veut & ordonne le Prince, que tous les *Hiercheurs* grands & petits s'attelent ensemble lorsque le pendage & la situation des veines le requerront.

Par l'Article XIII, est statué que lorsqu'il sera nécessaire de mettre des petits *Hiercheurs* avec des *grands*, ils travailleront ensemble d'un bout à l'autre, sans qu'il soit permis d'aller à la voie, ce qui ne seroit qu'au préjudice des *petits Hiercheurs*, qui trop fatigués, se trouveroient forcés de *bouter le cochet* ou *le cochetay*.

Par l'Article XXXI, des Charrtes & Priviléges, tout Charetiers, toutes Berwettresses ou Botteresses, qui en portant des Houilles des fosses ou des paires, en détourneroient quelque chose ; les hommes sont condamnés pour la premiere fois à l'amende d'un florin Brabant, outre la restitution ; à deux florins pour la seconde fois, & à la privation irrémissible du métier ; & les femmes à la moitié de cette amende.

L'Article XIX du Mandement, défend d'envoyer à la rencontre des Paysans ou Voituriers qui viennent chercher des Houilles & Charbons ; les Maîtres qui s'attireroient par cette voye les Marchands, ou en décriant le Charbon des autres, encourent une amende de dix florins d'or pour l'un & l'autre cas.

Par l'Article XXIX des Chartes & Priviléges, les Maîtres de fosse convaincus de fraude dans la livraison des Houilles vendues par paniers, ou par tas, ou par mesure, ou qui en retiendront & receleront la moindre chose, sont condamnés à restitution & à une amende de trois florins d'or pour la premiere fois, à six pour la seconde, & à destitution irrémissible du métier.

Par l'Article XXX, les Maîtres de fosse aux bras qui ne livreront pas fidelement, encourent les mêmes peines : toute la Houille arrivant hors du bure doit être livrée dans tout ce que comporte le trait aux acheteurs ; les Maîtres de fosse, Maquilaires, Commis, Receveurs & autres Employés qui seroient convaincus de s'en être approprié ou d'en avoir détourné, vendu ou dissipé d'une façon quelconque, encourent, par l'Article XX du Réglement du Prince Jean-Théodore, une amende de dix florins d'or pour la premiere fois, vingt florins pour la récidive, & en même temps la privation de Bourgeoisie & de tout métier.

ARTICLE SEPTIEME.

De l'utilité de la Houille dans le pays de Liege.

La richesse du pays de Liege en Mines de fer d'une qualité supérieure à celle qui se remarque dans celui de tous les Pays qui l'avoisinent ; la quantité considérable de Forges & Fourneaux à fer, ne sont pas les seuls articles qui rendent à cette Principauté le Charbon de terre important. Les prodiges de l'industrie accoutumés à éclore du sein de la nécessité, prennent ici leur source, non-seulement dans l'activité, dans la disposition laborieuse ; mais encore dans le génie : l'utilité de cette production est sentie dans l'intérieur des ménages ; elle s'étend au besoin le plus essentiel, en ce qu'il est de toute nécessité. On sait que plusieurs Pays trouvent dans ce fossile, tel que la nature le présente, un feu dont la chaleur supplée absolument à celle du bois à brûler pour les usages domestiques : les Habitants de quelques Pays, conduits par des vues raisonnables d'œconomie, ménagent la matiere premiere, en l'empâtant avec des terres grasses avant de la brûler au feu ; il paroît que cette impastation est connue des Chinois : *quelques-uns parmi le peuple broyent le Moui* (c'est ainsi qu'à Peking on appelle le Charbon de terre,) qui se tire depuis quatre mille ans des montagnes des provinces de Chen-si, de Chan-si, & de Pe-che-li, à deux lieues de cette Ville ; *en mouillant la poudre & la mettant comme en pain* (1) cela suppose un amalgame pour faire corps.

L'industrie des Liégeois, aussi féconde & aussi variée que le sol dont le Ciel les favorise, n'a pas peu ajouté au mérite de ce chauffage ; la maniere dont on emploie dans ce Pays le Charbon de terre pour ce seul objet, réunit à la fois tous

---

(1) Nouvelle Relation de la Chine par le Pere Gabriel Magalhaens, *in-*4°. Paris 1688. *Voyez* Histoire générale des Voyages, Tome VI , p. 486.

les avantages que l'on peut défirer dans une matiere combuftible ; les principaux font d'augmenter la durée de l'inflammation & de l'ignition, de corriger l'odeur, de confommer une moindre quantité de Houille que fi on l'employoit fans mélange , de la rendre d'un ufage auffi commode que peu difpendieux. Celui qu'en font généralement les riches comme les pauvres, eft une preuve de la perfection de la méthode Liégeoife.

Elle confifte à mêler la Houille avec une terre graffe ; à la bien corroyer, & à en faire à la main , ou dans des formes, des pelottes, que les Liégeois nomment *hochets*.

Cette façon eft ufitée en Angleterre dans le Comté de Pembrock ; elle eft connuë en gros à Briançon dans le Dauphiné , où on s'en fert pour le chauffage des Troupes dans les corps-de-garde : les pauvres de Rive de Gier dans le Lyonnois , en ont une idée, quoiqu'ils ne fe doutent pas de la chofe ; le Hainaut François a adopté pour fes Charbons, la préparation Liégeoïfe, avec les différences relatives au local.

Dans ces deux derniers endroits , où elle eft généralement ufitée, il n'eft point dans la populace, d'homme , de femme ou d'enfant , qui n'y réuffiffe toujours également fur le Charbon du Pays.

A Liege , une *Botterffe* une fois inftruite de quel bure vient la Houille qu'on lui donne à mettre en hochets, ne manque pas de les faire bien conditionnés : il fembleroit d'après cela, qu'il y ait peu de chofe à dire fur une fabrication de cette nature, & que pour l'exécuter dans d'autres Pays, il fuffiroit de fuivre à la lettre ce qu'on auroit vu obferver ailleurs : c'eft une erreur dans laquelle on eft tombé en publiant dans l'année 1770, (comme je vais publier la méthode ufitée à Liege) le procédé fuivi dans le Hainaut François, communiqué par un Particulier : il n'en eft pas moins à propos de faire remarquer , & il fera facile de s'en convaincre dans la Section IVᵉ de cette feconde Partie, que ces defcriptions ne peuvent former une connoiffance réelle & utile. L'Auteur d'une femblable defcription, lorfqu'il viendroit à l'exécuter avec le plus grand foin & la plus fcrupuleufe précifion à Paris, en Auvergne, en Forez , ne tarderoit pas lui-même à la reconnoître fautive ou incomplette ; & ceux qui voudroient fe conformer à la méthode, douteroient fort, en ne réuffiffant point, de l'attention & de l'exactitude qu'auroit apporté dans fon examen celui dont ils tiendroient le procédé.

La texture variée que l'on obferve dans ce foffile fortant de la Mine, & qui dans quelques efpeces fe reconnoît mieux lorfqu'elles ont paffé au feu, annonce que de tous ces différents Charbons, les uns peuvent & doivent être regardés comme plus ou moins propres que les autres à donner un feu d'une qualité différente, comme on le voit dans les Charbons de bois, avec lefquels il ne feroit pas impoffible de les mettre en comparaifon.

En effet, cette maniere d'apprêter le Charbon de terre, pour en obtenir un

chauffage qui acquiere des avantages que n'a point celui de la même matiere brûlée pure ou brute, doit être réglée fur plufieurs circonftances qui demandent à
être éclaircies, relatives à la qualité, à l'efpece de Charbon que l'on veut ou
que l'on eft à portée d'employer, & qui préfente un nombre confidérable de différences à juger, à fixer au préalable.

Il fuit de-là, que cette pratique fi familiere dans deux Pays très-voifins de
nous, comporte dans fa fimplicité des connoiffances préliminaires, particuliérement celle du Charbon de terre du Pays où l'on fe trouve : je ne fais pas difficulté d'en dire autant de toutes les tentatives pour faire des Charbons torréfiés,
nommés par les Anglois *Coaks*, & ceux qu'ils appellent *cenders*; un fuccès obtenu dans un endroit, ne rendra pas la chofe plus facile & plus affurée ailleurs, tant qu'on ne connoîtra que le procédé pur & fimple.

Dans la quatrieme Section qui fera particuliérement employée à éclaircir toutes les matieres de Houillerie, traitées fur les principes de quelque Pays, je donnerai fur l'objet dont il s'agit, des renfeignements fi exacts, que ce procédé pourra
être regardé comme entiérement connu & facile à être exécuté par-tout avec
fuccès : quant à préfent, je vais donner uniquement la méthode de Liege.

Méthode d'apprêter le Charbon de terre pour le chauffage, dans le pays de Liege.

Lorfqu'on travaille une veine de Houille dans la Mine, on ne peut, à moins
que cette veine ne fe *defpieffe* facilement en menus, comme il s'en trouve, détacher ni enlever de gros quartiers, qu'il ne s'en fépare en même temps une
grande quantité en pouffier ou en éclats d'un volume affez peu confidérable pour
pouvoir facilement être ramaffés à la main ou à la pelle ; ce ne font que ces débris
qui font deftinés au chauffage, & fur-tout une partie à laquelle on fait fubir la
préparation dont je vais parler après en avoir donné une idée générale.

Elle confifte à en retrancher autant que faire fe peut les gangues & triguts
qui fe trouvent mêlés inévitablement, ainfi que les pouxteures : les premieres
pouroient éclater dans le feu, s'élancer dans l'appartement, & inquiéter ; les
pouxteures donnent, comme on doit fe le rappeller, de l'odeur & de la fumée
vraiment défagréable ; elles font pour le feu de Houille, ce que les Allemands
nomment dans les Charbons de bois *brand*, & les François *fumerons*.

On en fépare auffi les gros morceaux de Houille, afin de n'avoir plus que ce
qu'il y a de plus menu, appellé *fouage* ou *del fouaye*, qui n'a befoin pour être
achevé d'être réduit encore en groffe pouffiere, que de pieds d'homme ou de
ceux des chevaux, felon la nature des Charbons que l'on veut mettre en *hochets*.

Préparation en grand des Houilles & Terroules pour le chauffage.

Une ou plusieurs charrées de Houille, selon la provision qu'on désire, amassée dans un endroit commode, est remuée avec des pelles de fer dans tout le tour du tas, de maniere qu'on rapporte perpétuellement en haut ce qui se trouve au pied de la pile.

Ce *remuage* en sépare naturellement ce que l'on veut en retrancher, sur-tout les morceaux assez gros, qui ne pouvant rester sur une surface en pente, tombent toujours au bas de la pile; les morceaux les plus gros, approchant de la tête d'un enfant ou des deux poings, sont nommés *roulans*, ou par corruption *rollans*; les morceaux d'une moyenne grosseur, comme d'un œuf ou d'une noix, sont appellés *Kauchetays*. A mesure que tous ces différents morceaux tombent, les Ouvriers qui font le remuage les éloignent de la pile pour être mis de côté, devant être employés séparément dans le feu, comme on le dira tout-à-l'heure.

Tout le tas remué à plusieurs reprises, de maniere que la pile ne reste plus formée que *del fouaye*, qui est propre à subir la préparation; on écarte avec la pelle ce qui forme le haut de la pile pour y former un creux, dans lequel on doit jetter de l'eau & de la *dielle* ou de l'*arzée*; la premiere est nommée *glaise*; la seconde se trouve de deux especes, une sableuse & une grasse; la *dielle* ou *l'arzée* ont d'abord été mêlées avec l'eau, & détrempées autant qu'il a été possible.

Le degré auquel on doit la tremper, c'est-à-dire, la quantité d'eau qu'on doit lui donner, differe selon les Charbons que l'on a à empâter.

Le mélange de *dielle* ou d'*arzée*, est aussi dans des proportions relatives à la qualité du Charbon que l'on employe; quelquefois il faut la moitié ou les deux tiers d'*arzée*, d'autrefois le quart suffit: la quantité ordinaire est d'une *hottée* sur quarante *mesures* de Houille; plus le Charbon est gras, plus il faut de *dielle* ou d'*arzée*; il en demande en général une plus grande quantité que le *Charbon maigre* ou la *Houille maigre*; si c'est une Houille de cette derniere espece, on met jusqu'à douze parties de *dielle*.

La *dielle* ou *l'arzée* détrempées convenablement, ou l'eau ajoutée avec la *dielle* à la *fouaye*, il s'agit de mêler le tout ensemble.

Pour cela on commence par retourner ce tas sens dessus-dessous avec les mêmes pelles; comme elles sont de fer, elles sont très-commodes pour manier toute cette masse à volonté, la labourer & briser les morceaux qui paroîtroient encore un peu gros; lorsqu'on a bien ressassé de cette façon tout le tas, les Ouvriers marchent dessus en appuyant fortement à diverses reprises les pieds sur cette masse, écrasant tant qu'ils peuvent tout le menu; de temps à autre ils l'arrosent à la main selon qu'ils jugent que cette masse à besoin de plus d'eau, jusqu'à ce que le tout fasse un seul corps, & forme une espece de mortier bien lié, qu'ils bêchent de temps en temps avec un marteau à pointe, pour le refouler de nouveau sous leurs pieds.

Cette

Cette manœuvre eft ordinairement l'emploi des *Bottereffes*, qui, chauffées de gros fouliers, & les mains appuyées fur leurs dos, piétinent ce tas : cette manœuvre s'appelle *tripler les hochets* ; elle reffemble à ce que l'on voit faire dans la préparation de la tuile aux Ouvriers qu'on appelle *Marcheux*.

Dans les Communautés, comme il faut un grand approvifionnement, cette derniere opération s'exécute autrement ; un homme monté fur un cheval, en tenant quelquefois un fecond par la bride, les fait paffer tous deux fur cette maffe, les y promene autant de temps qu'il le faut pour que ce mélange foit exact.

Plus la maffe eft paîtrie, plus les parties fe rapprochent, & forment un mortier ferme & pefant : on reconnoît que le tout eft bien mêlé lorfqu'il eft confondu à ne repréfenter qu'une même matiere, dans laquelle on ne reconnoît plus de *dielle* ni d'*arzée*, qui ont pris la teinte du Charbon, & que le tout fonne fous les pieds comme fi l'on marchoit fur de gros graviers ; alors on en fait des boulets & ordinairement des *hochets* : il y a deux manieres pour cela.

On paîtrit cette pâte avec la main en la ferrant de nouveau, & on lui donne une forme à peu-près ovale, du volume que peut embraffer la main ; l'autre façon produit des *hochets* d'un volume double : la lettre *h*, *Pl.* XXXII, qui en repréfente un gros, & la lettre *x*, *Pl.* XXXIII, qui repréfente le moule dont on fe fert, donnent une idée de la forme & du moule & du *hochet*. Ces moules appellés *lunettes*, font de fer ; ils ont dix pouces de circonférence, fur deux de hauteur, & font plus ouvert d'un côté que d'un autre. Voici comme on les emploie.

Des Ouvriers agenouillés autour de la maffe toute préparée, munis chacun d'une *lunette* qu'ils ont d'abord trempée dans l'eau, pour que la pâte puiffe fortir de la *forme* lorfqu'ils veulent, attirent avec la *lunette* qu'ils tiennent d'une main, & dont ils fe fervent dans ce moment comme d'une truelle, autant de cette pâte qu'elle peut en contenir ; elle s'en remplit par la partie oppofée à celle qui regarde la main de l'Ouvrier ; ils en reprennent encore de l'autre main, & en rempliffent la *lunette* par l'ouverture qui les regarde, la frappent fortement avec les deux mains pour qu'elle foit bien entaffée, de maniere que communément il y a toujours une partie de cette pâte qui excede l'ouverture de la *lunette*.

Quelque pénible que foit cette manœuvre, à laquelle les Liégeois n'emploient que les mains, elle s'exécute avec tant de promptitude, que la plupart des Metteurs en moule font environ cent quatre-vingt hochets en un quart d'heure.

Dès ce moment, ces hochets de houille peuvent être employés au chauffage ; fi on veut les garder en provifion, on les laiffe étendus à terre, on les retourne au bout de quelques heures pour qu'ils fe fechent ; dans les grandes chaleurs, douze heures fuffifent pour les fécher ; en d'autre temps il faut trois jours.

En deux jours de temps, quatre femmes occupées depuis le matin jufqu'au soir, moyennant un falaire très-modique, font dans la faifon de l'été, la pro-vifion de l'année d'une maifon bourgeoife, pour trois feux par jour.

On les porte enfuite où on doit les ferrer ; on a la précaution alors de jetter fur chaque lit de hochets de la fciure de bois, afin qu'ils ne fe collent pas en-femble.

Préparation de la Terroule.

La *Terroule* (1) fe prépare comme la fouaye, c'eft-à-dire, qu'on la foumet au même remuage, & à un mélange avec de la *dielle*; il n'y a de différence que dans la proportion de cette terre qui doit y entrer; cet alliage n'y eft pas uni-quement pour lier la terroule, il eft encore néceffaire pour retarder fa combuf-tion, & fi on n'y mettoit qu'autant de dielle qu'il en faut pour lier la terroule, elle fe confommeroit trop promptement.

Néanmoins, quoique la terroule demande plus de dielle ou d'arzée que la Houille, ou le Charbon proprement dit, la quantité qu'il en faut eft encore différente felon la terroule qu'on employe; fi elle eft de l'efpece la plus forte, on met une mefure de dielle fur cinq de terroule, & une *del fouaye* ; fi c'eft une terroule ordinaire foible, on n'ajoute que la fixieme partie d'arzée; celle pour les chauffrettes, nommée *fine & douce*, voyez pag. 81, n'en de-mande prefque pas.

La terroule ne fe forme point en hochets, mais en boulets, paîtris avec les mains ; on les fait fauter d'une main à l'autre jufqu'à ce que la maffe fe foutienne, & on leur donne la figure ovale dont j'ai parlé *page* 351.

On a foin de choifir une belle journée pour former ces pelottes de terroule, afin de les faire fécher au foleil, de maniere qu'elles retiennent le moins qu'il fe peut d'humidité ; faute de quoi, elles fe confommeroient fans rendre prefque de chaleur ; ce qui n'eft pas la même chofe pour les *hochets* de *Houille*.

Méthode de fe fervir des Houilles & Terroules pour le chauffage.

Le Charbon de terre fubftitué au bois pour tous les ufages domeftiques auxquels on applique le feu, fe comporte d'une maniere particuliere dans toutes les cir-conftances relatives à ce combuftible ; il ne s'arrange point, ne fe gouverne point comme le bois : nous allons donc confidérer ces différences dans tous leurs arti-cles, fous lefquels feront compris les uftenfiles qui fuppléent aux chenets pour le bois que l'on veut brûler, les particularités qui ont rapport aux cheminées, & ce qu'on appelle communément les *garnitures de feux*.

---

(1) Nous parlons ici de la Terroule, ainfi nommée par les Houilleurs Liégeois, & que l'on a vu Sect. IX, Art. V de la premiere Partie, n'ê-tre qu'un Charbon de l'efpece la plus foible, qui préfente encore beaucoup de différences, com-me on le voit par celle qu'on nomme *douce*.

Des Porte-feux, nommés à Liege Fers à feu.

On juge d'abord que le Charbon de terre employé brut ou en *hochets*, au chauffage ou autre usage pour lequel on a besoin de feu, doit être contenu & soutenu dans quelqu'ustensile, de maniere que ce feu puisse s'y allumer, s'y entretenir sans se déranger, & sur-tout de maniere que l'air ait une action libre sur les Charbons, & que les cendres, à mesure qu'elles se forment & qu'elles se séparent, n'éteignent & n'étouffent point le feu.

L'ustensile destiné à cet usage, c'est-à-dire, à favoriser sa combustion par l'air, peut être regardé comme une espece de coffret, cage ou corbeille, qui contient tout le feu arrangé; on pense bien qu'il peut y en avoir de différents, quant à la forme & aux ornements; il en est de même des accompagnements qui sont relatifs aux usages auxquels le feu est destiné, outre le chauffage; la cheminée n°. 3 & la Figure 4, Planche XXXI, en font voir la construction générale qui est essentielle. Pour ce qui est de la grandeur de ces cages, elle doit de même varier sans contredit, selon la grandeur de l'appartement ou de la cheminée.

La Figure 5 représente les détails d'un fer à feu commun, vu de face en *A*, & vu de côté en *a*, contre une maçonnerie de brique *c*, établie comme on le voit en *C, Fig.* 6, à l'endroit où il est d'usage pour toute espece de feu de placer une plaque de fonte, afin de garantir le contre-cœur de la cheminée.

En *B* est une potence tournante, faisant l'office de broche, au moyen qu'elle peut tourner de bout, & présenter au feu la piece de rôti que l'on suspend à son bras *B*; cette même partie sert aussi au besoin de support à un gril *b*, vu en place sur le bras de la potence.

Je rejette la description de la muraille de briques à l'article des cheminées, comme vraie garniture de l'âtre, & je vais toute de suite faire connoître ce qui dépend du grillage. Quant à la disposition qu'on doit donner au feu, c'est-à-dire, à l'arrangement des hochets; cet article constitue un point qui n'est indifférent ni pour le chauffage qu'on veut se procurer, ni pour l'économie qu'on veut y apporter à son gré.

Des feux de Houille; maniere de les disposer dans les cheminées.

On commence par garnir le fond du fer à feu de morceaux de hochets neufs, & de hochets de la veille à plusieurs doigts de hauteur; ce premier lit arrangé, on place au milieu quelques morceaux de menu bois allumés, ou un petit tison en état de flamber; on recharge le fer de morceaux de hochets vieux & neufs, entremêlés de roulans ou Houille brute, afin d'animer le feu & de lui donner de la force; on continue d'emplir le fer à feu de cette maniere.

Sur toute cette pile on place, selon le feu plus ou moins grand que l'on veut avoir, une, deux, trois rangées de *hochets* entiers & couchés en travers sur le côté, ce qui en emploie quatre, cinq ou six dans les grands fers à feu.

On a soin de les entremêler aussi de *roulans*, en plus ou moins grande quantité, selon le temps plus ou moins froid.

On peut au lieu de ces hochets neufs, couvrir le tout de *krahays* de la veille. *Voyez pag.* 78.

Les morceaux de Charbon de terre, ou bruts ou apprêtés, ainsi arrangés dans le fer à feu, offrent à la vue une sorte d'édifice élevé en monticule; les parties qui le composent, doivent être amassées adroitement, de maniere que la flamme de très-peu de menu bois qu'on allume dans le centre, puisse se porter librement par-tout, & que l'air puisse y circuler de même; pour y réussir, il faut sur-tout avoir attention que les morceaux de Charbon ne soient pas trop entassés: car alors le feu ne les attaque point; on perd son temps, & tout le bois qu'on voudroit employer; le Charbon de terre se gonfle, il se colle de toute part; le passage de l'air, la communication du feu sont interceptés, la flamme est étouffée; si c'est un Charbon qui a de l'odeur, elle se fait sentir davantage, & il s'en exhale une vapeur qui peut affecter les personnes qui ne sont pas accoutumées à ce feu.

Ce n'est pas autrement que par ce manque d'attention ou par défaut d'adresse dans l'arrangement, que cette méthode, reçue dans quantité de Pays, paroît au premier coup d'œil devoir être sifflée & rejettée; mais c'est à tort: vous pouvez sans peine reconnoître que cette difficulté que vous éprouvez en allumant le feu, ce retard à sentir de la chaleur, sont accidentels: suspendez votre jugement, & ne renoncez point à la partie; prenez la verge de fer pointue *f*, *Pl.* XXXIII, plongez-la dans le centre du porte-feu en soulevant toute cette pile mal arrangée, en séparant toutes ces pieces trop serrées les unes contre les autres; à l'instant tous ces morceaux deviennent la proie de la flamme; le feu que vous désesperiez de voir briller, gagne, s'étend par-tout, l'embrasement de toute cette masse produit un coup-d'œil récréatif par les formes, les couleurs, la marche & le progrès du feu & de la flamme: ici, ce sont des rhombes qui s'élevent avec rapidité, des tourbillons de différentes figures, des bouillons impétueux; là, les flammes représentent des nappes, des ruisseaux; le feu enchaîné dans quelques morceaux, lance des éclairs, des étincelles agréables; enfin, le porte-feu embrasé dans toute son étendue, représente une montagne enflammée, dont la chaleur surpasse toute autre espece de feu d'un pareil volume par sa durée, sa continuité, son égalité, & par la maniere dont la chaleur se propage.

Ce n'est pas où se borne le mérite de ce chauffage; le feu en est d'une durée remarquable, & peut se gouverner de maniere à prolonger encore à volonté cet avantage.

Maniere

Maniere de conduire, d'entretenir & de renouveller le feu lorfque les hochets
ont produit la plus grande partie de leur effet.

Ce feu, tel qu'il vient d'être décrit, fe conferve fans qu'on y touche : chaque
hochet entier ou brifé devenant un tifon qui tient long-temps le feu, & renvoie
plus ou moins de chaleur, jufqu'à ce qu'il foit entiérement réduit en cendres.
On n'a communément befoin de le renouveller que deux fois par jour dans
les temps ordinaires, & jufqu'à trois fois, lorfqu'il fait un grand froid, tant dans
les appartements que l'on veut chauffer, que dans les cuifines.

L'attention qu'il faut avoir de temps en temps, c'eft de fecouer un peu avec
la pincette le fer à feu, pour en faire tomber toutes les cendres qui feroient reftées fur les tringles de fer ou fur les *krahays*, qui empêcheroient le feu d'aller,
en mettant obftacle au courant d'air.

Du refte, il n'eft plus néceffaire, & au contraire ce feroit déranger le feu, que
de détifer ou attifer : les tifonneurs n'ont pas beau jeu ; en récompenfe, ce feu
tranquille doit plaire à d'autres ; il refte pour amufement de féparer des cendres
qui font tombées dans le cendrier, les krahays qui ont paffé au travers des
tringles du fond, & que l'on remet tant qu'on veut fur le feu : le rateau ou la
pincette dont on fe fert pour cela, *Pl.* XXXIII, feront décrits à leur place, ainfi
que le fourgonnier, qui font les feules garnitures qui paroiffent indifpenfables
pour ce chauffage.

Quand le feu eft bien en train, on peut (afin qu'il ne fe confume pas trop
vîte, ou qu'il n'échauffe point trop la piece,) jetter deffus avec une pelle, de la
menue Houille, appellée *fouaye*, qu'on a trempée avec un peu d'eau ; cela s'appelle *mettre au feu del fouaye.*

On tire auffi parti de la *teroulle* en l'employant à cet ufage.

Lorfque le feu a befoin d'être renouvellé, on fecoue tout le fer à feu pour
que les cendres en tombent ; on arrange de nouveau tous les *krahais* reftant avec
des hochets neufs, comme on avoit fait la premiere fois qu'on avoit allumé le
feu, & on emporte les cendres.

Feux de Teroulle.

Ceux-ci fe font de la même maniere que les feux de Houille ; on doit feulement favoir qu'ils ne conviennent pas pour les cuifines, & que c'eft uniquement
pour les appartements.

Les feux de teroulle doivent être élevés fur une petite grille de fer battu ou
coulé, dont les bandes doivent être barrées, de maniere à former des ouvertures
quarrées ; comme la teroulle eft d'une qualité bien inférieure à celle de toutes
les autres Houilles & Charbons, elle a moins befoin d'air, & doit être moins

élevée que les feux de Houille chaude; la grille doit être montée fur quatre pieds de deux pouces de hauteur.

Le feu étant dreffé, on le laiffe allumer jufqu'au degré de chaleur qu'on veut donner à la piece; puis on prend de la cendre réduite en pâte avec de l'eau, on en jette fur le feu, de maniere à l'en couvrir entiérement, en ne laiffant en haut qu'une très-petite ouverture, afin de lui donner de l'air.

Ce feu ainfi arrangé, ne fe confume pas trop promptement, & dure jufqu'à vingt-quatre heures, en chauffant joliment & jufqu'à rendre encore de la chaleur le matin quand on vient refaire le feu; les hochets de *teroulle* ont cet agrément, que lorfqu'ils font bien allumés, ils ne donnent pas plus d'odeur que la braife de Boulanger; mais ils font comme toutes les Houilles maigres, plus de cendre que les Houilles graffes.

Ce chauffage eft très-bon & très-avantageux pour la modicité du prix qu'il coûte; les plus grandes maifons qui s'en fervent pour les pieces où l'on fe tient, n'en confument que deux cents ou deux cents cinquante mefures.

Les boulets de teroulle pour les *chauffrettes*, avant d'y être placés, s'allument au feu; il n'y faut plus toucher enfuite; trois fuffifent, & leur chaleur fe foutient une journée; ils s'achetent tout allumés un liard piece.

Feux de Poëles.

Pour échauffer un appartement avec un poële, on n'emploie point de hochets de Houille graffe, parce que non-feulement ils donneroient une chaleur trop forte, mais encore qu'ils pourroient faire éclater le poële.

On peut bien pour mettre le feu en train, y faire entrer d'abord quelques hochets de Houille graffe; mais il n'y faut enfuite employer que des *hochets de Houille maigre* ou de *teroulle*, comme ils l'appellent.

Dans le Marquifat de Franchimont où fe trouve une vraie teroulle d'une qualité différente de celle des environs de Liege, cette teroulle s'emploie dans les poëles, au lieu qu'à Liege ils ne fe fervent que du Charbon de l'efpece la plus foible, qu'ils comprennent indiftinctement fous le nom de *Teroulle* ou *Tiroule*.

Ce chauffage ne demande de différence dans les poëles, qu'à l'égard de leur ouverture qui doit être relative au fervice de ce feu.

La maniere d'y arranger les hochets, confifte à les difpofer dans le poële, de façon qu'ils forment une pyramide formée en pain de fucre, élevée à un pied de hauteur fur le devant; pour cela on met dans le poële un gril qui a un rebord fur le devant; on éleve ce gril de quatre à cinq doigts, de maniere qu'on puiffe aifément tirer les cendres hors du poële; il eft encore poffible de fe paffer de gril; on croife quelques morceaux de bois fec les uns fur les autres; dès qu'ils ont pris feu & qu'ils commencent à brûler, on arrange les hochets en les croifant fans les trop écarter, ni les trop approcher, de maniere que la flamme puiffe fe promener librement par-tout.

Ces feux durent ordinairement douze ou quinze heures, fans qu'il foit nécef-faire d'y toucher.

Non-feulement on réuffit par ces procédés à prolonger la durée du feu de Houille; mais on parvient encore à en confommer une moindre quantité qu'on n'auroit fait fi on l'eût brûlé feul dans l'état qu'on le tire de la Mine : ce réful-tat de l'impaftation de la Houille avec la terre graffe, fera expliqué dans la der-niere Section.

Par ce moyen économique, deux cents livres pefant de Houille fuffifent pour huit à dix feux dans une maifon pour toute l'année.

Il y a des maifons bourgeoifes, qui pour le feu de leur chambre, & pour leur cuifine, ne confomment dans leur année que quatre charrées de Houille.

Les plus fortes maifons n'en confomment pour le chauffage & pour les autres befoins du ménage, que dix à douze charrées.

Un petit ménage qui n'a qu'un feu allumé depuis le matin jufqu'à dix ou onze heures du foir, confome à peu-près deux charrées de Houille, coûtant d'achat, tranfport, *dielle* ou *arzée* & façon, environ quinze livres de France, felon l'aug-mentation ou la diminution des prix relatifs au charroyage.

Des Cheminées d'appartements.

Ces hochets de *Houille* ou de *teroulle*, propres à faire un très-bon & très-beau feu, demandent, pour qu'il fe foutienne également, pour que la chaleur augmente & que la dépenfe foit diminuée, une conftruction particuliere des cheminées.

Cette conftruction eft encore différente, felon qu'il s'agit ou de chauffer une piece de compagnie, ou de donner du feu pour la cuifine, ou de chauffer un ap-partement, & y faire en même temps une petite cuifine.

A quelqu'objet qu'elles foient deftinées, elles ont toutes ceci de commun, qu'au contre-cœur eft adoffé un bâtis de brique, maçonné avec de la glaife, à la-quelle on mêle un cinquieme de fiente de cheval ou du mortier; ce *muray C*, *Fig. 6*, *Pl. XXXI*, eft pour défendre de la grande chaleur le mur contre lequel portera le fer à feu; il a encore cet avantage, qu'il prend lui-même la chaleur jufqu'à rougir, la conferve long-temps, & la renvoie dans la chambre.

Les briques fe mettent les unes fur les autres, tantôt de queue, c'eft-à-dire à plat, tantôt de face, c'eft-à-dire, de côté, de maniere qu'elles forment en avant fur le foyer une petite muraille d'une brique & demie ou deux d'épaif-feur, formant cinq pouces d'épais, un pied en travers, deux pieds en longueur, d'un pied ou dix pouces de hauteur fur la partie qui ferme le fer à feu, & d'un pouce & demi fur le derriere.

L'épaiffeur que l'on donne à ce muray, eft en raifon de la profondeur du fer à feu ; moins il y a de briques, plus il faut de chauffage.

Les briques qui occupent le haut de ce muray *C c* , *Fig. 6* ,ˈ font poſées de maniere qu'elles font inclinées du côté de l'âtre , ce qui augmente la capacité de l'eſpece de corbeille à laquelle il ſert d'appui, & rejette en même temps les cendres en dedans, ainſi que les hochets à meſure qu'ils s'affaiſſent en ſe conſumant.

Les cheminées qui ſe voient dans le pays de Liege font en général de deux eſpeces.

1°. *Cheminées en chapelle.*

Ces ſortes de cheminées, appellées ſans doute ainſi , à raiſon du dedans & du dehors fait en arc, *fornix, camera*, font repréſentées *Fig.* 1, 2 , 3 , 4, 5, Planche **XXX.**

Dans la Figure 1 , le foyer eſt preſqu'élevé à la hauteur du trumeau , & peu éloigné des jambages.

La grille qui eſt de même hauteur que le *muray*, eſt élevée du niveau du carreau de douze pouces ſix lignes; elle a un pouce quarré.

Entre le foyer & la hauteur d'appui du grillage, eſt une traverſe eſpacée juſte entre les deux.

Le foyer n'a qu'un chaſſis de trois barreaux, eſpacés les uns des autres de deux pouces à deux pouces & demi.

Les grillages en élévation peuvent être à barreaux droits, comme on le voit dans la figure 2 ; mais il ſembleroit qu'il y auroit plus d'avantage à les placer en longueur, étant par-là plus propres à retenir les hochets réduits à un volume qui leur permettroit de tomber hors du fer à feu, dont les barres ſeroient poſées perpendiculairement.

Dans la derniere eſpece de cheminée à chapelle, *Fig.* 3, le grillage ſur lequel eſt poſé le feu, eſt compoſé de ſix traverſes de fer de même épaiſſeur que les autres, dont quatre de face, deux de retour, de maniere qu'il n'y a que la premiere traverſe de devant qui eſt ſcellée dans le jambage; les barres ſont eſpacées de quinze à ſeize lignes, ou de trois pouces environ, ou de quatre pouces , ou de deux bons pouces.

Le muray eſt d'environ trois pouces ſur la moitié de la largeur.

2°. *Cheminées en œil de bœuf.*

Celles-ci, *Fig.* 6, 7, prennent leur nom de l'ouverture ronde du foyer; elles ſont élevées de ſeize pouces du niveau du plancher ; la traverſe du cendrier a ſix pouces ſix lignes; dans l'intervalle des deux ſont des ornements en fer chantournés , formant balcons. A la cheminée, *Fig.* 7, on a réſervé un coin de l'âtre , dans lequel la chaleur ſe communique pour un pot au feu caché par la petite porte *M.*

3°. *Cheminées*

3°. *Cheminées à deux usages.*

Pour les petits ménages dont une même piece sert à la fois de piece de compagnie, de salle-à-manger & de cuisine, ainsi que chez les Marchands, on dispose l'âtre comme on le voit à la *Fig.* 1, *Pl.* XXXI, dans la cheminée *Fig.* 1, dessinée dans sa hauteur & dans sa largeur, depuis le pavé jusqu'au plancher ; le haut de l'ouverture de dessous le manteau est muni en *D*, d'une platine de cuivre poli, servant à renvoyer la fumée ; le bas est de marbre avec des moulures de cuivre tant autour du foyer qu'autour des fourneaux, appellés *potagers*, placés l'un à droite, l'autre à gauche *EE*, pour y faire un pot-au-feu ou autre chose sans déparer la chambre, comme dans la *cheminée en œil de bœuf*, *Fig.* 7, *Pl.* XXX.

Les fourneaux pour ragoûts & poëlons, s'allument avec des *krahays* ; mais il faut que ce soit des *krahays* de Houille maigre, ceux de Houille grasse donneroient trop de chaleur.

A la Figure 2, on voit le plan d'une cheminée dans ce même genre, ouverte sur les côtés & garnie en fayence, & des moulures en cuivre.

En *O*, est une cheville de fer, dont on ne peut voir ici que le bouton en cuivre, qui sert à retirer cette cheville, à laquelle on attache une ficelle pour rôtir une piece de viande.

La Figure 3 représente une autre cheminée de ce genre, avec des petits supports de fer en profil, en plan & en face, sur lesquels on place caffetieres, bouillotes ou autres petits ustensiles que l'on veut faire réchauffer.

Des Cheminées de cuisine.

Pour cet objet on emploie quelquefois la *Teroulle* ou *Houille foible* de Liège ; mais ayant moins d'activité que la *Houille forte*, les viandes s'y cuisent plus lentement, & il faut plus de temps.

L'avantage du feu de Houille pour la cuisine, est de chauffer de par-tout, soit de côté, comme on l'a vu *Pl.* XXXI, soit en face, soit en dessus ; suspendant une grande partie de la batterie de cuisine, comme on le voit *Pl.* XXXII, où l'on voit *Fig.* 1 & 2, deux cheminées pour cuisines de grande Communauté, & une pour cuisine de Seigneur ou de grand hôtel, dessinée *Fig.* 3, en perspective & en plan géométral, *Fig.* 5, en observant que l'échelle de la Planche XXXII, est une fois plus grande que celle de la Planche XXXI, pour une plus grande gence.

On y voit au côté du feu de chaque cheminée, un potager dont un en profil, *Fig.* 4, laquelle représente aussi le profil du fer à feu & du potager, recevant la chaleur par l'ouverture quarrée, celui du manteau de la cheminée *Fig.* 1, le plan ou la largeur & épaisseur de la barre qui porte la crémaillere, & qui peut se reculer à volonté fur les barreaux de fer : on y a pendu une chaîne faifant en tout l'office de crémaillere , & un fer tournant fur un clou à tête *a* , pour rôtir quelques menues pieces.

La Figure 3 repréfente une grande cheminée, pour y faire, fi l'on veut, un grand feu avec potagers, & une grande marmite fur le côté, afin d'avoir de l'eau chaude en tout temps.

Outre l'efpece de crémaillere qui s'étend dans la largeur de la cheminée , & dont on va détailler les différentes pieces & ufages, il s'en trouve à un des côtés une particuliere, en potence tournante fur fon pied dans un pivot, & arrêtée de même dans le haut ; elle eft ornée en figure de poiffon : la branche qui va regagner fon extrémité, eft garnie d'ornements auxquels on peut accrocher une bouillote , un coquemar & d'autres petits uftenfiles de ménage, qui s'entretiennent chauds au feu.

La Figure 5 repréfente l'élévation du fer à feu de cette cheminée *n*º. 3 , avec les potagers ; les barres de fer y font pofées felon l'ufage dans une fituation perpendiculaire en *b*.

L'étendue du fer à feu eft diminuée, & le feu refferré à volonté, par un grillage en fer *c c c c*, *Fig.* 5, mobile dans toute la longueur du fer à feu, de façon que le feu fe porte d'un côté ou d'un autre, felon l'idée ou le befoin qui exige que le feu foit en plein ou à moitié.

Ce grillage eft vu dans fes plans, dans fes profils & dans fes élévations.

En *d*, le *fer à feu* a fes barres pofées horifontalement.

Garnitures, *Fers de feux*, ou *Uftenfiles de cheminées*.

L'ordre des chofes exige de diftinguer ici les uftenfiles des cheminées d'appartement & ceux de cuifine ; on en a compofé la Planche **XXXIII.**

Les premiers confiftent d'abord en une petite caiffe ou efpece de petit *bacquet* pour porter la Houille & les hochets dont on doit compofer le feu, ou remporter les cendres ; on en fait de plus ou moins fimples ou élégants : cette boîte *a a a a*, ne va jamais fans un *marteau b*, pour caffer les *Houilles ω*, & *hochets xx*, lorfque cela eft néceffaire pour l'arrangement du feu.

Les *pincettes* de cabinet, ou pinces à feu *c*, deftinées aux appartements, font à charnieres & terminées en cuilleron, pour ramaffer commodément les braifons ou *krahais* θ, qui s'échappent avec les cendres.

La *pelle à feu d*, nommée *Palette*, pour ramaffer les cendres, &c.

Le *Rateau e*, nommé à Liege *Raf*, & dans le Limbourg *Graiteux*, pour féparer les krahais des cendres, & les faire rentrer dans le feu pour achever de s'y confumer.

f, Broche de fer pointue emmanchée, nommée en François *Fergon*, à Valenciennes *Tifonnier*, au pays de Limbourg *Fourgon*, pour écarter les hochets les uns des autres quand ils n'ont pas affez d'air, & faciliter l'embrafement en changeant leur pofition dans le fer à feu.

Les feux de cuifine demandent les mêmes uftenfiles que ceux qui viennent d'être décrits, différents feulement en ce qu'ils font plus grands, comme la *pelle* *A*; les rateaux, dont une efpece *B* 1, pour attirer les hochets & les changer de place, & deux de différente grandeur *B* 2, *B* 3, femblables aux rateaux de cheminée d'appartement : tous ces fers, excepté la *pince* *C*, ne différent de ces derniers qu'en ce que la poignée eft recourbée pour pouvoir être fufpendus à la barre de fer que l'on voit dans les cheminées 1, 2, 3, ainfi que tous les uftenfiles néceffaires pour faire la cuifine.

Le *garde-cendre* *E*, efpece de *Raf*, pour amener les cendres des grandes cuifines.

La principale piece d'une grande cheminée de cuifine eft ce grand & fort barreau de fer rond à fes extrémités, & chaffé dans le mur mitoyen ou dans le mur de refend. (*Voy. Fig.* 1, 2, 3, *Pl.* XXXII.

La Planche XXXIII, en fait voir de deux efpeces, n°. 1, 2, avec leurs gonds, & les différentes manieres dont ces barres font encaftrées dans la muraille.

A cette barre de fer s'attachent les chaînes 2, 2, fervant de crémaillere qui peuvent jouer fur toute la longueur de ces barreaux de fer 1, 1 ; cette chaîne eft terminée à chaque extrémité par un crochet, repréfenté à part en ꝥꝥ, & au moyen duquel elle peut être raccourcie, foit en haut, foit en bas, & auquel on fufpend tout ce que l'on veut, plus ou moins élevé au-deffus du feu, au moyen des crochets 1, 2, ou anfes à charniere, plus ou moins ouvert, felon l'uftenfile qu'on y attache.

Les membres ou anneaux de la chaîne doivent être ronds, afin qu'ils ne s'ufent pas au même endroit.

Les autres pieces repréfentées dans cette Planche XXXIII, font un *gril* pendant ordinaire, n°. 3, qui fe fufpend aux chaînes.

4. Demi-cercle de fer qui fe fufpend à la chaîne, & terminé dans fon diametre par une bafe en étrier, de maniere que l'on peut y pofer un poëlon, une cafferole ou autre vaiffeau de ce genre, comme *C*, lequel peut auffi s'accrocher.

A la cheminée *Fig.* 2, *Pl.* XXXII, on en voit un d'une autre forme.

5 5. Deux différents *trépieds* fur lefquels on affied la léchefrite, un plat, un poëlon, &c.

Lorfqu'on ne veut pas faire une grande cuifine, on fupplée à cet attirail de chaîne & de pieces qui doivent s'y adapter, felon les vaiffeaux dont on a befoin, par la crémaillere n°. 3, en potence tournante, plus fimple que celle qui eft en place dans la cheminée 2, *Pl.* XXXII, au moyen de laquelle on éloigne ou on rapproche du feu à difcrétion la piece à rôtir.

Un autre uftenfile moins compofé encore, eft le fer tournant n°. 5, fixé au manteau de la cheminée par un gros clou ou par une vis, afin d'y attacher une ficelle, à laquelle on fufpend la piece que l'on veut faire rôtir, comme elle fe voit en *y*, *Pl. XXXII*, *Fig.* 4.

6. Eft une platine de fer, qui fe place derriere la piece qu'on rôtit, pour renvoyer la chaleur.

L'extraction ou exploitation du Charbon de terre, fon commerce & fon emploi, font les trois points de vue fous lefquels je me fuis propofé d'envifager ce foffile : le pays de Liege a été le champ qui en tout m'a fourni le plus de matiere; on fe fera certainement apperçu que fur l'exploitation j'ai hafardé d'encourir le reproche de prolixité. Le fujet tout-à-fait neuf m'a déterminé à paffer par-deffus cette crainte. Quoique d'ailleurs je n'aie rien épargné pour épuifer la matiere, ceux auxquels elle n'eft point étrangere, reconnoîtront que cette pratique toute développée dans fes différents points, ne forme encore pour les perfonnes qui n'en ont aucune idée, qu'une théorie très-incomplette, fufceptible dans mille occafions de variations & d'obfervations : il a été difficile de n'en point laiffer échaper quelques-unes dignes d'attention; je les réparerai dans la Table des matieres, que l'on peut regarder comme un petit fupplément, dans lequel je renfermerai des corrections & des additions pour toute cette feconde Partie. Avant de faire connoître le même fujet en Angleterre & en France, je vais m'arrêter au voifinage du pays de Liege, où il fe trouve quelques circonftances remarquables fur le même objet que j'ai traité.

Pays d'Outre-Meufe, Comté de Dalem.

Cette partie du Limbourg qui confine au pays de Liege, m'avoit paru, pour les Mines de Charbon qui s'y exploitent, d'une très-petite conféquence, en comparaifon de celles de Liege, d'Aix-la-Chapelle & autres que je vifitois alors; il n'eft queftion dans la premiere Partie de mon Ouvrage, de ce Pays, quant à cet objet, qu'à l'occafion de la teroulle du Limbourg, *page* 87, & de la Houilliere de S. *Hertogenrode*, en François, *Rode-le-Duc* ou *Rolduc*, *page* 102.

La rencontre que j'ai faite à Paris du fieur Hubert Firket, natif de *Dalem*, qui a conduit très-long temps les Houillieres de ce territoire, & dont j'avois entendu parler comme d'un homme très-expert en ce genre, n'a pu être pour moi une rencontre indifférente; négliger l'occafion qu'elle me préfentoit d'acquérir de nouvelles connoiffances fur le fujet que je me fuis engagé de traiter dans toute l'étendue qu'il me feroit poffible, eût été manquer à l'Académie & au Public, qui ont au moins fur mon zele & fur ma bonne volonté, des droits que je refpecte.

Mes vues ont été à cet égard pleinement fatisfaites; j'ai été à portée de fréquenter le fieur Firket; de fon côté il s'eft prêté vis-à-vis de moi, aux entretiens

tretiens que j'ai défiré avoir avec lui fur l'exploitation des Mines de Charbon & fur celles de *Dalem*, dont je n'ai pris par moi-même aucune connoiffance.

Le langage de Houillerie dans ces Mines, differe en beaucoup de chofes de celui qui m'eft le plus familier, celui des Houilleurs Liégeois, quoique bien voifins ; mais cette difficulté n'a point été auffi grande qu'elle auroit pu l'être ; le fieur Firket a une facilité naturelle à s'expliquer clairement & en termes convenables : à cet avantage, rare dans les perfonnes qui ont exercé toutes les parties du métier de Houilleur, & dont il eft redevable à fa premiere éducation qui a été cultivée, cet Etranger joint effentiellement une expérience encore plus rare ; je ne dis pas cette expérience du Forgeron, qui s'acquiert par un long ufage, mais cette expérience appuyée fur le génie de la chofe, guidée par le jugement, qui, de plus, fait rendre raifon des pratiques à adopter ou à rejetter felon les divers cas, felon le local, &c. & je crois rendre fervice aux compagnies chargées en France de l'entreprife de ces Mines, de leur indiquer cet Etranger comme capable de donner des lumieres fur les meilleures manieres de conduire une exploitation ; auffi ai-je mis à profit mes liaifons avec le fieur Firket, pour tous les matériaux que j'avois déja affemblé concernant le pays de Liege : le détail qui va fuivre pour le pays de *Dalem*, eft entiérement le réfultat des converfations que nous avons eues enfemble.

Les Ouvriers ou Employés dans les Houillieres de Dalem, font le *Wade-foffe*, qui mefure les Houilles arrivées *amont*, comme ils difent, c'eft-à-dire, au jour : dans les petites foffes, il reçoit l'argent.

Le *Rawhieu* qui fupplée au Maréchal, pour les outils, former leur pointe, les raccommoder, &c.

Le *Maître Ovry*.

Le *Feu de voye*, ou *Faifeur de voyes*.

Les *Ovry de Teïe*, ou Ouvriers à la taille qui xhavent & defpieffent la Mine, pouffent le Charbon derriere eux quand le pendage eft plat, & le laiffent tomber fous eux quand on *monte une Rule*.

Les *Bouteux ju* qui boutent en *bas* les Houilles & Charbons, & les conduifent dans la voye pour y être chargés.

Le *Guieteu*, petit garçon qui conduit les paniers au haut du torret, empêche qu'ils ne s'approchent des mahires, & que les *chiefs* ou chaînes ne fe mêlent en montant.

Le *Torleu* chargé de faire agir le tour qui enleve le panier du fond du torret, & d'accrocher le panier aux *cotzées*.

Les *Retroffeux* qui reprennent la Houille apportée au *paire*, & la mettent en tas.

Ouvrages ou Bois de Charpenterie employés pour l'étançonnage & autres travaux souterrains.

L'Architecture souterraine des Mines en charpenterie, est, comme on le pense bien, par-tout la même, quant aux regles ; mais le langage du métier y est particulier, comme il arrive dans tout les pays. Le but que je me suis proposé de rendre mon Ouvrage utile dans le plus d'endroits possible, en donnant la clef du langage (1), me détermine à faire connoître ici les différentes manieres usitées à Dalem, pour désigner les principales pieces de charpenterie qui entrent dans les ouvrages des Houillieres.

L'étançonnage qui accompagne la fouille d'un bure, s'exécute au moyen d'un bâtis de bois en forme de cage quarrée, qui s'encaisse dans la fosse ; sa grandeur est proportionnée à celle de la profondeur du bure.

Quand ce bâtis est encaissé en entier dans le bure, il s'appelle *joxhlé*, ses longs côtés se nomment *longs membres*, les plus courts sont nommés *courts membres*; les quatre montants qui tiennent les deux *joxhlé* l'une à l'autre, s'appellent *posselays*.

Le tout est resserré par des *springues* de trois ou quatre pieds de long environ, placés derriere, selon que les *joxhlé* sont éloignées les unes des autres.

Sous le nom de *springues* ou *stips*, on comprend tous morceaux de bois employés à soutenir la terre ou pierre : on dit *springueler* pour signifier assurer, resserrer.

Quand ces pieces de bois sont arrangées en forme ovale, pour servir d'assise à un mur de maçonnerie, on les appelle *chames*.

Lorsque la *joxhlé* n'est pas complette en forme quarrée, on l'appelle *fausse joxhlé*.

Les creux pratiqués pour recevoir un bout de madrier d'étai, portent différents noms : on appelle *pottey* l'excavation dans laquelle on assujettit d'abord le pied du bois d'étançonnage ; l'entaillement qui se fait ensuite dans la partie opposée, pour recevoir l'autre extrémité de ce bois, se nomme *lause*.

Les pieces de bois pour arrêter & serrer la pose des madriers contre le toît, s'appellent aussi différemment selon les circonstances.

Une forte cale d'un demi-pied ou plus de longueur, & d'un pouce & demi d'épaisseur, chassée à plat, entre la tête du madrier & du toît, se nomme une *bayle*.

Au lieu de cette cale, on emboîte sous la main, dans un poteau, une piece beaucoup plus longue & plus solide, qui se chasse comme la *bayle*; c'est ce qu'on nomme *clige*; elle se place au toît en différents sens, selon la fente que l'on veut étayer.

(1) Voyez *page 299.*

Quand il y a des réparations à faire dans quelqu'endroit, on y conſtruit avec de gros bois placés les uns auprès des autres, un plancher ſur lequel l'Ouvrier travaille en aſſurance : c'eſt ce qu'on appelle *Poly*.

Les bâtis de bois en maniere de portes, deſtinés à ſoutenir les voyes, & qui n'ont point de traverſe en bas, ſe nomment *Poittes*.

Les poteaux aſſis de plomb, qu'ils diſent être *ſur la main*, s'appellent *jambes de Poittes*.

Ceux placés en travers, au-deſſus de la poitte & qui ſoutiennent les pierres dans ce ſens, ſont nommés *tyeſſes* ou têtes de *poittes*

Dans une *Teie*, où les triguts ne ſont pas ſuffiſants pour appuyer le toît, on eſt obligé de placer trois ou quatre pieces de bois, arrangées en triangle, ou en quarré, ou autrement, à certaine diſtance l'une de l'autre, ſelon l'idée de l'Ouvrier, & l'intervalle de ces bois eſt, au défaut de planches, rempli avec des triguts ; ce ſtappe eſt appellé *trok del teie*, ou *troc de taille*.

Les bois arrangés le long d'une voye que l'on pourchaſſe deſſus la main, & ſur leſquels on fait les murrays de ſtappe, ſe nomment *Bois de rotte*.

Ceux qu'on relie par le haut avec une *clige*, pour ſoutenir une *cope*, ou une autre défectuoſité du toît, ſe nomment *Bois de rotte à clige*.

Mettre au fond de la voye les *cliprous*, ou bois ſur leſquels traînent les paniers, s'appelle *clipuer*.

Le terrein qui renferme les **Mines de Charbon**, de Houſe au Comté de Dalem, & de Sarrolay, terre libre tout au voiſinage, offre des particularités dignes de remarque dans les ſubſtances qui accompagnent ou qui avoiſinent le Charbon : je vais les paſſer en revue, conformément au plan que j'ai ſuivi, toutes les fois que cela m'a été poſſible.

Détails particuliers ſur les Mines de Charbon de Houſe & de Sarrolay.

La fouille de Sarrolay fait voir ſous la terre franche, une couche *d'argille*, quelquefois enſuite un lit de ſable, puis du *bécheux*, ou une terre quelquefois *caillouteuſe*, & ſous le véritable bécheux de la pierre morte, qu'on appelle *mort agay*, ſous lequel vient le toît du Charbon.

On y appelle *agay*, la premiere pierre non-formée qui ſe rencontre à la ſuperficie ; lorſqu'elle eſt bien avant en terre, elle eſt plus dure dans cette partie qui forme l'enveloppe des veines.

Je n'ai pas manqué de faire connoître dans toutes les occaſions, les différentes couches dont l'enveloppe ſupérieure & inférieure du Charbon ſont compoſées dans leur épaiſſeur, & ſur-tout celles qui ſont le plus contiguës à la veine. (*Voyez* page 2, page 69, &c.)

Les Houilleurs habitués dans le quartier de *Houſe* & de *Sarrolay*, ſemblent avoir été plus attentifs que ceux des autres Pays, ſur la couche terreuſe, qui forme ce que l'on pourroit appeller la véritable ligne de féparation entre la veine & le plancher, & fur la couche interpofée entre la veine & le toît.

Soit que ces fubftances intermédiaires n'exiftent point dans d'autres terreins, foit qu'on n'y ait point fait attention, ils en diftinguent trois différentes, celle appellée *del bezi* ou *bezin*, efpece de mauvais Charbon tenant en partie du toît, & en partie de la veine, qui fe réduit au feu en petites écailles blanches.

La feconde nommée *bolis*, *del pec*, eft une petite couche placée deffous la veine, entre la veine & la deie, où elle forme une épaiffeur plus ou moins approchante de celle de la lame d'un couteau, vue du côté du dos ; cette fubftance eft compacte & a la propriété de retenir l'eau, ce qui la fait reconnoître affez aifément : c'eft vraifemblablement le Papermarle des Anglois : *voyez* premiere Partie, *page* 104.

L'autre petite couche qui fe rencontre encore dans ce quartier, tantôt entre la veine & la deie, ce qui arrive fouvent, tantôt au toît, tantôt entre deux membres de veine, eft appellée *haavreie* ou *douceur*, parce qu'elle eft tendre & molle : felon la différente place que cette couche occupe, elle eft quelquefois charbonneufe, quelquefois terre mêlée ; donnant une mauvaife odeur, comme les pouxtures, *voyez page* 100, & on la nomme *puante*, afin de la diftinguer de l'autre appellée *bonne Haavreie* : lorfque la *Haavreie* fe trouve au toît, on dit : *il faut lever la veine quand elle eft xhavée* ; lorfqu'au contraire elle eft au lit ou deie, on abbat la veine avec les coins.

Tout le banc de Charbon lui-même, quoique ne formant en apparence qu'une fuite abfolument continue, eft interrompu dans tous les fens ; ces féparations dont la trace s'apperçoit à peine quelquefois, deviennent fenfibles dans les travaux ; lorfqu'on vient à ébranler ou à foulever une grande maffe de Charbon, on la voit fe féparer d'elle-même en grands quartiers, dont les furfaces liffes & unies dans les parties où ils fe font disjoints, font voir clairement que ces portions n'étoient qu'appliquées les unes contre les autres.

On appelle *layes*, ces efpeces de joints naturels, qui fe trouvent dans un banc de Charbon ; les veines qui en ont beaucoup, font nommées *layeufes*.

Il y a plufieurs obfervations à faire fur ces *layes*, les unes ne fe continuent pas & s'appellent *fauffes layes* ; les autres ne font point nettes, le Charbon ne fe détache point aifément & en grands quartiers ; les Houilleurs nomment celles-ci, *layes pouilleufes* ; d'autres font continues, & les quartiers de Charbon qui s'en féparent laiffent appercevoir dans les furfaces par lefquelles ils fe touchoient, un pouffier charboneux très-fin.

Ces *layes* qui donnent quelquefois paffage aux eaux, font les plus favorables pour le *Hament* : un bon Ouvrier doit toujours picquer dans cette laye pour ne point hacher en menu ce qui doit tomber en Houille ; cette mauvaife manœuvre pour laquelle il faut avoir l'œil fur l'Ouvrier, s'appelle *rokter* ; elle fait une diminution des trois quarts fur le prix de la denrée, & eft par conféquent préjudiciable au Maître.

Dans

Dans les efpeces de Houilles particulieres à ce quartier, on doit fur-tout re-marquer la téroule qui en eft une véritable, comme celle du Marquifat de Franchimont au pays de Liege, & qui eft bien diftincte de celle que les Liégeois dé-fignent par cette même qualification.

Dans la fabrication des *hochets* avec la *Houille maigre*, ils font entrer la *marle* graffe à la quantité d'une manne, fur une demi-manne d'*arȝée* & trois mannes de Houille; cette marle qui fe tire de *Falchaemp*, près Bligné, terre des Etats généraux, eft la même que celle de *Try*, proche *Valenciennes*, dont je parlerai : les moules font appellés *Formes*, *Foumes*.

Les pendages de veine ne font point exprimés autrement qu'on ne le fait au pays de Liege, fi ce n'eft les dreffants obliques, qui font appellés *roiffes ouf.*

L'exploitation des Houilles & Charbon dans le quartier de *Dalem*, eft moins compliquée dans la dénomination des voyes fouterraines.

Quoiqu'il y ait des Houillieres, dont les veines font d'une belle épaiffeur, on ne les travaille que par vallées, coiftreffes & torrets; on n'y connoît point les montées, les gralles.

Les queftreffes qui ne fe contiennent pas en longueur, font appellées *fauffes queftreffes.*

Les Tailles font nommées *Teies.*

De diftance en diftance, quand les voyes ne font pas bien larges, ou lorfque le toît n'eft pas bien bon, on pratique fous la main, des petits *dilatements* très-bien imaginés pour l'exportation des Houilles : le Hiercheur revenant à vuide, ren-contrant un Hiercheur qui va au chargeage, fe détourne avec fon panier dans ce *fourneau* ou repos, afin de laiffer paffer fon camarade; ces repos font appellés *changeages.*

Enfin, le percement entre deux Charbons, ou la voye de communication du niveau fupérieur au niveau inférieur pour l'airage, s'appelle *rulle*; ainfi on dit *monter on* ou un *rulle*, pour dire defferrer d'une voye à l'autre en pendage de veine, afin de communiquer l'airage.

Les uftenfiles portatifs, comme traîneaux fimples ou à roue pour les eaux & pour les Charbons, font appellés autrement que dans le pays de Liege ; les tonnes renforcées de cercles de fer, fe nomment *tonnays à correaux.*

Les quatre Ferrements placés aux quatre coins de la coufade, fe nomment *foihelts.*

Les paniers des Traireffes, font appellés *pannis*, *pannins*, & on appelle *goges* les crochets de fer qui font fur le devant & fur le fond.

Dans les Houillieres de *Rolduc*, tous les traîneaux de bois ou d'ozier formant caiffe, & deftinés à tranfporter les Houilles & Charbons, s'appellent *chiens*, nom qui fe trouve dans Agricola, *pag.* 204, & qui a pris fon origine dans le bruit confus que font ces traîneaux en cheminant dans les voyes.

A Dalem, le panier remontant au jour, chargé seulement de Charbon, s'appelle *pélée*, *treque grife*.

Quand il rapporte toute Houille, on le nomme *double pannée*; en Flamand, *double treque*, *double trait*.

Quand il y a Charbon & une bordure de Houille, ils l'appellent *enguel treque*, *panier livrable*.

Les contestations sur toutes les matieres de Houillerie, sont portées du Ressort, à la Chambre établie à *Herf* pour les Domaines & Tonlieu; de-là, au Conseil souverain de Brabant à Bruxelles.

L'Huissier ou Sergent, est nommé *Forestier*.

Exploitation d'une veine surjettée ou débauchée en surjet.

Le dérangement que les failles occasionnent dans la marche des veines, est varié à l'infini, selon les différentes circonstances qui tiennent à ces obstacles pierreux, comme leur forme, leur position, &c. Cet article seul mériteroit une étude particuliere de la part d'un Maître Ouvrier: le fait dont je vais rendre compte, servira d'exemple pour ce qui a été dit *page 311*, sur la nécessité d'observer soigneusement le *guide* ou *lyon*, quand on trouve la veine interrompue, & comme on dit à Dalem, *débauchée*.

Le dérangement dont il s'agit, & auquel le nom de *surjet*, que je trouve dans M. Triewald, convient très-fort, se rencontra à *Sarrolay*, Village dépendant d'*Argenteau*, confinant avec la terre de *Cheratte*, du côté de *Jupille*, entre la Meuse & un ruisseau allant à Argenteau, dans un terrein dont la pente est au Levant & assez roide.

En poursuivant une *baume* du Levant au Couchant dans la voye du niveau, à peu de distance du ruisseau, au lieu de rencontrer la veine que l'on cherchoit à atteindre, on tomba au flanc d'une faille, dont la configuration s'annonçoit arquée en dos d'âne, c'est-à-dire, ayant deux surfaces opposées l'une à l'autre qui aboutissoient à peu-près en pointe comme le toît d'une maison; cette forme lui fit donner par les Ouvriers le nom de *rein de chevau* ou *dos de cheval*.

L'une de ces deux surfaces, ou le flanc de ce *trouble*, contre lequel on donna, portoit le *lit* ou la pierre de la veine, émincée dans son épaisseur, qui étoit *surjettée* sur cette *faille*, & montoit en haut avec elle.

D'après ce que nous avons observé *page 340*, sur ce qui arrive aux substances voisines du Charbon, à l'occasion d'une compression étrangere dessus le toît, ou sous le plancher, & de l'indication à en tirer pour la recherche d'une veine *débauchée* ou interrompue, on étoit assuré que le lyon, ou cette trace insensible du lit de la veine, redescendoit ensuite sur l'autre surface du *surjet*, depuis son sommet jusqu'à son pied.

La routine ordinaire dictoit le parti de tourner à l'entour du *surjet*, pour aller rejoindre la veine de l'autre côté ; mais cette voye de contour eût manqué d'air, à moins qu'on n'eût pratiqué un bure d'airage ; fon établiſſement augmentoit les frais ; le ſieur Firket en homme intelligent & qui ſait juger des cas que la pratique ne lui a pas encore préſentés, fut d'avis d'abréger ce chemin & ces dépenſes.

Il ſe décida à aller rechercher l'autre partie de la veine, en continuant ſa route par *bacnure*, au travers du *rein de chevau* ; il encouragea l'Ouvrier qui n'approuvoit point du tout cette entrepriſe ; il lui annonça qu'il y avoit dans le milieu une pierre placée en dreſſant, que c'étoit ce *parois* qui relevoit la veine par-deſſous, de maniere que les couches qui ſervoient de ſol ou de plancher à la veine, reprenoient leur vraie dimenſion à la baſe du parois, qu'il falloit le trouver : qu'arrivé à la pierre qui produiſoit le *dreſſant*, il étoit arrivé à la moitié de la bacnure. Les choſes ſe trouverent comme le ſieur Firket l'avoit prévu ; & ayant continué l'ouvrage, la veine de l'autre côté reprenoit ſa marche ordinaire.

Exploitation d'une Mine en niaie ou en bouroutte.

Un autre cas aſſez particulier, qui s'eſt rencontré dans un terrein de la campagne de *Houſe*, tout au voiſinage du Hameau, appellé *Bouhouille*, eſt un relévement du corps de la veine, accompagnée à l'ordinaire de ſon toît & de ſon plancher, qui remontoient avec la partie de veine *débauchée*.

La poſition de ce krouffe de Charbon au-deſſus de la tête des Ouvriers, lui fit donner le nom de *Mine en niaie* ou *nid*, ſoit à raiſon de l'eſpace étroit dans lequel le Charbon étoit reſſerré, ſoit à raiſon de ſa poſition écartée, comme cachée & élevée comme un nid.

On pourchaſſoit un ouvrage en pendage de veine : ce *roignon*, placé au-deſſus de la voye s'ouvrit, la Houille qui ſe répandit ſur le paſſage, donna lieu d'examiner d'où elle provenoit ; par l'ouverture qui s'étoit faite on ſonda le *deie* avec la *havreſſe*, on détacha enſuite la Houille avec une longue perche : cette manœuvre bien ſimple, fut continuée juſqu'à ce qu'il ne vînt plus rien ; le *bouillon* donna juſqu'à dix-neuf cents paniers de Charbon, qui étoit une *clutte*.

La pourchaſſe du pendage fut repriſe enſuite, après avoir ſtappelé en cet endroit.

Cette rencontre aſſez biſarre, mérite quelque attention ; le volume de Houille qu'on ne peut point juger, pouvant écraſer les Ouvriers en ſe détachant, & embarraſſer la voye & les travaux.

SECONDE SECTION.

Exploitation & Commerce du Charbon de terre en Angleterre.

Depuis la publication de la premiere Partie de mon Ouvrage, j'ai eu communication de l'état de quelques Mines de Charbon de terre de la Grande-Bretagne. Les conjectures plaufibles que la rencontre des couches reconnues par la fouille d'une Mine dans un canton, peut préfenter pour d'autres endroits qui n'en feroient pas éloignés d'une trop grande diftance, rendent importantes & même néceffaires ces fortes de defcriptions ; on ne peut donc en ramaffer un trop grand nombre, par la raifon même que telles couches qui couvrent le Charbon dans un territoire, ne fe retrouvent pas dans un autre qui en eft tout voifin. Cet exemple de diffimilitude dans ces bandes terreufes d'un endroit à un autre, fe trouve dans la fuperficie des Mines en Northumberland, & dans le Comté de Stafford, qui eft très-différente de celle des Mines de Sommerfet, & dans le Comté de Glocefter, quoique les Charbons de ces deux Provinces n'annoncent aucune différence, quant à l'efpece. L'Auteur d'une Brochure fur les Mines de Charbon (1), qui a paru un an après mon Ouvrage, appuie très-judicieufement fur cet objet : j'ai cherché à connoître cet Ecrivain, dont les vues & la correfpondance euffent été fort avantageufes pour la perfection de cette feconde Partie, mais je n'y ai point réuffi ; je lui fuis toujours redevable d'être à même par ce qu'il a publié, de rectifier quelques inftructions fautives que j'avois eues fur quelques points, & je ferai ufage à leur place des corrections qu'il me donne lieu de faire.

Je vais commencer par achever de faire connoître plus amplement différentes fubftances, fur lefquelles j'ai eu occafion de me procurer plus d'inftruction.

Des Terres marneufes & argilleufes.

Les argilles étant les matieres qui fe trouvent les plus répandues, & fous la forme la plus variée, comme celles que les Anglois appellent *clunch, clay,* (*voy. page* 103, de la premiere Partie), elles m'ont femblé mériter le plus mon attention ; d'ailleurs, il eft certain, & cela a été remarqué (2), qu'il y a parmi les Économiftes Anglois, une confufion fur les fubftances argilleufes.

Lorfqu'ils en parlent comme engrais pour les terres , ils nomment

---

(1) Ayant pour titre : *Treatife upon Coal-Mines, &c.* London 1769. *in-8°.* 105 pages.　｜　(2) Dict. Encylopéd. Article *des Marnes*, au mot *Cultiver.* Tom. 3.

indifféremment

indifféremment *clay* (1), l'engrais qu'ils conseillent pour les terres froides & pour les terres chaudes.

Dans la première Partie de la description de cet Art, *page* 92, nous avons fait connoître les six especes auxquelles les Agriculteurs Anglois réduisent les marnes : l'Auteur moderne de la Brochure sur le Charbon de terre, qui les comprend sous le même nom d'*argille*, en reconnoît le même nombre & leur rapporte six des substances ordinaires dans les Mines de Charbon ; savoir, la pierre de taille grossiere, la pierre à chaux grossiere, l'ardoise feuilletée, le rocher bleu très-dur, les couches de sables grossiers, & la pierre de fer *iron-ston*.

Les terres marneuses, d'après le savant Rédacteur de l'Encyclopédie, sont les cinq especes que j'ai annoncées dans la première Partie, *page* 92 : le *Cowshut marle*, *terre à bauge*, selon cet Auteur, qu'il dit être une espece de glaise brune, veinée de bleu, mélangée de petites mottes de *lime stone* ou pierre à chaux.

Le *state marle*, qu'il définit une maniere d'ardoise grasse, bleue ou bleuâtre.

Le *twing* marle, qu'il écrit *diring marle*.

La *claye marle* ou marne argilleuse, fort semblable à la glaise, tenant de sa nature, mais plus grasse, & quelquefois mêlée de *chalk stones*, ou craie en .pierre

Le *steel marle*, qui se trouve communément à l'entrée des puits que l'on creuse.

C'est au rapport de ce Savant notre véritable Marne, & elle appartient au genre appellé *Chalky land*.

Chalky land.

Cette espece que l'on peut appeller *terre à chaux*, *terre Marneuse*, ou *crétacée*, est très-commune en Angleterre, où le terme *chalk*, dérivé de la langue Teutonique *Kalck*, signifie chaux & craie calcinée ; en France, Marne calcinée, & paroît se rapprocher du *lime stone*.

On en distingue de deux sortes, une dure, seche, forte, & qui est la plus propre à être calcinée ; une autre tendre & grasse qui se dissout facilement à l'eau & à la gelée, qui mêlée avec du terreau, de la vase, ou du fumier, est très-propre au labourage & à améliorer beaucoup de terres, principalement celles qui sont froides ou aigres.

(1) Qui signifie *Glaise*, *Marle*, que nous rendons par *Marne* ; & ils appellent *Marle* ou *Marne*, une terre grasse, froide de sa nature, & qui est bien différente de notre Marne, laquelle est brûlante.

Clay lands.

Les terres argilleufes, appellées *clay*, *clay lands*, font de cinq fortes ; la premiere eft appellée *pure*, il s'en trouve dans les puits de Marne, qui eft
d'un jaune pâle ; elle eft tendre & molle fous la dent comme du beurre,
fans le moindre mélange graveleux ; elle eft plus parfaite felon fon degré de
plus grande pureté ; elle fe divife elle-même en plufieurs qualités, dont on tire
la terre à Foulon, jaunâtre à Northampton, brune à Hallifax, blanche dans les
Mines de plomb de Derby, & c'eft la plus rafinée.

Une qualité appellée *foup* ou *fope feal*, écaille de favon, fe rencontre dans
les Mines de Charbon.

Enfin cette glaife brune tirant fur le bleu, que les Anglois appellent indifféremment *clay* & *marle*, dont ils font un très-grand ufage dans la culture des
terres maigres, légeres & fablonneufes ; elle fe trouve ordinairement fur le penchant d'une colline, fous une couche de fable de la profondeur de quatre ou
cinq pieds.

La bonne glaife eft bleuâtre, fans aucun mélange de fable, compacte, graffe
& très-pefante ; elle eft très-bonne à faire de la brique.

La feconde eft une glaife rude, qui fe réduit en pouffiere lorfqu'elle eft feche ;
c'eft proprement de la craie : il y a d'autres qualités comprifes fous cette efpece
qui fervent aux Potiers ; elles font jaunes pâles, bleues ou rouges, plus ou moins
graffes.

La troifieme efpece eft une pierre ; quand elle eft feche, fa couleur eft blanche,
bleue ou rouge.

La quatrieme efpece fe trouve mêlée d'un fable ou gravier rond.

La cinquieme efpece eft diftinguée par un mélange de fable gras ou très-fin,
& de talc luifant. Dans la province de Derby, il s'en trouve de blanche que l'on
emploie à faire la fayance à Nottingham ; il y en a une autre qualité grife ou
bleue dont on fait à Hallifax des pipes à fumer.

Les terres argilleufes labourables qui font noires, bleues, jaunes ou blanches ;
les unes font plus graffes, les autres moins, mais toutes fujettes en général à
garder l'eau : ces terres fe refferrent par la féchereffe, & fe durciffent à l'ardeur du
foleil & au vent.

La terre nommée en Anglois *Loam*, dont j'ai parlé *page* 93, eft légere & un
peu graffe, & elle fe trouve communément affez profondement ; le fol du
territoire de la province de Norfolk, paroît en général en être formé.

Les mots *Rubly*, *Rubbles*, demandent encore quelques réflexions. L'Auteur
de la Brochure Angloife, prétend que les Mineurs comprennent fous la dénomination générique de *Bat*, tous ces *Rubbles* : il m'eft difficile de ne point dé-
férer à cet Ecrivain ; mais étant certain de l'acception que j'ai donnée au mot

Bat, page 106, il eſt à croire que ce qu'avance cet Auteur, eſt exact dans quelques parties de l'Angleterre ſeulement, ſans que l'entente des Ouvriers en ſoit pour cela plus appropriée; car cet Auteur n'ignore point, & il obſerve lui-même que ces *Rubbles* ſont de différentes eſpeces; il eſt à préſumer que c'eſt dans l'acception que j'ai donnée à ce mot, *page* 107, qu'on a appellé du même nom *Rube*, une Mine du Potoſi, dont le métal étoit hors de terre, en maniere de rocher, comme dans les Mines de Cornouailles. Ces *Rubes* ou rochers qui empêchent la pourſuite des travaux, ſont appellés *Jam.*

Supplément aux deſcriptions des Mines de Charbon d'Angleterre, par ordre des couches qui les compoſent.

Au ſupplément qui vient de précéder ſur les *terres graſſes*, connues en Angleterre, & qui ſe retrouvent différemment modifiées dans les terreins de Mines de Charbon (*Coalery*), je vais en joindre un autre ſur les Mines de Charbon même, conſidérées à la faveur d'une coupe ſuppoſée, comme nous avons fait dans la premiere Partie de cet Ouvrage.

Ce ſupplément ſera formé; 1°, de nouveaux Etats de Mines que j'ai eus, depuis ce temps; 2°, d'un tableau raccourci & rectifié dans pluſieurs points, de celles dont les Tranſactions Philoſophiques & mes correſpondances m'avoient fourni les deſcriptions.

Je ſuis redevable de ce changement au petit Traité Anglois dont je viens de parler, & qui mériteroit la peine d'être traduit dans notre langue. L'Auteur qui paroît très au fait de la matiere, qui de plus en ſent toute l'importance, annonce par-tout un homme jaloux de l'exactitude; je ne fais pas difficulté de remettre ſous les yeux du Lecteur ces Etats que je regarde comme plus corrects.

Lorſque je les ai fait entrer dans mon Ouvrage, il étoit indiſpenſable de les accompagner d'éclairciſſements ſur la nature de chaque couche, & ſur les noms par leſquels ces ſubſtances ſont déſignées : j'ai conſervé ici ces noms techniques, dont pluſieurs ſont ſuſceptibles de différentes interprétations, pour leſquelles il faudra avoir recours aux premiers Etats que j'ai publiés, & aux pages que je marquerai.

Je rapprocherai de quelques-uns de ces noms, les explications que j'avois placées dans l'Errata, ou des éclairciſſements particuliers qui me ſont parvenus depuis la publication de cette premiere Partie.

Etat des différentes couches (bed), *dont est composée la Mine de Charbon de Tipton, près Birmengham & Wolverhampton en Warwick Shire, avec la hauteur de chaque couche, selon les mesures Angloises.*

		Verges.	Pieds.	Pouces.
I.	CLAY, rousse, sablonneuse (1). . . .		11	3
II.	POUSSIER sal & noir.		1	3
III. & IV.	Deux couches de CLAY, propre à faire de la brique	1		2
V.	CLUNCH tendre & mollasse.		1	5
VI.	CLUNCH plus obscure, tirant sur le noirâtre. .		1	5
VII.	FIRE CLAY, propre à faire de la brique résistante à la plus grande chaleur. . . .	1		½
VIII.	ROCHE blanche.	2		11
IX.	CLUNCH blanche, tendre	1	1	
X.	BAT noire, tendre.		2	10
XI.	CHARBON VOLANT, maigre. . . .		1	5
XII.	CLAY A POTIER, bonne à faire des creusets pour fondre le vieux fer.	1	2	6
XIII.	BAT noire.			10
XIV.	CLUNCH tendre	1		9
XV.	BAT noire		1	6
XVI.	CHARBON VOLANT, maigre. . . .		1	8
XVII.	CLAY ou TERRE A PIPES	1		
XVIII.	CLUNCH feuilleté, entremêlé d'une couche d'IRON-STONE qui y est vaguement dispersée.	2	2	
XIX.	Banc suivi d'IRON-STONE			½
XX.	BAT feuilleté.			6
XXI.	CLUNCH tendre			9
XXII.	BALT noir.		1	9
XXIII.	Roc noir		2	
XXIV.	CLUNCH tendre	3	1	6
	Où se trouve de huit en neuf pouces d'intervalle un banc d'IRON-STON, ayant depuis un quart de pouce jusqu'à un demi-pouce d'épaisseur.			
XXV.	Rognons d'IRON-STONE, qui se trouvent dans le lit précédent, marqué *iron-ston*.			
XXVI.	CLUNCH d'un gris obscur. . . .	1	1	6

(1) Dans ce même quartier, entre Bermingham & Wolverhampton, il y a une étendue de terrein considérable, d'où l'on voit sortir de la flamme, & la superficie stérile n'est que du Charbon.

XXVII.

		Verges.	*Pieds.*	*Pouces.*
XXVII.	BAT.			2
XXVIII.	TESTE DE CHARBON menu	1		9
XXIX.	BAT noir , tendre.	1	2	
XXIX.	Divifion ou féparation qui fe trouve dans la couche précédente.			
XXIX.	IRON-STONE.			
XXX.	BAT noir , dur.	1	1	
XXXI.	BENCHES.			6
XXXII.	Terre maigre, friable.		2	
XXXIII.	CLAY blanche.			5
XXXIV.	GRIZZLE : bande claire-obfcure. . . .			6
XXXV.	IRON-STONE, Mine dans laquelle fe trouve la terre matrice de l'*Iron-ftone*. . . .		2	
XXXVI	IRON-STONE qui fe trouve dans le dernier lit , épaiffeur incertaine. . . .			
XXXVII.	BAT noir , dur.	3	1	4
XXXVIII.	Deux couches d'IRON-STONE , qui fe trouvent dans le dernier *n°*. de 3 à 3 pieds de diftance l'une de l'autre, fous la Mine d'Iron-ftone, appellée *Iron-ftone noir*, de cinq pouces chacune.			
XXXIX.	CHARBON VOLANT, maigre. . . .			
XL.	SOFT BAT , bat tendre. . . .		2	6
XLI.	IRON-STONE.			3
XLII.	CLUNCH forte.		2	
XLIII.	IRON-STONE, du *n°*. précédent , incertaine. .			
XLIV.	BINDS , ou nerf pierreux. . . .		1	6
XLV.	CLUNCH forte, graffe. . . .	5		6
XLVI.	BINDS pierreux. . . .	1		
XLVII.	FIRE-STONE , ou Pel-don. . . .	1		3
XLVIII.	BINDS pierreux. . . .	1	2	
XLIX.	CLUNCH forte	7	2	6
L.	IRON-STONE ou BINDS , qui fe trouve dans le dernier *n°*. à fix ou fept pouces de profondeur, & d'un à trois pouces d'épaiffeur & de Round-ftone de fix à fept pouces d'épaiffeur incertain.			
LI.	BINDS ou nerf pierreux, gris. . . .		1	6
LII.	CLUNCH forte.	2	2	10

	Verges.	*Pieds.*	*Pouces.*
Toute la profondeur du fond du terrein, jufqu'au lit de Charbon, eft de	56	1	10 ½.

Et l'épaiffeur du lit (BED), eft de . 10 verges ou 30 pieds Anglois.

CHARBON DE TERRE. II. *Part.*   D 5.

Duché de Cumberland.

Les Mines les plus profondes qu'on ait travaillées en Angleterre, font dans cette Province maritime, à *Witte-haven*, au-deſſous de *Moresby*, éloignées de la mer de vingt verges; leur profondeur eſt de cent-trente braſſes (1) ou cent quinze toiſes, trois pieds, quatre pouces.

On y connoît vingt couches de Charbon, dont trois ſont exploitées; leur allure eſt du Nord au Sud; leur inclinaiſon à l'Oueſt; leur pendage approche de la ligne horizontale plutôt que de la perpendiculaire; elle eſt communément d'une toiſe perpendiculaire, ſur ſix à ſept toiſes de longueur.

Comté de Durham, à quelques milles du chemin de Newcaſtle.

Dans la premiere Partie de cet Ouvrage, il eſt fait mention de cette Province qui a pluſieurs Mines de Charbon, diſtantes de peu de milles les unes des autres.

J'ai avancé *page*, 91, que dans quelques-unes, aux environs de la Capitale, le *crop* ſe montre à la ſurface de la terre, &c.

L'Auteur de la Brochure Angloiſe, obſerve qu'il y a dans ce quartier des Mines ouvertes pour les marchés du Pays, pour le commerce de terre, & d'autres pour le commerce de mer ſeulement; mais que toutes ſont à une profondeur conſidérable, & exploitées à grands frais; il ajoute, qu'à la vérité, le Charbon ſe montre ſuperficiellement dans pluſieurs endroits, mais par accident; il cite entr'autres le *fire quater coal*.

Cette maſſe eſt ſi ſuperficielle à *Lumley*, & en pluſieurs endroits le long de la riviere près de Durham, qu'un Meûnier & d'autres Particuliers, tirent le Charbon ſur des traîneaux de deſſous les bords de la riviere, & par ce ſeul moyen en ont aſſez pour leur uſage. L'excavation qui réſulte de cette fouille eſt ſi grande, que les Gentilshommes & les Habitants aſſurent avec raiſon, qu'ils vont dans de bonnes Mines de Charbon, ſans avoir jamais deſcendu dans une foſſe. Feu M. Jars m'avoit donné ſur ces Mines les détails ſuivants.

En général la ſuperficie, juſqu'à la profondeur de ſix, huit, dix braſſes au plus, eſt d'argille, ſable ou gravier; mais le plus communément d'argille.

De-là à la profondeur de vingt-cinq braſſes, roc d'un bleu pâle, qui ſe coupe avec des mattocks; point d'Iron-ſtone. Le Charbon eſt compoſé de trois membres, appellés *ſeam* ou *joints*.

La première *ſeam* eſt nommée *fire quater* ou cinq quartiers, parce que ſa compoſition eſt telle, qu'on peut la diſtinguer en cinq membres ou quartiers; ce Charbon eſt dur & ſe conſume en cendres blanches. Le lit ſuivant eſt le *main coal*,

---

(1) Une braſſe a deux aunes de Paris, ou cinq pieds quatre pouces.

placé à dix braſſes environ au-deſſous du *fire quater*, & de la meilleure qualité ; il a en général depuis cinq à ſix pieds d'épaiſſeur ; dans quelques Mines près de Newcaſtle, il a environ huit pieds d'épaiſſeur.

La ſeconde *ſeam* eſt le *marlin coal*, à environ dix braſſes au-deſſous du *main coal* ; il eſt de meilleure qualité que le *fire quater*, & inférieur au *main coal*, mais pas tout-à-fait ſi épais que ce dernier.

A huit, dix, quelquefois douze braſſes ſous le *marlin coal*, vient une autre *ſeam* nommée *hutton* ; il a cinq pieds environ d'épaiſſeur, & eſt d'une bonne qualité : il y a encore d'autres *ſeam* au-deſſous ; mais on n'y connoît préciſément que les trois qui viennent d'être décrites.

Ecoſſe.

A *Carron*, proche Falkirk, la Mine eſt très-conſidérable ; le Charbon s'y voiture dans l'intérieur, ſur des chariots à chevaux, & ſur des chariots à bras d'hommes, ſelon les galleries.

On y connoît trois couches de Charbon, dont la premiere eſt à environ quarante toiſes de profondeur ; le pendage de ces trois lits, eſt d'une toiſe perpendiculaire, ſur dix à douze de longueur du côté du Sud ; néanmoins les *ridges* font varier cette allure.

La veine du milieu, diſtante de la premiere de dix toiſes, préſente dans ſon épaiſſeur qui eſt depuis trois juſqu'à quatre pieds, trois Charbons nature de Charbon, diſtingués par des noms particuliers, d'où on pourroit la nommer *veine de trois charbons*, *thrée coal vein*, comme celle que l'on appelle ainſi dans les carrieres de Bishop Sutton, en Sommertshire. (*Voy. page* 100).

Le *Floor* ou la partie ſupérieure, ou le *Top*, *Topp coal* de cette veine de *Carron*, eſt appellé *Splint coal* ; ce qui annonceroit que ce Charbon ſe ſépare en feuillets.

La partie du milieu eſt d'une qualité moins compacte ; ſon Charbon eſt feuilleté & ſe ſépare auſſi par lames ; mais leurs interſtices renferment du pouſſier de Charbon ; cette partie centrale eſt appellée *clod coal*, mot qui annonceroit que ce Charbon, quand il brûle, ſe met en grumeleaux ; mais feu M. Jars m'a dit qu'il ſe colloit très-peu en brûlant, & alors *clod coal* ſignifieroit Charbon ſe caſſant en mottes.

La troiſieme partie ou dernier lit qui eſt le plus inférieur, eſt très-compacte, & ſouvent approchant de la conſiſtance de pierre dans la partie qui approche du *mur* ; c'eſt celui que l'on vend pour la conſommation, & dont on ſe ſert pour la machine.

A Edimbourg, on connoît deux veines paralleles ayant environ quarante ou cinquante degrés d'inclinaiſon ; cette inclinaiſon n'eſt point correſpondante à celle des rochers que l'on rencontre dans les environs, qui approchent beaucoup plus de la ligne horiſontale, & qui ſont inclinés au Nord-Oueſt.

A Workington, dont j'ignore la Province, feu M. Jars a observé six veines distantes les unes des autres de dix toises; la première, qui est la moindre, a deux pieds trois pouces d'épaisseur : il y en a une de quatre pieds d'épaisseur pour la partie de Charbon, & de sept pieds y compris ses couvertures ou enveloppes : le corps de la veine est séparé par deux lits appellés *mettle*.

Tableau plus correct & plus abrégé des Mines de Charbon d'Angleterre, décrites dans la première Partie, EXTRAIT *de la Brochure Angloise, publiée en* 1769.

Pays d'entre DURHAM *&* NEWCASTLE, *rempli particuliérement de Mines de Charbon.*

		EPAISSEUR. Verges.
I.	CLAY, sable ou gravier, & plus ordinairement CLAY.	12. 16. 20
II.	Roc bleu pâle, qui se laisse attaquer par les outils.	50
III.	FIR QUATER COAL, Charbon de cinq quartiers, grossier, mais d'un très-bon usage.	$1\frac{1}{4}$
IV	Roc très-dur.	20
V.	MAIN COAL, masse principale de Charbon, vraie Mine ou grande veine.	2
VI.	Roc très-dur.	20
VII.	MARLIN COAL.	$1\frac{1}{3}$
VIII.	Roc très-dur.	20
IX.	Charbon HUTTON.	$1\frac{1}{3}$

Total 116 verges, ou 348 pieds de Roi.

	Lancashire.	EPAISSEUR. Verges.
I.	TERRE BLANCHATRE, posée sur une pierre de.	3 à 8
II.	Roc très-dur.	$\frac{2}{3}$
III.	PIERRE METALLIQUE fort compacte, & d'un bleu foncé.	46
IV.	CHARBON COMMUN.	$\frac{2}{3}$
V.	PIERRE MOLLE bleue, compacte, accompagnée de couches de pyrites cuivreuses.	30
VI.	KENNEL COAL (1).	$1\frac{1}{14}$

Total 87 verges, ou 261 pieds de Roi.

(1) A ce que nous avons dit sur ce Charbon le plus pur de tous, *pages* 4 & 109, il faut ajouter que lorsqu'il est allumé, il conserve sa flamme jusqu'à ce qu'il soit consumé.

Northumberland, à Widrington près de Berwick.

	ÉPAISSEUR. Verges.
I. CLAY : l'épaiffeur n'en eft point indiquée.	8
II. SEAM, *joint* fort mince de Charbon.	½
III. FRÈE-STONE blanc ; (1) épaiffeur non-indiquée.	
IV. WHIN-STONE, pierre dure ; épaiffeur non-indiquée, mais vraifemblablement très-grande.	
V. CLAY.	4
VI. PIERRE BLANCHE tendre ; épaiffeur non-indiquée.	
VII. CHARBON.	1 ¼

Total 87 verges ou 261 pieds de Roi.

Scotland à l'Orient de Lothian, Tranent, Baldoe, Maidftone, Falkirk.

	ÉPAISSEUR Verges.
I. CLAY, efpece non-indiquée.	4
II. SLATE ou COAL CLIVES.	22
III. LIME-STONE.	2
IV. SLATE, terre & pierre.	4
V. CHARBON ; fa confiftance, fon épaiffeur non-mentionnées.	

Total 32 verges ou 96 pieds de Roi.

Stasfordshire, tirant un peu à l'Oueft de Dudley.

	ÉPAISSEUR. Verges.
I. CLAY jaunâtre, immédiatement fous la terre végétale.	1 ⅓
II. CLAY bleuâtre.	1 ⅔
III. CLAY bleuâtre, plus compacte & plus ferme.	8
IV. CLAY de la même couleur, plus tendre.	3
V. PIERRE GRISE d'un grain fin.	1 ⅓
VI. CLAY d'une couleur claire.	7
VII. ROC DUR, de couleur grife.	24
VIII. CLAY bleue, compacte.	1 ⅔
IX. CHARBON formé de quatre différents bancs.	4
X. IRON-STONE, de quatre ou cinq couches, menues à différents intervalles.	4 ½
XI. CHARBON.	2
XII. CHARBON d'une autre efpece.	⅔

Total 71 verges ou 213 pieds de Roi.

---

(1) Cette pierre, d'un grain doux & gris blanc, communément employée pour paver les maifons & les baffes-cours, doit être différente du *paving ftone, page* 102, & prend vraifemblablement le nom de *Pierre de taille,* à raifon de ce qu'elle fert auffi à plufieurs ufages des bâtiments.

Près Litchfield.

		EPAISSEUR. Verges.
I.	CLAY ou terre à brique.	$1\frac{1}{3}$
II.	ROTTEN-STONE, Pierre pourrie.	2
III.	MARLE FLAKY, Marle feuilletée, légérement colorée.	6
IV.	CHARBON MENU.	$1\frac{1}{3}$
V.	BAT noir (*).	
VI.	CHARBON.	$\frac{1}{3}$
VII.	ROC & CLUNCH à différents intervalles.	20
VIII.	Couche de CLUNCH seul, placé dans la masse du lit précédent.	7
IX.	MAIN COAL, composé de plusieurs couches.	$4\frac{1}{4}$
X.	RUBBISH ou BAT.	$\frac{1}{2}$
XI.	CHARBON de différente espece.	$4\frac{1}{2}$
XII.	IRON-STONE, terre légere, &c. couches dans la même gradation; épaisseur non-mentionnée.	
XIII.	CHARBON.	$\frac{1}{4}$

Total 42 verges ou 126 pieds de Roi.

A Burnet, Queen-Charleton, ou Brisleton dans le Comté de Sommerset.

		EPAISSEUR. Verges.
I.	TERRE ROUGE, à la surface.	9
II.	Une couche comme ci-dessus, c'est-à-dire, CLIVES.	
III.	CHARBON.	$1\frac{1}{3}$
IV.	CLIVES.	12
V.	POT-VEIN COAL.	$1\frac{1}{2}$
VI.	CLIVES.	14
VII.	TRENCH-VEIN COAL.	1
VIII.	CLIVES.	7
IX.	ROC.	7
X.	ROCK VEIN COAL; épaisseur non-indiquée.	

Total 70 verges ou 210 pieds de Roi.

(*) *Schistus terrestris bituminosus*: ce n'est point une espece réelle de Charbon.

Sommerſetshire. Chew-magna ; à Sutton près Stowy.

		Epaisseur. Verges.
I.	Sol rouge.	¼
II.	Malm ou Loam, & dans quelques places, Pierre franche rougeâtre.	8. 10. 24.
III.	Roc changeant par gradations, de gris en noirâtre, appellé Coal clives ; profondeur non-indiquée, mais probablement conſidérable	
IV.	Charbon de veine puante ; épaiſſeur non-indiquée . .	
V.	Coal clives.	12
VI.	Castead vein (1) ; épaiſſeur non-indiquée . . .	
VII.	Coal clives.	12
VIII.	Veine de trois Charbons.	8
IX.	Clift ou clives, mêlé de Cockle Shells & d'impreſſions.	12
X.	Veine queue de Paon.	
XI.	Coal clives.	11
XII.	Charbon de Maréchal.	1
XIII.	Clift ou clives.	10
XIV.	Veine feuilletée, Shelly vein ; épaiſſeur non-mentionnée.	
XV.	Une autre veine de Charbon.	¼

Total 90 verges ou 270 pieds de Roi.

Stony-Eaſton, pluſieurs Mines.

I.	Thorny clift ou Arborescent marcassite. . .	0
II.	Branched clift.	0
III.	Charbon.	0

Shropshire dans le Broſely, le Bently, Pitcheford, &c.

Lit d'un Roc noirâtre ou de pierre dans pluſieurs endroits, & immédiatement après ſe trouve le Charbon, dont l'épaiſſeur ni la profondeur ne ſont point marqués.

---

(1) Cette couche eſt mal nommée *veine;* ce n'eſt pas un Charbon, mais une maſſe applatie & marronnée de Iron-ſtone, *minera ferri ſaxea*, laquelle ſe trouve dans quelques couches, & contient toujours de jolies impreſſions de plantes.

Exploitation des Mines de Charbon en Angleterre, confidérée dans quelques points particuliers.

Les travaux & ouvrages concernant le Charbon de terre, appellés *Coal works*, ne peuvent guere comporter des opérations différentes de celles qui ont été amplement décrites Articles III, IV, & V, de la premiere Section de cette feconde Partie : percer un bure, *Borings* ; creufer ou fouiller, *Digging* ; couper, *Felling* ; établir des puits d'air, *Air fchaft* ; des chambres, *shamble* ; des galleries & aqueducs, *Drifts* ou *Difs* : niveller ou orienter, *Dialling, plumming* (1), & autres femblables manœuvres, forment l'enfemble d'une exploitation.

Elle s'exécute auffi avec des outils & avec des uftenfiles qui doivent être à peu-près les mêmes par-tout ; comme pelles, *Shorel* ; pics, *Beel, cornish tubber* ; hoyaux, *Mattocks* ; marteaux différents, *Gadds, Sledge* ; coins, *Wedges* ; feaux, *Keables* ; bages, *Bathen* ; bacquets, *Buckets* ; brouettes, *Weel barrows* ; échelles, *Laders* ; bouffole, *Dial*, & quantité d'autres connus actuellement, quant au fond, Articles I & II.

De ces pieces, dont le célebre Docteur Franklin doit me procurer des deffeins faits à Newcaftle, celles qui mériteront attention, auront place dans une Planche de cet Ouvrage. Je ne décrirai en particulier, que la Tarriere ou fonde employée dans ce Pays pour les Mines de Charbon.

Tarriere Angloife.

AUGAR, AUGRE, AUGER, WHIMBLE.

Feu M. Jars, dans fes Voyages Minéralogiques, n'a pas oublié de faire mention de cet outil important ; mais la defcription qu'il en donne eft très-peu détaillée, & laiffe beaucoup de chofes à défirer.

Ce Phyficien fe contente d'obferver que le *foret* eft conftruit comme celui dont on fe fert en France, & il fe borne à ce qui fuit.

Chaque partie a trois pieds, trois pieds & demi de long ; terminée dans une extrémité par une vis, & dans l'autre par une boîte à écrou, à l'aide defquelles toutes les pieces jointes enfemble, compofent un foret de telle longueur qu'on le veut ; chaque piece eft notée, afin que le foret conferve une feule ligne droite.

La derniere piece du foret a deux pouces & demi, trois pouces de diametre dans fon bout ; fa forme approche de celle d'un cifeau ou plutôt d'une *aiguille de Mineur*, avec laquelle on fore des trous pour faire jouer la poudre à canon ; mais comme en frappant dans le trou avec le foret il s'ufe & diminue de diametre,

(1) D'où fans doute les Liégeois ont emprunté l'expreffion *plumer. Voy. page 333.*

on lui fubftitue, après qu'on l'a retiré & qu'on a nettoyé le trou, une tringle de fer, dont l'extrémité eft formée d'un morceau d'acier bien trempé, de figure exactement ronde, & du diamétre qui doit être confervé au trou, de maniere qu'elle fait l'effet d'une maffe.

En battant le fond du trou avec cette efpece de maffe d'acier, on lui redonne le diametre que le foret ufé ne pouvoit plus lui conferver dans fa même étendue. L'attention que l'on doit avoir pour ne point engager cette maffe dans le trou, de maniere à ne pouvoir la retirer, confifte à la faire entrer chaque fois qu'on a retiré le foret.

La tarriere la plus utile pour toutes les opérations de fonde, eft celle qui fait partie du *Theatrum machinarum Hydrotechnicarum* de Leupold, perfectionnée en Angleterre. On juge bien qu'un outil de cette conféquence n'a point été négligé par les Auteurs de l'Encyclopédie; on en trouve dans cet Ouvrage (1) toutes les pieces & tout l'appareil gravés d'après les Mémoires de l'Académie de Suede, dans lefquels M. Triewald en a donné le détail & la defcription (2). Le Journal Economique du mois de Février 1753, a publié cette defcription traduite en François, qui ne fe trouve point dans l'Encyclopédie : je lui donne ici la place qui lui convient pour éclaircir davantage la Planche XXXIV, dans laquelle j'ai ajouté le développement de quelques-unes de ces pieces.

Defcription de la Tarriere Angloife, (Berk borer , Mitzngeh'ohr Leupoldi) *par M. Martin Triewald*, *de l'Académie Royale des Sciences de Suede.*

Cette fonde *a*, *b*, *c*, *Fig.* 1. *Pl.* XXXIV, & qui peut creufer 60 braffes, eft compofée de trois piéces, une *poignée A*, une *branche B*, & un *fouilloir C*.

La poignée eft toujours de bois; la branche eft compofée de différentes pieces qui s'engagent les unes dans les autres.

Il faut obferver que toutes ces pieces ne doivent avoir que trois pieds de longueur, afin qu'elles ne deviennent pas embarraffantes dans la manœuvre ; pour celles qui font terminées par un écrou, chaque écrou ne doit avoir, tout au plus, que cinq pas, attendu que fi les vis qui devroient y être proportionées excédoient cette longueur, elles feroient fufceptibles de fe fauffer dans la violence des manœuvres.

Enfin, tous les écrous & toutes les vis doivent être faits fur les mêmes tarraux & fur les mêmes filieres, fans quoi, quelque bout de la branche venant à fe caffer en terre, on feroit très-embarraffé fi toutes les vis n'étoient point adaptées jufte aux écrous, & fi on ne pouvoit pas fur le champ y fubftituer un autre bout : du refte, il eft extrêmement important que tous les pas ou les diftances

---

(1) Hiftoire Naturelle & Minéralogie. Tom. VI. Planche I. *Charbon minéral.*
(2) Tom. I. Année 1740. page 216.

qu'il y a entre chaque cannelure ou arrête de vis, foient bons & folides, autrement il feroit impoffible que ces vis puffent réfifter à l'effort qu'elles ont à foutenir quand on leve ou quand on defcend une grande longueur de la branche.

Lorfqu'on veut faire ufage de la Sonde, on marche avec une petite caiffe partagée en plufieurs cafes pour y placer les différents échantillons des fubftances qu'on raménera avec les différentes cuillers ou fouilloirs, qui s'adaptent au befoin à la Tarriere.

En confidérant cet outil dans le détail de fa conftruction, on peut y diftinguer trois parties, une *fupérieure*, une *moyenne*, une *inférieure*; on doit enfuite y diftinguer plufieurs efpeces de *clefs* différemment formées, avec lefquelles on embraffe chaque piece dans fa gorge, lorfqu'on veut les tourner, les viffer ou les déviffer.

Partie *fupérieure* ou *tête de la Tarriere.*

Cette partie *n*°. 1, mérite, à proprement parler, le nom de *tête de la tarriere*; ce n'eft autre chofe qu'une barre de fer, longue d'une braffe, épaiffe de trois quarts de pouces en quarré; dans le haut elle a un gros anneau par où on paffe la poignée de bois *A*, de la longueur d'environ 42 pouces & demi de France.

Environ un pied au-deffous de l'anneau, on fait fouder deux *frettes* quarrées *F*, *F*, éloignées l'une de l'autre de la diftance de deux pouces; leur principal ufage eft de recevoir dans l'efpace qu'elles laiffent entr'elles, une clef, un levier de fer fourchu 2.

L'extrémité inférieure de cette tête de la Tarriere, eft de l'épaiffeur de cinq quarts de pouces, & il y a un écrou d'un quart de pouce de diametre.

Partie *moyenne.*

Un des bouts qui la compofent 3, eft fait d'une barre de fer quarrée, qui à trois pieds de longueur, & trois quarts de pouce d'épaiffeur.

Aux deux extrémités, ces bouts font d'un pouce & demi d'épaiffeur.

L'extrémité fupérieure eft munie d'une vis, l'extrémité inférieure a un écrou; il eft à propos d'avoir en même temps quelques bouts de moindre longueur, pour s'en fervir dans l'occafion.

Partie *inférieure.*

Elle eft formée de fix pieces, 4, 5, 6, 7, 8, 9, que l'on choifit felon les couches de terre ou les bancs de pierre que l'on rencontre, & elles font toutes terminées fupérieurement par une vis.

La premiere piece *n*°. 4, eft un *Fouilloir* de dix-huit pouces de longueur, & de deux de diametre; au-deffous de la vis à l'endroit *t*, ce fouilloir eft quarré

& forme une gorge dans laquelle les clefs 2 puissent avoir prise, quand il faut joindre ce fouilloir à la tête de la tarriere 1; au-dessous de cette quarrure se trouve un fer étendu en lame, & tourné en rondeur; le tuyau qui en résulte est ouvert extérieurement dans sa longueur par une rainure large d'un quart de pouce, afin que le sable pour lequel ce fouilloir est principalement destiné, & les autres matieres que l'on peut rencontrer, puissent entrer dans sa cavité & en sortir après que la machine a été retirée: au bas de l'embouchure il y a un bec tranchant, qui sert à couper la terre & à faire entrer dans le tuyau les pe- tites pierres qui arrêteroient la manœuvre. Quand on rencontre de l'argille, on se sert du fouilloir *n*º. 5, qui ne differe du premier que par son tranchant & par son embouchure qui sont unis.

La piece vue séparément *n*º. 6, s'adapte à la piece qui forme la tête de la tarriere, & a six pouces de longueur & deux de largeur; son épaisseur va toujours en augmentant jusqu'à l'endroit *t*, où elle est précisément de quatre pouces en quarré, afin que la clef 2 puisse y avoir prise.

Comme cette piece sert à ouvrir les bancs d'ardoise ou d'autres pierres, son tranchant doit être d'une très-bonne trempe, afin qu'il ne s'émousse pas prompte- ment. Par la même raison de la qualité des matieres que l'on a à forer; il faut toujours avoir une douzaine de ces pieces de rechange toutes prêtes, & aigui- ser celles qui ont servi à mesure qu'on les use.

La piece en langue de serpent *n*º. 7, est non-seulement pour nettoyer le creux qu'on vient de faire, mais encore pour reconnoître la nature des couches que l'on a traversées; sa longueur est de sept pouces, & son épaisseur inférieure de deux pouces. Cette piece ne differe point, quant à sa figure, de la tarriere dont les Mineurs se servent quand ils veulent faire sauter le rocher.

Quand cette piece a creusé jusqu'à une certaine profondeur, on emploie pour retirer les matieres réduites en poudres, le *fouilloir n*º. 8; il ressemble par la longueur, la largeur & la forme, aux pieces 4 & 5, & en differe uniquement en ce qu'il est fermé par le bas: cette disposition est nécessaire pour empêcher que les matieres écrasées qui y sont entrées, & qui sont essentielles à remarquer à mesure que l'on sonde, ne puissent en sortir & retomber aisément: pour cette opération on met ces différentes matieres dans la caisse dont j'ai dit qu'il falloit être pourvu, & on marque exactement à quelle profondeur on a rencontré telle ou telle substance, ce qui est très-aisé par le moyen du nombre des bouts de branches qui ont été employés.

Cet autre fouilloir *n*º. 9, est tout-à-fait semblable au premier *n*º. 8, excepté qu'il est déja fermé en *x*, à huit pouces au-dessus de son extrémité inférieure; son usage a lieu quand on s'apperçoit qu'il entre beaucoup d'eau dans le trou qu'on vient de faire, pour ramasser les matieres écrasées & l'eau qui s'y est mê- lée. Pour reconnoître la nature de ces matieres, on transvuide dans un vaisseau tout le mélange qu'on a amené, & on le laisse reposer.

Du Trou de sonde, & de la maniere de se servir de la Tarriere;

L'endroit où l'on veut porter le trou de sonde, demande d'abord un dispositif particulier : on commence par former, avec quatre pieces de bois, longues d'une demi-aune ou de trois quarts, & jointes ensemble, un chassis ou une espece de boîte de six pouces en quarré.

On enfouit cette caisse au niveau du terrein où l'on se propose de faire agir la sonde, ce qui représente à la surface un espace que l'on pourroit nommer *Trou de sonde x x x x, Fig. 2 & 3*; le quarré que ces bois laissent entr'eux, est couvert de quelques bouts de planches fixées avec des clous, & au milieu de cette platte-forme on fait avec un foret un trou de trois pouces de diametre.

Ces préparatifs achevés, le Maître Ouvrier prend la tête de la tarriere ; il fait entrer la vis du *fouilloir 5*, & le serre par le moyen du *tourne à gauche*, qui est cette clef marquée 10, servant à visser & dévisser les pieces de la tarriere ; on la pousse ensuite par l'ouverture de la caisse, & l'on fait tourner la machine : si néanmoins en commençant on rencontroit de l'argille, il seroit bon de ménager le *fouilloir*, & d'employer tout de suite celui marqué 5.

Un seul homme suffit, en commençant la manœuvre, pour faire tourner la tarriere, par le moyen du bâton *A*, qui passe dans l'anneau de la tête n°. 1 : cette opération se continue jusqu'à ce qu'on ne voye plus le fouilloir 5 ; alors il est temps de retirer la tarriere, afin d'en ôter la terre ; après quoi on fait la renfonce, & la même manœuvre se continue tant que l'on ne rencontre que des matieres peu résistantes, en n'oubliant pas, à mesure que la tarriere pénetre plus avant, d'allonger toujours la branche par les bouts décrits ci-dessus.

Lorsqu'on touche des lits d'ardoise ou des bancs de pierres, le fouilloir 5 ne peut plus être d'usage ; il faut alors enlever la tarriere, ôter ce fouilloir, & lui substituer la piece 6 ; il faut alors deux manœuvres pour faire agir la machine de la façon qu'on va essayer de décrire.

Chacun d'eux prend un bout du bâton *A*, que l'on a passé par l'anneau de la tête 1, ils levent la tarriere & la laissent retomber ; mais il est à observer qu'à chaque fois qu'on l'a levée, il faut lui faire faire un huitieme de tour ; sans cette précaution, elle retomberoit toujours de la même maniere, & ne produiroit qu'imparfaitement son effet.

Quand on s'apperçoit de trop de sécheresse dans le trou que l'on a foré, on y verse un peu d'eau pour humecter la pierre, la rendre plus aisée à percer, donner de la mollesse aux matieres déja réduites en poudre, & de la fraîcheur au fer qui travaille. De cette maniere on peut continuer de faire lever, tourner & tomber la tarriere, pendant des quart-d'heures, des demi-heures, & même des heures entieres.

Lorsqu'enfin les matieres réduites en poussiere se trouvent en trop grande quantité pour pouvoir remuer la machine avec facilité, on la retire, on ôte la piece n°. 6, & on la remplace par le *fouilloir* 5 : après l'avoir fait defcendre jufqu'au fond, on recommence à tourner ; & quand on juge que fon vuide s'eft rempli de pouffiere, on leve la tarriere pour nettoyer le fouilloir.

Dans le cas où la pierre que l'on touche eft fi dure, que la queue d'aronde ne peut pas bien y mordre, on emploie la piece 7 ; mais comme de pareilles fubftances peuvent fe trouver à une très-petite profondeur, & qu'alors la tarriere n'a point encore affez de jeu par fa longueur pour pouvoir en tombant écrafer ces matieres par fon propre poids, il eft néceffaire, à la place de la tête 1, de fe fervir d'un bout de branche ufé ; on frappe deffus avec un marteau 13, comme lorfqu'on veut faire fauter le roc avec la poudre ; mais dès que la tarriere gagne trois ou quatre braffes de profondeur, elle devient affez pefante pour faire fon effet.

Plus la branche eft allongée, plus la tarriere eft difficile à gouverner, & plus on a de peine à la retirer. Pour faciliter la manœuvre, on a imaginé deux machines, dont l'une eft deftinée à faire élever & tomber la tarriere, & l'autre à la retirer entiérement.

Appareils pour élever & faire retomber la tarriere, ou la retirer du trou de fonde.

Il confifte dans un poteau a, *Fig.* 3 ; on l'enfonce en terre, à la diftance de près de 2 pieds de l'ouverture de la caiffe : ce poteau doit être bien étayé & conferver au moins fix pieds de hauteur fur la furface du terrein ; il eft percé d'outre en outre, & eft vuidé de la largeur de deux pouces depuis le haut jufqu'en bas ; dans les deux autres parois de ce poteau, on perce un certain nombre de trous correfpondants, dans lefquels on paffe, à telle hauteur qu'on le veut, un boulon ou 2 clous de fer qui fervent d'appui au levier n°. 2, & vu en place en h.

Ce levier a de H en K, dix pieds de longueur, & fon extrémité K, eft fourchue à la longueur de dix pouces, afin qu'elle puiffe avoir prife entre les frettes quarrées F F, de la tête 1. Au côté inférieur du levier, il y a dans l'endroit où il porte fur les clous, deux échancrures qui l'empêchent d'avancer & de reculer : pour l'affurer encore davantage, on perce les deux bouts de l'extrémité fourchue ; on y enfonce un clou ou une cheville après que le levier a embraffé la tête du fouilloir, afin que cette piece ne puiffe pas tomber pendant la manœuvre.

Cette machine étant dreffée, l'un des Ouvriers prend la poignée C, que l'on a vue en A, *Fig.* 1, il tourne la tarriere un huitieme de fa circonférence ; cela fait, l'autre Ouvrier leve la tarriere avec le levier K H, à la hauteur de fix pouces ou plus, & la laiffe tomber enfuite : du refte, on continue la manœuvre détaillée ci-devant.

Quand la branche a gagné dix toifes ou plus de longueur, la tarriere devenue trop lourde, ne peut plus être gouvernée par les seules mains d'un Ouvrier; on supplée à cette circonstance par un appareil plus composé : *Voy. Fig.* 2. On prend trois fortes perches de la longueur de 22 pieds ou même plus si on peut les avoir (1); on les enfonce en terre par les plus forts bouts, & on les y affermit avec des pierres; par le haut *T*, ces perches se réunissent, on les lie ensemble avec des attaches de fer ou de corde, afin de pouvoir y assujettir une poulie que l'on voit en grand *n°.* 14, avec sa chape *n°*. 15 & 16.

L'une de ces perches est traversée dans des distances égales d'échelons *n, n*, qui servent à monter jusqu'à l'endroit où la poulie est suspendue : dans cette poulie passe une corde, qui d'un bout s'enroule dans le moulinet *h*, & qui à l'autre extrémité a un anneau dans lequel on passe une piece, qui, dans le cas dont il s'agit, devient la tête de la tarriere; cette piece *n°*. 11, qu'on peut appeller le *bonnet de la sonde*, dont il est facile d'ôter la corde autant de fois qu'on a retiré quelque longueur de la tarriere, est employée dans la manœuvre représentée *Fig.* 2, à lever une longueur de tarriere de quatre à cinq brasses, selon la hauteur des perches : quand le crochet a été passé dans l'anneau, deux Ouvriers vont faire tourner le moulinet *h*, afin de lever la tarriere jusqu'à la poulie; alors l'un des Ouvriers arrête le moulinet, pendant que l'autre va passer les tenailles *S, n°.* 2, entre le rebord de l'une des pieces de la branche & la caisse.

Tandis que ces tenailles soutiennent la tarriere, on ouvre la vis de la piece qui est la plus proche de la caisse par le moyen des clefs *p, v, n°.* 17, & après avoir ôté ensuite toute la longueur de la branche qui se trouve au jour, on remet le crochet 11, sur le bout soutenu par les tenailles, que l'on retire en recommençant la premiere manœuvre.

Quand on a remonté la derniere longueur de la branche, on ne fait qu'ouvrir la vis de la cuiller ou de la piece qui travaille, afin de nettoyer la premiere, ou de changer l'une & l'autre, selon les matieres que l'on a rencontrées.

Pour redescendre la tarriere dans le trou, on baisse la branche restée suspendue à la corde, jusqu'à ce que le rebord du bout supérieur approche de la caisse : alors on remet les tenailles entre deux; on leve une autre piece, on la joint à la premiere par le moyen des clefs, & on continue cette manœuvre jusqu'à ce que la tarriere ait atteint le fond.

On doit souvent s'attendre à perdre la tarriere dans le trou que l'on vient de forer; cela arrive principalement en deux occasions; 1°. quand les bouts de la branche ont servi long-temps, ce qui use leurs vis; 2°. faute d'avoir eu attention de bien assurer les tenailles : l'inconvénient qui résulte de cet accident est considérable; tout le travail fait est perdu, ainsi que l'instrument; il faut aller forer dans un autre endroit. On a été long-temps dans les Mines de Newcastle à imaginer un moyen de retirer une partie de la tarriere cassée dans le trou : on doit à M.

---

(1) La figure n'en laisse appercevoir que deux, afin d'éviter la confusion.

Triewald l'invention de la machine suivante, qui est très-propre pour retrouver & retirer la tarriere de telle longueur & de telle pesanteur qu'elle puisse être. Ce Savant assure que cette invention lui a fait honneur par le succès, & lui a valu des récompenses considérables.

La longueur de la piece 12 est de dix-huit pouces ; à son extrémité supérieure, elle a une vis ; la partie inférieure de cette machine a la même grosseur que les trous qu'on peut forer avec la tarriere : depuis le plus mince bord de son extrémité inférieure, elle est taraudée en dedans jusqu'à l'endroit *1*, où l'on applique la clef *2*, pour en serrer la vis.

En abaissant cette piece ou ce bonnet de sonde perdue, il faut nécessairement que l'extrémité de celle-ci entre dans l'écrou de l'autre ; & si-tôt qu'on s'apperçoit que cette opération est exécutée, on frappe avec un marteau sur la tête de la tarriere ; par ce moyen on assure la vis & l'extrémité du bout de la branche qu'on a rencontré dans l'excavation conique, de façon que la piece tombée, eût-elle vingt ou trente brasses de longueur, peut se retirer.

P I T-M A N, *Ouvriers Mineurs.*

Les différentes fonctions des premiers Employés sont exprimées par différents noms en différentes Provinces ; on peut en général rapporter ces Ouvriers à la division suivante.

Les *Viewers* ou *Survey*, Arpenteurs, Experts. L'*Over-man* ou *Overseer*, Intendant. Le *Steward, Contrôleur, Receveur*. Chaque Particulier ou chaque Compagnie, a une espece d'Entrepreneur ou Maître Ouvrier, qui dirige les ouvrages & qui veille à ce qu'il ne se fasse point d'extraction dans un endroit dont la cession n'est point concédée.

Les Journaliers employés aux Mines, sont de deux especes, les uns qui travaillent dans l'intérieur, les autres qui travaillent hors de la Mine. Tous sont engagés pour l'espace d'un an au moins : il y a des peines portées même contre ceux qui les débauchent, & aucun ne peut être mis à l'ouvrage par d'autres que par ceux qui les ont loués, sans encourir l'amende.

Ils sont presque tous à prix fait ; le moindre prix pour ceux avec qui on n'en a point de convenu, est d'un *shilling* (1) par jour, ou douze pences (2) pour les Ouvriers du dehors.

Neuf ou dix heures de travail sont ordinairement payées dix-huit à vingt pences, ce qui revient à trente-six ou quarante sols.

Les Traîneurs du dedans restent dix heures de temps dans les ouvrages ; ils ont quatorze pinces, c'est-à-dire, vingt-sept ou vingt-huit sols de France.

Dans quelques Mines, il y a des chevaux qui n'en ressortent jamais. Quelques-

---

(1) Le Chelin ou douze sols d'Angleterre.
(2) Le peny vaut un sol ; 12 pences valent par conséquent 12 sols,

unes en employent jusqu'à trente, qui y entrent & qui en sortent.

L'Entrepreneur a deux Chelins par jour pour chaque cheval.

En Ecosse, dans la Mine de Carron, proche Falkirk, chaque troupe de Mineurs se divise en deux bandes, celle du matin, & celle de l'après-dîner.

La troupe du matin coupe la veine qu'ils appellent inférieure, c'est-à-dire, qui est attenant le *mur*.

La troupe de l'après-midi abat les deux lits supérieurs qui ont été déchaussés avec des coins de fer.

Les Maîtres Ouvriers sont obligés de fournir les outils & la chandelle, aux Entrepreneurs.

On leur paye une pince & demie, qui fait environ trois sols de France, pour le quintal de cent-douze livres de bon Charbon, c'est-à-dire, celui du lit supérieur, & seulement une pince du quintal de Charbon inférieur, qui se vend dans le Pays.

Il y a des Ouvriers qui se font jusqu'à vingt schelings par semaine, & qui ne travaillent que sept à huit heures par jour, ce qui leur fait près de quatre livres de France à chacun pour ce temps.

L'état des frais courants d'une Mine de Charbon ne sera point hors de place à la suite des dépenses qui ont précédé : je le tire des Actes de l'Académie de Suede, où M. Triewald l'a inféré à la suite d'un de ses Mémoires sur le Charbon de terre. Tom. I. Art. V, *page* 314. Cet état appartient à une Mine dont la profondeur est de douze, quatorze ou seize brasses ; elle se nomme *Blessay*, & est distante de cinq à six milles du Port de *Blyth*, où se fait l'embarquement de quelques Charbons d'Ecosse.

	Chelins.	Pences.
Pour détacher de la Mine vingt paniers.	I	3
Les conduire au bas du puits.	I	
Pour le dépôt & les chandelles.		2
Brouettes & autres petites voitures.		I
Tirage de vingt paniers hors de la Mine.		3
Posage des paniers.		I $\frac{1}{2}$
Pelle, traîneaux & autres outils.		$\frac{1}{2}$
Pour l'établissement des puits, charpente, raccommodage d'ustensiles, à raison de vingt paniers.		2
Cordages à raison de vingt paniers.		$\frac{1}{2}$
Inspecteurs : leurs appointements à raison de vingt paniers.		I $\frac{1}{2}$
Conduite des Charbons au grand dépôt.		3
Pour aiguiser les pics & autres ustensiles.		2
Transport, réparation des routes, chemins, & autres.	9	
Réparation des chariots.	6	8
Gages de différents Préposés, & réparation des treuils.		4

Total 19 Chelins 8 Pences.

D:t

Du Maître Foreur.

Maniere de traiter avec cet Ouvrier, ses engagements.

Cet Ouvrier doit tenir le premier rang parmi tous les Employés de Mine ; c'est sur lui que roule l'opération qui doit décider de l'entreprise, & on jugera bien-tôt de toutes les qualités qu'on doit désirer dans le Foreur.

Aux environs de Newcastle, il y en a un qui fait ce métier depuis si long temps, & qui a eu occasion de faire des trous de sonde dans un si grand nombre d'endroits, que toutes les couches de terre, tous les bancs de rochers, lui sont connus à vingt milles aux environs, jusqu'à cent toises de profondeur.

Ce Foreur se charge de tout ce qui a rapport à sa partie, & de déterminer la profondeur à laquelle le Charbon est placé.

On fait prix avec lui ; l'usage général est de cinq Chelins par toise, pour les dix premieres toises, le double pour les cinq toises au-dessous, & ainsi en augmentant de cinq Chelins pour chaque toise.

Dans ce marché on excepte le *forage* des rochers, qui est payé à part, à raison des obstacles plus ou moins considérables qu'ils opposent à la tarriere, & à raison de la fracture des parties de sonde.

Pour cent toises, qui font la plus grande profondeur, les frais font de quatre mille sept cent soixante Chelins, ou deuxcents-trente-huit livres sterling.

Cette somme ne forme encore que le tiers de la dépense pour commencer l'entreprise.

Du reste, le Maître Foreur se charge de tout ; il fournit les outils, paye les Ouvriers qu'il emploie à son forage ; le salaire de ces derniers est réglé sur l'épaisseur des couches.

Pour chaque panier ils ont cinq farthings (1).

Le choix de ces Ouvriers est de conséquence pour le Maître Foreur ; un maladroit peut rendre inutile un forage déja avancé en profondeur, en mettant un trou hors d'état d'être suivi, & faire manquer en un jour une besogne commencée depuis plusieurs années, & prête à se terminer heureusement ; ce qui obligeroit alors d'en recommencer un autre.

Le tout dépend de la précision avec laquelle on dirige la tarriere, pour enfoncer le trou bien d'à-plomb, creusé bien rond & d'un diametre égal ; il ne faut rien forcer afin de ménager les sondes, & en perdre ou en casser le moins qu'il se peut ; c'est une affaire de patience, & l'ouvrage du temps : on a quelquefois dépensé quatre, cinq, six, & jusqu'à vingt milles livres sterling, avant d'avoir vu les couches ; c'est uniquement sur le rapport du Maître Foreur que l'on continue l'ouvrage.

(1) Fardin ou liard d'Angleterre.

Lorſque la tarriere eſt arrivée au Charbon, le Maître Foreur va lui-même y mettre la main, & diriger l'outil ; il en ramene de point en point un échantillon à l'aide duquel il reconnoît la qualité du Charbon, l'épaiſſeur des couches qui le précédent, la quantité d'eau qui l'avoiſine, la profondeur à laquelle elle ſe rencontre, &c.

C'eſt donc ſur ſon rapport qu'on ſe décide, & dès-lors on voit que l'opération du Maître Foreur demande un homme expert & exercé, & en même temps un homme de probité ; rien n'eſt plus facile que de placer dans une ſonde, après l'avoir retirée, des matieres & même du Charbon qui n'auroient pas été rencontrées par cet outil.

Royaltie ou Privilége Royal, *& autres uſages concernant la fouille d'un terrein.*

La premiere dépenſe de cette recherche ſuperficielle ne ſe fait point, qu'au préalable on ne ſe ſoit mis en regle vis-à-vis de celui qui a ſur la ſuperficie, le *Royaltie* ou *Droit Régalien* ; cette prérogative eſt ainſi appellée, parce qu'en Angleterre le Roi a, comme tous les Princes & Souverains de l'Europe, le droit d'entame de la ſurface d'un terrein où ſe trouve des Mines & carrieres. Pour quelques Provinces, il en a été fait une aliénation dont l'époque remonte ſelon la tradition à l'an 1066.

Le droit de *Royaltie* appartient ordinairement à des Particuliers ou à des Seigneurs riches, qui poſſédent une partie des mêmes terreins ; les uns exploitent pour eux-mêmes, les autres afferment & la Mine & ſouvent le terrein.

A Stafford, aux environs de Newcaſtle *under tyne*, le Roi, comme Seigneur foncier du pays, jouit du *Royaltie* à pluſieurs milles à la ronde ; il afferme ces Mines moyennant dix pences ou dix ſols qu'on lui donne par chaque meſure de quinze quintaux, évalués à cent-douze livres peſant.

Il eſt des terreins pour leſquels celui qui a fait acquiſition de la ſurface, s'eſt réſervé la clauſe expreſſe, qu'il n'y feroit fait aucune fouille ſans ſon conſentement ſpécial, quoiqu'il n'ait pas lui-même droit d'y faire aucune ouverture.

Ce *Royaltie* emporte avec lui le droit de pratiquer un chemin dans toute l'étendue du terrein ; mais l'établiſſement des voyes publiques a inſenſiblement modifié ce pouvoir, & conduit les propriétaires & les poſſeſſeurs du *Royaltie*, à compoſer enſemble de la ſurface où il eſt à propos de pratiquer un chemin.

Les baux ſont communément de vingt & un ans, temps ſuffiſant pour dédommager l'Entrepreneur de ſes frais : au ſurplus, on peut faire ces baux ſous les conditions qu'on veut.

En payant au Propriétaire la ſurface du terrein à l'amiable ou à dire d'Experts, on peut faire ouvrir, fouiller, & exploiter dans le fond d'autrui ; les dédommagements à payer pour chaque arpent de terre, les difficultés auxquelles ces arrangements font réglés, font fixés fuivant les Provinces, par plufieurs Actes du Parlement.

Une perfonne qui croit avoir dans fon terrein du Charbon, s'arrange avec celui qui a le droit de *Royaltie*, pour faire faire à frais communs une fonde, ou bien ils font enfemble une convention, que dans le cas où le Charbon fe découvrira, l'un fera défrayé par l'autre de ces frais de fonde ; quelquefois ils conviennent de s'affocier dans la continuation des travaux, au cas de réuffite.

S'ils ne s'accordent point, celui qui veut exécuter fon deffein, refte le maître, en obfervant feulement d'éloigner fon forage le plus qu'il peut du fonds de fon voifin.

Des recherches préliminaires à l'enfoncement d'un puits de Mine.

On commence donc par reconnoître avec la fonde, à quelle profondeur fe trouve le Charbon, en portant premiérement la tarriere à la partie la plus élevée de la pente du terrein.

Si dans cette partie on n'arrive point au Charbon, on fonde fur le milieu de cette pente ; fi enfin cette nouvelle fonde ne conduit à rien, on fouille dans le bas du terrein ; mais cela ne fe pratique qu'à la derniere extrémité : l'exploitation de la carriere en devient plus difpendieufe par la difficulté de placer la pompe à feu qui doit toujours être dans un endroit plus bas que la carriere.

Une circonftance intéreffante à déterminer enfuite, c'eft l'inclinaifon des couches ; ce n'eft pas toujours chofe bien aifée : elle eft néanmoins poffible quelquefois ; lorfque, par exemple, il y a des Mines voifines où fe rencontrent les mêmes bandes, par lefquelles on peut juger de l'inclinaifon des autres.

Si ce cas ne fe rencontre point, le Maître Foreur eft obligé de faire deux autres fondes à des diftances tellement égales les unes des autres, que ces deux dernieres forment avec la premiere, un triangle équilatéral, & par la différente profondeur à laquelle on rencontre les couches dans chaque trou de fonde, il juge de quel côté inclinent les veines.

Nous nous arrêterons à cette méthode, dans la quatrieme Section ; il fuffira de fe rappeller ici ce que nous avons obfervé dans la premiere Partie, *page 90*, fur les fignes extérieurs, d'après lefquels on pourroit fe déterminer à cette recherche par les fondages.

La premiere dépenfe que comporte cette recherche, & qui eft confidérable, comme on l'a vu tout à l'heure, eft en général affez avanturée, puifqu'à moins que la Mine ne vienne s'affleurer à l'air, rien ne peut l'indiquer à la premiere fuperficie.

Quelques Mineurs Anglois prétendent néanmoins pouvoir fe guider dans ce premier foupçon, par la nature de l'eau qui fort d'une montagne. Gabriel Plates, dans l'Ouvrage rare & curieux que j'ai déja cité, fait mention *page 47,*

Chapitre II, de ce figne qui eft un petit myftere entre les Mineurs. M. Triewald, Article IV de fes Mémoires fur le Charbon de terre, l'a publié (1) : feu M. le Vicomte Defandrouins m'a paru y avoir confiance. Quelque peu de confidération que mérite, à mon avis, cette pratique, on ne fera pas fâché de favoir en quoi confifte le fecret : d'ailleurs il fera aifé aux perfonnes à portée des endroits où il y a des Mines, de s'amufer à conftater un moyen auffi fimple que facile ; il ne s'agit que de prendre l'eau qui fe fait jour hors d'une montagne, dans laquelle on foupçonne qu'il peut y avoir du Charbon de terre ; cette eau eft ordinairement chargée d'ocre jaune : & voici comme on en fait l'expérience. On prend une ou plufieurs pintes de cette eau ; on les fait évaporer à feu doux dans un vaiffeau de terre neuf verniffé : lorfque le fédiment qui refte au fond du vaiffeau eft de couleur noire, ils ne font point de doute que la montagne ne renferme du Charbon de terre. On regarde encore comme indice fûr, la rencontre du *Shelly-ftone* (2), fous lequel vient ce que dans quelques endroits de la Grande-Bretagne, on nomme *Pierre métallique*, à caufe de fa couleur bleue, *voy.* Sect. XI, Art. IV, & qui eft mieux caractérifé par les noms *Bass*, *Shale*, *Slate*. *Voy. page 95.*

Telles font les opinions vulgaires des Charbonniers Anglois, auxquelles il faut rapporter ce que j'ai dit, Section VIᵉ. de la premiere Partie. Il ne refte donc toujours, pour ne point faire des remuements de terre bien plus difpendieux, d'autre moyen que de fonder l'endroit.

Travail qui fe fait pour arriver à la veine, & s'y ouvrir un premier chemin.

Dans le cas où on a reconnu un banc de Charbon, on enfonce un puits qui traverfe les différents bancs fitués au-deffous du premier : on doit fe rappeller qu'en Angleterre, leur nombre va quelquefois jufqu'à fept, qu'ils font tous féparés les uns des autres par des couches de *glaife* (*clay*) ou de *caillou*, ou de *roche* de cinq à fix braffes d'épaiffeur, que l'on eft obligé de faire fauter avec la poudre à canon.

La pierre qui fe rencontre affez ordinairement à cinq ou fix braffes de profondeur, eft un rocher quelquefois dur, quelquefois friable, auquel la marne & d'autres terres plus ou moins compactes, ou le Charbon même fervent de bafe.

Arrivé à la veine, on avance dans le Charbon par un chemin horifontal, qui va en montant pour faciliter l'écoulement des eaux : cet ouvrage fe prend de la hauteur ou de l'épaiffeur de la couche & d'une longueur proportionnée à la folidité du toît de la veine, depuis cinq jufqu'à quinze pieds de large, felon les

---

(1) Tom. I, des Mém. de l'Académie de Stockolm. An. 1740. *page 226.*

(2) N'ayant vu en aucun pays de véritables traces ou empreintes de coquilles dans les couches de Charbon de terre, je crois pouvoir, &

pour cette pierre & pour une veine de Charbon furnommées de même *Shelly*, traduire ce mot par *feuilletée* ou *en écailles*, & qui eft vraifemblablement ce Granite appellé prefque par-tout ailleurs *Grez*.

endroits

endroits, & on avance toujours en laiſſant des piles à chaque diſtance de quarante ou quarante-cinq pieds.

Près de Chewmagna, dans le Comté de Sommerſet (1), » on commence les
» ouvrages d'une fouille par percer le *crop*, ou bien on entame le *cliff*, dont
» la direction eſt toujours réguliere comme le Charbon, & ſuivant le même pen-
» dage, » *voy. page* 97. Il y a ceci de remarquable pour cette maniere uſitée
dans cet endroit, » que le Charbon ſe trouve par-tout dans cette Province
» ſitué obliquement, comme on voit les tuiles diſpoſées pour former la couverture
» d'une maiſon : à moins qu'un Ridge compoſé en partie de *clay-ſtone* ou un
» *Rubble*, ne vienne couper le banc ou la veine de Charbon, il n'eſt jamais per-
» pendiculaire, ni horizontal ».

Je rappellerai en paſſant, à l'occaſion de ces interruptions, les ſignes auxquels on peut conjecturer qu'une veine ſera interceptée dans ſa marche par un
trouble.

Pour peu que les *Viewiers* ou Experts s'apperçoivent que la veine s'enfonce
ou s'éleve plus qu'elle ne le doit par ſa direction naturelle, (*voy. Pl. XI, de la
premiere Partie, Fig.* 2), ils préſument qu'elle ſe trouvera gênée par le
Dike, nommé *Gac* dans les Mines d'Ecoſſe.

La couleur de *queue de Paon* du Charbon, regardée par M. Triewald comme
conſtante dans les Charbons qui avoiſinent ces *Dikes* ou *Gacs*, (*Voyez* Sect. IVᵉ,
de la premiere Partie, Art. I, *page* 20, & Sect. VII, Art. V,) pourroit être
ajoutée à ce renſeignement.

» Au ſurplus, cette obliquité (*pitch*) du Charbon ſe trouve d'après le rap-
» port de l'obſervateur, dans tous les ouvrages de Chewmagna, d'environ vingt-
» deux pouces ou d'une braſſe ; & l'apparence ſuperficielle du lit ou de la veine
» appellé *Crop* dans cette Province, eſt nommée *Baſſeting* dans les endroits
» ſitués vers le Nord. *Voy. p.* 98.

Dans la Vᵉ. Section de la premiere Partie de cet Ouvrage, Art. XI, *pag.* 32,
où il a été queſtion des vapeurs & exhalaiſons particulieres aux Mines de Charbon de terre, nous avons fait connoître ces météores d'après l'expérience des
Liégeois & des Anglois. Les Tranſactions Philoſophiques renferment ſur cet
article des particularités remarquables obſervées dans les Mines de Newcaſtle :
les Phyſiciens qui, d'après les ſimples obſervations des Ouvriers, peuvent en
faire des objets de ſpéculations intéreſſantes, nous ſauront gré de ne point les
paſſer ſous ſilence.

(1) Tranſact. Philoſoph. Ann. 1725, *nº.* 360. Art. 4.

Des Vapeurs de Mines dans les carrieres de Charbon de Newcaftle.

Les *Pit-Mens* ou Ouvriers qui s'adonnent aux travaux des Mines de Charbon, dans cette partie de l'Angleterre, diftinguent deux efpeces de vapeurs, l'une qu'ils nomment *Stith*, peut-être par corruption du mot *Stink*, *Stench*, qui veut dire puanteur, n'eft autre chofe que le *common Damp*, appellé dans d'autres Mines d'Angleterre *foul air*.

La feconde eft une vapeur fulphureufe, différente de la premiere par fon in-flammabilité & fes autres phénomenes : en effet, loin de concentrer la flamme des chandelles ou de l'éteindre, elle l'augmente & l'étend à une hauteur mar-quée ; cette flamme de chandelle fait alors l'effet d'une meche à feu qui al-lume toute la partie de la Mine où il fe trouve dans ce moment de cette vapeur ramaffée. A Penfneth-chafen, le feu a pris de cette maniere par une chandelle, dans une carriere de Charbon, & depuis ce temps on en voit fortir la fumée & quelquefois la flamme (1) : dans le Flintshire, à Moftyn, il fort de temps en temps d'une Mine des exhalaifons de couleur bleue, qui prennent feu avec ex-plofion.

Une circonftance par laquelle cette vapeur fulphureufe & inflammable, *Ful-minating Damp*, ou *Vapeur fulminante*, eft remarquable, c'eft que dans quel-ques Mines elle fe pelotonne & fe ramaffe au haut des galleries, en forme de ballon qui s'apperçoit aifément à l'œil. Dans la Mine de Wittehaven, on en a vu une d'environ huit pieds de diametre ; elle a encore ceci de fingulier, s'il faut en croire ceux qui fréquentent les Mines de Newcaftle (2), que, quoiqu'elle s'al-lume par la flamme des chandelles, les Ouvriers fe fervent utilement & impuné-ment dans les ouvrages occupés par cette vapeur, de leur briquet & de leur pierre à fufil, pour en tirer une lumiere éclatante, à la faveur de laquelle ils s'é-clairent fans encourir le même danger qu'avec des lampes & chandelles.

Cette remarque toute fimple, faite d'abord fur des étincelles paffageres tirées à différentes reprifes d'une pierre à fufil, a conduit les *Pit-Mens* à imaginer un moyen de tirer avantage de ce feu qu'ils ont, dès-lors, conçu incapable de pro-duire fur cette vapeur l'effet fi redouté du feu des lumieres avec lefquelles ils s'éclairent ; ils en font tellement perfuadés, qu'ils fe procurent à volonté & pendant un temps fuivi, de la clarté en faifant tourner une petite roue d'acier fur une pierre à fufil.

Toute la machine eft nommée *Flint mill*, ce qui veut dire littéralement, *mou-lin à filex* ; elle reffemble fort pour les effets, aux rouets de nos Arquebufiers, & pourroit être véritablement appellée *Rouet à fufil des Mineurs*. La defcription

(1) Tranfact. Philofoph. An.... Nos. 429. 109. 442. 282.
(1) Tranfact. Philofoph. An. 1733. Art....,
fur une vapeur de la Mine de Charbon de M. le Chevalier Jacques Lowther.

en a été donnée telle qu'elle va fuivre, dans les Mémoires de l'Académie, année 1768 (1), & M. le Roi m'a aidé à l'éclaircir par la figure 4, Planche XXXV.

Elle eft compofée d'un cadre de fer, d'environ quinze pouces de long, fur huit pouces de large, dans lequel eft renfermée une roue dentée de fept à huit pouces de diametre, qui engrene dans un pignon pouvant avoir un pouce & demi ou deux pouces : ce pignon porte fur fon axe une petite roue d'acier de quatre à cinq pouces de diametre, & fort mince.

L'Ouvrier tenant ce moulin à pierre à fufil contre fon ventre d'une part, & fur un endroit fixe de l'autre, appuye contre la roue d'acier une pierre à fufil, & tourne une manivelle adaptée à l'arbre de la grande roue, qui, par fon engrenage, fait tourner avec rapidité la petite roue d'acier, dont le frottement contre la pierre à fufil tire beaucoup d'étincelles.

En rapportant ici ce moyen de fuppléer aux lampes & aux chandelles dans les Mines fujettes au feu, il eft indifpenfable de faire quelques remarques importantes. Il eft aifé de fe figurer les gerbes confidérables & fuccefives que donne la pierre à aiguifer contre un morceau d'acier ; il y a certainement une différence entre ce feu, toujours accompagné d'un vent frais très-confidérable, & celui d'une lumiere ; néanmoins l'amadoue s'allume aux étincelles que produit en air libre & dans une cave la roue d'un Rémouleur frottée par les inftruments qu'il repaffe : quoique du bon efprit-de-vin ne s'y enflamme pas, ce moyen curieux de diffiper dans la Mine une obfcurité gênante pour les travaux, n'eft pas fi certain, que l'on puiffe s'y fier avec une pleine fécurité : M. Jars cite lui-même dans fon Mémoire, l'exemple d'une inflammation qui réfulta des étincelles du *Flint mill*.

Tout ce que l'on peut dire, c'eft que, dans le cas où l'exhalaifon ordinaire *Common damp*, autrement appellé *mauvais brouillard*, & par les Liégeois *fouma*, exifte à un certain degré, c'eft-à-dire, que dans les endroits où il y a *manque d'air*, le rouet à pierre à fufil ne donne point de lueur, & doit être réputé un des moyens les moins dangereux.

Les tranfactions Philofophiques font mention d'une maniere fimple & très-ingénieufe, qui fut employée pour donner cours à cette vapeur hors de la Mine, en la laiffant amaffer derriere un cuvelage de planches ; on cimenta à ce cuvelage un tuyau de deux pouces de diametre, qui d'une part s'ouvroit derriere les planches, & de l'autre, s'élevoit au-deffus de l'orifice du puits à plus de douze pieds. Pendant près de trois mois, ce tuyau pompoit continuellement, & avec une même force cette vapeur inflammable.

L'expérience dont eft accompagné ce récit, mérite d'être rapportée. Si on met fur le tuyau un entonnoir renverfé, dont le petit orifice foit adapté à une grande veffie affujettie avec la main, cette veffie au bout de quelques minutes, eft remplie de ces vapeurs, & elles peuvent s'y conferver plufieurs jours, fe tranfporter même, & produire les mêmes effets.

---

(1) Obfervations fur la circulation de l'air dans les Mines, par M. Jars, Second Mémoire.

En comprimant la veſſie pour faire ſortir cette vapeur au travers d'une chandelle allumée, la vapeur prend feu & continue de brûler tant que la veſſie en contient & eſt exprimée. Cette expérience fut faite en préſence de la Société Royale de Londres, au mois de Mai 1733, quoiqu'il y eût un mois que la vapeur eût été enfermée dans la veſſie.

On connoît les expériences des vapeurs ſemblables, avec des mélanges artificiels ramaſſés dans une veſſie; il y en a eu de faites par feu M. de Bremont, dans des ſéances de l'Académie Royale des Sciences de Paris.

Les Mines ſujettes à cette exhalaiſon ſont ſur-tout dangereuſes, lorſque les ouvrages ont été interrompus; il ne faut que vingt-quatre heures pour que cette vapeur ſe ſoit ramaſſée & devienne plus fâcheuſe.

En Angleterre & en Ecoſſe, les Ouvriers ont imaginé une façon très-particuliere de s'en débarraſſer; elle conſiſte à ne pas attendre que le feu ſoit arrivé au point de faire exploſion, ce qui ſouvent ſeroit imprévu & fâcheux pour eux: ils décident cet effet en ſe mettant en garde, comme on le juge bien, pendant leur opération, dont voici la marche.

Un homme couvert de linge mouillé ou de toile cirée deſcend dans la Mine tenant à la main une longue perche, dont l'extrémité porte une lumiere qui eſt aſſujettie dans une fente; il s'approche de l'endroit d'où vient la vapeur en avançant ſa lumiere; & comme le choc de l'exploſion ſe porte toujours ſur le toît de la mine, qui eſt la partie ſupérieure des galleries, il ſe tient étroitement appliqué ſur le plancher pour ſe garantir du choc; la vapeur prend feu ſur le champ, détonne avec un bruit ſemblable à celui du tonnerre ou de l'artillerie, & s'échape par un des puits. L'Ouvrier qui procede à cette exécution, reconnoît d'abord ſi ces vapeurs ſont ramaſſées en trop grande quantité, parce que, dans ce cas, la lumiere de l'Ouvrier s'éteint; alors il s'appuie davantage contre terre, avertit ſes camarades en criant d'en faire autant; la matiere enflammée ne rencontre point ceux qui ont été les plus prompts à ſe conformer au conſeil, & ceux qui n'en ont pas eu le temps, ſont tués ou brûlés.

Cette exploſion purifie l'air par l'agitation qui lui a été imprimée; il n'y a plus de danger à ſe mettre à l'ouvrage.

Travaux pour détourner les eaux, STREAM-WORKS.

Les principales opérations relatives à cette partie des travaux de Mines, conſiſtent à épuiſer les eaux dans les endroits où elles incommodent, & à en enlever beaucoup au dehors: je me ſuis permis de comprendre ici ces travaux ſous l'expreſſion générale STREAM-WORKS uſitée dans les Mines d'étain en Angleterre. Les machines hydrauliques qu'on emploie pour cela dans ce même Royaume, ſont de même eſpece ou ſur les mêmes principes que les machines qui ont été décrites Section I de cette premiere Partie, *page 238.*

Il y a eu vers Eglington, je ne ſais dans quelle partie de la Grande-Bretagne,

une

une Mine de Charbon, dont on tiroit les eaux à la faveur d'un moulin à vent, conftruit fans doute comme ceux que j'ai indiqués *page 238.*

Les machines ou pompes à feu font particuliérement appliquées à ces grands épuifements dans quantité de Mines de Charbon de la Grande Bretagne, & l'ufage y eft que les Conftructeurs qui viennent procéder à leur établiffement, garantiffent l'effet de leur ouvrage.

A Hartley Pool, d'où il vient communément du Charbon à Londres, il fe voit une machine à feu, dont l'exécuteur & l'inventeur a obtenu un privilege exclufif pour quatorze ans. A Kinfington, à une petite lieue de Londres, on en voit une conftruite par le Capitaine Savery, & qui n'a qu'un feul récipient. La plus confidérable eft celle de Walker, où les eaux ramaffées à cent toifes de profondeur, s'élevent à quatre-vingt-neuf toifes, jufqu'à un percement ou aqueduc de quatre pieds de haut, & de deux-cents-cinquante toifes de long; fa puiffance eft de 34416 livres; elle a d'effort à faire 31096.

L'application de cet agent extraordinaire pour le mouvement de machines propres à élever les eaux, a été l'objet des fpéculations & des effais de trois Savants (1) dans trois Pays en même temps; mais le génie a prefque toujours befoin d'être aiguifé, échauffé, éclairé par une néceffité réelle & préfente. L'abondance des Mines de Charbon de terre en Angleterre, l'impoffibilité de chercher le Charbon à des profondeurs que les eaux rendent inacceffibles, devoient néceffairement piquer l'attention des Anglois plus que celle de toutes les autres nations; car ces machines apportent une augmentation importante dans leur richeffe en Charbon de terre; auffi ce moyen a été particuliérement pour le génie Anglois, un fujet de profondes recherches. Les Phyficiens de cette nation fe font occupés utilement de calculer les forces, de proportionner les parties de ces machines, de déterminer la quantité de vapeur néceffaire à leur action, &c. Il n'y a pas eu jufqu'à de fimples Ouvriers, un Féronnier, un Vitrier, *voy. page* 240, un jeune Potier de *Dumfries* ou *Dumfreries* au Comté de *Nithifdale*, dans l'*Ecoffe méridionale*, qui ne puiffent être regardés comme ayant concouru avec fuccès à la perfection de ces machines; ce font précifément ces derniers, qui par hazard, ont eu la plus grande part aux découvertes qui reftoient à faire pour obtenir d'une pompe à feu tout l'effet qu'on pouvoit défirer.

L'hiftoire des progrès fucceffifs de ces machines eft diftinguée en deux époques; favoir, celle où le premier pas a été fait, & que le Médecin Papin a tracée dans la conftruction de fon Digefteur; celle des véritables conftructions de pompes à feu, qui permet de les regarder en tout comme une invention Angloife.

Pour ne point changer la marche que j'ai annoncée, & traiter mon fujet d'une

---

(1) Denys Papin, de la Société Royale de Londres, & Médecin François; le Capitaine Savery, | à Londres; M. Amontons, de l'Académie Royale des Sciences, à Paris.

façon qui préfente en même temps l'hiftoire du Charbon de terre dans chaque Pays en particulier, je donnerai ici le détail d'une machine à feu, employée à l'épuifement d'une Mine de Charbon en Angleterre : le Savant dont j'emprunte la defcription (1), ayant en même temps fait exécuter cette machine, perfonne n'a été plus en état que lui de traiter cette matiere, pour laquelle la pratique & la théorie demandent abfolument à être réunies.

En parlant de ces machines à l'article de Liege, je m'en fuis tenu à dire uniquement en quoi confifte leur opération, *page* 240 ; pour cela il n'étoit befoin que d'en prendre une idée très-générale, dans le fimple énoncé des principales pieces qui les compofent, en jettant un coup d'œil fur une pompe à feu : j'ai renvoyé, à cette occafion, à la machine à feu de Frêne, proche Condé, au Hainaut Franç̧ois, dont j'ai penfé devoir aufli faire entrer les Planches dans cet Ouvrage, à caufe de l'avantage que l'on peut retirer de la comparaifon de deux de ces machines.

En procédant ici à ce que j'appelle la véritable defcription de cette pompe, telle que l'a donnée le Docteur Defaguliers, j'en retrancherai tout ce qui pourroit en troubler ou interrompre le fil, & en rendre l'intelligence embarraffante à un Directeur de Mine, ou à un Ouvrier habile : les chofes doivent leur être préfentées autrement qu'au Phyficien, pour lequel le favant Auteur a travaillé d'une maniere digne d'éloge.

Cela ne changera rien à l'ordre qu'il a gardé dans fa defcription, qui donne avantageufement à quelqu'un qui n'auroit aucune idée de ces machines, la connoiffance de leur conftruction & de leur ufage.

La Figure 1, Planche XLVIII, où fe trouvent quelques-unes des principales parties de la machine, fuffira pour conduire le Lecteur comme par degrés, des parties les plus fimples aux plus compofées.

Je renvoie à la quatrieme Section, les détails explicatifs des autres Planches, & des développements qui leur appartiennent, ainfi que tout ce qui concerne les dimenfions des différentes pieces qui feront portées fous un feul titre.

En faveur de ceux des Lecteurs qui auroient befoin d'explication de quelques termes dans tout le cours de cet Ouvrage, j'ai fait entrer dans la Table des matieres, une efpece de Dictionnaire des termes de Phyfique, de Mathématique & des Arts.

M. Defaguliers commence par examiner fommairement les idées qui fe préfenteroient en cherchant à remplir l'objet pour lequel on a imaginé la pompe à feu : nous fuivrons fa même marche.

On veut tirer de l'eau d'un puits ou d'une Mine P, à cinquante verges de profondeur, avec une pompe de fept pouces trois quarts de diametre, &

---

(1) Le Docteur Defaguliers, de la Société Royale de Londres, dans fon Cours de Phyfique | Expérimentale, traduit en Franç̧ois, cité *page* 239.

par conséquent la colonne d'eau à élever pese (en nombres rondes) trois
mille livres. La verge de la pompe *i*, est attachée à la chaîne *i H*, qui est suspendue à l'extrémité la plus éloignée de l'arc *H h* 29, fixé à l'un des bouts d'une
grande poutre *b* 2, 8 *h*, qui se meut autour du centre 8.

En joignant à la chaîne *H L*, attachée à l'autre bout de la poutre, une centaine de cordes dont chacune seroit tirée en bas par un homme dans la direction
L l, on réussiroit à ramener en bas l'extrémité *h*, de la poutre, & par conséquent à en élever l'extrémité opposée *h* 2 : alors la chaîne *H i*, se roulant autour de son axe, le piston de la pompe & la verge seroient élevés dans la direction *P p*, ce qui feroit monter une quantité d'eau proportionnelle au corps du
piston, & la feroit couler en *P*.

On pourroit faire cela quinze ou vingt fois par minute, attendu que
chaque homme ne pourroit élever que trente livres, de la même maniere qu'on
agite les cloches.

Mais si on ne veut pas que la Mine soit inondée par les sources qui sont dans
le fonds, on n'a pas de temps à perdre; il faudroit relever ces cent hommes par
cent autres; & aucune Mine ne peut se trouver assez riche pour défrayer cette
dépense.

En comparant la force d'un cheval à celle de cinq hommes, vingt chevaux
employés à la fois suffiroient; & comme ils ont plus besoin d'être relayés, il en
faudra environ cinquante pour agir constamment, & pour amener l'extrémité *h*
de la poutre seize fois par minute, afin d'avoir le nombre de coups requis dans
la pompe : la pesanteur de la verge après chaque coup, abaissant le bout *h* 2, &
l'amenant le long de la tangente *i H*, cela seroit encore très-frayeux.

Dans cet embarras, notre Savant suppose qu'un Philosophe vient & imagine
le moyen suivant d'abaisser l'extrémité de la poutre sans le secours des hommes
ou des chevaux. Il attache à la chaîne *H L*, un piston *L C*, qui entre dans un
cylindre de cuivre *L, C, d, n*, d'environ huit ou neuf pieds de longueur, &
de vingt-deux pouces de diametre intérieurement; ce cylindre est si bien poli
en dedans, que le piston *C*, bien enduit de cuir, peut glisser dans sa longueur,
sans donner aucun passage à l'air. Il suppose que ce grand cylindre de cuivre est
bien arrêté, & qu'il y a un tuyau *D d* au fond, avec un robinet pour ouvrir ou
fermer à volonté le passage de l'air dans le cylindre. Il suppose encore que le Philosophe applique en *E* une pompe *pneumatique*, laquelle, avec quelques coups
de piston, tire tout l'air qui est dans le cylindre *C d n*, sous le grand piston.
En ce cas l'atmosphere, avec une colonne qui pesera environ cinq mille huit
cents livres, pressera en bas le piston *C*, dans la direction *L C*, vers *d n*; ce
qui abaissera l'extrémité *h* de la poutre, & fera monter l'autre extrémité *h* 2;
de-là résultera un coup de piston (égal à la longueur du chemin que le piston
fait dans le grand cylindre) pour décharger l'eau par la pompe en *P*.

Le robinet étant d'abord après tourné en *D*, & l'air s'introduisant dans le cylindre, le pifton fera foutenu contre la preffion de l'atmofphere par l'air qui s'introduira, en forte qu'il n'aura plus que fon propre poids qui le tienne en bas; mais ce poids étant de beaucoup inférieur à celui de la verge de la pompe qui eft à l'autre extrémité de la poutre, cette extrémité $h\,2$, tombera de nouveau, & amenera le pifton vers L; de-là on pourra l'abaiffer encore par une feconde opération de la *pompe pneumatique* en E, & produire un fecond coup de pifton. Cela feroit bon fi l'air pouvoit fe retirer affez promptement; mais on ne peut évacuer le cylindre que deux fois environ par heure, & n'avoir en conféquence que deux coups de pifton, au lieu qu'il en faudroit avoir neuf cents foixante dans le même temps, parce que pour empêcher l'eau de la Mine d'inonder tout, il faut feize coups par minutes.

Or on a trouvé une méthode efficace de produire feize fois par minute ce vuide fous le pifton C; & cela en employant au lieu de l'air, la vapeur de l'eau bouillante (car fon reffort devient auffi fort que l'air), elle fait autant d'effort que l'air pour élever le pifton C, & elle eft enfuite condenfée & diffipée par une injection d'eau froide (de maniere qu'elle produit un vuide) en moins de deux fecondes; & cela s'exécute au moyen de la conftruction fuivante que nous allons décrire.

Etat de la Pompe à feu exécutée pour la Mine de Charbon de Griff, près de Cowventry en Warwick-Shire.

Sous le cylindre $L\,c\,d\,n$, on arrête un grand alambic B, de la figure $D\,o\,o\,o\,o$ $A\,a\,a\,a$, qui communique avec le tuyau $E\,D\,d$; un diaphragme nommé *Régulateur* $10\,E$, gliffant par une plaque en E, fous le tuyau $D\,d$, ou s'en éloignant par le mouvement du manche 10, ferme ou ouvre la communication de *l'alambic* avec le *cylindre* felon le befoin. L'alambic étant plein d'eau jufqu'à la hauteur $S\,B\,s$, on allume le feu en A, pour faire bouillir l'eau, ce qui éleve fur fa furface une vapeur un peu plus forte que l'air, & feize ou dix-fept fois plus rare : alors (le pifton C étant fuppofé en $d\,n$ arrêté par la preffion de l'air) on pouffe le *manche* 10, de 10 vers 12, pour ouvrir fubitement un paffage d'environ quatre pouces à la vapeur, qui fortant de *l'alambic* entre dans le *cylindre*, où agiffant fous le *pifton*, elle le foutient autant qu'auroit fait l'air ordinaire; & contrebalançant la preffion de l'atmofphere en bas fur le *pifton*, elle laiffe la liberté à la verge de la *Pompe* qui eft fufpendue du côté oppofé de la poutre, de defcendre pour produire un coup de *pifton*.

Lorfque le grand pifton eft monté jufqu'en C ou un peu plus haut, on pouffe en arriere le manche 10, vers O; la plaque du *Régulateur* E, arrête toute communication, enforte qu'elle empêche qu'il n'entre plus aucune vapeur dans le cylindre. Alors on éleve le levier $O\,I$, (qu'on défigne par la lettre F,) en forte qu'il faffe tourner, par le moyen de fes dents, la clef du *robinet d'injection*

en

en *N*; ce mouvement laiffe paffer l'eau du *réfervoir d'injection g*, par le tuyau *g M N*; il fe fait un jet d'eau froide par *n*, contre le bas du *pifton*, qui éparpillant les gouttes d'eau dans tout le *cylindre*, condenfe la vapeur & la fait redevenir eau. Son volume devient quatorze mille fois plus petit que dans l'état de vapeur, ce qui produit un vuide fuffifant pour faire agir la preffion de l'atmofphere qui n'eft plus contrebalancée, & pour élever l'autre bout de la poutre avec fa pompe qui décharge l'eau en *P*. Cette opération fe fait dans deux fecondes, ce qui revient au même que fi une machine pneumatique pouvoit dans cet efpace de temps tirer l'air du cylindre. On ferme le *robinet d'injection*, & on ouvre le *Régulateur* pour laiffer entrer la vapeur jufqu'au *pifton* avant qu'il defcende affez bas pour écrafer le tuyau *d*, & il s'éleve de nouveau vers *L*, qui eft une *coupe* pleine d'eau (dont on expliquera ci-après l'ufage :) de-là on le fait de nouveau defcendre en fermant le *Régulateur* & ouvrant le *robinet d'injection* comme auparavant, &c. en forte qu'un homme ouvrant & fermant alternativement le *Régulateur* 10 *E*, & le *robinet d'injection N*, peut faire produire à cette machine feize coups par minute.

Tel eft l'état préfent de la machine à feu, extrêmement fimple & intelligible, où l'on produit tout d'un coup une force immenfe, pour faire agir des pompes, (car le mouvement feroit précifément auffi aifé quand l'aire du cylindre feroit dix fois plus grande), en faifant fimplement tourner alternativement deux robinets : cependant un homme qui ne connoîtroit pas cette machine & qui la verroit pour la premiere fois, pourroit s'imaginer qu'elle eft fort compofée, vu le nombre des parties qui fe préfentent tout à coup à fes yeux. Mais on doit bien diftinguer ici ce qui forme les opérations effentielles de cette machine, & ce qui n'eft que pour la convenance & pour mieux régler fes opérations ; car on n'emploie pas la centieme partie de la force dans cette machine (telle que celle de *Griff* dont on parle ici, & qui travaille depuis plus de vingt ans,) ni la millieme dans les plus grandes machines à feu, pour tourner les robinets & régler tous les mouvements, comme on le verra lorfqu'on expliquera chaque piece par ordre ; premiérement fur cette figure 1ᵉ relative à l'état préfent, & enfuite fur les figures qui repréfentent fucceffivement toutes les parties de la machine, & la maniere dont on les voit toutes enfemble.

1°. Comme il faut toujours avoir de l'eau dans le réfervoir *g*, pour faire l'injection dans la vapeur & la condenfer, on a fixé un arc à la poutre auprès de *h* 2, qui porte une chaîne avec une petite verge de pompe *k*, laquelle tire l'eau d'un petit *réfervoir* auprès de l'entrée du foffé, (ce réfervoir eft entretenu par une partie de l'eau qui s'éleve en *P*) & la contraint de monter par le tuyau *m m*, pour entretenir le réfervoir d'injection toujours plein.

2°. Comme le pifton *C*, qui fe meut en haut & en bas dans le cylindre, ne doit donner aucun paffage à l'air, on doit maintenir dans l'humidité l'*anneau de cuir* ou autre piece qui l'environne, afin qu'elle foit toujours enflée par l'eau. Il tire cette eau de la *fontaine d'injection* par un petit *tuyau* z, qui coule toujours en bas fur le *piſton*, mais en très-petite quantité ſi l'ouvrage eſt bien fait. L eſt une *coupe de plomb*, dont la fonction eſt de contenir l'eau qui eſt ſur le *piſton*; autrement elle s'écouleroit par-deſſus, lorſque le *piſton* eſt à ſa plus grande hauteur dans le *cylindre*, comme en W; mais en même temps ſi la *coupe* eſt trop pleine, l'eau s'échappera par le tuyau LV, dans le *puits* vuide Y.

3°. Comme l'eau dans *l'alambic B*, doit diminuer par degrés, à meſure qu'elle s'exhale conſtamment en vapeurs & que ces vapeurs en ſortent continuellement pour mettre la machine en mouvement, il faut conſtamment fournir de l'eau nouvelle à l'ébullition. Cela ſe fait par le moyen du tuyau Ff, d'environ trois pieds de longueur, lequel deſcend d'environ un pied au-deſſous de la ſurface S de l'eau dans *l'alambic*, ayant un entonnoir F au-deſſus, toujours ouvert & entretenu par le tuyau W, qui fournit l'eau du haut du *piſton*, laquelle a l'avantage d'être toujours chaude, & par conſéquent de ne pas arrêter autant le bouillonnement de l'eau, que ſi elle étoit entiérement froide.

4°. Comme *l'alambic* riſque de ſe brûler, ſi l'eau en bouillant ſe diſſipe trop vîte, & ſi ſa ſurface deſcend beaucoup au-deſſous de Ss, & qu'au contraire ſi on l'entretient trop, on n'aura pas le moyen d'avoir au-deſſus de l'eau une quantité ſuffiſante de vapeurs, on a placé deux *tuyaux d'épreuve* dans la *platine G*, (laquelle platine s'ouvre par occaſion lorſqu'il faut qu'un homme entre dans l'alambic:) l'un de ces tuyaux a ſon extrémité inférieure placée au-deſſus de la ſurface de l'eau, & l'autre a ſon extrémité inférieure plongée dans l'eau: la fonction de ces tuyaux eſt d'indiquer ſi la ſurface de l'eau eſt trop haute ou trop baſſe, ou ſi elle eſt exactement dans la ligne Ss; car alors en ouvrant le *robinet* du plus court, il ne donnera que de la vapeur; & en ouvrant celui du plus long, il ne donnera que de l'eau. Mais ſi les *deux robinets* donnent de la vapeur, l'eau eſt trop baſſe dans l'alambic, & s'ils donnent tous deux de l'eau, elle eſt trop haute. On y remédiera en ouvrant aſſez le *robinet nourricier* du tuyau en V, pour entretenir l'alambic, enſorte que l'eau n'y ſoit ni trop baſſe, ni trop haute.

5°. Comme il ſe fait une injection d'eau froide dans le *cylindre* à chaque coup, cette eau pourroit, avec le temps, remplir le cylindre & empêcher l'opération de la machine; c'eſt pourquoi on y a ſoudé au fond du cylindre, un ſecond tuyau dTy, qu'on nomme *Rameau d'évacuation*, par lequel l'eau d'injection s'échappe lorſque la vapeur entre dans le *cylindre*. Ce *rameau d'évacuation* eſt un ou deux pouces ſous l'eau dans le puits y, & il a ſon extrémité tournée en haut & fermée par une *ſoupape y*, qui empêche que l'air ne preſſe en deſſus dans le rameau, & qui permet à l'eau d'injection d'en ſortir pour ſe décharger: par ce moyen le cylindre reſte toujours vuide.

6°. Si l'homme qui fait tourner le *Régulateur* en E, & le *robinet d'injection N*, lorſque le piſton deſcend, ouvre le *Régulateur* & laiſſe entrer trop tôt la vapeur pour élever le *piſton* une ſeconde fois, le coup ſera plus court qu'il ne doit être ; & s'il n'ouvre pas le *Régulateur* assez tôt, le piston descendant avec une force prodigieuse, heurtera probablement contre le petit tuyau *D d* en *d*, & le mettra en pieces. De même lorsque le *Régulateur* est ouvert, la vapeur entrant dans le *cylindre* & le *piston* s'élevant, le coup n'auroit pas toute sa longueur si la vapeur étoit détournée, & si l'injection de l'eau froide se faisoit trop tôt ; ou si elle se faisoit trop tard, la vapeur pousseroit le *piston* tout-à-fait hors du *cylindre* au sommet en *L*. Ainsi pour prévenir tous ces accidents, ceux qui ont perfectionné cette machine, ont trouvé le moyen de faire ensorte que la machine elle-même ouvrît & fermât le *Régulateur* & le *robinet d'injection* au temps & au lieu convenables. Cela se fait en fixant un autre arc vers *h*, d'où part une chaîne qui porte une petite *poutre* ou *coulisse perpendiculaire* (dont on voit une partie en *Q*,) laquelle s'étend à travers le plancher, au-dessous de la base du *cylindre*, & qui est guidée en passant par le trou fait au plancher où elle entre juste. Cette piece ayant une fente ou coulisse & plusieurs pointes, donne le mouvement aux différents *leviers* qui ouvrent & ferment le *Régulateur* & le *robinet d'injection* aux temps convenables, comme on le verra mieux dans la description particuliere que nous en donnerons ci-après.

7°. Afin que la vapeur ne devienne pas trop forte pour *l'alambic* & ne le brûle pas, il y a une *soupape* placée en *b* avec un fil d'archal qui lui est perpendiculaire, pour y placer des poids de plomb, selon la force de la vapeur que l'on veut avoir ; en sorte que si elle est plus forte qu'on ne veut, elle puisse lever la soupape & sortir ; on l'appelle ordinairement *cliquet* ou *ventouse*.

Lorsque le *Régulateur* en D est fermé, toute la vapeur est contenue dans l'espace *S D s*, & alors comme M. *Beighton* l'a trouvé, la machine travaille bien s'il y a le poids d'une livre sur chaque pouce quarré de la ventouse *b* ; ce qui fait voir que la vapeur est d'un quinzieme plus forte que l'air ordinaire. Mais comme la hauteur du *tuyau nourricier*, depuis l'entonnoir *F*, jusqu'à la surface *S s* de l'eau n'est pas de trois pieds (trois demi-pieds d'eau étant égaux à un dixieme de la pression de l'atmosphere), si la vapeur étoit un dixieme plus forte que l'air, elle pousseroit l'eau en dehors vers *F* ; & puisqu'elle ne le fait pas, elle ne peut pas être plus forte que l'air même lorsqu'elle est le plus contrainte. (J'ai supprimé le N°. 8. qui est étranger au plan de ma description).

9°. Lorsque le *Régulateur* est ouvert, la vapeur donne un coup au piston en dessous, & il s'éleve un peu ; ensuite la vapeur occupant un plus grand espace, elle se met en équilibre avec l'air extérieur, & ne fait que soutenir le piston ; mais le poids excédent de la verge des pompes du côté opposé de la poutre *h* 2 tire en haut le piston au-delà de *C*, jusqu'en *W*. La vapeur étant alors répandue jusqu'à remplir tout le cylindre, ne pourroit plus supporter le piston sans le poids excédent dont on vient de parler. Si cela n'étoit pas vrai, lorsque l'extrémité *h* 2, est aussi bas qu'elle peut l'être, & qu'elle cesse d'agir sur la poutre qui porte son centre, la chaîne *L H*, au-dessus du piston, deviendroit lâche, & le piston seroit quelquefois poussé hors du cylindre, ce qui n'arrive jamais.

De plus, lorfque la vapeur commence à entrer dans le cylindre, elle poufſe en dehors l'eau d'injection par le *tuyau d'évacuation d T Y*, & cette eau eſt toute hors du cylindre pendant le temps que le piſton monte vers *C*. Si donc la vapeur étoit plus forte que l'air, elle ſortiroit après l'eau par *y* (la ſoupape, n'étant pas plombée,) ce qu'elle ne fait jamais.

10°. Comme il y a de l'air dans toute l'eau d'injection, & qu'on ne peut pas tirer cet air ou le condenſer avec la vapeur par l'injection d'eau froide qui entre dans le cylindre en *n*, toute l'opération doit être dérangée, & il ne doit ſe faire qu'un vuide fort imparfait ; mais on a inventé le moyen de faire ſortir cet air, & il ſort effectivement : voici comment.

On doit ſe reſſouvenir que lorſque la vapeur eſt devenue auſſi forte que l'air, elle eſt plus de ſeize fois plus rare ; en ſorte que l'air doit s'y précipiter comme le vif-argent dans l'eau. Ainſi tout l'air détaché de l'eau d'injection, reſte au fond du cylindre au-deſſus de la ſurface d'autant d'eau d'injection qu'il en vient à *d n*. Maintenant il y a hors du cylindre en 4, une petite coupe avec une ſoupape, & du deſſous de la ſoupape, un tuyau qui vient latéralement dans le cylindre au-deſſus de ſon fonds, pour recevoir l'air dans la coupe, lequel à chaque ouverture du *Régulateur*, eſt pouſſé en dehors dans cette *coupe*, & ſort par ſa *ſoupape* lorſque la vapeur la pouſſe avec une force plus grande que celle de l'air, ce qui fait ſortir tout l'air du cylindre. La vapeur cependant ne ſuit pas, parce qu'étant alors devenue plus foible que l'air, comme nous l'avons fait voir, l'air extérieur étant plus fort, ferme le *cliquet* en 4 *N B* : ce cliquet ſe nomme *cliquet reniflant*, parce que l'air en le traverſant, fait un bruit ſemblable à celui d'un homme enrhumé.

Différences de qualités dans les Charbons d'Angleterre.

La ſupériorité attribuée unanimement au Charbon qui vient de Newcaſtle, lui donne naturellement la premiere place dans l'eſpece de revue que nous allons faire des Charbons d'Angleterre, ſur leſquels il nous a été poſſible d'avoir des renſeignements.

Des Charbons de Newcaſtle & de ceux qui ſont d'une qualité approchante.

Le terrein de Caſtle-Moor & de Caſtle-Field, d'où ſe tire le Charbon de terre, proche Newcaſtle ; ſert de commune aux Habitants pour le pâturage du bétail, & pour y extraire du Charbon & de l'ardoiſe ; il forme une étendue de deux milles de long ſur un mille de large ; on y voit des puits de ſept pieds de diametre & de cinquante toiſes de profondeur.

En ſix ou ſept heures de temps, on extrait d'une Mine depuis vingt juſqu'à vingt-cinq paniers peſant ſeize quintaux de cent douze livres chaque.

L●

Le Charbon des environs de Newcaſtle ſe vend communément, rendu dans les magaſins, depuis douze juſqu'à quinze chelins le chaldron, ſelon ſa qualité.

Le chaldern de Charbon de Newcaſtle, meſure de Londres, peſant environ deux milles trois cents livres, revient à Londres au Propriétaire d'une Mine, tous frais faits, à treize chelins.

Celui de bonne qualité s'emploie avec avantage dans les Verreries; celui qui eſt pierreux reſte pour chauffer le fourneau de la Machine à feu, & ſe vend à bas prix.

On a vu, *page* 111 de la premiere Partie, les différentes eſpeces de Charbon que donnent les Mines de ces environs: nous allons achever de les faire connoî-tre ici dans toutes leurs circonſtances.

Le Charbon de Newcaſtle contient beaucoup de matiere pyriteuſe, & laiſſe en ſe conſumant une ſcorie où l'aimant fait découvrir du fer; la maniere dont il ſe coagule au feu, y annonce auſſi une bonne partie de bitume; c'eſt ce bitume qui, en ſe liquéfiant par la chaleur, remet ce Charbon en maſſe, croûtes ou gâ-teaux, *Cake of coals,* d'où on l'appelle auſſi *Caking coal.*

Un autre phénomene qui lui eſt éminemment particulier dans ſa combuſtion, c'eſt ſa durée au feu; il ſe conſume ſi lentement, que pour exprimer cette pro-priété, on dit communément, *qu'il fait trois feux.* Nous donnerons la raiſon de cette qualité, lorſque nous conſidérerons dans la quatrieme Section, tous les phénomenes de la combuſtion des Charbons de terre, & les inductions qu'on peut en tirer pour juger de leur qualité.

Le Charbon de Newcaſtle éteint lorſqu'il n'eſt conſumé qu'en partie, s'appelle communément *Fraiſſe, Fraiſi,* peut-être du mot Anglois *to Freeze,* refroidi, durci par le froid: ce même terme *Freſil, Fraſil, Fraſin,* a paſſé aux Charbon-niers de bois; ils appellent ainſi les Charbons à moitié brûlés & conſumés: il paroît cependant que dans l'expreſſion Angloiſe, on comprend auſſi aſſez ſou-vent, ſoit la totalité de la cendre qui réſulte du Charbon brûlé, ſoit la cendre légere dont le Charbon ſe couvre lorſqu'il s'éteint avant d'être détruit en entier.

J'aurai occaſion de m'étendre davantage ſur ces braiſons ou fraſils, appellés généralement ailleurs *Cinders,* qui ſont ce que les Liégeois nomment *Krahays.*

Quoique le Charbon de Newcaſtle ſoit plus léger que celui d'Ecoſſe, il eſt meilleur; & on a coutume pour pluſieurs ouvrages, de marier ces deux Char-bons enſemble, chacun employé ſeul ne faiſant pas ſi bien.

Par cette raiſon, le Charbon d'Ecoſſe & tous ceux que l'on croit en général pouvoir comparer à celui de Newcaſtle, ſeront examinés à la ſuite de ce premiers, avant les Charbons des autres Provinces.

Celui de Sheffield, dans le Northumberland, eſt à peu-près de même nature que celui de Newcaſtle ; il eſt cependant moins bitumineux.

La Mine de *Witte-haven*, ainſi que celles de *Wars*, de *Haring*, de *Mariport*, en donnent une eſpece qui paroît approcher de celui de Newcaſtle ; on ne l'eſtime cependant pas autant, peut-être cela dépendroit-il des deux qualités que nous avons obſervées qui ſe vendent à Witte-haven; c'eſt avec le Charbon de ce dernier endroit qu'ont été faits les premiers eſſais de Coaks, dont nous parlerons tout à l'heure : ces Mines produiſent chaque jour mille tonnes (1).

Le Charbon de Worſely en Lancaſhire, eſt beaucoup moins bitumineux que celui de Newcaſtle.

Celui des environs de Briſtol, ſe colle au feu comme celui de New-caſtle.

Manieres particulieres d'apprêter les Charbons de terre pour divers uſages.

On eſt en général plus que raiſonnablement prévenu ſur la fumée qui s'ex-hale du Charbon de terre lorſqu'il s'allume ; il eſt certain que cet inconvénient marqué dans le plus grand nombre de Charbons, eſt contraire à beaucoup d'o-pérations; le Charbon Gallois en eſt exempt, ce qui le fait eſtimer des Braſſeurs, pour ſécher le malt, *voy.* page 113; mais on ne peut ſe procurer ce Charbon dans tous les endroits où on fait la bierre : la néceſſité, mere de l'induſtrie, a vraiſemblablement donné la premiere idée de ſe ſervir pour le même objet, d'autre eſpece de Charbon ayant déja produit une partie de ſon effet au feu, & réduit dans l'état appellé à Newcaſtle *fraiſil* ; il n'étoit queſtion que de préparer de cette maniere une grande maſſe de Charbon, c'eſt-à-dire, de lui faire eſſuyer au préalable un degré de chaleur ſuffiſant pour épuiſer la fumée, ſans le priver de toute ſa qualité combuſtible.

L'opération uſitée pour faire du Charbon de bois, a ſervi naturellement de guide & de modele. La premiere deſcription qui ait paru de ce procédé, ſe trouve dans Swedemborg, (2) Tom. 2, *page* 161 (3) ; elle ne répond point à ce que ce ſavant Ecrivain annonce dans l'intitulé (4), où le ſimple *grillage* du Charbon eſt confondu avec la *calcination* : de plus, ce foſſile ſoumis à l'action ménagée du feu, & que l'auteur appelle alors *cinders*, ne ſe trouve point calciné, puiſqu'il eſt encore inflammable après l'opération.

Quelqu'imparfaite & quelque défectueuſe que ſoit cette méthode, telle qu'elle étoit dans ſa naiſſance, je vais la donner ici ſous un titre général qui lui

---

(1) La tonne ou le tonneau (TUN) eſt une meſure évaluée du poids de deux milles livres ou quatorze quintaux, & davantage dans quelques endroits.

(2) Emman. Swedemborg. *Regnum ſubterraneum ſive minerale de ferro, &c. cum figuris æneis.* Dreſd. & Leipſ. 1734.

(3) *Paragraphus* XII, *modus venam coquendi, fer-* rumque crudum recoquendi Angliæ. pag. 154. Tom. 2.

(4) Maniere de *torréfier* en Angleterre les Char-bons de pierre, & de leur faire eſſuyer un feu de calcination, qui les prive de leurs ſoufres ſuper-flus. *Voy.* page 97, de la quatrieme Section de l'Art des Forges & Fourneaux à fer, traduit par M. Bouchu, Correſpondant de l'Académie.

convient mieux, & je l'accompagnerai de ce que j'ai pu raſſembler de relatif à cet apprêt en Angleterre.

Des Charbons de terre étouffés & torréfiés au feu.

On donne à un grand tas de Charbon une forme de pyramide, dont le bas eſt formé par les plus gros morceaux : en arrangeant ainſi les Charbons à une hauteur convenable, on laiſſe dans le milieu un vuide qu'on emplit de menu bois ſec, facile à s'allumer, de maniere que le feu gagnant petit à petit de tout côté en brûlant d'abord le milieu, va enſuite exercer ſon activité ſur le con-tour du bûcher.

On obſerve ce qui ſe paſſe dans cet embraſement, afin qu'il s'étende égale-ment : lorſqu'on s'apperçoit que le feu eſt trop fort dans un endroit, & que les charbons paroiſſent ſe perdre en étincelles, ou ſe réduire en cendre, on couvre ſur le champ cet endroit avec de la terre ou toute autre choſe en pouſſiere qui bouche exactement cette place.

Par ce moyen on rallentit le feu, on l'empêche de s'étendre, d'agir en liberté & avec toute ſa force ſur toutes les parties du bûcher, ce qui réduiroit les Char-bons dans un état qui ne leur permettroit plus d'être enſuite combuſtibles.

Enfin, la flamme éteinte & le feu appaiſé, les Charbons ſe trouvent égale-ment brûlés tout autour. Pour les éteindre plus ſûrement, on les couvre de pouſſiere, & on ferme au feu toute iſſue.

Quand le tas eſt entiérement refroidi, on le découvre en ôtant la terre & la pouſſiere.

Ces débris de Charbon ainſi *calciné* & privé de ſon phlogiſtique, réduit en braiſons ou petites miettes griſes, cendrées, très-poreuſes & ſolides, ſont em-ployés à échauffer les étuves du malt ; & par la même raiſon qu'ils ne peuvent plus donner de fumée, quelques perſonnes s'en ſervent pour échauffer leurs ap-partements.

Je tiens de feu M. Jars, que l'eſpece de Charbon la plus favorable pour être ſoumiſe avec ſuccès à cette opération, eſt celle qui ſe trouve au milieu des vei-nes, telle que le Charbon nommé dans les Mines d'Ecoſſe *Clod coal* ; il en eſt auſſi deux eſpeces, le *top coal* ou le ſommet du Charbon, & le *felling coal* ; *voy. pag.* 383, qui ſe convertiſſent ſéparément en *coaks.*

Je ſerois porté à croire que ces *coaks* & ces *cinders* ou *fraiſils* peuvent être dif-tingués comme ayant différents degrés de torréfaction ; c'eſt du moins l'idée que j'en ai priſe ſur ce que m'en a dit cet Académicien : il avoit remarqué que le *coak* réſultant du *clod coal,* devenoit plus léger & étoit moins noir que les *cin-ders,* & que le *coak* du *top coal,* ainſi que du *felling coal,* approche des *cinders* très-poreux : voilà donc deux différences clairement établies. Lorſque je rappor-terai dans la quatrieme Section l'application heureuſe que ce Savant a faite de cette méthode Angloife fur les Charbons de Rive de Gier , pour fondre la Mine de cuivre de S. Bel en Lyonnois, je traiterai en particulier de ces *Charbon-nieres*, afin de fixer fur cet objet des régles & des principes que je crois nécef-faires pour en mieux affurer la réuffite.

Les Charbons de terre ainfi apprêtés, font aujourd'hui dans quelques parties de l'Angleterre, adaptés avec avantage à plufieurs opérations métallurgiques. M. Jars, lorfqu'il fut dans ce pays, compta jufqu'à neuf fourneaux (1) occupés à ce grillage; les plus grands contiennent un chaldron & demi, mefure de Newcaftle (2) : les autres n'en contiennent qu'un ; on ne le remplit jamais.

Le déchet du volume des Charbons, après cette opération, eft évalué à un quart environ, felon la qualité du Charbon qui a été employé : auffi les *cinders* fe vendent à Newcaftle un tiers de plus que le Charbon à volume égal.

En 1729, on tenta en Angleterre de fondre de la mine de fer avec le Char-bon de terre apprêté d'une autre façon. M. Swedemborg qui en rapporte le pro-cédé (3), dit que ce fut à trois mille de Witte-haven que l'expérience fut faite fur de la mine de fer du Duché de *Cumberland*.

Nous rapporterons ici tout au long la defcription de l'Auteur, & les réflexions qu'il y a ajoutées.

Tentative faite en Angleterre pour fondre la mine de fer dans des fours de réverbere avec des charbons de pierre.

La mine de fer fut écrafée & réduite en poudre comme du fable, & les charbons furent pulvérifés fous une meule; cela fait, on mit dans un fourneau de réverbere le mieux établi & verfé qu'il fut poffible, huit *mefures* ou cent-foixante & douze livres (4) de la mine réduite en poudre ; en huit ou dix minu-tes, elle fut grillée ou calcinée.

On éprouva que des huit mefures, il en refta fix & demie ou cent qua-rante-quatre livres; on y mêla une demi-mefure d'autre mine, le tout enfemble pefant alors cent cinquante-quatre livres, fut mis en poudre fine fous une meu-le; on prit en même temps quatre cinquiemes d'une mefure, ou trente trois livres de Charbon de pierre, & une mefure de terre à Potier qui furent mêlés & paîtris exactement avec deux feaux d'eau, & la maffe de cent cinquante-quatre livres qui étoit reftée, pour réduire le tout en pâte.

---

(1) Il n'eft point déraifonnable de préfumer qu'on entend par ce mot, comme pour les Char-bons de bois, la maffe de Charbon de terre ar-rangée de la maniere qui convient pour être tor-réfié.

(2) Le chaldron ou chaldern de Newcaftle eft différent de celui de Londres; huit chaldrons de Newcaftle font quinze mefures de Londres.

(3) *Page* 160. Tome II. On en peut voir la traduction dans la IVe. Section des Forges & Fourneaux à fer, *page* 96.

(4) Ce qui annonce une mefure de vingt-une livres & demie.

Alors on la mit au fourneau de réverbere, & ayant été étendue par-tout fur l'aire, on donna le vent en ouvrant les regiftres ; on la laiffa l'efpace d'une heure quarante minutes fans avoir ouvert la bouche du fourneau qu'une fois : la Mine fe trouva au bout de ce temps liquéfiée par ce feu caché, & elle étoit raffemblée en une maffe groffiere ; elle fut enfuite retirée de ce gouffre & battue avec des morceaux de bois pour en féparer les fcories & autres matieres étrangeres ; après quoi on la remit au même foyer pendant une demi-heure, afin de mieux détruire par plufieurs fois à l'action du feu fes parties vicieufes, & de pouvoir la battre fous un marteau de trente-cinq livres de poids, & la mettre en barre.

Ce fer ainfi chauffé fe trouva être mou, & les coups de marteau y entroient profondément.

On avoit employé à toute cette opération un peu plus que huit mefures & demie, ou cent quatre-vingt-fept livres de Charbon.

Tandis que j'en fuis fur l'article de l'induftrie Angloife pour faire fervir à plufieurs ufages le Charbon de terre, je parlerai d'une autre efpece d'invention qui appartient encore à cette nation (1) ; à la vérité, ce n'eft point précifément ce foffile qui fert à la fabrication que je vais décrire, mais c'eft une fubftance qui fe trouve dans fes Mines, & qui vraifemblablement en differe très-peu, & une bonne efpece de Charbon pourroit être traitée de même, pour en tirer de la poix, du goudron & de l'huile. Je commencerai par effayer de faire connoître cette pierre, qui, dans l'ouvrage dont j'emprunte ce détail (2), n'eft pas défi-gnée autant qu'elle auroit dû ou qu'elle auroit pu l'être.

M. Lifter dit feulement que c'eft une pierre noirâtre du *Shropshire* ; il ajoute qu'elle fe trouve au-deffous de prefque toutes les Mines de Charbon dans le *Brofely*, dans le *Bently*, dans le *Pitchford* & autres endroits des environs ; il obferve que dans cette partie, cette fubftance eft par couches, qu'elle a quel-qu'épaiffeur, qu'elle eft poreufe, & qu'elle contient une grande quantité de ma-tiere bitumineufe alliée à des matieres pierreufes ou graveleufes.

Ces circonftances auxquelles il manque l'indication plus précife de la place que cette matiere occupe dans les Mines de Charbon, annoncent quelque *ftratum* fchifteux de l'efpece de ceux dont nous avons donné *page 95 & 96*, la defcription d'après M. *Mendés d'Acofta* : peut-être même feroit-ce auffi quelque banc de la veine, comme le *flipper coal* ou *femelle du Charbon*, voy. *pages 97 &* 107, ou quelque *floor*, c'eft-à-dire, quelque couche qui lui fert de plancher : voici le procédé de cette fabrication de goudron foffile.

On broye cette pierre à force de moulins qui fe meuvent par des chevaux, tels que ceux qu'on emploie à moudre les pierres à fufil pour faire des glaces de miroir ; on la jette dans des chaudieres de cuivre remplies d'eau, & on les fait

(1) Inventée par M. Ele.
(2) Tranfact. Philofophiques. An. 1697, n°. 228. Art. 9.

bouillir : cette ébullition fond & diſſout une partie bitumineuſe qui ſurnage , & les matieres graveleuſes ou pierreuſes tombent au fond de l'eau : l'huile qui ſurnage étant raſſemblée & égouttée, prend la conſiſtance de poix ; elle eſt employée ſur les vaiſſeaux & à d'autres uſages de la Marine.

On a remarqué dans les eſſays qui en ont été faits ſur pluſieurs batteaux, qu'au lieu de ſe gerſer comme la poix & comme le goudron ordinaire, celle-ci conſerve toujours ſon liant & ſa douceur, ce qui empêche les vers de s'introduire dans les bois des vaiſſeaux, pour leſquels on s'eſt ſervi de cette poix minérale.

On a auſſi diſtillé de cette même pierre une huile dont la Médecine pourroit tirer quelqu'avantage : j'en parlerai dans la IVᵉ. Section , à l'Article deſtiné à faire connoître toutes les propriétés du Charbon de terre pour tous les Arts, & en particulier pour celui qui s'occupe des moyens de guérir ou de ſoulager les maladies.

L'acide de cette huile diſtillé , mêlé avec la premiere qui ne l'a pas été, devient moins épaiſſe que le goudron , & ces deux matieres ſont employées aux mêmes uſages que la premiere.

La Planche XXXVI, copiée ſur celle des Tranſactions Philoſophiques, repréſente tout ce qui a rapport à ces différentes fabrications.

A A, Riviere *Severne*, venant du côté du Nord, & coulant vers l'Oueſt.

B B, Montagne ou Rocher dans lequel ſont les Mines de Charbon.

C, C, C, Mines d'où on tire ces pierres.

D, Magaſin où on apporte ces pierres.

E , E , E, Trois Moulins qui ſe meuvent par des chevaux pour mettre ces pierres en poudre.

f, f, f, f, f, f, f, f, f , f, f, f, Chaudieres dans leſquelles on fait bouillir les pierres.

G, Laboratoire où ſe diſtille l'huile.

H , H , H, Chemin des Mines de Charbon à la riviere de Severne.

J, Un Puits qui fournit de l'eau aux Chaudieres.

Qualités de Charbons d'autres endroits de l'Angleterre, de l'Ecoſſe , & de l'Irlande.

Province de Mercie.

Il y a des Provinces méditerranées où le Charbon fait un feu très-clair ; mais il ſe conſume plus promptement que celui de Newcaſtle & de Sunderland, nommé communément *Sea coal*, Carbo marinus , parce qu'il vient par mer ; tel eſt celui de Stafford, qui , lorſqu'il eſt une fois allumé, ſe conſume très-promptement. Quoique voiſin de Newcaſtle, le Charbon qui en vient n'eſt pas tout-à-fait auſſi bitumineux; il eſt cependant d'une aſſez bonne qualité. Néan-moins celui de *Wedneysbury*, (*voy. page* 106 de la premiere Partie), dure long-temps au feu, & n'a jamais beſoin du ſoufflet; la cendre en eſt blanche; mais elle eſt dépourvue de ſels, ce qui fait qu'elle n'eſt d'aucun uſage : ce Char-bon n'en eſt au ſurplus, que plus excellent pour le feu, ſur-tout pour les ou-vrages de fer, & de Clinquaillerie.

Le Gloceſter dont j'ai parlé premiere Partie, *page* 91 , a auſſi à *Mangerfield*, à *Weſterlet*, beaucoup de Mines de Charbon de terre. On remarque comme une ſingularité, que le *fraiſi* de ce Charbon repaſſé au feu après avoir été employé à la fonte, donne une grande quantité de fer.

Ce métal eſt-il particulier au Charbon ? cela n'eſt pas impoſſible, par ce que nous avons dit pages 75 & 139, d'autant que cette Province abonde en riches Mines de fer & d'acier, dont le travail emploie quantité de forges & de martinets, qui ont preſque ruiné la grande forêt de Dean. N'eſt-ce que du fer reſté dans ce *fraiſi* par la négligence des Fondeurs, ou qui y a été retenu par la qualité particuliere de ce Charbon ? Eſt-il développé par l'action de l'air, dont ce *fraiſi* a été imprégné de nouveau ? Nous laiſſons aux Chimiſtes l'examen ces queſtions curieuſes.

Province de Weſſex.

De tous les Charbons qui ſe trouvent dans le Sommertshire, Province mari-time d'Angleterre, celui des *Meudip-hylls* ou *Montagnes de Meudip*, MONTES MINARII, *voy. page* 99, paſſe pour avoir le plus de force; en quelques endroits le Charbon eſt diſpoſé comme une muraille, dans d'autres il eſt plus ſuperficiel, tantôt plus étroit, tantôt plus large; mais il ne forme qu'une *maſſe*, & il contient du *plomb* pur.

Du côté de *From-Schrood*, dans le voiſinage de la Riviere de *From*, il s'en tire, au rapport de Cambden, une eſpece dont les Maréchaux ſe ſervent pour amollir le fer, c'eſt-à-dire, ſelon toute apparence, comme ayant cette propriété plus éminemment qu'un autre; car tout Charbon produit cet effet à un feu violent.

Le *Pembrockshire*, Province occidentale & maritime, & le Comté de *Gla-morgan* au pays de Galles, ſont remarquables pour leur chauffage, dont j'ai parlé *pages* 213 & 392; mais ſur-tout pour le Charbon qu'on y emploie, appellé *Culm*, par les Allemands *Kolm*, *voy. page* 4; il eſt principalement en uſage chez les Grands & chez les gens riches, ſur-tout vers *Milford - Haven*. Boyer, dans ſon Dictionnaire Anglois, définit le *culm* une ſorte de Charbon de terre dont ſe ſervent les Forgerons.

M. *Wiedman*, Chimiſte Allemand, dit qu'il ſe trouve de ce charbon Kolm dans l'ardoiſe *A* lumineuſe de Maetorp à Willingue en Weſtgothie, & le regarde comme uni avec une plus grande quantité de terre argilleuſe, & ſon acide vitriolique femblable à celui du *Charbon de terre ardoifé*, Schiffer Stein : le même Auteur obferve qu'il eft plus mat quand on le caffe, qu'il fait flamme en brûlant, qu'il ne fe confume point & qu'il laiffe autant de fcories que celui qui n'eft pas brûlé (1).

La maniere de l'employer n'eft autre chofe que de le fabriquer à la maniere Liégeoife, en en mêlant deux tiers avec un tiers de terre graffe, *mud* (2), & formant le tout en groffes boules après l'avoir paîtri ; ce Charbon fait alors un feu excellent, agréable, & de durée, qui malgré l'humidité que lui a donné l'apprêt qu'on lui a fait fubir, eft prefque fans fumée (3).

Ce Charbon eft auffi le meilleur de tous, foit pour brûler de la chaux, foit pour fécher l'orge & pour faire la biere ; à cet égard il eft d'une grande utilité.

Dans la partie feptentrionale de l'Angleterre, qui eft l'*Ecoffe*, la Province maritime & méridionale de *Lothiane*, vers la mer du Nord, près la barre de *Forth* & le Comté de *Fife*, près de la mer, entre le Golfe d'*Edimbourg* ou *Fyrth of Forth*, & la barre de *Tay* ou *Tay-Forth*, abondent principalement en Mines de Charbon, *voy. page* 113 ; fi on en excepte un petit nombre, il y eft par-tout de l'efpece appellée *Hanging coal*, c'eft-à-dire, couché de biais qui eft réputé le meilleur. Dans le voifinage du Château de *Thorton*, à quelques milles de *Innerwick*, il y en a de très-bon.

Le Charbon d'Ecoffe qui eft plus bitumineux que pyriteux, dure très-peu; en tout il brûle agréablement avec peu de fumée, fait un feu bien plus clair que celui d'Angleterre; mais il n'eft pas fi bon pour la forge, quoique les Ecoffois s'en fervent à cet ufage & pour faire leur fel : ils en font un très-grand négoce hors de chez eux.

Le Charbon de la belle Mine de *Carron* au Comté de Sterling, & dont j'ai parlé *page* 396, à l'Article de l'exploitation & des falaires des Ouvriers, ne fe confomme point dans le pays; on l'envoie à Londres, où il eft préféré à celui de Newcaftle pour les appartements.

Celui que l'on tire de la campagne à l'Occident du Bourg de *Brora*, lieu principal du Sutherland, fitué à l'embouchure de la riviere du même nom, eft employé particuliérement à cuire le fel.

Les Charbons nommés *Scoth Blyth*, font ainfi appellés du port où on les charge.

A deux ou trois milles au Nord-Oueft de *Bruton*, à moitié chemin du Bourg de *Shepton mallet*, on trouve des Mines au village de *Everiche*, de l'autre côté de *Bruton* au Sud, à trois ou quatre milles de diftance près du Bourg de *Wine-*

---

(1) *Voy.* Effai d'une nouvelle Minéralogie, Traduit par M. Dreux, aujourd'hui Apothicaire gagnant Maîtrife de l'Hôtel Royal des Invalides. *Paris*, 1771.

(2) Ce mot eft fouvent employé au lieu de *clay*, il paroît le plus ordinairement fignifier toute efpece de mauvaife terre graffe ou limoneufe, *Dirt.*

(3) Etat de la Grande-Bretagne par Chamberlain, Tom. I, page 181.

caunton ; mais le Charbon en eſt dangereux dans l'uſage, & les Mines en ſont abandonnées.

Celui de *Kinneil* ne colle pas au feu ; il ſe caſſe par lames, & eſt inférieur pour la forge au Charbon de Newcaſtle ; il eſt moins fumeux, donne une flamme plus claire & une braiſe plus ardente, qui ſe réduit toute en cendres, ce qui le rend propre pour les feux d'appartements.

On en fait des *cinders*, mais plus légeres & plus poreuſes que les cinders du Charbon de Newcaſtle.

Il ſe vend à la Mine un chelin & demi les trois quintaux.

Le Charbon de *Clifter Firnace* ne brûle pas ſi aiſément que celui de Cournon ; il eſt plus dur, plus compacte, plus bitumineux, & ne peut ſe réduire en *coak* par le même procédé.

Le Charbon de terre eſt la matiere dont on fait ordinairement du feu à *Dublin*, & dans tous les endroits d'Irlande proche de la mer, où en temps de paix il en vient beaucoup d'Angleterre, d'Ecoſſe, du pays de Galles ; ce qui fait que ce chauffage y eſt à aſſez bon marché.

Les Mines du Comté de *Carlo*, dont nous avons parlé, fort éloignées des rivieres, fourniſſent aux parties qui les avoiſinent.

Gerard Boate, Médecin des Etats d'Irlande, qui a publié une Hiſtoire natu-relle (1) de cette Iſle, obſerve que dans beaucoup d'endroits, la pierre de chaux eſt très-commune ſous la terre franche ; ce qui explique la nature du ſel que l'on reconnoît dans la plupart des Charbons d'Irlande. L'acide vitriolique de ces Mines, *voy. page* 68, participant de cette terre calcaire qui leur ſert de premiere couverture, ſe décompoſe, & ſe préſente ſous la forme de *Sélénite gypſeuſe* (2).

Gerard Boate fait auſſi mention d'une certaine eſpece de Charbon de terre fort menu, dont les Irlandois ſe ſervent pour cuire la chaux, & qu'ils appellent *Peigne* ; mais ſur lequel il ne donne aucune indication.

Parmi les Mines de *Gaſtlecomer*, de *Tontogton*, de *Douane* en Irlande, celle de *Kilkenny* dans la Province de Leinſter ou Lagenie, près du Canal de S. George, eſt remarquable par le Charbon qui en provient ; il ne donne, à ce que l'on prétend, nulle fumée ; auſſi eſt-il réputé une des merveilles de ce beau pays : Air ſans brouillard, animaux ſans venin, eau ſans limon, feu ſans fumée.

Cependant c'eſt le Charbon du *Cumberland*, que l'on exporte de Witte-haven pour l'Irlande, qui dépend, pour ainſi dire, à cet égard, de ce port.

De toute cette eſquiſſe fort abrégée d'une très-petite partie des Mines de Charbon d'Angleterre, on peut juger des différences ſans nombre qui ſe trouvent

---

(1) Traduite de l'Anglois. *Paris* 1666.

(2) VITRIOLUM CRETACEUM, *vitriol de craie, ſélénite.*

certainement dans leur qualité; il en vient quelques-uns en France dans différents Ports, même à Rouen, quelquefois à Paris, rarement depuis une vingtaine d'années; mais on n'en a point davantage la facilité d'établir des comparaisons de nos Charbons avec ceux que produit la Grande-Bretagne : les expériences qui se font faites pour cela au feu de forge ou autrement, ne doivent point du tout être regardées, à beaucoup près, comme décisives. Il y a quantité de nos Charbons que l'on dit être *supérieurs* ou *égaux en qualité à* celui *d'Angleterre*; lorsque je parlerai de ces Charbons, je le dirai de même d'après l'idée commune ou d'après le jugement qu'en ont porté des personnes qui les ont examinés; mais faute d'avoir pris garde à l'espece de Charbon d'Angleterre avec lequel on les a mis en parallele, & de l'avoir désigné, il est clair qu'on ne peut compter sur ces éloges.

Commerce du Charbon de terre en Angleterre, son origine & ses progrès.

La premiere mention du Charbon de terre dans la Grande-Bretagne, se trouve dans une Charte du Roi *Jean*, qui à la requête des Habitants de Newcastle sur la Tyne, accorda la permission de fouiller des pierres de Charbon dans le terrein commun appellé *Castle-moor*, hors de ses murs, & de les convertir à leur profit en aide de leur cense de cent livres par an. Il érigea cette Ville en Corps, & donna de très-grands priviléges à ses Habitants, nommés dans cette Charte, *Honest-man*, *Probi homines*, PRUDHOMMES; il les exempta de la Jurisdiction du Sheriff & du Connétable, pour ce qui a rapport à ces Officiers.

Le Roi *Henri III*, à la requête de ces mêmes Bourgeois, confirma la Charte du Roi *Jean* son pere, qui octroyoit cette permission; il confirma leurs Priviléges de *Bourgeois libres*, & ils y ont été maintenus successivement par les Rois *Edouard I*, *Henri IV*, &c.

En 1357, le Roi *Edouard III*, dans la trente-unieme année de son regne, fit plus en leur faveur; il accorda aux *Bourgeois de Newcastle*, la permission absolue d'exploiter en propriété le *Castle-moor*, & le *Castle-field*, pour en tirer à leur usage le Charbon, la pierre & l'ardoise : il est probable que ces Charbons qu'on y exploitoit, servoient seulement & principalement au moins à leur propre usage & à celui du voisinage. La ville de Londres étoit alors entourée de tout côté de forêts & de taillis, dont le transport, soit par terre, soit par eau, étoit à si bon compte, que cette Capitale avoit peu besoin de ce Charbon pour son chauffage; d'ailleurs, apporté de Newcastle, il eût coûté plus que le bois & la tourbe exploités dans son voisinage & sur son terrein.

Ces différentes matieres combustibles, épuisées par le laps du temps, ont naturellement conduit à se rejetter sur le Charbon de terre, dont quelques provinces faisoient déja usage. Les gros Fabriquants qui consommoient beaucoup de bois, ne tarderent point à recourir à ce combustible; tous ceux qui n'étoient pas dans le cas d'un befoin auffi confidérable , effayerent de mettre obftacle à cette introduction dans une grande Ville; ils réuffirent même à mettre l'autorité de leur côté, comme je le remarquerai dans la IVe. Section , lorfque je traiterai en particulier des avantages de ce chauffage ; mais *néceffité n'a point de loi*, les oppofitions, les défenfes , les peines annoncées contre les contrevenants, ne purent empêcher que ces Commerçants de Londres ne tiraffent du Charbon de Newcaftle ou d'ailleurs ; les Provinces qui avoient de ces Mines, en débiterent de leur côté : les Habitants de la Capitale s'accoutumerent peu-à-peu au feu du Charbon de terre, à la vapeur, à l'odeur de ce foffile, contre lequel fe récrient tant de gens dans beaucoup de pays ; & de mémoire d'homme , il ne fe trouve plus un national qui ait ofé réveiller les vieilles plaintes de leurs peres.

Le Roi *Guillaume III*, né Prince d'Orange , furnommé le *Stathouder des Anglois*, & le *Roi des Hollandois* , a peut-être été le feul que l'on puiffe citer en Angleterre pour avoir eu fur ce chauffage une averfion marquée. Jean HUB-NER, *Docteur en Droit à Hambourg*, rapporte (1) que ce Prince ne pouvoit point fupporter le chauffage de Charbon de pierre, & qu'il faifoit venir de la tourbe de Hollande. Les perfonnes un peu inftruites de l'Hiftoire des Rois d'Angleterre, fe rappelleront aifément, à ce fujet, le reproche que les Hiftoriens font à ce Prince, d'ailleurs d'un mérite rare, de ne rien aimer du peuple dont il avoit reçu la couronne : on ne peut s'empêcher d'avouer que c'eft avoir porté auffi loin qu'il fe puiffe ce caractère de fingularité, & avoir juftifié bien pleinement jufques dans les plus petites chofes, le penchant déréglé dont on l'a taxé auffi pour tout ce qui étoit étranger ; puifque Lothian en Ecoffe, qui produit le *Peat Turf*, ou cette tourbe légere, appellée par cette raifon *Moff*, l'Ifle de *Man*, qui en fournit une dont les Habitants fe fervent pour faire du feu, le Lancaftre & quantité d'autres parties de l'Angleterre, pouvoient fournir au Roi *Guillaume* plus de tourbe qu'il ne lui en eût fallu pour fa confommation. Un Anglois diroit avec raifon, que c'eft grand dommage qu'il n'eût pas été en même temps poffible à ce Prince de ne point refpirer cette *vilaine*, *épaiffe & puante fumée du Charbon de terre*, dont tous les Habitants de fa Capitale faifoient ufage, & reconnue par GUI MIEGE (2), pour un des défagréments de Londres. Cet Ecrivain Anglois, dont j'applique ici par occafion les expreffions fur l'exhalaifon de ce chauffage, n'auroit pas dû craindre de déplaire aux perfonnes qu'il autorife à fe prévaloir de fa franchife, en faifant obferver que l'air de beaucoup de grandes Villes, pour jouir de la douceur d'une autre efpece de chauffage moins fumeux, difons même plus agréable à quelques égards, n'en eft pas moins fuffoquant (3) dans certains temps de brouillards & de grandes chaleurs ,

---

(1) Géographie univerfelle. Bafle 1757. Tom. II. Liv. V. du Royaume d'Angleterre, *page* 116.
(2) Etat préfent de la Grande-Bretagne.

(3) *Fumo fœtet æer Londini* , *Lutetiæ luto* , a dit un Auteur.

& que les vapeurs infectes qui s'exhalent alors , ont quelque chofe de contraire à la fanté : feroit-il permis d'ajouter que les Habitants de la Province, appellés par leurs affaires dans nos Capitales , fe plaignent autant de cette incommodité , que les Etrangers qui vont faire quelque féjour à Londres , fe plaignent de la vapeur du Charbon de terre, dont le danger pour le corps humain refte encore à prouver (1).

Je ne m'étendrai pas davantage fur cette anecdote concernant le Roi *Guillaume*; je me réferve dans la IVe. Section , à expofer à part les avantages du feu de Charbon de terre , en mettant en parallele ce chauffage avec celui du bois confidéré dans un temps de rareté ou de difette , tel que celui où fe trouvoit la Grande-Bretagne , lorfqu'elle l'adopta : je reprends l'hiftoire de fon commerce , qui , par le degré de puiffance qu'il ajoute à l'Angleterre , m'a femblé mériter d'avoir place ici. Elle fe trouve éparfe dans deux ouvrages Anglois très-connus , l'*Hiftoire Chronologique du commerce d'Angleterre*, par M. Anderfon (2), le *Dictionnaire du Commerce* , traduit du François de Savary en Anglois , & augmenté par Malachy Poftle-twaiyt (3).

Un Ouvrage intéreffant imprimé en 1755 fous le titre *Effai fur l'état du Commerce d'Angleterre* (4) , m'a auffi fourni quelques articles, mais fur-tout des réflexions très-judicieufes qui m'ont paru propres à rendre intéreffante la lecture de cette partie , fur laquelle j'ai cherché à fixer l'attention & la curiofité.

L'épuifement total des forêts & des bois taillis qui approvifionnoient la ville de Londres pour le chauffage, ayant achevé de faire entiérement oublier l'ancien combuftible , la province de Northumberland a fait époque dans l'hiftoire du commerce de Charbon de terre.

A en juger par l'établiffement des Commiffaires *Mefureurs d'Alleges*, dont nous parlerons à l'article des droits , l'exportation ou confommation étrangere des Charbons de Newcaftle étoit déja confidérable en 1241.

Dès 1379 , il venoit à Londres beaucoup de navires chargés de Charbon.

En 1615 , le commerce de Newcaftle employoit quatre cents navires, dont deux cents pour l'approvifionnement de Londres , & deux cents pour le refte de l'Angleterre.

Un Gouvernement dont toute la force eft fur mer, ne pouvoit manquer de fentir la protection que méritoit une Marine auffi nombreufe, toujours exercée,

(1) Voyez la Thèfe de Médecine foutenue aux Ecoles de la Faculté de Médecine , Paris , le 8 Mars 1771 , *An Lithanthracia* , vulgò Hullæ , (Houilles ou Charbon de terre) *pabulum igni præbeant fanitati innoxium. Proponente Jacob. Francifco de* Villiers , *antiquo exercituum Regis in Germaniâ Medico, Salub. Facult. Parif. Baccalaureo. Concluf. affirmat;* ou l'extrait de cette Thèfe dans le Porte-feuille hebdomadaire, Ann. 1771, feuille quarante-unieme & quarante-deuxieme.

(2) Deux volumes *in-fol.* Londres 1664. *Voy.* la Table, au mot *Newcaftle* , & au mot *Coal.* Tome I.

(3) Deux volumes *in-fol.* Londres 1557, Tome I, au mot *Coal. page* 517.

(4) Qui eft une traduction & un développement , d'un écrit très-fuccinct & très-eftimé, publié vers la fin du fiecle dernier, & dont l'Auteur eft JOHN CARY , Anglois , célèbre Marchand de Briftol , fous le titre: *Effai fur l'état de l'Angleterre, relativement aux différentes branches de fon commerce.*

qui

qui en un inftant fe trouve en état de fournir des Navires, des Matelots, & qui effectivement, par ces fecours, a rendu fervice à plufieurs Princes dans leurs guerres.

Cette reffource, à la vérité, n'eft plus dans le cas d'entrer auffi fortement en confidération, aujourd'hui que l'état de la Marine Royale eft très-différent de ce qu'il étoit dans ces premiers temps & avant que le *Souverain* fût bâti, puifqu'elle eft triplée ou quadruplée. La cherté du Charbon de terre dans Londres, à laquelle contribue cet éloignement de la Capitale, & diverfes autres circonftances, fembleroient indiquer quelques changements dans la forme qu'a prife fon commerce.

Dans un Livre intitulé, *Griefs de l'Angleterre*, publié en 1655, il eft obfervé que dès cette année 1655, les Charbons de Newcaftle étoient communément vendus au-deffus de vingt chelins par chalder. L'Auteur penfoit qu'il étoit à fouhaiter que les Propriétaires de Charbon de *Northumberland* & de l'Evêché de *Durham* puffent avoir la liberté de vendre directement leurs Charbons aux Maîtres de Navires, & d'avoir un marché franc, (*Shields*) avec permiffion d'y mettre du left; par-là, dit l'Ecrivain, on auroit les Charbons toute l'année à vingt chelins par chalder, au lieu que préfentement, les propriétaires des Charbons doivent d'abord les vendre aux Magiftrats de Newcaftle, ceux-ci aux Maîtres de Navires, ceux-là aux Maîtres des Quais ou Ports, & ces derniers aux Confommateurs, ce qui à chaque changement de propriété, augmente le prix de la denrée. L'Auteur obferve que les provifions feroient à bien meilleur compte pour les Habitans, ainfi que pour la multitude de Mariniers, (y ayant plus de neuf cents voiles, (& que les Charbons étant achetés directement de la première main, il fe feroit plus de voyages à Londres pendant un mois, qu'il ne s'en fait préfentement dans une année; qu'il y a à Newcaftle trois cents vingt alleges, chacune defquelles porte annuellement à bord des Navires huit cents chalders de Charbon, mefure de Newcaftle, & que cent trente-fix chalders de Charbon, mefure de Newcaftle, font équivalents à deux cents dix-fept chaldrons, mefure de Londres.

M. *Anderfon*, dont ceci eft tiré, ajoute à ces réflexions, que l'augmentation du prix du Charbon depuis ce temps, 1655, eft réellement devenue un grand fardeau à tout le commerce & à tous les Fabriquants d'Angleterre, auffi bien qu'à tous les pauvres Ouvriers, & aux environs de Londres, & que ce feroit rendre un grand fervice au commerce de trouver un moyen pour le réduire; même, fi cela étoit poffible, de le mettre à un prix fixe; ce qui au moyen de quelques réglements, pourroit être effectué, au moins en temps de paix; qu'il fembleroit en un mot digne de l'attention du Gouvernement, qu'une monopole auffi grave ne vienne point écrafer au moins deux millions de Citoyens pour le plaifir feul d'aggrandir & d'enrichir quelques familles financieres, qui dans ces temps fe multiplioient prodigieufement.

La Marine de Charbon de Newcaſtle, continue l'Auteur, eſt préſentement d'environ quatre-vingt mille tonneaux, & ne pouvoit alors être au-deſſus d'un quart de cette quantité ; parce que Londres eſt peuplée du double ; parce que l'uſage du Charbon eſt auſſi doublé pour le moins : on en uſoit alors rarement dans les appartements, ce qui maintenant eſt général ; on ne cuiſoit point la brique avec ce foſſile comme aujourd'hui, & les Habitants des deux rives de la Tamiſe n'en faiſoient point encore uſage.

Ces raiſonnements ſont extrêmement ſpécieux ; cependant en examinant cette branche de commerce domeſtique, ſelon l'eſprit de la nation, ils perdent beaucoup de leur force. Plus un commerce s'exerce par un grand nombre de perſonnes, & plus il eſt utile à l'Etat : le repos & l'intérêt des grands Royaumes, ſont attachés inconteſtablement à tout ce qui multiplie pour les Habitants les moyens & les occaſions de travailler. La maniere dont ſe régit le négoce du Charbon en Angleterre lui aſſure ces avantages, & en conſéquence n'eſt pas ſi abuſive.

Les marchandiſes, forcées de paſſer en pluſieurs mains, augmentent, à la vérité, du décuple de leur valeur ; mais de-là il réſulte une circulation animée, dont les profits nourriſſent pluſieurs millions d'ames, qui autrement languiroient dans la miſere, & groſſiroient le nombre des gens oiſifs.

Enfin, cette quantité de vaiſſeaux Marchands, occupés au tranſport du Charbon, fourniſſent d'abord de l'emploi aux Mariniers, que l'Etat eſt obligé de licentier à la paix.

Quelque brillant que ſoit le pied ſur lequel nous avons vu en 1746 & en 1751 la flotte Royale d'Angleterre (1), on ne peut que faire toujours grand cas de la Marine Charbonniere, telle qu'elle ſe comporte aujourd'hui : d'après *l'Eſſai moderne ſur l'état du commerce de la Grande-Bretagne, imprimé en 1755* ; quinze cents navires, dont cinq cents gros montés de canon, ſuffiſent à peine pour le tranſport du Charbon (2), & dont cinq cents de dix à trente pieces de canon en portent continuellement à Londres (3).

Ce ne doit pas être une choſe indifférente de conſerver à un plus grand nombre d'hommes occupés à ce tranſport fait de loin, un moyen de ſubſiſtance, de négliger même des avantages qui paroîtroient devoir l'emporter ſur d'autres ;

---

(1) Dès 1704, elle étoit compoſée de cent vingt-deux vaiſſeaux de ligne, & d'environ cent ſoixante-deux bâtiments de différente grandeur ; parmi les cent vingt-deux lignes, on en comptoit ſept du premier rang qui portoient depuis quatre-vingt-ſeize juſqu'à cent-dix pieces de canon ; quatorze du ſecond rang, preſque tous de quatre-vingt-dix pieces de canon ; quarante-quatre du troiſieme rang, de ſoixante-dix à quatre-vingt pieces de canon ; cinquante-ſept du quatrieme rang, depuis quarante-huit pieces de canon juſqu'à ſoixante.
En 1746, de cent quatre-vingt-huit vaiſſeaux de ligne, & d'environ quatre-vingt-huit bâtiments de différente grandeur, parmi les vaiſſeaux de ligne il y en avoit ſix du premier rang, treize du ſecond, ſeize du troiſieme, vingt-cinq *id.* trente du quatrieme, trente-cinq *id*, vingt-ſept du cinquieme, trente-ſix du ſixieme.
En 1751, deux cents ſoixante-dix-neuf navires, parmi leſquels quatre-vingt-neuf de ligne, cent vingt-trois de guerre, & ſoixante-ſept bâtiments plus légers.
(2) Tom. II, Chap. I. *page* 4.
(3) *Idem.* Chap. V, *page* 119.

auſſi le Gouvernement n'eſt-il pas diſpoſé à tenir aucun compte des moyens de procurer dans Londres le Charbon de terre à meilleur marché ; il n'y auroit rien de plus facile. Il y a en grande quantité de ces Mines bien plus voiſines de Londres que Newcaſtle, comme aux environs de *Black-head*, dans la province de *Kent*: on pourroit en profiter ; mais par une ſage politique, il n'eſt point permis d'y en ouvrir ; ce qui a précédé, ſuffit pour juſtifier l'attention du Gouvernement Anglois à favoriſer les Propriétaires des Mines & ceux qui s'adonnent à ſon négoce ; mais ſur-tout les gens de mer auxquels ce Royaume doit ſes richeſſes, ſa puiſſance, & qui, ſoit en paix, ſoit en guerre, ſont les fondements ſur leſquels la nation aſſied ſes eſpérances.

Ce ſyſtème ſoutenu ſucceſſivement par pluſieurs Princes, a fait éclore dans toutes les parties de la Grande-Bretagne le génie commerçant. Les fabriques, les manufactures de tout genre ſe ſont établies de tous côtés ; il s'eſt élevé une Marine Marchande compoſée de ſeize cents vaiſſeaux, & en état de ſoutenir la Marine Royale.

Le tranſport du Northumberland, de la province de Cumberland, du pays de Galles, qui ſont les magaſins dont l'Angleterre & l'Irlande tirent leur conſommation, forme ſeul un article des plus intéreſſants pour la Grande-Bretagne.

Il ſera peut-être agréable au Lecteur, de voir ici à quel point cette Marine charbonniere eſt exercée, en mettant ſous ſes yeux les différentes parties de l'Angleterre qu'elle approviſionne : en voici le tableau ſuccinct, tiré de l'Eſſai ſur l'état du Commerce d'Angleterre (1), d'après le Dictionnaire du Commerce de Poſtele-towayt.

Newcaſtle, Sunderland, Blith & quelques autres places voiſines dans le Nord de l'Angleterre, envoyent du Charbon à tous les Ports qui ſe trouvent le long des côtes depuis Newcaſtle ou *Sheals*, lieu de rendez-vous des bâtiments, juſqu'à Londres & même juſqu'à Portſmouth dans la Manche : des Villes maritimes le Charbon paſſe dans l'intérieur du pays.

De Linn il ſe répand dans l'Iſle d'Ely, dans les Comtés de Lincoln, de Northampton, de Leiceſter, de Buckingham, de Bedford, de Cambridge, de Norfolk.

Les Comtés d'Eſſex & de Suffolk s'en fourniſſent par Colcheſter & par Harwich ; il en remonte par la Tamiſe dans les parties ſupérieures du Middleſex, dans l'Hertford-Shire, le Buckingham-Shire, dans une partie du Gloceſter, dans le Berk-Shire, le Hamp-Shire & le Comté de Surrey.

Les provinces de Kent & de Suſſex reçoivent celui dont elles ont beſoin par les rivieres de Medwai & de Stour.

Malgré l'étendue qu'a cette branche du commerce en Angleterre, celui de la Principauté de Galles & du Cumberland, eſt encore très-conſidérable.

(1) Chap. V. Tom. I.

L'Irlande dépend, pour ainfi dire, intérieurement à cet égard de Wite-haven.

Dans le Devonshire, ainfi que dans quelques Provinces voifines, on ne brûle point d'autre Charbon que celui qui y arrive du Port de Swanzey dans le pays de Galles.

Les Charbons d'*Ecoffe* s'embarquent à *Blyth*, comme on l'a vu.

La ville de Manchefter en Lancashire eft fournie de Charbon par un canal qui unit la navigation du côté de Cherfhire & de Lancashire, à travers la riviere navigable appellée *Irwel*; il paffe au-deffous d'elle dans des aqueducs qui ont jufqu'à trente-huit pieds d'élévation, coule à travers des montagnes qu'il a fallu percer, ce qui y forme un conduit fouterrain qui parcourt dix milles dans une direction tortueufe fur l'efpace d'environ fix cents pieds. Cet ouvrage, l'un des plus furprenants que l'on puiffe citer dans l'hiftoire des Navigations dans l'intérieur des terres, & que l'on avoit l'intention de continuer jufques dans la province de Chefter, m'a femblé affez digne de curiofité pour en donner la repréfentation Planche XXXV, & l'accompagner d'une courte defcription que j'ai extraite d'une Brochure Angloife publiée en 1769 (1).

Cet aqueduc de trente-huit pieds de long, dont le projet eft de M. Brindley, s'appelle *Canal de Bridgwater*, vraifemblablement du nom du Duc de Bridgwater, à qui appartiennent les Mines de Charbon, & qui peut-être a fait les frais de conftruction.

Il eft fitué dans un endroit nommé *Soutton Sluice*, à fept milles environ de Manchefter; fa tête eft au moulin de Worcelay, au pied des montagnes où l'on exploite le Charbon.

C'eft-là qu'eft creufé au pied d'une grande montagne un baffin fervant de réfervoir à l'aqueduc, & affez grand pour contenir tous les bateaux que l'on charge dans l'intérieur de la montagne, qui ont quarante à cinquante pieds de long fur quatre pieds & demi de large, y compris l'épaiffeur des bords, & deux pieds trois pouces de profondeur.

Les conduits fouterrains font creufés de cinq pieds en profondeur, & ont une largeur fuffifante pour laiffer paffer à côté l'un de l'autre deux bateaux de quarante à cinquante pieds de long, fur quatre pieds & demi de large, y compris l'épaiffeur des bords, & deux pieds trois pouces de profondeur, contenant chacun fept à huit tonnes de Charbon, ou feize milles pefant, & prenant, lorfqu'ils font chargés, deux pieds fix ou fept pouces d'eau.

Le voyage de ces bateaux fe fait à bras d'homme; pour le faciliter, on a ménagé aux deux côtés de l'aqueduc des trottoirs qui aident à tirer, & à chaque côté du bateau, il y a une barre au moyen de laquelle on tire à la main fix ou vingt-un bateaux tous attachés les uns aux autres; on le fait fi aifément, que c'eft l'affaire d'un jeune homme de dix-fept ans, pour tirer cent quarante-fept

(1) The hiftory of inland navigations. Particularly thofe | &c. Londres, 1769; feconde Edition augmentée, of the Duke of Bridgwater in Lancashire and Chefhire; | lettre feconde, 1 Juillet 1765, pag. 39 & 46.

tonnes

tonnes à une certaine diftance , que la conduite s'en fait alors par quatre ou fix mulets ou chevaux qu'on amene de Manchefter.

Du commerce de Charbon de terre à Newcaftle en particulier & de fes Loix.

De toutes les Villes de l'Angleterre qui font le plus redevables de leur état florilfant au négoce de ce foffile , la principale eft la ville de Newcaftle fur la Tyne (1) , à près de quatre lieues de la Barre de la ville TIN-MOUTH , ainfi nommée *Tinæ oftium* , parce que c'eft-là où la riviere de Tyne fe débouche dans la mer. Les Saulniers ont d'abord trouvé dans ce foffile une reffource à leur portée ; elle n'a pas été moindre pour les forges en batterie & en ouvrages de fer, & ces forges y entretiennent , à ce qu'on prétend , trente mille Ouvriers. L'exportation de ces différentes matieres fabriquées , a donné occafion de conf-truire des navires fur le lieu ; une grande partie des vaiffeaux Marchands dont fe fervent les Anglois , fe conftruifent aujourd'hui à Newcaftle ; enfin cette ville qui n'étoit qu'un petit village (2) remarquable feulement par un Château que le Duc Robert, fils de Guillaume le Conquérant, avoit fondé en allant à une expédition contre l'Ecoffe , eft devenue par degrés une ville, grande, riche & peuplée.

La premiere importation de Charbon de terre , le rang qu'il tient entre les différentes branches de commerce , ont dû donner lieu à des Ordonnances & des Statuts qui lui fervent à la fois de foutien & d'encouragement.

Il eft de toute néceffité que les circonftances faffent naître des raifons , tantôt de révoquer ou de rétablir en tout ou en partie des Réglements anciens , tantôt d'en faire de nouveaux; par-là les Statuts récents rappellent fouvent ceux qui ont précédé ; le tout forme une chaîne fort entrelaffée qui demanderoit qu'on rap-prochât tous ces Statuts les uns des autres , ou plutôt des circonftances à l'occa-fion defquelles on a anéanti les uns , ou fait revivre les autres ; cela tient alors à l'hiftoire particuliere ou momentanée de la chofe , & ne nous intéreffe point. Nous nous contenterons donc d'indiquer les objets généraux de ces Ré-glements.

Quoique la conftitution du Royaume auquel ces Réglements font bornés , differe en tout de la nôtre , ces loix ne renferment pas moins des maximes géné-rales appliquables à quelqu'Etat que ce foit, & qui compofées ou modifiées , peuvent faire naître des idées utiles.

Je rapporte ces Réglements à deux articles , en confidérant ce commerce dans deux inftants diftincts.

Le premier article comprendra le port du Charbon des magafins de Newcaftle

---

(1) Pour la diftinguer de Newcaftle ou New-caftel dans le Comté de Dublin en Irlande, d'où il fe tranfporte auffi par eau beaucoup de Char-bon de terre à Londres.

(2) Appellé *Monikefter.*

à bord des vaiffeaux, pour de-là circuler dans toute l'Angleterre; les prix différents de cette marchandife dans quelques endroits de ce Royaume; les différents droits qui ont été perçus en différents temps. Le fecond article traitera de cette denrée arrivée dans la Capitale pour y être débitée.

L'ufage & la légiflature d'Angleterre confient à une Compagnie de gens de mer, plufieurs articles de police concernant la navigation des côtes & des rivieres, particuliérement ce qui regarde le *lamanage* & le *leftage* des Navires.

L'origine de la premiere Compagnie de ce genre remonte à Henri VIII. Par Lettres-Patentes du mois de Mars, ce Prince, dans la quatrieme année de fon régne, incorpora les Mariniers Anglois fous le nom de *Maîtres gardiens & affiftants de la Société ou Confrairie de la très-glorieufe Trinité & de S. Clément*, appellée communément *Trinity Houfe*, MAISON DE LA TRINITÉ; elle fut érigée entre *Londres* & *Greenwich*, Paroiffe de *Deptfordftrond*, chef-lieu des autres corporations qui ont été créées depuis; d'où il eft à préfumer qu'à quelques différences près, ces Confrairies ont les mêmes attributs. Ce qui regarde les Mariniers de Newcaftle qui ont auffi été incorporés, ne m'étant connu qu'en partie, je donnerai ici à part (1), celle de la *Maifon de la Trinité*, dont le reffort particulier eft la police de la Tamife, depuis le Port de Londres jufqu'à la mer & encore au-delà, comme la Confrairie de Newcaftle en a un femblable fur la Tyne.

Gouverneurs, Intendants & Clercs de la Confrairie des HOAST-MEN *de Newcaftle.*

L'hiftoire de cette corporation de Marine de Newcaftle fe trouve dans une Charte de la Reine Elizabeth en 1600, quarante-troifieme année de fon regne, qu'elle érigea en Corps les *Hoaft-men* de Newcaftle.

Cette fage & habile Princeffe, confidérant l'importance de la réputation que s'étoit fait la ville de Newcaftle, NOBLE ET ANCIENNE VILLE DE MARCHANDS (porte cette Charte,) qui de temps immémorial a eu une certaine Confrairie appellée HOAST-MEN, *occupée de décharger & de difpofer au mieux dans le Port & fur la riviere de Tyne, les Charbons de pierre, de pierre à meule, de pierre à faux, de pierre à éguifer*, incorpore cette Confrairie fous le nom de

---

(1) En formant le *Trinity Houfe*, le Roi *Henri*, avant lequel il n'y avoit point de Marine entretenue fur un pied fixe & conftant, obligea les Confreres à fournir des Pilotes pour la flotte Royale, toutes les fois qu'ils en feroient requis, & leur donna une forte d'infpection fur les vaiffeaux qui compofoient cette Société, & fur l'équipage de ces vaiffeaux: c'eft ce que l'on voit par le préambule d'un Acte du Parlement paffé en 1528, huitieme année du Regne d'Elizabeth, dans lequel on trouve les droits attribués à cette Maifon de la Trinité, & par lequel elle eft autorifée à donner aux gens de mer, la permiffion d'exercer fur la Tamife le métier de Batelier, fans que qui que ce foit puiffe leur apporter aucun empêchement. A ces privileges la même Reine, qui, par un principe d'économie, avoit été affez long-temps indifférente fur la Marine, en ajouta de nouveaux; c'étoit dans la trente-fixieme année de fon regne: elle accorda à la maifon de la Trinité, (à l'égard de tous les vaiffeaux qui navigueroient dans la Tamife,) le droit de leftage, c'eft-à-dire, d'enlever dans cette riviere le balaft néceffaire pour lefter les vaiffeaux qui y font à l'ancre: ce gros fable ou cailloutage, *Pibble*, *Pebble*, *Stone*, eft alors appellé par les Marins *Singcl*.

Gouverneurs, Intendants & Clercs de la Confrairie des Hoaſt-men de Newcaſtle (1).

Sa Juriſdiction ſur la riviere de Tyne eſt à l'inſtar de celle du *Trinity houſe* ſur la Tamiſe ; celle de Newcaſtle eſt de ſept milles (2) depuis la mer juſqu'à la ville, & de ſept milles depuis le pont juſqu'au-deſſus de la ville, relativement à la navigation, à la Juriſdiction de l'Amirauté & à la Pêche.

Elle jouit en particulier du privilege excluſif & perpétuel de vendre de tous les Charbons exportés de la riviere de Tyne, ſans aucune perception des droits du Roi ſur le Charbon deſtiné pour le Royaume, qui ſe perçoivent dans les différens Ports où on l'exporte.

Ces Charbons voiturés ſur la Tyne, payent deux ſortes de droits, un de cinq pences par chaldron, qui revient à la ville de Newcaſtle pour tout Charbon deſtiné à l'Etranger & exporté ſur un vaiſſeau Anglois, & ſeize pences, ou 30 ſols 4 deniers ½ argent de France, ſi c'eſt ſur un vaiſſeau étranger.

Il revient au Duc de Richemont un chelin par chaldron ; celui deſtiné pour l'Etranger eſt exempt de ce droit.

Les privileges des Hoaſt-men pour l'exportation ont quelquefois reçu des atteintes paſſageres. Le Roi Richard, à la requête de ſes Ports du Nord, & particuliérement des Ports de *Scarborough*, qui en deux ans de temps avoient eſſuyé de la part des Corſaires François, une perte de mille livres, ordonna l'armement de quelques vaiſſeaux pour la défenſe de cette côte, & impoſa divers droits à cet effet ; il impoſa entr'autres ſix deniers ſterling par tonneau, chaque quartier de l'année ſur tous les Navires de Newcaſtle, chargés de Charbon.

Dans les Griefs de l'Angleterre, Chap. 19, il eſt dit qu'en 1637, le Roi Charles, dans la treizieme année de ſon regne, accorda pour l'eſpace de vingt-un ans à ſieur Thomas Tempeſt & autres, *nonobſtant le privilege des Hoaſt-men de Newcaſtle*, le ſeul pouvoir de vendre de tous les Charbons exportés de la riviere de Tyne ; il paroît par ce même ouvrage que cette permiſſion fut bientôt révoquée, & eſt différente de celle mentionnée à l'année 1638. Il eſt rapporté au Chap. 22, qu'en 1638, des Maîtres de Navires formerent une Compagnie de Monopoleurs de Charbon, qui obtinrent du Roi Charles le pouvoir d'acheter tous les Charbons exportés des Ports de *Sunderland*, de *Newcaſtle*,

---

(1) A en juger par les fonctions exprimées dans cette Charte, le titre de cette Confrairie paroît être un dérivé des termes Anglois, Horseman-Ship, Boat-man, *Batelier expert à remonter un vaiſſeau* ; Boerswain, Bosseman, *Maître ou Officier de Navire* : il n'y auroit pas non plus d'abſurdité à penſer que Hoast-men pourroit être une corruption du mot Honest-man, dont on a vu que les Bourgeois de Newcaſtle ont d'abord été qualifiés dans les anciennes Chartes.

(2) Il y a en Angleterre des milles de divers grandeurs : ceux dont on ſe ſert ordinairement pour les diſtances de terre ou routes, répondent à environ un tiers de nos lieues de France, dont vingt-cinq valent un degré ; ainſi trois de ces milles Anglois font une lieue commune de France, à peu de choſe près.

Les milles dont la plupart des Navigateurs Anglois ſe ſervent pour eſtimer leurs routes ſont plus grands ; trois de ces milles font la lieue marine Angloiſe, & il en faut vingt pour un degré conformément à la lieue marine de France.

de *Blith*, de *Berwich*, en payant au Roi un droit d'un chelin par chalder, & de les revendre à la ville de Londres à un prix qui n'excedât pas dix-sept chelins en été, & dix-neuf en hiver par chalder, aux conditions qu'ils eussent à Newcastle un marché libre & une juste mesure.

Les remarques de cet Auteur sur la cherté du Charbon de terre à Londres, *voyez ci-devant page* 425, font connoître la maniere particuliere dont se fait ce commerce à Newcastle, depuis l'instant que ce Charbon est tiré de la Mine jusqu'au moment qu'il se transporte sur les bâtiments. Il s'agit maintenant de tout ce qui concerne cette marchandise passant dans différentes mains, & de son embarquement sur les Navires.

Police pour les Débitans de Charbon, les Propriétaires de Navires, les Alleges du Port dans Newcastle, &c.

Tout débitant de Charbon en détail dans le Port de Newcastle, est obligé de mettre à bord d'un Navire un chargement de Charbon, sur l'offre à lui faite du prix courant dans cet endroit; au cas de refus, il est sujet à une amende de cent livres, recouvrable par procès ou par une plainte portée devant le Juge.

Le chargement est de seize chalders mesure de Newcastle, ou trente-six mille; le chaldron doit peser deux cents soixante à bord du vaisseau: vingt-un chaldrons de Charbon passent pour la vingtaine, ce qui est exprimé par le mot Score, *compte*.

Il est défendu à tout acheteur de Charbon, d'être l'agent d'aucun Maître ou Propriétaire de Navire apportant du Charbon, sous peine de deux cents livres d'amende.

Parmi les Maîtres de Navires, on distingue ceux qui se font fait passer Maître en faisant sept ans d'apprentissage; par-là on acquiert le privilege de ne point payer à la ville de Newcastle le droit de cinq pences par chaldron, & ce Propriétaire de Navire est appellé *Frée-Man*, homme libre.

Les Vaisseaux ne viennent point jusqu'à Newcastle; *Sheelds* ou *Scheals*, à la distance de sept à huit milles de Tin-mouth, est l'endroit où ils se tiennent; ce sont des Gabares ou Alléges, *Lighter*, qui seules peuvent arriver dans le Port de Newcastle, & qui transportent les Charbons des différents magasins dans les vaisseaux.

Le chargement s'en fait à *Wallington-Ballas-Key*, à une lieue au-dessus de *Sheals*. De cet endroit à Newcastle, il y a le long de la riviere plusieurs Quais construits pour la commodité de ce chargement: ceux de Newcastle s'étendent dans l'espace d'un tiers de lieue des deux côtés de la riviere, & on y voit toujours une grande quantité de vaisseaux qui y sont amarrés.

Le nombre de voiles qui font la traite de Charbon sur la riviere de **Tyne**, est évalué à environ cinq cents, outre le convoi de neuf Vaisseaux de guerre que ce commerce doit toujours avoir. *Sixieme & septieme année de Guillaume III.* Chap. I.

Ces

Ces Navires exportent chaque année trente mille chaldrons mesure de Newcastle, sans compter cent-cinquante mille chaldrons qui sont importés & exportés sur la riviere de Sunderland, dans le Comté de Durham, & qui sont exempts du droit pour le Duc de Richemont.

Les chaloupes occupées à transporter les Charbons des différents magasins au chargement, font un voyage par jour; elles descendent avec la marée, & attendent son retour pour remonter à vuide.

Pour le transport dans l'allege jusqu'à bord du vaisseau, on paye dix-neuf chelins quatre pences pour chaque allege, si le Maître du vaisseau donne de la bierre au Maître de l'allege; sinon il paye deux pences de plus par chaldron, attendu que ces alleges ne sont pas commodes à charger.

Chaque allege ne doit pas contenir plus de vingt chaldrons contenant deux tonnes & demie, pesant vingt quintaux de cent-douze livres chaque (1), poids d'Angleterre; & c'est sur cette charge de vingt chaldrons qu'est imposé le droit du Roi.

La situation de l'Angleterre au milieu de la mer, a introduit un usage qui ne sympathise point du tout avec la liberté, & dont l'odieux ne peut être justifié que par le motif de sûreté de la nation, qui dépend du bon état de la flotte royale : en temps de guerre les Capitaines des vaisseaux de Roi ont le droit de prendre, non-seulement les Vagabonds, les Bateliers, les *Fisher* ou *Fisher-Man*, ou Pêcheurs, mais encore d'enlever sur les vaisseaux Marchands, les Matelots, *Skipper*, *Sea-Man*, dont ils ont besoin pour former ou pour recruter leur équipage; c'est ce qui s'appelle *to presse*, *to impresse*, Forcer.

Dans plusieurs circonstances qui intéressent fortement le commerce, on a affranchi les vaisseaux Marchands de cette servitude; les Alleges de Newcastle jouissent d'une immunité qui montre bien l'attention du Gouvernement pour favoriser ce commerce. Deux Mariniers pour chaque cent de tonneaux de cargaison, sont déclarés *libres de presse*, c'est-à-dire, exempts d'être enlevés de force pour servir ailleurs ou sur les vaisseaux du Roi : la Charte de Guillaume III, qui leur accorde cette dispense (*Sixieme & Septieme année*, Chap. 1.) impose dix livres sterling d'amende à quiconque les forcera.

Il est défendu sous peine de cinquante livres d'amende, qu'il y ait dans le Port de Newcastle plus de cinquante bâtiments à la fois chargés de Charbon.

Il n'est point permis de transporter du Charbon sur un bâtiment, avant que l'allege n'ait été mesurée & marquée; cette mesure se prend non sur la grandeur du bâtiment, mais sur la quantité d'eau qu'il prend lorsqu'il est chargé; toutes les alleges qui sont trouvées sans marque de contenance sont confisquées avec les Charbons; & le changement ou l'altération de la marque emporte la peine de dix livres d'amende.

---

(1) Le quintal ou grand cent est différent suivant les marchandises, étant de cent-douze livres pour quelques-unes, de cent-quatre pour d'autres.

Les Commissaires mesureurs & marqueurs de quilles, bateaux & voitures, sont nommés par le Roi, & font leur visite tous les ans.

La création de ces Officiers est de l'année 1241; on trouve dans un acte de la neuvieme année du regne de Henri V, Chap. 10, que le Roi ayant un droit de deux deniers sterlings par chalder sur tous les Charbons vendus à ceux non-exempts dans le Port de Newcastle sur la Tyne, on fraudoit ce droit en faisant construire des alleges qui contenoient vingt-deux ou vingt-trois chaldrons, tandis qu'elles ne devoient contenir juste que vingt chalders, sur laquelle charge est payée ce droit: pour la conservation de ce droit on a établi ces Commissaires mesureurs de quille. Il y a outre cela des Mesureurs de Charbon, & c'est sur ces derniers que roule la Police établie pour la vente.

Les *Bateliers d'Allége* n'ôteront rien du Navire qu'en présence du Mesureur ou du Consommateur.

Le Charbon vendu pour *mesure de Quai* ou du Port, sera mesuré en présence d'un *Ouvrier mesureur*. (*Seizieme statut de la dix-septieme année de Charles II.*

Le Vendeur payera deux deniers par chalder à l'*Ouvrier mesureur* de Charbon, autant au *principal Mesureur* à terre, lesquels délivreront des billets portant les noms de l'acheteur, du vendeur, la quantité du prix du Charbon du jour de...

Sur ce billet délivré par le Voiturier au Consommateur, celui-ci payera pour le *mesurage*.

Tout Voiturier qui altérera ou ne délivrera pas le billet, payera l'amende de cinq livres sterlings.

Des voitures chargées de plus de huit boisseaux, envoyées sans un pareil billet, le *Marqueur* sera mis à l'amende de cinquante livres, & le *Conducteur* à celle de cinq. *Dix-neuvieme année de Georges II. Chap. XXXV.*

Tout marché contracté directement du bateau d'allege au Consommateur, pour non-moindre quantité que cinq chalders, sera pour *pool measure* chargé séparément dans l'allege & délivré sans être mesuré, à moins que l'acheteur ne le veuille.

Prix des Charbons de terre en différents endroits de la Grande-Bretagne.

Tout Charbon qui se consomme dans le pays, se vend à raison de trois pences, ou six sols de France le quintal de cent-douze livres, & ne paye aucun droit.

Dans l'Edition de M. Stryppe de *l'Examen* ou *Vue de Londres*, par *Stowe*, on trouve qu'en 1536, le prix du Charbon de Newcastle étoit à deux chelins, 6, 9 pences par chalder, ce qui pouvoit être à Londres environ cinq chelins : selon l'Essai sur l'état du Commerce, il ne s'achette à Newcastle que cinq chelins, & la taxe n'est que de cinq autres chelins.

A *Stafford* aux environs de Newcastle Under-Tyne, les quinze quintaux se vendent sur la mine trois chelins six deniers, revenant à trois livres quinze sols.

En *York-shire*, la charge de Charbon contenant trente-six boisseaux combles ou trente-six chaldrons, devant peser deux mille livres, vaut neuf livres sterlings, & cinq chelins.

Au Comté de *Carlo*, province de *Leynster* en *Irlande*, la charge d'une charette (1) tirée par une paire de bœufs, ne coûte au Port que neuf pences, ou 17 sols 1 denier dont 6 pour le propriétaire, & 3 pour celui qui conduit la charge.

Le Charbon de *Witte-haven* pris à la mine & destiné à être consommé dans le pays, se vend deux pences ou quatre sols de moins par chaque tonne ; mais on ne vend que celui de moindre qualité : il s'envoie en grande partie, & c'est vraisemblablement le meilleur, en Irlande ; mis à bord des vaisseaux, il se vend trois chelins & demi la tonne, produisant quatorze quintaux.

Stryppe, Stowe & plusieurs Auteurs modernes, rapportent qu'en 1590, au moyen d'une association faite à Newcastle sur la Tyne, les Charbons montèrent à Londres au prix excessif de neuf chelins par chalder, faisant la différence de quatre chelins, prix courant de plusieurs années précédentes.

Il se vend quarante-cinq & cinquante chelins à Abington en Barkeshire sur la Tamise, & à Oxfort sur la même rivière, dans l'intérieur de l'Isle, d'où on le conduit à Londres partie par eau, partie par terre ; ce qui renchérit cette marchandise par les frais de transport : car à Newcastle il ne s'achette que cinq chelins, & la taxe n'est que de cinq autres chelins.

Des Droits sur les Charbons de terre.

Les droits qui se payent pour le Charbon de terre, sont ceux pour la ville de Newcastle, ceux pour le Duc de Richemont, & ceux pour le Roi ; il y en a eu quelquefois d'imposés pour servir de subside passager dans des circonstances particulieres.

Les Propriétaires des Mines & les Vendeurs de Charbons transportés de Newcastle & de Londres, soit par terre, soit par mer, offrirent d'eux-mêmes en 1622 six deniers sterlings par chalder, pour contribuer aux frais d'un petit armement destiné à protéger la navigation des alleges de Newcastle contre des Corsaires des Pays-Bas Espagnols. *Tome XVIII*, (*Fœdera*) *fol.* 904.

Quoique le pouvoir d'imposer un nouveau tribut ne puisse s'exercer par le Roi, que du consentement du Parlement, Charles I, en 1634, de sa seule autorité, mit un droit de quatre chelins par chaldron sur tous les Charbons de pierre *sea coal, stone-coal, pit-coal*, exportés d'Angleterre au pays Etranger. *Tom. XIX, fol.* 547, *Fœdera* : il prit pour prétexte l'équipement d'un petit

---

(1) Une charette chargée qu'un seul cheval peut tirer à la distance de cinq à six milles d'Angleterre, pese environ deux tonnes ou vingt-huit quintaux.

armement deftiné à protéger la navigation de Newcaftle contre les incurfions de quelques Corfaires, & pour fubvenir aux frais de l'entreprife : je ne fuis pas fûr que ce foit l'impôt appellé *Ship money*, que le Peuple refufa de payer. Pour la douzieme année, *Ch.* 17, il fut accordé pour réparer la breche de *Dagenham*, un droit d'un demi-chelin par chaldron fur les Charbons & *Culm*, & d'un denier par chaque tonneau de contenance de vaiffeau arrivé dans le Port de Londres ; les bâtiments Charbonniers, & les bateaux de Pêcheurs en furent exempts.

Ces droits font enfuite différents, felon les différentes mefures auxquelles ils fe vendent felon qu'ils font importés dans le Royaume ou qu'ils en fortent, & felon que les Navires fur lefquels on les charge font Anglois ou Etrangers : quelques efpeces font encore fujets à des droits particuliers, felon différentes circonftances.

Les droits du Roi pour le Charbon exporté, font évalués à environ un chelin par chaldron de Newcaftle.

Le Charbon importé payera cinq chelins de droit par chalder, & le *Culm*, forte de Charbon pour les Forgerons, payera un chelin.

Les Charbons qui fe vendent au tonneau payent cinq chelins par tonneau ; le tout payé à la place d'importation.

Un Statut de Guillaume III (*Chap.* 13, *de la neuvieme & dixieme année*) a ôté ces droits & a impofé celui de deux chelins par *tonneau* ou fept chelins & demi par *chalder* fur les Charbons vendus par *mefure* ; ce droit doit être payé par l'importeur pour les Charbons apportés d'Ecoffe ou de tout endroit au-delà de la mer.

Pour les Charbons chargés dans les Ports Anglois ; trois chelins quatre deniers par tonneau, & cinq chelins par chalder ; & un chelin par chaldron fur le Culm chargé dans le Royaume. (*Neuvieme & dixieme année de Guillaume III. Chap.* 13.)

Charbon tranfporté de Port en Port, un chelin par tonneau, deux chelins par chalder accordés pour trente ans. *Neuvieme année, idem.*

Charbon Gallois porté en Irlande, &c. un chelin par chalder ; porté dans les Colonies, deux chelins par chalder. *Id.*

Charbons exportés fur Navires Anglois, payent trois chelins par chalder ; exportés fur Navires Etrangers dix chelins par chalder. (*Sixieme année, Chap.* 22.)

Cet acte accorde un *droit additionel* de 3 chelins par *tonneaux* (1), de 4 chelins 6 deniers par chaldrons pour les Charbons étrangers, & trois chelins par

---

(1) Tollage, *Tonnage, Poundage, Pound, Pondage*, appellé l'impot de 1690 : droit ou vieux fubfide accordé d'abord à Edouard VI, fa vie durant feulement, enfuite à Charles XII fur chaque tonneau de toutes les marchandifes à l'entrée & à la fortie du Royaume appellé *Pound*, parce quil eft fixé à tant par livre, c'eft-à-dire, d'un chelin par chaque livre fterling, ou un chelin fur 20, ou felon notre maniere de compter, le fol pour livre, & un chelin de plus pour les marchandifes d'Angleterre que les Etrangers emportent. Le Parlement accorde ordinairement au Roi le produit de cette impofition pour le mettre en état de bien garder la mer, & protéger le commerce ; mais il faut qu'elle foit revêtue de l'autorité d'un acte du Parlement.

quatre

chalder pour *Waterborn-coal*, Charbon venu par eau : *ces droits appropriés à une lotterie. Huitieme année*, *Chap.* 4.

Charbons apportés des pays Etrangers , payent deux chelins par tonneau, & trois chelins par chalder.

Aujourd'hui lorfque le tranfport du Charbon fe fait fur un vaiffeau Etranger, il paie au Roi vingt-un chelins par chalder ; s'il fe fait fur un vaiffeau Anglois, le Roi n'a que dix chelins.

En 1757 les droits fur cette marchandife en Angleterre , fe montoient à cent-treize mille fix cents quatre-vingt-huit livres fterling, ce qui en fuppofant le fterling à vingt livres , feroit deux millions deux cents foixante-treize mille fept cents foixante livres de France, & en le fuppofant à vingt-un, feroit deux millions trois cents quatre-vingt-fept mille, quatre cents quarante-huit livres.

Commerce ou trafic du Charbon de terre dans la ville de Londres.

Une ville dans laquelle on compte à peu-près un million quarante mille Habitants, qui n'ont pour le chauffage & tous les ufages domeftiques d'autre matiere que le Charbon, doit donner par elle feule un grand mouvement à ce commerce ; il eft peu de jours où il n'arrive à Londres plus de cinq cents bâtiments de dix à trente pieces de canon chargés de Charbon , ou prêts à s'en retourner à vuide (1). Il entre chaque année dans cette Ville , foixante-douze millions deux cents mille facs de cette marchandife ; & la confommation, pour Londres feulement, eft évaluée à environ cinq ou fix mille chaldrons par an , de trente-fix boiffeaux en monceau chaque chaldron, fuivant l'étalon dépofé à la place de *Guidhall* (2).

Le prix du chaldron y eft différent dans les deux faifons d'été & d'hyver ; en été il coûte trente-fix chelins ou quarante-une livres trois fols, en hyver quarante chelins ou quarante-cinq livres quatorze fols. Le Charbon de Newcaftle paie à Londres pour droit du Roi & autres, huit chelins par chaldron mefure de Londres.

C'eft le Lord-Maire, comme chef de la police de Londres, & la Cour des *Aldermans*, qui ont le droit de taxer pour une année le prix de la vente en détail de tous les Charbons qui s'apportent à Londres & dans les Ports adjacents.

Lorfque les Détaillants refufent de s'y conformer, des Officiers peuvent fe

(1) Effai fur l'état du Commerce d'Angleterre.
(2) Le chaldron de Charbon de terre apporté dans la Tamife & vendu , doit être compofé à Londres de douze facs ou trente-fix boiffeaux , chacun de dix-fept pouces quatre lignes de diametre , fur fept pouces neuf lignes de hauteur , & encore on les mefure comble ; le fac doit contenir quatre (*Bushel*) boiffeaux de Charbon net. 7. *ed.* VI. *Chap.* 7, cent-douze livres au cent , fous peine de confifcation ; & à bord on donne vingt-un chaldrons par *Score* ou compte.

Il faut remarquer que dans les endroits où ce boiffeau fert à mefurer le Charbon & le Sel , la mefure fe donne comble ; tantôt on donne cinq boiffeaux , & alors ils font combles ; tantôt on délivre cinq picotins *rafes* ; cela eft appelé *mefure d'eau*, ou *mefure de quai*.

tranſporter ſur les Quais & ailleurs, & faire vendre par force au prix fixé, 16 & 17. *Car. II. Chap.* 2. Cette loi s'eſt étendue aux autres Provinces. La *dix-ſeptieme année du regne de George II. Chap.* 35.

Le prix du Charbon ne pourra être hauſſé ſur la Tamiſe, ſous prétexte d'attendre ſon temps pour en délivrer, ſous peine de cent livres d'amende. *Quatrieme année de George II, Chap.* 30.

Toute perſonne vendant du Charbon, ſoit hors d'un vaiſſeau, cour ou magaſin, à un prix plus haut que la taxe, paiera une amende de trente-ſix chelins par chaldron, qui ſera levée ſur l'arrêt par l'autorité des deux Juges de paix. *Seconde année de George II, Chap.* 15.

Pour prévenir les fraudes des meſures lors de la livraiſon du Charbon dans les villes & franchiſes de Weſtminſter, cette partie du Duché de Lancaſtre qui y joint les Paroiſſes de S. Gilles-des-Champs, Ste. Marie-le-Bon, & telle autre partie de la Paroiſſe de S. Andrew-Helborn, autant qu'il dépend du Comté de Middleſex, il ſera nommé deux principaux *Metteurs de Charbon à terre*, leſquels nommeront un nombre ſuffiſant de Metteurs à terre, pour meſurer les Charbons ſur les Quais & dans les magaſins. Tous prêteront ſerment de bien remplir leur emploi.

Tout Meſureur faiſant de faux billets ou fauſſe meſure, ſera déchu de ſa commiſſion, & paiera l'amende de cinq livres.

On ne délivrera de Charbon au-deſſus de la quantité de huit boiſſeaux qu'en préſence du Meſureur. Si l'Acheteur eſt mécontent de la meſure, les Charbons peuvent être remeſurés par un Meſureur, en avertiſſant le Vendeur ou le Voiturier avant la délivrance & avant la décharge : alors le Voiturier averti par écrit par l'Acheteur même qu'il n'eſt point ſatisfait de la meſure, ne quittera point la place qu'il ne ſoit venu un Meſureur. *Dix-neuviéme année de George II, Chap.* 35.

Les ſacs de Charbon ſeront ſcellés, marqués, & auront quatre pieds deux pouces de long & vingt-ſix pouces de large, ſous peine de vingt chelins d'amende. Les Vendeurs de Charbon auront un boiſſeau garni de fer, cacheté & eſtampé, & trois boiſſeaux feront un ſac : quiconque fera uſage d'autres meſures, paiera l'amende de cinquante livres.

Les Juges de paix connoîtront des amendes au-deſſus de cinq livres, recouvertes par action de dette & deſſous. *Troiſieme année de George II. Chap.* 26.

En même temps que les villes de Londres, de Weſtminſter (1) & lieux adjacents, ſont principalement approviſionnés de Charbon par mer, des Comtés de Durham, de Northumberland & de la ville de Newcaſtle (2), le prix raiſonnable

---

(1) En regardant Londres compoſé de trois Villes, *Londres* au Levant, *Weſtminſter*, ſéjour de la Nobleſſe, au Couchant, & *Soutwark*, appellé communément *Sodrik*, demeure des Matelots, au Midi & de l'autre côté de la Tamiſe.

(2) Les Charbons dont on fait communément uſage à Londres, ſont le *Scoth Coal*, ou Charbon d'Ecoſſe, le *Scoth Blyths*, ou Charbon d'Ecoſſe, chargé au Port de *Blyth*, le *Shiremore*, venant d'une plaine de la province de *Sunderland*, le *Hartley*, ou *Hartleypool* ; beaucoup venant de *Long-bington*, de *Walker*, de *Fanfieldmoore* aux environs de Newcaſtle.

de cette denrée a une influence marquée fur le foutien des manufactures. Il eſt encore aiſé de juger qu'il contribue à l'accroiſſement du commerce & de la navigation du Royaume par les milliers de bons Mariniers que les bâtiments Charbonniers tiennent continuellement en haleine. C'eût été manquer eſſentiellement contre la prudence, de ne point oppoſer des barrieres à la monopole, néceſſairement préjudiciable à la marine, au commerce, aux manufactures du Royaume, au bien-être des pauvres, &c.

Le Parlement s'eſt occupé férieuſement de diſſoudre & prévenir les aſſociations des Propriétaires de Charbons, Bateliers, Maîtres de Navires, & autres qui chercheroient à augmenter le prix de cette denrée. Dans la neuvieme année du regne de la Reine Anne, Chap. 28, il y a eu ſur cet objet en 1710 un Acte du Parlement, dont les articles ſemblent avoir depuis ce tems conſervé force de loi. Voici ce Réglement tel qu'il ſe trouve inféré dans l'Hiſtoire Chronologique du Commerce d'Anderſon. Tome II, *page 253.*

Loi contre les Aſſociations tendantes à hauſſer le prix des Charbons de terre pour l'uſage de Londres & de ſon voiſinage.

I. Que tous contrats entre les Propriétaires de Charbon, Bateliers ou Maîtres d'Alleges, *Fitters*, Maîtres de Navires, Facteurs, Agens de Charbon, &c. tendant à enharrer le Charbon, ou à empêcher qui que ce ſoit d'acheter, vendre, charger ou décharger librement, naviguer ou diſpoſer des Charbons de telle façon que la loi le permet, ſera regardé comme illégal, nul & de nul effet en toutes ſes parties.

II. Tout Propriétaire de Charbon, Batelier, ou autre perſonne ci-deſſus dénommée, qui dorénavant entrera en façon quelconque dans une aſſociation de ce genre, qui en ſera convaincu par ſa ſignature ou par ſon cachet, ſera mis à l'amende; ſavoir, le Propriétaire de cent livres, le *Fitter* de cinquante, le Maître ou Propriétaire de Navires de vingt, & pareille ſomme pour tous Officiers, Commis, Agents ou Domeſtiques.

III. Les *Fitters* ou autres perſonnes, débitant ou délivrant des Charbons, donneront d'amples certificats ſignés, & à chaque voyage, à chaque Maître de Navires, contenant le jour & l'année de tel embarquement ou chargement, le nom du Maître du Navire, l'exacte quantité du Charbon, avec les noms ordinaires des Charbonnieres d'où il a été tiré, & le prix payé par le Maître pour chaque ſorte de Charbon que chaque *Fitter* a vendu chargé à bord de tel Navire.

IV. Ce certificat à l'arrivée du Navire à Londres, ſera enregiſtré à l'endroit appointé par le Lord-Maire, ou à la Douane d'aucun autre Port.

Le refus de donner un tel certificat, un faux commis dans cette écriture, ſon enregiſtrement non obſervé dans l'eſpace de quarante-huit heures après l'arrivée à Londres ou dans un autre Port, emportent une amende de dix livres ; il en est de même pour celui chargé des regiſtres, faute par lui d'enre-giſtrer le certificat dans les vingt-quatre heures, ou de le refuſer, ou d'en faire un faux.

V. Tout Batelier, Maître d'Allege , Maître de Navires , Facteurs & *Agents* de Charbon qui contractera, achetera, vendra , ou diſpoſera d'aucune ſorte par-ticuliere de Charbon en préférence d'autres ſortes ; qui chargera aucun Navire par préférence , ou qui diſpoſera d'aucuns Charbons pour tel Navire avant les autres Navires, ou vendra en connoiſſance de cauſe une ſorte de Charbon pour ce qu'elle n'eſt pas, ſera mis à l'amende de cinquante livres pour chacune de ces contraventions.

VI. Les Délinquants qui dans l'eſpace de trois mois déclareront les Proprié-taires de Charbon, &c. intéreſſés dans de pareils délits, ſeront dédommagés, & recevront la récompenſe dûe à tout autre dénonciateur.

VII. Tout Maître de Navire qui au-deſſus du nombre de cinquante, reſtera chargé dans le Port de Newcaſtle ou autres Ports, étant deſtiné pour Londres, à moins qu'il n'y ſoit détenu par vent contraire , beſoin de réparation ou de convoi, ou de quelqu'autre cauſe inévitable, ſera à l'amende de cinquante livres.

VIII. Tout Facteur, Régiſſeur, & Agent de Charbon, qui en débitant à ſes propres Agents , aſſociés ou employés , ſera d'intelligence avec eux pour leur bénéfice ou pour le ſien propre , ſera mis à l'amende de cinquante livres.

ARTICLE SECOND.

Notice hiſtorique de Mines ou Carrieres de Charbons de terre en différentes parties du Globe.

L'Auteur du Traité ſur les Couches de la terre, m'a donné la facilité d'indi-quer dans les trois premiers Articles de la Section XII de la premiere Partie de mon Ouvrage, un grand nombre d'endroits où il y a des Mines de Charbon en Allemagne, & de faire connoître la nature de ces terreins : j'avois eſpéré, que, lorſque je publierois cette ſeconde Partie, il me ſeroit poſſible d'avoir quel-ques Mémoires ſur la pratique de l'exploitation dans quelques-unes de ces Mi-nes ou de celles d'autres Royaumes.

Les ſoins que je me ſuis donnés à ce ſujet ont été inutiles ; il ne m'a été poſ-ſible que de recueillir de différents Ouvrages des notices de Mines dont je n'ai point fait mention , ou de la qualité des Charbons de quelques Carrieres que j'ai indiquées. Ce ſupplément n'eſt pas indifférent pour le tableau minéralogique du Charbon de terre ; je n'en ai préſenté la carte que pour le pays de Liege, l'Angle-terre & la France, Planche XII & XIII de la premiere Partie : en réuniſſant

tous

tous les endroits qui feront marqués dans mon Ouvrage, on verra que pour démontrer que ce foffile exifte dans toutes les parties du Monde, il ne manque plus que d'en connoître dans celle fituée directement au Midi de l'Europe ; encore fi l'on fait attention à ces fameufes carrieres d'où les peuples d'Egypte tiroient leurs obélifques, les Naturaliftes (1) trouveront un motif raifonnable de préfumer que ce beau marbre pouvoit couvrir du Charbon de terre à une très-grande profondeur.

Dans la divifion générale, fous laquelle je vais parcourir les quatre parties du Monde, je finirai par l'Europe, afin de me rapprocher de la France après avoir examiné les Pays-Bas Autrichiens.

ASIE.

EN TARTARIE, dans la province de Katay, *Marco Paolo* ou *Marc Paul, Vénitien*, dont les relations fur ce grand pays ont eu beaucoup de traductions & d'éditions en différentes langues, défigne clairement le Charbon de terre fous le nom d'une *pierre noire* que l'on tire des montagnes, & dont on fait grand ufage dans plufieurs Provinces où le bois n'eft pas affez abondant pour fuffire à chauffer trois fois la femaine les étuves & les poëles.

En SIBÉRIE, fuivant un Extrait des Journaux des Profeffeurs *Gmelin & Pallas*, le premier a découvert dans les Monts *Walda*, entr'autres minéraux, quantité de carrieres de Charbon de terre, près de *Kreftezo-jam*, fur les deux rives du fleuve *Gremetfcha* : aux environs du village *Uflies*, affez près de la riviere *Ktupiza*, le même Naturalifte a obfervé une autre Mine de meilleure efpece, qui s'étend à plus de vingt *Werfts* (2).

Dans la MER DES INDES, parmi les Ifles de la Sonde, celle de *Sumatra* a de ce foffile aux environs de *Sillida* : les montagnes appellées en latin *Montes Taumbungenfes*, riches en Mines d'or & d'argent, renferment auffi du Charbon de terre.

Dans la partie la plus orientale de l'Afie, les Ifles du JAPON ont du Charbon de terre aux environs des Provinces Septentrionales, & fur-tout dans la province de *Chienzen* (Tfiknfen) aux environs de *Cujaniffe* (Cujanoffa) où il s'en voit une qui a été incendiée (3).

TERRES ARCTIQUES OU AMÉRIQUE SEPTENTRIONALE, *dite* MEXICANE.

Dans une des Ifles LUCAYES, nommée la *Providence*, appartenante aux Anglois, & fituée à l'entrée du Golfe du Mexique, on a découvert en 1768 une Mine de Charbon de bonne qualité.

(1) Appellé par les Italiens *Granito Roffo*, par les Anciens *Syenites, Pyropæcilon.*
(2) Quatre Werfts font une lieue de France.

(3) Extrait de l'Hiftoire Naturelle, Civile & Eccléfiaftique du Japon.

Dans la partie dite la NOUVELLE FRANCE ou CANADA , le pays de *Saguenay* au bord Septentrional du grand fleuve de S. Laurent, & dont Quebec est la Capitale , en a aussi.

Sur les frontiers Orientales du Canada , la presqu'isle de l'Amérique Septentrionale appellée *Acadie* ou *nouvelle Ecosse* , a de même du Charbon de terre.

Sur la côte Orientale en *Groenlande* , la Baye de *Disko* au détroit de Davoz, sous le soixante-douzieme parallele , en contient aussi.

PARTIE SEPTENTRIONALE DE L'ASIE ET DE L'EUROPE.

Dans la Russie , nommée RUSSIE D'EUROPE , il y a du Charbon de terre à *Novogorod-Weliki* ou *Novogorod la grande* (1). M. Model , Chimiste (2), a examiné & analysé ce Charbon ; c'est , selon cet Auteur , un *Charbon ardoisé* disposé par couches ; il est rempli de crevasses ; sa couleur tire sur le brun noir sans aucun brillant ; il salit considérablement les doigts quand on le manie ; dans quelques morceaux on apperçoit de véritables pyrites ; au feu il s'allume aisément, donne une flamme claire & se réduit en cendres grises rougeâtres.

MER BALTIQUE *ou* MER INTERNE.

Dans le Golfe de l'Océan , vers le milieu des côtes Occidentales de l'Europe , l'Isle *Bornholm* , sur la côte de la Suede , qui appartient aux Danois, laisse voir le long de ses bords des traces de Charbon de terre ; on y en a fouillé il y a une quinzaine d'années ; on en tire aussi du fond de la mer ; les pauvres vont le détacher , & l'enlevent sur des bateaux.

EUROPE.

La Norvege propre , dans la *Scandinavie* , entre Bergen & Christiana.

Dans *l'Islande* , Isle dépendante de la Norvege , au Nord de l'Europe, & où se trouve le *Mont Hecla* , le plus célebre des volcans.

Dans la partie la plus Septentrionale de l'Europe , la *Suede* en possede en plusieurs endroits ; on s'y est appliqué depuis long-temps à la recherche de ces Mines, & on y en a déja reconnu plusieurs: en 1738 , dans la province de Scanie (Schonen) à une lieue de Helsingborg (3), il en fut découvert une trèsabondante d'un bon Charbon qui ne donne point de déchet , qui brûle bien & donne un feu très-clair jusqu'à ce qu'il soit entiérement réduit en cendres ; la

(1) Pour distinguer cette Ville de *Nisen* ; *Niesna, Nisi-Novogorod* , ou le *petit Novogorod* , & *Nisen Niengarten.*

(2) *Supplément aux Récréations Chimiques.* Petersbourg. 1768 Traduction manuscrite, par M. Par-

mentier Apothicaire Major de l'Hôtel Royal des Invalides.

(3) Mémoires de M. Bentzelstierna, Conseiller du College des Mines. *Actes de l'Acad. des Sciences de Suede,* an. 1741. Tom. II. *page* 237.

matiere de ce Charbon eft graffe, n'eft aucunement chargée de foufre, peut fervir aux Orfevres & aux Ouvriers qui travaillent en acier fin : la veine en eft cependant extrêmement mince, ce qui fait que l'exploitation ne peut s'en faire
qu'à la maniere des Saxons.

M. *Cronftedt*, de l'Académie de Suede (1), a eu la complaifance de me procurer un envoi d'échantillons curieux des pierres du territoire de Boferup, dans
la même province de Scanie où il fe rencontre du Charbon de terre. Quoique
ces échantillons ne foient pas numérotés dans l'ordre qu'ils tiennent en fouillant la Mine, je les indiquerai ici avec les phrafes du favant Auteur.

Argilla grifea apyra; terre pourrie, feuilletée, des campagnes de Boferup.

Argilla apyra nigra; pierre argilleufe, alumineufe avec efflorefcence; elle
n'eft pas noire par-tout; elle eft de couleur d'ocre fafranée de couleur vive.

Argilla apyra nigra, croco tincta; femblable à la précédente, noire en
dehors & rougie en dedans par un précipité martial.

Bolus indurata; pierre bolaire, martiale, très-pefante, des campagnes de
Boferup.

Lapis Arenofus, Glutine argillaceo; faux granite blanchâtre.

Lapis Arenaceus Glutine argillaceo, des campagnes de Boferup; pierre d'argille grife, femblable aux argilles fablonneufes ordinaires dans les Mines de
Charbon : elle eft friable, fe durcit & eft fixe au feu.

Lapis Arenaceus Glutine argillaceo : cette efpece eft un grès ou pierre à aiguifer, tendre à grains affez fins.

Schiftus phlogifticatus; mauvaife ardoife feche, femée de beaucoup de mica
blanc; elle brûle au feu en décrépitant d'abord, & répandant une odeur défagréable de vapeur humide renfermée : c'eft le *Brand Skiffer* des Allemands.

Gagas vel lignum Petroleo imbutum. La premiere dénomination de cette
phrafe ne répond pas exactement à l'échantillon, qui auroit mieux été appellé
Pfeudo-Gagas ou *Gagas naiffant* : ce n'eft autre chofe qu'un morceau de bois
foffile bien fain, entiérement femblable à celui que j'ai eu de la Mine de Charbon de Wentercaftle, *voy. page* 6 de la premiere Partie : il eft très-pefant peut-
être parce qu'il eft furchargé de matiere martiale dont il eft un peu encroûté
dans une de fes furfaces; ceux qui connoiffent les bois de charpente qui ont refté long-temps fous l'eau où ils acquierent une pefanteur remarquable, & une
grande facilité à recevoir le poli, auront une jufte idée de ce foffile que je crois
être *l'Ebenum foffile* ou le *lithoxylon* de Scheuchzer (2), & le *Sortur brandur*
des Allemands; il brûle comme du bois, & on apperçoit dans fa flamme les
fignes d'un peu de bitume.

Carbones lignei ex mumiá vegetabili. Cet échantillon provenant des campagnes

(1) Grand-Maître des Mines de la Dalécarlie & de la Weftmanie, & auquel on attribue l'Effai de Minéralogie, traduite du Suédois en Allemand par M. Wiedman, & de l'Allemand en François par M. Dreux, fils.

(2) *Herbarium diluvianum. Lugd. Bat.* 1723, *pag.* 57 & 109.

de Boferup , eft plus qu'un Charbon de bois , c'eft un vrai jayet par couches , entremêlé d'une terre turfacée couleur de fuie, *mumia vegetabilis*, très-fine, qui falit les doigts , & eft très-abondante dans tout ce morceau.

Lithanthrax vel fiffilis fchiftofus, cum pauxillo Porcellaneæ albæ (1) , beau Charbon de terre fec, brillant comme le jayet. Ce que l'Auteur appelle *Porcellanea alba*, me femble être une efflorefcence alumineufe : il l'a défigné parmi ces terres de porcelaine pure , *n°. 2 , en forme de farine , & maigre*.

Lithanthrax cum Carbonibus ligneis ; bois non charbonné ou trop pénétré par les acides.

Dans la première Partie de mon Ouvrage , j'ai eu occafion de parler des *Charbons ardoifés*, des *ardoifes combuftibles* (2) & du Charbon de terre que renferment quelquefois les carrieres d'ardoifes (3) ; ce foffile envifagé alors purement & fimplement comme étranger & accidentel dans cette maffe au milieu de laquelle il fe trouve, n'a pas autrement fixé l'attention des Naturaliftes, qui n'avoient en vue dans leurs recherches que les carrieres d'ardoifes. Deux Minéralogiftes Suédois, M. Hermelin & M. Cronftedt , font les feuls que je fache qui aient obfervé fpécialement ces Charbons , & auxquels on foit redevable de pouvoir les claffer dans les différents genres connus. M. Hermelin a décrit en Naturalifte dans les Mémoires de l'Académie des Sciences de Suede , (4) une de ces Mines où le Charbon fe trouve dans le Schifte alumineux, & en même temps cette bande *parafite* qui y eft renfermée, & que l'on a qualifiée du nom de *Charbon de terre*. Comme Chymifte , M. Cronftedt a affigné la nature & la qualité de ce Charbon : en empruntant ces defcriptions de ces deux ouvrages, je les accompagnerai de quelques réflexions que je foumets à l'éclairciffement que ces Savants peuvent en donner.

Charbon de terre dans une Mine d'ardoife , fituée près la Manufacture d'Alun , terre de Maetorp , à Bellinger , Saeter , Seigneurie de Wadsbourg , en Weftgothie.

Ce lit de Charbon de terre eft placé fous un monticule de *pierre calcaire* ; plus bas fe trouve une autre maffe de *pierre à chaux* , qui renferme les Schiftes alumineufes d'une aune & demie ou trois aunes de France , enfuite les couches de *Charbon de pierre* , puis une nouvelle couche *d'alun* qui couvre un banc

---

(1) *Terra Porcellanea* , vulgò *Argille apyre* , *Argilla apyra* , felon cet Auteur, abfolument réfractaire au feu ordinaire de fufion. Cette argille ne peut qu'approcher de la vitrification ; mais elle conferve fa forme, quoiqu'elle foit molle par elle-même ; alors elle devient matte quand on la caffe , brillante & ferrée ; frappée contre l'acier , elle donne du feu ; elle a parconféquent les meilleures propriétés pour fabriquer des vaiffeaux deftinés à fondre , à cuire ou conferver des ma-

tieres falées & acides.

(2) *Brand Skiffer* GERMANORUM, *Schiftus phlogifticatus* , CRONSTEDT ; *voy.* la Table de la premiere Partie , fous les différents noms Françios , & fous celui de *Schiftus*.

(3) Pages 50 & 242.

(4)Remarques & Expériences concernant l'Art minéralogique de la province de Scaraborg en Weft-Gothie , premier trimeftre de l'année 1767 , page 32.

d'Horften ,

d'*Horſten*, au-deſſous duquel ſe trouvent encore des couches d'*Alun* (1).

Le Charbon ſe trouve dans le ſchiſte, tantôt en petits morceaux plus épars que les *Brand Skiffer*, tantôt en couches diſtinctes; cette couche eſt preſque horizontale & s'incline un peu du côté de l'Eſt; elle a deux à ſix pouces d'épais.

Ces Charbons ſont durs, ſerrés & néanmoins légers; à la vue & dans tout l'extérieur ils reſſemblent au *Kennel coal*, que l'on eſtime davantage que tous les Charbons qui ſe trouvent épars : ils ſe laiſſent couper avec le couteau, & donnent une poudre d'un brun noirâtre; ils ſe poliſſent aiſément, & on s'en ſert pour faire des boutons & des tabatieres; au feu ils donnent une flamme forte qui ſe ſoutient plus que celle des *Brand Skiffer*, & ils ne tombent pas ſi facilement en feuillets que les Charbons ardoiſés.

Au lieu de cendres, ils laiſſent des ſcories qui forment un volume égal à celui qu'avoit le Charbon brut; on les a eſſayés avec avantage dans les petites forges.

La deſcription du Charbon *Kolm* en Allemand, rangé dans la troiſieme claſſe de M. Cronſtedt, §. 159, ſe rapporte avec celle de M. Hermelin : » il reſ- » ſemble au Charbon de terre ardoiſé de Boſerup; mais il eſt plus mat quand on » le caſſe; il brûle avec flamme & ne ſe conſume point, &c. il ſe trouve en An- » gleterre & dans l'ardoiſe alumineuſe de Maetorp ». Il y a donc toute appa- rence que c'eſt du même Charbon, que ces deux Auteurs ont parlé : néanmoins ſi le *Kolm* des Allemands eſt le Charbon *Culm* des Anglois, il y a ici quelque mépriſe dans la comparaiſon de l'un ou de l'autre Savant; car le *Kennel coal*, au- quel ce Charbon de Maetorp reſſemble, ſelon M. Hermelin, eſt fort différent du *Culm* des Anglois, pour lequel on eſt diſpoſé à le prendre d'après le nom Allemand.

Ayant embraſſé l'Hiſtoire générale du Charbon de terre, je ferai paſſer en revue quelques ſubſtances particulieres qui ont une affinité avec le Charbon.

C'eſt en rapprochant de cette maniere l'hiſtoire d'une même ſubſtance miné- rale, parfaite ou imparfaite, avortée, dégénérée, altérée par une cauſe quel- conque, que l'on pourra parvenir à des idées raiſonnables ſur ſa compoſition & ſur ſa décompoſition.

Du nombre de ces bitumes foſſiles dont je veux parler, & que l'on peut re- garder comme ſubſtance analogue au Charbon de terre, eſt celle nommée par les Mineurs Allemands *Knopfſtein*, c'eſt-à-dire, *pierre à boutons*, à cauſe de l'uſage que l'on en fait. Il paroît que cette eſpece de jayet groſſier, qui ſeroit peut-être mieux nommé *Lithanthrax larvatum*, eſt de deux eſpeces, une qui ſe trouve dans pluſieurs Mines de fer, qui eſt très-aiſée à fondre, & dont on fait du verre noir & des boutons; l'autre, aſſez bien nommé par les Allemands, & en François *Charbon de terre ardoiſé*, (puiſqu'il ſe rapporte au genre des ardoiſes)

(1) Les couches entre leſquelles ſe trouve le Charbon de terre de la Gothie ou Goſlande, par- tie la plus méridionale de Suede, ſont, d'après les remarques de M. Triewald, d'un gros grès ſpongieux, ou même de *Whin*.

qui eft facile à fe mettre en fufion, & forme un verre noir tranfparent, ce qui pourroit venir des parties martiales unies à ces fchiftes : il y a des endroits où l'on fait de même fondre ces pierres pour en faire des boutons & des petites boules ; on peut auffi s'en fervir pour faire le verre des bouteilles.

Peut-être même y a t-il encore d'autres variétés de ce *Knopf Stein* ou mauvais Charbon, dont l'*ampelites*, (voy. *page* 109) pourroit être une efpece.

Le Charbon de terre n'eft pas feulement propre à recevoir des imprégnations & même une portion métallique en abondance, (voy. *page* 138, premiere Partie) il eft de plus, fufceptible de s'unir fi intimement avec les métaux dans les entrailles de la terre, que ces Mines acquierent la propriété combuftible, quoique la terre métallique l'emporte pour la quantité fur le phlogiftique bitumineux du Charbon de terre.

De cette efpece on connoît une Mine de cuivre & une Mine de fer ; nous ne parlerons ici que de cette derniere, le mars étant la fubftance métallique qui fe trouve le plus communément allié avec le Charbon de terre : cette Mine de fer combuftible fixe, *Minera ferri phlogiftica*, *Cronftedt*, ne differe pas beaucoup à l'extérieur des Charbons de terre ou de la poix minérale ; mais elle eft plus dure, elle donne à la chaleur de la calcination, une flamme petite & très-prompte ; elle conferve fa forme extérieure & perd feulement de fa pefanteur ; mais elle retient quelquefois plus de foixante-dix pour cent. L'Auteur en fait deux efpeces, une tendre & fragile, & une folide femblable à de la cire à cacheter noire (1) : on l'appelle dans la Norbeck, *Wafch-Berg*, qui veut dire jayet. Dans les Mémoires de l'Académie de Suede (2), M. Cronftedt a donné la defcription détaillée d'une de ces *Mines combuftibles* ; il obferve qu'elle eft répandue en marrons dans la Mine de Wæfterfiltberg dans des rochers compactes, & enveloppée dans une pyrite couleur de foie : voici la defcription de ce minéral.

Sa couleur eft noire, fon tiffu compacte & luifant, fa fracture comme celle d'un caillou, & elle reffemble fi parfaitement à du Charbon de terre, que les meilleurs connoiffeurs y euffent été trompés ; elle n'eft point attaquable par les acides ; fa dureté n'eft pas confidérable ; on pourroit aifément la pulvérifer & la racler avec un couteau ; fa pefanteur n'eft point affez grande pour la faire diftinguer du Charbon de terre ou de la poix minérale.

La feule différence eft qu'elle n'eft point électrique, elle ne s'enflamme ni ne répand point de fumée dans la calcination, qui ne lui fait perdre qu'un cinquieme de fon poids ; il s'en exhale une odeur d'acide fulphureux, & elle devient un peu brune : l'aimant l'attire un peu dès avant la calcination ; mais il

---

(1)Dans la nombreufe collection que j'ai faite de toutes les fubftances foffiles rencontrées dans les Mines de Charbon ou dans leur voifinage, & d'autres matieres minérales qui pouvoient entrer en comparaifon avec ce bitume ; j'ai plufieurs morceaux d'une matiere qui reffemble fort à ces *Knopfttein*, à ces *Wafch-Berg*, &c. ils m'ont été envoyés d'une fouille entreprife pour une recherche de Charbon de terre près le Château de Son Excellence M. le Comte régnant de Bentheim, dans la partie Occidentale du cercle de Weftphalie.

(2) An. 1751. Tom. XII. *page* 230.

l'attire plus fortement lorſqu'elle eſt calcinée.

Un morceau peſant ſept livres (poids d'eſſai), a donné par l'eſſai ordinaire douze livres par quintal; cependant il y avoit une portion qui étoit paſſée dans les ſcories.

Dans cette grande partie ſituée au milieu de l'Europe (l'ALLEMAGNE), le Charbon de terre abonde, comme on l'a vu *page* 116, dans quantité d'endroits. A la premiere deſcription que nous avons donnée de la Mine de *Wettin* en *Saxe*, nous en ajouterons une ſeconde publiée par M. *Triewald*, d'après *Samuel Buſchenfelt*, Arpenteur.

Swart Mylla.	6 Aunes.
Grolet Moer Stein; pierre griſe, légere, friable. .	1
Une pierre jaunâtre dure.	¼
Skiferig; pierre griſe, légere & friable, ardoiſée. .	4 ¼
Pierre pâle & dure.	½
Tak Stein, PIERRE DE TOIT jaunâtre en-deſſus, & noirâtre en-deſſous.	1 ½ 2
Lera, argille griſe.	1 ¼
Le toît qui dans quelques endroits ſe trouve être un Charbon beau & ſolide. . . .	¼ ou 1

Dans le milieu ſe trouve une veine ſemblable à une argille dure, d'une couleur griſe claire.   .   .   .   .   . 6, 8, 10, 12 pouces.

Au-deſſous de ce lit ſe trouve une grande montagne de nul uſage, ayant cependant quelquefois un bord de ſable ſoufreux qui ſe trouve même quelque-fois dans le Charbon.

Les Charbons de cette Carriere décrite *page* 124, & tous ceux du voiſinage de Halle ſont remarquables dans l'Hiſtoire Naturelle, & ſur-tout dans l'Hiſtoire de la Chimie, parce que le célebre M. Hoffman en a fait le ſujet de ſes obſervations (1).

Ils ſont compactes & peſants, & diſpoſés par feuillets, dans leſquels on apper-çoit des lames pyriteuſes très-minces, de couleur jaune brillante : ces paillettes qui jouent l'*oripeau*, ſont regardées comme ſignes de la préſence de beaucoup de ſoufre; la propriété qu'ont ces Charbons de durer long-temps au feu, & de donner une flamme vive & ſoutenue, les fait rechercher par les Forgerons; après avoir brûlé, ils donnent des ſcories très-compactes. Le ſa-vant Chimiſte obſerve que ces Charbons tiennent d'une nature *bituminoſo-ſul-phureuſe*. En raſſemblant dans la IVᵉ. Section de cette ſeconde Partie, toutes les marques ou tous les phénomenes qui conduiſent à caractériſer la qualité des différents Charbons que l'on peut rencontrer, j'aurai occaſion de développer celle que l'Auteur aſſigne ici au Charbon de Wettin; il me ſuffit de la faire re-

(1) *Fred. Hoffman. oper. Supplem. pars* 2, *Genev. pag.* 12. *Oryctographia Halenſis.*

marquer ici en paſſant pour ſe le rappeller alors, ainſi que la maniere dont il s'exprimera au ſujet du Charbon du toît de Loebegin, dont il ſera queſtion tout-à-l'heure.

La Mine de Charbon de Halle en Saxe, s'étend fort au loin, ſous une grande partie de la ville & d'un fauxbourg, enſuite dans les campagnes vers le Midi, juſqu'au Bourg *Lieben* où on la rencontre ſouvent lorſque l'on fait des puits, de même qu'à *Dielau*, à une lieue & demie de Halle; ſa texture repréſente un amas de morceaux de bois en copeaux.

M. Hoffman a auſſi obſervé en particulier les Charbons de Loebegin, dont j'ai parlé *page 125*: ceux-ci ſe détachent de la Mine par pieces plus conſidérables; mais au feu ils deviennent plus légers, ſe ſéparent aiſément en piéces, & durent moins au feu; après avoir fait leur effet, ils ſe réduiſent en cendres.

Le Tage Kholen du Charbon de Loebegin eſt bitumineux, il n'abonde pas tant en pyrite que celui de Wettin; il eſt beaucoup plus tendre & plus léger, s'enflamme plus difficilement que le *tage kholen* de Wettin, en exhalant une odeur *ſulphureo-acide*; il n'eſt employé que pour la préparation de la chaux vive.

Dans le même Duché, (de Saxe) aux confins de la Miſnie, le Bourg de *Diben* ou *Dieben* ſur la Muld, le voiſinage de *Neuſtad* & de *Ihlefeld* à *Plaven*, ont auſſi du Charbon de terre; celui de *Bernebourg* dans la baſſe Saxe, eſt de très-bonne eſpece. M. Lehmann obſerve que les Saxons ne conſtruiſent des galleries que d'une demi-aune en quarré, & que l'Ouvrier eſt obligé de travailler étant couché; cela ſuppoſe des veines d'une épaiſſeur fort peu conſidérable.

En *Siléſie*, le Charbon d'*Altwaſſer* & de *Taunhauſen* eſt excellent; il eſt employé aux blanchieries de toiles qui ſont aux environs.

Le territoire de *Koſtuchna* en renferme auſſi de très-bonne qualité; on y en connoît deux couches, dont une de ſept pieds d'épaiſſeur: juſqu'à préſent on n'en tire point parti.

Au Sud-Oueſt de la France, & au-delà des monts Pyrenées, l'ESPAGNE a des Mines de Charbon de terre dans pluſieurs Provinces; on y en connoît au *Royaume de Léon*, du côté de Salamanque & dans les *Aſturies*. La Galice ſituée à l'extrémité de l'Eſpagne & environnée de deux côtés de l'Océan, riche en cinabre & en minéraux précieux & utiles; la partie méridionale, appellée *Baſſe Andalouſie*, dans les environs de Seville, poſſédent du Charbon de terre: enfin, dans la partie Septentrionale, (la *Caſtille neuve* ou *nouvelle Caſtille*, appellée auſſi *Royaume de Tolede*,) dans la *Sierra* (1), près de la Vallée du Mancanares aux environs de Madrid, on y en connoît auſſi.

Entre la France & l'Italie, la *Savoye* a auſſi de ces Mines, dont le Charbon

---

(1) Par ce mot, les Eſpagnols déſignent les pays montagneux, dont les cimes de montagnes ſont hériſſées comme les dents d'une ſcie; ils en ont dans pluſieurs endroits; mais la Caſtille neuve eſt entr'autres partagée en pluſieurs *ſierras*, dont chacun a ſon ſurnom particulier.

eft employé pour faire cuire le fel qui fe tire de fources d'eaux.

A l'Orient de la France, la *Suiffe*, dans une étendue d'environ quatre-vingt-dix lieues de longueur & autant de largeur, a une quantité prodigieufe de Mines de Charbon, qui pourront un jour devenir une richeffe réelle de ce pays : les bois fe dégradent tous les jours ; celui à brûler a doublé de prix depuis 1750 : cela n'empêche point que le préjugé contre l'emploi du Charbon de terre dans les ufages domeftiques ne fubfifte encore fortement ; on a vu le Magiftrat de police défendre d'en employer à Laufanne & même à Berne. Comment peut-on négliger des reffources femblables, tandis qu'on fe plaint fans ceffe de la cherté des bois ? La ville de Bafle en a cependant introduit l'ufage dans les foyers domeftiques : on trouve beaucoup de profit à fe fervir du Charbon de terre de Champagné, près de Ronchamp, en Franche-Comté.

J'ai indiqué dans la première Partie *page* 114, les principaux Cantons de Suiffe qui ont de ce foffile ; je vais donner les endroits particuliers où il s'y en rencontre, tels qu'ils font défignés par M. Bertrand (1) ; j'ajouterai quelques-uns des détails que m'a fourni M. Sinner de Balaigne (2), fur quelques-unes de ces Mines, & ceux qui fe trouvent dans *l'Effai d'une diftribution méthodique des Foffiles*, par M. Bertrand.

Dans fa troifieme claffe qui contient les *bitumes* ou *fucs fulphureux*, il diftingue les Charbons de terre en fix claffes générales, qui pour l'ufage varient en bonté.

1°. Charbon ligneux par fibres : *lithanthrax ligneum.*

2°. Charbon pierreux en maffe : *lithanthrax petrofum.* Ceux-là font ftériles en bitume ; ils ne peuvent fervir que pour cuire les tuiles ; tels font ceux du Comté de Lingen en Weftphalie.

3°. Charbon terreftre & mêlé : *lithanthrax terreftre atque mixtum*, *lithanthrax terreftre.* Ceux-ci font friables, fe décompofent à l'air, font moins profonds en terre, s'allument aifément ; mais le feu n'en eft pas fi ardent.

4°. Charbon bitumineux ou de poix : *lithanthrax piceum feu bituminofum.*

5°. Charbon d'ardoife ou fiffile : *lithanthrax fiffile.*

6°. Charbon métallifé : *lithanthrax metallifatum vel mineralifatum.*

Ceux qui font pyriteux & pénétrés de minéraux, ont une odeur forte.

Dans le CANTON DE ZURICH, à trois lieues de cette ville, entre *Horg* & *Kapfnac*, il y a une Mine dont M. Scheuchzer (3) a décrit quelques circonftances ; entr'autres fur un morceau dont les parties ne font point affemblées en maffe, mais en maniere de tuyaux ramaffés en paquet ; ce Charbon eft compofé de filaments droits, ronds & larges, de la groffeur à peu-près d'une petite aiguille à tricoter, lefquels fe tiennent debout & roides comme les foies d'une broffe

(1) Recueil de divers Traités fur l'Hiftoire Naturelle de la terre & des foffiles, par M. E. Bertrand, Secrétaire de la Société économique de Berne, *in*-4. Avignon, 1766.

(2) Du Confeil Souverain & Bibliothéquaire de Berne, de la Société économique de cette Ville.

(3) *Iter Alpinum.*

fort rude, ou comme les dents d'une carde à carder la laine : cette ſtructure particuliere donne lieu à M. Scheuchzer de chercher à déterminer quel eſt le corps qui ſe feroit ainſi minéraliſé ſous la forme de Charbon de terre (1).

Ces Charbons de terre de *Horge*, ſont entremêlés de pyrites qui effleuriſſent en couperoſe lorſqu'elles ſont expoſées à l'humidité & au ſoleil ; M. Scheuchzer y ſoupçonne quelques parties d'alun ; il a fait l'analyſe chimique de ce Charbon de terre.

Il s'en eſt ſervi dans les fourneaux pour les diſtillations, en les pilant groſſiérement & les paîtriſſant avec un peu de limon.

A Hondelfangen, il y a auſſi de ce foſſile.

Le Canton de Berne eſt celui de la Suiſſe qui a le plus de Mines de Charbon : il paroît que ce foſſile eſt répandu dans toute la longueur de cette domination ; mais aucune veine n'a encore été exploitée réguliérement : la qualité des Charbons y varie à l'infini. M. Sinner dont il y a un Mémoire ſur ces Mines dans les Actes de la Société Economique de Berne, An. 1768, en a compté une vingtaine d'eſpeces très-différentes.

A *Frienisberg*, diſtant de Berne de trois lieues, Charbon dur, peſant, qualifié *pyriteux*, exhale une odeur de ſoufre ; on n'en fait point d'uſage. M. *Bertrand* avance que ſi on le gardoit long-temps hors de terre, l'odeur ſeroit moins forte.

Dans le *Haſly*, ou *Val Haſel*, ou *Haſlelande*, dans la montagne de *Engotlen*.

A *Bruttelen*, Bailliage de *Carlier*, ou *Erlach*.

A trois lieues du Lac de *Thoun*, diſtant de Berne d'environ quinze lieues, il y a une Mine de Charbon dont la veine a huit pieds d'épaiſſeur ; elle n'eſt point exploitée parce qu'on prétend qu'elle ne peut ſervir ni aux Maréchaux ni aux Forges ; elle eſt très-différente des autres eſpeces du canton, elle eſt maigre & laiſſe une ſcorie rougeâtre ; elle reſſemble beaucoup, dit-on, au *Molybdœna*.

A *Wynau* ou *Weinau* ſur l'Aar près d'*Arbourg*.

Dans l'*Emme-thal*, Bailliage de Signau à Eggivil du côté du Nord, à ſept lieues de Berne, Charbon très-ſulphureux, fort bon, pourvu qu'il ſoit ſéché à couvert.

Dans le Bailliage d'*Interlacken*, à *Stechelberg* montagne de *Lounter brunnenthal*, au Midi de *Luterbrunn* & à *Müllithal* dans le *Haſli Thal*.

A *Lentzbourg*, à *Nidau*.

En *Argow*, à *Geiſſnau, Gyſſnau*, montagne, rocher & carriere près de *Bertoud*, jolie petite ville nommée en langue du pays *Bourgdorf*, où il y a un bain aſſez renommé, qu'on appelle *le bain d'Im-Fauſt*.

A *Gyrisberg*, près de la même ville, Charbon de pierre fiſſile, & bois foſſile minéraliſé, ferrugineux.

(1) *Inter introchos & Alcyonia ambigens.* Luid. Lithoph. britt. n°. 105. *An Virgultum Corallinum Beaumontii.* Act. Phil. Lond. n°. 150. fig. 26. *Nec* non Brush-iron & Brush-iron ore, *Vena ferri quam depingit* Grew. Muſ. Societ. Reg. tab. 22.

Dans l'Argow à Suchgraben, à quatre lieues du Château de Fruttingen, au Midi dans l'*Oberland*; à *Castelen*, du Bailliage de *Schenckenberg*, Charbon plus ligneux & plus terreux que celui de Bochat; à *Denschbeuren*, Paroisse de ce Bailliage.

Au pays nommé Pays Romand ou *Pays François*, le pays de *Vaux*, vers le Lac de Geneve, à deux lieues & demie environ au Nord de ce Lac & à une lieue au Levant de *Lausanne*, on y exploite depuis une vingtaine d'années plusieurs veines; leur direction générale y est du Nord-Ouest au Sud-Ouest; elles s'élevent avec les montagnes depuis le Lac de Geneve, & se montrent au jour de ce côté, sur-tout au bord d'un torrent qui s'y jette.

Le Charbon de *Bochat*, au-dessous de Lutri à la Vaux, est plus bitumineux que celui de Frienisberg: on n'en fait aucun usage, quoique le Lac pât en rendre le transport bien facile: on y voit alternativement une couche mince, & une couche plus épaisse. M. Bertrand prétend que ce Charbon est très-bon lorsqu'il est séché à couvert.

A *S. Saphorin* (entre Lausanne & Vevay,) Bailliage de Lausanne, Charbon de pierre sur les montagnes, dans un bois dépendant du domaine appellé *Prapourri*.

Bailliage d'*Oron*, Maracou ou Marcou, entre le côteau & ce village.

Auzendaz, *Azendaz* ou *Auvendas*, haute montagne au Nord-Est de *Bex*; dans ce mandement, frontiere du Valais, *Bailliage d'Aigle*, dont le sommet est toujours couvert de neige & de glace.

Dans le Bailliage d'*Orm*, à trois lieues au Nord de Lausanne: M. Sinner a fait exploiter le Charbon de ce district: on y en connoît plusieurs veines de cinq à neuf pouces environ d'épais; elles suivent à peu-près la même direction que celles de Lausanne; mais avec cette différence, qu'on ne les trouve qu'à leur tête, c'est-à-dire, où elles plongent, & que la situation des lieux ne les présente pas au côté opposé & au bas.

M. *Sinner* a fait pousser deux galleries sur une veine qu'il exploite, & de laquelle chaque Ouvrier tiroit cinq quintaux par jour; cette veine se montre au bord d'un torrent, le long duquel on en trouve environ six les unes sur les autres, à dix, douze ou quinze toises d'intervalle de profondeur, dont chcune n'a pas plus de six à sept pouces.

Il s'y en trouve à une petite lieue d'étendue, dix ou douze autres qui ont toutes une direction extrêmement inclinée à l'horison: cela va à environ quarante-trois degrés.

Entre le mont S. Gothard, le Crispelberg & la riviere de Russ, dans le canton d'*Uri* on connoît du Charbon, & à la Vallée de Fontaux, près de Schimberg.

A Schimberg on trouve aussi du malthe ou bitume grossier.

M. Bertrand indique encore du Charbon à *Millery*, au-dessous de l'hermitage de Sainte Barbe, & il l'appelle *lithanthrax durius*; à Griesborn, à une lieue de

Sarlouis, à Créange & à Puttelange ; il définit le Charbon de ce dernier endroit *lithanthrax fragilius.*

Hainaut Impérial ou Hainaut Autrichien.

Dans cette partie des Pays-Bas, les veines de Charbon font plus fortes & plus fréquentes que dans le voifinage nommé *Hainaut François* ; on y en trouve peu en *Roiffe*, & lorfqu'il s'y en rencontre, ce pendage ne fe continue guere.

On n'a pas non plus à traverfer autant d'épaiffeur de rocher & de terre, ce qui difpenfe de profonder de grands *Burques* ; c'eft le nom que l'on donne aux Bures dans cette Province.

On va chercher le Charbon par xhorre, & on le tire par torret ; de cette maniere on gagne prefqu'entiérement les frais de l'exploitation, & le bénéfice eft plus confidérable, *voy. page* 135.

Dans les Mines du pays de la Reine, on diftingue la maffe qui compofe l'épaiffeur de la veine en deux ou trois couches, appellées *membres*, féparés par un lit d'*agay*, appellé *dieve* ou *terre glaife.*

En fuivant le même ordre que nous avons fuivi dans la premiere Partie, *page* 133, le Comté de Namur & le pays Montois, vont être paffé ici en revue.

Comté de Namur.

Ce que l'on nomme *Roc* dans les Mines de *Charleroy*, eft une pierre très-dure, de couleur ardoifée, & qui fe fépare par écailles affez épaiffes ; ces feuillets quelque temps après avoir été caffés, prennent, à l'endroit de la fracture, une couleur fauve vifant à celle de tabac d'Efpagne, mais qui n'eft que fuperficielle.

A *Charleroy*, un attelier comprend des *Xhaveurs* ou Ouvriers employés à tirer le Charbon, ayant pour falaire dix-fept fols, fix deniers.

A quatre Xhaveurs par jour.	.	.	.	3 livres 10 fols.
Deux *Traîneurs* pour remplir les paniers, à quinze fols chacun.	.	.	.	1 10
Dix-fept *Seloueurs* à une livre par douze toifes, fur deux cents toifes.	.	.	.	12 15
Dix-huit hommes à neuf torrets, deux hommes par torret.	.	.	.	13 10
Deux hommes pour recevoir le Charbon.			.	1 10
Quarante-cinq Ouvriers coûtent par jour				32 liv. 15 fols.

& tirent par jour trente-fix milliers de Charbon.

A trente-deux livres quinze fols, il faut ajouter les frais des chevaux, les feux, l'entretien des machines, les gages des Commis.

Ces

Ces différents frais & autres non fupputés, deviennent d'autant moins lourds qu'il y a plus d'exploitation.

Dans ces Mines on trouve quatre veines les unes fur les autres avant d'arriver à la profondeur de foixante-trois toifes.

Dans celles de M. Défandrouin, l'eau eft tirée de foixante toifes de profondeur; le Charbon eft placé à cent-huit toifes au-deffous, ce qui fait en tout cent foixante-onze toifes. Les galeries font pouffées à plus de deux cents toifes; il y a à la fuperficie neuf treuils.

La Houille du quartier de Charleroy a cela de particulier, qu'il faut qu'elle refte long-temps à l'air & à la pluie, même dans l'hiver, pour devenir meilleure; du moins c'eft l'idée de quelques bons Ouvriers. Si cette remarque n'eft pas un préjugé de leur part, elle autorife à conjecturer que ce Charbon tend à l'état vitriolique ou alumineux. *Voy.* premiere Partie *pag.* 75.

La Houille du village de Blatton, eft, comme celle d'Andenne au Comté de Namur, bonne à cuire la chaux & les briques; on l'emploie auffi au chauffage dans les poëles; elle fe vend une livre dix fols le muid, pefant de fix cents à fix cents cinquante livres.

Dans quelques forges des environs de Charleroy, on fabrique des clous avec le Charbon de terre; cette facilité eft caufe qu'il y a une quantité prodigieufe de Cloutiers établis dans les villages du Comté de Namur les plus proches de la Sambre, où il y a des Houillieres, comme à *Durmy*, & ailleurs. Ces clous paffent jufqu'à Paris, & il s'en débite du côté de la Flandre, dans tous les Pays-Bas Autrichiens.

On emploie auffi pour platiner le fer, moitié Charbon de bois, & moitié Charbon de terre.

La Mine la plus confidérable du pays de Charleroy, eft celle appellée *Houilliere facree*, fituée à Gauchely, dépendante d'*Emplumée*, attenant les remparts de Charleroy: pofition qui, en s'étendant fous une partie de la ville, fut habilement mife à profit en 1747 par feu M. de Bélidor, de l'Académie des Sciences, dont le ftratagême décida la reddition de la place (1).

C'eft dans cette Mine qu'eft arrivé le fait du Houilleur Jean-Baptifte Evrard, inféré en extrait dans l'Hiftoire de l'Académie des Sciences (2); j'en avois recueilli le détail de la bouche même de cet Ouvrier, chez feu M. le Vicomte Défandrouin, dans fon Château du Sart, d'où je l'avois envoyé à l'Académie: le Rédacteur de l'Obfervation l'a attribuée par méprife à M. Santorrin, qui dans le moment prit foin de l'Ouvrier, & que je cite à ce titre.

L'exemple de cet Ouvrier étant une preuve que des hommes ainfi renfermés font dans le cas d'être recherchés dans ces bouleverfements de Mines, fans avoir égard au temps depuis lequel le malheur eft arrivé; je rapporterai ici le fait dans fon entier.

(1) Voyez ce trait dans fon Eloge. Hiftoire de l'Académie, année 1761. *page* 178.
(2) Obfervations de Phyfique générale. Hiftoire de l'Académie, année 1761. *page* 26.

Obſervation d'une abſtinence de nourriture ſur un Houilleur enfermé pendant huit jours, dans une Houilliere de Charleroy.

Le 17 Décembre 1760, à huit heures du matin, un des Ouvriers employés dans cette Houilliere, où il n'y avoit qu'une veine & trois galleries, ayant *foré* la veine avec le *Tarré* dans la *gralle* du fond, à cinquante-ſept toiſes de profondeur, donna avec cet inſtrument dans une *baigne* d'anciens ouvrages qu'on ne connoiſſoit pas. Au moment que les eaux ſe firent jour, neuf Ouvriers étoient en face de l'endroit, deux d'entr'eux s'échapperent avec le *bouillon*, eurent le temps de regagner le *bure de chargeage* & de remonter dans le panier ; ſept autres furent entraînés ; de ce nombre, le nommé Jean-Baptiſte *Evrard*, âgé de 30 ans, natif du Lodel en Sart, près le Château du Sart, après avoir été emporté par la *mer* d'eaux avec beaucoup de *genges*, piliers & autres décombres, gagna un petit chemin montant à la pointe de la veine, & qui répondoit à une gallerie de huit cents pieds de longueur, la premiere que l'on avoit priſe ; c'étoit préciſément la même où étoit venu l'eau.

Les eaux ayant coulé dans les fonds de la Mine, Evrard ſe trouvoit entre le bure de chargeage & le bure d'airage ; ce derrnier venoit ſe rendre à la galerie ; mais ces deux communications extérieures étoient abîmées ; Evrard avoit beau aller ſans ceſſe de l'un à l'autre pour chercher quelqu'ouverture ou pour voir s'il n'entendroit perſonne ; ſes habits étoient trempés, il avoit ſouffert du choc de toutes les décombres avec leſquelles il avoit été entraîné ; le défaut d'air l'incommodoit beaucoup, tout cela ne l'empêcha point de crier, d'appeller long-temps & ſouvent, de frapper avec un *martier à pointe* qu'il avoit trouvé, mais inutilement ; il regagna le petit chemin montant qui avoit été ſon premier aſyle & s'y endormit de fatigue, à ſon réveil ſes habits ſe trouverent ſecs comme s'ils n'avoient point été mouillés.

Continuellement preſſé par la ſoif & par la faim, ſans cependant ſe ſentir plus foible le dernier jour que le premier, Evrard ne perdoit point eſpérance & ne ſe rebutoit point de ſes allées & venues ; la plupart du temps il a été aſſoupi, & il croit avoir paſſé une partie du temps à dormir ; il a aſſez réſiſté à la ſoif pour ne boire que trois fois de l'eau qui venoit des anciens ouvrages ſous lui.

Pour reſſource en nourriture, il avoit quatre chandelles entieres, & quelques bouts qu'il avoit trouvés près de lui dans un coin de ſa retraite ordinaire ; il m'a dit les avoir portés pluſieurs fois à ſa bouche, mais n'avoir jamais pu vaincre la répugnance que lui donnoit cette graiſſe : pendant tout ce temps il n'a pas été à la garde-robe & n'a uriné que trois ou quatre fois.

Le 26 du mois de Décembre, à onze heures du ſoir, les Ouvriers ſe mirent à la recherche des cadavres ; le bruit de ce travail du côté du bure de chargeage, attira l'attention de Jean-Baptiſte Evrard, & il entendit clairement ſes camarades occupés d'en tirer un qui étoit mort dans la galerie où il se trouvoit, & se concertant ensemble sur les moyens de l'enlever; les uns vouloient que ce fût en lui mettant une corde au col, les autres en l'attachant par les épaules: Evrard qui s'étoit transporté avec ardeur à l'endroit où tout ceci se passoit, frappa avec son *martier* à pointe, en redoublant de force pour appeller & pour crier; les Ouvriers très-étonnés de ce qu'ils entendoient, n'en prirent que de l'effroi; les Travailleurs des Houillieres ne sont pas plus exempts que les Mineurs de l'ancien temps du préjugé de l'existence des mauvais génies, d'esprits dans les Mines; ne pensant point du tout à l'existence d'Evrard, ni de ceux qui n'avoient point été aussi heureux que les deux dont j'ai parlé, ils crurent que c'étoit un esprit: cependant pour s'en assurer, ils frapperent de leur côté; Evrard répondit avec son martier à pointe; cela fut réitéré de part & d'autre; les Ouvriers vinrent par troupe, & entendant l'esprit prétendu qui déclinoit son nom, son surnom, qui les appelloit de même, s'encouragerent à ne pas avoir peur; vint enfin une bande qui, assez heureusement pour Jean-Baptiste Evrard, avoit une pointe de boisson; celle-ci se détermina à se mettre à la besogne: à peine fut-elle parvenue à l'instant de donner la moindre ouverture de communication suffisante pour permettre à Evrard d'appercevoir la lumiere de ses camarades, qu'il y passa les mains & se jetta sur le premier qui se trouva le plus près; c'étoit un homme âgé de cinquante ans, nommé Baptiste Monnoyé, qui saisi sans ménagement par la tête, pensa mourir d'effroi, ne pouvant se persuader que ce pût être autre chose qu'un esprit; toutes les lumieres furent éteintes par le *crowin* (ou mauvais air), & ne purent être à Monnoyé d'aucun secours pour revenir de son erreur; on dépêcha l'ouvrage dans l'obscurité; Evrard lié par le milieu du corps avec une corde, monta le premier dans le panier, accompagné de Jean-Baptiste Monnoyé, qu'il n'avoit pas voulu lâcher.

Le Curé du village qui s'étoit transporté sur le lieu, au cas que son ministere fût nécessaire, & plus de cent personnes assemblées au *hernaz*, reçurent Jean-Baptiste Evrard, dont voici maintenant la seconde partie de l'histoire.

Au milieu de l'accueil & de l'étonnement de toute la foule du monde qui s'étoit grossie insensiblement, le premier effet du grand jour, dont il seroit avantageux de se garantir en pareil cas en couvrant les yeux, ne lui fit éprouver aucune impression; sa vue se porta sur trois pommes qui cuisoient au feu de la *machine,* il sauta dessus & les dévora.

Ce premier repas fut sur le champ suivi d'un demi-verre de vin blanc doux, & par intervalle on lui en donna deux autres.

On le conduisit dans une maison voisine où M. Santorrin, Chirurgien-Major de Charleroy, en prit soin; Evrard fut remis par degrés aux nourritures ordinaires; pendant les sept premiers jours il ne prit par jour que six tasses de bouillon, cinq ou six biscuits & quelquefois une tasse de thé, ensuite un peu de veau, de volaille; il fut les six premiers jours sans pouvoir recouvrer le sommeil; il se rétablit cependant dans ses fonctions naturelles.

Au bout de trois femaines il s'en retourna chez lui à un quart de lieue de la maifon où il étoit reflé, ayant encore alors befoin de quelqu'un pour le conduire; fes forces revinrent infenfiblement, & il travaille à la même Houilliere, avec cette différence qu'il eft employé aux ouvrages extérieurs. Depuis ce temps les camarades d'Evrard n'en font devenus que plus efclaves de leurs préjugés touchant les efprits habitants des Mines; ils difent qu'il y en a un dans cette Houilliere, & ils proteftent l'avoir reconnu pour un de leurs compagnons qui y font péris.

Pays Montois.

Outre les foffes de ce quartier que nous avons nommées *page* 135, il y a en-core celles de la Petite veine, fur *Jumet*, & celle de N. D. au Bois de Jumet, (au pays de Liege); entre le grand & le petit Warquignie, celles de Wafmes, Seigneurie de S. Guiflain, où on compte celle du Charbon appellé *Six paulmes*, & une autre nommée la *Picarte de Wafmes*.

En rentrant dans la dépendance de Mons, on doit remarquer plufieurs Mines à Warquignie où il y a un Contrôleur du Charbonnage; ces foffes font,

La *Platteure du Tas.*

La *Loubergie*, dont les Charbons font propres aux Forges.

La *Chaufournoire.*

Les *Andris d'Etonge.*

La *Foffe veine à l'aune*, du côté du moulin de Boffu, & une à *Ours.*

A Frameries, Seigneurie du Roi, *la Bifiva.*

La *bonne veine.*

Le *Crochet* appellé auffi *Commun.*

La *Duriaux.*

Le *Long terme.*

Le *Cavalier*, & plufieurs autres.

Les couches terreufes ou pierreufes qui précédent le Charbon dans ce quartier, font dans l'ordre & dans le nombre fuivant.

La premiere couche eft nommée *Argille*; c'eft en effet une terre argilleufe, délavée, légérement ocreufe.

La feconde appellée *Agay*, *Dieve* ou *terre glaife*, eft encore une autre ef-pece d'argille fableufe, d'un gris tirant fur le rougeâtre.

La troifieme eft nommée *du détour*; c'eft une glaife bleue; elle a quelquefois cinq toifes d'épaiffeur.

La quatrieme a cinq pieds d'épais; quoiqu'elle foit compacte, elle eft fujette à donner de l'eau; on l'appelle *Rabot*; c'eft un compofé de grain de fable noirâ-tre, dans lequel il domine une couleur verdâtre; cette pierre a l'air volcanifée, & eft une argille que je foupçonne commencer à devenir *Asbefte* (1).

(1) *Afbeftus immaturus viridis. Lapis acerofus, fibris rigidis. Caryftius lapis*: on prétend qu'en Sibérie, l'af-befte fe trouve dans une pierre verte très-dure qui tient de la nature du caillou.

La

La cinquieme nommée *Sable verd*, est une espece de sable tapé formant caillou, composé des débris du *rabot*, dans lequel sont restés les gros sables.

La sixieme couche est roc, avec un banc de pierre sauvage qui en est séparé par un lit argileux très-dur & très-compacte, nommé *cloya*.

La septieme qui recouvre la veine de Charbon, est appellée *craye*; c'est une terre pourrie, compacte & pierreuse, formant un *tripoli* (1) blanc, jaunâtre, avec des empreintes.

Je ne dois pas oublier de faire remarquer qu'outre ces especes d'argilles on trouve encore dans ce canton, à une lieue environ de S. Guislain, à Autroche, de la *terre à pipe*. D'après les observations de M. Rigaut (2), elle est à vingt pieds de profondeur, & forme un banc de dix pieds d'épaisseur divisé par lits: la plus grossiere est employée aux poteries de terre & de grès.

Cette terre rangée mal-à-propos, par l'Auteur du Dictionnaire d'Histoire Naturelle, dans la classe des marnes, & qui est une véritable argille, ne fait point effervescence avec les acides.

Les expériences de M. Rigaut prouvent, qu'elle est plus légere que celle d'Andenne au Comté de Namur; son poids est de cent-quarante-trois livres, quatre onces, trois gros le pied cube; & dix-sept pouces cubes réduits en poudre & tamisés, ont occupé quarante-deux pouces cubes qui ont imbibé quinze onces d'eau.

Les principaux Ouvriers employés dans les fosses, sont les *Ouvriers de voye* qui font le chemin pour mener les Charbons.

Ouvriers du grand milieu, qui jettent le Charbon sur la voye.

Ouvriers du petit milieu, qui ne font que leur Charbon & le jettent au grand milieu.

Ouvriers de fond, qui coupent la veine pour faire écouler les eaux; ils ne laissent pas en même temps que de faire leur quotité de Charbon comme les autres.

Tous ces Ouvriers travaillent de front en se renvoyant la Houille l'un à l'autre, ce qui s'appelle *escoquer la laye*; ils abattent ensuite la Houille, la jettent au *Meneur sur la voye*, & la menent de même dans le panier au *burque*.

Les outils sont les *pics* pour avaler les fosses, les *hawe* pour travailler dans la *Dieve*, les *mats*, les *houppes* qui sont les trivelles des Liégeois, les *Háways*, pour *auler les layes*, c'est-à-dire, exploiter la veine.

(1) *Argilla subtilis macra, usibus mechanicis aut polituris inserviens.* WOLSTERD. *Glarea indurata cohærens aspera, creta flavescens,* Terra Tripolitana WALLER. Tripela CARTHEVS. & MERCAT. *Alana, & Samius lapis* NONNULLORUM. *Marga luteo-alba friabilis.* LINNÆI. Tripel. G. Trippel. Sv. Tripela. AN. Terre maigre, seche, tendre au toucher, facile néanmoins à écraser; substance martiale, dont les especes sont différentes par la couleur, par la pureté, & par quantité de circonstances variées, qui ont donné lieu à différentes opinions sur la nature de cette terre ou pierre, improprement nommée par quelques Naturalistes, *Craye*; regardée par plusieurs, comme une calcination faite par des feux souterreins; par d'autres, comme bois fossiles; & par M. Guettard, non sans fondement je crois, comme une substance mitoyenne entre les glaises & les schistes. Sa propriété de résister à l'action du feu, la fait employer par les Fondeurs pour faire des moules.

(2) *Art de faire les Pipes.*

Le fupport du touret que l'on établit fur le petit bure, nommé *Torret* ou *Tour-ret*, s'appelle *flechement*; nous en avons placé la figure parmi les outils des Mines de Valenciennes, Planche XXXVII, lettre *S*.

Le Wade-de-foffe gagne deux efcalins. Le Maître Ovry, une livre cinq fols. Le Rawhieu, douze ou quatorze fols. L'Ovry de Teie, dix-huit fols : fe fournit de chandelles & d'outils, excepté le mat & les away ; fi on ne le fournit pas de chandelles, on lui donne dix-neuf fols. Le Coupeur de pierre & de veine, dix-huit à dix-neuf fols. Le Riftappleur, dix à douze fols. Le Bouteux-ju, *id.* Les Chargeurs quatorze patars, ou fans chandelles, quinze fols. Hiercheux grands & petits, *id.* Guieteu, fix ou fept fols, felon que le torret eft grand ou petit. Torleu, douze fols. Trairefles, fept fols. Retroffeu, douze fols.

La Jurifprudence du Hainaut Autrichien fur le fait de ces Mines, eft fort fimple & fort abrégée ; il n'y a pas un mot d'imprimé fur cette matiere ; toutes les procédures, qui ne font point plus rares fur cet article que fur d'autres, fe reglent uniquement fur ce qui fuit.

Lorfqu'une Compagnie des Charbonniers exploite fes veines dans certain terrein limité, elle les pourfuit fans interruption & fans empêchements, fuppofé même qu'il y eût quelques enclavements d'autres Seigneuries dans leurs lieux ou plutôt dans la marche de leurs ouvrages ; il y a la Seigneurie de Lambrechies, celle de Fleignies, celle de Warniquant, celle du Fleignet, Commanderie de Malte, &c. ils paffent & exploitent leurs veines au travers de ces enclavements, en payant à ces différents Seigneurs des enclaves, les droits de cens, outre ceux de Charbon, comme ils font à Sa Majefté lorfqu'ils approchent de ces mêmes enclavements. Les regards font nivelés, & y étant parvenus ils payent les droits à qui il appartient fur le pied des conventions, tel étant l'ufage ; & s'il arrivoit autrement, il faudroit s'arrêter vers ces enclavements, y laiffer des *efponges*, & par-là, les conduits deviendroient inutiles pour le Charbon qui fe trouveroit au-delà de ces enclavements.

Il eft d'ufage que lorfque quelques Seigneurs ont affermé leurs veines à quelques Charbonniers, & que la Compagnie y a fait un conduit pour exploiter ces mêmes veines, il n'eft plus au pouvoir du même Seigneur de les vendre à d'autres Compagnies, tout le temps que la premiere Compagnie y travaille, foit en tirant Charbon, foit en queftant ; les chofes étant autrement, il n'y auroit pas de Charbonniers qui vouluffent faire les frais d'un conduit, s'ils pouvoient être privés de leur veine.

Dès que le Seigneur veut profiter de fes droits, & exploiter lui-même les veines de fa Seigneurie, le droit des Entrepreneurs ceffe entiérement.

Le Charbon de Mons flambe au feu, & fe colle en brûlant ; il eft réputé le meilleur pour cuire la brique ; on l'emploie auffi pour les brafferies, les forges & le chauffage dans des grilles que l'on appelle *Tokoy*.

La qualité du Charbon fe juge dans le commerce, à raifon de fa légéreté ; plus il eft léger, plus il eft eftimé.

Selon l'efpece, la mefure de vente eft différente ; le Charbon appellé comme au Hainaut François, *Gayette*, *Gaillette*, fe vend au *muid*, pouvant pefer fix à fept cents, à proportion de la qualité ; ce muid fait quatre *Mandes* ou *Mannes*, dont il fera parlé à l'article de Valenciennes.

La mefure ordinaire des Marchands, eft celle nommée *Waque*, de cent quarante livres pefant, & du prix d'environ quinze fols ; fur cela il y a douze fols pour le Marchand, deux fols fix deniers pour le droit des Etats de Mons, & fix deniers pour d'autres petits droits établis fur les bateaux, pour la conftruction & l'entretien des éclufes.

La Waque eft auffi de cent cinquante-fix livres pefant : les déclarations qui fe font pour Condé, fe font à la mefure nommée *Baril*, pefant trois cents livres.

Dans des Mémoires anciens, je trouve qu'autrefois on fe fervoit encore d'une autre mefure qu'on nommoit *coupe*, pefant cinquante livres, poids de marc.

Il paffe pour certain qu'avant la découverte du Charbon de terre dans d'autres endroits voifins, il en fortoit des Mines du pays Montois plus de trois cents mille waques pour l'Etranger, fans compter ce que la Province confommoit ; fur ce pied, les trois cents mille waques apportoient à la Province deux cents vingt-cinq mille livres d'argent clair tous les ans.

Dans le temps que les villes de Condé & Tournay, qui font fur l'Efcaut, étoient au Roi d'Efpagne, auffi bien que la ville de Mons, il en fortoit encore une bien plus grande quantité de Houille qu'il n'en fort préfentement ; les bateaux defcendoient par Gand jufqu'à Anvers, d'où il en remontoit à Bruxelles, enforte que toute la Flandres & le Brabant ne confommoient que du Charbon de terre des environs de Mons : mais depuis que Condé & Tournay ont changé de maîtres, la traverfe néceffaire de cette partie du pays de France a fait augmenter les droits fur le Charbon, & la marchandife étant trop renchérie, les Flamands fe font habitués à en tirer d'Angleterre, qui n'eft pas toujours de bonne qualité, mais qui coûte moins.

A Marimont, fur la riviere d'Haifne, diftant de Binche d'une lieue & demie le prix des Charbons dont nous avons diftingué deux efpeces *page 136*, eft très-différent felon ces deux qualités, auxquelles il faut ajouter une troifieme.

Chaque *mille* pefant de *groffe* Houille, c'eft-à-dire, de Charbon de pierre en gros morceaux, eft de quatre livres dix fols.

Le *mille* de la *moyenne* Houille eft de deux livres dix fols.

Le *mille* de la même Houille, appellée *feffy*, par corruption du mot dont fe fervent les Charbonniers de bois (*fraifil*), eft de une livre dix fols ou de deux livres ; on le laiffe en terre pour qu'il perde moins.

Les Mines de cet endroit s'exploitent par percement ou *areine*, en pratiquant à la diftance de cent cinquante ou deux cents pas, ou davantage, un petit bure d'airage ; les eaux au-deffous du niveau s'enlevent par des petites pompes ou avec la machine à feu.

Différents ufages auxquels on emploie la Houille à Tournay.

Au moyen de la chauffée conftruite de S. Guiflain à Tournay, le *Tournaifis* formant un diftrict féparé dans la *Flandre Wallonne*, jouit de plufieurs avantages que procure ce foffile.

La *Cendrée*, connue fous le nom de *Cendrée de Tournay*, qui eft fi propre à entrer dans le mortier qu'on appelle du même nom, n'eft autre chofe que la cendre de *Houille* qui s'emploie dans ce quartier à cuire la pierre à chaux que l'on tire des Carrieres d'Antoing & de Landrethun, au bord de l'Efcaut: c'eft fur-tout celui de Frefnes, de vieux Condé, de Blatton, dont on fe fert pour cet objet particulier. M. Fourcroy de Ramecourt, Colonel d'Infanterie, & Ingé-nieur ordinaire du Roi en chef à Calais, a inféré dans la defcription de *l'Art du Chaufournier*, tout ce que l'on peut défirer fur ces fours à chaux. Le procédé particulier du ciment auquel la cendrée a donné le nom, a été publié à part (1) en 1770; j'ignore fi l'Auteur, M. *Carrey*, y a été plus exact que dans le procédé pour faire des *briques* propres au chauffage, & dont j'aurai bien-tôt occafion de parler.

Le refte de la Houille qui fe confomme à Tournay, eft tiré des foffes d'Anzin, de Frefne, de Mons, d'Ours, de Frameries.

Les *briquettes* ou *hochets* employés au chauffage, font formés avec une marle qui fe tire près de Tournay; elle reffemble à celle de *Try*, dont il fera parlé bien-tôt, mais plus compacte & plus pefante.

C'eft une terre argilleufe, calcaire, d'un blanc terne, faifant effervefcence avec les acides; on y apperçoit des petites taches noires que l'on pourroit attri-buer, ainfi que fon poids, à la préfence de quelques parties bitumineufes: la quantité de cette marle que l'on fait entrer dans cette fabrication, eft une partie fur quatre parties de Charbon: on obferve en général que ces briquettes font beaucoup de cendres.

(1) Différents procédés pour employer le Charbon de terre, *in-4°; 32 pages.*

L'ART

D'EXPLOITER LES MINES

DE

CHARBON DE TERRE.

Par M. MORAND, Médecin.

SECONDE PARTIE. IIIᵉ. SECTION.

EXPLOITATION, COMMERCE ET USAGE

DU CHARBON DE TERRE

EN FRANCE.

M. DCC. LXXIV.

TROISIEME SECTION.

Exploitation, Commerce & Ufage du Charbon de terre en France.

Dans la premiere Partie de cet Ouvrage, nous avons donné l'Hiftoire Naturelle des Mines de Charbon de terre qui ont été reconnues ou qui font exploitées en France : nous allons maintenant examiner ces mêmes Mines ou Carrieres, fous les trois points de vue dont nous formons la matiere de cette feconde Partie ; il y aura cette feule différence, que nous renfermerons dans un feul & même article qui fera le dernier de cette Section, les Provinces de France d'où la ville de Paris tire fa confommation ; nous aurons foin de replacer où il convient ce qui depuis eft venu à notre connoiffance fur la compofition du terrein qui renferme le Charbon dans chaque province.

La foffe qui fut ouverte en 1749 à Flines, dans le *Tournaifis*, partie Françoife, (attenant Mortagne, à une lieue de S. Amand) dont nous avons fait mention premiere Partie, *page* 148, a été abandonnée, fans qu'on en ait tiré de Charbon ; bien des perfonnes n'en croient pas moins qu'il s'y en trouve, & attribuent le manque de réuffite au défaut d'intelligence ou de courage de la part de ceux qui ont fait les premieres recherches. Le Lecteur ne fera point fâché de favoir le réfultat de cette fouille, dans laquelle on efpéroit trouver du Charbon de terre. Afin de completter la connoiffance des fubftances qui forment ce territoire, nous donnerons ici féparément l'état de ces couches, avec l'analyfe de l'eau dans laquelle a féjourné la fubftance la plus remarquable trouvée dans cette fouille, & que l'on a qualifiée une efpece de *Charbon minéral* ; cette defcription eft inférée dans un Recueil d'Obfervations fur les eaux minérales de S. Amand, par M. Goffe, Médecin de l'Hopital Militaire, (imprimé à Douay en 1750,) *pages* 20, 21, 22, &c. (1)

---

(1) *Terres*, à l'exception de la tourbe, très-reffemblantes à celles qui environnent les fontaines minérales de S. Amand.

Une *Ocre*.

Une *Marne*.

Une *Terre Glaife* de couleur d'ardoife, graffe, onctueufe ; les unes fermentent avec les acides, les autres s'écaillent & s'exfolient à l'air.

Gravier, rempli de pierres brunes, folides, & femé de brillants métalliques.

Une *Terre onctueufe*, pierreufe, liée avec une terre marneufe, mêlée de pyrites fulfureufes & ferrugineufes qui font en grande quantité, pefantes, de différente figure & groffeur.

Les unes font tendres & inflammables comme la *Houille*.

Les autres font folides, parfemées de brillants métalliques & fermentent avec les acides.

Quand on a percé cette couche marneufe & pyriteufe, on rencontre quelquefois une eau qui jaillit avec force d'un fable mouvant, & qui a une odeur de foufre & d'œufs couvés, très-incommode aux Ouvriers.

Pierre brune, friable, bitumineufe, fulphureufe & pleine de petits brillans. elle s'enflamme & répand des exhalaifons conformes à fes principes.

Par ces indices, les Travailleurs font prefqu'affurés de rencontrer cette efpece de *Charbon minéral*, qui renferme dans fes interftices des efpeces de veines de foufre naturel.

Ces veines de foufre s'étendent quelquefois jufqu'à deux ou trois pieds, & fe divifent en une infinité de branches dans l'intérieur du *Charbon*.

ARTICLE PREMIER.

Provinces dont les Charbons ne peuvent être exportés dans la Capitale.

Hainaut François.

Parmi les bandes terreuses servant de couverture aux Mines de Charbon de ce territoire, décrit *pages 146 & 147*, il y en a sur-tout trois qui sont remarquables en ce qu'elles forment ensemble une épaisseur d'environ dix-huit toises qui retient les eaux.

Ces terres sont la *Dieve*, appellée aussi *Guievre*, le *Bleu marle*, nommé autrement la *Bleuâtre*, & la *Martelle*, dite plus ordinairement *Marle*, connue dans toutes les fosses du voisinage de Valenciennes.

L'argille nommée *Guievre*, & celle appellée la *Bleuâtre*, (pour me servir de ces nouvelles dénominations,) se ressemblent beaucoup pour la couleur ; mais la première est plus grasse & plus compacte.

La substance où viennent soper les veines, est un banc de pierre nommé *tourteau*, d'un noir verdâtre ; elle se trouve placée au-dessous d'une pierre grise tiquetée de noir ; les Ouvriers l'appellent *Tabac* : cette maniere de la désigner me porteroit à penser que c'est la même pierre nommée Roc dans les Mines de Charleroy. *Voyez page 452.*

Ce tourteau & ce tabac annoncent le voisinage de la veine.

EXPLOITATION.

Outils & Ustensiles employés dans les fosses du Hainaut François.

Des différentes pieces qui composent la Planche XXXVII, quelques-unes n'ont pu être dessinées que d'après une description ; la difficulté inattendue de prendre ces desseins sur les outils même, a obligé d'y suppléer par beaucoup d'exactitude ; il suffira de prévenir ici que ceux dont on donnera les différentes dimensions, n'ont point été vus par la personne qui en a envoyé les figures, & qu'on les indiquera par lettres, afin de les distinguer des autres sur lesquels on peut compter, & qui seront indiqués par chiffres (1).

On trouve aussi en perçant ce minéral, de petites cavités où l'eau est renfermée, mais en petite quantité.

L'eau qui a séjourné dans ce Charbon minéral, exhale, par la voie de l'évaporation, une odeur sulphureuse.

Elle donne à la livre vingt grains de beau sel, âcre & piquant, analogue au sel marin.

Ce sel est de figure plane & cubique, avec quelques aiguilles ; il verdit la teinture de violet-tes ; il ne rétablit pas le tournesol rougi par les acides ; il est très-semblable au sel des eaux de S. Amand, dépouillé de ses parties bitumineuses & terrestres.

(1) La force des outils & la grandeur des ustensiles nécessaires aux travaux, étant nécessairement proportionnée pour quelques-uns, aux ouvrages auxquels ils sont propres ; il est facile d'expliquer la différence qui s'apperçoit à cet égard entre les agrêts que nous avons décrits pour les

Les *Sondes* ou *Tarrieres* appellées *verges d'Aboette*, fans doute à caufe des tarraux qui fervent de boîte à d'autres pieces, font compofées d'une tige à manche 1, d'une branche d'allonge *a*, & d'une cuiller *b*.

Il y en a de différentes longueurs, depuis un quart de toife, une demi-toife, jufqu'à une toife & une toife & demie.

Pour attaquer la *Guievre*, la *Bleuâtre* & *la Martelle*, on fe fert de la *Haw* ou *Pioche platte* n° 2 ; la longueur totale de cet outil eft de huit pouces neuf lignes, fa largeur de deux pouces neuf lignes, fon épaiffeur de fix lignes ; le collet a quatre lignes d'épaiffeur ; la hauteur du collet au talon eft de deux pouces ; il eft de trois livres pefant, non-compris le manche qui a deux pieds fix pouces de long.

On a auffi befoin quelquefois d'une *hache*, lettre *A*,

Lorfque l'on a de grands efforts à faire pour enlever de gros quartiers, on emploie le *Pic de roc*, en donnant prife à la pointe pour s'en fervir comme de levier : nous n'avons pas repréfenté cet outil qui eft le même que celui des Houilleurs de Liege ; le fer eft du poids de trois livres ; la longueur du manche eft de deux pieds, fa groffeur d'un pouce neuf lignes. La longueur totale de l'outil eft de neuf pouces fix lignes.

Les *marteaux* dont on fait ufage dans ces Mines font de deux efpeces ; un *à pointe*, n°. 3, pour couper le roc ; un *à tête*, n°. 4, appellé auffi *Maffe*, pour frapper & enfoncer.

Plufieurs *aiguillons* nommés auffi *Queufniers* ou *aiguilles* ; une *à pierre*, n°. 5 ; une *à veine*, n°. 6.

La *Batteroule B*, eft un outil employé à faire des trous & à y porter de la poudre à canon, afin de faire fauter la Mine ; quand on veut s'en fervir, un Ouvrier tient la batteroule, un autre frappe deffus avec une maffe de fer, & à chaque coup de maffe celui qui tient la batteroule la fait tourner infenfiblement ; cette manœuvre fe continue jufqu'à ce que le trou foit auffi profond qu'on le veut ; alors on y met la poudre, à laquelle on met le feu.

La longueur de l'outil eft d'un pied fept pouces, fans y comprendre fa pointe en bonnet de prêtre, qui eft d'environ un pouce ; fon volume eft de onze lignes de diametre.

Il y en a de différentes longueurs, mais toutes faites fur les dimenfions données ici.

Les plus petites fervent pour les rocs durs, les plus longues pour les rocs tendres ; celle que l'on voit ici eft de la longueur moyenne ; l'œil eft figuré felon fes dimenfions.

Le *Brondiffoir C*, a trois pouces de coupant ou de tranchant en longueur,

Houillieres de Liege, & la plupart de ceux du Hainaut François, où les veines n'ont pas une épaiffeur confidérable ; on n'y a point, à beaucoup près, de fi grandes maffes à ébranler, à détacher, à enlever, & il y a moins d'efforts à faire.

fur un pouce de largeur; fon manche eft de fix pouces de longueur, & de fept lignes de diametre.

Marteau à brondir D; fa longueur eft de trois pouces, fa groffeur de quatre pouces quarrés; le manche eft long de huit pouces quarrés.

Traîneau 7, fur lequel on pofe le panier dans lequel on charge les Houilles, & qui eft tiré, au moyen des bretelles, par des enfants qui marchent en fe traînant, & quelquefois en marchant à quatre dans la longueur de la veine.

Il y a deux efpeces de paniers, l'un & l'autre de bois; le plus petit 8, de forme ovale & cerclé de fer, eft celui dans lequel on conduit la Houille fur le traîneau, de la taille au puits.

Là on vuide ce panier dans l'autre 9, de forme ronde & garni en fer, qui s'enleve au jour par le moulinet.

Le *crochet* vu en *E*, eft une dépendance des cordes employées à l'enlévement de la Houille hors des foffes; il eft du poids de trois livres.

On peut y diftinguer la partie qui doit être attachée à la corde, & celle à laquelle les paniers doivent être accrochés.

Celle deftinée principalement à nouer la corde, dont l'œillet doit être fait avec attention, eft un grand anneau rond qui joue dans un autre plus petit, ne faifant qu'une feule piece avec le crochet à fa tête; l'épaiffeur de l'un & de l'autre eft de fept lignes de diametre; l'ouverture du plus grand eft de trois pouces deux lignes, celle du plus petit eft d'un pouce.

La longueur de ce crochet, depuis fon anneau jufqu'au milieu où il fe recourbe, eft d'environ fix pouces fept lignes, & de fept lignes d'épaiffeur; le refte qui forme proprement agraffe en diminuant infenfiblement de force, eft d'un pouce dix-neuf lignes; & fa pointe fe rapproche du corps du crochet, de maniere qu'il ne laiffe plus en tout qu'une ouverture d'un pouce cinq lignes : à peu-près vers le milieu de l'anfe, qui forme courbure, le crochet eft percé de deux trous *d, e*, qui fe correfpondent.

Ces deux trous, de neuf lignes de diametre chacun, font faits pour recevoir une cheville de bois qu'on y paffe après qu'on a embraffé les chaînes du panier, afin de les contenir & d'empêcher que le panier ne s'échappe par le mouvement qu'il reçoit au moment qu'on le lâche & qu'on le tire au haut de la foffe.

Le *Porte-lumiere F*, dont les Houilleurs fe fervent dans ces Mines, eft une verge de fer, longue de quatre pouces fept lignes, qui traverfe le chandelier, à peu-près vers le milieu; cette tige de fer eft pointue par un bout pour pouvoir paffer & repaffer dans le chapeau détrouffé, de maniere que la lumiere porte vis-à-vis le front de l'Ouvrier.

Dénominations des eaux de Mines dans le Hainaut François ; différentes machines employées à les enlever au jour.

Les eaux qui se rencontrent dans les ouvrages, sont désignées par différents noms.

On y appelle *Eaux du premier niveau*, celles qui se rencontrent avant d'avoir traversé une profondeur de seize toises.

Les eaux du *second niveau* sont celles qui se font jour dans l'épaisseur formée par le bleu marne & la pierre placée au-dessous ; on les appelle aussi *la forte toise*, pour exprimer sans doute l'épaisseur de ce niveau qui est d'une toise, & l'abondance d'eau qu'on y rencontre quelquefois.

Les eaux dites du *troisieme niveau* sont celles qui se font jour sous le second lit de *bleu marne* ; les eaux en sortent avec force, elles ne sont cependant pas les plus à craindre, ce n'est qu'au premier moment qu'elles prennent jour, qu'elles se montrent avec impétuosité : lorsqu'on en a épuisé le premier jet, elles s'affoiblissent ordinairement.

Les grandes ramasses d'eau au fond de la fosse, sont appellées *Eaux du quatrieme niveau* : le travail par lequel on épuise continuellement les eaux sans toucher au fond, se désigne par l'expression *battre les eaux* ; d'autres eaux qui ne viennent point de source, se répandent néanmoins en assez grand volume pour pouvoir submerger les ouvrages. Quoique les rocs soient plus sujets aux eaux vives, ils donnent de temps en temps des eaux par des fentes ou *coupes* ; ces eaux sont distinguées par le nom de *Saignées.*

Les travaux & les mains-d'œuvres relatives à ces irruptions aqueuses, ont deux objets, celui d'empêcher la communication des eaux chez son voisin, & celui de mettre ses propres ouvrages à l'abri de l'inondation ; pour le premier il est de regle, lorsqu'on approche le terrein du voisin, de laisser une digue de quarante toises.

Les différents moyens d'épuiser les eaux ont déja été détaillés à l'article de Liege, *page* 268 & suivantes. Dans les commencements d'ouvrages qui ne demandent point de fortes puissances, on applique à ces usages des machines à pompes qui agissent par le moyen des chevaux.

La Figure 10, Planche XXXVII, représente un de ces corps de pompe qui sont en fer ; on doit observer qu'ils se posent de front jusqu'à la superficie du jour.

11 est le tampon sur lequel se met la piece 12, qui s'enchâsse dans les montants qui se trouvent à l'embouchure de la pompe.

Afin de se rendre maître d'une plus grande *mer d'eaux*, les fosses qui renferment ces corps de pompes, sont toujours enfoncées au-dessous des premieres galeries, c'est-à-dire, que depuis le niveau de ces galeries, il y a un *puisard* de douze ou quinze toises perpendiculaire à la fosse, dans lequel toutes les eaux viennent fe rendre par différents endroits; c'eft par cette raifon que parmi les machines à feu placées fur le quartier d'*Anzin*, on voit une de ces foffes de quatre-vingt-dix toifes de profondeur, de laquelle on peut tirer dix mille tonnes d'eaux en vingt-quatre heures.

L'utilité dont ces machines à chevaux peuvent être dans bien des occafions, & la fimplicité de leur conftruction, nous engage à en décrire ici quelques-unes d'après M. Bélidor. Lorfque cet Académicien fit à Valenciennes plufieurs voyages pour vifiter la pompe à feu de *Frefnes*, il y avoit à environ foixante toifes de cette foffe, un autre puits d'extraction, fervant en même temps de puits à pompes.

La Figure 2, Planche XLV, repréfente le profil de la partie fupérieure du puits: à chaque côté de la foffe s'élevent deux pieux de bois O & P, qui foutiennent à peu-près vers le milieu une autre piece de bois Q, au milieu de laquelle eft attachée une poulie A, portant une chaîne R, à laquelle eft fufpendue un feau dont la capacité peut être d'environ fix pieds cubes.

Des chevaux attelés aux limons B, C, d'un arbre vertical D E, font filer la chaîne (à laquelle ce feau eft attaché) fur cet arbre vertical. Ce tambour de fept pieds de diametre moyen, a la figure d'un cône tronqué.

Quand le fceau eft rempli de Charbon, & qu'il eft parvenu au fommet du puits, il fait fonner un timbre qui avertit qu'il faut le vuider, & auffi-tôt on arrete les chevaux, pour les faire tourner d'un fens contraire.

Il y a encore un autre puits dans le voifinage de Frefnes, fervant en même temps à l'extraction du Charbon & à l'épuifement des eaux d'une foffe féparée de la précédente. Pour cela, *Voy. Fig.* 1, *Pl.* XLVI, l'effieu de l'arbre tournant D E, eft accompagné d'une manivelle H, qui communique fon mouvement à un varlet K I L, par le moyen de la chaffe H I; ce varlet en s'inclinant à droite & à gauche, fait agir les piftons de deux équipages M, N, de plufieurs pompes afpirantes qui élevent l'eau fans interruption en la faifant monter de cuvette en cuvette, comme dans le puits de la machine à feu.

Toute la différence, c'eft qu'ici le poids des attirails fe trouvant en équilibre aux extrêmités du levier K L, n'oppofe qu'une foible réfiftance à la puiffance qui tire d'ailleurs un grand avantage de la longueur de fon bras de levier octuple du coude de la manivelle; mais auffi les pompes ne jouent que fort lentement, leurs piftons ne pouvant afpirer qu'une fois à chaque tour de manivelle.

La Figure 2 repréfente une autre maniere de faire agir deux équipages de pompes dans le goût des précédentes, pour épuifer les eaux d'une nouvelle Mine de Charbon auprès de Valenciennes: on voit que la chaffe A B, de la manivelle A, fait agir deux varlets B D E, C F G, par le moyen de la piece B C, dont les extrémités jouent autour de deux boulons, & que ces varlets élevent alternativement tous les piftons de chacun des équipages oppofés.

Afin que l'action de ces machines soit plus ou moins prompte selon l'exigence des cas, elles sont disposées de maniere qu'on peut y atteler douze chevaux à la fois. Avant l'établissement de la machine à feu de Fresnes, il y avoit une de ces machines à chevaux qui agissoit jour & nuit sans discontinuer, & pour laquelle il falloit entretenir vingt hommes & cinquante chevaux ; mais aujourd'hui, avec les pompes à feu, on épuise en quarante-huit heures toute l'eau que les sources peuvent fournir dans le courant de la semaine, & deux hommes suffisent pour veiller tour à tour au gouvernement de la machine.

Plusieurs endroits de ce quartier & voisinage, ont des ouvrages assez considérables pour avoir besoin d'employer à l'épuisement des eaux la machine à feu. Outre celle de Bois-Bossu, proche S. Guislain, au Hainaut Autrichien, la fosse d'Anzin, la fosse de Fresnes proche Condé, au Hainaut François, doivent à ces pompes une partie du succès de leur exploitation.

Ce que l'on trouve dans le Dictionnaire Encyclopédique (1), sur la pompe à feu établie au premier endroit, & dans l'ouvrage de M. Bélidor sur celle de Fresnes (2), décrite depuis par M. le Chevalier du Buat, Ingénieur ordinaire du Roi (3), fait voir que les machines à feu établies dans ce quartier sont sur le même modele ; on y reconnoît absolument le même méchanisme que dans la machine de Griff en Angleterre, décrite *page 408*.

Au moyen de la grande précision qu'il a été facile de remarquer dans le Physicien Anglois, sa description peut tenir lieu d'une sorte d'introduction générale à la connoissance de la composition de cette pompe ; c'est un des points de vue sous lequel nous l'avons envisagée à l'article d'Angleterre, & la raison pour laquelle nous nous sommes renfermés dans ce qui constitue l'essentiel de la machine.

Le dessein que nous avons annoncé de ménager au Lecteur, sur cette matiere en particulier, une espece de progression avantageuse pour cet examen, nous détermine à placer ici comme développement circonstancié, la description de M. Bélidor ; elle paroît avoir toujours été suivie, le François (si cela peut se dire) semble y être uniquement habitué ; les Auteurs de l'Encyclopédie eux-mêmes l'ont adoptée en entier mot pour mot, à la machine du Bois-Bossu au Hainaut Autrichien ; il n'y a de différence que dans les proportions & dans les dimensions de quelques pieces de la machine. L'Ingénieur François se proposant de décrire une pompe à feu aussi parfaite qu'il s'imaginoit qu'il étoit possible de la faire, avertit, *page 324*, *que dans sa description il s'est écarté en quelques endroits de ce que l'on a suivi à Fresnes, afin d'exposer les choses, non pas tout-à-fait comme elles ont été exécutées, mais comme elles auroient dû l'être, & qu'il n'y a rien changé d'essentiel.*

(1) Au mot *Feu*, page 603.
(2) Architecture Hydraulique. Tom. II. page 312.

(3) Publiée par M. l'Abbé Bossut, de l'Acad. Roy. des Sciences, dans son Traité Elémentaire d'Hydrodynamique, Tome I, page 119. Chap. 2.

Cette obfervation donne l'explication de la différence qui fe trouve dans les proportions & dans les dimenfions de quelques pieces de la machine.

Mais ces circonftances que j'appelle *Articles de conftruction*, n'entrent pas encore dans mon objet, que je veux toujours éviter de furcharger ; elles feront données féparément dans la quatrieme Section, où je rapprocherai pour plufieurs pompes à feu ce détail particulier de pieces qui les compofent.

Defcription de la Pompe à feu, établie pour la Mine de Charbon de Frefnes, proche Condé.

ARTICLE I. *Situation, forme & explication du Balancier.* Cette principale partie de la machine à feu, *Fig.* **1**, *Planche* XLIX, eft compofée d'une groffe poutre *A B*, foutenue dans le milieu par deux tourillons, c'eft-à-dire, deux gros pivots qui fervent à le faire mouvoir aifément : les paliers de ces tourillons portent fur un des pignons du bâtiment qui renferme la machine ; les extrémités de cette poutre font accompagnées de deux jantes cannelées *C*, *D*, dont la courbure a pour centre le point d'appui *E*, afin que les chaînes qui y font fufpendues fe maintiennent toujours dans la même direction ; la premiere *F*, porte le pifton du cylindre, & la feconde *G*, porte la tige qui meut les pompes afpirantes pour élever l'eau du puits, laquelle fe décharge dans une bâche *K*, où elle eft toujours entretenue à une certaine hauteur.

Sur une des faces de la même poutre, font attachées deux autres jantes, femblables aux précédentes, qui font agir le régulateur avec le robinet d'injection ; l'une *H*, foutient une chaîne *L*, à laquelle aboutit une couliffe fervant à ouvrir & fermer le robinet d'injection, & à mouvoir le *Diaphragme* ou *Régulateur*, qui regle l'action de la vapeur de l'eau chaude.

ART. II. *Pompe refoulante avec fon tire-bout.* La feconde jante *I*, foutient auffi une chaîne *O*, qui aboutit au quadre *N*, du pifton d'une pompe refoulante, qui éleve à trente-fix pieds une partie de l'eau de la bâche *K* provenant du puits, montant par un tuyau, fe déchargeant dans une cuvette *M* fervant à entretenir le robinet d'injection, & à plufieurs autres ufages dont il fera parlé dans la fuite.

ART. III. *Pompes afpiràntes, qui élevent fucceffivement l'eau du puits.* L'ouverture du puits, qui eft le plan du rez-de-chauffée, a fix pieds en quarré fur quarante-fix toifes de profondeur ; de vingt-quatre en vingt-quatre pieds, il y a une cuvette de plomb partagée en deux baffins, chacun de vingt-quatre pouces de profondeur, unis par une communication dont la profondeur n'eft que de dix pouces fur autant de largeur ; au fond d'un de ces baffins eft un corps de pompe afpirante, & dans l'autre trempe le tuyau d'afpiration de la pompe fupérieure ; leurs tiges (*Voyez la Figure 6, Pl.* LIII,) font fufpendues à des poutrelles liées les unes aux autres, & compofent un train fufpendu à la jante du

balancier

balancier qui eſt au-deſſus du puits, au fond duquel eſt un puiſard où viennent ſe raſſembler les eaux de toutes les galleries de la Mine ; ainſi il faut concevoir que dans ce puiſard trempe le tuyau d'aſpiration d'une première pompe qui aſpire l'eau à vingt-quatre pieds de hauteur, que de-là elle eſt repriſe par une ſeconde pompe qui s'élève encore à vingt-quatre pieds plus haut, & ſucceſſivement par d'autres qui la font monter de cuvette en cuvette juſque dans la *bache*, parce que tous les piſtons jouent en même temps. *Voyez Fig.* 1, 2, 3, 4, 5.

Art. IV. *Situation du Balancier lorſque la machine ne joue pas.* Il eſt bon d'être prévenu que la charge que ſoutiennent les chaînes *O*, *G*, eſt beaucoup plus grande que celle que portent les chaînes *F*, *L*, lorſque le poids de la colonne d'air n'agit pas ſur le piſton ; ainſi la ſituation naturelle du balancier eſt de s'incliner du côté du puits, au lieu que la *Fig.* 1, *Pl. XLIX*, le repréſente dans un ſens contraire, c'eſt-à-dire, dans celui où il ſe trouve lorſque l'injection d'eau froide ayant condenſé la vapeur renfermée dans le cylindre, le poids de la colonne d'air fait baiſſer le piſton ; alors l'eau du puits eſt aſpirée, & celle de la *bache* refoulée dans la cuvette *M* ; mais quand la vapeur vient à s'introduire dans le cylindre, ſa force étant ſupérieure au poids de la colonne d'air, ſouleve le piſton, laiſſe agir le poids des attirails que portent les chaînes de la pompe qui élevent l'eau de la *bache*, & de la tige qui meut les pompes aſpirantes pour élever l'eau du puits, & le balancier s'incline du côté du puits, qui eſt la ſituation où il reſte lorſque la machine ne joue pas, parce qu'il s'introduit de l'air dans le cylindre au-deſſous du piſton, qui ſe met en équilibre par ſon reſſort, avec le poids de celui qui eſt au-deſſus.

Art. V. *Le mouvement du Balancier eſt limité par des chevrons à reſſort.* Pour produire cet effet & empêcher que la machine ne reçoive de trop grandes ſecouſſes, on fait ſaillir en dehors du bâtiment les extrémités *P* de deux poutres, pour ſoutenir deux chevrons à reſſorts, recevant un boulon qui traverſe le ſommet des grandes jantes du balancier, & l'on prend la même précaution pour le ſoulager dans ſa chûte du côté du cylindre, comme on peut en juger en conſidérant la figure 4, Pl. L, qui repréſente le plan du troiſieme étage du bâtiment où l'on voit la ſurface ſupérieure du balancier avec les parties qui l'accompagnent, & le plan de la cuvette.

Art. VI. *Deſcription du Cylindre.* Les Figures 1, Pl. L, & 1, Pl. L II, repréſentent l'élévation & le profil du cylindre *A B*, dont nous avons parlé, accompagné des tuyaux qui contribuent au jeu de la machine.

A ſix pouces au-deſſous de ſon ſommet *C*, (qui eſt renfermé dans le ſecond étage du bâtiment) regne tout autour un rebord *D B*, ſur lequel eſt attaché avec une bride une *coupe* de plomb *D E*, évaſée par le haut ; le milieu de ce cylindre eſt encore accompagné d'un ſecond rebord *F F*, ſervant à le ſoutenir ſur deux poutres, entre leſquelles il eſt enclavé, & ſur deux barres de fer qui les traverſent.

Art. VII. *La surface du cylindre est percée de deux trous opposés pour deux causes essentielles.* A trois pouces au-dessus de la base, le cylindre est percé de deux trous diamétralement opposés, chacun accompagné d'un collet *G*, dont le premier sert à introduire le tuyau d'injection *H*, & le second aboutit à un *godet* de cuivre *I*, dans le fond duquel est une soupape chargée de plomb, suspendue à un ressort de fer, pour la maintenir toujours dans la même direction lorsqu'elle joue ; cette soupape qu'on nomme *reniflante*, sert à évacuer l'air que la vapeur chasse du cylindre lorsqu'on commence à faire jouer la machine, & ensuite l'air qui est amené par l'eau d'injection qui empêcheroit l'effet s'il n'avoit une issue.

Art. VIII. *Description du fond du Cylindre.* Le fond *A a* de ce Cylindre, est une plaque postiche de métal, attachée avec des vis à une bride qui répond à la base ; le milieu est traversé par un tuyau *K*, d'un pied de hauteur, l'un & l'autre fondus ensemble de maniere qu'une moitié se trouve dans le cylindre pour empêcher que l'eau qui tombe sur le fond, n'entre dans l'alambic ; & l'autre dehors, pour faciliter la jonction du cylindre & de l'alambic.

Art. IX. *L'eau provenant d'injection s'évacue par le fond du cylindre.* Le même fond est encore percé vers sa circonférence d'un trou *b*, avec un collet *a c*, dont l'objet est de faciliter l'évacuation de l'eau d'injection.

Art. X. *Description du Piston qui joue dans le cylindre.* Le piston *L*, qui joue dans le cylindre, est un plateau de métal, plus enfoncé dans le milieu que vers la circonférence, comme on peut en juger par ses plans & profils représentés en grand dans les *Fig.* 11, 12 & 13, *Pl. LIII*, où on remarquera que sa circonférence termine une couronne *A*, formant un relief de deux pouces ; sur cette couronne est appliquée une ou deux bandes de cuir fort épais, saillante d'une ligne sur le pourtour du piston : on maintient ce cuir inébranlable en le chargeant d'un anneau de plomb *B*, de même largeur que la couronne, divisé en trois parties égales, accompagnée chacune d'une queue *C*, qui s'encastre dans une cellule *D*, faite de trois plaques de cuivre soudées verticalement sur le fond du piston : le centre de ce piston est percé d'un trou qui reçoit le bout de la *tige E F*, par le moyen d'un tenon arrêté avec des clavettes, & cette tige est suspendue à la chaîne du balancier.

Art. XI. *De quelle maniere l'eau de la cuvette d'injection s'introduit dans le cylindre.* Au fond de la cuvette d'injection aboutit un tuyau de plomb *H*, qui s'introduit dans le cylindre, en passant au travers du collet *G* ; (Art. VII) ce tuyau est terminé par un *ajutage* plat, d'où il sort neuf à dix pintes d'eau froide pour chaque injection, ce qui se fait par le moyen de la clef d'un robinet *M*, qui s'ouvre & se ferme alternativement, comme nous l'expliquerons ailleurs.

Art. XII. *De quelle maniere l'eau s'introduit au-dessus du piston.* Au même tuyau on en a joint un autre horizontal *N*, qui a au milieu un robinet par lequel on fait couler sans cesse de l'eau au-dessus du piston, pour en humecter le cuir,

& empêcher l'air extérieur de s'infinuer dans le cylindre ; & pour que cette eau ne déborde pas la *coupe* lorſque le piſton vient à remonter, on a ménagé un tuyau *O P*, qui en reçoit le ſuperflu qui va ſe rendre dans un réſervoir placé en dehors du bâtiment.

Art. XIII. *Deſcription de la Chaudiere qui compoſe le fond de l'alambic.* L'alambic *Fig.* 1, *Pl. LII*, eſt compoſé d'une grande chaudiere *Q R S T*, qui s'appuye ſur une retraite *R S*, de trois pouces, ménagée dans la maçonnerie qui entoure cette chaudiere, dont la ſurface extérieure eſt *iſoſcelée* par une petite gallerie *R Q, S T*, de neuf pouces de largeur qui regne tout autour, & dans laquelle circule la fumée du fourneau *V Q T X*, pour entretenir la chaleur de l'eau bouillante.

Le chapiteau *R Y S* de l'alambic a la forme d'un dôme compoſé de pluſieurs plaques de cuivre, liées enſemble & revêtues de maçonnerie ſur la hauteur de trente pouces, pour le fortifier contre la force de la vapeur, & le garantir des atteintes de tout ce qui pourroit l'endommager ; ſon ſommet eſt terminé par une piece circulaire de métal percée d'un trou accompagné d'un collet de 3 pouces de ſaillie, *Fig.* 1, *Pl. L*, & *Fig.* 1, *Pl. LII*, ayant une bride pour ſe raccorder avec le tuyau de communication *K Z*, de dix-huit pouces de hauteur qui joint l'alambic avec le cylindre ; & à la baſe de ce collet eſt un petit relief de 4 lignes de ſaillie, qui forme une couronne de 6 lignes de largeur, contre laquelle s'applique le *Régulateur* quand il interrompt le paſſage de la vapeur dans le cylindre.

Pour faciliter l'intelligence de ce que l'on vient d'inſinuer, il faut jetter les yeux ſur la figure 15, *Pl. LIII*, dans laquelle *A B* repréſente la partie dont nous venons de parler, de vingt-quatre pouces de diametre, fondue avec le *collet D C E F*, accompagné d'une moitié *C G I H E* de la bride ſervant à le raccorder avec le tuyau de communication qui joint le cylindre.

Art. XIV. *Explication des parties qui appartiennent au Régulateur.* Le Régulateur répond à quatre ſupports de fer *K L*, qui ſoutiennent un anneau *O S* ; à cet anneau eſt attaché un reſſort de fer *M N*, de deux pouces de largeur, ſervant à ſoutenir le Régulateur *Q R*, qui eſt accompagné d'un manche dont l'extrémité *T*, eſt percée quarrément pour recevoir un eſſieu vertical *a b*, dont le centre du mouvement eſt éloigné du Régulateur de ſix pouces 8 lignes : le pivot *C* de cet eſſieu joue dans un trou *V*, pratiqué dans un anneau *V S* ; la partie *a d*, eſt liée au manche du Régulateur, à l'aide d'une clavette ; & l'autre partie *a e*, qui eſt arrondie, joue exactement dans un trou percé à travers de la plaque *A B*, & préſente en dehors de l'alambic, un *tenon e f*, pour s'ajuſter avec une *clef* qui communique le mouvement au Régulateur, dont le bouton *Z* gliſſe ſur un reſſort très-poli *M N*, en deſcendant de *Z* en *N*, pour ouvrir l'orifice *D F*, & remonte de la même façon de *N* en *Z* pour le fermer.

Art. XV. *Au-deſſus du chapiteau de l'alambic eſt une ventouſe pour laiſſer échapper la vapeur quand elle eſt trop forte.* Pour achever ce qui reſte à dire ſur l'alambic, il faut conſidérer les figures 1 & 2, *Pl. LI*, qui repréſentent en grand la furface de fon chapiteau, où l'on remarquera la pofition *A*, d'un bout de tuyau de quatre pouces de hauteur fur autant de diametre , foudé verticalement fur le chapiteau. Au fommet de ce tuyau eft adaptée une foupape chargée de plomb, que nous nommerons *ventoufe*, dont l'objet eft de donner de l'air à l'alambic lorf- que la vapeur devient par trop forte ; elle fe leve affez fouvent quand le Régu- lateur eft fermé , & quand le pifton defcend.

Art. XVI. *Ufage de deux tuyaux pour éprouver la hauteur de l'eau dans l'a- lambic.* On remarquera auffi que l'ellipfe *B C*, *Fig.* 1 & 2, *Pl. L I*, & 1. *Pl. LII*, eft une plaque de cuivre qui fe détache quand on veut, pour entrer dans l'a- lambic lorfqu'il y a quelque réparation à y faire.

A cette plaque font attachés à égale diftance l'un de l'autre, aux endroits *D*,*E*, deux tuyaux pendants *p* , *q*, repréfentés dans la *Fig.* 1, *Pl. LII*, dont le pre- mier *p*, eft plus court de trois pouces que le fecond *q*, qui defcend jufqu'au niveau *R S*, du bord de la chaudiere ; ces tuyaux ont chacun au fommet une clef de robinet fervant à éprouver à quelle hauteur eft la furface de l'eau dans l'alambic ; par exemple, fi en les ouvrant on s'apperçoit qu'ils donnent tous deux de la vapeur, c'eft une marque que l'eau eft trop baffe ; & au contraire fi tous deux donnent de l'eau, c'eft un figne qu'elle eft trop haute ; mais fi l'un donne de l'eau & l'autre de la vapeur, alors la furface de l'eau eft à une hauteur conve- nable, ce qui arrive quand elle fe rencontre à un ou deux pouces au-deffus du bord *R S* de la chaudiere.

Si l'eau fort par les tuyaux d'épreuve, cela vient de ce que la vapeur faifant ef- fort de toute part pour s'échaper, preffe la furface de l'eau dans laquelle trempe le tuyau, & l'oblige à monter comme dans les pompes afpirantes, parce que la chaleur a extrèmement dilaté l'air qui fe trouve dans ce tuyau.

Art. XVII. *De quelle maniere on évacue la vapeur de l'alambic pour arrêter la machine.* Au chapiteau de l'alambic, eft encore adapté un tuyau de cuivre *d e f*, qu'on nomme *cheminée*, dont l'extrémité *f*, *Fig.* 1 , *Pl. LII*, qui aboutit hors du bâtiment, eft fermée d'une foupape chargée de plomb , attachée à une corde qui paffe fur deux poulies ; ce tuyau fert à évacuer la vapeur en ouvrant la fou- pape quand on veut arrêter la machine, & à lui donner une échapée lorfqu'elle acquiert affez de force pour élever la foupape ; autrement elle mettroit l'alambic en danger de crever.

Art. XVIII. *Ufage d'un Réfervoir provifionnel pour fournir de l'eau à l'alam- bic.* En dehors du bâtiment eft une platte-forme de maçonnerie au niveau du pre- mier étage, fur laquelle eft placé un réfervoir provifionnel , dans lequel on entretient ordinairement trente-trois ou trente-quatre muids d'eau provenant du furperflu de la cuvette d'injection qui defcend par le tuyau *h*, (Article I.) *Fig.* 1.

Ce réfervoir qui eft accompagné d'une décharge de fuperficie *i* , fert à intro- duire dans l'alambic, quand il eft ouvert, environ 26 muids d'eau, par le moyen

d'un

d'un tuyau *k χ*, accompagné d'un robinet *m*, & on vuide l'alambic par un autre tuyau *n o*, qui paffe fous la platte-forme.

Comme on ne peut faire jouer la machine fans avoir de l'eau dans la cuvette
d'injection, il y a au troifieme étage une pompe afpirante *Q*, *Fig.* 2, *Pl. XLIX*,
dont le tuyau *R*, *S*, *T*, aboutit vers le fond du réfervoir provifionnel, afin
que dans le befoin, on puiffe en tirer de l'eau pour emplir cette cuvette,
qui eft ordinairement vuide quand la machine ne joue pas, parce que l'eau qui
part du fond pour fe rendre fur le pifton & qui fe décharge enfuite dans le réfervoir (Art. XI), eft bien-tôt épuifée quand la pompe refoulante n'agit pas, &
qu'on n'a pas pris la précaution un moment auparavant d'arrêter la machine &
de fermer le robinet d'injection qui conduit l'eau dans la coupe.

ART. XIX. *De quelle maniere l'eau d'injection fort du cylindre.* On a vu
Art. IX, que le fond du cylindre étoit percé vers fa circonférence d'un trou,
avec un collet, dont l'objet eft de faciliter l'évacuation de l'eau d'injection qui
retombe dans le cylindre.

Pour cet effet, le collet *a c*, *Fig.* 1, *Pl. LII*, eft raccordé avec un tuyau
ayant deux rameaux inégaux, dont le plus grand *r s*, nommé *Rameau d'évacuation*, va aboutir au fond d'une petite *citerne*, danslaquelle fe déchargent environ les trois quarts de l'eau d'injection.

A l'extrémité *t* de ce rameau, eft une foupape fufpendue à un reffort de
fer : cette foupape qui eft fermée quand le pifton defcend, & qui eft toujours
baignée d'eau, afin que l'air extérieur ne puiffe y entrer, eft chargée de plomb
de maniere que le poids de l'eau qui remplit le rameau d'évacuation, ne puiffe
lever à chaque injection la foupape qu'il ne foit aidé par la force de la vapeur.

La citerne dont nous parlons, n'eft autre chofe qu'une cuvette de plomb,
placée fous l'arcade de la plate-forme, ayant deux tuyaux, dont l'un *P Q*, fervant de *décharge de fuperficie*, & l'autre de fond ; ainfi on peut avoir en dehors
du bâtiment, au pied de la plate-forme, deux baffins, dont l'un recevroit l'eau
froide venant du réfervoir provifionnel, & l'autre de l'eau chaude provenant de
la citerne.

ART. XX. *Une partie de l'eau d'injection paffe dans l'alambic pour fuppléer au
déchet que caufe la vapeur.* Pour entendre l'objet du *petit Rameau u x*, du tuyau
dont le bout eft fermé hermétiquement, il faut confidérer la *Fig.* 3, *Pl. LI*, on
y remarquera qu'à ce rameau eft adapté un autre tuyau *y*, qui communique
à un autre tuyau vertical *χ*, nommé *tuyau nourricier*, lequel eft de dix-huit
lignes de diametre, & dont une partie trempe dans l'eau de l'alambic jufqu'à
quatre ou cinq pouces du fond, & l'autre partie faille de trois pieds en dehors ;
or on faura que le quart qui refte de l'eau d'injection & qui fort tiede du cylindre, vient remplacer par ce tuyau le déchet que caufe la vapeur à l'eau de l'a-
lambic qui fe trouve par-là toujours entretenue à la même hauteur.

ART. XXI. *Defcription du tuyau nourricier.* Ayant infinué Art. XVI, que la

force de la vapeur faifoit monter l'eau bouillante dans les *tuyaux d'épreuves*
lorfqu'ils y trempoient ; on voit que la même caufe doit auffi la faire monter dans
le *tuyau nouricier*, puifqu'il eft ouvert par les deux bouts ; auffi s'éleve-t-elle au-
deffus de la communication *y*, jufqu'à un certain point où la vapeur la foutient
en équilibre avec le poids de la colonne d'air qui lui eft oppofée.

Art. XXII. *De quelle maniere fe fait l'opération décrite dans l'Article pré-
dent.* L'action de la vapeur ne pouvant pouffer de bas en haut le pifton avec
une force capable de furmonter le poids de la colonne d'air dont il eft chargé,
fans preffer de haut en bas avec la même force la furface de l'eau qui eft tombée dans le fond du cylindre ; cette eau eft refoulée dans les deux rameaux, de
maniere que celui *d'évacuation* en reçoit les trois quarts (Art. XIX), & le
refte paffe dans le *tuyau nouricier* χ, où elle contraint l'eau chaude qui s'y
trouve de defcendre pour en occuper la place jufqu'à l'inftant qu'une nouvelle
opération l'oblige de paffer à fon tour au fond de l'alambic.

Art. XXIII. *On peut auffi introduire dans l'alambic de l'eau de la coupe.*
Au petit rameau *u x*, eft attaché un godet *a*, au fond duquel eft une foupape chargée de plomb, que l'on ouvre pour introduire de l'eau tiede dans tous
les tuyaux dont nous venons de faire mention, afin de chaffer l'air lorfqu'on
commence à faire jouer la machine ; cette eau qui peut auffi couler dans
l'alambic, eft tirée du fommet du cylindre (Art. XI.) par un tuyau defcendant
l l, au bas duquel eft un robinet, *Fig.* 3, *Pl. LI*, & *Fig.* 1 , *Pl. LII*.

Art. XXXIV. *Détail des pieces qui font jouer le Régulateur.* Il refte à expliquer le mouvement qui fait agir le Régulateur & le robinet d'injection ; pour
cela il faut examiner la *Fig.* 4, *Pl. LI*, qui eft une élévation des parties de la
machine vues du côté du puits, dont plufieurs font repréfentées de côté dans la
Fig. 1, *Pl. XLIX*, & en plan dans la *Fig.* 2 , *Pl. LI*, ainfi à mefure que nous
les citerons, on pourra les reconnoître en fuivant les lettres femblables qui les
défignent.

On voit d'abord deux poteaux *A*, foutenant un effieu *B C*, qui enfile les
anneaux d'un étrier de fer *a*, *b*, *c*, *d*, traverfé par un boulon *e*, autour duquel
joue une fourche *f g*, dont la queue *h* aboutit à la clef *i* du Régulateur Art.
XIV : au même effieu font attachés une patte *D R*, à deux *griffes*, qui font
mouvoir l'étrier, deux branches de fer *E F*, *G H*, & la tige *I*, d'un poids *K*.

Pour concevoir de quelle maniere le chevron pendant fait agir le Régulateur
& le robinet d'interjection, il faut fe rappeller (Art. I) que la chaîne attachée
à l'une des *jantes* du balancier porte une *touliffe* ; cette couliffe qui n'eft qu'un
chevron pendant L, ayant une fente dans le milieu, joue de même fens que le
pifton & fert à communiquer le mouvement au régulateur & au robinet d'injection, & enfile fur le rez-de-chauffée du premier étage, *Fig.* 1, *Pl. LI*, un
bout de madrier *M* qui la maintient toujours verticale, en defcendant dans un
trou *N*, qu'on a pratiqué au-deffous.

ART. XXIV. *De quelle maniere le mouvement se communique au Regulateur.*
La fente de la coulisse est traversée d'un boulon P revêtu de cuir, au-dessus duquel vient se rendre par intervalle la branche E F ; à l'instant que le piston étant parvenu au bas du cylindre, le régulateur s'ouvre pour laisser passer la vapeur ; alors le balancier élève la coulisse L, le boulon P fait monter l'extrémité de cette branche, par conséquent tourner l'essieu qui releve le poids K, & pendant ce temps-là, l'étrier reste immobile ; mais aussi-tôt que le poids a passé la verticale, il imprime en tombant du côté du cylindre une force à la griffe D, qui frappe le boulon e, & chasse cet étrier en arriere, par conséquent la manivelle i, qui ferme alors le régulateur.

Quand la coulisse monte & qu'elle entraîne avec elle la branche E F, l'essieu en tournant, & la chûte du poids, font monter aussi l'autre branche G H ; peu après cette coulisse venant à descendre, une cheville Q qui est attachée à une de ses faces ramene la branche G H, qui fait tourner l'essieu & releve le poids qui tombant ensuite de la gauche à la droite, la griffe R pousse en avant l'étrier qui étoit resté immobile pendant la descente de la coulisse ; alors la manivelle ouvre le régulateur.

ART. XXV. *Détail des pieces qui appartiennent au robinet d'injection.* A la clef du robinet d'injection g, est attachée une patte d'écrevisse h, dans laquelle agit une broche de fer a b, qui la frappe par un mouvement de vibration, tantôt d'un sens & tantôt d'un autre, pour ouvrir & fermer le passage de l'eau. Cette broche est attachée à l'essieu d'un levier c d, servant de queue à un marteau f, échancré par le dessus pour s'accrocher par intervalle dans une coche faite à un morceau de bois e i, qui passe au travers d'une fente pratiquée au poteau pendant S, qui soutient le levier c d ; cette piece qu'on nomme *Désclit*, est mobile à son extrémité e autour d'un boulon, & l'autre i, est suspendue en l'air par une ficelle attachée au plancher.

ART. XXVI. *Explication du mouvement qui fait agir le Robinet d'injection.*
Pour juger de la maniere dont ces pieces agissent, il faut savoir qu'à l'une des faces de la coulisse opposée à celle dont je viens de parler, est aussi attachée une cheville T, qui souleve le *désclit* lorsque la coulisse est parvenue à sa plus haute élévation ; alors le marteau f cessant d'être soutenu, tombe avec violence, le levier c d fait la bascule, & la broche a b agissant en arriere contre la patte h, ouvre le robinet d'injection ; & pendant que l'eau jaillit dans le cylindre, le marteau repose sur un bout de planche horizontal V ; après cette opération, la coulisse L redescend, & la cheville T qui a élevé le *désclit*, rencontrant en chemin le levier c d, l'oblige de descendre pour relever le marteau & le remettre dans sa premiere situation : comme cela ne peut se faire sans que la broche a b ne pousse la patte h en avant, pour la ramener d'où elle étoit partie, le robinet d'injection se referme, jusqu'au moment où la coulisse L remontant de nouveau, recommence la premiere manœuvre.

Art. XXVII. *Conclufion fur le jeu du Régulateur & fur le jeu du Robinet d'injection.* Il fuit de cette expofition, que lorfque la couliffe defcend, elle ferme le robinet d'injection, immédiatement après ouvre le régulateur dans l'inftant qu'elle eft parvenue au plus bas, & qu'au contraire lorfqu'elle eft montée au plus haut, le robinet d'injection s'ouvre, & le régulateur fe referme; ainfi ces deux effets, quoique contraires, entretiennent toujours la machine dans un mouvement régulier, lorfque la chaleur du fourneau eft uniforme, & que toutes les autres pieces agiffent comme il faut; on remarquera qu'on rend le jeu du régulateur & celui du robinet d'injection plus ou moins prompts, felon que les chevilles qui accompagnent la couliffe font percées de plufieurs trous.

Art. XXVIII. *Situation de l'alambic & du fourneau dans le bâtiment qui renferme la machine.* Pour juger de l'emplacement de l'alambic dans le bâtiment, on confidérera la Figure 2, *Pl.* XLIX, qui repréfente le plan du premier étage, élevé d'environ dix pieds au-deffus du rez-de-chauffée.

On y voit une coupe horizontale de l'alambic, accompagné du revêtement de maçonnerie qui en foutient le chapiteau.

De cet étage on peut defcendre par un petit efcalier *A B*, dans l'endroit où eft le fourneau, dont la conftruction s'entendra aifément, en confidérant les Figures 2 & 3, *Pl.* L, qui en montrent le plan & le profil coupé fur l'allignement *C D*, *Fig.* 2. *Pl.* XLIX.

Le fond de ce fourneau eft une grille élevée de quatre pieds au-deffus du rez-de-chauffée fervant de foyer, & on introduit le bois ou le Charbon de terre par une ouverture *E*, vis-à-vis de laquelle eft une porte *C*, qui répond au rez-de-chauffée.

On a pratiqué une ventoufe *F G*, dans l'épaiffeur du maffif de la maçonnerie & des terres qui fe trouvent derrière le fourneau, afin que l'air extérieur puiffe aifément s'introduire dans le cendrier fous la grille, pour animer le feu dont la fumée ne peut s'échapper par la cheminée *H I K*, oppofée à l'entrée du fourneau, qu'après avoir circulé autour de la chaudiere, Art. XIII.

Les Figures 2 & 3 de la *Pl.* L, ne laiffent rien à défirer fur ce qui peut appartenir au fourneau.

Art. XXIX. *Explication de la manœuvre qu'on exécute pour commencer à faire jouer la machine.* Pour donner le premier mouvement à la machine, on commence par remplir d'eau la chaudiere (Art. XVIII), enfuite on allume le feu, on fait jouer la pompe afpirante afin de remplir la cuvette d'injection s'il eft néceffaire, & on laiffe couler l'eau dans la coupe (Art. XI); immédiatement après, celui qui dirige la machine, vient voir dans quelle fituation eft le régulateur, afin de l'ouvrir s'il étoit fermé, ayant la facilité, à l'aide d'une manivelle, de donner à l'effieu les mêmes mouvements que lui imprime la couliffe, la vapeur paffe dans le cylindre, en chaffe l'air, & échauffe l'eau qui eft au-deffus du pifton qu'on fait couler dans les godets pour remplir les tuyaux par lefquels fe décharge l'eau d'injection (Art. XXIII).

Pendant

Pendant cette manœuvre, la machine reste en repos jusqu'au moment qu'elle même donne le signal pour avertir qu'il est temps de la faire jouer ; ce qui se manifeste lorsque la vapeur ayant acquis assez de force pour ouvrir la soupape qui fermoit sa cheminée (Art. XVII,) en sort avec détonation ; aussi-tôt le Directeur qui attend ce mouvement, prend de la main droite la queue du marteau, & de la gauche la branche (Art. XXIV,) ferme le régulateur, & un instant après, ouvre le robinet d'injection qui fait descendre le piston ; ensuite le régulateur s'ouvre de lui-même, & la machine continue de jouer sans qu'on y touche, par l'effet alternatif de la vapeur & de l'eau froide, secondé du poids de l'atmosphere.

Exploitation des premieres Fosses qui ont été ouvertes dans la banlieue de Valenciennes.

De cent-cinquante Mines de Charbon (1) & plus que je compte en France, dans vingt-huit contrées différentes, les Mines du territoire de Valenciennes sont les seules que l'on puisse citer, comme exploitées d'une façon absolument réguliere ; aussi ce sont les seuls travaux de conséquence que nous ayons en ce genre. Pour rassembler dans un tableau raccourci, les principales manœuvres qui constituent l'art d'exploiter ces Mines, & donner une idée des difficultés attachées à ces sortes d'entreprises, je vais donner ici l'histoire de ces opérations décrites par feu M. le Vicomte Desandrouin, & exécutées par lui-même pour les exploitations de Fresnes, d'Anzin, & de S. Vast, sur-tout pour la premiere fosse qui fut ouverte sous Anzin en 1733, & la douzieme que l'on creusoit depuis 1717. Nous l'avons extraite d'un petit cahier de vingt-quatre pages *in*-4°. (2) imprimé à la suite d'un Mémoire publié lorsqu'il s'éleva une compagnie pour exploiter de la Houille dans les Seigneuries de Raismes & de S. Vast, que les premiers Concessionnaires prétendoient être dans leur concession.

Manœuvre pour la construction & le cuvelage d'une fosse.

Cette ouverture commencée sur la superficie de la terre, forme un puits profondé de dix toises, & étayé dans sa circonférence par une maçonnerie de brique qui se continue jusqu'à six autres toises, afin de soutenir des terres ou terres pierreuses ; pendant ce premier travail on établit la machine destinée à épuiser les eaux, qui doivent bien-tôt se rencontrer ; dès qu'elle est en état d'agir, la fouille se poursuit ; deux corps de pompes suffisent dans les premieres vingt-quatre heures pour se rendre maître des eaux ; mais à la seconde journée, ces deux corps de pompes sont insuffisants ; il faut en ajouter un troisieme, qui em-

---

(1) Je comprends sous cette expression, non-seulement tous les endroits où on connoît du Charbon de terre, soit qu'on l'exploite, soit qu'on ne l'exploite point, mais encore toutes les fosses voisines les unes des autres dans un même canton.

(2) Observations sur le local, les travaux & l'utilité des Mines à Charbon de terre du Hainaut François, découvertes & exploitées par le Vicomte Desandrouin, 1756.

ploie deux jours à fon établiffement ; le nombre des chevaux doit augmenter en conféquence : les Ouvriers continuent leurs travaux en fe relayant.

De fix toifes d'épaiffeur, dont le premier niveau eft compofé, on ne peut en enlever que quatre pieds, le volume des eaux augmente au point qu'il faut ajouter une quatrieme pompe, dont l'établiffement emporte encore deux jours. On vient à bout, avec ces quatre pompes de front & allongées dans la profondeur, d'épuifer les eaux qui s'étoient amaffées dans ce délai ; elles remontent quelquefois fubitement, inondent toute la foffe, & rendent inutile le jeu de la machine ; fi en changeant promptement les feaux des pompes, ou en preffant les chevaux, on ne furmonte point cet obftacle, en peu d'heures les eaux remontent à leur niveau, & il faut plufieurs heures pour les élever : tout ce qui gêne les Ouvriers, qui apporte le moindre retardement à leur befogne, comme quelque dérangement dans la machine, ou quelque défaut dans les feaux des pompes, un cheval qu'il faut changer, eft de conféquence, parce que les eaux hauffent promptement & demandent un nouveau travail pour que les Ouvriers puiffent reprendre leur befogne.

Le progrès des Ouvriers dans la foffe qu'ils ont mis à l'abri de l'inondation, exige un allongement des pompes, proportionné au terrein qu'ils ont gagné ; malgré la célérité avec laquelle fe fait cette prolongation, la foffe s'eft remplie de plufieurs pieds d'eau, qui exigent un travail de plufieurs heures pour les épuifer.

Les Travailleurs font parvenus au fond, la moitié des terres eft enlevée ; les Ouvriers qui remplacent les premiers, atteignent de nouvelles *coupes* qui font monter les eaux avec autant d'impétuofité que d'abondance ; il faut encore deux corps de pompes avec leurs prolongements. On augmente le nombre & des pompes & des chevaux ; les pompes vont jufqu'à 6, les chevaux jufqu'à 12 ; les eaux diminuent & font place aux Ouvriers ; ils femblent n'avoir plus à craindre d'être fubmergés : on n'étoit encore qu'à 22 pieds de profondeur dans le premier niveau des eaux, il reftoit encore quatorze pieds à creufer, & trois pieds dans le *bleu-marle*, avant de fonger à cuveler cette partie de la foffe ; on fe détermine par le confeil du Vicomte Defandrouin, à *battre les eaux*, & au bout de quinze jours & quinze nuits de jeu de pompes, on parvient à les épuifer.

Les Ouvriers parvenus aux trois pieds *de bleu-marle*, placés au-deffous du niveau des eaux, dont la traverfe eft fi périlleufe, ne font pas encore à l'abri du danger de fubmerfion ; ils ne peuvent aller plus avant fans en être menacés inévitablement, à moins qu'ils ne prennent de nouvelles précautions.

Dans les fix toifes de terrein inférieur aux feize premieres toifes commençantes à la fuperficie & maçonnées en brique, les fources que l'on a ouvertes demandent un autre genre de travail qu'on appelle *cuvelage*.

Communément la forme de cet ouvrage eft en rond ; mais le Vicomte Défandrouin prétendoit que le cuvelage en quarré eft plus folide : voici comment il s'établit. Dans le fond & à chaque mahire de la foffe, on établit une piece de bois de chêne, d'un équarriſſage de huit à dix pouces, que l'on fait joindre le plus exaĉtement que faire ſe peut, pour intercepter le paſſage des eaux.

Ces quatre pieces que l'on prolonge en remontant, ſont diſpoſées à recevoir de côté & d'autre de larges madriers de même bois de ſix pouces d'épaiſſeur, toujours en quarré les uns ſur les autres, & que l'on fait entrer de force.

Lorſque dans cette conſtruĉtion on arrive au niveau des eaux, on a ſoin en poſant les pieces de cuvelage, de bien battre la terre derriere ces pieces juſqu'au niveau de celles que l'on a poſées précédemment; cela fait, à meſure qu'on les fait entrer de force, on les garnit par derriere d'un lit de mouſſe bien ſerrée pour chaque piece, & on met ſur ce lit une couche d'environ deux lignes d'épaiſſeur d'un mortier fait avec de la chaux & de la cendre de Houille mêlés enſemble, on repoſe une autre piece deſſus, & ainſi de ſuite.

Le cuvelage monté à hauteur, & le tout raſſis de deux fois vingt-quatre heures, on en *calfate* les joints; c'eſt ce qu'on appelle *brondir*.

Cette charpente ainſi conduite de bas en haut, va ſe réunir à la maçonnerie des ſeize toiſes qui précedent ces ſix toiſes de cuvelage. Au bout de quelque temps que cet ouvrage s'eſt ſéché & cimenté, on épuiſe les eaux de la foſſe dont on calfate de nouveau tous les vuides intérieurs, & par ce moyen les ouvrages ſe continuent en ſûreté.

A ce travail en ſuccede un autre moins dangereux & qui a ſes difficultés: des neuf pieds de *bleu-marle* que l'on rencontre après le premier niveau des eaux, il en reſte ſix qu'il faut creuſer & extraire à force de bras, les terres ne pouvant point être montées par une autre machine qui ne peut être placée ſur la foſſe occupée par les pompes: le *banc de pierre* qui couvre ce *bleu-marle* eſt plein d'eau; il faut le ſonder à meſure que l'on avance; il ſurvient par la premiere ouverture que l'on a faite une *forte toiſe*; ce torrent d'eau exige un *percement* de cent-treize toiſes de longueur, depuis cette foſſe conſtruite ſur pilotis, & duquel dépend entiérement le ſuccès de l'épuiſement pour toute la Mine, ce qui épargne plus de deux répétitions des pompes.

Sous le terrein du *ſecond niveau* ſe trouve encore un autre lit de *bleu-marle* de même épaiſſeur que le premier, ſur lequel on anticipe comme ci-deſſus pour aſſeoir la charpente du ſecond cuvelage; de cet endroit il eſt conduit en remontant juſqu'au précédent.

Cette portion de cuvelage faite & calfatée, on enleve le ſecond lit de *bleu-marle* ſous lequel ſe rencontre le *troiſieme niveau*; quand on en a puiſé les premiers bouillons, & lorſqu'on a anticipé d'une demi-toiſe ſur la troiſieme couche du *bleu-marle* qui vient après, on continue encore à cuveler juſqu'à la partie ſupérieure: ce n'eſt qu'alors que la machine à pompe devient inutile; la foſſe tout-à-fait ſans embarras, laiſſe alors aux Ouvriers toute liberté de travailler aiſément le banc de *dieve*, qui ſuit celui de *bleu-marle*.

Ces onze toiſes enlevées, découvrent la derniere couche, qui précede une terre verte, compacte, (nommée fans doute par cette raifon *le rocher,*) & impénétrable à l'eau.

Arrivé à ce lit, on y affied auffi-tôt les fondements du cuvelage que l'on continue dans cette épaiffeur, en remontant dans les onze toifes de *dieve,* & jufques & compris les bleu-marles du troifieme niveau; de cette maniere cette charpente, quoique établie à différentes reprifes, fe trouve auffi folide que fi elle eût été conftruite en même temps.

Telles font les opérations que demande néceffairement l'établiffement de chaque foffe à Houille, jufqu'à ce qu'on foit parvenu au rocher feulement ; c'eft ainfi que la foffe d'Anzin, commencée le 26 Août 1733, & continuée fans relâche, a été finie le 24 Juin 1734.

Allures des Veines.

En jettant les yeux fur la Carte de la France, *Pl. XIII* de la premiere Partie, il eft facile de juger de la richeffe du Hainaut François ; nous en avons fait connoître les principales foffes, parmi lefquelles on peut encore comprendre fur celles d'Anzin, les trois foffes de la Riviere, la foffe du Jardin, la foffe del Croix, la foffe de la Citadelle, la foffe du Chaufour, fix foffes au vieux Condé, & une à Aubry.

Le quartier du territoire de Valenciennes où fe trouve le plus grand nombre de foffes, eft celui d'*Anzin*, près la porte de Tournay, & celui de *Frefnes,* à une portée de moufquet du chemin couvert des fortifications de Valenciennes: entre Condé & Valenciennes on auroit de la peine à les compter. Les Houilleurs de cette Province font dans l'idée que ces veines de Frefne & des fauxbourgs de Valenciennes s'étendent jufqu'à la porte d'*Arras*, fous le quartier de Ste. Catherine, & gagnent les bords de la mer du côté de Calais.

M. *Havè*, Ingénieur des Ponts & Chauffées, les regarde comme des relevements des orbes ou zones de Charbons de la Weftphalie, depuis la mer Baltique jufqu'à l'Océan; il eftime l'orbe des veines du Hainaut François d'environ deux lieues & demie de largeur, renfermant plus de deux cents corps de veines de différente qualité, toutes enveloppées de pierres de différente nature.

En général leur marche vient d'entre le Nord & l'Eft, & fe termine vers l'Oueft & le Sud-Oueft, ou fur le foleil de quatre heures & demie du matin à quatre heures & demie du foir, jamais du Nord au Sud.

C'eft l'allure ordinaire des veines de Charbon, de maniere qu'elles préfentent la tête au Nord & le pied au Midi, ce qui eft appellé *pendage droit.* M. Peronnet, Affocié libre de l'Académie, m'a procuré un deffein en couleur, relatif aux Mines de Charbon de ce quartier, dont je crois devoir faire ici mention. M. *Havè*, Ingénieur des Ponts & Chauffées, qui paroît avoir fait ce deffein

avec

avec foin, y donne aux veines de Charbon une déviation très-particuliere. Dans les entretiens différents que j'ai eus avec nombre de Houilleurs, je n'ai entendu rien dire qui m'ait donné le foupçon de ce *dévoyement* de veine; néanmoins, par le dérangement qu'il doit apporter dans les premieres recherches de Mine, il est de nature à ne pouvoir manquer d'être connu des uns ou des autres, ou par expérience ou par relation.

Pour rendre aux yeux cette allure finguliere, je me fervirai de la Figure 2 de la Planche XLI.

La tête *E E* des veines roiffes, au lieu de prendre enfuite un pendage de platture pour aller de l'Eft, marqué *E*, à l'Oueft fuppofé en *O*, fe forme bien dans ce pendage, mais en retournant de l'Oueft *O*, à l'Eft *E*, & continue ainfi vers l'Eft tous les autres pendages qui fe fuccedent les uns aux autres, & qui devroient reprendre leur allure à l'Oueft.

M. Havè auroit peut-être voulu exprimer ce qu'il aura entendu dire des veines dont j'ai parlé *page 65*, & *207*, qui font leur retour fur elles-mêmes; mais cette façon de s'exprimer éclaircie par la Planche IV, No. 5, de la premiere Partie, & par la Planche V, de la feconde, ne fe rapporte point avec l'idée que M. Havè donne de cette direction.

Si M. Havè a décrit cette marche d'après nature, c'eft une obfervation très-importante pour la pratique de l'exploitation dans le premier début des travaux.

On voit que dans une fouille où l'on dirigeroit fur la premiere veine l'enfoncement d'une foffe ou puits, qui dans l'allure ordinaire ne peut manquer de traverfer toutes les autres veines placées au-deffous; on n'en rencontreroit ici aucune, puifque la premiere & les autres fucceffivement, ont fui en arriere de la tête de la veine pour regagner l'Eft au lieu de s'en éloigner.

Dans le cas où l'on viendroit à reconnoître que les chofes fe trouvent de cette façon, la dépenfe de la foffe ou du puits de mine (1) feroit perdue; mais la conduite à tenir pour aller reprendre les veines eft bien fimple, n'étant queftion que de porter une feconde foffe à l'Eft.

Ouvrages de Veines.

Dans l'exploitation d'une veine *platte*, le puits creufé perpendiculairement fépare la veine en deux parties: les Ouvriers, les uns en montant, les autres en defcendant, felon le degré d'inclinaifon, travaillent à détacher le Charbon qui eft devant eux; chacun d'eux avance & fe forme une voye dans laquelle il ne peut manœuvrer debout: quelques-uns font occupés à fcier les bois dans les proportions convenables; d'autres les placent; des jeunes gens trient les pierres

---

(1) C'eft ainfi que j'appellerai dorénavant les puits de Mine, nommés *bures* par les Liégeois.

d'avec le Charbon, & les chargent féparément les uns des autres fur des petits traîneaux, *Fig.* 3, *Pl. XXXVII* : les Houilles font traînées dans toute la longueur de la veine jufqu'au puits.

Ces petites voitures arrivées, on décharge le Charbon dans d'autres paniers, *Fig.* 15, que l'on monte à force d'hommes, de puits en puits & jufque dans la grande galerie; là d'autres Ouvriers entraînent ces matieres dans toute la longueur des fouterrains jufqu'à ce qu'elles foient parvenues fous les bures d'extraction; alors on les charge dans des plus grands paniers, *Fig.* 16, *Pl. XXVII*, & elles font enfin enlevées au dehors par la machine à chevaux.

L'extraction du Charbon d'une *roiffe* fe fait en même temps que l'on creufe les différentes foffes. Quand on a extrait de ce puits toute la Houille & les pierres, dans la longueur de quatre cents toifes au moins, on pratique vis-à-vis la fin de la douzieme toife & au Levant, une chambre que l'on recule affez loin pour y prendre les mêmes proportions & directions d'une feconde foffe qui vient également recouper la veine; & cette manœuvre fe répete tant qu'il fe trouve du Charbon ou que la trop grande profondeur ne met pas d'empêchement à l'exploitation, foit à raifon des eaux, foit à raifon du défaut d'air : ce dernier obftacle n'eft pas toujours le plus difficile à furmonter; du feu allumé de diftance en diftance dans les travaux fouterrains, permet affez ordinairement de continuer l'ouvrage jufqu'à quatre cents foixante toifes.

Etat des ouvrages à Anzin & à Frefnes, dans l'année 1756.

On a vu *page* 147, que dans ce quartier il y a depuis la terre végétale jufqu'à la *craw*, cinquante-huit toifes, & depuis la craw jufqu'au Charbon, trente-quatre toifes, total 92.

Il fe trouve des veines au fommet des rochers, enfuite à vingt, trente, jufqu'à foixante ou même foixante-treize toifes de profondeur, enforte que ces veines qui font les plus enterrées, font à plus de fept cents pieds de la bouche ou de l'œil de la foffe; on en connoît jufqu'à feize les unes au-deffus des autres; elles ont deux pieds d'épaiffeur; l'exploitation eft de cent toifes environ de profondeur par répétition en ligne perpendiculaire.

Au fond du puits d'extraction, on a pouffé vers l'Oueft une galerie de deux cents, deux cents cinquante toifes, par laquelle on exploite une *veine platte*, courant Eft Oueft, de deux pieds d'épaiffeur.

Cette galerie communique au pied d'une autre foffe, & vis-à-vis cette galerie à l'Eft, à dix ou douze toifes, eft un *Torret* de dix toifes de profondeur.

A l'*Eft* de ce *Torret*, fur environ vingt-toifes de diftance, eft placé un fecond *Torret*; alors on avance environ deux cents toifes à l'Eft, par une galerie qui pique vers le Sud, de deux pieds par toife dans une veine roiffe de deux pieds d'épaiffeur, ayant deux cents cinquante toifes de longueur fur trente de profondeur.

La fosse d'Anzin est débarrassée de ses eaux par quatre machines, & elle donne en vingt-quatre heures soixante-quatorze milliers pesant de Charbon.

Les fosses par lesquelles on tire l'eau, sont maçonnées en brique, jusqu'à environ trente toises de profondeur, le reste est cuvelé en madriers.

A *Fresnes,* proche Condé, où l'on travaille depuis environ cinquante ans, il y a douze fosses toutes revêtues ou cuvelées en dedans avec de forts madriers de chêne, & que l'on épuise avec deux machines à feu.

Leur exploitation est de quarante-sept toises de profondeur sur cent cinquante de longueur de galerie : le seau d'extraction a à peu-près six pieds cubes de capacité.

On peut descendre dans ces fosses jusqu'à trois cents pieds, par les échelles de fer placées le long des pompes qui les tiennent égouttées.

A quarante-sept toises de profondeur, sous les pompes, est creusé *le principal puisart ou bougnou.*

Du principal puisart on peut aller à environ deux cents toises vers le Nord, pour arriver à la veine de deux pieds & demi d'épaisseur, marchant en platteure & s'enfonçant un peu vers le Nord, souvent en défaut, c'est-à-dire, coupée par le roc.

Les galeries sont par-tout où on le juge nécessaire étayées de patins & de traverses.

Qualités, Prix & Usages du Charbon de terre du Hainaut François.

Le terrain placé entre *Fresnes* & Anzin, & qui occupe une très-grande étendue, renferme les meilleures veines ; on prétend néanmoins observer une différence à cet égard entre celles qui se présentent au *Nord,* & celles qui se présentent au *Midi,* les secondes sont de la meilleure qualité, & les premieres sont moins bonnes.

En général, le Charbon du Hainaut François, est, selon l'opinion commune, plus gras & de plus de durée au feu que celui d'Angleterre : quelques Consommateurs lui donnent, au moins par cette raison, la préférence sur ce Charbon étranger, & sur celui du Hainaut Impérial.

Le Charbon de *Fresnes* & du *vieux Condé,* paroissent être de même qualité, à quelques différences près, dans ce qu'on appelle le *gros,* & ce qu'on appelle le *menu* ; le premier est beaucoup plus actif que le second.

Celui de *Fresnes* se délite & se sépare par facettes ; il est plus compact & plus pesant que les autres ; il pese environ un dixieme plus que celui d'Anzin, & peut être appelé *Charbon de poids* ; il est très-difficile à allumer, & ne flambe presque pas ; il est cependant très-chaud & brûle le fer ; au feu il se soutient long-temps ; il ne donne point d'odeur, & peu de fumée ; il ne forme point *gâteau* en brûlant ; il est excellent pour le chauffage dans les poëles.

On s'en fert auffi comme de celui du vieux Condé, qui n'eft point flambant, pour cuire la chaux & la brique.

L'un & l'autre pris à la foffe, valent quatre livres le muid ; cette mefure dans ces deux endroits pefe fix cents cinquante livres.

Le Charbon d'*Anzin* donne, comme celui du pays Montois, de la flamme en brûlant, & fe colle de même : quelques Confommateurs l'eftiment fupérieur à celui d'Angleterre, de Liege & du Hainaut Impérial, comme étant moins bitumineux ; celui de S. *Vaaft* eft réputé d'une nature approchante.

Ils fervent aux Forges, aux Brafferies ; on les emploie encore au chauffage dans les cheminées ; les braifons qui en réfultent lorfqu'ils font à demi confumés, & que l'on remet fur le feu, s'appellent *Groueffes* ; en tout ils font propres à toutes fortes d'ufages ; mais ils produifent fur-tout un feu fi proportionné à la cuiffon de la brique & de la chaux, qu'une très-modique quantité pénetre exactement les plus groffes pierres, ce qui difpenfe de l'embarras de les caffer avant de les mettre au feu. C'eft peut-être dans cette qualité de Houille qu'il faut chercher l'explication d'une remarque effentielle faite par M. Fourcroy, fur les fours coniques du pays de *Liege* pour les fours à chaux ; cet Auteur dit que ces fours, dont l'entonnoir a ordinairement quarante à quarante-cinq pouces de diametre par le bas, confomment plus de Houille que ceux de la Flandre, & ne rendent par jour, réduction faite, qu'un cinquieme de ce qu'ils contiennent.

Le Charbon de *Raifmes* & du *Bois de bonne efpérance*, fervent, comme celui d'Anzin, aux Maréchaux, aux Braffeurs, au chauffage du Bourgeois dans les cheminées, aux Salines, aux Savonneries ; celui qui fert à ces ufages eft de l'efpece appellée *Rondelot* ou *gros Charbon*.

Ils valent à la foffe cinq livres le muid ; cette mefure eft toute auffi difficile à eftimer que les autres ; felon quelques-uns il pefe huit à neuf cents livres, felon d'autres il peut pefer fix cents livres, & équivaut à deux barrils.

Il y a encore à Anzin une autre mefure qui s'appelle *rafiere*, pefant environ deux cents vingt, deux cents trente livres poids de marc ; on compte quatre rafieres pour un muid.

Le *Rondelot* nommé *de bonne efpece* & qui eft vraifemblablement en pierre, fe vend jufqu'à fix livres quinze fols le *muid*, & douze fols fix deniers le *quintal* ; le *menu* dix fols le *quintal*.

Le Charbon de terre de *Quievrain*, fur la riviere de Hofneau, à deux lieues & demie de Valenciennes & à deux petites lieues de Condé, eft auffi plus eftimé que celui d'Angleterre.

Dès le temps où les ouvrages des foffes d'*Anzin* & de *Frefnes*, étoient parvenus au point qui a été détaillé ci-deffus, elles occupoient quinze cents Ouvriers par jour ; chaque attelier exploité nuit & jour, donnoit environ foixante-dix milliers pefant de Charbon.

On eftime que deux foffes peuvent produire avec quatre atteliers, deux cents
quatre-vingt

quatre-vingt ou trois cents milliers de Charbon, faifant la charge de trois bateaux & demi.

Une extraction auffi abondante, fruit de l'intrépidité du feu Vicomte Defandrouin, fecondée à propos par le Miniftere, n'a pas manqué d'animer dans tout le canton & dans les Provinces voifines, les fabriques qui ont befoin de ce foffile.

Ces travaux fouterrains ont formé une pépiniere des plus experts Ouvriers; qui nous mettent à même de nous paffer de l'Etranger pour conduire des entreprifes de ce genre dans le Royaume.

Ces Mines ont donné l'origine aux Brafferies, aux Forges, aux Manufactures & aux atteliers de différente efpece, qu'il eût été impoffible d'élever ou de foutenir avant l'heureufe époque des recherches de M. Defandrouin, qui a mis cette frontiere du Royaume en jouiffance d'un tréfor qui n'y étoit pas connu.

Les Provinces voifines, le Cambraifis, la Flandre, l'Artois & une partie de la Picardie, ont trouvé près d'elles une matiere propre à leurs foyers & à d'autres ufages qu'elles tiroient de Mons, & qu'elles achetoient fort cher : en 1756 il étoit entré en France pour un million de Charbon provenant de Mons & de Charleroy.

De la Houille employée au chauffage dans le territoire de Valenciennes.

De tous les ufages connus auxquels on applique le Charbon de terre, aucun n'eft plus intéreffant que celui du chauffage; les endroits qui avoifinent les foffes de Houille, connoiffent tout le prix de la reffource qu'elles procurent. En 1756, une famille entiere, à Valenciennes & aux environs, pouvoit avec moins de trente fols de notre monnoie fe chauffer & faire fa cuifine pendant les plus grands froids; à l'exemple du pays de Liege, la Houille eft apprêtée, pour cet objet, avec de la terre graffe; on n'y eft point dans l'ufage de la façonner en *boulets*, parce qu'on les trouve moins commodes pour leur arrangement dans le *fer à feu*, mais en forme de petites briques, d'où ces pelottes ont pris le nom de *Briquettes*.

Avant d'entrer dans aucun détail fur cet article, il convient de s'arrêter à quelques particularités fur les efpeces de Charbons : dans la ville de Valenciennes on en diftingue pour l'ufage, plufieurs fortes.

1°. Le *Charbon fin* ou *net*, employé aux fourneaux des Braffèries, aux Salines; on l'appelle auffi *Houille en piece*; elle fe vend au poids.

2°. *Houille en rondelots*, ou par morceaux gros comme la tête, plus ou moins.

3°. *Houille à dix-huit patards.*

4°. *Houille fale*, deftinée à faire les briquettes pour le chauffage; c'eft ce qu'on appelle à Liege *menu Charbon*, qui n'eft autre chofe que le pouffier ou menu Charbon provenant des quartiers de Houille attaqués dans la Mine par les Ouvriers.

5°. Enfin une espece de rebut que l'on donne aux pauvres Charbonniers.

Pour la vente du Charbon à Valenciennes, il y a une mesure particuliere nommée *mande* ou *mesure*.

La mande de *Rondelots* coûte deux livres.

Le *gros Charbon* se vend plus cher que celui appellé *forge galleteuse*. (*Voy.* premiere Partie, *page* 147).

La *Houille à dix-huit patards* coûte une livre deux sols six deniers la mande.

La *Houille sale* coûte onze livres trois deniers la mande.

Afin de remplir la promesse que j'ai faite de donner connoissance de tous les procédés usités en différents endroits pour façonner la Houille d'une maniere qui rende son usage encore plus économique, je vais donner la méthode pratiquée dans le territoire de Valenciennes.

L'Imprimé que j'ai cité au sujet de la cendrée de Tournay, a annoncé le procédé dont je vais faire part. L'Auteur d'un Recueil périodique, estimé à juste titre (1), a depuis adopté cet écrit comme digne de croyance & comme intéressant : dans la Préface d'une Brochure (2), que des circonstances me donnerent lieu de publier dans le même temps qu'a paru l'Ecrit de M. Carrey, je m'étois contenté de faire pressentir en quoi cette description étoit *imparfaite & fautive* (3); ce que j'ai dit en général sur cette méthode, *page* 355, Art. VII, de la premiere Section de cette seconde Partie, laisse suffisamment entrevoir que ce seroit s'abuser grossiérement de faire consister cette préparation dans une manœuvre *qui peut se montrer en deux heures de temps au plus simple Ouvrier,* comme le dit très-bien M. Carrey : le procédé que je vais donner, tel qu'il est suivi réellement à Valenciennes, mettra à même de reconnoître combien cet Ecrit, composé d'ailleurs sur une façon d'agir suivie il y a vingt-cinq ans, est défectueux, & combien est inutile l'établi embarrassant qu'on exige pour cette préparation (4), & qui n'est plus connu aujourd'hui dans ce canton : les éclaircissements particuliers dont cette fabrication a besoin, & que j'ai placés à la fin de la quatrieme Section, aideront à décider, sur-tout, si *un Ouvrier faiseur de briques,* tout *expert* qu'il soit *de pere en fils, dans cette fabrication,* est pour l'ordinaire en état de la faire connoître dans ce qui lui est réellement essentiel.

---

(1) Observations sur la Physique, sur l'Histoire Naturelle & sur les Arts, Tom. VI, *page* 194.
(2) Mémoire sur la nature, les effets & les propriétés du feu de Charbon de terre apprêté, pour être employé commodément, économiquement & sans inconvénient au chauffage, & à tous les usages domestiques. *Paris,* 1770, chez Lottin, au Coq, rue S. Jacques, *in-*12.
(3) Voyez *page* 19. de cet Avant-propos.
(4) Voy. la Planche ajoutée à cette description.

*Procédé ufité à Valenciennes pour faire des Briquettes propres au chauffage,
terres qu'on y emploie, &c.*

On commence par fe pourvoir des uftenfiles fuivants : un *crible* de *main*, en
ofier, qui eft un panier rond de fix ou huit pieds de circonférence plus ou
moins, & haut de huit pouces, ayant **deux poignées** en demi-cercle ; les branches
d'ofier qui forment ce crible, font de la groffeur du doigt, & éloignées les unes
des autres de fix à huit lignes.

Une *palette*, *n°. 11*, *Pl. LV*, qui eft un battoir de bois, de forme plate ;
avec un manche pour frapper fur la Houille entaffée dans le *moule*.

Ce *moule*, n°. 10, eft une *forme* en fer, comme la *lunette* dont fe fervent dans
cette fabrication les Botterefles de Liege ; elle a cinq pouces & demi & plus de
longueur, fur quatre de largeur, mefure prife en dedans ; fa forme vife à l'ovale,
plus évafée dans une de fes ouvertures que dans l'autre qui eft un peu rétrecie,
pour faciliter par la premiere, la fortie de la briquette quand elle a été battue
fuffifamment.

Une *pierre* de quatre pieds de circonférence, fur trois pouces d'épaiffeur,
liffe & polie fur une furface.

Un *feau*, dans lequel il y a de l'eau pour humeéter de temps en temps la
maffe lorfque cela eft jugé néceffaire.

Une *planche* deftinée à placer les briquettes à mefure que l'Ouvrier les fait
fortir de la forme.

Tels font les uftenfiles néceffaires à la manœuvre, au moyen de laquelle on
amalgame la Houille avec une terre graffe.

L'Auteur de la Defcription imprimée en **1770**, s'en eft tenu à dire (1) que la
terre employée communément pour cela, eft une bonne argille rougeâtre. De
trois efpeces qui entrent dans ce mélange, felon que l'on eft à portée de fe procurer l'une ou l'autre, aucune ne vife à cette couleur que M. Carrey donne pour
tout renfeignement ; je vais les indiquer d'une maniere plus précife, tant pour
leur nature que pour les endroits d'où elles fe tirent.

La plus commune, parce qu'elle eft plus ordinaire dans les *foffes*, eft le *bleu-
marle*, dont j'ai parlé premiere Partie, que l'on appelle auffi *marle à boulets*,
parce qu'elle fert à réduire les Charbons en *briquettes*, qu'on appelloit *boulets* ;
c'eft une efpece d'argille calcaire, tenant à la langue & faifant effervefcence
avec les acides.

D'autres emploient une terre qui fe tire des bords de *l'Efcaut*, où cette riviere
autrement appellée *Schelde* la dépofe quand les eaux font hautes & fortes, & dont
elle fe charge par la chûte des pluyes & des ravins ; c'eft un limon ou *alluvium*, fableux, argilleux, de couleur jaune obfcure, & qui fe manie comme une bonne
argille.

(1) Page 17.

A *Try*, diftant de Valenciennes d'une lieue, & à *Monceau* qui eft à deux lieues de cette ville, on emploie au chauffage la Houille d'Anzin ; on fait entrer dans les briquettes, de la *marle* qui fe trouve dans ces deux endroits.

Ces *marles* font des terres argilleufes, calcaires, blanches comme la craie, faifant effervefcence avec les acides (1) : celle de **Try** eft d'un blanc terne ; celle de Monceau eft d'un blanc vifant fur le jaune. Il faut obferver que le premier endroit eft fur la rive gauche de l'Efcaut, & qu'on pourroit y employer le dépôt limoneux de Try dont d'autres font ufage ; mais les Payfans préférent la marle qu'ils ont chez eux ; les raifons qu'ils en donnent font que les briquettes formées de marle brûlent mieux, & qu'il en faut moins qu'il ne faudroit de limon de l'Efcaut : en effet, fur neuf parties de Charbon, ils ne mettent qu'un dixieme de marle.

A Monceau on fuit cette même proportion de marle.

La Houille que l'on emploie en *briquettes*, eft la *Houille fale* ; elle fe trouve beaucoup mêlée de Houille à *dix-huit patards*, que l'on en fépare avec le crible ; les *galliettes* font auffi mifes de côté pour entrer dans le feu lorfqu'on veut le rendre plus vif.

Ce triage fait, l'Ouvrier délaye une mefure d'argille dans autant d'eau qu'il eft néceffaire pour en former une bouillie claire & coulante ; après avoir formé avec de la Houille un grand cercle, il verfe fa détrempe d'argille dans ce milieu.

Le fieur Carrey qui a voulu indiquer la maniere de faire ces briquettes, ne parle point de la quantité qu'il faut prendre de cette eau chargée d'argille : il fait mettre de cette *argille dans une demi-futaille jufqu'au tiers*, enfuite *il fait remplir d'eau ce vaiffeau jufqu'à cinq pouces près du bord : quand le tout eft bien délayé, il en fait verfer un feau fur le tas de Charbon.*

Il omet encore ici de nous dire combien dans ce tas il y a de mefures de Houille. Cet Hiftorien, fort fuperficiel, n'a pas pris garde que fi on fait entrer dans ce mélange plus d'argille qu'il n'en faut, les briquettes ne brûleront pas auffi bien, & que fi on en met moins, la Houille ne pourra faire corps avec l'argille, & que les briquettes n'ayant point de folidité, s'écraferont aifément.

La proportion ordinaire eft d'une partie de détrempe fur fix de Houille ; par exemple un minot d'argille détrempée, fur fix de Houille ; cette détrempe verfée au milieu de la Houille que l'on veut préparer, on mêle le tout enfemble de la même façon que le fable fe mêle avec de la chaux bien éteinte pour

_____

(1) MARLE OU MOELLE DE TERRE ; terre molle, forte, fe diffolvant en entier dans l'efprit-de-vitriol, dans l'efprit-de-nitre ; donnant au fyrop de violette, une couleur verte ; quand on la goûte, elle eft feche, infipide, & tient à la langue ; elle eft formée par un affemblage de particules argilleufes, calcaires, qui à l'air & dans l'eau fe féparent aifément.

La plupart des terres figillées, font du genre des marnes, ainfi que la terre à faïence, dont je décrirai une fouille à l'article du Nivernois. On peut en général diftinguer deux fortes de marnes, la marne argilleufe & la marne ardoifiere ; toutes deux ont la propriété d'attirer ou de détruire les acides ; toutes deux fe diffolvent promptement dans l'eau, la marne ardoifiere moins promptement que la marne argilleufe.

faire un mortier; lorfque cette maffe a pris la confiftance d'un mortier un peu folide , l'Ouvrier place à côté de lui le carreau de pierre , & fait avec la palette la manœuvre que les *Bottereffes* de Liége exécutent avec les mains.

Quand il a achevé & rangé fur une planche une douzaine de briquettes, fon aide ou lui-même , s'il eft feul, les porte dans l'endroit où on veut les garder ; & les arrange de la même façon qu'on arrange les briques pour former une muraille.

Exportation & Commerce du Charbon de terre par charrois & par bateaux.

Selon que les foffes font plus ou moins éloignées de l'embarquement, le prix de tranfport des Charbons eft néceffairement différent.

Les uns vont à fept, huit, dix, douze, feize patards; ils doublent quelque-fois quand les voitures paffent fur la chauffée de Valenciennes; il eft encore dû feize fols & demi à la voiture pour le droit de charroyage.

Le Charbon d'Anzin eft fixé par la Compagnie à feize patards ou vingt fols de France la voiture.

Le gros Charbon ou Rondelot, eft taxé à vingt-quatre patards, revenant à trente fols.

La riviere de Scarpe, qui prend fa fource dans l'Artois & vient fe perdre dans l'Efcaut à Mortagne, procure à cette denrée un débouché confidérable.

Les bateaux de chargement qui les portent fur l'Efcaut , font communément appellés *Nefs*, & contiennent trente *muids*; en portant le muid à huit ou neuf cents livres pefant, on peut évaluer la charge d'un bateau à quatre-vingt mil-liers pefant , montant argent de France à environ neuf cents livres.

En mefure du Pays , ils contiennent douze cents *rafieres* de Charbon de Frefnes & de vieux Condé, & mille de celui d'Anzin, parce qu'au-deffus de Condé l'Efcaut n'eft pas affez fort pour porter une plus forte charge.

Les Bateliers de Condé forment un corps nombreux, jouiffant du privilege exclufif de ce tranfport, tant d'Anzin que de Frefnes, vieux Condé, & même de Mons.

Ces bateaux étant trop grands, & contenant trop de Charbon pour pouvoir remonter la Scarpe , on eft obligé de les alléger dans de plus petits, conduits par des Bateliers de Douay & de Lille , & qui ne vont point jufqu'à Arras.

Cependant par ordonnance de l'Intendant du Hainaut , les Bateliers de Condé ont été obligés à la requifition des Marchands d'Arras, de fournir des petits bateaux qui puiffent remonter la Scarpe jufqu'à cette Ville, lefquels con-tiennent environ huit cents rafieres; mais avec cette charge il eft encore im-poffible qu'ils puiffent remonter la Scarpe; pour y fuppléer lorfqu'ils font au confluent de cette riviere dans l'Efcaut, ils allégent trois cents rafieres ou en-viron dans un autre bateau.

L'ufage du commerce eft de payer les Bateliers de Condé à la mefure d'Arras pour prix de la voiture, & non à la mefure des foffes, quoique de très-peu de chofe différente. On eft obligé de leur faire tenir une partie de leur voiture à Douay, pour payer leur allégeois, parce que faifant marché à forfait avec ceux de Douay pour une certaine fomme, ils ont gagné leur argent ; & de Douay à Arras, c'eft le Marchand qui paye à ceux-ci les trois patards & demi dont on a parlé.

Ce remuement change ou augmente chaque fois le prix du Charbon.

Le prix de la voiture eft taxé par l'Intendant à fept patards & demi jufqu'à Douay pour les Charbons d'Anzin.

Ceux de Frefnes & de vieux Condé, à fix patards la rafiere.

Depuis Douay jufqu'à Arras, la taxe eft de trois patards & demi, faifant treize fols neuf deniers.

Il y a de plus à S. Amand, un droit d'un demi-patard à la rafiere, ou cinquante patards du cent.

Le prix des Charbon de Frefnes & de vieux Condé, eft fixé à trois florins huit patards le muid de quatre rafieres.

Le mefurage eft à la charge de l'Acheteur, à un patard au muid de quatre rafieres.

Il revient aux Chargeurs de bateaux, trois doubles trois cinquiemes. A l'Etat-Major de Condé, fept florins quatre patards, ou neuf livres par voiture.

A ces différents droits, il faut ajouter ceux dûs au Domaine en Hainaut, indépendamment de ceux dûs aux traites & un droit d'éclufe à Condé fur les bateaux.

Hiftoire des droits fur les Charbons de terre dans les Directions de Lille & de Valenciennes jufqu'au 4 Mai 1761.

L'entrée des Charbons de terre de l'Etranger en France, la fortie de ceux de France pour l'Etranger, forme un objet important dans la balance du commerce ; les droits établis fur ce Charbon, tant à l'entrée qu'à la fortie, forment en même temps un objet de revenu confidérable pour le Roi. Le plan du Gouvernement depuis M. Colbert, a toujours été de charger de droits à l'entrée les Charbons de terre étrangers, pour donner un avantage aux Charbons de terre nationaux : des circonftances particulieres, telles que les difettes, ont obligé quelquefois de s'écarter de ce principe ; mais on y eft toujours revenu : le plan d'adminiftration fans doute étoit fage ; mais il n'étoit pas encore fuffifant, & il exiftoit un autre moyen beaucoup plus efficace de favorifer les exploitations nationales ; il confiftoit à décharger les Charbons de terre qui en provenoient de tous droits, foit à la fortie du Royaume, foit à la circulation, foit enfin à l'entrée des Villes & fur-tout de celle de Paris.

Un Miniftre que l'Académie a l'honneur de compter parmi fes Membres, en avoit conçu le projet en 1763 ; mais il fut contrarié par des intérêts particuliers

& par des obstacles de différents genres, & les choses font demeurées dans le même état.

On trouvera cet objet, ainsi que celui de la traite des Charbons de terre de l'intérieur du Royaume, discuté d'après les vrais principes d'administration, dans deux Mémoires dont j'ai eu communication ; je vais donner ici celui relatif aux *Provinces réputées étrangeres* (1) : je ferai usage du second en faisant connoître ce commerce dans la ville de Paris, & les différents droits.

M. Gigot de Crisenoy, Fermier général, à qui ils appartiennent, considéré, consulté & écouté dans plusieurs parties qui tiennent à l'art d'entretenir les sources des Finances, n'a besoin que d'être nommé ; les personnes que ces matieres intéressent, reconnoîtront que l'éloge qu'il me seroit permis d'en faire, seroit de ma part moins un hommage personnel rendu à l'amitié, qu'un tribut public payé à la réputation dont jouit l'Auteur de ces Mémoires, de porter dans les opérations qui lui font confiées, les lumieres de l'homme d'Etat, & les vues d'un bon Citoyen.

» Par Arrêt du 3 Juillet 1692, le Charbon de terre venant des pays Etrangers, » fut imposé à trente sols le baril à toutes les entrées du Royaume, tant des cinq » grosses Fermes que des pays réputés Etrangers, & pays conquis, cédés ou » réunis.

» Cet Arrêt donna lieu à des représentations de la part des Magistrats & Ha- » bitants du Hainaut & de la Flandre Françoise, sur le préjudice que leur » causoit le droit de trente sols qu'il établissoit ; & d'après les motifs qu'ils ex- » poserent, le Conseil ordonna par Arrêt du 18 Octobre 1698, par provision » & sans tirer à conséquence, que les Charbons de terre provenant des Mines » du Hainaut Espagnol, paieroient seulement dix sols par baril à l'entrée du » Hainaut & de la Flandre Françoise.

» Sur de nouvelles représentations, & par des considérations particulieres, » les droits sur les Charbons de terre provenant du Hainaut étranger, furent » réduits à cinq sols le baril, par Arrêt du 21 Décembre 1700, au lieu de dix » sols à quoi ils avoient été fixés par le précédent Arrêt.

» Les Maîtres des forges de Picardie & de Champagne s'étant plaints au » Conseil du droit de trente sols établi sur les Charbons de terre étrangers par » l'Arrêt du 3 Juillet 1692, il fut ordonné par Arrêt du 19 Juin 1703, qu'aux » entrées desdites Provinces, les Charbons de terre venant de la Flandre & du » Hainaut, n'acquitteroient les droits qu'à raison de dix sols par baril du poids » de trois cents livres.

» Le Corps des Bateliers de Condé, & les Marchands de Charbon de Flandre

___

(1) En Finance on désigne & on connoît sous ce nom, les provinces de Bretagne, la Saintonge, la Guyenne, la Gascogne, le Languedoc, la Provence, le Dauphiné, le Lyonnois, la Franche-Comté, la Flandre & le Hainaut, parce que ces provinces, quoique soumises à la France, n'ont point été assujetties, sur tous les articles, aux droits des cinq grosses Fermes, & qu'en cela ces provinces sont effectivement étrangeres.

» & du Hainaut François ayant obfervé que le droit de cinq fols fur le Charbon
» de terre, affoibliffoit encore le commerce de cette marchandife dans ces
» deux Provinces, & anéantiffoit la navigation de Condé ; il fut ordonné par
» Arrêt du 27 Mars 1714, que jufqu'au 1 Octobre 1715, les Charbons de
» terre du Hainaut Efpagnol qui pafferoient par Condé, deftinés pour Tournay
» & autres Villes étrangeres, feroient & demeureroient déchargés du paiement
» des droits d'entrée de cinq fols par baril établi par l'Arrêt du 21 Décembre
» 1700, en payant feulement le droit de deux fols fix deniers par *waque* établi
» à la fortie par le tarif de 1671, le tout fans préjudice aux droits impofés fur les
» Charbons deftinés pour être confommés dans la Flandre Françoife ou le Hai-
» naut François, lefquels feroient perçus à l'ordinaire, c'eft-à-dire, à raifon de
» cinq fols par baril.

　» Cet Arrêt fut rendu fur l'affurance que donnerent les Marchands & les Bate-
» liers, que le Roi retrouveroit dans un plus grand commerce l'équivalent de
» cette réduction.

　» Quoique la compenfation que ces Marchands & Bateliers avoient fait efpérer
» ne fe trouvât pas dans les produits des Bureaux, il fut cependant ordonné par
» Arrêt du 9 Novembre 1715, que les Charbons de terre qui pafferoient par
» Condé pour la deftination de Tournay, payeroient jufqu'au 1 Octobre 1716,
» pour tous les droits d'entrée & de fortie, par forme de tranfit cinq fols par
» baril. La même modération fut continuée par Arrêt du 24 Septembre 1716,
» jufqu'à ce qu'il en fût autrement ordonné.

　» En 1718, les Bateliers de Condé & les Marchands de Charbon de Flandre
» & du Hainaut François, firent encore des repréfentations au fujet des quatre
» fols pour livre qui venoient d'être rétablis ; & les mêmes motifs qui avoient dé-
» terminé à leur accorder la réduction fur les droits d'entrée & de fortie des
» Charbons de terre du Hainaut, engagerent le Confeil à exempter cette marchan-
» dife des quatre fols pour livre par Arrêt du 30 Avril 1718, foit qu'elle fût def-
» tinée pour la confommation du Royaume ou pour l'Etranger.

　» Enfin, par Arrêt du 8 Novembre 1723, il fut ordonné qu'à l'avenir il ne
» feroit plus levé par forme de tranfit au Bureau des fermes à Condé, fur tous les
» Charbons de terre du Hainaut paffant de Mons à Tournay par Condé que deux
» fols fix deniers par baril du poids de marc de trois cents, au lieu de cinq
» fols établis par les précédents Arrêts, & que dans le cas où lefd. Charbons fe-
» roient enfuite voiturés par terre de Tournay à Lille & Châtellenie, foit pour
» la confommation de la Flandre Françoife, ou pour les Villes & lieux de la dé-
» pendance de l'Empereur, il feroit en outre levé aux premiers Bureaux d'entrée
» deux fols fix deniers par baril, par fupplément du droit de cinq fols établi ci-
» devant, lequel droit de cinq fols continueroit au furplus d'être perçu à Condé
» fur tous les Charbons qui viendroient de Mons, autres que ceux qui pafferoient
» de Condé à Tournay.

» Les

» Les dispositions de ce dernier Arrêt ont été suivies jusqu'à présent dans
» les Bureaux des Fermes de la Flandre & du Hainaut François; cependant sui-
» vant l'Arrêt du 5 Février 1761, les droits sur les Charbons de terre, sont
» fixés à trente sols le baril de deux cents cinquante livres poids de marc venant
» d'Angleterre, d'Ecosse & Irlande, ou autres pays étrangers, & entrant par S.
» Vallery, Dunkerque, Calais & autres entrées de la Picardie & de la Flandre,
» les Directions des Fermes d'Amiens & de Lille, &c.

» Cet Arrêt, en dérogeant à celui du 28 Novembre 1730, confirme ceux des
» 6 Septembre 1701, 6 Juin & 15 Août 1741, lesquels ne font mention que
» des Charbons de terre d'Angleterre, d'Ecosse & d'Irlande, seulement qui en-
» treront dans le Royaume; mais ledit Arrêt du 5 Février 1761 ne rappelle
» point ceux rendus en particulier pour les Charbons de terre venant du Hainaut
» Autrichien, qui sont les seuls qui entrent dans la Flandre & dans le Hainaut
» François, & dont l'introduction y a été facilitée dans tous les temps, soit pour
» favoriser la navigation de Condé, soit par d'autres considérations relatives au
» commerce du Pays conquis. Cependant comme il paroît par le dispositif de
» l'Arrêt du 5 Février 1761, que l'intention du Conseil est que le droit de
» trente sols soit perçu sur tous les Charbons venant indistinctement de l'Etran-
» ger, que cet Arrêt ne déroge pas nommément à ceux rendus pour les Char-
» bons de terre du Hainaut Autrichien, & que les raisons qui ont engagé à
» les traiter favorablement, peuvent encore subsister, les Fermiers généraux
» crurent devoir suspendre l'exécution dudit Arrêt dans les Directions des Fer-
» mes de la Flandre & du Hainaut, & supplier le Conseil, en interprétant l'Ar-
» rêt du 5 Février dernier, de vouloir bien leur faire connoître ses intentions à
» cet égard, afin qu'ils donnassent des ordres en conformité ».

Observation.

» Il semble que par la décision du 9 Mai 1761, on auroit dû y dire nom-
» mément que le Conseil n'a voulu rien changer dans la perception des droits
» sur les Charbons provenants des fosses du Hainaut Autrichien, entrant dans la
» Flandre Françoise & le Hainaut François; au lieu que sous le nom de *Charbons*
» *Etrangers*, qui entrent par la Flandre & le Hainaut, il pourroit y en venir d'ail-
» leurs que des fosses de la Province, & peut-être même pourroit on y faire
» entrer des Charbons d'Angleterre, d'Ecosse & d'Irlande, qu'on feroit débar-
» quer à Ostende, Nieuport, ou par la Hollande, si l'on y trouvoit un avantage,
» c'est-à-dire, que les frais se trouvassent de moindre objet que les droits que
» l'on frauderoit.

» De façon que si l'Arrêt du 5 Février 1761, eût subsisté pour la perception
» des droits des Charbons venant du Hainaut Autrichien, les droits de Domaine
» qui sont objet, & ceux d'écluse, auroient absolument été anéantis sans que

» ceux portés par l'Arrêt du 5 Février 1761, euffent eu le moindre avantage.

» Les Charbons des foffes de cette Province, fervent journellement à l'ap-
» provifionnement des Hôpitaux Militaires, tant de la Flandre & du Hainaut
» que de l'Artois, & au chauffage des Troupes des garnifons de tous ces endroits.

» Les Entrepreneurs des fournitures de ces Charbons font munis continuelle-
» ment de paffe-ports pour des quantités confidérables, fur lefquelles il leur eft
» accordé l'exemption des droits ; ainfi c'eft le Confeil qui lui-même favorife
» l'entrée de ces Charbons au préjudice de ceux des foffes du Hainaut François.

» Il paroît même étrange que pour ces fournitures au moins on n'ait pas affu-
» jetti les Entrepreneurs des foffes du Hainaut François, qui jouiffent des plus
» grandes exemptions, à approvifionner les Hôpitaux & les Troupes du Royau-
» me, plutôt que de faire paffer l'argent à l'Etranger, en achetant des Entrepe-
» neurs du Hainaut Autrichien, en ce que d'un côté le Roi n'auroit point d'e-
» xemption de droits à accorder, ni à tenir compte aux Fermiers de ceux accor-
» dés fur les Charbons venant des foffes du Hainaut Autrichien, dont il eft tenu
» compte aux Fermiers généraux ».

BOULONOIS (1).

Cette province dont nous avons indiqué les Mines de Charbon, en four-
niffoit autrefois à l'Artois, à la Flandre par le canal de Calais, & par la riviere
d'Aa, qui fépare la Flandre d'avec la Picardie ; les Corps-de-garde, les Briqueteries, les Fours à chaux, les Maréchaux, y trouvoient une reffource ; mais les Mines en font peu confidérables ; on a obfervé auffi que le Charbon en eft très-leger
& qu'il perd beaucoup de fa qualité prefqu'auffi-tôt qu'il a pris l'air.

Ces défauts, joints à ce que les chemins qui fe font dégradés, renchériffoient
fort le Charbon au-deffus de celui du Hainaut François, bien fupérieur en qualité, devenu en même temps plus commun & plus abondant, ont jetté le difcrédit fur le Charbon du Boulonois ; celui qui y eft fubftitué & que l'on fait
venir par Hefdin, eft le Charbon du Hainaut qu'on y préfere, & même celui
d'Angleterre tout cher qu'il eft ; le premier eft beaucoup employé à la cuite
des pierres à chaux, dont les carrieres font à Landrethun près Marquife, entre
Calais & Boulogne.

La terre à pipe de Devres, à trois lieues de la derniere ville, pourroit donner
la facilité de préparer le Charbon en *briquettes* pour le chauffage : le pied cube
de cette terre, felon les obfervations de M. Rigaut, pefe cent quarante-quatre

---

(1) Le *Cambraifis*, quoique limitrophe au Hainaut François, très-riche en Charbon de terre,
& à l'Artois où l'on en connoît, n'a point encore
de Mine de ce genre : j'avois été mal informé
lorfque j'en ai indiqué une dans cette province,
page 148 ; les tentatives & les fouilles très-pro-
fondes faites à Prémont, près de Valincourt,
n'ont fervi qu'à dépenfer inutilement quatre-
vingt mille livres.

À Arleux, fur les confins de la Flandre & du
Hainaut, à deux lieues & demie de Cambray,
fur la petite riviere de Senfer, & à Palné, on n'a
trouvé que de la tourbe.

livres deux onces six gros, & seize pouces cubes en poudre ont occupé quarante-un pouces cubes qui ont imbibé quinze onces d'eau (1).

ARTOIS.

M. Dargenville (2) (*page 122*), place des Mines de Charbon dans cette province.

A Pernes, sur la Clarence, distant de trois lieues de Béthune, on trouve une carriere de ce fossile au-dessous de couches de pierres d'ardoises, lesquelles sont plus dures que la pierre blanche, & plus tendres que le caillou.

Le sieur Havè, Ingénieur des Ponts & Chaussées, en a reconnu au village de Bienvillers, entre Arras & Doulens ou Dourlens : dans un renfoncement de cent sept toises, il a atteint de grosses veines de Charbon à cent dix-neuf toises de profondeur.

A Arras on brûle généralement du Charbon de terre pour se chauffer ; le peuple, le bourgeois & le gentilhomme ; les riches en font même usage dans leur antichambre & pour leur domestique ; depuis long-temps on n'y connoît plus le Charbon du Boulonois, celui qu'on y emploie aujourd'hui se tire aussi du Hainaut François ; il se vend trente-huit à trente-neuf sols la *Rasiere* (3).

Pour ce qui est du Charbon de Fresnes & de vieux Condé, le *menu* ne se collant pas au feu, il n'y a que le *gros*, appellé *Goimbe* ou *Galliete*, qui soit employé dans les poëles ; il se vend cinquante sols la rasiere : plusieurs personnes l'emploient au lieu de Charbon de bois dans les fourneaux pour la cuisine ; bien du monde le préfere comme ayant peu d'odeur, & ne noircissant pas les meubles ; & la Houille de Condé est généralement reconnue beaucoup meilleure, & de moindre consommation pour les forges que la Houille du Boulonois.

D'Arras à Amiens il y a une très-belle chaussée de quinze lieues, & depuis que les droits d'entrée sont réduits à Arras à six deniers la rasiere pour le Charbon François, la traite en est considérable pour les forges, pour cuire les briques & la chaux.

La perfection du canal qu'on creuse actuellement depuis Valenciennes, par Bouchain, Cambray, S. Quentin & Chaulny, sera d'une grande utilité.

---

(1) M. Demachy m'a fait voir un morceau de *Cannel coal*, trouvé dans la partie Françoise du pays de Luxembourg. Un Maître de Forges qui en a reconnu le banc, a dépensé cent louis pour sonder l'endroit ; cette recherche n'a pas conduit à la découverte qu'on attendoit ; il y en a cependant selon toute apparence.

(2) *Enumeratio fossilium quæ in omnibus Galliæ provinciis reperiuntur, tentamina.* Paris, 1751.

(3) Cette *Rasiere*, qui doit être appellée, comme celle du Hainaut, *Rasiere de terre*, afin de la distinguer de la *Rasiere* ou *mesure de mer*, pese pour l'ordinaire deux cents quarante livres. On a vu que celle d'Anzin pese de deux cents vingt à deux cents trente livres. Celle d'Artois pese de deux cents dix à deux cents vingt livres, poids de quatorze onces, plus ou moins, suivant qu'elle contient du Charbon menu ou gros.

A S. Omer, la Rasiere se mesure rase & non à comble depuis environ vingt ans ; l'excédent a été mis dans la mesure en l'agrandissant, à cause des plaintes du Public sur le mesurage plus ou moins fort : elle se mesure par quart, qui se nomme *Boisseau* ; ce boisseau a 9 pouces & un quart de hauteur sur 15 pouces & trois quarts de diametre en dedans.

FRANCHE-COMTÉ (1).

La veine de Champagné , *voy.* premiere Partie, *page* 149 , a souvent huit pieds d'épaisseur , & est toujours égale en bonté ; on en ignore la largeur ; son *allure* va du Nord au Midi , & dans l'espace de deux toises le *pendage* est de plus de deux pieds.

Elle paroît s'étendre dans toute la base du monticule qui la renferme, on soupçonne qu'elle passe ensuite sous le vallon pour aller joindre le monticule voisin ; & par la ressemblance du banc qui sert de plancher à la veine actuellement en travail , on juge qu'il y en a une autre au-dessous.

Les autres lits terreux ou pierreux qui lui servent de couverture, ne sont point connus, l'exploitation de la Mine se faisant par un *percement* (2).

(1) La fouille de *Marsaux* en CHAMPAGNE, dont j'ai parlé, *page* 165 , (Note 2), n'a point donné du Charbon de terre, comme on l'a cru dans le pays, par la raison qu'un Maréchal-ferrant s'étoit servi utilement à la Forge, de ce qui en avoit été tiré, d'où le vulgaire lui a appliqué sur le champ le nom de *Charbon de terre.*

Je me suis procuré, par une des personnes qui avoient mis des fonds pour cette entreprise, un échantillon de ce qui étoit provenu de cette fouille faite à la porte de Reims, dans un endroit appellé *Muyre* : c'est une tourbe placée sous le gazon, disposée par couches, elle regne, à ce que l'on dit, le long de la riviere de Vesle ; on avoit fait une excavation de 130 pieds de profondeur.

On n'a jusqu'à présent rencontré dans la Champagne que des tourbes, aux environs de *Chalons-sur-Marne*, & dans les marais de *S. Agon.*

Il y a environ dix-huit ans que l'on a prétendu avoir découvert au Bourg d'Avize, proche Epernay, une Mine de Charbon de terre, située à 22 pieds de profondeur ; le même banc se trouve à une demi-lieue d'Avize, vis-à-vis la tuilerie d'Oger, dans une position horizontale: je passois précisément dans ce quartier peu de temps après (en 1757), en allant joindre l'armée : un Habitant d'Avize qui m'accompagnoit dans quelques promenades d'Histoire Naturelle, me fit remarquer l'endroit qui avoit été fouillé, & qui avoit été abandonné à cause de l'odeur insupportable que donnoit le prétendu Charbon de terre ; je ne m'occupois pas alors de cette partie de la Minéralogie relative à ce fossile ; j'examinai cependant curieusement les vestiges de cette fouille ; tout ce que j'en ai vu ne m'a laissé aucune idée en faveur de la découverte, qui n'a point cessé de passer pour certaine.

Je me suis mis en relation avec différentes personnes intéressées au succès de cette affaire ; j'espérois qu'elles pourroient me mettre à même d'en juger par quelqu'échantillon résultant de cette fouille; mais il ne m'en est point parvenu : j'observerai seulement que le dessous de la montagne d'Avize donne une tourbe dont on *ignore* la profondeur, & que l'on dit brûler très-bien, sans donner d'odeur que la tourbe de Flandres. Cette circonstance & la mauvaise odeur de ce qui est provenu de la fouille dont il s'agit, font naître des doutes raisonnables sur la nature qu'on assigne à cette derniere ; néanmoins M. Navier,

célebre Médecin à Chalons-sur-Marne, & Correspondant de l'Académie des Sciences , m'a assuré avoir lui-même ramassé au-dessus d'Avize, des morceaux de Charbon de terre qui lui a paru avoir de la qualité, quoique moyenne : je crois ne devoir point passer sous silence le témoignage de ce Physicien , qui mérite la plus grande attention sur ce point. Cette Mine par sa position à une lieue de la Marne, seroit de la plus grande conséquence, & pour la province & pour la ville de Paris, obligée de tirer son Charbon de terre de Provinces très-éloignées : mais il pourroit se faire que ces fragments appartiennent à une couche de *Holtz Kohlen*, que j'appelle *Charbon de bois*, *Tourbe.*

Dans beaucoup d'endroits aux environs de *Langres*, on trouve une couche de bitume qui paroit encore entretenir l'opinion de l'existence du Charbon de terre dans ce quartier.

C'est sur-tout à *Brevoine*, village situé à un quart de lieue de Langres, au couchant de cette ville, que l'on a fouillé cette couche, dans l'espérance d'y trouver du Charbon de terre, qui seroit fort avantageux pour cette partie de la Champagne, obligée d'en tirer de la Mine de *Lure.*

Le sieur Foucou, Maître Coutelier, avec une autre personne , a dépensé quinze cents livres dans cette recherche ; il assure, qu'outre une grande quantité de pyrites , il a rencontré dans cette fouille, qui a été principalement au Levant de la Mine, un peu de vrai Charbon de terre , épars de côté & d'autre ; un Mineur Danois, alors dans le pays, prétendoit que si l'on fouilloit au Levant, il se trouveroit infailliblement de bon Charbon de terre.

Ce que j'en ai vu est un bitume solide, couleur de noisette, placé horizontalement en terre, formé de plusieurs feuillets comme les Schistes.

Cette substance mise sur des charbons ardents, s'allume au bout de quelque temps , en donnant une flamme blanche , jettant une graisse & exhalant une odeur de soufre fort douce ; elle s'éteint en même temps que le feu du Charbon de bois ; si on l'entretient, il se réduit en un Charbon noirâtre contenant quelques particules pyriteuses.

(2) J'appellerai ainsi dans cette troisieme Section , & quelquefois *galerie de pied*, cet aqueduc souterrain nommé par les Liégeois, *Xhorre*, *Areine.*

Cette

Ce canal de cinq pieds quatre pouces de hauteur, eſt pratiqué dans le monticule, en allant du Couchant au Levant, à travers trois toiſes de roche feuilletée comme l'ardoiſe, qui ſert auſſi de toît à la veine.

Dans un des côtés du percement, on a ménagé une rigole pour ſervir d'écoulement aux eaux.

Le Charbon y paroît dépourvu de mélange étranger, ſi on en excepte quelques petites couches de roche feuilletées de 2, 3, 4, 5 à 6 pouces, qui pour la plupart donnent des efflorescences vitroliques. On peut voir, *page 22*, l'examen que j'ai fait de cette production ſaline pour en déterminer la nature.

On rencontre quelquefois dans les feuillets de ces roches des portions pyirteuſes, que les Ouvriers appellent *Quiſſes*, dont j'ai parlé *page 21* de la premiere Partie, à l'article des Pyrites, qui entrent ſouvent dans la compoſition des Charbons de terre.

A cinquante toiſes de la gallerie, il s'eſt rencontré un *crein* d'une dureté moyenne, d'environ huit toiſes d'épaiſſeur, au bout duquel le Charbon reparoît de même qualité; on ſe ſert des recoupes de ce crein & des feuillets de roches pour remplir & ſoutenir les vuides réſultants de l'exploitation, & dans leſquels on n'a plus rien à extraire.

On a cherché à tirer de l'huile de ce Charbon; j'ignore les procédés qui ont été employés, & ſi les tentatives ſur cela ont été ſuivies.

Dans la premiere Partie j'ai fait mention d'après M. de Genſſanne, Correſpondant de l'Académie des Sciences de Paris, d'une Mine de Charbon de terre à *Mortau*, ſur le Doux, Bailliage de Pontarlier, à peu de diſtance d'un endroit où cette riviere forme un petit lac.

Si ce Phyſicien n'a point connoiſſance de cette Mine pour l'avoir vue lui-même, je doute fort qu'elle puiſſe être regardée comme exiſtante; je me ſuis convaincu par des échantillons qui m'ont été envoyés depuis, que la ſubſtance appellée à Mortau *Houille*, eſt la même choſe que ce que M. de Genſſanne a obſervé dans le Bailliage de Lons-le-Saunier, au village de S. Agnès & qu'il a décrit; ce n'eſt que du *Holtz-kohlen*, que je déſignerai dorénavant par le nom de *Charbon de bois*, *Tourbe*.

Ce foſſile de Mortau ſe montre en abondance dans une ſurface de terrein de pluſieurs arpents, à un ou deux pieds au plus de profondeur : la terre qui le couvre eſt noirâtre; la ſurperficie eſt en culture; on a fouillé à plus de trente pieds de profondeur ſans trouver le fond de cette couche, & ſans rencontrer ni roc, ni ſable, mais ſeulement quelques veines de *Marne jaune*, entremêlée de ſources qui trouvent leur écoulement dans cette couche même : au feu elle donne une odeur très-forte qui empêche les Ouvriers d'en faire uſage. Voyez *page 12*, ce que j'ai dit ſur celle qui a été trouvée à *Cuizeaux*.

On rencontre encore de ce *Charbon de bois*, *Tourbe* à ſix lieues de Mortau, dans un endroit nommé *Monthier*, Bailliage d'Ornans : celui-ci n'a occasionné aucun travail pour sa recherche ; il se trouve à la surface du terrein qui est une espece de verger dans une pente assez voisine de la riviere de *Louve*, qui dès sa source coule de l'Est à l'Ouest.

Le rapport qu'il y a entre ce Holtz-kohlen & le Charbon de terre, la facilité avec laquelle on pourroit les prendre l'un & l'autre (quoique très-différents) pour la même substance, m'ont engagé à une description circonstanciée de ces Mines, *page 5*. Il est peu de Province où il n'y ait eu des fouilles commencées sur le seul renseignement de fossiles qui ne font point du Charbon de terre, comme on se l'étoit imaginé. Ces entreprises dispendieuses deviennent nécessairement ruineuses lorsqu'elles ne se terminent point par ce que l'on cherche. Si l'on fait attention que dans ces travaux, non moins pénibles que considérables, l'intérêt des particuliers est nécessairement lié avec l'intérêt public : un ouvrage destiné à guider l'industrie du Citoyen qui applique ses fonds à augmenter les richesses réelles & relatives de l'Etat, doit, tant qu'il est possible, mettre ce même Citoyen en garde contre tout ce qui peut lui en imposer & lui faire risquer infructueusement sa fortune ; c'est ce que je me propose dans la quatrieme Section, où je porterai sous un titre particulier les derniers éclaircissements sur ce banc de Charbon de bois, Tourbe, & sur les substances bitumineuses, qui dans l'opinion commune font sujettes à être confondues de quelque maniere que ce soit.

Lyonnois.

Les endroits de cette Province où l'on connoît de ces Carrieres, font depuis la ville de S. Chamond, autrefois chef-lieu de la Principauté de Jarrest, au-dessous de ce bourg jusqu'à Lyon, le long de la petite riviere de Giez, qui vient se jetter dans le Rhône après un cours de huit lieues. On en trouve encore à S. Paul en Jarrest & à la Varicelle, & dans le territoire de différentes Paroisses, comme de S. Genis-terre-noire, du grand Floin, appellé aussi *les grandes Fleches*, dans la Paroisse S. Martin-la-Plaine, à S. Genis-les-Ollieres, en face de la ville de Lyon, qui font presque les seules en valeur actuelle ; il y en a cependant à d'Argoire sur le Giez, à la Catonniere, à Ste.-Foy-l'Argentiere, sur la Brevenne, Paroisse S. Laurent de Chamoussay, en face de Diximieux, à Tartaras, entre le Gier & S. Andeol où il y a eu une fouille qui a réussi.

Outre ces principales Mines, M. de la Tourrette, Secrétaire perpétuel de l'Académie de Lyon, & Correspondant de l'Académie Royale des Sciences de Paris, a remarqué dans des masses de rochers, quelques veinules que l'on peut appeller avec ce Savant *veines folles*, & d'autres ramassées en roignons isolés sur les bords d'un ruisseau autour de la montagne de la Magdeleine (1). Ce même

(1) *Voyage gu Mont Pila*, Lyon 1769.

Savant pense auſſi que la montagne de S. Juſt, faiſant une partie de la
ville de Lyon, eſt de la nature des montagnes à Charbon; il a obſervé que le
côté de Pierre-en-Cize eſt compoſé d'un granite dont les lames paroiſſent irrégulieres, & que le côté de S. Juſt & de ſes environs, ſont diſpoſés par lits &
par couches.

Parmi les ſingularités relatives à notre objet, nous placerons d'abord une montagne remarquable dans la tradition du pays, & par le nom qu'on lui a donné;
elle s'appelle *Montagne de feu*; l'Hiſtoire attribue cet embraſement à une grille
remplie de feu qu'on avoit placée dans un puits de Mine pour diſſiper le mauvais air, & qu'un écroulement ſubit des parois du puits a précipité dans le fond
de la Mine.

Les veſtiges de cet incendie ſouterrain, conſiſtent dans quelques circonſtances particulieres qui s'obſervent dans l'étendue d'un arpent. Le rocher eſt de
couleur briquetée & paroît calciné; la pierre qu'on en détache reſſemble à une
pierre-ponce, plus peſante cependant; enfin, on prétend qu'à la ſurface de la
montagne, la chaleur eſt ſenſible à la main; on y apperçoit en pluſieurs endroits
des fentes, au travers deſquelles il s'exhale une vapeur qui eſt plus marquée
quand il pleut ou quand il neige; de ces fentes il découle un pétrole épaiſſi, de
conſiſtance du *cambouis*. M. Gautier, Avocat au Parlement, & Commiſſionnaire
des Mines de ce terrein, ayant jetté dans une de ces ouvertures un fagot de ſar-
ment pour voir les changements qui y arriveroient, trouva le lendemain ce bois
dans ſa forme naturelle, mais altéré dans ſa couleur, & lorſqu'on vint à le remuer il tomba en pouſſiere.

Cette montagne de feu eſt couverte de vignes qui ſont de très-bon rapport;
le vin qu'elles produiſent a le goût de pierre à fuſil; les cantons qui en ſont les
plus proches ſont très-hâtifs; on ne manque point d'attribuer cette circonſtance
à la chaleur de la montagne.

M. de Fougeroux a donné (1) de cette montagne une deſcription curieuſe &
intéreſſante, par le jour qu'elle peut répandre ſur toutes les circonſtances de ce
phénomene; nous la placerons ici en entier.

» Cette Mine où ce feu ſe conſerve & brûle depuis plus de cent ans, ſuivant
» le rapport des Habitants du pays, eſt ſituée dans un endroit appellé *S. Genis*,
» *la Terre noire* ou *la Montagne brûlée*; elle eſt à trois quarts de lieue de la ville
» de S. Etienne en Forez, dans un lieu peu éloigné de Chambon & de la même
» Paroiſſe, ſur la route du Puy, au Sud du grand chemin qui y conduit.

» Une légere vapeur noire qui s'éleve de cette Mine, annonce les endroits en-
» flammés; elle eſt plus ſenſible dans certains temps que dans d'autres; quand il
» fait froid & après une humidité produite par une roſée ou une petite pluie, la
» vapeur eſt plus apparente, & pour lors on la voit monter à trois ou quatre

(1) Mémoire de l'Académie des Sciences, | annoncée dans le Forez par mépriſe.
année 1762, *page* 389. La ſituation du lieu y eſt |

» pieds de hauteur ; on m'a même dit qu'on appercevoit de la flamme pendant
» la nuit.

» Il s'exhale de ces endroits, & principalement de certains où il s'est formé
» des crevasses ou des ouvertures, une odeur de soufre aisée à reconnoître par
» l'effet qu'elle produit quand on la respire ; cette odeur jointe à celle d'une
» terre mouillée qui se désseche, forme un mélange, qui réunit ce qui peut le
» rendre désagréable.

» Quand on présente la main à certaines ouvertures du terrein , on y ressent
» une chaleur assez vive pour obliger de la retirer, & ne pas permettre de l'y
» laisser plus long-temps exposée sans courir risque de se brûler.

» Cette chaleur est assez forte en quelques endroits pour donner aux Paysans
» la facilité d'y cuire des pommes de terre ; sans doute qu'ils sont assez peu dé-
» licats pour ne pas s'embarrasser du mauvais goût que la vapeur peut commu-
» niquer à ce mets frugal ; peut-être aussi l'habitude le leur fait elle regarder
» comme un assaisonnement nécessaire au goût peu relevé de la pomme de
» terre.

» Ces soupiraux n'offrent pas tous la même chaleur ; on conçoit aisément
» qu'elle doit varier suivant la force du feu qui est dessous : le feu changeant de
» place & se portant avec plus de vivacité dans un lieu que dans un autre, il peut
» se faire que les fourneaux qui procuroient il y a quelque temps le plus de
» chaleur, n'en donnent aujourd'hui qu'une très-foible ; on voit même des an-
» ciens fourneaux qui n'en communiquent aucune & qui peuvent seulement ser-
» vir à tracer le chemin qu'a suivi le feu.

» L'étendue du terrein brûlé par ce feu souterrain, est d'environ cent toises,
» sur cinquante ou soixante de largeur ; les plantes n'y viennent plus, la terre
» semble être desséchée ; en quelques endroits elle est rouge , en d'autres elle a
» pris une couleur noire : tout l'espace qu'occupe cette Mine dans la portion qui
» a été enflammée est reconnoissable ; on y voit un dérangement qui sert à l'in-
» diquer ; le terrein dans cette partie est plein d'inégalités , d'élévations ou d'en-
» droits dont la terre maintenant affaissée forme des cavités ; on y rencontre de
» grosses pierres qui ont été ébranlées, ou qui ont changé de place ; d'au-
» tres qui ont été renversées ; certaines sont brûlées, fendues , & ont
» pris une couleur jaune rougeâtre, qui les fait ressembler beaucoup au tri-
» poli ; quelques-unes ont souffert un commencement de vitrification ; les
» parties se sont liées en différents morceaux, après avoir éprouvé une espece de
» fusion, & se sont jointes au point d'exiger aujourd'hui de forts coups de marteau.

» On imagine aisément que ces pierres vitrifiées ne sont point attaquables par
» les acides ; elles ne se vitrifieroient dans un laboratoire qu'à un feu violent &
» long-temps continué : celles qui ont déja été brûlées dans la Mine, exigent un
» plus grand feu pour les vitrifier que celles de même nature qui n'ont point

encore

» encore éprouvé de chaleur auſſi conſidérable ; les pierres calcaires, quand il
» s'en rencontre, ce qui n'arrive que rarement dans ce lieu, y effleuriſſent ou
» ſe fondent après la calcination, & ſe réduiſent en terre par les pluies ou l'hu-
» midité de l'air.

» Je deſcendis à l'endroit de la Mine où le feu paroît aujourd'hui être le plus
» violent, dans une cavité aſſez conſidérable formée par des terres qui s'y étoient
» affaiſſées, & j'y trouvai dans la partie la plus profonde & la plus reculée, une
» ouverture de ſix à ſept pouces de diametre, d'où il ſortoit une chaleur très-
» conſidérable ; la perſonne qui m'accompagnoit m'aſſura que ce changement
» étoit nouveau pour elle qui y paſſoit ſouvent, & qu'elle le voyoit pour la
» premiere fois ; elle craignoit qu'il n'y eût du danger à s'en approcher de trop
» près, & que le deſſous du terrein étant miné par la combuſtion, ne vînt à
» s'enfoncer ſous l'Obſervateur ; je m'apperçus aiſément en deſcendant, que les
» terres ne formoient pas un fond ſolide ſous mes pieds, & je crus prudent d'y
» reſter en me tenant le mieux qu'il m'étoit poſſible aux pierres voiſines, dans
» la vue de m'en aider en cas que celles que j'avois ſous moi vinſſent à manquer.
» J'ai tiré de cet endroit les pierres vitrifiées dont je viens de parler, & j'ai trouvé
» ſur quelques-unes proche la cheminée de ce fourneau, des fleurs de ſoufre
» qui s'y étoient ſublimées (1).

» La chaleur qui ſortoit, comme je l'ai dit, par cette ouverture, étoit très-vive ;
» j'entendois un bourdonnement conſidérable, que je ſoupçonnai d'abord pro-
» duit par du vent qui auroit fait un bruit ſemblable en s'introduiſant dans un
» réduit tortueux ; mais j'entendis le même bruit à l'ouverture de pluſieurs four-
» neaux différemment expoſés au vent, & d'ailleurs on m'aſſura que ce bruit
» étoit plus ſenſible par un calme parfait, que lorſque le vent ſouffloit, & il
» étoit peu violent ce jour-là ; enfin, j'entendois ce bourdonnement plus diſtincte-
» ment par intervalles, ainſi que le pourroit produire un feu qui brûleroit avec
» force & ſe rallumeroit excité par un nouveau courant d'air.

» Il paſſe pour conſtant dans le pays, que cette Mine brûle depuis environ
» cent ans ; qu'auparavant elle fourniſſoit de très-bon Charbon, ainſi que celles
» des environs qui en donnent ſouvent de meilleur que celui d'Angleterre : on
» montre encore aujourd'hui où étoit l'ouverture de la Mine. L'origine de l'in-
» flammation de cette Mine paroît moins bien décidée ; on la raconte différem-
» ment : on prétend que des Soldats allant y chercher en fraude du Charbon,
» y laiſſerent par mégarde ou par mauvaiſe intention des lumieres qui y mirent
» le feu ; que l'incendie s'eſt communiqué, & qu'il dure depuis ce temps ; mais
» quantité de faits rapportés dans les Tranſactions Philoſophiques & dans les
» Mémoires de l'Académie, prouvent que l'inflammation peut être produite
» naturellement & par la ſeule fermentation ou par d'autres cauſes naturelles
» encore inconnues.

(1) *Nota*, que ce Charbon contient beaucoup de pyrites.

» On a senti de quelle conséquence il étoit d'éteindre ce feu avant qu'il fût
» devenu plus considérable, & on y a travaillé, mais sans y avoir jusqu'ici prêté
» grande attention; on a fait une tranchée proche l'endroit où le feu paroissoit
» avec plus de force; mais soit qu'on l'ait faite trop près du feu, qu'elle ne fût
» pas assez profonde, ou qu'on n'ait pas pris les précautions convenables pour
» réussir, on a établi dans la Mine un courant d'air qui a plutôt excité l'inflam-
» mation du minéral & accéléré que diminué le progrès du feu. Les Ouvriers
» chassés par la chaleur ont cessé le travail; & les Propriétaires abandonnant la
» Mine, n'ont point cru devoir y faire de nouvelles dépenses; on se proposoit
» d'y conduire un courant d'eau, qui en mouillant le Charbon l'auroit empê-
» ché de brûler; mais comme plusieurs filons sont aujourd'hui enflammés, on
» n'auroit réussi qu'en conduisant cette source dans tous les endroits où le feu
» se seroit porté.

» Le feu suit aujourd'hui plusieurs filons de la Mine, qui sont dans ce pays
» très-voisins les uns des autres, le fonds dans cet endroit n'étant presque que du
» Charbon; cette remarque donne tout lieu d'appréhender que les progrès de
» l'incendie ne deviennent plus considérables avec le temps; elle annonce aussi
» plus de difficultés à éprouver avant de parvenir à éteindre le feu; mais elle ne
» doit point faire regarder la réussite de cette entreprise comme impossible : si on
» néglige d'y porter attention, ne doit-on pas craindre que le feu gagnant tou-
» jours du terrein, ne consume la richesse de cette Province ? A la vérité il n'a
» pas envahi depuis un siecle un grand espace de terrein; mais il est aisé d'ima-
» giner les circonstances qui, réunies, pourroient occasionner la combustion du
» minéral, & concourir par conséquent plus promptement à la ruine du
» pays.

» La perte ne consisteroit pas seulement en celle du Charbon de terre, qui
» auroit servi d'aliment au feu, & celle du terrein dont la superficie ne semble
» plus être propre à la végétation; mais elle entraîneroit encore la chûte & le
» bouleversement des Edifices construits sur ce terrein, & qui cesseroient d'être
» en sûreté sur un fond miné & sujet aux explosions des matieres qui y brûle-
» roient ».

Un Auteur moderne, qui a publié des *Mémoires pour servir à l'Histoire
Naturelle des Provinces du Lyonnois, du Forez & Beaujolois* (1), n'a pas
manqué de parler des Carrieres du Lyonnois; mais il ne s'est attaché qu'à ce qui
paroîtroit singulier ou extraordinaire à ceux qui visiteroient ces souterrains par
pure curiosité; comme il arrive à la plus grande partie des personnes qui vont
voir quelque chose d'extraordinaire; c'est sans doute pour ces mêmes personnes
que l'Auteur, en parlant de la Carriere de S. Chamont, assise dans un monticule qui domine cette ville derriere le Château (2), s'est appesanti sur le

(1) Par M. Alleon du Lac, Avocat en Parlement   (2) Tom. II, *page* 49, avec une gravure re-
& aux Cours de Lyon. *Lyon* 1765, 2 vol. *in-*12.   présentant la partie de la hauteur où est située la

tableau d'un *escalier de quatre-vingt-dix marches, toutes très-hautes, fort inéga-les, taillées dans la masse du Charbon, la plupart rongées & à moitié détruites par les eaux, &c.*

Les détails minutieux de ces lieux obscurs, sont dénués de tout ce qui peut rendre vraiment intéressante la description de ces Carrieres : les Lecteurs qui cherchent l'utile, n'y trouvent point la connoissance de l'organisation de ces Mines ; c'est néanmoins ce qu'on s'attendoit à trouver dans un ouvrage d'Histoire Naturelle sur les provinces du Lyonnois : on y apprend uniquement de l'Auteur (selon toute apparence d'après l'étendue du terrein occupé par ces Carrieres), *qu'elles sont inépuisables.* Ce jugement fondé sur ce point, ne peut être contesté ; mais personne n'ignore qu'il n'y a ni trésor, ni fortune qui puissent tenir long-temps contre une mauvaise intelligence dans la maniere de les faire valoir, contre le défaut de bonne administration & d'économie.

L'extraction du Charbon de terre dans le Lyonnois, abandonnée à des Concessionnaires pressés de jouir, sans s'embarrasser de l'état de délabrement dans lequel seront ces Carrieres lorsque leur privilege sera expiré, donne lieu de craindre que ces Mines ne soient ruinées longtems avant d'avoir, à beaucoup près, fourni tout ce qu'elles peuvent fournir.

Le cri public laisse du moins entrevoir la perte d'une ressource qui seroit en effet d'une durée considérable si elle étoit menagée avec art ; ce qu'en général on ne doit attendre raisonnablement, que des Propriétaires des terreins, toujours plus attentifs que des Etrangers à la conservation de leurs intérêts.

Ce que j'observe ici en passant & par occasion, seroit susceptible d'un détail très-intéressant ; il auroit sur-tout mérité place dans l'ouvrage d'un Citoyen, homme de Loi, & à portée d'être instruit de la déprédation condamnable qui s'exerce dans sa Patrie sur un objet important pour l'Etat & pour la Province du Lyonnois.

Les avantages, de même que les abus & les inconvénients de ces priviléges, qui ont pour objet de favoriser la découverte des matieres utiles, seront traités à la suite de la Jurisprudence des Mines, sous le titre *Concession*, Section V^e. (1) J'entre en matiere.

Mine : nous l'avons fait entrer dans la Planche XXXIX, *Fig.* 1 : la lettre *A* est l'entrée de la Carriere ; *B* est le puits d'extraction ; *C* la machine à tirer, qu'on appelle *Vargue.*

(1) Cette Partie que j'ai travaillée fort au long, comme absolument dépendante de mon sujet, devoit entrer dans cette seconde Partie, j'ai pensé pouvoir l'en séparer, afin de la mettre à la suite d'un Ouvrage dont je cherche à procurer la traduction au Public ; il a pour objet l'exploitation des Mines métalliques, & les opérations qui se pratiquent sur le minerai au sortir de la Mine. On ne doit pas naturellement s'attendre à voir sitôt cet Art important, au nombre des Descriptions des Arts & Métiers ; mais l'Académie des Mines, établie en 1765 à Freiberg en Saxe, vient de faire imprimer un volume in-4°. sur cette matiere, & l'a envoyé en présent à l'Académie des Sciences. Il est raisonnable de présumer favorablement de cet Ouvrage ; & j'espere qu'il se trouvera quelqu'un assez ami des Arts, pour se charger de cette traduction : je crois devoir avertir à cet égard, que les difficultés de l'entreprise pour les mots techniques, seront entierement levées au moyen du Vocabulaire que je donnerai à la fin de mon Ouvrage ; j'y ai rassemblé l'explication de tous les termes connus en différentes langues, pour toutes les pratiques usitées dans l'exploitation des Mines ; ce qui sera d'un grand avantage pour la lecture & pour la traduction des écrits publiés en pays étrangers.

Des Charbonnieres ou Carrieres de Charbon du Lyonnois.

Les Carrieres de Charbon, dites *Carrieres de Rive de Giers*, à cause du voisinage de cette petite ville, à cinq lieues de Lyon, dépendent principalement du Gravenand & du Mouillon, qui font deux territoires contigus situés sur le sommet d'une montagne, pouvant avoir de circonférence une lieue commune de France; c'est, pour ainsi dire, un monceau ou une montagne de Charbon, *Mons Carbonum*, comme le territoire qui est à dix lieues d'Edimbourg, appellé *Arena Carbonum*.

Dans cette seule étendue, on comptoit en 1766, environ deux cents puits en état d'être mis en exploitation, sans parler de ceux qui font en valeur: les Entrepreneurs ou ceux qui ont traités avec le Propriétaire, pour l'exploitation de sa carriere, y font désignés par la qualification d'*Extracteurs*.

Le sol du Gravenant & du Mouillon est d'une couleur noire, & rapporte peu dans les saisons seches; d'ailleurs il est assez bien cultivé, tant en vignes, que prés & froment; mais à peine les meilleures années peuvent-elles suffire à en nourrir les Habitants, qui font nombreux.

Ils employent communément pour engrais les décombres qui se trouvent autour des puits d'exploitation réduits en poussiere, & qu'ils appellent *Marrinages*.

Les Charbonniers de ce canton mettent au nombre des indices de la présence du Charbon, les signes dont il a été parlé dans le cours de notre Ouvrage.

Ils y en ajoutent d'autres qui font particuliers au sol, la forme, la couleur extérieure du rocher, sa texture feuilletée, l'inclinaison de sa masse du Nord-Ouest au Sud-Ouest, la surface du terrein semée de marrons pierreux, d'une forme oblongue & de la grosseur d'un œuf de moineau; ces clous, tachetés de noir, & qui font approchants de la nature du rocher, font désignés par les Ouvriers sous le nom d'*œufs du Charbon*.

Toutes les Mines que l'on travaille dans ce quartier, paroissent former une classe différente de celles qui s'exploitent au pays de Liege.

Peut-être pouroient-elles être rangées dans la classe de ce qu'Agricola appelle pour les Mines métalliques *Vena Cumulata*, c'est-à-dire, qui occupe une grande partie d'un terrein, de maniere qu'elles doivent être envisagées comme une grande place dans laquelle est entassée un monceau de Charbon.

Au dire des Extracteurs, cette masse est toujours platte, peu inclinée; elle panche insensiblement du Nord-Ouest au Sud-Ouest: il paroît qu'on ne lui connoît pas de changement de cette marche dans un autre pendage, ce qui la rapproche des veines en platteures; néanmoins M. de la Tourette, Correspondant de l'Académie des Sciences, à qui j'ai l'obligation de beaucoup de détails sur ces *Charbonnieres*, rapporte que dans les parties de la montagne où la pente est rapide, ces Mines se rapprochent de la perpendiculaire.

Ce

Ce Phyſicien eſtime l'inclinaiſon de ces Mines à environ ſeize degrés.

Lorſque je publiai la premiere Partie de mon Ouvrage, je n'avois pu avoir au-cune ſorte d'éclairciſſements ſur la compoſition de ces Mines. M. Gaultier, Avocat en Parlement, particuliérement au fait de cette matiere & de toutes les Carrieres de ce territiore, m'a mis à même dans un ſéjour de pluſieurs mois à Paris en 1769, de prendre de ces Mines une idée aſſez exacte pour les décrire ; mais c'eſt prin-cipalement à M. de la Tourette, Secrétaire perpétuel de l'Académie des Sciences, Arts & Belles-Lettres de Lyon, que je ſuis redevable de la deſcription que je donnerai d'une de ces Carrieres ; ce zélé Correſpondant de l'Académie des Sciences de Paris, a accompagné ſon Mémoire d'un échantillon des différents lits qui ſe rencontrent en fouillant le Charbon ; par ce moyen il m'a été poſſible de compoſer la Figure 2. de la Planche XXXVIII, dans laquelle on verra au premier coup d'œil la différence de ces Mines d'avec celles que j'ai décrites à l'article du pays de Liege ; cette Planche uniquement deſtinée à repréſenter l'ordre que tiennent les lits de cette carriere, ne donne point l'épaiſſeur des cou-ches meſurées ſur une échelle ; la place n'a pas plus permis d'obſerver ces diſtan-ces que pour la premiere & la ſeconde planche de la premiere Partie.

Dans l'endroit connu par M. Gaultier, & dont il m'a fourni le détail, la ſuper-ficie de la Mine offre une ſingularité qui ne doit point être paſſée ſous ſilence ; je l'ai expoſé aux yeux, *Fig.* 1, *Pl.* XXXVIII : ce qui ſe rencontre d'abord de Char-bon à douze, quinze ou dix-huit pieds de profondeur, eſt diſpoſé d'une maniere différente de celles qui ſe remarque conſtamment dans les Mines du Lyonnois ; au lieu d'être entaſſé en *maſſe*, il eſt formé en veine, coupée & mêlée de cou-ches de *Gorre* ; ſa direction n'eſt point égale, tantôt il s'éleve, tantôt il s'incline & ſe précipite, en formant dans ſa marche différents retours & différents re-plis.

Cette eſpece de *Mine de hazard* qui paroît former une bande ou veine réglée, facile en apparence à exploiter, ne préſente réellement aucun avantage, étant ſur-tout accompagnée de la véritable Mine ſituée au-deſſous, & dont nous allons parler ; l'épaiſſeur de cette veine eſt irréguliere depuis deux à trois juſqu'à quatre à cinq pieds dans un trajet de douze ou quinze pieds en longueur.

Ce défaut oblige l'Ouvrier de travailler à genoux ſous un toît, formé par une eſpece de rocher doux au toucher, vraiſemblablement ſchiſteux, de peu de conſiſtance, & toujours infiltré par les eaux, facile enfin à écrouler ou à donner par ſes fentes & tranchants, des torrents d'eau capables d'entraîner l'Ouvrier & de remplir le puits en un inſtant.

La vraie Mine de Charbon vient enſuite, mais ſéparée de cette Mine de ha-zard par un banc pierreux compoſé de trois ſortes de roc, qui forment enſemble une profondeur de cent quarante ou cent ſoixante pieds ; le premier eſt un roc vif, compacte, reſſemblant au granite, & ſemé de clous charbonneux, de la groſſeur du poing ; ce rocher eſt coupé par intervalles par des veinules quartzeuſes ou fpatheufes, appellées par les Charbonniers *Léfardes*, qui ont quelquefois trois ou quatre pouces d'épaiffeur.

Ce granite eft affis fur une pierre ardoifée, marquée d'empreintes de plantes, & qui fe délite à l'air.

A ce fchifte tient une fubftance très-dure, qui s'éclate par portions inégales fous l'outil de l'Ouvrier; elle eft d'un noir mat, femée de mica jaune, & a ordinairement deux ou trois toifes d'épaiffeur; les Charbonniers la nomment *Maille-fer* ou *Manie-fer*, pour exprimer fans doute le tiffu ferré de cette pierre qui s'éclate fous l'inftrument; malgré cet état compacte, il eft quelquefois femé de *Koumailles*.

La couche qui fuit celle-ci eft de deux pieds d'épaiffeur; elle eft très-dure, très-compacte, de couleur de verre noire, & en a la fraîcheur, le clair & le poli; c'eft la vraie croûte de la Mine; elle en fuit toujours l'inclinaifon, & on l'appelle le *nerf*.

La maffe à laquelle ce *ftraum* fert d'enveloppe, porte ordinairement de quinze à quarante-cinq pieds de hauteur, à commencer du granite, qui la fépare de la *Mine de hazard*; on l'appelle la *bonne Mine*.

En général elle eft franche, coupée & féparée néanmoins quelquefois par des marches de rochers; ces interruptions font appellées *Sauts*.

A cette defcription générale, formée fur les relations d'extracteurs, je vais joindre celle de M. de la Tourette, qui fera connoître en entier la diftribution des lits qui compofent ces maffes de Charbons, dans toutes les Carrieres du Lyonnois & du *Forez*; elle eft, à peu de différence près, la même, au rapport de ce Savant, & il regarde comme accidentelle, l'irrégularité de difpofition qu'on remarque à ces lits, dans quelques puits ouverts à Rive de Gier, où l'on rencontre quelquefois la *vraie Mine*, fans traverfer aucune couche de fchifte, ni de rocher.

Defcription d'une Carriere de Charbon du Lyonnois, par M. de la Tourette, Secrétaire perpétuel de l'Académie Royale des Sciences, Arts & Belles-Lettres de Lyon, Correfpondant de l'Académie Royale des Sciences de Paris.

1. Sous la terre végétale, à trois ou quatre pieds de la fuperficie, fe préfente une *roche* épaiffe depuis dix jufqu'à vingt pieds, d'un gris jaunâtre, qui eft un amas de petits grains de quartz, de fable & de mica.

2. Au-deffous eft une autre forte de *granite*, de couleur gris cendré, d'un tiffu plus compacte que le précédent, d'un grain plus fin, mêlé de parcelles micacées, dont la plus grande partie tire fur le noirâtre; il eft quelquefois traverfé par des veinules noires; fon épaiffeur varie depuis 12 jufqu'à vingt toifes; les Ouvriers l'appellent *roc vif*.

3. Vient enfuite un autre *roc* de deux à quatre pieds d'épaiffeur, d'un grain

plus fin que le précédent, mêlé de rouge, de gris, de noir, & de parcelles mi-cacées brillantes; du mélange de ces couleurs il résulte une couleur d'un gris plus terne que le *n°. 2*; il est quelquefois semé de veinules noirâtres & inter-rompues, qui paroissent schisteuses ou bitumineuses; c'est ce que les Ouvriers appellent *Manie-fer.*

4. Ce banc est suivi d'un autre *Granite* grossier, peu compacte, composé de gros grains quartzeux & en cristaux, liés ensemble par une matiere terreuse, blanche, sur laquelle les acides n'ont point d'action; on y distingue aussi des grains noirs : l'épaisseur de cette quatrieme couche, nommée comme la seconde *roc vif,* est seulement de trois à quatre pieds.

5. *A.* C'est à cette couche que commence la premiere masse *schisteuse,* appellée *roche douce* ou *Gorre,* composée de deux lits formant ensemble une épaisseur qui varie depuis deux jusqu'à huit pieds; la bande qui sert d'assise au roc vif, est ordinairement brouillée & noueuse, au lieu de se séparer par feuillets, elle se divise irréguliérement & renferme des impressions différentes, & entr'autres de plu-sieurs plantes *Cryptogames.*

5. *B.* Ce banc *schisteux* en couvre immédiatement un autre à peu-près sem-blable au précédent, mais moins aride & orné des mêmes empreintes : la face par laquelle l'un & l'autre de ces lits schisteux se touchent, est dans plusieurs endroits très-lisse, brillante & spéculaire; ils tombent aisément en efflorescence pour peu qu'ils restent exposés au grand air.

5. *C.* Le lit qui succede à ce *gorre* est de la même nature, mais plus décidé-ment schisteux, & sensiblement bitumineux; il n'a guere que depuis deux jus-qu'à six pouces d'épaisseur, & est appellé *nerf*; il tient immédiatement au Char-bon, il en est même composé en partie, & est en partie combustible; il contient souvent de la pyrite en grains ou en feuillets, dont il emprunte, quand il brûle, l'odeur appellée *sulphureuse* : sa position sur le premier membre de Charbon, lui a fait donner par les Ouvriers le nom de *coëffe.*

5. *D.* Elle en est cependant encore séparée par une doublure distincte, & qui n'est pas inconnue à quelques Ouvriers; car ils l'appellent *Matafala*; son épais-seur est de deux à dix pouces, & d'une consistance si friable, qu'on ne peut en détacher un morceau sans le voir tomber en poussiere.

6. Le premier membre de Charbon placé au-dessous, a dix ou dix-huit pieds d'épaisseur; les Ouvriers l'appellent *Charbon de Maréchal,* parce qu'il est plus propre à la forge, & plus tendre, que celui du second membre; il est quelque-fois entremêlé de pyrite en feuillets, quelquefois en partie décomposé.

7. Ce qui porte ce membre de Charbon, est un *schiste* compacte, noirâtre, tenant du bitume du Charbon, par lames ou couches distinctes, mais de nature différente.

Ce second *nerf,* épais de cinq à six pouces, traverse constamment la *Mine Maréchale,* à deux toises environ de sa surface, étroitement unie au Charbon; il tient auſſi du bitume ; mais à raiſon de ſa dureté & de parties hétérogenes, on ne peut l'employer comme Charbon.

8. Deſſous eſt un *roc*, gris, brun, fin, ſerré, très-compacte, reſſemblant au grès des Houillieres de Liege, contenant du mica, & ſouvent des grains pyriteux & des clous charbonneux qui le rendent peſans ; cette pierre de ſix à neuf pouces d'épaiſſeur, eſt appellée *nerf blanc*, & vulgairement *raffou*.

9. Le membre de Charbon couvert par le raffou, & appellé lui-même *Rafou*, a dix à quinze pieds d'épais ; le Charbon en eſt plus compacte que celui de la premiere Mine, & eſt plus fréquemment mêlé avec des feuillets pyriteux, qui le rendent chatoyant, & lui font exhaler une odeur plus ſulphureuſe ; il ſe conſume auſſi moins promptement dans les poëles & dans les grilles.

10. Cette *ſeconde Mine* eſt aſſiſe ſur un *roc*, d'un gris plus foncé que le n°. 11, auſſi compacte, moins fin, d'une nature micacée & pyriteuſe ; on y trouve auſſi des clous charbonneux & des veines d'une pareille ſubſtance ; les Ouvriers l'appellent *roc vif*, & s'y arrêtent ordinairement comme n'y ayant plus de Charbon au-deſſous.

Il a cependant quelquefois été trouvé de petites couches, dont l'épaiſſeur étoit de deux à ſept pieds, & qu'il a plu aux Ouvriers d'appeller *Mine bâtarde*.

Extraction du Charbon, maniere d'attaquer, de fendre la Mine ; par M. Gaultier.

Il eſt conſtaté par les travaux de l'exploitation, dans le territoire du Gravenant & du Mouillon, que la maſſe de Charbon eſt diviſée dans ſon épaiſſeur en deux bancs diſtincts ou membres de Charbon, qu'on appelle *Mines de Charbon*, ſéparés l'un de l'autre par un *nerf* d'un pied ou d'un pied & demi d'épais.

La maſſe de Charbon ſupérieure a moins d'épaiſſeur ; on la nomme *Mine de deſſus* ou *Somba*.

La maſſe qui eſt inférieure & la plus profonde, ſe nomme *Mine de deſſous* ou *Raffou*.

Les parties par leſquelles elles tiennent l'une & l'autre au nerf, ſont aſſez dures ; elles deviennent plus tendres à meſure qu'elles s'en éloignent.

En conſéquence de l'épaiſſeur remarquable que forme le maſſif de chacun de ces bancs, on juge d'abord que les manœuvres de l'extraction ne ſont point aſſujetties aux embarras ordinaires des *Mines par veines* : ſi on en excepte les précautions néceſſaires pour ſe garantir des eaux, les fouilles ſouterraines qui ſe pratiquent ici, reſſemblent plutôt aux chambres qui ſe font dans les Carrieres de pierre qu'à des *boyaux* de Mines, toujours plus reſſerrés dans leurs dimenſions, d'où ces Mines en maſſe ſont aſſez généralement appellées *Carrieres* : les Ouvriers y ſont en petit nombre, ainſi que les outils & uſtenſiles qui ſont à leur uſage ; les Ouvriers ſe réduiſent à ceux qui ſuivent.

Le

Le *Toucheur* ou Conducteur des chevaux qui font tourner la *Vargue* : on nomme ainfi la machine à mollettes , qui enleve & defcend les Charbons & les eaux ; ce Toucheur eft ordinairement un enfant qui gagnoit dix fols par jour.

Celui qui fe tient à la bouche du puits pour marquer & compter , fe nomme *Marqueur* ; on donnoit à ce propofé vingt fols pour fa journée.

L'Ouvrier qui fend le Charbon & le détache de fa place, fe nommé *Piqueur*; toute fa fcience confifte à favoir faifir la veine de la maffe , & placer où il faut le *coin*, pour qu'en l'enfonçant à propos, il en réfulte des éclats & des pieces confidérables; c'eft auffi le Piqueur qui donne aux routes des chambres un ceintre fuffifant, qui difpofe les *piles*, en jugeant de la force & de la folidité qu'il faut leur donner : il gagnoit par jour vingt fols.

L'Ouvrier qui ramaffe le Charbon avec la pelle, qui l'entaffe dans le panier appellé *Beine*, & qui conduit cette mefure à l'embouchure du puits, fe nomme *Traîneur*, parce qu'il tire cette beine de l'endroit où fe fait l'attaque & l'ex-traction du Charbon jufqu'au fond du puits; la tâche de cet Ouvrier eft d'ex-traire par jour un certain nombre de beines : il gagnoit vingt fols.

Cette mefure appellée *Benne* ou *Beine* (1), ufitée dans le Lyonnois pour le Charbon, ne paroît point du tout facile à déterminer pour fa contenance ; en 1741, MM. du Confulat, fur les plaintes auxquelles elle donnoit lieu pour l'inexactitude, en ont fait faire une pour fervir d'étalon.

Voici la defcription de cette mefure, telle qu'on s'en fert à Rive de Gier, & je la tiens de M. de la Tourette; elle eft ovale à peu-près comme celle des vendan-ges, mais un peu moins large à proportion de fa longueur, bien cerclée en fer; elle a de hauteur mefurée en dedans feize pouces ou un pied quatre pouces, vingt-deux pouces de longueur, & dix-fept de large. *Voy. Pl.* XXXIX.

Le bois de chêne dont elle eft formée, a environ un pouce d'épaiffeur ; le fond eft plat & arrêté par un jable, mais fur la longueur du fond font attachés deux *linteaux* de bois de deux pouces d'épaiffeur, écartés d'environ un pied l'un de l'autre : ces linteaux ne font pas feulement pour foutenir le fond, mais pour aider la *benne* à gliffer dans les *tays* de la Mine; la beine eft doublée d'une lame de fer de deux à trois lignes d'épais attachée avec des clous aux linteaux & aux côtés de la beine, pour la rendre plus folide.

Le Traîneur l'accroche par le côté étroit, avec une petite chaîne de fer, à un petit anneau qui y eft attaché; & à l'aide d'un petit bâton attaché au bout de la chaîne en forme de palonnier, il amene cette beine au *tinage* : c'eft ainfi qu'ils appellent dans ces carrieres la *bufe* du bure, planchéiée dans toute fa longueur jufqu'au pied, afin de foutenir les terres: on lui donne le nom de *tinage* pour ex-

(1) Peut-être ainfi appellée du nom de *benne*, donné à une charette dans laquelle on voiture le Charbon de bois, ou des mots *Banne, Manne, Manette*, grand panier d'ofier, plus long que large & peu profond, employé à emballer certaines marchandifes : on nomme encore *benne* dans quel-ques endroits une *tinette* ou petit vaiffeau qui fert à charger les bêtes de fomme.

primer le rapport qu'on trouve entre l'espace formé pour ce principal chargeage & une cuve de forme quarrée.

Les Traîneurs tirent cette beine les mains derriere le dos.

Arrivée au tinage, la *Vargue* qui vient de descendre une beine vuide, enleve celle-ci; quand l'extraction est abondante, on fait monter & descendre deux beines à côté l'une de l'autre.

Des lampes placées de distance en distance dans les travaux, éclairent la besogne : on voit une de ces lampes dans la même Planche XXXIX.

Les outils se réduisent à la *pelle* dont il vient d'être parlé.

Au *pic* pour attaquer le Charbon.

Au *coin d'acier* qui s'enfonce à coups de *martelle* dans le joint qu'on a fait avec le pic.

La maniere de procéder, consiste à faire d'abord une fouille de forme ronde, de six à sept pieds de diametre, pour percer le *chapeau* de la Mine, composée du granite, du maille-fer ; enfin, le nerf qui fait la séparation du *Somba* ou de la *Mine de dessus*, d'avec la *Mine de dessous* ou *raffou* pour entrer dans cette seconde.

L'endroit où vient tomber ce puits, sous le nerf, se nomme en terme du pays *Soo* ; il est important, quand on le creuse, de laisser dans son fonds une masse de Charbon, qui sert de base à ce puits, afin qu'en perçant les chemins qui doivent en partir, cette masse ne s'affoiblisse point, & puisse soutenir le même fardeau : il est aisé de sentir que faute de cette précaution, les fondements du puits se dégraderoient & s'écrouleroient, en même temps le rocher dans lequel le puits est creusé se fendroit & se détacheroit ; cela est quelquefois arrivé au point de boucher toute la capacité du puits & le rendre impraticable ; cet accident s'exprime parmi les Ouvriers en disant que le *puits s'est tordu*.

Travail du Raffou ou de la Mine de dessous.

L'Ouvrier parvenu à cette masse du Charbon, la perce jusqu'au dessous de son lit, alors il ouvre dans son sein une gallerie horizontale de la hauteur de cinq pieds sur 3 ou 4 de largeur qu'il poursuit jusqu'à vingt ou vingt-cinq pieds.

Cette premiere gallerie n'est destinée qu'à servir de passage pour le transport du Charbon de l'intérieur des travaux au *chargeage*, d'où on l'enleve au dehors.

La masse placée dans cet intervalle doit toujours être conservée entiere, pour servir de soutien aux parois du puits, d'où on l'a nommée *pile du puits* ou la *pile ronde*.

Cette opération achevée, on ouvre à l'extrémité de la gallerie de nouvelles routes en tout sens, qui sont nommées *Tays* ou chambres d'exploitation.

Leur largeur n'est point déterminée, leur étendue se regle sur le plus ou moins de solidité qu'on remarque dans la masse du Charbon ; leur élévation est de toute la hauteur de la Mine, c'est-à-dire, qu'elle se termine au *nerf* ou *Schallet* qui tion du *Somba*.

Quoique ces deux nerfs fervant à former le plancher de toutes les voûtes des chambres, foient communement affez folides, il eft de la prudence de ne point trop les *décharner*, c'eft-à-dire, de ne point trop approcher les parties du Charbon qui y tiennent, il feroit à craindre de les affoiblir par le déchargement des maffes qu'ils fupportent; l'ufage eft de ne pas laiffer ce mur à nud, & d'y laiffer environ un pied d'épaiffeur de Charbon.

La même raifon pour laquelle on doit fe garder d'altérer le nerf formant le plancher des voûtes, exige qu'on laiffe aux piliers des chambres foutenant ce plancher, une folidité fuffifante.

Afin de donner de la folidité aux *Tays* ou chambres d'exploitation, leurs voûtes font cintrées exactement, en obfervant toujours la même précaution de ne point trop s'approcher du nerf.

Il arrive fouvent que l'Ouvrier en formant ce cintrage, rencontre dans la maffe des endroits où le Charbon ne peut fe foutenir en arc, & fe détache du faîte par blocs confidérables; ces chûtes nuifibles aux travaux & dangereufes pour les Travailleurs, font heureufement affez faciles à prévoir; quand l'Ouvrier s'en apperçoit, il dit, *que le Charbon de cette maffe ne tient pas, & qu'il s'égraine.*

Le moyen de remédier à cet inconvénient, & de mettre la vie des Ouvriers en fûreté, confifte à foutenir le faîte par des piles en bois, quelquefois à y conftruire des murailles.

Ces travaux s'étendent dans toute la Mine; on revient enfuite fur fes pas, ou bien on fait de nouvelles chambres qui s'embranchent dans la premiere, laiffant entre chaque des maffes de Charbon affez confidérables pour foutenir le rocher ou la Mine de deffus; d'où ces maffes fe nomment *Piles*; la *Fig. 2, Pl. XXXIX,* donnera une idée complette de la pratique de l'exploitation dans le Lyonnois (1).

Travail du Somba ou de la Mine de deffus.

On fend cette autre Mine par une gallerie qui pointe infenfiblement vers le *nerf* du milieu qu'on perce pour entrer dans le *Somba*, & y procéder de même que dans la Mine inférieure.

Lorfque toutes deux ont été percées par un nombre fuffifant de *tays*, & qu'il ne refte plus que les maffes de féparation, le *Piqueur* recoupe ces piles dans toute leur largeur & dans toute leur hauteur; on les détruit fucceffivement en commençant toujours par attaquer celles qui font plus éloignées du puits; autre

(1) Je ne fais dans quelle vue les Extracteurs font dans l'ufage d'établir des *Tays* ou voies tortueufes, comme elles font repréfentées d'après M. Gaultier : des galleries conduites dans une direction réguliere, font bien plus favorables pour ne pas laiffer des piles trop foibles, ou pour ne leur donner que l'épaiffeur & la force dont on a befoin, & extraire par conféquent plus de Charbon dans chaque place : en comparant cette façon avec celle des Liégeois, on jugera de celle qui mérite la préférence.

ment, c'eſt-à-dire, ſi on détruiſoit les piles des chambres du milieu de la Mine ; le rocher ſupérieur ne ſe trouvant plus étayé, écrouleroit ſur le marche-pied des galleries ; ces éboulements quelquefois de grand volume, outre qu'ils ébranle-roient tout, intercepteroient la communication des autres chambres.

Des Eaux.

Cette maſſe de Charbon que l'on taille, ſe trouve arroſée de courants d'eaux, ou ſemée de vuides qui ſont autant de réſervoirs, de baſſins, dont les parois affoiblies à meſure que les travaux s'avancent, laiſſent échapper dans les galleries avec l'impétuoſité d'un torrent, les eaux qui y étoient retenues.

Du moment qu'on en eſt menacé, on donne l'allarme dans la Mine, afin que les Ouvriers gagnent promptement l'embouchure du puits, & ſe faſſent enlever au jour.

Il y a quelques années qu'une de ces irruptions d'eau produiſit dans une de ces Carrieres une eſpece d'ouragan, dont les effets ont rendu depuis ce temps la Mine impraticable ; non-ſeulement les Ouvriers furent renverſés, mais il y eut une violente ſecouſſe qui ſe fit ſentir au dehors de la Mine ; les piles furent vi-vement ébranlées, un quartier de Charbon d'un volume prodigieux, fut chaſſé du fond de la Mine avec tant de violence, qu'il vint ſe briſer contre les *artifices* intérieurs, après avoir fait écrouler le puits ; l'ébranlement communiqué à la ſu-perficie qui étoit à cent quatre-vingt pieds, renverſa les *artifices* extérieurs. Des Ouvriers pénétrerent une année après dans cette Mine par une gallerie de com-munication qui exiſtoit entre cette Mine & une autre voiſine ; ils rapporterent que le plus grand nombre des piles étoient renverſées, que la plupart des chambres étoient comblées de *Marinages*, que d'autres étoient jonchées de gros quartiers de rochers & de Charbons, & ſemées d'une grande quantité de ſable, dépoſé ſans doute par un grand volume d'eau qui y avoit coulé pendant du temps.

Ces eaux forment donc un inconvénient qu'il eſt important de reconnoître avant qu'on s'en apperçoive. M. Gaultier prétend que lorſqu'il ſe trouve de l'eau à une diſtance qui ne laiſſe point une grande épaiſſeur, la partie de la maſſe du Charbon, derriere laquelle l'eau eſt amaſſée, rend ſous le coup du pic ou du marteau, un ſon plus clair, & qu'on peut y ſentir plus de fraîcheur que dans la partie du Charbon qui eſt contiguë au rocher.

Lorſque l'eau ſe fait jour en petite quantité, on s'en tient dans ces Mines à la contenir en pratiquant une bonne muraille conſtruite à chaux vive, ce qu'ils appellent *couroyer*.

Lorſque ce n'eſt que par des ouvertures ou fentes que l'eau ſe fait jour dans la fouille du puits, l'Ouvrier place dans ces fentes des *coins de fer*, enveloppés de chanvre, & les bouche de cette maniere en grande partie.

Touffe,

Touffe, Force, défaut d'air.

La mouffette ou le *mauvais air*, défignée dans ces Mines par ces différents noms, y eft quelquefois affez abondante pour les rendre inacceffibles aux Travailleurs.

La Touffe fe préfente dans différentes parties des ouvrages ; quelquefois elle remplit toute l'étendue des galeries, des chambres, même le puits, & eft fenfible jufqu'à fon embouchure ; dans quelques endroits ce *mauvais brouillard* fe fait appercevoir feulement dans quelques galeries, fous l'apparence d'une couche placée à trois pieds de hauteur ; dans d'autres il n'occupe que les voûtes, ou bien fe tient fixé dans l'étendue de quelques toifes vers le milieu du puits.

Les Ouvriers prétendent avoir obfervé que la *Force* occupe plus communément les endroits où l'eau a féjourné long-temps, & les Carrieres qui ne reçoivent point d'air de celles qui les avoifinent ; felon eux, elle eft plus fenfible, & d'une activité plus confidérable dans les grandes chaleurs, ainfi que dans le temps que la vigne fleurit ; enfin, ils difent, d'après leur expérience, que la *Force* conferve fa violence jufqu'aux premieres gelées blanches, c'eft-à-dire, jufqu'au mois d'Octobre, & que lorfque le vent du Nord foufle, elle perd de fon effet, que le vent du Midi lui rend.

M. Gaultier tombé au fond d'une Mine où il avoit voulu tâter la *Touffe*, échappa heureufement à ces dangers ; ayant été retiré, il en fut quitte pour touffer, cracher & jetter des eaux par les yeux l'efpace de dix minutes, & fut rétabli après avoir avalé un demi-feptier d'eau-de-vie, qui eft la dofe modefte décidée par les Ouvriers.

On employe différents moyens dans les Mines du Gravenand, pour diffiper la Touffe, felon la maniere dont elle fe préfente.

Si elle occupe tous les travaux, on lui donne jour par une Mine voifine, en établiffant une percée de communication de l'une à l'autre : toute efpece de jour pratiqué pour la circulation de l'air, fe nomme une *percée.*

Lorfque la touffe ne fe trouve qu'en couche fur le fol ou fur les voûtes des galeries, on y fait couler de l'eau ; quoique ce moyen foit incommode pour les Ouvriers, l'exploitation n'eft pas interrompue.

Quand la force s'établit au milieu du puits, on defcend au-deffous de l'endroit une grille de fer qui contient un feu de Charbon.

Arpentage appellé Menfuration fouterraine, ou Boulage.

Tout Propriétaire d'un quartier dans le territoire du Gravenand, fait fouiller le Charbon qui fe trouve fous la fuperficie de fon héritage; fouvent fes travaux paffent les bornes de cette propriété de furface qui regle fa propriété fouter-raine; dès ce moment il anticipe fur le Charbon du propriétaire limitrophe.

Ces anticipations très-fréquentes, donnent lieu à des procès continuels, pour lefquels on eft obligé de mefurer la longueur & la valeur de l'anticipation; c'eft ce qu'on appelle *boulage*; l'Ouvrier qui fait cette mefure, fe nomme *Bou-leur*.

Un Propriétaire de bonne foi, avertit lui-même fon voifin d'être préfent à cette opération avec un Expert, pour fixer à l'amiable une indemnité; mais il n'eft pas impoffible que le tout fe paffe à l'infu du Propriétaire; celui de mau-vaife foi met les Ouvriers dans fes intérêts, afin de les engager au fecret, & lorfqu'il fe voit au moment d'être découvert, il fait couper les piliers des galle-ries ouvertes dans la Mine qui ne lui appartient point, fait écrouler les voûtes, & rend par-là le boulage impraticable, fi fon voifin inftruit du vol fe difpofoit à ufer de cette voye.

Au cas de plainte, il ne refte de reffource que dans les dépofitions & témoi-gnages des Ouvriers qui s'y étoient prêtés.

Quoique cette voye foit très-infuffifante pour guider & éclairer les Juges fur la fixation de l'indemnité, comme cependant elle eft d'ufage dans le Lyonnois, nous en placerons ici la defcription.

A l'orifice du puits on place une *regle* de niveau; à cette regle on attache deux ficelles, à chacune defquelles pendent par le bout un plomb que l'on defcend jufqu'au fond du puits.

La *regle* eft fixée de maniere que la direction d'un des plombs tombe exacte-ment vers le milieu de la galerie qui fert d'entrée aux travaux intérieurs.

Lorfque ces deux plombs font immobiles, on enfonce fur un point de leur direction parallele, un *piquet* auquel on attache une autre ficelle felon cette direction, que l'Ouvrier chargé du *boulage* conduit le long des travaux.

Quand la direction devient tortueufe, il place dans le point de la finuofité, une petite *Table* de bois nommée par les Ouvriers *Sautereau*; au milieu on fiche un *clou*; autour de ce clou on entortille cette corde après avoir marqué ce point par un nœud que l'on fait à la ficelle.

L'Ouvrier trace enfuite fur cette table avec de la *craye*, l'angle que forme la portion de la ficelle; à chaque angle des travaux, la même opération fe répete; il parcourt ainfi tous les ouvrages jufqu'à leur extrémité, & en marque la lon-gueur par un dernier nœud. Parvenu à l'extrémité des galeries, il revient fur fes pas en entortillant fa ficelle autour de ces *fautereaux* fucceffivement, &

dans le même ordre que ces petites tables étoient difposées ; on les porte fur la fuperficie de la Mine.

Là, on place un piquet précifément fur les points de la direction de chaque cor-de à laquelle eft fufpendu le *plomb* qui répond au milieu de la galerie fouterrai-ne ; la ficelle fixée à ce piquet, on la déploye jufqu'à la diftance du premier nœud, où l'on difpofe la premiere table fur laquelle eft placé le clou pour marquer l'angle de la galerie : on fait fuivre à la ficelle la trace de la ligne qui a déja été décrite dans l'intérieur de la Mine, de maniere qu'on fait fur la furface une répé-tition de ce qui a été pratiqué dans l'intérieur.

Si d'après cette opération faite au dehors, on reconnoît une anticipation de deux ou plufieurs toifes de longueur fur une Mine voifine, le *Bouleur* prévenu de cette longueur d'anticipation, defcend dans la Mine, mefure la hauteur & la largeur de l'efpace anticipé qu'il réduit en toifes cubes.

Il eft reçu dans ce canton, que la toife cube de Charbon produit communé-ment cent dix mefures de Charbon, dont le tiers en gros quartiers, & les deux autres tiers en petits morceaux.

C'eft fur la quantité de ce produit, regardé comme une regle fûre, que s'arbitre l'indemnité.

La pratique que nous venons de décrire, eft celle qui a lieu généralement dans ces Mines, tant que les machines hydrauliques ordinaires, fuffifent contre les inondations affez grandes pour s'oppofer à la continuation des ouvrages. Dans le cas où les eaux forcent d'abandonner les travaux, un puits percé ailleurs, qui coûte environ cinq mille livres, & qui ordinairement eft achevé dans l'efpace de quatre à cinq ans, procure la jouiffance d'un nouveau Charbon, & dédommage de ce qu'on a été obligé de quitter.

On ne peut s'empêcher de faire remarquer en paffant, combien ces fouilles vagues, ambulantes & fuperficielles, font préjudiciables aux véritables exploita-tions qu'on voudroit entreprendre par la fuite des temps. Le bien de chaque Province où il y a du Charbon de terre, exige certainement que les avantages at-tachés à l'extraction & au commerce de ce foffile, foient habilement menagés ; il feroit bien à défirer qu'on pût imaginer un expédient pour mettre les Pro-priétaires des terreins dans le cas de fe comporter autrement, & pour concilier l'intérêt infiniment refpectable du public & du commerce avec le droit toujours inviolable des Propriétaires. La chofe paroît affez difficile en ce genre, où la con-duite qu'il faudroit que tinffent ces particuliers, demanderoit des dépenfes beaucoup au-deffus de leurs forces.

Le moyen le plus ordinairement adopté pour fuppléer à ce manque de facultés des Propriétaires, en tranfportant leurs droits à des Compagnies qui s'annoncent en état d'affurer & d'augmenter l'extraction des Charbons de terre, d'en procurer l'abondance, paroît très-infuffifant, pour ne rien dire de plus ; c'eft une vérité de fait, que rarement les *Conceffions* ont répondu aux vues d'utilité que la

Gouvernement se propose lorsqu'il accorde ces sortes de graces, & même à celles annoncées par les Demandeurs de ces concessions. Les exemples nombreux qu'on pourroit citer de semblables privileges révoqués en différents temps, non-seulement justifient honorablement l'équité & la bienfaisance du Ministere, mais encore sont autant de garants de l'innefficacité des *concessions*.

Le territoire de Gravenand & du Mouillon, est dans ce moment une preuve de l'infidélité de ce moyen. Ces Carrieres sont, en vertu d'un Arrêt du Conseil du 10 Avril 1759, exploitées par une Compagnie : le privilege porte pour principale clause, que les Associés établiront à leurs risques, périls & fortunes, tous les canaux & toutes les tranchées nécessaires au désséchement des Mines que l'on disoit noyées. Ces Concessionnaires devenus à cette condition possesseurs des Carrieres qu'ils ont offert d'*Assainier*, ont, à la vérité, construit au *grand Floin* un canal de décharge ; mais soit qu'ils n'ayent cherché qu'à remplir en apparence cet engagement très-dispendieux, soit manque d'intelligence de leur part, il s'en faut de beaucoup que cet ouvrage puisse avoir du succès : en rapprochant cette Compagnie des termes du privilege, elle devroit, en bonnes regles, être dès-lors déchue d'un privilege qui ne lui a été accordé que pour récompense & pour dédommagement du désséchement de quelques Mines noyées, abandonnées en conséquence, & les seules d'ailleurs que cette Compagnie avoit demandées à exploiter. Le Lecteur le moins instruit pourra prononcer sur ce point, lorsqu'il saura que ce conduit de décharge entamé dans la montagne, se trouve de plus de cinquante-sept pieds au-dessus du niveau de la masse que ces Concessionnaires prétendent déssécher : il est au moins permis, après une faute aussi grossiere, de n'avoir pas grande confiance dans la maniere dont cette Compagnie conduit les travaux de Mine qui ne sont pas au grand jour. Un procès verbal de descente faite dans une de ces Mines (1), ne donne pas une idée plus favorable des opérations souterraines ; ce rapport de visite n'a pour objet que de constater une anticipation sur le fonds d'un voisin ; mais dans ce qui a été reconnu par les Experts, je crois devoir observer que des *galeries ayant pour la plupart huit pieds de largeur & vingt-neuf de hauteur*, dans une masse de Charbon, qui, si je ne me trompe, n'a point vingt-neuf pieds d'épaisseur, ne peuvent guere avoir cette élévation qu'aux dépens du toît & du sol décharné sans ménagement, amaigri, affoibli en conséquence, de maniere à ne pouvoir être étayé qu'à grande peine, & à être sujet à des affaissements, des écroulements qui entraînent la perte de toute la Mine.

Cet Arrêt de concession ayant nécessairement annullé les usages établis pour l'entreprise des Mines, je m'en tiendrai à rapporter ici sommairement ce qui s'observoit à cet égard antérieurement à la date de la concession, & ce qui s'observe maintenant à ce même sujet.

(1) Par un puits nommé le *grand puits Michon*, le 27 Octobre 1760.

Ufages pour l'entreprife de la fouille des Carrieres de Charbon, avant & depuis
la conceſſion.

Lorſque les Propriétaires du terrein jouiſſoient de leur droit ſur ce qui y eſt renfermé, ils exploitoient eux-mêmes leurs Mines par économie, ou ils en traitoient avec un *Extracteur*; l'uſage étoit que ce Tenancier du fond retirât pour l'ordinaire le quart franc de tout ce qui eſt extrait de la Mine, & de plus, cinq bennes de gros Charbon par femaine. La moindre rétribution qu'il ſe réſervât en traitant de ſa Mine, étoit le cinquieme franc du produit.

D'autres, en exécution de traités volontaires, recevoient plus du fixieme; & toujours il étoit loiſible au Bailleur de placer des *Marqueurs* pour tenir note de la recette & de la diſtribution du Charbon qui ſe vendoit jouṛnellement : il y avoit de ces traités qui ſubſiſtoient preſque de temps immémorial, & qui ſe renouvelloient d'âge en âge dans les familles ; alors ſept puits en exploitation, fourniſſoient par jour deux mille quatre cents bennes de Charbon.

Aujourd'hui les Conceſſionnaires ne font exploiter par eux-mêmes que trois ou quatre puits, en payant les journées des Ouvriers un prix plus bas que celui auquel elles étoient, & qui a été indiqué *page 509.*

Six à ſept autres puits (ce qui eſt un abus contre lequel on ne peut trop ſe récrier) font affermés par les Conceſſionnaires au dernier enchériſſeur, & fourniſſent à peine avec les précédents douze à quatorze cents bennes.

Les conditions de ces traités, font 1°, qu'on fournira aux Conceſſionnaires le quart ou le cinquieme de la Mine extraite, franc de toutes charges & dépenſes ; 2°, qu'on remettra également au Propriétaire le droit qui lui eſt réſervé par les Lettres-Patentes, du fixieme du produit ; 3°. enfin, que les Conceſſionnaires ne feront tenus à aucuns frais, & à aucunes réparations.

Differences & qualités de Charbon des Carrieres de Rive de Giers.

La maniere ordinaire de diſtinguer le Charbon, *voyez premiere Partie, pag.* 150, eſt tirée de celle dont il ſe préſente quand il eſt enlevé hors de la Mine, comme les Liégeois diſtinguent le Charbon d'avec la Houille ; le Charbon en menu pouſſier & que l'on diſtingue par la dénomination particuliere de Charbon grêle, ne forme pas dans le commerce une troiſieme ſorte de Charbon.

Comme le *Peyrat* a l'avantage de donner un feu ardent & clair, de tenir long-temps, de ne point donner de fumée incommode, & de ne pas ſe réduire tout en cendres, on l'emploie au chauffage ; le grand Hôtel-Dieu de Lyon s'en ſert dans les ſalles des Convaleſcens ; l'Hôpital de la Charité de cette ville en efait uſage pour les poëles, pour les leſſives, & pour les cuiſines.

Les parties qui reftent dans la grille & qui n'ayant pas été entiérement con-
fommées, ont perdu la couleur & la pefanteur, font légeres & fcorifiées; on les
appelle des *Recuits* ou des *Grefillons*, de même que dans les Verreries on nomme
ainfi les fragments de verre deftinés à être remis en fufion : ces *recuits* fervent à
rallumer le feu en les plaçant fur les couches de Charbon nouveau qui les em-
brafent promptement.

Celui qui fe fépare dans la mine en morceaux de la groffeur du poing, fe
nomme *Charbon grêle*; il fert aux forges, aux fourneaux; on l'employe auffi
dans les poëles en l'humectant avec les cendres & le réduifant en une efpece de
pâte : je n'oublirai point de m'arrêter à cette maniere économique de fe fervir
du Charbon de terre.

Le pouffier qui s'y trouve mêlé inévitablement, & qui ne fe débite guere féparément dans les mêmes Mines, eft appellé *menu Charbon*; il eft le réfultat du Charbon *Peyrat* & du Charbon *Grêle* & à moins qu'il n'appartienne à la *bonne Mine*,
ce n'eft fouvent qu'un pouffier terreux d'un gris ardoifé, fe décompofant à l'air,
& peu inflammable ; les Marchands & les Forgerons qui n'achetent que du
Charbon grêle, féparent de leur provifion ce *menu* avec un *grappin*, & s'en
fervent en le mêlant avec le menu Charbon de la *bonne Mine*.

Le Charbon de terre du Gravenand, examiné à l'œil nud, eft Pyriteux, il eft
noir, pâle, luifant, léger au toucher & fonne clair quand on le frappe.

Il paroît formé de couches, compacte, ou feuilleté ; le corps de chaque couche eft féparé par des petites veines dont la direction eft tantôt oblique, tantôt horifontale, tantôt perpendiculaire ; c'eft ce qu'on appelle *Gorres*,
matiere étrangere au Charbon qui s'y attache intimement, & dont le feu acheve
de faire voir la nature; ce font des fubftances Schifteufes qui ont été accidentellement déplacées, & qui au fortir du feu, reffemblent à des tuileaux ou des tef-
fons.

A en juger par les différents envois qui me font parvenus de ce Charbon, tout
annonce des Mines, ou qui font mal exploitées, dans lefquelles on a trop entamé des portions du toît & du plancher, ou dont les matériaux ont éprouvé,
foit par les eaux, foit par le feu, foit par quelqu'affaiffement affez confidérable,
un dérangement marqué, de maniere que ces Mines ne font plus exactement
dans le même état & dans la même difpofition où elles avoient été d'abord, ce
qui les fait encore diftinguer des Mines que j'appelle *Mines par veines*.

En examinant avec foin le Charbon dans une grande quantité, j'y ai diftingué trois efpeces, & pour la texture & pour les trois différents feux qu'ils donnent.

Le premier, quoique folide, eft affez facile à rompre, affez léger &
n'eft point auffi pefant qu'il fembleroit l'annoncer au coup d'œil; il eft compofé
de lames arrangées par bandes brillantes, comme font les efpeces de bonne
qualité.

En brûlant il n'eft point prompt à s'allumer, donne une fumée jaune qui n'eft point défagréable & qui n'eft point trop épaiffe; il brûle clair en fe collant au feu & au charbon, en lançant des flammes & formant des champignons gru-meux & caverneux, & dure long-temps.

La feconde efpece formée de molécules écailleufes arrangées confufément, fe gerfe en brûlant, & devient tout fuligineux à fa furface; il eft néanmoins affez gras.

La troifieme efpece enfin, qui eft de la moindre qualité, que j'appelle *micacé* ou *granulé*, eft un mélange confus de menu Charbon pyriteux, qui lui donne une couleur azurée très-variée; ces grains ou miettes de pyrites confervent tou-jours leur brillant dans le feu; celui-ci s'allume promptement en don-nant une fumée noire, augmente d'abord un peu de volume, fe réduit enfuite plus également que les autres en braifes, qui après s'être gerfées tombent en pieces, & finiffent par fe confumer infenfiblement en cendres.

Les cendres du Charbon de terre font employées à l'engrais des terres.

J'ai été auffi à portée d'examiner en particulier celui que donne la Mine du puits fitué à l'endroit appellé la petite *Varicelle*, à un demi-quart de lieue de S. Chaumont.

Ce Charbon eft bon & léger, fe caffant en *hure de pierres* : pour peu qu'il foit échauffé au feu, il s'allume promptement, donne une fumée affez belle, & une odeur qu'on nomme *odeur de foufre*; il laiffe de temps en temps échapper de fon bitume en fe collant, & petille fur le feu comme de l'eau, ce qui peut pro-venir ou de l'air qu'il contient, ou de parties talqueufes infenfibles : ce feroit un bon Charbon pour les poëles.

La Mine qui le fournit eft fujette à prendre feu.

Commerce du Charbon de terre du Lyonnois.

Le territoire du Gravenand & du Mouillon, eft d'un produit fi immenfe, que de deux cents puits en état d'être exploités, & trois cents autres commen-cés, fept ou huit fourniffoient affez, non-feulement pour le chauffage journalier de toute la Province, pour le fervice de plufieurs Manufactures, & pour la fon-derie des fers que la proximité des Mines a fixée fur le Giers, mais encore pour les Verreries, les Fours à chaux & toutes les Manufactures de la ville de Lyon, ainfi que pour le chauffage d'une grande partie de fes Habitants. Suivant les in-formations prifes par M. de la Michodiere lorfqu'il étoit Intendant de Lyon, la ville de Lyon confommoit en 1667, fix cents mille bennes, c'eft-à-dire, au-delà de neuf cents mille quintaux; depuis ce temps, cette confommation eft con-fidérablement augmentée; ajoutez à cela ce qui s'en exporte dans la Provence, le Languedoc, le Dauphiné & la Bourgogne : elles procurent en même temps de l'occupation à fix mille Ouvriers employés à la Clouterie & à la fabrication d'ouvrages de Quincaillerie.

Tout le Charbon de Rive de Giers, situé à trois lieues du Rhône, est trans- porté à dos de mulet jusqu'à Givors & à Condrieux, ou bien on l'embarque pour le conduire aux fours à chaux.

En 1766, il a été prouvé par un procès-verbal, que depuis plus de vingt ans, il y avoit toujours dans ces deux Ports, sept à huit cents mille *bennes*, ce qui suffit, & au-delà, pour la consommation d'une année, non-seulement du Lyon- nois, mais même des Provinces qui s'y fournissent. Givors retire de grands pro- fits des emplacements & magasins qu'on y loue pour entreposer le Charbon de Rive de Giers.

En traitant de l'exploitation de ces Mines, j'ai fait connoître cette benne comme caisse ou coffre d'extraction ; on peut compter sur l'exactitude de ses dimensions qui m'ont été données par M. de la Tourette : elles sont les mêmes comme *mesure de vente*, & à cet égard, elles sont importantes à connoître exacte- ment, afin de juger de sa contenance ; cette mesure s'évalue au poids, de ma- niere qu'il doit souvent y avoir un déchet pour l'Acheteur (1), à plus forte rai- son si la benne ne se trouve point avoir les dimensions de celle qui sert d'étalon, ou si ces dimensions se trouvent différentes dans plusieurs de ces mesures.

M. Aleon du Lac qui parle de cette benne, ne donne point ses dimensions, mais seulement son poids ; elle est, selon lui, de deux cents marcs sept onces, c'est-à-dire, de cent livres, (le poids de marc de Lyon étant de demi-livre).

Une circonstance particuliere m'offroit une grande facilité d'avoir sur la *benne* comme mesure de contenance, des éclaircissements précis ; ce que j'ai remarqué à ce sujet, me paroît intéresser la bonne police & mériter d'être vérifié ; tous les Auteurs & les Procureurs Généraux des Parlements de France ont unanimement établi que les mesures sont de droit public, & qu'au- cun particulier n'y peut déroger sans s'exposer à vendre à fausse mesure. Plusieurs personnes de Lyon à portée de sentir l'importance de l'introduc- tion du Charbon de terre préparé à la façon Liégeoise, désiroient le faire con- noître dans ce canton ; elles pensoient que cette ressource seroit *avantageuse à une quantité considérable de bons Artisans, à un tiers du peuple au moins & des campagnes des environs des Mines de Charbon* : ces personnes avoient conçu séparément le dessein d'un établissement de magasins de ce nouveau chauffage.

Il s'agissoit (& il étoit nécessaire pour que je pusse diriger leur opération sur le procédé de la fabrication du Charbon du pays,) de m'indiquer surtout la conte- nance de la benne ; aucune de ces instructions ne s'accordoit sur la dimension de cette mesure ; son poids varioit aussi d'une maniere trop remarquable ; enfin on me parloit du poids de la benne du temps que l'exploitation se faisoit par les Propriétaires, & du poids de cette mesure depuis 1759, époque de la concession.

M. P..... en 1772, m'écrivoit que la benne est de vingt-trois pouces de lon-

(1) A la fin de cette Section où je ferai men- tion du commerce du Charbon de terre en Fran- ce, je communiquerai quelques observations sur cette maniere de vendre le Charbon de terre.

gueur,

gueur, de dix-neuf de largeur fur quatorze de hauteur ; il avoit fait prendre cette mefure fur les lieux par fon frere : on voit qu'elle differe de celle dont j'ai donné la dimenfion telle qu'elle a été envoyée par un Citoyen de faint Chaumont à M. de la Tourette : celle-ci ne peut davantage être d'aucune utilité pour déterminer géométriquement la capacité de cette mefure ; fes dimenfions ont été prifes fur une Bene dont on fe fervoit depuis long-temps, & l'expérience fait connoître qu'elles s'altérent promptement à l'emploi ; de plus le diametre de fon ouverture a feul été obfervé , fans faire attention à celui du fond , confidérablement plus petit.

Je ne puis trop avertir le Lecteur, que ce n'eft pas le feul point fur lequel j'ai été fans ceffe arrêté : des allégations peu fideles, ou exagérées, tant de la part des Propriétaires que des Conceffionnaires , & qui fe contredifoient en tout les uns les autres , ont peut-être , fur plufieurs articles , donné lieu à des méprifes , même à des erreurs. Il ne m'a guere été poffible, comme on le voit, de m'en garantir. Fortement perfuadé néanmoins, que pour les perfonnes qui habitent les Provinces où il y a de ces Mines , & qui ont intérêt à la chofe , il n'y a pas d'inexactitude indifférente , ni de méprife minutieufe , je n'interromps point mes informations , & foit dans l'Errata, foit dans la Table des Matieres , ou à la fin de cette troifieme Section , je profiterai des nouveaux renfeignements que je pourrai obtenir , & qui pourront affurer à mon Ouvrage le mérite effentiel de l'exactitude la plus fcrupuleufe : je m'en tiens donc , quant à préfent , à indiquer les différents prix des Charbons.

Depuis la Conceffion, celui du Perat eft fixé à huit fols trois deniers ; le menu , toujours mêlé de grêle , à cinq fols , prix qui n'a point varié. En conféquence, au Mouillon la *Bene* , ordinairement du poids d'environ deux cents livres, coûte feulement cinq ou huit fols trois deniers.

A Lyon, la Bene en grêle ou Perat, qui eft le plus d'ufage, pefant ordinairement de 135 à 140 livres, *poids de Lyon* (1), coûte en été ou à la fin de cette faifon , temps où l'on va faire fa provifion, vingt-fix à vingt-fept fols. Le menu pour les Forgerons coûte quelques fols de moins , c'eft-à-dire, de vingt-deux à vingt-trois fols: en hyver, les froids rudes & longs, la difette de Charbon, à raifon du défaut d'extraction ou de voitures, l'ont fait quelquefois monter à trois livres & plus la Bene ; mais ce prix exceffif, qui ne fait pas regle , ne doit pas être matiere de reproche , contre les Conceffionnaires ; il paroît uniquement , qu'ils ne font pas exempts de tout blâme fur la mefure : dans tout ce qui m'eft revenu concernant cet objet de conféquen-

---

(1) Le poids en ufage à Lyon & dans la Province du Lyonnois, pour tous les objets de confommation, Foin , Paille , Charbon , &c. eft nommé *poids de Ville* ou *de Table*, afin de le diftinguer du poids de marc pour les Bureaux du Roi, & du poids de Soie ; ce poids de Ville differe des autres, en ce que la livre de ce poids eft de 13 onces ou de 13 onces 19 deniers de poids de marc, c'eft-à-dire, qu'elle eft de deux onces cinq deniers moindre que la livre de marc, d'où fuit le rapport que 100 livres poids de marc, font 116 livres *poids de Lyon*, Rapport qui fert de regle aux Marchands de Lyon.

ce, je n'ai pû m'empêcher de m'appercevoir de différences marquées pour la quantité de Charbon évalué au poids, dans les Benes dont on se sert , & de reconnoître que les Propriétaires & Extracteurs ne visent qu'à multiplier les Benes, & à faire passer le mauvais Charbon, que le Consommateur est toujours obligé de payer , quand il en a besoin.

Usages particuliers auxquels on emploie le Charbon de terre dans le Lyonnois.

P A R M I les Arts auxquels le feu de Charbon de terre est appliqué dans les environs de Lyon , j'ai indiqué celui de cuire la chaux : en plusieurs endroits le long du Rhône, on rencontre de ces fours où l'on cuit à petit feu différentes sortes de pierres, selon que ces fours sont à portée d'une espece ou d'une autre. Dans le voyage au Mont-Pilat, par M. de la Tourette (1) , on trouve une très-bonne remarque sur ces pierres & sur celle dont on fait aussi de la chaux dans la plaine du Forez avec du Charbon de Saint-Etienne : ce qui a rapport au procédé de la calcination est suffisamment éclairci dans l'*Art du Chaufournier*, par des notes très-intéressantes qu'a fourni M. Seillier, Ingénieur des Ponts & Chaussées de la Généralité de Lyon , & qui sont accompagnées de la figure de deux de ces fours , mais sans explication : cette partie de l'Art du Chaufournier substituant au feu de Charbon de bois celui du Charbon de terre , peut permettre quelques détails dans un ouvrage où ce dernier combustible est considéré sous les différents aspects capables de faire naître des idées pour en rendre l'usage plus commun. Toutes especes de pierres n'étant peut-être pas d'ailleurs également propres à être réduites en chaux par le feu de Charbon de terre , qui dans tous les fours de cette Province est appliqué à quelque pierre que ce soit, il convient d'indiquer celles de ce Canton que l'on fait cuire dans ces fours : je donnerai ensuite la construction détaillée d'un de ces fours , dans lesquels on faisoit il y a 50 ans la chaux avec des cailloux du Rhône à Condrieu ; & je finirai l'histoire du Charbon de terre dans cette Province par l'usage que l'on en fait pour les besoins domestiques.

Notice des Pierres que l'on réduit en chaux dans les fours établis le long du Rhône : construction d'un four où l'on cuit des cailloux de ce fleuve pour faire de la chaux ; maniere de gouverner cette calcination.

D e u x especes de pierres sont employées sur le bord du Rhône à faire de la chaux : la premiere est nommée *Choin* (2) ; elle vient par ce fleuve des Carrieres du Bugey, situées le long du Rhône, qui en entraîne quelquefois avec lui des montagnes.

(1) Voyage au Mont-Pilat dans la Province du Lyonnois, contenant des Observations sur l'Histoire Naturelle de cette Montagne , & des lieux circonvoisins; suivies du Catalogue raisonné des Plantes qui y croissent, 1770.

(2) Ce mot se trouve dans Pomet, pour signifier une sorte de pierre dure & de vive roche, qui peut être polie, comme le marbre ; & en effet, c'est une espece de marbre grossier, susceptible de poli.

La feconde pierre n'eft qu'un caillou ou gallet du Rhône (1), qui à caufe de fa grande dureté ne pourroit fe réduire en chaux avec le feu de Charbon de bois ; c'eft par néceffité qu'on y employe le Charbon de pierre, dont le feu eft plus vif ; cette chaux eft d'un plus beau blanc que l'autre qui peut fe cuire facilement avec du Charbon de bois, & pour laquelle il faut un quart moins de ce Charbon, & un tiers moins de temps.

Le four employé à la cuiffon de ces cailloux, doit avoir fix pieds & demi de hauteur hors œuvre, & être pavé en dedans : il faut qu'il ait douze pieds & demi de largeur au-deffus, à mefurer au milieu, compris l'épaiffeur de la muraille ; de ces douze pieds & demi, il y a autour du four qui eft au milieu, trois pieds de bande ou de bord, qu'il faut paver à chaux.

La gorge du four doit avoir fix pieds & demi d'ouverture en haut, à mefurer au milieu ; elle va en diminuant jufqu'au fonds, où il ne doit avoir que trois pieds de large au milieu.

Dans cette largeur de fix pieds & demi, le tour du four eft de pierre de taille & élevé d'environ quatre pouces en montant, pour retenir les cailloux : dans le fond & au milieu du four, il faut planter une pierre de taille de huit pouces en quarré, qui fait un pied hors œuvre ; il faut la choifir telle qu'elle réfifte au feu.

En conftruifant le four, il faut y faire, à des diftances proportionnées, quatre petites voûtes qu'on appelle *Gorges*, qui fervent de foupiraux au four, & par lefquelles on tire la chaux à mefure qu'elle cuit.

Ces quatre gorges doivent avoir près de quatre pieds de hauteur, trois pieds de largeur à l'entrée & trois pieds de largeur dans le centre.

Le four conftruit dans ces proportions & dimenfions, eft de contenance à cuire trente muids de chaux, qui confomment au moins vingt bennes de Charbon de pierre, mefure du pays.

Les cailloux qui doivent fubir la calcination, doivent être d'un certain volume ; quand ils font de beaucoup plus gros que le poing, on les caffe en deux ou en trois à coups de marteau, & en les plaçant comme nous allons le dire, on entremêle les cailloux médiocres avec les plus gros, pour qu'ils foient bien rangés & garnis le mieux qu'il eft poffible.

Il faut mettre autour de la pierre qui eft droite dans le fond du four, du gros bois bien fec d'un pied de long, qui eft la même hauteur de la voûte des quatres gorges dans le fond, le pofer tout droit autour de la pierre, & le preffer tant qu'on peut, de forte que ce bois rempliffe tout le fond de ce four autour de la pierre ; par-deffus ce bois on met une petite corbeille pleine de menu bois bien fec, qu'on appelle *Clapont* ; au-deffus de ce *Clapont* la valeur d'une benne ordinaire du plus gros Charbon de pierre qu'on aura, qui fera rangé auffi ferré que faire fe pourra.

(1) Voyez les remarques de M. Seillier fur ces gallets, dans l'*Art du Chaufournier.*

Au-deſſus de ce Charbon, il faut mettre cinq pouces de hauteur de cailloux, enſuite du Charbon de pierre de médiocre groſſeur, même du *menu* en dedans, ſeulement pour couvrir les cailloux.

On continue cet arrangement juſqu'à ce que le four ſoit raz, ayant attention de bien applanir les cailloux & de ranger les petits entre les gros, en ſorte que toutes les rangées de cailloux ne portent que cinq pieds de hauteur.

Le four étant raz, on y ajoute un lit de Charbon, de maniere que les cailloux ne paroiſſent point, & on le couvrira de cailloux rangés en piramide qui aura au milieu environ ſix pieds & demi de hauteur.

En cet état, on met le feu au four par-deſſous une des gorges, ſeulement & lorſqu'il eſt bien allumé on laiſſera cuire la chaux ſans y toucher.

Lorſque le feu commence à paroître au-deſſus de la piramide, c'eſt une marque que la chaux qui eſt au fond du four eſt cuite, on commence à la tirer par les quatre gorges avec un fer appellé *Rable*.

Dès que le feu ſort par les *gorges* & qu'on s'apperçoit que les cailloux ſont encore rouges en les tirant, il faut ceſſer pour quelques heures; enſuite on continue de tirer par intervalle la chaux, tant que le feu ne ſort point par les gorges & que les cailloux ne paroiſſent pas rouges.

Après avoir commencé de tirer de la chaux, & pour que la piramide du deſſus puiſſe cuire, il faut l'applanir & y mettre par-deſſus un lit de Charbon de pierre, enſorte que le caillou ne paroiſſe point.

Si l'on veut faire de la chaux ſans interruption, lorſqu'environ le quart du four ſera vuide, on ſuivra la même façon pour continuer de le remplir de nouveau, en obſervant d'y mettre le Charbon le premier, enſuite un lit de cailloux, & de continuer juſqu'à la pyramide; mais il faut toujours avoir ſoin de ceſſer de tirer la chaux du moment que le feu ſe montrera par les gorges, & que les cailloux en ſortiront rouges.

Poëles économiques, à l'uſage des pauvres, pour ſe chauffer & pour faire une petite cuiſine.

Depuis près de vingt ans, l'uſage de ſe chauffer à l'aide de poëles avec le Charbon de terre eſt fort multiplié dans les petits ménages; les cendres leur ſont encore une économie en les faiſant repaſſer au feu comme on fait à Liege des cendres de théroule.

Quand il y a un braſier bien ardent, & que le poële rougit, on mouille ces cendres pour en faire un mortier que l'on place ſur le feu avec une pelle; cela s'appelle *faire un pâté au poële*; ce mortier s'échauffe, rougit par degrés & retient la chaleur.

Beaucoup de pauvres familles tirent parti de ce feu de poële pour y cuire & apprêter leurs nourritures d'une maniere auſſi commode qu'induſtrieuſe; ces

poëles

poëles font de différentes grandeurs & de différentes formes; les quarrés font faits avec des plaques de fonte jointes ensemble fur les angles, mais toujours avec la même difposition. M. Preffavin, Chirurgien de Lyon, a eu la complaifance de m'envoyer le deffein d'un de ces poëles: la defcription d'un de ces meubles utiles aux indigents, paroîtra fûrement auffi intéreffante que celle du poële le plus fomptueux; il eft compofé de trois pieces principales, fans y comprendre le chapiteau ou le couvercle. (Voyez *Fig.* 1. *Pl.* LVIII).

La premiere piece *A*, montée fur trois pieds, eft un cul de poële qui ne tient lieu ici que de cendrier, dont la porte eft en *a*; la feconde piece *B*, eft une efpece de marmite en maniere de chaudron, dont l'ouverture eft renverfée fur l'ouverture de la marmite *A*; c'eft celle qui fert de foyer au moyen d'une grille placée en dedans vers l'endroit où ces deux pieces font jointes enfemble par un cercle de fer *b*; on voit la porte du foyer en *c*, & du côté *d* la fumée s'échappe par le tuyau *e*; la troifieme partie *C* de ce poële qui eft fupérieure, s'appelle la *cuifine*, à caufe de fon ufage; on en repréfente la coupe feulement pour la facilité de l'intelligence; elle eft en tôle & formée en efpece de chapiteau, qui couronne le foyer *f*, fur lequel on pofe tout ce que l'on veut faire cuire, comme la foupiere *g*; elle eft terminée par un couvercle *h*, dans lequel eft pratiqué un petit trou *i*, pour laiffer échapper la fumée des nourritures qui cuifent.

Cette pratique, quelque fimple qu'elle foit, mais fuivie fans interruption par le peuple de ce canton, l'ufage qu'on y connoît auffi de brûler le Charbon de terre dans des grillages à découvert, doivent être regardés comme un acheminement à un emploi plus étendu de ce foffile, ailleurs que dans le voifinage de ces Carrieres. C'étoit avec raifon l'idée des perfonnes qui m'ont fait paffer des terres graffes & des Charbons de Rive de Giers, pour les examiner, fixer les proportions à obferver dans cet apprêt, &c. Ce foffile pouvant être utile pour le chauffage des grands Atteliers, des grandes Communautés & pour les cuifines, je vais rendre compte de mes expériences.

Effais de fabrication de Charbon de terre de Rive de Giers, avec des terres des environs de Lyon.

Entre les terres qui pourroient être appliquées à cet apprêt, comme différentes *terres à four*; on n'a pu m'envoyer que de celles que l'on trouve à *Givors* & à *Pierre-bénite*, qui font *terre à Foulon* & *terre à Fayance*; elles ne font pas mauvaifes; la perfonne qui me les a procurées croit qu'elles ne reviendroient pas à plus de trois fols les cent livres: ces deux terres font formées par des dépôts de quelqu'efpece que ce foit; j'en juge par l'uniformité du grain & par la fineffe de la partie fableufe qu'elles contiennent.

L'une eft blanchâtre & happe à la langue comme une *Marne*; elle fait une violente effervefcence avec les acides; au feu elle ne fe durcit prefque point; dans l'eau elle fe gonfle en s'y délayant, & lorfqu'elle a été calcinée, l'eau fe couvre d'une pellicule, en forte que cette terre peut être regardée comme un mélange de craye & d'argille, dans lequel la fubftance argilleufe eft la moins abondante.

L'autre terre eft de couleur grife cendrée; elle ne prend que peu à la langue, fe durcit aifément au feu en fe détruifant; avec les acides elle fait une très-légere effervefcence & fe délaye promptement dans l'eau comme l'argille; elle fe laiffe paîtrir aifément, prend en peu de temps la confiftance de pâte, & conferve la forme qu'on lui donne.

Elle tient un fable cryftallin d'une extrême fineffe; elle paroît être une argille qui pour avoir été trop lavée, a perdu de fa ténacité; par conféquent dans le cas où on l'employeroit, il faudroit avoir une grande attention pour le degré d'humectation qu'on lui donneroit: l'expérience feule guidée par les détails particuliers que nous ferons entrer dans la IVe. Section, relativement à cette fabrication, donnera fur cela le véritable point.

Aux environs de *Thain*, vis-à-vis de *Tournon*, on pourroit employer une des terres qui fe trouvent dans la fouille d'où l'on tire la *terre à Pipes*.

Pour ce qui eft du Charbon de terre, on a vu par l'examen que j'en ai fait en obfervant les phénomenes de la combuftion, qu'il y a peu à choifir: s'il étoit poffible d'avoir toujours bien fûrement du menu Charbon de la *bonne Mine*, il conviendroit fort, il pourroit être mis fur le champ en œuvre & pourroit ne comporter qu'un fixieme de terre graffe.

Celui dont j'ai fait une feconde & troifieme efpece doivent abfolument être exclus, & je crois que le triage peut s'en faire à l'œil.

Refte le *Peyrat*; mais il comporte de toute néceffité une main-d'œuvre avant d'être fabriqué; on doit fe rappeller qu'il fe trouve naturellement entrecoupé & femé de beaucoup de *Gorres*: la mauvaife exploitation qui entreprend fur le *toît* & fur le *plancher* de la Carriere, qui par-là, produit des galeries dont l'é-lévation excede l'épaiffeur du banc ou du maffif du Charbon, en détachant des couches du toît & du plancher auxquelles tenoit le Charbon, ajoute à ce mê-lange défectueux de *Gorres*, une quantité de portion des enveloppes de la Mine, qui font un déchet confidérable pour l'acheteur, & qu'il n'eft pas aifé de détacher du Charbon grêle, ni du Charbon peyrat: ces *Nerfs* ou Gorres & ces Pierres de *toît* ne produifent point de feu, & en général le Charbon qui tient à ces matieres eft peu inflammable & de médiocre qualité.

Il faut donc en retrancher ces deux matieres de rebut, & fi cela fe peut, faire ce triage avec un grappin à la fimple vue, comme on peut trier la feconde & la troifieme efpece que j'ai établies, qui pouroient bien appartenir au voifinage des enveloppes de la Mine; en faifant ce triage à l'aide des maffes pour caffer le *peyrat*, il fera bon d'ufer de ménagement, pour éviter de faire entrer beaucoup de *gorres* en petit morceaux ; la maffe du Charbon toute réduite en menu, avec le moins poffible de ces matieres fchifteufes, on procédera à fon mélange avec la terre graffe : différents Charbons qui m'ont été envoyés de Lyon, & dans lefquels j'avois fait ce choix foigneufement, m'ont fervi à faire des *briquettes* ou *pelottes* de deux efpeces : deux boiffeaux & un quart (1) mêlés avec prefque un demi-boiffeau de la pâte blanche faifant le cinquieme, m'ont donné des pelottes qui fe font enflammées promptement & librement, & qui ont flambé une bonne heure en fe collant un peu, & fans donner d'odeur marquée.

Deux boiffeaux mêlés avec quatre litrons de pâte grife, faifant un fixieme de pâté, ont donné des pelottes, qui mifes fur la braife des premieres, fe font allumées promptement.

Beaujolois.

Ce petit pays, au Nord du Lyonnois, & au Midi du Mâconnois, entre la Saone & la Loire, eft heureufement fitué pour le débouché de fes Mines ; elles ne laiffent pas d'être nombreufes pour une étendue de terrein bornée à dix lieues de longueur fur huit de large.

Je ne connois ces Carrieres de Charbon que par l'ouvrage de M. Aleon du Lac ; en les citant d'après lui, j'indiquerai plus précifément les endroits qu'il nomme. Paroiffe de *S. Cyr-le-château*.

A *Laye*, fur la riviere de ce nom, on reconnoît des veftiges de fouille.

A *S. Symphorien*, dit *S. Symphorien de Lay*, à caufe de fa proximité de Lay, on apperçoit des indices de Charbon de terre : cet endroit eft fur la petite riviere de Gan, à trois lieus de Roanne, & à neuf de Lyon, fur le grand chemin de Moulins, entre la montagne de Lay, & la montagne de Tarare qui fepare le Lyonnois du Beaujolois.

A *Reygny*, fur la petite riviere d'*Us*, à l'endroit où cette riviere reçoit celle de *Reins*.

A *Montagny*, de l'autre côté de Roanne, dans une efpece de petite prefqu'ifle formée par deux ruiffeaux qui vont former une feule branche pour fe jetter dans la Loire à Villeneuve.

Dans la Paroiffe des *Sauvages*.

HAUT DAUPHINÉ.

Outre les Mines qui font connues depuis long-temps dans cette Province, & que j'ai indiquées dans la premiere Partie de mon Ouvrage, la Gazette d'Agriculture & du Commerce (2), a annoncé il y a près de deux ans, la découverte de plufieurs nouvelles Carrieres dans des cantons où on n'en connoiffoit point.

(1) Mefure de Paris. | (2) N° 91. *page* 721. 12 Octobre 1771.

J'ai rencontré, pour avoir des échantillons & des éclairciffements fur ces Mines, les mêmes difficultés que j'ai eues dans nombre d'endroits.

Je ne donnerai donc ici que ce qui eft rapporté dans la Gazette du Commerce touchant ces nouvelles Mines qui font bien importantes pour une Province où fe fabriquent quantité d'ouvrages en fer, en acier, & particulierement des canons & des ancres.

Graifivaudan.

» *Paroiffe de Laval*, au-deffus du village de la Boutiere, à quatre lieues à l'Orient de Grenoble (1). M. Gerard, Bourgeois d'Allevard, a découvert en
» 1765, plufieurs veines dont une a huit ou neuf pieds de *large* (2); le Charbon
» en a été éprouvé par les Serruriers, & ils l'ont trouvé d'une bonne qualité.

» *Paroiffe de la Ferriere*, *diftrict d'Allevard* (3), au lieu de *Vaujalas*, à huit
» lieues à l'Orient de Grenoble, veine ayant à la furface deux pieds de *large*, &
» dont le Charbon eft de bonne efpece, découverte auffi par M. Gerard en 1767.

» *Dans la Montagne des Soyeres*, Communauté de *S. Barthelemy*, à trois
» lieues au Sud de Grenoble & à une lieue au Sud de Vizilles (4), Mine dont le
» Charbon eft employé par les Serruriers & par les Maréchaux. Le fieur Micoud,
» Négociant à Grenoble, qui l'a découverte en 1770 au mois de Juillet, a ob-
» tenu gratuitement un Arrêt du Confeil, en date du 17 Mars 1771, qui lui
» en adjuge l'exploitation pendant trente années, ainfi qu'à fon Affocié; on l'a
» *exempté même du marc d'or & des frais du fceau.*

» Ce trait eft une preuve que le Gouvernement fait des efforts pour rétablir les
» vrais principes du droit public, en favorifant ainfi la libre exploitation des Mines.

» Au village de la Motte (5), ce Charbon s'eft introduit depuis cinq à fix ans;
» à Grenoble, pour les poëles, il coûtoit au commencement douze fols le quin-
» tal, il en vaut actuellement vingt-quatre : on prétend que cette Mine fournit
» depuis plus d'un fiecle.

» *Montagne au-deffus de Voreppe*, *Val des Charbonniers*, diftant d'un quart
» de lieue de S. Laurent-du-Pont, à trois lieues & demie au Nord de Grenoble,
» veine découverte en 1770 par M. Lambert, qui en a pris poffeffion & en a fait
» faire la fouille.

» Ce Charbon eft flambant, & reffemble à de la poix; mais au rapport du
» fieur Micoud, il a le même défagrément que le fuivant.

---

(1) Entre l'Ifere & la petite riviere de Bord, du côté de la Savoye.

(2) J'ignore fi par ce mot qui fe trouvera répété, on a entendu l'épaiffeur.

(3) Dans la montagne d'Allevard eft la principale *Mine de fer* de Dauphiné, doux, fans paille, d'une excellente qualité, facile à limer & à forger, d'où on l'appelle *Fer à forge*.

(4) Ancienne réfidence du Connétable de Lefdiguieres, fur la petite riviere de Romanche, qui va fe jetter dans la Loire au-deffous de Gre-

noble : c'eft à Vizilles que fe fabriquent les faulx & les faucilles.

(5) Même territoire que la précédente, fur le Drac, qui va fe rendre dans la Romanche, à trois lieues au Sud de Grenoble, un peu au-deffous de Vizilles. Ce village de la Motte eft encore remarquable par la fontaine minérale qui eft tout près. Dans la quatrieme Section je donnerai la façon d'imiter parfaitement ces eaux médicinales qui font graffes & bitumineufes, recommandées pour les maladies de la matrice.

A

» A *Pommiers*, au-deſſous de Voreppe, à deux heures de chemin, au-deſſous
» de la Mine précédente, M. Beylié a découvert, il y a environ douze ans, une
» veine; le Charbon qu'elle donne paroît être un amas de bitume; il a une
» odeur extrêmement déſagréable & puante (1).

Gapençois.

» Paroiſſe de *Montmaur*, à trois lieues à l'Orient de *Gap*, une veine de trois
» pieds de *largeur* dans ſa ſurface près la terre, découverte en 1771, par M.
» Gerard; ce Charbon a donné une flamme de deux pieds de haut (2), blanche
» & ſans odeur ſenſible.

» Paroiſſe de *l'Epine*, dans un ravin à deux lieues au Nord de la Paroiſſe de
» Serres, & à ſept lieues au Nord de la ville de Siſteron, veine d'environ un
» pied à la ſurface de la terre, découverte par le même en 1771; le Charbon
» en paroît de bonne qualité.

PROVENCE.

Le Charbon de la Mine de *Pepin*, près d'Aubaigne ſur la Veaune, dont j'ai
parlé *page 152*, eſt très-beau à l'œil; mais au feu il donne une odeur & une fumée déplaiſante, qui m'a ſemblé toutes les fois que j'ai voulu l'examiner, approchante de l'odeur que donne le couroy ou ſpalme encore fraîchement fait : cette
propriété que je n'ai encore reconnue dans aucune eſpece de Charbon, eſt une
excluſion décidée pour l'employer ailleurs que hors de l'enceinte des villes.

A une petite lieue d'*Oriole*, près du Château de *Peynier*, on a trouvé à dix
pieds de profondeur un banc de Charbon de trois pans & demi. L'eau a empêché
de reconnoître le reſte de ſon épaiſſeur.

Il y a eu auſſi un puits ouvert à la maiſon de campagne de M. Velin.

On doit ajouter à cette liſte les endroits qui n'ont pu être indiqués que
dans la Table de la première Partie, comme dans la PRINCIPAUTÉ D'ORANGE
à *Piolene*, *Piolens* ou *Pioulenes*, entre Orange & Mormas : le Charbon s'y exploite fort aiſément; il ne coûte pas cinq ſols le quintal; on l'emploie dans la
Manufacture d'Orange à chauffer les fourneaux.

Comtat Venaiſſin.

Aux confins du Dauphiné, à *Venaſque*, autrefois Capitale de ce Comté, diſtant de Carpentras de deux lieues.

---

(1) Je ſoupçonne que ce n'eſt point un véritable Charbon de terre.
(2) Ceci auroit beſoin d'être éclairci.

A *S. Didier*, petit village à portée de Venafque; on ne fait point ufage du Charbon de cet endroit.

Au Château de *Laſſcour*, près de Bagnols, fur la petite riviere de *Ceze* ou *Scize*, à deux lieues du Pont-S.-Efprit, on avoit commencé l'exploitation d'une Mine de Charbon.

LANGUEDOC.

On connoît des Mines de Charbon de terre dans la Baronie de *Bouſſage*, entre S. Gervais & Lodeves, à peu de diftance de la riviere d'*Orb*.

M. l'Abbé de Sauvages, de qui j'ai emprunté dans la premiere Partie quelques détails fur celles d'Alais (1), me fournit ici ce qui a rapport à l'objet que je traite dans cette feconde.

» Les galeries des Mines du Languedoc n'ont pour l'ordinaire que deux ou » trois pieds de largeur fur cinq de hauteur; elles ne font étançonnées que vers » l'ouverture qui eft en terre; mais elles ne le font point dans la maffe du Char- » bon : on fe contente de creufer la galerie en arc, & il s'en trouve qui, depuis » cent ans, fe font foutenues inébranlables, fans que les eaux ayent pénétré les » premieres couches de Charbon.

» Dans les Mines d'Alais on ne fait de diftinction du Charbon de terre, que » par l'ufage auquel on l'emploie; favoir, de celui qui fert aux Forges, qui eft » le plus enfoncé, & celui qui fert à la cuiffon de la chaux, qui fe tire au-def- » fous d'une toife de profondeur; il eft auffi d'un prix inférieur : à la vue ils ne » paroiffent point différents l'un de l'autre.

» Celui pour les Forges fe convertit au feu en maffes dures, qui fe mêlant » avec les fcories du fer, forment au-deffus du feu des croûtes fermes, fpon- » gieufes, connues fous le nom de *machefer*.

» Le Charbon pour les fours à chaux, fe réduit au feu en terre rougeâtre, » très-friable.

» Il contient un foufre plus développé, moins fixé par l'acide vitriolique; » c'eft pour cela que les Forgerons n'ont garde de l'employer; il fond fouvent » leur fer dans la forge, ou bien il le brûle.

Le favant Hiftorien penfe que les Mines de Fer & de Charbon de terre du *Forez*, pourroient être une continuation de la veine de terre d'auprès d'*Alais*, qu'il a décrite dans le volume des Mémoires de l'Académie, année 1743, & qui s'étend du Midi au Nord.

Dans le fond de quelques ravines, près de Servas, au-deffus d'un rocher d'Afphalte, M. de Sauvages (2) a obfervé entre des couches de fable, des lits d'une matiere qu'il nomme une efpece de *Charbon foſſile* ou de *bitume*, dont la furface eft couverte d'une légere couche de débris de limaçons ordinaires;

---

(1) Mémoires de l'Académie des Sciences, an. 1747. page 701.
(2) Volume des Mémoires, pour l'année 1746, page 720.

qui ont confervé le luifant de leur vernis. Quoique les Chauffourniers fe fervent de cette matiere pour cuire la chaux, le favant Naturalifte avertit expreffément de ne point la confondre avec le Charbon de terre; fa defcription renferme même un des caracteres que j'établis pour différence entre ce qu'on doit
& ce qu'on ne doit pas appeller de ce nom. Lorfque j'en ferai à examiner les
différentes fubftances qui préfentent une reffemblance avec le Charbon de
terre, je ferai ufage de l'obfervation importante de ce Phyficien, pour ranger
dans fa vraie claffe ce Charbon foffile imprégné d'un bitume groffier & fétide,
qui me paroît être du *Charbon de bois Tourbe.*

Haute Guienne.

Rouergue.

Les Mines que j'ai indiquées pour cette Province dans la premiere Partie de
mon Ouvrage, d'après feu M. *Hellot*, font dans un petit territoire diftingué par
le nom de *Segala*, où on ne feme que du feigle, borné d'une part par un canton
appellé *Cauffe*, & d'une autre par un quartier appellé *Vallon*; le diftrict de ces
Mines eft du *Mandement d'Albin* (1), entre une petite riviere qui prend fa
fource à Glaffac & le *Raot*, venant de *Scandolieres*, lefquelles vont toutes
deux fe jetter en une branche dans le *Lot*, en face de *Bouillac*.

Depuis la rive du Lot qui eft en face de *Levignac*, jufqu'à *Firmi* (2), on ne
trouve que des Charbonnieres; attenant ce dernier endroit fur-tout, on ne peut
faire un pas fans appercevoir de ce foffile; dans beaucoup d'endroits on n'a
pas befoin de creufer pour le reconnoître; les extractions les plus confidérables
datent de trente, quarante ou cinquante ans; on pourroit y compter une cinquantaine de fouilles.

Une maffe très-étendue de Charbon de ce quartier, eft minée par un embrafement fouterrain; la premiere époque de cet incendie n'eft point connue; mais
il paroît qu'elle remonte fort haut; la montagne dans laquelle eft fituée cette
Mine, entre *Aubin* & *Cranfac*, appellée tantôt montagne du *Montet*, nom du
village attenant, tantôt *Scedalie*, eft citée dans les anciens Actes, fous la dénomination *del puech Ardent* (3); c'eft à quelques toifes de cette Mine, qui avoit
été ouverte & travaillée par des conceffionnaires, que l'on voit fortir de cre-
vaffes confidérables, une fumée fort épaiffe. M. l'Abbé Marie (4), appellé par des

(1) Dans les Chartulaires & dans les Actes du moyen âge, qui regardent le Dauphiné, la Pro-vence, la Breffe, le Lyonnois & autres cantons, ce terme rendu en latin par celui de *Madamentum*, fignifie diftrict, territoire, Jurifdiction; c'eft ce qu'on nommeroit ailleurs *Bailliage*.
(2) Mal écrit *Feumi* dans la premiere Partie.
(3) Signifiant la même chofe que celle de *Puig*, *Puc*, qui veut dire en langue Aquitanique, mon-*tagne*; différemment prononcé dans la plupart des Provinces, tantôt *Puy*, *Pech*, *Puech*, en Berry *Pic*, en Poitou *Fex*, en Dauphiné *Poet*, en d'autres

Poeh, *Peu*, *Puis*, *Pi* ou *Pic*, qui veulent dire tous la même chofe : ils datent du moyen âge, dans lequel on les a adaptés à des endroits fitués fur le haut d'une montagne, particuliérement lorfque cette montagne eft tellement d'un des côtés voi-fins du lieu en queftion, que l'on n'y puiffe point monter, à peu près comme ce que l'on appelle fur le bord de la mer *Falaife*. Plufieurs lieux de Pro-vinces où la langue latine a fubfifté plus long-temps, en ont emprunté le nom. *Dict. Encyclop.*
(4) Profeffeur de Mathématiques au Collegé Mazarin.

affaires de famille dans cette contrée, qui peut ſe faire honneur d'être ſa patrie, a écrit la relation de ſon voyage ; ce Mémoire parvenu à l'Académie, qui l'a agréé pour être imprimé dans un des volumes des Savants étrangers, renferme en particulier ſur ces Mines de Charbon & ſur cette montagne de feu, des remarques curieuſes. Ces phénomenes extérieurs obſervés en différents endroits par différentes perſonnes, demandent à être recueillis & rapprochés : les Naturaliſtes & les Phyſiciens ſauront gré à M. l'Abbé Marie d'avoir employé ſes loiſirs à la deſcription ſuivante.

Obſervations faites ſur la Montagne de feu ; par M. l'Abbé Marie.

Le ſol de la montagne eſt rougeâtre ; les pierres y ſont principalement de deux eſpeces ; les unes, qui ſont très-communes ſur toutes les autres montagnes des environs, reſſemblent pour la couleur & pour la dureté aux briques ordinaires ; les autres ſont blanchâtres, poreuſes & revêtues d'une eſpece de ſalpêtre.

Il y a environ dix-ſept ans, qu'il ſe fit auprès de l'ancienne Mine une grande exploſion, dont les traces ſubſiſtent ; une partie du ſommet de la montagne affaiſſée tout à coup, a produit une fondriere qui a trois toiſes de profondeur, & ſept ou huit de largeur ; quant à ſa longueur, l'Obſervateur l'eſtime de plus de trente toiſes.

La terre en eſt brûlante ; les pierres en ſont calcinées ; la fumée ſe fait jour par plus de dix ouvertures, & il en ſort de la flamme lorſqu'il pleut : pendant les deux premiers jours que M. l'Abbé Marie y fut par un très-beau temps, il ne vit point la flamme ; mais ayant jetté une poignée de bois de fagot dans la principale crevaſſe qui eſt large d'un demi-pied, il s'enflamma ſur le champ ; d'ailleurs, en avançant ſur les bords de cette fente, on voit l'intérieur tout en feu : à l'ouverture de quelques fentes, M. Marie a ramaſſé des fleurs de ſoufre de belle couleur.

Sur les montagnes voiſines, il a remarqué le même ſol, les mêmes phénomenes, du Charbon de terre, ſouvent du feu, & preſque toujours des veſtiges d'incendie ; on prétend que de fois à autres, on voit ce feu ceſſer pendant pluſieurs années dans quelques endroits, & reparoître enſuite avec plus d'activité ; cette variation a été obſervée dans la chaleur des étuves.

Malgré toutes ces exhalaiſons brûlantes, & le feu même qui eſt dans pluſieurs de ces montagnes, non-ſeulement la vigne y réuſſit, mais les châtaigniers y croiſſent mieux qu'ailleurs ; ceux de ces arbres qui avoiſinent davantage les terreins incendiés, deviennent plus gros & plus grands ; il s'en trouve même au pied deſquels on voit ſortir la fumée par de petites crevaſſes : les gens du pays n'ont point la peine de retourner chez eux exprès pour faire cuire leurs châtaignes ; ces petites fournaiſes toujours échauffées, leur ſervent à cet uſage.

La

La chaleur superficielle du sol est quelquefois si sensible à la main, qu'on ne conçoit pas comment les racines n'en sont pas desséchées; cependant les meilleures châtaignes du *Rouergue* sont celles des environs d'*Aubin*, & elles y sont très-abondantes (1).

La montagne de *Sanguieres*, entre Aubin, Cransac & Firmi, autre montagne de Charbon, présente aussi des indices de feu souterrain : on venoit, lorsque M. l'Abbé Marie étoit dans ce pays, d'y construire une étuve de vapeurs, où en moins d'un quart-d'heure son thermometre monta à trente-un degrés.

Extraction & usages du Charbon de terre.

D'après le Mémoire de M. l'Abbé *Marie*, la maniere dont on extrait le Charbon de terre dans ce quartier, est bien différente de toutes celles que nous avons décrites jusques ici ; ce fossile se dérobe à peine aux yeux ; on a besoin de Charbon ; un coup de bêche met en possession : de-là, nul embarras pour l'usage journalier, l'extraction la plus compliquée se borne à faire sur le penchant ou au bas de quelque colline, un *percement* horizontal : ce conduit souterrain , ni les branches qu'on y pratique, ne se prolongent pas au-delà de quelques toises ; on recommence de même dans le voisinage un autre *percement,* par lequel on se fraye quelques routes , sans s'occuper beaucoup de choisir le meilleur Charbon. Le principal puits d'extraction connu dans ce pays, est celui dont j'ai parlé, qui avoit été creusé en 1763 par les Concessionnaires, & qui a été comblé en partie.

Un panier formé en maniere de hotte, à peu-près d'une grandeur double de celles que nous connoissons, est employé au premier transport; cette quantité qu'on emporte chaque fois, est appelée *comporte,* mot qui revient peut-être à celui de *charge,* comme on diroit *une charge de bled , une charge de fagot;* le panier est garni dans deux de ses côtés opposés l'un à l'autre d'une anse ou poignée, disposée sur la hauteur de maniere à recevoir chacune un bâton , de la même façon qu'on le voit aux litieres & chaises-à-porteur ; il n'y a point de différence dans celle de porter cette charge.

Le travail ne se fait que lorsque les ouvrages de la campagne n'appellent plus aux champs : l'abondance des productions n'y retient pas souvent & long-temps; toute la récolte se borne à celle des châtaignes, de quelques légumes, d'une assez grande quantité de vin, d'un peu de fourage à peine suffisant pour les Anes employés à l'exportation du Charbon dans les Marchés voisins. Cette petite contrée composée de onze Paroisses, de vingt-cinq Seigneuries, dont quelques-unes sont qualifiées , & d'un corps d'Habitants d'environ vingt mille ames , ne recueille point de bled pour ce qu'elle en consomme en trois mois de l'année, de maniere qu'elle seroit comme dans une

(1) On croit communément que les longues sécheresses & les grandes chaleurs sont contraires aux forêts de Châtaigniers, & que l'humidité est favorable à leur réussite & à leur progrès ; cette observation détruit absolument l'opinion reçue , & mérite l'attention des Agriculteurs.

difette perpétuelle, fi la nature ne l'eût dédommagée par une autre matiere qui devient fon principal produit.

Ce n'eft qu'à l'aide du Charbon de terre que les Habitants de ce quartier fe foutiennent, s'acquittent des charges de l'Etat & de leurs Seigneurs , ou qu'ils peuvent fe procurer du bled & autres denrées.

Depuis plus de huit cents ans , ces Habitants font en poffeffion d'extraire le Charbon à leur profit à titre de bail à cens de leurs Seigneurs.

Ce droit n'a fouffert aucune interruption, ni fous les Comtes de Rouergue , ni depuis que le Roi Henri IV, dernier poffeffeur de ce Comté, l'a réuni à la Couronne.

La Ducheffe d'Uzès effaya inutilement de troubler cette poffeffion , en vertu du renouvellement qu'elle obtint en 1692, du privilege qui avoit été accordé en 1689, pour quarante ans au Duc de Montaufier fon pere.

Par une fuite de la confufion introduite peu-à-peu entre les droits du Roi, celui du Public & celui des Propriétaires, il a été accordé le 15 Février 1763, pour l'efpace de trente années, une conceffion exclufive fur la partie de Mines de Charbon fituées dans les environs d'Aubin.

Les réclamations foutenues des Habitants, qui n'avoient plus même la liberté de prendre pour le chauffage ce que leur terrain leur préfente , fe font heureufement terminées par l'extinction de ce privilege qui n'auroit pu être que l'époque de l'établiffement de la fortune de quelques particuliers fur la ruine d'une Province , & par conféquent une fource d'abus & de troubles entiérement oppofés à l'augmentation du commerce particulier , qui, dans ces fortes de dons, eft toujours l'unique but du Gouvernement. Si l'on vient enfuite à porter un coup d'œil fur la nature du fol de ce canton, dont la fuperficie ne donne pas même le néceffaire, l'inconvénient réfultant de ce privilege ne fera plus équivoque ; il fera facile de reconnoître combien il étoit onéreux, non-feulement à ce diftrict, mais encore à l'Etat, par l'impoffibilité où fe trouvent fes Habitants de fupporter leurs charges. Dans un Ouvrage qui eft entre les mains de toutes les perfonnes en place, & dont la publication eft antérieure aux maux occafionnés par ce privilege, il eft fait mention expreffe de la pauvreté & de la mifere du haut pays de Guienne (1). L'Auteur de cet article a cru , pour le bien de l'Etat, devoir en tirer une conféquence qui fe rapporte finguliérement à la circonftance que je traite ici fommairement. *C'eft*, dit-il, en parlant des Habitants de ce quartier, *une néceffité de les faire jouir de la liberté de leur commerce, & de leur accorder un droit naturel, dont la propriété ne peut prefcrire, & dont l'exercice ne peut être interrompu fans fuppofer que la religion du Souverain a été furprife.* Le détail particulier dans lequel j'entrerai bientôt, fur l'exportation du Charbon de ces Mines jufqu'à Bordeaux par la Garonne, viendra naturellement à l'appui de la réflexion judicieufe de l'Auteur.

(1) Dictionnaire Encyclopédique, Tom. VII, 1757, au mot *Guienne*.

Je n'ai par moi-même aucune connoiſſance de ce Charbon, dont on diſtingue ſeulement dans le pays deux ſortes, l'une appellée *premiere qualité*, l'autre *ſeconde qualité*. Un Chimiſte de l'Académie des Sciences qui a fait des expériences ſur celui de Cranſac, le regarde comme contenant très-peu de ſoufre.

Indépendamment de cet avantage qui annonce ce Charbon très-propre aux ouvrages en fer, la reſſource dont cette production eſt au quartier d'où il ſe tire, n'eſt pas d'une moindre conſéquence : les Mines du canton d'Aubin ſuppléent au bois à brûler, non-ſeulement pour la cuiſſon de la brique & de la chaux, mais encore pour le chauffage & tous les beſoins domeſtiques, pour la cuiſſon du pain & pour ſécher les châtaignes.

Cette façon de conſerver des années entieres un fruit dont les pauvres du Périgord, du Limouſin & d'autres endroits vivent tout l'hyver, forme à elle ſeule un article précieux. Les Provinces Méridionales n'emploient pas ſeulement leurs châtaignes ſeches, nommées alors *Châtaignes blanches*, *Caſtagnoux*, à engraiſſer les volailles, les mulets, les chevaux; cet aliment tient aux Habitants mêmes lieu de pain, & ces châtaignes bien préparées ſont fort recherchées.

Par-tout où l'on récolte ce fruit, ce ne peut être que le même procédé; il eſt connu auſſi dans la partie du Ségala qui tient au *Cauſſe*; mais dans le diſtrict d'Aubin & le long de la riviere du Lot, où les *Caſtagnoux* ſont appellés *Auruols*, *Aurioles*, on emploie à leur deſſiccation le feu de Charbon de terre : cette différence qui tient à très-peu de choſe, n'eſt peut-être fondée que ſur une pure économie, ou ſur le mouvement aſſez naturel de ſe ſervir de tout ce qu'on a ſous la main; mais cette préférence raiſonnée ou non, n'en eſt pas moins décidément avantageuſe à pluſieurs égards : dans les Cévennes où les Caſtagnoux ſe ſéchent au feu de châtaignier, l'opération dure trente, quarante, ſoixante jours; il n'y a rien d'étonnant, le feu de bois de châtaignier rend peu de chaleur, & ſon Charbon s'éteint promptement. Dans la premiere opération qu'eſſuyent les Caſtagnoux, ces fruits ne ſont réellement expoſés pendant pluſieurs jours qu'à la fumée du feu; la véritable chaleur qu'ils reçoivent immédiatement après, y retient cette fumée; auſſi les *Caſtagnoux* des Cévennes en ont-elles l'odeur, à laquelle ſe joint une ſaveur empyreumatique, que les *Auruols* ſéchés au feu de Charbon de terre ne doivent pas contracter à beaucoup près au même degré.

Le ſort des Habitants de la campagne eſt également intéreſſant dans toutes les parties du Royaume. Quelque ſimple que puiſſe être un procédé qui aſſure aux gens robuſtes, adonnés à des travaux durs & pénibles, des approviſionnements de vivres qui ne peuvent ſe gâter, ce procédé ne ſera point regardé comme minutieux par un vrai Citoyen. M. Montet, de la Société Royale de Montpellier, a décrit (1) la maniere obſervée dans les Cévennes pour ce deſſéchement des

(1) Second Mémoire ſur pluſieurs ſujets d'Hiſtoire Naturelle & de Chimie; volume des Mémoires de l'Académie des Sciences de Paris, année 1768, page 552.

châtaignes avec le feu du bois. Je vais décrire celle qui se pratique dans le territoire d'Aubin.

Maniere de sécher au feu de Charbon de terre, de grandes & de petites provisions de Châtaignes.

Le temps de cette opération est celui de la chûte des châtaignes au mois d'Octobre (1) : si l'opération se fait en grand, on a besoin d'un bâtiment nommé *Séchoir*, en patois *Secodou*, qui se prononce *Secadou* : c'est quelquefois une simple cabane construite en bois dans la Châtaigneraie ; d'autres fois c'est une chambre de la maison que l'on emploie à cet usage, & qui dans d'autres temps sert de fruitier ; il y en a dont le plancher est formé en arcade, ce qui est favorable à l'opération : tout cela ne varie qu'en raison du plus ou moins d'aisance du particulier qui veut faire sécher ses châtaignes.

Le *Séchoir* a en tout neuf à dix pieds de haut environ, & n'a que deux ouvertures, une qui est la porte du séchoir, & une placée dans le haut, par laquelle on jette les châtaignes.

L'intérieur du *Secadou* est partagé dans toute son étendue, par une séparation qui y forme un plancher ou premier étage ; c'est une claie proportionnée à la grandeur du séchoir & à la quantité de châtaignes que l'on récolte ; les gaules de cette claie sont aussi fortes qu'il le faut pour porter les châtaignes, & écartées les unes des autres autant qu'il est nécessaire pour que les petites châtaignes ne puissent passer au travers.

Par l'ouverture du haut on jette les châtaignes telles qu'on les ramasse avec leur écorce ; on les étend également sur la claie, de maniere qu'elles forment un lit de dix-huit pouces ou deux pieds d'épaisseur ; alors on place au milieu & aux quatre coins du séchoir, un grand chaudron rempli de Charbon de terre allumé, avec une bonne souche de châtaignier, ou de chêne, ou de charme ; cette souche est recouverte de Charbon, de maniere qu'elle ne flambe point.

Ce Charbon n'est point brut tel qu'il sort de la Mine ; l'opération réussiroit mal ; les châtaignes contracteroient ce goût fumé qui est inséparable de la méthode dans laquelle on emploie du feu de bois ; on choisit celui qui a déja servi à chauffer les domestiques, & qui en s'éteignant s'est réduit en braises ; on ferme la porte du séchoir, & on confie à un domestique le soin d'entretenir le feu, de veiller à ce qu'il ne flambe point, de changer le chaudron de place, afin de porter la chaleur dans toutes les parties du séchoir, & remuer les châtaignes le plus souvent qu'il peut avec une pelle de bois.

---

(1) Il y a encore dans cet usage quelque chose à examiner ; l'idée reçue assez généralement, est que pour que les Châtaignes se conservent long-temps il faut les abattre de l'arbre avant qu'elles tombent d'elles-mêmes.

Dans

Dans l'efpace de trois femaines, l'opération eft achevée; cela dépend de l'épaiffeur de la couche de châtaignes étendue fur la claie.

Quand on voit que l'écorce fe ride, fe détache, & que la châtaigne fonne, on retire la fournée & on en recommence une autre fi l'on veut : pour féparer l'écorce des châtaignes féchées, on met ces *Auruols* dans un grand fac de toile forte, que deux hommes faififfent chacun par un bout & remuent fortement, en fe renvoyant le fac de l'un à l'autre fans l'abandonner.

Les *Auruols* fe vendent à la mefure du froment & au même prix, avec la feule différence que la mefure eft comble.

Les particuliers qui n'ont pas une grande récolte de châtaignes, ont un moyen très-bien imaginé pour fe paffer d'un féchoir qui leur eft inutile; ils n'ont pour cela befoin que d'avoir une grande cheminée à l'antique, dont le manteau eft très-élevé; elle eft traverfée dans toute fon étendue d'une claie fituée à une hauteur telle que la chaleur du feu puiffe agir fur ce qu'elle doit porter; on place fur cette claie autant de châtaignes qu'il en faut pour que leur deffication puiffe fe faire également & par degrés ; & lorfqu'elles font féchées, on les retire pour en mettre d'autres.

Commerce du Charbon de terre des Mines de Rouergue.

Nous envifagerons l'article du commerce fous deux points de vue, dans fon effet de procurer fur le lieu même à ceux qui s'occupent de l'extraction du Charbon de terre le moyen de fatisfaire à leurs befoins, & dans la circulation intérieure de cette denrée.

Les Mines d'Aubin réunifent dans leur fituation un avantage peu ordinaire ; la feule riviere, pour ainfi dire, navigable qu'il y ait dans la province, le *Lot* ou *l'Olt*, baigne la fouille d'une Charbonniere confidérable, & de la Mine même, on jette à la pelle le Charbon dans les bateaux, qui le tranfportent jufqu'à Bordeaux ; on eft, à la vérité, obligé d'attendre les crues d'eau pour defcendre une partie de la riviere ; mais cet inconvénient feroit facile à réparer, en chargeant dans la belle faifon beaucoup de bateaux qui fe trouveroient tout prêts à partir enfemble à la fonte des neiges ou dans la faifon des pluies.

Les différentes Mines exploitées dans le Rouergue, fourniroient fans peine, en trois cents jours de travail, plus de cinquante mille *voies*, chacune du poids de trois mille deux cents livres, ce qui forme un produit confidérable.

Deux hommes, l'un pour extraire, l'autre pour fortir le Charbon, à vingt fols par jour chacun, mettent aifément à pied de Mine chaque jour une voie de Charbon de vingt comportes, du poids au total de trois mille deux cents livres; d'où il fuit que le fervice de deux hommes, dans quarante Mines, fournira quarante voyes par jour, & que ce fervice répété pendant trois cent jours

de travail, fournira 12600 voies de Charbon ; ainſi en augmentant ce ſervice comme on le fait dans le temps de *cargaiſon* des bateaux, on augmenteroit
beaucoup l'exploitation, & on mettroit en vigueur un négoce très-avantageux,
non ſeulement pour le Canton, mais pour toute la Province.

Les Mines qui ſont au Nord & au Couchant de la contrée, dans les Paroiſſes
de *Levinhac*, de *Vialaret*, & dans les extrémités de celles de *Firmi* & d'*Aubin*,
chargent, années communes, de trois cents trente à trois cents quarante bateaux,
qui tiennent depuis cent cinquante juſqu'à trois cents cinquante comportes, du
poids de cent ſoixante-deux livres pour la premiere qualité, & de cent quatre-
vingt pour la qualité inférieure.

Les Marchands de Rouergue viennent des Vallées & Bourgs qui ſont ſur les
bords du Lot & de la Garonne, depuis la petite ville d'*Entraigues*, au confluent du *Lot* & de la Trueyré, pour charger le Charbon & le tranſporter dans
les différentes Provinces que ces rivieres parcourent juſqu'à Bordeaux.

Le prix du tonneau mis à pied du bateau, eſt de quarante-cinq livres pour la
premiere qualité, & de quarante livres lorſqu'il eſt de la ſeconde.

Le tonneau de cent comportes, peſe ſeize mille livres dans la premiere qualité & dix-huit mille livres dans la ſeconde.

Indépendamment de la charge de ces bateaux, il part tous les jours, ſoit de
ces mêmes Mines, ſoit de celles qui ſont au Levant & au Midi de la contrée,
(au nombre de dix-ſept) dans les Paroiſſes de Cranſac & de Firmi, plus de
cinq cents charges de Charbon, qui ſe diſperſent par bêtes de ſomme dans le
Rouergue, dans la haute Auvergne & dans le haut Quercy, dont les Habitans
ne peuvent ſe diſpenſer de ſe fournir à ces Mines.

Les Mines de la Paroiſſe d'Aubin, au centre de la contrée, fourniſſent à la
conſommation de cette Ville, & aux Habitants du territoire, qui manque de
forêts & de taillis.

A Aubin, la comporte de Charbon, priſe à pied des Mines, vaut deux ſols ;
la voie de Charbon, du poids de trois mille deux cents livres, coûte de 30 à 40
ſols ; rendue au Port de la riviere du Lot, elle revient à neuf livres ; tranſ-
portée à Bordeaux, elle revient à ſoixante-dix, quatre-vingt livres.

Les Mines dont on vient de faire l'hiſtoire, ne fourniſſent pas ſeules Bordeaux
& la Guienne : à portée de la mer, le *Bourdelois* (1) reçoit du Charbon de
terre d'Ecoſſe & d'Irlande ; il s'y vend à une meſure appellée *Douillard*, dont
neuf font le tonneau (2).

Cette conſidération & la richeſſe des Mines de Rouergue, doivent être pour
le Miniſtere de nouvelles raiſons pour peſer ſérieuſement le choix des moyens
qui peuvent favoriſer l'abondance & le bon marché de leur Charbon de terre,

_____

(1) Autrement nommé la *Guienne propre*.
(2) Le tonneau compoſé de trente-ſix bariques
qui revient à ſoixante-douze barils de la même
meſure que ceux qui ſont portés par les tarifs de
1664 & 1667. A l'article de Rouen, qui reçoit
auſſi du Charbon de l'Etranger, je m'étendrai
ſur la meſure du tonneau.

afin d'exclure celui de l'Etranger, nuifible à la confommation du Charbon national. Perfonne difconviendra que tous les expédients qui peuvent concourir
à ce but, doivent uniquement regarder, non des étrangers, mais ceux auxquels l'extraction appartient de droit; & il paroît qu'ici tous les motifs de conceffion fon nuls & illufoires.

Les Habitants font en état de fournir chaque année, pour la confom=
mation de Bordeaux, mille tonneaux de cent comportes, chacune de cent foixan-
te-deux livres dans la première qualité, & de cent quatre-vingt dans la feconde, à raifon de huit & neuf fols la comporte, mife à pied du bateau ; à
condition, toutefois, que leur commerce demeurera libre, comme il l'a été de
tout temps.

Dès-lors, la préférence leur eft dûe, à tous égards, fur des Conceffionnaires,
qui, en portant le découragement dans une contrée, la réduifent toujours dans
l'indigence, & affoibliffent ainfi les reffources que l'Etat eft en droit d'attendre de l'aifance des fujets.

Périgord.

M. le Marquis de Raftignac m'apporta en 1770 deux caiffes d'un Charbon
de terre trouvé dans une de fes terres, à trois pieds de profondeur, fous une
argille rougeâtre fablonneufe. Cette couche, dont l'épaiffeur eft de dix-huit
pieds, a été reconnue dans la Paroiffe de S. Lazare, dans la partie appellée
bas-Périgord ou *Périgord noir*, parce qu'il eft plus couvert de bois, au bas d'une
montagne, près le moulin de la Salle, fur la riviere de *Vezere*, un peu au-deffous de *Terraffon* où elle commence à être navigable.

C'eft un véritable Charbon de terre, qui pourroit, dans une plus grande profondeur, fe trouver d'une bonne qualité : cette première épaiffeur a été altérée
fenfiblement par cette argille; les parties les plus fermes de cette couverture
délavées par les eaux pluviales, fe font infinuées dans la maffe de Charbon placée au-deffous, & en s'infinuant dans les interftices de chaque molécule, y forment des écailles fpathiques, qui renferment comme dans autant de loges diftinctes les parties de Charbon; en fuivant par degré fa combuftion, (feule maniere de connoître la ftructure des différents Charbons de terre) on apperçoit
que chaque petite bande charbonneufe eft féparée l'une de l'autre en longueur
par une lame fpatheufe, divifée à diftance égale par une petite cloifon de même
nature, de maniere que la bande charbonneufe eft compofée de molécules pa-
rallélogrammes, affemblées réguliérement les unes auprès des autres, comme on
le voit fouvent dans les parties du toît avoifinant le Charbon, à la grandeur près
de ces molécules, qui eft abfolument la même que celle dont il a été parlé
page 2, & qui eft repréfentée *Fig. 2, Pl. V*, de la première Partie.

Il feroit à fouhaiter pour cette province riche en Mines d'excellent fer, que ce

Charbon fût d'une qualité convenable à ces ouvrages ; mais il ne leur est nullement propre ; l'ayant essayé à la forge, il chauffe & rougit promptement le fer ; il le brûleroit & le rongeroit immanquablement ; il faudroit donc chercher à le marier avec quelqu'autre Charbon, peut-être pourroit-il alors être employé : le peu de profondeur à laquelle il est placé ne pouvant que le rendre d'un prix très-médiocre, les Habitants pourroient l'employer à sécher leurs châtaignes, comme on le pratique dans le Rouergue.

Enfin la riviere de Vezere qui parcourt un assez grand trajet avant d'aller se jetter dans la Dordogne à Limeil, faciliteroit son débit pour quelques menues fabrications particulieres de chaux, de briques ou autres semblables.

BAS-LIMOUSIN.

Des Mines dont j'ai fait mention dans cette Province, celle de *Maymac* est la seule dont on fait une extraction abondante, quoiqu'elle soit très-peu à portée des débouchés ; aussi le peu de débit du Charbon rallentit ce travail, d'ailleurs la veine se précipite trop rapidement pour qu'elle puisse être suivie par les particuliers qui fouillent dans leurs fonds ; ils en fournissent à Tulle, & en débitent aux Maréchaux des principaux endroits circonvoisins.

Les portions de veines qu'on voit à découvert sur des côtes escarpées au Midi de *Bourganeuf*, se suivent du côté de l'Abbaye du Palais, d'où on en a tiré dans un fond : elles traversent la route de Bourganeuf à Gueret ; mais on ne connoît que l'épaisseur de toute la masse des substances qui l'accompagnent, & point du tout celle du Charbon.

Celle des environs de la petite ville d'*Argental* sur la Dordogne, près le confluent de Lestareau, n'est point exploitée ; on la croit cependant assez riche.

On remarque encore des veinules de Charbon attenant la Paroisse de *Varès* & de *S. Pantaléon*, sur les confins du Périgord, au-dessus de Terrasson sur la Vezere ; mais ce fossile y est épars de maniere qu'il ne forme point de couche, ce ne sont que des petites bandes qui ont l'air d'être les creins de quelque masse voisine plus considérable ; un torrent appellé *Chambon* ou le *grand Rieu*, qui est fort rapide dans les temps de grandes pluyes, entraîne alors avec lui des parties de ce Charbon : le premier qui s'est apperçu de cette singularité, en tiroit profit comme le font ceux qui sont à portée des rivieres *Auriferes* ; c'étoit un Maréchal, que sa découverte exemptoit d'acheter le Charbon dont il avoit besoin ; après les grands orages il alloit faire sa provision dans le lit du ruisseau resté à sec, & en ramassoit des paniers.

M. Turgot, Intendant de Limoges, a bien voulu me faire recueillir des échantillons des lits terreux & pierreux qui appartiennent à une coupure faite par ce torrent dans le côteau du village de *Gumond*, dont la base est à peu-près au niveau du fond de ce torrent ; je vais les faire connoître dans l'ordre des numéros qu'ils m'ont été envoyés.

1. Couche de quatre pieds d'épaiſſeur, & de couleur de ſuie de cheminée ; à l'air & à la gelée, elle ſe gerce & ſe ſépare en morceaux ou en pouſſiere ; après avoir rougi au feu, elle devient de la couleur des pierres de la huitieme couche, ſi ordinaires dans ces Mines, de ces grès gris ; ce mauvais tuf eſt un dépôt glaiſeux ou pierreux ; on l'appelle *braſier rouge*, pour le diſtinguer de la couche qui lui ſuccede appellée *Braſier*.

2. Cette ſeconde couche a ſept, huit ou neuf pieds d'épaiſſeur ; il eſt plus ſec & moins foncé ; on en bâtit les maiſons dans le pays.

3. *Tuf bleu*, de trois pieds d'épaiſſeur, mêlé de rocaille dure ; c'eſt une glaiſe très-feuilletée, voiſine de l'état ardoiſé.

4. *Glaiſe* de couleur verdâtre, de ſix pouces d'épaiſſeur, & très-dure ; elle doit cette conſiſtance à la préſence d'une grande quantité de mica & de ſable.

5. *Glaiſe* bleue, molle dans ſa *ſemelle*, & plus dure dans le haut ; elle a trois pieds & demi d'épaiſſeur.

6. *Glaiſe* griſe pure, délavée ; cette couche au-deſſus du Charbon, eſt de deux pouces d'épaiſſeur, ſouvent d'un pouce ſeulement.

7. *Roc* très-dur, dont on ne connoît pas l'épaiſſeur ; on y rencontre quelques veinules perpendiculaires, noirâtres ; c'eſt un grès délavé un peu argilleux, ſemé de mica blanc.

8. Couche griſe, très-dure & pierreuſe, entremêlée de bandes charbonneuſes, réguliérement diſpoſées, mais n'ayant que quelques lignes d'épaiſſeur ; juſqu'à préſent on n'en a point trouvé au-deſſus de ſix pouces.

C'eſt une vraie *bouxture* qui repréſente dans ſa configuration un véritable morceau de bois ; cette vraie pierre, après avoir rougi au feu, acquiert une couleur rouge mêlée, approchante de la lie de vin ou du *braſier* qui forme la premiere couche.

BRETAGNE,

Comté Nantois.

Les Mines de Charbon de cette partie deviennent intéreſſantes par la cherté du bois qui commence à y être ſenſible ; la corde compoſée de *Hanoche* de trente-quatre pouces de longueur, & de huit pieds de large, ſur quatre pieds & demie de haut, vaut dix-ſept à dix-neuf livres.

La principale Mine eſt celle de *Chapelle Montrelais*, appellée auſſi *Mine d'Ingrande*, parce que cet endroit eſt tout voiſin de cette petite Ville ſur la Loire : elle eſt exploitée par une Compagnie.

M. le Chevalier de Borda m'a procuré le deſſein des outils qu'on emploie aux travaux ; je les ai repréſentés *Pl.* XL.

Outils employés aux travaux de la Mine *de* Chapelle-Montrelais.

La *Sonde*, qui, pour peu qu'on veuille fonder un peu profondément, doit porter toutes fes verges affemblées, comme on le voit, nᵒ. 1, 2, 3.

Quelquefois on fe fert auffi de fondes à charnieres & à mailles.

4. *Grand Fleuret de fonde*; fa groffeur & fa longueur font réglées fur la profondeur des trous de fonde, & fur la nature du terrein.

5. *Fleuret ordinaire* de Mines, de douze ou quinze lignes de diametre; fa longueur eft depuis un pied jufqu'à trois; on en a toujours une provifion de trois ou quatre cents qui fe renouvelle tous les ans.

6. *Fleuret quarré* comme le nᵒ. 4; on emploie encore des fleurets dont le tranchant eft croifé.

7. *Fleuret en langue de ferpent*, formé en vrille, fervant à fonder la terre.

8. *Tire-bout*, pour retirer les fleurets caffés dans les trous de fonde; leur figure eft différente felon les cas.

9. *Curette* pour nétoyer le trou de Mine à mefure qu'il fe fait.

10. *Efpinglette*, pour former le trou de la lumiere, afin de faire feu.

11. *Bouroir à poudre*, pour bourer la poudre dans les Mines.

12. *Pointerolle*, fert quelquefois à amorcer les trous de Mine, quelquefois à applanir la pierre.

13. *Bouroir à terre*, pour boucher les fources d'eau avec de la terre graffe.

14. *Pince*, *Levier* ou *Barre*: quand la Mine a attaqué le caillou, on fe fert de la barre ou pince.

15. *Pic* ou *Bêche à Pierre*.

16. *Pioche du pays*, fert rarement dans les fonds.

17. *Paffe-par-tout*, appellé *Bêche*: un paffe-par-tout eft de même d'un ufage peu fréquent dans les fonds.

18. *Bêche Parifienne*, & *Pioche* Parifienne, fervant au jour.

19. *Efcoupe*, bêche de fer de fonte, femblable à la *Trivelle* des Liégeois pour le Charbon & pour les pierres; on en confomme par an une cinquantaine.

20. *Marteau à pointe*, ou *Marteau d'Eplucheur*: les Eplucheurs de Charbon s'en fervent à plat pour féparer le Charbon des caillettes.

21. Des *Maffes* pour abattre les Mines; leur poids differe felon la force des Ouvriers; mais leur forme eft la même: on n'a ici repréfenté que la *petite Maffe*.

22. *Marteau à caillou*, pour abattre le caillou éventé; il eft auffi utile que le pic.

23. *Marteau à veine*, efpece de *Pic* droit, à deux pointes très-affilées; il n'eft qu'un diminutif du marteau à caillou; on s'en fert pour le Charbon & pour la terre.

24. *Havret* comme celui de Valenciennes, fervant de même pour entailler

la veine d'environ un pied & demi, sur-tout quand elle a des couches tendres ; selon la résistance, on lui donne la forme de Pic ou Bêche à pierre.

25. *Coin, Aiguille à caillou,* pour forcer le rocher entamé par le *marteau* 20*l*

26. *Aiguille à Charbon,* dont deux pans sont plus plats que les autres.

27. *Hache* : chaque Boiseur & Mineur a sa hache.

28. *Rateau,* outil pour trier les gros Charbons ; on s'en sert aussi quelquefois pour attirer ou repousser des floux, &c.

Idée générale des travaux de Mine, & du commerce du Charbon de Montrelais.

Un Académicien infiniment estimable à tous égards, & à qui on doit le plus pour le soin Patriotique avec lequel il s'occupe de ramasser les matériaux nécessaires à la Description des Arts & Métiers, M. Duhamel m'a remis un dessein qui représente la coupe des travaux de cette Mine ; ce dessein fait en 1757 par M. de Voglie, Ingénieur des Ponts & Chaussées, forme la Planche XLI, au moyen de laquelle on jugera de l'ordre dans lequel les travaux de cette Mine sont conduits, de la réunion des eaux dans le réservoir principal placé au centre des ouvrages, de la maniere dont le courant d'air est ménagé, &c.

Le principal puits d'extraction, accompagné d'une machine à feu, est un quarré long qui a dix pieds de longueur sur sept de largeur.

Depuis la superficie jusqu'en *A*, il avoit vingt pieds ; jusqu'en *B*, deux cents quarante-six pieds ; jusqu'en *C*, trois cents douze, & quatre cents vingt-six jusqu'en *D*.

Le projet étoit d'enfoncer ce bure jusqu'à quatre cents quatre-vingt pieds, & alors de former un puisard dans lequel aboutiroient les eaux de toutes les galeries & rampes inférieures au réservoir de la machine à feu, que l'on voit établie dans un puits parallele au grand bure, à trois cents quarante pieds de profondeur, lequel reçoit toutes les eaux des travaux supérieurs, dont l'extraction se fait deux fois par semaine.

A l'endroit marqué *, sur le bord de la Planche, il y a comme dans la partie opposée, un troisieme puits d'extraction & une *machine à Moulette,* que la place n'a point permis de faire voir ici ; les parties en blanc figurent les galeries existantes alors, & les parties pointées marquent les galeries projétées.

La mesure de vente aux Mines de Montrelais, se nomme *Portoir* : il y en a eu de rondes, d'ovales, de quarrées ; elle forme dans ses dimensions un vaisseau plus grand qu'un boisseau.

Cent soixante & onze & demi de ces portoirs, doivent revenir à vingt-une bariques Nantoises, qui font la fourniture avec un comble de dix-neuf pouces, ou vingt-deux bariques ; ces bariques sont appellés *Pipes* ; en Bretagne on donne ce nom à une mesure des choses seches, particuliérement pour les grains, les légumes & autres denrées ; entendue de cette sorte, la pipe contient dix charges, chaque charge composée de quatre boisseaux, ce qui fait quarante boiſſeaux par pipe (1) ; lorſqu'elle eſt pleine de bled , elle doit peſer ſix cents livres.

Dans les magaſins d'Ingrande, cette fourniture ſe vendoit en 1757 , 280 liv. c'eſt-à-dire , environ 11 ſ. 1 d. le boiſſeau de Nantes ; & en 1764 , 270 livres.

A Nantes, la barique s'y vendoit en détail quinze livres dix ſols, ce qui fait trois cents vingt-cinq livres dix ſols la fourniture.

Mine de Charbon de Nort ; qualité & commerce de ce Charbon.

Je n'ai pu avoir que les renſeignements ſuivants ſur la Mine de Charbon du village de Languin, Paroiſſe de *Nort*, qui fournit auſſi à Nantes au moyen de la petite riviere d'Erdre ; cette Mine eſt travaillée en vertu d'une conceſſion qui s'étend à trois lieues à la ronde , où eſt compris Moddeilles , ou plutôt Monſeil (2).

On y diſtingue deux qualités de Charbon, celui en *morceaux*, qui eſt propre pour les Verreries & pour tous les Ouvriers en fer; il eſt luiſant, chauffe bien , & répand une odeur qualifiée *ſulphureuſe* : on le juge d'une qualité fort approchante de celle du Charbon d'Angleterre.

Le Charbon *menu* n'eſt abſolument qu'un pouſſier qui répand une fumée noire & exhale une odeur bitumineuſe ; on n'en tire que pour le fourneau de la machine à feu , pour les Cloutiers qui le préferent à l'autre Charbon , & pour les Ouvriers ; ces derniers l'emploient à leur chauffage, mais d'une façon aſſez bizarre, dont l'idée eſt priſe de ce qui ſe pratique en Poitou : les habitants des villages de cette Province & de quelques autres ſe chauffent dans l'hiver avec les excréments des animaux , dont ils ont fait leur proviſion en été, & qu'ils ont ſéchés ; le Directeur de la machine, Liégeois de Nation, a imaginé de préférer ce fumier à la terre graſſe ; il fabrique ſon menu Charbon en briquettes ou pelottes avec de la bouze de bête à cornes; les Ouvriers, à ſon exemple, emploient ce mélange pour leur chauffage.

Trois charges de chaque cheval ou ſix ſacs, font à Nort la pipe; chaque charge eſt compoſée de quatre boiſſeaux , ce qui fait quatre boiſſeaux par pipe , peſant à Nort de mille à onze cents livres ; la fourniture de ce Charbon d'un prix beaucoup plus haut que la fourniture des autres Charbons du Comté Nantois, donneroit à croire qu'il eſt d'une nature excellente; elle ſe vendoit autrefois cent cinquante livres, & les autres cent-dix livres; aujourd'hui il ſe vend à

(1) Par une Ordonnance de Police de la ville de Nantes , du 1 Mars 1759, homologuée au Parlement de Bretagne , il paroît que cette meſure particuliere, pour la vente des Charbons de terre de France & d'Angleterre, a exiſté de tout temps à Nantes. La maniere d'étalonner les bariques donnant lieu à des abus, les Magiſtrats de Police ont cherché à y remédier , en établiſſant une regle certaine dans la meſure des Charbons ; ils ont preſcrit les dimenſions de la barique (meſure matrice pour la vente des Charbons), & qui ne differe preſqu'en rien de l'ancienne barique étalonnée ſur le *Boiſſeau matrice.*

(2) Eloigné de Nort d'une lieue vers l'Oueſt ; & d'environ autant du Village de Bout-de-Bois, vers l'Eſt.

Nantes cinquante-deux livres dix fols la pipe, outre les droits des Fermes pour le Charbon.

Il y a encore un Bureau où l'on fait payer le droit de la *Traite* foraine (1), à l'embouchure de la Sarte dans la Loire ou dans la Mayenne, où elle perd fon nom, un peu au-deffus d'Angers. Ce droit, en terme de finance, fe nomme le *trépas de Loire*, dérivé par corruption du mot *outrepaffer*, parce que ce droit fe paye fur les marchandifes qui paffent outre la Loire, qui étoit autrefois Province étrangere (2).

Il y a encore celui de *Boete*, qui eft un droit local, fur lequel il ne m'a pas été poffible d'avoir de connoiffance.

HAUT ET BAS-ANJOU.

Saumurois.

Concourfon, *S. Georges de Chatelaifon*, *Doué*, & *Montreuil-Bellay*, où fe trouvent des Mines de Charbon de terre, font dans le *Bas Anjou*; mais comme elles font peu avantageufement fituées, en comparaifon de celles qui fe trouvent directement fur les bords de la Loire à l'endroit où la petite riviere de Layon, venant des Mines du Saumurois, va précifément fe jetter; j'en ferai ici une petite claffe à part, & je parlerai enfuite des autres qui avoifinent davantage la Loire, *voy.* Pl. XIII, de la premiere Partie, n°. IV.

Les fouilles dans ces Mines n'étant pas fort profondes, on fe garantit & on fe débarraffe du *mauvais air* par des moyens affez fimples; voici du moins ceux qui étoient ufités il y a une trentaine d'années.

Les Ouvriers pour ne pas être furpris par la *mouffette*, fe fervent de deux ou trois groffes chandelles; ils en portent une en avant à mefure qu'ils avancent en travaillant; & lorfqu'ils voient que la lumiere s'éteint, ils fe retirent dans la galerie pour refpirer.

Leurs méthodes pour l'airage des galeries confiftoit à pofer à l'une des ouvertures une efpece de claie garnie de natte, contre laquelle le vent frappe; cette

---

(1) On appelle droits de *Traite-foraine* ceux qui fe levent fur les marchandifes fortant du Royaume, pour être portées à l'étranger; ils font néanmoins levés fur ce qui va de certaines provinces du Royaume dans d'autres.

(2) « Ce droit, dont on trouve l'Hiftoire » curieufe dans le Dictionnaire Encyclopédique, » remonte à l'année 1639, & devoit être éteint » après le rembourfement d'une fomme de feize » mille francs d'or, dont le Connétable du » Guefclin fit une obligation au Capitaine An- » glois Chriftomont, pour la rançon de l'Ab- » baye de S. Maur-fur-Loire, où cet étranger » s'étoit fortifié : mais en 1654, ce péage de » douze deniers par livre de la valeur de toutes » les marchandifes montant, defcendant & tra- » verfant la Loire depuis *Candé*, appellé *Candé* » *en Lamie*, dans le *Craonois*, Province d'Anjou,

» à la fource de la petite riviere d'Erdre; juf- » qu'à Chantoceaux, fur une montagne proche » de la Loire, à 4 lieues au-deffus de Nantes, » fut uniquement réduit à deux deniers obole: » en 1665 il fut continué par un Arrêt du » Confeil, avec une nouvelle impofition fur » l'Anjou; le tout fut unis aux Fermes géné- » rales, & depuis aliéné comme il l'eft encore » aujourd'hui : l'extenfion arbitraire que les » Engagiftes ont donné à ce droit, les procès & » les formalités qui en réfultent, ont prodigieu- » fement affoibli le commerce de ces Cantons. » Les Receveurs du Trépas de Loire, par exem- » ple, fe font avancés jufque dans la Bretagne, » où le droit n'eft point dû; enfin leurs tarifs » font falfifiés & contraires aux premiers prin- » cipes du commerce (D.j. ».

claie chaſſe le *mauvais air* du bas & le fait ſortir par l'autre ouverture ; ſelon que le vent changeoit , ils changeoient la claie.

On diſtingue dans ces Mines deux qualités de Charbon , celui qui eſt tiré plus ſuperficiellement , & celui qui eſt tiré d'une plus grande profondeur ; ce dernier dont la veine a ordinairement ſix à ſept pieds de haut , ſur quatre pieds de large , eſt comparé pour la bonté , à celui d'Auvergne & d'Angleterre.

Dans le cours des deux veines , il ſe rencontre des *clous* pierreux que l'on en ſépare aiſément : il y a une quarantaine d'années que l'on tiroit de ces Mines ſoixante boiſſeaux de Charbon par jour du prix de ſix , ſept , huit ſols ſur la Mine , peſant trente-deux livres ſortant de la Mine , & vingt-ſept lorſqu'il étoit ſec.

Toute perſonne peut commencer une nouvelle fouille ou entreprendre de fouiller ou de continuer les Mines abandonnées ; autrefois cette entrepriſe ſe faiſoit ordinairement par cinq perſonnes ; le propriétaire du terrain qui pour ſon fond a un cinquieme , un autre pour les avances ayant auſſi un cinquieme , un autre ou pluſieurs qui font travailler ont un cinquieme ; ces derniers prennent des Ouvriers auxquels ils donnent huit ſols par jour , & du vin l'hiver comme l'été.

Il n'y a aucun droit ſur ces Charbons perçu au profit des Particuliers , Seigneurs & Propriétaires ; tout eſt compris dans le cinquieme du Propriétaire , qui le retire net ſans contribuer à aucuns frais.

En connoiſſant la poſition défavorable des Mines de Charbon du *Saumurois* , on jugeroit qu'étant peu dignes de l'attention de ſpéculateurs étrangers , les Propriétaires peuvent encore plus que ceux d'autres endroits , compter ſur la jouiſſance paiſible d'un bénéfice légitime , qui ne préſente pour aucun temps l'eſpoir d'accroiſſement ; d'ailleurs , la déciſion ſage , claire & poſitive de 1695 , par laquelle les propriétaires des Charbonnieres d'Anjou avoient été maintenus dans leurs droits contre les prétentions injuſtes d'un repréſentant de la Ducheſſe d'Uzès , (confirmée dans le don qui avoit été fait au Duc de Montauſier ſon pere , des Mines de Charbon *qu'il découvriroit* dans le Royaume) en avoit ſi bien impoſé à tous les demandeurs de conceſſion , que depuis cette époque , aucun n'avoit oſé porter ſes vues ſur ces Mines ; les Propriétaires de celles du Saumurois ſe reſſentoient de la tranquillité donnée par cet Arrêt aux Propriétaires des Mines de la Province d'Anjou ; elle ſembloit en effet leur être également aſſurée aux uns & aux autres : toutes ces Mines étoient ſolemnellement à l'abri d'une uſurpation ; elles ont cependant été il y a trente-deux ans , en butte à des entrepriſes que le Miniſtere n'eſt nullement dans l'intention de légitimer par les conceſſions. La maniere dont cette invaſion fut tentée eſt très-remarquable , & elle mérite d'être rapportée ici ; elle fera voir la façon bizarre dont quelques perſonnes ſavent faire tourner à leur profit la connoiſſance dans l'hiſtoire des choſes.

Au mois de Mars 1740, M. de Leſſeville, alors Intendant de Tours, reçut des plaintes des Habitants des environs de *Doué* & de *S. Georges-Chatelaiſon*, qu'un particulier, fe difant porteur d'un ordre de M. le Duc de Bourbon & revêtu du pouvoir à lui donné, faifoit fouiller des Mines de Charbon de terre, & s'emparoit de leurs terrains; cet Intendant donna fur le champ ordre à fon Subdélégué de Saumur, de défendre de fa part à ce particulier de continuer fon entreprife; cette défenfe fit paroître une Compagnie qui produifit une conceffion de M. le Duc de Bourbon, Grand-Maître, Sur-Intendant des Mines & Minieres de France, en date du 7 Novembre 1737, par laquelle le fieur Bacot de la Bretonniere, un des Affociés, pouvoit faire exploiter, tant les Mines de Charbon de S. Georges à fix lieues à la ronde, que toutes celles d'or, d'argent, métaux & autres fubftances terreftres.

Dans l'hiftoire de l'adminiftration des Mines en France, qui forme la cinquieme Section renvoyée à la fuite de la traduction de l'Ouvrage Allemand dont j'ai parlé, on verra en quoi confiftoit l'attribution de cette charge fupprimée en 1740, & dont rien ne feroit plus utile que le rétabliffement avec toutes fes dépendances.

Ces lettres de conceffion du Grand-Maître, n'étoient pas, felon toute apparence, bien en regle; (ce qui étoit déja un vice puniffable;) car ce ne fut que le 28 Juin 1740, que le Confeil, après bien des informations, rendit un Arrêt par lequel les fieurs Bacot & Affociés furent réguliérement, quant à la forme, autorifés à faire exploiter les Mines de Charbon dans l'étendue des Paroiffes de S. Georges-Chatelaifon & Concourfon, près la ville de Doué, à la charge par eux d'indemnifer de gré à gré les Propriétaires des terres où font fituées lefdites Mines, du dommage qu'ils pourroient fouffrir, ou en cas de conteftation, par jugement du Commiffaire départi.

Cette Compagnie eft la plus anciennement établie en Anjou; M. de Voglie, qui en parle dans un Mémoire dont je ferai mention tout à l'heure, & que m'a remis M. Duhamel, nous mettra à même de faire connoître où en étoient fes travaux en 1757.

Précis fur les Mines d'Anjou, fur la maniere dont elles fe travailloient, & fur les ufages qui s'obfervoient pour leurs entreprifes.

Depuis un temps immémorial, on n'a encore rencontré dans cette Province que des veines éparfes à la fuperficie, fous des rocs placés à dix-huit pieds de profondeur, auxquels fuccede une terre qu'on y appelle *Houlle*, efpece de mauvais Charbon avant-coureur du véritable, annoncé quelquefois à la fuperficie du terrain par fa couleur noire.

Les veines y font très-fujettes aux *Creins*, & elles font par conféquent irrégulieres; il y en a cinq de reconnues, courant trois ou quatre cents pieds en pendage oblique, à peu-près parallélement, & le plus communément dans une inclinaifon de vingt à vingt-cinq degrés; leur épaiffeur eft depuis un pied jufqu'à quatre ; M. de Voglie leur donne depuis un jufqu'à dix ou douze pieds ; elles paroiſſent être une dépendance de celles du *Saumurois*, avec leſquelles elles ſe rapportent en tout, *voy. pag.* 162, & ſelon toute apparence, de celles de Montrelais : leur direction générale eſt du Levant au Couchant.

D'après les obſervations de cet Ingénieur, l'enveloppe ſupérieure ou le *toît* ſe trouve du côté du Nord, l'enveloppe inférieure qu'ils appellent *mur*, *ſol* du côté du Nord ; l'une & l'autre enveloppe nommée dans ces quartiers *chemiſe*, a depuis trois jufqu'à quatre & douze pieds d'épaiſſeur, vraiſemblablement en proportion de celle de la veine, (*voy.* premiere Partie, *page* 53) ; l'inférieure eſt toujours la plus épaiſſe.

Les gens du pays s'imaginant, à cauſe de l'irrégularité des veines de ces cantons, qu'il n'y avoit point de profit à aller chercher le Charbon au-deſſous de quatre-vingt ou cent pieds de profondeur ; leur maniere de travailler étoit bien ſimple ; après avoir enfoncé un puits rond de douze ou quinze *braſſes*, ils commençoient à former une galerie ; lorſqu'elle étoit avancée à quinze pas de longueur, ils faiſoient un autre puits ſervant en même temps à l'extraction du Charbon & à l'airage : afin d'empêcher que le vent ne fît obſtacle à la ſortie de l'air de la Mine, on ſe contentoit de mettre ſur le bord du puits une eſpece de haie du côté du vent.

En pouſſant cette galerie on s'ouvroit en face, ou à droite, ou à gauche, quelques routes, dont la largeur n'alloit gueres à plus de trois pieds, & la hauteur à cinq : on les pourſuivoit tant que les eaux ne s'y oppoſoient pas, (1) ayant ſoin d'étayer le toît de la veine qui n'eſt pas ſolide, & les parois latéraux, de trois pieds en trois pieds, avec des perches & des poteaux garnis de chaume.

Communément on avançoit depuis quinze jufqu'à quarante braſſes en profondeur.

Des ouvrages auſſi abrégés & auſſi peu compoſés, n'employoient ordinairement dans chaque foſſe que ſept Ouvriers, trois au dehors pour tirer en haut le *bouriquet*, qui eſt à peu-près de l'eſpece employée aux Carrieres de pierres, mais moins grand, un en bas du puits qui charge le panier, un autre dans l'intérieur de la Mine qui *pique* le Charbon, c'eſt-à-dire, qui le détache avec le pic, deux qui le portent au bas du puits.

Ces ſept Ouvriers pouvoient tirer ſoixante boiſſeaux (2) de Charbon.

Il y a environ une cinquantaine d'années que l'uſage pour l'entrepriſe de ces fouilles étoit que le Propriétaire qui permettoit à un Ouvrier d'ouvrir & de fouiller dans ſon terrain, jouiſſoit du cinquieme du prix de la vente du Charbon qui ſe tiroit.

(1) M. de Voglie, obſerve que lorſqu'on approfondit à trois cents pieds, les eaux incommodent beaucoup moins : c'eſt l'effet des *brouillages* de pierres, ils empêchent toujours les eaux d'aller au fond des ouvrages : dans les rochers qui ſont réglés, les coupes ſont vives, & l'eau fuit : ainſi plus on enfonce dans ces rochers, plus on y trouve d'eau.

(2) Le boiſſeau de Saumur peſe trente livres ; celui de S. Georges trente-cinq, celui de S. Aubin, meſure d'Angers, peſe quarante livres. M. de Voglie a obſervé que le Charbon d'Anjou peſe depuis ſoixante jufqu'à ſoixante-cinq livres le pied cube, ſelon qu'il eſt plus ou moins mouillé.

Depuis

Depuis 1751, les Charbonniers qui font le travail fe chargent de tous les frais, & à mefure que les Charbons deviennent meilleurs ou plus abondants, ils donnent aux Propriétaires, tantôt le quart, tantôt le tiers franc ou même la moitié du profit, fuivant la qualité des Mines qu'on leur fait exploiter : les Maîtres n'ont d'autre foin que d'en faire la vente, & de veiller à ce que leurs Mines foient bien travaillées.

Cette maniere facilite tant aux pauvres qu'aux riches le moyen de tirer de leurs Mines tout l'avantage poffible, fans qu'ils ayent aucune avance à faire.

En jettant les yeux fur la Planche XIV de la premiere Partie, on fentira tous les avantages de ces Mines fituées fur les deux rives de la Loire, dans le haut & bas Anjou.

La facilité que donne cette riviere d'exporter le Charbon provenant de ces Mines, dans un long trajet jufqu'à Nantes, où cette produ&ion affurée d'un grand débit, peut encore être vendue à l'Etranger qui y en apporte, préfente feule un encouragement certain à cette concurrence fi défirable des Propriétaires vendant une même denrée, s'efforçant chacun de la donner meilleure & à plus bas prix.

Il ne manqueroit à tout cela qu'une méthode différente de conduire les ouvrages, reftrainte en Anjou comme dans les autres cantons dont nous avons parlé, à une extra&ion qui élude autant qu'il eft poffible les fouilles profondes & difpendieufes.

Les Auteurs de l'Encyclopédie, à l'occafion des Mines de cette Province, (1) ont donné une idée fommaire de ces travaux, ils fe font arrêtés fort à propos fur le vice de ces exploitations manquées : nous ferons ailleurs mention (2) des moyens qu'ils propofent pour remédier à cet inconvénient dont ils reconnoiffent la difficulté ; quant à préfent nous nous bornerons à donner l'hiftoire des différentes conceffions qui ont eu lieu fur les Mines d'Anjou ; ces privileges, qui fuppofent le manque d'émulation des Propriétaires pour les travaux, ou le défaut d'abondance d'extra&ion, font auffi demandés & accordés fous la promeffe & l'obligation d'une exploitation mieux conduite ; c'eft à ce titre que les Mines d'Anjou font entre les mains d'étrangers, au préjudice des Propriétaires ; on verra par la relation fuivante, fi cet expédient (j'appelle ainfi les conceffions), a rempli avec plus de fuccès que dans les autres Provinces, ce qu'on en attendoit : j'emprunte ce récit du Mémoire de M. de Voglie, chargé de la vifite de ces Mines, à l'effet de fournir les inftru&ions néceffaires au jugement des conteftations entre les Conceffionnaires & les Propriétaires des Mines ; je me permettrai feulement de préfenter les faits d'une maniere différente de M. de Voglie, qui paroît pencher décidément en faveur des conceffions : les réflexions

---

(1) A la fuite d'un Mémoire fur les Carrieres d'ardoife de cette Province. Tome VI des Planches Hiftoire Naturelle.

(2) Dans la cinquieme Se&ion qui fera placée à

la fuite de l'exploitation des **Mines** métalliques, traduite de l'Allemand, & qui traitera de l'adminiftration civile, politique & économique des **Mines** & **Minieres**.

que je placerai de temps en temps, laisseront appercevoir les points sur lesquels je ne suis pas du même avis : pour le reste de son Mémoire qui a décidément pour objet de comparer l'avantage de l'exploitation des Propriétaires avec celui de l'exploitation de Concessionnaire, je le discuterai à part en examinant les avantages & les désavantages de ces privileges.

Mémoire historique touchant les concessions obtenues sur les Mines de Charbon de la province d'Anjou.

La premiere atteinte qui ait été portée au droit des Propriétaires d'Anjou sur la fouille de leurs Mines, a cela de particulier, que dans la maniere dont elle fut terminée, on trouve une décision directe pour tous les cas de semblables privileges donnés sur des terrains à Mines.

Ce fut à l'occasion du privilege du Duc de Montausier, passé *avec les mêmes clauses & réserves* à Madame la Duchesse d'Uzès sa fille ; elle céda son droit sur la province d'Anjou à un nommé François Goupil, qui voulut s'emparer des *Mines ouvertes.*

Les Propriétaires réunis pour la défense de leurs droits, obtinrent le 4 Janvier 1695, un Arrêt rapporté par Pocquet de la Livoniere, dans son Recueil des Arrêts notables sur la Coutume d'Anjou ; il fut fait défense à la Dame d'Uzès & ses Commis, de troubler les Propriétaires dans les fouilles & dans la suite d'icelles ; la restitution des Charbons saisis fut ordonnée ; M. de Voglie qualifie cet Arrêt de confirmatif à celui de 1692, en faveur de Madame d'Uzès ; il ne fait point remarquer la clause expresse de cet Arrêt dans ce qui concerne ladite Dame, qui ne tombe que sur les *Mines à découvrir,* & non sur celles qui sont *ouvertes* ; effectivement il est dit que la Dame d'Uzès pourroit faire ouvrir & fouiller toutes les Mines & Minieres de Charbon de terre *qu'elle découvriroit, du consentement néanmoins des Propriétaires & en les dédommageant préalablement de gré à gré* : la Dame d'Uzès ou ses Cessionnaires, sont purement & simplement autorisés par-là, à faire, par-tout où bon leur semblera, la recherche des Mines, & celles qu'ils découvriront leur sont adjugées : voilà le privilege qui fut confirmé ; & ce qui renverse toute espece d'interprétation sur cela, c'est que Goupil fut puni pour avoir abusé du privilege qui ne lui donnoit aucun droit sur les Mines en travail ; il fut condamné en mille livres de dépens, dommages & intérêts envers les Propriétaires.

Il est facile de juger du bon effet que produisit cet exemple ; pendant près d'un siecle la possession de droit & de fait des Propriétaires des terrains de Mine fut sans discontinuité respectée dans cette Province sur-tout : il n'en a pas été de même depuis environ vingt-trois ans ; un réglement émané du Conseil le 14 Janvier 1744, a, malgré les vues d'utilité & de sagesse qui l'ont dicté, servi de prétexte pour priver presque par-tout les Propriétaires de Mines, d'un droit dans lequel ils sont solennellement maintenus par ce même réglement (1). Ceux d'Anjou, attendu la richesse de leur canton, ont été les plus exposés à la cupidité des Concessionnaires ou des sous-Concessionnaires.

M. de Voglie, en suivant l'histoire des privileges accordés sur les Mines d'Anjou, paroît chercher à faire valoir ce prétexte par les expressions mêmes de cet Arrêt; cet Ingénieur observe que, *soit défaut de capacité, soit défaut de facultés, le mal que l'on avoit espéré de détruire, par cet Arrêt, continuoit, & que l'on ne s'apperçut d'aucune amélioration dans l'exploitation des Mines d'Anjou jusqu'en* 1751, qu'une Compagnie formée sous le nom de *Thomas Bault*, exposa au Conseil la *mauvaise exploitation* des Propriétaires des Paroisses de S. Aubin de Luigné, de Chalonnes, & de Chaudefonds, & le dommage que souffroit la Province & l'Etat de *la liberté qu'avoient les Propriétaires d'autoriser qui bon leur sembloit à fouiller dans leur terrain*; sur une semblable représentation, on imaginera sans doute que ce Thomas Bault & sa Compagnie, en regle pour les fonds à employer dans ces travaux, étoient de plus tous gens capables & intelligents dans le travail des Mines; car ce ne seroit qu'à ce titre qu'il leur seroit pardonnable de demander la préférence sur les Propriétaires manquant de facultés convenables pour des extractions dispendieuses. M. de Voglie n'en dit rien pour le moment; on verra par la suite ce qu'il faut en penser : tout ce que l'on en sait, c'est que ce Thomas Bault avoit été Frippier à Angers, & qu'il sollicita avec succès la permission d'exploiter exclusivement à touts autres les Mines de Charbon de terre dans l'étendue des trois Paroisses : à la vérité, M. de Machault, alors Garde des Sceaux & Contrôleur Général, n'accorda au demandeur qu'une simple permission d'exploiter : M. de Voglie n'exprime pas ce que c'est que cette permission simple, si elle portoit sur les Mines ouvertes ou sur celles à ouvrir.

M. de Lucé rendit le 11 Mai 1753, son Ordonnance d'exécution des ordres de M. de Machault, & défendit à tout Propriétaire, faute de s'être conformé au réglement de 1744, de continuer les fosses ouvertes, d'en ouvrir de nouvelles & de troubler la Compagnie de Bault dans son exploitation.

Les Propriétaires interjetterent appel de cette Ordonnance, qui par une autre de M. de Magnanville du 26 Juin suivant, fut convertie en opposition sur la Requête qu'ils lui présenterent; Bault se rejetta de nouveau sur la mauvaise exploitation des Propriétaires, & demanda à être admis à la preuve de son allégation, par une visite & examen des Mines qu'ils avoient en exploitation.

Le Conseil fit droit sur la demande de cette Compagnie, M. de Machault ordonna le 3 Septembre 1753 à M. l'Intendant de Tours de faire dresser Procès-verbal de la situation des travaux des Propriétaires, & de ceux de la Compagnie de Bault.

_____

(1) Ce Réglement sera rapporté dans son entier à la fin de cette troisieme Section, & accompagné d'observations, tant sur le préambule que sur les articles dont est composé cet Arrêt.

Le fieur de Voglie fut commis à cet effet par Ordonnance de M. de Magnan-ville du 10 Septembre 1753. Le 4 Octobre fuivant, cet Ingénieur fe tranfporta fur les lieux ; les Propriétaires duement avertis déclarerent s'oppofer à cette vifite, & protefter de nullité de tout ce qui feroit fait au préjudice de leur op-pofition ; l'Ingénieur prit acte de leur refus, & fur la réquifition de Bault, fe .... de vifiter juridiquement les travaux de fa Compagnie, & fucceffive-......... des différents Propriétaires de la Paroiffe de Montjan non oppofants ; ..... il ... laiffa pas de rendre compte au Confeil par un Mémoire féparé de fon Procès-verbal, de la façon de travailler des Propriétaires de S. Aubin de Luigné : (1) le procès-verbal de l'Ingénieur fut adreffé à M. de Machault, par M. l'Inten-dant le 28 Novembre 1753, avec fon avis, qui fut de laiffer jouir Bault & Compa-gnie de leurs exploitations, en fe conformant au Réglement du 14 Janvier 1744; de furfeoir à faire droit fur leur demande à fin de privilege exclufif, de laiffer jouir les Propriétaires des puits ouverts, & de leur défendre d'en ouvrir de nouveaux fans une permiffion expreffe, conformément aux articles 1 & 10 de l'Arrêt de 1744.

Le Confeil, malgré les repréfentations des Propriétaires & celles que fit la Compagnie de S. Georges-Chatelaifon, par inquiétude pour fes intérêts, ren-dit le 8 Janvier 1754 un Arrêt en faveur de Bault & Compagnie, par lequel il lui permit d'exploiter exclufivement à tous autres les Mines de Charbon ou-vertes & non ouvertes, fituées dans les Paroiffes de S. Aubin de Luigné, Cha-lonnes & Chaudefonds, en fe conformant à l'Arrêt de 1744, avec défenfe de troubler ladite Compagnie ; fans néanmoins qu'en vertu de ladite conceffion, Bault & Compagnie puffent troubler ni empêcher de travailler ceux des Proprié-taires qui avant ledit Arrêt de 1744, étoient en poffeffion d'exploiter de pareilles Mines, ni faire fouiller dans les trous qu'ils auroient ouverts & à cinquante toifes de diftance, fi ce n'eft qu'ils prétendiffent que lefdits Propriétaires exploi-taffent mal & en contravention aux Réglements, en n'approfondiffant pas fuffi-famment leurs fouilles ; ce qu'ils feroient tenus de vérifier par des fondes qui fe-roient faites pour prouver qu'il y auroit des Charbons plus avant en terre, autres que ceux qu'ils tireroient de la fuperficie.

Par la même raifon que le jugement de Goupil, en 1695, avoit écarté pour long-temps des Mines d'Anjou quiconque auroit fongé à dépouiller les Proprié-taires de leur droit, l'Arrêt en faveur de Bault & Compagnie, a ouvert la porte à une foule de prétendants au talent d'exploiter fupérieurement les Mines de Charbon ; & ce qu'il y a de fingulier, c'eft que le même jour 8 Janvier 1754, eft la date de deux conceffions fur les Mines de ce canton. La Compagnie qui depuis quelques années s'étoit établie avec fimple permiffion à Montrelais en Bretagne, limitrophe d'Anjou, obtint le 8 Janvier même année, fur ce terrain, un Arrêt femblable à celui de la Compagnie de S. Aubin.

_____

(1) Ce Mémoire particulier fur les Mines de S. Aubin de Luigné, fera donné à la fuite de cette relation.

Le même jour, fur un expofé taxé par les Propriétaires d'être contre la vérité, le Seigneur de Montjan ou Montejan, prétendant en fa qualité de Seigneur foncier avoir un droit de propriété fur les Mines de fes jufticiables, ce qui eft diamétralement oppofé au Droit commun & aux Loix du Royaume, obtint la conceffion exclufive des Mines qui pourroient fe trouver dans toute l'étendue de fa Baronie ; & fans s'être affujetti à aucune autre formalité de Lettres-Patentes & d'enregistrement, dont il fentoit l'inconvénient pour fes intérêts, il s'eft cru fuffifamment autorifé à des procédures rigoureufes, des faifies contre les Propriétaires, pour leur faire ceffer le travail de leurs Mines.

Les fieurs de la Guimoniere & Petit de la Pichonniere, compris dans l'étendue du privilege de la Compagnie de S. Aubin, eurent le même avantage fur l'avis de M. l'Intendant, & leur foumiffion de fe conformer à l'Arrêt de 1744 : l'Arrêt du premier eft du 21 Mai 1754 ; le fecond n'en eut point en fa faveur ; mais comme mieux exploitant, il fut autorifé par M. de Magnanville, à faire valoir fes propres Mines du confentement de Bault & Compagnie.

L'exploitation de ces Mines faifoit naître chaque jour de nouvelles difficultés ; M. de Voglie auroit pu ajouter, & donnoit lieu à des défordres qui portoient l'allarme de tout côté. Le Confeil rendit le 2 Avril 1754, un Arrêt qui attribue pour fix années au fieur Intendant & Commiffaire départi en la Généralité de Tours, la connoiffance de toutes les conteftations concernant les Mines de Charbon de ladite Généralité. Cet Arrêt, continue M. de Voglie, étoit d'autant plus néceffaire, qu'il n'eft pas douteux que les Compagnies de Doué & de S. Aubin ont éprouvé depuis leur établiffement une infinité de contradictions qui ont dû nuire aux progrès de leurs travaux, & qu'elles en éprouvent encore beaucoup.

Les Propriétaires ne travaillant pas conformément à l'Arrêt de 1744, n'ont pu continuer leurs exploitations ; ils reclament cependant fans ceffe les droits qu'ils *prétendent* avoir ; & les demandes réitérées qu'ils font au Confeil depuis le commencement de la préfente année 1757, pour obtenir d'exploiter eux-mêmes leurs Mines, en offrant de fe foumettre au Réglement de 1744, femblent renouveller une queftion qui paroiffoit décidée.

Etat des travaux fuivis dans les Mines de S. Georges de Chatelaifon, dreffé par M. de Voglie, Ingénieur du Roi en chef pour les Ponts & Chauffées, à Tours.

Les Conceffionnaires jouiffant de leur privilege depuis 1740, ont d'abord fait leur principal établiffement dans la Paroiffe de S. Georges de Chatelaifon.

Le principal puits, dit le *grand puifart*, eft fitué à moitié d'une côte affez roide, qui regne le long de la petite riviere du Layon, dont cette Compagnie fe flattoit de tirer avantage en la rendant navigable fur environ quatre lieues de longueur, jufqu'à l'endroit où elle fe jette dans la Loire ; ce projet dont la Compagnie a fait conftater la poffibilité, n'a point eu fon exécution.

Le grand puifard dont on vient de parler, eft à peu de diftance du bâtiment de la Mine ; il eft fitué dans le *Clos Hardouin* ; il eft perpendiculaire, a douze pieds de diametre, & eft revêtu en maçonnerie jufqu'à environ foixante-cinq pieds de profondeur où l'on rencontre un roc très-dur, qu'on a percé fur environ trente pieds de profondeur, à l'extrémité defquels on a formé un réfervoir pour les eaux, & une galerie de quinze pieds de long, dirigée du Nord au Midi, jufqu'à la rencontre d'une veine qui n'eft diftante que d'environ dix toifes de la petite riviere du Layon : dans cet endroit la veine a cinq pieds d'épaiffeur entre toît & mur, & une inclinaifon d'environ un pied pour trois.

Cette veine ayant fa direction du Levant au Couchant comme toutes fes femblables, on a pouffé une galerie dans l'épaiffeur de fa *chemife* du côté du Levant, fur dix-neuf toifes de longueur, à l'extrémité defquelles on a formé un puits qui a deux cents pieds de profondeur, & fe trouve plus profond que le grand puifard.

Ces deux premiers puits font actuellement pleins d'eau, & il faudroit les deffécher fi l'on jugeoit à propos de reprendre la veine du côté du Couchant ; il y a fur le grand puifard une machine à moulette dont on ne fait aucun ufage.

Depuis le puits *Hardouin* jufqu'à trois cents toifes plus loin du côté du Levant, on a repris l'exploitation de la veine, & fur cette feule longueur on a formé à des diftances à peu-près égales dans l'épaiffeur même de la *chemife*, quatre différents puits ayant tous environ deux cents pieds de profondeur fur cinq & fix pieds de largeur, revêtus en bois de chêne en plus grande partie ; le premier fe nomme de la *Buffe*, les autres de la *Bretonniere*, *du Ponnir* & *Bigot* : ces quatre puits font comblés à l'exception du dernier, & le Charbon a été extrait de haut en bas *fans beaucoup d'intelligence* & de précaution fur toute la longueur des trois cents toifes. Tous les travaux, puits & galeries dont on vient de parler, font abandonnés par la Compagnie.

En fuivant toujours la même veine & fans en avoir fait l'extraction à environ cinq cents toifes de diftance, on a repris un nouveau travail en formant un puits dit l'*Hirondelle*, fur deux cents vingt pieds de profondeur, avec réfervoir dans le fond qui fert à tirer les eaux d'un autre puits dit *Gourion*, percé du côté du Levant à environ deux cents toifes de diftance, lequel communique à celui de l'*Hirondelle* par une galerie dans la veine : c'eft par ce dernier puits qu'on fait aujourd'hui l'extraction du Charbon ; il a cent foixante pieds de profondeur.

On n'a point pouffé cette veine plus loin du côté du Levant, à caufe d'un *crein* ; mais on a ouvert une galerie du côté du Nord, pour tomber fur une nouvelle veine parallele à la premiere, ayant même épaiffeur de quatre à cinq pieds,

& diſtante d'environ douze toiſes; on a enſuite remonté le travail du côté du Couchant, par rapport à un crein ſemblable à celui de la premiere veine, près le puits Gourion; la galerie du côté du Couchant a actuellement trois cents pieds de longueur, & ſe continue journellement.

A environ vingt toiſes de diſtance de cette ſeconde veine, en remontant vis-à-vis le Nord, eſt une troiſieme veine ſous laquelle la Compagnie a fait percer un puits dit la *Bigotelle*, ayant deux cents cinquante pieds de profondeur: le travail ne va pas loin du côté du Couchant & ſe continue du côté du Levant où la galerie a environ ſoixante toiſes de longueur pour le préſent: la veine a eu conſtamment ſept & huit pieds d'épaiſſeur, ſauf la rencontre d'un *crein* qu'on a paſſé, autour duquel la veine avoit juſqu'à trente-quatre pieds d'épaiſſeur; on extrait journellement ſur cette troiſieme veine.

Il y a ſur les trois puits de l'Hirondelle, de Gourion & de la Bigotelle, des machines qui ſervent à l'extraction des eaux & des matieres.

Ce ſont tous les travaux ouverts par la Compagnie de S. Georges; & par le détail qu'on vient de faire, on s'apperçoit aiſément que la Compagnie rebutée du peu de ſuccès de ſes premieres entrepriſes, a borné ſes vues & ralenti depuis près de dix ans ſes travaux, de maniere à faire ſuffire l'extraction à la dépenſe journaliere, ſans être obligée de former de nouveaux fonds; on ſait même qu'elle a été pluſieurs fois ſur le point de renoncer à ſon entrepriſe, & notamment lors de l'obtention du privilege excluſif ſur S. Aubin de Luigné, par Bault & Compagnie; il eſt cependant vrai que les travaux qu'elle a faits, ſont préférables à ceux des Propriétaires, & que ſi elle eût eu l'avantage de les faire diriger par des gens plus entendus, les dépenſes qu'elle a faites, lui procureroient aujourd'hui beaucoup plus d'honneur & de profit.

Etat des travaux de la Mine de Charbon de S. Aubin de Luigné ; par M. de Voglie.

Les travaux de la Compagnie de Bault, conſiſtent dans quatre différents puits ſitués ſur les Paroiſſes de S. Aubin de Luigné, Chalonnes & Chaude-fond.

Le puits, dit de *Bon ſecours*, dans la Paroiſſe de S. *Aubin de Luigné*, a actuellement ſoixante-dix pieds de profondeur, & la veine porte depuis deux pieds & demi juſqu'à cinq d'épaiſſeur; l'ouverture du puits eſt de cinq pieds ſur quatre; on y travaille habituellement (1).

Le puits dit *du Layon*, ſur la même Paroiſſe, eſt à environ cinquante toiſes de la petite riviere qui porte ce nom; il a cent-dix pieds de profondeur; la veine eſt fort *bouillardée* (2); on eſpere cependant qu'elle ſe réglera.

---

(1) Il y a eu ſur ce territoire une foſſe dite *du Patis*, qui a été abandonnée à cauſe du *feu briſou*; c'eſt la ſeule en Anjou qui ait été dans ce cas.

(2) On nomme ainſi dans les Mines d'Anjou le renflement qui ſe remarque dans le corps d'une veine après un *crein*.

Le puits du Roc, Paroiſſe de *Chalonnes*, au lieu dit *le Roc*, a cent trente pieds de profondeur, à laquelle on trouve une *galerie de pied* qui perce la montagne ſur trois cents quatre-vingt-dix pieds de longueur, & rend ſur le bord de la riviere (1). A l'endroit où commence la galerie dans la montagne, eſt un ſecond *defoncement* d'environ cinquante pieds, que la Compagnie a deſſein de ſuivre.

Dans l'endroit dit le *Rue d'Ardenay*, Paroiſſe de *Chaudefond*, eſt une galerie priſe au pied d'une montagne, laquelle entre dans cette montagne d'environ cent cinquante pieds, au bout deſquels eſt un puits commencé ſur environ ſix pieds de profondeur; la galerie a traverſé une veine entre *toît* & *mur* de neuf à dix pieds d'épaiſſeur (2).

A environ trois cents toiſes de l'entrée de la galerie, eſt ouvert un autre puits dit *le Vouſſeau*, ſur lequel eſt établie la ſeule *machine à moulettes* qu'ayent les Entrepreneurs, qui ſert à l'enlèvement des eaux & des Charbons: il a cent pieds de profondeur, & a traverſé deux veines obliques (3); la premiere ſe trouve à environ ſoixante-dix pieds de profondeur, & a un pied d'épaiſſeur; la ſeconde eſt à huit pieds au-deſſous de la premiere & eſt de deux à trois pieds d'épaiſſeur; ce puits qui ſe trouve au milieu des anciens ouvrages des Propriétaires, eſt fort abondant en eaux: la Compagnie ſe propoſe en défonçant ce puits, de le communiquer avec la galerie de pied du Rue.

Les concluſions du Commiſſaire ſont d'un homme exact & integre; en rendant juſtice aux Ouvrages des Conceſſionnaires, il les déclare expreſſément inférieurs à ce que l'on doit attendre d'une Compagnie à qui les facultés ne manquent point: voici ſes propres termes qu'il eſt bon d'apprécier.

» Tous ces différents travaux ſont *en aſſez bon état*; ils ſont ſuſceptibles d'être » continués avec ſuccès, & préférables à ceux qu'exécutoient les Propriétaires; » mais on ne peut ſe diſſimuler qu'il s'en faut *beaucoup* qu'ils ſoient dans la ſi- » tuation où ils devroient être par l'entrepriſe d'une Compagnie; il paroît même » qu'elle s'eſt juſqu'à ce jour occupée de l'extraction pour ſuffire en partie aux » frais qu'elle a été obligée de faire, & que par cette raiſon elle *n'a point rempli* » *les vues du Conſeil dans la conceſſion du privilege excluſif dont elle jouit.*

A la vérité, immédiatement après cette déclaration, dont les Conceſſionnaires ont peu ſujet de ſe prévaloir, M. de Voglie préſente un motif d'excuſe en leur faveur, comme il l'a fait pour la Compagnie de S. Georges: « Celle-ci, ajou- » te-t-il, avoue qu'elle auroit travaillé avec plus de ſuccès & de promptitude, » ſi elle n'eût eu des inquiétudes très-vives ſur la *validité de ſon privilege*, par

(1) Cet ouvrage eſt très-avantageux, tirant les eaux vingt-une toiſe quatre pieds à plomb hors de la montagne.

(2) La pierre de cette chemiſe, au rapport de M. de Voglie, eſt blanche, d'un grain très-fin, & ſujet à être traverſée par des fils; elle peſe cent quatre-vingt & cent quatre-vingt-dix le pied cube.

(3) Ce pendage eſt celui qui ſe rencontre le plus communément en Anjou, & on n'y en connoît preſque pas d'autre; on n'y a pas encore reconnu ſa platteure; le pendage en roiſſe eſt rare en Anjou.

» les contradictions continuelles qu'elle a éprouvées de la part des Propriétaires,
» & l'accès favorable qu'ils ont eu auprès du Conseil, où ils ont été reçus op-
» posants à son exécution; elle est même encore aujourd'hui dans la crainte d'en
» être évincée. » M. de Voglie croit les Concessionnaires suffisamment justifiés
par-là; car il finit en ajoutant: » Il paroît assez naturel qu'en pareille circonstance
» son zele se ralentisse, & que la Compagnie fasse plus de cas d'un avantage
» moindre & présent, que d'un bénéfice considérable éloigné & incertain, qui
» ne peut même avoir lieu que par la perte d'un bien actuel, & par de nouvelles
» dépenses de plus en plus onéreuses ».

M. de Voglie, partisan déclaré des concessions, & *même des concessions multipliées*, n'a pas mûrement pesé ses conclusions & ses réflexions : celles-ci ne
sont de la part des Concessionnaires, qu'un échappatoire misérable, & en même
temps un aveu forcé de leur mauvaise cause. En effet, par une suite du Droit naturel & des Loix qui permettent la défense de son corps & de ses biens, les
Concessionnaires doivent inévitablement s'attendre aux attaques perpétuelles des
Propriétaires; les premiers dans le cas d'essuyer des reproches de leur paresse,
ou de n'avoir pas fait des entreprises aussi considérables que celles qu'ils auroient
pu faire, se trouveront donc dès-lors, d'après M. de Voglie, *toujours receva-
bles à s'excuser*: ce seroit encore bien davantage si on comptoit pour une bonne
raison cette incertitude très-fondée, & sur laquelle les Concessionnaires ne peuvent se taire, d'être maintenus dans une possession abusive.

Il n'y a point de doute que les plaintes des Propriétaires parvenues au pied
du trône, ne finissent par être écoutées; mais il est singulier qu'on cherche à
trouver la justification des Concessionnaires, dans une défiance qui au fond n'est
qu'un hommage rendu à l'équité du Conseil.

Je regarde comme tellement impossible de revêtir d'aucune couleur spé-
cieuse, la détention de ce qui appartient à autrui, que pour la partie historique
du commerce d'Anjou, je ne craindrai point de faire usage de ce que M. de Voglie a constaté par ses recherches relativement à cet objet, dont l'importance lui
a fait par-tout illusion en faveur des Concessionnaires. Cet Ingénieur chargé de
fournir les instructions & les connoissances nécessaires au jugement d'une contestation qui tient à l'ordre public, a été séduit par une *apparence* d'accroisse-
ment dans cette branche de commerce; il s'est répandu dans son Mémoire en
principes vagues, en conséquences vicieuses, qui n'ont pu être relevées par les
parties intéressées, cet écrit n'ayant point été public : cette circonstance & principalement la destination de ce Mémoire, qui étoit de servir de guide au Conseil & au Bureau du commerce, m'ont déterminé à l'espece d'analyse que j'en
ferai en passant lorsque les choses l'exigeront.

Je viens à la méthode suivie en Anjou pour exploiter ces Mines. Le peu de
profondeur à laquelle se trouve le Charbon, le local, plus favorable à l'extraction que dans les Mines du pays de Liege & dans celles du Hainaut François,

entraînent néceſſairement plus de ſimplicité dans ces travaux ; nous les ferons connoître ici pour l'utilité dont cela peut être dans la plupart de nos Mines de France, dont on aura par ce moyen une hiſtoire auſſi complette qu'il eſt poſſible. M. de Voglie en a donné une deſcription ſommaire dans la troiſieme partie de ſon Mémoire (1) ; mais elle m'a paru mieux développée, ſur-tout pour ce qui concerne l'architecture ſouterraine & l'épaulement de la Mine (2), dans le Mémoire de M. de Tilly, imprimé en 1758 (3) ; j'ai cru par cette raiſon devoir lui donner ici la préférence. Les principaux outils employés dans ces Mines, ſont les mêmes que dans celles de Montrelais en Bretagne, *Pl.* XL, & que j'ai indiqués par leurs noms ; ceux entr'autres deſtinés à faire jouer la Mine avec la poudre à canon, ſont dans ces Mines d'un uſage fréquent, à cauſe des *creins* qui s'y rencontrent ſouvent : nous rappellerons ici en peu de mots, d'après M. de Tilly, la manœuvre de cette opération.

Pour faire jouer la poudre à canon dans le rocher, on fait avec le *fleuret* un trou de douze à quinze pouces de profondeur ; on y introduit une cartouche que l'on pique avec *l'eſpinglette*, ainſi nommée à cauſe de ſa pointe extrêmement aiguë, & on met deſſus une platte-forme de terre graſſe ; on acheve enſuite de charger la Mine avec de la pierre que l'on bat avec le *Bouroir*.

cet inſtrument avec lequel on bourre la Mine, eſt de la groſſeur & de la longueur du fleuret ; il a ſur une face une crénelure qui s'étend juſqu'à la moitié de ſa longueur, de maniere que *l'eſpinglette* qui eſt reſtée dans la cartouche, ménage la lumiere au travers de la charge de la Mine.

On tire *l'eſpinglette* & on fait couler à ſa place un chalumeau plein de poudre, ſur lequel on met une meche ſoufrée, aſſez longue pour que l'Ouvrier ait le temps de ſe retirer, avant que la poudre faſſe ſon effet.

Lorſque le trou de la Mine eſt porté à ſa profondeur avec le fleuret, il peut arriver que la pierre donne de l'eau par ſes *coupes* ; il n'en faudroit pas beaucoup pour empêcher l'effet de la poudre.

Afin de prévenir cet inconvénient, on ſe ſert du *Bouroir à terre* ; cet inſtrument eſt plein & rond ; il ſe termine quarrément par le haut, & eſt traverſé d'une *clavette* que l'Ouvrier tient dans ſa main lorſqu'il frappe le bouroir avec la petite maſſe : on met de la terre graſſe dans le trou de Mine ; on la bat avec le bouroir à terre, & pour qu'elle puiſſe s'introduire plus aiſément dans les coupes de la pierre, on entoure le bouroir de foin ; cette précaution empêche la terre graſſe délayée par l'eau de ſortir trop promptement par les ſecouſſes qu'elle reçoit de l'inſtrument.

On retire cette terre delayée, avec la *curette* ; on en met de nouvelle que

---

(1) Sous le titre : *Maniere dont on doit exploiter les Mines de Charbon de terre.*

(2) Toute la partie des Manœuvres qui tiennent à l'Art d'étreſillonner, de faſciner, de cuveler le bure, eſt compriſe ſous l'expreſſion géné-rale habiller le puits.

(3) *Mémoire ſur l'utilité, la nature & l'exploitation du Charbon minéral.* Broch. in-12, ſeconde Partie, Chap. 1, 2.

l'on bat avec la même attention, que l'on retire auffi; & cette manœuvre fe continue jufqu'à ce que le trou de la Mine foit féché.

Dans les cas où l'eau feroit trop forte, il faudroit fe fervir de cartouches de cuir, coufues fi exactement que l'eau ne puiffe les pénétrer.

Auffi-tôt que la Mine a joué, que la fumée eft diffipée, ce qui n'a pas été attaqué par la poudre s'acheve avec une *groffe Maffe* & les aiguilles à caillou.

Ces aiguilles, dont on fe fert auffi pour forcer le rocher entamé par le marteau à pointe, différent en tout des aiguilles à veines ; celles-ci font de dix-huit à vingt pouces de long, celles-là ne font que de fix à huit pouces; leurs quatre pans égaux, font terminés en pointe très-aiguë, comme l'aiguille à veine.

Exploitation des Mines d'Anjou, par M. de Tilly.

Les bois d'étai doivent avoir fix à fept pouces d'équarriffage; on difpofe les étrefillons dans une diftance convenable à la nature du terrain que l'on traverfe : on met ces *Etrefillons* ou *croifures* (1) à deux pieds & demi, ou même plus près fi le terrain n'a pas de confiftance, & de trois pieds au plus fi le terrain eft ferme & folide: on obfervera que ces croifures foient exactement à-plomb, afin d'avoir plus de force ; on fafcine ces croifures par derriere, de *ramures* ou branches d'arbres appuyées de lattes, de faule ou de chêne ; on ferre ces lattes avec des coins de bois, & on garnit les *potelles* qui reçoivent les bois, avec des pierres, enforte que la croifure foit affujettie fûrement; & pour prévenir les efforts que les terres pourroient faire dans le cours de l'exploitation, on place fur les *billes*, entre chaque croifure, des morceaux de bois qu'on appelle *porteurs*; on appuye ces porteurs avec de bons clous; en approfondiffant la foffe, il faut pour la facilité de l'extraction, la latter ou *coulanter* de planches de chêne d'environ un pouce d'épaiffeur. (2).

Telle eft la maniere d'étrefillonner le puits jufqu'au rocher, qui s'attaque avec la poudre à canon, pour aller jufqu'à cinquante, foixante ou quatre-vingt toifes de profondeur, fi l'on a deffein d'y établir une machine à feu, & jufqu'à cinquante toifes feulement fi la foffe n'eft que pour tirer les eaux ordinaires avec une *machine à moulettes.* Les puits fervant à l'extraction du Charbon, fe terminent à la veine que l'on defcend alors pour fuivre fon pendage ; comme alors ces nouvelles fouilles font inclinées de même que la veine, toute la force des étais doit porter fur le toît, & on doit obferver une moindre diftance entre les *croifures.* Ces galeries ne font *coulantées* que fur le *mur*, parce que c'eft où fe paffe tout le frottement : lorfqu'elles ont acquis une certaine longueur, le *cable*

---

(1) On nomme *Croifure*, un chaffis quarré long, qui a fes côtés oppofés égaux entr'eux : les côtés qui étayent fur la longueur, s'appellent *bois*, & ceux qui étayent fur la longueur, s'appellent *Billes*.

(2) Ces planches dont on fe fert pour latter les puits, fe nomment *Coulantes*, à caufe de leur principal ufage qui eft d'aider les feaux & les paniers d'extraction à gliffer, fans s'engager fous les *croifures* qui étrefillonnent les puits.

d'extraction en montant & en defcendant, frotte le toît à l'endroit où la perpendiculaire eft coupée, ce qui ufe le bois & le cable : pour obvier à ces inconvéniens, on adapte en cet endroit un petit touret qui roule fous le cable (1).

Lorfqu'une foffe eft approfondie au point de pouvoir l'exploiter, on ouvre en galerie à dix ou douze pieds du fond de la foffe ; cette réferve forme le *puifard* où les eaux des faignées s'égouttent : à cette diftance on fait un pont avec des petits madriers de deux à trois pouces d'épaiffeur, & on ouvre collatéralement fur la veine. En *entrant en galerie*, l'Ouvrier étançonne près le bois de la foffe, afin de prévenir l'écroulement : ces premiers étançons doivent être plus forts que ceux que l'on met après ; par deffus la *Bille* de la foffe on paffe des lattes qui vont fe rendre fur le *chapeau* des étançons ; on en paffe également fur les côtés, & on garnit l'efpace qui fe trouve entre les lattes & la pierre qui fert de toît & de muraille à la veine avec de la *ramure*, ainfi qu'on le pratique en étréfillonnant les foffes ; on appelle cette première galerie la *voie* ou *galerie de voie*, parce qu'elle fert au déblay & au tranfport du Charbon. On place les étançons ou *poteaux* de deux pieds & demi à trois pieds de diftance, fuivant la confiftance du toît ou de la muraille de la veine ; ils doivent avoir quatre, cinq ou fix pieds de hauteur. Lorfque le toît & la muraille font d'une folidité connue, on fait une *potelle* ou trou dans la muraille, & on met un *faux bois* (2) qui répond à une *billette* qui fe trouve ferrée (3) fur le toît par ce moyen ; on place ces petits *poteaux* & *billettes* à la diftance de quatre pieds les uns des autres. Quand la veine fe trouve extrêmement inclinée & la muraille folide, on y fait une *potelle*, & on place dans cette potelle un bois qui va rendre à l'étançon qui fe trouve incliné fur le toît ; cet étançon a une entaille par le haut, fous laquelle le bois fe trouve arrêté : on garnit la partie du toît avec de la *ramure* & des *lattes* : ceci fe pratique lorfque la veine a une certaine largeur ; mais fi elle n'étoit que d'un pied & demi d'épaiffeur, il faudroit abattre un pied de *muraille* (4), pour faciliter le paffage des traîneaux dans la *voye*.

On ouvre les galeries autant qu'il eft poffible, depuis trente jufqu'à cinquante pieds de diftance les unes des autres, plus ou moins, felon la force de la *chemife* ; il en réfulte une épaiffeur de pareille dimenfion, appellée *Eftoc* (5) ou *Eftau* (6), il fert à foutenir la foffe. Quand la galerie eft ouverte, on donne dix pieds d'épaiffeur à cet *Eftau*, & on monte dans la veine une *taille* de vingt à vingt-cinq pieds.

Pour *monter une taille*, il faut mettre un Ouvrier à la diftance de dix pieds ou environ, de l'ouverture de la galerie ; cet Ouvrier ouvre en montant entre deux étançons ; à mefure qu'il monte, il *potelle* du toît au mur ; il place fes bois

---

(1) Voyez pour l'exploitation du pays de Liege, *Planches* XXI, XXXVI, feconde Partie.

(2) On appelle ainfi le bois qui potellé dans le mur, eft l'arcboutant de la billette.

(3) Petit bois qu'on place le long du toît de la veine.

(4) Il faut fe rappeller dans ces Mines *mur*, *muraille*, eft ce qui fe nomme ailleurs le *fol*.

(5) Signifiant originairement un tronc d'arbre, & dérivé, felon Ménage, de l'Allemand *Stock*, qui fignifie un tronc, une fouche, un bâton.

(6) Parce qu'il fert d'étay aux ouvrages.

pour

pour étréſillonner cette montée , & ſe ſert des étréſillons pour s'appuyer en montant. Lorſque la *taille* eſt à une hauteur convenable , on ouvre dans cette taille ,
ſur la même direction de la voie , & on place trois ou quatre Ouvriers les uns
ſur les autres , qui abattent le Charbon ſur la voie ; on laiſſe au-deſſus de cette
voie un petit *eſtau* d'un pied ou deux d'épaiſſeur, ſuivant la conſiſtance de la veine ;
le Charbon que les Ouvriers de la *taille* abattent, paſſe dans la voie par des trous
ménagés d'eſpace en eſpace ; on étaye ces tailles du toît au mur avec des *billettes*
& des *faux bois*.

A meſure que l'on *moiſſonne la taille*, on pratique ſur la voie un boyau que
l'on appelle *Caſſi*, dans lequel l'air ſe conduit ſur l'Ouvrier de la galerie & dans
la taille , & on la remplit de toutes les décombres qui réſultent du toît ou de la
muraille ou même des mauvais Charbons, dans les endroits où on ne peut les
employer à la fabrication de la chaux & des briques ; cette précaution s'appelle
reſtaper dans la taille, & elle ſert à empêcher le *fardeau*, c'eſt-à-dire, le mouvement que la terre fait pour s'ébouler.

Si l'on n'obſervoit pas de garder ſoigneuſement la diſtance preſcrite ci-deſſus
entre les galeries que l'exploitation exige , on ruineroit une foſſe dont les dépenſes ſont conſidérables , & on feroit ce qu'on appelle une *exploitation déré-*
glée ; la foſſe dans la ſuite cambreroit au moindre *fardeau*, & on perdroit le fruit
de ſon travail par trop d'avidité.

Les *eſtaux* que forme la diſtance à obſerver entre les galeries , ſe reprennent lorſque les fonds ſe trouvent épuiſés , & qu'il eſt queſtion d'abandonner
la foſſe.

Pour travailler les fonds de la veine avec plus de facilité & d'avantage , on
fait une chambre dans l'endroit le plus avantageux de la galerie , lorſqu'elle a
acquis une certaine profondeur. On étaye cette chambre avec des poteaux de huit
à dix pouces d'équarriſſage ; on garnit ces poteaux de *ramures* & de *lattes*.

Dans le lieu où on veut ouvrir le bure ou puits ſouterrain, on a ſoin de mettre des *Seuils* ; ce ſont des pieces de bois de l'épaiſſeur des poteaux, dont les
extrémités ſont potelées dans le toît & dans la muraille : ſur ces *Seuils* on place
les quatre étançons qui doivent étayer le ciel du puits ſouterrain ; on met d'un
feuil à l'autre deux traverſes entretaillées, l'une exactement le long du toît, &
l'autre le long de la *muraille* ; ſi la veine n'excede pas quatre pieds, on prend
ſur la *muraille* l'eſpace néceſſaire pour placer le *traîneau* ſur lequel le
Manœuvre qui travaille ſur le bouriquet *raſcoud* (1) le panier ; & on obſerve
alors de ne pas donner à cette *chambre* quinze ou vingt pieds en quarré , ce qui
ne ſe pratique que lorſque la veine a une épaiſſeur extraordinaire , & que les
bancs qui la couvrent ſont traitables. C'eſt entre ces traverſes que l'on ouvre
le *bure* ou *défoncement* ; on le porte à dix ou douze toiſes, ſuivant que l'exploi-

---

(1) *Raſcoudre* eſt l'action de l'Ouvrier qui travaille ſur le bouriquet lorſqu'il place ſur le traîneau le
panier monté au haut de la foſſe.

tation l'exige. On pratique ce bure de la même maniere que les foſſes ſe manœuvrent; on l'étreſillonne avec des bois de quatre à cinq pouces, ſi le bure n'a
que quatre pieds ſur cinq. Il arrive quelquefois qu'on le fait plus large : il
s'en trouve de huit ſur neuf pieds; mais il faut toujours prendre garde de ne donner cette étendue à un bure que dans le cas où on eſt certain de la ſolidité des
bancs : alors on proportionne la force des *croiſures* à l'étendue du bure.

On laiſſe au fond de ce bure un puiſard comme celui que l'on a laiſſé dans la
foſſe; on *fait un pont*, & on ouvre une galerie; on donne à *l'eſtau* qu'on laiſſe à
l'entrée, la même épaiſſeur que celle indiquée ci-deſſus.

On prend une *taille*, & on la manœuvre ainſi que la ſupérieure; lorſque cette
taille eſt moiſſonnée dans une étendue poſſible, on fait dans la galerie du bure
une nouvelle *chambre* & un nouveau puits ſouterrain; & de bure en bure ou
défoncement, on va juſqu'à la *plateure* de la veine.

La plateure de la veine eſt le terme des déſirs du Mineur; toutes les manœuvres du travail de la veine s'y font avec plus de facilité. On exploite la plateure
en galeries de front; & malgré les étais de ces galeries, on laiſſe de diſtance en diſtance des poteaux de Charbon d'une toiſe d'épaiſſeur au moins pour
prévenir tout inconvénient; on faſcine ces galeries de *ramures* appuyées de
lattes.

La conduite du minéral des galeries aux bures & à la foſſe premiere, ſe fait
par des *Guercheux*, appellés auſſi *Vuidangeurs* des fonds; on emploie à cette
manœuvre des enfants de quatorze à quinze ans : le traîneau ſur lequel on charge
le panier dans les galeries, s'appelle *Eſclipe*; ce panier eſt une caiſſe ovale &
de bois de chêne; il eſt cerclé de fer & armé de quatre petites chaînes, au bout
deſquelles il y a un anneau; les enfants qui le tirent, ont ſur les épaules une bretelle de cuir, munie d'une chaîne & d'un crochet qu'ils attachent à *l'Eſ-*
clipe; lorſque ces *Guercheux* ſont arrivés à la foſſe ou au bure, ils accrochent
ce panier au cable qui file ſur le *bouriquet*, & le font monter, en avertiſſant les
hommes qui manœuvrent ſur le bure; ſi la galerie eſt longue, on diſpoſe ces
Guercheux par *Kerme*, ce mot dérive de *terme*, c'eſt un eſpace de ſoixante
pieds, & l'endroit où ils s'arrêtent s'appelle *changeage*.

Il paroît que le mauvais air ou le défaut d'air ne ſont pas bien fréquents ni
bien incommodes dans les Mines d'Anjou.

Pour obvier au défaut d'air, on deſcend de la communication de deux foſſes
un trou de deux à trois pieds entre les bois; ſi c'eſt dans le Charbon ou dans une
matiere peu ſolide, on mene ce trou ſur le boyau qui regne le long de la voie;
à meſure que cette galerie eſt pouſſée en avant, on a ſoin de mener auſſi le *caſſi*,
& on ferme exactement l'ouverture laiſſée derriere l'Ouvrier, (1) parce que
les trous qui ſe multiplieroient en avançant, interromproient l'air, & ne le méneroient pas juſqu'au bout de la voie.

(1) Cette ouverture faite ſur l'Ouvrier de la | néceſſaire, en obſervant de boucher toujours le
voie, & que l'on répete autant de fois qu'il eſt | précedent, s'appelle *Evantoir*.

Dans la communication des deux folfes, il faut qu'un des côtés qui percent dans les folfes, foit fermé exactement; pour lors l'air fuit le boyau, & l'Ouvrier peut refpirer : fi l'exploitation exige qu'on ouvre une galerie vis-à-vis de celle que l'on exploite de l'autre côté de la folfe, il faut faire palfer le *boyau d'air* par-delfus le toît ou delfous la muraille, felon que la pierre le permet, & on conduit ce boyau de la même maniere qui a été indiquée ci-devant; en forte qu'on peut miner une galerie de cent toifes & plus, fans faire des puits d'airage.

Si on fait un défoncement dans une des galeries exploitées, on interrompt le boyau d'air un peu au-delà du défoncement; on comble toute la galerie qui eft par-delà cette interruption, de façon que l'air fe trouve dirigé fur un trou à côté du défoncement, & qu'on defcend à mefure qu'on avance le puits.

Lorfqu'il eft à la profondeur défirée, après qu'on a ouvert une galerie & *monté une taille*, on conduit un boyau fur la galerie, femblable à celui qui eft fupérieur, en obfervant les mêmes régles, & on manœuvre également toutes les fois qu'on ouvre un défoncement.

S'il arrivoit que malgré toutes ces précautions l'air fût trop condenfé, il faudroit pour le dilater, avoir recours au feu & defcendre dans le puits une grille chargée de Charbon allumé, comme on l'a décrit *page 265*.

Si en approfondilfant une folfe, l'air venoit à manquer avant d'avoir pu pratiquer une *folfe d'airage*, on feroit un trou de la profondeur de fept ou huit pieds, & une petite communication à la folfe que l'on approfondit; on feroit déboucher cette communication dans un canal formé de planches, & adapté le long de la folfe où l'on travaille; on auroit foin d'allonger ce canal à mefure qu'on avanceroit l'approfondilfement, en forte que l'air fût toujours porté fur l'Ouvrier.

Si on ne pouvoit trouver fur le champ des planches, on pourroit fe fervir avec fuccès, de facs de toile coufus enfemble, ouverts par les deux bouts, & que l'on placeroit à l'ouverture des galeries de communication.

Les eaux de la Mine viennent fe réunir des différentes galeries par des *rempes* (1) ou des puits, dans un réfervoir pratiqué pour l'ordinaire à environ trois cents cinquante pieds de profondeur : on les épuife très-facilement avec des *machines à moulettes*, qui travaillent communément deux jours par femaine, & peuvent élever cent cinquante muids d'eau par heure.

Ces machines (dont nous avons parlé page 543), peuvent être regardées comme des petits hernaz à chevaux, de l'efpece repréfentée *Pl.* XV, *Fig.* 1, mais plus légers, plus fimples & moins difpendieux : elles confiftent en deux montants de dix-huit à vingt pieds de hauteur, traverfés par une piece de bois, au milieu de laquelle on alfujettit une fufée ou cylindre perpendiculaire : au bas de l'arbre de la fufée, il y a deux traverfes pour atteler deux chevaux ; le cable

(1) Signifie vraifemblablement rigoles, tranchées qui vont en ferpentant,

qui ſe devide ſur ce cylindre, répond à deux *moulettes* ou *poulies* ajuſtées ſur un chaſſis placé ſur l'ouverture de la foſſe ; au haut du chaſſis il y a deux pieces de bois attachées avec des boulons & clavettes qui ſe rendent ſur la traverſe ſur laquelle joue le cylindre.

Qualité du Charbon de terre d'Anjou.

N'ayant pu me procurer du Charbon des Mines d'Anjou, je ſuis obligé de chercher dans les Mémoires de M. de Voglie, ce qu'il a obſervé ſur cet article, qu'il a traité en particulier (1) : » Suivant les épreuves, le déchet n'en eſt pas » conſidérable ; expoſé à l'air, ſouvent il ſe conſume entiérement & laiſſe des » cendres blanches peu chargées de craſſe ». Cela ne s'accorde pas trop avec ce qu'il dit dans ce même Mémoire, » que ce Charbon en brûlant fait croûte ; que » ſi on le briſe dans cet état, il ſe remet toujours en gâteaux juſqu'à ce qu'il ſoit » entiérement conſumé ; qualité qui le rend très-propre à la forge, & même aux » opérations où il faut du *Charbon flambant*, telle que celle des Rafineries ou des » Verreries, où il s'emploie avec ſuccès (2).

Les Verreries établies à Ingrande & à S. Florent, près Saumur, en font un uſage avantageux. Un Procès-verbal dreſſé par le Subdélégué de Saumur, le 17 Avril 1757, à la Verrerie de S. Florent, fait foi que le Charbon de S. George, trié & choiſi, s'eſt parfaitement ſoutenu ſur la grille, que la fonte a duré dix-huit heures ; que celle du Charbon de Montrelais, non-trié, n'a duré que quinze heures, & celle du Charbon du Forez & du Bourbonnois a duré douze heures : d'où l'on conclut que le Charbon de S. George eſt d'une qualité inférieure à celui du Forez de plus d'un cinquieme.

M. de Voglie répand du doute ſur la vérité, & ſur la préciſion de ces expériences ; malgré les différences ſenſibles reconnues entre les Charbons d'Anjou & ceux de Montrelais, ſuivant divers Procès-verbaux faits en différents temps, il n'héſite pas à croire que ces Charbons ne ſeront point inférieurs en qualité à ceux du Forez, du Bourbonnois, même ceux de Montrelais, *lorſqu'ils proviendront d'une exploitation bien réglée, & d'une profondeur raiſonnable.*

Si cette infériorité doit être attribuée, comme le prétend M. de Voglie, aux défauts de l'exploitation, où ſera donc le motif de préférence à donner aux Compagnies dont il dit ailleurs, *que la plupart n'ont juſqu'à ce jour, conduit leurs travaux, ni avec art, ni avec intelligence, & encore moins avec ſuccès.*

Mais en accordant à M. de Voglie ce point ſur lequel ſeulement il eſt toujours d'accord avec lui-même, dans tout le cours de ſon Mémoire, n'y auroit-il pas une autre cauſe de cette qualité inférieure ? Ne pourroit-on pas ajouter à

---

(1) Seconde Partie intitulée : *Nature & qualité du Charbon de terre des Mines d'Anjou & Paroiſſes limitrophes dépendantes de la Bretagne.*

(2) A Chenu, où il y a une Manufacture de la première eſpece ; & à Angers & à Saumur, où il y a une Manufacture de la ſeconde eſpece.

celle que M. de Voglie attribue à la mauvaife exploitation, la nature des veines d'Anjou fujettes aux *creins*, la nature des *brouillards*, où le Charbon n'eft pas toujours pur & homogene, ainfi qu'il eft très-bien obfervé dans le Mémoire? Les connoiffances de M. de Voglie fur la qualité du Charbon, jugée par les circonftances extérieures, ne font point du tout conformes à ce que l'expérience a établi : il n'eft point vrai que »plus le Charbon eft léger, meilleur il eft ; & qu'il » eft réputé bon, lorfqu'il eft friable & qu'il fait du bruit en l'écrafant ». Au fur-plus, felon M. de Voglie, le Charbon d'Anjou eft de cette qualité : il eft ten-dre, il fe réduit aifément en poudre ; néanmoins il fe foutient très-bien fur la grille lorfqu'il eft mouillé fuivant l'ufage de tous ceux qui s'en fervent.

Il obferve que lorfqu'il eft un peu humide, il ne fe colle pas en poudre, qu'il eft moins actif & plus lent à chauffer que le Charbon d'Angleterre ; qu'il ne corrode point le fer, & qu'il n'eft pas trop *fulphureux.* J'ignore fi cette der-niere induction ne feroit point tirée uniquement de ce que les Mines d'Anjou font peu fujettes au feu.

Si l'on ne veut point s'embarraffer de la comparaifon que M. de Voglie veut faire de ce Charbon avec d'autres, & fur-tout avec celui de Montrelais, que j'eftime lui être de beaucoup fupérieur, d'après ce que M. de Voglie a dit de celui d'Anjou : il fuffit d'obferver avec cet Ingénieur, que feu M. Hellot, qui a examiné ce dernier, l'a jugé de bonne qualité ; il fera feulement à propos de fe rappeller ce que j'ai remarqué *page 165*, au fujet du Charbon de Littry dans le Beffin en Baffe-Normandie.

Commerce du Charbon de terre d'Anjou.

Cet article eft traité fort en détail dans la cinquieme Partie (1) du Mémoire de M. de Voglie, qui paroît y avoir apporté toute l'attention néceffaire : c'é-toit l'unique moyen de fe mettre en état de juger de combien l'extraction du Charbon, & par conféquent de combien ce commerce étoit augmenté depuis que les Conceffionnaires en avoient dépouillé les Propriétaires. Après avoir conftaté, foit-difant, cette augmentation, & en avoir évalué le bénéfice, M. de Voglie préfente des réflexions générales fur l'avantage qu'on pourroit retirer de ces Mines pour fe paffer abfolument de l'étranger.

Les Auteurs de l'Encyclopédie ont fait fentir en peu de mots, l'importance de rompre la branche de commerce de Charbon de terre Anglois, & je m'en tiendrai ici à ce qu'ils rapportent. » Il réfulte de Mémoires très-exacts, qu'un » chauther de Charbon de Newcaftle, mefure de Londres, pefant deux mille » trois cents livres, revient au Propriétaire d'une Mine à Londres, tout frais

---

(1) Intitulé : *Comparaifon de l'avantage que tiroient l'Anjou & le commerce général du Royaume, de l'ex-ploitation des Propriétaires avant les privileges exclu-* | *fifs des Compagnies, avec celui que produit au-jourd'hui* (1757) *l'établiffement defdites Compagnies.*

» faits , à treize chelins , monnoie d'Angleterre, ce qui fait vingt-fix deniers &
» demi argent de France , pour un boiffeau mefure d'Angers, qui fe vend néan-
» moins à Londres fept fols argent de France , & à Nantes au moins douze fols ;
» d'où il eft *évident* que , déduction faite de la différence du prix de Londres à
» celui de Nantes, eftimée pour les frais du tranfport & droits d'entrée, le béné-
» fice du Propriétaire Anglois eft à Nantes de fept fols pour chaque boiffeau
» d'Angers » (1).

Je vais donner , d'après les Mémoires de M. de Voglie, les différents prix du
Charbon , & l'extraction annuelle des Mines d'Anjou, aux deux différentes
époques qui ont fervi de bafe à toute la fpéculation de cet Ingénieur; & fans
le contredire en rien de ce qu'il avance, je n'aurai point de peine à faire voir à
quel point il s'eft égaré dans les conféquences qu'il en tire pour les Conceffionnaires.

En 1740, lorfque la Compagnie de S. Georges forma fon établiffement , le
Charbon valoit fur la Mine fix fols le boiffeau de Saumur; fuivant la mefure de
S. Georges, il eût valu fept fols en 1740 , & dix fols deux deniers à celle de
Nantes.

En 1757, il valoit fept & huit fols en détail, & beaucoup moins lorfqu'on
en achetoit une certaine quantité ; fur le pied de huit fols le boiffeau, celui de
Nantes reviendroit à onze fols fept deniers fur la Mine.

Dans le canton de S. Aubin , le boiffeau, mefure d'Angers, coûtoit en 1747
de fept à huit fols ; en 1757, il fe vendoit le même prix : à huit fols le boiffeau
d'Angers, c'eft dix fols deux deniers pour le boiffeau de Nantes.

Il y a une trentaine d'années qu'on vendoit auffi à Angers du Charbon de
terre de Forez & d'Auvergne ; il coûtoit neuf fols mefure du lieu , ou onze fols
cinq deniers le boiffeau de Nantes.

En 1757 il fe vendoit dix fols mefure d'Angers , ou douze fols neuf deniers à
celle de Nantes.

D'où il réfulte que le boiffeau de Nantes valoit alors, c'eft-à-dire, en 1740,
dix fols deux deniers à S. Georges , & qu'il en vaut aujourd'hui onze fols fept
deniers, ce qui fait une augmentation réelle d'un fol cinq deniers par boiffeau.

Avant les privileges, les Propriétaires de Doué, S. George de Chatelaifon &
de Concourfon, extrayoient, année commune, trente-cinq fournitures de Charbon, mefure de Saumur, qui font à celle de Nantes (à laquelle M. de Voglie
a réduit toutes celles dont il fera parlé), vingt-un mille huit cents quarante
boiffeaux.

Les Propriétaires qui travailloient dans les Paroiffes de S. Aubin de Luigné ,
Chalonnes & Chaudefonds, tiroient, année commune , quatre-vingt-quatre
fournitures mefure d'Angers, faifant à celle de Nantes foixante-feize mille deux
cents-quatre boiffeaux.

_____

(1) Sixieme volume des Planches , Defcription des Ardoifieres & des Mines de Charbon d'Anjou.

Ceux de Montjan & de Montrelais, cinquante fournitures, produisant vingt-cinq mille deux cents boisseaux ; & en 1754, 1755, 1756, 1757, suivant les détails & calculs faits sur la Mine de Montrelais, on tiroit, année commune, cent cinquante mille boisseaux ; avant le privilege, il coûtoit dix sols le boisseau de Nantes ; la Compagnie le vend aujourd'hui sur la Mine à Montrelais deux cents cinquante-deux livres la fourniture de Nantes, ce qui fait dix sols le boisseau ; pris au magasin d'Ingrande, elle coûtoit, en 1757, deux cents quatre-vingt livres, c'est-à-dire, environ onze sols un denier le boisseau, à raison du transport.

Suivant les livres des Concessionnaires, ils vendoient année commune, pour quatorze mille livres de Charbon, à raison de huit sols, prix réduit pour une mesure pesant trente-cinq livres, qui se livre raze, ce qui fait à la mesure de Nantes, vingt-quatre mille boisseaux.

Depuis le 8 Janvier 1754, jusqu'au 1 Mai 1757, la Compagnie a vendu deux cents trente-trois fournitures de Charbon, mesure d'Angers, & en a employé à son fourneau à chaux d'Angers cent quatre-vingt fournitures, ce qui fait avec environ dix fournitures existantes sur les Mines, une extraction totale de quatre cents treize fournitures, ou trois cents soixante-sept mille trois cents vingt-sept boisseaux de Nantes, & année commune, cent quatre mille neuf cents cinquante boisseaux.

Résultat de comparaison.

Extraction des Propriétaires.		*Extraction des Compagnies.*	
S. George Chatelaison. .	21840 Boiss.	S. Georges Chatelaison.	24000 Boiss.
S. Aubin de Luigné. . . .	76204	S. Aubin de Luigné. .	104950
Ingrande , Montjan ,		Montrelais.	150000
Montrelais	25200		
Total	123244 Boiss.	Total	278950 Boiss.

De cette augmentation estimée à plus du double, il résulte d'abord en faveur des Concessionnaires, un argument que M. de Voglie a saisi dans toutes ses faces, & auquel il a donné une extension arbitraire & peu raisonnée.

Je commencerai d'abord par faire remarquer que M. de Voglie ne s'est point rappellé que selon lui, » cette extraction abondante est mauvaise, qu'il est obligé d'ob-
» server que les Compagnies ne sont point attentives sur le choix & le triage de
» leurs Charbons dans l'exploitation de leurs Mines, que des vues d'intérêt mal en-
» tendu leur ont fait jusqu'à ce jour débiter bien du Charbon, dont on a eu
» lieu de se plaindre, que la bonne-foi est l'ame & la sûreté du commerce, &c. »
La droiture & la probité de M. de Voglie, ne lui ont point permis de cacher

ces vérités fâcheufes pour les Conceſſionnaires : où peut-il donc trouver la preuve de ce qu'il répete ſans ceſſe, » que les Compagnies ont travaillé avec » plus d'intelligence & de ſuccès que les Propriétaires ? » A ne point parler férieuſement, cette aſſertion pourroit être vraie dans un autre ſens que ne l'a entendu M. de Voglie : il eſt inconteſtable qu'ils ont travaillé avec plus d'intelligence & de ſuccès *pour leurs intéréts* ; c'eſt ordinairement où les Privilégiés meſurent l'extraction des Charbons, & ce n'eſt point ce que M. de Voglie a voulu dire des Conceſſionnaires d'Anjou ; cependant, en quoi conſiſte cette extraction abondante ? en une marchandiſe qui n'eſt point loyale : il y en a eu beaucoup de débité, il le déclare lui-même ; les Propriétaires n'auroient pas beſoin de beaucoup d'intelligence & de talent pour doubler par cette voie leur extraction ; s'il étoit poſſible de ſupputer celle des Conceſſionnaires en y faiſant la fouſtraction du mauvais Charbon, feroit-il bien ſûr que leur extraction fût réellement augmentée ?

C'eſt néanmoins ſur toutes ces inadvertances, ſur toutes ces contradictions, que M. de Voglie a entaſſé des concluſions, des idées qu'on a peine à concevoir : il regarde comme prouvé (ſeptieme Partie de ſon Mémoire) par ce qui s'eſt paſſé juſqu'à ce jour en Anjou, & ce qu'il a avancé concernant ces Mines, « qu'il eſt plus avantageux pour la Province en particulier & à l'Etat en général, » que les Mines ſoient exploitées par des Compagnies que par les Propriétaires ; » cette vérité eſt, ſelon lui, ſuffiſamment démontrée par le fait, & ſuſceptible » d'une infinité de preuves » ; il ſe perſuade » que quelque choſe que faſſent ces » derniers, ils ne peuvent ſe flatter d'égaler les Compagnies dans leurs travaux ; » il opine « qu'on ne peut parvenir à mettre l'exploitation des Mines d'Anjou dans » l'état de perfection dont elles ſont ſuſceptibles qu'en donnant l'excluſion aux » Propriétaires » ; il porte les choſes bien plus loin encore, en favoriſant l'établiſſement de toutes les Compagnies qui pourront ſe préſenter pour en former l'entrepriſe : il conclut, en un mot, « que c'eſt entre les Compagnies ſeules que » la concurrence doit avoir lieu ». *Des citations des Loix* qui condamnent ces ſpoliations, ou même *des faits* que l'on oppoſe aux Conceſſionnaires, ſont, à ſon avis, des autorités *faciles à réfuter* (1).

J'abandonne toutes les inductions qu'il en tire ; je ne reviendrai plus à toutes ces prétentions des Conceſſionnaires : elles feront diſcutées à fond dans l'expoſé que je donnerai de l'adminiſtration civile, politique & économique des Mines & Minieres, tant en France qu'ailleurs, à l'article *Conceſſions* ; & M. de Voglie, qui, dans ſon prononcé ſur les travaux des Conceſſionnaires, s'eſt montré exempt de partialité, qui dans un endroit de ſon Mémoire (2), n'a pu s'empêcher de convenir *que cette excluſion des Propriétaires dans le travail de leurs*

---

(1) Septieme Partie de ſon Mémoire, qui a pour titre : *Moyens jugés les plus propres pour donner aux Mines d'Anjou, toute la valeur dont elles ſont* ſuſceptibles.
(2) *Idem.*

Mines laiffe entrevoir quelqu'injuftice dans fon principe (2) , reconnoîtra fans peine que cette injuftice réelle dans le fait , ne doit ni ne peut trouver d'approbateur ; & qu'en matiere de politique, c'eft errer groffiérement que d'alléguer des raifons d'Etat pour autorifer la violation des droits légitimes.

BASSE-NORMANDIE.

Bocage ou pays Beffin ; commerce du Charbon de terre étranger dans la haute-Normandie , au Havre-de-Grace , & à Rouen.

Je n'ai eu aucun renfeignement de détail fur l'exploitation de la Mine de Littry , feule connue dans cette Province , près le bois du Tronquay. Selon M. de Tilly, (*page* 18 de fon Mémoire) ce font des *veines roiffes* , qui à quatre cents pieds de profondeur, fe forment en platteures , & font enfuite leur relevage.

La pofition de ces veines affez près du jour, donnoit encore , comme par tout où elles *foppent* à la fuperficie, la facilité d'enlever une grande quantité de Charbon à l'aide de fouilles & d'excavations faites de place en place. Les Propriétaires traitoient avec des Payfans, moyennant la rétribution du quart franc; les têtes des veines étoient enlevées de droite & de gauche à dix ou douze toifes de profondeur, & abandonnées enfuite pour peu qu'il fe rencontrât la moindre difficulté.

Ces fouilles irrégulieres ont donné lieu le 15 Avril 1744, à un privilege en faveur du Marquis de Balleroy, qui les faifoit exploiter en grand. L'air eft renouvellé dans la Mine par un fourneau qui eft une application du ventilateur de M. Sutton. Cette machine eft très-fimple & fort peu coûteufe; elle a de plus cet avantage, que fon effet eft toujours égal, quelque temps qu'il faffe : je renvoie à la quatrieme Section les détails qui en dépendent; il fuffit pour le préfent d'en prendre une idée par la *Fig.* 1, *Fl.* XLIV, inférée dans le volume des Planches de l'Encyclopédie : on y voit la coupe d'une Mine par un des puits & une des galeries qui y aboutit : le fourneau *A*, & en *BCD* un tuyau pour tirer l'air du fond de la Mine ; le tuyau vient fe rendre au cendrier du fourneau , au-deffous de la grille : en fermant toutes les portes du fourneau, fur-tout celle du cendrier, qu'on lutte avec de l'argille, il s'établit un courant rapide , l'air & les vapeurs paffant par le tuyau traverfent le fourneau & fe diffipent : de nouvel air qui defcend par le puits d'extraction ou par un autre , remplace le premier.

L'épuifement des eaux de la Mine de Littry , s'exécute par une *machine à feu*: ces eaux font extrêmement vitrioliques ; il ne faut que les goûter pour en être fûr : M. de Tilly prétend qu'elles font fi corrofives, que l'entretien de la machine eft très-confidérable : je ne fai s'il a voulu uniquement parler de la *chaudiere*, autrement nommée *l'alambic*; il pourroit fe faire que le Charbon avec

---

(1) Puifque, dit-il, elle les prive d'un bien dont ils ont joui , & qu'ils ont même toujours regardé comme une partie de leur patrimoine. *Idem.*

lequel on l'échauffe, & l'eau qu'elle contient, attaquent enfemble ce vaiffeau.

Ce Charbon eft réputé à peu-près égal à celui qu'on appelle au *Havre*, Charbon de *feconde qualité* (1), venant de *Sunderland* (2), & en effet, il eft mêlé de beaucoup de pyrites; il s'emmagafine à Ifigny, petit Port de mer à l'embouchure de l'Aure, où l'on embarque quantité de falaifons pour *Rouen*.

La Mine de Littry auroit aifément, par cette même voie (3), un débouché digne d'attention, puifque fon Charbon pourroit remplacer le Charbon étranger (*de feconde qualité*) en ufage à Rouen pour les Teinturiers & les Ouvriers à fourneaux, dont la confommation eft affez confidérable.

Le baril de Charbon de Newcaftle, pefant deux cents quarante à deux cents cinquante, contient quinze à feize pots (4). Les cent cinq barils coûtent pour cent, quatre cents cinquante, cinq cents livres, pris de bord en bord, c'eft-à-dire, à bord du Navire Anglois, & chargé dans l'allége qui apporte ces Charbons à Rouen : pour le fret des cent cinq barils, cent francs : du Havre à Rouen, on prend quarante ou cinquante livres, fuivant la faifon.

Moyennant l'état ci-deffus, les Charbons font vendus exempts de droits aux Maréchaux François.

Outre l'exclufion affurée du Charbon étranger que produiroit le Charbon de Littry, les fouilles de terre à pipe qui fe font dans les villages de S. Aubin & de Bulbœuf fur la Seine, à deux lieues au-deffous de Rouen, pourroient donner lieu à un autre ufage du Charbon de terre. Ces fouilles font compofées de chambres de douze à vingt pieds de diametre, qui vont jufqu'à quatorze ou quinze braffes de profondeur, où l'eau arrive ordinairement; elles donnent trois couches, dont la premiere employée par les Potiers, on s'en ferviroit pour les pelottes; la feconde feroit pour les Fayenciers; la troifieme, qui eft la plus fine, pour les pipes : la premiere ferviroit utilement à apprêter le Charbon de Littry en pelottes, pour le chauffage des Paroiffes fituées fur les bords de la Seine entre le Havre-de-grace & Rouen.

(1) Les Charbons d'Angleterre venant au Havre-de-Grace, font diftingués en deux efpeces : l'une dont nous parlons, qui paffe debout pour aller à Rouen; l'autre venant de Newcaftle, dite de *premiere qualité*, employée par les Serruriers, Maréchaux, Cloutiers, &c. Quoiqu'il coûte un quart plus que l'autre, ces Ouvriers lui donnent la préférence, parce qu'il a plus de propriété pour fouder le fer, & qu'à l'ouvrage, il ne donne que peu ou point d'indice de matiere fulphureufe.

(2) Voyez la nature de ce Charbon, feconde Section de cette feconde Partie, page 71.

(3) Le Charbon de terre venant du dedans du Royaume, paye fix deniers par baril de 300 livres; fon origine doit être juftifiée par des Certificats.

(4) Suivant l'article 407 du bail de Pierre Domergue, il a été ordonné de faire des barils étalonnés fur la matrice dépofée en l'Hôtel-de-Ville de Rouen, pour être envoyés dans tous les bureaux pour le mefurage du Charbon de

terre; en conféquence il fut rendu le 30 Novembre 1700, un Arrèt pour contraindre les Négocians de Dunkerque, Calais & S Vallery de s'y conformer; ils avoient refufé d'abord de s'y foumettre.

Le TONNEAU DE MER eft eftimé pefer 2000 livres ou 20 quintaux de 100 livres chacun : le *prix du fret* ou voiture des marchandifes qui fe chargent dans un vaiffeau, fe regle fur le pied du quintal ou fur le pied du tonneau de mer; ainfi on dit, Charger au quintal ou Charger au tonneau : on donne ordinairement dans le fond de cale 42 pieds cubes pour chaque tonneau.

Quoique le tonneau de mer foit eftimé pefer 2000 livres, cependant l'évaluation ne laiffe pas de s'en faire pour le prix du fret en deux manieres, ou par rapport au poids des marchandifes ou par rapport à la place qu'elles peuvent occuper par leur volume, & l'embarras qu'elles peuvent caufer dans le vaiffeau, ce qu'on exprime à Bordeaux par le mot encombrement ou encombrance; ainfi on évalue ces marchandifes fur un certain pied.

Provinces dont les Charbons peuvent venir à Paris.

BOURGOGNE.

Charolois.

Lorſque j'ai publié la premiere Partie de mon Ouvrage, j'avois manqué de Mémoires ſur la Bourgogne, ce qui fait que je n'avois indiqué que *Montbar* en *Auſſois* ou *Auxois*, ſur la petite riviere de Brenne, qui va ſe jetter dans l'Armançon, au-deſſous de Buffons; la Mine d'*Epinac*, près d'Autun & celle de Gueurſe, Seigneurie ſituée dans la Paroiſſe de Blanzy. M. de Meſlé, ancien Capitaine aux Gardes, m'a aſſuré avoir auſſi du Charbon de terre dans ſa Seigneurie de Chorey, Bailliage de Beaune.

M. Villedieu de Torcy, Conſeiller au Parlement de Dijon, s'eſt porté de lui-même à ſeconder les vues d'utilité publique qui m'ont fait entreprendre mon Ouvrage, & m'a fourni la matiere du Supplément que je placerai ici, après avoir fait connoître une ſubſtance minérale, qui peut intéreſſer la curioſité des Naturaliſtes, obſervée dans une de ces Carrieres par M. de Morveau, Correſpondant de l'Académie des Sciences : lorſque ce Phyſicien remarqua cette ſubſtance dans les galeries (1), » elle reſſembloit exactement » à un enduit de plâtre blanc, dont on auroit rempli la petite cavité qui » formoit la jointure de deux couches ou lits de Charbon dans quel- » ques endroits des galeries, non qu'il y eût aucun intervalle entre ces lits, » mais parce que le Charbon s'étoit égriſé plus facilement dans cette jointure » ſous l'outil du Mineur; il n'étoit pas poſſible en cet état de la méconnoître pour » un véritable guhr; elle avoit à peine la conſiſtance du plâtre à l'inſtant qu'il » vient d'être poſé; auſſi n'héſitai-je pas à le nommer *lait de lunc*, *farine foſ-* » *ſile*, *agaric minéral* ou *craie coulante*, perſuadé que c'étoit un des minéraux » connus & décrits ſous ces dénominations; il me parut ſeulement remarquable » par une rayure noire qui régnoit dans toute la longueur horizontale, d'une » maniere uniforme & nuancée comme un ruban, rayure dont les morceaux que » j'ai apportés conſervent bien la trace, quoiqu'ils ayent d'ailleurs conſidérable- » ment changé; je m'aſſurai que cette rayure étoit dans toute la profondeur, & » je conjecturai qu'elle avoit pu ſe former des parties les plus fines du Charbon » qui s'étoient ſeulement interpoſées dans la matiere calcaire à meſure qu'elle » ſe dépoſoit; mais le changement ſpontané que cette ſubſtance a éprouvé peu » de jours après que je l'eus détachée de la Mine, me fit reconnoître qu'elle n'étoit » pas de la nature des guhrs ordinaires; en effet, elle devint pour la plus grande » partie comme une réſine brûlée; elle en avoit la tranſparence & la couleur; elle » s'étoit gerſée & diviſée en très-petits morceaux, & quoique dure, elle ſe

_____

(1) C'étoit dans la Carriere de la montagne du Creuſot, attenant le mont S. Vincent.

» féparoit aifément dans les endroits qui étoient entamés par les gerçures; ce-
» pendant quelques morceaux ont confervé leur blancheur, feulement un peu
» ternie à la furface ».

Les expériences que M. de Morveau a faites fur cette fubftance, & que l'on
peut voir dans fon Ouvrage (1), déterminent ce Savant à rapporter cette matiere
au genre des *Guhrs*, & à la regarder comme un *guhr argilleux, bitumineux*.

Le Bailliage de *Montcenis* & la partie du Charolois qui l'avoifine, font
les cantons de la Bourgogne les plus abondants en Charbon de terre ; la
Paroiffe de Montcenis en poffede une grande quantité; prefque par-tout ce
foffile s'annonce : la montagne appellée la *Chatelaine*, qui n'eft qu'une continuité de celle de Montcenis, renferme fur-tout une Carriere qui paroît immenfe.

La nature du terrain de *Montcenis* & de la paroiffe du *Breuil* fous Montcenis,
eft la même; la difpofition des montagnes eft à peu-près femblable; le pays eft
fablonneux, & tout indique que la qualité du Charbon doit être égale. Les Carrieres du Breuil font très-riches; la découverte en eft très-ancienne, & il eft impoffible d'en affigner l'époque : le canton eft rempli de puits qui ont été fouillés en différents temps; les plus anciens titres font mention de ces Charbonnieres; plufieurs Seigneurs y ont un droit de traite, qui eft communément réglé
par leurs titres au tiers franc du Charbon extrait, & dont la qualité eft réputée
excellente.

Le Seigneur de Montcenis a par fes terriers ce droit dans la partie des carrieres fituées fur fa juftice.

Le Seigneur de Torcy, comme Seigneur de Champleau & Montvaltin, a le
même droit fur les héritages qui font dans fa mouvance.

La Paroiffe de *Blanzy* (2) n'a pas moins été favorifée de la nature à cet égard
que les précédentes; plufieurs Carrieres y font ouvertes de temps immémorial.

Non-feulement le Seigneur de *Gueurfe*, Paroiffe de Blanzy a du Charbon dans
l'étendue de fon fief, mais encore les Seigneurs de *Savigny*, du *Pleffis* & plufieurs autres particuliers qui ont des poffeffions dans cette contrée, ont une grande
abondance de ce foffile.

Le Seigneur du *Magny*, Paroiffe de *Sauvigne*, voifine de *Blanzy*, remet en
valeur des carrieres ouvertes dans les temps les plus reculés & négligées depuis
plufieurs années : il trouve à onze pieds de profondeur un lit de Charbon de la
meilleure qualité.

Les Bourgs de *Toulon-fur-l'Arroux*, qui fépare en cet endroit le Charolois
de l'Autunois, ceux de *Martenet*, de *S. Berain*, *S. Eugene*, en ont une grande

(1) *Digreffions Acad'miques, ou Effais fur quel-*
ques fujets de Phyfique, de Chymie & d'Hiftoire Na-
turelle, 1772 in-12.

(2) Mal écrit *Banci* dans la premiere Partie,
page 150.

quantité, & les Paroisses de *Charmoy*, de *S. Nizier-sous-Charmoy*, situées entre les précédentes, en donnent des indices.

Dans celle de *Morey*, on en voit des Carrieres & des vestiges d'anciens travaux.

Quelques-unes de ces Carrieres ont sûrement été exploitées dans tous les temps ; mais des chemins presque impraticables qui rendoient les transports difficiles, ont sans doute été cause que ces Mines ont été peu connues, le débit du Charbon n'ayant jamais pu s'y faire que de proche en proche ; mais des routes ouvertes aujourd'hui dans le Charolois & dans le Bailliage de Montcenis, pourroient en peu d'années faire de ces mines un objet essentiel de commerce, étant à portée, comme celles du Forez, de l'Auvergne & du Bourbonnois, d'entrer dans la consommation des Provinces que parcourt la Loire, & sur-tout de la ville de Paris par le canal de Briare, au moyen de la petite riviere de la Bourbine, grossie par *l'Ourache*, & de la riviere d'Arroux, qui vient se jetter dans la Loire, entre Digoin & la Motte S. Jean.

Cette circonstance, de pouvoir suppléer pour la Capitale aux Mines de Charbon de trois autres Provinces plus éloignées, n'a pas manqué de faire impression, & de donner lieu à des spéculations de propriété exclusive.

M. de la Chaise, Propriétaire d'une partie des Carrieres de la Paroisse de Breuil, & qui par conséquent pouvoit s'en tenir à ses possessions, a obtenu le 27 Mars 1770, un Arrêt du Conseil, qui lui donne le droit d'extraire du Charbon dans une étendue de pays qui a plus de vingt-quatre lieues de circonférence, & qui comprend toutes les Paroisses indiquées ci-dessus.

Ce privilege a excité en Bourgogne la sensation la plus vive, & ne paroît pas plus que les autres dont nous avons cité des exemples, capable d'opérer les avantages publics attachés à ces donations.

Un particulier qui n'est peut-être pas en état de faire valoir ses propres Mines, ne doit pas naturellement être supposé dans le dessein d'exploiter celles de ses voisins : s'arrogera-t-il la liberté de sous-traiter de sa concession ! ce n'est qu'une collusion au préjudice des Propriétaires légitimes. S'il n'a d'autre objet que d'empêcher ses voisins de tirer de leur Charbon, afin d'avoir un plus grand débit du sien, c'est une injustice faite à ceux qui ne pourront tirer parti du leur ; c'est mettre le Concessionnaire dans le cas, déja trop fréquent, de faire la loi au Public, privé de s'adresser à d'autres avec lesquels il trouveroit son avantage, & pour le bon marché, & pour la qualité, s'il y avoit concurrence de Vendeurs.

Des différents Charbons provenant de ces Mines, j'en connois quelques-uns sur le rapport de M. de Villedieu de Torcy. » Le Charbon de la montagne, » appellée la *Châtelaine*, chauffe plus promptement que les autres, & est plus » favorable aux différents ouvrages ; il coûte à la Mine quatre livres dix sols la » voie (1) : celui de *Blanzy* est plus solide que celui de Montcenis & du *Breuil*,

_____

(1) Composée d'environ sept tonneaux de Bourgogne, du prix de deux livres le tonneau.

» il eſt plus propre à être emmagaſiné qu'un autre ».

Il a déja été amené du Charbon de Montcenis au Port de Paris ; mais n'ayant pu être informé du temps où je pourrois m'en procurer pour en faire l'examen, M. de la Chaiſe a eu la complaiſance de m'en fournir, & voici ce que j'ai reconnu.

Ce Charbon eſt une Houille de l'eſpece appellée par les Liégeois *Toirchée* ; elle eſt noire, luiſante & argentine, ſemée d'*yeux de crapaud*, ſeche, légere, friable, & ſe briſant en pouſſier : il s'allume aſſez facilement & ſe réduit en *hurre de pierres* (1) ; ſa flamme eſt claire & belle ; il dure long-temps au feu, ſa fumée n'eſt pas conſidérable : ſon odeur n'eſt point *bitumineuſe* ; elle eſt plutôt de celle qu'on appelle communément *ſoufreuſe*.

Le ſieur Jullien, *co-Propriétaire* & Entrepreneur de ces Mines, a fait la remarque, qu'en brûlant il augmente d'un tiers en volume, & diminue de moitié pour le poids.

Le Charbon tendre donne une petite flamme bleue, violette, quoiqu'il s'en trouve qui ſe colle, & d'autre qui ſe ſépare au feu ; cette ſeconde qualité peut être regardée comme une eſpece de *clutte* ou de *petite terroule* : je penſe que le menu pouſſier ſeroit propre à être employé en *boulets* pour les chauffrettes. *Voyez page 36 de cette ſeconde Partie.*

Il ſe vend à la Mine de quatre livres à quatre livres dix ſols la voie ; mais éloigné de quatre ou cinq lieues de l'embarquement, il augmente conſidérablement de prix. En calculant les frais de la Mine à la riviere, qui montent à vingt-une livres, ceux de tranſport de la riviere à Paris, y comprenant les droits du canal de Briare & les droits d'entrée, il coûte à Paris de ſoixante-douze à ſoixante-treize livres ; en 1770 il s'y eſt vendu ſoixante-douze livres.

NIVERNOIS.

L'extraction du Charbon des environs de *Decize* ou *Dezize* en deux endroits différents, par un puits nommé *croc*, conſtitue ce que j'ai appellé les deux Mines de cette Province (2).

La premiere qui étoit celle de M. Mauduy, appartenant à M. le Duc de Nevers, eſt dans la Paroiſſe de *Champvert*, à deux lieues de la Paroiſſe avoiſinante à Druy : aujourd'hui c'eſt M. Saurin de Bonne qui la fait travailler.

Ce n'eſt qu'une ancienne fouille faite en 1689 par un nommé Nicolas Martin, en exécution d'un Arrêt du Conſeil. On m'a dit à Decize qu'elle viſoit à ſa fin ; alors (c'étoit en 1770) on tiroit les piliers par le puits ou *Croc Belard*, à *Engermignon*, qui eſt un bois de M. le Duc de Nevers.

(1) Dans la quatrieme Section, où il ſera traité de la maniere de reconnoître les différentes qualités de Charbon, on trouvera l'explication de ces termes Liégeois.

(2) Voyez la note premiere, page 477.

A l'œil ce Charbon paroît fec & brillant ; j'en ai trouvé qui reffembloit affez à de beaux morceaux choifis de la Mine de Noyan, près Fims en Bourbonnois.

Il eft affez inflammable, & fa qualité n'en eft pas mauvaife ; il n'eft cependant point propre aux ouvrages en fer.

La feconde Carriere eft fur le terrein des Minimes, qui eft le même que le précédent ; fes travaux commencent à venir joindre ceux de l'autre Mine ; elle eft exploitée par le repréfentant de M. Dreche, qui a tiré pendant trente ans.

Le *Croc* de cette Mine eft très-profond, & exige que l'on emploie des chevaux à l'enlévement des Charbons ; quinze hommes, en y comprenant le Maître Ouvrier & ceux occupés à épuifer les eaux, donnent par jour douze voies.

Les uftenfiles ou vaiffeaux pour enlever le Charbon & les eaux, ne font point différents ; c'eft un coffre ou bacquet, auquel on donne dans ces quartiers le nom de *Bafchole*, & qui devient enfuite une mefure appellée *Bafcholée*, dont deux font le poinçon.

Dans ces derniers temps les travaux de cette Mine ont été repris fur un plan nouveau ; pour rendre l'exploitation plus confidérable, les Intéreffés ont établi deux puits à une diftance de cinquante toifes l'un de l'autre ; quoique l'un paroiffe fur le terrein plus élevé que l'autre, tous deux ont la même profondeur de cinquante-trois toifes, & ont fourni du Charbon.

Depuis cinq mois environ, la pourfuite des ouvrages eft contrariée par la *mouffette*, qui depuis plus de quatre-vingts ans que ces Carrieres font ouvertes n'y étoit point connue. & on n'eft pas encore parvenu à y remédier efficacement ; en attendant que cet embarras foit levé, je vais placer ici le Journal de l'opération à laquelle on a eu recours, il ne peut être que très-utile pour les circonftances de ce genre ; j'en donnerai la fuite, & je l'accompagnerai de réflexions, lorfque j'en ferai à la quatrieme Section, dans laquelle l'airage des Mines fera traité par principes.

» Depuis cinq mois environ, l'air s'eft épaiffi dans ces deux puits ; dans le » fupérieur, il eft refté conftamment mauvais jufqu'à vingt toifes ; dans l'inférieur, » comme les eaux s'y font accumulées pendant l'hyver, l'air s'y eft raréfié & les » Ouvriers defcendent jufqu'à quarante-huit toifes, c'eft-à-dire, jufqu'au niveau » de l'eau : on travaille à épuifer ces eaux, & lorfqu'elles le feront, on craint » que l'air ne s'y épaiffiffe comme il s'eft épaiffi précédemment.

» Les Intéreffés, d'après les Mémoires de l'Académie des Sciences (1), ont » fait faire un fourneau qui a été commencé le Mercredi 3 Mars 1773, & fini le » Vendredi 5 ; ce fourneau a quatre pieds de dedans en dedans, eft conftruit fo- » lidement de brique, & a cinq pieds fous voûte ; la cheminée a dix pieds de » hauteur.

(1) Pour l'année 1763, *Mémoire fur les vapeurs inflammables qui fe trouvent dans les Mines de Charbon de terre de Briançon.*

» Ce fourneau a été placé sur le puits supérieur, à quatre pieds environ de
» son embouchure (1).

» Il est à observer qu'à côté de ce puits on avoit établi un *Reuillon*; ce re-
» villon est un petit puits moins large que le premier, qu'on descend perpen-
» diculairement jusqu'à dix toises à côté du grand puits; quand il est à cette
» profondeur de dix toises, on le perce horisontalement, & pour lors on établit
» des *cornets* qui partent de cette perçure & qui vont jusqu'au fond du grand
» puits.

» Les *cornets* sont faits avec quatre planches jointes ensemble à languettes, &
» le plus exactement que faire se peut, & ils le sont bien; cette opération a
» suffi jusqu'à présent pour entretenir l'air pur.

» Quand ce fourneau fut fait, on fit boucher le *Reuillon*, & on fit continuer
» les *cornets* jusqu'à l'orifice du trou; dès que le revillon fut bouché, les exha-
» laisons monterent en sorte que l'air devint mauvais jusqu'à cinq toises de l'ou-
» verture du trou.

» Le Vendredi 5, le fourneau fini, on y adapta un tuyau de poële qui entroit
» d'un demi-pied dans le fourneau, & qui par un coude entroit dans le premier
» *cornet*, & on alluma le feu à cinq heures du soir; le Samedi à huit heures du
» matin, l'air s'étoit raréfié de cinq toises à dix-huit, & à midi étoit raréfié à
» trente-une toises; à trois heures après midi on ne trouva point de bénéfice,
» on soupçonna qu'il pouvoit y avoir quelques vices dans les *cornets*; un Ouvrier
» descendit & trouva effectivement un trou dans un des cornets de deux pouces
» de rotondité, à la distance de trente-une toises; ce trou fut bouché.

» A cinq heures on descendit la lumiere, (c'est la maniere de s'assurer de la
» qualité de l'air; elle s'éteint dès qu'elle arrive dans un air trop épais;) elle des-
» cendit jusqu'à trente-une toises; mais dès qu'elle fut parvenue à vingt-toises,
» elle entra dans des nuages très-épais, la lumiere en fut troublée, & à peine la
» voyoit-on; elle s'éteignit à trente-une toises.

» Le Dimanche matin 7 Mars, elle n'alla qu'à vingt-deux toises, neuf toises
» de perte; le Dimanche au soir à vingt-six toises, quatre toises de bénéfice.

» Le Lundi 8 matin, à dix-neuf toises; le Lundi soir à vingt-deux toises, le
» Mardi même niveau le matin, & même niveau le soir.

» Le Mercredi dix le matin à vingt-deux toises & demie, le soir à vingt-six toises
» cinq pieds; le Jeudi onze, à vingt-quatre toises & un pied, le matin.

» On voit, d'après ces observations, qu'il y a des variations dans l'air, mais
» elles ne sont pas aussi subites que le Mémoire de l'Académie le faisoit espé-
» rer; il étoit dit, *Ayez du feu & des tuyaux, & vous aurez l'air au bout du*
» *tuyau*: les cornets font l'effet des tuyaux; ils vont au fond d'un puits; on de-
» voit donc avoir de l'air au fond du puits.

» On a dit plus haut qu'on a tiré des Charbons dans le puits en question;

(1) C'est celui décrit sommairement à l'article de la Mine de Littry, *page* 569.

» pour

» pour tirer ces Charbons, on a pratiqué sous terre des galeries ou chambres; il y
» en a quatre qui répondent au fond du puits, l'une de cinquante toises, l'autre
» de trente, la troisieme de douze, & la quatrieme de neuf toises; ces chambres
» sont pleines de mauvais air.

Je reprends l'histoire de cette Mine pour ce qui concerne la qualité du Charbon qu'elle donne, & le commerce qui se fait des Mines de Décize.

Les magasins de ce Charbon sont Paroisse *S. Léger des Vignes*, sur le bord de la riviere, au Port nommé *la Charbonniere*, où il y en avoit lorsque j'y ai passé, pour cinq à six ans de débit, estimé à douze cent fournitures pour le prix total de cent mille écus.

M. Belard, Subdélégué de l'Intendance, m'en a fait apporter qui étoit tiré de la Mine depuis plus de soixante ans; il étoit léger, & se cassoit aisément en filets; en s'allumant, il a donné une assez belle flamme, accompagnée d'une fumée noire; l'odeur qu'il a exhalée, n'est point mauvaise; il a duré long-temps au feu, & y donne des marques de la présence d'une quantité raisonnable de bitume : il est employé utilement pour les Raffineries; mais il gâte le fer, ce que les Marchands expriment en disant qu'*il manie beaucoup le fer*, entendant sans doute qu'il le ronge & le mange.

La *Bascholée* fait la sixieme partie d'un *tonneau*; il faut deux bascholées pour faire un *poinçon*; cent trente-deux bascholées, en y en comprenant douze, qui se donnent par dessus le marché, forment ce qu'on appelle dans ce quartier une *fourniture*, composée de vingt-deux tonneaux, ou huit voies.

La *voie* est formée de quinze bascholes, revenant à un demi-poinçon la baschole.

Au pied du *Croc* la fourniture criblée se vend dix écus; mais il faut y ajouter ensuite les frais de transport par des chemins très-mauvais : la même fourniture prise au magasin, se vend quatre-vingt livres : il est à propos d'observer que le Charbon des Mines de Décize, sur trente-deux livres, en perd cinq quand il est pesé frais.

Ce sont des Voituriers d'Orléans ou de Châteauneuf qui se chargent de l'exportation par eau; lorsqu'ils remontent, ils achetent en attendant une crue d'eau, vins, charbons & autres marchandises.

De Décize à Orléans pour la Raffinerie, ils prennent de quatre-vingt-cinq à quatre-vingt-dix livres; sur quoi ils payent jusqu'à la destination les Porteurs au bateau & les droits.

La baschole paye quatre livres dix sols de droit d'octroi & de quittance.

L'usage auquel on vient de voir que le Charbon de Décize est restraint par sa qualité, pourroit s'étendre au chauffage, en le fabriquant en pelottes ou briquettes, ce qui seroit de ressource pour les Ouvriers & les Manufactures de Nevers. Les fosses situées à un quart de lieue de cette Ville, & d'où l'on tire la marne ou la terre à fayence, fourniroient vraisemblablement une pâte convenable à cet apprêt dans celle qui est moins pure & plus mêlée de sable, qui n'est pas employée à faire de la fayence fine.

ARTICLE SECOND.

Provinces qui fournissent Paris.

BOURBONNOIS.

LES Mines qui s'exploitent dans cette Province, sont situées sur la route de Moulins à Limoges, dans une montagne formée d'un roc noir, qui est un granite pareil à celui des Isles Chauzey, sur la côte de Basse-Normandie, en face de Granville, dont la plupart des maisons & des casernes sont bâties (1).

Tous les environs laissent appercevoir des vestiges d'anciennes fouilles; les premiers travaux dont on est redevable à des Liégeois, ont été faits auprès du village de la *Chaise*, autrement nommé *Lachy*.

Lorsque Piganiol de la Force a publié sa Description de la France, ces Mines étoient peu considérables, & ne servoient que pour la Province.

Il n'y a plus aujourd'hui dans cette partie que deux endroits où l'on tire du Charbon de terre, savoir dans la Terre de *Fims*, Paroisse de Châtillon, au-dessus de la petite ville de Souvigny, anciennement Capitale du Bourbonnois, & à *Noyan* sur le même chemin de Moulins à Fims.

La Mine de *Fims* qui s'exploite depuis plus d'un siecle & qui donne un Charbon d'une qualité supérieure à tout ce que j'en ai vu en France, est distante de quatre lieues de la ville de Moulins, & par conséquent de l'embarquement; mais ce transport est facilité en toute saison par un chemin construit aux frais des Entrepreneurs de la Mine avec les pierres de cette montagne, & qui a coûté près de cinquante mille livres.

La masse qui compose le chapeau de cette Mine est formée par les couches suivantes, placées sous la terre franche dans l'ordre que je vais indiquer : une terre *glaise*, une substance noire caillouteuse, appellée *petite taye*, une *argille* tapée, dite *baume grise*, un *roc*, un *grès* ou *roc machuré*, & encore un autre *roc* (2).

La couverture de la veine est formée de deux couches; la premiere est une espece de *Baume* qui n'est désignée par aucun nom particulier; elle est très-dure & très-compacte; le fond de sa couleur est mêlé de teinte grisâtre & de nuances

---

(1) C'est vraisemblablement celui dont parle M. de Tournefort, sous le nom de *granit des environs de Granville*, & qu'il nomme aussi *Carreau de S. Severe*, dont on faisoit alors des chambranles de portes & de cheminées.

(2) Les différents échantillons de ces substan-

ces que j'avois ramassés dans cette Mine, ne me sont point revenus, ce qui m'oblige de m'en tenir à ces dénominations sans éclaircissement, comme je l'ai fait toutes les fois que j'en ai eu l'occasion.

de rouille ferrugineufe, vifant au lilac clair : la maffe eft femée abondamment
d'un précipité d'ochre martial fafranné ; la feconde couche eft une efpece de
grès pourri de couleur pâle, comme il fe trouve dans tous les terrains à Charbons ; les Ouvriers l'appellent *Soutre.*

Le fol eft une glaife de couleur bleuâtre claire, & qui par la compreffion a
acquis la dureté de pierre.

Les premieres couches terreufes s'attaquent avec de gros *pics* à une pointe,
de cinq à fix livres de poids ; & les rochers avec des *coins* de fer, de quatre à
cinq livres, aidés par des *maffes* pefant depuis quinze jufqu'à dix-huit livres.

Dans la Mine de Fims, on connoît deux veines, ayant leur marche du Levant
au Couchant ; la premiere de trois pieds & demi à quatre pieds d'épaiffeur, eft
nommée *petite Veine* ; elle a depuis trois jufqu'à cinq toifes de large.

La feconde eft nommée *grande Veine* ou *grande Mine* ; elle a ordinairement
depuis fept jufqu'à huit pieds d'épaiffeur.

La tête de la veine eft nommée *Enlevure*, & le pied eft appellé *Enfonçure.*

La veine eft auffi quelquefois étranglée par des bancs de matiere noire, qu'on
nomme *Serries*, qui s'étendent quelquefois à fept ou huit toifes, après lefquelles la veine fe retrouve.

Ces efpeces de creins, felon qu'ils font placés dans le *Baume* ou dans le *Soutre*, relevent ou abaiffent la veine, qui eft auffi coupée elle-même horizontalement par des *nerfs* d'une épaiffeur inégale, & que les Ouvriers appellent *Couil-
lons.*

Les puits forment un quarré long, de dix à onze pieds de long, fur quatre ou
fix pieds de large ; dans ceux où l'on tire à bras, cette dimenfion eft réduite à
fix pieds de longueur fur quatre de largeur : ils font cintrés en bois, d'une groffeur proportionnée à la largeur.

Comme la Mine a en général une pente de quatre pieds & demi fur fix, ces
foffes font d'autant plus profondes, qu'on s'éloigne de l'enlevure de la veine ; la
moindre profondeur eft de dix toifes ; la plus grande jufqu'à préfent eft de trente-
neuf toifes fix pouces ; fa largeur eft de huit pieds.

Arrivé par cette ouverture perpendiculaire à la veine de Charbon, on le détache avec des *pics*, d'un tiers plus legers que ceux employés à l'enfoncement,
avec des *aiguilles* ou des *coins* de fer plats, de quinze à feize pouces de longueur, que l'on fait entrer dans la veine à coups de *maffe.*

Le prolongement de la foffe d'extraction, au-deffous de la veine, deftiné à
fervir de réfervoir aux eaux qui y arriveront de droite & de gauche par les galeries, fe recouvre de madriers, & donne à ce puifard jufqu'à douze pieds de
profondeur, & il s'appelle *Fontaine.*

Dans la direction de la veine, & au-deffous de fa premiere épaiffeur, on a
continué en face une galerie de cinq toifes de longueur, & coupé le puits obli-

quement du côté de la pente de la veine, environ depuis huit jufqu'à douze pieds, afin de trouver à dix, douze pieds d'éloignement la veine *en plein Charbon*, felon l'expreffion des Ouvriers, & on fe propofe de pourfuivre jufqu'à vingt-cinq ou trente toifes de longueur.

Cet ouvrage achevé, produit une *chambre* de dix à douze pieds de longueur, fur autant de largeur; c'eft-là où tout le Charbon qu'on détache de la Mine eft amené au dépôt, d'où on appelle cette place *Chargeage*.

Sur toute l'épaiffeur de la veine on forme de droite & de gauche des routes que l'on élargit peu-à-peu jufqu'à huit pieds, & lorfqu'on eft à dix toifes de diftance du puits, on *dilate* de nouveau ces galeries jufqu'à former un vuide de vingt-quatre & trente pieds, qu'on appelle *chambre*.

Les deux galeries de droite & de gauche étant exploitées, on fuit la veine dans fon épaiffeur & dans fa pente de quatre pieds fur fix, jufqu'à la profondeur de vingt à vingt-cinq toifes; cette defcente en plan incliné, étayé de toute part, & plancheyé uniment en deffous, eft nommée auffi *Enfonçure*.

Lorfqu'elle a été pouffée à vingt ou vingt-cinq toifes, on forme à fon extrémité de droite & de gauche des galeries: on laiffe des piliers de Charbon qui ont depuis dix pieds jufqu'à environ deux toifes & demie d'épaiffeur, & l'on recommence de nouvelles galeries en remontant jufqu'à la perpendiculaire, jufqu'au chargeage.

Du fond des galeries le Charbon eft voituré au *chargeage* dans des brouettes tirées par de jeunes enfans de douze à quinze ans, traîné enfuite dans des caiffons de la même forme que le *vay* des Liégeois. *Voyez Pl.* VIII *&* XXI de cette feconde Partie, lettre *B*.

Dans d'autres parties de la Mine, cette opération s'exécute par le moyen de coffres appellés *Tonneaux quarrés*, à caufe de leur forme, & qui fervent auffi de caiffe d'enlévement: à raifon de ce double ufage, le fond qui porte fur le fol des galeries eft difpofé en traîneau, afin de gliffer aifément; & ils font, dans un des côtés, fournis d'une groffe boucle qui s'accroche à la chaîne.

Arrivé au dépôt du Charbon des galeries, on décroche la chaîne de l'anneau qui eft au côté, on la replace dans les boucles qui font dans le haut du tonneau, & on l'enleve.

Les tonneaux pour tirer l'eau font ronds, ainfi que ceux pour les trous où on ne pratique point d'*enfonçure*; il fe trouve de ces tonneaux qui ont à leur partie de derriere une ouverture qui s'ouvre & fe ferme par une foupape; quand le puits regorge, on l'épuife par des tours à bras ou à force de chevaux.

Ces eaux fe reffentent de la nature de la Mine qu'elles baignent. L'eau d'une ancienne fouille qui fe fait jour dans une prairie par un refte d'aqueduc, charie une quantité confidérable d'ochre martiale, qui lui donne un goût & une qualité ferrugineufe.

La machine d'extraction du puits n'eft compofée que d'un arbre tournant

auquel

La machine d'extraction du puits n'est composée que d'un arbre tournant, auquel est appliqué un tour sur lequel se devide une chaîne de fer qui répond à deux mollettes perpendiculaires à l'ouverture.

Quatre chevaux attachés à des balanciers, font tourner l'arbre, & on les change toutes les six heures.

Le Charbon de l'*enfonçure* est extrait par un *moulinet* : cette machine placée sur le puits, est composée d'un fort boulon arrondi, portant huit à neuf pouces de diametre & sept à huit pieds de longueur, appuyé sur deux pieds droits, & roulant sur deux tourillons de fer vis-à-vis le *chargeage* de l'enfonçure sous lequel roule la *chaîne*, qui peut bien peser trois milliers & demi, ayant actuellement quatre-vingt-dix toises de longueur.

Le Charbon de la Mine de *Fims* est assez solide pour se détacher en quartiers d'un volume considérable.

Celui qui s'extrait à la profondeur de dix toises, est d'une bonne qualité, inférieur néanmoins à celui qu'on extrait à dix-huit ou vingt toises ; il est tendre, ne chauffe pas si bien, ne chauffe point fort, & convient peu pour les grosses forges.

Le menu qui se sépare de ces grosses masses se nomme *Gayettes* ; en général sa grande vivacité le rend propre aux ouvrages des Forgerons, & particuliérement aux Verreries.

Resté exposé à la pluie, il gagne de la qualité : du Charbon de cette Mine que j'ai fait venir en droiture, a présenté les remarques suivantes.

Il a donné une grande flamme, a continué son feu en se grumelant, en formant des bouillons, & se collant même au Charbon de bois.

En tout il ressemble fort au bon Charbon de Liege, & donne une fumée très-semblable à celle des bons Charbons de ce pays.

Le Charbon de Fims, connu à Paris sous le nom de Charbon *pur de Moulins*, est réputé d'une bonne qualité ; il passe pour donner plus de chaleur que les autres qui s'exportent dans cette Capitale.

La voie se vend à la Mine. . . . . 11 livres 5 sols

La conduite du puits au Port de la riviere d'Allier, est de   8   15

Prise au Port, la voie de Moulins d'un dixieme plus forte
    que celle de Paris, se vend. 20

L'importation de Moulins, qui fait vivre cent familles de Bateliers, va à environ cinq mille voies par an ; la vente annuelle, telle qu'elle est aujourd'hui, en l'évaluant sur un plan réel, se monte à trois mille voies, dont un millier se vend sur la Loire ; on estime qu'il s'en consume pour Paris deux mille voies année commune.

Les bateaux partent de Moulins chargés de quinze à seize voies, & vont avec cette charge jusqu'au canal de Briare.

Là, de trois bateaux on en compose deux pour Paris, contenant chacun vingt-cinq voies, qui rendent, au Port S. Paul, de 28 à 29 voies.

Il ne faut plus alors juger de ce Charbon : il est des Marchands qui le mêlent avec la *Chauffine*, ou d'autre Charbon léger d'Auvergne. Quelques Serruriers, à la vérité, font ce mélange, & prétendent s'en bien trouver ; mais si à cet égard les proportions de cet alliage font dirigées par l'expérience de ces Ouvriers, celles qui font fuivies dans cet alliage fait par les Marchands, ne font réglées que fur l'idée du gain.

Les bateaux qui restent vuides à Briare, se vendent depuis 60, 80, jusqu'à cent francs. Cette différence de prix dépend de la quantité de bateaux qui se trouvent & qui servent à l'exportation des bleds, vins, ou autres marchandises des bords de la Loire, descendantes à Orléans & à Nantes.

Noyan.

La mine de Noyan, éloignée d'environ une lieue de Fims, & une demi-lieue plus près de Moulins, ne donne, jusqu'à présent, qu'un Charbon dont la qualité est beaucoup au-dessous de celui de Fims : il est léger, brûle trop aisément, & est uniquement propre à cuire la chaux. J'en ai trouvé qui, au feu, s'annonçoit affez avantageusement ; mais il ne colle pas bien. Les Forgerons qui ont voulu l'éprouver, n'en font point non plus le même cas que de l'autre ; cependant à mesure qu'on le tire en approchant de Moulins, on observe une différence marquée.

F O R E Z.

Le bas Forez, connu sous le nom de *Rouanez*, *Roannois*, n'est pas entièrement dépourvu de ce fossile. On en apperçoit des indices dans la Paroisse de *Villemontois*. A *Saint Maurice sur la Loire*, à deux lieues au-dessus de Roanne, entre la Loire & la montagne de *Cremeaux*, citée dans la première Partie, on a aussi trouvé du Charbon de terre. M. Alleon du Lac avance que c'est en petite quantité, & que sa mauvaise qualité a fait abandonner ces Mines.

Nous ne parlerons ici que de celles du *haut Forez*, qui concourent à l'approvisionnement de Paris. Elles avoient été dans ces derniers temps, affervies aux droits d'une Concession que le Baron de Vaux avoit obtenue, sous prétexte d'affurer l'approvisionnement de la Manufacture Royale d'armes ; mais sur les représentations des Propriétaires de ces Mines, & des Marchands de Charbon de Paris, cette Concession a été révoquée au mois de Novembre 1763 ; & chacun traite avec les Charbonniers, selon la facilité du débouché, à tant par jour, par semaine ou par mois, pour chaque Piqueur employé dans la Carriere.

J'aurois fort desiré placer ici une description de ces Mines, annoncée dans le volume des Mémoires de l'Académie, pour l'année 1752 (1), & celle d'une

_____

(1) Mémoire fur quelques montagnes de la France, qui ont été des volcans, par M. Guettard. Voyez page 29 de ce Mémoire.

montagne qui brûle, visitée par le même Savant (1). En attendant que ces descriptions soient publiées, j'emprunterai celle que M. Alleon du Lac a donnée de ces Mines.

» Cette masse de Charbon commence du côté du Levant, aux extrémités de » la Paroisse de *Saint-Jean de Bonnefont*, & aux pieds des montagnes de Pila , » & toujours inclinée au Levant : elle serpente au Nord jusques dans les Paroisses » de *Sorbieres* & de la *Fouillouse* ; de-là tirant au Couchant , elle fournit des » quantités prodigieuses de Charbon, qu'on tire des ouvertures faites dans les » Paroisses de *Villars*, de *S. Genest-Lerpt*, & principalement de *Roche* ; cette » masse va de-là en diminuant jusqu'à *Firmini*, où elle se perd & laisse sans » Charbon tout le côté du Midi.

» La ville de S. Etienne , située au centre , fournit l'abrégé de ce plan. *La rue* » *de Lyon*, *le grand Moulin*, *la Place*, tout le quartier de *Polignais*, font bâtis » sur du Charbon ; un des angles de la *Place*, & ses environs du côté du Midi , » jusqu'à la *rue froide* inclusivement , sont sur du Charbon ; *la rue Neuve*, & » tout ce qui est au-delà , n'en fournit plus.

» Sa marche est de l'Est à l'Ouest ; sa direction la plus générale est , selon » la maniere de s'exprimer des Ouvriers du pays , *du côté des onze heures*, c'est- » à-dire, presqu'au Midi. Les Charbons dont la marche est du Midi au Nord, se » démentent en s'enfonçant : ils sont tantôt obliques , tantôt perpendiculaires , » tantôt en planure , & quelquefois remontants ».

M. de Fougeroux rapporte que ces Mines ont peu d'inclinaison , & qu'elles se trouvent souvent entrecoupées par d'autres veines. Leurs enveloppes , dont on m'a procuré des échantillons , sont des pierres argilleuses très-compactes, qui , sous l'instrument , se cassent irréguliérement : on y trouve souvent , dans les facettes laissées alors à découvert , sur-tout lorsque ces fragments ont resté quelque temps à l'air libre , une espece de chancissure que je ne crois pas devoir négliger de faire remarquer : c'est une poussiere très - fine & très- déliée qui s'attache aux doigts , & qui est d'un beau jaune citrin, comme la fleur de soufre. Cette couleur pourroit ne présenter aux ignorants , que l'idée du soufre ; & je ne doute point que ceux qui sont dépourvus de connoissances , ne prennent pour tel cette efflorescence.

Dans les parties où ces pierres d'enveloppe ont conservé leur tissu feuilleté , les interstices se trouvent encore souvent remplies d'une matiere qui paroît être de la même nature , mais qui y forme de petites couches discontinuées sous une

---

(1) *Idem page* 54. La position près de S. Etien-ne , assignée par M. de Fougeroux , à la monta-gne qui brûle , & que j'ai rectifiée dans l'errata , parce qu'effectivement S. Genis *terre noire* qu'il nomme expressément , étant du Lyonnois , laisse quelque doute si ce Physicien n'a pas réellement décrit une des montagnes de feu dont j'ai parlé *page* 159, premiere Partie , à l'article du *Forez*.

M. de la Tourette , qui a examiné celle-ci , à 3 quarts de lieue de S. Etienne , en a donné à l'A-cadémie des Sciences de Lyon , une description , dans laquelle les mêmes phénomenes sont rap-portés ; j'y ai remarqué cette différence impor-tante , que quelques-unes des cavités intérieures sont formées en véritable entonnoir. *Voyez* le Mémoire de M. Guettard. Année 1752.

forme ochreufe, qui pourroit être le même vitriol en *deliquium* qui a fufé dans ces vuides.

La defcription que M. Alleon du Lac a donnée de la maniere de travailler ces Carrieres dans le *Forez*, eft extrêmement fuccincte; mais elle a l'avantage d'en relever les défauts. On ne fauroit trop les faire remarquer aux Propriétaires, ou qui les ignorent, ou qui ne réfléchiffent point affez fur leurs véritables intérêts. Peut-être qu'à force de les leur remettre fous les yeux, il s'en trouvera qui profiteront des avis renfermés dans la defcription de l'Auteur. Voici la maniere dont il s'exprime en parlant de ces Mines, *Tome 2, page 55.*

» Comme la direction des Carrieres de S. Etienne, eft prefque toujours incli-
» née à l'horizon, & que les filons ferpentent à travers les rochers, ces mêmes
» rochers fervent à foutenir le terrain; & lorfque la veine ou la maffe de Charbon
» eft affez confidérable pour pratiquer plufieurs galeries dans la même Car-
» riere (1), on laiffe entre, deux des maffifs que les gens du métier appellent
» *piles*: elles foutiennent parfaitement le terrain lorfqu'on les fait avec précau-
» tion, & qu'elles font foigneufement confervées. Il n'arriveroit prefque jamais
» d'accidents, ou du moins ils feroient fort rares, fi l'on avoit l'attention de ne
» s'écarter jamais de ces deux points; mais l'avidité & la mauvaife foi des Char-
» bonniers, les engagent fouvent, au péril même de leur vie, à fapper ces piles.

» Il y a quelques Carrieres, mais en petit nombre, où l'on étaye avec des
» fortes poutres de chêne, pour empêcher les terres de s'ébouler; tout au moins
» a-t-on l'attention d'étayer l'entrée de toutes les Carrieres, pour s'en affurer
» la fortie: il faut qu'elles foient bien abondantes pour qu'on pouffe la précau-
» tion plus loin; autrement la dépenfe abforberoit le produit ».

Les *éboulements*, très-communs dans ces Mines, font donc, ainfi que l'obferve M. Alleon du Lac, faciles à empêcher; les *avals* d'eau réfultantes d'anciennes excavations qui fe font remplies d'eau, & qu'on appelle, en langage du pays, *Tonnes*, ne font pas plus embarraffantes, avec les précautions ordinaires.

*Indications des principales Charbonnieres du Forez, accompagnées de Remarques
fur la qualité du Charbon qu'elles fourniffent.*

A *Saint Victor*, une fouille.

A *Villars*, deux fouilles. Je n'ai pu m'affurer de l'efpece de Charbon qui vient de ces deux endroits.

A *Monthieu*: il fe caffe très-aifément, donne une fumée épaiffe, brune, un feu de belle couleur; en brûlant il fe colle tout en maffe avec le Charbon de bois: ce Charbon eft extrêmement pyriteux, & n'eft point propre à être emmagafiné; il tombe en grande partie en effloreffence vitriolique.

(1) On eftime que les *veines* ou *maffes* (car on donne à la Mine ces deux noms fuivant l'épaiffeur)
ont ordinairement de 8 à 15 pieds d'épaiffeur,

A

A *Sorbieres*, à *Fouilloufe*, à *Foffe*; les deux premiers endroits font peu riches en Charbon: celui de Foffe, felon M. Alleon du Lac, eft paffable.

Rica-Marie; le Charbon de la montagne ainfi appellée, eft de même qualité que celui de la *Beraudiere*; il n'eft pas fi luifant que les autres: il eft très-compact, & paroît plus fec; fa fumée eft jaunâtre: il donne cependant une bonne flamme, grande, belle & brillante, & un très-beau feu.

C'eft une excellente Houille, peut-être préférable à toutes les autres; elle fe colle en brûlant, dure long-temps, & eft de bon ufage pour les grilles.

Selon M. Alleon du Lac, cette Carriere brûle depuis plus de trois cents ans; il en trouve la preuve dans d'anciens terriers, qui affignent cette Carriere pour confins, & qui s'expriment en ces termes: *juxta Calceriam inflammatam.*

Firmini, du côté du Velay: Charbon excellent.

Clapier, au centre du Forez, Mine de M. de Vaux: Charbon très-joli, de l'efpece à écailles, ou facettes fpéculaires, nommées par les Houilleurs Liégeois *yeux de crapaud.*

Près du Bourg d'Argental, *à S. Julien*, où il y a auffi une Mine de Plomb.

La *Beraudiere*; Charbon *queue de paon*, très-compact, mais allié avec beaucoup de terre qui retarde fon inflammabilité, & lui fait donner un feu de moyenne activité: il dure long-temps; comme il fe confomme moins promptement, il eft préféré dans les ménages: le menu n'eft pas bien bon pour les petites forges.

Au *Treuil*, près S. Etienne. Cette Mine a été long-temps la feule dont l'extraction fe faifoit par puits, ou, comme ils difent, *à ciel ouvert.* La maffe de Charbon eft fous une Carriere de pierre. C'eft un Charbon à *œil de crapaud*: il eft tendre, donne une fumée jaune, épaiffe, & un bon feu de durée: en tout il eft d'une affez bonne qualité.

Montfalfon, très-près de S. Etienne: la maffe de cette Mine appartient à M. Brunand: elle occupe toute la montagne, qui eft percée de part en part dans une longueur d'environ 300 toifes.

C'eft celle qui donne le Charbon le plus léger de tous, qui fe confomme le plus parfaitement, & laiffe moins de cendres; mais il eft de moindre durée: le feu qu'il donne eft plus net.

Le feu y avoit pris en 1763, fans qu'on ait fu comment, & y a duré jufqu'à ce qu'on eût bouché la communication qui perçoit la montagne du Nord-oueft au Sud-oueft, par laquelle l'air pénétroit avec violence, & y faifoit le foufflet.

Le *Clufel*, fitué Paroiffe S. Geneft-Lerpt, à une demi-lieue de S. Etienne, & peu éloigné de Montfalfon. C'eft un Charbon *queue de paon*, très-abondant, & eftimé pour le chauffage. M. Alleon du Lac dit que c'eft un Charbon paffable.

Roche-la-Molliere, ou *la Moulliere*; c'eft le nom d'une Terre que M. le Duc de Charoft a eu par droit de retrait. Comme elle eft contiguë avec celle de Montfalfon, le Charbon qui y abonde, differe en général, très-peu de celui de cet autre endroit. Ses qualités ne font variées que felon les puits d'où on le tire.

M. Alleon du Lac avance que l'exploitation en eft mal conduite ; il obferve que le Charbon en eft paffable, & eft eftimé propre à l'ufage des grilles. La veine ne s'étend pas en profondeur : on y trouve de l'efpece nommée *Queue de paon*.

C'eft un Charbon moyen, qui feroit affez bon mêlé avec celui de Fims : il fait un feu papillotant, tombe en parcelles, qui fe réduifent en cendres.

On tranfporte de ce Charbon à S. Rambert, où il eft embarqué fur la Loire. Depuis quelques années, il en vient à Paris, où il eft annoncé fous le nom de *Mine Royale*.

A Roche-la-Molliere, Carriere dite *Mine Sainte-Françoife* ; le Charbon s'en caffe aifément, en s'éfeuillant de la même maniere que lorfqu'il eft dans le feu : il a peu de force, & fe foutient affez long-temps.

Le Charbon de S. Etienne eft, en général, un Charbon léger : expofé au feu il donne beaucoup de fumée, & une odeur graffe : il fe renfle confidérablement, continue long-temps fa fumée, à caufe de fa graiffe, & fe colle bien. Nombre d'Ouvriers de Paris ne l'emploient à la forge que mêlé avec le Charbon de Moulins.

Aux environs de S. Etienne, on ne fe chauffe guere qu'avec du Charbon de terre de l'efpece de celui qui eft beaucoup moins fumeux que celle qu'on emploie dans les forges.

J'en ai trouvé qui fe convertit au feu en une vraie ponce, dont les porofités font extrêmement fines & déliées.

Les *gores* du mauvais Charbon, lorfqu'elles ont paffé au feu, deviennent une efpece de tripoli pierreux, remarquable par fes belles couleurs.

La voie de Charbon du Forez, coûte environ 7 liv. à la Mine.

Il fe tranfporte jufqu'à la Loire, où il eft embarqué à S. Rambert, pour les Villes qui font fur le rivage, & pour Paris. Ce premier tranfport coûte dix livres. Par un arrangement fait avec les Propriétaires de la navigation, chaque bateau ne peut en charger que 16 voies.

Arrivés à S. Rambert, dont le port a très-peu d'étendue, les bateaux qui étoient bloqués de 16 voies, n'en chargent que 8, & attendent la fonte des neiges pour partir.

A Roanne, qui eft éloigné de 12 lieues, on fait deux bateaux de trois ; plus bas on n'en fait qu'un de deux.

Ces différents changements, qui font inévitables, ont un inconvénient très-fâcheux pour le Marchand qui achete en gros ce Charbon ; c'eft le mélange de ceux dont la qualité pyriteufe & vitriolique, eft un empêchement abfolu à ce qu'on puiffe le conferver long-temps en magafin, fur-tout en plein air. Comme les Marchands-bourgeois de Paris font obligés de les tenir dans des cours, il feroit à fouhaiter que les Charbons reconnus de cette efpece, fuffent déclarés n'être de bonne vente que dans le pays, & sujets à confiscation lorsqu'ils seroient envoyés à Paris.

On fait monter le nombre de bateaux qui partent de S. Rambert, à 600, année commune.

AUVERGNE.

ON ne connoît point de Charbon de terre dans la haute Auvergne. Un Particulier a cru en avoir découvert en 1771, près de S. Flour ; mais les échantillons des couches, qu'il m'a envoyés pour en juger, m'ont fait voir que ce n'est qu'un banc de *Charbon de bois fossile*, ou *Charbon de bois tourbe*. Le quartier qu'elle occupe est à mi-côte, sur une colline assez élevée, inculte ; la couverture superficielle est une pierre que l'on croit être de grès, sous laquelle sont des terres bolaires blanches & jaunes.

La premiere substance qui vient ensuite, est une terre de couleur brune, claire comme le cachou, semée de quelques molécules blanches ; mise dans le feu, elle répand une odeur bitumineuse sans s'enflammer.

La seconde est évidemment composée de bois dont les couches se séparent les unes des autres, en présentant les mêmes circonstances que nous avons détaillées en décrivant une semblable Mine dans le Comté de Nassau, & à Cuizeaux, dans la Bresse Chalonnoise, & en Franche-Comté. Cette matiere brûle par conséquent au feu en exhalant l'odeur de bitume de *Tourbe*. Le Particulier qui a fait cette découverte, s'est servi de cette matiere à la forge ; il a rougi & ramolli le fer aussi activement qu'avec le Charbon de pierre.

La troisieme est une masse formée de lames plus minces, & comme brouillée, ressemblante à une écorce noueuse & grossiere ; elle est extrêmement chargée de parties argilleuses & limoneuses ; s'enleve en gros quartiers, dans lesquels sont renfermés des fragments de bois qui, en séchant, prennent de la consistance. Elle brûle en donnant moins de flamme, reste long-temps en braise, répand une odeur sulphureuse, & se réduit en cendres blanches.

La quatrieme paroît être une continuation de la précédente, plus mêlée seulement de matiere blanchâtre qui appartient à la couche qui vient ensuite.

La cinquieme est une espece de *Tripoli* pourri hapant à la langue ; en l'examinant avec attention, je crois y reconnoître une destruction de bois converti en tripoli. Voyez *page* 457. Note 1.

La sixieme est une *Argille* pure & simple, approchante de ce que l'on appelle *Terre pourrie* : elle ne fait point effervescence avec les acides.

Les Mines de Charbon de cette Province, ne se trouvent qu'au voisinage de la riviere de l'Allier, depuis *Brioude* jusqu'à *Issoire*, dans la partie de l'Auvergne appellée *Limagne*, servant de base aux véritables montagnes de la haute Auvergne, dont la basse Auvergne est proprement la plaine.

Des Mines de Charbon de la Limagne.

LA plus grande partie des fouilles fe rencontre au-deffous de Brioude, dans un quartier enfermé par la riviere d'Allagnon, & par l'Allier, dans l'endroit où ces deux rivieres viennent fe réunir. Ce quartier, qui forme l'étendue d'environ une grande lieue de longueur, fur demi-lieue de large, comprend trois territoires; favoir, celui des Dames Bénédictines de *Sainte-Florine*, où étoit, il y a quarante ans, une Compagnie Royale qui ne fubfifte plus; celui de *Frugeres*, & celui de *Braffac*.

Les Charbons de ces trois quartiers font indiftinctement défignés fous le nom de *Braffac* ou *Braffager*, parce qu'ils fe tranfportent en facs, à dos d'âne, au port de Braffager, qui eft annexe de Braffac à environ deux cents toifes de diftance, & à l'Eft de Braffac, fur la rive gauche de l'Allier; les chemins en font très-mauvais dans l'hiver.

La partie de Mine la plus abondante, eft dans le territoire de *Sainte-Florine*; entre *Braffac*, diftant de *Sainte-Florine* d'environ 500 toifes à l'Oueft, & *Frugeres*.

Le Charbon n'y eft pas enfoui profondément; de tous côtés la fuperficie ou les rochers qui y pointent, avertiffent de la préfence de ce foffile. Ces rochers jaunâtres, feuilletés, & entremêlés de petites couches charbonneufes, font nommés *Taupines*.

Ce terrain contient, entr'autres, les Mines de la *Moulliere*, à cent toifes de diftance de Braffac, les Mines des *Lacs*, à environ 1200 toifes, & les *Chambelaives* (1); le centre de ces Mines eft le champ appellé la *Foffe*, dont on a, autrefois, tiré du Charbon réputé le meilleur de tout ce quartier. Les autres qui font ou qui ont été en nombre confidérable, ne font que des rameaux qui partent de ce champ ou qui viennent s'y rendre, mais féparés par des Rocs. Les Charbons provenants de ces branches, font d'une qualité différente, & tous d'une qualité bien inférieure à celle de la maîtreffe Mine; la plupart même pourroient n'être comptées pour rien; & s'il ne fe fait point de nouvelles fouilles ou de nouveaux travaux qui conduifent à du Charbon de bonne qualité, l'approvifionnement de Paris ne pourra plus compter fur cette Province; on en jugera par l'état que j'en donnerai, après avoir fait connoître la compofition de ce terrain à Charbon, & quelques particularités qui ont rapport à ces Mines.

La maffe qui précede le Charbon, paroît être compofée des couches fuivantes :

Immédiatement fous la terre labourable, une couche jaunâtre.

Couche terreufe, noirâtre, légere, bitumineufe.

Roc grisâtre, très-dur, de 7 ou 8 toifes d'épaiffeur : il eft fujet à former un

---

(1) Toutes les Foffes font diftinguées les unes des autres, ou par le nom de l'Ouvrier qui a creufé le puits, ou par le nom du champ où eft fituée la Foffe.

repli,

repli , dans lequel le Charbon fe trouve quelquefois ramaffé. Pour exprimer cet accident pierreux , les Ouvriers difent que le *rocher fait carpe.*

Terre noirâtre femblable à la feconde , mais plus fenfiblement bitumineufe.

Couche fchifteufe , fous laquelle vient le Charbon , dans lequel on diftingue trois membres.

Le premier Charbon approchant du jour , fe nomme *Mine de la découverte :* elle peut avoir depuis 15 jufqu'à 25 pieds d'épaiffeur , & eft féparée d membre qui vient enfuite , par un autre *Roc* argilleux , imprégné de bitume charbonneux , & en conféquence d'une couleur entièrement noire ; fes furfaces font enduites de vrai Charbon : l'intérieur de cette pierre eft femé de mica , couleur de pyrite , & d'infiltrations *Quartzeufes.* Ce roc rougit au feu , & y perd entièrement la couleur qu'il avoit d'abord.

Le fecond membre de Charbon eft appellé la *Mine du milieu :* il a à-peu-près la même épaiffeur que le précédent , eft de même affis fur un Roc qui tient lieu de toît au troifieme membre.

Ce troifieme membre eft appellé *Mine de la Sole ,* comme les Anglois appellent *Slipper Coal ,* femelle *du Charbon* ou *Charbon de femelle ,* la partie la plus inférieure ou la bafe d'une maffe de Charbon. C'eft dans cette Mine de la Sole , que fe trouve le meilleur Charbon appellé *Puceau* (1) , qui eft encore fur un lit de roc.

La marche de ces membres de Charbon , en longueur continue , eft nommée , par les Ouvriers , la *profondeur.* Celle que l'on connoît la plus confidérable dans ce canton , eft de 80 braffes , ou 460 pieds (2). Pour le préfent , il n'y en a point en exploitation.

La maffe renfermée entre toît & plancher , eft appellée *épaiffeur* ; la pour-chaffe des routes s'y fait en laiffant toujours 9 pieds du toît , & 6 pieds de travail.

La maffe confidérée dans fon étendue en largeur , eft appellée *longueur.*

Des Mines de Sainte-Florine , il y en a qui font des Roiffes , qu'on y appelle *droites.*

Il y en a d'autres qui font *plateures.*

Quelquefois le Charbon fe préfente en *Bouillaz ,* ce que les Ouvriers nomment *Mine en Tay , Mine en tas.*

Le Charbon entrelacé de rochers , eft appellé *Charbon Ferru , Meljeux.*

Lorfqu'il fe préfente dans la Mine en gros volume fans rocher , on l'appelle *Carpe de Charbon.*

On eft dans l'ufage à Braffac , de n'ouvrir les Mines que dans la faifon de l'année où les chaleurs ne font pas fortes.

Les Charbonniers d'Auvergne font dans l'idée que le temps auquel ils donnent la préférence pour ce premier enfoncement , eft plus favorable pour les

(1) Voyez première Partie , *page* 74.
(2) La braffe eft de 5 pieds.

mettre à l'abri du *mauvais air*, qu'ils nomment, en terme patois, *Pouſſe*. Cet Article ſera diſcuté à ſa place, lorſque je reprendrai toutes les différentes pratiques de l'exploitation. Je reviens à ce qui concerne les vapeurs des Mines, conſidérées dans les Charbonnieres d'Auvergne.

On obſerve que plus les Mines ont de puits, plus les galeries ſont larges & entretenues proprement, moins la *Pouſſe* eſt dangereuſe, & plus elle ſe diſſipe aiſément; c'eſt pour cette raiſon que les Particuliers ſont obligés de fermer leurs Mines pendant l'été, à cauſe du petit nombre de puits dont elles ſont percées, & de la malpropreté de leurs galeries.

On a vu dans la premiere Partie de cet Ouvrage, *page 157*, les recherches que M. le Monnier, le Médecin, a faites ſur ces vapeurs dans les Mines de la Compagnie Royale. Voici les expériences que ce Phyſicien a tentées pour en reconnoître les effets.

» Je haſardai d'entrer dans un cul-de-ſac rempli de pouſſe; j'y reſtai près d'une
» demi-minute, & voici ce que j'éprouvai. Je ſentis tout auſſi-tôt une difficulté
» de reſpirer, comme ſi on m'eût ſerré fortement la poitrine: le viſage & la
» gorge ſe gonflerent conſidérablement; les yeux devinrent cuiſants, & je verſai
» quelques larmes: j'eus des tintements dans les oreilles; enfin je ſortis quand je
» m'apperçus de quelques étourdiſſements. Quand j'eus reſpiré à mon aiſe au bas
» d'un puits, je commençai à réfléchir ſur chacun de ces accidents; ils me parurent
» être les mêmes que ceux qui ſurviennent quand on s'abſtient exprès de reſpirer
» en ſe bouchant la bouche & le nez. En effet, je me ſuis mis auſſi-tôt dans cette
» ſituation, & je trouvai une entiere conformité dans les effets, à cela près que
» les yeux ne me cuiſoient pas tant. J'allai porter par haſard la lampe dans la
» pouſſe dont je ſortois; & par la lenteur avec laquelle je la vis s'éteindre, je la
» jugeai beaucoup diminuée: les Charbonniers dirent que je l'avois bue; & j'ap
» pris d'eux qu'en s'obſtinant à travailler dans des endroits où il n'y en avoit
» qu'une petite quantité, ils venoient ſouvent à bout de la boire toute; mais ils
» ne ſe haſardent jamais à faire cette dangereuſe expérience, qu'ils n'ayent aupa
» ravant bien éprouvé avec la lampe ſi elle n'eſt point trop forte. Etonné de
» cette nouvelle expérience, je me fis conduire auſſi-tôt à un autre endroit où il
» y avoit peu de pouſſe: elle n'étoit élevée qu'à deux pieds de terre: mais elle étoit
» très-vive; car la lampe s'y éteignoit comme ſi on l'eût ſoufflée. Comme je ne
» courois aucun riſque à cauſe de ſon peu d'élévation, j'y entrai avec pluſieurs
» Charbonniers, & j'y reſtai un bon quart-d'heure à leur faire différentes queſ
» tions. Nous avions les jambes & le bas de nos habits dans la pouſſe, mais non
» pas le reſte du corps; en ſorte que nous ne pouvions pas abſorber la vapeur par
» la reſpiration. Au bout de ce temps je poſai la lampe dans la pouſſe; elle s'é
» teignit, mais très-lentement. Je la fis rallumer, & je reſtai dans la pouſſe
» encore un quart-d'heure; après quoi y ayant mis la lampe, elle s'y conſerva
» ſans s'éteindre, ni même s'affoiblir. Je me mis enſuite vis-à-vis d'un petit cul·

» de-fac tout rempli de pouffe, & qui éteignoit la lampe fort vivement : je
» m'arrêtai directement vis-à-vis l'orifice de ce cul-de-fac, en forte que je n'é-
» tois pas dans la pouffe, mais je n'en étois éloigné que de deux ou trois pieds ;
» j'y reftai quelque temps, & la lampe que je tenois dans mes mains s'affoiblif-
» foit & alloit s'éteindre, fi je n'euffe reculé quelques pas. Je rapportai la même
» lampe dans le cul-de-fac, & la pouffe me parut confidérablement diffipée : il
» fembloit que nos habits l'euffent attirée. Les Charbonniers m'apprirent à cette
» occafion, que lorfqu'ils vouloient épuifer la pouffe qui les empêchoit de tra-
» vailler en quelqu'endroit, ils mettoient vis-à-vis un grand réchaud de feu qui
» la détournoit en l'attirant ».

L'extraction fe fait dans toutes ces Mines par *puits* ou *foffes* ; le Charbon s'enleve par *fachées*. La machine pour cette manœuvre, confifte dans une efpece de
finge appellé *moulinet*, compofé d'une manivelle ou treuil, foutenue, à chaque
extrémité, par deux perches de 4 pouces de diametre, & de 5 pieds de long,
pofées en X ; ces deux chevalets foutiennent un axe de bois de 8 pouces de
diamettre, & de fept pieds de long. Cette piece déborde à chaque bout d'un
pied environ ; chacun de ces bouts eft traverfé par un bâton qui fert de manivelle. On attache à l'axe un cable de 4 pouces de diametre ; à l'autre extrémité de la corde, on attache un crochet de fer figuré comme une S, fermé
par fa partie fupérieure, & ouvert dans l'autre extrémité : la partie qui eft ouverte eft deftinée a embraffer le cable, & à former un nœud coulant, dans
lequel on met les maffes d'argile que l'on tire de la carriere ; ce crochet fert
encore de la même maniere à former un étrier, à l'aide duquel on defcend
dans la Carriere. Comme la hauteur de l'axe n'eft que d'environ 3 pieds & demi,
& que l'on met l'étrier de niveau à la terre, il faut avoir foin de paffer d'abord
la main fous l'axe, & former un demi-cercle avec le bras en tenant le cable. Si
on tenoit la main par-deffus, on rifqueroit d'être rejetté fur le bord par le mouvement qu'on a donné à l'axe en lui faifant devider un tour de cable. Lorfqu'on
a quitté l'axe, on embraffe le cable avec le bras ; le pied que l'on conferve libre
fert, en defcendant, à s'éloigner des parois du puits, contre lefquels on a affez
de peine à éviter de fe heurter.

Dans le Commerce, on ne diftingue que deux fortes de Charbons, relativement à fa qualité.

La *premiere qualité* comprend le Charbon propre aux ouvrages de forges. Sous
le nom de *feconde qualité*, eft défigné celui qui convient feulement aux fours à
chaux, & qu'on nomme *Chauffine*. Le prix eft de cinq, fix, fept ou huit livres
la voie. En général, la voie de Charbon d'Auvergne, de bonne qualité, prife au
pied de la Mine, du poids de 300 livres, coûte dix à douze livres.

*Foſſes de Sainte-Florine , de Frugeres & de Braſſac ; prix & qualité
des Charbons qui en proviennent.*

DE toutes ces différentes fouilles que je vais paſſer en revue , j'ai examiné
tous les Charbons qui m'ont paru mériter attention , ſoit par ce que j'en jugeois
à l'extérieur, ſoit par ce qui m'en étoit rapporté d'avantageux. Je rendrai compte,
pour quelques-uns , des phénomenes qu'ils m'ont préſentés , pendant leur
combuſtion.

J'ai été à même de ſuivre agréablement & à mon aiſe, mes obſervations , mes
recherches & mes expériences. M. le Marquis de Braſſac, & M. le Marquis de
Pont, Seigneur de Frugeres, que j'ai trouvés alors à leurs terres, m'ont procuré
toutes les facilités que l'on riſque toujours de ne trouver qu'avec peine dans des
endroits écartés.

Les foſſes qui ont été en extraction , & qui ne le ſont plus , ſeront marquées
entre deux crochets.

Les principales Foſſes dépendantes du village de Sainte-Florine, comme *la
Molliere*, les *Lacs* & *Chambelaives*, ſont ſituées près les unes des autres, au-
deſſous d'une petite montagne du côté du Nord, à environ une demi-lieue de
l'embarquement.

La Molliere ; la Mine de ce champ eſt *droite* : l'extraction s'en eſt faite par
deux puits ; le premier en retenoit le nom.

Puits de Pelo, à la Molliere. Le Charbon en eſt aſſez peſant, ſe caſſe en
morceaux aſſez gros, donne en brûlant peu de fumée jaunâtre , qui exhale une
odeur graſſe , ſe gonfle & ſe colle au feu, ſe pourfend, ſe réduit en cendres :
il eſt propre pour les forges; mais cette Mine eſt prête de finir : il n'en reſte
plus environ que cent voies en magaſin. Le prix de la voie en *Fouaye* ſur le
port, eſt de 12 à 13 livres.

Les groſſes mottes choiſies au port, dix écus la voie, ſuivant les ſaiſons, à
cauſe du chemin.

[*Les Lacs*]. Il y a dans ce canton trois Puits diſtingués par leur ſituation, en
Puits haut, en *Puits bas*, en *Puits du milieu*, qui ſont encore déſignés par des
noms particuliers , ſans compter celui qui ſert à tirer l'eau.

[*Puits haut* ou *Puits de la tête*, nommé *Puits Polignac*]. Ce Puits a 25
braſſes de profondeur.

[*Puits bas* ou *Puits du pied*, nommé *la Machine baſſe*]. Il appartient à M.
le Marquis de Pont, & a 200 pieds de profondeur : il eſt en extraction depuis
8 à 9 ans ſans interruption. Son Charbon, quoique léger, & ne ſe tirant qu'en
pouſſier, eſt bon.

Il y a une proviſion de quatre ans pour le Port. Il ſe vend à la Mine 18 livres;
ſur le port 24 livres, quelquefois moins, quelquefois davantage , ſelon les
ſaiſons.

Rendu

Rendu à Paris fans mélange, (autant qu'il eft poffible d'y compter) il ne fe donne guere au-deffous de 44 livres la voie, mefure de Paris.

[*Puits du milieu*, ou *Puits de Brajat*]. Il a 180 pieds de profondeur.

Ces trois puits de la Mine des Lacs, ne font plus exploités : ils donnoient fur un même membre de Charbon, & par conféquent une qualité à peu-près la même.

Mes *épreuves pyriques*, faites au Château de Braffac, me l'ont fait reconnoître pour un bon Charbon, ainfi que celui du *Puits haut*.

Le Charbon des Lacs fe caffe en affez groffes pieces : il eft remarquable à fa fimple infpection, par la grande quantité d'ochre dont il eft chargé, & qui, au coup d'œil, le diftingue de tous les autres. Cette ochre jaune foncée, differe de celle du Charbon du Forez, en ce qu'elle vife prefqu'à la couleur briquetée.

Malgré l'abondance de cette terre ochreufe, qui y eft mélangée au point d'entrer pour beaucoup dans fa maffe, il prend flamme affez promptement, en donnant une fumée & une odeur graffe : il fe bourfouffle auffi de maniere à annoncer une bonne quantité de bitume, & pourroit être rangé dans la claffe des *Cluttes*. A mefure qu'il eft attaqué par le feu, l'écume bitumineufe dont il fe couvre à fa furface, fe charge de cette terre ochreufe, qui alors devient d'un beau rouge de cinabre, entiérement femblable à la pouffiere que donne le fol de quelques Mines de Charbon de terre, comme celle de Wintercaftle, près de Caffel.

En tout, lorfque ce Charbon a paffé au feu, & qu'il eft réduit en braife éteinte, nommée dans le pays *Ffcarbille*, il laiffe appercevoir beaucoup de cette terre qu'on n'y découvroit pas avant (1).

Chambelaives, font celles qu'on a travaillées à une plus grande profondeur.

Haut-Chambelaive, ou *Mine droite*. Le puits a 200 pieds de profondeur ; la veine 600 braffes : en tout 300 pieds, compris le puits.

Le Charbon en eft bon pour les forges, & même d'une qualité fupérieure à celui du puits *Pelo*, à la *Molliere* : ces deux font réputés de la même nature ; ils fe vendent le même prix, & pareillement pour la conduite à Paris.

[*Chambelaive du milieu*]. On n'a pas été jufqu'au *puceau*, & il ne s'en tire plus.

[*Chambelaive le bas*] ; 70 braffes, 350 pieds ; fujette au feu, actuellement remplie d'eau, & abandonnée.

La Foffe, centre de toutes les Mines. On a travaillé dans cet endroit il y a environ douze ans, jufqu'à la profondeur de 58 braffes (290 pieds) : on y a reconnu une grande abondance de matiere & d'eau.

1. [*Puits de la Cloche*]. Quelques-uns prétendent que fon Charbon approchoit beaucoup en qualité de celui d'Angleterre.

2. [*Puits du Tambour*].

1) *Voyez* premiere Partie, *page* 75, l'explication de cette couleur.

3. [*Puits de la Farge*], nommé *de la Forge*, par M. le Monnier le Méde-cin, dans ſes Obſervations ſur la pouſſe (1).

4. [*Puits du Chezal*].

5. [*Puits de la Planche*], en patois *de la Poix*.

6. *Puits de la Machine baſſe*, remiſe en exploitation.

Les *Gourds* ou *Gorres*. Cette Mine appartient aux Dames Bénédictines de Sainte-Florine : elle eſt ſituée au pied d'une petite montagne, ſur la rive gauche de l'Allier, à un quart de lieuë de l'embarquement. L'extraction en eſt pénible, à cauſe des eaux, du feu & des rochers. On y extrait le Charbon par deux puits ; le dernier, en extraction, eſt profond de 45 braſſes (225 pieds). Il ne donne que de la *chauffine*.

Sur le Port vaut 8 livres, quelquefois davantage, ſelon les ſaiſons ; va juſ-qu'à 10 & à 11 francs.

[La *Neuvialle*]. Il y a eu en cet endroit deux puits ; l'un qui n'eſt plus en ex-traction, & que l'on appelloit *Mine du pré de Neuvialle* ; l'autre qui, aujourd'hui, eſt auſſi abandonné à cauſe des eaux, & qui ſe nommoit la *Neuvialle* : il étoit ſitué attenant la Molliere. On a été juſqu'à 68 braſſes (340 pieds) de profondeur.

Les épreuves pyriques que j'en ai faites au Château de Braſſac, m'ont fait juger qu'il étoit de la premiere qualité : il exhale l'odeur graſſe ordinaire au bon Charbon, ne donne pas trop de fumée, & flambe joliment.

Le prix de ce Charbon, ſur le port de Braſſager, eſt de 12 livres la voie, comme celui de la Molliere ; rendu & conduit à Paris, aux garres de Paris, il ſe donne pour 42 livres la voie, meſure de Paris.

[*Gromenil*, en patois *Groumeni*]. Cette Mine, appartenante à M. le Marquis de Pons, avoit 58 braſſes (290 pieds) de profondeur : elle formoit une *carpe de Charbon* ſans rocher ; la qualité en étoit bonne : mais la Mine eſt ſujette au feu : elle va cependant être remiſe en exploitation.

La *Poiriere*, joignante le Groumeni : profondeur, 30 braſſes (150 pieds) ; ſur le Port, 8 livres la voie.

[*Commune de Sainte-Florine*], adjacente au Groumeni : profondeur, 30 braſſes (150 pieds) ; Charbon de la premiere claſſe, exploitée, en différents temps, par les habitants de Sainte-Florine.

Fondary, auſſi de la Commune de Sainte-Florine : profondeur, 30 braſſes (150 pieds) ; Charbon médiocre.

[La *Vitriole*], a commencé à être exploitée en 1769 ; mais elle a ſi mal donné, qu'on l'a abandonnée.

Champelar, deux puits en extraction, près *Jumeau*, ſur la rive droite de l'Al-lier, à 15 cents toiſes environ de Braſſac, entre deux petites montagnes, à environ un quart de lieue de l'embarquement, comme la Vitriole.

[Les *Barrivaux*], à M. de Braſſac.

Grille, au bois de Bergoade, ne donne que de la *chauſſine*.

Colline de Langeat.

[La *Baratte*], profondeur, 58 braſſes (290 pieds). Deux membres connus, donnant du Charbon de la premiere qualité : gagnée par les eaux.

[Les *Haires*], dans le bois de Bouzole. Elle n'a pas été exploitée depuis 40 ans ; ſa profondeur étoit de 30 braſſes (150 pieds) : remplie d'eau. Son Charbon étoit de bonne qualité.

[*Mine rouge*], dans le même bois de Bouzole : profondeur, 36 braſſes (180 pieds) ; Charbon de qualité médiocre. Cette Mine n'exiſte plus.

Il y avoit encore celle de *Vergonhon*, éloignée d'environ mille toiſes de Braſſac.

[*Mégecote*, Mine qui brûle].

Cette Mine, peu éloignée d'un petit chemin, eſt une Mine plate, renfermée dans une monticule : elle étoit compoſée de trois membres de Charbon de la premiere qualité.

Sa profondeur, juſqu'au puceau, eſt de 32 braſſes, ou 160 pieds : gagnée par les eaux, & même par le feu. On reconnoît ſenſiblement des indices de ce dernier météore dans une partie de la côte, où il y a ſur-tout deux endroits aſſez près l'un de l'autre, par leſquels le feu prend jour.

Ce ſont deux ouvertures appellées *Taupinieres* ; & quoique médiocres, elles ſont aiſées à reconnoître ſur le monticule : la chaleur qui s'y porte, occaſionne, ſur toute la terre environnante, une couleur diſtincte du reſte ; on diroit que cet endroit vient d'être fouillé & retourné nouvellement : il n'y croît ni plante ni la moindre verdure. Mon thermometre s'étant trouvé caſſé lorſque j'arrivai à Braſſac, il ne m'a pas été poſſible de reconnoître le degré de chaleur qui s'y fait ſentir.

Mais outre la fumée, très-ſenſible à l'œil, qui s'échappe par ces ouvertures de forme irréguliere, la chaleur y eſt aſſez forte pour qu'on ne puiſſe poſer la main à l'entrée ſans ſe brûler : l'odeur de la fumée eſt déſagréable, & a un goût de moiſi.

Dans les endroits qui avoiſinent ces deux ſoupiraux, les pierrailles & caillou-tages étant déplacés, la ſurface qu'ils couvroient, ſe trouve être plus chaude que dans les autres parties expoſées à l'air, & où il n'y a que du gazon.

[*Mine de l'Orme*], adjacente à la Mégecote ; trois membres abondants en Charbon de la premiere qualité : profondeur, 22 braſſes (110 pieds) : remplie d'eau.

[*Seconde Mine de l'Orme*] ; même Charbon : profondeur, 32 braſſes (160 pieds) : noyée.

[*Charbonnier*]. La Houille de cette Mine, située sur la riviere d'Allagnon, à environ 1500 toises de Braffac, n'étoit bonne que pour cuire la chaux, & pour le chauffage des Payfans. On n'en tire plus.

Champ ou *Vigne de Madame*, Charbonniere prefque neuve, appartenante à M. de Braffac: on n'y a tiré qu'à bras. Il en a été envoyé à Paris, où il a été trouvé bon.

[*Mines d'Auzat.*]

A trois lieues de Braffac, en defcendant l'Allier, fur la rive droite, au-deffous d'Iffoire, fe trouve un autre quartier de mines à Charbon, qui eft une dépendance de la montagne, fur laquelle eft fitué le Bourg d'*Uffon*; Sauxillanges, dont il a été fait mention dans la premiere Partie, & les Mines fuivantes, font de ce territoire, & défignées fous le nom de *Mines d'Auzat*.

L'organifation des Mines de ce dernier canton, eft très-différente de celles de Braffac.

Sous la *terre franche*, fe rencontre un *granite blanc*, de 24 braffes d'épaiffeur, qu'ils appellent *rocher gris*. Deffous vient un *Roc noir ardoifé*, brouillé, de 3 pieds 4 pouces d'épaiffeur. Ce roc fert de couverture à la premiere Mine, qu'ils nomment *petite mine*.

Cette petite Mine eft affife fur un *Roc cendré*, ondé & compacte, quoique feuilleté, qu'ils nomment *Roc de quartier*, & qui fert de toît à la *grande Mine*.

[*La Roche*]. Cette principale Mine eft fituée près d'Auzat, du côté du village de la Roche, à une demi-lieue de l'embarquement; elle tiroit à un puits: elle a été abandonnée depuis 1768, parce qu'elle eft embrafée.

Le Charbon de cette Mine a quelque reffemblance avec celui des Lacs: il fe caffe plus menu, & paroît plus fec. En brûlant, il donne à peu-près la même odeur & la même fumée: il dure un peu davantage, fe foutient mieux, & annonce plus de gras: il s'eft recollé, ce que celui des Lacs ne faifoit pas. Il fe vendoit dix livres la voie.

Grande Combelle. Son Charbon eft réputé de la premiere qualité. Pour arriver au *puceau* de la *Mine de la Sole*, on a 66 braffes de profondeur (330 pieds).

[*La Barre*], avoifine la précédente; fon Charbon eft de même qualité; mais fa profondeur de 58 braffes (290 pieds), & l'abondance des eaux, l'ont fait abandonner.

[*Mine de Vignal*], limitrophe à la Barre: de bonne qualité; mais elle s'eft perdue dans le fond.

[*Mine du Rodel*], attenante à celle ci-deffus: on n'a point pu parvenir à une bonne qualité de Charbon, cette Mine s'étant perdue à 50 braffes (250 pieds).

Mine de la Font. Cette Mine, appartenante à plufieurs perfonnes, eft de 30 braffes (150 pieds).

La *Gourliere*, autrement la *Côte de Tanfat*: profondeur 36 braffes (180 pieds):

pieds) : elle étoit ouverte depuis peu. Charbon de qualité médiocre ; espece de chauffine.

Tel étoit au mois de Mai 1770, l'état des Fosses ou Mines à Charbon de la basse-Auvergne, lorsque je les visitai. Il reste à traiter la partie de Commerce qui y est relatif, sur le même plan que j'ai tenu autant qu'il m'a été possible pour les autres Mines. En considérant l'exportation du Charbon provenant des Mines d'Auvergne, je suivrai ce Commerce en tant qu'il tient à la fourniture de Paris.

Cette exportation, dans un trajet assez long, forme deux especes de navigations différentes, dont l'histoire sera donnée séparément. Je vais faire connoître la premiere, depuis l'endroit de l'embarquement, jusqu'à la jonction de *l'Allier* à la *Loire*, & ensuite jusqu'à Briare. La seconde, sous laquelle je comprends la traversée du canal, commençant à cette ville, pour faire communiquer la Loire à la *Seine* par la riviere de *Loin*, sera partie du Commerce de la Ville de Paris, auquel cette navigation se rapporte directement.

Commerce du Charbon de terre d'Auvergne sur les rivieres d'Allier & de Loire.

Suivant les ordres de Sa Majesté, & par les soins de M. de Fortia, alors Commissaire départi dans la Province d'Auvergne, l'Allier a été rendu navigable depuis Brioude, jusqu'à Pont-du-Château ou *du Châtel*, cela en partie des deniers provenants des *droits de boëte* (1), & en partie par les travaux des Marchands, qui ont soin de faire le *balichage* & nétoyement de cette riviere, ainsi qu'il paroît par un Arrêt du Conseil du 28 Février 1669.

Mais au premier embarquement à Brassager, cette riviere n'est point encore assez forte pour pouvoir être, dans tout le courant de l'année, utile à ce Commerce. Pendant 7 à 8 mois, elle porte seulement des petits radeaux: c'est à Pont-du-Châtel, proche Clermont, & particuliérement à 4 licues au-dessous de Pont-du-Châtel, à Marringues, où est le port de *Vial*, que l'Allier commence à être navigable, encore n'est-ce que dans quelques saisons de l'année, ou plutôt dans les temps de fontes de neiges & de crûes d'eau; cette riviere alors se groffit tellement, qu'elle se déborde, pour l'ordinaire, vers le mois de Mai suivant, & cause beaucoup de désordres le long de son rivage.

Dans son trajet depuis Brassager jusqu'à Marringues, il y a beaucoup de passages fort dangereux ; toutes les roches que l'on rencontre depuis Pertu jusqu'au port de Martre de verre, le Pertuis (2) du Pont-du-Château, le *Rio* ou ruis-

---

(1) Droit dont il a été parlé sur la Loire, à l'Article du Commerce des Mines de Charbon de Montrelay, *page* 545, & que les Marchands payent de leur marchandise.

(2) *Pertuis*, appellé quelquefois *Trépas*, est un passage pour les bateaux sur les rivieres, où l'on serre & retrécit l'eau par une espece d'écluse. Il se fait en laissant entre deux batardeaux une ouverture qui se ferme de différentes manieres.

feau de Marioles, font fujets à occafionner des naufrages, qui renchériffent le Charbon à proportion des pertes.

Les bateaux pour l'importation du Charbon d'Auvergne fur l'Allier, fe conf-truifent à Braffac. Ils ne font que de fapin, arrêté feulement avec des chevilles de bois, & ne fervent que pour un voyage; jamais ils ne remontent : ils paffent aux Déchireurs, qui les achetent 60 à 70 liv. piece.

Leur longueur eft de 7 toifes, c'eft-à-dire, de 56 pieds de long; leur largeur eft de 11 pieds.

Leur premier prix de conftruction peut être de 160, 170 ou 180 livres; mais cela n'eft point fixe : on les a vus, en 1765, coûter 220 livres; cela varie en proportion du travail, & felon le plus ou moins de marchandifes, particulié-rement en vins qui defcendent d'Auvergne, & qui, en occafionnant un plus grand emploi de bois, rendent la fabrication plus ou moins chere.

Chaque bateau, en partant de Braffager lorfque l'eau eft médiocre, porte depuis 6 jufqu'à 8 voies (1); fi l'eau eft belle, c'eft-à-dire, s'il y a une bonne crûe d'eau, on peut *bloquer* 12 voies : en forte que la charge de trois bateaux ou au moins de deux, chargés à la mefure ordinaire du port de Braffac, n'en fait qu'un pour Paris, à l'arrivée de Briare; ce qui fait communément 24 ou 25 voies, lefquelles 24 voies, mefure d'Auvergne, rendent de 28 à 30 voies, mefure de Paris, fans comprendre dans ce produit celui de la *fapiniere* : c'eft ainfi que fur la riviere de Loire, on appelle le bateau conftruit en fapin.

Cent voies du pays donnent à Paris cent-vingt voies.

On eftime qu'il fort de ces Mines pour cinquante mille écus de Charbon tous les ans.

L'ufage des chargemens pour Paris, eft de payer au Voiturier la moitié de la voiture avant le départ, & le furplus quand les bateaux font rendus aux garres de Paris. Il en eft de même pour le Charbon du Bourbonnois, qui fuit la même route, de l'Allier au Canal de Briare.

Il n'y a pas de Voiturier qui fe charge de conduire la marchandife à forfait.

Il eft des temps où ils gagnent cinquante livres pour le voyage de Paris : il en eft d'autres où ils en gagnent jufqu'à cent : il n'y a rien de fixe fur cela.

Ce voyage eft plus ou moins long, fuivant que le temps eft bon, que l'eau eft belle, & que les crûes d'eau ne fe font point interrompues.

Le Bureau des droits d'entrée & de fortie, eft à Vichy, à 10 lieues au-deffous de Moulins. Le Charbon provenant des Mines de Sainte-Florine, eft exempt des droits d'entrée qui fe levent à ce Bureau, & de tous autres droits des cinq groffes Fermes à fon entrée dans le Royaume (2).

Au-deffous de Nevers, ces bateaux, comme ceux du Forez, du Bourbon-nois, & autres, deftinés pour Paris, entrent en Loire à un endroit appellé, à

---

(1) La voie ou mefure de Braffac, forme trois mille cinq cents pefant.

(2) Suivant les Arrêts du 29 Juillet 1659, 27 Juin 1672, & 12 Septembre 1690.

caufe de la jonction de l'Allier avec cette riviere, *Bec d'Allier*, qui fe prononce *Bè d'Allier.*

Cette riviere, la plus grande des rivieres de France, a, comme l'Allier, fes défavantages ; c'eft une efpece de torrent qui fe déborde fouvent, & qui, dans l'été, n'eft point navigable à caufe des fables.

Ce ne font point les feules difficultés que le Commerce éprouve fur la Loire ; il s'y exerce un nombre exceffif de droits, fous prétexte de maintenir fa navigation, mais en réalité pour ruiner le Commerce : indépendamment des deux droits dont nous avons parlé, *page* 545, on compte au moins une trentaine de péages qui s'y font introduits, ainfi que les droits de fimple, double, triple cloifon, établis anciennement pour l'entretien des fortifications de la Ville d'Angers. Le Rédacteur de cet Article, que nous empruntons de l'Encyclopédie (1), ajoute qu'on n'en peut guere voir de plus cheres ni de plus mauvaifes, fuivant ce qu'affure un homme éclairé.

La Loire cependant ne laiffe pas que d'être très-favorable pour exporter les Charbons & autres marchandifes, dans un trajet de plus de 150 lieues, depuis le Bec d'Allier, pour en procurer, comme on l'a vu, en Anjou, &c. après avoir traverfé la Charité dans le Nivernois, Cofne dans l'Orléanois, Celle & Neuvy dans le Gâtinois, &c. Je ne parlerai que de la navigation des bateaux Charbonniers par le Canal de Briare, en faifant connoître ce commerce pour Paris. Je vais, pour le préfent, terminer ce qui a rapport aux Mines de Charbon en France, par quelques éclairciffements dont j'ai eu occafion de m'affurer touchant celles que l'on croyoit fe trouver dans l'Ifle de France, & par le Réglement qui concerne ces Mines.

ISLE DE FRANCE.

Recherches faites en 1771, *dans les endroits qui ont été fouillés près de Noyon, pour trouver du Charbon de terre.*

Il a été parlé, dans la premiere Partie de cet Ouvrage, d'une Mine de Charbon découverte aux environs de *Noyon* : voyez *page* 165 ; j'ai donné auffi la note des couches qui fe font rencontrées dans la Seigneurie de *Fretoy*, & fous lefquelles on avoit prétendu trouver un vrai Charbon de terre ; l'échantillon qui m'en a été remis eft de très-bonne qualité. Avant d'entrer en matiere fur ce qui

---

(1) Je trouve dans le même Ouvrage, & dans le même, au mot Loire, *Tome IX*, *page* 679, l'éclairciffement que je n'avois pu avoir fur le droit de Boëte. Il y eft obfervé que ce Droit des Marchands fréquentant la riviere, a été établi folemnellement à Orléans, pour le balayage & curage de la riviere, dont on ne prend aucun foin, malgré les éloges de ce curage, faits par le Sr. Piganiol de la Force ; mais qu'en revanche (au dire plus véritable de l'Auteur eftimable des Recherches fur les Finances), une petite Compagnie de Fermiers y fait une fortune honnête, ce qui mérite l'attention du Confeil, foit à raifon du produit, foit à raifon des vexations qu'elle exerce fur le Commerce.

regarde cette prétendue Mine de Charbon, il eſt à propos de donner ici l'hiſtoire de la façon dont ces échantillons étoient parvenus à M. Sage, aujourd'hui
de l'Académie des Sciences, & de qui je les tenois.

Ce Chimiſte étoit en correſpondance avec M. Caillet, Notaire à Noyon, qui
ſe plaiſoit à raſſembler les curioſités naturelles des environs de cette Ville ; les
échantillons que j'ai décrits, comme provenants tous, ſans exception, de Fretoy,
avoient été donnés pour tels à ce dernier, par une perſonne qui avoit été chargée de faire des remuements de terre dans le potager de Fretoy.

Lorſque cette ſuite me fut remiſe par M. Sage, il y avoit déja pluſieurs années
qu'elle étoit paſſée en différentes mains. J'avois fait demander en conſéquence
par M. Caillet (vivant alors), des détails circonſtanciés ſur cette fouille. Le
même Particulier, habitant de Noyon, & qui l'avoit conduite, les avoit fournis
ſans varier ſur aucune circonſtance ; le Charbon joint aux échantillons étoit toujours cenſé avoir été rencontré ſous une couche de l'eſpece commune en Picardie, & que j'ai décrite, par cette raiſon, *page* 167. Un nommé *Dartois*, Maréchal au Fretoy, avoit fait uſage de ce Charbon à la forge.

La fouille faite dans un autre temps (dont je parle à ce même Article), &
dont on aſſuroit que le Charbon avoit été reconnu de bonne qualité, en écartant
tout ſoupçon d'infidélité & de déguiſement dans cette relation, achevoit naturellement de faire regarder plus que poſſible la réalité de cette rencontre de
Charbon dans un autre quartier voiſin du premier.

Il eſt fort inutile de s'étendre beaucoup ſur les avantages immenſes qui
réſulteroient de l'ouverture d'une Mine de Charbon de terre à la proximité de
Paris. Cette Capitale, pour toute la conſommation de ce genre, eſt, juſqu'à
préſent, obligée, comme on l'a vu, de tirer le Charbon de terre de trois Provinces fort éloignées, dont l'une ne pourra peut-être plus fournir dans quelques
années, dont une des deux autres n'a qu'une bonne carriere ; la communication
de ces trois Provinces avec la Seine, eſt très-peu libre ; la navigation de la
riviere d'*Allier* n'a pas lieu dans toutes les ſaiſons, & eſt ſujette à beaucoup
de dangers ; les crûes d'eau néceſſaires viennent irréguliérement, & ceſſent
quelquefois tout-à-coup ; les bateaux ſont alors des mois entiers à attendre le
moment favorable pour partir.

La navigation du canal de Briare a auſſi des temps bornés ; les frais d'exportation ſont conſidérables : de-là le prix du Charbon de terre foſſile, indiſpenſable-
ment néceſſaire pour les ouvrages en fer, dont il ſe fait une prodigieuſe quantité dans une ville telle que Paris, eſt, depuis une vingtaine d'années, devenu
preſqu'exorbitant.

On juge d'abord de l'importance du deſſein que je méditois, de m'aſſurer de
la vérité du fait : une Mine à la portée de la riviere d'Oiſe, préſentoit d'abord
une modicité remarquable dans les frais de tranſport, ſource du bon marché
dont, en conſéquence, eût été la denrée elle-même.

La

La qualité du Charbon qui accompagnoit les échantillons du Fretoy, promettoit un avantage plus précieux encore, relatif à une circonstance particuliere ; les Entrepreneurs du nouveau chauffage économique, avec le Charbon de terre apprêté à la façon Liégeoise, ne s'étoient point apperçus de l'obstacle insurmontable que la cherté du Charbon de terre, au port de Paris, mettoit au soutien de leur nouvel établissement.

Cette difficulté se trouvoit comme nulle, moyennant cette nouvelle source ; & à juger du débit qu'a eu cette préparation pendant trois ans, quoiqu'annoncée uniquement le jour de l'ouverture de la vente, il y a toute apparence que cet usage se feroit maintenu dans la Capitale, où il n'auroit pu que s'accréditer d'année en année, s'introduire dans les Manufactures, dans les Hôpitaux, & être préféré au feu de bois par les Etrangers accoutumés à ce chauffage, & on sait que ces derniers sont toujours en grand nombre dans une ville telle que Paris.

Cette considération étoit remarquable en un point, qui n'étoit pas le moins important ; le Charbon donné pour être suite des échantillons, ne se trouvoit qu'à 20 pieds environ de profondeur : il ne s'agissoit donc plus après être tombé sur cette partie, que de s'assurer de son allure & de son pendage pour l'attaquer favorablement.

De cette certitude de rencontrer sans peine le Charbon, il en résultoit qu'il n'y avoit pas à craindre de fouille coûteuse, ruineuse & infructueuse ; ces risques que l'on sait être ordinaires dans toutes les entreprises naissantes, disparoissoient dans le moment même du travail, pour ne faire voir du premier coup d'œil que la prompte rentrée des dépenses premieres ; elles se trouvoient en peu de temps remplacées par des bénéfices considérables, & d'autant plus assurés que la moitié au moins du commerce de Charbon de terre pour Paris se feroit tourné vers cette Mine, plus heureusement située pour cette Capitale, que celles du Forez, de l'Auvergne & du Bourbonnois.

Ainsi la certitude de la présence du Charbon, sa qualité décidée par l'échantillon, la facilité de se procurer les bois, les briques & autres matériaux nécessaires, donnoient les plus belles espérances sur un travail à entreprendre au Fretoy ; je m'étois proposé de constater par moi-même ce qui étoit capable d'en assurer la réussite. Autant j'étois jaloux de satisfaire ma curiosité, autant je trouvai M. le Comte d'Estourmel, empressé à faire le bien de sa Province, à laquelle cette recherche définitive ne pouvoit manquer d'être du plus grand avantage, dans le cas, où elle se termineroit par rencontrer du Charbon de terre : il voulut bien se prêter à tout ce que je crus nécessaire. Muni des substances qui avoient passé entre mes mains, & des lettres de M. Caillet, écrites sous la dictée du particulier qui les lui avoit remises, je me transportai au *Fretoy* ; j'y ai fait fouiller précisément à l'endroit indiqué pour être celui d'où provenoient les couches de terre & le Charbon. M. le Comte d'Estourmel,

& plufieurs Ouvriers qui avoient été employés à cette fouille , reconnu-rent l'endroit pour être le même ; l'eau me gagna d'abord , comme je m'y étois attendu , par ce qui étoit porté dans la relation ; cet embarras fut d'autant plus confidérable , que ma fouille donna dans une fource perdue par les anciens travaux fur lefquels je me guidois ; malgré la force de l'eau , qui regagnoit le niveau du terrein , & combloit ma foffe , je parvins à un épuifement qui me permit d'y defcendre , tout fe trouva conforme à ce qu'annonçoient les détails des lettres , excepté l'effentiel , favoir , le Charbon de terre , qui ne s'eft jamais trouvé dans cette fouille : je puis affurer que ce feroit en pure perte que l'on voudroit s'obftiner à en chercher au Fretoy , & dans les cantons voifins.

En allant à la recherche de ce qui avoit pu engager à ajouter à ces échan-tillons , appartenants véritablement à cette fouille , du Charbon de terre qui n'a jamais été trouvé avec eux , l'hiftoire fe réduifoit à une affaire d'entête-ment de la part du Particulier chargé de travaux dans le potager du Fretoy ; il avoit trouvé en fouillant , une terre turfacée inflammable , de la même na-ture que celles qui font connues dans le même canton , à Beauvais , à Ogno-les , à Suzy , le long des bois des Avouris , à Itancourt , à Juffy , à Lambais , près l'Abbaye de Homblieres , & autres dont j'ai parlé , *page* 167 , de la premiere Partie.

Faute de connoiffance fur cet objet , ce Particulier s'étoit perfuadé qu'il devoit fe trouver auffi du Charbon de terre ; il avoit fait , fans la participation & même contre le gré de M. d'Eftourmel , des fouilles multipliées de côté & d'autre , efpérant toujours parvenir à ce qu'il cherchoit mal-à-propos : pour rendre fa conduite excufable , & amener M. d'Eftourmel à lui permettre la continuation de fes fauffes perquifitions , ou fe juftifier de fon opiniâtreté , il avoit fans doute imaginé le moyen très-facile de prendre du Charbon de terre chez le premier Maréchal , & de le préfenter devant une compagnie nombreufe , comme venant des différents remuements de terre , qui lui avoient mérité des reproches. Ce menfonge de fait & de parole , dont le Par-ticulier n'avoit pas fans doute prévu les conféquences , pour d'autres qui auroient ajouté foi à fa découverte , devenoit le fondement d'une tradition reffem-blante à la vérité ; par les circonftances que j'ai obfervées , elle étoit capable d'induire en erreur , & de donner un jour lieu à des recherches ou à des ten-tatives qui n'occafionneroient , à ceux qui auroient l'imprudence de s'y aban-donner , que des dépenfes au moins inutiles. J'ai cru dans le temps devoir pu-blier le réfultat de mon opération : j'ai envoyé à la Gazette d'Agriculture & du Commerce , & à divers Papiers publics , un avis fur cela.

Je n'ai pas manqué de profiter de l'occafion de ce voyage , pour aller auffi vifiter l'endroit où l'on a fouillé en 1740 , pour trouver du Charbon de terre ; c'eft au village de *Paffel* , avant d'arriver à Noyon , en venant de Paris , près

de *Chirly* : l'endroit eſt un chemin enfoncé , appellé par cette raiſon , la
Renardiere : j'ai bien apperçu les marques, les veſtiges d'un bouleverſement conſidérable de terre ; mais dans tous ces débris, je n'ai reconnu aucune ſubſtance
approchante de celles qui ont coutume de ſe trouver avec le Charbon de terre ;
& je doute très-fort que ce qui en a été tiré, en ſoit véritablement ; je ſoupçonne plutôt que ce pourroit bien n'être que de ces mêmes ſubſtances inflammables, connues dans ces quartiers, & qui n'ont avec le Charbon de terre
rien de commun que la propriété un peu combuſtible, & le nom de *terre
Houille* , *terre de Houille* , paſſé en uſage dans quelques endroits où on les
tire : ces termes néceſſairement adoptés dans un Ouvrage de conféquence (1)
ſont cependant capables d'induire en erreur ſur les *Tourbes*, les *Houilles*, & ſur
ce que l'on doit appeller *Terroules* , qui ne ſe reſſemblent nullement.

En effet, la maſſe de ces *Tourbieres*, dont la fouille eſt aſſujettie à l'Article
I du Réglement de **1744**, ne tient rien de métallique ; ſa diſpoſition par lits
étendus ne préſente aucun caractere qui puiſſe les faire ranger dans la claſſe des
Mines : leur utilité ſe réduit à être ſubſtitué pour l'engrais des terres aux cen-
dres de Charbon de terre qui ſe tiroient de Mons, à celles des Tourbes de
Hollande, connues ſous le nom de *Cendres de Mer*, & à celle des *Tourbes* de
Rumigny, près *Amiens*.

Ce ſont auſſi de véritables *Tourbes*, qui, parce qu'elles ſont enterrées à une
plus grande profondeur que celles connues généralement, ont acquis une qualité
particuliere, mais qui différent en tout de la Houille, autrement dite *Charbon
de terre* ; elles ne méritent pas davantage le nom de *terre Houille*, donné à une
eſpece de *Houille foible*, ou au *ſoppement* des veines de Charbon, puiſque juſqu'à préſent il ne paroît pas qu'elles indiquent le voiſinage de la vraie *Houille* :
& c'eſt mal-à-propos qu'on les nomme Cendres de *Houille*.

L'ignorance en fait de pluſieurs choſes eſt aſſez indifférente, tant qu'elle
n'eſt le principe d'aucune action ; il n'eſt point du tout néceſſaire au général
des hommes de ſe connoître dans ces différences ; il n'eſt cependant que trop
d'exemples de mauvaiſes ſuites de l'ignorance ſur ces objets.

Le dol d'eſpece ſinguliere, tel que celui de l'habitant de *Noyon* pour la
fouille du *Fretoy*, qui n'avoit pris ſa ſource que dans l'entêtement & l'ignorance, ſans aucune mauvaiſe intention, n'en eſt pas moins dangereux pour les
ſuites ; ce n'auroit pas été pour la premiere fois qu'on auroit vendu ou acheté
choſe qui n'exiſte point : on a vu, il n'y a pas long-temps, former une Compagnie pour une Mine (qu'on annonçoit produire or & argent), qui produiſoit à peine, à grands frais, du cuivre.

Le Marcaſſite examiné par feu M. Hellot, donnoit de l'or en aſſez grande
quantité ; on le diſoit venir d'une Mine de France ; rien ne paroiſſoit moins
équivoque ; on montroit en même-temps des boutons d'or extrait, ſoi-diſant,

---

(1) Dictionnaire Encyclopédique , *Tom. 8, page 323, au mot Houille.*

de cette Mine de France. En conféquence d'une conceſſion obtenue , tous les actes de fociété annonçoient poſitivement une Mine dont on devoit tirer huit cents onces d'or par mois , au titre de dix-huit karats : on portoit même la déclararion à deux cents quintaux au moins de minéral d'or , chaque mois : à peine en avoit-on tiré quelque cuivre qui ne valoit pas la façon.

Toute la faſcination venoit d'une matiere jugée effectivement par le ſavant Académicien : ſes réſultats étoient juſtes ; mais il eût fallu , avant de s'intéreſſer dans l'affaire , conſtater que ce qui avoit été trouvé tel par les recherches Chimiques , venoit réellement de l'endroit déſigné , & c'eſt ce qui n'avoit pas été fait. On croit ordinairement procéder avec ſûreté , en allant foi-même ſur les lieux ; cela n'inſtruit de rien de ce qu'il conviendroit ſavoir , ſur-tout lorſqu'on n'a que de l'argent & point de lumieres à mettre dans une aſſociation de ce genre.

J'inſiſte ſur ce fait très-extraordinaire , pour montrer que , lorſqu'il s'agit de s'aſſocier dans des entrepriſes de Mines , il y a plus de précautions à prendre qu'on ne ſe l'imagine , & qu'on ne doit pas négliger d'acquérir par ſoi-même des connoiſſances qui peuvent mettre à l'abri de mépriſes déſagréables. Dans cette vue , je vais ſatisfaire à la promeſſe que j'ai faite *page 498* , au ſujet de la *Houille* prétendue de *Morteau* , en Franche-Comté.

Remarque ſur les ſubſtances Foſſiles , appellées Charbon minéral , Charbon foſſile , Terroule , Tourbe , *& autres ſujetes à être priſes pour du Charbon de terre.*

Il eſt deux manieres de ſe méprendre ſur cet objet : l'une très-ordinaire aux perſonnes qui n'ont jamais eu occaſion d'examiner attentivement ou de voir de ces matieres , de les diſcerner , de les comparer , prend ſa ſource dans l'idée qu'on s'eſt formée , que ces différentes ſubſtances ſont les mêmes , de maniere qu'on attache à ces dénominations la même ſignification.

L'autre conſiſte à juger Charbon de terre , une matiere qui en approche , mais qui réellement n'en eſt point : quant à la premiere façon de ſe tromper , il ſuffit d'en être prévenu ; & en voyant du Charbon de terre auprès des autres matieres , ſur leſquelles on ſe ſeroit laiſſé impoſer par les noms , on reviendroit promptement de l'erreur.

On eſt obligé de convenir que quelques-unes des dénominations Françoiſes , telles que *Charbon foſſile* , *Charbon minéral* , données indiſtinctement au Charbon de terre & à des ſubſtances qui n'en ſont pas , ne ſont propres qu'à produire cette erreur.

S'il n'y avoit en foſſile que le Charbon de terre dans lequel on reconnût la couleur extérieure & les propriétés des bois à demi-brûlés , ces expreſſions *Charbon foſſile* , *Charbon minéral* , & *Charbon de terre* , pouroient être adoptées , ſans jetter aucune confuſion dans les idées ; mais on voit , que par la premiere

dénomination ,

dénomination, la Houille ou Charbon de terre sera confondu avec de vrais Charbons fossiles, qui ne sont que du bois pourri, & qu'on prendroit pour Charbon de terre : il s'en est rencontré de cette espece, en fouillant le puits de l'Ecole Royale Militaire, dans plusieurs couches de glaise ardoisée, au-dessous de 24 pieds de profondeur. (1)

On sait que les Charbons de bois sont incorruptibles : par cette raison, ils servoient autrefois de bornes pour les jurisdictions & héritages, & on les mettoit bien avant dans la terre (2) ; des tas de Charbon véritable, qui se trouveroient ainsi enfouis dans des époques plus reculées que de mémoire d'hommes, ne pouvoient-ils pas être désignés mal-à-propos par l'expression, *Charbon fossile*, qui, alors, donneroit faussement l'idée de Charbon de terre ?

En se rappellant quelques Mines combustibles dont il a été fait mention, *page* 446, de quelques Charbons de terre, appellés *Lithanthrax metallisatum*, *Lithanthrax larvatum*, *Lithanthrax ligneum*, pag. 445-449, le nom de *Charbon minéral*, ne paroît pas plus propre à désigner le Charbon de terre ; puisqu'alors ces especes seroient confondues mal-à-propos avec le Charbon de terre, qui ne doit présenter à l'idée qu'un fossile, dont la base minérale est uniquement bitumineuse & saline.

L'autre maniere de se tromper sur le point dont il s'agit, est plus grave & plus sérieuse, parce que la fausse opinion que l'on prend, est fondée sur des apparences extérieures, qui, par une sorte de ressemblance, autorisent une illusion dont il n'est pas si facile de se désabuser.

Parmi les différents fossiles, qui, par leur état diversement *bituminisé*, ont effectivement une sorte d'analogie avec le Charbon de terre, il y en a un entre autres qui paroît très-sujet à entraîner cette méprise, lorsqu'on vient à en découvrir ; c'est le *Holtz-kohlen*, ou *Charbon de bois fossile*. Dans la premiere Partie de mon Ouvrage, je suis entré dans un grand détail sur cette substance, afin de mettre les Naturalistes à portée de la ranger dans la classe qui lui appartient. Le point de vue différent sous lequel j'envisage le Charbon de terre dans cette seconde Partie, doit renfermer toutes les précautions & les attentions qui peuvent arrêter des entreprises dispendieuses & infructueuses ; & comme ce *Holtz-kohlen* se découvre de temps en temps dans plusieurs Provinces, on jugera à quoi s'en tenir sur cela, en se rappellant que dans les descriptions que j'ai données de ces Mines, j'ai fait remarquer deux couches ; une que l'on nomme communément *Charbon de bois*, cette partie dure, végétale, n'étant point altérée ; & une autre qui est purement terreuse. La premiere est souvent mêlée de portions considérables, que l'on pourroit appeler *Charbon de bois jayeté*, & qui est dans le cas d'être aisément regardé comme Charbon de terre, mais qui ne peut absolument être rangé dans cette classe.

(1) *Voyez* les Mémoires de l'Académie des Sciences, pour l'année 1753, *page* 79.
(2) Ils se conservent en effet si long-temps, qu'on en trouve de tout entiers dans les anciens tombeaux des peuples du Septentrion.

Je ne doute point que dans plus d'un endroit où l'on prétend avoir trouvé du Charbon de terre, la découverte ne se réduise à un banc de cette nature. (1)

La substance terreuse est la plus remarquable de cette bande ; elle donne, à mon avis, le caractere de ce banc végétal enfoui sous terre, & qu'aucun de ceux qui ont écrit sur la Minéralogie n'a défini exactement : c'est une tourbe *zoophyteuse*, (*voyez page* 8 ,) alliée au bitume limoneux appellé *Maltha* , & que les Allemands, à cause de son odeur puante, nomment *Teuffels-Dreck* , *Stercus diaboli minerale,* voyez *pag.* 25 de la premiere Partie.

M. l'Abbé de Sauvages, dans une Description sommaire qu'il a donnée d'un banc de cette espece, dont j'ai parlé à l'article du Languedoc , *pag.* 530 , (2) est l'Auteur qui a le plus approché des points caractéristiques sur lesquels doit être fondée la distinction dont je parle : il remarque, entre autres choses, que cette espece de Charbon luisant est d'un tissu continu, ce qui fait la différence principale de ce qu'on appelle proprement *Charbon de terre* : il est ainsi plus luisant & plus pesant ; mais en observant que ce *Charbon fossile* , qu'il a d'abord appellé *Charbon de pierre* , ne doit pas être confondu avec le *Charbon de terre* , il jette dans l'idée de ceux qui n'auroient pas sur cet objet des connoissances précises , toute l'obscurité dépendante de l'équivoque de ces expressions.

Depuis la publication de la premiere Partie de mon Ouvrage, il m'a été envoyé de quantité d'endroits de ce *Holtz-kohlen* : ces échantillons m'ont donné occasion d'examiner avec soin ce fossile , & m'ont confirmé dans l'idée que j'ai avancée *page* 6 sur ce bitume grossier , en le regardant comme un genre décidé de tourbe, qui est le passage de tourbe au Charbon de terre, & que j'ai appellé *Charbon de bois tourbe* , pour le distinguer & de la tourbe proprement dite , & des autres bois fossiles, diversement altérés ou bituminisés. (3)

Les terres *tourbes* , dont il y a beaucoup d'espece, sont encore sujettes à tromper. Il est très-commun de rencontrer des personnes qui n'ont jamais examiné aucune de ces substances , & qui prennent cette *Terroule* improprement dite , des environs de Laon & de Noyon , & même de la *Tourbe* , pour un faux Charbon de terre ou pour de la Houille , qui alors est jugée être une substance différente du Charbon de terre, comme je le ferai voir dans les Mémoires sur la nature, les effets , propriétés & avantages du feu de Charbon de terre.

L'application assez générale de la *Tourbe* à plusieurs usages auxquels on emploie le Charbon de terre, a suffi dans l'idée de beaucoup de personnes, pour confondre ces combustibles bitumineux ou sulphureux, qui sont fort différents : la chose est d'autant plus aisée, qu'il se trouve des Tourbes lourdes,

---

(1) *Arbores subterraneæ carbonariæ.* Waller.
(2) Mémoires de l'Académie des Sciences , année 1746 , *pag.* 720.

(3) On pourroit le définir en latin , *Arbores subterraneæ carbonariæ , igne fœtentes.*

noires, donnant un feu vif, long, & en brûlant un mâche-fer très-semblable à celui des forges des Ouvriers en fer. (1)

Au reste, l'utilité de la Tourbe dans les Pays qui manquent de bois & de Charbon de terre, l'exemple des Hollandois, qui se servent du feu de leur *Turf* pour leurs cheminées, pour faire le pain & la bierre; celui des Suédois qui emploient une Tourbe pour chauffer l'acier; les fours à chaux des environs de Montreuil en Picardie, la montre qui en fut faite avec succès à Paris, en 1663; les épreuves de feu M. Hellot, en 1749, (2) sur les tourbes d'Escarchou près Villeroy; les expériences de M. Fabio d'Asquino, (3) faites dans le Frioul en Italie, sous les yeux des Grands & du peuple, qui se sont convaincus unanimement des avantages de l'emploi de cette production dans les foyers domestiques & dans les fourneaux des Arts, paroissent devoir encourager à rechercher davantage dans les Provinces, & des Tourbieres & les préparations qu'on pouroit faire de la Tourbe, pour rendre ce combustible d'un usage plus général, plus commode & plus diversifié; soit pour le chauffage, en la foulant, la paîtrissant à la maniere des Hollandois & des Flamands; en la mettant en hochets, comme à Liege, au Hainaut François, on prépare le Charbon de terre; soit pour le traitement des Mines de fer, en dégageant la Tourbe de son acide. Ces essais & d'autres ont déja été proposés & tentés; on peut le voir dans les Essais d'Edimbourg, & *page* 115, de Swedemborg. (4)

La différence du bois à la tourbe, pour faire un feu égal, n'est pas bien considérable. Suivant les expériences de M. d'Asquino, elle n'est que de neuf à onze, c'est-à-dire, que onze pas cubiques de tourbe, ont donné le même feu que neuf pas cubiques du meilleur bois.

Le moment du besoin arrivé, ces tentatives pourront être perfectionnées; mais avant tout, il ne faut point regarder indistinctement les différentes Tourbes comme les mêmes, ni croire qu'elles réussiroient sans choix à cuire les pierres à chaux quelconques, ou au traitement des Mines de fer auxquelles on les croiroit favorables; il n'y a qu'une étude comparée de ces différentes especes qui puisse conduire à ces découvertes intéressantes. Pour aider à fixer les vues sur ce point économique, voici les variétés de Tourbe, connues par les Naturalistes.

La Tourbe peut être divisée suivant qu'elle est plus ou moins bitumineuse, ou plus ou moins mêlée avec d'autres substances des trois regnes, ou qu'elle est plus ou moins superficielle.

---

(1) Celle de Brunneval, Paroisse de Marlemont & de Becquet, près de Beauvais, sont de ce genre. Voyez pag. 392 du Mémoire de M. Guettard, sur les Tourbieres de Villeroi, dans lequel on fait voir qu'il seroit très-utile à la Beausse qu'on en ouvrit dans les environs d'Etampes. Mémoires de l'Acad. des Sciences, *année* 1761.

(2) Traité des Tourbes combustibles. *Paris,* 1663. *in-4°.*

(3) Discours Italien ayant pour titre: *Discours sur la découverte & l'usage de la tourbe au défaut du bois*, prononcé le 3 Janvier 1770, dans la Société d'Agriculture pratique d'Udine, par M. le Comte Fabio d'Asquino, Secrétaire de ladite Société. A Udine, chez les Freres Gallici, 1770, *grand in-folio.*

(4) Tome II, faisant suite de l'Art des Forges & Fourneaux à Fer. *Section* 4, *pag.* 115.

M. d'Asquino, en distingue trois especes, sous lesquelles il comprend des sous-divisions.

La premiere est appellée *Humus poreux*, *limon*, *terre fangeuse*, *terre végétale aquatique*, *terre des marais* (1); & en effet, la plûpart des terreins marécageux, font des *Cespes bituminosus*, propres à faire de la Tourbe.

Telle est la Tourbe limoneuse du Brabant, qu'on brûle aussi en Hollande; elle se trouve en général à 15 ou 18 pieds de la surface de la terre, mais toujours placée horizontalement & par couches, comme toutes les substances inflammables du regne minéral.

Cette premiere Tourbe se divise, en *Tourbe limoneuse*, (2) légere, poreuse, & facile à s'allumer; c'est la plus commune en Hollande; en *Tourbe limoneuse fœtide*, compacte, qui s'embrase difficilement, & pétille en brûlant (3): c'est la Tourbe de Zélande, appellée *Darris* par les Hollandois: comme elle se trouve au voisinage de la mer, il pourroit se faire que le mélange de sel marin & de substances animales putréfiées, fût cause de ses mauvaises qualités: c'est cette espece dont j'ai parlé *page 25* de la premiere Partie, & que j'avois pris, d'après Libavius, pour du Charbon de terre.

Enfin la troisieme sous-division, est la *Tourbe pésante & sablonneuse*, difficile à s'allumer, mais soutenant long-temps le feu, comme le Charbon fossile; (4) les Suédois l'emploient pour travailler l'acier; elle comprend sous elle une autre *terre bitumineuse en poussiere*, de Suede & de Russie (5).

La seconde espece de Tourbe qui mérite proprement ce nom, & la meilleure de toutes, est celle qui est tellement entrelacée & chargée de racines de plantes non décomposées, qu'elle semble n'être formée que de ces végétaux qui ont retenu du limon: *Tourbe proprement dite*, ou *Terre végétale des vallées* (6); elle couvre la surface du terrain; sa couleur est entre le noir & le brun; elle se réduit en cendres sans donner de Charbon: comme terre, c'est la seule qui ne se gonfle pas dans l'eau; comme Tourbe, c'est la seule qui se reproduise dans les endroits d'où elle a été tirée.

Suivant les calculs les plus exacts, un champ de 1250 perches quarrées, peut donner environ mille pas cubiques de bonne Tourbe; & après une certaine révolution d'années le champ se rétablit dans son premier état. Quelquefois elle porte une dose sensible de bitume, & elle forme une variété (7).

(1) *Terra Carbonaria quibusdam*; *Humus limosa*; *Humus vegetabilis aquatica*; Linn. *Humus vegetabilis lutosa*, Waller. *Humus uliginosa*; *Humus palustris*; *Cespes inflammabilis*; *Torvæna*, Libavii. *Lutum*; *Turfa Auctorum*. *Turfa lutosa*; *Limosa Terra*; *Gleba pinguis & sulphurea*, Chænai.Tract. de infirm. sanit. tuendâ; Angl. *Dorsæna*; *Turf*; *Dry-Turf*; *Lancashire Mosse*; Batav. *Torf-Væna*, du nom des endroits d'où se tire, appellés *Venen*.

(2) *Humus palustris igne non fœtens*. Waller.
(3) *Humus palustris igne fœtens*. Waller.
(4) *Turfa limosa atra*; *Humus palustris nigra*,

Waller. *Humus atra palustris*, *seu paludosa*, Wolsterd. *Humus limosa aquatica*; Cartheuf.
(5) *Terra bituminosa humacea*, Waller.
(6) *Turfa vegetabilis*; *Humus paludosa*, *radicibus intertextis*, Linn. *Humus vegetabilis*, *turfaceo-fibrosa*, Waller. *Humus densa radicibus vix mutatis intertexta*; Cartheuf. *Cespes*; *Turfa ericea*; *Cespes bituminosus*; *Carbonaria terra è cespitibus*, Kentmann. *Mottenæ*, Libavii.
(7) Appellée par Wolsterd, *Bitumen rude terreum*, *cespitibus intertextis*.

La troisieme espece est de *Tourbe zoophyteuse*, c'est-à-dire, composée de parties végétales, comme racines de plantes, & de parties animales, comme coquillages plus ou moins altérés. Elle est nommée *Tourbe coquilleuse*, *escargoteuse* (1); c'est une Tourbe limoneuse, de couleur cendrée, compacte, pesante, mais friable, peu combustible, & répandant une odeur animale fétide. Elle compose ordinairement le premier lit des Tourbieres de Bourneuville, près la Ferté-Milon, & de toute la Picardie. On trouve dans le Mémoire de M. Guettard, une description très-étendue de cette espece de Tourbe la plus commune : c'est celle qui entre dans la composition du *Charbon de bois Tourbe* : voyez *page* 7. M. d'Asquino en fait une différence de la *Tourbe coquilliere d'Helsingland*, qui ne brûle point, qui n'est propre qu'à être convertie en chaux, & qui selon toute apparence est de l'espece des Tourbes bonnes à engraisser les terres.

La quatrieme espece est une *terre tourbe*, *bitumineuse*, *noirâtre*, qui brûle aisément au sortir de la Tourbiere, & donne au feu une odeur forte (2).

La cinquieme est la terre *tourbe bitumineuse de Grenoble*, *& de Zurich*, dont on se sert pour cuire les viandes à Grenoble (3), qu'il ne faut pas confondre avec la Tourbe *pesante & sablonneuse*. La sixieme enfin est la *terre bitumineuse, feuilletée, semblable au crayon noir* (4).

Législation Françoise, relative aux Mines ou Carrieres de Charbon.

D E tout temps le Charbon de terre a été compris dans les Ordonnances de nos Rois, sur le fait des Mines & Minieres ; nous n'avons ici qu'à faire connoître les circonstances préalables dans lesquelles cette substance terrestre ou ses Carrieres sont assujetties à ces Ordonnances ou Déclarations. (5)

Pour cela, il suffit d'observer que la plus ancienne législation en France, dès l'an 1413, établit le droit du dixieme pour le Roi, & la possession où étoient les Propriétaires des Mines, ou des substances terrestres, de les exploiter entiérement à leur profit, en demandant la permission, ce qui emporte deux objets, un *droit de Souveraineté*, marqué par une imposition, & le *droit de fouille*, *reconnu aux Propriétaires*, assujettis seulement pour la conservation & le recouvrement du dixieme Royal, à demander la permission.

Soit qu'on ait voulu encourager les travaux de Mine, soit qu'on eût réellement reconnu quelqu'inconvénient dans l'assujettissement suivi & rigoureux au

---

(1) *Humus Conchacea*, *Turfa animalis cinerea*, *Lutum vegetabile & testaceum.*

(2) *Bitumen terrâ mineralisatum*, Waller. *Bitumen solidum rude terreum*, *friabile*, Wolsterd. *Bitumen solidum terrestre*, *friabile*, Cartheuser. *Terra bituminosa*, *Turfa montana. Ampelitis. Pharmacitis nonnullorum.* Voyez pag. 16 & 190 de la premiere Partie.

(3) *Terra bituminosa turfacea*, Waller. *Gleba Gratianopolitana.*

(4) *Terra bituminosa fissilis*, Waller. *Terra Ampelitis*, Agricolæ. *Terra Pharmacitis.* Voyez page 142, de la premiere Partie.

(5) On trouvera à la suite de la traduction dont j'ai parlé page 503, tout ce qui a été fait en France sur cet objet : pour jetter du jour sur cette matiere, je l'ai rédigé dans le même ordre que j'ai donné aux semblables Réglements suivis à Liege & en Angleterre.

droit du dixieme, & à la néceſſité de demander la permiſſion de fouille, la puiſſance légiſlative a varié de temps en temps ſur ces objets.

En effet, ces deux ſujettions ayant paru un obſtacle au progrès des découvertes, Henri IV, ce Prince ſi attentif au vrai bien de ſes Etats, affranchit (1) de ce dixieme Royal les Mines de fer, & ce qu'on pourroit appeller *ſubſtances terreſtres & minérales*, que ces Ordonnances d'exemption déſignent toutes nommément, & parmi leſquelles eſt rangé le *Charbon de terre*, pour, dit l'Ordonnance, *gratifier les Propriétaires*.

L'Edit de 1604, en confirmant celui de Henri II, du mois d'Octobre 1552, qui eſt le ſeul attribuant aucun droit aux *Seigneurs Hauts-Juſticiers & Fonciers*, des lieux où les Mines ſeroient ouvertes, leur attribue aux mêmes charges & conditions, déclarées dans l'Edit de 1552, par forme de dédommagement, un droit de quarante deniers pour tout droit foncier & de Seigneur, lequel leur ſera payé après le droit du dixieme du Roi; de maniere qu'ils ne léveroient pas même ce droit qui leur eſt concédé, ſur les Mines exemptes du dixieme Royal; & attendu que différentes de ces productions ſont de différents rapports, que les unes coûtent plus que les autres à mettre en œuvre, à entretenir, ou à continuer, les Propriétaires des terrains où il ſe trouvoit des Mines de Charbon de terre, ouvertes ou non ouvertes en quelque lieu du Royaume qu'elles fuſſent ſituées, furent autoriſés par l'Arrêt du 13 Mai 1698, à les ouvrir & à les exploiter à leur profit, ſans être tenus de demander la permiſſion, ſous quelque prétexte que ce pût être, pas même ſous prétexte de Priviléges, qui pourroient avoir été accordés pour l'exploitation des Mines; pourquoi il fut dérogé à tous Arrêts, Lettres-Patentes, Conceſſions & Priviléges à ce contraires.

Cet Arrêt (2), puiſé dans les plus anciennes & dans les dernieres loix que nous ayons eues ſur le fait des Mines, n'a point reçu ſa derniere force, étant non revêtu de Lettres-Patentes, & non enregiſtré dans les Cours.

Mais en même-temps que le droit du dixieme, & l'obligation de demander la permiſſion d'ouvrir une Mine, ont été affranchis ou modifiés ſelon différentes circonſtances, le droit de fouille appartenant au Propriétaire a toujours été intact.

La forme de la Police des Mines, ſous la juriſdiction d'un Grand-Maître, Surintendant & Réformateur général, inſtituée dès l'an 1471, par Louis XI, ayant été changée en 1740 (3), par le rembourſement accordé au Prince de Condé, par Sa Majeſté, du prix de cet Office, dont avoit été pourvu le Prince de Bourbon ſon pere, le Conſeil ſongea à donner à cette partie

---

(1) Edit du mois de Juin 1601, Article XI.
(2) Traité de la Souveraineté du Roi, & des droits en dépendants, par F. D. P. L, *in-4°. Paris*, 1754. *Tome.* I.

(3) C'étoit à l'époque des plaintes portées par les Propriétaires des Mines de Doué en Anjou, au ſujet d'une conceſſion de la Compagnie Bacot; voyez *page* 547 de cette ſeconde Partie.

d'administration une vigueur qu'elle ne pouvoit avoir que très-difficilement, sous la conduite & direction d'une personne à qui l'objet de cette surintendance étoit trop étranger.

Il falloit au préalable connoître l'état où se trouvoient les travaux alors existants, les différents endroits où ils se faisoient, la nature des matieres extraites, les titres en vertu desquels se faisoient ces extractions, recherches & exploitations; connoître en un mot, les désordres qui pourroient s'être introduits dans chacune de ces circonstances, afin d'apporter aux uns ou aux autres les remedes convenables; de juger ce qui étoit à faire ou à éviter.

En conséquence, peu de temps après le remboursement de l'Office de Grand-Maître, intervint le 15 Janvier 1741, un Arrêt du Conseil, ordonnant (1) » que tous ceux qui exploitent actuellement, ou prétendent avoir droit » d'exploiter des Mines & Minieres, remettront incessamment & au plus tard » dans six mois, ès mains des sieurs Intendants de la Province ou Généralité » dans l'étendue de laquelle lesdites Mines & Minieres se trouveroient situées, » copie dûement collationnée des Lettres-Patentes, Arrêts, Concessions, » Priviléges & autres titres qui leur ont été accordés; ensemble un Mémoire » dans lequel les Concessionnaires ou Entrepreneurs desdites Mines & Mi-» nieres exposeront sommairement l'état présent de leurs entreprises, la quan-» tité, espece & qualité de métaux qui ont été tirés dans le cours de l'année » derniere des Mines qu'ils exploitent, & le nombre des divers Ouvriers qui » y sont actuellement employés, sauf à ajouter auxdits Mémoires tels autres » éclaircissements particuliers qui pourront leur être demandés par lesdits » sieurs Intendants: veut Sa Majesté, que les copies des titres & lesdits Mé-» moires, qui seront certifiés véritables tant par les Préposés à la direction » desdits travaux, que par les principaux Intéressés dans les Concessions, Do-» nations ou Priviléges, soient envoyées au Conseil par lesdits sieurs Intendants, » avec leurs avis sur l'état actuel, l'importance & l'utilité desdites entreprises; » pour le tout vû & examiné, être par Sa Majesté ordonné ce qu'il appartien-» dra en connoissance de cause, sur le rapport du sieur Contrôleur Général » des Finances, ès mains duquel les Parties intéressées pourront remettre leurs » Requêtes, Mémoires & autres pieces concernant le fait desdites Mines & » Minieres, pour leur être pourvu ainsi qu'il appartiendra; enjoignant Sa » Majesté aux sieurs Intendants & Commissaires départis dans les Provinces » & Généralités, de tenir, chacun en droit soi, la main à l'exécution du pré-» sent Arrêt, qui sera lu, publié & affiché par-tout où besoin sera.

Cet Arrêt fut suivi d'un ordre de M. le Contrôleur Général aux Intendants de Province, pour défendre à tout Particulier d'ouvrir dorénavant aucune

_____

(1) *Voyez* le Recueil des Edits, Ordonnances, Arrêts & Réglements sur le fait des Mines & Minieres de France, avec les Déclarations du | droit de dixieme dû au Roi, sur l'or & l'argent, &c. & toutes autres substances terrestres. *Paris,* 1764, *in-*12, *page* 277.

Mine, fans en avoir obtenu la permiffion du Miniftre des Finances. Les Intendants rendirent leurs Ordonnances en conféquence, à mefure que cet Arrêt
leur fut parvenu.

Ces mefures font on ne peut pas plus fages & mieux réfléchies ; elles ne
peuvent fe terminer que par un Réglement d'adminiftration également avan-
geux au Royaume & aux Propriétaires defdites Mines.

Les *Charbonnieres* (1), étant plus communes que les Mines métalliques,
l'ouverture & les fouilles de ces Carrieres, devenues par conféquent plus fréquentes que celles des Mines métalliques, & une matiere perpétuelle à Procès, dont l'inftruction & le jugement entraînent des difficultés fans nombre ;
le Confeil, a jugé avec raifon qu'elles devoient d'abord être les premieres fur
lefquelles il étoit néceffaire de tourner les vues.

C'eft dans cet efprit qu'à l'Arrêt du 13 Mai 1698, qui faifoit loi univerfelle en France fur les travaux de Mines, on a fubftitué celui que nous allons
rapporter ici en entier.

(3) Nom donné aux Carrieres de Charbon dans les anciennes Ordonnances.

ARRÊT DU CONSEIL D'ETAT DU ROI,

Portant réglement pour l'exploitation des Mines de Houille ou Charbon de terre.

Du 14 Janvier 1744.

EXTRAIT DES REGISTRES DU CONSEIL D'ETAT.

LE Roi s'étant fait repréfenter en fon Confeil, les différents Edits, Lettres-Patentes
& Réglements, faits & donnés par les Rois fes prédéceffeurs, & notamment les Lettres-
Patentes de Henri II, des 30 Septembre 1548, & 10 Octobre 1552 ; de François II, du
27 Juillet 1560, & de Charles IX, du 25 Juillet 1561 ; enfemble l'Edit de Henri IV,
du mois de Juin 1601, & l'Arrêt du Confeil du 13 Mai 1698 : Sa Majefté auroit reconnu
qu'avant l'Edit de 1601, les Mines de Charbon de terre, qui par l'Article II de cet
Edit ont été affranchies du droit Royal du dixieme, étoient, comme les mines de Métaux
& Minéraux, fujettes au même droit dépendant du Domaine de fa Couronne & Souveraineté. Que l'exception portée par cet Edit, & faite par grace fpéciale en faveur des Propriétaires des lieux où fe trouveroient les Mines de Charbon de terre, a eu pour objet d'en
faciliter l'extraction, & d'encourager lefdits Propriétaires à l'entreprendre, à l'effet de
procurer dans le Royaume l'abondance des Charbons de terre, qui étant propres à différents ufages auxquels le bois s'emploie, en diminueroient d'autant la confommation : que
c'eft dans la même vue, & par les mêmes motifs, que le feu Roi, par ledit Arrêt de fon
Confeil d'Etat du 13 Mai 1698, auroit permis à tous Propriétaires de terrains où il fe
trouveroit des Mines de Charbon de terre, ouvertes & non ouvertes, en quelques endroits
& lieux du Royaume qu'elles fuffent fituées, de les ouvrir & exploiter à leur profit, fans
qu'ils fuffent obligés d'en demander la permiffion, fous quelque prétexte que ce pût être,
pas même fous prétexte des Priviléges qui pouvoient avoir été accordés pour l'exploitation
defdites Mines ; pourquoi il auroit été dérogé à tous Arrêts, Lettres-Patentes, Dons,
Ceffions & Priviléges à ce contraires. Et Sa Majefté étant informée que ces difpofitions
font prefque demeurées fans effet, foit par la *négligence des Propriétaires à faire la recherche & exploitation defdites Mines*, foit par *le peu de facultés & de connoiffances de la part de
ceux qui ont tenté de faire fur cela quelque entreprife* ; que d'ailleurs la *liberté indéfinie, laiffée
aux Propriétaires par ledit Arrêt du 13 Mai 1698, a fait naître en plufieurs occafions une*

concurrence

concurrence entr'eux, également nuisible à leurs entreprises respectives ; & voulant faire connoître sur cela ses intentions, & prescrire en même-temps les regles qui devront être suivies par ceux qui, après en avoir obtenu la permission, entreprendront à l'avenir l'exploitation des Mines de Charbon de terre. Vu les Mémoires adressés sur ce sujet par les sieurs Intendants & Commissaires départis dans les Provinces & Généralités du Royaume : Oui le Rapport du sieur Orry, Conseiller d'Etat ordinaire, & au Conseil Royal, Contrôleur Général des Finances. LE ROI ÉTANT EN SON CONSEIL, a ordonné & ordonne ce qui suit.

ARTICLE PREMIER.

A l'avenir, & à commencer du jour de la publication du présent Arrêt, personne ne pourra ouvrir & mettre en exploitation des Mines de Houille ou Charbon de terre, sans en avoir préalablement obtenu une permission du sieur Contrôleur Général des Finances, soit que ceux qui voudroient faire ouvrir ou exploiter lesdites Mines, soient Seigneurs Hauts-Justiciers, ou qu'ils ayent la propriété des terrains où elles se trouveront. Dérogeant Sa Majesté, pour cet effet, à l'Arrêt du Conseil du 13 Mai 1698, & à tous autres Réglements à ce contraires ; & confirmant néanmoins, en tant que besoin, l'exemption du droit Royal du dixieme portée par l'Article II, de l'Edit du mois de Juin 1601, à l'égard desdites Mines de Houille ou Charbon de terre.

ARTICLE II.

VEUT Sa Majesté, que ceux qui exploitent & font valoir actuellement des Mines de Houille ou Charbon de terre, soient-tenus de remettre au plus tard dans six mois du jour de la publication du présent Arrêt, aux sieurs Intendants & Commissaires départis dans les Provinces & Généralités du Royaume, chacun dans son département, leurs Déclarations contenant les lieux où sont situées les Mines qu'ils font exploiter, le nombre des fosses qu'ils ont en extraction, & le nombre d'Ouvriers qu'ils occupent à leur exploitation ; les quantités de Charbon de terre qu'ils auront d'extraites & qu'ils en font tirer par mois ; ensemble les lieux où s'en fait la principale consommation, & les prix desdits Charbons, pour, sur lesdites Déclarations envoyées audit sieur Contrôleur Général des Finances par lesdits sieurs Intendants, avec leur avis être ordonné ce qu'il appartiendra ; à peine contre ceux qui n'auront pas satisfait auxdites Déclarations dans le délai prescrit, de confiscation, tant des matieres extraites, que des machines & des ustensiles servant à l'extraction, même de révocation des Priviléges & Concessions à l'égard de ceux qui peuvent en avoir obtenus, & en vertu desquels ils font exploiter lesdites Mines.

ARTICLE III.

LES puits des Mines que l'on exploitera, s'ils sont de figure ronde, pourront être de tel diametre que les Entrepreneurs trouveront à propos. S'ils sont quarrés ou quarrés-longs, ils ne pourront avoir plus de six pieds de dedans en dedans ; & s'ils sont quarrés-longs, ils seront étresillonnés quarrément de dedans en dedans.

ARTICLE IV.

LES puits quarrés & quarrés-longs, feront de bois contretenus & étresillonnés de bons poteaux de bois de brin, & cuvelés de forts madriers, de façon que l'exploitation puisse se faire sans aucun danger pour les Ouvriers qui seront obligés de les fréquenter ; tous les poteaux & étresillons ne pourront être que de bois de chêne. Permet Sa Majesté, d'employer pour les madriers ou planches servant à doubler ou cuveler lesdits puits, d'autres bois que de chêne, sous la condition néanmoins que lesdits madriers ou planches auront au moins deux pouces d'épaisseur.

ARTICLE V.

LORSQUE les Mines pourront être exploitées par des galeries de plein-pied en entrant dans les montagnes où elles se trouveront situées, les ouvertures desdites galeries, si elles ne peuvent être taillées dans le roc de bonne consistance, feront ou revêtues de maçonnerie, ou étayées si solidement, qu'elles puissent être fréquentées avec toute sûreté.

Article VI.

Soit que les Mines soient exploitées par des puits ou par des entrées de plein-pied ; il ne sera pas permis d'y former des galeries pour en extraire la Houille ou Charbon de terre, qu'après que la veine, soit qu'elle soit droite, plate ou oblique, aura été percée ou suivie jusqu'au fond du sol, & qu'il aura été creusé au-dessous un puisard de vingt-quatre pieds de profondeur, pour rechercher s'il n'y auroit point d'autre veine au-dessous ; laquelle, en ce cas, sera encore percée ou suivie comme la supérieure ; & ne pourra être mise en extraction que la derniere veine, au-dessous de laquelle le puisard de vingt-quatre pieds ayant été fait, il n'en sera pas trouvé d'autre.

Article VII.

Les galeries qu'on formera dans les Mines qu'on extraira, ne pourront être plus larges que de huit pieds, quelque bonne que soit la consistance du Charbon & celle du ciel ou sol de ladite Mine ; seront lesdites galeries d'autant plus étroites, que le Charbon, le ciel & le sol de la Mine auront une consistance moins solide ; & sera faite l'extraction en découvrant toujours le sol de la Mine.

Article VIII.

Les galeries formées dans les veines de Houille ou de Charbon de terre, seront espacées de façon, qu'il y ait d'une galerie à l'autre un massif de Charbon, au moins de même épaisseur que la largeur de la galerie, même plus fort, si le peu de solidité de la Houille ou Charbon le demande.

Article IX.

Les galeries seront solidement étayées & pontelées, pour la sûreté des Ouvriers & autres qui les fréquenteront ; à l'effet de quoi les poteaux servant d'étayement seront de bois de brin, & mis entre deux sols ou couches, lesquelles seront équarries sur deux faces, & ne pourront être d'autre bois que de chêne, & auront la même largeur & épaisseur des poteaux.

Article X.

Tout Entrepreneur qui se trouvera dans le cas de faire cesser l'extraction du Charbon de terre dans une Mine actuellement en exploitation, soit par l'éloignement où se trouveroit la Mine de Charbon, des puits ou fosse qu'il aura fait percer pour ladite extraction, soit par le défaut d'air, ou par quelqu'autre cause, ne pourra cesser d'y travailler qu'après en avoir fait sa déclaration au Subdélégué du sieur Intendant de la Province le plus à portée du lieu de l'exploitation ; & sera tenu avant d'abandonner les fosses ou puits, & les galeries actuellement ouvertes, de faire percer un touret ou puits de dix toises de profondeur, le plus près du pied de la Mine que faire se pourra, pour connoître s'il n'y auroit point quelqu'autre filon au-dessous de celui dont l'exploitation auroit été faite jusqu'alors.

Article XI.

Ceux qui entreprendront l'exploitation des Mines de Charbon de terre, en vertu des permissions qu'ils en auront obtenues, seront tenus d'indemniser les Propriétaires des terrains qu'ils feront ouvrir, de gré à gré, ou à dire d'Experts qui seront convenus entre les Parties, sinon nommés d'office par les sieurs Intendants & Commissaires départis dans les Provinces & Généralités. Veut au surplus, Sa Majesté, que pendant le temps & espace de cinq années, les contestations qui pourront naître entre les Propriétaires des terrains & les Entrepreneurs, leurs Commis, Employés & Ouvriers, tant pour raison de leurs exploitations, que pour l'exécution du présent Arrêt, soient portées devant lesdits sieurs Intendants, pour y être par eux statué, sauf l'appel au Conseil : faisant défenses aux Parties de se pourvoir ailleurs, & à tous Juges d'en connoître, à peine de nullité, & de cassation de procédures. Enjoint Sa Majesté, auxdits sieurs Intendants, de tenir, chacun en droit soi, la main à l'exécution dudit présent Arrêt, qui sera lu, publié & affiché par-tout où besoin sera, & sur lequel toutes Lettres nécessaires seront expédiées.

Fait au Conseil d'Etat du Roi, Sa Majesté y étant, tenu à Versailles le quatorzieme jour de Janvier mil sept cent quarante-quatre.

Signé, Phelypeaux.

Examen de ce Réglement.

Les objets auxquels on a pourvu dans cet Arrêt, se réduisent à deux, tendant à un but très-raisonnable, qui a toujours été celui que se sont proposé les plus anciennes Ordonnances, & que l'on ne peut que souhaiter de voir rempli ; celui de faire participer l'Etat, autant que faire se peut, à l'avantage que les Propriétaires de Mines retirent de leur fond ; dans cette vue, la loi ordonne au Particulier qui veut ouvrir de nouvelles Mines, de demander la permission d'y procéder ; ensuite elle l'astreint à conduire ses opérations de la maniere qui lui est prescrite.

Quels ont été les motifs de ces restrictions, & de cette dérogation à l'Arrêt de 1698 ? Ils sont désignés nommément dans le préambule du Réglement. 1°. *La négligence des Propriétaires à faire les recherches & exploitation de leurs Mines* ; 2°. *le peu de facultés & de connoissances de la plupart de ceux qui ont tenté de faire sur cela quelques entreprises* ; 3°. *la concurrence que la liberté indéfinie laissée aux Propriétaires par l'Arrêt de 1698, pouvoit faire naître entr'eux, & qui seroit nuisible à leurs entreprises, si elle n'étoit réglée & réduite à de justes bornes.*

En effet, c'est à ces trois chefs que se rapportent généralement les abus qui se commettent touchant le fait des Mines, & les défauts qui s'opposent ou à leurs entreprises, ou à leur exploitation réguliere : toutes choses, qui, si l'on considere indistinctement les minéraux quelconques comme richesses appartenant en commun à l'Etat & au Particulier (1), méritent les regards attentifs du Souverain, pour corriger les négligences, écarter ou prévenir les abus, & conserver le bien public ; le Roi & son Conseil se sont proposé bien certainement de remplir ces vues, & de pourvoir aux trois circonstances énoncées dans le préambule ; il n'est pas possible de répandre sur cela aucun doute, aucune équivoque.

La difficulté insurmontable de remédier d'une maniere solide au plus petit inconvénient sans en faire naître de nouveaux, est connue & avouée de tout homme de bon sens ; l'incomparable Auteur de l'Esprit des Loix, a rendu en peu de mots, cet embarras (2), qui sans cesse met la puissance législative en butte à la critique des esprits inconsidérés ; les Citoyens vertueux & honnêtes n'apperçoivent dans ces jugements précipités, souvent inspirés par la licence, ou par des intérêts cachés, qu'une raison de s'affermir dans le respect pour la loi, dans la reconnoissance due à celui de qui elle est émanée : ses vues, ses intentions, sont toujours loin du reproche ; mais semblable à un riche

---

(1) *Comme ouvrages concernant grandement le bien de nous, le profit & utilité de la chose publique de notre Royaume ;* est-il dit dans l'Ordonnance du 1 Juillet 1437, & du 30 Septembre 1548.

(2) On sent les abus anciens, on en voit la correction, on voit encore les abus de la correction.

poſſeſſeur d'un grand Domaine, qui, dans la geſtion de ſes propres affaires, ne réuſſit pas, quoiqu'il faſſe pour le mieux, le Légiſlateur néceſſairement porté à chercher le bien n'eſt pas toujours favoriſé par le ſuccès ; en commandant à tous, il eſt expoſé à des obſtacles beaucoup plus nombreux, & plus difficultueux ; il n'eſt pas de réglement, ſi ſage, ſi bien compoſé, qu'on ne trouve moyen d'éluder, dont on ne parvienne à détourner le ſens & à faire abus.

Le Réglement de 1744 en particulier, en eſt un exemple : rien de plus clair, de plus prudent, de plus précis que cet Arrêt ; il ſe lie exactement avec la chaîne d'Edits, d'Ordonnances, de Déclarations & Arrêts, émanés de nos Rois, qui forment dans cette matiere un corps de loix, de principes & de maximes, où ſont décidées toutes les queſtions que l'on peut élever ſur les droits du Roi, ſur ceux des Propriétaires, des Hauts-Juſticiers. Cette légiſlation a en même-temps l'avantage de fixer la véritable idée d'une *Conceſſion* utile à l'Etat, & qui ne peut jamais éprouver de contradiction de la part ni des Seigneurs, ni des Maîtres des terrains.

Les ſages diſpoſitions du nouveau Réglement n'empêchent pas que les ſolliciteurs de Conceſſions (1) n'ayent l'adreſſe de ſe le rendre propice, pour ſe rendre maîtres des Mines ſur leſquelles il leur plaît de jetter les yeux ; j'ai eu ſoin de le faire obſerver à différentes repriſes ; on a vu comme ſous de fauſſes allégations, ſous des promeſſes trompeuſes, ils ont donné atteinte au droit de propriété, dans les Mines du Lyonnois & ailleurs ; comme en un inſtant celles de la Province d'Anjou ont été livrées en partage à des Conceſſions, qui par-tout, dit fort bien M. Varlet (2), *font revivre de nos jours les déſordres des anciens Privilégiés qui exciterent l'indignation de Louis XIV, & dont les Conceſſions furent ſi ſagement ſupprimées par le fameux Arrêt que ce Prince rendit le 13 Mai 1698*, rapporté dans le nouveau Réglement, & auquel ce dernier ne déroge que ſur l'article de la permiſſion à demander.

Les Mémoires & Factums multipliés à l'infini, auxquels ces fréquentes invaſions ont donné lieu de la part des Propriétaires de Mines, prouvent tous conſtamment le droit des Propriétaires, les manques de fidélité dans la demande expoſitive des Conceſſionnaires, le mépris des formalités à obſerver pour la vérification ou l'enregiſtrement de leurs Lettres-Patentes, des contraventions formelles aux clauſes & conditions de leurs Priviléges, les dommages

---

(1) Il eſt aiſé de juger d'avance que nous n'entendons nullement parler ici des Conceſſions octroyées par Lettres-Patentes, ou Arrêts du Conſeil, légitimement obtenues & duement vérifiées, qui alors, ſont & doivent être de Droit public, ſous la protection du Roi, des Miniſtres & des Magiſtrats. On verra dans ce que j'ai annoncé à la ſuite de la traduction de l'exploitation des Mines métalliques, que les Conceſſions de l'eſpece de celles du ſieur Roberval, du Duc de Montauſier, de feu M. le Vicomte Deſandrouin, ſur un *terrain neuf*, où le Privilégié s'engage à faire des recherches,

c'eſt-à-dire, ſur les *Mines à découvrir*, ne doivent pas être confondues avec les entrepriſes téméraires des Goupil, des Bacot, des Eaut, & autres dont nous avons parlé.

(2) *Mémoire ſignifié pour les Propriétaires des Mines de Charbon de terre, dans l'étendue de la Paroiſſe de Monrjan, Province d'Anjou, contre le ſieur Henry-François Mailly, Seigneur de Montjan.* Bureau du Commerce, M. Vincent de Gournay, Intendant du Commerce, Rapporteur ; M. Varlet, Avocat. Paris de l'Imprimerie de Pierre Prault, quai de Gèvres, 1756 ; 28 pages.

que

que les Conceſſionnaires font ſouffrir aux Propriétaires, les affaires injuſtes, qu'ils ſuſcitent à leurs adverſaires, les procédures frayeuſes & fatiguantes qu'ils leur font eſſuyer, les mauvais uſages qu'ils font en tout de leur Privilége, &c. &c.

Tels ſont les abus contre leſquels la plûpart de ceux qui ont été chargés de plaider la cauſe de Citoyens injuſtement dépoſſédés, ont élevé leurs voix: dans tous les Mémoires contre les Conceſſionnaires, on trouve les mêmes plaintes, les mêmes réclamations, les mêmes arguments, les mêmes principes rebattus; la choſe eſt au point que lorſqu'on a eu communication d'un de ces Factums, on peut ſe diſpenſer de prendre lecture des autres; les Juriſconſultes en raſſemblant à leur maniere les autorités les plus déciſives en faveur des Propriétaires, ſe ſont comme donné le mot, pour eſſayer d'accabler les uſurpateurs ſous le poids d'un nombre impoſant de citations de Loix.

Mais les Conceſſionnaires ſont parvenus ſi ſinguliérement à faire prendre le change ſur l'eſprit & ſur la lettre du Réglement, à y ſubſtituer un ſyſtème étranger & abſolument oppoſé, que ces citations ne font nulle impreſſion, & qu'elles ſont même regardées hautement par les partiſans ou fauteurs de Conceſſions, comme inutiles (1). Ils n'ont pas tout-à-fait tort à cet égard, le droit des Propriétaires, que les Juriſtes établiſſent par une ſeche & ennuyeuſe compilation de Loix, n'eſt conteſté par perſonne, pas même par les Conceſſionnaires, qui donnent à ce droit la plus forte atteinte.

Pour ce qui eſt des autres torts & griefs dont ces Compagnies ſont ſouvent accuſées, & ſur leſquels on s'appeſantit ordinairement dans ces écrits, ils s'éclipſent bientôt dans une procédure que l'on fait éterniſer par des incidents; quiconque peut parvenir à affoiblir la Loi en l'éludant, ne manque jamais d'artifices, de faux-fuyants, pour écarter ou pour infirmer toute eſpece de reproches, pour obſcurcir la vérité des imputations.

Parmi tous ceux qui ont été chargés de tirer les Propriétaires de l'oppreſſion de ces Compagnies privilégiées, un ſeul, à mon avis, a tenu une marche qui touche au vrai but; c'eſt le Défenſeur des Propriétaires des Mines de Montjan; cet Avocat, avec bien plus de raiſon, tourne contre le Seigneur de Montjan les armes dont les Conceſſionnaires ſe ſervent pour violer la propriété; il invoque en faveur des Propriétaires la Loi même, à laquelle on donne une extenſion forcée; il démontre que cette Loi, dont les Conceſſionnaires font un abus ſi révoltant, eſt entiérement oppoſée à ces Privileges, puiſqu'elle conſerve expreſſément aux Propriétaires tous leurs droits. Je vais dans un inſtant faire uſage de cette partie intéreſſante de ſon Mémoire, relative a l'Article I & II du Réglement; mais je m'arrêterai d'abord à un point qui a échappé à ce judicieux Défenſeur: au plan qu'il a ſuivi, & qu'il a rempli, il manque, ſelon moi, une choſe eſſentielle, c'eſt de n'avoir pas prévenu le moyen

(1) *Voyez page* 568, de cette ſeconde Partie.

de défenfe des Conceffionnaires, quelque mauvais qu'il puiffe être ; de n'avoir pas développé le fystème fur lequel ils fe fondent. Je ne crois pas que perfonne regarde comme néceffaire à l'examen de cette matiere la qualité d'homme de Loi, de Propriétaire, ou de Conceffionnaire, ni qu'aucun autre titre foit un motif d'exclufion, à difcuter le pour ou le contre ; cela n'eft pas plus étranger à l'Académicien, que les coutumes, les loix & les ufages de toute efpece dont j'ai donné la connoiffance ; comme Citoyen, je ne dois pas négliger de venger l'outrage que les Conceffionnaires font à un Gouvernement doux & modéré, en lui attribuant une intention injufte. On ne pourra voir qu'avec étonnement que les motifs qui ont dicté la néceffité d'une réforme dans les travaux de Mines, foient devenus le plus ferme appui des Conceffions ; il fera encore plus furprenant de voir les éloges prodigués à la fupériorité de talents & de facultés, que ces Compagnies ont fur les Propriétaires ; j'apperçois entre autres, avec regret, un Citoyen eftimable par fes connoiffances fur l'exploita-tion (1), *mettre les Conceffions accordées dans prefque toutes les Provinces qui contiennent du Charbon de terre, au nombre des moyens fûrs & folides embraffés par le Miniftere, pour parvenir à en exploiter utilement les Mines.*

Si les actions où il entre le plus d'injuftice font celles qui en troublant l'ordre public nuifent à un plus grand nombre de perfonnes, toutes les pré-tentions les plus fpécieufes en faveur des Conceffions, ne peuvent fe foutenir, puifque la fortune de nombre de familles attachées à l'exercice de ce droit fur leurs propres Mines, eft renverfée par ces Privileges. Sans entrer ici dans le détail, qui aura lieu au fujet des Conceffions en particulier, je vais m'arrêter fommairement fur les trois différents motifs expofés dans le préambule de l'Arrêt, où les Conceffionnaires prennent les matériaux qui leur fervent à édifier leur fystème ; je donnerai enfuite des réflexions que M. de Voglie a inférées à la fin de fon Mémoire, fur quelques articles du Réglement concer-nant les regles prefcrites pour l'exploitation.

Le préambule de l'Arrêt n'autorife en aucune maniere les Conceffions.

En lifant fans prévention l'Arrêt dont il s'agit, on remarque 1°, le mal apperçu par le Gouvernement ; c'eft ce qui compofe le préambule : 2°, le remede qu'on y apporte ; c'eft ce qui forme les articles du Réglement.

Quant au premier, il ne porte que l'annonce des inconvéniens réfultants du manque de faculté ou de capacité dans les particuliers, dont le terrain renfer-me du Charbon : le Légiflateur en déclarant qu'il veut y parer, n'entend point, & ne prononce point contre les Poffeffeurs de ces terrains, la priva-tion, l'interdiction de leurs droits, comme le donnent à entendre les Concef-fionnaires.

(1) M. de Tilly : Introduction, *page 22.*

Si le défaut de faculté ou de capacité, tranfmettoit aucun droit poffeffoire à d'autres qu'à ces Maîtres du fond, ce feroit affurer prefque toujours à des étrangers la jouiffance de ce qui ne leur appartient pas ; ce feroit leur donner » un privilége odieux, qui fait violence au droit privé, aux loix publiques, » & au droit des gens » ; c'eft ainfi que s'exprime M. Ponchel, Avocat du Parlement de Flandres, dans un Mémoire pour le Marquis de Cernay, fur une Conceffion d'une efpece bien différente, celle du feu Vicomte Defandronin (1).

On conçoit qu'en adoptant le fyftême malheureufement déja introduit par les Conceffionnaires, il eft peu de Mines qui ne doivent paffer entre les mains d'étrangers ; foit que privé de faculté, le Maître du fond ne puiffe tirer parti de fon propre bien ; foit que manquant de capacité, il ne puiffe ufer de fon droit naturel, on aura peine à trouver des Propriétaires qui ne foient en défaut.

La Loi préfume, il eft vrai, que celui qui pendant une longue fuite d'années néglige d'exercer fes droits, les abandonne, & elle veut qu'il n'y rentre plus ; mais cette fin de non-recevoir, fagement établie pour affurer la propriété des lieux, *après la poffeffion d'un certain temps*, en faveur des Poffeffeurs de bonne foi qui feroient perpétuellement inquiétés, n'eft point appliquable ici, comme on le voit : encore les Poffeffeurs qui n'ont d'autre titre que la prefcription, ne font-ils toujours que d'honnêtes ufurpateurs, & la Loi qui ne fait qu'interpréter le filence & la volonté des Propriétaires, n'entend point punir leur indolence.

La préfomption de la Loi eft d'ailleurs ici d'un autre genre ; le Propriétaire oifif d'une Mine, ne peut pas être précifément convaincu de négligence ; il fe trouve uniquement privé de deux conditions, dont le défaut occafionne des inconvéniens, puifque l'une s'oppofe à l'entreprife, l'autre à la bonne exploitation.

La Loi ne prétend point exiger fous peine inflictive deux qualités, qui rarement font réunies dans une même perfonne ; tantôt le Propriétaire avantagé des facultés pour l'entreprife fera doué de la capacité, & tantôt il aura la capacité fans les facultés ; ni l'un ni l'autre ne font plus coupables, plus puniffables, que celui qui, par ces raifons forcées, laiffe en friche fon terrain, dont le produit feroit effentiellement utile ou néceffaire à lui-même, ou à fon canton : il n'eft perfonne qui ne fente l'abus qu'il y auroit à dépouiller ainfi de leur territoire tout Propriétaire hors d'état de les mettre en valeur, à déclarer leur Domaine impétrable en faveur de celui qui feroit riche, ou qui prétendroit en tirer parti avec plus d'intelligence : avancer une pareille abfurdité, c'eft vouloir arracher du cœur François ce qui fait toute fa félicité,

---

(1) Pour tirer le Charbon de terre *des Mines* qu'il pourroit *découvrir*, aux charges & conditions ordinaires, d'indemnifer les Seigneurs & Propriétaires, &c.

la jufte opinion dont il eft pénétré de l'équité & de la douceur du Gouvernement.

Que l'on vienne au furplus à envifager de la même façon que les Conceffionnaires, les trois énoncés du préambule, c'eft-à-dire, à regarder la négligence ou l'incapacité comme motifs d'exclufion à faire valoir ou fon propre bien ou les Mines : on peut avancer que les Conceffionnaires font prefque toujours, plus que perfonne, dans le cas de fubir la peine qu'ils font porter aux Propriétaires, en s'emparant des poffeffions d'autrui, fous des prétextes que la Loi ne porte nullement ; & au contraire les Propriétaires font bien plus à l'abri du reproche prétendu de négligence, que les Conceffionnaires. Ces derniers entrés en poffeffion fouvent fur de faux expofés, s'en tiennent, la plupart du temps, à continuer de mettre en valeur les Mines qui étoient exploitées en grand ; ils bénéficient des autres en les affermant, ce que les Propriétaires faifoient ou peuvent faire tout auffi bien que les Conceffionnaires.

On a toujours vu que les Conceffionnaires n'ont point porté leur demande de Conceffion, leur dévolu, fur des endroits où il y ait eu contre les Propriétaires preuve pleine & entiere de cette négligence à laquelle le Gouvernement veut obvier, par les feuls moyens exprimés articles par articles à la fuite du préambule de l'Arrêt : excepté le feu Vicomte Defandronins, qui, à fes périls & fortune, a exercé dans le Hainaut François un Privilége concédé réguliérement, à l'effet de s'appliquer à la recherche, & de parvenir à la découverte du Charbon de terre dans un endroit où d'autres que lui n'en foupçonnoient pas, je ne fache point qu'on puiffe citer beaucoup de Compagnies qui, ayent porté fur un *terrain neuf* ces talents fupérieurs dont ils s'efforcent de fe prévaloir, ou qui ayent eu l'idée d'y expofer courageufement des fonds que l'on ne trouve guere moyen de raffembler, lorfqu'il s'agit d'affaires douteufes & incertaines.

Pour ce qui eft du troifieme inconvénient remarqué dans les entreprifes de Mines, & que Sa Majefté a bien voulu rapporter dans le préambule du Réglement, il eft de fait, (& nous l'avons obfervé) que par tout Pays, les ouvrages, les travaux des Charbonnieres qui s'établiffent fouvent très-près les uns des autres, font par cette circonftance une matiere perpétuelle de divifions, de procès, de conteftations ; c'eft vraifemblablement ce que veut dire la lettre de cette partie du préambule, que *la liberté indéfinie laiffée aux Propriétaires par l'Arrêt du 13 Mai 1698, a fait naître en plufieurs occafions une concurrence entr'eux également nuifible à leurs entreprifes refpectives.*

L'attention du Miniftere à cet égard eft digne d'un Gouvernement éclairé ; mais on ne voit dans cet énoncé, comme dans les précédents, qu'un *apperçu*, fans que pour cela on ait voulu rien retrancher aux Maîtres des fonds : les Conceffionnaires par une conféquence prife dans leur fyftême,

veulent

veulent encore se substituer aux Propriétaires ; mais où est la preuve que ces Privilégiés ont apporté remede à ce mal qui tient à la nature de la chose ? N'est-il pas plus vraisemblable qu'ils étouffent eux-mêmes dans le principe, & d'une maniere bien plus fâcheuse cette émulation, que l'Arrêt cherche à faire tourner au profit des entreprises respectives des Propriétaires ? Cette concurrence en effet des Propriétaires peut être défectueuse dans plusieurs occasions, si elle n'est point dirigée convenablement, comme le desire faire le Conseil, par les articles de son Réglement : n'est-il donc pas de moyens de rendre utile à la Province, à l'Etat, aux Propriétaires mêmes, cette concurrence ?

Ce mot *Concurrence* a cependant embarrassé M. de Voglie ; c'est du moins ce que l'on entrevoit dans ses Réflexions (1). Il a senti toute l'importance des vues du Conseil sur cet objet ; les propositions de cet Ingénieur sont tout-à-fait neuves & singulieres ; on a dû y prendre garde, *page 568 :* je ne m'arrêterai point à les combattre ; il me suffit de les avoir fait connoître. M. de Voglie ne dissimule pas, à la vérité, combien il est à désirer que ces Compagnies, sur le zéle & sur l'intelligence desquelles on voudra bien se reposer, pour exercer exclusivement à tous autres cette concurrence, n'abusent pas de leur Priviléges ; ses craintes portent précisément sur tous les écarts que l'on reproche uniformément aux Concessionnaires ; c'est en faire un demi aveu : pour éviter ces désordres, il indique quelques mesures à prendre. Les usages, les coutumes des Pays étrangers, ceux sur-tout du Pays de Liege relativement à ce point, ainsi que l'état florissant de ces travaux de Mines, sont une preuve que la bonne Police offre des moyens sûrs & solides, de tirer des Mines tout l'avantage possible sans porter atteinte au droit de propriété. M. de Voglie auroit de la peine à persuader qu'il fût bien facile de tenir en devoir des Compagnies qui n'ont en leur faveur d'autre titre que les facultés ou le talent prétendu de faire mieux valoir le bien d'autrui, que le Maître légitime, & dont la possession elle-même se trouve une contravention formelle à la loi, sur laquelle ils se fondent.

C'est sous ce second point de vue que M. Varlet a envisagé la question à examiner entre les Concessionnaires & les Propriétaires ; elle se trouve résolue dans l'Article I & II du Réglement, quoique M. de Voglie prétende qu'ils ne sont susceptibles d'aucune observation : il est étonnant que dans toutes les visites faites par cet Ingénieur pour les Mines d'Anjou, le Mémoire pour les Habitants de Montjan ne soit pas parvenu à sa connoissance ; il y auroit reconnu que c'est précisément dans ces premier & second Articles, que cet habile Avocat trouve que l'Arrêt *paroît respecter pleinement la propriété.*

_____

(1) Partie septieme, intitulée: *Moyens jugés les plus propres, pour donner aux Mines de l'Anjou toute la valeur dont elles sont susceptibles.*

Le Réglement maintient les Propriétaires de Mines dans tous leurs droits (1).

» O n est forcé de convenir que, soit par l'Edit de Henry IV, du mois
» de Juin 1601, soit par l'Arrêt du 13 Mai 1698, cités l'un & l'autre dans le
» préambule de celui du 14 Janvier 1744, les Propriétaires sont expresséments
» autorisés & maintenus dans la possession d'ouvrir les Mines de Charbons sur
» leurs terres, nonobstant tout Privilége à ce contraire. Ces Arrêts ont eu
» force de loi dans tout le Royaume, & ont servi de regle jusqu'à celui du
» 14 Janvier 1744, qui n'y a dérogé que quant à la nécessité pour les Proprié-
» taires, soit de demander la permission d'ouvrir de nouvelles Mines, & de décla-
» rer celles qu'ils auroient ouvertes, soit de ne les exploiter qu'avec les pré-
» cautions prescrites par les Articles III & suivants de cet Arrêt. Il est donc
» constant par ces anciens Arrêts antérieurs à celui de 1744, que les Proprié-
» taires ou leurs auteurs, étoient dans la possession reconnue d'exploiter de
» pareilles Mines, antérieurement à l'Edit de 1744, & qu'aucun d'eux par
» conséquent ne peut être troublé ni empêché de travailler de pareilles Mines.

» Le premier Article du Réglement ne prive point les Possesseurs des ter-
» rains où sont situées les Mines de Charbon de la propriété qui leur en ap-
» partient; en les maintenant dans leur ancienne liberté, il les oblige seule-
» ment à n'exercer leur droit qu'après une simple formalité; c'est-à-dire, quand
» ils voudront exploiter de nouvelles Mines, à en obtenir préalablement une
» permission du Ministre.

» C'est uniquement quant à la nécessité de cette permission, que ce Régle-
» ment a dérogé à l'Arrêt du Conseil du 13 Mai 1698, qui autorisoit tous les
» Propriétaires des fonds à ouvrir leurs Mines sans aucune permission, ainsi que
» le rapporte le préambule du Réglement : on peut donc ajouter que cette
» nouvelle obligation & les suivantes contenues dans les Articles de cet Edit,
» n'ont eu pour objet que d'exciter les Propriétaires à ne pas négliger la décou-
» verte des meilleurs Charbons dans leurs terrains, & de leur faire éviter en
» même-temps des recherches trop avides, & trop téméraires aux dépens de
» la vie de leurs Ouvriers.

» Une remarque très-importante à faire, c'est que l'obligation d'obtenir une
» permission du Ministre, pour l'ouverture d'une Mine, est imposée indistinc-
» tement tant aux Propriétaires, qu'aux Seigneurs Hauts-Justiciers; la Loi leur
» est égale dans l'Article II; on menace les uns & les autres de confiscation
» de leurs marchandises, s'ils n'ont fait leur déclaration; & on y ajoute la pei-
» ne de révocation des Priviléges, contre ceux qui en ayant un, seroient en
» défaut à ces égards.

» La Loi est donc égale, & aux Seigneurs Hauts-Justiciers, & aux Pro-

(1) Fragment du Mémoire de M. Varlet, contre le sieur de Montjan, *pages* 6, 8, 9, 15, 19.

» priétaires ; le Roi par là reconnoît dans les uns & dans les autres le même
» droit fur leur Domaine , pourvu qu'ils obtiennent cette permiſſion portée
» par l'Ordonnance : la qualité de Seigneur, n'y trouve aucun prétexte pour
» s'arroger de droit fur les Mines de ſes juſticiables, comme le Seigneur de
» Montjan le prétendoit, malgré la clauſe formelle de ſon Privilége qui le lui
» défendoit.

» Sur quoi il faut obſerver de nouveau que cet Article ne fait aucune men-
» tion des Mines qu'on avoit déja ouvertes avant le jour de la publication,
» mais ſeulement de celles qu'on voudroit ouvrir ou faire mettre en exploita-
» tion. Or la défenſe de faire ouvrir ſans permiſſion , ne devant avoir lieu qu'à
» compter du jour de la publication, il en réſulte que les Mines qui étoient
» ouvertes avant cette publication (dans les Provinces où elle n'a été faite
» que long-temps après), font, à l'égard de leurs Propriétaires, comme ſi
» elles avoient été ouvertes avant 1744, & que ceux-ci ont pu continuer
» de les exploiter ſans permiſſion, en s'abſtenant ſeulement d'en ouvrir de
» nouvelles depuis la publication, & faiſant leurs déclarations.

» L'analyſe qu'on vient de faire du premier Article de ce Réglement, prouve
» démonſtrativement, que bien loin que l'intention du Roi ait été de dépouiller
» les Poſſeſſeurs des Mines, Sa Majeſté a eu principalement en vue de les en-
» courager à les faire valoir, de les obliger, en maintenant leur poſſeſſion, à
» ne l'exercer qu'en ſuivant les regles qu'Elle a jugé à propos de leur preſcrire ;
» mais en leur impoſant ces conditions, le Roi n'a fait que les confirmer dans
» leurs anciens droits de propriété fur les Mines, puiſqu'elles ne regardent
» que la maniere dont il veut qu'on les exploite.

» Il eſt également certain que le ſecond Article fortifie de plus en plus
» le droit des Propriétaires. Il exige ſimplement d'eux leurs déclarations des
» Mines qu'ils font exploiter, & il ne leur en interdit pas l'exploitation, il
» n'en regle que la méthode. Il les laiſſe donc à cet égard dans l'ancienne poſſeſ-
» ſion où les avoient remis les Arrêts de 1601 & de 1698, ce qui naturelle-
» ment équivaut à une maintenue pure & ſimple.

» D'ailleurs cet Article s'adreſſe indiſtinctement à tous ceux qui font valoir
» des Mines ; à peine contre les refuſants de confiſcation des matieres extrai-
» tes & leurs uſtenſiles, ou même de révocation des Priviléges à l'égard de
» ceux qui en auroient obtenus : il eſt donc conſtant que le Roi reconnoît ici
» de nouveau qu'indépendamment des Privilégiés, il y en a d'autres qui font
» en poſſeſſion d'exploiter des Mines de Charbons.

Les Articles IV & ſuivants de l'Arrêt concernent uniquement la forme de
l'exploitation , c'eſt-à-dire, quelques regles générales impoſées aux Propriétaires fur la conduite de leurs fouilles, afin de rendre ces travaux plus avantageux, & de diminuer les défauts qui s'oppoſent à leur vrai ſuccès.

M. de Voglie, dans ſon Mémoire du 11 Juin 1757, a examiné cette partie

du Réglement (1) ; par le détail dans lequel il entre, il démontre *l'impoffi-bilité de s'y conformer*; ce font fes expreffions. Il commence par obferver,
» que le Confeil, en rendant cet **Arrêt**, a eu pour objet de remédier à tous les
» défauts qui fe trouvoient *dans l'exploitation des Mines de Charbon.* » Il ajoute,
» que ces vues exigeoient une connoiffance parfaite de ce genre de travail,
» & ne devoient rien prefcrire qui ne fût *exactement bon & néceffaire*; que
» néanmoins ce Réglement eft fufceptible, dans les points relatifs à l'Art d'ex-
» ploiter, des corrections & des changements que lui ont dictés, les réflexions
» qu'il établit.

Réflexions de M. de Voglie fur le Réglement de 1744.

» **Articles III & IV.** (*Voy. pag.* 613.) Il eft bon de laiffer au Mineur la
» liberté d'ouvrir les puits quarrés-longs, de la grandeur qu'il juge convenable,
» pourvu qu'ils foient folidement étréfillonnés ; il ne fera jamais de fon intérêt de
» former de trop grandes ouvertures ; la dépenfe augmente à proportion ;
» mais les reftraindre à fix pieds, c'eft gêner la manœuvre & l'extraction,
» puifque deux grands feaux de vingt pieds cubes chacun, tels que ceux dont
» on fe fert, defcendant & montant alternativement, ne pourroient manœuvrer
» dans cet efpace.

» Ce détail de conftruction n'eft point clairement expliqué, ni dans les ter-
» mes de l'Art ; d'ailleurs le cuvelage de madriers ne fe pratique que dans le
» cas où les eaux nuifent par une chûte trop vive ; pour lors on fait un cuve-
» lage ferré pour les empêcher de pénétrer, finon on fe fert de bois ronds &
» jointifs placés contre les terres derriere les poteaux ; d'ailleurs les poteaux,
» étréfillons & montants entre chaque chaffis, fuffifent pour retenir les terres
» & occafionnent bien moins de dépenfes.

Art. **V.** (*pag.* 613.) On n'y trouve aucun inconvénient.

» Art. **VI.** (*pag.* 614.) Il eft de l'avantage du Mineur de chercher la *plateure*;
» mais il faudroit renoncer à l'exploitation de toutes Mines de Charbon, s'il falloit
» fuivre un puits de toutes les veines ou même jufqu'à la plateure, fans pratiquer
» des *galeries d'extraction*; l'enlévement des eaux ne pourroit fe faire ; l'air
» n'auroit aucune circulation ; cette opération eft de toute impoffibilité.

» Art. **VII.** Il eft bon de laiffer aux Entrepreneurs la liberté fur la largeur des
» galeries, vu d'ailleurs qu'elles font communément déterminées par celles de
» la *chemife* de la veine, qui, lorfqu'elle eft réglée, fe porte très-rarement à
» huit pieds d'épaiffeur, fi ce n'eft dans les brouillards, qui n'ont jamais de
» fuite, & annoncent même une mauvaife veine quand ils font trop fréquents :
» cet Article ne paroît d'aucune utilité, ou n'eft pas fuffifamment expliqué.

---

(1) Sixieme Partie, intitulée: *Réflexions fur le Réglement du* **14 Janvier 1744**, *concernant l'exploi-tation des Mines de Charbon de terre.*

» Art.

» Art. VIII. Cet article suppose & indique au Mineur une façon de
» travailler, ruineuse par la multiplicité des galeries ; les *Estocs* font, à peu
» de frais par leur exploitation au moyen des *galeries de voies*, le plus grand
» avantage des Mines.

» Art. IX. Cet article est bon à exécuter à la rigueur ; il fait la solidité de
» l'ouvrage : il est cependant des cas, où les couches deviennent inutiles, sur-
» tout lorsque les traverses du haut sont entaillées dans le toit & le mur, &
» que la matiere est bonne.

» Art. X. Le *Touret* à percer, de dix toises de profondeur, n'est pas une
» chose exigible d'un Mineur ; outre qu'il seroit dispendieux & difficile, on y
» peut suppléer à bien moins de frais par des sondes. Il n'est point d'Entre-
» preneur, pour peu qu'il ait d'intelligence, qui n'use de ce dernier moyen
» avant d'abandonner un Filon ; d'ailleurs on ne quitte une fosse, sur une
» veine réglée, que parce que les eaux sont inépuisables, ou parce que ces ou-
» vrages ne sont point assez solides & menaçent ruine ; dans l'un & l'autre cas,
» le tout, tel que l'exige le présent Article, est ou dangereux ou imprati-
» cable.

» Art. XI & dernier. Il seroit préférable de fixer, ainsi qu'on l'a fait pour les
» Carrieres d'Ardoises, le dédommagement dû aux Propriétaires des terrains
» sur lesquels seroient établies les fosses ; ce dédommagement devroit toujours
» être à l'avantage des Propriétaires, & n'être fondé que sur deux prix, l'un pour
» les terrains cultivés, & l'autre pour les terrains incultes, afin d'éviter toute
» contestation. «

Observations sur les Remarques de M. de Voglie.

M. de Voglie termine ses Réflexions, en disant *qu'on peut juger par ce qu'il
vient de dire, de l'impossibilité de se conformer au Réglement.* Je ne suis point
du tout de l'avis de M. de Voglie ; je crois qu'on ne doit point regarder cet Arrêt
du même œil qu'il l'a fait, ni le juger aussi févérement. Cet Ingénieur s'est
attaché à la lettre du Réglement ; dans le genre dont il s'agit, ce n'est point
l'essentiel : s'il eût voulu saisir l'esprit de la Loi, entrer dans toutes les vues
qui paroissent avoir conduit ici le Législateur, il se fût dispensé de ses réflexions, si ce n'est lorsqu'il avance *qu'il n'est pas moins intéressant de ne pas en
exiger à la rigueur l'exécution,* soit qu'il ait voulu parler des regles de l'exploitation, soit qu'il ait voulu parler de l'interprétation tacite & forcée que les
Concessionnaires donnent aux trois clauses du préambule.

Le Gouvernement persuadé de la difficulté de réussir efficacement dans le
plan qu'il s'est tracé, a senti qu'il falloit user de prudence : pour réformer ce
qui ne peut être corrigé qu'avec lenteur, il s'est contenté habilement de fixer
les regles de l'exploitation à un point suffisant, pour amener, avec le temps, les

Propriétaires à une exploitation d'un plus grand produit, pour les convaincre de l'avantage à retirer des fouilles plus profondes que celles auxquelles ils fe bornoient. C'est ainfi qu'il faut favoir vaincre avec ménagement l'opiniâtreté de l'ignorance & des préjugés.

Ces confidérations ont fait, avec raifon, juger inutile (Art. V.) de commencer par aftreindre d'abord les Propriétaires à aller chercher la *platteure*, ce qui eft dans les bons principes.

Les remarques de M. de Voglie fur les Articles III & IV, où il eft fait mention des dimenfions du puits, du revêtiffement, auxquels M. de Voglie trouve de manquer les termes de l'Art & la clarté, font encore fuperflues. L'intention n'a point été de fixer au Charpentier des regles de conftruction; elles doivent varier fuivant les places où s'affoyent les bois; elles doivent être foumifes à l'infpection d'un bon Directeur de Mines. Les termes de l'Art n'étoient pas plus néceffaires dans cette Ordonnance, que tout ce que M. de Voglie veut y corriger. Si l'Arrêt n'eût été que pour les Mines d'une feule Province, c'eft tout ce que M. de Voglie auroit pu exiger; mais dans un Réglement général, qui doit faire Loi dans les différentes Provinces d'un Royaume, la chofe n'eft ni propofable ni faifable: on a déja vu, combien le langage du métier varie dans des cantons & dans des pays qui fe touchent.

COMMERCE DU CHARBON DE TERRE
EN FRANCE.

PARMI les Réglements qui ont été donnés, relativement aux droits fur les Charbons de terre, les uns ont augmenté, les autres ont enfuite diminué, les autres ont remis ces droits à leur premiere fixation: les motifs qui ont occafionné ces changements font exprimés dans les différents Arrêts: on juge bien que c'eft par ce moyen que le Gouvernement eft parvenu habilement à accroître cette branche du Commerce dans le Royaume, en gênant l'entrée du Charbon de terre étranger, à mefure que le Commerce intérieur a pu balancer l'extérieur. On prendra aifément l'idée de cette progreffion, dans le Mémoire de M. Gigault de Crifenoy, que j'ai annoncé à l'article du Hainaut François: je le ferai fuivre de quelques remarques fur la maniere dont fe vend le Charbon de terre, & fur les mefures qui s'emploient pour cette vente en détail. Je terminerai cette troifieme Section par examiner en particulier l'exportation de ce foffile, depuis la riviere de Loire jufqu'à la Seine, pour la Capitale, la police relative à cet approvifionnement & à ce trafic, &c.

Histoire raisonnée des différents Droits d'entrée imposés en France sur le Charbon de terre étranger , suivie de Réflexions sur l'augmentation de ces Droits à l'entrée, & sur l'exemption totale à la circulation (1).

» L E Charbon de terre est une Marchandise non-seulement d'utilité , mais » même de nécessité pour toutes les especes d'Ouvriers qui sont obligés de » chauffer le fer pour le battre sur l'enclume.

» Il y a des Mines de Charbon de terre dans plusieurs Provinces du Royau-» me ; néanmoins l'Angleterre nous en fournit beaucoup.

» Le Tarif de 1664 a distingué le *Charbon de terre étranger*, d'avec celui » des *Provinces réputées étrangeres*, apporté dans les cinq grosses Fermes. Il » les a imposés à deux droits d'entrée différents, savoir celui *étranger* à huit » sols par *barril*, & celui des Provinces du Royaume à six deniers seulement » le même barril.

» Ce droit de huit sols par barril à l'entrée des cinq grosses Fermes, & les » droits locaux des différents Tarifs à l'entrée des Provinces réputées étran-» geres, ont subsisté jusqu'en 1667, que par le Tarif du 18 Avril de ladite » année, ils furent changés & fixés à un droit uniforme à toutes les entrées du » Royaume de vingt-quatre sols par barril de Charbon étranger.

» La charge de ce droit avoit pour objet la faveur due à l'exploitation des » Mines du Royaume que l'on vouloit encourager par une préférence. Ce fut » dans ce même point de vue que par Arrêts des 29 Juillet 1669, 27 Juin » 1672, & 12 Septembre 1690, les Charbons des Mines de Sainte-Florine en » Auvergne , & de celles du Nivernois, furent déchargés du droit de six deniers » par barril à l'entrée des cinq grosses Fermes.

» Cependant ces Mines de l'Auvergne & du Nivernois ne pouvant fournir » à la consommation de différentes Provinces du Royaume, soit parce que les-» dites Mines n'étoient point assez abondantes, soit à cause de l'éloignement » qui auroit rendu trop dispendieux les frais de transport, sur les représenta-» tions qui furent faites au Conseil à cet égard par rapport à la Champagne & » autres Provinces adjacentes , il fut ordonné par Arrêt du 31 Octobre 1672, » que les Charbons de terre & de pierre venant de Liege, tant par la riviere » de Meuse que par charroi, ne payeroient que le droit de huit sols premiére-» ment fixé par le Tarif de 1664, au lieu de celui de vingt-quatre sols.

» Cette modération à huit sols pour le Pays de Liege, dura jusqu'en 1688, » temps auquel elle se trouva supprimée par Arrêt du 16 Novembre, qui or-» donna que le droit de vingt-quatre sols seroit perçu sur tout Charbon de » terre entrant dans le Royaume , & qui y seroit apporté par mer de quelque » Pays que ce fût.

(1) Ce Mémoire de M. de Crisenoy est du mois de Janvier 1763.

» Ce droit de vingt-quatre fols fut encore augmenté & porté à trente fols,
» par Arrêt du 3 Juillet 1692, pour avoir lieu à toutes les entrées du Royau-
» me.

» Le droit étoit impofé au *Barril* ; mais aucun Réglement n'avoit encore
» déterminé la mefure du Barril. Il fut ordonné par Arrêt du 30 Novembre
» 1700, que les demi-Barrils étalonnés fur la Matrice de l'Hôtel-de-Ville de
» Rouen ferviroient de regle dans les Ports de Dunkerque, Calais, & Saint-
» Vallery, pour le mefurage defdits Charbons étrangers. Il ne fut rien ftatué
» pour les autres Bureaux & Ports. *Voyez page 570.*

» Les Magiftrats & Habitants du Hainaut & de la Flandre Françoife, ayant
» fait des repréfentations fur les droits de trente fols, il fut ordonné provifoi.
» rement, jufqu'à plus ample examen, que les Charbons de terre venant de la
» partie du Hainault rendue au Roi d'Efpagne par le Traité de paix, ne paye-
» roient à l'entrée de la partie du Hainaut reftée à la France, & de la Flandre
» Françoife, que dix fols par barril : cette modération à dix fols, qui fut confen-
» tie par un Arrêt du 18 Octobre 1698, fut encore réduite à cinq fols par
» autre du 21 Décembre 1700. *Voyez page 491.*

» En 1703 les Maîtres des Forges des Provinces de Picardie & Champagne
» fe réunirent pour repréfenter que le droit de trente fols fixé par l'Arrêt du
» 3 Juillet 1692, augmentoit confidérablement le prix de leurs ouvrages,
» fans qu'il en réfultât aucun avantage pour les Mines du Nivernois & des au-
» tres Provinces des cinq groffes Fermes; qu'ils en avoient tiré des Charbons ;
» mais que leur revenant par les frais de tranfport & les routes prefqu'impra-
» ticables, encore à plus haut prix que ceux du Hainaut & de la Flandre, ils
» étoient obligés de donner la préférence à ces derniers, même en fupportant
» la charge du droit de trente fols. Sur ces repréfentations, après avoir pris l'a-
» vis de MM. les Intendants de Picardie & Champagne, il fut ordonné par
» Arrêt du 19 Juin 1703, une réduction aux entrées de ces deux Provinces
» fur les Charbons de terre venant de la Flandre & du Hainaut, à dix fols par
» barril du poids de 300 livres.

» Le droit de trente fols qui avoit été fixé en général par l'Arrêt du 3 Juillet
» 1692 fur tous les Charbons de terre étrangers, fut pareillement adopté par
» l'Arrêt du 6 Septembre 1701 pour celui d'Angleterre, Ecoffe, & Irlande ;
» mais foit qu'on regardât les Mines du Royaume comme épuifées, ou pas
» affez abondantes, étant furvenu en 1714 une difette, & tant le Charbon
» de terre que le bois, ayant confidérablement augmenté de prix, on
» crut devoir pour un moment ouvrir la porte au Charbon de terre d'Angle-
» terre, Ecoffe & Irlande : le droit de trente fols en fut modéré par Arrêt
» du 4 Septembre de ladite année 1714, jufqu'au dernier Septembre 1715, à
» huit fols par barril.

» Jufqu'alors il avoit bien été parlé de la mefure du barril : c'étoit fuivant

l'Arrêt

» l'Arrêt du 30 Novembre 1700, le demi-baril étalonné fur la matrice de
» l'Hôtel-de-Ville de Rouen qui devoit fervir de regle ; mais il n'avoit encore
» été rien dit du poids que devoit avoir ce baril, à l'exception de celui des
» Charbons de Flandre & du Hainaut, dont le poids avoit été réglé à 300
» livres ; mais pour ceux d'Angleterre, l'Arrêt du 28 Septembre 1715, eft
» le premier qui en parle. On voit par cet Arrêt, que le poids du baril doit
» être compté fur 250 livres. Ce même Arrêt, prorogea encore pour un an la
» modération à huit fols prononcée par celui de 1714.

» Les raifons de difette qui avoient déterminé ladite modération, & qu'on
» n'avoit regardées que comme momentanées, fubfiftoient toujours. Auffi la-
» dite modération à huit fols fut-elle continuée d'année en année par différents
» Arrêts jufqu'au mois de Janvier 1730.

» Alors cette difette n'étant point encore ceffée, mais ayant un peu diminué,
» le droit de huit fols fut porté, par Arrêt du 31 Janvier de ladite année 1730,
» à douze fols, pour un an feulement. Enfin par autre Arrêt du 28 Novembre
» de la même année, le droit d'entrée fur lefdits Charbons de terre d'Angle-
» terre, Ecoffe & Irlande, fut fixé à douze fols, jufqu'à ce qu'il en fût autrement
» ordonné.

» Pendant que les Charbons de terre Etrangers payoient ce droit de douze
» fols par baril du poids de 250 livres à toutes les entrées du Royaume, ceux
» venant du Hainaut Etranger dans le Hainaut François & dans la Flandre Fran-
» çoife continuoient à ne payer que le droit de cinq fols par baril du poids de 300
» liv. fuivant la modération portée par Arrêt du 21 Décembre 1700. Il fut enfuite
» accordé par autres Arrêts des 9 Novembre 1715 & 24 Septembre 1716, que
» les Charbons de terre du Hainaut Autrichien, paffant en tranfit de Mons à
» Tournay par Condé ne payeroient que le même droit de cinq fols. Dans la vue
» de favorifer de plus en plus ce tranfit par Condé, & la navigation fur les rivie-
» res de l'Efcaut & de Haifne, ce droit de cinq fols fut réduit à deux fols fix
» deniers par baril du poids de 300 livres pour lefdits Charbons paffant en
» tranfit de Mons à Tournay par Condé. Cette réduction fut faite par Arrêt du
» 8 Novembre 1723, qui ordonna que dans le cas où lefdits Charbons, ainfi
» paffés en tranfit à Tournay, feroient enfuite voiturés par terre à Lille & Chatel-
» lenie, foit pour la confommation de la Flandre Françoife ou pour les Villes
» & lieux de la dépendance de l'Empereur, payeroient deux fols fix deniers
» par baril, par forme de fupplément du droit de cinq fols.

» Cette exception pour les Charbons du Hainaut étranger entrant par la
» Flandre & le Hainaut François, ou paffant en tranfit par Condé à Tournay,
» étoit la feule qui fût faite à la loi générale & uniforme des Charbons étrangers.

» Les Charbons de terre de l'Ifle Royale, qui vient de paffer fous la do-
» mination étrangere, ne devoient pas, lorfque cette Ifle appartenoit à la France,
» être traités auffi défavorablement que ceux de l'Etranger. Auffi l'Arrêt du

» 14 Juin 1729 , en régla-t-il les droits à six livres par *tonneau* de 5250 livres,
» faisant vingt-un barrils du poids de 250 livres, ce qui revient à cinq sols neuf
» deniers par barril.

» Les choses subsisterent en cet état jusqu'en 1741. Alors on trouva que les
» raisons qui avoient déterminé la modération à douze sols sur les Charbons
» d'Angleterre, Ecosse & Irlande, ne subsistoient plus pour ceux entrant dans
» le Royaume par Saint-Vallery, Dunkerque , Boulogne, Calais , & autres
» entrées de la Picardie & de la Flandre. L'Arrêt du 6 Juin 1741 , abrogea cette
» modération , & rétablit à ces entrées seulement ledit droit de trente sols.

» Ce même droit de trente sols fut pareillement recréé dans tous les Ports
» de la Normandie, par autre Arrêt du 15 Août suivant.

» En 1761 , on pensa que la quantité de Mines qui étoient ouvertes en
» France, & particuliérement en Bretagne, pouvoit fournir la consommation
» de la plus grande partie des Provinces du Royaume. Pour favoriser & encou-
» rager encore davantage l'exploitation desdites Mines, le droit de trente sols
» par barril fut rétabli par Arrêt du 5 Février 1761, à l'entrée des Ports
» de Bretagne , comme il avoit été en 1741 dans les Ports de Flandre,
» Picardie & Normandie. A l'égard des entrées par les autres Provinces du
» Royaume, il fut ordonné qu'au lieu du droit de douze sols, il en seroit
» perçu un de dix-huit sols par barril du poids de 250 livres sur les Char-
» bons venant de l'Etranger.

» De la façon dont étoit libellé cet Arrêt, on pouvoit croire qu'il étoit
» dérogatif aux Réglements particuliers rendus pour les Charbons du Hainaut
» Autrichien, qui venoient par terre en Flandre & Hainaut François, ou qui
» venoient en transit de Mons par Condé à Tournay ; mais sur les représenta-
» tions qui furent faites au Conseil à ce sujet , toute incertitude fut levée par
» sa décision du 9 Mai suivant, par laquelle il déclara n'avoir rien voulu
» changer aux Réglements rendus pour la Flandre & le Hainaut , qui devoient
» continuer à avoir leur exécution.

» Tel a été jusqu'en 1763 , l'état des choses. Les Charbons de terre venant
» de l'Etranger dans les Provinces autres que la Flandre , la Picardie , la Nor-
» mandie & la Bretagne , doivent dix-huit sols par barril du poids de 250 livres,
» ceux qui viennent dans les Provinces de Flandre , Picardie, Normandie &
» Bretagne , doivent trente sols du même barril. Ceux du Hainaut Etranger
» seulement, entrant par la Flandre & le Hainaut François sont exceptés , &
» ne doivent que cinq sols par barril du poids de 300 liv. ceux dudit Hainaut
» Etranger, passant en transit de Mons à Tournay par Condé, ne sont sujets qu'à
» un droit de transit de deux sols six deniers par même barril de 300 livres.

» Pour donner la préférence aux Mines du Royaume, & exciter encore leur
» exploitation, le Conseil a eu en vue deux moyens.

» Le premier est d'établir le même droit de trente sols dans les Provinces

» qui ne font fujet es qu'à celui de dix-huit fols , & de prendre toutes les
» précautions qui pourront affurer la perception réelle de ce droit & éviter la
» fraude qui peut fe faire d'une partie dudit droit.

» Le fecond eft d'exempter de tous droits généralement quelconques les
» Charbons de terre à la circulation dans toutes les différentes Provinces du
» Royaume , & de rendre cette circulation abfolument libre dans tout l'inté-
» rieur.

Réflexions fur le premier moyen.

» Le moyen en général le plus efficace pour donner faveur aux Marchan-
» difes de culture , fabrique ou exploitation du Royaume , eft l'établiffement
» d'un droit affez fort pour écarter la concurrence étrangere , & affurer une
» préférence décidée à la Marchandife nationale. C'eft l'expédient dont on
» s'eft fervi pour les Charbons de terre. On a vu que par le tarif de 1664,
» ceux étrangers n'avoient d'abord été impofés qu'à huit fols du barril ; qu'en
» 1667, ce droit fut porté à vingt-quatre fols , & enfuite à trente fols en 1692;
» qu'en 1714, il fut réduit à huit fols , réduction qui dura jufqu'en 1730 ,
» qu'il fut fixé indéfiniment à douze fols ; que la perception de ce droit à douze
» fols a continué jufqu'en 1761 , à l'exception des Provinces de Flandre ,
» Picardie & Normandie , pour lefquelles le droit avoit été rétabli à trente
» fols. C'eft en 1761 , que la Bretagne a été ajoutée à ces trois Provinces pour
» la même impofition du droit de trente fols. A l'égard de toutes les autres
» Provinces, on fe contenta de porter à dix-huit fols le droit de douze fols.
» Ces différentes variations feroient croire que jufqu'à préfent on n'a point dé-
» couvert dans le Royaume des Mines affez abondantes ou en qualité fuffifante
» pour fournir à fa confommation , ou bien encore que ces Mines font fi éloi-
» gnées de certaines Provinces , que ces Provinces ne peuvent s'y approvifion-
» ner de ces Charbons fans en doubler la valeur par les frais de tranfport.
» S'il étoit certain que nous puffions nous fuffire à nous-mêmes , il n'y auroit pas
» à héfiter fur l'établiffement par-tout du droit de trente fols.

» Mais il y a apparence que pour cette matiere nous ne pouvons nous paf-
» fer de l'Etranger , foit par néceffité , foit par la *qualité fupérieure* de fes
» Charbons fur les nôtres. En effet on trouve dans la balance du Commerce ,
» que depuis 1748 , jufques & compris 1760 , il en eft venu de l'Etranger pour
» la valeur de 7304998 livres, ce qui fait année commune 561923 livres:
» c'eft une efpece de preuve , que nous avons befoin de l'Etranger ; nous n'irions
» pas chercher chez lui ce que nous pourrions trouver facilement chez nous.

» On objectera fans doute que nous n'avons recours à l'Etranger qu'à caufe
» du meilleur marché ; mais qu'un droit plus fort fur le Charbon Etranger ,
» feroit pencher la balance de notre côté.

» A cette objection ne peut-on pas répondre que le droit de dix-huit fols

» eſt déja très-fort par lui-même ; le prix du Charbon de terre eſt à Rouen en
» temps de paix de 450 à 500 livres , les 104 barrils du poids de 250 livres ; ce
» qui fait prix commun 475 livres , & par barril quatre livres onze ſols quatre
» deniers ; encore eſt-il incertain ſi c'eſt droit payé ou non payé. En ſuppo-
» ſant cette valeur droit non payé, le droit de dix-huit ſols avec les cinq ſols
» pour livre revient à vingt-cinq pour cent : avec un tel avantage nos Mines ne
» devroient-elles pas avoir la préférence , ſi elles étoient aſſez abondantes , ou
» ſi les Charbons qu'elles produiſent avoient la même qualité , ou ſi elles pou-
» voient en envoyer par-tout? Enfin dans les Provinces même où le droit de trente
» ſols eſt établi , il en vient des quantités de l'Etranger. Rouen en tire beaucoup ;
» & quoique ce Charbon étranger y ſoit même en temps de paix plus cher que
» celui qui y vient des différentes Mines du Royaume , cependant les Ouvriers
» donnent la préférence audit Charbon étranger. Cependant ce droit de trente
» ſols revient à plus de quarante pour cent ſur la valeur de quatre livres onze
» ſols quatre deniers par barril. Ne feroit-ce pas une raiſon pour conclure que
» nous manquons ou en quantité ou en qualité , ou que nos Mines ne ſont pas
» à portée de fournir toutes les Provinces. Mais ces droits deviennent encore
» bien plus forts ſi cette valeur de quatre livres onze ſols quatre deniers par
» barril eſt droit payé. Il faut en déduire pour le droit qui eſt à Rouen de tren-
» te ſols , trente-ſept ſols ſix deniers , à cauſe des cinq ſols pour livre ; reſtera
» de valeur deux livres treize ſols dix deniers par barril. Alors le droit de
» trente ſols revient à cinquante-ſix pour cent , & avec les cinq ſols pour livre ,
» à ſoixante-dix pour cent , & le droit de dix-huit ſols monte à trente-trois ½
» pour cent , & avec les cinq ſols pour livre , à près de quarante-deux pour cent.

    » Lorſqu'il fut queſtion de rendre l'Arrêt du 15 Février 1761 , on ne crut
» pas avoir aſſez de certitude ſur la multiplicité & l'abondance des Mines du
» Royaume , pour rendre uniforme dans toutes les Provinces le droit de trente
» ſols ſur les Charbons Etrangers. On enviſagea que c'étoit une matiere néceſ-
» ſaire à la fabrication de tous les ouvrages de peu de valeur ; les uns eſſen-
» tiels à l'agriculture , les autres utiles à la conſommation & au commerce ; &
» qu'il étoit intéreſſant de ne les pas renchérir : on ſe réduiſit par ces raiſons à
» augmenter le droit en Bretagne , parce que cette Province exploite des Mi-
» nes plus que ſuffiſantes pour ſon uſage. Mais par rapport aux autres Provin-
» ces , on balança quelque temps ſi on les laiſſeroit ſujettes au même droit de
» douze ſols , ou ſi on feroit quelque augmentation ſur ce droit.

    » La raiſon qui parut déterminer principalement l'augmentation de douze à
» dix-huit ſols , fut la perſuaſion dans laquelle on étoit de la fraude qui ſe pra-
» tiquoit ſur le droit des Charbons , dans le meſurage deſquels on ſuppoſoit de
» l'inexactitude de la part des Commis , & beaucoup d'infidélité dans les dé-
» clarations des Marchands & des Capitaines de Navires.

    » En effet il peut ſe pratiquer bien des abus à cet égard. Le droit eſt dû au
barril

» barril de 250 livres. Il arrive souvent que le Capitaine du Navire qui apporte
» des Charbons, ignore la quantité de barrils de 250 livres qu'il peut contenir.
» De même les Négociants de France à qui il est envoyé. Les raisons qu'en
» donnent les uns, c'est qu'en Angleterre où cette Marchandise est à bas prix,
» elle se charge sans mesurage ; les autres qui conviennent d'un mesurage,
» allèguent que les mesures dont on se sert en certains endroits où se chargent
» lesdits Charbons varient si fort entr'elles, & sont si différentes de notre bar-
» ril, qu'il ne leur est pas possible de faire la réduction au barril, & de don-
» ner une déclaration juste ; ils demandent à en être dispensés ; on ne les en
» dispense cependant point. Mais quand après le mesurage il se trouve un excé-
» dent, la bonne-foi qu'ils ont montrée empêche de tenir rigueur sur la saisie
» de l'excédent. Le droit, par ce défaut de déclaration exacte, se trouve à la
» merci de Gardes-côtes à bord des Navires qui procèdent au mesurage, & sur
» la fidélité ou l'exactitude desquels il ne faut pas toujours compter. Par cette
» infidélité, ou par cette inexactitude, on parvient à atténuer le droit en le
» payant sur une moindre quantité de barrils qu'il n'y en a réellement.

» Pour obvier à cette fraude, le parti que l'on propose de prendre seroit
» de fixer le droit par *tonneau de mer*, pour les Charbons qui viennent
» par mer ; & ce droit seroit perceptible relativement au nombre de ton-
» neaux dont seroit le port du Navire à morte charge. Les Navires qui
» apportent des Charbons ont pour l'ordinaire leur charge complette. Mais
» qu'elle le fût ou qu'elle ne le fût pas, le droit seroit toujours dû sur le nom-
» bre de tonneaux de la capacité du Navire ; ce seroit l'affaire des Négociants
» & Capitaines d'avoir toujours charge entière. Il en seroit pour ce droit com-
» me pour celui de fret. Ce moyen seroit sûr pour parer à la fraude, ou s'il
» s'en pratiquoit encore, elle seroit moindre que celle qui peut se faire aujour-
» d'hui. Celle qui pourroit se faire, seroit de déclarer un moindre nombre de
» tonneaux que n'en porteroit le Navire. Mais il y auroit à courir les risques
» de la fausse déclaration ; c'est sur les Certificats du *Jaugeur de l'Amirauté*
» que se fait l'acquittement du droit de fret. Les mêmes Certificats serviroient
» de regle pour le payement du droit sur les Charbons ; & si par la jauge que
» feroit l'Amirauté, il se trouvoit un plus grand nombre de tonneaux que celui
» déclaré, on pourroit dans ce cas ordonner la confiscation de la Marchandise
» excédente à raison de 2000 livres par tonneau, avec amende ordinaire de
» 300 livres pour la totalité de l'excédent saisi ; ou encore, au lieu desdites
» confiscation & amende, fixer une peine par tonneau qui auroit été déclaré
» de moins ; c'est ainsi qu'il en a été ordonné pour le droit de fret par l'Arrêt
» du 19 Avril 1701 ; cet Arrêt accorde un *jeu* du dixieme ('), pour mettre les
» Capitaines à couvert des erreurs qu'ils auroient pu commettre dans la jauge
» de leurs Navires. Si après la jauge faite, la continence du Navire ne se trou-

(1) C'est-à-dire, que d'un à 10, de poids ou de nombre, il n'y a pas lieu à saisie.

» ve excéder celle portée par la déclaration que d'un dixieme & au-deſſous, il
» n'y a lieu qu'au payement du droit à raiſon de la quantité de tonneaux effec-
» tifs & aux frais de la jauge.

» Si au contraire la continence du Navire excede la déclaration de plus du
» dixieme, l'Arrêt de 1701, indépendamment des droits de l'excédent, des
» frais & dépens, ledit Arrêt de 1701, prononce une peine de cinquante livres
» d'amende par chaque tonneau omis.

» Il eſt à obſerver que lorſque cette peine de cinquante livres par tonneau a
» été prononcée, le *droit de fret* (1) n'étoit que de cinquante ſols par tonneau.

» Si on ne trouvoit pas cette peine de cinquante livres par tonneau non dé-
» claré aſſez forte pour le droit des Charbons, qui doit être beaucoup plus
» fort que celui de fret, on pourroit doubler cette peine.

» A l'égard de la qualité du droit, elle dépend du parti que prendra le
» Conſeil. S'il ſe décide à établir le droit de trente ſols uniformément dans
» toutes les Provinces, le droit reviendra à douze livres, non compris les cinq
» ſols pour livre par tonneau de mer, parce que le tonneau étant de 2000
» livres, il repréſente huit barrils du poids de 250 livres, qui, à raiſon de tren-
» te ſols du barril, font douze livres pour 2000 livres peſant.

» Si le Conſeil prend le parti de laiſſer le droit ſur le pied qu'il ſubſiſte
» aujourd'hui, à raiſon de dix-huit ſols dans les Provinces autres que la Flandre,
» Picardie, Normandie & Bretagne, le droit ne ſera de douze livres par ton-
» neau que dans les Ports de ces quatre Provinces, & dans tous les autres de
» ſept livres quatre ſols. S'il juge à propos de le remettre à douze ſols, il ne
» reviendra qu'à quatre livres ſeize ſols par tonneau, & ces droits ſeroient per-
» ceptibles de quelques Pays étrangers, & par quelques Navires que leſdits
» Charbons ſoient apportés.

» Pour ce qui eſt des Charbons qui viendroient par terre, ils continue-
» roient à acquitter au barril du poids de 250 livres.

» Il ne ſeroit fait non plus aucuns changemens, ni pour le poids des barrils
» ni pour le droit par rapport aux Charbons qui viennent du Hainaut Etranger
» par terre dans la Flandre & le Hainaut François, non plus que ceux qui
» paſſent en tranſit de Mons à Tournay par Condé.

Réflexions ſur le ſecond Moyen.

» APRÈS avoir écarté la concurrence du Charbon de terre étranger par
» l'impoſition d'un droit fort, le moyen le plus efficace pour donner faveur au
» Charbon national, eſt de le libérer de tous droits à la circulation dans les dif-
» férentes Provinces. Ces droits gênent le tranſport de cette matiere, ajoutent

---

(1) Qui ſe paye *à morte charge* aux Bureaux | de Navires étrangers, à l'entrée ou à la ſortie
des Fermes, par les Négocians ou Maitres | des Ports & Havres du Royaume.

» à fon prix, & détruifent ou diminuent l'avantage que devroit leur procu-
» rer dans les lieux de la deftination, l'impofition établie fur les Charbons
» étrangers. Mais dans ce droit de circulation, indépendamment de ceux des
» Traites, il y en a qui peuvent être dus à la partie des Domaines, & à celle
» des Aydes, d'autres à des Villes & Communautés, d'autres à des Engagiftes,
» d'autres enfin à des Seigneurs particuliers. Le Roi peut bien exempter des
» droits qui lui appartiennent, en paffant au Fermier indémnité du vuide qu'o-
» pere l'exemption accordée : Sa Majefté peut encore compofer vis-à-vis des En-
» gagiftes à qui elle a fait des aliénations ; mais peut-elle difpofer des droits
» que par des circonftances onéreufes, elle a attribué à des Villes, Corps &
» Communautés ? peut-elle priver les Seigneurs particuliers de ceux dont la
» propriété leur appartient, fans donner matiere à des plaintes & à des repréfen-
» tations fondées ?

» En admettant que le Miniftere trouvât des moyens pour furmonter ces
» obftacles & affranchir la circulation defdits Charbons de tous droits géné-
» ralement quelconques, cette exemption porteroit-elle fur les droits dûs aux
» entrées de Paris ?

» Ces droits forment un gros objet : il en eft dû, 1°, aux Officiers Mefureurs
» & Porteurs des Charbons de terre ; 2°, aux Officiers des Charbons de Bois ;
» 3°, aux Gardes-Batteaux & Planchéeurs, ce font des attributs de leurs char-
» ges ; 4°, à l'Hôpital ; 5°, à la Ferme Générale. Tous ces droits réunis ont
» formé pour la troifieme année du Bail courant commencé le 1 Octobre
» 1758, & fini le dernier Septembre 1759 (1), un total de 82908 livres 5 fols
» 7 deniers, compris les quatre fols pour livre, & non compris le nouveau
» fol pour livre.

» Si on entendoit comprendre ces droits dans la fuppreffion générale, on
» ne pourroit fe difpenfer de rembourfer aux différents Officiers le prix de leurs
» Offices, & de donner à l'Hôpital un équivalent par forme de dédommage-
» ment. Les droits defdits Officiers entrent dans ladite fomme de 82908 li-
» vres 5 fols, pour 63396 livres 1 fol 3 deniers ; l'Hôpital pour 3290
» livres 2 deniers ; enforte qu'il refte pour la Ferme 16222 livres 3 fols 7 de-
» niers.

» Ces droits dûs aux entrées de Paris, quoique multipliés & forts ne paroif-
» fent pas pouvoir préjudicier au commerce des Charbons, & nuire à l'exploi-
» tation des Mines. Les Charbons qui paffent debout dans Paris, ne font fu-
» jets à aucuns droits. Ceux qui y reftent font donc pour la confommation de
» la Ville. Tous les ouvrages pour lefquels on emploie cette matiere, font pa-
» reillement deftinés à la confommation de ladite Ville. Ce n'eft qu'accidentelle-
» ment qu'il peut fortir de ces ouvrages pour les environs ; mais on peut avan-
» cer qu'il ne fe fait aucun commerce defdits ouvrages au dehors, parce que

_____

(1) Ce Bail fera annexé à l'Article des Droits de Charbons de terre pour *Paris*.

» la main-d'œuvre de Paris eft trop chere. Puifque les droits aux entrées de
» Paris n'intéreffent que la confommation de cette Ville , que les ouvrages
» auxquels ils font employés font pareillement deftinés à fa confommation ,
» ces droits entrant dans la valeur defdits ouvrages , font infenfiblement fup-
» portés par le Confommateur. Ces raifons conduifent à penfer que fi le Confeil
» fe portoit à accorder une exemption générale à la circulation des Charbons
» de terre, la Ville de Paris pourroit être exceptée de cette regle générale.

» Avant de travailler au projet d'Arrêt demandé, on a cru devoir remettre
» fous les yeux du Confeil les différents droits qui ont été impofés fur les
» Charbons de terre venant de l'Etranger, & propofer quelques réflexions fur
» l'augmentation de ces droits à l'entrée, & fur l'exemption totale à la circula-
» tion. Sa décifion déterminera l'efprit dans lequel doit être dreffé cet Arrêt.

Obfervations fur les différentes Mefures d'ufage dans le Commerce du Charbon de terre.

On a vu qu'il y a pour la vente du Charbon de terre deux fortes de mefures ; les unes, d'ufage fur-tout pour cette marchandife emportée au loin, s'é-
valuent au poids.

De ce nombre font la *Mande* & la *Rafiere* du Hainaut & de l'Artois, le
Muid d'Anzin, la *Comporte* ou *Baille* de Rouergue, la *Pipe* Nantoife, le *Ferrat* de Gaillac, le *Douillard* de Nantes, la *Benne* du Lyonnois, la *Bafcholée*
du Nivernois.

Les mefures les plus connues dans le commerce en grand, par mer, font
celles dénommées dans les Arrêts & Tarifs pour le Charbon ; favoir, le
Barril du poids de 300 livres, fuivant l'Arrêt du 19 Juin 1703, évalué à
250 livres poids de marc, par d'autres Arrêts poftérieurs du 16 Juin & du 15
Août 1741 ; le *tonneau de mer*, du poids de 5200 livres.

La qualité compacte de quelques Charbons, qui femble devoir les rendre
lourds, n'ajoute pas autant qu'on l'imagineroit à la pefanteur du Charbon
vendu à mefure eftimée par poids ; au contraire foit que le gros Charbon, ou
le Charbon en pierre, laiffe dans une mefure de ce genre beaucoup d'intervalle
entre chaque morceau, foit que ce Charbon contienne en général moins d'air,
on obferve qu'une même mefure de gros Charbon s'y trouve toujours pefant
quelques livres moins que celui qui eft en pouffiere, & que la même mefure
dont on fe fera fervi pour le gros Charbon également remplie comble de
Charbon menu, qui foifonne réellement davantage, pefe quelques livres de plus.

Il y auroit à examiner fi cette différence fe rencontreroit en mefurant le
même Charbon d'abord en groffes pierres, & enfuite réduit en menu. Ce dernier d'ailleurs, fortant de la Mine dans l'état de pouffier, doit préfenter des

différences

différences de poids , relatives à fon état de fécherefe , d'humidité au fortir de la Mine , ou refté à l'air.

M. de Voglie , dans fon Mémoire (1) , prétend , que tout Charbon de terre fec & prefqu'en poudre, étant fuffifamment mouillé , foifonne plus , & pefe moins , que lorfqu'il eft bien fec ; il ajoute que les Marchands entendus ne manquent point de le mouiller , pour le vendre , de maniere qu'ils font un bénéfice fenfible fur la feule mefure : le Charbon de terre d'Anjou , par exemple , au rapport de M. de Voglie , pefe depuis 60 jufqu'à 65 livres le pied cube , felon qu'il eft plus ou moins mouillé.

Les autres mefures d'ufage , pour le Charbon de terre ont lieu , dans la vente en détail; ce font uniquement des *mefures de continence* , de l'efpece qu'on appelle *mefures fèches* , dont ordinairement la forme eft ronde , ou à-peu-près ; quelques-unes de ces mefures cependant ne font pas des mefures effectives, comme pourroient être le *Boiffeau* ou le *Minot* de Paris , mais des mefures idéales , & pour ainfi dire des *mefures de compte* , ou un compofé de plufieurs autres certaines mefures.

Il a dû en conféquence s'introduire néceffairement dans ce mefurage quelques termes particuliers , comme le *taffage* , (*voyez page 521*) mefurer *à main tierce* , c'eft-à-dire *ras*; mefurer *comble*.

Navigation du Charbon du Forez , de l'Auvergne , du Bourbonnois & autres , par le Canal de Briare jufqu'à Nemours.

Arrivés entre Châtillon & Gien , ces bateaux , au lieu de fuivre la riviere de Loire , font route par le Canal de Briare ; ce Canal prend fon nom de la Ville de Briare , où eft la *porte de Tête* ; il remonte vers le Nord par Ouzouer , côtoye le ruiffeau de Trezée , continue par Rogny , Châtillon-fur-Loire , & finit dans cette riviere à Montargis , où eft la *porte de Mouille* du Canal , après un trajet de douze lieues.

A Montargis , il fe continue jufqu'à Moret , mais fous un autre nom ; nous en parlerons à part.

Celui de Briare , outre divers Ponts qui le traverfent pour la communication des Villages où il paffe , eft coupé par quarante-une éclufes , qui font de groffes conftructions de pierres ou murailles paralleles , diftantes de vingt , à vingt-quatre pieds , fermées de portes par les deux extrêmités , au milieu defquelles fe forme un baffin nommé *Sas* , plus long que large.

L'eau eft toujours dormante dans le Canal , & ne paffe d'un *fas* dans un autre , qu'au moyen des éclufes , qui produifent l'effet d'une pompe en action, & la forcent ainfi de monter ou defcendre fuivant le befoin ; cette eau tenue d'abord en réfervoir dans divers étangs creufés aux environs du Canal , y coule

(1) Seconde Partie.

lorfqu'il eſt néceſſaire, par des canaux pratiqués exprès, & qui ſont fermés par des empêlements qu'on leve ou qu'on baiſſe ſelon les cas.

Quand un bateau eſt enfermé dans le Sas, on lâche l'eau qui l'éleve de deux ou trois toiſes, le fait paſſer d'un Sas ou d'un baſſin plus bas dans un autre d'un fond plus élevé, & réciproquement de la premiere à la derniere chambre par le jeu alternatif des éclufes : c'eſt ainſi qu'un bateau paſſe de la Loire dans le Loing, quoique le terrein d'entre-deux ſoit élevé de plus de cinquante toiſes au-deſſus de ces deux rivieres, & de la riviere de Loing dans la Seine à Moret. D'ordinaire, un bateau ſur le Canal fait environ trois lieues par jour. Lorfque le Canal eſt bien plein, la tenue eſt de trente-deux & trente-quatre pouces d'eau ; mais lorſqu'il eſt bas, elle n'eſt que de vingt-ſix à vingt-huit pouces.

Il faut pour cela attendre les crues de l'Allier, & ce n'eſt que dans certains temps de l'année ; ordinairement il s'ouvre vers la Touſſaints, & quelquefois plus tard, & ſe ferme à la fin de Juillet : quand les chaleurs ſont grandes le Canal eſt fermé, & la navigation interrompue ; cela comprend trois mois par année, ſavoir Août, Septembre & Octobre.

La traverſée par le Canal de détour, eſt aſſujettie à deux Juriſdictions diffé-rentes, celle des Seigneurs du Canal, comme Adminiſtrateurs, & celle que le Bureau de l'Hôtel-de-Ville de Paris exerce ſur toutes les rivieres, ruiſſeaux & cours d'eau, ſervant à la proviſion de Paris.

L'hiſtoire du commerce de Charbon, que nous faiſons toujours marcher avec l'art de l'exploitation, eſt naturellement liée avec celle de ces deux attribu-tions : nous allons joindre ici à l'hiſtoire ſommaire de l'établiſſement du Canal, une connoiſſance abrégée de l'exercice de ces deux Juriſdictions, d'après des Mémoires imprimés en 1770, pour les Prévôt des Marchands & Echevins de la Ville de Paris, dans une conteſtation élevée entr'eux & les Seigneurs du Canal de Briare, ſur l'étendue du pouvoir accordé à leur Juge.

Le premier inventeur du projet de cette communication de la Loire avec la Seine, commencé aux dépens de l'Etat ſous le regne de Henry le Grand, n'eut point la ſatiſfaction de l'exécuter : Guillaume Boutron, & Jacques Guyon, s'engagerent à reprendre l'entrepriſe de ce Canal en 1638 ; c'eſt à eux, qu'on eſt redevable du double ſervice d'avoir établi une circulation de commerce dans des Provinces où il languiſſoit, & d'avoir coopéré à procurer l'abondan-ce dans la Capitale du Royaume.

Un motif d'intérêt perſonnel a dû certainement, comme dans toutes les occaſions de cette nature, être inſéparable des vues d'utilité publique ; mais ces Entrepreneurs, n'en méritent pas moins une place honorable dans la liſte des Citoyens eſtimables, dont le nom doit paſſer avec éloge à la poſtérité.

Pour les récompenſer, Sa Majeſté, par Lettres-Patentes du mois de Septem-bre 1638, données à Saint-Germain-en-Laye, vérifiées au Parlement le 14

Avril de l'année fuivante, leur céda les fonds & tréfonds du Canal, leur fit don de tous les matériaux qu'ils trouveroient, & des ouvrages commencés, leur céda les droits qu'ils pouroient lever fur les Marchandifes qui y feroient embarquées.

Une navigation de l'efpece décrite ci-deffus, qui fe fait par artifice par des retenues d'eau de diftance en diftance, qui demande des Prépofés pour ouvrir & fermer les éclufes, des Ouvriers perpétuellement occupés à réparer les dégradations, &c, emporte la néceffité d'une fubordination des Mariniers envers ces Prépofés, d'une autorité en état de pourvoir aux incidents qui pourroient troubler l'harmonie & les opérations d'une navigation dont l'utilité feroit bientôt anéantie, fi elle étoit abandonnée comme fur une riviere à la feule induftrie des Mariniers.

Il étoit naturel que les Propriétaires repréfentants les Entrepreneurs euffent la premiere efpece de jurifdiction, relative à la navigation particuliere aux opérations & à la confervation du Canal devenu leur patrimoine.

Mais d'une autre part l'objet de cette communication importante de la Loire avec la Seine, étant l'approvifionnement de la Capitale, & les Adminiftrateurs ou Juges confervateurs du Canal, ne pouvant être cenfés au fait de cette partie, il reftoit à établir une police différente de la premiere, celle fur la navigation générale & relative à la provifion de Paris, fur les Marchands & fur les Marchandifes, conféquemment aux regles prefcrites pour cet objet ; en cela le Canal fe trouve naturellement fujet à la Jurifdiction des Juges ordinaires des Marchandifes venant par eau pour la provifion de Paris : c'eft auffi fur ce plan que font établies fur le Canal les deux Jurifdictions, dont je vais donner une connoiffance abrégée, & qui paroiffent clairement expliquées par un Arrêt du Confeil du 15 Juillet 1768, en interprétation des Lettres-Patentes.

Adminiftration économique ou Police de navigation fur le Canal.

L e s Lettres-Patentes de 1638 & de 1642, portant établiffement du Canal, portent conceffion de Juftice haute, moyenne & baffe fur toute l'étendue du Canal, & attribuent au Juge qui y fera établi par les Seigneurs Propriétaires, la connoiffance de tout ce qui intéreffe la navigation par le Canal, des dégradations aux ouvrages, & du payement des droits. En vertu de ces Lettres-Patentes de 1638, les Seigneurs du Canal, » ont pouvoir d'établir dans la Ville de » Briare, un Juge, un Lieutenant, un Procureur de Seigneurie & autres Offi- » ciers, pour connoître & juger en premiere inftance de tous différends qui » pourront naître, tant en matiere civile, criminelle, que mixte, foit pour les » dégradations & délits qui pourroient être commis en tous lefdits ouvrages, » que de tous différends à raifon de la navigation & perception des droits ; lef- » quels Juge & Lieutenant peuvent juger par provifion, & à la charge de

» l'appel jufqu'à la fomme de vingt livres, & les appellations de ladite Juftice ;
» feront relevées directement en notre Hôtel-de-Ville de Paris, & non ailleurs.

» Par ces Lettres-Patentes, la Compagnie eft autorifée à établir douze Gardes
» pour furveiller à la confervation du Canal; il leur eft attribué le droit
» d'exploiter & mettre à exécution tous Mandements, Sentences & Arrêts
» concernants la navigation, & confervation des ouvrages, circonftances &
» dépendances.

Cette Juftice du Canal, qui a le titre de Bailliage, a deux Sieges qui n'appellent point de l'un à l'autre, mais qui vont tous deux également à Paris;
le premier & le principal eft à Briare; le Juge par lequel il eft rempli, eft
titré de *Bailly*. Il a fous lui un Procureur Fifcal, & un Greffier.

Le fecond Siege eft à Montargis, & eft tenu par un Lieutenant qui tient
la place de Bailly, un fecond Procureur Fifcal, & un autre Greffier. Le
Bailly exerce feul, fur le Canal, le droit de jurifdiction, qui confifte à veiller,
de la part des Seigneurs, à tout ce qui concerne la navigation, relativement
aux opérations du Canal, qui prévient les détériorations, qui contraint à réparation, &c. Il eft qualifié *Juge confervateur*.

Ces droits, variés felon la nature des marchandifes, font auffi différents fur
les bateaux de Charbon de terre, felon qu'ils viennent du Forez, du Bourbonnois ou de l'Auvergne, ou comme pour toutes les marchandifes, felon que
les bateaux font vuides, ou non; en général le bateau eft évalué à trois mille
livres pour le poids.

Les bateaux Charbonniers, venant de Saint-Rambert, payent au Canal de
Briare à la tenue de vingt-deux pouces, non compris deux autres pouces d'*encouturement*, faifant en tout vingt-quatre pouces, trente-trois livres fix fols
huit deniers, & quatre livres par pouce excédant les vingt-quatre pouces,
lorfqu'il tient plus d'eau; c'eft-à-dire, que s'il plonge dans l'eau de vingt-cinq
pouces, il paye trente-fept livres fix fols huit deniers; s'il plonge de vingt-fix
pouces, il paye quarante-une livre fix fols huit deniers; & toujours en augmentant de quatre francs par pouces que le batteau plongera de plus.

Le bateau de Charbon de Moulins, paye tantôt comme le Saint-Rambert,
tantôt comme celui d'Auvergne, à caufe des bateaux que l'on conftruit à Dion,
au-deffus de Digoin, vis-à-vis Gilly.

Le bateau de Charbon venant d'Auvergne, paye vingt fols par pouces
de tenue d'eau jufqu'à vingt-cinq; c'eft-à-dire, vingt-cinq livres à la même
tenue que celle ci-deffus, & trois livres par pouces d'excédent.

Les bateaux vuides, n'ayant point de marchandifes fur lefquelles on puiffe fe
fixer, payent par éclufe dix fols.

Ces droits fe payent à deux Receveurs réfidents l'un à Briare, pour les
marchandifes qui entrent dans le Canal à fon embouchure, & l'autre à Montargis pour tout ce qui y entre dans la route aux différents Ports : ces deux

Receveurs particuliers font chargés de donner des paffavants (1) aux Commerçants & Voituriers fur le Canal : ces billets font vifés le long de la route à différentes diftances par quelques Contrôleurs ; ceux - ci font en mê-me-temps *Eclufiers*, c'eft-à-dire, chargés de manœuvrer quand il paffe des bateaux qui montent ou qui defcendent le Canal ; l'ufage & l'expérience leur apprend à ménager habilement l'eau de maniere que l'Eclufier en dépenfe le moins qu'il peut à chaque *éclufée* (2), afin d'en avoir fuffifamment pour four-nir les bâtiments qui fe préfentent dans le courant du jour.

La politique de la Compagnie, eft de n'avoir pour Eclufiers, que des Contrôleurs, Receveurs, Maçons, Charpentiers, Tailleurs de pierre, &c ; tous gens fans ceffe néceffaires aux Seigneurs du Canal, & qui en même-temps ont un double intérêt de s'attacher à la Compagnie, foit par le fixe de l'éclufe, fe montant le plus communément de cinquante, cent à deux cents francs, payés tous les ans aux dépens des Propriétaires, foit par l'affurance d'un travail qui leur eft payé au prix ordinaire, & qui eft continuel : quoique les éclufes foient toutes en Maçonnerie, & fermées de forts bois de charpen-te, leur conftruction, le poids de l'eau qu'elles portent, l'exercice non inter-rompu où les tient le paffage très-fréquent des bateaux, entraînent une répétition continuelle de réparations ; le temps qu'on y emploie eft celui de la fermeture du Canal.

Ces ouvrages font dirigés par un *Ingénieur en chef*, ayant fous lui les *Contrôleurs, Eclufiers*, comme ceux prépofés aux droits : l'emploi de ces der-niers eft de mefurer & de tirer les plans des parties à réparer, pour les re-mettre à l'Ingénieur, de lui rendre compte du travail, de conduire, fuivre & payer les Ouvriers.

Les deux Receveurs particuliers, rendent compte à un Receveur géné-ral, demeurant à Paris, & qui tient la caiffe des Seigneurs, jufqu'au temps des répartitions, qui fe font en portions égales, fuivant le nombre des inté-reffés.

Le produit général réfultant de ces différents droits, eft un myftere dont le Receveur général & les co-Seigneurs ont feuls le fecret ; outre cette raifon de politique de la Compagnie, ceux qui n'y font qu'actionnaires, en ont une autre qui leur eft particuliere ; c'eft que la plupart n'étant pas nobles, font tous les 20

---

(1) En terme de finance, fignifie un Billet que donnent les Commis aux recettes des bu-reaux d'entrée, pour donner permiffion ou li-berté aux Marchands & Voituriers de mener leurs marchandifes plus loin, foit après avoir payé les droits, ou pour marquer qu'il faut les payer à un autre bureau, ou qu'elles ne doivent rien, quand il n'y a qu'un fimple paffage fans commerce.

(2) Ce mot fignifie deux chofes, tantôt, l'eau qui eft contenue & qui coule dans un éclufe depuis qu'on l'ouvre jufqu'à ce qu'on la referme ; d'où l'on dit, *ce ruiffeau peut four-nir tant d'éclufées par jour* : on entend encore par *éclufée*, le temps que l'on emploie à remplir d'eau le fas de l'éclufe, pour faire paffer les bateaux : on dit de cette ma-niere, *qu'on a fait tant d'éclufées dans l'efpace d'un jour, & que la manœuvre qui fe fait dans une éclufe eft fi facile, qu'on peut y faire tant d'éclufées par jour.*

ans affujettis à des francs-Fiefs qui pouroient devenir plus confidérables, fi on favoit bien au jufte le produit de leurs actions.

Avant que l'on eût creufé le Canal d'Orléans qui vient fe déboucher de cette Ville à Cepoy, ce produit fe montoit à de très-groffes fommes ; mais il doit avoir confidérablement diminué depuis : cependant M. Piganiol de la Force (1), le faifoit encore monter à cent mille livres.

Police de Commerce fur le Canal de Briare, ou Jurifdiction du Bureau de la Ville fur la navigation du Canal.

LES Prévôt des Marchands & Echevins de Paris, chargés par état de procurer l'abondance aux Bourgeois de cette Capitale, portent leur droit de police & d'infpection fur toutes les Marchandifes deftinées à l'approvifionnement de Paris ; à l'exception des trois cas, dont le Juge du Canal doit feul connoî-tre au terme des Lettres-Patentes.

Le Bureau de l'Hôtel-de-Ville a été maintenu dans l'exercice de la plénitude de fa jurifdiction fur le Canal, comme fur la Loire, fur la rivière de Seine & autres y affluentes, relativement aux Marchandifes qui y paffent. Les Prévôt des Marchands & Echevins de la Ville de Paris, font comme *les Juges confer-vateurs de la provifion de la Capitale* fur le Canal.

Afin de pourvoir à tout ce qui tient à cette efpece d'intendance & direction de l'approvifionnement de la Capitale, il a fallu leur donner une attribution de police fur les bateaux, les marchandifes, & les Marchands, relativement à l'exportation directe des marchandifes du lieu de chargement à la Capitale, fans pouvoir en difpofer ailleurs ; la connoiffance des conventions d'entre les Marchands & les Voituriers, des obftacles qui pouroient fe rencontrer à l'arrivée des marchandifes, foit par faifies, ou autres caufes, de la fidélité que doit le Voiturier au Marchand fur la confervation des marchandifes, de la garantie des naufrages felon les cas dans lefquels elle eft déterminée par l'Ordonnance de 1672, de la préférence du paffage de certaines marchandifes fur d'autres, felon le plus ou le moins de befoin que l'on peut en avoir dans Paris.

En un mot, tous les cas de difficulté qui fe rencontrent, foit pour les opérations du commerce ou pour l'indemnité, foit à forfait ou par rétribution fur les marchandifes, &c. font de la compétence du Bureau de l'Hôtel-de-Ville de Paris, & deviennent l'objet d'une feconde attribution.

La jouiffance de cette Jurifdiction, dont nous donnerons à part l'origine, remonte aux temps les plus reculés, & eft bien antérieure à l'établiffement de la Jurifdiction des Eaux & Forêts ; on fent combien il eft néceffaire d'empêcher qu'il ne foit rien diftrait des marchandifes qui y font deftinées, foit de droit, comme lorfque ce font des Marchands établis dans cette Ville, qualifiés

---

(1) Dans fon Ouvrage intitulé : *Etat de la France.*

Marchands pour la provifion de Paris, qui ne peuvent mener ailleurs que dans cette Ville aucunes marchandifes, qu'ils n'y foient autorifés par une permiffion expreffe des Officiers municipaux, foit lorfque les Forains ont fait leur achat en déclarant que c'eft pour la provifion de Paris, ou que lors de l'embarquement la deftination n'a point été faite expreffément pour autre lieu que Paris.

La Jurifdiction du Bureau de la Ville, faifie dès le principe des connoiffances de vente, achats, tranfports pour les fuivre jufqu'au moment du dernier dépôt qui s'en fait à Paris, a dans les Provinces des Subdélégués de Ville, pour éviter dans les cas urgents d'avoir recours au Bureau, pour y faire rendre une Ordonnance : ces Subdélégués y pourvoient fur le champ.

Canal de Loin.

A Montargis, le Canal de Briare change de nom & de Propriétaire ; il prend celui de riviere, ou *Canal de Loin*, qui entre à plufieurs reprifes dans le Canal de Briare, & le fournit prefque toujours d'eau : quoique ce Canal de Loing ait à-peu-près la même longueur que celui de Briare, depuis Montargis jufqu'à Saint-Mammet (1) au-deffus de Cepoy, où il donne dans la Seine, après avoir reçu le Canal d'Orléans, il n'a que dix-neuf éclufes.

Sur ce Canal, les droits font près de moitié plus forts ; il s'y perçoit le même droit, & un quinzieme en fus ; ce tarif, & la forme de leur perception, eft à-peu-près la même que fur le Canal de Briare.

Enfin à Nemours, les bateaux Charbonniers payent encore un droit.

DU COMMERCE DU CHARBON DE TERRE DANS LA VILLE DE PARIS.

TANT que les marchandifes font fur le Port, & ne font point transférées dans les maifons des Particuliers, les Statuts des Communautés de commerce, des Arts & des Métiers, font partie des Réglements de Police, dont l'exécution eft confiée au Bureau de l'Hôtel-de-Ville, fuivant l'Edit de 1710, ARTICLE II.

Cette Jurifdiction qui commence, comme nous l'avons dit, fur les cours d'eau naturels ou artificiels par où fe fait la provifion de Paris, s'étend même fur les chemins par où les marchandifes fe charroyent aux Ports ; l'efprit des Ordonnances & Arrêts relatifs à la provifion de Paris a toujours été que cette Jurifdiction fur le commerce de cet approvifionnement, fût au Bureau de Ville en premiere inftance, & au Parlement de Paris en cas d'appel.

La connoiffance détaillée de cette manutention dans une Capitale telle que celle de la France, & de la jurifdiction qui s'exerce fur cet objet, ne paroîtra

---

(1) Village du Gatinois, qui eft un Hameau confidérable de la Paroiffe de Moret, & où il y a un Bureau pour la perception des droits des Marchandifes qui fe voiturent par eau.

pas aux habitants de Paris & aux Etrangers , moins intéreffante que celle que nous avons donnée de l'hiftoire du commerce de ce même foffile au pays de Liege & en Angleterre ; il y a d'ailleurs ceci de particulier , que le Corps refpectable chargé aujourd'hui de cette police , eft originairement celui qui a jetté les premiers fondements de tout le commerce de riviere pour Paris.

On trouve fur cela une notice très-fommaire dans l'Ouvrage agréable de M. de Saint-Foix (1) ; les Auteurs de l'Encyclopédie (2) en ont donné une expofition beaucoup plus circonftanciée ; l'Intendance particuliere , toujours reftée en partage à l'élite des Bourgeois , fur l'approvifionnement d'une Ville devenue auffi confidérable , a dû donner fucceffivement plus de relief à cette geftion ; mais l'intelligence & la vigilance avec lefquelles cette portion importante d'autorité publique eft exercée depuis long-temps par le Bureau de Ville , lui ont de tout temps acquis des droits légitimes fur les éloges & fur la reconnoiffance des Citoyens : nous avons cru à ce titre , pouvoir faire précéder la connoiffance de cette Jurifdiction de l'hiftoire du Corps à qui elle eft confiée , qui dans l'immenfité des matieres de tout genre dont eft compofée l'Encyclopédie , femble être moins frappante qu'elle ne le mérite.

De l'Hôtel-de-Ville de Paris ; origine de fon infpection fur le Commerce de Riviere.

PRESQUE tout le Commerce de la Ville de Paris fe faifoit autrefois par la riviere: le Navire qui de temps immémorial a été le fymbole du Commerce des Parifiens , & qui eft l'attribut caractériftique du Commerce riverain , puifqu'il en eft le principal inftrument , paroît être le monument authentique de cette ancienne maniere de commercer , qui devoit même être unique pour Paris , puifqu'on ne pouvoit y aborder que par eau.

Dans ces temps reculés , les Marchands de Paris , qui fréquentoient la riviere , formoient entre eux une Communauté fous le titre de *Nautæ Parifiaci* : un monument trouvé en 1710 , en fouillant fous le chœur de l'Eglife de Notre-Dame , prouve l'ancienneté de l'inftitution de cette Compagnie des *Nautes* , que quelques Ecrivains font remonter au temps des Romains fous le regne de Tibere. Il eft affez naturel de préfumer que ces Nautes avoient un Chef tenant la place qu'occupe aujourd'hui le Prévôt des Marchands : c'eft encore chofe vraifemblable qu'à ces anciens Commerçants , avoient fuccédé , fous un autre nom , les *Mercatores aquæ Parifiaci* , dont il eft parlé fous les regnes de Louis le Gros , de Louis le Jeune ; & on eft fondé à ne pas chercher ailleurs , ainfi que le remarque l'Auteur des Effais fur Paris , l'origine du Corps municipal connu depuis fous le nom d'*Hôtel-de-Ville de Paris* , & chargé de la Police générale de la navigation , & des marchandifes qui viennent par eau.

(1) Effais Hiftoriques fur Paris , quatrieme édition , *Tome II* , *page 3 6*.
(2) Aux mots *Prévôté* , *Prévôt des Marchands* , *Echevins*.

C'étoit

C'étoit une Compagnie des plus riches Bourgeois de Paris, qui établit dans cette Ville une *Confrairie de Marchands*, fréquentant la riviere de Seine & autres rivieres affluentes, d'où on les appelloit *Marchands de l'eau* : elle fut fondée dans l'Eglise du Monaftere des Religieufes de Haute-Bruyere, dont ils acheterent hors de la Ville une place, qui avoit été à Jean Popin, Bourgeois de Paris (1), lequel l'avoit donnée à ces Religieufes : ils en formerent un Port qui fe nommoit le *Port Popin*, devenu aujourd'hui un abreuvoir.

Louis le Jeune confirma cette acquifition & cet établiffement par des Lettres-Patentes en 1170 ; Philippe Augufte donna auffi quelque temps après des Lettres de confirmation de cet établiffement, dans lefquelles il régla la Police de cette Compagnie. Il paroît que dès les commencements, ceux de la Confrairie des Marchands qui furent choifis pour Officiers, étoient tous nommés *Prévôts des Marchands* ; c'eft-à-dire prépofés, *Præpofiti Mercatorum aquæ* ; c'eft ainfi qu'ils font nommés dans un Arrêt de la Chandeleur en 1268, rapporté aux Regiftres *Olim* (2) ; dans un autre Arrêt du Parlement de la Pentecôte en 1273, ils font nommés *Scabini*, & leur Chef, *Magifter Scabinorum* (3).

Il y en avoit donc dès-lors un, qui étoit diftingué par un titre particulier, & qui eft aujourd'hui repréfenté par le Prévôt des Marchands : en effet, dans l'ancien recueil manufcrit des Ordonnances de Police de Paris, qui fut fait du temps de Saint Louis, les Echevins & leur Chef font défignés fous ces différents titres : *li Prevôt de la Confrairie des Marchands*, & *li Echevins* (4). *Li Prevôt, & li Jurés de la Marchandife. Li Prevôt & Jurés de la Confrairie*

---

(1) Entre l'année 1289 & l'an 1296, il fe trouve dans la Lifte des Prévôts des Marchands un Jean Popin, qui vraifemblablement étoit un defcendant de celui-ci.

(2) On appelle les *Olim*, felon M. Ménage, les plus anciens regiftres du Parlement, parce que le plus ancien regiftre commence par un Arrêt dont le premier mot eft *Olim*. Le Commiffaire Lamare eft d'une autre opinion dans fon Traité de la Police, *Tome I*, pag. 261 ; il y comprend les regiftres du Châtelet, & il penfe qu'on les nomma *Olim*, pour faire entendre que c'étoient des recueils de ce qui s'étoit paffé autrefois. Ce volume *in-folio*, divifé en trois parties, dû à Etienne Boileau, pourvu de l'Office de Prévôt de Paris, par S. Louis, qui le premier fit écrire en cahiers les Actes de fa Jurifdiction, a depuis été porté à la Chambre des Comptes, où il eft encore confervé : on le nommoit originairement le *Livre blanc* ; & comme les Statuts des Métiers en occupent la plus grande partie, on l'a depuis nommé *Volume des Métiers*. *Dict. de Trév.*

(3) Le terme de *Scabini*, d'où on a fait en François *Echevin*, vient de l'Allemand *Schabin*, *Scheben*, qui fignifie Juge ou homme favant : quelques-uns néanmoins prétendent que ce mot tiroit fon étymologie d'*Efchever*, qui en vieux langage veut dire *Carere*, & que l'on a donné ce nom aux Echevins, à caufe du foin qu'ils prennent de la police de la Ville. Comme le mot Latin eft plus ancien que le Fran-

çois, il eft probable qu'il dérive de l'Allemand, & que de ces mêmes termes Allemand ou Latin, on a fait *Echevin*, qui ne differe guere que par l'afpiration de la lettre S, & par la converfion du B en V. *Dict. Encyclop.*

(4) Le titre & les fonctions des Echevins de ville ont été apportés d'Allemagne par les Francs, lorfqu'ils firent la conquête des Gaules. Ils ne changerent point la forme de police & d'adminiftration qu'ils trouverent établie dans les villes ; chacune avoit fes Officiers : on les appelloit *Curatores urbis*. Ils étoient chargés de maintenir les privileges & le commerce des habitants ; d'ordonner & régler les dépenfes qu'il falloit faire dans certaines occafions. Dans les temps des premieres races de nos Rois, ces Echevins de Ville étoient appellés *Scabini*, *Scabinii*, *Scabinei*, quelquefois *Scavini*, *Scabiniones*, *Scaviones*, *Scapiones* ; on les appelloit auffi indifféremment *Racin-burgi*, *Rachin-burgi* ; ce dernier nom fut ufité pendant toute la premiere race, & dans quelques endroits jufques fur la fin de la feconde : on leur donnoit auffi quelquefois les noms de *Sagi*, *Barones*, ou *Viri fagi* & de *Senatores*. Les Capitulaires de Charlemagne, des années 788, 803, 805 & 809 ; de Louis le Débonnaire, en 819, 829 ; & de Charles le Chauve, des années 864, 867, & plufieurs autres, font auffi mention des Echevins en général fous le nom de *Scabini*. *Id.*

des Marchands ; ailleurs il eft nommé le *Prevôt de la Marchandife de l'eau,* parce qu'en effet la Jurifdiction à la tête de laquelle il eft placé, n'a principalement pour objet que le Commerce qui fe fait par eau : il devoit être préfent à l'élection qui fe faifoit par le Prévôt de Paris, ou par les Auditeurs du Châtelet, de quatre Prud'hommes pour faire la police fur le pain, & il partageoit avec ces derniers la moitié des amendes : c'étoit lui & les Echevins qui élifoient les Vendeurs de vins de Paris; ils avoient le droit du cri de vin, & levoient une impofition fur les Cabaretiers de cette Ville ; la moitié des amendes auxquelles ces Cabaretiers étoient condamnés, lui appartenoit ; c'étoit lui qui recevoit la caution des Courtiers de vin ; il avoit conjointement avec le Prévôt de Paris infpection fur le fel; on l'appelloit auffi à l'élection des Jurés de la Marée & du poiffon d'eau-douce ; il étoit pareillement appellé comme le Prévôt de Paris pour connoître avec les Maîtres des Métiers de la bonté des marchandifes amenées à Paris, par les Marchands Forains. Il recevoit avec plufieurs autres Officiers le ferment des Jurés du métier des Bouchers & des Chandeliers.

L'adminiftration des Prévôt de Paris, Fermiers (1), ayant pris fin fous Saint Louis, ce Prince nomma en 1235, Etienne Boileau, Prévôt de Paris : les Echevins de Paris qui repréfentoient le Magiftrat en cas d'empêchement, & fervoient de confeil aux Comtes des Provinces & des Villes, ou à leurs Prévôts (2), ayant alors ceffé de faire les fonctions de Juges ordinaires, ils mirent à leur tête, le *Prévôt des Marchands,* ou de *la Confrairie des Marchands,* & s'incorporcrent ainfi felon toute apparence avec les *Jurés de la marchandife d'eau,* dont les attributions, comme on l'a vu, fe rapprochoient beaucoup, & étoient même des démembrements de fonctions d'Officiers municipaux ; c'eft-à-dire, d'Adminiftrateurs de Ville ou Communauté, auxquelles ces Echevins étoient réduits au commencement de la troifieme race.

En 1274 fous le regne de Philippe le Hardy, ces Officiers furent qualifiés *Prévôt & Echevins des Marchands de la Ville de Paris,* & par Lettres du même Roi, au mois de Mars, ils furent maintenus dans le droit de percevoir fur les Cabaretiers de Paris, le droit du cri de vin, un autre droit appellé *Finationes Celariorum,* & en outre un droit de quatre deniers *pro dictâ fuâ.*

On voit par un regiftre de l'an 1291, qu'ils avoient dès lors la police de la

(1) Ces Prévôts, fous la troifieme race, n'étoient que Fermiers de la Prévôté.

(2) Ces Echevins de ville *Scabini,* différents de ceux d'aujourd'hui par les fonctions, & dont il a été parlé dans une note précédente, étoient élus par le Magiftrat même avec les principaux Citoyens. On devoit toujours choifir ceux qui avoient le plus de probité & de réputation ; & comme ils étoient choifis dans la ville même pour juger leurs Concitoyens, on les appelloit *Judices proprii,* c'eft-à-dire, *Juges municipaux;* c'étoit une forte de privilege que chacun avoit de n'être jugé que par fes Pairs, fuivant un ancien ufage de la nation ; ainfi les Bourgeois de Paris ne pouvoient être jugés que par d'autres Bourgeois de Paris, qui étoient les Echevins, & la même chofe avoit lieu dans toutes les villes. Ces Echevins faifoient ferment à leur réception entre les mains du Magiftrat, de ne jamais faire fciemment aucune injuftice.

navigation fur la riviere de Seine pour l'approvifionnement de Paris , & la connoiffance des conteftations qui furvenoient entre les Marchands fréquentant la même riviere pour raifon de leur commerce.

En 1315 , les lettres de Philippe le Hardy , du mois de Mars 1274 , furent confirmées par Louis Hutin , en 1345 par Philippe de Valois , & en 1351 , par le Roi Jean.

On voit auffi que dès le temps du Roi Jean , le Prévôt des Marchands & les Echevins avoient infpection fur le bois ; qu'ils devoient fournir l'argent néceffaire pour les dépenfes qu'il convenoit de faire à Paris en cas de pefte ; qu'ils prenoient connoiffance des conteftations qui s'élevoient entre lesBourgeois de Paris & les Collecteurs d'une impofition que les Parifiens avoient accordée au Roi pendant une année ; que quand ils ne pouvoient les concilier , la connoiffance en étoit dévolue aux gens des Comptes.

On ne doit pas être étonné que dans certaines occurrences , ces efpeces d'Ediles fuffent requis pour donner leur avis ; on trouve que dans plufieurs occafions le Corps-de-Ville fut appellé à des affemblées confidérables.

En 1350 , il fut appellé au Parlement pour faire une Ordonnance de Police , concernant la pefte. En 1370, à une affemblée pour faire un Réglement fur le pain. En 1379, à une autre où il s'agiffoit de mettre un impôt fur la marée. En 1375 , le 21 Mai , il affifta à l'enregiftrement de la majorité du Roi.

On ignore où ce premier Corps-de-Ville s'affembloit fous la premiere & fous la feconde race : on le voit au commencement de la troifieme dans une maifon de la Vallée de Mifere , appellée *la Maifon de la Marchandife* ; de là au Parloir aux Bourgeois près le grand Châtelet , & enfuite dans un autre Parloir aux Bourgeois , qui fe tenoit dans une Tour de l'enceinte des murailles , près des Jacobins de la rue faint Jacques.

En 1357 , ils acheterent deux mille huit cents quatre-vingt livres la *Maifon de Grève* , autrement la *Maifon aux Piliers* , parce qu'elle étoit foutenue pardevant fur une fuite de piliers , dont on voit encore aujourd'hui quelques-uns , de droit & de gauche de l'Hôtel-de-Ville.

Dans un grand Etat il eft peu de Compagnie qui ait été exempte de difgraces ; le Corps-de-Ville a eu , comme les autres , fes temps de calamité.

Le 27 Janvier 1382 , à l'occafion d'une fédition arrivée dans Paris, Charles VI fupprima le Prévôt des Marchands , l'Echevinage de la Ville de Paris , & le Greffe de cette Ville , & réunit le tout à la Prévôté de la même Ville dont elle avoit déja été anciennement démembrée , enforte qu'il n'y eut plus alors de Prévôt des Marchands ni d'Echevins à Paris : cette Jurifdiction étoit exercée par le Prévôt de Paris , auquel , par ces Lettres-Patentes , la Maifon de Ville fituée dans la place de Grève fut donnée , afin que le Prévôt de Paris eût une maifon où il pût fe retirer lui & fes biens , & dans laquelle ceux qui feroient dans le cas d'avoir recours à lui comme à leur Juge, puffent le trou-ver, & il fut ordonné que cette maifon feroit nommée dans la fuite *Maifon de la Prévôté de Paris.*

Les chofes demeurerent dans cet état jufqu'au premier Mars 1388, que la Prévôté des Marchands fut défunie de la Prévôté de Paris; & depuis ce temps, il y a toujours eu dans cette Ville un Prévôt des Marchands & des Echevins; mais il paroît que la Jurifdiction ne leur fut rendue que par une Ordonnance de Charles VI, du 20 Janvier 1411.

Bureau de l'Hôtel-de-Ville.

A Paris, on diftingue deux fortes d'Officiers de Ville, les premiers compo-fant le Bureau, & nommés *grands Officiers municipaux*, font le Prévôt des Marchands, fes Confeillers ordinaires : favoir, quatre Echevins, un Procureur du Roi, un Subftitut, un Greffier en chef.

Les petits Officiers de Ville ne font, à proprement parler, que des Prépofés exerçant des Offices fur les Ports.

Il y a de plus d'autres Officiers, diftincts de ceux qui compofent le Bureau, & qui forment ce qu'on appelle *le Corps de la Maifon de Ville* ; ceux-là n'ont aucune relation avec la Jurifdiction dont nous allons nous occuper; nous ne parlerons ici, que des grands Officiers, auxquels eft confiée l'exercice de la Jurifdiction municipale : en entrant dans le détail du Commerce fur les Ports, nous ferons connoître les Prépofés nommés *petits Officiers.*

Grands Officiers de Ville; leurs Priviléges.

LE *Prévot des Marchands*, nommé ailleurs *Maire*, eft le Magiftrat qui préfide au Bureau de la Ville : il eft nommé par le Roi, & fa commiffion eft pour deux ans; mais il eft continué trois fois de plus, ce qui fait en tout huit années de Prévôté; il a le titre de *Chevalier*, & porte dans les cérémonies la robe de fatin cramoifi : cette place eft ordinairement remplie par un Magiftrat du premier ordre.

Les *Echevins* font élus par fcrutin en l'affemblée du Corps de Ville, & des notables Bourgeois qui font convoqués à cet effet en l'Hôtel-de-Ville le 16 Août jour de faint Roch : on élit d'abord quatre *Scrutateurs* (1), un qu'on appelle *Scrutateur Royal*, qui eft ordinairement un Magiftrat; le fecond eft choifi entre les Confeillers de Ville, le troifieme entre les Quartiniers, & le quatrieme entre les notables Bourgeois.

Par une Déclaration du 20 Avril 1617, il doit toujours y avoir deux

_____
(1) *Rogator fententiarum* : SCRUTATEUR, qui tient le fac dans lequel fe jettent les billets de fuffrage.

Echevins

choisis entre les notables Bourgeois exerçants le fait de Marchandise ; les deux autres sont choisis entre les Gradués & autres notables Bourgeois. Chaque Echevin n'est remplacé que tous les deux ans ; on en élit deux chaque année, ensorte qu'il y en a toujours deux anciens & deux nouveaux ; l'un des deux qu'on élit chaque année est ordinairement pris à son rang entre les Conseillers de Ville & Quartiniers alternativement ; l'autre est choisi entre les notables.

Quelques jours après l'élection, le Scrutateur Royal accompagné des trois autres Scrutateurs & de tout le Corps de Ville, va présenter les nouveaux Echevins au Roi, lequel confirme l'élection, & les Echevins prêtent serment entre ses mains, à genoux.

La Déclaration du 15 Mars 1707, permet aux Echevins de porter la robe noire à grandes manches, & le bonnet, encore qu'ils ne soient pas gradués : leur robe de cérémonie est moitié rouge & moitié noire ; le rouge ou pourpre, est la couleur du Magistrat, l'autre couleur est la livrée de la Ville ; il en est de même dans la plupart des autres Villes.

Ils siégent entr'eux suivant leur rang d'élection, & ont voix délibérative au Bureau, tant à l'Audience qu'au Conseil, & en toutes assemblées pour les affaires de la Ville ; dans l'absence du Prévôt des Marchands, c'est le plus ancien Echevin qui préside.

Ce sont eux qui passent conjointement avec le Prévôt des Marchands, tous les Contrats au nom du Roi, pour emprunts à constitution de rente.

Pendant le temps de leur Echevinage, ces Officiers jouissent de plusieurs droits, priviléges & immunités ; autrefois ils avoient leurs causes commises au Parlement ; un Edit de 1543, les leur donne aux Requêtes du Palais, ou devant le Prévôt de Paris ; par l'Ordonnance de 1669, ils sont confirmés dans le droit de *Committimus* au petit Sceau.

La principale prérogative dont jouissent les Echevins de Paris, & ceux de quelques Capitales de Provinces, est celle de la Noblesse transmissible à leurs enfants au premier degré ; ils en jouissoient déja, ainsi que du droit d'avoir des armoiries timbrées comme tous les autres Bourgeois de Paris, suivant la concession qui leur en avoit été faite par Charles V, le 9 Août 1371, & confirmée par ses Successeurs jusqu'à Henri III, lequel par ses Lettres du premier Janvier 1577, réduisit ce Privilége de Noblesse aux Prévôts des Marchands & Echevins qui avoient été en charge depuis 20 ans, & à ceux qui y seroient dans la suite ; deux Edits de Louis XIV, du mois de Juillet 1696, & de Novembre 1706, les ont confirmés dans ce droit : suivant un Edit du mois d'Août 1715, publié deux jours après la mort de Louis XIV, ils se trouverent compris dans la révocation générale des Priviléges de Noblesse accordés pendant la vie de ce Prince ; mais la Noblesse leur fut rendue par une autre Déclaration du mois de Juin 1716, avec effet rétroactif en faveur des familles de ceux qui auroient paffé à l'Echevinage pendant la fuppreffion & fufpenfion de ce Privilége.

L'occupation de ces Officiers, étant de pourvoir à tout ce qui concerne la provifion de Paris, non-feulement la police du Commerce fur les Ports, mais le Commerce même, toutes les actions & conteftations qui peuvent en réfulter, font dans le partage du Bureau de Ville qui connoît auffi de la police, relativement à la qualité & aux échantillons des Marchandifes, de toutes les conventions à raifon de ces Marchandifes, du falaire des Ouvriers, des voitures tant par terre que par eau, à raifon de tous les Réglements qui doivent être exécutés fur les Ports.

Chaque objet de Commerce relatif à la provifion de Paris, a fes Réglements particuliers qui rentrent dans la police générale : ayant à faire connoître ici celle qui a rapport au Charbon de terre, il eft indifpenfable de donner un précis de ces divers Réglements ; ils faciliteront l'intelligence de tout ce que nous avons à dire fur le Commerce de ce combuftible dans Paris : l'Ordonnance de Louis XIV, du mois de Décembre 1672, concernant la Jurifdiction des Prévôts des Marchands, renferme les principaux ; j'emprunte toute cette partie, du Dictionnaire du Commerce, & du Dictionnaire Encyclopédique.

Idée générale des Loix du Commerce des Marchandifes voiturées par eau, pour la provifion de Paris, & qui arrivent & font déchargées dans les Ports de cette Capitale, d'après l'Ordonnance de Louis XIV, du mois de Décembre 1672, pour la Ville de Paris.

Par l'Article X de cette Ordonnance, Chapitre fecond, les Marchandifes deftinées pour la provifion de Paris, ne pourront être arrêtées fur les lieux de leur chargement, ni en chemin, fous quelque prétexte que ce foit, même de faifie, foit pour créance particuliere, foit pour falaires, & prix des voitures ; mais nonobftant lefdites faifies, doivent être amenées à Paris, à la garde néanmoins des Gardiens, pour y être vendues & débitées fur les Ports, & les deniers en provenants retenus en Juftice, pour être confervés à ceux à qui ils peuvent appartenir.

L'Article II, du Chapitre troifieme, défend à tous Marchands d'aller au-devant des Marchandifes deftinées pour la provifion de Paris, & de les acheter en chemin, à peine contre le Vendeur, de confifcation & de la perte du prix contre l'Acheteur.

Par l'Article III du même Chapitre, lefdites Marchandifes doivent être amenées aux Ports deftinés pour en faire la vente, & en cas que lefdits Ports fe trouvent remplis, les Voituriers font obligés de garrer leurs bateaux aux lieux deftinés par le Prévôt des Marchands & Echevins.

Les VII, VIII, IX & X^e, réglent la décharge des Marchandiſes qui ne peuvent être miſes à terre par les Officiers, Forts & Compagnons de riviere, ſans l'aveu des Propriétaires, ou du moins qu'après une ſommation préalable de la part des Voituriers, ni être tranſportées par Chartiers ou autres dans les maiſons deſdits Propriétaires ou Commiſſionnaires, que de leur conſentement.

Le onzieme Article, définit le temps que certaines Marchandiſes doivent tenir pont.

Les autres juſqu'au XXIe, contiennent divers Réglements ſur le compte des Marchandiſes, le bon de meſure, la ſaiſie des bateaux & Marchandiſes arrivés ſur les Ports, leur expoſition & vente, leur mélange & triage.

Enfin le XXIe veut, que le prix d'une vente commencée ne puiſſe être augmenté.

Le XXIIe, que les Marchandiſes ne ſoient pas tranſportées d'un Port à l'autre.

Le XXIIIe, qu'il n'y ait aucun regrat ſur les Ports & Places de Paris, que ceux permis par divers Articles de ladite Ordonnance.

Le XXIVe, que les Marchands Forains ne puiſſent mettre leurs Marchandiſes en magaſins, à l'exception des bois flottés à brûler, ſinon en cas de néceſſité, & après en avoir reçu la permiſſion des Prévôt des Marchands & Echevins.

L'Ordonnance du mois de Décembre 1672, contient auſſi des Articles pour le *débaclage* (1) des bateaux lorſqu'ils ont été vuidés & déchargés: d'autres pour l'enlévement, marque & vente de leurs débris.

Quelques Articles de cette Ordonnance réglent le rang des bateaux en pleine riviere, ſoit en avalant, ſoit en montant; quelques autres, ce qui doit ſe pratiquer aux paſſages des Ponts & Pertuis (2), & quels ſont ceux qui ſont obligés de ſe garer.

Il y en a pour le temps de l'entrée des bateaux dans les Ports; pour la déclaration de leur arrivage, de la décharge des Marchandiſes qui y ſont contenues; & des hypotheques ou recours, que les Marchands peuvent avoir ſur les bateaux, pour mécompte, perte, ou autres accidents arrivés auxdites Marchandiſes par la faute des Conducteurs, Voituriers & Maîtres des bateaux; & l'on y voit en quel cas les bateaux n'en ſont point reſponſables, ou quand le Maître en peut faire ceſſion.

---

(1) L'arrangement ſur les Ports de Paris, des bateaux, qui y arrivent les uns après les autres, pour y faire la vente des Marchandiſes dont ils ſont chargés, s'appelle *baclage* : débarraſſer le Port, retirer les bateaux vuides qui y ſont, pour faire approcher des quais ou du rivage les autres qui en ſont plus éloignés, & qui ſont chargés, s'appelle *débacle*, *débaclage*, *faire la débacle*; il y a un jour précis & ordonné pour cette opération: à l'Article des droits, nous ferons connoître les Officiers qui en ſont chargés.

(2) On appelle *Pertuis*, tout paſſage étroit pratiqué dans une riviere aux endroits où elle eſt baſſe, afin d'en augmenter l'eau de quelques pieds, & de faciliter ainſi la navigation des bateaux qui montent & qui deſcendent. Ils ſe font en laiſſant, entre deux batardeaux, une ouverture qu'on ferme ſur la riviere, ou avec des planches en travers, comme ſur la riviere de Loire.

Enfin il y a des Articles qui marquent le temps que les bateaux doivent tenir Port, fuivant la qualité des Marchandifes qui font deffus.

La même Ordonnance renferme des Articles concernant les *Garres* : on appelle ainfi des lieux marqués fur les rivieres, foit au-deffus, foit au-deffous des Ports, *Pertuis*, & autres paffages difficiles dans lefquels les bateaux chargés de Marchandifes, doivent s'arrêter & fe retirer pour laiffer le paffage libre aux premiers venus.

Ces endroits où les voitures d'eau s'arrêtent jufqu'à ce qu'il y ait place dans les Ports, font défignés aux Voituriers par les Prévôt des Marchands & Echevins : l'ordre de cette arrivée & de cet arrangement aux Garres pour la fûreté eft fagement fixé par cette Ordonnance.

Il y a à Paris, des Maîtres des Ponts en titre d'office, qui font obligés de fournir des hommes ou compagnons de riviere pour paffer les bateaux fans danger.

Il eft défendu aux *Maîtres des Ponts* & Pertuis de donner aucune préférence aux Voituriers ; mais ils font obligés de les paffer fuivant le rang de leur arrivée aux Garres : ces Officiers font pareillement tenus d'afficher à un poteau au lieu le plus éminent des Garres le tarif des droits qui leur font dûs pour le paffage des bateaux.

Ils répondent du dommage, & reçoivent pour cela un certain droit.

On confond affez fouvent ces *Maîtres des Ponts*, leurs Aides & les Maîtres des Pertuis, avec d'autres Officiers, dont les fonctions font un peu différentes, comme font les Officiers Chableurs ; ils ne font cependant pas les mêmes.

Les *Chableurs & Maîtres des Ponts*, font des Officiers commis fur la riviere pour faire paffer les bateaux, coches, chalands, foncets & autres voitures par eau, fous les ponts & autres paffages difficiles des rivieres ; le travail du Chableur s'appelle *Chablage* (1).

Les fonctions des Chableurs, ont quelque rapport avec celles des Maîtres des Ponts, de leurs Aides & des Maîtres des Pertuis. Les uns & les autres ont été établis en divers endroits fur la Seine & autres rivieres affluentes, pour en faciliter la navigation, & entretenir l'abondance dans Paris, au moyen de la fûreté des paffages.

Anciennement ils étoient choifis par les Prévôt des Marchands & Echevins : l'Ordonnance de Charles VI, du mois de Février 1415, concernant la Jurifdiction de la Prévôté des Marchands & Echevinage de Paris, contient plufieurs difpofitions fur les offices & fonctions des Maîtres des Ponts & Pertuis, & fur celles des Chableurs. Le *Chapitre trente-quatrieme*, ordonne qu'il y aura à Paris, deux Maîtres des Ponts & des Aides ; il n'y eft point parlé de Chableurs pour cette Ville, non plus que pour divers autres endroits, où il y avoit des Maîtres des Ponts & Pertuis. Les *Chapitres cinquante-troifieme* & fuivants jufques & compris

____

(1) Du mot *Chableau*, efpece de petit cable de moyenne groffeur, fervant à tirer & à remonter les bateaux fur une riviere ; ou du mot *Cable*, | qui s'écrivoit autrefois *Chable* ; on l'appelle autrement *Cincenelle*.

le trente-cinquieme, traitent de l'office de Chableur des Ponts, de Corbeil, Melun, Montereau-faut-Yonne, Sens & Villeneuve-le-Roi: il est dit que les Chableurs feront pour monter & avaler les bateaux par-dessous les Ponts sans qu'aucun autre se puisse entremettre de leur office, à peine d'amende arbitraire; que quand l'office sera vacant, les Prévôt des Marchands & Echevins le donneront après information à un homme idoine, élu par les bons Marchands, Voituriers & Mariniers du Pays d'aval-l'eau.

La forme de leur serment & installation y est réglée; il leur est enjoint de résider dans le lieu de leur office; la maniere dont ils doivent faire le chablage y est expliquée, & leur salaire pour chaque bateau qu'ils remontent ou descendent y est réglé pour certains endroits à huit deniers, & pour d'autres à trois.

Les six premiers Articles du quatrieme Chapitre de l'Ordonnance de Louis XIV, reglent les fonctions de tous ces Officiers, & la police qui doit s'observer entr'eux.

Chapitre quatrieme, l'ARTICLE I, enjoint aux *Maîtres des Ponts & Pertuis*, & aux Chableurs de résider sur les lieux, de travailler en personne, d'avoir à cet effet flottes, cordes, & autres équipages nécessaires pour passer les bateaux sous les Ponts & Pertuis avec la diligence requise; qu'en cas de retard ils seront tenus des dommages & intérêts des Marchands & Voituriers, même responsables de la perte des bateaux & Marchandises, en cas de naufrage faute de bon travail.

L'ARTICLE II, ordonne aux Marchands & Voituriers de se servir des Maîtres des Ponts & Pertuis, où il y en a d'établis, (il n'est pas parlé en cet endroit des Chableurs) & aux Officiers de passer les bateaux sans préférence, suivant l'ordre de leur arrivée.

L'ARTICLE III, défend aux Maîtres des Ponts & Pertuis ou Chableurs, de faire commerce sur la riviere, d'entreprendre voiture, tenir taverne, cabaret ou hôtellerie sur les lieux, à peine d'amende, même d'interdiction en cas de récidive.

L'ARTICLE IV, porte que les droits de tous ces Officiers, seront inscrits sur une plaque de fer-blanc, qui sera posée au lieu le plus éminent des Ports & Garres ordinaires.

L'ARTICLE V, leur enjoint de dénoncer aux Prévôt des Marchands & Echevins, les entreprises qui seroient faites sur les rivieres par des constructions de Moulins, Pertuis, Gors & autres ouvrages qui pouroient empêcher la navigation.

Le sixieme, enjoint pareillement la résidence aux Aides de ces Officiers, leur commande l'obéissance aux ordres de leurs Maîtres, sous peine d'être responsables des pertes arrivées faute de les avoir exécutés.

Par Edit du mois d'Avril 1704, il fut créé des Maîtres Chableurs des Ponts & Pertuis des rivieres affluentes à la Seine : ils furent confirmés en la propriété de leurs Offices par Edit du mois de Mars 1711 ; au mois d'Août 1716, les Offices créés par Edit de 1704 furent supprimés, & la moitié de leurs droits éteints, à commencer du premier Janvier 1717 : un Arrêt du Conseil d'Etat du 19 Décembre 1719 supprima ces droits réservés ; on ne comprit pas dans cette suppression les Offices établis avant l'Edit de 1704, ni ceux de Paris, l'Isle-Adam, Beaumont-sur-Oise, Creil & Compiegne, rétablis par la Déclaration du 24 Juillet 1717. Dans le détail particulier où nous allons entrer sur tout ce commerce, depuis le moment que le Charbon s'entrepose pour l'approvisionnement de la Capitale, jusqu'à l'instant qu'il se débite, il sera souvent question des Marchands de Charbon de terre, & de différents Officiers qui concourent, sous l'autorité du Bureau de Ville, à la manutention de la police : il est à propos pour cette raison de commencer par faire connoître les uns & les autres.

Des Marchands de Charbon de terre.

Les Marchands de Charbon de terre se distinguent en deux classes, les *Forains* & les *Bourgeois* : dans ces derniers on comprend tous particuliers faisant dans Paris le négoce de ce fossile, & d'autres tenant à deux des six anciennes Communautés des Marchands de Paris, appellés *les six Corps* ; c'est à savoir, les *Marchands Merciers-Féronniers*, appellés ordinairement *Marchands de Fer*, qui vendent les gros Ouvrages de fer & de cuivre, enfin les *Marchands Epiciers*, autorisés par un Arrêt du Parlement, du 8 Août 1620, à faire concurremment avec les Merciers Féronniers, le commerce du Charbon de terre.

Comme avant qu'une Marchandise puisse être exposée en vente, il est au préalable indispensablement nécessaire qu'elle soit apportée, les Marchands exerçant cette partie la plus essentielle, doivent être regardés comme les principaux de ceux qui exercent le commerce ; il semble en conséquence raisonnable de parler d'abord des Marchands Forains, & ensuite des Marchands Bourgeois, assujettis d'ailleurs les uns & les autres pour cette vente à un Réglement du 18 Avril 1682.

Dans le détail qui va suivre, on reconnoîtra aisément que j'ai tiré tout le parti possible de l'excellent Traité de la Police, du Commissaire de la Mare ; il ne nous eût cependant pas suffi, pour remplir sur notre objet le plan d'une histoire aussi complette qu'il nous seroit possible de la procurer ; il étoit encore nécessaire d'y faire entrer les Réglements survenus depuis l'Ouvrage de M. de la Mare ; il sera aisé de s'appercevoir que nous avons eu encore sur cela des facilités particulieres. Nous en sommes redevables, à M. Jollivet de Vannes,

(1) & à M. Taitbout (2) ; fous leur bon plaifir, leurs Bureaux, le Greffe de l'Hôtel-de-Ville , nous ont été ouverts; M. Davault, Secrétaire de M. de Vannes
& M. Boudreau , Commis au Greffe de la Ville, fe font fait un plaifir de nous
aider dans nos recherches.

Marchands Forains.

CE font des Marchands du *dehors* qui viennent apporter leurs Charbons
pour les vendre aux Marchands Bourgeois ou aux Particuliers , & qui auffi-tôt
leur Marchandife vendue, s'en retournent chez eux en préparer de nouvelles
équipes.

Les Forains ne font membres d'aucune Communauté, ni Citoyens d'aucune des Villes où ils apportent leurs Marchandifes; ils font étrangers ou du
Royaume , ou du lieu d'où ils les apportent ; d'où vient le nom par lequel on
les diftingue ; ainfi ils ne participent ni activement ni paffivement aux difpofitions des différents Statuts de Communautés, fi ce n'eft que leurs Marchandifes font fujettes à être vifitées, pour conftater fi elles font *bonnes* , loyales &
marchandes, parce qu'ils font fujets aux Loix primitives du Commerce, qui
excluent tout ce qui bleffe la bonne-foi & l'ordre public de chaque lieu ,
comme , par exemple, de ne pouvoir prendre port que dans les lieux qui leur
font prefcrits , de ne vendre ni débiter qu'aux heures non exclufes par la Police du lieu, &c.

On n'entend ici parler que des Forains par eau, qui feuls font jufticiables
du Bureau de Ville.

Ils font tenus auffi-tôt après leur arrivée au Port Saint-Paul ou de l'Ecole, de
mettre leur Charbon en vente inceffamment, fans pouvoir le mettre à terre, ni
en faire des entrepôts: auffi ont-ils fur les Marchands Bourgeois cette préférence pour la vente fur les Ports , que lorfqu'ils s'y trouvent avec leurs bateaux & marchandifes en nombre fuffifant pour les provifions de ceux qui
en auroient befoin, il eft défendu aux Marchands de Paris , ou Marchands
Bourgeois, d'y entamer leurs bateaux , & d'y expofer leurs marchandifes en
vente , jufqu'à ce que celles des Forains ayent été vendues.

Marchands Bourgeois.

LES Marchands Bourgeois font ceux qui réfidant à la Ville , y font le détail du Charbon de terre, dont ils font charger dans les Provinces des bateaux
par leurs Commiffionnaires qui les leur envoyent à Paris.

L'avantage qu'ont ces Marchands d'être toujours fur les lieux où fe fait la

---

(1) Avocat & Procureur du Roi de la
Ville. | (2) Chevalier de l'ordre du Roi, Greffier
en chef.

vente eft compenfé ; les Réglements qui ont pourvu aux plaintes des Forains de ne pouvoir débiter leurs Marchandifes , attendu que dans le même Port les Marchands de Paris ont plufieurs bateaux chargés , & que ceux qui les connoiffent leur donnent la préférence , il leur eft défendu d'en faire arriver que trois jours après les Forains.

Il ne leur eft pas permis d'entamer leur bateau , & d'y expofer leur Charbon en vente , avant que celui des Marchands Forains ait été vendu ; ce qui néanmoins ne s'entend que lorfqu'il y a affez de Marchandife foraine pour la provifion de la Ville.

Les Bourgeois de Paris jouiffent , entre autres priviléges , de pouvoir acheter des Forains toutes les Marchandifes qui s'y vendent pendant trois jours , à compter de l'ouverture des bateaux , exclufivement à tous Marchands , & enfuite concurremment avec les autres.

Les droits , ufages , priviléges & poffeffion refpective de ces deux efpeces de Marchands feront détaillés , lorfque nous traiterons de la police de vente dans Paris.

Petits Officiers de Ville.

On comprend fous cette dénomination , les perfonnes établies fur les Ports pour la Police & le fervice du Public ; nous ne parlerons ici , que de ceux d'entre ces Officiers , qui ont rapport au Commerce du Charbon.

Gardes-Bateaux , Equipeurs , Boutes-à-Port , Metteurs-à-Port , Débacleurs , Plancheïeurs.

Officiers fur le Port , dont la fonction eft de mettre ou de faire mettre à port les bateaux qui y arrivent. Le Boute-à-port eft Contrôleur à l'infpection pour les rangements des bateaux. Ils font auffi chargés du remontage de la Garde , & du renvoi des rivieres , à la charge & garantie des bateaux & des marchandifes.

Par Sentence du Bureau de l'Hôtel-de-Ville, du 20 Août 1751 , & Arrêt confirmatif du Parlement du 17 Août 1752 , les Metteurs-à-port font tenus à l'arrivée des bateaux de les prendre , les mettre à port , arranger & fermer , foit par eux , foit par leurs Compagnons , enfemble de les déquiper & en garder les équipages.

Un homme de Lettres qui réuniffoit dans fes qualités , dans fes connoiffances , l'utile & l'agréable (1) , a inféré dans un de fes Ouvrages , qui avoit

_____

(1) Feu M. Peffelier , Auteur de plufieurs productions intéreffantes, dans lefquelles refpi- | re fon caractere de probité & de patriotifme.

pour objet l'utilité de chaque particulier, (1) l'extrait de cet Arrêt, qui n'a pas été rendu public; il a jugé intéreſſant que tous les Voituriers ayent connoiſſance de ce Jugement, pour exiger des Metteurs-à-port qu'ils s'y conforment & ſe renferment auſſi dans l'obligation où ils ſont de mettre à port ſans délai les bateaux chargés, ce qu'ils refuſent ſouvent ſous différents prétextes, tels que leurs Compagnons ſont tous employés ailleurs, que les bateaux ne ſont point à leur portée, c'eſt-à-dire près le Port, &c. On conçoit aiſément les différents abus qui peuvent avoir lieu ſur ce point; mais l'Ordonnance de 1672 paroît y avoir obvié autant qu'il eſt poſſible dans les ſix Articles du Chapitre quatrieme, à commencer au dixieme incluſivement, où les fonctions de ces Officiers ſur les Ports ſont fixées (2).

Par cet Arrêt que nous avons cité précédemment, & auquel a donné lieu une conteſtation entre les ſieurs Dufour, Guillot, Salmon, Beaucreux, Parties intervenantes, joints aux Marchands de grains, les Metteurs-à-port ſont condamnés à rendre & remettre en bon état un bateau qu'ils n'ont pas eu ſoin de débacler, & en dix livres de dédommagement, par chaque ſemaine juſqu'à la livraiſon, &c. Enfin par la même Sentence, ces Officiers ſont tenus de recevoir des Marchands chacun des bateaux auſſi-tôt & à fur & à meſure qu'ils ſeront vuides, & d'inſcrire ſur leurs Regiſtres les noms deſdits Marchands, le jour & l'heure de ladite remiſe, ſans qu'il ſoit beſoin de remiſes judiciaires deſdits bateaux, & d'entretenir leſdits bateaux continuellement à flot, bien fermés & en bon état, dès l'inſtant de ladite remiſe, ſous peine d'en répondre aux Voituriers ou Propriétaires d'iceux, & les Metteurs-à-port, ſont condamnés aux dépens. Leur rétribution eſt fixée par le Tarif de 1730.

Les Metteurs-à-ports étant tenus auſſi à, leurs riſques, de débacler & remonter les bateaux, inceſſamment après qu'ils auront été vuidés, pour les remettre aux Voituriers, dans les endroits deſtinés à former les traits, on a réuni à l'Office de Boute-à-port, celui de *Débacleur*: on donne ce nom à l'Officier de Ville prépoſé ſur les Ports à ces fonctions différentes. Ces Débacleurs furent ſupprimés en 1710; des Commis furent ſubſtitués en leur place, avec le même Office, mais avec attribution de moindres droits pour leurs ſalaires (3).

Aujourd'hui les *Metteurs à port*, *Débacleurs*, *Gardes bateaux*, *Planchéieurs*, *Déquipeurs*, *Boueurs* & autres que nous avons compris ſous le même titre, ne forment qu'une même Communauté.

---

(1) Journal du Citoyen, 1754, Article des Finances de Paris, page 258.

(2) *Pour tout ce qui y a rapport, & pour toutes les autres parties de police de navigation ou de commerce que nous ne donnons qu'en extrait, ou de celles que nous ne faiſons qu'indiquer, il ſera facile de recourir à l'Ordonnance même imprimée à part, chez* Prault pere, quai de Gèvres, 1768.

(3) Le détail s'en trouve dans l'Edit du Roi, portant rétabliſſement des Charges & Offices ſur les Quais, Ponts, Chantiers, Halles, Foires, Places & Marchés de la Ville de Paris; avec le Tarif des droits y attribués; donné à Verſailles au mois de Juin 1730, regiſtré en Parlement le 31 Août de la même année, page 20, édition de 1765. Il eſt auſſi renfermé dans le Journal du Citoyen, à l'Article des Débacleurs, page 257.

Déchireurs & Inspecteurs au déchirage des Bateaux.

POUR cet objet, il y a deux fortes de perſonnes; les unes ſont des Officiers de Port, établis pour empêcher qu'on ne déchire aucun bateau propre à la navigation; les autres ne ſont que des Ouvriers qui achetent des bateaux hors d'état de ſervir, qui les déchirent, & en vendent les planches & débris.

Le Port de l'Hôpital, l'Iſle des Cignes, le Port ou Terraſſe de l'Arſenal, ſont les ſeuls endroits où il ſoit permis de faire ce déchirage dans Paris.

Dans la Banlieue, les places ſont de même déſignées pour cette opération; différents Particuliers s'ingérant de déchirer les bateaux, ſans avoir été vus & viſités par les Inſpecteurs à ce prépoſés, & ſans en avoir obtenu la permiſſion du Bureau de Ville, d'en dépoſer les débris ſur des Ports & ſur des Places plus propres à la décharge des marchandiſes, l'Ordonnance de Police du Bureau, en date du 14 Novembre 1761, fait défenſes à tous Marchands, Voituriers par eau, & autres de faire remonter des Ports dans les Garres & au port des Carrieres de Charenton, aucuns bateaux pour y être déchirés, & d'y en déchirer ſans permiſſion, ſans que préalablement ils ayent été vus & viſités & qu'il ait été décidé s'ils ſont hors d'état de ſervir à la navigation : dans ce cas, permis de n'en déchirer ſur ledit port des Carrieres de Charenton, que dans les endroits de la berge, qui ſeront indiqués par l'Inſpecteur commis audit lieu, le tout à peine de cent livres d'amende, & de confiſcation deſdits bateaux ou débris qui en ſeront provenus.

Chaque bateau vendu pour être déchiré, dans tous les Ports d'amont & d'aval, paye 11 livres, en outre le ſol pour livre du prix de la vente de chacun deſdits bateaux (1).

Charges & Offices établis ſur les Ports pour la vente du Charbon de terre; Droits, Fonctions, Emoluments, Profits, Priviléges, Exemptions, Franchiſes & Gages attachés à ces Offices. Des Anciens Officiers Meſureurs de Charbon de terre de la Ville, fauxbourgs & banlieue de Paris (2).

TOUT le ſervice néceſſaire au Public pour le débit de la Marchandiſe de Charbon, conſiſte dans la fidélité de la meſure, la qualité & la bonté du Charbon, & le tranſport du bateau & de la place dans les maiſons des Particuliers.

Les Meſureurs qui ſont auſſi Inſpecteurs, Viſiteurs & Contrôleurs, ainſi que les Porteurs, doivent remplir ces devoirs; ils forment deux Communautés ſéparées, qui ont leur diſcipline, leur ſervice & leurs ſalaires.

---

(1) *Page* 13 de l'Edit de rétabliſſement. Juin 1730.   (2) Traité de la Police, Livre V, titre 49, Chapitre troiſieme, *page* 944.

Leur établissement est fort ancien : autrefois les Officiers établis pour le Commerce du bois, étoient aussi établis pour le Charbon de bois; les Mouleurs de bois étoient Mesureurs de Charbon. *Voyez* au Traité de la Police, *page* 888, le grand Réglement de Police du Roi Jean, de l'an 1350 : il y est fait mention de ces Officiers, comme n'étant pas différents des Mouleurs de bois : on ne trouve point d'autre titre des établissements des Mesureurs & des Porteurs, que l'Ordonnance de 1415, sous Charles VI (1) : avant leur création, c'étoit les Officiers sur le Charbon de bois qui faisoient la police, le mesurage & portage de toute espece de Charbon.

Il s'éleva plusieurs contestations entre *les Mesureurs & les Porteurs.*

Dix Mesureurs renoncerent au portage; trois autres qui étoient restés, le disputerent à six Particuliers qui l'avoient entrepris, & le Public souffroit de ces dissentions.

Pour le bien du service, il fut décidé par l'Ordonnance de 1415, que le nombre des *Mesureurs*, & celui des *Porteurs* seroit égal. Cette Ordonnance porte, que les trois *Mesureurs* contestants resteront *Mesureurs & Porteurs*, mais que leurs charges venant à vacquer elles ne seront point impétrables ; qu'après ces vacances, les *Mesureurs* seront réduits à neuf, & qu'au lieu de ces trois Mesureurs Porteurs supprimés, on recevroit trois *Porteurs* pour faire pareil nombre de neuf.

Cette suppression de trois n'eut pas lieu, & leurs places vacantes furent remplies, il n'y eut qu'un treizieme Office qui étoit surnuméraire qui fut supprimé.

En Février 1633, création par Louis XIII de quatre charges de *Mesureurs* de Charbon. *Voyez* un Réglement général pour différents Officiers, *Tome II*, du Traité de la Police, *page* 763.

En Mars 1644 (2), Edit portant création de *dix Jurés Mesureurs* de Charbon (3), pour avec les seize anciens, faire le nombre de vingt-six, aux droits de dix-huit deniers d'augmentation, tant pour chacun minot desdits Charbons de bois & de terre, qui leur est attribué par cet Edit, que pour le droit de Registre & Controlle, pour avec les douze deniers anciens faire en tout deux sols six deniers par minot : lesquels dix-huit deniers attribués aux nouveaux Officiers seront levés sur tous les Charbons de bois & de terre arrivés en la ville & fauxbourgs de Paris, tant par eau que par terre, charettes, chevaux ou autrement, soit qu'ils soient vendus en gros, ou mesurés ès ports & places en la maniere accoutumée, ainsi que se levent les douze deniers anciens attribués auxdits anciens Mesureurs, par la Déclaration du mois d'Août

---

(1) Elle sera inférée en entier à la suite de l'histoire de ces Officiers.
(2) *Page* 947, du même troisieme Volume.
(3) Registré en la Cour des Aydes, le 1 Septembre 1644.

1637, & fuivant l'Arrêt du Confeil du 15 Mars 1642.

Par ce même Edit font auffi créés en titre d'Office, neuf Officiers de Jurés Porteurs defdits Charbons de bois & de terre, pour faire avec les vingt-trois anciens le nombre de trente-deux, aux droits par augmentation d'un fol pour minot defdits Charbons de bois & de terre, payable par l'acheteur, pour avec les trois fols anciens faire quatre fols en tout par minot.

Attribution par ces préfentes, (auxdits Officiers Mefureurs & Porteurs,) & lorfque lefdits Charbons feront vendus en gros, d'être payés de leurs droits tant anciens que nouveaux, par les Marchands, &c.

Ordonné encore, que lefdits anciens Jurés Mefureurs & Porteurs de Charbon de bois & de terre, foient confervés & maintenus dans la jouiffance, les Mefureurs de huit livres pour chaque bateau à la vuidange d'iceux, pour droit de Compagnie, & de vingt fols pour droit de *foirée* (1), outre le gros attribué aux anciens par la fufdite Déclaration; lefdits Porteurs, de quatre livres pour chaque bateau à la vuidange, auffi pour droit de Compagnie. Attribution à la charge de payer par chacun des anciens une nouvelle taxe arrêtée par le Confeil, pour fubvenir aux dépenfes de la guerre. Deux defquels Mefureurs & Porteurs, font tenus de fe tranfporter dans chaque bateau, favoir un Mefureur & un Porteur, à l'effet par ledit Mefureur, de mefurer ou faire mefurer les Charbons par les garçons de la pelle.

En 1646, création de deux Charges de *Jurés Mefureurs* de Charbon, qui ne furent point levées.

En Février 1674, huit *Charges de Mefureurs* de Charbon fupprimées & rétablies en Mars de la même année moyennant finance.

En 1690, au mois de Février, confirmation des droits & réglements des fonctions des Jurés Mefureurs & Porteurs de Charbon; regiftrée au Parlement le 2 Mars, à la Cour des Aydes le 13 du même mois de la même année.

En Juillet 1702, ces Charges qui étoient au nombre de vingt-fix, furent augmentées de quatorze, avec faculté d'en poffléder plufieurs à la fois, de les exercer ou faire exercer par telles perfonnes que bon fembleroit, à la charge d'en demeurer civilement refponfables.

L'Edit de cette création contient l'établiffement de plufieurs autres Offices, & fe trouve *Titre 21, Ch. 6, Tome 2, page 1343*.

De ces quatorze Charges, les Jurés Mefureurs en vendirent trois, qui furent incorporées aux vingt-fix autres, ce qui compofa vingt-neuf Charges: 5 Septembre 1702, *page 950, troifieme Volume.*

13 Mai 1704, union aux Communautés des Officiers fur le Charbon des Offices de Contrôleurs créés par Edit d'Avril 1704, regiftrée au Parlement le 13 Juin fuivant. *Idem, page 951.*

11 Août 1705, union à la Communauté des Mefureurs de Charbon des

_____
(1) Ancien droit qui ne fubfifte plus.

Offices de leurs Syndics, avec augmentation de droits; regiſtrée au Parlement le 22 du même mois. *Idem, page 953.*

En Mai 1706, union à la Communauté des Jurés Meſureurs de Charbon de ſept Charges de nouvelle création; regiſtrée au Parlement le 5 Août 1706.

Par Déclaration du 13 Juillet 1706, Louis XIV, moyennant finance, unit à la Communauté des Meſureurs, *les qualités & fonctions d'Inſpecteurs & Contrôleurs Généraux de la Police,* créés ſur tous les Officiers des Ports par Edit de Juillet 1704.

Cette union faite pour ceux-ci, en ce qui les concernoit ſeulement.

Août 1708, union à la Communauté des *Officiers Meſureurs, &c. de Charbons de bois & de terre* de ladite Ville, d'un dixieme en ſus par augmentation des droits dont ils jouiſſent; regiſtrée au Parlement le 7 Septembre ſuivant. *Voyez* à l'endroit cité, *page 959.*

7 Mars 1713, union à la Communauté des *Meſureurs de Charbon, &c.* regiſtrée au Parlement, le 7 Avril ſuivant. *Voyez* l'endroit cité.

M. de la Marre à la fin de ce qui concerne les Meſureurs de Charbon, renvoie à différentes autorités répandues dans ſon Ouvrage qu'on trouve aux citations, *page 960* de ce troiſieme Volume.

Dans l'année 1719, ces vingt-neuf Meſureurs furent ſupprimés, & remplacés par des Commis, au nombre de vingt, à la nomination du Prévôt des Marchands.

Par Edit du mois de Septembre de la même année, les droits attribués aux Offices ſur les Ports & Quais de Paris furent ſupprimés, & réſervés en partie pour en diſpoſer par Sa Majeſté.

Le 22 Mars 1722, il fut ordonné, par Arrêt du Conſeil, que les droits réſervés ſeroient levés & perçus au profit du Roi, & les fonds portés à la Caiſſe générale des remboursements des dettes de l'Etat.

Par Edit du mois de Janvier 1727, les anciens Meſureurs & Porteurs de Charbon de bois & de terre ſupprimés en 1719, ont été rétablis & conſervés pour la fonction du meſurage & portage du Charbon de terre.

Nouveaux Officiers Jurés Meſureurs & Porteurs.

Par Edit du mois de Juin 1730, les Charges & Offices ſur les Ports, Quais, Chantiers, Halles, Foires, Places & Marchés de la Ville & Fauxbourgs de Paris, avec attribution de quatorze ſols ſix deniers par minot de Charbon de terre; ainſi que vingt-ſix Jurés Meſureurs de Charbon de terre, & de trente-deux Jurés Porteurs, furent rétablis en payement de la finance qu'ils avoient fournie, & qui leur étoit dûe par des Ordonnances ſur le Garde du Tréſor Royal, laquelle ſuivant le rôle arrêté au Conſeil, ſe trouvoit monter à la ſomme de 1843000 livres. Il n'y a pas de gages attachés à leurs Offices; le produit des droits ne leur rapporte pas le denier ſoixante de leur finance.

En exécution d'un Edit du mois de Février 1771 , Sa Majesté est rentrée dans la nomination des Officiers Mesureurs , Porteurs de Charbon de terre , Metteurs à ports , Equipeurs , Débacleurs , Planchéïeurs , Inspecteurs , Contrôleurs au déchirage de bateaux , laquelle dépendoit auparavant de l'Hôtel-de-Ville ; ainsi les Officiers Mesureurs sont des Officiers établis en titre , & formant Communauté ; on leur donne à tous le nom de *Jurés Mesureurs* , parce qu'ils sont obligés lors de leur réception de jurer , ou faire serment devant les Prévôt des Marchands & Echevins , de bien & fidélement s'acquitter du devoir de leur charge : elle consiste à mesurer tous les Charbons de bois & de terre , qui se vendent sur les Places & dans les Ports ; avec attribution de les contrôler , d'en faire leur rapport au Bureau de la Ville , recevoir les Déclarations des Marchands Forains , tenir en tout la main à la police de vente , veiller aux contraventions , qu'ils sont obligés de dénoncer au Procureur du Roi , sans pouvoir transiger sur ces contraventions ; ces différentes fonctions sont énoncées dans le Réglement de 1415 , qui va suivre.

Ordonnance de Charles VI, du mois de Février 1415 , *concernant la Jurisdiction de l'Hôtel-de-Ville de Paris* (1) : *des Mesureurs de Charbon.*

» ART. I. Le nombre des *Mesureurs* , réduit à neuf , celui des Porteurs » qui étoient six , augmenté de trois.

» ART. II. L'Office de *mesurage* venant à vaquer , devoit être donné par » les Prévôt des Marchands & Echevins à personne idoine & capable.

» ART. III. L'Officier *Mesureur* doit prêter serment de bien & loyalement » exercer , garder le droit du vendeur & de l'acheteur , doit donner avis suc-
» cinctement aux Prévôt des Marchands & Echevins , ou au Procureur de la mar-
» chandise , de ce qui seroit fait au préjudice des priviléges & franchises , & » contre les ordres , & obéir à leur commandement (2).

» ART. IV. Doit être mis , après le serment , en possession de son Office , par » un des *Sergents de la Prévôté & Echevinage à ce commis* , qui doit avoir deux » sols pour ce faire , doit un sac de Charbon au Clerc de la Ville pour » ses Lettres , & doit donner caution Bourgeoise de dix livres parisis avant d'e-
» xercer l'Office.

» ART. V. Les *Mesureurs* doivent exercer en personne , & doivent faire » résidence continuelle ès lieux où se vend & où descend le Charbon.

» ART. VI. Doivent avoir *un minot* , un demi-minot , & deux *pelles* , soit » sur bateau , soit en place à ce limitée , à peine de soixante sols parisis d'a-
» mende.

» ART. VII. *Façon de mesurer le Charbon.*

(1) Chapitre XV , page 945.
(2) 13 Avril , Sentence contre les Officiers Mesureurs , pour avoir transigé sur des contraventions , moyennant 300 livres , & ne les avoir pas dénoncées.

» Art. VIII. Ne doivent mesurer Charbon, s'il n'est *loyal* & *marchand*,
» & doivent dénoncer *le Charbon défectueux* à la Ville.

» Art. IX. Cet article concerne le raport que les Mesureurs doivent faire à
» la Ville, & y faire le rabais, *en tenant Registre du prix auquel la vente du*
» *Charbon a été commencée, & du rabais qu'elle a essuyé, afin d'y avoir recours*
» *au besoin.*

» Art. X. Ne doivent faire porter le Charbon , sinon par les *Porteurs*
» *Jurés.*

» Art. XI. Ne doivent pas s'entremettre de la marchandise de Charbon,
» ni la marchander par eux ni par autres, sous peine de perte de la marchan-
» dise, & d'amende arbitraire.

» Art. XII. Doivent n'avoir qu'une besogne à la fois, & exercer par *Run*
» (c'est-à-dire rang ou tour) à peine de cinq sols parisis d'amende chaque fois
» qu'ils rompront le *Run.*

» Art. XIII. Doivent clore & desclore les *bateaux* & *nefs* dont ils auront la
» charge; c'est-à-dire , ôter les pieux & les cloisons étant dedans & environ
» iceux bateaux.

» Art. XIV. Le salaire de chaque *Mesureur* pour chaque batel , est de
» douze gros, c'est-à-dire, seize sols parisis, à prendre sur le Marchand ven-
» deur.

» Art. XV. Le *salaire du Mesureur* de Charbon vendu par minot ou mi-
» ne, & par menues parties, est d'un tournois par minot, & deux de la mine,
» à prendre sur les acheteurs.

» *Suivant le tarif du 20 Juin* 1724, *les Jurés Mesureurs ont pour chaque*
» *minot neuf sols six deniers pour chaque voie ou tombereau, à proportion du*
» *nombre des minots que contiendra le tombereau.*

» Art. XVI. Le *salaire du Mesureur* par chacun *sac* mesuré en batel , le-
» quel contient six minots au prix d'un gros le muid , qui fait pour sac deux
» deniers parisis à prendre sur les acheteurs , & un denier du vendeur.

» Art. XVII. Les *Mesureurs* doivent dénoncer les *fautes & fraudes* aux
» Prévôt des Marchands & Echevins, ou au Procureur de la marchandise, sous
» les peines ci-dessus & autres arbitraires.

*Ordonnance de 1672 (1), concernant la Jurifdiction de la Ville de Paris,
& les fonctions des Jurés Mefureurs.*

» **Art. I.** Les *Jurés Mefureurs* de Charbon font tenus d'exercer en per-
» fonne aux jours & heures de vente fur les Ports & Places où ils auront été
» départis par les *Procureurs Syndics* de leur Communauté, fans fouffrir qu'il
» foit fait aucune mefure par les *Garçons de la pelle* (2), qu'en leur préfen-
» ce à peine d'interdiction contre l'Officier, & de perdre fes droits.

» **Art. II.** Les *Mefureurs* doivent faire regiftre des Charbons qui feront ar-
» rivés.

» **Art. III.** Le *Mefureur prépofé à la vente d'un Bateau* de Charbon ne peut
» le quitter qu'il n'ait été vuidé.

» **Art. IV.** Dans le cours de la vente d'un bateau de Charbon, fi le
» Mefureur reconnoît que le Charbon n'eft pas de même qualité que fur le
» deffus, il doit le dénoncer au Procureur du Roi, pour y être pourvu par les
» Prévôt des Marchands & Echevins, & ce à peine d'interdiction contre l'Of-
» ficier.

Les Officiers Mefureurs, font obligés de ne point donner mefure continue;
fi les Charbons ne font pas provifions particulieres aux Marchands de Paris, &
cela juftifié par lettres de voitures & certificats.

On trouve au Greffe de l'Hôtel-de-Ville nombre de Sentences d'Audiences, PORTANT REGLEMENT A CE SUJET; entre autres le 14 Septembre 1686,
4 Août 1689, 30 Décembre 1692 3 Mai 1694, 19 Décembre 1695.

*Sentence du 21 Juin 1708 (3), concernant le Charbon de terre; entre les
Syndics & Communauté des Officiers Mefureurs, Contrôleurs & Vifiteurs
de Charbon de la Ville, Fauxbourgs & Banlieue de la Ville de Paris,
Demandeurs & Défendeurs.*

*Et Jean Foyneau, Marchand de Charbon de terre forain, Propriétaire de la
Charbonnerie de la Roche en Forez, Défendeur & Demandeur.*

Ce Jugement ordonne l'exécution des Edits, Arrêts & Réglements,
faute par ledit Foyneau d'avoir fait fa déclaration au Bureau des Officiers Mefureurs, & d'avoir exhibé fa lettre de voiture de huit bateaux chargés de Charbon de terre, étant dans les Garres de Choify, réputé pour
la provifion de Paris; ordonne qu'il fera tenu à fon rang de faire defcendre

(1) *Page 939*, du troifieme Volume, Chapitre | Jurés Mefureurs, pour mettre le Charbon dans
vingt-deux. | les mefures.
(2) Journaliers deftinés aux menus fervices des | (3) *Page 957*, du troifieme Volume.

lefdits

lefdits bateaux ès ports de vente de cette Ville, pour y être vendus en la maniere accoutumée, & d'en payer les droits aux Officiers, fuivant leur attribution au fur & à mefure de la vente ; par grace, & fans tirer à conféquence, le décharge de l'amende par lui encourue ; lui enjoint, & à tous autres Marchands, dans les trois jours de l'arrivée de leurs marchandifes en cette Ville & dans les Garres au-deffus, de rapporter & exhiber au Bureau defdits Officiers des lettres de voi-ture en bonne forme, contenant les quantités & qualités defdites marchandifes, les lieux & les noms des Marchands pour lefquels elles font deftinées ; leur fait défenfes de faire *paffer debout* celles non deftinées pour la provifion de Paris qu'ils n'en ayent au préalable fait la déclaration au Bureau defdits Officiers, à peine de 200 livres d'amende ; & condamne ledit Foyneau aux dépens.

Anciens Jurés Porteurs de Charbon.

I L refte peu de chofe à dire (1), des *Porteurs* de Charbon, après ce qui a été obfervé ci-devant : le feul titre de leur charge, en explique affez les fonctions.

Les *Mefureurs* exerçoient originairement l'un & l'autre Office : on a vu ci-devant que la plûpart des Mefureurs négligerent le portage, & que fix Particuliers l'entreprirent ; on ne trouve point de titre de cet établiffement, & il y a lieu de croire que le fimple ufage le forma, pour remplacer les Mefureurs qui avoient abandonné le portage.

Trois Mefureurs, apparemment plus laborieux que les autres, fe plaignirent de la diminution de leur travail occafionnée par ces fix Particuliers.

L'Ordonnance ci-devant rapportée de 1415, confirma les Porteurs, & les augmenta jufqu'à neuf.

Ils furent encore augmentés de neuf par commiffion des Prévôt des Mar-chands & Echevins qui avoient alors cette nomination. Le Roi les ayant depuis créés en titre d'Office, ils furent en même-temps augmentés de cinq, par l'Edit de 1644, ci-devant mentionné, puis fixés au nombre de trente-deux qu'ils font encore aujourd'hui.

Par Déclaration de 1706, (13 Juillet), ci-devant rapportée, les *Porteurs* avoient obtenu, comme les *Mefureurs*, les qualités & fonctions d'*Infpecteurs & Contrôleurs Généraux de la Police*, en ce qui les concerne ; c'eft-à-dire fur les Gagnes-deniers. Ces Officiers ne tenant au fujet que nous traitons que par les droits qui leur font attribués ainfi qu'aux Officiers Mefureurs, ce qui les concerne ne doit pas nous occuper ; il fuffit de renvoyer à l'Ordonnance de Charles VI, du mois de Février 1415, (2) & à celle du mois de Décembre 16.2, (3).

(1) C'eft M. de la Marre, qui s'exprime ainfi, *page 960 du troifieme Volume, Chapitre quatrieme.*
(2) Chapitre feizieme.
(3) Chapitre vingt-troifieme.

Droits attribués aux Offices de Jurés Mesureurs & Porteurs de Charbon de Terre.

En 1708, au mois d'Août, il fut attribué aux Mesureurs une augmentation du dixieme en sus des droits dont ils jouissoient.

Par le Tarif du 20 Juin 1724, les Jurés-Porteurs ont cinq sols de droit pour chaque minot & pour chaque voie ou tombereau, dans la même proportion du minot dont elle est composée.

Par un Edit du mois de Juin 1730, attribution aux Propriétaires de ces offices d'un droit de 14 sols 6 deniers par minot.

L'Edit du mois de Janvier 1757, dont nous avons parlé, accorde aux Mesureurs & Porteurs de Charbon de terre établis par cet Arrêt, 1 liv. 5 sols par voie de Charbon, la voiture y comprise, & cela tant pour eux que pour leurs *Garçons Plumets* (1).

A l'égard des anciens droits de 14 sols 5 deniers par minot sur les Charbons de terre, ils ont été réservés & perçus au profit du Roi.

La perception des huit sols pour livre établis ou prorogés par un Edit du mois de Novembre 1771, en sus des droits attribués aux Officiers sur les Ports, ayant éprouvé des difficultés de leur part, & de celle des redevables desdits droits, comme les Marchands de Charbon de terre, qui prétendoient ne devoir aucuns sous pour livre sur les droits de Garres, &c, & occasionnant des embarras considérables aux Préposés de l'Adjudicataire des Fermes Générales, chargé par Sa Majesté de faire le recouvrement desdits sous pour livre, il a été ordonné le 23 Mai 1773, par un Arrêt du Conseil, »que l'Edit du mois de No-
» vembre, & les Arrêts du Conseil des 15 & 22 Décembre 1771, seront
» exécutés suivant leur forme & teneur ; & en conséquence que tous les Offi-
» ciers sur les Ports, Quais, Halles, Chantiers, Foires & Marchés de la Ville,
» fauxbourgs & banlieue de Paris, leurs Commis ou Préposés, seront tenus de
» lever en même-temps que les *droits principaux* qui leur sont attribués, les
» huit sous pour livre en sus d'iceux, de remettre le produit desdits huit sous pour
» livre aux Préposés de l'Adjudicataire des Fermes Générales unies, chargé par
» Sa Majesté, d'en faire le recouvrement ; & de leur communiquer, ou faire par
» leurs Commis & Employés, communiquer leurs Registres de recette ; à peine
» dans le premier cas d'être lesdits Officiers responsables en leur propre & privé
» nom du montant des sous pour livres qu'ils auroient négligé de percevoir, &
» dans les autres d'être poursuivis comme pour deniers royaux, & condamnés
» pour chaque contravention à l'amende de cinq cents livres, conformément à
» l'Article III de l'Arrêt du Conseil du 22 Décembre 1771.

(1) On appelle ainsi des Gagne-deniers qui travaillent sur les Ports, Places & Halles de la Ville, à porter sur la tête le Charbon de bois, les grains & la farine : ce sont proprement, ainsi que les Garçons de la pelle, les aides des Jurés-Porteurs.

» Ordonné pareillement, à tous Marchands de Charbon de terre, Marchands
» de Grains, Entrepreneurs de Coches d'eau, par terre, & autres Particuliers
» généralement quelconques, redevables d'aucuns droits, de quelqu'espece &
» nature qu'ils puiſſent être, attribués aux Communautés d'Offices établis, ſoit
» dans les Halles & Marchés, ſoit ſur les Ports, Quais & Chantiers de laditeVille,
» fauxbourgs & banlieue de Paris, de payer en même-temps que le *principal*
» deſdits droits, les ſous pour livre auxquels ils ont été aſſujettis par ledit Edit du
» mois de Novembre 1771, & autres Réglements poſtérieurs, ſans pouvoir
» exiger des quittances particulieres deſdits ſous pour livre, dont mention toute-
» fois ſera faite dans celles qui ſeront délivrées pour les droits principaux ; le
» tout à peine de confiſcation, &c.

La régie, la conſervation & perception des droits de quatorze ſous par
minot, eſt fixée par une Sentence du Bureau de la Ville du 27 Janvier 1735,
compoſée de cinq Articles.

Ce Jugement qui confirme les *Officiers Meſureurs & Porteurs* dans la perception des droits attribués à leur Office, leur donne en conſéquence,
» 1°, la permiſſion d'établir des Bureaux & Commis dans les lieux néceſſaires
» au long des rivieres de Seine & de Marne, dans l'étendue de la banlieue de
» Paris ; ſavoir ſur la riviere de Seine, à Choiſy, au Port-à-l'Anglois, Boſſe-
» de-Marne, aux Ports de Saint-Denys, la Briche, Maiſon de Seine, Boulogne,
» Sevre, & autres lieux au-deſſus & au-deſſous de Paris, & ſur la riviere de
» Marne, à Charenton, & au-deſſus du Pont, juſqu'à Nogent incluſive-
» ment.

» 2°. Ordonne que tous Voituriers & Marchands de Charbon de terre,
» Forains ou de Paris, leurs Commiſſionnaires & tous autres, conduiſant des
» bateaux chargés en tout ou partie de Charbon de terre, ſeront tenus de faire
» leurs Déclarations aux premiers Bureaux & Commis qui ſeront établis ſur &
» au long des rivieres dans la banlieue de Paris, de tout le Charbon de terre
» qui ſera dans leur bateau, & d'en repréſenter les Lettres de Voitures qu'ils
» ſeront tenus de prendre avant leur départ du lieu de leur chargement, en
» bonne forme & fidele, conformément à l'Article IX, du Chapitre ſecond
» de l'Ordonnance de 1672, leſquelles Lettres de Voitures contiendrout les
» quantités de Charbon chargés ſur leurs bateaux (1), le nom & la demeure
» des Voituriers ; ceux des Propriétaires du Charbon, ſoit Marchands Forains,
» ſoit Marchands ou autres Particuliers de Paris ou d'autres lieux, & leurs de-
» meures ; elles contiendront auſſi la deſtination où ledit Charbon devra être
» conduit, déchargé ou vendu ; qu'ils ſeront auſſi tenus de faire leurs ſoumiſ-
» ſions de payer leſdits droits de quatorze ſous ſix deniers par minot du Char-
» bon qui ſera deſtiné pour Paris, & pour autres Villes & lieux de la banlieue

---

(1) Appellés dans quelques Sentences, *Thoues.*

» de Paris ; & feront lefdits droits payés aux Commis Receveurs des Bureaux
» dans lefquels les Déclarations feront faites (1).

» 3°. Fait défenfes à tous Voituriers, Marchands & autres Propriétaires de
» Charbon de terre, leurs Commiffionnaires, & tous autres conduifant ledit
» Charbon, de faire aborder, féjourner & décharger les Charbons de terre qui
» feront deftinés pour Paris, ou autres Villes & lieux de l'étendue de la ban-
» lieue, au-delà de ladite banlieue, ni les y vendre, verfer, débiter ni tranf-
» porter dans aucune Maifon Royale, Hôpitaux, Communautés ou Maifons
» particulieres, & autres lieux prétendus privilégiés ou exempts de droits,
» fitués dans l'étendue de ladite banlieue, fans en avoir obtenu permiffion du
» Bureau de la Ville, en avoir fait Déclaration & payé lefdits droits de qua-
» torze fous fix deniers aux Commiffionnaires d'iceux, à peine de confifca-
» tion du Charbon, des Bateaux, Charois & Equipages tranfportant ledit Char-
» bon, de cinq cents livres d'amende payable folidairement par les Voituriers
» & Propriétaires dudit Charbon & leurs Commiffionnaires, fans répétition
» les uns contre les autres ; au payement defquels droits de quatorze fous fix
» deniers par minot de Charbon de terre, les Voituriers, Marchands & autres
» Propriétaires dudit Charbon & leurs Commiffionnaires, feront contraints
» comme pour les deniers & affaires de Sa Majefté, fur les contraintes qui fe-
» ront décernées par les Commis-Receveurs defdits droits.

» 4°. Permet en outre aux Suppliants de faire faire par leurs Commis reçus au
» Bureau de la Ville, Huiffiers dudit Bureau, autres Officiers ou Commis des
» Fermes du Roi fur ce requis, toutes recherches & perquifitions des entre-
» pôts & magafins dudit Charbon de terre à Choify-fur-Seine, Nogent-fur-
» Marne, Ville & Porte de Saint-Denys, la Briche, Maifon de Seine, Bou-
» logne, Sevre & autres lieux fitués au long defdites rivieres dans l'étendue
» de la banlieue de Paris, à l'effet de faire par leurs Commis des dénoncia-
» tions au Procureur du Roi & de la Ville, & par lefdits Huiffiers & autres
» des Procès-verbaux des Charbons de terre qu'ils trouveront entrepofés &
» emmagafinés, fans avoir obtenu notre permiffion, ni fait déclaration d'i-
» ceux, & payé lefdits droits de quatorze fous fix deniers par minot de Charbon
» de terre.

» 5°. Ordonne que tous Marchands & autres Particuliers propriétaires du-
» dit Charbon, les Dépofitaires & Gardiens d'iceux, feront tenus de faire
» ouverture defdits entrepôts & magafins, & de payer lefdits droits pour le

---

(1) Par l'article VIII, défenfe aux Voituriers de partir des Ports de charge fans avoir
Lettres de voiture, à peine d'être déchus
du prix d'icelles ; & fi le Voiturier allegue
que le Marchand a fait refus, en ce cas jufti-
fiant par ledit Voiturier de fommation en bonne
forme par lui faite au Marchand ou Commif-
fionnaire, de lui fournir Lettres avant fon départ, fera ledit Voiturier cru, tant fur la quantité
des marchandifes, que du prix de la Voiture
d'icelle. Chap. II.
    L'Article fuivant porte que ces Lettres con-
tiendront la quantité & qualité des marchandifes, le prix fixé de la Voiture, & feront
mention tant du lieu où les marchandifes auront été chargées, que des lieux de la deftination, & du temps du départ.

» pour le Charbon qui fera trouvé dans lefdits entrepôts ; & en cas de refus,
» permis aux Officiers, & à leurs Commis de faire l'ouverture defdites portes
» des magafins & autres lieux dans lefquels il y aura dudit Charbon de terre,
» par le premier Serrurier ou Maréchal fur ce requis, en préfence d'un des
» Huiffiers-Commiffaires du Bureau, ou du Juge Royal des lieux ; & en cas
» d'abfence du Procureur du Roi, Notaire ou Syndic du lieu, ou témoins
» fur ce requis, dont il fera dreffé Procès-verbal par lefdits Huiffiers-Com-
» miffaires, Juges Royaux des lieux ; & en cas d'abfence, du Procureur du
» Roi defdits lieux, qui contiendra les quantités du Charbon qu'ils auront
» trouvé ; & feront tous lefdits Procès-verbaux remis auffi-tôt au Procureur
» du Roi & de la Ville : & de faire affigner par devant Nous les Contreve-
» nants & Refufants, pour voir ordonner la confifcation defdits Charbons, &
» être condamnés au payement defdits droits, avec dommages, intérêts, dépens.

» Et fera le préfent Jugement lu, publié & affiché par-tout où befoin fera,
» & exécuté nonobftant oppofitions ou appellations quelconques, & fans pré-
» judice d'icelles. Ce fut fait & ordonné au Bureau de la Ville de Paris, le
» 27 Janvier 1735. Scellé à Paris le 16 Février (1). « Au mois de Novembre
1771, Edit du Roi, & Arrêt du Confeil du 15 & du 22 Décembre, de
la même année, ordonnant l'exécution de divers Réglements qu'ils rappellent,
concernant la perception & le recouvrement des huit fols pour livre, en
fus de tous les droits énoncés ou fpécifiés dans ces Réglements.

GARRES, ENTREPÔTS, MAGASINS DE DÉCHARGE DE CHARBON DE TERRE DANS LA BANLIEUE DE PARIS.

L E premier Entrepôt général de cette marchandife, eft à Villeneuve-Saint-
Georges fur la Seine, & fur la petite riviere d'Hieres, où les bateaux s'arrêtent dans les ifles de Charenton & de Bercy. Là un bateau bloqué de trente
voies eft du prix de 1350 livres, n'étant point fujet à tous les droits ; le
Charbon en détail s'y vend de trente à trente-trois livres la voie.

Par un Réglement du 18 Avril 1768, défenfes font faites à tous Marchands de Charbon de terre Forains, de faire aucun entrepôt ni magafin de
ladite marchandife dans la banlieue, à peine de confifcation, & de cent livres
d'amende, conformément à l'Ordonnance de 1672, Chapitre XXI, Article
troifieme.

La permiffion d'entrepofer bateau, foit dans la banlieue, foit à ces endroits
de décharge, doit être demandée au Bureau de la Ville, qui juge des motifs
d'accorder cette permiffion faute de vente, ou attendu l'arrivée d'autres bateaux, &c, qui ordonne le lâchage des bateaux à leur rang d'arrivage, &c.

---

(1) Les principaux objets faifant la matiere de | magafins dans la banlieue, vont être repris à
ce Réglement, comme bateaux en paffe-debout, | part, pour un plus grand éclairciffement.

Sentences d'Audience contre particuliers qui ont emmagafiné dans la Banlieue fans permiffion du Bureau ; 17 Février 1740, 4 Août 1741, 7 Février 1749, 24 Avril 1750. La Sentence du 24 Avril 1750 a été confirmée par Arrêt du Parlement du 4 Septembre 1761.

—— 29 Juillet 1755, permiffion.

—— 20 Avril 1735, *idem.*

25 Mai 1688, Réglement qui fait défenfe à tous Marchands de faire féjourner, c'eft-à-dire, de laiffer en dépôt les bateaux de Charbon de terte à Charenton, à peine de cinquante livres d'amende & de punition.

13 Mai 1689, autre Réglement portant défenfe aux Marchands de Charbon de terre de vendre leurs bateaux chargés, en dépôt à la boffe de Marne, enjoint à eux de les faire venir à leur port de deftination, à peine de cent livres d'amende.

23 Septembre 1677, Jugement qui permet à Edme Pellé Bourgeois de Paris, de faire recharger & mettre en chantier & entrepôt les Charbons de terre contenus dans les bateaux hors d'état de porter leurs charges, en indiquant le lieu dudit entrepôt, en en faifant & faifant faire par fes Cautions & Affociés leurs foumiffions au Greffe de la Ville, de faire rapporter lefdites marchandifes fur les Ports pour y être vendues, à peine de confifcation defdites marchandifes.

20 dud. Requête dudit Pellé tendante aux fins ci-deffus, Procès-verbal du fieur de Vinx, Echevin, de la vifite faite en fa préfence par Pierre Petit, Débacleur des Ports, &c, des bateaux dudit Pellé.

7 Octobre 1677, *Soumiffions faites en conféquence.*

4 Mai 1740, Avis du Bureau de la Ville donné en conféquence d'une Lettre adreffée par M. le Contrôleur Général, à M. le Prévôt des Marchands, fur la demande du fieur Ja & autres Intéreffés dans l'exploitation des Mines du Charbon de terre de la Province d'Auvergne, à ce qu'il leur foit permis de continuer leur magafin & entrepôt de cette marchandife, foit à Villeneuve-Saint-Georges ou environs, avec défenfes à toutes perfonnes de les y troubler, & fur un projet d'Arrêt préfenté au Confeil au même fujet par lefdits Intéreffés.

Le Bureau eftime qu'il peut être permis au fieur Ja & Conforts d'établir un magafin & entrepôt de Charbon de terre fur la riviere d'Hieres feulement, ce qui femble devoir être auffi accordé aux Intéreffés en l'exploitation des Mines de Bourbonnois & à tous autres Marchands, tant de cette Ville que Forains, aux conditions que ladite marchandife de Charbon reftera dans les bateaux fans pouvoir être mife dans aucune maifon, jardin, même fur le bord de la riviere, à peine d'amende & de confifcation ; fauf à leur permettre d'en difpofer fur l'ifle des Cignes, pour prévenir la caducité des bateaux qui auroient féjourné trop long-temps en hiver, & que les Lettres de Voitures feront faites au lieu de chargement pardevant Notaires, vifées aux Bureaux, fur la route & autres lieux, & contiendront la deftination pour la riviere d'Hieres & autres formalités requifes pour leur validité ; que lefdits Entrepreneurs tiendront toujours ladite riviere fuffifamment garnie de bateaux de Charbon de terre, en forte que nonobftant l'événement des faifons, la provifion pour Paris feroit abondante en tout temps ; qu'avant de deftiner des Charbons de terre pour paffer debout, ils fe pourvoiront au Bureau pour en avoir la permiffion, en rendant compte des Charbons reftant en Hieres ; & que le prix defdits Charbons de terre fera taxé par le Bureau, ainfi que les bois & autres objets fervant à la provifion de Paris.

1 Décembre 1732, Jugement fur Requête qui permet à des Marchands de Charbon de terre de faire décharger aux Carrieres de Charenton, les Charbons de terre par eux fauvés du naufrage de huit bateaux chargés de ladite marchandife ; à la charge de

jûftifier de la quantité qui y fera dépofée, & de l'arrivée & vente du furplus au Port Saint-Paul.

Le Charbon de terre ne devant pas être diftrait de fa deftination, les Régle-ments de l'Hôtel de Ville pourvoient à cet objet; on trouve le 28 Juillet 1769, une Ordonnance pour faire faifir aux Carrieres de Charenton, des bateaux char-gés de Charbon de terre, pour en empêcher l'enlévement.

12 Juin 1750, Défenfes aux Mefureurs Porteurs de Charbon de terre de percevoir aucun droit à Sevre, fur les Charbons de terre qui s'y vendent, non plus que fur ceux paffant par Paris, ou deftinés en paffe-debout : mais venant de Paris à Sevre, les droits font dûs.

2 Mars 1678, Jugement portant qu'André le Herque, foi-difant Fermier des droits de mefure à Saint-Cloud, fera affigné à la Requête du Procureur du Roi & de la Ville, pour repréfenter les titres en vertu defquels il prétend percevoir des droits de mefurage audit lieu de Saint-Cloud, fur les marchandifes en Charbon de terre, & défenfes à lui de les percevoir, à peine de concuffion, & d'empêcher Robert Lay, Marchand de Char-bon de cette Ville, d'enlever fa marchandife, à peine de 500 livres d'amende.

21 Juin 1678, Ordonnance femblable au jugement ci-deffus contre ledit le Herque.

Arrêt de la Cour des Aydes du 18 Janvier 1770, confirmatif d'une Sentence du Bu-reau de la Ville du 17 Juillet 1767, rendu en faveur de la Communauté des Officiers Mefureurs & Porteurs de Charbon de terre de la Ville, Fauxbourgs & Banlieue de Paris; contre François de la Barre, Maréchal-ferrant à Charenton; les Syndics, Habi-tants & Communauté du Bourg de Charenton; & M. Baflon de Bercy, Seigneur du-dit lieu, qui reçoit les Habitants de Charenton, & M. Baflon de Bercy, Parties inter-venantes; déclare la faifie faite fur ledit de la Barre, de trois voies de Charbon de terre bonne & valable; & cependant, par grace & fans tirer à conféquence, le décharge de la confifcation d'icelles; le condamne à payer auxdits Officiers les droits à eux attribués fur lefdites trois voies de Charbon de terre; leur fait défenfes & à tous autres Habi-tants de la Banlieue de cette Ville, de faire entrer dans ladite Banlieue, & y emmaga-finer aucune marchandife de Charbon de terre, fans faire au préalable leur déclaration, & payer les droits; & pour cette contravention commife par ledit de la Barre, le condamne en dix livres d'amende envers lefdits Officiers.

Police qui s'obferve dans les Garres & Ports au-deffus & au-deffous de Paris,
tant pour le Lâchage & Garrage des bateaux aux Ports de deftination,
que pour le placement & la décharge des Marchandifes, &c.

L'INEXECUTION de la plupart des différentes Sentences & Réglements fur le lâchage & le garrage des bateaux, dans les endroits où ils attendent leur tour pour defcendre, a donné lieu à l'Ordonnance de Police dont nous avons déja extrait ce qui a rapport au déchirage des bateaux.

Par cette Ordonnance, » il eft fait très-expreffes inhibitions & défenfes à » tous Marchands, Voituriers par eau & autres, de faire décharger aucunes mar-» chandifes dans les Ports & endroits au-deffous de Paris, qu'ils n'ayent re-» préfenté aux Officiers Metteurs à Port, Planchéieurs, & autres Officiers » ou Commis à ce prépofés, des Lettres de voiture en bonne forme, paffées

» ès lieux du chargement, par lesquelles la destination aura été précisément
» & valablement faite pour lesdits Ports, sous les peines portées par les Or-
» donnances & Réglements.

» Pareillement il est défendu aux Officiers, Metteurs à Port & Planchéieurs,
» & autres Officiers ou Commis préposés, de souffrir qu'il soit déchargé dans
» ces Ports aucunes marchandises, qu'il ne leur soit apparu des Lettres de
» voiture & destination en bonne forme.

» L'arrangement des bateaux dans ces Ports, est aussi prescrit par cette Or-
» donnance ; il y est expressément défendu à tous Marchands de Charbon, Voi-
» turiers par eau, Facteurs, Commissionnaires, Gardes-bateaux & autres
» de placer aucun bateau chargé de marchandise de Charbon, plus près que
» de vingt-cinq toises au-dessus du bac des Carrieres de Charenton ; l'Ordon-
» nance porte, qu'en plaçant les bateaux le long du Port des Carrieres de
» Charenton, il soit laissé un espace suffisant pour que le cours de la naviga-
» tion soit libre du côté de la bosse de Marne, & que les bateaux soient rangés
» de maniere que ceux qui viennent, soit par la Marne, soit par la Seine,
» en destination pour être déchargés audit Port, puissent aisément & sans
» obstacle aborder & être mis à Port, & lesdites marchandises être déchargées,
» transportées dans les différentes parties dudit Port qui sont les plus commo-
» des au-dessus & au-dessous du bac, & où ordinairement se font lesdites ma-
» nœuvres : le tout à peine de trois cents livres d'amende pour chaque contra-
» vention, & de demeurer garants & responsables de tous les naufrages &
» dommages qu'ils pouroient occasionner.

» Les Propriétaires, Commissionnaires & Voituriers des marchandises qui ar-
» rivent par eau, & doivent être déchargées audit Port des Carrieres de Cha-
» renton, sont au surplus, en tant que de besoin, par provision, & sans pré-
» judice des droits appartenants à la Ville, maintenus dans la liberté de faire
» ou de faire faire par qui ils voudront toutes ces manœuvres ; avec défense
» à qui que ce soit de s'y immiscer, s'ils n'y sont requis par lesdits Propriétai-
» res, Commissionnaires & Voituriers ; ainsi que de les inquiéter par aucune
» menace ou voie de fait, sous peine de punition corporelle, même pour la
» premiere fois «.

30 Décembre 1692 : Sentence de Réglement portant que les Marchands traficants de
Charbon de terre feront tenus, lorsqu'ils feront venir desdits Charbons de terre pour la
provision de cette Ville, de les faire arriver aux Ports de leur destination ; & qui, en cas
d'embarras esdits Ports, leur permet de les garrer aux Garres ordinaires limitées jusqu'au
Port-à-l'Anglois ; & à l'égard des bateaux chargés desdits Charbons de terre destinés
pour d'autres lieux que pour Paris, ordonne que lesdits Marchands les feront garrer dans
les Garres étant au-dessus dudit Port-à-l'Anglois.

1699, Procès-verbal de transport du sieur Sautreau, premier Echevin sur le Port de
Villeneuve-Saint-Georges, au sujet de plusieurs bateaux ou thoues chargés de Charbon
de terre appartenant au sieur de Lify, & étant à l'embouchure de la riviere d'Hieres,
qui gâtent ladite riviere.

6 Mars

8 Mars 1719, Ordonnance portant que tous les Marchands de Charbons de terre, tant de Paris que Forains, qui feront arriver des thoues & batteaux chargés de ladite marchandife pour la provifion de Paris, feront tenus de les faire arrêter & garer au-deffus du bac de la Rappée & le long des ifles de Bercy, jufqu'à ce qu'ils foient lâchés dans les Ports de leur deftination fuivant l'ordre de leur *arrivage*.

Sentences d'Audiences contre Marchands qui ont fait lâcher bateaux avant leur rang d'arrivage & fans permiffion. 19 Août 1721, 29 Juillet 1727, 18 Juin & 22 Juillet 1729, & 23 Mai 1732.

Sentence d'Audience contre Marchands qui ont fait lâcher bateaux à autre Port qu'à celui de deftination. 2 Mars 1728.

11 Septembre 1717, Défenfes aux Maîtres des Ponts de Charenton de lâcher au-deffous des Ponts de Paris, & de remonter dans la Marne aucuns bateaux de Charbon, fans qu'il leur foit apparu un Certificat que ladite marchandife a une férieufe deftination.

Police relative aux Charbons de terre amenés par eau pour la confommation de Paris, au-deffus de la Ville, & autres defcendants la riviere de Seine en paffe-debout.

Du premier entrepôt fur la Seine au-deffus de Paris, les bateaux chargés de Charbon defcendent la riviere, ou pour paffer plus loin au-deffous de la Ville, ou pour fe rendre aux Ports deftinés à la vente de cette Marchandife dans Paris : ces bateaux s'appellent en terme de Marine d'eau douce *Bateaux en paffe-debout*.

La néceffité de faciliter le paffage de ces *équippes* par Paris, dans les endroits fitués au-deffous de la Capitale, de balancer en même-temps les frais de tranfport qui, ajoutés aux droits des Officiers Mefureurs & Porteurs, ne pouroient permettre de vendre le Charbon de terre dans les endroits au-deffous de Paris à auffi bon marché que celui d'Angleterre, qui viendroit par le Havre-de-Grace, a fait fentir qu'il falloit exempter les *paffe-debout* des droits attribués aux Officiers Mefureurs & Porteurs.

Dans cette vue ils ont été expreffément déchargés de ces droits par un Edit de 1706, & par un autre du mois d'Août 1708, cité *page 666* à l'Article des droits attribués aux Offices des Mefureurs & Porteurs (1).

L'Edit du mois de Juin 1730, cité précédemment, & dans lequel les Charbons de terre ne font point fpécifiés être fujets à ce droit, ayant occafionné des conteftations fur ce payement, que les Officiers prétendoient

(1) 7 Février 1741, Arrêt du Confeil interlocutoire, fur la queftion de favoir fi les Charbons de terre de Bourbonnois, ne peuvent partir fans Lettre de voiture du chargement; fi ceux qui pafferont debout avec Lettre de voiture faite à Villeneuve Saint-George, jouiront de l'exemption des droits accordés par les Arrêts des 9 Avril & 3 Mai 1740.

Ledit Arrêt interlocutoire ordonnant que la Requête fera communiquée aux Officiers Mefureurs & Porteurs de Charbon de terre, & faifant défenfes auxdits Officiers de faire aucune pourfuite pour l'exécution des deux Sentences ci-deffus, & de l'autre part des 13 & 14 Janvier 1741.

exiger des bateaux en paſſe-debout, ils en furent déclarés exempts par un Arrêt du Conſeil du 9 Avril 1737 (1).

Mais en même-temps il a été de la prudence de prendre des précautions pour empêcher les Marchands Forains & les Voituriers d'abuſer de leurs déclarations, pour fruſtrer les Propriétaires de ces Offices, de leurs droits ſur les Charbons de terre deſtinés réellement pour la conſommation de Paris.

Le même Arrêt qui déboute les Propriétaires, de leurs prétentions, impoſe aux Marchands, Voituriers, Conducteurs de bateaux & autres qui ameneront des Charbons de terre deſtinés à paſſer debout, les conditions » de re- » préſenter dans les trois jours de leur arrivée aux Garres ordinaires, leurs » Lettres de Voiture en bonne forme auxdits Officiers Meſureurs & Porteurs » de Charbon de terre, ou leurs Commis & Prépoſés, & de les faire par » eux viſer, pour reconnoître ſi la deſtination deſdits Charbons de terre eſt » véritable, & ſi leſdites Lettres de Voitures ſont conformes aux Réglements » de l'Hôtel-de-Ville (2), le tout à peine, en cas de fauſſe deſtination, ou » de fauſſe déclaration, ou de verſement deſdits Charbons de terre dans ladite » Ville, fauxbourgs & banlieue de Paris, en fraude des droits attribués aux- » dits Propriétaires des Offices de Meſureurs & Porteurs, de confiſcation deſ- » dits Charbons, & de deux cents livres d'amende contre leſdits Marchands, » Voituriers, Conducteurs de bateaux & autres.

9 Mai 1740, Lettre de M. Orry, Contrôleur Général, qui adreſſe ledit Arrêt du Conſeil à M. le Prévôt des Marchands.

Charbon non deſtiné en paſſe-debout, & cependant paſſant, doit droits.

13 Janvier 1741, Audience, Jugement qui condamne le nommé Bouton, Marchand de Fer à Saint-Denys, & les intéreſſés de Mines de Charbons de terre de Fims en Bourbon-nois, ſolidairement à payer aux Officiers Meſureurs Porteurs de Charbon de terre, les droits à eux attribués ſur vingt-cinq voies de Charbon de terre qu'ils ont fait paſſer de-bout à Paris, & conduire de Villeneuve-Saint-George au Port de la Briche; par grace, les décharge de la confiſcation deſdits Charbons, & les condamne en cent livres d'amen-de, pour avoir fait faire une Lettre de Voiture à Villeneuve-Saint-George, au lieu de l'avoir fait faire au premier Port de chargement, avec deſtination en paſſe-de-bout.

14 Janvier 1741, Autre Jugement contre leſdits Bouton & autres pour le même objet qui les décharge, par grace, de la confiſcation & amende.

Les formalités à remplir pour les bateaux deſtinés à paſſer debout, conſiſ-tent à ſe pourvoir au Bureau de Ville, afin d'en avoir la permiſſion, en

---

(1) Par une Déclaration du 17 Décembre 1692, ils ſont également exempts des droits de *Domaine & Barrage*, dûs aux entrées de Paris, & dont nous parlerons à leur place.

(2) Sentence du 4 Novembre 1767, qui condamne en cent livres d'amende un Voiturier par eau, pour avoir fait faire une Lettre de Voiture de deux *Sapines* chargées de Charbon de terre, dans laquelle le nom du Marchand auquel la marchandiſe étoit adreſſée étoit laiſſé en blanc; & un Marchand Forain, à cent livres d'amende, pour avoir adopté cette Lettre de Voiture; leſdits bateaux confiſqués au profit de l'Hôpital Général.

rendant compte des Charbons reſtant dans l'iſle d'Hieres ; & ſelon les différents cas , les paſſe-debout ſont tolérés ou refuſés (1).

En conſéquence il eſt défendu aux *Maitres des Ponts*, de laiſſer paſſer &
aller aval ſous iceux aucun bateau chargé de Charbon de terre , s'il n'eſt
exhibé de permiſſion du Bureau.

Les Marchands qui lâchent une *thoue* de Charbon ſans être en regle à
cet égard, ou avant leur tour, encourent une amende de cent livres, & ſont
condamnés à faire remonter aux Garres ordinaires le bateau aux frais de la
marchandiſe : ce ſont les *Commis Planchéieurs & Metteurs à Port* qui donnent le laiſſez-paſſer.

Du 6 Juin 1678, Permiſſion à un Marchand Bourgeois de Paris de faire lâcher
par-deſſous les Ponts de cette Ville, juſqu'au lieu & port du Pecq, un bateau chargé
de quatorze à quinze voies.

Du 28 Juillet 1679, Ordonnance contre le ſieur le Lay, Marchand de Fer, lequel
pour augmenter le prix du Charbon de terre, en avoit fait deſcendre pluſieurs bateaux
ſous les Ponts, ſous le prétexte, qu'ils étoient deſtinés pour Verſailles.

Du 25 Mai 1734, Arrêt contradictoire du Conſeil qui déboute Louis Nouvel & ſes
Cautions, intéreſſés à la Manufacture de la Verrerie de Seve, de leur demande en
exemption des droits attribués aux Offices des Meſureurs & Porteurs de Charbon de
terre, créés par Edit du mois de Juin 1730, deſtinés pour ladite Verrerie, paſſant debout dans la Ville, fauxbourg & banlieue de Paris.

Du 4 Septembre 1751, Arrêt de la Cour de Parlement, confirmatif d'une Sentence
du Bureau de Ville, du 24 Avril 1750, rendue en faveur de la Communauté des Officiers Meſureurs & Porteurs de Charbon de terre, de la Ville, fauxbourgs & banlieue de
Paris ; qui déclare la ſaiſie faite ſur les ſieurs Baron de Vaux, (2) & Grandery, de quatre-
vingt-ſeize voies de Charbon de terre trouvées à Seve, bonne & valable, y ayant été
emmagaſinées ſans déclaration au Bureau, & ſans paiement des droits ; les condamne
à payer auxdits Officiers leurs droits ; leur fait défenſes de récidiver ſous plus grandes
peines, & les condamne aux dépens.

10 Juillet 1734, Jugement qui ordonne l'enregiſtrement au Bureau Dien : Arrêt du
Conſeil du 25 Mai précédent, qui déboute les Entrepreneurs de la Manufacture de la
Verrerie de Seve de l'exemption par eux prétendue des droits ſur le Charbon de terre
paſſant debout par Paris, pour l'uſage de ladite Manufacture, & notamment des droits
rétablis, attendu que par les Lettres-Patentes d'établiſſement de cette Verrerie l'Adjudicataire n'étoit exempt que des droits d'entrée du Royaume & de péage, & non de
ceux dûs à Paris & dans la banlieue, enſorte que Seve étant compris dans la banlieue, les Charbons, qui y ſont deſtinés, ne peuvent être cenſés y paſſer debout.

26 Octobre 1754, Permiſſion au ſieur Lottin, intéreſſé dans la Verrerie Royale de
Seve, de faire conduire une barquette de Charbon de terre pour l'uſage de ladite Ver-
rerie, à la charge d'en faire faire le meſurage audit lieu de Seve, en préſence de
Maupoint, Meſureur de Charbon.

---

(1) Septembre 1755, Mémoire préſenté à
M. le Prévôt des Marchands, par les Marchands
de Charbon de terre pour la proviſion de
Paris, pour la prorogation de la permiſſion de
faire paſſer debout des bateaux.
(2) Propriétaire de Mines aux environs de

Saint-Etienne, & qui, par Arrêts du Conſeil du
10 Juin & 21 Octobre 1738, avoit obtenu
un Privilége de faire tranſporter juſqu'à Paris
les Charbons qui en proviendroient. *Voyez page*
582.

Au furplus les Charbons vendus ainfi à quelques lieues de Paris, après avoir paffé en paffe-debout, quoiqu'exempts, comme on l'a vu, de la plûpart des droits, n'en font pas pour cela à meilleur marché ; les frais à payer aux *Chableurs*, & aux *Maîtres des* différents *Ponts*, les frais de navigation continués, deviennent au point qu'à peu de diftance de cette Ville, comme par exemple, à Saint-Germain, à Poiffy, les Charbons fe trouvent auffi chers que s'ils euffent payé les droits à Paris.

Les Maréchaux & Serruriers de Poiffy fe fervent du Charbon de Saint-Etienne, qu'ils prennent, après l'avoir effaié (1), au Pont de Seve, au Port de Marly, au Pont du Pecq.

La voie, au Port, coûte à ces Ouvriers, de 50, 52 à 54 livres la voie ; de la rivière à Poiffy, la voiture leur coûte, 6, 7, 8 livres ; à l'entrée de cette Ville, elle paye une livre 2 fols 6 deniers : total environ 61 livres & quelques fols ; de maniere qu'il eft plus avantageux pour les Ouvriers de Rouen, ayant befoin de ce combuftible, d'en tirer de l'Etranger par le Havre, comme on peut en juger par ce que nous avons dit à l'article de Baffe-Normandie, *page 570.*

A Seve, le Charbon du Forez coûte de 35, 45 à 50 liv. la voie, felon les temps.

ENTREPÔT DE COMMERCE DU CHARBON DE TERRE DANS LA VILLE DE PARIS.

L'ENTREPÔT pour la confommation de Paris, en bois neuf à brûler, en charbon de bois, en marchandifes de tuiles, ardoifes & *Charbon de terre*, étoit autrefois au Port Saint-Paul, comme encore aujourd'hui, & à la Greve.

Depuis le 20 Décembre 1735, en conféquence d'une Déclaration du Roi, (2) les bateaux de *Charbon de terre*, ainfi que les marchandifes de tuiles & ardoifes, ne fe placent plus qu'au deffous du Pont de Grammont, ou au-deffous de l'ifle Louviers, pour y être débités.

Différentes Ordonnances & Réglements ont fixé le nombre de bateaux qui doivent y avoir place ; on voit que dès l'année 1673, (27 Mars) il ne devoit pas y en avoir plus de dix : ce placement, & tout ce qui y a rapport, fut fucceffivement réglé.

En 1674 le 20 Novembre, à l'Audience, Réglement qui enjoint à tous Marchands de Charbon de terre, d'obferver les Réglements, & les leur interprétant, déclare que dans les dix places deftinées au Port Saint-Paul pour lefdites marchandifes, il y en a trois particuliérement pour les Marchands de

---

(1) Ce qui donne lieu de croire qu'il eft très-fujet à être mélangé dans ces Magafins, malgré toutes les Ordonnances.

(2) Sur les repréfentations faites par les Prévôt des Marchands & Echevins, touchant l'in-commodité que les Habitants des maifons adjacentes, les paffants, & l'Hôtel-de-Ville, recevoient de la vapeur extrêmement fubtile qui s'exhale du charbon de bois.

Paris, lefquels ne pourront y faire defcendre leurs bateaux , que lorfque l'une defdites trois places fera vuide , & ne pourront les y faire defcendre que fuivant l'ordre de leur arrivée, qui fera juftifiée par les Regiftres des Fermiers du Roi , ou des Officiers Jurés Mefureurs & Contrôleurs de Charbon (1).

14 Mars 1698 , Sentence de Réglement qui ordonne l'exécution des Réglements des 27 Mars 1693 , 6 Novembre 1694 , & des autres ; portant défenfes à tous Marchands de Charbon de terre de faire mettre à Port leurs bateaux , qui arriveront au Port Saint-Paul , ailleurs que depuis & deffous le Pont de bois de l'ifle Louviers , en fuite l'un de l'autre jufqu'au nombre de dix ; & aux Officiers, Gardes-bateaux (2) , de les mettre à Port ailleurs , & en plus grand nombre.

Le commerce de ce foffile ayant fans doute pris de l'accroiffement , on augmenta le nombre de ces places, qui furent portées jufqu'à treize.

Le 30 Mai 1724 , le 19 Décembre de la même année , Ordonnance portant que des treize places deftinées pour la vente & diftribution des Charbons de terre au Port Saint-Paul , pour la provifion de Paris , les cinq premieres qui fe fuivent l'une l'autre, feront occupées par les Marchands de Paris , & les huit autres par les Marchands Forains. Défenfes aux Marchands d'occuper les places les uns des autres , ni de faire defcendre leurs bateaux dans lefdites places, autrement que felon leur rang d'arrivage , & d'en occuper plus d'une chacun à la fois , à peine de cent livres d'amende par chaque contravention ; ordonne de plus qu'aucun Marchand de Paris ne pourra vendre aucunes defdites marchandifes fous le nom d'un Marchand Forain (3) , à peine de confifcation d'icelle , & d'amende auffi par chaque contravention.

Ces différents Réglements préfentent la plûpart des articles de Police relatifs au départ de la marchandife , de ce que j'ai nommé l'*entrepôt général.*

D'après les Ordonnances & Réglements, les bateaux de Charbons demandés, foit pour les befoins de ville , foit pour ceux des endroits au-deffus , ne peuvent partir fans une permiffion du Bureau (4) , & avant leur rang d'arrivage : dans certains cas , on pourvoit auffi à l'accélération de leur arrivée (5).

Les bateaux doivent être placés , aux endroits marqués & non en nuifance (6) (7).

(1) Ordonnances des 23 Décembre 1737; 17 Avril 1703.
(2) Ces Officiers ont quatre fols par jour.
(3) 1 Juin 1725 , Sentence d'Audience contre Marchands de Paris, pour avoir pris la place d'un Marchand Forain.
(4) 18 Juin 1729 , Sentence du Bureau qui condamne le nommé *Hugault* le jeune , Marchand de Fer & de Charbon de terre , en vingt-cinq livres d'amende, pour avoir fait defcendre au Port S. Paul , dans le bras du Mail , un bateau *Thoue* , chargé de ladite marchandife de Charbon de terre , hors fon rang d'arrivage.

(5) 2 Mars 1712 , injonction aux Commiffaires à l'arrangement des bateaux dans les Ports, de faire defcendre les bateaux chargés de Charbon de terre étant dans le Port de Villeneuve-Saint-George.
(6) 25 Mai 1719 , Audience, Sentence contre Marchand contrevenant.
(7) 29 Juillet 1738 , Sentence qui condamne le nommé *Didier*, Marchand de Charbon de terre, en cinquante livres d'amende , pour n'avoir ôté le bateau dudit Charbon qu'il a à la 13ᵉ place du Port S. Paul , & qui ordonne qu'il fera defcendu à fes dépens à l'ifle aux Cignes.

Le Bureau de Ville accorde gratis des places dans plufieurs endroits pour le dépôt de bois & de charbon ; on s'adreffe à l'Infpecteur du Port Saint-Paul, commis par la Ville pour le débarquement des marchandifes, arrangement des bateaux, &c. Cet Officier en fait fon rapport au Bureau de l'Hôtel de Ville (1).

Police de vente dans la Ville & les Fauxbourgs de Paris.

CETTE partie intéreffante du commerce de Charbon de terre eft réglée par quelques Articles du Chapitre XXI, de l'Ordonnance (2).

ART. I. » Seront les marchandifes de *Charbon* de bois , & *de terre* , conduites » ès Ports & Places à ce deftinés (3) ; les Marchands tant Forains que Bour- » geois, tenus d'exhiber aux Jurés Mefureurs & Contrôleurs , leurs Lettres de » Voiture , dont doit être fait regiftre par ces Officiers (4).

ART. II. » Les Mefureurs tenus à l'inftant de l'arrivée, de les aller vifi- » ter aux bateaux, Ports & Places, d'aller déclarer au Bureau de la Ville , le » nom du Marchand, la quantité & qualité de la marchandife , pour être le » prix mis au Charbon (5) de bois , &c.

Le Charbon de terre n'eft taxé qu'à raifon de défectuofité ; ce qui concerne fa qualité , ne tient qu'au mélange d'une efpece avec une autre ; infidélité à laquelle on ne peut guere oppofer que des prohibitions, mais à laquelle il eft très-facile aux Marchands de fe livrer , comme nous l'avons annoncé, *pages 582 , 586 , & 676 , note* I.

ART. VIII. » Le Charbon de terre amené tant d'amont que d'aval l'eau , » à Paris , doit demeurer au Port où il aura été conduit, celui appartenant aux » Marchands Forains, jufqu'à la vente entiere. Les Artifans Forgerons préfé- » rés , en l'achat, à ceux qui en font trafic. Le Charbon appartenant aux Mar- » chands de Paris doit tenir Port pendant trois jours , pour être vendu aux Arti- » fans & Forgerons , fans que les autres Marchands de Paris en puiffent » acheter ; après les trois jours , permis aux Marchands de Paris de le faire » tranfporter chez eux , fans pouvoir le vendre à plus haut prix que celui de la » vente faite fur le Port.

(1) 16 Novembre 1736 , Requête préfentée par les intéreffés dans les Mines de Charbon de terre près Moulins , pour obtenir une place à décharger leur Charbon de terre au Port S. Nicolas.

(2) *Fol.* 74 , de M. de la Marre.

(3) 17 Septembre 1717 , défenfe à tous Marchands , conformément à l'Art. 2 du Chapitre 3 , d'aller au devant des Marchandifes deftinées pour la provifion de Paris, & de les acheter en chemin , aux peines y portées ; injonction aux Marchands de faire leur déclaration dans les trois jours de l'arrivée de leurs bateaux , au bureau des Officiers.

(4) 25 Mars 1736 , 10 Mai 1737, 13 Décembre 1738 , 5 Février, 27 Mai , 28 Juin 1740 , &c. Sentences d'Audience contre particuliers qui n'ont pas fait à la chambre des Officiers leurs déclarations de l'arrivée de leurs bateaux aux garres, & n'y ont pas repréfenté leurs Lettres de voiture pour être enregiftrées.

(5) *Un Jugement du 8 Mai 1690 , défend à tous Marchands de faire aucun mélange ; ordonne d'amener les Charbons purs ainfi qu'ils fortent de la Mine , à peine de confifcation & de trente livres d'amende ; enjoint aux Officiers , fur ladite Marchandife , d'avertir le Bureau de ces contraventions , à peine d'en répondre en leur propre nom.*

L'avis du Bureau de la Ville du 20 Juillet 1740 , dont il fera parlé page 680 , renferme une Ordonnance d'une amende contre les Marchands & Voituriers qui mêleront une qualité de Charbon avec une autre , tant en route qu'à Paris, & veut qu'à cet effet , il foit fixé de porter pour chaque qualité de Charbon.

Art. IX. » Le prix une fois mis au Charbon de terre ne peut être augmenté,
» sous quelque prétexte que ce soit ; si dans le cours de la vente le Marchand
» fait rabais (du prix), tenu de continuer la vente sur le même prix du rabais,
» à peine de confiscation & d'amende arbitraire.

» Les Mesureurs, tenus de faire regiftre du premier prix, & du rabais
» pour y avoir recours dans le besoin, & tenir la main à l'exécution de cet
» Article (1).

L'Article III, du Chapitre XXIII, exige la présence d'un Officier (2),
à chaque bateau de Charbon de terre & de bois, dont la vente sera ouverte,
sans qu'il puisse entreprendre de nouvelle besogne.

Ces Officiers, ainsi que les Porteurs de Charbon de terre, ne fourniffent, en
quelque temps que ce soit, que deux Mesures, & quatre plumets, dans les
treize bateaux de Charbon de terre garniffant le Port Saint-Paul, quoique la
vente soit ouverte de tous ; & si on demande des mesures au-delà des deux
qu'ils appellent *ordinaires*, (ce font deux demi-minots) on ne les obtient qu'en
payant aux Plumets par le Marchand ou l'Ouvrier, & les droits des Officiers,
toujours payables à mesure de la vente, font néanmoins exigés à l'ordinaire.

L'Auteur du Journal du Citoyen (3), de qui nous empruntons cette Note
page 254, ajoute que » ces Officiers ne se soumettent point à cet égard à
» l'Ordonnance, Edits, Déclarations & Arrêts ; qu'ils occasionnent des contesta-
» tions entre l'Ouvrier qui n'a pas le moyen de faire sa fourniture, & ceux
» qui la font ordinairement en Mai, Juin, Juillet, Août & même une partie
» de Septembre, & encore entre ces derniers : outre que le petit Ouvrier perd
» son temps, il arrive très-souvent que les uns & les autres font privés de
» Charbon, & restent par conséquent sans travail ; il seroit très-nécessaire «,
ainsi que l'observe ce Citoyen estimable, » d'en instruire M. le Procureur du
» Roi & de la Ville, qui ne manqueroit pas de remédier à cet abus, qu'on
» a tenté infructueusement d'introduire sur le Charbon de bois.

L'Arrêt d'enregistrement de l'Edit du mois de Janvier 1727, fait encore
défense aux Porteurs, » de demander augmentation de droits pour le portage
» ou autrement, ni pour eux, ni pour leurs Plumets, ni en exiger autres &
» plus grands que ceux portés par l'Edit, & qu'ils seront tenus d'avoir nom-
» bre suffisant de plumets pour le service du Public.

Dans le Traité de la Police, on trouve une Sentence du Bureau de la
Ville, portant Réglement entre les Marchands de Paris & les Forains pour la

____

(1) 31 Janvier 1747, Jugement qui condamne Gilles Poullet, Marchand de Charbon de
terre, en cinq cents livres d'amende, pour
avoir vendu un demi-minot de Charbon quarante-cinq livres au lieu de quarante-deux livres,
prix auquel le bateau avoit été ouvert ; & sur
ce que Guillaume Maupoint, Officier Mesureur, qui avoit fait rendre l'excédent, avoit

été injurié & menacé, ordonne de plus que,
faute par ledit Poullet de faire vente au Public,
elle sera faite à la requête du Procureur du Roi,
à la diligence des Officiers Mesureurs.

(2) Il n'y a jamais qu'un Officier sur le Port.

(3) Nous nous sommes trompés, *page 656*,
lorsque nous avons attribué cet Ouvrage à feu
M. Pessellier.

vente du Charbon de terre (1), les plaidoyers, & moyens de ces deux fortes de Marchands (2), après lesquels le Bureau de la Ville oblige les Marchands de Paris de faire enlever dans trois jours les Charbons de terre dont ils faisoient la vente au Port Saint-Paul, & de les faire conduire en leurs maisons; défenses à eux d'en exposer sur les Ports quand ils se trouveront garnis de Charbons appartenants aux Forains pour la provision de ceux qui en auront besoin, ni d'en vendre sous le nom d'aucuns Marchands Forains, à peine, pour la premiere fois, de 300 livres d'amende, & pour la seconde de confiscation : dans le cas où il n'y auroit pas aux Ports de Charbon de terre aux Forains, les Marchands de Paris tenus d'y faire tenir Port pendant trois jours aux bateaux qui leur arriveront, après lesquels passés pourront les faire enlever en leurs maisons: défenses aux Marchands Forains de faire entrepôt, ni magasin desdits Charbons, à peine de 100 livres d'amende & de confiscation.

Plusieurs Sentences du Bureau de Ville, du 18 Avril 1681, 27 Septembre 1696, 26 Juillet 1697, font confirmatives de cette premiere.

La vente du Charbon ne doit être indiquée par aucunes affiches : on trouve un Avis du Bureau, en date du 20 Juillet 1740, au sujet d'une Lettre de M. le Contrôleur Général à M. le Prévôt des Marchands, du 4 Avril 1740: contre la demande du sieur Baron de Vaux, à ce qu'il lui soit permis d'afficher des avertissements qui indiquent aux Marchands & Ouvriers le nom de celui qu'il a chargé de la vente du Charbon de terre qu'il a tiré de ses Mines, près Saint-Etienne en Forez.

Mesurage , Mesure.

L A mesure la plus ordinaire est le Minot, qui se divise en demi-Minot, divisé en trois boisseaux; le boisseau se partageant en quatre quarts; mais en fait de Charbon de terre, on ne parle que par minot, & le plus souvent par demi-minot, quelquefois par *voie*, autrement appellée *muid*, qui fait la charge d'un tombereau (3), contenant trente demi-minots, c'est-à-dire, 15 minots, & seize minots pour bonne mesure, ou droit de Maréchal.

Le demi-minot, ainsi que le minot, est de forme ronde; les étalonnages & espalement (4) de ce minot, & de ceux dont on se sert dans le commerce

---

(1) Du 18 Avril 1641.
(2) *Page* 941, *Tome* III.
(3) Nous avons estimé la voie d'après l'opinion reçue, du poids de 3000 livres; cette évaluation n'est pas exacte. De trois expériences différentes, faites par M. Peronnet au Port S. Paul, & de quelques-unes que M. Lavoisier y a faites en 17-0, il résulte que le demi-minot de Charbon de terre du Bourbonnois, pese 91 livres, poids de marc, & celui d'Auvergne, 93 livres & demie; si on les estime, en prenant un milieu, à 92 livres, la voie de Charbon de terre étant de 30 demi-minots, il s'ensuit que sa pesanteur totale est de 2760 livres.

(4) Signifiant la même chose que *jaugeage*, ou comparaison d'une mesure neuve avec la mesure originale ou matrice, pour ensuite l'étalonner & la marquer de la lettre courante de l'année, si elle lui est trouvée égale & conforme. Ce terme, en ce sens, n'est en usage que pour la vérification des mesures rondes qui servent à mesurer les grains, fruits & légumes secs.

pour mesurer les choses seches, se fait en l'Hôtel-de-Ville de Paris, par les Jurés Mesureurs de Sel, commis par l'Ordonnance pour marquer & étalonner les poids & mesures, d'où ils sont nommés *Etalonneurs des Mesures de bois*.

Lorsqu'on établit en titre à Paris les Jurés Mesureurs de Sel, qui alors faisoit l'objet le plus important du commerce par eau dans cette Ville, on donna à ces Officiers, la garde des étalons de toutes les mesures des choses seches ; c'est pour la garde de ce dépôt qu'ils ont une chambre dans l'Hôtel-de-Ville, où sont gardés les étalons de cuivre, ou mesures matrices & originales qui doivent servir à étalonner toutes les autres (1).

Le demi-Minot, mesuré sur cet étalon original, doit avoir, mesuré en-dedans, onze pouces neuf lignes de profondeur, sur un pied deux pouces sept lignes de diametre ou de large entre les deux fûts, ce qui donne quarante-deux pouces de tour.

C'est l'Officier Mesureur, qui distribue la mesure dans chaque bateau.

Les Commissionnaires ou autres convaincus d'avoir surpris un Officier Mesureur, & d'avoir reçu de lui une mesure sur le faux exposé qu'ils ont obtenu une permission du Bureau de Ville pour l'enlévement de leur bateau, encourent une amende ; l'Officier pour avoir livré la mesure sans s'être fait représenter la permission, & n'avoir pas dénoncé la contravention, est interdit de ses fonctions (2).

Par Arrêt du Parlement du mois de Juillet 1761, le Charbon de terre se mesure au demi-Minot comble (3). Au lieu de cette mesure, on se sert quelquefois de panniers ; cela n'est point permis : c'est une contravention répréhensible, de même que la vente à fausse mesure, & hors de la présence des Officiers (4).

Droits qui se perçoivent sur les Charbons de terre entrant dans Paris.

Un bateau de Charbon d'Auvergne, du prix de 900 à 960 livres, lorsqu'il est à Villeneuve-Saint-Georges ; celui du Forès, de 1170 à 1200 livres ;

---

(1) Du 4 Février 1678, Réglement qui fait défense à tous Marchands de vendre aucuns Charbons de terre, qu'ils n'ayent été mesurés dans les mesures ordinaires étalonnées par les Jurés Mesureurs de Sel, suivant les Ordonnances.

(2) 29 Août 1736, Sentence qui prive un Officier dans ce cas, de ses émolumens, au profit des pauvres de la Paroisse Saint-Jean.

(3) La mesure comble, est quand on donne à l'acheteur ce qui reste au-dessus des bords, avec la mesure même, à la différence de la mesure rase, qui avant d'être délivrée est raclée par le vendeur, selon l'espece de marchandise, ou avec la main, ou avec un morceau de bois

qu'on appelle *Radoir*, & ailleurs, *Rouleau*, afin d'en faire tomber ce qui est au-dessus des bords.

(4) 13 Juin 1739, Jugement qui décharge, par grace, le nommé *Bouton*, de l'amende par lui encourue, pour avoir fait mesurer au Port Saint Paul 28 demi-Minots de Charbon de terre au lieu de 30 dont la voie est composée ; n'avoir point requis les Officiers Mesureurs d'en faire la mesure, & les Officiers Porteurs d'en faire le partage ; avoir supposé un particulier pour soustraire & avoir soustrait ladite marchandise au Sergent de la garde du Port Saint-Paul, à qui lesdits Officiers l'avoient consignée.

celui de Moulins, de 1290 à 1320 (1) ; le Charbon du premier endroit, vaut dans ce premier entrepôt de 28 à 30 livres la voie, le Charbon du second de 39 à 40 livres, le Charbon du troisieme de 43 à 44 livres.

Arrivés au Port Saint-Paul, la voie du Charbon de Bourbonnois est du prix de 75 livres, celle de l'Auvergne de 72 livres, & celle du Forès de 60 à 72 livres.

Cette augmentation prodigieuse tient à une foule de droits d'entrée auxquels le Charbon de terre est assujetti.

Ces différents droits sont en partie les mêmes, que ceux qui se perçoivent sur les denrées & marchandises, qui entrent dans la Capitale, en conséquence des Déclarations du Roi des 17 Septembre 1692, 3 Mars 1693, 7 Juillet 1705, des Arrêts du Conseil des 1 Février 1640, 16 Juin & 13 Novembre 1693, & Edits de Janvier 1727, Juin 1730.

Les droits pour le Charbon de terre peuvent être partagés en plusieurs classes ; une portion donnée à ferme, une autre qui est aliénée & affectée au payement des différents Offices, & une qui appartient à la Ville.

Nous allons donner de chacun de ces droits une connoissance sommaire.

Domaine & Barrage.

LE *Domaine* se dit d'une espece d'impôt, qui se leve sur toutes les denrées & marchandises qui entrent dans Paris, tant par terre que par eau.

Le *Barrage* se dit d'un droit de péage qui se léve tant par terre que par eau sur les marchandises qui passent par le détroit où ce droit est dû (2) ; ce Barrage & entre autres celui de Paris, appartenoit au Roi, il formoit autrefois une Ferme particuliere, qui est maintenant réunie au bail général des Fermes, sous le titre de *Domaine & Barrage* ; ces deux droits, fixés par les Déclarations du 17 Sept. 1692 & 3 Mars 1693, sont très-modiques, & se perçoivent aux entrées de Paris, sous une même forme, sans distinction.

Vingtiemes de l'Hôpital.

LE *vingtieme de l'Hôpital*, s'entend d'un droit qui s'évalue par le vingtieme des droits ci-dessous, & se perçoit au profit des Hôpitaux ; il s'en perçoit deux.

Sols pour Livre.

LE premier de ces droits est du mois de Septembre 1747 ; il est de *quatre sols pour livre*, & s'estime par les quatre sols pour livre de tous les droits

(1) Le bateau toujours supposé bloqué de 28 à 30 voies.

(2) *Vectigal pro transitu*, établi pour la réfec-tion des ponts & passages, & particuliérement du pavé.

ci-deſſus ; il ſe paye au profit du Roi. En 1760 il y fut ajouté un ſol, en 1763 un autre ; & au moyen de deux nouveaux ſols pour livre, impoſés en 1771, ce droit de ſols pour livre ſe monte aujourd'hui à 8 ſols.

Droit de Halle & Garre, ou *droit de Ville.*

CE droit eſt attribué au Domaine de la Ville, par Lettres-Patentes du 25 Novembre 1762, en forme de Déclaration (1), pour le temps de 20 années, à commencer du premier Janvier 1763, juſqu'au premier Janvier 1783. La perception s'en fait par les Receveurs & Commis aux Aydes & entrées de Paris, & par les Officiers, Syndics, Caiſſiers & Receveurs des Communautés ſur les Ports, Quais, Halles & Marchés, leſquels ſont tenus d'en remettre le produit au Receveur prépoſé par leſdits Prévôt des Marchands & Echevins de la Ville de Paris ; d'où on l'appelle auſſi *Droit de Ville* : il eſt d'un ſol par Minot, par conſéquent de 15 ſols par voie ou muid.

Droit de Riviere, Droit de Contribution.

IL a été attribué ſur les Marchands Voituriers par eau en vertu d'un Arrêt du Parlement du 23 Octobre 1761, par forme de contribution, pour le paye-ment d'ouvrage à faire, relativement à la ſûreté & commodité de la navigation de la riviere de Seine, en remontant de Paris à Montereau ; d'où on l'appelle *Droit de Contribution,* ou *Droit de Riviere ;* il eſt de 10 ſols pour une voie ou muid.

Droit d'Arrivage.

IL ſe paye à raiſon de 5 livres 8 ſols par bateau abordant au port, ce qui fait dix ſols par voie.

Droit Principal, ou *Droits des Officiers de Charbon de terre & de bois ; & des petits Officiers ſur les Ports.*

OUTRE les droits de 25 ſols par voie (2), dûs aux Meſureurs & Por-teurs, dont nous avons donné l'hiſtoire en particulier, il y a encore celui qui ſe paye aux Débacleurs, d'où on le nomme *Baclage* ; celui des Planchéieurs,

---

(1) Portant établiſſement dans la Ville de Paris d'une nouvelle Halle au bled, & d'une Garre pour les bateaux.

(2) Par Arrêt du Conſeil d'Etat du premier Novembre 1740, jugeant une conteſtation en-tre les Marchands de Charbon de terre, & les Officiers Meſureurs & Porteurs, ſur une percep-tion de ſalaire au-deſſus de celle de 25 ſols par voie, il eſt défendu à ces Officiers de percevoir ſur le Charbon de terre, ſous quelque prétexte que ce ſoit, autres & plus grands droits que les 25 ſols par voie, à peine de reſtitution, dom-mages & intérêts, & de plus grande peine s'il y échoit.

qui eſt de 8 livres 5 ſols, par bateau de trente voies ; celui des Metteurs à Port, nommé *Droit par eau* : ce droit eſt ſelon la grandeur du bateau (1) ; mais il eſt toujours le même, ſoit que le bateau ſoit plus chargé, ſoit qu'il le ſoit moins : il eſt de 5 ſols 6 deniers par voie, ce qui fait quatre deniers, par Minot. A tous ces Droits, il faut ajouter les frais de décharge de bateau, & des Gardes de nuit, &c.

(1) D'après ce qui a été dit, *page* 680 du poids du Minot, & de la voie ; le bateau de 30 voies eſt chargé de 82800 livres peſant.

3ᵉ. Année d'HENRIET 1758 à 1759. CHARBON DE TERRE.

*ÉTAT du Produit des Droits ſur les Charbons de terre entrés à Paris pendant la 3ᵉ. année du Bail d'*HENRIET*, commencée le premier Octobre 1758, & finie au dernier Septembre 1759.*

PROPRIÉTAIRES DES DROITS.	NOMBRES DE BATEAUX, & quantités des Muids de Charbon de terre.	QUOTITÉ DES DROITS.	DROITS.
Gardes-Bateaux & Planchéicurs..	182 Bateaux de 7 toiſes, à.............	4ᵗᵗ 5 d	728ᵗᵗ 5 5
Officiers des Charbons de terre — Meſureurs...	5168½ Muids de Charbon de terre, compoſés chacun de 15 minots, qui à raiſon de 9 f. 6 d. font par muid, ci.....	7 2 6	36825 11 3
Officiers des Charbons de terre — Porteurs.....	5168½ Muids idem, qui à 5 f. par minot font par muid, ci.....	3 15	19381 17 6
Officiers des Charbons de bois — Meſureurs...	5168½ Muids idem, à..............	15	3876 7 6
Officiers des Charbons de bois — Porteurs.....	5168½ Muids idem, à..............	10	2584 5
	Total des droits des Officiers.................		63396 1 3

Rapport des Droits ſujets au vingtieme.

Total des Droits des Officiers... 63396ˡ 1ᶠ 3ᵈ
Total des principaux de la Ferme générale.............. 2404 2 9 } 65800 4
Total ſujet au vingtieme... 65800 4

| HOPITAL............... | Vingtieme deſdits Droits................. | | 3290 2 |

FERME GÉNÉRALE ....{
182 Bateaux pour Droits d'arrivages, à 5ᵗᵗ 8ᶠ ci.............. 982 16
5168½ Muids de Charbon de terre à 5ᶠ 6ᵈ.ci .. 1404 6 9
1421 6 9
4 f. pour livre,.......... 480 16 7

Rapport des Droits ſujets aux 4 f. pour liv. de 1747.

Total des Droits d'Officiers... 63396ˡ 1ᶠ 3ᵈ
Vingtieme de l'Hôpital...... 3290 2
Total............ 66686 1 5
4 f. pour liv. deſdits Droits.............13337 4 3
} 16222 3 7

TOTAL GÉNÉRAL.................82508ᵗᵗ 5ᶠ

Nota. Les Paſſe-debouts ne ſont pas compris, n'étant ſujets à aucuns droits ; mais au-deſſous du Pont-Royal ils ont à payer, pour les paſſages des ponts, 15 livres.
Il eſt dû actuellement, ſuivant la Déclaration du 3 Février 1760, un ſol pour livre, tant des droits principaux que du vingtieme, qui font le quart du produit des 4 ſ. pour livre.

Par

Par le prix courant du Charbon de terre dans cette année 1773, on voit que depuis cette époque de 1759, la maſſe des droits impoſés ſur les Charbons de terre s'eſt accrue inſenſiblement à un point ſurprenant vis-à-vis du *primage*. (1) Cet accroiſſement en augmentant conſidérablement le prix des ouvrages pour leſquels elle eſt indiſpenſable, ne peut à la fin, ſans qu'il en réſulte aucun avantage pour l'encouragement des Mines, que produire la rareté de ceux de ces ouvrages qui ne ſont pas abſolument néceſſaires ; delà moins d'Ouvriers dans les Atteliers ; delà moins de conſommation de Charbon ; delà un déchet très-conſidérable dans la plûpart de ceux qui ſe détériorent en magaſin, & en conſéquence une perte pour les Propriétaires des Mines.

Le tableau exact & complet de ces droits ſeroit très-intéreſſant, pour mettre les perſonnes en place à portée de juger, ſi cette marchandiſe eſt encore ſuſceptible d'une augmentation de droits, ou ſi au contraire il ne ſeroit pas à propos d'y apporter une modération.

Toute la perception des Fermes, & des Officiers ſur le Charbon, forme à cet égard un article clair & conſtant : il n'en eſt pas tout à fait de même de l'autre partie à ajouter à cette premiere ſomme, lorſqu'on veut retrouver le prix total ou du bateau, ou de la voie, ou du minot. Compoſée de petits droits particuliers qui ſe partagent entre pluſieurs perſonnes, pour la quantité de Charbon contenue dans une *Thoue*, & de frais qui n'entrent point en taxe, cette ſomme additionnelle, ſupportée cependant par l'Acheteur, ne paroît pas pouvoir être connue exactement, ni pouvoir être reportée dans le Tableau de la vente au moindre détail (2), comme il ſeroit utile de l'avoir : ce ſeroit la ſeule maniere de comparer exactement enſemble le gain de l'Etat, celui du Vendeur, & celui de l'Acheteur : j'ai cherché à donner cette facilité ; & dans cette vue, je préſente le Tableau de tout cet objet, tel qu'il m'a été poſſible de le dreſſer, ſoit en raſſemblant à l'Hôtel des Fermes & au Bureau des Officiers, les droits qui s'y perçoivent, ſoit en prenant pour les autres Articles toutes les informations qui y ſont relatives.

(1) C'eſt-à-dire, du premier achat de la matiere, ſoit ſur le lieu de chargement, ſoit à Villeneuve-Saint-Georges, après avoir payé les droits des cinq groſſes Fermes, lors de l'enlévement, ceux du Canal de Briare & celui de Nemours ; juſqu'en 1741, on ne payoit pour tout droit que celui nommé *Principal*, & un vingtieme de l'Hôpital.

(2) C'eſt ce qui fait que celui qui va ſuivre eſt en quelque maniere incomplet, & ne s'accorde pas entierement, dans quelques points, avec l'énoncé général des droits particuliers, porté à la page 684 ; mais ces différences ne s'en éloignent pas conſidérablement.

ÉTAT des différents Droits qui se perçoivent sur les Charbons de terre arrivants par eau à Paris pour y être vendus, & d'autres frais.

PROPRIETAIRES DES DROITS.		PAR MINOT.	PAR VOIE DE 15 MINOTS.	PAR BATEAU DE 30 VOIES.
OFFICIERS du Charbon de terre en charge, ou Droit principal.	Mesureurs		7 s.. 2 s.. 6 d	.. s .. s
	Porteurs..........		3.. 15	
OFFICIERS du Charbon de bois.	Mesureurs		.. 15	
	Porteurs..........		.. 10	
OCTROI, ou Droit de Ville.	Halle & Garre.....	1 f	.. 15	
À LA FERME GÉNÉRALE : Se paye aussi sur l'excédent de la déclaration.	Domaine & Barrage.		.. 5 .. 6	
HOPITAL GÉNÉRAL.	Deux Vingtiemes...		.. 1 .. 6 .. 3	
	4 sols pour livre anciens. 1 f pour livre, 1760. 1 f pour livre, 1763. 2 f pour livre, 1771		.. 6 .. 14 .. 1	
GARDES-BATEAUX. PLANCHÉIEURS. DÉCHARGEURS. METTEURS A PORTS. DÉBACLEURS.	Droit par eau ou Droit de Riviere. Baclage.		.. 5 .. 6	.. 4 par jour & nuit. 8 .. 18
	Bureau du Domaine.			8 .. 7 .. 7 d
	Droit d'Arrivage....			10 .. 5
AUX PLUMETS...... Pour la Voiture......			.. 10 .. 1	
Par ceux qui font décharger par terre, pour mettre le Charbon en magasin au Port : ce droit, qui tombe sur le bateau chargé, est de peu de conséquence, & se reporte dans les frais.				
OFFICIERS DE POLICE, pour la Ville.	Droit de Police, 8 f. pour livre.			
	TOTAL		22 l 18 s 10 d,	750 livres environ.

Depuis quelques années , le Livre du Receveur au Bureau des Officiers eſt aſſujetti au timbre , de même que la Quittance d'après laquelle on prendra une idée de cette partie de droits.

Quittance du Receveur des Droits.

DÉCLARÉ LE

ET FINI LE

N°. *du Regiſtre* Déclaré pour 30 Voies.

Excédent. 6

TOTAL des Voies. . . 36

Droits des Officiers. . . . 399ˡ 16⸱ 9ˡ

Deux Vingtiémes. 39 19 8

439 16 5

4 f. pour liv..87 19 3 ⎫
4 f. pour liv..87 19 3 ⎬ 8 f. p. l. 175 18 6
                        ⎭

Domaine. . . . . ⎫
8 f. p. l. du 10ᵉ. . . . ⎬ 2 18 9
Quittance. . . . . . . ⎭   1 3

618ˡ 14ᶜ 11ᵈ

CHARBON DE TERRE.

PORT

JE ſouſſigné , Syndic & Receveur des Droits du Charbon de Terre, reconnois avoir reçu de. . . . . la ſomme de 618 livres 14 ſols 11 deniers pour les Droits de Quatorze Sols Six Deniers par Minot , attribués par les Edits de Juin 1730 , Mars 1760 , & la Déclaration du 5 Décembre 1768 , aux Officiers Meſureurs & Porteurs dudit Charbon ; enſemble les deux Vingtiemes en ſus pour l'Hôpital ; les Quatre Sols pour livre établis par l'Edit de Septembre 1747 , prorogés par la ſuſdite Déclaration , & Deux Sols pour livre , pour être perçus pour le compte de la Régie , ordonnés par la Déclaration du 3 Février 1760 , & l'Edit d'Avril 1763. Plus , les Droits du Domaine , pour excédent à la Déclaration , & les Six Sols pour livre du Vingtieme de cette partie , ſuivant la note ci-contre , dont Quittance. FAIT à Paris , au Bureau de la Communauté , ce mil ſept cent ſoixante-

Il faut obſerver , quant au droit total de 17 livres 5 ſols 7 deniers , ſe payant aux Metteurs à Port , & au Bureau du Domaine , que ce droit eſt toujours le même pour tout bateau , bloqué de plus ou moins de voies ; attendu que chaque bateau chargé de marchandiſes quelconques , doit , outre les droits dont les marchandiſes ou denrées y contenues ſont ſuſceptibles , celui nommé *droit d'arrivage* ; ainſi l'excédent ſe paye au Domaine comme aux autres droits , c'eſt-à-dire , 17 livres 17 ſols 6 deniers de principal , le dixieme pour l'Hôpital , les dix ſols pour livre des deux parties , & 8 ſols 8 deniers pour le Domaine.

Le Marchand ſans parler aux Acheteurs de la ſomme de 17 livres 5 ſols 7 deniers , les leur fait payer , en augmentant le prix du Charbon , c'eſt-à-dire , que ſi ſon bateau n'eſt bloqué que de 28 voies à la meſure du lieu de chargement , le Marchand hauſſe de dix ſols le prix de chaque voie : ſi la Sapine eſt bloquée de 30 , l'augmentation ſera en proportion : pour bien apprécier ce droit de 17 livres 5 ſols 7 deniers , il ne s'agit que d'être exactement aſſuré du nombre de voies dont le bateau eſt bloqué réellement.

Recherches & Remarques fur la charge des Bateaux de Charbon de terre, qui viennent dans les Ports de Paris ; fur la confommation de ce Foffile dans cette Capitale , & fur fon évaluation en argent.

LA voiture la plus ordinaire pour cette marchandife , eft celle appellée *Thoue* , dont on fe fert principalement fur la Loire ; *Sapine* ou *Sapiniere* , qui fe déclare ordinairement pour 25 voies , rarement pour davantage ; néanmoins , depuis quelques années ces voitures font d'une contenance plus grande qu'elles n'étoient , & elles fe déclarent quelquefois de 30 à 35 voies ; les Sapines du Forez , qui apportent du Charbon de terre à Seve pour la Verrerie , contiennent chacune , au rapport de M. Belot , Directeur de cette Manufacture , de 30 à 40 voies *mefure de Paris* (1).

Outre ces voitures , on a vu quelquefois fe fervir de *Chaland* (2) , qui font des bateaux plats d'une conftruction peu folide , parce qu'ils ne remontent jamais ; étroits , médiocrement longs , & peu élevés à caufe du Canal & des Eclufes , par lefquels il faut qu'ils paffent pour arriver à Paris : il y a de ces bateaux de douze toifes de long & de dix pieds de large , fur quatre pieds de hauteur de bord , & qui contiennent jufqu'à cinquante voies ; mais il eft rare qu'on exporte le Charbon jufqu'à Paris fur ces bateaux.

Quand il y en vient d'Angleterre , & il en vient actuellement très-peu , c'eft par les bateaux de Rouen de l'efpece appellée *Foncets* (3) , & il arrive au Port Saint-Nicolas. Il paroît par un Arrêt du Confeil du 11 Septembre 1714 (4) , que le prix de ce Charbon étranger rendu par Rouen au Port de Paris , étoit réglé par le Prévôt des Marchands , fans qu'il pût être vendu à plus haut prix. On peut voir dans l'Arrêt du Confeil du 6 Septembre 1701 (5) , les formalités à remplir de la part des Négocians ou Maîtres de Navires

(1) Cette maniere de fpécifier précifément la charge de ces bateaux , eft effentielle à obferver pour ce que nous dirons bien-tôt.

(2) Autrement appellés *Marnois* , parce qu'il s'en conftruit vers la fource de la Marne , d'une grandeur à-peu-près le même ; mais *Chaland* fe dit plus particuliérement des bateaux de la Loire , qui font très-légers , & vont à la voile ; ce font des bateaux plats ; ils ne font bâtis que de planches *encouturées* l'une fur l'autre , jointes à des pieces de lieures qui n'ont ni plat-bords , ni matieres pour les tenir ferme ; cette expreffion *encouturée* , explique le mot *encouturement* , dont nous nous fommes fervis *page* 640 , à l'Article des Droits perçus pour le paffage des bateaux , au Canal de Briare : en Marine d'eau douce , on entend par le terme *encouturement* , la jonction du premier bord ou fous-bord d'un bateau , avec la premiere planche du fond , qu'on appelle *Semelle* , & ces deux pieces font tringlées en-dedans avec une tringle en bois d'environ un pouce ou deux pouces de large , prolongée d'un bout à l'autre du bateau , fous laquelle on met de la mouffe glaifée pour étancher cette partie ; l'entre-bord & le fu-bord , ou troifieme bord , forment avec le fous-bord un des côtés du bateau ; *voyez Couture* , à la Table des Matieres.

(3) Sorte de bateau qui eft des plus grands , dont on fe fert fur les rivieres ; on appelle ainfi les grands bateaux de Rouen qui remontent la Seine ; il y en a auffi fur la riviere d'Oife. Les Foncets de Seine font les plus confidérables ; il y en a qui ont jufqu'à vingt-fept toifes entre chef & quille , c'eft-à-dire , quatre ou cinq toifes de plus en longueur , que n'ont les plus grands vaiffeaux qui naviguent fur l'Océan , & qu'on nomme *Vaiffeaux du premier rang.*

(4) Qui décharge des droits d'entrée des cinq groffes Fermes , & de ceux du doublement de péage , le Charbon de terre flambant que le fieur Galabin & Compagnie feront venir d'Ecoffe au Havre-de-Grace & à Rouen.

(5) Portant réglement fur l'entrée des Marchandifes du crû & fabrique d'Angleterre , Ecoffe , Irlande & Pays en dépendants.

étrangers ;

étrangers, Anglois ou autres, qui arrivent & déchargent leurs marchandises dans les Ports du Royaume ; l'Arrêt du Conseil du 9 Août 1723, fixe la forme & la maniere dans laquelle doivent être faites dans les Bureaux des Fermes, les Déclarations des Marchands Négociants, pour les marchandises qu'ils font entrer.

Enfin un Arrêt du Conseil, du 5 Février 1761, qui fixe les droits qui doivent être perçus fur les Charbons de terre d'Angleterre, d'Ecosse & d'Irlande, & autres Pays étrangers, entrant dans les différents Ports de France ; permet aux Commissionnaires & Entrepreneurs des Mines du Royaume, d'établir, à leurs frais, dans lesdits Ports & lieux par lesquels ledit Charbon de terre étranger peut entrer, des Commis & Préposés, à l'effet de veiller à l'exacte perception desdits droits.

A la suite du Mémoire de M. de Crisenoy, & des réflexions dont il l'a accompagné, touchant les droits d'entrée des Charbons de terre étrangers dans le Royaume, on a oublié de placer l'Arrêt du Conseil rendu en conséquence de ces observations (1) : nous le donnons en entier à la fin de cette Section, & nous allons maintenant envisager le commerce du Charbon de terre, sous le point de vue particulier que nous venons d'annoncer, c'est-à-dire, relativement à la quantité qui en vient annuellement à Paris, pour l'usage des Ouvriers en fer : quoique cette consommation n'emporte qu'une partie de la totalité provenante du Bourbonnois, du Forez & de l'Auvergne, la Capitale que ces Mines approvisionnent peut néanmoins être regardée comme le centre du commerce de Charbon pour ces trois Provinces ; l'avantage qu'elles ont à cet égard, sur quelques autres, à portée cependant comme elles d'envoyer cette marchandise dans la Capitale, n'est sûrement pas un objet de peu de conséquence dans leur exportation ; du côté de Decize, par exemple, ce négoce qui ne s'étend pas jusqu'à Paris, étoit lors de la publication du Dictionnaire du Commerce par M. Savari, estimé à cent vingt mille livres par an ; la plus forte partie de ce commerce de la Mine de Fims regarde la ville de Paris ; il est à présumer qu'il en est de même de la Province d'Auvergne & du Forez : ces considérations générales, sur lesquelles nous allons nous arrêter en finissant, pourront être agréables à ceux de nos Lecteurs qui aiment à porter leurs vues sur les richesses de l'Etat.

Pendant l'année du bail de Henriet, l'approvisionnement de Paris, s'est trouvé monter à 182 bateaux donnant 5168 voies & demie, lesquelles au prix de quarante livres chacune à cette époque auroient monté à la somme de

___

(1) Lequel regle ces droits d'entrée du Charbon étranger, & exempte cette marchandise de tous droits de traite à sa circulation dans les différentes Provinces du Royaume : c'est-à-dire, que par cet Arrêt, ces *Charbons étrangers* restent sujets aux droits qui peuvent être dûs à des Engagistes ou Seigneurs ; & à l'égard des *Charbons destinés pour Paris*, le Conseil a adopté le sentiment de M. de Crisenoy, en ne les affranchissant pas des droits dûs à leur entrée dans cette Ville.

209404 livres, fans y comprendre celle produite par d'autres droits & frais reverfés fur l'Acheteur.

M. Davault, Secrétaire de M. le Procureur du Roi de la Ville, ayant voulu en 1769 reconnoître au jufte cet approvifionnement, a trouvé pendant quatre ans fix cents bateaux, d'où, à compter cent cinquante *équipes* pour chacune de ces quatre années, on auroit quatre mille trois cents cinquante voies feulement par année, le bateau fuppofé bloqué de 29 voies; ou cinq mille quatre cents foixante voies, en fuppofant le bateau bloqué de 30 voies.

M. Davault, qui connoît les difficultés fans nombre auxquelles cette vérification eft fujette, ne regarde pas comme certain le réfultat de fa recherche; il foupçonne cet approvifionnement de Paris beaucoup plus confidérable; en effet dans le bail de Henriet, il y a 22 ans, il eft porté à 5168 voies.

M. Bocquet, Syndic de la Communauté des Mefureurs & Porteurs de Charbon de terre, qui depuis 25 ans exerce cette charge, déclare que cet approvifionnement va annuellement à environ deux cents bateaux, qui, en les évaluant aujourd'hui à 30 voies chacun, font fix mille voies.

Tous ceux qui ont eu occafion de parler de cette confommation, ont précifément porté à ce taux l'approvifionnement total de Paris.

Etre affuré que cet approvifionnement n'eft jamais moindre que fix mille voies, c'eft avoir exactement ce que l'on veut favoir: en procédant d'une maniere très-fimple à cette recherche, j'ai trouvé fans avoir d'abord été guidé par le bail de Henriet, & par le dire de M. Bocquet, une grande vraifemblance dans cette eftimation, c'eft-à-dire, qu'il ne fe débite effectivement pas moins de fix mille voies de Charbon tous les ans dans la Capitale.

La Mine du Bourbonnois, eft la feule dont j'aye fu la quantité qui s'exporte à Paris: il eft à propos d'obferver, que des trois Mines qui y fourniffent, c'eft précifément celle dont le Charbon eft le moins confommé dans la Capitale (1).

Cette quantité de l'une des trois Mines, dont celle de deux eft inconnue, une fois donnée, ou regardée comme certaine, peut fervir de bafe à une fupputation très-raifonnable, en faifant entrer dans la confommation totale que l'on cherche une même quantité de chacune des deux autres Mines, favoir de celle du Forez, & de celle de l'Auvergne. Or il eft d'opinion que la Mine de Fims fournit à elle feule pour l'approvifionnement de Paris, foixante-fix bateaux, & 20 voies (le bateau bloqué de 30), ou deux mille voies, en comptant de cette maniere, ce qui fait les deux tiers de fon extraction. De fix cents bateaux partant du Forez tous les ans, fi l'on en fuppofe de même pour Paris foixante-fix bateaux & vingt voies, faifant deux mille voies; fi on y en ajoute autant de l'Auvergne, on aura les fix mille voies, qui paroif-

---

(1) A raifon de fon prix, qui eft toujours le plus haut; & dont les Ouvriers ont cherché par cette raifon à fe paffer, en mêlant dans différentes proportions, celui du Forez ou de l'Auvergne, avec celui de Moulins.

fent donner la quantité confommée dans la Capitale.

La différence dont nous avons fait mention du produit des mefures des Mines du Bourbonnois & de l'Auvergne avec celle de Paris, pourroit n'être pas inutile à rapprocher de cette quantité de fix mille voies, donnée pour être celle qui fe confomme dans Paris: on doit fe rappeller que la voie de Moulins, prife au Port de cette Ville, eft d'un fixieme plus forte que celle de Paris, c'eft-à-dire, qu'au lieu de contenir quinze minots, elle en contient 17 ¼, & que cent voies d'Auvergne, en donnent 120 à Paris; qu'enfin 9 voies de Saint-Rambert, (nous avions oublié d'en avertir à l'Article du Forez), en rendent douze au Port de Paris; ainfi un bateau de Charbon du Forez arrivant à Paris, bloqué de trente voies, en contient réellement quarante *mefure de Paris*, comme l'annonce M. Belot dans fa Lettre à M. de Lavoifier.

J'ignore fi ce furcroît eft compris dans la Déclaration qui n'eft que pure & fimple, & qui felon toute apparence n'eft fpécifiée que d'après la mefure des lieux de chargement (1); on prétend qu'il eft indifférent que la *thoue*, déclarée communément pour 25 voies, le foit pour davantage, parce que l'excédent fe paye aux Domaines, comme il a été dit plus haut. Dans le cas où cet excédent relatif à la différence des mefures du lieu de chargement, n'eft point porté à la Déclaration; il donne trois différences, l'une pour le bénéfice du Vendeur, l'autre pour la confommation réelle de Paris, l'autre pour le produit réel des droits.

Quant au premier, 900 voies, non déclarées à la *mefure* de Paris, dans les cent cinquante bateaux reconnus par M. Davault, produifent au Vendeur de 25200 livres, pour le Charbon du plus bas prix, acheté 28 livres, à 39600 livres, pour la même marchandife au plus haut prix 44 livres, fans y comprendre la vente des bateaux au *Déchireur*. Le Charbon de Moulins à 45 livres la voie, donne 225 liv. 10 f. de bénéfice par chaque bateau.

Quant au fecond article relatif à la confommation de Paris, les 182 bateaux de Henriet, vraifemblablement bloqués de 28 à 29 voies, mefure du lieu de chargement, auroient donné 6030 voies, au lieu de 5168 & demie, en y ajoutant, par chaque bateau, 6 voies, non déclarées, qui alors feroient en tout 1092 voies, ou 36 bateaux & 12 voies de plus.

Les 150 bateaux trouvés par M. Davault, auroient donné 5250 voies, au lieu de quatre mille trois cents cinquante. Les 200 bateaux déclarés par M. Bocquet, au lieu de fix mille voies, donneroient 7200 voies.

Enfin pour le produit réel des droits, en prenant ceux portés au bail de Henriet, fe montant à un total de 82908 livres 5 fols, pour 182 bateaux,

____

(1) Dans un Jugement du 9 Décembre 1745, qui fut l'intervention & les conclufions du Procureur du Roi, ordonne que les Officiers de Charbon de terre continueront de percevoir leur droit au fur & à mefure de la vente qui fe fera dans les Ports, je trouve un Marchand de Charbon de terre condamné en 100 livres d'amende, pour s'être trouvé dans fon bateau plus de marchandife qu'il n'en avoit déclaré.

c'eft-à-dire, 455 livres 10 fols 8 deniers par chaque bateau bloqué de 30 voies ; il y auroit alors 16398 livres 1 fol environ de droits, qui feroient reftés au Vendeur en bénéfice.

Ainfi dans le cas de 1200 voies non déclarées, à ajouter aux 6000 déclarées, la confommation fe monteroit à 7200 voies, qui feroient converties dans la fomme de 504000 livres (pour le Charbon à 28 livres), au lieu de 420000 livres, différence 84000 ; c'eft-à-dire que tous les ans, il y auroit dans Paris au moins pour 504000 livres en argent, de Charbon de vendu.

CONCLUSION
DE CES TROIS PREMIERES SECTIONS.

JUSQU'A préfent nous nous fommes occupés dans cette feconde Partie de l'expofition détaillée des différentes Mines de Charbon exploitées, des lieux où fe confommoit le produit de cette exploitation, & de la maniere dont cette exploitation étoit entendue dans les différents endroits relativement au Commerce. Ces différents Tableaux ifolés, n'ont plus befoin que d'être comparés enfemble pour mettre l'Entrepreneur & l'Ouvrier dans le cas de choifir avec connoiffance de caufe, celle des méthodes qui fe trouvera la plus conforme à fes vues économiques, & à la nature du fol qu'il doit exploiter.

Cet objet fera principalement traité dans la quatrieme Section : mais comme dans une entreprife auffi vafte que l'eft celle dont je me fuis chargé, les obftacles naiffent à proportion de l'étendue des connoiffances que l'on veut acquérir ; comme d'ailleurs il ne m'a pas été poffible de me tranfporter dans tous les lieux, étrangers fur-tout, où s'exploite le Charbon de terre ; comme en un mot la confiance que l'on doit avoir pour les rapports ou defcriptions faites par des gens fouvent plus zélés qu'éclairés, ne peut manquer tôt ou tard d'être fujette à des réformations effentielles (1), j'ai cru devoir profiter de l'occafion de cette quatrieme & derniere Section que j'annonce, pour joindre au Tableau dont je viens de parler une autre partie des réformes & additions dont cet Ouvrage peut être fufceptible. En effet, fi l'on fe rappelle que c'eft en 1761, que j'avois déja acquis affez de matériaux pour me hazarder à annoncer mon Ouvrage ; fi l'on veut bien croire que pendant tout ce temps, je n'ai laiffé échapper aucune efpece d'inftruction qui y foit relative ; fi on confidere

---

(1) Pour ce qui concerne entre autres la Province du Lyonnois, j'ai eu befoin de ne pas me laffer d'aller aux informations ; parmi celles que j'ai cru pouvoir adopter, il s'en eft trouvé beaucoup de fautives, elles fubfifteroient dans mon Ouvrage fans une circonftance heureufe dont j'ai été favorifé affez à temps : les feuilles imprimées fur le Lyonnois, que j'avois envoyées dans la Province, font parvenues à un Citoyen recommandable par une probité égale à fon intelligence, & qui tient un rang parmi les Savants dont la Province du Lyonnois fe fait honneur. Cette perfonne zélée, dont la modeftie m'a impofé la loi de ne pas le faire connoître, a pris à cœur cette matiere que j'avois traitée : je lui dois des éclairciffements intéreffants, dont je vais à l'inftant communiquer la partie effentielle, en attendant que le Lecteur puiffe jouir des corrections inféparables d'un Ouvrage fort étendu, & que l'Errata & la Table des Matieres peuvent comporter.

d'ailleurs,

d'ailleurs, combien, malgré la routine, les opérations des Charbonniers font fufceptibles de changements en douze ans de temps ; on conviendra que ce qui étoit vrai à l'époque du commencement de mon Ouvrage, peut & doit n'être plus qu'une vieille routine, qui feroit oubliée fi je n'en avois fait mention. Ajoutez à cela la longueur des correfpondances, les différences ou la lenteur néceffitée des correfpondants, l'incertitude des moyens fouvent détournés qu'il leur a fallu prendre, & l'on fentira que le long-temps, loin de nuire à la perfection de mon Ouvrage, a dû y contribuer. Dès 1761, par exemple, j'avois demandé, & l'on m'avoit promis de différents endroits de l'Angleterre des deffeins touchant les Mines de Newcaftle : je les ai attendus en vain jufqu'à la préfente année ; & après douze ans d'attente, à l'inftant où toutes les autres Planches de l'Ouvrage font finies, ces détails que je n'attendois plus, me font arrivés. Dois-je en priver le Public ? ne doit-il pas au contraire me favoir gré, qu'il refte une quatrieme Section, dans laquelle je puiffe lui communiquer cet Article de l'exploitation étrangere ? Indépendamment de ces différentes confidérations, je ne rougis point de déclarer que malgré mes foins, les compulfations que j'ai faites, les conférences que j'ai prifes avec différents Savants dans cette partie, les confeils de tout genre que j'ai pu demander ; malgré tout cela, dis-je, j'aurai pour mon Ouvrage le même fort dont fe plaignoient les Savants Editeurs de l'Encyclopédie (a) ; ce fort, je l'ai déja éprouvé, des obfervations fages & honnêtes fur ce qui paroît de mon Ouvrage, m'ont averti du gain que j'avois fait à mettre un fi long-temps à fa compofition ; faire ufage de ces obfervations, c'eft le devoir de tout Ecrivain honnête, qui, dans fes travaux, confidere autant l'honneur de la Compagnie au nom duquel il travaille, que fa propre réputation.

Tels font les objets qui, à l'occafion du Tableau que j'ai annoncé, entreront dans la quatrieme Section. Loin de me hâter de la publier, je mets entr'elle & les précédentes, une diftance fuffifamment longue, pour être à-peuprès fûr que lors de fa publication, j'aurai encore recueilli tout ce qui peut affurer à mon Ouvrage le degré de perfection, qu'ont droit d'en attendre ceux qui me l'ont confié, & ceux pour lefquels il eft fait.

(a) *Tome V*, au mot *Encyclopédie*, page 636, 647.

ADDITIONS & CORRECTIONS principales survenues durant l'impression.

PREMIERE SECTION, *page 356*. Dans cet Article concernant la méthode Liégeoise, relative au mélange de la Houille avec des terres grasses, à l'emploi de ce combustible pour différents chauffages, & à la quantité qui peut s'en consommer, selon la force des ménages, il y a plusieurs choses à rectifier.

Au lieu de la proportion de *Dielle*, ou d'*Arzée*, énoncée pour devoir entrer dans la confection des Hochets, c'est tout au plus un huitieme ou un dixieme, qu'il faut de ces terres, sur une charrée de Houille, la charrée du poids d'environ quatre mille livres.

En partageant les ménages ou maisons en trois classes, la consommation des plus fortes maisons (*pag.* 362 & 363,) ayant cinq feux, peut s'évaluer à vingt ou vingt-cinq charrées par an, & non de douze à quinze.

Celle des maisons bourgeoises, à cinq ou six pour deux cheminées ; ou de sept à neuf, s'il y a feu de cuisine à part.

J'ai cru pouvoir établir deux especes différentes de Teroulle combustible, *pages 81 & 82* de la premiere Partie, en comparant la Houille la plus foible du pays de Liege, à la Teroulle du Duché de Limbourg; cette distinction m'est particuliere ; le Lecteur n'est pas tenu d'y avoir égard, ni d'y porter une certaine attention ; mais si on n'y avoit pas égard, elle pourroit jetter quelque confusion dans tout l'Article où je traite de la pratique du chauffage, tant à Liege que dans le Limbourg, & dans le Marquisat de Franchimont.

Le Lecteur y suppléera facilement, en observant que dans la ville, faux-bourg & banlieue de Liege, on ne connoît absolument pour l'usage, soit dans les cheminées, soit dans les fourneaux, poëles, &c. que la Houille grasse & la Houille maigre.

Pour chauffer les poëles, on se sert toujours de bois, & rarement de Houille ; le petit nombre des personnes qui usent de ce fossile, pour ce chauffage, n'emploient que la Houille maigre de Herstal.

La Teroulle proprement dite, ou vraie Teroulle, n'est absolument employée que dans les chauffrettes.

Quant à ce qui regarde la construction du *Murray*, *page 363 & 364*, la distance à laisser de la grille au murray, pour les moindres feux, doit être de six à sept pouces pour le moins, d'où l'on doit juger, que pour les cuisines, cet intervalle doit être de huit, neuf à dix pouces.

L'épaisseur & la hauteur du murray sont proportionnées à celle de la niche & du foyer que l'on veut avoir.

La maniere de le terminer, dans le haut à plat, ou en pente, comme on le voit *Pl.* XXXV, varie à la volonté de chacun.

La premiere façon a l'avantage de former un rebord plat, sur lequel on peut poser les *Krahais* au besoin, ou quelques ustensiles, comme poëlon, &c.

Ce qui est décrit sur les feux de poëles, *page* 362, est d'usage au pays de Limbourg, qui a de la Teroulle dont la plus grande consommation se fait dans le Marquisat de Franchimont, où jusqu'à présent, on n'a encore découvert ni Houille ni Teroulle. Je crois cependant avoir apperçu aux environs du Sar près de *Spa*, des indices suffisants pour croire qu'on pourroit y trouver de l'ardoise; il n'y auroit rien d'extraordinaire, que cette carriere fût accompagnée de Charbon de terre; l'un ou l'autre seroit d'un avantage infini, au Bourg de Spa, auquel il ne manqueroit plus rien.

Seconde Section. A la figure du Canal de Bridgwater, que j'avois annoncée pour la Planche XXXV, *page* 428, j'ai substitué des sujets plus essentiels, concernant les Mines de la province de Newcastle, en Angleterre.

Section Seconde, *page* 404. La construction des Machines établies à la superficie d'une Mine, pour en extraire les Charbons que l'on charge au pied d'un Bure, rapprochée d'une profondeur de 50 toises & plus, que peut avoir un puits de Mine, annonce d'abord un intervalle de temps assez considérable employé à l'opération de cet enlévement.

Un simple coup d'œil sur les trois Planches XXXIV, sous les Nos. 1, 2 & 3, fait reconnoître que les Anglois ont particuliérement tourné leurs vues sur cet inconvénient, & qu'ils se sont occupés de corriger la lenteur de cette manœuvre: les Machines destinées à enlever le Charbon dans les Mines de Newcastle sont en conséquence plus composées que celles du pays de Liege; c'est une affaire de calcul très-facile, pour comparer les frais de construction & d'entretien de cet appareil, avec le plus grand nombre de charges ou panniers de Charbon que les Charbonniers de Newcastle parviennent, en un temps donné, à enlever hors de la Mine: quantité qui, à Newcastle, est évaluée en douze heures de temps à 89604 livres pesant, revenant à trente-trois voies deux minots & vingt livres de Paris, & qui dans les trois Mines de Wittehaven va à 1568000 pesant, en un jour.

Pour juger des avantages des Machines à Charbon de Newcastle, il suffira de faire précéder de quelques Observations générales, l'explication des Planches.

Dans aucun pays, on ne néglige l'attention d'arranger toujours les cordes de maniere que tandis qu'un pannier monte, un autre defcend, comme on le voit ici; mais voici les différences à remarquer.

Il eft clair, que dans la grande Machine, *Pl.* XXXIV, N°. 1, les chofes font difpofées de maniere à donner aux panniers qui enlevent le Charbon une vitelle fuffifante, & avoir cependant en même-temps beaucoup de force au moyen de la quantité de chevaux atelés fur les leviers du rouet pour le faire tourner.

On voit encore que dans cette Machine, ainfi que dans celle N°. 2, on s'eft attaché à éviter, autant qu'il fe peut, que les cordes ne faffent trop de tours & de retours, & à faire que les frottements foient les moindres qu'il eft poffible; c'eft pour cela que l'on fait mouvoir les cordes horizontalement, qu'on les fait foutenir fur des rouleaux, & qu'on les fait paffer fur de grandes poulies.

PLANCHE XXXIV. N°. 1.

FIGURE 1.

Grande Machine à enlever le Charbon dans les Mines de Newcaftle.

A, la grande *Roue.*

B, *B*, *B*, *B*, les quatre *Leviers* fixés dans l'arbre du Rouet, à chacun defquels deux chevaux font attachés par les *Palonniers.*

C, la *Lanterne* mue par la roue.

D, le *Tambour* fixé fur l'arbre de la lanterne, & fur lequel s'enveloppent les cordes, *E*, *E*, qui paffent au travers des *Montants*, *F*, *F*, qui contiennent des *Rouleaux* : ces mêmes cordes paffent en *G G*, fur de grandes poulies, & defcendent en *H*, où eft la bafe du puits.

I I, bâtis deftiné à porter les grandes *Poulies G, G.*

K K, autre bâtis deftiné à foutenir la *Lanterne* & le *Tambour.*

M M, grande poutre qui maintient le grand *Rouet*, avec les pieces de bois qui lui fervent d'appui.

FIGURE 2.

Pannier, Corf, fur un traîneau Sledge : cet agrêt appartient vrai-femblablement à des Mines peu confidérables, & pourroit en conféquence être rapporté à la Planche fuivante.

PLANCHE XXXIV. N°. 2.

FIGURE 1.

Petite Machine à monter le Charbon, appellée communément The Whim Gin.

A, *Tambour* fixé fur l'arbre *B*.

C,

C, la poulie fupérieure dans laquelle roule le pivot de l'arbre.

e, e, e, marqués mal-à-propos dans la Figure par de grands C, les différents appuis ou étays de la poulie fupérieure.

D, la poutre tranfverfale.

d, d, d, fes traverfes ou Entraits.

E, E, les traverfes qui maintiennent le bâtis qui porte les poulies du puits.

F, F, les Rouleaux fur lefquels paffent les cordes du tambour.

G, G, les grandes poulies fur lefquelles paffent les mêmes cordes en defcendant dans le puits *H*.

I, I, I, bâtis qui foutiennent les poulies.

K, le *Palonnier* auquel on atelle jufqu'à 8 chevaux.

L, piece qui porte la Crapaudine dans laquelle tourne ou roule le bout du pivot de l'arbre ; cette crapaudine eft doublée intérieurement d'un morceau de *métal de timbre* (1), afin que le pivot de l'arbre tourne avec plus de liberté.

M, *Tuyau d'airage*, de 38 pieds de haut, bâti en brique, & communiquant avec le puits par la galerie couverte *N*, afin d'en extraire le *mauvais air*.

O, *Corbeille* ou *Réchaud* fufpendu à une corde, par le moyen de laquelle on defcend ou on remonte ce réchaud dans l'occafion pour y remettre du charbon.

P, *Gueule de loup*, avec une girouette, pour empêcher le vent de fouffler dans le tuyau d'airage.

FIGURE 2.

Eft une piece de la Tarriere dont M. Franklin m'a procuré auffi le deffin complet fait à Newcaftle.

A en juger par les autres pieces que je fupprime ici, par la raifon que l'on va voir, la defcription que feu M. Jars a donnée de ce principal outil de Mine, le plus ordinairement employé, eft entiere ; *voyez page 388* : la Tarriere plus compofée de M. Triewald, eft vraifemblablement pour des occafions particulieres.

A l'exception de cette piece, *Fig. 2*, la *Sonde* Angloife ne differe en rien du *Tarré* des Houilleurs Liégeois ; Planche VII de cette feconde Partie.

Il eft compofé du *Erpet* ou *Cifeau* N°. 3, appellé de même CHISSEL, par les Ouvriers de Newcaftle, fervant à forer un diametre de deux pouces & un quart, & que l'on allonge à volonté en adaptant à fa partie fupérieure de *longues* ou *courtes* verges, N°. 2, nommées à Newcaftle, BORINGS RODS, ou *Verges à forer.*

De *l'Amorceux*, N°. 1, qui eft la tête de la Tarriere, appellée par les

(1) Compofé de cuivre de rofette, d'étain de Cornouaille, & d'un peu d'arfenic.

Charbonniers Anglois Womble, fervant de poignée, & dont la verge eft terminée par un écrou, afin de s'adapter ou au Boring Rod, ou au Chissel, ou à la
pièce que nous repréfentons ici, Pl. XXXIV, figure 2, que l'on voit être une
Cuillier dont l'ufage eft de nétoyer le paffage fait avec le Chissel ou *Cifeau.*

PLANCHE XXIV. N°. 3.

Chariot à Charbon (Coal Waggon) *pour tranfporter en magafin, près de
la riviere, du Charbon qui fe tire d'une Mine fituée fur une hauteur.*

Le Docteur Defaguliers, dans fon Cours de Phyfique Expérimentale, a
inféré la defcription avec figures (1), d'une voiture imaginée fur le même
principe, pour obvier à la difficulté de la pente du chemin, depuis l'endroit
de chargement à celui de déchargement (2).

Le but qu'on fe propofe dans la conftruction de ce chariot fe réduit, 1°. à
rendre, pour ainfi dire, nulle la defcente précipitée, qui feroit un obftacle confidérable à cette exportation, lorfque la voiture part chargée de la Mine pour
arriver au magafin ; 2°. à éviter d'avoir befoin de retourner la charrette, à
chaque voyage qu'elle fait de la Mine au magafin, & du magafin à la Mine.

La feule infpection de la Planche fait voir comment ces deux objets font
remplis.

A, eft le chariot venant de la Mine, & defcendant la montagne par un
chemin en pente pour aller au magafin.

B, Roue qui, ainfi que fa pareille, a une rainure de fer (Caft) du diametre de 30 pouces.

C, une Roue femblable, en bois.

D, longue pièce de bois, ou bâton, qui devient le gouvernail de la voiture, au moyen que le Charretier fe tient affis deffus lorfque la voiture
defcend.

E, chemin tracé fur lequel la charrette paffe depuis le fommet de la
colline, jufqu'à la riviere ; cette route eft couverte de fortes pièces de bois,
afin qu'elle foit toujours bien unie, & que la pefanteur de la charge ne l'enfonce point.

F, dépôt ou magafin vu à une certaine diftance, avec la manière de tranfporter les charbons de la charrette dans le bateau, de la manière que voici·

Lorfque la voiture eft arrivée au haut de la colline pour être chargée, on
détele les chevaux qui l'ont amenée à vuide, & qui ne feront néceffaires
que pour la remonter.

---

(1) *Tome I, page 292, & Planche XXI, Figure*
1, & Fig. 24.
(2) Dont fe fert M. Ralph. Allen, pour tranfporter la pierre de fes Carrieres, au haut d'une

colline, au quai de la riviere Aron, auprès de
Bath ; décrite par Charles de Labelye. La conftruction de cette voiture revient à 30 livres
fterling.s

Le *Timonnier*, tenant fimplement fon cheval par la bride, s'affied fur le bâton *D*, qui alors fait bafcule ; l'extrêmité oppofée au Voiturier, à celle fur laquelle il appuye, preffe fur la roue de derriere, arrête ou empêche cette roue de tourner ; regle, retarde ainfi fon mouvement, de maniere que malgré la pente, cette voiture en defcendant fe meut auffi doucement que fi le terrein étoit horizontal.

La voiture arrivée au bord de la riviere eft déchargée ; les chevaux fe changent, la partie de la voiture qui étoit en devant quand elle defcendoit, fe trouve derriere en montant la colline.

A ces figures étoit jointe celle du *Rouet à fufil des Mineurs*, repréfenté *Fig.* 4, *Pl.* XXXV, & décrit *page* 402.

Il n'y a rien à changer dans la conftruction de cette machine, que le cadre ou chaffis dans lequel jouent les deux roues ; il eft formé par deux jumelles, dont la force eft proportionnée aux deux roues: chaque jumelle eft portée à fon extrêmité fur un pied, de maniere que toute la machine eft pofée fixe fur le fol de la galerie, à la hauteur de la poitrine de l'Ouvrier.

Au moyen de ce nouvel éclairciffement, il fera facile de fuppléer à la maniere dont l'Ouvrier eft repréfenté en faifant ufage, au lieu de la tenir à la main, il n'a qu'à faire agir la manivelle ; on préfume auffi que chaque jumelle, dans la partie traverfée par la tige de fer qui retient les deux roues, eft plus renforcée que dans le refte de fa longueur.

Ayant préfenté à l'idée du Lecteur dans cette feconde Section, *page* 414, des objets importans, la liquation des Mines par le feu de Charbon de terre, & le grillage de ce foffile pour le rendre propre à quelques opérations métallurgiques, nous avons penfé que ces objets méritoient d'autant plus, d'entrer pour quelque chofe dans nos Planches, que nous avons donné uniquement fur ces articles l'hiftoire de premieres tentatives auffi imparfaites qu'infructueufes, perfectionnées aujourd'hui, & pratiquées avec fuccès tant en Angleterre que dans quelques endroits de l'Allemagne, comme je le ferai remarquer dans la quatrieme Section.

Relativement à la premiere opération, les *Fig.* 1, 2, 3, de la *Pl.* XXXV, font empruntées d'un Traité publié en 1770 (1) ; cet Ouvrage renfermant les plus grands détails fur les fourneaux que l'Auteur propofe de fubftituer, pour exécuter avec le Charbon de terre le rôtiffage, la calcination, la fufion, l'affinage des métaux & demi-métaux, il ne peut qu'être digne de l'attention des perfonnes qui s'occupent de ces travaux ; intéreffées particuliérement, à conftater par l'expérience, les différents moyens qui y font décrits, elles doivent fe le procurer.

---

(1) Traité de la fonte des Mines par le feu de Charbon de terre, &c. par M. de Genffane, *Tome I*, *avec Fig.* Paris, *in-4°*.

La conſtruction de ce fourneau, à laquelle nous nous ſommes bornés, ſa figure extérieure ne different preſque pas de celles des fourneaux de coupelle à l'Allemande qu'on appelle auſſi *fourneaux à chapeau*, ainſi que l'obſerve l'Auteur.

» Ses proportions ſont fixées à celles que doit avoir un fourneau capable » de liquéfier 20 à 25 quintaux de cuivre à la fois «.

» Ce qu'on appelle le *Chapeau*, eſt une piece mobile ſervant de voûte ou » de couvercle au fourneau, & qu'on ôte, toutes les fois qu'il eſt queſtion de » faire quelque réparation dans l'intérieur, ou de charger le cuivre «.

» Pour conſtruire le chapeau, il faut d'abord être prévenu qu'il doit por- » ter de trois pouces, tout à l'entour, ſur le couronnement du fourneau ; & » comme ce couronnement a quinze pouces d'épaiſſeur, & que le fourneau a » neuf pieds & demi de diametre, il s'enſuit que le diametre du chapeau doit » être de ſept pieds & demi de dehors en dedans, & en outre il doit former » une calotte ou bombage de quinze pouces au plus «.

PLANCHE XXXV.

FIGURE 1,

Repréſentant le plan de l'intérieur d'un Fourneau de liquation par le feu de Charbon de terre.

R, grille de la *chauffe*, ſur laquelle ſe met le Charbon de terre.

K K, porte de la *chauffe*.

L M, retraite de la porte de la *chauffe*.

S, petites cheminées dans le mur.

V, porte du fourneau.

Q, *h*, canal par où coule le plomb, pour ſe rendre dans le *Caſſin*.

T, porte de la *coulée*.

N P, embraſure de la porte de la coulée.

Y, *caſſin* où ſe rend le plomb à meſure qu'il ſe fond.

d, *d*, largeur du plan incliné ſur lequel on met les gâteaux de liquation.

FIGURE 2,

Repréſentant le fourneau de liquation, iſolé de deux petites grues ou angins, dont l'une ſert à élever le chapeau, quand on en a beſoin, l'autre ſert à porter les pains de liquation dans le fourneau, & à les arranger com- modément.

a, *b*, *c*, *d*, *E*, *Z*, bandes de fer, qui forment la *cage du chapeau*.

F, crochet qui prend en *m* les chaînes *G*, *G*, pour ſoulever le *chapeau*.

h, *h*, crochets du *chapeau*, auxquels ſont attachées les chaînes *G*, *G*.

O ;

O, tenailles attachées à la corde de la grue pour lever les *pains* de cuivre *P*.

S S, petites cheminées.

T T, porte de la *coulée*.

Y, le *caffin*.

V, porte du fourneau.

Z Z, trous au travers defquels paffent les crochets *D*, *F*.

FIGURE 3.

Repréfente la maniere dont les pains de cuivre doivent être arrangés dans le fourneau.

a b, chevilles de fer enduites de terre graffe, pour contretenir les pains de cuivre.

Pour donner une notion de la maniere de procéder à la torréfaction du Charbon de terre, afin de le priver plus ou moins de fes parties graffes ou autres, nous nous fommes contentés de repréfenter au-deffous de la *Fig.* 4, une *Alumelle* ou *Charbonniere*; c'eft-à-dire, une maffe de Charbon arrangée en pyramide, & autour de laquelle des Ouvriers font occupés à conduire le feu, en couvrant ce tas avec de la terre & du gâzonnage, pour étouffer ou griller ce foffile en meule, de la même maniere qui fe pratique pour faire le Charbon de bois.

Hainaut François, page 494.

TOUT nouvellement, il y a eu quelques changements dans l'Article des Droits fur le Charbon de terre du Hainaut François, ce qui influe fur le prix actuel de cette marchandife, dans cette province. L'Arrêt qui eft du mois de Novembre 1773, porte que » l'exemption accordée aux Charbons du Hainaut » François, n'étant relative qu'aux droits qui fe percevoient lors de la conceffion du Privilege, ou tout au plus à ceux exiftants à l'époque de fa derniere » confirmation qui eft de 1759, & non aux droits additionnels poftérieurement établis en 1760, 1763 & 1771; & d'ailleurs l'affranchiffement, tant » des droits originaires de deux patards par muid que des quatre anciens fols » pour livre d'icelui, devant fuffire pour conferver au Charbon national la » préférence fur le Charbon étranger, les Entrepreneurs des foffes du Vieux » Condé, de Frêne & d'Anzin, font dénués de tout fondement «. Sa Majefté veut, en conféquence, » *que les Charbons de terre du Hainaut François foient* » *affujettis aux quatre nouveaux fols pour livre du droit de deux patards par* » *muid, impofés par les Déclarations des 3 Février 1760, & 21 Novembre* » *1763; & enfin par l'Edit du mois de Novembre 1771; & que les Entre-* » *preneurs des foffes du Vieux Condé, de Frêne & d'Anzin, foient tenus d'ac-*

» *quitter ces quatre fols pour livre , à compter du jour de la fignification qui*
» *leur a été faite de la décifion du Confeil du 10 Mars 1773.*

Charbonnieres du Lyonnois. Exploitation , page 498.

POUR fe former une idée exacte de toutes les Mines de ce Canton , que nous n'avons pas défignées dans l'ordre naturel , il fuffit de favoir que ces endroits font principalement le long de la riviere de Gier , qui fe jette dans le Rhône à Givors , après un cours de huit lieues depuis fa fource au Mont Pila. Le commencement de cette maffe eft à demi-quart de lieue au-delà de Saint Chaumont , frontiere du Forez; l'on fait qu'il y a de ces Mines dont celles-ci font vraifemblablement la continuation.

Cet endroit où fe trouve la premiere Mine du Lyonnois , eft à la *Varizelle* , appellée la *petite Varizelle* , afin de la diftinguer de la *Varizelle* , fituée à une lieue & un quart de Rive de Gier , en allant de Lyon fur la grande route , & dont les puits font abandonnés à caufe du *feu brifou* (1). Au-deffous de Rive de Gier , outre les carrieres de *Tartara* & de Saint-Andeol , il y en a encore à Darguoire , & à deux lieues au-delà , au Nord , dans les bois de *Montrond* vis-à-vis de Chaffigny.

On en a autrefois commencé une fouille dans la montagne de *Tarare* , fur la route de Moulins , mais fans fuccès; une autre qui fut entreprife aux environs de *Chazel* , au territoire de Verizel , n'a pas été heureufe : les tentatives faites à *Courzieux* , ont abouti à du Charbon de médiocre qualité ; les Ouvrages faits en **1772** , à un quart de lieue de l'*Arbrefle* , au Domaine Grollier fur les bords de la Turdine , promettoient de bons Charbons , lorfque les eaux ont fait abandonner les ouvrages ; on en a auffi cherché fur les bords d'un ruiffeau qui paffe à côté de *Sainte Colombe.*

Des deux principaux territoires dont j'ai fait mention , il n'y a plus que le *Mouillon*, qui foit exploité ; on a ceffé depuis quelques années l'extraction dans le *Gravenand*.

---

(1) La defcription communiquée en 1765 , à l'Académie des Sciences par M. de Fougeroux , d'une montagne brûlée , & que j'ai inféré à l'Article du Lyonnois , *page 499* , appartient véritablement à cette Province ; mais la pofition détaillée du lieu , telle qu'elle eft indiquée , *à trois quarts de lieue de Saint-Etienne , & à Saint-Genis-terre noire*, renferme une confufion de local , que des recherches ultérieures m'ont mis à même de rectifier ici.

La carriere embrafée de Saint-Etienne , qu'il ne faut pas prendre pour l'autre , eft à un quart de lieue du *Chambon* , & à trois quarts de lieue de Saint-Etienne près de la route du *Puy* ; elle s'appelle la *Mine* , & eft fituée dans une efpece de vallon peu enfoncé. *V.* Part. 1, p. 159.

Celle qui brûle depuis 29 ans , à un quart de lieue de *Saint-Genis-terre-noire* , nommément défignée dans l'indication de l'Auteur , & qui eft celle qu'il a décrit, eft en effet dans une *montagne*, appellée par cette raifon *montagne de feu* , ou *montagne brûlée* , diftante d'une demi-lieue au plus de Rive de Gier , à une lieue & demie de Saint Chaumont , & à quatre ou cinq lieues de Saint-Etienne.

Du refte , il paroît par une defcription de la *Mine de Chambon* , donnée par M. de la Tourette à l'Académie de Lyon , qu'il y a beaucoup de rapport , entre les phénomenes qui fe paffent dans ces deux Mines embrafées ; ce qui acheve de faire regarder la maffe de Charbon qui traverfe le Forez , & celle qui traverfe le Lyonnois , comme la même , diverfement inclinée , & enterrée felon les circonftances locales.

Les anciens Extracteurs aſſurent que la maſſe de Charbon qui occupe ces deux terreins eſt ſéparée par un banc de rocher, qui la coupe en deux parties preſque égales.

Cette *Faille* de huit à neuf toiſes d'épaiſſeur, ſelon eux, tient dans ſon cours une marche irréguliere, qui ſe dirige à-peu-près du Nord-Eſt, au Sud-Oueſt.

Excepté dans le cas particulier rapporté *page* 504, par M. de la Tourette, qui m'a beaucoup aidé dans la partie relative à l'Hiſtoire Naturelle, on reconnoît en ouvrant tous les puits, que la Mine eſt plus ou moins inclinée, & qu'en général elle s'éloigne beaucoup de la perpendiculaire; alors, la direction tortueuſe que l'on eſt dans l'uſage de donner aux galeries, & que je n'entendois pas, *page* 511, *note* 1, s'explique tout naturellement; ces détours pratiqués à l'inſtar de ceux que l'on pratique dans les chemins montueux, rendent la pente plus douce, & facilitent la beſogne des Traîneurs (1).

Pour ce qui eſt de la *couronne de chargeage*, l'uſage n'eſt point, comme il a été dit, *page* 510, de laiſſer au fond du puits, cette maſſe conſidérable de Charbon ſur laquelle je me propoſois de faire quelques obſervations dans la quatrieme Section: au contraire, on prolonge en cet endroit la *buſe* du puits, à la maniere obſervée généralement.

Aux deux côtés oppoſés, où l'on ſoupçonne que la Mine s'étend, on pratique enſuite pour l'ordinaire deux galeries, qui ſe pouſſent juſqu'aux endroits les plus éloignés; ces galeries larges de huit pieds, pour le paſſage de deux benes à la fois, & communément hautes de ſix pieds, ne nuiſent pas à la ſolidité du fondement du puits: dans le même-temps, on entame au-deſſus deux galeries correſpondantes, qui portent ſur le membre de Charbon appellé *Mine du Maréchal*.

A l'extrêmité de ces galeries, on ouvre des chambres qui correſpondent à celles du *Raffon* (2), autrement dit *Mine inférieure*, ſous laquelle ſe trouve quelquefois la *Mine bâtarde*; ces deux membres ne ſont ſéparés que par un *nerf* de l'eſpece de ceux qui ont été décrits.

Il eſt aſſez ordinaire de rencontrer cette *Mine bâtarde*, qui a de deux à ſept pieds d'épaiſſeur, & dont le Charbon eſt de même qualité, que le *Raffon*; dans un puits exploité actuellement par le Maître de la Verrerie de Givors, la *Mine bâtarde* ſe trouve conſtamment; au Gravenand, lorſqu'on exploitoit, on ne l'y avoit pas encore rencontrée, quoique ce territoire, & le Mouillon ſoient contigus (3).

Dans toute cette opération, il eſt ſur-tout important, que tous les ouvrages,

(1) Il eſt facile en conſéquence de ſuppléer en idée, au pendage de platture, donné à la maſſe de Charbon, dans la Planche XXXVIII.

(2) Mal écrit *Raffou*, dans la Deſcription générale.

(3) M. de la Tourette penſe que ces Mines bâtardes ſe trouveroient toujours, ainſi que d'autres membres de Charbon, ſi l'embarras des eaux, qui arrêtent ordinairement l'exploitation dans cette Province, n'empêchoit pas de pourſuivre les fouilles à une plus grande profondeur.

galeries, chambres & piliers fur-tout, fe correfpondent exactement, comme on a foin de l'obferver pour les murs & pour les colonnes dans un édifice ordinaire ; fans cette précaution, on voit que tout l'étage fupérieur s'écrouleroit.

Pour fe ménager une retraite affurée, lors de la recoupe qui doit avoir lieu en abandonnant la carriere, & afin de donner plus de folidité aux parties les plus voifines auxquelles on doit revenir à mefure que l'on avancera l'extraction, on commence cette recoupe par les endroits les plus éloignés du puits.

S'il y a une Mine bâtarde, & elle n'eft jamais bien confidérable, on la découvre, & on l'extrait en même temps que le *Raffon*.

Ce court réfumé fait fentir comment le même puits fournit toujours les deux efpeces principales de Charbon, & comment dans le même temps on exploite les deux grandes Mines, ainfi que la Mine bâtarde, lorfque cette troifieme fe rencontre.

Contenance des Benes.

UN article important de l'Hiftoire du Négoce du Charbon de terre dans le Lyonnois, eft celui qui regarde la *Bene*, *pag.* 520. M. de la Tourette, uniquement occupé de la partie des Mines, comme Naturalifte & Phyficien, n'ayant pas été à même de me donner aucune forte de renfeignement fur la partie du Commerce, il refte à expliquer ici, comme je l'ai promis, les dimenfions & la capacité de la *Bene*, afin d'en avoir par là bien au jufte la contenance en pieds & pouces cubes.

La chofe eft d'autant plus importante, qu'elle éclaircit plufieurs difficultés, fur lefquelles il n'étoit pas poffible de rien ftatuer.

La Bene fur laquelle elles ont été prifes avec la derniere exactitude, par le Savant dont j'ai parlé *page 692*, *note* I, eft la Bene neuve dépofée au greffe de Rive de Gier.

Il eft indifpenfable de reprendre un peu haut l'hiftoire de cette mefure, pour la vente du Charbon de terre, attendu que ce qui a contribué à rendre cette mefure douteufe & incertaine, ce font précifément les précautions prifes pour fixer invariablement fa contenance.

A l'époque de l'établiffement de la Compagnie des Conceffionnaires, M. Pupil de Myons, Lieutenant Général de la Sénéchauffée, nommé par le Roi Commiffaire en cette partie, fixa la dimenfion de la Bene qui ferviroit de mefure aux Conceffionnaires, & il fit dépofer au Greffe de la Sénéchauffée de Lyon, une Bene pour être la matrice originale fur laquelle on pût *échantiller* (I) les autres.

_____

(1) Terme d'ufage dans le Lyonnois feulement, & qui fignifie la même chofe qu'*étalonner*, confronter.

Meffieurs

Meſſieurs les Comtes de Lyon, Seigneurs du Mouillon & du Gravenand, prétendant avoir le droit de fixer les meſures dans l'étendue de leur Seigneurie, firent conſtruire une Bene, (ſur les dimenſions des anciennes rapprochées les unes des autres), (1) pour ſervir aux Conceſſionnaires; il en fut dépoſé une au Greffe du Comté à Lyon, & une ſeconde au Greffe de Rive de Gier, pour ſervir de matrice: ſes dimenſions ſont comme il ſuit.

Hauteur ou profondeur, ... 18 pouces.
Grand Axe, ou diametre à l'embouchure, 23 pouces 3 lignes.
Petit Axe, ... 18 6
Grand Axe du fond, ... 19 . . . 11
Petit Axe du fond, ... 16 6

d'où l'on peut conclure ſa capacité à très-peu près de 5980 pouces cubes.

Les Conceſſionnaires inſtallés, mis en poſſeſſion & ſoutenus dans un commencement orageux, par l'autorité, qui ne peut tout prévoir, s'en tinrent à la Bene fixée par le Commiſſaire du Roi, d'autant plus que la capacité de celle-ci étoit moindre d'un huitieme; car les dimenſions de cette ſeconde Bene, ſont à-peu-près les mêmes que celles de la premiere, à l'exception de la hauteur, qui paroît conſtamment dans celle-ci de 16 pouces au lieu de 18 qu'a la Bene des Comtes: il faut donc retrancher de la capacité ci-deſſus une tranche de deux pouces d'épaiſſeur, priſe à l'orifice de la Bene. Cette tranche eſt à-peu-près de 763 pouces cubiques, qui retranchés de 5980, donnent 5217 pouces cubes pour la capacité totale de la Bene actuellement en uſage au Mouillon.

Les Officiers des Comtes, pour ſoutenir leurs droits, verbaliſerent, caſſerent quelques Benes, menacerent; mais les Conceſſionnaires ont continué l'uſage de la Bene qui leur étoit plus avantageuſe, c'eſt-à-dire, de celle qui étoit moindre; les Comtes ont ſuſpendu leurs pourſuites, & il en eſt réſulté que les Conceſſionnaires n'en ont été que plus abſolus pour le fait des meſures: on ne voit pas en effet à préſent qu'ils ſoient aſſujettis à aucun *échantil* ou étalon, comme le Commiſſaire du Roi & MM. les Comtes de Lyon l'avoient réglé; ce défaut de police ou plutôt de manutention pour la police des meſures, laiſſe toujours ſoupçonner ce que j'ai avancé, *page* 521, (2).

Quoi qu'il en ſoit, on peut conclure des dimenſions de pluſieurs Benes actuellement en ſervice, que leur capacité eſt, comme nous l'avons établi plus haut, de 5217 pouces cubiques; celle de Lyon, fixée par le Conſulat, eſt de

(1) Dans le temps des informations priſes en 1757 (& non en 1762) de l'ordre du Conſeil, par M. de la Michaudiere, alors Intendant de Lyon, pour eſtimer le produit du Canal de Givors, par la quantité de Charbon qui s'y tranſporteroit, la Bene de Charbon menu peſoit 159 livres poids de marc, celle de Pérat, 161 livres, de ſorte qu'en prenant les deux qualités, mêlées enſemble dans une Bene, cette meſure commune pouvoit être évaluée 160 livres; elle fut cependant évaluée à 150 livres. *Voyez* le Projet imprimé du Canal de Givors, *page* 6.

(2) Il ne paroit pas bien certain, comme je l'ai avancé d'après l'Auteur des *Mémoires d'Hiſtoire Naturelle du Lyonnois, Forez & Beaujolois*, que le Conſulat de Lyon ait fait à ce ſujet aucun acte de juriſdiction.

3644, ce qui donne à-peu-près le rapport de $\frac{7}{10}$, c'est-à-dire, que 7 Benes du Mouillon, en font 10 à Lyon, ce qui s'accorde, ainsi qu'on va le voir, avec le rapport du poids.

Cette mesure ne s'évalue pas au poids, du moins dans l'achat ordinaire; la regle quoique plus embarrassante seroit bien plus sûre, le poids étant fixe, & le mesurage étant très-varié. Mais comme à Lyon, & dans la Province, toutes les denrées s'achetent & se vendent au *poids* appellé *de Lyon*, nous nous en servirons dans la détermination du poids de la Bene de Charbon.

On sait que différentes circonstances communes à toutes les mesures de Charbon au poids apportent à cet égard des variations, *pages 636, 637*.

L'espece de Charbon plus ou moins compacte, l'humidité plus ou moins grande, la nature du Charbon en masse ou en poussier, moins pesante dans ce dernier état que dans le premier, qui laisse nécessairement plus de vuide; enfin la maniere de le tasser plus ou moins, doivent nécessairement influer sur la différence du poids de la marchandise; les variations qui se remarquent dans le poids des Benes sont trop considérables pour dépendre uniquement des causes que nous rappellons ici, & pour ne pas les examiner sérieusement: les observations & les réflexions suivantes dissiperont toute l'obscurité qui étoit restée sur ce point, lorsque nous l'avons traité.

Le baquet appellé *Bene*, fait à-peu-près comme une Bene de vendange, & servant dans l'intérieur de la Mine à l'exportation du Charbon, *Planche* XXXIX, est le même vaisseau, qui au Mouillon & à Saint-Chaumont, sert de mesure *au jour*; c'est-à-dire, que la quantité de Charbon dont elle arrive chargée à la *bouche* du puits, est celle que l'Acheteur est obligé par l'usage de prendre pour argent comptant: dans ce mesurage, sur le pied actuel, à peine la Bene va-t-elle ordinairement *à deux cents livres*.

A *Saint-Chaumont*, la *Bene* se mesure au jour, & quoiqu'elle ne soit pas d'une capacité aussi grande que celle de Mouillon, elle donne au moins autant de Charbons; cela a été vérifié par plusieurs expériences.

En rapprochant ces deux faits l'un de l'autre, l'Acheteur est donc certainement lésé dans la premiere maniere; l'évidence sur ce point, est telle, que la faute est rejettée sur les *Toucheurs*.

Les *Traîneurs* qui chargent la Bene dans la Mine, prétendent qu'ils l'ont remplie à juste mesure; mais que dans le trajet du puits, les Benes se dégarnissent en heurtant contre les parois du puits (1).

L'infidélité dans la mesure est donc reconnue & avouée par ceux même à qui elle peut être reprochée au moins comme négligence; de l'aveu s'ensuit nécessairement l'obligation d'une réforme, dictée d'ailleurs par la bonne-foi.

(1) Le paiement des Ouvriers a quelquefois varié; actuellement les Piqueurs & les Traîneurs sont payés à proportion du nombre de Benes extraites, & non par journées; ce ne sont plus les Concessionnaires mais leurs Fermiers, qui réglent les salaires des employés.

Rien ne feroit fi fimple ; la manœuvre des *Conducteurs* des chevaux eft-elle incorrigible ? Deux moyens d'y fuppléer , celui ou de remettre du Charbon dans la Bene au moment de la livraifon , ou celui de faire la mefure hors du puits , comme cela fe pratique à Saint Chaumont ; par là on remédieroit bien facilement à un abus auffi fingulier que celui de livrer une mefure faite hors des yeux de l'Acheteur.

On ne peut encore fe refufer , fur cela , à une derniere réflexion qui aidera le Lecteur à apprécier la raifon donnée par des Ouvriers aux gages des Conceffionnaires & des Extracteurs.

En même-temps que voilà des Benes pour le Public, qui n'arrivent jamais bien garnies , on en voit d'autres qui paffent de beaucoup le poids de deux cents livres ; ce font celles qui font données aux Ouvriers en payement ou en gratification : les *Traîneurs & Toucheurs* , plus entendus pour leur propre intérêt , apportent tant de foin à remplir eux-mêmes leur Bene ; les *Toucheurs* au Bure , plus attentifs & plus adroits , pour enlever cette Bene , fecondent fi heureufement les *Traîneurs* , que ces Benes fortent du puits bien conditionnées , on en voit fouvent en *Pérat* qui dégorgent , c'eft l'expreffion du Pays , & qui vont au-delà de *deux cents cinquante livres* pefant.

A la bonne heure que ces Benes nommées *Benes de faveur* ne fervent pas de regle pour la vente ; mais affurément elles peuvent en fervir pour eftimer la quantité que peut contenir la Bene ; & le Public eft en droit de juger , que la Bene remplie convenablement à jufte mefure , devroit communément pefer *deux cents dix livres* au moins ; l'Acheteur déja maltraité par une livraifon arbitraire , ou très-inférieure à ce qu'elle devroit être , ne feroit-il pas, autant que l'Ouvrier, en droit de prétendre par gratification à un excédent auffi modique de poids ou de mefure , ainfi qu'il fe pratique affez généralement dans le Commerce , fous le nom bien connu de *bon poids* ? Il réfulte de tout cela , que tandis qu'il n'y a pas de contravention dans le prix fixé de la Bene , ce prix fe trouve réellement augmenté , au moyen des défauts dans le mefurage ; ils ne peuvent être plus multipliés qu'ils ne le font , puifque ces Benes fe font fans être *echantillées* , qu'elles n'ont pas la contenance déterminée , & que par un abus affez extraordinaire , elles fe rempliffent dans la Mine.

Confommation de Charbon dans le Lyonnois.

La contenance & le poids de la Bene n'ayant pu être déterminé par les premiers renfeignements que j'ai eus, l'article relatif à la confommation de Charbon de terre dans le Lyonnois , n'a pu en conféquence être déterminé que très-incomplettement ; ces informations , (page 519,) ne m'ayant été fournies que par des Propriétaires ou par des Conceffionnaires , les uns & les autres ayant des intérêts particuliers pour cacher , déguifer , ou exagérer des faits, (1) on a été fuffifamment prévenu que ce que j'ai cru pouvoir adopter fur ce point, méritoit de la part d'un Lecteur judicieux la même défiance dont je n'ai pu me défendre même en en faifant ufage.

Les Conceffionnaires affurent que l'exploitation actuelle monte à treize mille Benes par femaine, & que de ce nombre, douze mille vont à *Givors* & à *Condrieux.*

La perfonne à laquelle je fuis redevable de ces nouveaux détails, a examiné cet article avec une attention & une impartialité qui méritent toute confiance.

De tout le Charbon du *Mouillon*, qui fe tranfporte à dos de mulet à *Condrieux*, & principalement à *Givors*, fur le Rhône, qui en eft éloigné de trois lieues, ce port de *Givors* reçoit actuellement à peu près 9000 Benes, par femaine. *Condrieux* en tire à-peu-près 1000 par femaine; ainfi ces deux endroits en tirent à eux deux 10000 Benes par femaine, ce qui dans un an, feroit à-peu-près 530 mille Benes.

Cette quantité eft bien inférieure à celle de 7 à 800 mille, portée par le Procès-verbal mentionné *page* 520. Ajoutez à cela, que la confommation de Charbon eft confidérablement augmentée à Lyon, & dans les Provinces des environs; en accordant au furplus aux Conceffionnaires, la quantité qu'ils alleguent, il faut retrancher de la fupputation par femaines & par années, les temps de moiffon, de vendange & de groffes eaux, où l'exportation eft beaucoup moindre, de maniere qu'on ne peut porter l'extraction actuelle, réduite à un feul quartier, à plus de 600 mille Benes par an.

La confommation de Charbon en gros dans le voifinage des Mines, porte non-feulement fur les ouvrages en fer, mais encore fur différentes applications qu'on fait de ce foffile aux Mines de cuivre de *Saint-Bel*, & fur les Verreries établies auprès de Lyon.

On peut évaluer à deux cents Benes environ, ce qui fe confomme en Charbon de Rive de Gier, propre à la forge, dans les atteliers des Maréchaux, foit à *Saint-Bel*, foit à *Cheffy*, pour les outils, fers de machines, &c.

Quoique les deux carrieres ouvertes à *Sainte-Foi*, foient travaillées affez irrégulièrement, elles fourniffent à plufieurs endroits de la Province, aux fours à chaux, pour les Maréchaux de l'*Arbrefle*, de *Bullis*.

Pour différents ufages relatifs aux travaux de la Mine de *Saint-Bel*, on en emploie environ 1000 *charges* (2), de ces deux carrieres; on s'en fert auffi

---

(1) Ce que j'ai rapporté d'après les Propriétaires, *page* 504, fur la qualité ingrate du fol du Mouillon & du Gravenand, n'eft point du tout conforme à la vérité; il n'eft pas de meilleur terrein dans tous ces environs: & d'ailleurs, il n'auroit pas befoin pour nourrir fes habitans, d'être d'un grand produit; il n'y a pas en tout fix maifons ou quarante habitans dans tout le Mouillon & le Gravenand, dont les fonds appartiennent à des particuliers de Rive de Gier, Saint-Genis & autres.

Il en eft de même de la dépenfe de la fouille d'un puits ordinaire; elle ne coûte pas 5000 livres.

(2) La charge portée à dos de mulet, eft de 300 livres environ.

dans les différents atteliers, pour le chauffage des Ouvriers, & à la *Montagne* de *Pilon*, lieu de la Mine, au grillage des Pyrites dont on fait la couperofe, &c.

Depuis quelques années, la confommation annuelle des Charbons, *torréfiés* ou réduits en *Coaks*, a été portée dans les Fonderies de *Saint-Bel*, à environ 4000 *Benes*, pefant, au dire de M. Jars, entre deux cents & deux cents vingt livres (1).

Il fe fait encore une grande confommation de Charbon dans les deux Verreries établies au-deffous de Lyon, fur la rive droite du Rhône, l'une à Pierre-bénite, l'autre à Givors, à l'embouchure du Gier dans ce fleuve.

Sept Fenderies établies entre *Saint-Chaumont* & *Rive de Gier*, confomment 900 Benes de menu Charbon (2); mais trois de ces atteliers fe pourvoient aux carrieres exploitées à Saint-Chaumont, à côté du Château. Il eft à remarquer qu'ils font bien plus à portée du Mouillon. Sans doute la mefure fidele ou plus avantageufe de Saint-Chaumont, eft un appât pour ces Confommateurs; il n'en faut pas davantage pour écarter ici le foupçon de caprice de leur part ou de prévention contre le Charbon qu'ils n'emploient pas; mais il paroît que le bénéfice de la mefure qui fe fait au jour, article effentiel à fe rappeller, n'eft pas encore la feule raifon de cette préférence donnée aux Mines de Saint-Chaumont; les Entrepreneurs de cet endroit, ont, comme à la *Vavizelle* & à *Saint-Etienne*, la réputation d'être honnêtes, empreffés de fatisfaire les Acheteurs & le Public. Au *Mouillon*, on fe plaint généralement de la peine que l'on a à obtenir du Charbon; l'extraction n'y étant pas affez abondante, au moyen que les Conceffionnaires ou leursFermiers s'en tiennent à l'exploitation des carrieres qu'ils ont trouvées ouvertes, les Maréchaux, les Forgerons & Cloutiers, n'en ont que très-difficilement; ils perdent des jours entiers à la carriere en y attendant leur Charbon; les particuliers mê- me de Rive de Gier, qui ne tiennent pas à la conceffion, ne peuvent fouvent en avoir pour leur chauffage; ils font réduits à payer, chez le particulier qui l'emmagafine à Rive de Gier, vingt fols la Bene du même Charbon qu'ils auroient acheté cinq ou huit fols trois deniers à la carriere, c'eft-à-dire, à deux portées de fufil; les Muletiers de Rive de Gier, Saint-Genis & des environs, contribuent beaucoup au défordre; dans tous les temps, il y en a un grand nombre aux carrieres; ils veulent avoir leurs chargements les premiers; ils fatiguent & rebutent les perfonnes du pays qui viennent demander leur provifion, & qui fouvent s'en retournent à vuide; dans les temps où les eaux, la *force*, ou d'autres caufes diminuent encore l'extraction déja infuffifante, ces Muletiers occafionnent des querelles fans nombre, des tumultes, qui vont

---

(1) Il y a ici quelque obfervation à faire fur ce poids; il paroît d'autant plus fort, que ces Charbons torréfiés font moins lourds, que le Charbon à pareil volume.

(2) Le menu Charbon eft feul employé dans les Forges; le Charbon grêle fe brûle tout uniment dans les poêles & dans les grilles.

souvent jufqu'à des fcenes fanglantes. L'autorité publique a bien cherché à prévenir une fource d'abus : le prix du Charbon a été fixé ; la contenance de la Bene l'a été de même par un étalon dépofé au Greffe de la Sénéchauffée. Qui pourroit douter que ces fages précautions n'affurent folidement & invariablement, d'une part, le bon ordre, la tranquillité ; de l'autre, la jouiffance facile & commune d'une production fur laquelle les vœux de l'Etat & des Provinces fe réuniffent pour en défirer l'abondance ? Ce négoce néanmoins n'eft pas, fur aucun de ces points, plus avancé à Rive de Gier, que dans la plûpart des endroits où l'extraction & le commerce font exclufivement aliénés en faveur de quelques particuliers fous la condition expreffe de faire mieux que les Propriétaires.

Ce canton éprouve, que la prudence du Gouvernement n'a encore oppofé que de foibles barrieres à des poffeffeurs qui par-tout où ils font inftallés, fe montrent extrêmement difficiles à contenir dans les limites qui leur font fixés par leurs privileges.

Sans vouloir en aucune maniere approuver ni juftifier ce qui peut être coupable dans la conduite de Propriétaires mécontents contre des étrangers, que des vues fupérieures portent le Miniftere à favorifer, il eft démontré par une expérience répétée en plus d'un endroit, que ces Compagnies, non contentes de n'avoir plus de concurrents à appréhender, ont encore, foit par le ton & la conduite abfolue avec lefquelles elles exercent leur privilege, foit par la licence qu'elles s'arrogent d'interpréter leur titre de conceffion, ont encore, dis-je, l'adreffe de fe rendre formidables dans tout leur voifinage, pour franchir les bornes dans lefquelles elles font reftraintes ; ce qui étouffe dans des cantons où le droit ne s'étend pas jufqu'à l'envie de faire des recherches, l'idée de mettre en valeur ce que la nature y a placé. Il eft facile, d'après ce tableau en raccourci des effets que produifent le plus ordinairement les conceffions, de juger fi ce font là les intentions du Miniftere ; c'eft ainfi que dans différents territoires de la Paroiffe de *Saint-Martin*, à la *Catonniere*, au *grand Floin*, dans la Paroiffe de *Saint-Genis-terre-noire*, dans celle de *Saint-Paul-en-jarret*, on connoît des Mines de Charbon de terre ; mais aucun des Maîtres des terreins n'ofe fe hazarder d'ouvrir des puits, même à trois quarts de lieue du Mouillon ; ils craindroient de fe voir enlever le fruit de leurs travaux, fans aucune efpece de dédommagement de leurs frais.

On avouera que ces inquiétudes ne font pas deftituées de fondement, puifque nonobftant l'Arrêt qui ne comprend dans le Privilege que les Mines *avoifinées* par la galerie d'écoulement propofée, les Conceffionnaires ont envahi les carrieres à *demi-lieue*, qui ne tirent & ne peuvent tirer aucun avantage de ce Canal ; puifque d'ailleurs l'étendue de cette demi-lieue eft trèsincertaine, & prete matiere à difpute, felon qu'on voudra l'eftimer, ou par le point d'où on la fait partir, ou par le nombre plus ou moins grand de toifes qui compofent les trois efpeces de lieues en ufage en France, ou par la maniere de les mefurer ou fur le terrein, ou en ligne droite, & comme l'on dit, *à vol d'oifeau*.

Beaujollois, page 527.

LEs indications des Mines de cette Province, puifées dans l'Ouvrage que j'ai cité, manquant par l'exactitude, on ne peut foupçonner de Charbon qu'à *Lay*, & à *Saint-Symphorien*; feu M. Jars, de l'Académie des Sciences, fut vifiter, quelques années avant fa mort, le terrein auprès de la Ville de *Lay*, & encouragea à des travaux, que les eaux forcerent d'abandonner. On a ouvert des puits fur les bords d'un ruiffeau en fe rapprochant de Saint-Symphorien; mais le peu de Charbon qui en eft provenu, étoit imparfait, brûloit à peine, & ne pouvoit fervir à la forge : les mêmes obftacles ont fait interrompre cette entreprife.

De quelques droits particuliers qui fe perçoivent fur la riviere de Loire, page 545.

NOUS avons, tant qu'il nous a été poffible, fait entrer dans l'hiftoire du Commerce de chaque Province une mention précife des droits qui font levés fur le Charbon de terre ; nous aurions défiré être affez inftruits pour indiquer fur chacun de ceux que nous avons cités, les titres qui en autorifent la perception ; lorfque nous publierons la Jurifprudence des Mines, nous efpérons y joindre un répertoire des Edits, Arrêts & Déclarations, concernant tous les droits *domaniaux*, *octrois* (1), droits *d'éclufes*, *digue*, *pontenage* (2), & autres établis dans les différentes parties de la France, où s'exporte cette marchandife ; cette efpece de Code doit être regardé comme une dépendance d'un Ouvrage dans lequel on s'eft attaché à faire marcher enfemble la defcription hiftorique & la defcription politique de la chofe.

Comme la plûpart de ces impofitions ont été, ou font, depuis leur premier établiffement, fujettes à des alternatives de fufpenfion, de modération, de fuppreffion ou de renouvellement, qui tiennent aux circonftances, il eft indifpenfable de comprendre dans ce Code, celles de ces impofitions qui n'ont été que paffageres, celles mêmes qui fe trouveront abrogées depuis peu, & qui peuvent être renouvellées ; un femblable mémorial uniquement relatif tant à cette production nationale, qu'à celle qui vient de l'étranger dans nos Ports, mettra à la portée des yeux du Miniftere, les reffources particulieres

---

(1) Dits concédés par le Prince à des Corps de Ville, pour fournir à leurs néceffités particulieres.

(2) *Pontenage*, *Pontonage*, droit que le Seigneur féodal prend fur les marchandifes qui paffent fur les rivieres, fur les ponts, &c. & qu'on appelle en baffe latinité, *Pontaticum*, *Pontagium*, *Pontonagium* ; il eft dû par le bateau, & non par la marchandife.

que l'adminiftration a tirées du Charbon de terre en différents temps, & celles qu'elle peut encore en tirer quelquefois, felon l'exigence des befoins de l'Etat.

Le particulier qui veut trafiquer ou faire exporter du Charbon de terre, n'a pas un intérêt moindre à connoître exactement les droits & octrois momentanés ou perpétuels auxquels cette marchandife eft fujette dans les parties où il veut l'exporter; les profits que doit lui procurer fon Commerce font plus ou moins divifés par ces droits & octrois; le Marchand inftruit du bénéfice qu'il fera, *tous frais faits*, tous droits acquittés, fupporte ces charges avec plaifir.

Dans le nombre de ces différentes impofitions, il s'en trouve dont l'origine eft fi ancienne, qu'elle les rend fufceptibles de difcuffion & d'abus; le droit, pour ainfi dire, uniquement perçu d'après un ufage immémorial, eft devenu fimplement une poffeffion conftante: dans ce cas, ce font fouvent les feuls & véritables interpretes des droits du Souverain (1): mais cette maxime eft défavorable & onéreufe au Citoyen, par la facilité qu'elle peut donner à des interprétations arbitraires, à des perceptions qui ne peuvent être que vicieufes du moment qu'elles ne font point uniformes.

Parmi les droits nombreux qui fe perçoivent fur la Loire, nous en choifirons deux, dont nous allons donner l'hiftoire; l'un, fur lequel il ne nous avoit pas été poffible d'avoir d'éclairciffement lorfqu'il en a été fait mention à fa place, eft fupprimé nouvellement. L'autre, par fon ancienneté, eft dans le cas dont il a été parlé tout à l'heure, de prêter origine à des inconvénients oppofés aux intentions du Miniftere.

Le premier par lequel nous commencerons, eft celui qui eft appellé *droit de Boîte*, nommé *page 545 & 597*, Note 1, en traitant de la navigation des bateaux Charbonniers fur la riviere d'Allier, où il fe percevoit auffi.

L'Auteur du Dictionnaire du Commerce (2), nous a fourni une partie du détail que nous allons donner ici, quoique ce droit ne fubfifte plus pour le moment.

Droit de Boîte, Fait des Marchands. Compagnie des Marchands fréquentants la riviere de Loire.

On appelloit *droit de Boîte*, *fait des Marchands*, un droit qui fe levoit fur les bateaux naviguants fur la Loire, non-feulement pour la fûreté de la navigation fur cette riviere, mais encore pour l'entretien des chemins & des chauffées; il étoit en conféquence naturel, ou du moins, il ne doit pas paroître étonnant, que ce droit ait été fuggéré par les Marchands fréquentants la riviere de Loire; on juge qu'il eft important pour eux que cette

---

(1) *In omnibus vectigalibus ferè confuetudo fpectatur.*

(2) A la lettre C, à l'article *Compagnie des Marchands fréquentant la riviere de Loire.*

riviere foit en tout temps tenu en état de navigation dans toute l'étendue de fon cours.

Un nombre de Marchands, choifis par ceux qui font le Commerce par la riviere de Loire, & autres y affluentes, forme une Compagnie nommée *Compagnie des Marchands fréquentants la riviere de Loire.*

» C'eft cette Compagnie qui veille à ce que le lit de la riviere foit toujours » d'une largeur & profondeur fuffifantes pour le paffage des bateaux montants » & avalants, qui la fait curer & nétoyer quand il en eft befoin, qui fait » exécuter les Arrêts & Réglements rendus pour le placage des Moulins, » Bateaux, Nazieres & Pêcheries, & tout ce qui a rapport aux chemins éta- » blis fur les bords de la riviere pour le tirage & halage. Enfin c'eft à la vigi- » lance de cette Compagnie, qu'eft confié le foin d'augmenter le commerce » & la navigation de la riviere de Loire, d'en procurer par tous les moyens » convenables, & les moins à charge au Public, la liberté & fûreté, auffi » bien que des autres rivieres qui viennent s'y décharger.

» Charles VI femble avoir été le premier qui ait penfé à établir & à affû- » rer la navigation & le commerce de la riviere de Loire : ayant fupprimé » par fes Lettres-Patentes du mois de Décembre 1380, dans la premiere an- » née de fon regne tous les péages établis fur cette riviere, depuis Philippe- » Augufte.

» Charles VII ordonna en 1448, que tout ce qui pouvoit nuire à la » navigation de la Loire, feroit démoli aux dépens des Propriétaires ; & » Louis XI ajouta à ces Réglements une Ordonnance fur la largeur que les » chemins de tirage doivent avoir.

Le premier établiffement du *droit de Boîte* remontoit au 28 Décembre 1577 ; il fut impofé par Lettres-Patentes auxquelles eft annexé le Tarif du Droit ; ce droit fe percevoit au profit de la Communauté des Marchands fré- quentants la riviere de Loire ; il lui étoit concédé dans la vue de mettre ces Marchands en état de fubvenir aux frais de leur Commerce, mais à la charge du *Balichage* de la riviere, c'eft-à-dire, d'entretenir & de nétoyer le Canal de la Loire, de maniere que la navigation y fût toujours libre (1). Par le Tarif annexé à ces Lettres-Patentes, le Charbon de terre étoit impofé à cinq fols la fourniture (2) : ce droit a depuis été augmenté d'un affez grand nombre de fols pour livre.

D'après ces Lettres-Patentes de 1577, un Arrêt du Parlement de Paris du 23 Mai 1602, Arrêts du Confeil du dernier Août 1602, 5 Septembre 1617, dernier Février 1631, & Arrêt du Parlement du 14 Février 1632, ce droit de boîte fe percevoit fur la Loire, dans les Villes de la Charité, Nevers, Moulins, Saumur & Nantes ; il eft enjoint aux Maire & Echevins de ces

(1) Il n'eft pas indifférent de rapprocher de ces conditions la note inférée page 596.

(2) Chaque fourniture compofée de 21 ton- neaux.

Villes d'établir un Bureau dans chacune d'elles, fur le bord de la riviere, en un endroit commode pour les bateaux.

Ce droit ne fe payoit qu'une feule fois, c'eft-à-dire, que s'il avoit été perçu en paffant par l'une des Villes qui y font fujetes, il n'étoit plus payé dans l'autre, au moyen que le payement en étoit juftifié; il n'étoit pas dû non plus par les Habitants de ces Villes pour les vins, bleds & denrées de leur crû, qu'ils faifoient venir pour leur confommation, pourvu en conféquence qu'ils ne les revendiffent plus enfuite pour être exportés de nouveau, dans lequel cas ils devroient le droit.

» Ces Privileges accordés aux Marchands de la Loire, ayant en différents » temps reçu diverfes atteintes, qui diminuoient confidérablement le com- » merce & la navigation de la Loire, les Marchands qui formoient cette » Compagnie, au commencement du dix-huitieme fiecle, demanderent au » Roi, non-feulement la confirmation de leurs anciens Privileges, mais en- » core qu'il leur fût permis d'impofer fur les marchandifes des droits modi- » ques fous le nom de *Boîte* ou *Fait des Marchands*, comme il s'en levoit » même alors en quelques endroits de la Loire, afin de mettre leur Com- » pagnie en état de faire les dépenfes néceffaires pour l'exécution des ancien- » nes Ordonnances, & particuliérement de faire curer & nétoyer le cours de » la Loire, & en retirer les eaux dans le lit qui leur a été fait d'ancienneté; » fuppliant en outre Sa Majefté, que fon Ordonnance de 1674, contenant » plufieurs Réglements concernant le commerce & la navigation de la riviere » de Seine, fût déclarée commune pour la riviere de Loire.

» Le Roi ayant écouté favorablement les repréfentations de cette Com- » pagnie, lui accorda une nouvelle Déclaration donnée à Marly, le 24 Avril » 1703, pour le rétabliffement & l'augmentation du commerce & de la na- » vigation de la riviere de Loire & autres fleuves y affluents, affez femblable » du moins, pour les principaux Articles, à celle donnée en 1674 pour la » riviere de Seine «.

Ce Réglement contient 27 Articles, dont le XIX fait *défenfe aux Voi- turiers de partir des Ports de chargement fans être pourvus de Lettres de Voi- ture.*

Par le XXVI, *toutes les procédures relatives fe font à la requéte du Pro- cureur Général du Roi, & de la Compagnie des Marchands fréquentants la riviere de Loire; & les Procès où cette Compagnie fera originairement partie ou partie intervenante, feront jugés en premiere & derniere inftance à la grand'- Chambre du Parlement de Paris; & ce, nonobftant tous Privileges contraires, & même ceux accordés aux Fermiers des péages de Sa Majefté.*

En 1758, le 28 Septembre, un Arrêt du Confeil, revêtu de Lettres- Patentes du 28 Octobre fuivant, enregiftrées en Parlement le 4 Juillet 1759, prorogea en faveur des Marchands fréquentants la Loire & autres rivieres y

affluentes les *droits de Boîte* , encore pour fix années feulement , à commencer du 13 Octobre 1758 , jufqu'au 13 Octobre 1764 , jour que la perception
en devoit ceffer : comme en effet le droit eft demeuré fupprimé , du moins
n'eft-il plus exercé dans l'Anjou.

Au mois de Juin 1773 , eft émané du Confeil , un Arrêt qui attribue
aux Intendants & Commiffaires départis, privativement à tous autres , la connoiffance de tout ce qui peut intéreffer le nétoyement du lit des rivieres de
Loire , Allier & autres qui s'y déchargent , ainfi que des difcuffions qui pouroient naître entre les Seigneurs , Propriétaires & Riverains , tant pour ce
qui concerne le chemin de hallage , que les péages , fauf l'appel au Confeil.

Cloifon , *Clouaifon* ; *Droit de Cloifon.*

» Sous ce nom , eft défigné un droit qui fe paye en Anjou par les Mar-
» chands fréquentants la riviere de Loire , & qui fut impofé par le Duc d'An-
» jou , fous prétexte qu'il avoit befoin de faire la Cloifon des villes d'*Angers*
» & de *Saumur* , c'eft-à-dire , de les enfermer de murs , & de les fortifier.

» Les Ducs d'Anjou avoient octroyé cette impofition aux Maire & Echevins
» d'Angers , pour l'entretien des fortifications de leur Ville & du Château ,
» d'où il fut appellé *Cloifon* , *Clouaifon* , parce qu'il étoit deftiné à la cloifon
» ou clôture de cette Ville.

Dans cette courte notice que nous avons empruntée de l'Encyclopédie ,
on ne trouve ni la fixation du droit , ni les lieux , ni les objets qui y font
fujets , ni les circonftances particulieres qui forment exception , &c.

N'ayant pu avoir communication du Tarif qui a dû fervir de bafe à tous
les Réglements qui y ont rapport , je ne fai pas bien précifément fi le droit
de Cloifon eft dû nommément pour le Charbon de terre ; mais ayant toujours
été perçu fur toutes fortes de denrées , marchandifes & effets quelconques
deftinés pour le Commerce , ou pour la provifion , confommation & ufage
des gens non Fabriquants & Commerçants , de quelque qualité & condition
qu'ils foient , il eft à préfumer que le Charbon de terre eft fujet à cet *octroi.*
Aujourd'hui fon produit total n'appartient pas à la Ville d'Angers : à l'ancien
octroi il en a été ajouté un en fupplément au profit du Roi , fous le nom de
double & triple Cloifon , comme on va le voir par le détail fuivant , dreffé
par M. Quinquet , Directeur des Aydes d'Angers.

Louis XI , par fes Lettres du mois de Février 1474 , en créant la Mairie
d'Angers , donna aux Maire & Echevins faculté & puiffance de lever ou
faire lever la *Cloifon accoutumée être levée* , foit par leurs mains , ou bailles à
Ferme , pour le produit être employé à la réparation , fortification , empare-
ment & autres néceffités & affaires communes de la Ville.

Les termes de *Cloifon accoutumée être levée* , font voir clairement que ce droit fubfiftoit avant les Lettres de 1474 ; mais il ne refte aucunes traces écrites de fa création, fi ce n'eft que dans le préambule de l'Arrêt du Confeil du 14 Juillet 1663, il eft rapporté que ce droit de *Cloifon* étoit l'ancien Domaine & Patrimoine de la Ville, établi de tout temps par les anciens Ducs d'Anjou, & par la Coutume écrite de la Province, pour l'entretien & réparations des clôtures & fortifications de la Ville, qui étoit alors une frontiere de la Bretagne.

Le premier Tarif de ce droit que l'on connoiffe, eft celui fait par les Maire & Echevins d'Angers, en leur Confeil ou Affemblée générale, convoquée à cet effet le 5 Décembre 1500, & qui fe trouve, ainfi que le Réglement, enfuite du texte de la Coutume d'Anjou, que l'on appelle *ancienne* ; parce que celle qui eft regardée comme nouvelle, & où ce Tarif ne fe trouve plus, a été réformée en 1508.

Il ne s'agiffoit encore alors que de la *fimple Cloifon*, fur le produit de laquelle il avoit été réfervé à René Duc d'Anjou, Roi de Sicile, une fomme de 150 livres par an, pour fes menus plaifirs, de laquelle les Maire & Echevins obtinrent de Charles VIII, en 1484, un don, que Louis XII confirma par fes Lettres-Patentes du 5 Avril 1713.

Les Charges & dépenfes néceffaires de la Ville devenant plus fortes, & le *fimple droit de Cloifon* n'y pouvant plus fuffire, les Maire & Echevins demanderent à Henri IV, le doublement de ce droit, qui avoit déja été fait précédemment, mais dont ils n'avoient point encore joui ; ce Roi le leur accorda par Arrêt de fon Confeil du 13 Avril 1596, pour être perçu conjointement avec l'ancien droit, pendant l'efpace de fept années. Ce doublement leur fut continué de temps en temps felon le befoin, en conféquence de la Déclaration de Louis XIII, du 24 Juillet 1638 : les Maire & Echevins ayant payé ès mains du Tréforier de l'épargne 4000 livres en 1640, & 16000 livres en 1645, pour être maintenus dans leurs droits, & être difpenfés de prendre des Lettres de confirmation pendant 12 années, il leur fut permis par Arrêt du 3 Mai 1645, de lever non-feulement le double, mais même *le tiercement du droit de Cloifon* ; & cet Arrêt eft le premier titre connu de ce triplement, qui n'étoit encore qu'accidentel.

Mais les befoins allant toujours en augmentant, & la Ville fe trouvant endettée de plus de 300000 livres, tant par fes dépenfes ordinaires, qu'à raifon des taxes qu'elle avoit payées au Roi en divers temps, Louis XIV, par fes Lettres-Patentes du 21 Juin 1651, permit & octroya la levée du droit de *doublement de Cloifon & tiercement* d'icelui, fur les denrées & marchandifes paffant par la Ville, les Ponts-de-Cé & Ingrande pendant 9 années, à commencer du jour de l'expiration des 12 années portées par la Déclaration du 24 Juillet 1638.

Les Maire & Echevins, ainfi en poffeffion des double & triple droits de

Cloifon,

Cloifons, les comprirent dans les Baux à fermes qu'ils donnoient, de la fimple Cloifon & des autres droits dont ils jouiffent, & entr'autres Baux, dans un fait à Guillaume Mariet, le 14 Juillet 1656.

C'eft dans ces circonftances que dans une affemblée de tous les ordres de la Ville, & en préfence, tant de M. le Marquis de Fourille, Gouverneur de la Ville & Château d'Angers, que de M. Hotman, Intendant de Tours, il fut procédé le 2 Janvier 1657 à une nouvelle Pancarte des droits de Cloifons, beaucoup plus détaillée & mieux développée que celle du 5 Décembre 1500, qui étoit tombée en défuétude.

Cette Pancarte de 1657, eft encore en vigueur aujourd'hui, & il n'en a été fait ni reformé aucune autre depuis (1). Il fut feulement le 8 Février 1681, difpofé un Tarif ou Pancarte dans la forme qui avoit été ordonnée par une Sentence de l'Election d'Angers du 12 Septembre 1665, portant que fur la Pancarte du 2 Janvier 1657, contenant le *fimple*, *double* & *triple* de la Cloifon, il feroit fait deux Extraits, dont l'un ne porteroit que le *fimple* de la Cloifon, pour fervir au Fermier de la Ville, & l'autre le *double* & *triple* pour l'ufage de Rouvelin, Fermier Général du Roi; ce font ceux dont on fe fert actuellement, l'exécution paroiffant en avoir été encore ordonnée par une Sentence de l'Election du 30 Mars 1705, à l'occafion de la Déclaration du 3 du même mois qui établiffoit deux fols pour livre fur tous les droits dépendants des Fermes du Roi.

Cependant les Marchands fréquentants la riviere de Loire, s'étant dans le temps oppofés à l'enregiftrement des Lettres-Patentes du 21 Juin 1651, la perception du double & du triple de la Cloifon, fut fufpendue par deux Arrêts du Parlement des 8 Août 1657, & Septembre 1659, pendant les années 1657, 58, 59, 60, 61 & 62, nonobftant un Arrêt du Confeil du 10 Juillet 1659, qui avoit voulu rétablir cette perception.

Mais le Roi par une Déclaration du 21 Décembre 1647, dont l'exécution fut différée par la guerre de Paris, enfuite par plufieurs autres Réglements confolidés par l'Edit de Décembre 1663, avoit ordonné à fon profit la jouiffance de la premiere moitié de tous les octrois & deniers communs des Villes du Royaume.

Cette difpofition donna lieu à différentes conteftations, entre les Maire & Echevins d'Angers, & les Fermiers de Sa Majefté, elles furent enfin invariablement terminées par un Arrêt contradictoire du Confeil du 14 Juillet 1663, qui laiffant à la Ville la propriété perpétuelle de fon ancien droit de *fimple Cloifon*, réunit pour toujours à la Ferme des Aydes plufieurs octrois, & en-

---

(1) Les Tarifs de 1500 & de 1657, après avoir déterminé la quotité du droit fur une infinité de marchandifes, fpécifiées & détaillées, finiffent par dire, que pour toutes autres denrées & marchandifes dont n'y eft fait mention, même celles voiturées par les Meffagers, il fera pris & reçu 6 d. oboles pour livre, en exceptant quelques menues denrées qui n'ont pas de rapport à notre objet.

tr'autres, le double & le triple de celui de Cloifon, pour en jouir comme en avoient joui ou dû jouir les Maire & Echevins, & conformément au bail de Mariet du 14 Juillet 1656. La double & la triple Cloifon réunies, forment le double de la fimple, c'eft-à-dire, que telle marchandife qui fe trouve *tarifée* pour la fimple par cent pefant à 3 fols 4 deniers, doit pour la double & triple 6 fols 8 deniers.

La Pancarte du 5 Décembre 1500, porte que ce droit » eft dû fur toutes » fortes de marchandifes généralement quelconques, entrant, paffant, &c. » par la Ville, Fauxbourgs & *Quintes* d'Angers, ou par les *Fins* ou *Metes* (1), » d'entre les ponts d'Ingrande, les Ponts-de-Cé, le port de Ville-l'Evêque, » par eau ou par terre, en ce compris les ponts & paffages montant, baiffant » ou traverfant par les rivieres de Loire, de Mayenne & du Loir, ou par au-» cunes d'icelles.

Ce que nous avons obfervé en annonçant l'hiftoire du droit de Boîte, & de celui-ci, touchant les difcuffions & les abus qui peuvent naître à l'occafion des impofitions dont l'origine remonte à des temps fort reculés, eft arrivé pour le droit de Cloifon: fur des énoncés louches & obfcurs portés dans le bail de Mariet en 1656, & dans quelques réglements poftérieurs au Tarif de 1500, les Maire & Echevins d'Angers prétendirent, en 1740, que les droits de Cloifon n'avoient pas lieu fur les marchandifes dans les Fauxbourgs de la Ville, au-delà des barrieres: la conteftation fut d'abord jugée en leur faveur, par une Sentence de l'Election du 4 Mars 1741; mais le Fermier qui en interjetta appel à la Cour des Aydes, ayant invoqué la teneur du Tarif du 5 Décembre 1500, & ayant prouvé que les Maire & Echevins avoient eux-mêmes perçu au-delà des barrieres, le droit de fimple Cloifon, qui étoit refté à la Ville, la Cour des Aydes par un Arrêt contradictoire du 21 Mai 1745, infirma la Sentence de l'Election, & confirma la Pancarte de 1500, & le Tarif de 1657; enforte que depuis ce temps la perception n'a plus fouffert de difficulté à cet égard.

L'affujettiffement de toutes les marchandifes non-dénommées dans les Pancartes, aux droits, à raifon de 6 deniers pour livre de leur valeur, pour la double & triple Cloifon, & de 3 deniers pour la fimple Cloifon, a auffi donné lieu depuis 1657, & par fucceffion de temps à l'arbitraire, & à des diftinctions fur les marchandifes non-dénommées; car dans une infinité de cas, on a cru devoir fe rapprocher du Tarif & du Traité du mois de Septembre 1684, & le prendre pour guide, de maniere que fur les unes le droit ne s'eft perçu qu'au cent pefant, & fur les autres qui ont reçu des mains-d'œuvre, il s'eft levé à l'eftimation.

Les exemptions de ces droits s'étendent fort loin, fur tous les Habitants

---

(1) On entend par *Quinte*, les différents territoires & arrondiffements qui compofent l'étendue de la jurifdiction de la Prévôté d'Angers, fuivant l'Article XXXV de la Coutume d'Anjou; & les *fins* & *metes*, fignifient *termes* ou *bornes*.

de la Ville & des Fauxbourgs d'Angers, aux charges & claufes prefcrites fur quelques menues denrées , &c. comme nous l'avons annoncé précédemment.

ADDITION à la page 636, à placer avant les Obfervations fur les différentes mefures d'ufage dans le Commerce du Charbon de terre.

ARRET DU CONSEIL D'ETAT DU ROI,

Qui regle les Droits à percevoir fur les Charbons de terre étrangers qui viennent dans le Royaume par mer, &c.

Du 18 Septembre 1763.

Extrait des Regiftres du Confeil d'Etat.

LE Roi s'étant fait repréfenter, en fon Confeil, l'Arrêt rendu en icelui le 5 Avril 1761 , par lequel Sa Majefté auroit ordonné qu'à l'entrée de la Province de Bretagne, il feroit perçu fur le barril de Charbon de terre étranger, du poids de deux cents cinquante livres , le même droit de trente fous, qui étoit établi à l'entrée des Ports de Picardie , Flandre & Normandie , par Arrêts des 6 Juin & 15 Août 1741 ; & qu'à l'égard des autres entrées du Royaume, il feroit payé dix-huit fous par même barril, au lieu du droit de douze fols, qui avoit été ordonné par Arrêt du 28 Novembre 1730 : & Sa Majefté étant informée que cette perception au barril eft fufceptible de difcuffions & d'abus dans les différents Ports, en ce qu'il arrive fouvent que les Capitaines des Navires qui apportent des Charbons, & les Négociants à qui ils font adreffés, demandent à être difpenfés d'en faire déclaration, fous prétexte qu'ils ignorent la quantité de barrils de deux cents cinquante livres que peuvent contenir lefdits Navires ; que les raifons données par les uns, font, qu'en Angleterre où cette marchandife eft à bas prix, elle fe charge fans mefurage ; que les autres, qui conviennent d'un mefurage , alléguent que les mefures dont on fe fert en certains endroits où fe chargent lefdits Charbons, varient fi fort entr'elles , & font fi différentes du barril de deux cents cinquante livres, qu'il ne leur eft pas poffible d'en faire la réduction audit barril, & de donner une déclaration jufte ; qu'au moyen de l'inexactitude dans les déclarations qui font remifes, & des difficultés , longueurs & embarras qu'entraîne néceffairement le mefurage defdits Charbons, qui , d'ailleurs eft confié aux foins de fimples Gardes-côtes à bord des Navires, on parvient à éviter le payement de partie defdits droits d'entrée ; que ces droits fe trouvant atténués, l'objet dans lequel ils ont été impofés n'eft pas rempli : à quoi étant néceffaire de pourvoir; & Sa Majefté voulant pour cet effet établir une perception plus certaine & uniforme dans tous les Ports du Royaume ; défirant encore donner des preuves plus particulieres de fa protection à l'exploitation des Mines du Royaume, en facilitant la circulation des Charbons de terre dans les différentes Provinces : Oui le rapport du fieur Bertin, Confeiller ordinaire au Confeil Royal, Contrôleur des Finances ; LE ROI étant en fon Confeil , a ordonné & ordonne, qu'à l'avenir & à compter du jour de la publication du préfent Arrêt, il fera perçu dans tous les Ports du Royaume, fur les Charbons de terre qui y viendront par mer de l'étranger, douze livres par tonneau de mer, fuivant la continence à *morte-charge* (1), des Navires par lefquels ils feront apportés. Veut néanmoins Sa Majefté que ledit

_____

(1) Dans le Commerce de mer, on appelle *Vaiffeau à morte-charge*, un vaiffeau qui n'a pas fa charge entiere.

droit ne foit levé que fur la continence de la cale entiere , s'il n'y a aucuns Charbons chargés fur l'entre-pont: enjoint à cet effet à tous Capitaines de Navires de faire dans les vingt-quatre heures de leur arrivée , déclaration exacte du nombre de tonneaux que jauge-ront leurs Navires , en obfervant de diftinguer , dans le cas feulement où il n'y auroit aucun chargement de Charbons fur l'entre-pont , la *jauge* (1) de la cale d'avec celle dudit entre-pont: veut Sa Majefté que fi après la jauge faite , la continence du Navire ne fe trouve excéder celle portée par la déclaration que d'un dixieme & au-deffous , il ne foit payé que les frais de la jauge & le droit de douze livres par tonneau , à raifon de la quantité de tonneaux vérifiés: que fi la continence du Navire excede la déclaration de plus du dixieme , lefdits Capitaines foient condamnés à une amende de cent livres (2) , par chaque tonneau non déclaré , indépendamment des droits , frais & dépens ; laquelle amende ne pourra être , fous quelque raifon & prétexte que ce puiffe être , remife ni modérée. A l'é-gard des Charbons de terre qui viendront de l'étranger par terre , les droits d'entrée conti-nueront à en être payés comme par le paffé: ordonne Sa Majefté que les Charbons de terre qui feront tranfportés dans les différentes Provinces du Royaume , tant des cinq groffes Fermes , que réputées étrangeres , jouiront à leur circulation dans ces différentes Provinces , de l'exemption de tous droits de Traites. Et fera le préfent Arrêt lu , publié & affiché par-tout où befoin fera. F A I T au Confeil d'Etat du Roi , Sa Majefté y étant ; tenu à Verfailles le dix-huit Septembre mil fept cent foixante-trois. *Signé* , PHELYPEAUX.

Du Jaugeage des Bâtiments de mer , page 634.

On appelle *Jaugeage* , l'art de mefurer la capacité ou le contenu de toutes fortes de vaiffeaux.

L'ancienne maniere ufitée à Bordeaux pour rapporter à une mefure connue la capacité d'un vaiffeau , & réduire les marchandifes au *tonneau de mer* , étoit fort fimple ; en voici la méthode , telle qu'elle eft rapportée dans le Diction-naire du Commerce de Savary (3).

» Les *Vifiteurs d'iffue* prennent les dimenfions des Vaiffeaux , avec leur cordeau » ou chaînette , favoir de la longueur , de la largeur , de la profondeur , ou *Calai-* » *fon* , pour en favoir le port , & combien ils peuvent contenir de tonneaux.

» Quand le vaiffeau eft jaugé , les Vifiteurs dreffent un état de fa *Cargai-* » *fon* , c'eft-à-dire , de toutes les marchandifes qui ont été déclarées devoir en » faire la charge. Cet état s'infcrit fur une feuille volante , qu'on nomme un » *Portatif.*

» Cela fait , ils réduifent les marchandifes au tonneau de mer , & compa-» rent enfuite le premier produit de tonneaux qu'a donné l'opération de la » jauge , avec le nombre de tonneaux , fuivant la cargaifon des marchan-difes.

---

(1) Cet Article des mefures comparées enfem-ble , & le jaugeage des Navires , étant fujet à des difficultés , nous rerminerons ces additions par des éclairciffements relatifs à cette matiere.

(2) 50 livres de plus que celle portée par

l'Article VII de l'Arrêt du Confeil du 19 Avril 1701 , portant Réglement pour le payement du droit de fret.

(3) Etat général du Commerce de l'Europe, Art. des *Vifiteurs d'iffue*, Tom. 1 , pag. 53.

» L

» La comparaison des deux produits étant faite, ils prennent une mesure
» proportionnelle sur laquelle ils jugent de la véritable capacité, & du port
» réel du Vaisseau.

» Il faut remarquer qu'avant de comparer ensemble les deux produits, les
» Visiteurs ajoutent toujours dix pour cent de tonneaux, au produit de la car-
» gaison, ensorte qu'un Vaisseau chargé de cent tonneaux de marchandises,
» ils le tirent pour cent dix tonneaux.

Le Jaugeage des Bâtiments de mer est le plus difficile ; sa difficulté
consiste, (1) « en ce que chacune des deux coupes horizontales du Vaisseau a
» une circonférence ou un contour très-bisarre, formé de différentes portions
» de courbes différentes, & de plus, en ce que les deux coupes ont des contours
» très-différents ; ainsi la Géométrie doit désespérer d'en avoir les aires : quant
» à la distance des deux plans, qui est la hauteur du solide qu'ils comprennent,
» il est très-aisé de la prendre immédiatement.

» La lumiere de la Géométrie manquant, les hommes ont, pour ainsi dire,
» été abandonnés chacun à son sens particulier ; en différentes Nations, en
» différents Ports d'une même Nation, & en différents temps, on a pris diffé-
» rentes manieres de jauger.

» Comme ce jaugeage a pour objet de savoir ce que les Vaisseaux de mer
» peuvent contenir de marchandises, outre toutes les choses nécessaires pour
» faire voyage, parce qu'il se leve des droits sur ces marchandises, on appelle
» proprement *jaugeage des Vaisseaux*, non de la capacité entiere de leur creux
» ou vuide, mais seulement de la partie de cette capacité que les marchandises
» peuvent remplir ; ainsi le Vaisseau étant construit, & pourvu seulement de
» tout ce qui lui est nécessaire pour le voyage, il enfonce dans l'eau, d'une
» certaine quantité, & jusqu'à une ligne qu'on appelle *ligne de l'eau* ; si de
» plus on le charge de toutes les marchandises qu'il peut porter commodé-
» ment ou sans péril, il enfonce beaucoup davantage, & jusqu'à une autre
» ligne qu'on appelle *ligne du fort*, parce que la distance de cette ligne, jus-
» qu'à celle où le vaisseau seroit près de submerger, se prend par rapport au
» milieu du vaisseau qui en est la partie la plus basse, & en même-temps la plus
» large, qu'on appelle le *fort*, la *ligne du fort*.

» La ligne du fort, dans un vaisseau aussi chargé qu'il peut l'être, est ordi-
» nairement un pied au-dessous du fort ; la ligne de l'eau & celle du fort, sont
» toutes deux horizontales, & par conséquent parallèles ; & il faut concevoir
» que par elles passent deux sections ou coupes du vaisseau, qui sont aussi
» deux plans horizontaux. Il est visible que c'est entre ces deux plans qu'est
» comprise toute la capacité du vaisseau que les marchandises occupent ou peu-
» vent occuper : c'est elle qui doit les droits, & qu'il faut jauger. Le volume

(1) Extrait de l'Encyclopédie, Tome VIII, au mot *Jaugeage.*

» d'eau qui la rempliroit, eſt d'un poids égal à celui des marchandiſes ; & ſi
» on ſait quel eſt ce volume, & par conſéquent ſon poids, (car un pied cube
» d'eau peſe 72 livres,) on ſait le poids des marchandiſes du vaiſſeau.

Obſervations particulieres ſur les poids & meſures comparés.

La plûpart des Nations, chez qui le Commerce fleurit, ont leurs poids
particuliers déſignés par différents noms, comme on a eu occaſion de le voir
dans le courant de cet Ouvrage ; chacun de ces poids, ſes diviſions & peſan-
teurs, différent ſuivant les denrées, ſuivant les Provinces, &c.

Cette diverſité de poids, l'impoſſibilité de la réduction exacte des différents poids établis même dans une ſeule Nation, font un des articles les plus
embarraſſants du Commerce.

La livre de *Londres*, eſt de quatorze onces, cinq huitiemes.

Par toute la France la *livre* n'eſt pas la même ; à *Paris*, elle eſt de ſeize
onces ; à *Touloule*, & dans tout le haut *Languedoc*, la livre qu'on appelle
poids de table, n'eſt que de treize onces & demie du poids de Paris ; à *Lyon*,
la *livre poids de Ville*, n'eſt que de quatorze onces, enſorte que 100 livres
de Lyon, ne valent que 88 livres de Paris.

A *Marſeille*, & dans toute la Provence, la livre eſt de treize onces du
poids de Paris.

A *Rouen*, outre la livre commune de Paris, ils ont le *poids de Vicomté* (1),
dont la livre eſt de ſeize onces, cinq gros, huit grains & deux troiſiemes.

Quoique les meſures de Charbon au poids varient néceſſairement par les
raiſons que l'on a préſentées à leur place, les obſervations de MM. Peronnet
& Lavoiſier, ſur le poids du *demi-minot*, d'où s'enſuit celui du *minot*, ont
l'avantage de donner la facilité d'eſtimer au poids différentes meſures inconnues, par approximation avec notre minot ou notre demi-minot de Paris.

Le poids moyen d'un pied cube de Charbon de terre, ou pour parler plus
exactement, d'une meſure de Charbon de terre d'un pied cube de capacité,
eſt, comme on l'a vu d'après M. de Voglie, *page* 637, depuis 60 juſqu'à 65
livres, & d'après les expériences de MM. Peronnet & Lavoiſier, de 62
livres. D'après cela, il ſeroit peut-être poſſible d'eſtimer les différentes meſures au poids, par approximation avec notre minot, qui en conſéquence, peſe
pour un Charbon 182, & pour un autre 186 ; c'eſt-à-dire de 180 à
186 livres.

Le *Galon* d'uſage en Angleterre, ſe trouve préciſément peſer depuis 56
juſqu'à 62 livres (2). 63 *Galons* font le *muid* ou la *barique*, *page* 543.

(1) Juriſdiction qui connoît la Police des rivieres, & tout ce qui regarde les poids & meſures, & droits de Vicomté.

(2) Il differe peu du Galon connu à Caen, en Baſſe-Normandie.

126 *Galons* font la *pipe*, & 252 *Galons* font le *tonneau*.

Dix de ces *Galons* reviennent à une autre mesure usitée pour les grains dans quelques endroits d'Angleterre, particuliérement à Newcastle, & qu'on nomme *Quartiere*. A Morlaix, en Bretagne, il y a aussi une mesure de grains qui s'appelle du même nom *quartiere*; les 18 quartieres dans cet endroit font le *tonneau* de Morlaix, qui est de dix pour cent plus fort que le tonneau de Nantes.

Un Arrêt du Conseil du 31 Octobre 1741, au sujet de Charbons de terre, portés en grenier à Caen & au Havre, sans déclaration de quantité, donne à penser qu'il venoit des Charbons d'Angleterre dans des *quartieres*, ou mesurés à cette mesure, dont les Marchands prétendoient ne savoir faire l'évaluation avec les mesures de France; on estime qu'il faut cinquante *Quartieres* pour faire le *Last* (1); nommé ailleurs par corruption *Leth, Lecht, Lest, Lastre*.

Il ne nous reste rien à dire sur les mesures d'Angleterre, dont nous avons fait connoître les contenances, pour le *chalder* à Newcastle, *page* 413, à Londres, *page* 416, pour le *sac*, *page* 437, pour la mesure de bon compte, qui est ordinairement un excédent d'une vingtaine par cent, exprimé par le mot *Score*. Voyez *page* 432, pour la mesure dont on se sert pour les denrées séches qui viennent par eau, comme Huîtres & Charbon, & appellée *Water measure*, mesure d'eau, mesure de quai, *page* 437.

Nous allons maintenant nous occuper des différentes charges & mesures usitées en France, de leurs prix en différents temps & de leurs poids; il semble assez naturel de commencer par les plus fortes charges qui, sans contredit, font celles de mer connues sous les noms de *Tonneau*, *Barril* ou *Barrique*, *Pipe*, &c. appellées encore autrement dans différentes Provinces.

Port d'un Vaisseau, *Portée*; ce mot se prend pour exprimer la capacité des Vaisseaux, ce que l'on spécifie par le nombre de *Tonneaux* que le Vaisseau peut contenir. Ainsi on dit qu'un Vaisseau est du *Port* de deux cents tonneaux, pour dire que sa capacité est telle qu'il pourroit porter une charge de quatre cents mille livres, parce que chaque tonneau est pris pour un poids de deux mille livres. On compte qu'un tel Vaisseau chargé de deux cents tonneaux, occupe, en enfonçant, un espace qui contiendroit deux cents tonneaux de mer; suivant l'Ordonnance, il n'est réputé y avoir erreur en la déclaration de la portée du Vaisseau, si dans cette déclaration on ne se trompe que d'un dixieme.

Tonneau se prend souvent pour un Boucaut, ou quelque grande Futaille; c'est un cube dont la longueur, la largeur & la hauteur ont chacune 4 pieds 8 pouces, 9 lignes deux tiers, pied-de-Roi; mais le principal usage

---

(1) Ce mot Anglois qui a passé chez plusieurs Nations commerçantes, désigne une quantité convenue & différente selon les marchandises: ainsi on dit un *last* de harengs, un *last* de bled; ce qui revient au mot *charge*, usité en plusieurs pays, & qui exprime un poids différent selon les pays; d'où, sans doute, *last*, en plusieurs endroits, veut dire en terme de navigation *charge*, & d'où est encore peut-être venu l'expression *lester*.

de ce mot dans le Commerce, eſt de ſignifier quatre barriques, ou la contenance en particulier de quatre barriques. Le même mot déſigne encore la peſanteur de deux mille livres poids de marc (1), & le port ou la capacité des Navires.

Les *Belandes* (2), dont on ſe ſert principalement dans la baſſe Flandre pour tranſporter ſur les canaux & ſur les rivieres le Charbon de terre, & pour le déchargement des grands bâtiments arrivants dans le Port de Dunkerque, ont une capacité qui va juſqu'à 80 tonneaux.

Le *Tonneau d'arrimage* (3), eſt de quarante-deux pieds cubes. *Voyez* Tonneau de mer, *page* 570, compoſé de 36 Barriques, *pages* 636, 538.

Le *Barril*, dont l'étalon eſt fixé à deux cents cinquante livres poids de marc; *voyez page* 570, eſt encore évalué différemment dans quelques provinces maritimes de France; *voyez pages* 543 & 544.

Un Privilege de la Sénéchauſſée de Bordeaux, eſt d'avoir de grandes Barriques excluſivement à tout autre pays; celles de la haute Guyenne doivent être plus petites au moins d'un cinquieme : cela a été réglé par pluſieurs Arrêts.

La barrique Bordeloiſe doit avoir 2 pieds 10 pouces de long; elle doit avoir de groſſeur, au milieu où eſt la bonde 6 pieds 8 pouces, & aux deux côtés vis-à-vis les jables, 5 pieds 11 pouces.

Muid, avant que le Charbon de terre payât les droits par barril, le Charbon d'Angleterre & d'Ecoſſe payoit au Bureau général de la Rochelle, par muid, compoſé de 80 *Bailles* (4) ou *Panniers*.

A Rouen & en baſſe-Normandie, le Charbon de terre de Litry ſe vend au *cent* (5), qui eſt compoſé de cent cinq Barrils (6), & qui paye deux livres de droit, au profit de la Chambre de Commerce, en conſéquence d'un Arrêt du Conſeil du 19 Juin 1703 (7).

Comporte, *Baille*, Albigeois, meſure peſant environ 280 liv. net à Bordeaux.

Ferrat, meſure avec laquelle on meſure le Charbon à Gaillac (ſur le Tarne) qui eſt l'entrepôt du Charbon de Carmeau (8); il faut environ

---

(1) Poids de 8 onces : c'eſt par cette raiſon qu'à Paris, & dans toutes les Villes de l'Europe, quand on parle d'une livre poids de marc, on l'entend toujours d'une livre peſant ſeize onces ou deux marcs.

(2) Ou *Belandres*; en terme de Marine, c'eſt un petit bâtiment de mer, qui eſt fort plat de varangues, qui a ſon appareil de mâts & de voiles ſemblable à celui d'un *Heu*, & dont la couverte, ou le tillac ou pont, s'élevent de proue à pouppe d'un demi-pied plus bas que le plat-bord; outre qu'entre le plat-bord & le tillac, il y a un eſpace d'environ un pied & demi qui regne en bas, tant à ſtribord qu'à bas-bord. Les plus grandes Belandres peuvent ſe conduire par trois ou quatre perſonnes : elles vont à la bouline comme le *Heu*, & ont pour cela des ſemelles.

(3) On appelle *Arrimage*, la diſpoſition, l'ordre & l'arrangement de la cargaiſon du Vaiſſeau, de même que l'action de ranger la marchandiſe dans le fond de cale : cette fonction

eſt attachée dans quelques Ports de mer, & ſinguliérement dans ceux de la Guyenne & dans le pays d'Aunis, à de bas Officiers de Port, nommés par cette raiſon *Arrumeurs* : ceux à qui appartiennent les marchandiſes payent à cet effet un droit.

(4) *Baille* ſignifiant un vaiſſeau en forme de barrique ou de bacquet, en uſage ſur quelques bâtiments de mer, deſtiné à différentes choſes.

(5) Terme dont ſe ſert ſouvent dans le Commerce, pour exprimer une certaine quantité des choſes dont on trafique.

(6) Ce barril eſt de la contenance de quatre boiſſeaux combles.

(7) Portant réglement pour l'établiſſement de cette Chambre dans la Ville de Rouen, avec le Tarif des droits que le Roi veut & ordonne être levés ſur les marchandiſes qui entreront dans ladite Ville de Rouen.

(8) Il paroît, que le *Douillard* dont il a été parlé *page* 538, eſt aujourd'hui de peu d'uſage.

1100 ferrats pour un tonneau, & plutôt plus que moins : il en coûte de voiture de Gaillac à Bordeaux, deux fols fix deniers, ou deux fols neuf deniers, & quelquefois trois fols par ferrat, ce qui revient à 170 ou 180 livres par tonneau, compofé de cent Comportes. *Voyez page* 538.

Le Charbon de terre de Carmeau, à deux lieues d'Alby, connu à Bordeaux pour Charbon de Gaillac, fe vend à Bordeaux 400 livres le tonneau.

Dans ce Port, le tonneau de Charbon de Newcastle compofé de cent comportes, & de 80 bailles, pefe environ de 230 à 240 livres : il fe vendoit en 1764, 450 à 480 livres.

Le Charbon d'Irlande y a valu pendant un temps de 120 à 130 livres de moins par *tonneau.*

Charge eft encore différente, felon qu'elle eft portée par des animaux ou autrement.

La *Charge Nantoife* eft de 300 livres Nantoifes ; celle des Mines de Lyonnois eft auffi du même poids.

La *Charge des Bateaux* eft quelquefois appellée *Navée.*

Mefure : aux foffes du Hainaut François, la mefure pefe 230 livres, & s'eft vendue 22 fols 6 deniers : avant la découverte de ces Mines, la même mefure de Charbon Autrichien (1) fe vendoit 37 fols 6 deniers à Valenciennes.

Les deux demi-barrils font, pour la quantité & pour le poids, la même mefure que la *demie-Rafiere de Dunkerque.*

La *Rafiere de terre* ne pefe que 245 livres ; celle de Flandres, nommée à Dunkerque *Audi*, pefe (mefure de mer) 280 livres.

---

(1) La *Wague* ou *Vague* de Charbon, d'ufage au Pays Montois, eft évaluée dans les Ordonnances de France, à 144 livres.

Fin de la troifieme Section.

SUITE D'ES ADDITIONS.

RÉGLEMENT GÉNÉRAL*

En matiere de Houillerie, pour la Province de Limbourg.

Du 1er Mars 1694.

CHARLES, par la grace de Dieu, Roi de Castille, de Léon, d'Arragon, des deux Siciles, &c. Archiduc d'Autriche, Duc de Bourgogne & de Lothier, de Brabant, de Limbourg, &c.

Le Réglement provisionnel que Nous avons fait émaner le 16 Novembre 1688, pour bénéficier la traite des Houilles dans nos pays de Limbourg, d'Aelhem & de Rolduc, n'ayant pu avoir l'effet que notre service & celui de nos fidéles Sujets requiert, à cause que les points qui donnent lieu à des disputes journaliéres, n'ont pas été réglés ; Nous avons trouvé convenir d'y pourvoir par un Réglement général ; & vu de suite la besogne des Commissaires de notre Conseil ordinaire de Brabant, sur ce fait, à l'intervention de notre Conseiller & Avocat fiscal du même Conseil, après qu'ils eurent oui les Etats de nosdits pays de Limbourg, d'Aelhem & de Rolduc : Nous avons, à la délibération de notre très-cher & très-aimé bon Frere, cousin & neveu MAXIMILIEN-EMMANUEL, par la grace de Dieu, Duc de la haute & basse Baviere & haut Palatinat, Comte Palatin du Rhin, Grand-Echanson du Saint-Empire, & Electeur, Landgrave de Leuthenberg, Gouverneur de nos Pays Bas, déclaré, statué & ordonné, déclarons, statuons & ordonnons:

ARTICLE PREMIER.

QUE les ouvrages privés que les particuliers entreprennent dans leurs fonds, les creusant & travaillant selon leur bon plaisir, sans formalité de Justice, & pour leur profit singulier, ne donnent aucun droit à leur *Entrepreneur*, sur le fond de leur prochain; mais se devront désormais contenir dans les limites de leur propriété, à peine d'être obligés à restitution de tout ce qui sera perçu au-delà d'iceux, sans aucun défrayement, & même châtiés comme des larrons, *si dolo malo factum sit.*

II.

ET si le *Propriétaire*, desséchant son fonds, soit par canal, dit communément *Xhorres*, soit par machines, vient à *saigner* & dessécher celui de son voisin, qui étoit auparavant submergé & inouvrable, icelui ne lui doit pour bénéfice autre chose, que le *remerciment*, dit vulgairement le *coup de chapeau.*

III.

BIEN entendu que tous *Canaux*, *Xhorres* ou *Aqueducs*, ci-devant construits & non publiés, pourront acquérir le droit de conquête parmi les faisant publier, & qu'on y observe, ce qu'au regard de ladite conquête sera ci-après exprimé par le présent Réglement.

IV.

Quant aux ouvrages *publiés*, qui s'entreprennent pour le bien public & par autorité de Justice, lorsque quelques Entrepreneurs risquent leur bien, pour chercher à découvrir quelque veine inconnue, ou rendre ouvrables celles qui ne le font pas:

*Cette piece se rapporte à la page 375, *Charbon de terre*, II. Partie.

V.

Qu'a ce, est nécessaire premiérement que la veine soit submergée & tellement inou-vrable, que le *Propriétaire* du fonds, où elle a cours, ne la puisse, ou ne la veuille tra-vailler & profiter, faute de quoi la conquête n'aura pas lieu.

V I.

Secondement, qu'il faut que l'ouvrage sur lequel on prétend d'établir une conquête, soit rendu public par *proclamation* & *enseignement de Justice*.

V I I.

Que celui qui voudra entreprendre de *conquérir* quelque veine de Houille ou Char-bon, en déchargeant les eaux qui la couvrent & la rendent infructueuse, soit par aque-ducs, souterrains, soit par machines hydrauliques, ou autres de quelle nature elles soient, sera, avant tout, obligé de proposer son dessein à la *Chambre des Tonlieux*, décla-rant les endroits èsquels il veut pousser sa conquête.

V I I I.

Et par enseignement d'icelle Chambre; il fera proclamer, nommément au lieu de la situation, son ouvrage par trois quinzaines, pour le rendre public & notoire à un chacun, pour que si quelqu'un a raison d'opposition, il puisse proposer & être oui par-devant la même Chambre; & s'il n'en propose aucune, son silence soit réputé pour un aveu, la chose proclamée.

I X.

Et comme ci-devant ces sortes de formalités étoient peu en usage; ceux qui ont été érigés par *enseignement de Justice*, seront réputés pour publics de même autorité & prérogatif qu'iceux.

X.

Que si toutefois l'Entrepreneur ne veut pas conquérir une étendue de veines; mais seulement quelques parties voisines à ses ouvrages, il suffira qu'il fasse dénoncer, d'au-torité du Juge, aux Propriétaires, qu'ils ayent à faire leurs efforts & mettre la main à l'œuvre pendant le temps de six semaines; faute de quoi elles lui seront adjugées.

X I.

Et ceci aura lieu, tant pour les veines qui sont connues & ont déja été travaillées, que celles qui sont inconnues, lorsque quelqu'un voudra risquer de les chercher, découvrir & rendre ouvrables à ses frais.

X I I.

Que si deux *Xhoreurs* viennent à concourir pour la conquête d'une même veine dans une ou plusieurs Jurisdictions, elle sera adjugée à celui qui aura le plus *bas niveau*, com-me la pouvant travailler plus utilement, tant pour le Propriétaire que pour le Public.

X I I I.

Ne fût toutefois que l'autre eût découvert & trouvé la veine, en quel cas il ne peut être privé de ce qu'il pourra travailler *au-dessus de son niveau*.

X I V.

Et arrivant que deux *Xhoreurs* viennent travailler actuellement une même veine, celui qui a le plus *haut niveau*, ne pourra profonder sous icelui, mais laissera tout ce qui s'y ren-contre au profit de celui du niveau inférieur, lequel les travaillera en toute maniere, tant sous l'eau qu'autrement.

X V.

Ce qui s'entend si le *Xhoreur supérieur* ne travaille pas dans son propre fonds ou de fes Affociés ; ou autre où il a droit acquis ; car en ce cas, il le peut évacuer en toutes telles manieres qui lui font poffibles.

X V I.

P O U R V U toutefois que par fon *deffous-l'eau*, il ne détruife pas l'ouvrage du *niveau inférieur*, lui coupant le paffage ; ce qui fe doit entendre fi les *Xhoreurs* font bien voifins, & travaillent actuellement tous deux ; car fi le fupérieur a prévenu & devancé l'autre de quelque diftance notable, cette confidération ne doit pas avoir lieu.

X V I I.

E T même il ne peut être contraint de faire fes derniers efforts ; ou recueillir fous l'eau dans fes héritages fi long-temps qu'il y a de quoi s'occuper au-deffus de fon niveau.

X V I I I.

L E *Xhoreur fupérieur* ne pourra auffi percer à l'inférieur qui eft *embouté* deffous lui, ou fes ouvrages, & lui envoyer fes eaux ; mais fera obligé de laiffer des *ferres* fuffifantes à ne les pas incommoder.

X I X.

T O U T E S allégations, oppofitions ou contradictions que l'on voudra avancer touchant une entreprife, fe devront propofer, pendant lefdites publications, ou du moins avant que l'ouvrage foit autorifé, à peine que celles qui feront par après, feront rejettées comme inutiles & hors de faifon.

X X.

Q U E fi les trois publications faites, & les fix femaines expirées, ladite Chambre connoît le deffein devoir être préjudiciable au Public, coupant & faignant les eaux de quelque Bourg, Village, Hameau, Moulin, Preffoir, Foulerie, Fourneaux, Batterie, ou autres ufines néceffaires aux ufages humains, ou bien defféchant les Sources, Fontaines, Puits des Abbayes, Châteaux ou Maifons fortes, où le peuple doit prendre fon afyle & refuge en temps de guerre, & en un mot, apportant quelque préjudice important ou irréparable au Public, ou à plufieurs furféants, elle l'interdira.

X X I.

Q U E fi au contraire, elle trouve l'entreprife être utile au Public ; elle l'autorifera ; & l'Entrepreneur pourra mettre la main à l'œuvre.

X X I I.

E T A N T autorifé, il marque l'ouverture de fon canal, dit vulgairement *l'œil d'areine* ; par avis des connoiffeurs & de ladite Chambre ou de quelque membre d'icelle à ce député, au lieu où on le jugera le plus commode & utile à l'entreprife, & moins préjudiciable au prochain.

X X I I I.

L'O U V R A G E ainfi marqué, il pourra conduire par le fonds d'autrui, tout où il s'adonnera, fans que les Propriétaires l'en puiffent empêcher, ni faire chofe qui lui foit préjudiciable, directement, ou indirectement, parmi leur payant le *double dommage externe*, à eftimer conformément à ce que la partie du fonds intéreffée fe pourroit louer.

X X I V.

L E Q U E L payement fe devra faire d'an en an ; & au défaut d'icelui, le Juge de ladite Chambre pourra accorder *exécutoriales* fans autre formalité de procès.

X X V.

E T étant arrivé à la veine ; il pourra faire tout ce qu'il conviendra pour pouvoir la travailler & en profiter, rendant au Propriétaire fon *tantieme*, outre le *double dommage* fuperficiel, comme dit eft.

XXVI.

QUE fi ledit ouvrage perd fon paffage à travers de quelques fonds nous appartenants, ou de quelques chemins, ou ruiffeaux publics, Nous agréons d'être réglés fur le même pied que les particuliers, parmi obtenant octroi pour les ouvrages à commencer.

XXVII.

LEQUEL *tantieme* fe regle provifionnellement au quatre-vingt-unieme panier; au regard des petites veines, au quarante-unieme panier, pour ce qui eft des moyennes, & au vingt-unieme pour ce qui eft des grandes veines, au jugement des connoiffeurs, fans que pour ce, il pourra avoir procès, & cefferont même tous différends qu'il pourroit avoir fur ce fujet.

XXVIII.

QUE pour éviter les difputes qui pourroient naître fur la *diftenfion des veines*, Nous déclarons que feront tenues pour petites celles qui, en épaiffeur, feront d'un pied à deux; les moyennes, celles qui feront de deux pieds à trois; & les groffes, celles qui feront de trois à quatre pieds.

XXIX.

ET ce *tantieme* fe payera fur la foffe, en même matiere qu'il fe produira au jour.

XXX.

ET afin que le *Propriétaire* ne foit de fraude, les Ouvriers & Commis de l'Entrepreneur feront obligés de prêter ferment qu'ils évacueront fidélement & exactement fon héritage, mettant à *parte* fon *tantieme* fait à fait qu'il fortira au jour, ou les délivrant à celui qui fera établi pour le recevoir.

XXXI.

ET afin qu'il en puiffe profiter, il aura fon *tantieme* pour le vendre.

XXXII.

ET lorfqu'il fera queftion de percer dans quelque héritage nouveau; pour y jetter Houille ou Charbon, le Maître de la Houillerie fera obligé de le manifefter au Propriétaire, avant que d'y toucher, & de lui faire voir le *mefurage*, s'il le défire.

XXXIII.

QUE fi quelqu'un n'entend pas d'ouvrir par droit de conquête, mais prétend fimplement paffage par les biens d'autrui pour conduire un canal dans fes héritages, propre pour y deffécher les veines & les profiter, & que le Propriétaire y réfifte, il le fera citer par-devant ledit Juge, lequel ayant oui les raifons des Parties, lui adjugera le *double dommage* du fonds.

XXXIV.

ET s'il vient à rencontrer des veines èfdits héritages, icelui n'en pourra jouir, mais fera obligé de les laiffer au *Propriétaire dudit fonds*, prenant fimplement fon paffage par icelles, de la largeur néceffaire qui fe dit vulgairement, *voie d'airage & de panier*.

XXXV.

DE même eft-il, fi un Propriétaire vient alléguer fur les publications, de pouvoir travailler les veines extantes en fon fonds, fans bénéfice de *xhorre* ou canal, ladite Chambre lui ordonnera de vérifier fon dire, & ce fait, le *Xhoreur* ne pourra toucher auxdites veines, mais prendre fimplement fon paffage à travers d'icelles.

XXXVI.

OU bien, fi *l'Adhtrité* prétend de profiter fes veines; en tirant les eaux à force d'hommes ou de chevaux, ce qui s'appelle *jetter à la tinne* en ce cas le *Xhoreur* sera obligé de lui faire suivre lesdites veines auffi bas qu'il sera paroître de les pouvoir jetter, & jouira du furplus, qui, fans ces ouvrages, auroit été infructueux audit *adhérité*, parmi lui rendant fon *tantieme* comme ailleurs, outre le *double dommage.*

XXXVII.

QUE fi la chofe eft douteufe & que l'on ne puiffe connoître exactement jufqu'à quelle profondeur le Propriétaire peut arriver, & profiter fon bien, ledit Juge lui ordonnera de faire fes efforts de travailler inceffamment, jufqu'à ce qu'il ait évacué toute la denrée à laquelle il peut atteindre, & le réfidu fera à l'Entrepreneur, en rendant au Propriétaire fon *tantieme.*

XXXVIII.

QUE fi tel Propriétaire délaye fix femaines fans commencer, ou pourfuivre actuellement fes ouvrages, il en fera déchu, à moins qu'il n'avance, pendant ledit temps, quelque excufe bien légitime.

XXXIX.

PERSONNE ne pourra profiter malicieufement du travail d'autrui; & fi un *Xhoreur*, ouvrant à la bonne foi, vient à deffécher la veine d'un héritage voifin, le Propriétaire ne le pourra jetter, finon en reconnoiffant le bénéfice reçu fur le pied, proportion & taxe ci-deffus exprimée.

XL.

MAIS fi le *Xhoreur* perce effectivement, foit doleufement, ou inconfidérément, dans l'héritage de fon voifin, il perd fon canal à fon égard, & ledit voifin peut *affoncer* fur icelui, & s'en fervir pour l'évacuation de fes héritages, fans plus; & ce que le Xhoreur aura jetté de fon bien, il doit lui rendre fans frais.

XLI.

UN Entrepreneur qui a commencé un ouvrage *public* ou de *conquête*, fera obligé de le pourfuivre; & en cas de négligence, pourra y être contraint par toute perfonne qui fera paroître y avoir intérêt.

XLII.

IL fera pourtant réputé négligent fi long-temps qu'il aura Houille & Charbon à débiter fur la foffe, pourvu qu'il les vende actuellement à prix raifonnable, comme les circonvoifins.

XLIII.

ET fera obligé d'avancer les veines les plus voifines de la *voie du niveau*, fans laiffer les unes & prendre les autres pour favorifer & défroder les *adhérités*, pourvu qu'elles foient d'un rapport fuffifant à payer les frais de leur éjection.

XLIV.

QUE fi l'Entrepreneur tombe court, & ne peut ou ne veut pourfuivre fon ouvrage, les Intéreffés lui feront dénoncer par *enfeignement de Juftice*, qu'il ait à travailler; & fi, après telle dénonciation, dans trois mois, il ne remet la main à l'œuvre, ou travaille férieufement, comme il appartient, n'ayant excufe légitime de fon délai, on procédera à la *fubhaftation* (1) de fon ouvrage dans les formes ordinaires, & il fe vendra à l'enchere au profit dudit Entrepreneur, foit en argent clair, foit fur rente au denier feize, pour laquelle ledit ouvrage fervira d'hipothéque, outre celle que l'obtenteur fera obligé de fournir.

XLV.

LE même s'obfervera en cas qu'il y eût plufieurs *Compartionniers* dans un ouvrage; fi

(1) Terme d'ufage feulement dans le pays de Droit écrit, qui fignifie Vente folemnelle à l'Encan & à cri public, au plus offrant & dernier enchériffeur. *Venditio fub haftâ.*

quelqu'un d'iceux demeure en défaut de fournir fa quote dans la dépenfe ; dès qu'il fera redevable de deux quinzaines, les autres *Compartionniers* ou chacun d'iceux pourront faire proclamer fa part, foit qu'il y ait orphelin ou point, & la faire vendre au plus offrant.

XLVI.

Q U I comptera ès mains du Commis de la Houillerie, ce que le défaillant devoit à l'ouvrage, & en un mois après le refte au dépoffédé, ou bien lui en créera une rente fur bon & affuré gage.

XLVII.

L A Q U E L L E vente ne fera fujette à retrait linager, mais bien pourra être purgée; foit par le dépoffédé, foit par fes proches en deans fix femaines après l'argent compté, ou la rente créée parmi indemnifant l'obtenteur.

XLVIII.

S I par avanture quelque *Compartionnier* vient à vendre la part qu'il a dans l'ouvrage, il fera libre à fes affociés de la rapprocher auffi en deans fix femaines de la réalifation de ladite vente, fans qu'en ce l'on doive avoir égard à aucune proximité du fang.

XLIX.

E T pour ce, un *xhore*, ou autre ouvrage à Houille fera réputé pour bien immeuble, & n'en pourra un Ufufructuaire difpofer, mais en percevoir quelque partie des fruits, le réfidu reftant au Propriétaire.

L.

S A V O I R, que ledit Ufufructuaire ait fon ufage, & les deniers reftants foient mis en rente, dont il tirera l'intérêt, demeurant le capital au Propriétaire.

LI.

Q U A N T aux héritages qui ont été vendus en plein fiége, & dans lefquels les Ven-deurs fe font réfervés le droit d'y tirer, ou faire tirer les Houilles, en cas qu'il s'y en découvre; pour lors lefdites Houilles feront réputées meubles, & comme telles appar-tiennent aux héritiers mobiliaires, fi comme au furvivant de deux conjoints; mais ladite réferve ou retenue demeure immeuble, & n'en peut l'Ufufructuaire difpofer.

LII.

E T ces préfentes régles auront lieu tant feulement ès ouvrages qui s'entreprendront après les publications du préfent Réglement, laiffant au regard de ceux qui font déja en-trepris, foit par notre octroi, foit par enfeign.ment de Juftice, foit par accord, ou convention entre particulier, un chacun dans le droit qui lui eft acquis.

LIII.

E S Q U E L S toutefois s'il fe trouve à préfent, ou furvient ci-après quelques difficul-tés, dont la décifion ne fe puiffe tirer defdits octrois, enfeignements ou conventions, elles fe termineront en conformité de ce qui eft ftatué au préfent Réglement.

LIV.

Q U E pour retrancher & même anéantir plus expreffément tous les différends & procès, Nous voulons que le préfent Réglement, dans toute fon étendue & généralité, forte fon effet, tant pour le paffé que futur, au regard de tous différends ja émus, & de ceux à émouvoir, pour être décidé fur le pied de ce qui eft difpofé; avec ordonnance à tous Juges fouverains, fubalternes, & autres Officiers qu'il appartiendra, de felon ce fe régler.

LV.

D É C L A R O N S en outre que toutes communes généralement audit pays Nous appar-tiennent privativement dans le fond, & qu'il n'y a que l'ufage de la fuperficie qui appartient aux Communautés; si quelques Communautés pouvoient faire voir le contraire par un titre particulier suffisant, on n'entend point de les préjudicier en aucune maniere.

L V I.

S i ordonnons à nos très-chers & féaux les Chancelier & Gens de notre Conseil, ordonné en Brabant, Gouverneur & Capitaine Général Drossard de notre Ville & Duché de Limbourg, d'Aelheme & Rolduc, & à tous autres Justiciers & sujets que ce regardera, & à chacun d'eux en particulier, qu'incontinent ils fassent divulguer, & proclamer & publier ce notre Réglement par tous les lieux où l'on est accoutumé de faire cris & publications; de procéder & faire procéder à l'observance & entretènement d'icelui, sans port, faveur, ou dissimulation; de ce faire & ce qui en dépend, leur donnons plein pouvoir, autorité & mandement spécial : Mandons & commandons à tous & à un chacun, qu'en ce faisant, ils les entendent & obéissent diligemment; car ainsi nous plaît-il. Donné en notre ville de Bruxelles, le premier Mars, l'an de grace mil six cens quatre-vingt-quatorze; & de nos regnes le vingt-huitieme. Etoit paraphé H E R T Z V.

Par le Roi, le Duc de la haute & basse Baviere, Gouverneur, &c. le Comte de Bergeick, Trésorier Général; le Comte de Saint Pierre, Chevalier de l'Ordre Militaire de saint Jacques; & Messire Urbain Vander-Brocht, Commis des Finances, & autres présents.

Signé, C L A R I S.

REGLEMENTS ANCIENS ET NOUVEAUX
Concernant la Navigation de Condé en Hainaut.

STATUTS ET ORDONNANCES

Sur la conduite de la Navigation en ce pays de Hainaut, d'entre les villes de Mons & Condé, entreténement des rivieres, réglement des Ventailles, & tennes d'eaux y fervantes.

Avec approbation de Sire de Croy, Lieutenant, Gouverneur, &c. dudit pays de Hainaut; donnés en la ville de Mons, le 17 Mai 1596. (*)

Art. II. La riviere de *Trouilles* doit avoir 24 pieds de large depuis & en-deffus de la ville de Mons, jufqu'au lieu où cette riviere & la Haine fe viennent joindre enfemble fur le terroir de Jemapes.

Art. III. Depuis quel lieu, ladite riviere de Haine doit avoir 32 pieds, en continuant de telle largeur jufqu'à ce que la riviere du Honneau venant de Quieurain . . . . en ladite riviere de Haine. . . . .

Art. IV. Dillac jufqu'à Condé, doit avoir 36 pieds.

Art. V. Et la riviere de l'Efcaut, depuis Condé jufqu'à Valenciennes, doit avoir femblablement 36 pieds de large.

Art. VI. Concerne le *Balichage*.

Art. XXVII, XXVIII. Concernent la Tenue de Cuefmes.

Art. XXIX. Tenue de Jemapes.

Art. XXX, XXXI, XXXII. Concernent la Grande *Ventaille* (1) de la ville de Saint-Ghiflain.

Art. XXXIII, XXXIV. *Ventaille* & tenue de Bouffu.

Art. XXXV, XXXVI. Tenue de Dibiham.

Art. XXXVII. Tenue du maret de Thulin.

Art. XXXVIII. *Ventailles* du Moulin du Pumeroel.

Art. XXXIX. Concerne le Trou appellé le *Bouillon*, à Condé; fa largeur de

---

(*) Nous n'avons pu avoir que très-tard, connoiffance de cette partie intéreffante, qui avec le peu que nous en avons dit, *page* 490, donnera une idée complete & entiere de la police établie entre les Bateliers de Mons & de Condé, de la Chambre établie pour cet objet, &c. Le premier Réglement qui va fuivre, eft téré d'un Ouvrage intitulé : *Recueil de plufieurs* Placards, fort utiles au pays du Hainaut, dont les Chartres dudit pays renvoyent à quantité d'iceux; avec le Décret de l'an 1601; l'Edit perpétuel, le Réglement de la navigation, &c. Mons, M. DC. LXIV. *in-4°. page* 199, en XCIII. Articles.

(1) Manteau ou battant d'une porte qui s'ouvre de deux côtés.

1 5 pieds de jour ; fa grande Ventaille , 7 pieds 8 pouces & demi fans feuil , felon le pied ancien.

Art. XL , XLI. Concernent la Tenue , dite *du Rabat* , à Condé.

Art. XLII , XLIII , XLIV , XLV , XLVI. Concernent les *Ventailles* de la porte de l'Eclufe.

Art. XLVII , XLVIII. Concernent les *Nefs* , *Bateaux* & *Navires* , marqués de deux marques , une pour l'été , une pour l'hiver , afin de limiter les charges que chaque pourra mener. Depuis le 1 Novembre jufqu'au 1 Avril , chargeront une *Querque* & demie de Charbon menu , devant pefer 90 mille livres au plus ; & depuis le 1 Avril jufqu'au 1 Novembre une *Querque* de femblable Charbon revenant fur le pied premis , à 60 mille livres pefant , & ainfi de toutes autres marchandifes , &c.

Art. L. Vifites des bateaux & équipages deux fois par an.

Art. LVII. Commis aux tenues , ayant la garde des clefs , pour les clore & ouvrir aux heures limitées par les Articles fuivans.

Art. LXX. Ceux qui voudront charger ou décharger d'un bateau fur l'autre , feront tenus de le faire en l'Efcaut , foit au-deffus ou au-deffous de la ville de Condé , fans le pouvoir faire en cette ville , à raifon de l'empê- chement & retardement que l'on feroit aux autres , fous peine de 8 livres d'amende.

Art. LXXVI. Tous bateaux navigeans de Mons à Condé , & de Condé à Mons , &c. pour dévaller , s'affembleront à la tenue de Jemappes , autrement devront attendre jufqu'à l'heure du paffage enfuivant.

Art. LXXXV. Lefdites rivieres devront demeurer franches , & fans quel- que charge ni nouvellités , payant feulement les deux anciens , & à Condé par les Bourgeois de Mons , les trois blancs accoutumés , en gardant fur les *Afforains* les droits anciens au profit du Seigneur dudit lieu ; fans par les Meufniers , ni autres , pouvoir exiger autres chofes , comme ils ont fait du paffé ; fur encourir en l'amende de 6 livres tournois , &c.

ARRÊT DU CONSEIL D'ÉTAT DU ROI,

EN FORME DE RÉGLEMENT (*).

Du 4 Novembre 1718.

Concernant la Navigation de Condé.

EXTRAIT DES REGISTRES DU CONSEIL D'ÉTAT.

L'ARTICLE PREMIER fixe la conftitution de ce Corps , compofé feulement des fils de Maîtres Bateliers de la Navigation de Condé , qui feuls peuvent y être admis.

(*) Les 35 Articles de ce Réglement , ont été arrêtés dans la Chambre de la Navigation , où lefd. Maîtres & autres Ba- teliers de Condé étoient affemblés , par Acte du 23 Juillet 1718 , portant que lefdits Bateliers ont trouvé ce Réglement avan- tageux & conforme à l'ufage , & ont unanimement confenti qu'il fût exécuté felon fa forme & teneur.

Le II. Détermine le temps de réception, de trois mois en trois mois.

Art. III. Tout Batelier sera tenu de prêter serment à la *Chambre de Navigation*, comme le bateau avec lequel il prétend naviger lui appartient, & qu'il s'en servira pendant deux ans ; après lequel serment, il lui sera donné son tour des Charbons, comme aux autres Bateliers.

Art. IV. Défense à tous Bateliers enrôlés au Tableau de ladite Navigation, de vendre leurs bateaux à leurs enfans, & aux peres & meres d'acheter les bateaux de leurs enfans, pour empêcher qu'un bateau ne serve pour deux Bateliers ; & au cas qu'aucuns Bateliers vendent leurs bateaux à quelques autres leurs confreres, ils ne pourront pas aussi acheter lesdits bateaux vendus, mais bien d'autres capables de servir les Marchands ; à peine par les contrevenans d'être exclus pendant une année entiere de la Navigation, & de perdre les tours qu'ils pourront avoir pendant ledit temps.

Art. V. Il est pareillement fait défenses aux Bateliers ayant leurs *Wragues* ou leurs bateaux chargés, de se trouver à la *Chambre de la Navigation*, les jours de Wragues, à peine de trois florins d'amende.

Art. VI. Il est ordonné à tous Bateliers incorporés dans ladite Navigation, de ne charger leurs bateaux sur la riviere de Hayne plus avant que de la hauteur de douze paulmes selon la marque apposée à cet effet en face de chacun de leurs bateaux, sur peine contre les contrevenans de six florins d'amende pour chaque pouce surpassant ladite marque de douze paulmes, applicable la moitié au profit des pauvres, & l'autre moitié au dénonciateur.

Art. VII. Tous Bateliers qui iront charger des Charbons sur la riviere de Hayne seront tenus, en revenant de Saint-Guiflain, de se ranger à la porte du Marais de Condé pour y passer l'écluse, chacun suivant le tour de rôle qui lui aura été donné à la Chambre de la Navigation ; lequel ordre ils observeront aussi au passage de la grande écluse, afin de prévenir les différends & contestations qui surviennent ; à peine contre les contrevenans de six florins d'amende pour chacune contravention.

Art. VIII. Les Propriétaires & possesseurs des prairies aboutissantes aux rivieres de Hayne & de l'Escaut, seront tenus d'entretenir à leurs frais & dépens chacun en droit soi les digues desdites rivieres pour les maintenir dans leurs lits & ne point donner d'empêchement à la Navigation.

Art. IX. Il est enjoint aux Eclusiers de la ville de Condé, de tenir toujours les eaux à la hauteur des bornes qui ont été posées pour ladite Navigation, à moins qu'il n'en soit autrement ordonné pour des besoins pressans.

Art. X. Il est ordonné auxdits Eclusiers de ne laisser passer aucuns Bateliers aux Ecluses ; & de ne leur délivrer aucuns billets pour monter la redoute de Thivecelles, qu'en justifiant qu'ils auront payé les frais communs & impositions du Corps ; à l'effet de quoi ceux desdits Bateliers qui voudront passer, seront tenus de représenter aux Eclusiers leurs quittances de payement, à peine contre lesdits Eclusiers d'en répondre.

Art. XI. Lorsque le bateau d'un Batelier viendra à couler à fond, ledit Batelier sera tenu de fournir à la dépense pour le mettre sur l'eau, & ce jusqu'à concurrence de deux cens livres monnoie de Hainaut.

Art. XII. Ceux qui seront occupés à voiturer des Foins & autres Marchandises dans le temps de leur tour, pour la voiture de Charbon, seront piqués & perdront ledit tour ; & si dans la suite ils avoient des causes légitimes pour répéter leur tour & s'y faire rétablir, ils seront tenus de les représenter aux Maîtres de la Chambre de ladite Navigation avant les deux mois expirés, du jour qu'ils auront été piqués de leur tour ; autrement ils en seront déchus.

Art. XIII. Il est permis aux Maîtres & Suppôts de ladite Navigation, de vendre les tours des Bateliers qui ne s'aquiteront pas de leurs devoirs & qui ne muniront pas leurs bateaux de cordages & ustensiles nécessaires, pour être les deniers provenans de la vente employés aux remboursemens des avances, qui pourroient avoir été faites par les Marchands & Facteurs, à ceux desdits Bateliers qui seront dans le cas, ainsi qu'au dédommagement des frais qu'ils pourroient causer au Corps, faute d'avoir pris les précautions requises.

Art. XIV. Les Bateliers qui refuseront de marcher à leur tour, seront condamnés à cent écus d'amende.

Art. XV. Défense aux Bateliers qui auront déclaré avoir chargé pour Tournay, Condé & Gand, de décharger leurs Charbons dans un autre bateau sur les rivages étant entre lesdites villes & ailleurs que dans le lieu de leur destination, à peine d'être déchus de la Navigation & de cent écus d'amende.

Art. XVI. Permis néanmoins à ceux desdits Bateliers qui auront obtenu leur tour de chargement de Charbon pour Tournay, de le charger jusqu'à la distance d'une demi-lieue au-dessous dudit Tournay, à charge de rapporter aux *Maîtres de la Navigation* de Condé, au plus tard dans trois mois après le déchargement, des Certificats par lesquels il soit prouvé que leur Charbon déchargé aura été employé dans les lieux voisins dudit déchargement, à faute de quoi ils encourront les peines portées par l'Article précédent.

ART. XVII. Les Charbons du Hainaut qui se transporteront par *chariot* sur la Jurisdiction de Valenciennes & autres, ne pourront être ensuite voiturés par bateaux, que par les Bateliers inscrits dans le Tableau de la Navigation dudit Condé, suivant l'ordre des rôles.

ART. XVIII. Les Maîtres *Bateliers de Mons*, prendront leur tour avec ceux dudit Condé, suivant le temps de leur réception à la Navigation, pour charger le Charbon aux rivieres de Boussu, Carignon & autres.

ART. XIX. Pourront lesdits Maîtres Bateliers de Mons, avoir un homme de leur part qui interviendra à la Chambre de la Navigation dudit Condé, à tout ce qui se fera concernant les voitures dudit Charbon, & auquel il sera permis de voir les Registres des tours ou wragues, comme à ceux dudit Condé.

ART. XX. Lesdits Maîtres Bateliers de Mons participeront, & auront connoissance des amendes & autres choses sur ce sujet, comme aussi contribueront avec les autres aux frais qu'il faudra faire, tant pour le retirement des bateaux coulés à fond, intérêts des Marchands, pour marchandises de Charbon voiturées à tour, plantage des *Protes* au long de la riviere de Hayne, qu'autres & généralement tout ce qui regarde ladite Navigation.

ART. XXI. Seront lesdits Bateliers de Mons soumis aux mêmes loix & aux mêmes régies que ceux dudit Condé, à cause de la Communauté qui est établie entr'eux.

ART. XXII. Ceux d'entre les Bateliers qui seront convaincus d'avoir dit des invectives à d'autres, soit de Mons ou de Condé, payeront un écu d'amende à chaque fois; & lorsqu'il y aura quelqu'un qui aura malversé, il sera informé contre lui, & dès le temps de l'accusation demeurera suspendu de naviger, jusqu'à ce qu'il en ait été autrement ordonné.

ART. XXIII. Les Marchands ou autres qui auront besoin de bateaux pour telles voitures que ce puisse être, s'adresseront aux Maîtres de la Chambre de la Navigation de Condé, lesquels seront obligés de leur en fournir, & de répondre de la marchandise en la maniere ordinaire.

ART. XXIV. Il sera permis aux Maîtres & Suppôts de ladite Navigation, de faire arrêter sur les limites de la domination du Roi, les bateaux appartenans tant aux Bateliers de Mons, qu'à d'autres, qui se trouveront chargés sans wrages ou tour.

ART. XXV. Permis pareillement auxdits Maîtres Bateliers & Suppôts, de fournir aux Entrepreneurs & Munitionnaires pour le Roi, qui auront des ordres de l'Intendant ou de son Subdélégué, les bateaux dont ils auront besoin, sans que lesdits Entrepreneurs & Munitionnaires puissent se servir d'autres Bateliers, que ceux qui leur auront été présentés par lesdits Maîtres.

ART. XXVI. Il n'est dû aucuns droits pour les Ecluses, ni sous quelque prétexte que ce puisse être, pour les bateaux chargés de munitions sur le compte du Roi.

ART. XXVII. Il sera payé par les Marchands aux Bateliers, pour leurs voitures, & ce par provision, jusqu'à ce qu'autrement il ait été pourvu par le sieur Intendant de Flandre, suivant les circonstances des temps.

ART. XXVIII. Savoir de Boffu à Condé, 16 livres monnoie de Hainaut, pour un cent de Wagues; de Saint-Guislain 17 livres, de Carignon 18 livres, & de Jamappes audit Condé 20 livres, de Boffu à Tournay 22 livres, & jusqu'à Gand 31 livres; & sera augmenté dudit Saint-Guislain à Boffu 10 patars, de Carignon 20 patars, & de Jamappes 40 patars, pour le lieu de Gand, & sera payé pour le Charbon des forges d'Enghien à raison de 20 muids de Charbon pour un cent de Wagues.

ART. XXIX. Il sera pareillement payé depuis le rivage de Boffu jusqu'à Douay, 48 livres monnoie du Hainaut, de 100 *Wagues* de Charbon; & pour celui de forges à l'avenant de 20 muids pour un cent de Wagues, ce qui revient à 7 patars, & 2 liards pour chaque *Rasiere*: en quoi sera compris ce qu'il faut payer pour les *Allegeoirs* de la riviere de la Scarpe, un liard que les Bateliers devront payer à Saint-Amand pour chaque rasiere, & pareillement un liard au Fort de la Scarpe.

ART. XXX. Il sera aussi payé aux Bateliers, pour leur voiture, depuis Boffu jusqu'à Arras, 67 livres du cent de Wagues; le Charbon de forges à l'avenant portant 11 patars, & 2 liards à la rasiere, à charge de payer le même droit à Saint-Amand & au Fort de la Scarpe; sera aussi augmenté depuis Saint-Guislain jusqu'à Boffu, 10 patars du cent de Wagues; de Carignon audit Boffu, 20 patars, & de Jamappes audit Boffu, 40 patars.

ART. XXXI. Les Charbons seront voiturés, ainsi que d'autres marchandises, des rivages du vieux Condé, Hergnies & voisinages, à Tournay, Gand & autres lieux de leurs destinations, par les Bateliers dudit Condé, à tour de rôle, à peine contre les contrevenants pour pierre à paver, bois, &c, &c.

Art. XXXII. Concernant la décharge des voitures de pavé.

Art. XXXIII. Les Maîtres & Suppôts de la Navigation de Condé, payeront au cas que les bateaux viennent à couler à fond par la faute des Bateliers, ou de quelque maniere que ce soit, la valeur des voitures de Charbon, ou pavés, ou bois.

Art. XXXIV. Lorsque les Marchands ou autres auront besoin de bateau pour voiturer les marchandises du rivage de Cattillon, ils ne pourront se servir d'autres Bateliers que ceux dudit Condé, bien entendu qu'il ne sera payé aucune chose auxdits Bateliers, qui devront aller charger audit rivage de Cattillon, que les frais nécessaires pour monter les bateaux audit rivage, & les descendre à celui du vieux Condé.

Art. XXXV. Défenses à tous Juges, tels qu'ils soient, de connoître (sous quelque prétexte que ce soit) les affaires de ladite Navigation, & à tous Marchands Bateliers ou autres de les attraire ailleurs, que par-devant l'Intendant dans le département duquel est ladite ville de Condé, ou son Subdélégué, auxquels Sa Majesté réserve la connoissance de ce qui regarde ladite Navigation; le tout à peine de nullité, cassation, dépens, dommages & intérêts, & de trois cents florins d'amende.

Art. XXXVI. Ordonné au surplus que les autres usages, Statuts & Réglements de ladite Navigation, seront suivis & exécutés selon leur forme & teneur, en ce qui ne se trouvera pas contraire à la disposition des Articles contenus ci-dessus. Enjoint Sa Majesté, au sieur Intendant, Commissaire départi dans la Flandre Françoise, de tenir la main à l'exécution du présent Arrêt, qui sera lu, publié & affiché par-tout où besoin sera.

Fait au Conseil d'Etat, tenu à Paris le quatrieme jour de Novembre 1718.

Signé, DE LAISTRE.